中国电源学会第十九届学术年会于2011年11月19-21日在上海召开

中国电源学会副理事长兼秘书长韩家新
主持开幕式并致辞

大会主赞助单位鸿宝电气集团股份有限公司
董事长胡万良致辞

第十八届（上一届）学术年会优秀论文颁奖　　　　　　　　大会学术交流

大会学术交流　　　　　　　　　　　　大会学术交流

分会场学术交流　　　　　　　　　　　论文墙报学术交流

首届中国电源学会科学技术奖评审会

中国电源学会副理事长兼秘书长
韩家新主持颁奖仪式

科技进步奖和技术发明奖的颁奖仪式

青年奖和杰出贡献奖的颁奖仪式

中华人民共和国科学技术部批准设立"中国电源学会科学技术奖"

第二届中国电源技术年会于2011年6月23-25日在深圳召开

李占师副秘书长主持开幕式

大会主赞助单位深圳茂硕电源
科技股份有限公司董事长顾永德致辞

中国电源学会专家委员会主席张广明致辞

广东省电源学会理事长张波致辞

大会学术交流

分会场技术交流

分会场技术交流

技术沙龙交流

中国电源学会首届理事单位第一次全体会议于2011年6月在深圳召开

参会主要领导，左起李占师、章进法、韩家新、张广明、刘选忠

中国电源学会副理事长兼秘书长韩家新主持会议

发展理事单位　开展行业服务活动

副理事长单位颁发证书仪式

常务理事单位颁发证书仪式

理事单位颁发证书仪式

2011中国电源行业发展峰会在深圳召开

产学研座谈会在上海召开

第二届全国电能质量学术会议
于2011年8月在长沙召开

第二届全国电能质量学术会议分会场

2011国际电力电子创新论坛于3月在上海召开

2011国际电力电子创新论坛学术交流

2011现代数据中心技术年会于4月在北京召开

2011现代数据中心技术年会颁发优秀论文奖

2011新能源暨绿色电源技术巡回研讨会
于9月在北京召开

2011新能源暨绿色电源技术巡回研讨会
于11月在上海召开

会议进行交流

会议进行交流

2011新能源暨绿色电源技术巡回研讨会
于12月在西安召开

会议现场

2011年6月在上海召开的电源工程师技术论坛

2011年10月在深圳召开的电源工程师技术论坛

会议现场

举办展览会　加强经济技术合作

经国家科技部批准，中国电源学会每年举办国际电源展览会

展会现场

展会现场

光伏逆变器设计技术高级培训班在深圳举办

光伏逆变器设计技术高级培训班在上海举办

颁发结业证书

中国电源行业年鉴　2012

中国电源学会　编著

机械工业出版社

《中国电源行业年鉴 2012》对电源行业整体发展状况进行了综合性、连续性、史实性的总结和描述，是电源行业权威的资料性工具书。本年鉴共分为十一部分，第一～三部分主要介绍了与电源行业相关的国家宏观政策和经济环境，为行业发展和各单位的决策提供指导和参考；第四～十一部分主要介绍了电源行业发展报告、电源行业要闻、科研与成果、电源发明专利、电源标准、高等院校和科研机构简介、会员企业简介和附录。

本年鉴可供相关政府职能部门、生产企业、电源产品采购单位、检测服务机构以及高等院校、科研院所和电源工程技术人员参考。

图书在版编目（CIP）数据

中国电源行业年鉴.2012/中国电源学会编著.—北京：机械工业出版社，2012.5

ISBN 978-7-111-38440-3

Ⅰ.①中… Ⅱ.①中… Ⅲ.①电源—电力工业—中国—2012—年鉴 Ⅳ.①TM91-54

中国版本图书馆 CIP 数据核字（2012）第 102137 号

机械工业出版社（北京市百万庄大街 22 号　邮政编码 100037）
策划编辑：林春泉　责任编辑：赵　任　吕　潇
版式设计：霍永明　责任校对：常天培　陈延翔　刘志文
封面设计：鞠　杨　责任印制：乔　宇
三河市宏达印刷有限公司印刷
2012 年 6 月第 1 版第 1 次印刷
184mm×260mm·40.75 印张·12 插页·1383 千字
0001—2000 册
标准书号：ISBN 978-7-111-38440-3
定价：198.00 元

《中国电源行业年鉴（2012）》编辑委员会

（按姓氏笔划为序）

	中国兵器工业第二０六研究所	室主任
白小青	中国电源学会	常务理事单位
	西安爱科电子有限责任公司	总经理
刘进军	中国电源学会	副秘书长
	西安交通大学	处长
刘 强	中国电源学会	常务理事
	深圳市中自网络科技有限公司	总经理
吕征宇	中国电源学会	常务理事
	浙江大学电气工程学院	教授
汤天浩	中国电源学会	常务理事
	上海海事大学	所长
阮 毅	中国电源学会变频电源专业委员会	主任
	上海大学	教研室主任
何思模	中国电源学会	常务理事
	广东易事特电源股份有限公司	董事长
吴翀俊	中国电源学会	常务理事单位
	广东新昇电业科技股份有限公司	董事长兼总裁
张卫平	中国电源学会组织工作委员会	主任
	北方工业大学信息工程学院	教授
张庆范	中国电源学会	常务理事
	山东大学控制科学与工程学院	所长
张 波	中国电源学会	常务理事
	华南理工大学电力学院	副院长
李占师	中国电源学会专家委员会	常务副主席
	中国电源学会	副秘书长
李龙文	中国电源学会元器件专业委员会	主任
	北京半导体五厂电力电子分公司	技术总监
李建明	中国电源学会交流电源专业委员会	主任
	山东山大华天科技股份有限公司	总工
陈子颖	中国电源学会	常务理事
	英飞凌科技（中国）有限公司	经理
陈 为	中国电源学会变压器专业委员会	主任
	福州大学电气工程与自动化学院	院长
陈永真	中国电源学会编辑工作委员会	主任
	辽宁工业大学信息与工程学院	教授
陈道炼	中国电源学会	常务理事
	福州大学电子工程与自动化学院	所长
卓 放	中国电源学会电能质量专业委员会	主任
	西安交通大学电气工程学院	教授
柯 昕	中国电源学会	常务理事单位

前　　言

随着中国的改革开放和经济腾飞，自 20 世纪 90 年代中期开始，中国电源产业进入了井喷式的快速发展阶段。短短几年的时间，国内电源企业由几百家发展到几千家，而且国际电源大公司纷纷进入中国市场。经过十几年的发展，目前产业规模，技术水平，研发能力，都有了很大的扩展和提高，在经济建设和社会生活的各个方面发挥了越来越重要的作用。节能减排、新能源开发、LED 照明、新能源汽车等领域的发展，又为电源产业开拓了广阔的发展空间。为了对电源行业整体发展状况进行综合性、连续性、史实性的总结和描述，为行业科研、生产、采购和应用提供指导和参考，中国电源学会决定自 2012 年开始编辑出版《中国电源行业年鉴 2012》（简称《年鉴》）。

中国电源学会于 1983 年成立，是国家一级社团法人，以促进我国电源科学技术进步和电源产业发展为己任，既团结了全国电源界的专家学者和广大科技人员，也汇聚了众多的会员企业。中国电源学会经过 20 多年的发展，对我国电源科技和产业发展状况有着深入和全面的了解，是编辑出版《年鉴》的最具权威性的单位。

本《年鉴》是电子电源领域资料性的工具书，今后每年出版一期，以记录上一年度电源行业的发展情况。

本《年鉴》共分为十一部分，前三部分为"十二五"规划、政策法规、宏观经济动态，主要介绍了与电源行业相关的国家和行业发展规划、国家有关政策、2011 年相关行业发展状况，为电源行业的发展和各个单位的决策提供指导和参考。后八部分为电源行业发展报告、电源行业要闻、科研与成果、电源发明专利、电源标准、高等院校和科研机构简介、会员企业简介和附录，从各个方面介绍了 2011 年度电源行业的发展状况。

电源发明专利部分仅收录了 2011 年授权的电源相关发明专利。为了便于查找，按专利公开日期——自 2006 年到 2011 年逐年排序。2005 年及以前公开的专利本《年鉴》没有收录。

电源标准部分收录了现仍在执行的各类电源相关标准，电源配套产品的标准暂未收录。

本《年鉴》只收录了一部分与电源技术相关的高等院校和科研院所，今后将逐渐增多。

在本《年鉴》编辑过程中，中国电源学会学术工作委员会、交流电源专业委员会、特种电源专业委员会、变频电源专业委员会、照明电源专业委员会、电能质量专业委员会、元器件专业委员会分别为本《年鉴》撰写文章或提供参考资料，在此表示诚挚的谢意。

ICTresearch 公司为本《年鉴》撰写了"2011 年中国电源行业发展报告"，阳光电源股份有限公司，西安赛博电气有限责任公司，为本《年鉴》撰写给予了大力支持，许多企业、高等院校、科研院所为本《年鉴》提供了大量的行业新闻和科研成果等，在此一并表示衷心感谢。

本《年鉴》是第一次出版，编写水平有待提高，疏漏、错误之处在所难免，敬请读者批评指正。

中国电源学会

2012 年 4 月

中国电源学会简介

中国电源学会于1983年成立，是在国家民政部注册的国家一级社团法人，业务主管部门是中国科学技术协会。

中国电源学会以促进我国电源科学技术进步和电源产业发展为己任。电源科学技术是采用半导体功率器件、电磁元件、电池等元器件，运用电气工程、自动控制、微电子、电化学、新能源等技术，将粗电加工成高效率、高质量、高可靠性的交流、直流、脉冲等形式的电能的一门多学科交叉的科学技术，在经济建设和社会生活的各个方面具有广泛的应用。

电源涉及的产品范围主要包括通信电源、不间断电源（UPS）、光伏逆变电源、风力发电变流器、LED驱动电源、通用交流电源、通用直流电源、变频电源、特种电源、蓄电池、充电器、变压器、元器件和电源配套产品等。

中国电源学会的最高权力机构是全国会员代表大会，执行机构是理事会和常务理事会，秘书处是学会常设日常办事机构。

中国电源学会下设交流电源、直流电源、变频电源、照明电源、特种电源、变压器、元器件、电磁兼容、电能质量等9个专业委员会，以及学术、专家咨询、国际交流、组织、编辑、科普、标准化等7个工作委员会。另外，还有业务联系的8个具有法人资格的地方电源学会。

中国电源学会汇聚了全国电源界的专家学者和广大科技人员，每年举办各种类型的学术交流会。两年一届的大型学术年会到2011年已经成功举办了19届，历届会议规模达到400人以上，是国内电源界水平最高、规模最大的学术会议。自2009年开始，每年举办一次以推广应用技术为主要内容的中国电源技术年会，面向工程技术人员，提高创新能力，每届参会人数超过1000人。此外，我会每年还举办各种类型的专题研讨会。

中国电源学会汇聚了众多的电源企业，目前拥有560余家企业会员，其中副理事长单位8家，常务理事单位17家，理事单位33家，包括了国内外知名的电源企业。同时，我会与几千家企业保持着联系，形成了覆盖全国的服务和信息网络。

中国电源学会发挥学术界和企业界两大优势，促进产学研相结合，为建立以企业为主体的技术创新体系，全面提升企业的自主创新能力不懈努力。

中国电源学会从1995年开始举办"中国国际电源展览会"，到2011年已先后在北京、天津、上海、深圳、广州、南京等地举办了17届。1999年国家科技部授予中国电源学会国际科技展览会主办单位资格。

中国电源学会的出版物有《电源学报》、《中国电源行业年鉴》。同时，中国电源学会还组织编辑出版系列丛书、技术专著以及各种学术会议论文集。

由国家科技部批准，在国家科技奖励工作办公室登记注册，中国电源学会于2011年正式设立"中国电源学会科学技术奖"。此奖项在全国范围内评选，是代表本行业、本专业最高水平的奖励。2011年举办了首届评奖活动，其最高获奖项目已向国家科技奖推荐。

中国电源学会积极开展继续教育活动，利用学会的专家资源，每年举办不同的培训班，特别是结合当前的技术热点和技术难点，开展培训和服务活动，得到社会的广泛的关注和支持。

中国电源学会利用网络系统开拓学会服务功能，建立了网上会员注册、网上信息发布、网上技术论坛、网上培训、网上招聘、网上产品推广等，已形成国内电源行业更新最快、内容最全、最具人气的综合性网站。

中国电源学会开展一系列行业服务活动，如编写标准、科技成果鉴定、技术服务、技术咨询、参与工程项目评标评价等。

学会地址：天津市南开区咸阳路 60 号　邮编：300111

电话：（022）27680796　27634742　　传真：（022）27687886

网站：http：//www.21dianyuan.com　　http：//www.cpss.org.cn

邮箱：cpss@cpss.org.cn

中国电源学会理事单位名录

(按单位名称汉语拼音字母排列)

副理事长单位

艾默生网络能源有限公司

深圳茂硕电源科技股份有限公司

台达电子企业管理（上海）有限公司

厦门科华恒盛股份有限公司

广东易事特电源股份有限公司

深圳市航嘉驰源电气股份有限公司

天宝国际兴业有限公司

阳光电源股份有限公司

常务理事单位

北京韶光科技有限公司

广东凯乐斯光电科技有限公司

广东志成冠军集团有限公司

鸿宝电气集团股份有限公司

深圳华德电子有限公司

深圳市金宏威实业发展有限公司

温州现代集团有限公司

西安芯派电子科技有限公司

浙江科达磁电有限公司

北京星原丰泰电子技术有限公司

广东新昇电业科技股份有限公司

河北先控捷联电源设备有限公司

瑞谷科技（深圳）有限公司

深圳科士达科技股份有限公司

石家庄通合电子有限公司

西安爱科电子有限责任公司

厦门信和达电子有限公司

理事单位

安伏（苏州）电子有限公司

北京泛华恒兴科技有限公司

北京中大科慧科技发展有限公司

成都金创立科技有限责任公司

广东创电电源有限公司

杭州池阳电子有限公司

江苏宏微科技有限公司

宁夏银利电器制造有限公司

三科电器集团有限公司

深圳麦格米特电气股份有限公司

深圳市铂科磁材有限公司

深圳市金威源科技股份有限公司

深圳市联运达电子有限公司

四川长虹欣锐科技有限公司

无锡新洁能功率半导体有限公司

浙江特雷斯电子科技有限公司

安徽省友联电力电子工程有限公司

北京新创四方电子有限公司

北京中宇豪电气有限公司

佛山市新光宏锐电源设备有限公司

广州金升阳科技有限公司

基美电子（苏州）有限公司

洛阳隆盛科技有限责任公司

赛尔康技术（深圳）有限公司

陕西柯蓝电子有限公司

深圳桑达国际电子器件有限公司

深圳市捷益达电子有限公司

深圳市京泉华电子有限公司

深圳市锐骏半导体有限公司

太仓电威光电有限公司

西安龙腾新能源科技发展有限公司

厦门市爱维达电子有限公司

英飞特电子（杭州）有限公司

中国长城计算机深圳股份有限公司

目　录

第一部分　"十二五"规划

第二部分　政策法规

第三部分　宏观经济动态

第四部分　电源行业发展报告

第五部分　电源行业要闻

第六部分　科研与成果

第七部分　电源发明专利

（2011 年授权）

第八部分　电　源　标　准

第九部分　高等院校和科研机构简介

（按单位名称汉语拼音字母顺序排列）

第十部分　会员企业简介

（按单位名称汉语拼音字母顺序排列）

第十一部分　附　　录

广 告 索 引

第一部分 "十二五"规划

我国国民经济和社会发展"十二五"规划纲要（节录）

中华人民共和国国民经济和社会发展第十二个五年（2011～2015年）规划纲要，根据《中共中央关于制定国民经济和社会发展第十二个五年规划的建议》编制，主要阐明国家战略意图，明确政府工作重点，引导市场主体行为，是未来五年我国经济社会发展的宏伟蓝图，是全国各族人民共同的行动纲领，是政府履行经济调节、市场监管、社会管理和公共服务职责的重要依据。

第一篇 转变方式 开创科学发展新局面

"十二五"时期是全面建设小康社会的关键时期，是深化改革开放、加快转变经济发展方式的攻坚时期，必须深刻认识并准确把握国内外形势新变化、新特点，继续抓住和用好重要战略机遇期，努力开创科学发展新局面。

第一章 发展环境

"十一五"时期是我国发展史上极不平凡的五年。面对国内外环境的复杂变化和重大风险挑战，党中央、国务院审时度势，团结带领全国各族人民，坚持发展这个党执政兴国的第一要务，贯彻落实党的理论和路线方针政策，实施正确而有力的宏观调控，充分发挥我国社会主义制度的政治优势，充分发挥市场在资源配置中的基础性作用，使国家面貌发生新的历史性变化。我们有效应对国际金融危机巨大冲击，保持了经济平稳较快发展的良好态势，战胜了四川汶川特大地震、青海玉树强烈地震、甘肃舟曲特大山洪泥石流等重大自然灾害，成功举办了北京奥运会、上海世博会和广州亚运会，胜利完成了"十一五"规划确定的主要目标和任务。综合国力大幅度提升，2010年国内生产总值达到39.8万亿元，跃居世界第二位，国家财政收入达到8.3万亿元；载人航天、探月工程、超级计算机等尖端科技领域实现重大跨越。经济结构调整步伐加快，农业特别是粮食生产连年获得好收成，产业结构优化升级取得积极进展，节能减排和生态环境保护扎实推进，控制温室气体排放取得积极成效，各具特色的区域发展格局初步形成。人民生活明显改善，就业规模持续扩大，城乡居民收入增长是改革开放以来最快的时期之一，各级各类教育快速发展，社会保障体系逐步健全。体制改革有序推进，农村综合改革、医药卫生、财税金融、文化体制等改革取得新突破，发展活力不断显现。对外开放迈上新台阶，进出口总额位居世界第二位，利用外资水平提升，境外投资明显加快，我国国际地位和影响力显著提高。社会主义经济建设、政治建设、文化建设、社会建设以及生态文明建设取得重大进展，谱写了中国特色社会主义事业的新篇章。五年取得的成绩来之不易，积累的经验弥足珍贵，创造的精神财富影响深远。

专栏1："十一五"规划主要指标实现情况

指标	2005年	规划目标		实现情况	
		2010年	年均增长（%）	2010年	年均增长（%）
国内生产总值（万亿元）	18.5		7.5	39.8	11.2
人均国内生产总值（元）	14185		6.6	29748	10.6
服务业增加值比重（%）	40.5		[3]	43	[2.5]
服务业就业比重（%）	31.3		[4]	34.8	[3.5]
研究与试验发展经费支出占国内生产总值比重（%）	1.3	2	[0.7]	1.75	[0.45]

（续）

指　标	2005 年	规划目标		实现情况	
		2010 年	年均增长（%）	2010 年	年均增长（%）
城镇化率（%）	43	47	[4]	47.5	[4.5]
全国总人口（万人）	130756	136000	<8‰	134100	5.1‰
单位国内生产总值能源消耗降低（%）			[20] 左右		[19.1]
单位工业增加值用水量降低（%）			[30]		[36.7]
农业灌溉用水有效利用系数	0.45	0.5	[0.05]	0.5	[0.05]
工业固体废物综合利用率（%）	55.8	60	[4.2]	69	[13.2]
耕地保有量（亿公顷）	1.22	1.2	−0.3	1.212	−0.13
主要污染物排放总量减少（%）　二氧化硫化学需氧量			[10] [10]		[14.29] [12.45]
森林覆盖率（%）	18.2	20	[1.8]	20.36	[2.16]
国民平均受教育年限（年）	8.5	9	[0.5]	9	[0.5]
城镇基本养老保险覆盖人数（亿人）	1.74	2.23	5.1	2.57	8.1
新型农村合作医疗覆盖率（%）	23.5	>80	> [56.5]	96.3	[72.8]
五年城镇新增就业（万人）			[4500]		[5771]
五年转移农业劳动力（万人）			[4500]		[4500]
城镇登记失业率（%）	4.2	5		4.1	
城镇居民人均可支配收入（元）	10493		5	19109	9.7
农村居民人均纯收入（元）	3255		5	5919	8.9

注：①国内生产总值和城乡居民收入绝对数按当年价格计算，增长速度按可比价格计算；②[ ]表示五年累计数。

"十二五"时期，世情国情继续发生深刻变化，我国经济社会发展呈现新的阶段性特征。综合判断国际国内形势，我国发展仍处于可以大有作为的重要战略机遇期，既面临难得的历史机遇，也面对诸多可以预见和难以预见的风险挑战。我们要增强机遇意识和忧患意识，主动适应环境变化，有效化解各种矛盾，更加奋发有为地推进我国改革开放和社会主义现代化建设。

从国际看，和平、发展、合作仍是时代潮流，世界多极化、经济全球化深入发展，世界经济政治格局出现新变化，科技创新孕育新突破，国际环境总体上有利于我国和平发展。同时，国际金融危机影响深远，世界经济增长速度减缓，全球需求结构出现明显变化，围绕市场、资源、人才、技术、标准等的竞争更加激烈，气候变化以及能源资源安全、粮食安全等全球性问题更加突出，各种形式的保护主义抬头，我国发展的外部环境更趋复杂。我们必须坚持以更广阔的视野，冷静观察，沉着应对，统筹国内国际两个大局，把握好在全球经济分工中的新定位，积极创造参与国际经济合作和竞争新优势。

从国内看，工业化、信息化、城镇化、市场化、国际化深入发展，人均国民收入稳步增加，经济结构转型加快，市场需求潜力巨大，资金供给充裕，科技和教育整体水平提升，劳动力素质改善，基础设施日益完善，体制活力显著增强，政府宏观调控和应对复杂局面能力明显提高，社会大局保持稳定，我们完全有条件推动经济社会发展和综合国力再上新台阶。同时，必须清醒地看到，我国发展中不平衡、不协调、不可持续问题依然突出，主要是经济增长的资源环境约束强化，投资和消费关系失衡，收入分配差距较大，科技创新能力不强，产业结构不合理，农业基础仍然薄弱，城乡区域发展不协调，就业总量压力和结构性矛盾并存，物价上涨压力加大，社会矛盾明显增多，制约科学发展的体制机制障碍依然较多。我们必须科学判断和准确把握发展趋势，充分利用各种有利条件，加快解决突出矛盾和问题，集中力量办好自己的事情。

第二章　指导思想

高举中国特色社会主义伟大旗帜，以邓小平理论和"三个代表"重要思想为指导，深入贯彻落实科学发展观，适应国内外形势新变化，顺应各族人民过上更好生活的新期待，以科学发展为主题，以加快转变经济发展方式为主线，深化改革开放，保障和改善民生，巩固和扩大应对国际金融危机冲击成果，促进经济长期平稳较快发展和社会和谐稳定，为全面建成小康社会打下具有决定性意义的基础。

以科学发展为主题，是时代的要求，关系改革开放和现代化建设全局。我国仍处于并将长期处于社会主义初级阶段，发展仍是解决我国所有问题的关键。坚持发展是硬道理的本质要求，就是坚持科学发展。以加快转变经济发展方式为主线，是推动科学发展的必由之路，是我国经济社会领域的一场深刻变革，是综合性、系统性、战略性的转变，必须贯穿经济社会发展全过程和各领域，在发展中促转变，在转变中谋发展。今后五年，要确保科学发展取得新的显著进步，确保转变经济发展方式取得实质性进展。基本要求是：

——坚持把经济结构战略性调整作为加快转变经济发展方式的主攻方向。构建扩大内需长效机制，促进经济增长向依靠消费、投资、出口协调拉动转变。加强农业基础地位，提升制造业核心竞争力，发展战略性新兴产业，加快发展服务业，促进经济增长向依靠第一、第二、第三产业协同带动转变。统筹城乡发展，积极稳妥推进城镇化，加快推进社会主义新农村建设，促进区域良性互动、协调发展。

——坚持把科技进步和创新作为加快转变经济发展方式的重要支撑。深入实施科教兴国战略和人才强国战略，充分发挥科技第一生产力和人才第一资源作用，提高教育现代化水平，增强自主创新能力，壮大创新人才队伍，推动发展向主要依靠科技进步、劳动者素质提高、管理创新转变，加快建设创新型国家。

——坚持把保障和改善民生作为加快转变经济发展方式的根本出发点和落脚点。完善保障和改善民生的制度安排，把促进就业放在经济社会发展优先位置，加快发展各项社会事业，推进基本公共服务均等化，加大收入分配调节力度，坚定不移地走共同富裕的道路，使发展成果惠及全体人民。

——坚持把建设资源节约型、环境友好型社会作为加快转变经济发展方式的重要着力点。深入贯彻节约资源和保护环境基本国策，节约能源，降低温室气体排放强度，发展循环经济，推广低碳技术，积极应对全球气候变化，促进经济社会发展与人口资源环境相协调，走可持续发展之路。

——坚持把改革开放作为加快转变经济发展方式的强大动力。坚定推进经济、政治、文化、社会等领域改革，加快构建有利于科学发展的体制机制。实施互利共赢的开放战略，与国际社会共同应对全球性挑战、共同分享发展机遇。

第三章　主要目标

按照与应对国际金融危机冲击重大部署紧密衔接，与到2020年实现全面建设小康社会奋斗目标紧密衔接的要求，综合考虑未来发展趋势和条件，今后五年经济社会发展的主要目标是：

——经济平稳较快发展。国内生产总值年均增长7%，城镇新增就业4500万人，城镇登记失业率控制在5%以内，价格总水平基本稳定，国际收支趋向基本平衡，经济增长质量和效益明显提高。

——结构调整取得重大进展。居民消费率上升。农业基础进一步巩固，工业结构继续优化，战略性新兴产业发展取得突破，服务业增加值占国内生产总值比重提高4个百分点。城镇化率提高4个百分点，城乡区域发展的协调性进一步增强。

——科技教育水平明显提升。九年义务教育质量显著提高，九年义务教育巩固率达到93%，高中阶段教育毛入学率提高到87%。研究与试验发展经费支出占国内生产总值比重达到2.2%，每万人口发明专利拥有量提高到3.3件。

——资源节约环境保护成效显著。耕地保有量保持在18.18亿亩。单位工业增加值用水量降低30%，农业灌溉用水有效利用系数提高到0.53。非化石能源占一次能源消费比重达到11.4%。单位国内生产总值能源消耗降低16%，单位国内生产总值二氧化碳排放降低17%。主要污染物排放总量显著减少，化学需氧量、二氧化硫排放分别减少8%，氨氮、氮氧化物排放分别减少10%。森林覆盖率提高到21.66%，森林蓄积量增加6亿立方米。

——人民生活持续改善。全国总人口控制在13.9亿人以内。人均预期寿命提高1岁，达到74.5岁。城镇居民人均可支配收入和农村居民人均纯收入分别年均增长7%以上。新型农村社会养老保险实现制度全覆盖，城镇参加基本养老保险人数达到3.57亿人，城乡三项基本医疗保险参保率提高3个百分点。城镇保障性安居工程建设3600万套。贫困人口显著减少。

——社会建设明显加强。覆盖城乡居民的基本公共服务体系逐步完善。全民族思想道德素质、科学文化素质和健康素质不断提高。社会主义民主法制更加健全，人民权益得到切实保障。文化事业加快发展，文化产业占国民经济比重明显提高。社会管理制度趋于完善，社会更加和谐稳定。

——改革开放不断深化。财税金融、要素价格、垄断行业等重要领域和关键环节改革取得明显进展，政府职能加快转变，政府公信力和行政效率进一步提高。对外开放广度和深度不断拓展，互利共赢开放格局进一步形成。

专栏2　"十二五"时期经济社会发展主要指标

指　标		2010年	2015年	年均增长（%）	属　性
经济发展					
国内生产总值（万亿元）		39.8	55.8	7	预期性
服务业增加值比重（%）		43	47	[4]	预期性
城镇化率（%）		47.5	51.5	[4]	预期性
科技教育					
九年义务教育巩固率（%）		89.7	93	[3.3]	约束性
高中阶段教育毛入学率（%）		82.5	87	[4.5]	预期性
研究与试验发展经费支出占国内生产总值比重（%）		1.75	2.2	[0.45]	预期性
每万人口发明专利拥有量（件）		1.7	3.3	[1.6]	预期性
资源环境					
耕地保有量（亿亩）		18.18	18.18	[0]	约束性
单位工业增加值用水量降低（%）				[30]	约束性
农业灌溉用水有效利用系数		0.5	0.53	[0.03]	预期性
非化石能源占一次能源消费比重（%）		8.3	11.4	[3.1]	约束性
单位国内生产总值能源消耗降低（%）				[16]	约束性
单位国内生产总值二氧化碳排放降低（%）				[17]	约束性
主要污染物排放总量减少（%）	化学需氧量			[8]	约束性
	二氧化硫			[8]	
	氨氮			[10]	
	氮氧化物			[10]	
森林增长	森林覆盖率（%）	20.36	21.66	[1.3]	约束性
	森林蓄积量（亿立方米）	137	143	[6]	
人民生活					
城镇居民人均可支配收入（元）		19109	>26810	>7	预期性
农村居民人均纯收入（元）		5919	>8310	>7	预期性
城镇登记失业率（%）		4.1	<5		预期性
城镇新增就业人数（万人）				[4500]	预期性
城镇参加基本养老保险人数（亿人）		2.57	3.57	[1]	约束性
城乡三项基本医疗保险参保率（%）				[3]	约束性
城镇保障性安居工程建设（万套）				[3600]	约束性
全国总人口（万人）		134100	<139000	<7.2‰	约束性
人均预期寿命（岁）		73.5	74.5	[1]	预期性

注：①国内生产总值和城乡居民收入绝对数按2010年价格计算，增长速度按可比价格计算；②[ ]内为五年累计数；③城乡三项基本医疗保险参保率指年末参加城镇职工基本医疗保险、城镇居民基本医疗保险和新型农村合作医疗的总人数与年末全国总人口之比；④城乡居民收入增长按照不低于国内生产总值增长预期目标确定，在实施中要努力实现和经济发展同步。

第四章 政策导向

实现经济社会发展目标，必须紧紧围绕推动科学发展、加快转变经济发展方式，统筹兼顾，改革创新，着力解决经济社会发展中不平衡、不协调、不可持续的问题，明确重大政策导向：

——加强和改善宏观调控。巩固和扩大应对国际金融危机冲击成果，把短期调控政策和长期发展政策有机结合起来，加强财政、货币、投资、产业、土地等各项政策协调配合，提高宏观调控的科学性和预见性，增强针对性和灵活性，合理调控经济增长速度，更加积极稳妥地处理好保持经济平稳较快发展、调整经济结构、管理通胀预期的关系，实现经济增长速度和结构质量效益相统一。

——建立扩大消费需求的长效机制。把扩大消费需求作为扩大内需的战略重点，通过积极稳妥推进城镇化、实施就业优先战略、深化收入分配制度改革、健全社会保障体系和营造良好的消费环境，增强居民消费能力，改善居民消费预期，促进消费结构升级，进一步释放城乡居民消费潜力，逐步使我国国内市场总体规模位居世界前列。

——调整优化投资结构。发挥投资对扩大内需的重要作用，保持投资合理增长，完善投资体制机制，明确界定政府投资范围，规范国有企业投资行为，鼓励扩大民间投资，有效遏制盲目扩张和重复建设，促进投资消费良性互动，把扩大投资和增加就业、改善民生有机结合起来，创造最终需求。

——同步推进工业化、城镇化和农业现代化。坚持工业反哺农业、城市支持农村和多予少取放活方针，充分发挥工业化、城镇化对发展现代农业、促进农民增收、加强农村基础设施和公共服务的辐射带动作用，夯实农业农村发展基础，加快现代农业发展步伐。

——依靠科技创新推动产业升级。面向国内国际两个市场，发挥科技创新对产业结构优化升级的驱动作用，加快国家创新体系建设，强化企业在技术创新中的主体地位，引导资金、人才、技术等创新资源向企业聚集，推进产学研战略联盟，提升产业核心竞争力，推动三次产业在更高水平上协同发展。

——促进区域协调互动发展。实施区域发展总体战略和主体功能区战略，把实施西部大开发战略放在区域发展总体战略优先位置，充分发挥各地区比较优势，促进区域间生产要素合理流动和产业有序转移，在中西部地区培育新的区域经济增长极，增强区域发展的协调性。

——健全节能减排激励约束机制。优化能源结构，合理控制能源消费总量，完善资源性产品价格形成机制和资源环境税费制度，健全节能减排法律法规和标准，强化节能减排目标责任考核，把资源节约和环境保护贯穿于生产、流通、消费、建设各领域各环节，提升可持续发展能力。

——推进基本公共服务均等化。把基本公共服务制度作为公共产品向全民提供，完善公共财政制度，提高政府保障能力，建立健全符合国情、比较完整、覆盖城乡、可持续的基本公共服务体系，逐步缩小城乡区域间人民生活水平和公共服务的差距。

——加快城乡居民收入增长。健全初次分配和再分配调节体系，合理调整国家、企业、个人分配关系，努力实现居民收入增长和经济发展同步、劳动报酬增长和劳动生产率提高同步，明显增加低收入者收入，持续扩大中等收入群体，努力扭转城乡、区域、行业和社会成员之间收入差距扩大趋势。

——加强和创新社会管理。提高社会管理能力，创新社会管理体制机制，加快服务型政府建设，在服务中实施管理，在管理中体现服务，着力解决影响社会和谐稳定的源头性、基础性、根本性问题，保持社会安定有序和充满活力。

第二篇 （略）

第三篇 转型升级 提高产业核心竞争力

坚持走中国特色新型工业化道路，适应市场需求变化，根据科技进步新趋势，发挥我国产业在全球经济中的比较优势，发展结构优化、技术先进、清洁安全、附加值高、吸纳就业能力强的现代产业体系。

第九章 改造提升制造业

优化结构、改善品种质量、增强产业配套能力、淘汰落后产能，发展先进装备制造业，调整优化原材料工业，改造提升消费品工业，促进制造业由大变强。

第一节 推进重点产业结构调整

装备制造行业要提高基础工艺、基础材料、基础元器件研发和系统集成水平，加强重大技术成套装备研发和产业化,推动装备产品智能化。船舶行业要适应国际造船新标准,建立现代造船模式,发展高技术、高附加值船舶和配套设备。汽车行业要强化整车研发能力,实现关键零部件技术自主化,提高节能、环保和安全技术水平。冶金和建材行业要立足国内需求,严格控制总量扩张,优化品种结构,在产品研发、资源综合利用和节能减排等方面取得新进展。石化行业要积极探索原料多元化发展新途径,重点发展高端石化产品,加快化肥原料调整,推动油品质量升级。轻纺行业要强化环保和质量安全,加强企业品牌建设,提升工艺技术装备水平。包装行业要加快发展先进包装装备、包装新材料和高端包装制品。电子信息行业要提高研发水平,增强基础电子自主发展能力,引导向产业链高端延伸。建筑业要推广绿色建筑、绿色施工,着力用先进建造、材料、信息技术优化结构和服务模式。加大淘汰落后产能力度,压缩和疏导过剩产能。

第二节 优化产业布局

按照区域主体功能定位,综合考虑能源资源、环境容量、市场空间等因素,优化重点产业生产力布局。主要依托国内能源和矿产资源的重大项目,优先在中西部资源地布局;主要利用进口资源的重大项目,优先在沿海沿边地区布局。有序推进城市钢铁、有色、化工企业环保搬迁。优化原油加工能力布局,促进上下游一体化发展。引导生产要素集聚,依托国家重点工程,打造一批具有国际竞争能力的先进制造业基地。以产业链条为纽带,以产业园区为载体,发展一批专业特色鲜明、品牌形象突出、服务平台完备的现代产业集群。

第三节 加强企业技术改造

制定支持企业技术改造的政策,加快应用新技术、新材料、新工艺、新装备改造提升传统产业,提高市场竞争能力。支持企业提高装备水平、优化生产流程,加快淘汰落后工艺技术和设备,提高能源资源综合利用水平。鼓励企业增强新产品开发能力,提高产品技术含量和附加值,加快产品升级换代。推动研发设计、生产流通、企业管理等环节信息化改造升级,推行先进质量管理,促进企业管理创新。推动一批产业技术创新服务平台建设。

第四节 引导企业兼并重组

坚持市场化运作,发挥企业主体作用,完善配套政策,消除制度障碍,以汽车、钢铁、水泥、机械制造、电解铝、稀土、电子信息、医药等行业为重点,推动优势企业实施强强联合、跨地区兼并重组,提高产业集中度。推动自主品牌建设,提升品牌价值和效应,加快发展拥有国际知名品牌和核心竞争力的大型企业。

第五节 促进中小企业发展

大力发展中小企业,完善中小企业政策法规体系。促进中小企业加快转变发展方式,强化质量诚信建设,提高产品质量和竞争能力。推动中小企业调整结构,提升专业化分工协作水平。引导中小企业集群发展,提高创新能力和管理水平。创造良好环境,激发中小企业发展活力。建立健全中小企业金融服务和信用担保体系,提高中小企业贷款规模和比重,拓宽直接融资渠道。落实和完善税收等优惠政策,减轻中小企业社会负担。

专栏3 制造业发展重点方向	
01	装备制造 推动装备制造由生产型制造向服务型制造转变,推进产品数控化、生产绿色化和企业信息化。发展战略性新兴产业及基础设施等重点领域所需装备。推进铸造、锻造、焊接、热处理、表面处理等基础工艺专业化生产,提升轴承、齿轮、模具、液压、自控等基础零部件水平。
02	船舶 按照国际造船新规范,推进散货船、油船、集装箱船三大主流船型升级换代。提高船舶配套业和装船率水平。重点发展大型液化天然气(LNG)船、大型液化石油气(LPG)船、远洋渔船、豪华游轮等高技术高附加值船舶。加快海洋移动钻井平台、浮式生产系统、海洋工程作业船和辅助船及关键配套设备、系统自主设计制造。

（续）

03	汽车 建设原理创新、产品创新和产业化创新体系。重点突破动力电池、驱动电机等关键零部件及动力总成管理控制系统。推广高效内燃机、高效传动与驱动、材料与结构轻量化、整车优化、普通混合动力技术，推动汽车产品节能。
04	钢铁 重点发展高速铁路用钢、高牌号无取向硅钢、高磁感取向硅钢、高强度机械用钢等关键钢材品种。支持非高炉炼铁、洁净钢生产、资源综合利用等技术开发。重点推广能源管控系统技术和高温高压干熄焦、余热综合利用、烧结烟气脱硫等节能减排技术。加快原料基地建设。
05	有色金属 重点发展航空航天、电子信息等领域所需关键材料。支持冶炼前沿技术及短流程、连续化工艺技术和节能减排技术推广应用，鼓励再生资源循环利用和低品位矿、共伴生矿、难选冶矿、尾矿和废渣资源综合利用。
06	建材 重点发展光伏玻璃、超薄基板玻璃、特种玻纤、特种陶瓷等新材料。支持水泥窑协同处置城市生活垃圾、污泥生产线和建筑废弃物综合利用示范线的建设。大力发展符合绿色建筑要求的新型建材及制品。
07	石化 建设大型炼化一体化基地。开展煤电化一体化、二氧化碳利用、汞污染治理工程示范。油品质量达到国Ⅳ标准。烯烃原料多元化率达到20%。淘汰一批高毒高残留农药。
08	轻工 推进新型电池、农用新型塑料、节能环保电光源和智能化家电等关键技术的产业化。加快重点行业装备自主化。继续推进林纸一体化工程建设。支持食品精深加工，加强食品安全检测能力建设，健全食品企业质量诚信体系。
09	纺织 推进高新技术纤维和新一代功能性、差别化纤维的产业化及应用。加快发展产业用纺织品。推动高端纺机和配件自主化。支持废旧纺织品循环利用。

第十章 培育发展战略性新兴产业

以重大技术突破和重大发展需求为基础，促进新兴科技与新兴产业深度融合，在继续做强做大高技术产业基础上，把战略性新兴产业培育发展成为先导性、支柱性产业。

第一节 推动重点领域跨越发展

大力发展节能环保、新一代信息技术、生物、高端装备制造、新能源、新材料、新能源汽车等战略性新兴产业。节能环保产业重点发展高效节能、先进环保、资源循环利用关键技术装备、产品和服务。新一代信息技术产业重点发展新一代移动通信、下一代互联网、三网融合、物联网、云计算、集成电路、新型显示、高端软件、高端服务器和信息服务。生物产业重点发展生物医药、生物医学工程产品、生物农业、生物制造。高端装备制造产业重点发展航空装备、卫星及应用、轨道交通装备、智能制造装备。新能源产业重点发展新一代核能、太阳能热利用和光伏光热发电、风电技术装备、智能电网、生物质能。新材料产业重点发展新型功能材料、先进结构材料、高性能纤维及其复合材料、共性基础材料。新能源汽车产业重点发展插电式混合动力汽车、纯电动汽车和燃料电池汽车技术。战略性新兴产业增加值占国内生产总值比重达到8%左右。

第二节 实施产业创新发展工程

以掌握产业核心关键技术、加速产业规模化发展为目标，发挥国家重大科技专项引领支撑作用，依托优势企业、产业集聚区和重大项目，统筹技术开发、工程化、标准制定、应用示范等环节，支持商业模式创新和市场拓展，组织实施若干重大产业创新发展工程，培育一批战略性新兴产业骨干企业和示范基地。

专栏4　战略性新兴产业创新发展工程

01	节能环保产业 实施节能环保重大示范工程，推进高效节能、先进环保和资源循环利用产业化。
02	新一代信息技术产业 建设新一代移动通信网、下一代互联网和数字广播电视网，建设物联网应用示范工程，实施网络产品产业化专项，建设集成电路、平板显示、软件和信息服务等产业基地。
03	生物产业 建设医药、重要动植物、工业微生物菌种等基因资源信息库，建设生物药物和生物医学工程产品研发与产业化基地，建设生物育种研发、试验、检测及良种繁育基地，建设生物制造应用示范平台。
04	高端装备制造产业 建设新型国产干线支线飞机、通用飞机、直升机产业化平台，建设导航、遥感、通信等卫星组成的空间基础设施框架，发展智能控制系统、高档数控机床、高速列车及城市轨道交通装备等。
05	新能源产业 建设新一代核电装备、大型风力发电机组及零部件、高效太阳能发电和热利用新组件、生物质能转换利用技术和智能电网装备等产业基地，实施海上风电、太阳能发电和生物质能规模化应用示范工程。
06	新材料产业 推进航空航天、能源资源、交通运输、重大装备等领域急需的碳纤维、半导体材料、高温合金材料、超导材料、高性能稀土材料、纳米材料等研发及产业化。
07	新能源汽车产业 开展插电式混合动力汽车、纯电动汽车研发及大规模商业化示范工程，推进产业化应用。

第三节　加强政策支持和引导

设立战略性新兴产业发展专项资金和产业投资基金，扩大政府新兴产业创业投资规模，发挥多层次资本市场融资功能，带动社会资金投向处于创业早中期阶段的创新型企业。综合运用风险补偿等财政优惠政策，鼓励金融机构加大信贷支持力度。完善鼓励创新、引导投资和消费的税收支持政策。加快建立有利于战略性新兴产业发展的行业标准和重要产品技术标准体系。支持新产品应用的配套基础设施建设，为培育和拓展市场需求创造良好环境。

第十一章　推动能源生产和利用方式变革

坚持节约优先、立足国内、多元发展、保护环境，加强国际互利合作，调整优化能源结构，构建安全、稳定、经济、清洁的现代能源产业体系。

第一节　推进能源多元清洁发展

发展安全高效煤矿，推进煤炭资源整合和煤矿企业兼并重组，发展大型煤炭企业集团。有序开展煤制天然气、煤制液体燃料和煤基多联产研发示范，稳步推进产业化发展。加大石油、天然气资源勘探开发力度，稳定国内石油产量，促进天然气产量快速增长，推进煤层气、页岩气等非常规油气资源开发利用。发展清洁高效、大容量燃煤机组，优先发展大中城市、工业园区热电联产机组，以及大型坑口燃煤电站和煤矸石等综合利用电站。在做好生态保护和移民安置的前提下积极发展水电，重点推进西南地区大型水电站建设，因地制宜开发中小河流水能资源，科学规划建设抽水蓄能电站。在确保安全的基础上高效发展核电。加强并网配套工程建设，有效发展风电。积极发展太阳能、生物质能、地热能等其他新能源。促进分布式能源系统的推广应用。

第二节　优化能源开发布局

统筹规划全国能源开发布局和建设重点，建设山西、鄂尔多斯盆地、内蒙古东部地区、西南地区和新疆五大国家综合能源基地，重点在东部沿海和中部部分地区发展核电。提高能源就地加工转化水平，减少一次能源大规模长距离输送压力。合理规划建设能源储备设施，完善石油储备体系，加强天然气和煤炭储备与调峰应急能力建设。

第三节　加强能源输送通道建设

加快西北、东北、西南和海上进口油气战略通道建设，完善国内油气主干管网。统筹天然气进口管道、液化天然气接收站、跨区域骨干输气网和配气管网建设，初步形成天然气、煤层气、煤制气协调发展的供气格局。适应大规模跨区输电和新能源发电并网的要求，加快现代电网体系建设，进一步扩大西电东送规模，完善区域主干电网，发展特高压等大容量、高效率、远距离先进输电技术，依托信息、控制和储能等先进技术，推进智能电网建设，切实加强城乡电网建设与改造，增强电网优化配置电力能力和供电可靠性。

	专栏5　能源建设重点	
01	煤炭开发与转化	
	加快陕北、黄陇、神东、蒙东、宁东煤炭基地建设，稳步推进晋北、晋中、晋东、云贵煤炭基地建设，启动新疆煤炭基地建设。依托以上煤炭基地建设若干大型煤电基地。	
02	稳油增气	
	推进形成塔里木和准噶尔盆地、松辽盆地、鄂尔多斯盆地、渤海湾盆地，四川盆地5个油气规模生产区，加快近海海域和深水油气田勘探开发。加大煤炭矿区煤层气抽采利用。适当增加炼油能力。	
03	核电	
	加快沿海省份核电发展，稳步推进中部省份核电建设，开工建设核电4000万kW。	
04	可再生能源	
	建设金沙江、雅砻江、大渡河等重点流域的大型水电站，开工建设水电1.2亿kW。建设6个陆上和2个沿海及海上大型风电基地，新建装机7000万kW以上。以西藏、内蒙古、甘肃、宁夏、青海、新疆、云南等省区为重点，建成太阳能电站500万kW以上。	
05	油气管网	
	建设中哈原油管道二期、中缅油气管道境内段、中亚天然气管道二期，以及西气东输三线、四线工程。输油气管道总长度达到15万km左右。加快储气库建设。	
06	电网	
	加快大型煤电、水电和风电基地外送电工程建设，形成若干条采用先进特高压技术的跨区域输电通道。建成330kV及以上输电线路20万km。开展智能电网建设试点，改造建设智能变电站，推广应用智能电表，配套建设电动汽车充电设施。	

第十二章　构建综合交通运输体系

按照适度超前原则，统筹各种运输方式发展，基本建成国家快速铁路网和高速公路网，初步形成网络设施配套衔接、技术装备先进适用、运输服务安全高效的综合交通运输体系。

第一节　完善区际交通网络

加快铁路客运专线、区际干线、煤运通道建设，发展高速铁路，形成快速客运网，强化重载货运网。完善国家公路网规划，加快国家高速公路网剩余路段、瓶颈路段建设，加强国省干线公路改扩建。大力推进长江等内河高等级航道建设，推动内河运输船舶标准化和港口规模化发展。完善煤炭、石油、铁矿石、集装箱等运输系统，提升沿海地区港口群现代化水平。完善以国际枢纽机场和干线机场为骨干、支线机场为补充的航空网络，积极推动通用航空发展，改革空域管理体制，提高空域资源配置使用效率。

第二节　建设城际快速网络

适应城市群发展需要，以轨道交通和高速公路为骨干，以国省干线公路为补充，推进城市群内多层次城际快速交通网络建设，建成京津冀、长江三角洲、珠江三角洲三大城市群城际交通网络，推进重点开发区域城市群的城际干线建设。

第三节 优先发展公共交通

实施公共交通优先发展战略,大力发展城市公共交通系统,提高公共交通出行分担比率。科学制定城市轨道交通技术路线,规范建设标准,有序推进轻轨、地铁、有轨电车等城市轨道交通网络建设。积极发展地面快速公交系统,提高线网密度和站点覆盖率。规范发展城市出租车业,合理引导私人机动车出行,倡导非机动方式出行。优化换乘中心功能和布局,提高出行效率。统筹城乡公共交通一体化发展。

第四节 提高运输服务水平

按照客运零距离换乘、货运无缝化衔接的要求,加强铁路、公路、港口、机场、城市公共交通的有机衔接,加快综合交通枢纽建设。推广先进装备技术应用,提高交通运输信息化水平。优化运输组织,创新服务方式,推进客票一体联程、货物多式联运。大力发展节能环保的运输工具和运输方式。积极发展公路甩挂运输。加强安全管理,保障运输安全。

专栏6 交通建设重点

01	铁路 建成"四纵四横"客运专线,建设城市群城际轨道交通干线,建设兰新铁路第二双线、郑州至重庆等区际干线,基本建成快速铁路网,营业里程达到 4.5 万 km,基本覆盖 50 万以上人口城市。建成拉萨至日喀则等西部干线,建设山西中南部、蒙西至华中地区等煤运通道。研究建设琼州海峡跨海工程、川藏铁路。
02	城市轨道交通 建设北京、上海、广州、深圳等城市轨道交通网络化系统,建成天津、重庆、沈阳、长春、武汉、西安、杭州、福州、南昌、昆明等城市轨道交通主骨架,规划建设合肥、贵阳、石家庄、太原、济南、乌鲁木齐等城市轨道交通骨干线路。
03	公路 基本建成由 7 条放射线、9 条纵线和 18 条横线组成的国家高速公路网,通车里程达到 8.3 万 km,基本覆盖 20 万以上人口城市。加大国省干线公路改造力度,国道二级及以上公路里程比重达到 70% 以上,基本实现具备条件的县城通二级及以上标准公路。
04	沿海港口 建设北方煤炭下水港装船码头及华东、华南煤炭中转储运基地工程,大连等港口的大型原油接卸码头工程,宁波—舟山等港口的大型铁矿石接卸码头工程,上海、天津等港口的集装箱码头工程。新增万吨级及以上深水泊位 440 个左右。
05	内河水运 整治长江上游航道,实施长江中游荆江河段航道治理工程,稳步推进长江口 12.5m 深水航道向上延伸。实施西江航运干线扩能工程和京杭运河升级改造工程,推进长江三角洲高等级航道网及其他高等级航道建设。
06	民航 建设北京新机场,扩建广州、南京、长沙、海口、哈尔滨、南宁、兰州、银川等机场,新建一批支线机场和通用机场。研究建设成都、青岛、厦门等新机场。加快新一代空管系统建设。
07	综合交通枢纽 建设 42 个全国性综合交通枢纽。

第十三章 全面提高信息化水平

加快建设宽带、融合、安全、泛在的下一代国家信息基础设施,推动信息化和工业化深度融合,推进经济社会各领域信息化。

第一节 构建下一代信息基础设施

统筹布局新一代移动通信网、下一代互联网、数字广播电视网、卫星通信等设施建设,形成超高速、大容量、高智能国家干线传输网络。引导建设宽带无线城市，推进城市光纤入户，加快农村地区宽带网络建设，全面提高宽带普及率和接入带宽。推动物联网关键技术研发和在重点领域的应用示范。加强云计算服务平台建设。以广电和电信业务双向进入为重点，建立健全法律法规和标准，实现电信网、广电网、互联网三网融合，促进网络互联互通和业务融合。

第二节 加快经济社会信息化

推动经济社会各领域信息化。积极发展电子商务，完善面向中小企业的电子商务服务，推动面向全社会的信用服务、网上支付、物流配送等支撑体系建设。大力推进国家电子政务建设，推动重要政务信息系统互联互通、信息共享和业务协同，建设和完善网络行政审批、信息公开、网上信访、电子监察和审计体系。加强市场监管、社会保障、医疗卫生等重要信息系统建设，完善地理、人口、法人、金融、税收、统计等基础信息资源体系，强化信息资源的整合，规范采集和发布，加强社会化综合开发利用。

第三节 加强网络与信息安全保障

健全网络与信息安全法律法规，完善信息安全标准体系和认证认可体系，实施信息安全等级保护、风险评估等制度。加快推进安全可控关键软硬件应用试点示范和推广，加强信息网络监测、管控能力建设，确保基础信息网络和重点信息系统安全。推进信息安全保密基础设施建设，构建信息安全保密防护体系。加强互联网管理，确保国家网络与信息安全。

第十四章 推进海洋经济发展

坚持陆海统筹，制定和实施海洋发展战略，提高海洋开发、控制、综合管理能力。

第一节 优化海洋产业结构

科学规划海洋经济发展，合理开发利用海洋资源，积极发展海洋油气、海洋运输、海洋渔业、滨海旅游等产业，培育壮大海洋生物医药、海水综合利用、海洋工程装备制造等新兴产业。加强海洋基础性、前瞻性、关键性技术研发，提高海洋科技水平，增强海洋开发利用能力。深化港口岸线资源整合和优化港口布局。制定实施海洋主体功能区规划，优化海洋经济空间布局。推进山东、浙江、广东等海洋经济发展试点。

第二节 加强海洋综合管理

加强统筹协调，完善海洋管理体制。强化海域和海岛管理，健全海域使用权市场机制，推进海岛保护利用，扶持边远海岛发展。统筹海洋环境保护与陆源污染防治，加强海洋生态系统保护和修复。控制近海资源过度开发，加强围填海管理，严格规范无居民海岛利用活动。完善海洋防灾减灾体系，增强海上突发事件应急处置能力。加强海洋综合调查与测绘工作，积极开展极地、大洋科学考察。完善涉海法律法规和政策，加大海洋执法力度，维护海洋资源开发秩序。加强双边多边海洋事务磋商，积极参与国际海洋事务，保障海上运输通道安全，维护我国海洋权益。

电子信息制造业"十二五"发展规划

中华人民共和国工业和信息化部 发布

前 言

电子信息制造业是国民经济的战略性、基础性、先导性产业，是加快工业转型升级及国民经济和社会信息化建设的技术支撑与物质基础，是保障国防建设和国家信息安全的重要基石。"十二五"时期是我国坚持走新型工业化道路、加快转变经济发展方式、全面建设小康社会的关键时期，也是电子信息制造业调结构、转方式、增强产业核心竞争力、提升发展质量效益、由大变强的攻坚时期。为贯彻落实《国民经济和社会发展第十二个五年规划纲要》，按照《工业转型升级"十二五"规划》、《国民经济和社会发展信息化"十二五"规划》及《信息产业"十二五"发展规划》的总体部署和要求，编制《电子信息制造业"十二五"发展规划》，作为"十二五"期间电子信息制造业发展的指导性文件。

一、"十一五"发展回顾

"十一五"时期，我国电子信息制造业抓住国家经济社会发展和国际产业转移的重大机遇，克服国际金融危机的不利影响，积极推进结构调整，着力加强自主创新，实现了产业的稳步增长，对经济社会发展的支撑引领作用愈益凸显。

（一）产业规模稳步扩大

2010年，我国规模以上电子信息制造业销售收入达63945亿元，较2005年（31010亿元）翻一番，五年间年均增速超过15%；出口占全国外贸出口的比重一直保持在30%以上；彩电、微型计算机、手机等主要整机产品产量分别达1.2亿台、2.5亿台和10亿部，均占全球总产量40%以上，五年间年均增速分别为7.4%、24.9%和26.9%；规模以上电子信息制造业从业人员达880万人，比2005年增长329万人，占全国工业从业人员比重从2005年的8%提高到10%。

电子信息制造业"十一五"规模指标增长情况表

指 标	2005年	2010年	年均增长（%）
销售收入（亿元）	31010	63945	15.6
利润（亿元）	1358	2825	15.8
出口额（亿美元）	2682	5912	17.1
从业人员（万人）	551	880	9.8

（二）结构调整初见成效

技术升级换代加快，高端产品增速强劲。2010年，平板电视、笔记本电脑占彩电和计算机比重均已超过75%，多条集成电路12英寸线、首条六代液晶面板线建成投产。积极适应网络化、智能化、服务化新趋势，大型整机企业向服务领域延伸，着力发展移动互联网、云计算、物联网等新兴应用。产业集中度明显提高，以百强企业为代表的骨干企业竞争力显著增强。2005年到2010年，电子信息百强企业主营业务收入由9643亿元增长到15354亿元，创造了全行业1/4的销售收入、1/3以上的利润和1/2以上的税收，出现了华为、联想、海尔等销售收入过千亿元的企业。中、西部地区发展步伐加快，2008年至2010年，规模以上电子信息制造业销售收入增速连续三年高于全国平均水平10个百分点以上。

（三）自主创新能力有所增强

国家投入力度不断加大，科技重大专项持续实施，企业为主体的创新体系逐步形成。高世代薄膜晶体管液晶显示屏（TFT-LCD）和等离子显示屏（PDP）面板规模化生产技术取得重大进展，填补了国产平板电视面板空白。中央处理器（CPU）、移动通信芯片等一批中高端集成电路产品取得突破，65纳米先进工艺和高压工艺等特色技术实现量产，三维封装等新型封装技术均有开发和生产应用。高密度离子刻蚀机、大角度离子注入机等集成电路核心制造设备进入生产线。千万亿次高性能计算机研制成功，迈入国际先进行列。时分同步码分多址接入（TD-SCDMA）技术形成完整的产业链体系，实现规模商用，40G超大容量光传输系统领域取得技术突破。数字电视地面传输技术及数字音视频编解码技术达到国际先进水平。标准和知识产权战略有力推进，形成了时分双工长期演进技术（TD-LTE）、数字视频编解码标准（AVS）、数字音频编解码标准（DRA）、地面数字电视传输标准（DTMB）、闪联等一批以自主知识产权为依托的技术标准。2010 年全国信息技术领域专利申请总量超过 110 万件，稳居各行业之首。

（四）产业集聚发展效应明显

长江三角洲、珠江三角洲、环渤海和福厦沿海四大产业集聚区的工业增加值、销售收入、利润和从业人员占全行业比重均已超过 80％，建立了高度细化的产业配套分工体系，具备了较为完备的产业配套能力，发展成为影响全球市场的国际化生产制造基地，提升了我国在全球产业链中的地位。中西部承接产业转移能力不断增强，形成了整机制造、光电子、平板显示、太阳能光伏等特色化发展的产业基地，产业集聚效应日益显现。

（五）支撑引领作用愈益凸显

信息技术及产品在推动工业转型升级、促进两化深度融合等方面发挥了积极作用，钢铁、化工、汽车、船舶、航空等主要行业大中型企业数字化设计工具普及率超过 60％，关键工序数（自）控化率超过 50％，制造技术和信息技术融合步伐进一步加快。信息技术在工业领域深度融合和渗透，汽车电子、机床电子、医疗电子、智能交通、金融电子等量大面广、拉动性强的产品及信息系统发展迅速，为加快推进国民经济与社会信息化建设、保障信息安全提供了重要的技术和产品支撑。

经过五年的发展，我国电子信息制造大国的地位进一步巩固，总体实力跃上新台阶，但产业发展的深层次问题和结构性矛盾仍然突出，主要表现为：关键核心技术受制于人，产业总体上仍处价值链中低端，代工制造和加工贸易所占比重较高，研发投入强度与发达国家相比尚有差距，资源配置较为分散，产业政策环境亟待完善，内需带动机制尚未健全。这些问题和矛盾制约了我国电子信息制造业由大变强，需要在"十二五"时期着力解决。

二、"十二五"面临的形势

（一）电子信息产业仍是全球竞争的战略重点

电子信息产业具有集聚创新资源与要素的特征，仍是当前全球创新最活跃、带动性最强、渗透性最广的领域。新一代信息技术正在步入加速成长期，带动产业格局深刻变革。金融危机以来，不仅美国、日本、欧盟等主要发达国家和地区纷纷将发展电子信息产业提升到国家战略高度，抢占未来技术和产业竞争制高

点，巴西、俄罗斯、印度等国也着力发展电子信息产业，增长尤为迅速，竞争在全球范围内更加激烈。

（二）融合创新推动产业格局发生重大变革

信息产业各行业边界逐渐模糊，信息通信技术在各类终端产品中应用日益广泛，云计算、物联网、移动互联网等新兴领域蓬勃发展。价值链重点环节发生转移，组装制造环节附加值日趋减少，国际领先企业纷纷立足内容及服务环节加快产业链整合，以争夺产业链主导权。制造业、软件业、运营业与内容服务业加速融合，新技术、新产品、新模式不断涌现，对传统产业体系带来猛烈冲击，推动产业格局发生重大变革，既为我国带来发展的新机遇、新空间，也使我国面临着新一轮技术及市场垄断的严峻挑战。

（三）工业转型升级催生新的产业增长点

在实现由传统工业化道路向新型工业化道路转变、促进工业结构整体优化升级的进程中，信息技术及产品在工业各领域及生产各环节持续深化应用，综合集成度不断提升，与汽车、船舶、机械装备、新型材料等产品加速融合，为产业发展创造了广阔的市场空间。同时，随着节能环保、高端装备制造、新能源汽车等战略性新兴产业的崛起，信息技术在经济和社会各领域将得到更为深入的应用，形成一批辐射范围广、带动作用强的产业新增长点，为产业持续稳定健康发展提供坚实保障。

（四）国内外市场环境机遇与挑战并存

国际市场规模稳步扩大，新产品、新应用不断涌现，产业发展空间更为广阔；国家信息化建设全面深化，城镇化进程持续加速，市场化程度不断提升，居民收入增长、内需扩张、消费结构升级和市场机制完善，为产业发展提供新动力、新方向。同时，产业发展也面临严峻挑战，人民币升值压力增大，生产成本持续上升，资源和环境承载力不断下降，周边国家和地区同质竞争日益激烈，国际贸易保护势力抬头，以知识产权、低碳环保、产品安全为代表的技术性贸易限制措施被广泛使用，对我国电子信息制造业持续稳定发展造成一定的压力。

三、"十二五"发展思路和目标

（一）指导思想与发展思路

深入贯彻落实科学发展观，以转型升级为主线，坚持创新引领、应用驱动、融合发展。突破重点领域核心关键技术，夯实产业发展基础，深化信息技术应用，推动军民结合，统筹内外需市场，优化产业布局，着力提升产业核心竞争力，持续引导产业向价值链高端延伸，推动产业由大变强，为加快工业转型升

级及国民经济和社会信息化建设提供有力支撑。

——以转型升级为主线。加快新一代信息技术研发及产业化进程，培育壮大战略性新兴产业；加强培育自主品牌，提升国际化经营水平，增强产业发展质量与效益；完善重大产业布局，培育龙头骨干企业，提高产业集中度、规模效应及配套协作水平；稳定国际市场，进一步优化贸易结构；积极开拓国内市场，强化内生增长动力。

——以创新引领为根本动力。努力突破原始创新，大力推进集成创新，加强消化吸收再创新，不断完善以企业为主体的产业创新体系，形成完整创新链条，提升成果产业化效率；以国家科技重大专项及重大工程为抓手，加大研发投入，着力攻克一批核心关键技术。

——以应用驱动为关键支撑。加强信息技术推广应用，改造提升传统产业；重点发展工业控制、机床电子、汽车电子、医疗电子、金融电子、电力电子等量大面广、拉动作用强的产品，形成产业新增长点；加快培育战略性新兴领域，形成一批可快速带动产业增长的关键应用。

——以融合发展为重要途径。积极推进制造业向服务延伸，推动产品制造与软件和信息服务融合、制造业与运营业融合，大量催生新产品、新业态，鼓励引导商业模式创新；引导并加快产业链垂直整合进程，促进资源优化重组；推动军民技术互通互用，加快军民融合发展。

（二）发展目标

1. 结构目标

"十二五"期间，我国规模以上电子信息制造业销售收入年均增速保持在10%左右，2015年超过10万亿元；工业增加值年均增长超过12%；电子信息制造业中的战略性新兴领域销售收入年均增长25%。稳步推进加工贸易转型升级，鼓励加工贸易企业延长产业链、提升产品附加值，一般贸易比重不断增加。显著增强骨干企业核心竞争力及自主品牌市场影响力，形成5到8家销售收入过千亿元的大型骨干企业，努力培育销售收入过5000亿元的大企业。打造一批具有国际影响力、特色鲜明、配套合理的新型工业化产业示范基地和产业园区。军民融合发展取得新进展。

2. 创新目标

百强企业研发投入占销售收入比重超过5%；信息技术领域发明专利申请累计总量达到130万件左右；在集成电路、新型显示器件、关键元器件、重要电子材料及电子专用设备仪器等领域突破一批核心关键技术。集成电路产品满足国内市场需求近

30%，芯片制造业规模生产技术达到12in（注：1in＝0.0254m）、32/28纳米工艺；平板电视面板自给率达80%以上；建立完善的TD-LTE产业体系。

3. 节能环保目标

显著提升计算机、电视机等整机产品能效；生产过程能源、资源消耗进一步降低，太阳能级多晶硅生产平均综合电耗低于120kW·h/kg，印制电路行业铜回收再利用率提高到80%以上、水回收再利用率提高至30%以上；有效控制铅、汞、镉等有毒有害物质使用；废弃电器电子产品回收处理和再利用率显著提高。

四、主要任务与发展重点

（一）主要任务

1. 集中突破核心关键技术，全面提升产业核心竞争力

追踪和把握新一代信息技术重点方向及产业机遇，以企业为主体，坚持产学研用相结合，完善创新体系、增强创新能力，集中力量和资源突破核心关键技术。以整机需求为导向，大力开发高性能集成电路产品；加快发展新型平板显示、传感器等关键元器件，提高专用电子设备、仪器及材料的配套支撑能力；以新一代移动通信、下一代互联网、物联网、云计算等领域自主技术为基础，推动计算机、通信设备及视听产品升级换代；推进军民融合发展，加速军民共用电子信息技术开发和转化。

2. 着力发展战略性新兴领域，培育产业新增长点

紧密结合产业转型升级的趋势，统筹考虑市场需求和支撑条件，引领新兴产业发展。以新一代网络通信系统设备及智能终端、高性能集成电路、新型显示、云计算、物联网、数字家庭、关键电子元器件和材料七大领域作为战略性新兴领域，以重大工程应用为带动，加速创新成果产业化进程，打造完整产业链，培育一批辐射面广、带动力强的新增长点。

3. 推动企业做大做强，构建合理分工体系

加大企业技术改造力度，建立健全企业技术改造长效机制，提升企业效率效益。鼓励和引导企业兼并重组，支持龙头骨干企业开展并购。大力推动产业链整合，提高产业链管理及运作水平，强化产业链整体竞争力。以资本为纽带推进资源整合及产业融合，加快发展和形成一批掌握关键核心技术、创新能力突出、品牌知名度高、国际竞争力强的跨国大公司。促进中小企业向"专、精、特、新"方向发展，与大企业共同构建合理分工体系。探索创新合作机制，加强企业间的联合与协作，推动形成密切合作的研发体系，支持组建产业联盟。

4. 优化产业空间布局，加快形成区域新增长极

继续发挥东部地区的辐射带动作用，增强珠三角、长三角、环渤海和福厦沿海等优势地区的集聚效应，率先实现产业转型升级。支持中西部地区和东北等老工业基地立足自身优势，积极吸引国外投资，因地制宜地承接东部产业转移，切实增强研发能力，提高在产业分工体系和价值链中的地位。形成东、中、西部优势互补、良性互动、特色突出、协调发展的产业格局，培育一批具有较强辐射带动作用的新型工业化产业示范基地，加快推动中西部地区形成新增长极。

5. 统筹利用国内外市场资源，促进产业均衡发展

充分利用国内信息化、城镇化建设机遇，大力挖掘电子信息产品的行业应用市场，不断满足城乡消费者的多样化需求。积极拓展国际市场，持续优化出口结构，加大新兴市场开发力度，推动出口市场多元化。大力实施"走出去"战略，通过政策扶持、信用担保、完善通关服务等手段，鼓励有条件的骨干企业在境外设立分支机构、拓宽市场渠道、建立研发中心，与海外科技企业和研发机构开展多层次合作，增强国际竞争力。

6. 积极推进绿色制造，实现产业持续健康发展

突出"源头控制"与"末端治理"，构建产品全生命周期绿色化发展模式。建设产业绿色发展技术支持和公共服务平台，加强节能清洁生产技术和工艺的研发。针对各行业特点，建立环境影响评价体系和能效标准体系。提升低碳环保电子产品的标准和检测水平，减少有毒有害物质使用。严格控制"三废"排放，鼓励开展电子产品回收、处理和再利用。

7. 深化信息技术应用，服务经济社会发展

支持信息技术企业与传统工业企业开展多层次合作，推进信息技术和产品在工业各领域的广泛应用，提升工业研发设计、生产制造、营销服务等环节的自动化、智能化和信息化水平，支持应用电子产品和系统的研发及产业化，切实推动两化深度融合。推进信息技术和产品在交通、能源、水利、环保等领域的深度应用，加快国计民生重要领域基础设施智能化进程；大力推进信息技术和产品在医疗卫生、交通运输、文化教育、就业和社会保障等领域的广泛应用，提高公共服务水平。

8. 完善公共服务体系，优化产业发展环境

围绕基础产业和战略性新兴产业的发展，着力构建集成电路、平板显示、数字家庭、云计算、物联网、太阳能光伏、绿色照明等专业性公共服务平台，提供技术研发、成果转化、资本运作、知识产权、标准制定、产品检测、资质认证、人才服务、企业孵化和品牌推广等专业服务；加强产用合作，依托行业组织，推动重点工业领域信息技术应用平台建设，提供共性技术支持和公共服务；依托产业基地和专业园区，建设特色的区域性公共服务体系，引导和加强电子信息产业聚集区配套服务体系建设。

（二）发展重点

1. 计算机

加快计算机前沿技术创新，实现核心技术和关键领域的突破，进一步增强计算机产品自主研发、工业设计和主板制造能力，提升产业核心竞争力。把握移动互联网发展趋势，大力发展具备轻薄便携、低功耗、触控、高清与三维（3D）显示等特点的笔记本计算机、平板计算机等移动智能终端，以及大屏幕、触摸型一体式等新型计算机；促进"终端+应用+服务"的产业链整合，推动整机企业向服务延伸。加强计算机外部设备及耗材产品研发和产业化，发展彩色网络激光打印机、扫描仪、投影仪、闪存以及智能娱乐教育等产品。大力支持高安全性工业控制计算机、工控产品及系统的研发与应用，加快研究新一代工业控制计算机体系结构，积极开展工业控制计算机软硬件基础平台和安全性、可靠性技术等研究，提升我国工控产品及系统竞争力，在过程控制、安全生产、节能降耗、环境监控、智能交通、智能建筑、智能电网等领域推动工控产品及系统的应用。加快安全可靠计算机研发与应用，加强信息安全技术研究，大力推进网络安全、可信计算、数据安全等信息安全产品的研发与产业化。

以云计算应用需求为牵引，重点突破虚拟化、负载均衡、云存储以及绿色节能等云计算核心技术，支持适于云计算的服务器产品、网络设备、存储系统、云服务终端等关键产品的研发及产业化，建立配套完整的云计算相关产业链，为云计算规模化示范应用提供完整的设备解决方案，完善云计算公共服务体系。加强物联网技术研发，突破物联网感知信息采集、传输、处理、反馈控制等关键技术，支持无线射频识别（RFID）、编码识别设备、传感及处理控制节点等重点产品的研发与产业化，建立完善物联网标准体系，推动物联网应用。面向下一代互联网发展需求，重点支持高性能路由器、大容量汇聚交换设备、智能网关等网络关键设备研发与产业化，加快推进自主知识产权技术标准的国际化。

2. 通信设备

紧抓新一代通信网络建设和移动互联网快速发展机遇，加大 TD-SCDMA 终端研发力度，推进长期

演进技术及增强型长期演进技术（LTE/LTE-Advanced）研发和产业化。研究 LTE/LTE-Advanced 在应用过程中无线及网络组织的关键技术、网络演进、多技术协调等技术解决方案，推动新型绿色基站、无线网络组网、无线网络节能减排等关键技术与产品研发，推进 TD-SCDMA/LTE/LTE-Advanced 在数字城市、农村信息化等重点领域的应用示范。加速推动移动互联网相关技术产品和业务应用的研发与产业化进程，重点支持新型移动互联网终端、终端核心芯片、操作系统和中间件等关键技术和产品，以及 IP 承载网、接入感知与控制、移动互联网平台与资源关键技术研发与产业化。支持多模、多频终端芯片及高效能、低成本终端，IPv6/v4 双栈网络设备和终端、网络测试专用仪器、天线等关键配套产业体系。

推进智能光网络和大容量、高速率、长距离光传输、光纤接入（FTTx）等技术和产品的发展。重点支持 N×100G 比特/秒波分多路复用（WDM）高速光传输设备，N×T 比特/秒交叉容量的光传送网/分组传送网（OTN/PTN）大容量组网调度光传输设备，支持智能控制平面的光交换设备、光传输设备的研发与产业化；支持 10G 无源光网络（PON）局侧设备和光网络单元、PON 互通性测试系统的研发与产业化；支持高速相干光接收、超大功率低噪声光放大、波长选择性光交换等高端模块，高速激光芯片、光多片集成组件、光电集成芯片、高速数模芯片等高端芯片的研发。

推进宽带无线接入、多媒体数字集群及数字对讲技术和产业的发展。支持广域覆盖低成本宽带接入、超高速无线局域、面向专网应用的数字集群通信和数字对讲技术和产品的研发及产业化，加快推动无线局域网鉴别和保密基础结构（WAPI）技术的

产业链成熟和更广泛应用。推广在政府事务、公共安全、能源、物流、交通运输、现代农业等重点领域和行业的应用示范，提升相关技术产品在资源动态分配、管理和调度、协同干扰降噪、负载均衡、自适应和自组网、网络安全和信息保密等方面的能力，建设面向行业领域的专用通信系统完整产业链。积极推进基于北斗卫星通信导航系统的相关产品研发及产业化和推广应用。

3. 数字视听

加快推动彩电业转型升级，加强新型背光技术、3D 技术、激光技术、节能技术的研发及应用，提升核心技术掌控能力。加快发展 3D 电视、互联网电视、智能电视等新型产品，不断提升产品附加值。支持整机龙头企业向面板、模组等中、上游领域延伸，支持彩电产业配套的核心芯片、软件、关键器件、一体化模组、专用设备研发及产业化，推进终端制造业与内容服务业融合发展，提升平板电视全产业链竞争力。重点支持数字家庭智能终端、互联网关、多业务系统及应用支撑平台的研发及产业化；支持智能化、网络化视频监控设备及应用系统的研发与应用；大力推进数字家庭示范应用和数字家庭产业基地建设。加快推动地面数字电视接收机普及，支持 AVS、DRA 等自主音视频标准的应用，进一步推动地面数字电视标准的国内外应用。支持数字电视演播室设备、发射设备、传输设备、接收设备发展，鼓励发展高密度激光视盘机、数字音响系统、数字电影设备，推动视听产业向数字化、网络化、智能化和节能环保方向发展。支持骨干企业加强质量品牌建设和国际化经营，打造具有全球竞争力的龙头企业和知名品牌。

专栏1 整机价值链提升工程

产品创新。支持基于移动互联网业务的计算机、通信设备及终端创新，以及基于云计算的产品创新、技术创新和模式创新；支持高端服务器、网络存储系统等关键产品的研发和产业化，推动绿色智能数据中心关键设备及各类终端产品的研发与产业化；支持网络化、智能化、节能型数字电视产品和 3D 电视研发及产业化；支持多屏融合的数字家庭智能终端研发及产业化；推进下一代地面数字电视传输体系关键技术和系统技术研究，建设多业务平台；支持整机产品深度参与配套芯片研发及产业化。

模式创新。推动大型电子信息产品制造企业向服务领域延伸，加强设计、制造、服务融合互动，围绕核心价值环节促进产业链整合；抓住云计算、移动互联网等新兴应用快速发展契机，开拓增值服务，创新商业模式；健全产业公共服务体系，推进开放式运营平台、内容服务平台、网络服务平台、产品测试认证平台及知识产权服务平台建设。

品牌建设。支持数字视听、计算机和通信设备制造企业建设自主品牌，提升国产设备及终端的国际竞争力；引导企业加强产品质量管理，完善产品质量管理体系，提升品牌形象；鼓励企业加强国际战略合作，加快建设安全可控的市场渠道；制定知识产权战略，推动自主知识产权标准产业化和国际化应用。

4. 集成电路

以重点整机和重大信息化应用为牵引，加强技术创新、模式创新和制度创新，着力发展设计业，壮大芯片制造业，提升封装测试水平，增强关键设备、仪器及材料自主开发能力，推动集成电路产业做大做强。着力发展芯片设计业，开发高性能集成电路产品。围绕移动互联网、信息家电、物联网、智能电网和云计算等战略性新兴产业和重点领域的应用需求，突破CPU/数字信号处理器（DSP）/存储器等高端通用芯片，重点开发网络通信芯片、数模混合芯片、信息安全芯片、数字电视芯片、RFID芯片、传感器芯片、汽车电子芯片等量大面广产品，以及两化融合、战略性新兴产业重点领域的专用集成电路产品，形成系统方案解决能力。壮大芯片制造业规模，增强先进和特色工艺能力。持续支持12英寸先进工艺制造线和8英寸/6英寸特色工艺制造线的技术升级和产能扩充。加快45纳米及以下制造工艺技术的研发与应用，加强标准工艺、特色工艺模块开发和IP核的开发。提升封测业层次和能力，发展先进封测技术和产品。顺应集成电路产品向功能多样化的重要发展方向，大力发展先进封装和测试技术，推进高密度堆叠型三维封装产品的进程，支持封装工艺技术升级和产能扩充。提高测试技术水平和产业规模。完善产业链，突破关键专用设备、仪器、材料和电子设计自动化（EDA）工具。推进8英寸集成电路设备的产业化进程，支持12英寸集成电路生产设备、材料、工具、仪器的研发，形成成套工艺，推动国产装备在生产线上规模应用，推进集成电路产业链各环节的紧密协作，建立试验平台，加快产业化。

5. 关键电子元器件

大力发展基于表面贴装技术（SMT）的新型片式元件，积极支持基于微电子机械系统（MEMS）技术的新型元器件和基于低温共烧陶瓷（LTCC）技术的无源集成元件的研发和产业化。努力发展汽车电子系统所需的继电器、连接器、微电机、超级电容器等关键电子元件；加快为新能源汽车配套的镍氢电池，动力型、储能型锂离子电池及电池管理系统、电池成组技术的研发和产业化。围绕新一代通信技术发展，推动低成本光纤光缆、光器件、频率器件、数字音频声器件和混合集成电路等产业的发展。积极开发物联网、新能源、高端装备等战略性新兴产业发展所需的高性能高可靠传感器、电力电子功率元件、超高锂离子电池、专用真空电子器件等产品。加快发展高密度互连板、特种印制板、发

光二极管（LED）用印制板及现代光学所需的红外焦平面探测器、紫外探测器、微光像增强器等关键核心器件。在着眼于当前成熟技术发展的同时，密切关注未来技术发展趋势，准确把握创新性技术方向，优先支持创新性、共性技术研发，为产业可持续发展提供技术储备，为电子信息制造业的结构调整、产业升级、发展方式转变奠定重要的技术和产业基础。

6. 电子材料

半导体材料重点发展硅材料、化合物半导体材料、氮化镓和碳化硅等衬底材料、外延用原料、高性能陶瓷基板；高端LED封装材料，高亮度、大功率LED芯片材料；新型电力电子器件用关键材料；石墨和碳素系列保温材料。光电子材料重点发展高世代液晶显示屏（LCD）用玻璃基板，偏光片、彩色滤光片、液晶等相关材料，大尺寸靶材，高纯电子气体和试剂；有机发光显示器（OLED）用高纯有机材料、导电玻璃基板、封装材料、高精度掩模板等；PDP用玻璃基板及电极浆料、湿化学品、玻璃粉、荧光粉等配套材料；电子纸用微胶囊、油墨、介电材料；发展大尺寸锗系材料、硫化锌（ZnS）、硒化锌（ZnSe）、碳化硅（SiC）红外材料，满足制造高端光电子产品的需求。电子元器件用覆铜板、电子铜箔、压电与系统信息处理材料、高热导率陶瓷材料和金属复合材料、小型锂电池和动力锂电池材料、片式超薄介质高容电子陶瓷材料及电容器材料、高性能电容器薄膜、高端电子浆料、LTCC多层基板、高性能磁性材料等。重点突破高端配套应用市场，提高产品附加值和技术含量，增强电子材料行业发展的质量和效益，支撑下游产业跨越式发展。

7. 新型显示器件

液晶显示器件方面，重点提升薄膜晶体管（TFT）性能，提高载流子迁移率和液晶面板的透过率，降低生产成本。等离子显示器件方面，围绕高光效技术、高清晰度技术以及超薄技术进行相关技术研发，研究新材料、新工艺来提高PDP产品性能。有机发光显示器件方面，推进中小尺寸OLED的技术开发和产业化应用，研究大尺寸OLED相关技术和工艺集成。电子纸方面，推动有源驱动电子纸显示技术开发与产业化，重点发展大尺寸、触屏式、彩色、柔性有源驱动电子纸显示屏。积极研发触摸屏、三维显示等新技术新产品，促进其产业化。发展激光显示等特色显示技术。推动OLED照明技术和产品开发。大力发展平板显示器件生产设备和测

试仪器,形成整机需求为牵引、面板产业为龙头、材料及设备仪器为基础、产业链各环节协调发展的良好态势。力争到"十二五"末,我国新型显示产业达到国际先进水平,全面支撑我国彩电产业转型升级。

8. 电子专用设备和仪器

电子专用设备方面,重点发展8in和12in半导体级单晶生长、切割、磨片、抛光设备,8in集成电路成套生产线设备,推进12in集成电路关键设备产业化;积极推动多晶硅、单晶硅生长、切割设备,全自动晶硅太阳电池生产线设备、薄膜太阳电池生产设备研发和产业化,重点突破高亮度LED芯片生产线设备和后封装设备;大力发展新型元件生产设备和表面贴装设备。电子仪器方面,着重研发半导体和集成电路测试仪器,通信与网络测试仪器,高性能微波/毫米波测试仪器,数字电视及数字音视频测试仪器,物联网测试仪器,新型电子元器件测试仪器,高性能通用电子测试仪器,时间、频率测试仪器以及医疗、环保、农业、矿山等电子应用仪器。夯实产业发展基础,提升产业核心竞争力和可持续发展能力。

9. 发光二极管(LED)

突破产业链薄弱环节,提升高亮度、功率型LED外延片及芯片技术水平和产业化能力,增强产业自主发展能力。加强对封装结构设计、新封装材料、新工艺、荧光粉性能、多基色荧光粉、散热机理的研究,着力提高器件封装的取光效率、荧光粉效率和散热性能,增强功率型LED器件封装能力。加快LED上游原材料如衬底、金属有机化合物(MO)源、超高纯气体、荧光粉、高性能环氧树脂、有机硅胶的研发和产业化,实现金属有机化学气相沉积设备(MOCVD)等关键生产设备和仪器的量产和应用,提高产业配套能力,完善LED产业链。推进景观照明、液晶显示背光源、户外大屏幕显示以及室内商业照明等应用。加快LED相关基础标准、产品标准制定,完善LED标准体系。增强产品标准符合性检测,加快国家级LED器件、光源检测机构的建设,提高检测水平和服务能力。强化行业引导和管理,促进LED产业健康、科学、有序发展。

10. 太阳能光伏

重点支持高质量、低能耗、低成本、副产物综合利用率高的太阳能级多晶硅生产。发展高效、低成本、低能耗硅锭生产技术,突破薄型化硅片切割技术,提高硅片质量。支持高效率、低成本、长寿命太阳电池的研发与产业化,加快超高效太阳电池、新型聚光电池、薄膜电池的开发与应用。鼓励光伏用逆变器、控制器和储能系统等产品及技术研发。重点发展等离子体增强化学气相沉积(PECVD)、激光切割、刻蚀、丝网印刷以及封装检测等设备,鼓励开发晶硅和薄膜太阳电池成套设备生产线。积极发展光伏建筑一体化(BIPV)组件生产技术,扩大建筑附着光伏(BAPV)组件应用范围。鼓励发展坩埚、高纯石墨、碳碳复合材料、乙烯-醋酸乙烯共聚物(EVA)胶、电子浆料、线切割液、导电氧化物薄膜(TCO)玻璃等配套材料。

鼓励光伏企业加强系统集成及应用拓展,积极关注离网应用市场和新兴并网应用市场,支持小型光伏系统、分布式光伏系统、离网系统的研发及应用。支持有能力的企事业单位建设国家级光伏技术研发平台、产品检测认证平台、公共服务平台,开展产品检测、系统工程验收、专利池建设、标准制订推广、关键共性技术研发等公共性服务。支持骨干企业增强技术创新能力、提高生产工艺水平、降低光伏发电成本、拓展光伏应用市场,提升我国光伏产业的核心竞争力。

专栏2 基础电子产业跃升工程

集成电路。突破高性能CPU、移动通信芯片、DSP等高端通用芯片,移动互联、数模混合、信息安全、数字电视、射频识别等量大面广芯片以及重点领域的专用芯片。持续支持12in先进工艺制造线的建设和8in/6in工艺制造线的改造升级。加快先进生产线和特色生产线工艺技术升级及产能扩充,提高先进封装工艺和测试水平。进一步完善产业链,增强刻蚀机、离子注入机、互联镀铜设备、外延炉、光刻匀胶显影设备等8~12in集成电路生产线关键设备、仪器和材料的自主开发和供给能力,支持大生产规模应用。加快提升国家级集成电路研发公共服务平台的水平和能力,组织多种形态的技术创新平台。

关键电子元器件和材料。重点支持微电子器件、光电子器件、MEMS 器件、半导体功率器件、电力电子器件、RFID 模块及器件、绿色电池、片式阻容感、机电组件、电声器件、智能传感器、印制电路板产品的技术升级及设备工艺研发，有效支撑物联网发展。积极发展半导体材料、太阳能光伏材料、光电子材料、压电与声光材料、电子功能陶瓷、磁性材料、电池材料和传感器材料，以及用于支撑、装联和封装等的金属材料、非金属材料、高分子材料等。

新型平板显示。重点支持 6 代以上尺寸 TFT-LCD 显示面板关键技术和新工艺开发，实施玻璃基板等关键配套材料和核心生产设备产业化项目，完善配套产业链。突破 PDP 高光效技术（高能效、低成本）、高清晰度技术（三维、动态清晰度、超高清晰度）以及超薄技术，提高 PDP 产品性能。开展高迁移率 TFT 驱动基板技术开发，攻克 OLED 有机成膜、器件封装等关键工艺技术，攻克低温多晶硅（LTPS）技术，加强关键材料及设备的国产化配套。围绕移动终端等需求，重点开发触摸屏功能、宽视角、高分辨率、轻薄节能的小尺寸显示产品。开展三维显示、电子纸、激光显示等新技术的研发和产业化。

发光二极管（LED）。重点突破外延生长、芯片制造关键技术，提高外延片和高端芯片的国内供给能力。增强功率型 LED 器件封装能力，加大对封装结构设计、新封装材料、新工艺、荧光粉性能、散热机理的研究与开发。进一步完善产业链，加快实现国产 MOCVD 设备的量产，推进衬底材料、高纯 MO 源，高性能环氧树脂以及高效荧光粉等的研发和产业化。加快检测平台建设，制定和完善 LED 相关标准，推进知识产权建设。

太阳能光伏。支持多晶硅行业节能降耗和高质、高效、低成本太阳电池的产业化，鼓励新型太阳电池和高质低成本多晶硅工艺技术研发。全面提升装备技术水平，突破平板式 PECVD、全自动丝网印刷机、高效切割机等设备的瓶颈。支持控制器、逆变器等配套部件和石墨、坩埚、电子浆料、TCO 玻璃等配套材料的研发及产业化。支持多样化、宽领域的太阳能光伏应用，拓展离网应用市场和新兴并网市场。

11. 信息技术应用

推动信息技术在各领域的广泛应用，加强产用合作，促进两化深度融合，进一步提升产业为国民经济和社会发展支撑服务的能力。应用信息技术改造和提升传统产业，以研发设计、流程控制、企业管理、市场营销、人力资源开发等关键环节为突破口，支持信息技术企业与传统工业企业开展多层次合作，提高工业自动化、智能化和管理现代化水平，推动综合集成应用与业务协同创新，加快制造与服务融合发展，促进资源节约型生产方式的形成。加

大信息技术在农业生产、经营管理和服务各环节的应用，促进农业集成化信息管理，提高精准农业技术水平，提高农业生产效率。结合国家改善民生相关工程的实施，加强信息技术在交通运输、医疗卫生、文化教育、就业和社会保障等领域的应用，带动电子信息产品及相关服务发展。大力发展应用电子产品，针对工业控制、机床电子、汽车电子、医疗电子、金融电子、电力电子等量大面广、带动性强的应用电子领域，加大研发投入，突破关键技术，努力实现产业化，形成新的增长点。

专栏 3　重点应用电子产品

工业控制。加强分布式控制系统、可编程序控制器、控制芯片、传感器、驱动执行机构、触摸屏等产品的研制，提升工业控制的集成化、智能化水平。

机床电子。突破高档数控系统现场总线、通信协议、高精度高速控制和数字化高速伺服驱动等技术，大力发展中高档数控系统；加强机床电子功能部件（包括电主轴、电动刀架、检测装置、测试设备、机床电器等）的研发和应用。

汽车电子。重点支持汽车电子电气专用元器件、车用芯片、车载信息平台和网络、动力电池和管理控制系统、动力总成控制系统、驱动电机控制、底盘控制、车身控制、车载电子、汽车安全等关键技术和产品的研发与规模化应用。

医疗电子。重点突破数字化医学影像诊断、临床检验与无创检测诊断、数字化医院及协同医疗卫生系统、便携式医疗电子设备、康复治疗设备、器官功能辅助替代医疗电子设备、精准智能手术设备、治疗微系统、医用传感器等先进医疗电子产品的自主研制。

金融电子。重点支持金融IC卡、移动支付终端、税控收款机、自动存/取款机、清分机、金融自助服务设备等产品的开发和规模化应用,提升金融信息化水平,保障金融安全。

电力电子。大力推进绝缘栅双极型晶体管(IGBT)、金属氧化物半导体场效应晶体管(MOSFET)、快速恢复二极管(FRD)等高频场控电力电子芯片和模块的技术创新与产业化;重点解决高阻区熔硅单晶、陶瓷覆铜板、铝碳化硅基板、结构件等制造技术;积极开展宽禁带半导体材料(碳化硅和氮化镓)和器件的研发及产业化。支持高功率密度、高性能的电力电子装置的研究与开发。建立国家级的高频场控电力电子器件的检测测试平台,制定和完善电力电子器件标准。

五、保障措施

(一)健全产业政策法规体系,完善产业发展环境

贯彻落实《国务院关于加快培育和发展战略性新兴产业的决定》(国发〔2010〕32号),围绕新一代信息技术产业重点领域,制定相关配套政策措施。加快出台《国务院关于印发〈进一步鼓励软件产业和集成电路产业发展的若干政策〉的通知》(国发〔2011〕4号)的实施细则。研究完善扶持平板显示产业发展的相关政策。落实《多晶硅产业准入条件》,加强对行业发展的指导。落实《废弃电器电子产品回收处理管理条例》,研究制定配套行业政策。完善促进信息技术推广应用的政策环境,推动安全可靠的软硬件产品的开发和应用。进一步落实扩大内需政策,继续做好家电下乡、家电以旧换新工作,研究制定家电下乡后续政策措施,建设完善家电产品售后维修服务体系。推动制定国内光伏发电上网电价政策实施。积极推广LED、OLED节能照明产品。营造芯片、整机、系统互动的产业生态环境,推进电子专用设备首台套的应用和推广。

(二)提高财政资金使用效率,增强产业创新能力

加大技术改造专项资金投入,对核心关键领域重大项目给予重点支持。加快实施"核心电子器件、高端通用芯片及基础软件产品"、"极大规模集成电路制造装备及成套工艺"、"新一代宽带无线移动通信网"等国家科技重大专项,进一步明确资金支持重点,加强产业链配套。充分利用电子信息产业发展基金等专项资金,支持产业核心关键技术研发和产业化,推进重点产品示范应用。加大对信息技术应用的资金支持力度,重点支持安全可靠信息技术及产品的行业应用。落实战略性新兴产业专项资金,细化电子信息领域资金使用方案。落实国家扶持中小企业的各项金融政策,支持金融机构为中小企业提供更多融资服务。

(三)引导产业有序转移,促进区域协调发展

充分发挥行业管理部门、地方政府在产业转移和合作中的引导作用,以及市场在资源配置方面的基础性作用,加强规划、资源和市场的对接,研究制定电子信息制造业产业转移与合作的相关政策,建立健全"部省对接、协同推进"的合作机制。推动珠三角、长三角、环渤海和福建、厦门沿海等优势地区向研发设计、服务等产业价值链高端延伸,发挥优势地区辐射带动作用;立足产业承接地区自身特色优势,统筹重大项目在中西部地区和东北等老工业基地的合理布局,引导产业有序转移。促进新型工业化产业示范基地和产业园区建设,促进区域协调发展。

(四)推动企业兼并重组,优化产业组织结构

完善促进企业兼并重组的政策体系,以产业政策为引导、以产业发展的重点关键领域为切入点、以国家重大工程为带动,积极推动企业兼并重组取得显著进展。推动设立产业投资基金,重点关注重大生产力布局,鼓励龙头骨干企业开展海外兼并重组和技术收购。建立健全的中小企业服务体系,培养一批"专、精、特、新"的中小企业,形成大中小企业优势互补、协调发展的产业组织体系。支持AVS、闪联、数字家庭、太阳能光伏、OLED等产业联盟发展,围绕移动互联网、云计算、物联网、半导体照明等新兴领域加强产业创新联盟建设。

(五)实施知识产权战略和标准战略,提升产业竞争优势

全面落实《国家知识产权战略纲要》,引导企业将技术创新、知识产权保护、标准制定相结合,提升产业竞争优势。建设和完善电子信息领域知识产

权公共服务平台，定期发布各重点领域知识产权态势，促进企业提高创造、保护、运用和管理知识产权的水平。加快建立电子信息产业知识产权预警机制，加强知识产权信息采集，及时发布知识产权相关报告，提升行业知识产权预警能力。加强电子信息领域标准化技术组织建设，继续以企业为主体制定标准，充分发挥标准化相关组织、相关协会、研究单位等各方面的作用，提高标准化工作水平。针对新一代信息技术产业发展，加快研究制定相应的技术标准，增强标准服务产业发展的能力。加强重点领域军民标准资源共享建设，推动技术和标准的双向应用。推动更多的自主创新技术标准成为国际标准，提升在国际标准制定中的话语权。组织重点产品标准化试点示范，加强技术标准与检测认证的联动。

（六）加强创新人才引进和培养，加快专业人才队伍建设

围绕规划确定的重点领域，制定电子信息制造业人才队伍中长期建设方案。争取国家人才发展重大项目对电子信息制造业人才队伍建设的支持。加快建设和发展职业培训机构，大力培养专业技术人才和行业信息技术应用人才，重点培养高水平复合型人才。以重大专项和重大工程为依托，建立相应的高端人才培育和引进机制。加强对企业特别是中小企业经营管理者的培训，提高队伍整体素质。

子规化1：

电子基础材料和关键元器件
"十二五" 规划

前 言

电子材料和元器件是电子信息产业的重要组成部分，处于电子信息产业链的前端，是通信、计算机及网络、数字音视频等系统和终端产品发展的基础，对于电子信息产业的技术创新和做大做强有着重要的支撑作用。

为全面科学地总结"十一五"的发展经验，明确"十二五"期间我国电子基础材料和关键元器件产业的发展方向，确保产业健康发展，根据《工业转型升级"十二五"规划》、《信息产业"十二五"发展规划》和《电子信息制造业"十二五"发展规划》，制定本规划。

本规划涉及电子材料、电子元件、电子器件三大行业中的基础材料和关键元器件，是"十二五"期间我国电子基础材料和关键元器件产业发展的指导性文件，以及加强行业管理、组织实施重大工程的重要依据。

一、"十一五"产业发展回顾

（一）产业规模稳步增长

我国电子材料和元器件产业在"十一五"期间产量、销售额、进出口总额都有较大幅度提升，增强了我国作为基础电子生产大国的地位。虽然期间受金融危机冲击，产业经历小幅调整，但总体发展稳定。2010年，在国内行业整体增长特别是新兴产业快速发展的带动下，行业恢复发展到历史最高水平。

"十一五"期间，我国电子材料行业销售收入从2005年的540亿元增长至1730亿元，年均增长率为26%；电子元器件销售收入年均增长率为16%，从2005年的6100亿元增长到超过13000亿元，其中印制电路销售收入为1230亿元，化学与物理电源销售收入为2978亿元，显示器件销售收入为380亿元。

（二）企业实力进一步增强

随着"大公司"战略的深入，我国已初步建立起一批具有自主创新能力、具备国际竞争力的电子材料和元器件大公司。在某些专业领域，已经具有相当强的实力，不论是产品产量还是质量，都位居世界前列。

近10年来，我国电子元件百强的销售收入总额增长2.84倍，年平均增长率为12.32%。2010年，我国电子元件百强企业共完成销售收入1544.9亿元，实现利润总额为139.58亿元，出口创汇55.83亿美元。2010年元件百强中，有39家企业的销售收入超过10亿元，有7家企业的销售收入超过50亿元。"十一五"期间我国印制电路产业规模超过日本和美国成为世界第一大生产国。2010年，我国印制电路百强企业平均销售额超过8.26亿元，合计规模占全国总量的60%，年均增长超过15%。

民营电子材料和元器件企业的生产规模、产品质量在"十一五"期间飞速发展，"十一五"末，民营企业数量占全行业的48%，销售收入占全行业的30%，上缴税金占全行业的47%，上市公司逐年增多。

（三）生产技术水平持续提升

"十一五"期间，电子材料配套能力显著提高，在硅材料、半导体照明材料、电子陶瓷材料等领域技术水平进步显著。在最能代表行业发展水平的硅材料上，产品水平有了大幅的提升，已建成了年产12万片的12in硅片中试线，12in掺氮直拉硅单晶抛光片也可以小批量生产，标志着我国电子材料技术正逐步进入到国际先进水平行列。

"十一五"期间，我国电子材料和元器件生产技术水平持续提升，重点产品本地化率大幅提高。"十一五"初期，我国光纤预制棒完全依赖进口；"十一五"末，我国光纤预制棒总产量达700t，已占国内使用总量的30%。国内印制电路技术由传统单、双面生产技术向高多层、高密度互联板（HDI）方向迈进，国内企业已经掌握先进的HDI生产技术，主要产品产量、销售额的绝对量已经由传统多层板向高多层乃至20层以上提升。

第6代及以上高世代液晶面板生产线建成并量产，扭转了我国大尺寸电视用液晶面板完全依赖进口的被动局面，标志着我国平板显示产业开始进入大尺寸产品领域。等离子显示器（PDP）领域，国内已具备量产50寸PDP模组的能力，技术水平进一步提升，产业链本地化配套建设取得阶段性成果。为在未来显示竞争中争取主动权，企业已纷纷开展有机发光显示器（OLED）技术研发及产业化布局，已有1条无源有机发光显示器（PM-OLED）生产线投产，多条有源有机发光显示器（AM-OLED）生产线正在进行紧张建设。

（四）清洁生产稳步推进，循环经济初步发展

"十一五"期间，电子材料和元器件产业以印制电路、多晶硅和电池行业为重点，稳步推进节能减排和循环经济发展。印制电路行业一批先进的技术和设备如"废印制电路板物理回收技术及设备"、"蚀刻废液循环再用技术及设备"、"低含铜废液处理技术及设备"在行业推广应用，许多企业自愿开展了清洁生产审核。

"十一五"期间，氢镍电池、锂离子电池等电动车用动力电池已进入产业化发展阶段，太阳电池等可再生能源快速发展，电池生产企业"节能、降耗、减排、治污"取得了一定成效，企业的生产环境和条件大为改善。

（五）产业发展仍存在突出问题

本土企业规模偏小且分散不集中，缺乏具有国际竞争能力的龙头企业；研发能力较弱，产业上下游缺乏协作、互动；全行业的对外依存度过高，许多关键原材料及零配件需要从国外进口；行业标准发展相对滞后，关键电子元器件和电子材料质量与可靠性水平有待进一步提高；推进节能减排、清洁生产和发展循环经济仍面临较大的压力。

二、"十二五"期间产业发展面临的形势

（一）产业面临良好发展机遇

在国家转变经济发展方式的大方针指引下，我国电子材料和元器件产业将迎来促进产业升级关键时期和历史性发展机遇。战略性新兴产业的培育和发展，数万亿的投资规模，给电子材料和元器件产业提供了前所未有的创新发展空间。新兴产业带来巨大配套需求让行业呈现出更为广阔的市场前景。

（二）技术创新孕育新的突破

智能、绿色、低碳、融合等发展趋势催生产业技术创新。埋置元件技术、印制电子技术、多功能电子模块技术等突破性技术正快速发展。面向新兴产业采用新工艺、新技术、新材料的新型产品，以及不断缩短的产品更新换代时间，将更为有力地促进技术的发展与提升。为达到体积更小、成本更低、精度和集成度更高的目的，采用新工艺、新技术的新型电子材料和元器件的发展前景十分光明。

（三）外部环境变化对产业的挑战日趋严峻

"十二五"期间，人力资源成本压力更大，单纯依靠低廉劳动力开展生产经营的企业将步履维艰，通过产业转移降低人力成本，提高产品的附加值，将成为生产企业发展壮大的必由之路。

随着世界经济全球化的发展，国际竞争将更加激烈，由此产生的贸易摩擦也将日益增多。新兴国家和地区将逐渐成为新的电子材料和元器件的主要生产区，对我国在该产业的"世界工厂"地位形成威胁。

国际经济形势不确定性因素日益增强，尤其是对全球资源的争夺和国际大宗商品价格波动对国内产业影响越来越大。国际汇率波动，尤其是人民币升值对电子材料和元器件出口厂家的竞争力具有较大影响。

（四）产业面临转型升级的迫切需要

随着全球经济结构的进一步调整和产业转移，我国电子材料和元器件产品结构已逐步向中高端迈进。"十二五"期间需抓紧新一轮经济发展机遇，主动引导产业淘汰落后产能，优化产业资源配置，增强产业配套能力，提高自动化生产效率，为推动电子信息产业发展提供有力支撑。

三、产业发展的指导思想和目标

（一）指导思想

按照国务院加快培育和发展战略性新兴产业的总体部署，紧紧围绕电子信息产品和战略性新兴产业的发展需求，以推动产业结构升级为主线，以创新主导价值提升，以优化产品性能、降低成本为动力，提高电子材料和元器件产业的竞争力；以量大面广的产品为突破口，大力推进市场前景广、带动作用强、发展基础好、具有自主知识产权的电子材料和元器件产业化发展。

（二）发展目标

1. 经济指标

"十二五"期间，我国电子材料年均增长率为8%，到2015年销售收入达2500亿元；电子元件年均增长为10%，到2015年销售收入超过18000亿元，其中化学与物理电源行业销售收入达4000亿元，印制电路行业实现销售收入达1700亿元；电子器件年

均增长为25%，达到1800亿元，其中平板显示器件产业年均增长超过30%，销售收入达到1500亿元，规模占全球比重由当前的5%提升到20%以上。

2. 结构指标

高端电子材料占全行业产品的40%以上，本地化材料配套能力显著提升。继续推动大公司战略，培养10个以上年销售收入超过100亿元的电子元件大公司，争取电子元件销售收入亿元以上企业占到全行业销售收入总额的75%。国内平板显示生产技术达到国际先进水平，形成2~3个年销售收入在300亿元以上的龙头企业，全面支撑我国彩电产业转型和升级。

3. 创新指标

大力加强自主创新和民族品牌的建设，形成一批掌握关键核心技术、具有国内国际知名品牌与影响的企业，初步形成一批以研发为驱动力的创新型中小企业。推进知识产权建设，力争"十二五"期间，全行业新申请的核心专利数量和重要标准拥有量有较大幅度的提升，其中发明专利增长10%以上。

4. 节能环保指标

规划期间，通过节能减排和资源综合利用及推进清洁生产，提高三废中有用物质的回收利用，减少对环境的影响，印制电路行业实现铜回收再利用率由目前的45%提高到80%以上，水回收再利用率由20%提高至30%以上。

四、主要任务和发展重点

（一）主要任务

1. 推动产业升级

借助战略性新兴产业迅猛发展的契机，加快为战略性新兴产业配套的高端产品的研发和产业化速度，提升关键元器件及材料的质量和档次，争取在关键领域实现部分甚至全面本地化替代。结合实施重大工程，推动结构调整和产业升级，继续实施大企业战略，引导大型骨干企业加强对本土材料、设备的应用，形成结构优化、配套完整的基础产业体系。

2. 加强科技创新

发挥政府引导和推动作用，创新行业管理方式，引导创新要素向企业集聚，引导企业围绕产业技术创新的关键、共性技术问题进行联合攻关。完善以企业为主体，"产、研、学、用"相结合的自主创新体系，依托企业建立产业联盟突破核心技术、关键设备与材料。

3. 统筹规划产业布局

通过宏观调控和市场资源配置等手段，聚集资源，推动企业联合重组，提高产业集中度，培育和鼓励骨干企业做大做强。以地区和产品为纽带，打造产业集群，推进产业链的进一步完善和形成，做强电子材料和元器件产业。积极推动通过产业转移进行结构调整和新的产业布局，为行业持续长久发展创造条件。

4. 加强自主品牌建设

支持企业创立自主品牌，提升本土产品的国际竞争力；引导企业加强产品质量管理，提升品牌形象；强化产品质量体系建设，通过树立品牌更好地参与国际竞争。

5. 促进产业协同发展

引导电子元器件企业与上游材料、设备企业开展合作，突破原材料、设备核心技术；引导和推动计算机、通信、家电等行业有实力的整机企业向产业链上游"纵向发展"，使其在提升自身配套能力的同时，推动元器件行业发展，形成联动的产业格局。

6. 积极参与国际合作

发挥现有优势，继续吸引国外大企业来华投资，同时注重鼓励其在内地设立研发机构，通过学习与竞争，促进国内产业提升技术水平。充分利用国际国内两种资源，建立具有国际竞争力的一流企业。

（二）发展重点

紧紧围绕节能环保、新一代信息技术、生物、高端装备制造、新能源、新材料和新能源汽车等战略性新兴产业发展需求，发展相关配套元器件及电子材料。

1. 电子材料

半导体材料。重点发展硅材料（硅单晶、抛光片、外延片、绝缘硅、锗硅）及化合物半导体材料；蓝宝石和碳化硅等衬底材料；金属有机源和超高纯度氨气等外延用原料；高端发光二极管（LED）封装材料，高亮度、大功率LED芯片材料；高性能陶瓷基板；新型电力电子器件所用的关键材料；石墨和碳素系列保温材料。

薄膜晶体管液晶显示器件（TFT-LCD）材料。重点发展高世代TFT-LCD相关材料，主要包括大尺寸玻璃基板；混合液晶和关键新型单体材料；偏光片及相关光学薄膜材料；彩色滤光片及相关材料；大尺寸靶材；高纯电子气体和试剂等。

OLED材料。重点发展OLED用高纯有机材料；柔性导电基板；高端氧化铟锡（ITO）导电玻璃基板；封装材料；大尺寸高精度掩模板等。

PDP材料。重点发展玻璃基板、电极浆料、湿化品、玻璃粉、荧光粉和乙基纤维素等材料，并实现产业化。

电子纸。重点发展微胶囊、油墨、介电材料等。

新型元器件材料。覆铜板材料及电子铜箔；压电与系统信息处理材料；高热导率陶瓷材料和金属复合材料；片式超薄介质高容电子陶瓷材料、电容器材料及高性能电容器薄膜；高端电子浆料；低温共烧陶瓷（LTCC）多层基板；高性能磁性材料等。

电池材料。重点实现以下材料的产业化技术突破：锂电池隔膜，特别是动力型及储能型锂离子电池隔膜材料；新型电极材料，如磷酸铁锂、钛酸锂、锰酸锂及其他新型正负极材料；新型电解质、溶剂和添加剂，如锂离子电池用的含氟化合物六氟磷酸锂、氟代碳酸乙烯酯、双亚铵锂等。

2. 电子元件

物联网配套。发展满足物联网需求的超薄锂离子电池和各种专业传感器，重点发展微型化、集成化、智能化、网络化传感器，研究开发具有无线通信、传感、数据处理功能的无线传感器网络节点；推进传感器由多片向单片集成方向发展，减小产品体积、降低功耗、扩大生产规模。

新能源配套。开发为太阳能光伏、风力发电等新能源产业配套的新型储能电池、超级电容器、功率型电容器、特种功率电阻器以及电力电子用关键电子元件。

新能源汽车配套。大力发展新能源汽车用高效节能无刷电机、高性能磁性元件和动力电池，推动锂离子动力电池的产业化，提高锂离子动力电池的安全性、提升循环寿命、降低成本；开发电池管理系统和电池成组技术，开发适合新能源汽车使用的电池系统；推动快速充电技术的研发及产业化。

新一代通信技术配套。发展适用于光纤宽带网络的低成本光纤光缆、光纤预制棒及相关光器件；积极研发通信基站用石英晶体振荡器；大力开发新型通信设备用连接器、继电器、滤波器及线缆组件。

其他新型电子元件。发展满足我国汽车及汽车电子制造业配套需求的高质量、高可靠性的电子元件；针对新一代电子整机发展需求，大力发展新型片式化、小型化、集成化、高端电子元件；加强高密度互连板、特种印制板、LED用印制板的产业化，研发印制电子技术和光电印制板并推动产业化；发展为节能环保设备配套的电子元件以及电子元件本身的节能环保和清洁生产技术。

3. 电子器件

TFT-LCD。进一步提升液晶面板的透过率和开口率，提高分辨率，扩大可视角度，增加产品的附加值；加快高效节能背光源的研发和应用，在确保产品性能的前提下，简化生产工序，降低生产成本，提高产品能效。

PDP。围绕高光效技术（高能效、低成本）、高清晰度技术（三维、动态清晰度、超高清晰度）以及超薄技术方面进行相关技术研发；研究新材料、新工艺、新型驱动电路与控制软件技术来提高PDP产品性能及降低功耗。

OLED。进一步完善PM-OLED的技术并加快产业化进程；开发大尺寸AM-OLED相关技术和工艺集成，加快氧化物基等薄膜晶体管（TFT）的研发及其在AM-OLED中的应用，掌握并逐步完善低温多晶硅技术，推动小尺寸AM-OLED产品实现产业化。

电子纸。推动有源驱动电子纸显示技术与产业化，重点发展大尺寸、触屏式、彩色、柔性有源驱动电子纸显示屏，突破彩色电子纸膜材料制造技术，推动产业化应用。

真空电子器件。重点发展高可靠、高电压、大容量、大电流、长寿命真空开关管及专用真空器件。

激光和红外器件。重点发展大功率半导体激光器、高功率气体激光器、光纤激光器、紫外激光器，推进高性能的红外焦平面器件、高分辨率砷化铟镓（InGaAs）探测器产业化。

五、政策措施和建议

（一）加强政府引导，完善产业政策

积极修订完善产业结构调整指导目录、外商投资产业指导目录等产业政策，通过国家政策引导投资方向与重点；对国家鼓励项目的重要进口设备、材料，在国内没有替代产品的情况下，继续保持现有税收优惠政策。积极支持本土电子材料和元器件企业实施"走出去"战略。

（二）发挥财政资金作用，创造良好投融资环境

充分发挥技术改造专项资金、电子发展基金等各类财政资金的引导和带动作用促进产业发展；推动建立政府导向的产业投资基金，发挥财政资金带动作用，引导社会资源支持产业发展；积极促进企业与资本市场的结合，创造有利于产业发展的投融资环境。

（三）提升产业创新能力，推动产业升级

完善电子材料和元器件行业的创新体系，推动建立国家层面的公共服务平台，为企业创新提供支持；继续推进技术改造，鼓励企业增加技术投入，强化企业的创新基础。进一步促进行业基础研究成果与工程化、产业化的衔接，提升产业核心竞争力。

通过组建产业联盟或技术协作联盟等形式,推进产业链上下游合作,开展联合攻关,提高产品技术水平,促进推广应用。积极引导企业转型升级,向精细化、节能环保型发展。

(四)优化产业布局,统筹规划区域发展

针对产业内迁趋势,适时地推动在内陆省份建设新的我国电子材料和元器件产业集中区域,为内陆省份在政策方面争取相关优惠政策。引导行业有序转移,杜绝污染分散,并利用产业转移的机会进行结构调整和产业布局,为行业持续长久发展创造条件。

(五)加强行业管理,促进产业健康发展

完善市场、环保等优胜劣汰机制,通过行业准入,对涉及环境保护和应用安全的产业如锂离子电池、印制电路等行业加强管理,督导企业进一步向规模化和规范化发展,加快推进节能环保和产品质量安全长效机制的建立,确保产业有序健康发展。

(六)重视人才培养,积极参与国际交流合作

围绕电子材料和元器件产业转型升级对专业技术人才的需求,充分发挥行业协会、高等院校、科研院所及各类相关社会机构的作用,为行业的持续发展培养各级各类专业人才。加强国际交往与合作,积极参与国际标准工作,增强我国在国际标准领域的话语权。

子规划2：

电子专用设备仪器"十二五"规划

前　言

电子专用设备产业是重大装备制造业的重要分支，是知识、技术、资本高度密集型产业，处于电子信息产业链最高端，其基础性强、关联度高、技术难度大、进入门槛高，决定着一个国家或地区电子信息产品制造业的整体水平，也是电子信息产业综合实力的重要标志。

电子仪器产业是电子信息产业重要的基础性产业，具有高投入、多品种、小批量、更新换代快的特点，在国民经济总产值中的占比不高，但对经济发展的"杠杆"和"倍增"作用却十分巨大。

为推动电子专用设备仪器产业持续发展，缩小与国际同类产品的差距，根据《工业转型升级"十二五"规划》、《信息产业"十二五"发展规划》和《电子信息制造业"十二五"发展规划》，制定本规划。

本规划涉及电子专用设备和电子仪器两大行业，是"十二五"期间我国电子专用设备仪器产业发展的指导性文件和加强行业管理、组织实施重大工程的依据。

一、"十一五"产业发展回顾

（一）产业规模持续稳定增长

我国电子专用设备仪器产业在"十一五"期间保持了较高的增速，虽然期间受全球金融危机影响，2008年下半年至2009年上半年呈现出下滑态势，但在国内多项政策激励下，随着世界经济逐步回暖，电子专用设备仪器业企稳回升，实现了生产、销售和经济效益总体平稳增长的态势。

据统计，"十一五"期间我国电子专用设备销售收入年均增长率为20%，从2005年的783亿元增长到超过1987亿元，电子专用设备工业协会统计的行业骨干企业年均增长率为25%，从52.7亿元增长到160.6亿元。统计数据表明，"十一五"期间我国电子仪器规模以上企业年均增长19%，到"十一五"末实现销售收入940亿元。五年间，电子专用设备仪器产品中太阳能光伏设备以及元器件参数测量仪器、超低频测量仪器等保持了较大幅度的增长。

（二）重点产业领域取得较大成绩

"十一五"期间，国家科技重大专项围绕光刻机、刻蚀机、65纳米制造工艺、先进封装设备等重点任务，集中资源重点投入，取得了很大进展。北方微电子及上海中微公司两种12英寸65纳米刻蚀机产品样机已进入大生产线进行考核验证；上海微电子公司封装光刻机已进入长电科技考核测试；七星华创12英寸氧化炉已进入大线测试；中科信12英寸离子注入机已完成3台样机组装，正在进行测试。多种12英寸关键设备陆续进入大生产线考核验证，标志着我国集成电路设备产业已初步形成产业化发展态势。

"十一五"期间新兴产业的发展，为电子专用设备产业带来了良好的发展契机。尤其是我国晶硅太阳电池设备年均增长率达到58%，基本具备了从晶体硅到太阳电池片的成套生产线设备供应能力，为我国光伏产业的发展提供了有力保障。晶硅太阳能设备爆发式增长，为电子专用设备产业实现"十一五"规划目标提供了有力支撑。

（三）电子仪器产业结构调整初见成效

电子仪器产业根据市场应用需求的变化，不断调整结构，产品种类日益丰富。针对多功能、多参数的复合测试需求，测试设备从单台仪器向大型测试系统形式迈进；电子测量仪器向模块化和合成仪器方向发展；野外工程应用需求不断促进测试仪器向便携式和手持式升级；新型的实时频谱分析仪开始推向市场；3G、数字电视等民用领域专业测试仪器新品不断涌现。

（四）产业自主创新能力不断提升

"十一五"以来，电子专用设备仪器行业内主要企业通过引进国内外的高科技人才，加强与高校、科研单位的合作，在关键设备和开发中规避已有的国外专利，开发出一批技术含量高、性能稳定、具有自主知识产权的产品，初步建立起了以企业为主体的技术创新体系。

在国家"863"计划、国家科技重大专项的支持下,一批具有自主知识产权的集成电路设备进入了大生产线。我国的无铅焊接设备达到了国际先进水平,成为我国表面贴装设备市场中最具竞争力的产品。电子仪器行业的本土企业逐步进入自主研发阶段,初步掌握核心和高端仪器技术,能够为国家重大工程提供大部分配套电子仪器。在部分特种电子仪器产品方面打破了国外禁运和技术封锁,为重点装备的技术保障和研制建设提供了有力支撑。

(五)产业链整合进程日益加速

在国家科技重大专项引导下,以龙头企业为核心的产业链整合进程持续加速。北方微电子、上海中微、七星华创等整机企业与北京科仪、沈阳科仪、沈阳新松等零部件企业围绕刻蚀机、注入机、氧化炉等高端芯片制造装备与关键部件进行联合攻关;江苏长电、南通富士通等国内封装龙头企业联合26家企业开展成套封装设备与配套材料的系统应用工程。按照上下游配套的"项目群"方式,系统部署实施重大专项,有力促进集成电路产业链的建立、产业规模的增长和综合配套能力的形成。

(六)产业扶持政策逐步完善

《国务院关于加快振兴装备制造业的若干意见》将集成电路关键设备、新型平板显示器件生产设备、电子元器件生产设备、无铅工艺的整机装联设备列入了国家重大技术装备中,加大政策支持和引导力度,鼓励本土重大技术装备订购和使用,为产业发展创造了有利的市场环境。"极大规模集成电路制造装备及成套工艺"国家科技重大专项的实施,有力带动了我国电子专用设备仪器技术提升。

"十一五"期间我国电子专用设备仪器行业取得较大成绩,但仍存在突出问题:产业规模偏小,本土企业实力不强;自主创新能力有待提高,高端设备开发相对落后;部分产品性价比虽高,但可靠性较差,市场占有率低;设备开发与产品制造工艺脱离,影响了技术成果产业化的进程;高水平、复合型人才缺乏。

二、"十二五"面临的形势

"十二五"期间,随着政策环境的不断完善、战略性新兴产业的快速发展,国际国内市场迅速增长、新兴增长点不断涌现、应用领域进一步拓宽,为我国电子专用设备仪器产业发展提供了广阔的空间和坚实的政策支持。但全球经济形势存在不确定性、国产设备仪器的推广应用难度加大,也使产业发展面临较大挑战。

(一)产业发展形势分析

2010年全球半导体制造设备销售总额达到395.4亿美元,恢复到历史最高水平。各个地区的设备支出都呈现了两位数甚至三位数百分比的增长,增长最快的是中国大陆和韩国。2010年中国内地半导体设备市场为22.4亿美元,预计2011年为26.4亿美元。按此增长率推算,到2015年,我国半导体设备市场规模将达到300亿元人民币。

2010年,全球光伏生产设备销售额比上年增长40%,达到104亿美元,预计2011年将达到124亿美元,同比增长24%。从区域市场来看,2010年中国大陆地区占全球市场51%的份额,预计未来5年还将继续保持这一较高比例。据此,可以判断到2015年我国光伏设备将继续保有巨大市场空间。

新能源汽车用锂离子动力电池、高性能驱动永磁式同步电机、金属化超薄膜电力电容器等新型电子元器件生产设备将成为我国电子专用设备市场新的增长点。

多学科交汇为电子仪器开辟了新的发展空间,物联网技术发展和三网融合对电子仪器提出新的测试需求,预计上述领域的电子仪器以及环境保护测试仪器和医疗电子仪器会面临大发展。

(二)技术发展趋势分析

集成电路技术发展将继续遵循"摩尔定律",制造工艺水平的提升对相应制造设备提出了新的挑战。不仅是特征尺寸的缩小和套刻精度的提高等技术指标的改进,而且需要更高的生产效率和更低的用户拥有成本等经济指标的提升。不仅仅局限于集成电路的制造设备,太阳电池制造设备、平板显示设备、整机装联设备等设备功能和性能的提升也将符合这一发展趋势。

电子仪器向宽频带、大实时带宽、大功率、高精度、高密度、高速方向发展;将广泛采用新型元器件,与信息技术和计算机技术融为一体,向智能化、系统化、模块化、网络化、开放式、可重构、微型化、抗恶劣环境、测量功能集成集约化方向迈进。

(三)面临的环境条件

"十二五"期间,随着我国继续加快发展战略新兴产业,加大对"极大规模集成电路装备制造技术及成套工艺"、"新一代宽带无线移动通信网"等重大科技专项的支持,新能源、新材料等新兴产业的发展以及量大面广的电子元器件的需求,将为电子专用设备仪器企业的进一步发展创造良好的发展机遇。

同时，产业也面临着制造企业对于采购本地设备仪器的积极性不高，在采购本土设备时需要面对工艺与设备的融合，新工艺开发缺乏技术支持等一系列问题。

为本地开发的专用设备仪器提供良好的市场销售环境和政策支持，进一步降低国产设备仪器的使用成本，提升本土产品的配套率，提升本土产品的竞争优势，提升用户对国产设备仪器的信心，是"十二五"期间需重点关注和解决的问题。

三、发展思路和发展目标

（一）发展思路

深入贯彻落实科学发展观，充分发挥重大科技专项、战略性新兴产业发展的引领作用，推动形成以企业为主体、产学研用结合的技术创新体系；以市场亟需的、带动性较显著的电子专用设备、电子测量仪器为重点，集中力量重点突破，开发满足国家重大战略需求、具有市场竞争力的关键产品，批量进入生产线，提升市场自给率；以承担重大专项为契机，形成一批自主知识产权核心技术，扶植起一批电子专用设备仪器重点企业。

（二）发展目标

1. 经济指标

"十二五"时期，我国电子专用设备产业将实现17%的年均增长速度，其中骨干企业年均增长20%，到2015年实现销售收入达到400亿元；电子仪器产业年均增长速度达到15%，到2015年实现销售收入达到1800亿元。

2. 创新指标

12英寸65纳米集成电路制造装备实现产业化，研发成功45纳米~32纳米制造装备整机产品并进入生产线应用。在若干技术领域形成具有特色的创新技术和创新产品，大幅提升创新实力和差异化竞争能力。研发出8~10种前道核心装备、12~15种先进封装关键设备并形成批量生产。

缩小我国集成电路设备、工艺技术水平与当时国际先进水平的差距，除光刻机外基本缩小到1代甚至基本同步；晶硅太阳电池设备达到国际先进水平；表面贴装设备除自动贴片机外达到国际先进水平；集成电路后封装设备、液晶显示器件后工序设备、发光二极管（LED）设备（除金属有机化学气相沉积设备外）、片式元件设备、净化设备、环境试验设备接近国际先进水平。

电子仪器总体技术水平达到2005年前后国际先进水平，在新一代移动通信、数字电视、绿色环保等应用领域的电子仪器基本达到与国际先进水平同步。

四、主要任务和发展重点

（一）主要任务

1. 围绕战略性新兴产业，提升配套能力

加强为战略性新兴产业配套的电子专用设备仪器的研发和产业化，围绕集成电路、太阳能光伏、中小尺寸平板显示、下一代通信等重点领域所需电子专用设备仪器，大力推进关键技术的研发和产业化，加快产品推广应用进程。

2. 加强基础能力建设，提升产业整体水平

针对关键设备和仪器产业化水平低、可靠性差等问题，加强基础工艺研究，提升重点设备和仪器的质量水平，积极发展电子专用设备制造的关联产业和配套产业，加大技术改造投入，提高基础零部件和配套产品的技术水平，不断满足电子信息制造业发展的需要。

3. 以重大专项实施为契机，加强产业互动

引导承担重大专项的企业在攻克技术难关的同时延展技术应用，推动集成电路设备相关技术在半导体、显示、光伏、元器件等领域的应用，推动通信网络测试设备在通用测试仪器中的应用。针对新兴市场需求，加强产业链上下游联动，共同探索新工艺，联合研发新型设备仪器。

（二）发展重点

1. 集成电路生产设备

（1）8英寸0.13微米集成电路成套生产线设备产业化

在"十一五"攻关的基础上，以设备生产能力的提升和产业化为重点。解决以光刻设备、刻蚀设备、离子注入设备、退火设备、单晶生长设备、薄膜生长设备、化学机械抛光设备和封装测试设备为代表的8英寸0.13微米工艺的集成电路成套设备的自主研发，突破核心关键技术，在国内建立成套生产线，提高半导体设备行业的配套性和整体水平。

（2）12英寸65纳米-45纳米集成电路关键设备产业化

光刻机：基于国产核心部件完成90纳米光刻机的产品定型，形成小批量生产能力，实现产品销售。

刻蚀机：使国产65纳米-45纳米刻蚀机进入主流生产线，实现刻蚀机的产业化；完成45纳米以下栅刻蚀和介质刻蚀产品研制，逐步关键技术攻关，实现设备生产线验证及商业设备定型设计。通过纳米刻蚀机研制和工艺开发掌握高密度等离子刻

蚀机制造的核心技术。

封测设备：开展先进封装圆片减薄设备、三维系统封装通孔设备、高密度倒装键合设备、新型晶片级封装用设备等的研发。

其他设备：完成45纳米薄膜设备、掺杂设备、互联设备、平坦化设备、清洗设备、工艺检测设备等整机产品的研发，在工程样机设计及工艺开发的基础上，结合可靠性、稳定性等产业化指标要求，改进设计，制造中试样机，通过大量工艺验证与优化试验，确定商业机设计，实现产业化销售。

2. 太阳电池生产设备

（1）太阳能级多晶硅及单晶硅生长、切割、清洗设备产业化

多晶硅生长设备：突破热场分控技术、定向凝固技术，实现投料量吨级及以上产品硅铸锭炉的研发和产业化，并实现成品率达到75%以上。

单晶硅生长设备：突破单晶生长全自动控制技术，实现8in（156mm×156mm硅片）以上尺寸全自动单晶炉产业化。

切割设备：突破张力控制软件技术、水冷却气密封技术、砂浆温度闭环控制技术等关键技术，保证能满足太阳能硅片大生产切割需求，切割硅片尺寸8in，切割精度优于10微米、厚度在$180\mu m$以下的太阳能硅片多线切割机产业化。

清洗设备：突破槽体温度控制技术、溶液循环技术、大行程直线传输技术等关键技术，提升产品质量的一致性，实现碎片率小于0.3‰的太阳能晶硅清洗制绒设备产业化，促进晶硅太阳电池片转化效率提升。

（2）全自动晶硅太阳电池片生产线设备研发及产业化

重点发展扩散炉、等离子增强化学气相沉积设备（PECVD）等关键设备，突破单机自动化及生产线设备之间物流传输自动化技术，实现整线自动化集成。

重点突破自动图像对准技术、柔性传输技术、高精度印刷技术、高速高精度对准技术、测试分选技术、智能化控制及系统集成技术，进一步提高电池片电极印刷、烘干、测试分选速度，实现产能达到1440片/h以上、碎片率低于0.5%的全自动太阳能印刷线设备产业化。

（3）薄膜太阳能生产设备

硅基类薄膜太阳电池设备：重点提高大面积沉积的均匀性，进一步提升设备运行的稳定性，适度提升自动化程度，提高生产效率。

碲化镉（CdTe）薄膜太阳电池设备：突破真空镀膜设备技术难点，研发新型升华源的结构，进一步提高温度均匀性，开发在高温、真空环境下的传动系统。

铜铟镓硒（CIGS）薄膜太阳电池设备：突破真空镀膜设备、材料溅射、硒化技术等技术难点，实现元素配比的精确控制，保证大面积沉积的均匀性，提高生产效率，降低制造成本。实现$0.7m^2$以上、电池转化效率达14%以上的CIGS整线设备集成。

3. 新型元器件生产设备

（1）中小尺寸有机发光显示（OLED）生产设备的研发及产业化

解决无源有机发光显示（PM-OLED）用有机蒸镀和封装等关键设备大面积化和低成本化等问题，重点发展蒸发源、掩模对位、玻璃和掩模板固定装置等设备，进一步提高生产效率。

开展中小尺寸有源有机发光显示（AM-OLED）产品生产工艺和制造设备的研发，突破溅镀台、PECVD系统、热蒸发系统等AM-OLED用的薄膜晶体管（TFT）薄膜沉积装备；涂胶机、曝光机、干湿法刻蚀机等AM-OLED用的TFT图形制作装备；退火炉、退火气体管道、激光退火设备等AM-OLED用TFT退火装备；TFT电学测试设备、OLED光学测试设备等AM-OLED用检测装备；AM-OLED用缺陷检测修补装备，如激光修补机等。

（2）高储能锂离子电池生产设备的研发及产业化

突破电池浆料精密搅拌技术、电极极片精密涂敷技术、极片精密轧膜技术及快速极片分切技术，实现400L（装量）浆料搅拌设备、650mm（幅宽）挤出式涂布设备、$\phi800$（轧辊直径为800mm）强力轧膜设备、极片分切设备（分切速度为30~35m/min）的研发及产业化，实现整线设备集成。

（3）其他元器件生产设备的研发及产业化

重点发展高性能永磁元件生产设备、高亮度LED生产设备、金属化超薄膜电力电容器生产设备、超小型片式元件生产设备、高密度印制电路板生产设备、高精密自动印刷机、多功能自动贴片机无铅再流焊机、高精度光学检测设备。

4. 通信与网络测试仪器

满足时分双工长期演进技术（TD-LTE）网络测试的多模终端样机的研发，开发TD-LTE路测分析仪并达到商用化要求，配合TD-LTE技术网络试验和规模商用。

针对TD-LTE基站和终端特点及相关新技术和实

际测试需求，开发模块化的 TD-LTE 基站和终端射频测试系统，推动基站和终端性能进一步提高。

针对长期演进技术（LTE）网络接口进行协议一致性测试的需求，研究更方便、更简洁的测试工具对 LTE 的核心网络设备和无线网络设备进行测试，推动设备接口实现一致性。

针对 TD-LTE 终端一致性测试开发扩展测试集仪器；针对 TD-LTE-Advanced 终端一致性测试开发终端协议仿真测试仪。

其他通信方式以及网络测试所需的新一代通信测试仪器、计算机网络测试仪器、射频识别综合测试仪器、各类读卡器、近距离无线通信综合测试仪器。

5. 半导体和集成电路测试仪器

满足对多种功能半导体和集成电路进行测试需求的射频与高速数模混合信号集成电路测试系统；存储器等专项测试系统；半导体和集成电路在线测试系统、测试开发系统。

6. 数字电视测试仪器

满足数字电视和数字音视频测试需求的数字电视信号源、数字音视频测试仪、码流监测分析仪、图像质量分析仪、数字电视上网融合分析仪、网络质量和安全监测仪、数字电视地面信号覆盖监测系统。

五、政策措施

（一）加强战略引导，完善产业政策

充分利用优惠政策，降低企业在技术进步中的风险，合理地运用优惠政策促进科研成果产业化。制定并完善《重大技术装备和产品进口关键零部件、原材料商品清单》，进一步加强对电子专用设备关键零部件税收优惠政策的支持力度。

加快出台《关于印发〈进一步鼓励软件产业和集成电路产业发展若干政策〉的通知》（国发 [2011] 4 号）的实施细则，对符合条件的集成电路专用仪器以及集成电路专用设备相关企业给予企业所得税优惠，支持行业发展。

（二）加大投入力度，支持技术创新

充分发挥国家科技重大专项、电子信息产业发展基金等引导作用，以多种形式支持电子专用设备仪器行业技术创新，重点支持战略意义大、技术难度高、市场前景广、带动作用强、发展基础好的关键电子专用设备仪器发展。

推动落实《首台（套）重大技术装备试验示范项目管理办法》，鼓励支持集成电路关键设备、新型平板显示器生产设备、电子元器件生产设备、无铅工艺的整机装联设备自主创新，为首台（套）重大电子专用设备应用创造良好条件。

（三）提升产品可靠性，加强服务能力建设

抓好零部件配套和维修服务工作，推行平均失效间隔（MTBF）、平均恢复时间（MTTR）等可靠性指标，采用可靠性设计、元器件筛选等行之有效的办法，提高零部件产品的可靠性，拓展维修、备件供应等服务范围，提高专用设备仪器的服务水平。

（四）引导专项成果辐射，推动技术应用扩展

在支持企业承担重大专项的企业攻克技术难关、强化核心竞争力的同时，积极引导将掌握的技术向相关领域进行应用扩展，重点推动半导体专用设备技术和产品在太阳电池、LED、平板显示等领域的应用。

（五）重视人才战略，集聚高端人才

推动在高等院校和科研院所加强电子专用设备仪器相关学科建设与专业技术人才的培养，建设高校、企业联动的人才培养机制。以国家科技重大专项为平台，加快人才引进，进一步提升高端复合型人才的积累。

子规划3：

数字电视与数字家庭产业"十二五"规划

前　言

数字电视作为电子信息产业和文化产业有机融合的产物，是指采用数字技术实现节目内容制作、存储、播出、传输、接收及应用服务的整套系统，本规划中的数字电视产业主要指与数字电视系统相关的产品制造业。数字家庭是指通过网络实现家庭内部各种家用电子电器产品之间及其与外部的互联互通，使家庭成员能够便捷地实现互动娱乐、信息服务与智能控制，本规划中的数字家庭产业主要指与数字家庭系统相关的制造业以及与应用服务相关的配套产业。

随着数字化、网络化、智能化生活理念的日益普及，作为传统家庭生活娱乐中心的数字电视与新兴的数字家庭关系更加紧密。数字电视产业的发展极大丰富了数字家庭的内涵，为数字家庭业务提供了重要支撑，数字家庭业务的创新和拓展则促进了数字电视产业的快速发展。发展数字电视与数字家庭产业，是培育发展新一代信息技术产业、推动产业转型升级、促进经济发展方式转变的战略要求，对于推动三网融合取得实质性进展、提高经济社会信息化水平、提升人民生活品质、促进国民经济长期平稳较快发展具有重要意义。

按照《工业转型升级"十二五"规划》、《信息产业"十二五"发展规划》、《电子信息制造业"十二五"发展规划》的总体部署和要求，依据部门职责分工，制定本规划，用以指导未来五年我国数字电视和数字家庭产业的发展。

一、"十一五"发展回顾

"十一五"时期，虽然经历了国际金融危机，但随着《电子信息产业调整和振兴规划》的实施以及家电下乡、家电以旧换新等一揽子刺激内需政策的落实，我国数字电视与数字家庭产业仍然取得了较快发展，产业转型和结构调整取得阶段性成果，技术研发与应用实现重大突破，自主品牌竞争力逐步增强，国际化步伐显著加快，基本实现"十一五"的预期目标。

（一）数字电视产业规模稳步增长，产业转型与结构调整初见成效

从2006年到2010年，以数字电视为主的视听产业销售收入从3967亿元增长到10039亿元，工业增加值率从17.4%提升到21%。其中，2010年我国彩电产量为1.18亿台，占全球彩电总产量的49%，数字电视机顶盒产量为1.23亿台，占全球机顶盒产量的76.6%，全球制造大国的地位进一步得到巩固。产业数字化、平板化、绿色化发展成效显著，平板电视比重从25%提高到79%，节能发光二极管（LED）背光电视2010年占比达到18%；平板显示产业链逐步完善，高世代薄膜晶体管液晶显示器（TFT-LCD）面板及模组、多面取等离子显示屏（PDP）面板规模化生产技术取得重大进展。

（二）数字家庭技术与应用取得进展，以应用促发展的局面初步形成

以数字电视应用为中心、面向三网融合的数字家庭产业初步形成，"闪联"、"e家佳"和"广联"等各具特色的数字家庭标准组织相继组建，自主技术标准的国际化及推广应用取得重大进展；构建了包括数字家庭网络运营、数字家庭智能终端、数字化家用电子产品制造、面向三网融合的数字家庭内容服务在内的技术链，产品涵盖消费电子、通信、安防、建筑、网络运营、内容服务等众多行业。广州、杭州、武汉、青岛、长沙等城市的数字家庭研发与应用示范步伐加快，部省共建广东国家数字家庭应用示范产业基地建设初显成效。以互动娱乐、智能家居、信息服务为代表的面向三网融合的数字家庭业务应用创新取得较大进展。

（三）以企业为主体的技术创新能力增强，标准体系建设取得较大进展

数字电视新型显示器件与材料、数字电视系统级芯片（SOC）、数字电视中间件、大容量光存储等新技术和新应用不断取得突破，相继推出了LED背光电视、互联网电视、三维电视、智能电视等新产品。产业链不断完善，多条液晶电视模组整机一体化生产线已实现量产。以地面数字电视传输标准（DTMB）、数字视频编解码标准（AVS）、数字音频编解码标准（DRA）、中国蓝光光盘格式标准（CB-HD）、数字接口内容保护标准（UCPS）为代表的自主知识产权技术标准体系已经形成。其中，DTMB已经取得国际电信联盟（ITU）地面数字电视 D 系统代号，AVS 成为国际主流视频编解码标准之一，DRA 成为蓝光高清视盘国际联盟可选标准，"闪联"、"e 家佳"标准分别被国际标准化组织（ISO）和国际电工委员会（IEC）发布为国际标准。

（四）产业区域发展辐射作用明显，骨干企业综合实力进一步提升

初步形成了北京辐射圈、长三角地区、珠三角地区、环渤海地区、海西经济区、成渝地区等各具特色的数字电视及数字家庭产业集聚区，产业集聚及辐射带动作用明显。海尔、海信、长虹、TCL、创维、康佳等企业均进入电子信息百强前 20 名，年营业收入超过百亿元，通过家电下乡、家电以旧换新等拉动内需政策，进一步巩固市场优势地位，整体竞争力和国际影响力不断攀升。2010 年，海信、海尔、TCL、长虹、创维、康佳、厦华 7 家企业的彩电产量占国内彩电总产量的 49%，产业集中度进一步提升。

（五）产业国际化步伐加快，自主标准国际化应用取得重大突破

"十一五"期间累计出口彩电 26664 万台，出口额为 523.7 亿美元，出口量占总销售量的 58.6%。中国成为全球机顶盒的制造中心，占全球总销售量的 70% 以上。企业在坚持开拓传统市场的基础上，进一步向新兴市场进军，并通过发展自主品牌，实现了从单一产品出口向全面"走出去"的转变，海信、海尔、TCL、长虹、创维、康佳、厦华等整机企业在欧洲、东盟、南非等国家和地区开始建立研、产、销机构，自主品牌的国际影响力不断提升。我国地面数字电视传输标准国际化应用取得突破性进展，已经在柬埔寨、老挝等海外国家和地区得到应用，并带动了相关技术、产品及系统的国际应用。

尽管"十一五"期间我国数字电视产业发展取得了较大成绩，数字家庭技术研发和产业应用取得了较大进展，但仍然面临诸多问题：彩电业转型升级与配套核心器件缺失的矛盾依然存在；企业的技术能力积累不足，难以适应核心技术快速发展的需要；文化体制改革有待进一步深化，与产业支撑的协调性有待进一步增强。

二、"十二五"面临的形势

（一）宏观环境促进产业转型

我国经济发展方式将逐步从主要依靠投资、出口拉动向依靠消费、投资、出口协调拉动转变。工业化和信息化深度融合、战略性新兴产业积极培育、数字电视和三网融合政策进一步贯彻落实，将为数字电视和数字家庭产业的发展提供有力支持。绿色环保、低碳节能作为数字电视与数字家庭产业转型升级的重要方向，是产业可持续性发展的内在要求。

（二）消费升级助推产业发展

"工业化、信息化、城镇化、市场化、国际化"五化并举，产品更新换代加速，城市化带动城市家庭数量快速增加，居民对精神文化的需求日益增长，数字家庭娱乐、智能家居、远程教育、社区服务等发展势头迅猛，内需市场的扩大将为数字电视与数字家庭产业发展提供强大的内需动力。

（三）技术进步促进转型升级

新一代信息技术为代表的战略性新兴产业的蓬勃发展，网络化、智能化、绿色环保为特征的科技进步，下一代互联网、下一代广播电视网、物联网、云计算、新一代显示、人机交互、内容保护与可信安全等新技术的广泛应用，以融合创新为特征的新型产品和服务形态，将为数字电视和数字家庭产业转型升级注入新的活力，形成新的增长点。

（四）发展模式发生重大变革

"4C"（计算机、通信、消费电子、内容）融合的不断推进，将促进产业从单纯整机生产向上游高附加值领域延伸，从产品制造向内容服务、运营服务和生产服务等领域渗透。产业集群正加速从成本导向型向创新驱动型升级，生产与服务融合、软件与硬件融合的趋势愈加明显。

（五）投资环境继续保持宽松

良好的经济前景、稳定的政治环境、充裕的劳动资源、庞大的消费市场等有利因素，使得我国仍然是全球最佳的产业转移地。宏观调控将促进投资结构的进一步优化，地方政府和民间投资持续跟进，将为数字电视及数字家庭产业发展营造宽松环境。

（六）国际市场面临新的形势

经济全球化进一步加强，区域/次区域经济合作深入发展，市场全球化进一步深化，以服务外包为核心的生产全球化体系将发生深刻变革。国际市场需求处于恢复期，不确定因素依然存在。发达国家提出重振制造业，国际贸易保护主义抬头，技术壁垒、反倾销、知识产权等问题依然突出，将影响我国企业国际市场竞争力提升。

三、指导思想、发展原则及目标

（一）指导思想

以科学发展为主题，以加快转变发展方式为主线，以推动产业结构调整和转型升级为主攻方向，全面提升自主创新能力，统筹规划产业布局，打造完整的技术链和产业链；创新体制机制，以市场需求为牵引，以应用服务为导向，支持制造业与运营业的互动融合，推动应用促进产业发展；健全公共服务，发挥第三方服务的主体作用，结合产业集聚地区资源优势，推动公共服务体系的专业化、网络化和一体化建设。促进数字电视与数字家庭产业发展方式向创新驱动型、资源节约型、环境友好型转变，全面提升产业核心竞争力。

（二）发展原则

坚持创新发展。以关键技术创新和发展模式创新为突破口，以自主技术标准应用带动产业集聚发展。

坚持应用促发展。以需求为导向，通过应用示范，推动新产品、新业务、新业态和新服务的快速发展。

坚持协调发展。推动产业链上下游协同发展，制造与运营融合，利用国内国际两个市场资源，优化产业发展环境。

坚持绿色发展。秉承节能减排、绿色环保的理念，产品设计生态化，产品制造绿色化，推动产业向节能环保转变。

（三）发展目标

1. 产业规模

未来五年，数字电视产业销售收入保持平稳较快增长，数字家庭应用规模不断扩大，力争在"十二五"末成为全球最大的数字电视整机和关键件开发、生产基地，主要产品产量和质量水平位居世界前列。到2015年，以数字电视和数字家庭为主的视听产业销售产值比2010年翻番，达到2万亿元，出口额达到1000亿美元，工业增加值率达到25%。

2. 产业结构

产业结构进一步优化，在平板显示、机顶盒、芯片设计制造等领域的技术和产品层次大幅提升，自给率不断提高，管理水平和竞争能力有较大提高，初步形成相对完整的配套体系，形成研发、生产、应用、服务"四位一体"的产业体系；平板电视占彩电产量比重达到95%以上；数字家庭产业链逐步健全，多业务数字内容服务形成规模。

3. 产业布局

形成一批产学研用相结合、规模效应和产业链配套协作水平较高、以完善的产业服务体系为支撑的产业集群，以及一批效益突出、竞争力强的优势企业；推动建成5～10个应用特色鲜明、持续创新能力强、引领带动作用显著的国家级数字家庭应用示范产业基地；培育2～3个具有国际竞争力、年销售收入突破千亿元的领军企业，为做大做强信息产业提供有力支撑。

4. 自主创新

自主创新能力明显提高，形成以企业为主体的创新体系，培育一批具有较强自主创新能力、拥有自主知识产权的企业；掌握数字电视和数字家庭核心技术，建立健全数字电视和数字家庭国家标准体系，新一代数字电视技术标准研究取得突破，提升对技术标准、产业发展方向、产品升级的话语权；推动国家地面数字电视传输标准成为国际标准，国际化应用取得重大进展。

四、主要任务与发展重点

（一）主要任务

1. 突破核心关键技术

在数字电视SOC、嵌入式操作系统、中间件、人机交互、新型显示、模组驱动和控制、终端设备的内容保护与可信安全等领域掌握关键技术，在先进的数字电视传输、音视频编解码、面向数字家庭的互联互通与服务协同等技术上力争获得突破。

2. 打造完整产业链条

以大型骨干企业为龙头，完善大型企业与中小企业互动协作格局，打造完整产业链；横向联合网络运营商、内容提供商、系统集成商等相关机构，加强特色应用和服务，推进整个行业从单纯的制造向"制造＋服务"延伸。

3. 推进应用模式创新

发展具有"三网融合＋高清互动＋智能控制"功能的新型数字家庭系统，不断培育开放、融合的业务形态和应用环境，形成可持续发展的商业模式。

4. 发展绿色优质产品

推广绿色生态设计、绿色制造、节能和环境友好材料的应用，加大彩电、音响等行业的能效标准执行力度，促进产业节能环保技术与国际接轨；推动企业强化质量管理，促进产品质量提高。

5. 实施知识产权战略

按照"共性整合、个性兼容"的总体思路，进一步完善具有我国自主知识产权的标准体系，搭建标准应用产业化的支撑平台；积极参与国际标准的研究制定，推进自主技术标准成为国际标准，提升我国企业在国际市场上的话语权。

6. 开拓国内国际市场

推动骨干企业建立多渠道营销和服务平台，拓展服务内容，提升服务质量，满足用户消费需求。加强国际战略合作，开拓新兴市场，推动自主技术标准国内外推广应用，进一步提升自主品牌的国际影响力。

（二）发展重点

1. 数字电视终端设备

密切跟踪网络化、智能化发展趋势，加快数字电视软硬件产品升级及关键标准研制，推进三维电视、智能电视嵌入式软件系统、超高清电视系统的研发与应用，支持数字电视终端安全系统的研发与应用。加快新型显示技术在电视终端中的应用，支持 LED 背光源液晶电视、节能型 PDP 电视、大尺寸有机发光显示屏（OLED）电视的研发与产业化。发展基于地面、卫星、有线、IP 网络等传输方式的数字电视终端以及移动多媒体电视，满足广播电视发展的多样化需求。推进高清晰三维投影、短焦投影、便携式微型投影和激光投影等产品的研发与产业化。

2. 数字电视广播前端设备

以提升自主研发产品竞争力为目标，加大对数字电视和数字广播制作设备、演播室设备、播出设备、发射设备等前端设备的研发与产业化的支持力度，积极引导基于 AVS、DRA 等自主技术标准的数字电视前端设备的研发及应用，面向高清电视、三维电视、移动电视、数字电影等领域的发展需求，大力发展摄像、录制、编辑、存储、播放等设备。

3. 数字家庭设备

充分发挥地方政府引导和骨干企业的主体作用，建设数字家庭产业应用示范基地，推动产业集聚发展。支持终端厂商与网络运营商、内容提供商、系统集成商等联合，研发并推广新型信息终端、桥接设备、多业务网关、智能感知与控制设备，以及网络侧的应用云平台等产品，推动多屏融合、互联互通、智能控制的数字娱乐、数字教育、数字健康、智能家居等业务系统的研发和产业化。

4. 音响光盘设备

提升音响产品质量、品牌和工业设计水平，推进音响产品时尚化、精品化、特色化。大力发展高保真和超薄音响器件与系统、高保真音源产品、专业数字音响系统。推动光盘产业加快转型升级，支持全息（TB 级）大容量、可刻录、三维播放、高保真的新一代光盘研发及产业化。

5. 视频应用系统

面向"平安城市"、数字社区、数字家庭等以及银行、交通等行业应用领域，大力发展智能化、网络化视频监控设备，推进高清、宽动态、低照度、无线视频监控网络摄像设备以及大容量、高压缩、智能分析的监控后端系统和云存储系统的研发及产业化。

6. 应用服务平台

面向数字家庭多样化用户需求，充分运用云计算、物联网等技术，推动跨平台、跨领域的数字内容服务平台和综合性数字应用平台的开发建设，支持在线用户服务、远程医疗、远程教育、动漫游戏、资讯信息等业务系统及应用程序商店等平台的开发与应用，实现三屏（电视屏幕、手机屏幕、电脑屏幕）互动与三屏融合以及内容保护等功能。

五、重大工程

（一）彩电业转型升级专项工程

推进彩电整机企业向芯片、软件、背光、模组、面板等上游领域延伸，支持国家规划布局内的高世代 TFT-LCD、PDP、新型 OLED 面板生产线建设及其配套产业建设，支持彩电产业配套的核心芯片、软件、关键器件、一体化模组、专用设备研发及产业化。推动产业向网络化、智能化和节能环保等方向发展，支持三维电视、智能电视、超高清电视及交互式软件平台的研发和应用。鼓励彩电企业进行商业模式、服务模式创新，支持彩电终端产品与内容服务融合发展。

（二）地面数字电视接收设备普及专项工程

结合国家数字电视整体转换进程，制定普及地面数字电视接收设备的实施意见，引导和支持企业推动地面数字电视接收设备普及，加快实施和宣传贯彻地面数字电视配套技术标准，进一步完善地面数字电视配套技术标准体系，开展地面数字电视终端产品标准符合性检测，推进地面数字电视接收设备普及。支持地面数字电视演进技术的研发和应用，进一步推动地面数字电视国家标准的国内外应用。

（三）整机与芯片、器件、软件联动工程

鼓励和支持掌握自主核心技术的芯片、器件、软件研发生产企业与整机企业间的联合与合作，加强产学研用结合的创新体系建设，以数字电视和数字家庭领域的先导应用和典型应用为引领，实施重大专项，实现以重大工程带动芯片研发与应用的突破。推动整机企业联合芯片、软件企业，共同开展

技术研发，建立从芯片、器件、软件、整机、系统到应用的产业生态环境，形成"整机带动芯片技术进步，芯片提升整机系统竞争力"的良性循环。

（四）面向三网融合的数字家庭应用示范工程

充分发挥地方政府引导和骨干企业的主体作用，重点开发面向三网融合的多媒体智能终端等产品以及配套的芯片、关键元器件和软件。推动终端厂商与网络运营商、内容提供商、系统集成商等联合，共同开发数字家庭应用集成平台和业务支撑平台。实施数字家庭标准体系建设、核心芯片开发、内容服务平台建设等工程，建设面向三网融合的数字家庭应用示范区，推动自主技术标准的规模应用。

（五）公共服务体系建设工程

充分发挥市场配置资源的基础性作用，加快实施数字电视和数字家庭领域公共服务体系建设，着力推进技术标准公共服务平台、专利和知识产权公共服务平台、家电售后维修服务公共服务平台、技术交流与成果推广应用公共服务平台的建设。推动公共服务体系的专业化、网络化和一体化建设，形成覆盖全国、资源共享、互联互通、高效便捷的公共服务网络。

六、政策措施

（一）完善产业政策体系，优化产业发展环境

加快落实《国务院关于加快培育和发展战略性新兴产业的决定》（国发〔2010〕32号），进一步贯彻落实国务院《关于鼓励数字电视产业发展的若干政策》（国办发〔2008〕1号）文件精神，继续执行和完善彩电业转型升级相关政策，推动实施地面数字电视普及意见，完善配套标准和产品认证体系，推进节能环保相关产业政策的落实。研究制定和推动实施家电下乡、家电以旧换新的后续政策措施，建设完善家电售后维修服务体系。

（二）用好财政支持手段，提升产业创新能力

充分发挥电子信息产业发展基金、国家科技重大专项等引导作用，加大在核心技术、关键原材料、核心部件和设备的投入力度，支持产业自主创新。通过政策引导、制度创新，推动建立政府导向的产业投资基金，发挥财政资金对社会资金的带动作用，创造有利于产业发展的投融资环境。

（三）加强协调与合作，促进产业良性互动

坚持运营业务拓展带动终端制造业发展、终端创新促进运营业务变革的发展思路，继续加强部委之间、部省之间的协调和联动，重点加强产业链各环节间的衔接以及运营机制的协调，推进制造业和运营业的融合发展。

（四）统筹规划产业布局，促进区域协调发展

统筹规划，合理布局，充分发挥地方政府积极性和骨干企业的主体作用，进一步推动现有平板显示产业区域的协调发展；在产业基础较集中的区域，引导支持建设数字家庭产业基地，推动产业集聚发展。

（五）抓好重点人才建设，健全专家咨询机制

充分发挥高校、国家工程中心、国家重点实验室以及企业研发部门等科研机构的人才优势，实施重点人才建设工程；不断完善数字电视与数字家庭领域的专家人才库，充分发挥数字视听专家委员会的作用，为产业可持续发展提供咨询指导。

（六）构建应用创新体系，促进产业融合发展

抓住三网融合机遇，探索机制创新，促进产业、网络和业务融合发展。进一步加强与地方联系，完善与地方共建工作机制，开展面向三网融合的数字家庭应用示范，促进三网融合取得实质性进展。

（七）推进国际合作战略，拓展海外新兴市场

继续实施"走出去"战略，巩固传统优势，开拓新兴市场。积极推进新型显示、节能环保、网络互联、智能终端等新兴产品的市场推广，适应国际市场需要，建立海外生产基地。继续推广自主技术标准的国际化应用，提升出口产品附加值，促进产业对外贸易方式的转变。

集成电路产业"十二五"发展规划

中华人民共和国工业和信息化部规划司　发布

前　言

集成电路（IC）产业是国民经济和社会发展的战略性、基础性和先导性产业，是培育发展战略性新兴产业、推动信息化和工业化深度融合的核心与基础，是转变经济发展方式、调整产业结构、保障国家信息安全的重要支撑，其战略地位日益凸显。拥有强大的集成电路技术和产业，是迈向创新型国家的重要标志。

未来五至十年是我国集成电路产业发展的重要战略机遇期，也是产业发展的攻坚时期。科学判断和准确把握产业发展趋势，着力转变发展方式、调整产业结构，以技术创新、机制体制创新、模式创新为推动力，努力提升产业核心竞争力，推动产业做大做强，实现集成电路产业持续快速健康发展，有着十分重要的现实意义和历史意义。

贯彻落实《国民经济和社会发展第十二个五年规划纲要》，按照《工业转型升级"十二五"规划》、《战略性新兴产业"十二五"发展规划》、《信息产业"十二五"发展规划》和《电子信息制造业"十二五"规划》的总体要求，在广泛调研、深入研究的基础上，提出发展战略思路，编制集成电路专题规划作为集成电路行业发展的指导性文件和加强行业管理的依据。

一、"十一五"回顾

"十一五"期间，我国集成电路产业延续了自2000年以来快速发展的势头，克服了全球金融危机和集成电路产业硅周期的双重影响，产业整体实力显著提升，对电子信息产业以及经济社会发展的支撑带动作用日益显现。

（一）产业规模持续扩大

产业规模翻了一番。产量和销售收入分别从2005年的265.8亿元和702亿元，提高到2010年的652.5亿元和1440亿元，占全球集成电路市场比重从2005年的4.5%提高到2010年的8.6%。国内市场规模从2005年的3800亿元扩大到2010年的7350亿元，占全球集成电路市场份额的43.8%。

（二）创新能力显著提升

在《核心电子器件、高端通用芯片及基础软件产品》和《极大规模集成电路制造装备及成套工艺》等国家科技重大专项等科技项目的支持下，大部分设计企业具备0.25μm以下及百万门设计能力，先进设计能力达到40nm，中央处理器（CPU）、数字信号处理器（DSP）、微控制单元（MCU）、存储器等高端通用芯片取得重大突破，时分同步码分多址接入（TD-SCDMA）芯片、数字电视芯片和信息安全芯片等一批系统级芯片（SoC）产品实现规模量产；芯片制造能力持续增强，65nm先进工艺和高压工艺、模拟工艺等特色技术实现规模生产；方形扁平无引脚封装（QFN）、球栅阵列封装（BGA）、圆片级封装（WLP）等各种先进封装技术开发成功并产业化；高密度离子刻蚀机、大角度离子注入机、45nm清洗设备等重要装备应用于生产线，光刻胶、封装材料、靶材等关键材料技术取得明显进展。

（三）产业结构进一步优化

我国集成电路产业形成了芯片设计、芯片制造和封装测试三业并举、较为协调的发展格局。设计业销售收入占全行业比重逐年提高，由2005年的17.7%提高到2010年的25.3%；芯片制造业比重保持在1/3左右；集成电路专用设备、仪器与材料业形成一定的产业规模，有力支撑了集成电路产业，以及太阳能光伏产业和光电产业的发展。

（四）企业实力明显增强

四家集成电路企业进入电子信息百强行列。集成电路设计企业销售收入超过1亿元的有60多家，2010年进入设计企业前十名的入围条件为6亿元，比2005年提高了一倍多，排名第一的海思半导体销售收入为44.2亿元；制造企业销售收入超过100亿元的有两家，中芯国际65纳米制造工艺已占全部产能的9%，是全球第四大芯片代工企业；在封装测试企业前十名中，中资企业的地位明显提升，长电科技已进入全球十大封装测试企业行列。

（五）产业聚集效应更加凸显

依托市场、人才、资金等优势，长三角、京津环渤海地区和泛珠三角的集成电路产业继续迅速发展，5个国家级集成电路产业园区和8个集成电路设计产业化基地的聚集和带动作用更加明显。坚持特色发展之路，作为发展侧翼，武汉、成都、重庆和西安等中西部地区日益发挥重要作用。

尽管"十一五"期间成绩显著，但是我国集成电路产业仍存在诸多问题。产业规模不大，自给能力不足，产品国内市场占有率仍然较低；企业规模小且分散，持续创新能力不强，核心技术少，与国外先进水平有较大差距；价值链整合能力不强，芯片与整机联动机制尚未形成，自主研发的芯片大都未挤入重点整机应用领域；产业链不完善，专用设备、仪器和材料发展滞后等。

二、"十二五"面临的形势

集成电路产业是全球主要国家或地区抢占的战略制高点。一方面，这一领域创新依然活跃，微细加工技术继续沿摩尔定律前行，市场竞争格局加速变化，资金、技术、人才高度密集带来的挑战愈发严峻；另一方面，多年来我国集成电路产业所聚集的技术创新活力、市场拓展能力、资源整合动力以及广阔的市场潜力，为产业在未来五年实现快速发展、迈上新的台阶奠定了基础。

（一）战略性新兴产业的崛起为产业发展注入新动力

当前以移动互联网、三网融合、物联网、云计算、节能环保、高端装备为代表的战略性新兴产业快速发展，将成为继计算机、网络通信、消费电子之后，推动集成电路产业发展的新动力，多技术、多应用的融合催生新的集成电路产品出现。过去五年我国集成电路市场规模年均增速14%，2010年达到7349.5亿元。预计到2015年，国内集成电路市场规模将超过1万亿元。广阔、多层次的大市场为本土集成电路企业提供了发展空间。全球产业分工细化的趋势，也为后进国家进入全球细分市场带来了机遇。

（二）集成电路技术演进路线越来越清晰

一方面，追求更低功耗、更高集成度、更小体积依然是技术竞争的焦点，SoC设计技术成为主导；芯片集成度不断提高，仍将沿摩尔定律继续前进。目前，国际上32nm工艺已实现量产，2015年将导入18nm工艺。另一方面，产品功能多样化趋势明显，在追求更窄线宽的同时，利用各种成熟和特色制造工艺，采用系统级封装（SiP）、堆叠封装等先进封装技术，实现集成了数字和非数字的更多功能。

此外，集成电路技术正孕育新的重大突破，新材料、新结构、新工艺将突破摩尔定律的物理极限，支持微电子技术持续向前发展。

（三）全球集成电路产业竞争格局继续发生深刻变化

当前全球集成电路产业格局进入重大调整期，主要国家/地区都把加快发展集成电路产业作为抢占新兴产业的战略制高点，投入了大量的创新要素和资源。金融危机后，英特尔、三星、德州仪器、台积电等加快先进工艺导入，加速资源整合、重组步伐，不断扩大产能，强化产业链核心环节控制力和上下游整合能力，急欲拉大与竞争对手的差距。行业门槛的进一步提高，对于资源要素和创新要素积累不足的国内集成电路企业而言，面临的挑战更为严峻。

（四）商业模式创新给产业在新一轮竞争中带来机遇

创新的内涵不断丰富，商业模式创新已成为企业赢得竞争优势的重要选择。当前，软硬件结合的系统级芯片、纳米级加工以及高密度封装的发展，对集成电路企业整合上下游产业链和生态链的能力提出了更高要求，推动虚拟整合元件厂商（IDM）模式兴起。特别是随着移动互联终端等新兴领域的发展，出现了"Google-ARM"、苹果等新的商业模式，原有的"WINTEL（微软和英特尔）体系"受到了较大挑战。

（五）新政策实施为产业发展营造更加良好的环境

"十二五"时期，国家科技重大专项的持续实施，发展战略性新兴产业的新要求，将推动集成电路核心技术突破，持续带动集成电路产业的大发展。《国务院关于印发进一步鼓励软件产业和集成电路产业发展若干政策的通知》（国发〔2011〕4号）保持了对《国务院关于印发鼓励软件产业和集成电路产业发展若干政策的通知》（国发〔2000〕18号）的延续，进一步加大了对集成电路产业的扶持力度，扩大了扶持范围，优惠政策覆盖了产业链各个环节，产业发展环境将进一步得到优化。

三、指导思想、基本原则和发展目标

（一）指导思想和基本原则

深入贯彻落实科学发展观，以转方式、调结构为主线，坚持"应用牵引、创新驱动、协调推进、引领发展"的原则，以共性关键技术和重大产品为突破口，提升产业核心竞争力；优化产业结构，延伸完善产业链条；大力推进资源整合优化，培育具有国际竞争力的大企业；落实产业政策，建设完善产业公共服务体系；提升产业发展质量和效益，深入参与国际产业细化分工，提高产品国内供给能力；优化产业生态环境，打造芯片与整机大产业链，为工业转型升级、信息化建设以及国家信息安全保障提供有力支撑。

坚持应用牵引。以重大信息化推广和整机需求为牵引，开发一批量大面广和特色专用的集成电路产品。针对重点领域和关键环节，发挥政府的规划引导、政策激励和组织协调作用。

坚持创新驱动。结合国家科技重大专项和重大工程的实施，以技术创新、模式创新、机制体制创新为动力，突破一批共性关键技术。加强引进消化吸收再创新，走开放式创新和国际化发展道路。

坚持协调推进。调整优化行业结构，着力发展芯片设计业，壮大芯片制造业，提升封装测试层次，增强关键设备、仪器、材料的自主开发和供给能力。按照"扶优、扶强、扶大"的原则，优化企业组织结构，推进企业兼并、重组、联合。优化区域布局，避免低水平、重复建设。

坚持引领发展。把壮大规模与提升竞争力结合起来，充分发挥集成电路产业的引领和带动作用，推进战略性新兴产业的关键技术研发与产业化，支撑传统产业转型升级。

（二）发展目标

到"十二五"末，产业规模再翻一番以上，关键核心技术和产品取得突破性进展，结构调整取得明显成效，产业链进一步完善，形成一批具有国际竞争力的企业，基本建立以企业为主体的产学研用相结合的技术创新体系。

1. 主要经济指标

集成电路产量超过 1500 亿元，销售收入达 3300 亿元，年均增长 18%，占世界集成电路市场份额的 15% 左右，满足国内近 30% 的市场需求。

2. 结构调整目标

行业结构：芯片设计业占全行业销售收入比重提高到 1/3 左右，芯片制造业、封装测试业比重约占 2/3，形成较为均衡的三业结构，专用设备、仪器及材料等对全行业的支撑作用进一步增强。

企业结构：培育 5～10 家销售收入超过 20 亿元的骨干设计企业，1 家进入全球设计企业前十位；1～2 家销售收入超过 200 亿元的骨干芯片制造企业；2～3 家销售收入超过 70 亿元的骨干封测企业，进入全球封测业前十位；形成一批创新活力强的中小企业。

区域结构：坚持合理区域布局，继续强化以长三角、京津环渤海和泛珠三角的三大集聚区，以重庆、成都、西安、武汉为侧翼的产业布局，建成一批产业链完善、创新能力强、特色鲜明的产业集聚区。

3. 技术创新目标

芯片设计业：先进设计能力达到 22nm，开发一批具有自主知识产权的核心芯片，国内重点整机应用自主开发集成电路产品的比例达到 30% 以上。

芯片制造业：大生产技术达到 12in、32nm 的成套工艺，逐步导入 28nm 工艺。掌握先进高压工艺、MEMS 工艺、锗硅工艺等特色工艺技术。

封装测试业：进入国际主流领域，进一步提高倒装焊（FC）、BGA、芯片级封装（CSP）、多芯片封装（MCP）等的技术水平，加强 SiP、高密度三维（3D）封装等新型封装和测试技术的开发，实现规模生产能力。

专用集成电路设备、仪器及材料：关键设备达到 12in、32nm 工艺水平；12in 硅单晶和外延片实现量产，关键材料在芯片制造工艺中得到应用，并取得量产。

四、主要任务和发展重点

（一）主要任务

1. 集中力量、整合资源，攻破一批共性关键技术和重大产品

强化顶层设计和统筹安排，围绕国家战略和重点整机需求，面向产业共性关键技术和重大产品，引导和支持以优势单位为依托，建立开放的、产学研用相结合的集成电路技术创新平台，重点开发 SoC 设计、纳米级制造工艺、先进封装与测试、先进设备、仪器与材料等产业链各环节的共性关键技术，重点部署一批重大产品项目。健全技术创新投入、研发、转化、应用机制，力争在一些关键领域有重大技术突破，培育一批高附加值的尖端产品，建立以企业为主体，市场为导向，产学研相结合的技术创新体系。

2. 做强做优做大骨干企业，提升企业核心竞争力

加大要素资源倾斜和政策扶持力度，优化产业资源配置，推动优势企业强强联合、跨地区兼并重组、境外并购和投资合作。推动多种形态的企业整合，鼓励同类企业整合、上下游企业整合、整机企业与集成电路企业整合，培育若干个有国际竞争力的设计企业、制造企业、封测企业以及设备、仪器、材料企业，打造一批"专、精、特、新"的中小企业，努力形成大中小企业优势互补、协调发展的产业组织结构。

3. 完善产业生态环境，构建芯片与整机大产业链

推动产品定义、芯片设计与制造、封测的协同开发和产业化，实施若干从集成电路、软件、整机、

系统到应用的"一条龙"专项，形成共生的产业生态链/价值链。引导芯片设计企业与整机制造企业加强合作，以整机升级带动芯片设计的有效研发，以芯片设计创新提升整机系统竞争力。政府引导，发挥市场机制的作用，积极探索和实现虚拟IDM模式，共建价值链，形成良好的产业生态环境，实现上下游企业群体突破和跃升。

4. 完善和加强多层次的公共服务体系，推动产业持续快速发展

针对产业重大创新需求，采取开放式的建设理念，集中优势资源，建立企业化运作、面向行业的、产学研用相结合的国家级集成电路研发中心，重点开发SoC等产品设计、纳米级工艺制造、先进封装与测试等产业链各环节的共性关键技术，为实现产业可持续发展提供技术来源和技术支持。支持集成

电路公共服务平台的建设，为企业提供产品开发和测试环境以及应用推广服务，促进中小企业的发展，使其成为芯片与整机沟通交流的平台。

（二）发展重点

1. 着力发展芯片设计业，开发高性能集成电路产品

围绕移动互联网、信息家电、三网融合、物联网、智能电网和云计算等战略性新兴产业和重点领域的应用需求，创新项目组织模式，以整机系统为驱动，突破CPU/DSP/存储器等高端通用芯片，重点开发网络通信芯片、数模混合芯片、信息安全芯片、数字电视芯片、射频识别（RFID）芯片、传感器芯片等量大面广的芯片，以及两化融合、战略性新兴产业重点领域的专用集成电路产品，形成系统方案解决能力。支持先进电子设计自动化（EDA）工具开发，建立EDA应用推广示范平台。

专栏1 芯片与整机价值链共建工程

高端通用芯片：加强体系架构、算法、软硬件协同等设计研究，开发超级计算机和服务器CPU、桌面/便携计算机CPU、极低功耗高性能嵌入式CPU以及高性能DSP、动态随机存储器（DRAM）等高端通用芯片，批量应用于党政军和重大行业信息化领域，形成产业化和参与市场竞争的能力。

移动智能终端SoC芯片：面向以平板电脑和智能手机为代表的移动智能终端市场，以极低功耗高性能嵌入式CPU为基础，坚持软硬件协同、国际兼容、自主发展路线，开发移动智能终端SoC产品平台，突破多模式互联网接入、多种应用、系统级低功耗设计技术等，打通移动智能终端产业生态链。

网络通信芯片：围绕时分同步码分多址长期演进（TD-LTE）的产业化，开发TD-LTE终端基带芯片、终端射频芯片等，提升TD-LTE及其增强产业链最重要环节的能力，打造从芯片和移动操作系统到品牌机型的完善产业生态链/价值链。开发数字集群通信关键芯片、短距离宽带传输芯片以及光通信芯片等。

数字电视芯片：适应三网融合、终端融合、内容融合的趋势，重点突破数字电视新型SoC架构、图像处理引擎、多格式视频解码、视频格式转换、立体显示处理技术等。继续提升在卫星直播和地面传输领域的芯片设计和制造水平。

智能电网芯片：围绕智能电网建设，开发应用于智能电网输变电系统、新能源并网系统、电机节能控制模块、电表计量计费传输控制模块的各类芯片。

信息安全和视频监控芯片：发展安全存储、加密解密等信息安全专用芯片、提高芯片运算速度和抗攻击能力，促进信息安全功能的硬件实现；满足平安城市建设需求，开发视频监控SoC芯片。

汽车电子芯片：服务于汽车电子信息平台的需要，围绕汽车控制系统和车载信息系统核心芯片，开发汽车音视频/信息终端芯片、动力控制管理芯片、车身控制芯片等。积极配合新能源汽车开发的需要，开发电机驱动与控制、电力储存、充放电管理芯片及模块。

金融IC卡/RFID芯片：顺应银行卡从磁条卡向IC卡迁移的趋势，开发满足金融IC卡电性能、可靠性和安全性等需求，具有自主创新、符合相关技术标准和应用标准、支持多应用的金融IC卡芯片，推进金融IC卡芯片检测和认证中心建设。开发超高频RFID芯片，满足物联网发展需要。

数控/工业控制装置芯片：发展广泛应用于家电控制、水表等计量计费传输控制、生产过程控制、医疗保健设备智能控制的MCU系列芯片。加强应用开发研究，增强开发工具提供能力。针对实际应用需要开展高端DSP、模数/数模（AD/DA）、现场可编程门阵列（FPGA）等芯片工程项目。

智能传感器芯片：针对物联网应用，精选有实际应用目标的智能传感器芯片，开发智能传感器与节点处理器的集成技术、极低功耗设计技术、信息预处理技术等。

2. 壮大芯片制造业规模，增强先进和特色工艺能力

持续支持12in先进工艺制造线和8in/6in特色工艺制造线的技术升级和产能扩充。加快45nm及以下制造工艺技术的研发与应用，加强标准工艺、特色

工艺模块开发和IP核的开发。多渠道吸引投资进入集成电路领域，引导产业资源向有基础、有条件的企业和地区集聚，形成规模效应，推进集成电路芯片制造线建设的科学发展。

专栏 2　先进工艺/特色工艺生产线建设和能力提升工程

先进工艺开发及生产线建设。加快12in先进工艺生产线的规模化、集约化建设。坚持国际化原则，采取开放合作的方式，推动45nm/32nm/28nm先进工艺的研发及产业化，为22nm研发和量产奠定基础，从而大大缩短与国际技术的差距，形成具有国际竞争力和持续发展力的专业代工业。

特色工艺开发及生产线建设。支持模拟工艺、数模混合工艺、微电子机械系统（MEMS）工艺、射频工艺、功率器件工艺等特色技术开发，推动特色的工艺生产线建设。加快以应变硅、绝缘衬底上的硅（SOI）、化合物半导体材料为基础的制造工艺的开发和产业化。

---

3. 提升封测业层次和能力，发展先进封测技术和产品

顺应集成电路产品向功能多样化的重要发展方向，大力发展先进封装和测试技术，推进高密度堆叠型三维封装产品的进程，支持封装工艺技术升级和产能扩充。提高测试技术水平和产业规模。

4. 完善产业链，突破关键专用设备、仪器和材料

推进8in集成电路设备的产业化进程，支持12in集成电路生产设备的研发，加强新设备、新仪器、新材料的开发，形成成套工艺，推动国产装备在生产线上规模应用，培育一批具有较强自主创新能力的骨干企业，推进集成电路产业链各环节（设计、制造、封测、设备仪器、材料等）的紧密协作，建立试验平台，加快产业化。

专栏 3　集成电路产业链延伸工程

先进封装测试。支持BGA、CSP、多芯片组件封装（MCM）、WLP、3D、硅通孔（TSV）等先进封装和测试技术，推进MCP、SiP、封装内封装（PiP）、封装上封装（PoP）等集成电路产品特别是高密度堆叠型三维封装产品的进程。

专用设备、仪器、材料。支持刻蚀机、离子注入机、外延炉设备、平坦化设备、自动封装系统等设备的开发与应用，形成成套工艺，加强12in硅片、SOI、引线框架、光刻胶等关键材料的研发与产业化，支持国产集成电路关键设备和仪器、原材料在生产线上规模应用。

五、政策措施

（一）落实政策法规，完善公共服务体系

贯彻落实国发〔2011〕4号文件，加快相关实施细则和配套措施的制定。加强产业调研，适时调整《集成电路免税进口自用生产性原材料、消耗品目录》。进一步完善集成电路发展法律制度，完善集成电路产业公共服务体系，加强公共服务平台建设，促进设计与应用的紧密联系。

（二）提升财政资金使用效率，扩大投融资渠道

精心组织实施国家科技重大专项和战略性新兴产业创新工程等，突破重点整机系统的关键核心芯片，支持和部署对新器件、新原理、新材料的预先研究。通过技术改造资金、集成电路研究与开发专项资金、电子信息产业发展基金等渠道，持续支持集成电路产业自主创新能力和核心竞争力提升。鼓励国家政策性金融机构支持重点集成电路技术改造、技术创新和产业化项目。鼓励各行业大型企业集团参股或整合集成电路企业。支持集成电路企业在境内外上市融资，引导金融证券机构积极支持集成电路产业发展，支持符合条件的创新型中小企业在中小企业板和创业板上市。鼓励境内外各类经济组织和个人投资集成电路产业。

（三）推进资源整合，培育具有国际竞争力的大企业

按照战略协调、资源配置有效的原则，规范推进与各类所有制企业的并购重组。通过设立引导资金、直接注资、贷款贴息和减免相关费用等方式，克服分散重复，推进企业整合，优化企业结构，提高产业集中度，形成一批符合重大产品、重大工艺发展方向的大型企业，以适应产业发展新形势和国际市场竞争的需要。推进政、银、企大力协同，调动、引导、挖掘相关资源，广泛建立银企金融合作的项目开发平台，推动政、银、企合作纵深发展。支持产业联盟发展，以横向联盟推动技术和工艺攻关，以纵向联盟加快产业化进程和推动建立应用市场。

（四）继续扩大对外开放，提高利用外资质量

坚持对外开放，继续优化环境，大力吸引国外（境外）资金、技术和人才，承接国际高端产业转移。吸引跨国公司在国内建设研发中心、生产中心和运营中心。鼓励在华研究机构加大研究投入力度和引进高端研发项目，推动外资研发机构与本地机构的合作。完善外商投资项目核准办法，适时调整《外商投资产业指导目录》，引导外商投资方向。鼓励企业扩大国际合作，整合并购国际资源，设立海外研发中心，积极拓展国际市场。

（五）加强人才培养，积极引进海外人才

建立、健全集成电路人才培训体系，加快建设和发展微电子学院和微电子职业培训机构，形成多层次的人才梯队，重点培养国际化的、高层次、复合型集成电路人才；加大国际化人才引进工作力度，创造有利的政策环境，大力引进国外优秀的集成电路人才；引入竞争激励机制，制定激发人才创造才能的奖励政策和分配机制。注重环境建设，努力造就开拓型、具有国际视野的企业家群体。

（六）实施知识产权战略，加大知识产权保护力度

大力实施知识产权战略，在重点技术领域掌握一批具有自主知识产权的关键技术；鼓励企业进行集成电路布图设计的登记，加强集成电路布图设计专有权的有效利用；在专项工程中开展知识产权评议，加大知识产权保护力度，促进市场公平有序的发展；鼓励行业组织、产学研用联盟等开展专利态势分析、建立知识产权预警机制，通过知识产权交流与合作，促进集成电路产业发展。

国家能源局关于印发国家能源科技
"十二五"规划的通知

国能科技〔2011〕395号

各省（自治区、直辖市、计划单列市）发展改革委（经委、能源局），有关能源企业，有关科研院所、高等院校，相关行业协会：

为推进能源行业科技进步，用无限的科技潜力解决有限的资源环境约束，满足能源可持续发展和合理控制能源消费总量的要求，国家能源局组织编制了《国家能源科技"十二五"规划》，现印发你们，请结合实际认真贯彻落实，并就有关事项通知如下：

一、合理规划布局。各地能源主管部门要结合本地能源发展实际，按照《规划》提出的"十二五"期间重大能源试点示范内容，配合选择和确定能源技术与装备示范的依托工程，推进相关示范工程建设。积极争取首台（套）设备应用的相关优惠政策，鼓励能源技术创新和应用转化。

二、落实研发任务。国家能源研发中心（重点实验室）和相关科研院所、高等院校在能源科技创新中要积极开展能源技术创新和装备研发，依托重大能源示范工程进行能源技术与装备的试点示范，落实《规划》中提出的各项技术创新任务。

三、发挥主体作用。各重点骨干能源企业要充分认识到在新一轮能源技术革命中的责任和义务，发挥自身在能源科技创新中的主体作用，加大能源科技自主创新投入，提升具有自主知识产权的重大能源技术和自主品牌的重大能源装备比例，提高企业在国内外能源市场的竞争能力。

四、适时调整完善。在《规划》实施过程中，根据发展要求需对《规划》进行必要修订和调整的，由国家能源局统一协调、完善和实施。

附件：国家能源科技"十二五"规划

国家能源局

二〇一一年十二月五日

国家能源科技"十二五"规划（2011～2015）（节录）

中华人民共和国国际能源局　发布

一、前言

　　能源工业是国民经济的基础产业，也是技术密集型产业。"安全、高效、低碳"集中体现了现代能源技术的特点，也是抢占未来能源技术制高点的主要方向。我国能源生产量和消费量均已居世界前列，但在能源供给和利用方式上存在着一系列突出问题，如能源结构不合理、能源利用效率不高、可再生能源开发利用比例低、能源安全利用水平有待进一步提高等。总体上看，我国能源工业大而不强，与发达国家相比，在技术创新能力方面存在很大差距，在体制机制方面还需要不断完善改进。

　　"十二五"是我国全面建设小康社会的关键时期，是深化改革开放、加快转变经济发展方式的重要战略机遇期。必须以科学发展观为指导，深入贯彻落实党的十七届五中全会精神和《中华人民共和国国民经济和社会发展第十二个五年（2011～2015年）规划纲要》，以前瞻、战略和全局的高度制定未来能源科技发展的总体战略，对能源科技发展进行认真分析、提前部署、科学规划，使能源科技满足能源可持续发展和节能减排的要求，适应全面建设小康社会和走新型工业化道路的发展形势，为我国未来经济社会可持续发展提供更广阔的空间。

　　《国家能源科技"十二五"规划（2011～2015）》（以下简称《规划》）分析了能源科技发展形势，以加快转变能源发展方式为主线，以增强自主创新能力为着力点，规划能源新技术的研发和应用，用无限的科技力量解决有限能源和资源的约束，着力提高能源资源开发、转化和利用的效率，充分运用可再生能源技术，推动能源生产和利用方式的变革。

　　按照能源生产与供应产业链中技术的相近和相关性，《规划》划分了4个重点技术领域：勘探与开采技术、加工与转化技术、发电与输配电技术和新能源技术，并将"提效优先"的原则贯穿至各重点技术领域的规划与实施之中。

　　根据能源发展和结构调整的需要，《规划》明确

了2011～2015年能源科技的发展目标，在上述4个重点技术领域中确定了19个能源应用技术和工程示范重大专项，制定了实现发展目标的技术路线图，并针对重大专项中需要突破的关键技术，规划了37项重大技术研究、24项重大技术装备、34项重大示范工程和36个技术创新平台。此外，《规划》还提出了建立"四位一体"国家能源科技创新体系的设想及具体保障措施。

　　《规划》将已具备一定基础并在"十二五"期间能够实现产业化的重大科技工作作为主要先务，同时部署了未来10年有望取得突破的重大前沿科技项目，如700℃超超临界机组、高温高强度材料、高温气冷堆示范工程、大型先进压水堆核电示范工程、大规模储能等。对于难以在2020年之前实现商业化应用的前瞻性技术及其基础研究工作，如核聚变、天然气水合物等，已在《国家中长期科学和技术发展规划纲要（2006～2020）》中予以体现，本规划不再涉及。

二、能源科技的发展形势

（一）世界能源科技发展形势

　　能源是经济社会发展的基础，同时也是影响经济社会发展的主要因素。随着经济社会的发展，人们使用能源特别是化石能源越来越多，能源对经济社会发展的制约日益突出，对赖以生存的自然环境的影响也越来越大，而化石能源最终将消耗殆尽。因此，提高能源利用效率、调整能源结构、开发和利用可再生能源将是能源发展的必然选择。

　　过去100多年间，人类的能源利用经历了由薪柴时代到煤炭时代，再到油气时代的演变，在能源利用总量不断增长的同时，能源结构也在不断变化（见图1、图2）。

　　2004年，欧洲联合研究中心（JRC）根据各种能源技术的发展潜力及其资源量，对未来100年的能源需求总量和结构变化做出预测（见图3）：可再生能源的比重将不断上升，于2020年、2030年、

2040 年、2050 年和 2100 年将分别达到 20%、30%、50%、62% 和 86%。其中，化石能源消耗总量将于 2030 年出现拐点，太阳能在未来能源结构中的比重将越来越大。

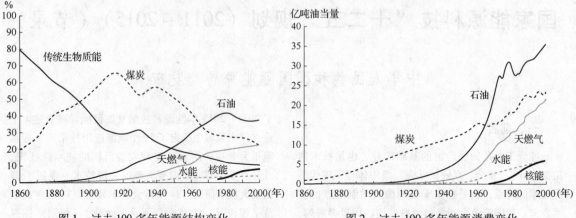

图 1　过去 100 多年能源结构变化

图 2　过去 100 多年能源消费变化

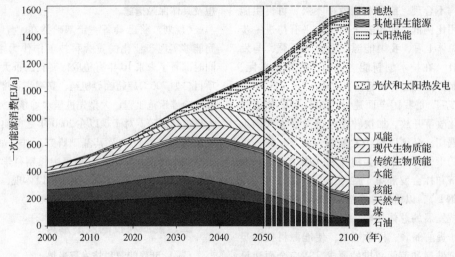

图 3　未来 100 年世界能源结构变化预测

纵观能源发展史和经济发展史，英国和美国先后抓住了由薪柴时代到煤炭时代、由煤炭时代再到油气时代能源变迁的历史机遇，并通过不断创新取得了显著的技术领先地位，促进了生产力的飞跃，推动了经济社会的快速发展。目前，世界能源发展已进入新一轮战略调整期，发达国家和新兴国家通过能源技术路线图的引导，纷纷制定能源发展战略，在大力开发可再生能源的同时，提高化石能源的开采和利用率，减少有害物质和温室气体排放，以实现低碳、清洁发展。

进入 21 世纪，随着世界经济由传统工业经济向知识经济转变，决定一个国家国际竞争力的关键因素在于其科研能力、创新水平以及与事者相关的能力建设。发达国家和主要新兴国家都特别重视能源科技在能源战略中的地位和作用，注重提高科技创新能力和促进科技成果的商业应用，并将建立国家创新体系作为一项优先任务。能源工业既是国民经济的基础产业，又是技术密集型产业，因此，能源科技创新体系在整个国家科技创新体系中占有十分重要的地位。

能源科技创新具有战略性、公共性、前瞻性和系统性等特点，需要持续高水平投入以及超前部署。投入大、重视基础研究以及政府投入比例高，是发达国家在能源科技创新中占据领先地位的重要因素。通过不断强化政府的战略主导作用，建设一流的实验室和研发基础设施，培育具有世界领先水平的科技人员，引导并激发企业技术创新动力，加强能源科技国际合作等一系列措施，发达国家形成了充满活力和竞争力的能源科技创新体系，抢占了当前能源技术的制高点，在核心技术的研发能力、知识产权等多个关键环节处于领先地位。

在煤炭开采和开发方面，矿井建设、露天开采和井工开采技术基本成熟，先进制造、自动控制、信息技术在煤炭生产中得到广泛应用。在煤层气开发利用方面，高、中高浓度煤层气利用技术已经成熟，低浓度煤层气利用技术处于研究和示范阶段。

在油气勘探开发方面，复杂极造三维建模等技术得到广泛应用，地震地质数据采集技术向四维方向发展，处理、解释技术向叠前深度域方向发展；测井技术向三维成像测井方向发展，成像测井仪器向小型化、集成化和网络化方向发展；高含水油田共享地模、虚拟表征等技术发展迅速，低渗透油田超前注水压裂技术逐步配套完善，稠油及超稠油热采技术有了系列化发展；滩海和海上油田开发技术向平台一体化、作业智能化、设备高可靠方向发展。

在加工与转化方面，煤气化技术朝着大型化、高适应性、低污染、易净化方向发展。石油加工更加高效、清洁并向化工领域延伸，原油劣质化促进炼油技术进一步向集成化、精细化方向发展；车用燃料向超低硫、低烯烃、低芳烃、高辛烷值方向发展。在油气储运方面，天然气管道输送向高压、大口径和网络化方向发展，液化天然气技术已成为长途运输和储备的重要手段。

在火力发电方面，超超临界机组向更高参数（35MPa，700℃）方向发展；燃气轮机向更高初温（1500℃）方向发展；以煤气化为基础的IGCC和多联产以及煤气化-燃料电池-燃气-蒸汽联合循环等高效、清洁的发电技术得到快速发展。在环保和减排方面，除尘、脱硫、脱硝和CO_2捕集技术向多元化、集成化方向发展。

在水力发电方面，已投入运行的常规水电机组和抽水蓄能机组最大单机容量分别达到700MW和450MW，水力发电机组正向高效、大容量方向发展，主要坝型建设高度达到200~300m。在水电开发研究中，工程安全、河流的生态环境保护以及工程防洪、供水、灌溉及航运等综合利用都得到了高度重视。

在输配电方面，通过采用新技术对已有电网进行完善和技术升级并利用先进的新型输电和智能化技术，提高能源利用效率和电网安全稳定水平。以能源梯级利用为特征的分布式电源改变了集中式发电和大规模传输的传统模式。超导和灵活输电、大规模储能等技术已成为优先发展方向；智能电网技术发展迅速，为改善电网运营的安全性、可靠性和经济性，提高可再生能源利用率奠定了基础。

在核能发电方面，为了应对特大自然灾害及突发意外情况并提高核电安全性，三代压水反应堆技术向非能动安全以及采取严重事故预防与缓解措施等方向发展。四代核电技术向固有安全和经济性、减少废物量、防止核扩散、提高核燃料循环利用率等方向发展。乏燃料的后处理和利用，以及核废料的处理处置等技术也越来越受到重视。

在风力发电方面，风电机组朝着大型化、高效率的方向发展。已运行的风电机组单机最大容量达到7MW，正在研制10MW以上风电机组；海上风电已解决机组安装、电力传输、机组防腐蚀等技术难题。

在太阳能发电方面，太阳能利用向采集、存储、利用的一体化方向发展。光伏并网逆变器单机最大容量超过1MW，光伏自动向日跟踪装置已大量应用；以光伏发电产生动力的太阳能飞机已成功实现昼夜飞行；太阳能热发电则以大规模吸热和储热作为关键技术。

在生物质能应用方面，生物质发电技术向与高附加值生物质资源利用相结合的多联产方向发展；混烧生物质比例达到20%的600MW级发电机组已成功应用；生物燃气技术向多元原料共发酵方向发展；直燃热利用向高品质生物燃气产品发展；燃料乙醇技术向原料多元化发展；生物柴油技术向以产油微藻及燃料油植物资源为原料的方向发展。

（二）我国能源科技发展形势

《我国国民经济和社会发展"十二五"规划纲要》明确提出"十二五"时期是全面建设小康社会的关键时期，是深化改革开放、加快转变经济发展方式的攻坚时期。要坚持把经济结构战略性调整作为加快转变经济发展方式的主攻方向。坚持把科技进步和创新作为加快转变经济发展方式的重要支撑。坚持把建设资源节约型、环境友好型社会作为加快转变经济发展方式的重要着力点。积极优化能源结构，合理控制能源消费总量，推动能源生产和利用方式变革。因此，未来我国能源发展必将仍偏重保障供给为主，向科学调控能源生产和消费总量转变；由资源依赖型的发展模式，向科技创新驱动型的发展模式转变；由严重依赖煤炭资源，向绿色、多元、低碳化能源发展转变；由各种能源品种独立发展，向多种能源互补与系统的融合协调转变；由生态环境保护滞后于能源发展，向生态环境保护和能源协调发展转变；由过度依赖国内能源供应，向立足国内和加强国际合作转变。

改革开放以来，我国积极引进和吸收发达国家比较成熟的先进技术成果，并在此基础上进行了再创新，极大地推动了我国的科技创新工作，在较短时期内缩短了与发达国家的差距。能源科技装备水平得到了显著提高，在勘探与开采、加工与转化、发电和输配电等方面形成了较为完整的产业体系，装备制造和工程建设能力进一步增强，同时在技术创新、装备国产化和科研成果产业化方面都取得了较大进步。

在煤炭开采和开发方面，4~6m厚煤层年产600万t综采技术与装备和特厚煤层年产800万t综放开采技术与装备已实现国产化并成熟应用。煤矿瓦斯治理、灾害防治取得突破，2010年百万吨死亡率下降到0.749。煤层气规模化开发取得突破，120MW瓦斯发电厂已投产发电。400万t/年选煤厂洗选设备已基本实现国产化，重介质选煤等技术得到广泛应用。初步形成了具有自主知识产权的煤炭直接液化技术，年产百万吨直接液化生产线已投入试运行。

在油气勘探和开发方面，已掌握常规油气资源评价、盆地-区带-目标优选、陆相碎屑岩储层特征分析、海上集束勘探、海上高分辨率地震勘探等核心技术。复杂山地、沙漠、黄土塬等地震勘探配套技术、低孔低渗陷油气层和酸性火成岩测井解释技术、优快钻井技术、超深井钻机装备、地质导向钻井技术，以及高含水油田分层注水及聚合物驱技术、低渗透油田超前注水和开发压裂技术、中深层稠油注蒸汽吞吐及蒸汽辅助重力泄油（SAGD）技术、高压凝析气田高压循环注气技术等达到国际先进水平。

在油气加工与输运方面，炼油工业已形成完整的石油炼制技术创新体系，能够完全依靠自主技术建设千万吨级炼油厂，主要炼油技术达到国际先进水平。在油气储运方面，能够设计、建设和运营大口径、高压力、长距离的输气管道，顺序输送4~5个品种的长距离成品油管道以及冷热油顺序输送的原油管道；研制成功14.7万m³ LNG运输船，解决了我国进口LNG运输瓶颈问题。

在火力发电方面，随着一批大容量、高参数火电机组的相继建成投产，600℃超超临界机组数居世界首位，机组发电效率超过45%。具有自主知识产权的1000MW级直接空冷机组已投入运行；300MW级亚临界参数循环流化床锅炉（CFB）已大批量投入商业运行，600MW级超临界CFB正在开发建设中。用于分布式热电冷联产的100kW和MW级燃气轮机关键技术已取得部分研究成果；具有自主知识产权气化技术的250MW级IGCC机组开始建设示范项目。燃煤烟气捕集12万t/年CO₂示范装置已投入运行。

在水力发电方面，已建成世界最大规模的三峡水电站、世界最高的龙滩碾压混凝土重力坝和水布垭面板堆石坝，正在建设世界最高的锦屏一级混凝土拱坝和双江口心墙堆石坝。掌握了超高坝筑坝、高水头大流量泄洪消能、超大型地下洞室群开挖与支护、高边坡综合治理以及大容量机组制造安装等成套技术。

在输配电方面，大容量远距离输电技术、电网安全保障技术、配电自动化技术和电网升级关键技术等均取得了显著进展。1000kV交流试验示范工程和±800kV直流示范工程均已成功投运。电网自动化水平逐步提高，先进的继电保护装置、变电站综合自动化系统、电网调度自动化系统以及电网安全稳定控制系统得到广泛应用，电网供电可靠性大幅提高。间歇式电源并网和储能技术研究已取得初步成果。

相对发达国家，我国在新能源技术领域起步较晚，近几年政府发挥引导作用，激发了国内巨大的市场需求，通过引进消化吸收和自主研发，核能、风能、太阳能和生物质能的利用都取得了较快发展。

在核能发电方面，已具备自主设计建造300MW、600MW级和事代改进型1000MW级压水堆核电站的能力，正在开展三代核电自主化依托工程建设。自主研发了10MW高温气冷实验堆，正在建设200MW高温气冷堆示范工程。快堆技术的开发也取得重大进展，中国实验快堆（CEFR）已实现临界和并网发电，正在推进商用示范快堆的建设。先进核燃料元件已实现国产化制造。乏燃料后处理中试厂已完成热试。

在风力发电方面，风电机组主要采用变桨、变速技术，并结合国情开发了低温、抗风沙、抗盐雾等技术。3MW海上双馈式风电机组已小批量应用，6MW机组已经下线。

在太阳能发电方面，已形成以晶硅太阳电池为主的产业集群，生产设备部分实现国产化；薄膜太阳电池技术已开始产业化。已掌握10MW级并网光伏发电系统设计集成技术，研制成功500kW级光伏并网逆变器、光伏自动跟踪装置、数据采集与进程监控系统等关键设备。太阳能热发电技术在塔式、槽式热发电和太阳能低温循环发电等方面取得了重要成果。

在生物质能应用方面，生物质直燃发电和气化发电都已初步实现了产业化，单厂最大规模分别达到25MW和5MW；以木薯等非粮作物为原料的燃料乙醇技术正在起步应用，已建成年产20万t燃料乙醇的示范工厂；生物柴油技术已进入产业示范阶段；

大中型治气工程工艺技术已日趋成熟。生物质的直接、间接液化生产液体燃料技术准备进行工业示范。

我国能源科技水平有了显著提高,但核心技术仍然落后于世界先进水平。主要关键技术和设备依赖国外,与发达国家相比,在能源安全、高效与清洁开发利用等技术领域存在较大差距。适合我国复杂地质条件的煤层气和页岩油气勘探、开采与利用技术体系尚未形成。大功率高参数超临界机组尚未形成自主知识产权,高温材料仍未取得技术突破;燃气轮机技术长期落后。智能电网技术刚刚起步,超导输电、灵活交流输电等技术与国际先进水平差距较大。三代核电的关键设备尚未实现国产化、核燃料元件和乏燃料处理技术落后于发达国家。风电的自主创新能力不强,控制系统、叶片设计以及轴承等关键部件依赖进口。太阳能热发电技术与国际先进水平相比仍具有一定差距。造成这些差距的主要原因是我国工业基础大而不强,此外我国能源科技创新体系不完整也是重要的因素,主要体现在:政府主导作用不够,高效统一协调的决策与管理机制和代表国家利益的责任主体作用均不到位,科技资源分散,产学研缺乏有效的组织合作;企业立足长进的自主创新动力不足,重大项目建设过度依赖引进技术和装备。能源技术的相对落后和能源创新体系的不健全使得我国能源利用效率不高、新能源利用比例低、环保压力大,不能满足未来能源消费总量控制和能源结构调整的要求。

总的来说,随着经济社会的高速发展,我国经济总量已跃居世界前列。与之相应,能源消耗总量也持续大幅增长,我国已成为能源生产和消费大国。目前,我国经济社会发展呈现新的阶段性特征,传统的粗放型经济发展方式正面临资源消耗的瓶颈,能源利用方面存在效率低、污染严重等问题,节能减排的压力很大。今后20年是世界能源发展战略调整期,也是我国能源体系的转型期,而"十二五"、"十三五"是完成转型攻坚任务的关键期。未来十年,我们应抓住能源体系转型和能源科技创新的最佳发展机遇期,准确把握能源科技的发展方向,明确目标,加大在能源科技方面的投入,通过自主创新实现跨越式发展。

三、指导思想和发展目标

(一)指导思想

深入贯彻落实科学发展观,适应未来能源发展形势,以能源科学发展为主题,以转变能源发展方式为主线,围绕"安全、高效、低碳"的要求,以增强自主创新能力为着力点,按照"提效优先"的原则规划能源新技术的研发和应用,通过重大技术研究、重大技术装备、重大示范工程及技术创新平台建设,形成"四位一体"的国家能源科技创新体系,开展战略性科技攻关与科技成果推广应用,为合理控制能源消费总量、优化能源结构、转变能源发展方式,实现我国由能源生产和消费大国向能源科技强国转变提供技术支撑和保障。

(二)发展目标

围绕由能源大国向能源强国转变的总体目标,为能源发展"十二五"规划实施和战略性新兴产业发展提供技术支撑。通过重大能源技术研发、装备研制、示范工程实施以及技术创新平台建设,形成较为完善的能源科技创新体系,突破能源发展的技术瓶颈,提高能源生产和利用效率,在能源勘探与开采、加工与转化、发电与输配电以及新能源领域所需要的关键技术与装备上实现自主化,部分技术和装备达到国际先进水平,提升国际竞争力。

(1)2015年能源科技发展目标

勘探与开采技术领域。完善复杂地质油气资源、煤炭及煤层气资源综合勘探技术,岩性地层油气藏目的层识别厚度小于10m,碳酸盐岩储层地震预测精度小于25m,煤层气产量达到210亿 m^3。提升低品位油气资源高效开发技术,高含水油田事类油藏聚驱采收率超过8%,0.3mD油气田动用率超过90%,形成页岩气等非常规天然气勘探开发核心技术体系及配套装备,开发煤炭生产地质保障技术,井下超前探测距离达到200m,完善煤炭开采与安全保障技术,矿井资源回采率大幅提高。

加工与转化技术领域。突破超重和超劣质原油加工关键技术,完成国V标准油品生产技术的开发,实现炼油轻质油回收率达到80%。自主开发煤炭液化、汽化、煤基多联产集成技术,以及特殊气质天然气、煤制气以及生物质制气的净化技术。研制用于油气储运的X100和X120高强度管线钢,实现燃压机组、大型球阀、大型天然气液化处理装置国产化。

发电与输配电技术领域。突破700℃超超临界机组、400MWIGCC机组关键技术,完善燃气轮机研制体系,突破热端部件设计制造技术,实现重型燃气轮机和微小型燃气轮机的国产化,掌握火电机组大容量 CO_2 捕集技术。攻克复杂地质条件下超高坝、超大型地下洞室群开挖与支护等关键技术难题,掌握1000MW级混流式水电机组设计和制造关键技术,实现400MW级抽水蓄能机组和70MW级灯泡贯流式水电机组的国产化，实现流域梯级水电站群多目标综合最优运行调度。实现大容量、近距离高电压输电关键技术和装备的完全自主化，提高电网输电能力和抵御自然灾害的能力，在智能电网、间歇式电源的接入和大规模储能等方面取得技术突破。

新能源技术领域。消化吸收三代核电站技术，形成自主知识产权的堆型及相关设计、制造关键技术，并在高温气冷堆核电站商业运行、大型先进压水堆核电站示范、快堆核电站技术、高性能燃料元件和 MOX 燃料元件以及商用后处理关键技术等方面取得突破。掌握 6～10MW 风电机组整机及关键部件的设计制造技术，实现海基和陆基风电的产业化应用。提高太阳电池效率，并实现低成本、大规模的产业化应用，发展 100MW 级具有自主知识产权的多种太阳能集成与并网运行技术。开发储能和多能互补系统的关键技术，实现可再生能源的稳定运行。开发以木质纤维素为原料生产乙醇、丁醇等液体燃料及适应多种非粮原料的先进生物燃料产业化关键技术，实施事代燃料乙醇技术工程示范，开发农业废弃物生物燃气高效制备及其综合利用关键技术，进行日产 5000～10000m³ 生物燃气规模化示范应用。

（2）2020 年能源科技发展目标

勘探与开采技术领域。煤炭资源勘探与地质保障能力显著增强，煤机装备和自动化水平大幅度提高；陆上成熟盆地油气勘探技术、高含水油田及低渗低丰度油气田开发技术达到国际领先水平，海洋深水勘探开发配套技术实现工业化应用。

加工与转化技术领域。开发加工重质、劣质原油和减少温室气体排放的炼油技术，实现炼油产品清洁化和功能化；开发新型气体加工分离技术和高效天然气吸附、贮氢等新型材料；开发煤炭气化、液化、煤基多联产与煤炭清洁高效转化技术，实现规模化、产业化应用；实现天然气管输干线与支线燃压机组的产业化。

发电与输配电技术领域。掌握 700℃ 超超临界发电机组的设计和制造技术，实现 F 级重型燃气轮机的商业化制造和分布式供能微小型燃气轮机的产业化。完成 1000MW 级混流式水电机组技术集成并在工程中应用；掌握大型潮汐电站双向灯泡贯流式机组核心关键技术。使我国发电技术整体达到世界领先水平。开展超导输电技术的应用研究，掌握更高一级特高压直流输电技术和电工新材料先进技术以及相应的装备技术；智能电网、间歇式电源的接入和大规模储能等技术得到广泛应用，在智能能源网

方面取得技术突破。

新能源技术领域。建成具有自主知识产权的大型先进压水堆示范电站。风电机组整机及关键部件的设计制造技术达到国际先进水平；发展以光伏发电为代表的分布式、间歇式能源系统，光伏发电成本降低到与常规电力相当，发展百万千瓦光伏发电集成及装备技术；开展多塔超临界太阳能热发电技术的研究，实现 300MW 超临界太阳能热发电机组的商业应用；实现先进生物燃料技术产业化及高值化综合利用。

四、重点任务

（一）勘探与开采技术领域

（略）

（二）加工与转化技术领域

（略）

（三）发电与输配电技术领域

我国电力稳定供给主要依靠火力发电、水力发电。电网支撑了电力安全输送、电力电量平衡和用户的可靠使用。先进的发电和输配电技术是保证我国电力工业健康、可持续发展的重要基础。

在发电与输配电技术领域中，确定高效、节能、环保的火力发电技术，先进、生态友好的水力发电技术，大容量、远距离输电技术，间歇式电源并网与储能技术和智能化电网技术等 5 个能源应用技术和工程示范重大专项，其中，规划 7 项重大技术研究、7 项重大技术装备、10 项重大示范工程和 13 个技术创新平台（见图 4）。

1. 高效、节能、环保的火力发电

（略）

2. 先进、生态友好的水力发电

（略）

3. 大容量、远距离输电

（略）

4. 间歇式电源并网与储能

研究各类电源运行控制特性和机网协调技术，提出接纳大规模风力发电、太阳能发电等间歇式电源的电网新技术，掌握适用于大规模间歇式电源并网的输变电和储能技术。

5. 大规模间歇式电源并网技术

目标：掌握大规模间歇式电源的集中接入、送出关键技术，掌握多能源互补发电系统的规划、设计、制造、运行控制与能量管理等关键技术，解决间歇式电源并网和输配电的技术瓶颈。

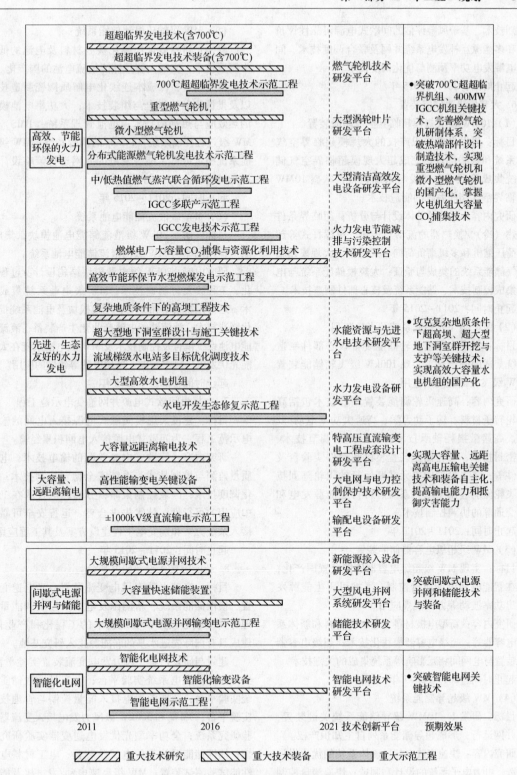

图 4 发电与输配电技术路线图

研究内容：大规模间歇式电源集中接入电网的保护与控制技术；间歇式电源集中送出的规划及输电技术，包括大规模间歇式电源的高压直流送出技术、海上风电场直流输电技术、基于随机性的间歇式电源接入规划技术、基于风险评估的间歇式电源可靠性评价技术和多能源互补发电系统并网及联合调度技术、间歇式电源发电功率预测与优化调度技术。

起止时间：2011~2015年

6. 大容量快速储能装置

（1）10MW级大规模超临界空气储能装置

目标：研发自主知识产权的大规模超临界空气储能系统和核心部件，完成超大规模超临界空气储能系统集成验证平台建设与系统验证，掌握10MW级超临界空气储能系统的制造技术。

研究内容：系统的总体设计与分析；超临界条件下蓄热（冷）/换热器的流动与传热、单螺杆式等超宽负荷压缩机和多级高负荷向心式透平、大规模超临界空气储能系统的集成与验证；大规模储能系统与电网的集成控制技术、储能系统及核心部件制造技术。

起止时间：2011~2015年

（2）MW级飞轮储能系统及飞轮阵列

目标：实现大容量飞轮储能装备核心部件制造和系统集成的国产化，实现100kW级飞轮储能装置和MW级飞轮储能阵列应用。

研究内容：高速飞轮储能装置核心技术包括高速飞轮转子材料、转子动力学、高速大功率电动/发电机、高速微损耗轴承技术、功率控制调节技术、真空密封技术、飞轮储能装置整机和部件实验台及实验件等；多飞轮储能单元并联运行的飞轮阵列技术；飞轮储能应用于电力系统、可再生能源发电和轨道交通等的协调控制技术。

起止时间：2011~2017年

（3）MW级超级电容器储能装置

目标：实现MW级超级电容器储能装置国产化，实现在智能电网电能质量控制、平抑可再生能源发电输出功率波动等方面规模应用。

研究内容：新型电极材料、电解质材料和新体系超级电容器等；超级电容器模块化技术；超级电容器储能装置与电网间相互影响等系统集成的关键技术。

起止时间：2011~2017年

（4）MW级超导储能系统

目标：研发1~10MW超导储能系统关键装置，实现并网运行；形成超导储能系列自主知识产权。

研究内容：快速充放电超导磁体系统的优化设计和制造；电力电子系统的设计和制造；快速测量控制和在线检测系统；超导储能系统的集成和并网技术；超导储能系统在风电场中的优化控制策略和分布式超导储能系统在大规模风力发电场中的优化配置等。

起止时间：2011~2018年

（5）MW级钠硫电池储能系统

目标：研发适合规模化核心材料及电池的低成本制造技术，实现大容量储能钠硫电池的国产化。

研究内容：低成本连续化电解质陶瓷制造技术以及批量化电池组合与组装技术；大功率电池模块的热效应与热平衡技术；电池管理系统（BMS）与MW级过程控制系统（PCS）的耦合特性；MW级储能系统稳定可再生能源发电的并网运行策略设计及运行试验。

起止时间：2011~2015年

（6）MW级液流储能电池系统

目标：研制20kW级液流储能电池模块，集成、制造输出功率为MW级的液流储能电池系统。

研究内容：20kW级电池模块结构设计、过程强化、工程放大与制造技术；MW级电池系统集成技术、运行控制策略和BMS；电池模块及电池系统批量化制造技术；液流储能电池产业化生产装备；液流储能电池系统耦合及控制技术及MW级电池系统在太阳能光伏发电、风力发电、备用电站等领域的应用。

起止时间：2011~2015年

7. 大规模间歇式电源并网输变电示范工程

目标：建设大规模间歇式电源接入电网的输变电示范工程，为间歇式电源接入电网积累经验。

研究内容：间歇式电源并网的输电技术；电能质量监测与控制技术；系统安全稳定控制技术；优化调度技术；区域控制策略；分频输电技术在工程中应用的可行性；技术先进合理、运行安全可靠的接入系统方案和输变电工程建设方案及其工程应用。

起止时间：2011~2015年

8. 新能源接入设备研发平台

目标：突破大功率风电变流装置、光电逆变装置、惯性储能系统、新能源发电接入控制和能量管理等关键核心技术，实现技术的工程化和产业化；建成具有国际先进水平的新能源接入研究基地。

建设与研发内容：风力发电变流装置实验平台；太阳能光伏发电系统实验平台；大容量惯性储能系统实验平台；新能源发电接入能量控制与管理技术实验平台；3MW和500kW级风力发电接入变流器实验研究系统；全功率型光伏发电逆变器实验研究系统；惯性储能系统充放电试验装置；电工材料电磁性能试验测试装置；MW级高速电动/发电机及能量变换器试验装置。

9. 大型风电并网系统研发平台

目标：建立完善的风电并网仿真研发平台，为研究大规模风电并网问题提供技术手段；掌握风电机组试验检测和风电场并网检测技术，为开展风电机组型式认证和风电入网检测提供技术支持；建设国家级风电试验基地，满足开展风电机组检测认证的要求。

建设与研发内容：风电基础研究，包括风电仿真研究平台、风能实时监测和风电功率预测研究平台、风电调度决策支持研究平台的建设；移动式风电检测技术，包括风电机组特性检测技术和风电场并网特性检测技术；试验基地建设，重点是风/光/储联合发电试验系统开发、风/光/储系统协调运行、黑启动以及电池储能系统平稳风电机组（集群）输出技术。

10. 储能技术研发平台

目标：开展空气储能及新型储能电池的关键技术、关键材料和关键装备研究和系统集成，加速创新成果的工程化和产业化，建立相应的研发、综合测试和工程化验证平台；参与制订和完善相关行业标准和规范，建成为储能技术国际合作与交流的平台。

建设与研发内容：设计开发超宽负荷高效压缩机、大规模蓄热系统和高负荷多级透平，完成1~100MW级先进空气储能系统集成示范；突破液流储能电池高性能、低成本离子交换膜工程化、批量化制备技术；开发MW以上级液流储能电池系统集成技术、管理控制和保护技术。形成储能技术的自主知识产权体系，参与制定相关国家标准。

11. 智能化电网

研究智能化电网支撑技术，形成面向用户的智能化全新服务功能；开展分布式电源接入、集中/分散式储能等关键技术的研究和应用；研究智能用电关键技术，建设智能化用户管理与双向互动平台。

（1）智能化电网技术

目标：掌握智能化输电、配电、用电以及智能化调度系统关键技术，实现电网安全、有效自愈以及广域信息优化控制，建立友好开放、灵活接入的接入系统。

研究内容：大规模互联电网智能化调度技术；大规模互联电网安全保障技术；基于广域信息的控制保护一体化技术；智能变电站技术；提高配电网可靠性和供电能力的运行控制技术；分布式电源、储能装置、电动汽车充电站等的接入技术；柔性交直流输电技术；智能化配电网快速仿真技术；智能化配电网统一数据采集融合、海量信息处理及系统应用集成技术；配电网自愈控制及电能质量智能监测技术；改善配电网电能质量的柔性配电技术；智能化用电高级量测体系及双向互动营销运行模式和支撑技术；智能用电安全认证和信息加密技术。

起止时间：2011~2015年

（2）智能化输变电设备

目标：实现信息采集、传输、处理、输出、执行过程完全数字化、智能化，一次设备间的数字化通信及智能化装置之间的互操作以及设备状态的全面监测。

研究内容：变压器、开关等一次设备智能化监测与诊断装置及其与一次设备的集成技术；设备的在线状态监测和数据的数字化传输技术；基于纯光学的电子式互感器设备；变电站一次设备、控制保护和自动化系统的状态检修技术及可靠性评估技术；输电线路状态监测装置及数据传输技术；输电线路状态检修及可靠性评估技术。

起止时间：2011~2020年

（3）智能电网示范工程

目标：在一定区域内建成智能电网，为智能电网的推广积累经验，推动智能化设备技术规范和相应标准的制定。

研究内容：研发分布式能源集群接入智能微电网技术；选择适当区域内的变电站和相关线路作为试点工程，采用先进的智能化调度系统和变电站智能化一次设备，实现灵活控制；输电线路使用先进测量传感技术，开展运行状态和覆冰、大风等线路微气象环境的综合监测；建立城市中心区域内的智能化配电网。

起止时间：2012~2016年

（4）智能电网技术研发平台

目标：掌握智能电网模式、技术路线及智能电网关键技术，促进智能电网技术进步和健康发展；完善和加强智能电网技术研发和试验检测体系，成为国内国际智能电网关键设备和系统试验与检测平台，更好地为行业提供智能电网设备与技术服务。

建设与研发内容：智能用电技术；能效测评技术；定制电力技术；信息安全保障技术；微电网技术；智能输变电技术；柔性输电技术；数字物理智能电网混合动态模拟系统；多能源接入的能源管理控制；用户端智能配电、能源管理及控制系统关键技术及产品；智能电网用户端设备及系统测试技术及认证试验平台。

（四）新能源技术领域

核能具有能量密集、成本低廉、温室气体排放少等优点，风能、太阳能、生物质能和海洋能储量巨大，发展核能发电、风力发电、太阳能发电、生物质能利用和海洋能发电等可再生能源技术，规模化开发新能源，对优化我国能源结构、促进能源可持续发展具有重要意义。

在新能源技术领域中，确定先进核能发电技术、大型风力发电技术、高效大规模太阳能发电技术、大规模多能源互补发电技术和生物质能的高效利用技术等 5 个能源应用技术和工程示范重大专项,其中,规划 13 项重大技术研究、7 项重大技术装备、12 项重大示范工程和 11 个技术创新平台(见图 5)。

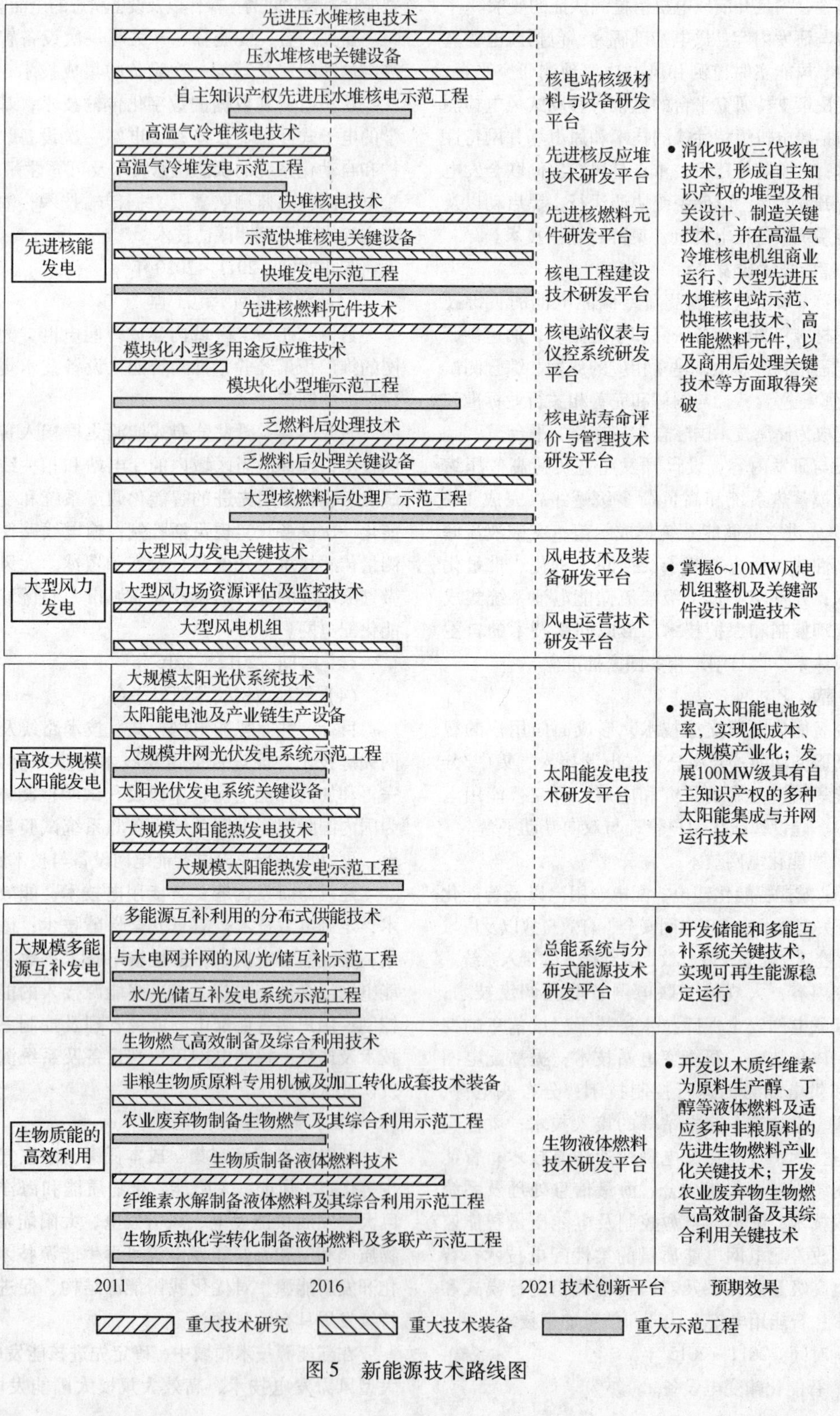

分类	技术/工程	技术创新平台	预期效果
先进核能发电	先进压水堆核电技术 压水堆核电关键设备 自主知识产权先进压水堆核电示范工程 高温气冷堆核电技术 高温气冷堆发电示范工程 快堆核电技术 示范快堆核电关键设备 快堆发电示范工程 先进核燃料元件技术 模块化小型多用途反应堆技术 模块化小型堆示范工程 乏燃料后处理技术 乏燃料后处理关键设备 大型核燃料后处理厂示范工程	核电站核级材料与设备研发平台 先进核反应堆技术研发平台 先进核燃料元件研发平台 核电工程建设技术研发平台 核电站仪表与仪控系统研发平台 核电站寿命评价与管理技术研发平台	• 消化吸收三代核电技术,形成自主知识产权的堆型及相关设计、制造关键技术,并在高温气冷堆核电机组商业运行、大型先进压水堆核电站示范、快堆核电技术、高性能燃料元件,以及商用后处理关键技术等方面取得突破
大型风力发电	大型风力发电关键技术 大型风力场资源评估及监控技术 大型风电机组	风电技术及装备研发平台 风电运营技术研发平台	• 掌握6~10MW风电机组整机及关键部件设计制造技术
高效大规模太阳能发电	大规模太阳光伏系统技术 太阳能电池及产业链生产设备 大规模并网光伏发电系统示范工程 太阳光伏发电系统关键设备 大规模太阳能热发电技术 大规模太阳能热发电示范工程	太阳能发电技术研发平台	• 提高太阳能电池效率,实现低成本、大规模产业化;发展100MW级具有自主知识产权的多种太阳能集成与并网运行技术
大规模多能源互补发电	多能源互补利用的分布式供能技术 与大电网并网的风/光/储互补示范工程 水/光/储互补发电系统示范工程	总能系统与分布式能源技术研发平台	• 开发储能和多能互补系统关键技术,实现可再生能源稳定运行
生物质能的高效利用	生物燃气高效制备及综合利用技术 非粮生物质原料专用机械及加工转化成套技术装备 农业废弃物制备生物燃气及其综合利用示范工程 生物质制备液体燃料技术 纤维素水解制备液体燃料及其综合利用示范工程 生物质热化学转化制备液体燃料及多联产示范工程	生物液体燃料技术研发平台	• 开发以木质纤维素为原料生产醇、丁醇等液体燃料及适应多种非粮原料的先进生物燃料产业化关键技术;开发农业废弃物生物燃气高效制备及其综合利用关键技术

2011　　　　2016　　　　2021 技术创新平台　　预期效果

重大技术研究　　重大技术装备　　重大示范工程

图 5　新能源技术路线图

1. 先进核能发电

（略）

2. 大型风力发电

研发大型风电机组整机及关键部件的自主设计、制造与检测技术，大型风电机组在极端环境条件下的应对技术以及大规模应用海上风电的关键技术与装备。

（1）大型风力发电关键技术

目标：研发具有自主知识产权的大型陆上及海上风力发电关键技术。

研究内容：大型陆上与海上风电机组关键控制技术；翼型设计与叶片优化设计技术；大功率中高速比齿轮箱设计技术；大型风力发电机设计与优化技术；大型风电机组整机与关键部件的检测技术；载荷分析与抗疲劳设计技术；大型风电机组在极端情况（台风、强风沙、低温及腐蚀等）下的应对技术；大型风电机组电网适应性控制技术。

起止时间：2011～2015年

（2）大型风电场资源评估及监控技术

目标：掌握适合我国国情的大型风电场资源评估技术以及监控技术。

研究内容：适合我国地域及风资源特点的大型风电场资源评估、风能预测及微观选址技术；具有自主知识产权的大型风电场的中央集群监控和异地进程实时监控技术及风电场级的调节控制技术；与现代控制理论相结合的大型风电场机组优化调度技术。

起止时间：2011～2015年

（3）大型风电机组

目标：研制出具有自主知识产权的6～10MW陆地（近海）风电机组及关键部件。

研究内容：6～10MW陆地（近海）变速恒频风电机组（双馈式和直驱式）的整机制造技术；控制系统、变流器、变桨距系统、齿轮箱、叶片、发电机和轴承等关键部件的制造技术；具有自主知识产权的大型风电机组制造的关键技术。

起止时间：2011～2017年

（4）风电技术及装备研发平台

目标：建立国际一流的风电技术及装备研发机构，研制出全球领先的风电装备，实现规模化生产。攻克超大型风电机组关键技术难题，形成大型风电机组关键部件的制造能力。成为在风电技术研究与制造领域有影响的国际合作科研平台和风电技术研究基地。

建设与研发内容：海上及潮间带风电机组研制；超大功率风电机组及关键部件测试试验技术装备研制及工程应用；海上风电接入技术；海上及潮间带风电机组运输、安装、服务一体化技术装备研发；适合中国风资源特点的风力机专用翼型；反映中国气候与地理特点的风资源评估与风电场优化设计技术；新概念智能叶片；永磁同步风力发电机；双馈风力发电机；MW级低风速直驱式风力发电机产业化关键技术；风力发电机全功率和可靠性试验方法及试验平台。

（5）风电运营技术研发平台

目标：解决风电运营及保障中的重大技术问题，形成国内领先、国际一流的风电运营技术研发基地。

建设与研发内容：风电场功率预测技术；风电场无功补偿技术；风电场状态监测技术；风电场自然灾害防护技术；风电机组运行性能测试技术；海上风电场运营关键技术；大型风电场群优化运营技术；风电场电网接入自适应技术。

3. 高效大规模太阳能发电

研究低成本、低污染、高效率的太阳电池技术，发展光伏发电系统规模化应用技术；研究规模化太阳能热发电集热系统，太阳能热发电热电转换材料、核心部件及大规模储热技术。

（1）大规模太阳光伏系统技术

目标：掌握不同类型光伏发电系统设计集成、运行控制及保护技术。

研究内容：大型地面光伏系统、光伏建筑一体化系统的设计集成技术；光伏并网发电技术，包括光伏并网逆变技术、低电压耐受技术、有功/无功自动调节技术、适应不同种类光伏组件性能的逆变技术等；光伏电站数据采集与进程监控技术，包括与电力系统监控平台的数据通信技术，遥测、遥信、遥控技术等；光伏电站安全保护技术，包括孤岛防护、逆功率保护、光伏电站保护与电网保护的协调配合技术；光伏微电网技术，包括微网运行控制技术、微网与公共电网之间的能量交互管理技术等。

起止时间：2011～2015年

（2）大规模太阳能热发电技术

目标：掌握基于5MW单塔的多塔并联技术，完成50MW槽式太阳能热发电系统及关键部件的设计与优化。

研究内容：太阳能塔式热发电技术，包括5MW吸热器、低成本定日镜、600.C大规模低成本储能技术，大规模塔镜场的优化排布技术，多塔集成调控技术，大规模电站的设计集成和调试技术；槽式太阳能热发电技术，包括不同聚光、吸热、蓄热和热功等能量传递及转化系统的集成应用特性，光-热-电转换关键部件设计方法，太阳能热发电系统的运行和测试。

起止时间：2011～2015 年

（3）太阳电池及产业链生产设备

目标：掌握效率 20% 以上的低成本晶体硅太阳电池及产业化技术，实现先进薄膜太阳电池的产业化，研制出产业链关键设备。

研究内容：低成本太阳级硅大规模制备技术，包括低能耗、低污染和高安全性的多晶硅材料提纯与硅锭制备技术及装备，低能耗、薄片化硅片切割与快速分检技术及装备等；高效晶硅电池低成本产业化技术，包括以高效率和低成本为目标的晶体硅电池产业化新工艺与生产设备，新型电池结构和制造工艺，特殊用途的电池结构和制造工艺；薄膜太阳电池制备及产业化技术，包括以低成本、低污染、高效率和长寿命为目标的硅基薄膜电池、碲化镉薄膜电池、铜铟镓硒薄膜电池、染料敏化电池的规模化生产技术及关键设备。

起止时间：2011～2015 年

（4）太阳光伏发电系统关键设备

目标：研制出 1MW 以上的大功率光伏并网逆变设备，实现具有自主知识产权的光伏系统关键设备的产业化。

研究内容：光伏逆变设备产业化技术与装备，包括 1MW 以上光伏并网逆变器和 MW 级多运行模式光伏逆变器；多种非聚光太阳光伏自动跟踪技术与装备，包括大功率的水平单轴跟踪、倾斜单轴跟踪和双轴跟踪的关键技术及装备；多种聚光光伏技术与装备，包括聚光太阳电池、平板反射聚光技术、透射式聚光技术和抛物聚光技术及装备。

起止时间：2011～2016 年

（5）大规模并网光伏发电系统示范工程

目标：建设 100MW 级与公共电网并网的光伏示范电站、10MW 级用户侧并网的光伏示范系统，为我国大规模推广光伏系统提供实践经验。

研究内容：100MW 级集中并网光伏电站示范工程，包括先进的太阳光伏跟踪系统、聚光光伏系统、光伏并网逆变器，掌握平衡部件运行特性、光伏电站整体运行特性以及接入电网的特性；10MW 级用户侧并网光伏发电示范系统，包括光伏与建筑结合系统的设计和安装示范，掌握建筑用光伏组件及其他平衡部件的应用特性、用户侧光伏发电特性与管理模式。

起止时间：2011～2015 年

（6）大规模太阳能热发电示范工程

目标：建设 300MW 级槽式太阳能与火电互补示范电站和 50MW 级槽式、100MW 多塔并联的太阳能热发电示范电站，解决由聚光集热到热功转换等一系列关键技术问题。

研究内容：300MW 级槽式太阳能与火电互补示范工程，包括高精度、低成本太阳能集热器及其工艺、太阳能给水加热器，太阳能集热与汽机控制运行特性；50MW 槽式太阳能热发电示范工程，包括高温真空管、高尺寸精度的硼硅玻璃管、高反射率的热弯钢化玻璃、耐高温的高效光学选择性吸收涂层等设备生产工艺，槽式电站设计集成技术示范；100MW 多塔并联太阳能热发电示范工程，包括 5MW 吸热器、定日镜、储热装置的现场实验，大规模塔镜场的优化排布技术，多塔集成调控技术，电站调试与运营技术示范。

起止时间：2012～2017 年

（7）太阳能发电技术研发平台

目标：建成我国权威的太阳能发电研究检测机构，成为世界一流的太阳能发电技术研究中心、太阳能光伏发电系统并网检测中心、太阳能光伏发电产品检测中心、太阳能光伏发电产业技术支持中心和太阳能技术交流中心，促进我国太阳能发电技术进步。

建设与研发内容：太阳能发电技术，建立并网仿真研究平台、运行数据库及数据处理平台和规划设计平台；并网光伏电站移动检测技术，建立接入 380V 的小型光伏电站移动检测平台和接入 10kV 以上电压等级的大中型光伏电站移动检测平台；光伏系统并网试验检测技术。

4. 大规模多能源互补发电

研究自治运行的水/光/储互补发电设计集成、新型逆变、储能控制、稳定控制与能量管理技术，以及与公共电网并网的风/光/储互补发电的设计集成和综合利用技术。

（1）多能源互补利用的分布式供能技术

目标：攻克多能源互补利用的分布式供能系统关键技术，实现 MW 级系统集成和试验验证，使系统综合效率达到 85% 以上，与常规供能系统相比节能 20%～30%。

研究内容：建筑、工业等典型分布式能源系统的集成和设计；分布式供能系统能量管理及仿真平台；多能源互补分布式能源系统测评方法；MW 级多能源互补的分布式供能实验系统及试验验证。

起止时间：2011～2015 年

（2）与大电网并网的风/光/储互补示范工程

目标：建设 100MW 级风/光/储互补发电示范工程，掌握新设备和新技术的应用特性，为我国推广风/光/储互补发电系统积累经验。

研究内容：大型风电场与大型光伏电站互补运行特性，包括风电与光电的功率互补特性与能量互补特性、不同跟踪形式光伏电站与大型风电机组的相互影响、大规模储能系统运行特性等；大型风/光/储互补发电系统接入电网特性，包括互补电站输变电系统的实际利用率、对电网动态与静态安全稳定性的影响、发电性能统计评价等。

起止时间：2011~2016年

（3）水/光/储互补发电系统示范工程

目标：建设10MW级自治运行的水/光/储互补发电系统示范工程，掌握新技术、新装备及系统的实际运行规律，为我国发展水/光/储互补发电系统提供实践经验与技术支持。

研究内容：自治运行的水/光/储互补发电系统关键设备技术；自同步电压源型逆变器、大功率高效储能系统控制器、光伏电站综合自动化系统及能量管理系统等新型设备；10MW级自治运行的水/光/储互补示范电站；新技术、新装备的实际运行特性；运行模式、控制策略及系统稳定性的现场试验验证与长期运行考核。

起止时间：2011~2016年

（4）总能系统与分布式能源技术研发平台

目标：解决能源利用中各种形式能量转换的关键技术与系统集成问题，致力于分布式供能系统的开拓创新，实现关键技术的突破，并进行分布式能源行业规范与国家相关政策的研究，引导分布式能源行业的健康有序发展。成为国内领先、国际先进的多能源综合利用研发与实验中心。

建设与研发内容：分布式冷热电联产、多能源互补等新型能源动力系统集成技术；分布式冷热电联产关键设备；系统单元化学能与物理能综合梯级利用技术；分布式供能系统与集中大电网互补的技术途径；分布式供能系统与风能、太阳能和生物质能等能源的互补技术；建设余热利用技术实验室、储能技术研究实验室、系统集成技术研究实验室、系统测试技术研究实验室和关键动力技术研究实验室；天然气分布式能源系统集成技术。

5. 生物质能的高效利用

（略）

五、保障措施

全面建立"四位一体"能源科技创新体系，要求高、投入大、周期长，需要重点突出、持续推进、超前部署。只有加强组织和领导、建立强有力的保障体制机制、完善立法和标准体系、深入实施人才战略、积极开展合作与交流等，才能保障本《规划》的实施。

（1）统一领导，发挥政府在科技创新体系建设中的主导作用

组织制定国家能源科技发展的重大方针政策、发展战略和规划，部署满足国家经济社会可持续发展、保障国家能源安全的能源科技战略任务，将能源科技进步和创新作为推进能源生产和利用方式变革、合理控制能源消费总量的重要途径。充分发挥国家发改委、能源局、科技部、工信部等各政府部门和中科院、高等院校等科研机构的作用，逐步建立开放、可持续的能源科技创新体系，形成长期、滚动的发展战略和科学、有效的科技创新运行机制。

（2）依托工程，加快能源技术应用与成果转化

充分发挥行业主管部门的规划布局和重大能源项目核准职能，结合本《规划》在"十二五"期间提出的重大技术研究和重大技术装备项目，选择并确定重大能源试点示范项目。优先核准自主创新和装备国产化方案完善的重大示范项目，制定相应的措施和办法。同时利用税收及首台（套）设备优惠政策，鼓励技术创新，积极推进示范工程建设。

（3）设立专项，发挥企业科技创新的主体作用

制定专项研究计划，依托国家能源研发中心（重点实验室）以及重点能源企业、研究院所和高校等，落实本《规划》确定的能源应用技术研究、技术装备、工程示范和创新平台的建设工作。发挥企业在科技创新中的主体作用，在政府加强引导的同时，充分调动和鼓励企业、社会加大对能源科技的投入，建立多元化投融资渠道，推动技术成果产业化，提升国产化水平、知识产权自主化和市场竞争力，使能源技术与装备具有更强的后发优势和可持续发展能力。

（4）完善立法，建立健全标准、检测、认证和质量管理体系

不断完善支持能源科技事业发展的法律政策环境，加快现有国家标准和行业标准的制（修）订工作，形成统一完整的能源技术与装备标准体系。进一步加强能源装备质量控制和监督管理，组织建立和完善标准、检测、认证和质量监督组织体系。建立能源科技评价考核体系，推动政府相关部门和企业、科研机构、高等院校以及社会团体积极参与能源科技创新和标准化工作。

（5）注重培养，加强专业技术人才队伍建设

重点抓好高层次骨干人才的培养，引进和培养

一批处于世界科技前沿、勇于创新的技术带头人，以及具有宏观战略思维、能够组织重大科技攻关项目的科技管理专家。加大对优秀青年人才的培养力度，培养年轻人的创新精神和实践能力，倡导相互协作、集体攻关的团队精神，建设专业技术人才梯队。通过组织实施重大技术研究、重大技术装备、重大示范工程等创新项目，按照项目实施、研发平台建设和人才培养统筹安排的原则，造就能源技术各领域的领军人才，打造跨行业、跨部门、跨单位、强强联合的优秀团队。

（6）加强交流，深化国际能源科技合作

充分利用国内外两个市场，两种资源，增强我国能源科技发展的主动权，积极实施"走出去"战略，深化国际能源科技交流与合作。充分利用技术展览、论坛等科技交流平台，广泛开展双多边合作与交流，积极参与重大能源国际科技合作计划的组织和实施工作；提升话语权与影响力，积极参与国际科技公约和标准的制定，支持我国能源科技工作者融入国际能源科技组织体系；依托重大国际能源合作项目，推动国外先进能源技术和装备的引进、消化、吸收和国产化工作，以及让我国先进能源技术和装备"走出去"。

六、附表

重点任务汇总表

技术领域	能源应用技术和工程示范重大专项	重大技术研究名称	重大技术装备名称	重大示范工程名称	技术创新平台名称
勘探与开采技术	1. 煤炭资源与地质保障	Y01）煤炭资源综合勘探与地质保障技术（2011~2015）	无	无	P01）煤炭资源勘探与高效技术研发平台
	2. 煤炭开采	Y02）煤炭地下气化技术（2011~2015） Y03）大型矿井快速建井技术（2011~2020） Y04）复杂地质条件下煤炭高开采技术（2011~2015） Y05）煤矿灾害综合防治技术（2011~2015） Y06）矿井数字化、工作面自动化技术（2011~2015）	Z01）煤炭高效自动化采掘成套装备（2011~2016） Z02）大型露天煤矿装备（2011~2015） Z03）大型高可靠性煤炭分选成套装备（2011~2016）	S01）大型矿井快速施工与工作面自动化示范工程（2012~2018）	P02）煤矿采掘机械装备研发平台
	3. 煤层气开	Y07）地面煤层气勘探与开发技术（2011~2015） Y08）煤矿区煤层气规模开发技术（2011~2015）	无	S02）煤层气开发利用示范工程（2012~2016）	P03）煤层气开发利用技术研发平台
	4. 油气资源勘探	Y09）复杂地质油气资源勘探技术（2011~2015）	Z04）石油物探、测井装备（2011~2015） Z05）石油钻井装备（2011~2016） Z06）海洋（含滩海）石油装备与工具（2011~2017）	无	P04）海洋工程装备研发平台 P05）海洋石油钻井平台技术研发平台

（续）

技术领域	能源应用技术和工程示范重大专项	重大技术研究名称	重大技术装备名称	重大示范工程名称	技术创新平台名称
勘探与开采技术	5. 油气资源高效开发	Y10）低品位油气资源高效开发技术（2011～2015）	无	S03）低/特低渗透油气田开采技术示范工程（2011～2015） S04）高含水油田聚驱复合驱开采技术示范工程（2011～2015） S05）中深层稠油超稠油油藏开采技术示范工程（2011～2015） S06）富酸性气藏开采示范工程（2011～2015） S07）CO_2 综合利用示范工程（2011～2017）	P06）页岩气（油）资源研发平台
加工与转化技术	6. 煤炭加工与转化	Y11）先进煤炭加工技术 （1）井下选煤技术（2011～2015） （2）褐煤/低阶煤提质改性技术（2011～2015） Y12）煤制清洁燃料及化学品技术 （1）煤气化新技术（2011～2015） （2）煤炭间接液化关键技术（2011～2014） （3）煤炭直接液化关键技术（2011～2015） （4）煤制天然气技术（2011～2017） （5）煤制化学品技术（2011～2017） （6）中低温煤焦油制清洁燃料及化学品关键技术（2011～2015） （7）煤焦化系统节能关键技术（2011～2015） （8）煤化工"三废"处理技术（2011～2017） Y13）煤电化热一体化（多联产）技术（2011～2018）	Z07）煤炭深加工关键装备 （1）大型煤气化装置（2011～2015） （2）通用关键设备（2011～2015） （3）大型合成装备（2011～2015） （4）高效煤粉工业锅炉岛技术体系及关键装备（2011～2015）	S08）煤电化热一体化示范工程（2011～2015） S09）煤制清洁燃料示范工程（2011～2015）	P07）煤炭清洁转化利用技术研发平台

（续）

技术领域	能源应用技术和工程示范重大专项	重大技术研究名称	重大技术装备名称	重大示范工程名称	技术创新平台名称
加工与转化技术	7. 石油高效与清洁转化	Y14）劣质原油加工技术（2011~2016） Y15）车用燃料质量升级技术 （1）清洁汽油成套生产技术（2011~2016） （2）清洁柴油生产技术（2011~2016）	Z08）液力透平装置（2011~2015）	S10）七吨级劣质油沸腾床加氢示范工程（2011~2016） S11）百万吨级多产轻质油的催化蜡油加氢与缓和催化裂化集成技术示范工程（2011~2018） S12）超低压连续重整示范工程（2011~2015）	P08）石油炼制技术研发平台
	8. 天然气与煤层气加工利用	Y16）天然气中硫脱除技术（2011~2014）	无	无	P09）天然气加工利用技术研发平台 P10）煤层气加工利用技术研发平台
	9. 先进的油气储	Y17）液化天然气技术（2011~2015）	Z09）大型天然气液化处理与储运装置 （1）大型天然气液化处理装置（2011~2015） （2）大型液化天然气储运装备（2011~2015） Z10）长输天然气管道与场站关键设备（2011~2017）	无	P11）天然气长输管道技术装备研发平台 P12）大型透平压缩机组技术研发平台
发电与输配电技术	10. 高效、节能、环保火力发电	Y18）高效清洁火力发电技术 （1）超超临界发电技术（2011~2017） （2）燃煤电厂大容量CO_2捕集与资源化利用技术（2011~2020）	Z11）超超临界发电技术装备（2011~2018） Z12）微小型燃气轮机（2011~2015） Z13）重型燃气轮机（2011~2018）	S13）IGCC多联产示范工程（2013~2017） S14）IGCC发电技术示范工程（2014~2018） S15）分布式能源燃气轮机发电技术示范工程（2011~2015） S16）700℃超超临界发电技术示范工程（2015~2018） S17）高效节能环保节水型燃煤发电示范工程（2011~2015） S18）中/低热值燃气蒸汽联合循环发电示范工程（2012~2017）	P13）燃气轮机技术研发平台 P14）大型涡轮叶片研发平台 P15）大型清洁高效发电设备研发平台 P16）火力发电节能减排与污染控制技术研发平台

（续）

技术领域	能源应用技术和工程示范重大专项	重大技术研究名称	重大技术装备名称	重大示范工程名称	技术创新平台名称
发电与输配电技术	11. 先进、生态友好的水力发电	Y19）复杂地质条件下的高坝工程技术（2011~2015） Y20）超型地下洞室群设计与施工关键技术（2011~2015） Y21）流域梯级水电站多目标优化调度技术（2011~2015）	Z14）大型高效水电机组（2011~2015）	S19）水电开发生态修复示范工程（2011~2020）	P17）水能资源与先进研发平台 P18）水力发电设备研发平台
	12. 大容量、远距离输电	Y22）大容量远距离输电技术（2011~2015）	Z15）高性能输变电关键设备（2011~2015）	S20）±1000kV级直流输电示范工程（2012~2016）	P19）特高压直流输变电工程成套设计研发平台 P20）大电网与电力控制保护技术研发平台 P21）输配电设备研发平台
	13. 间歇式电源并网及储能	Y23）大规模间歇式电源并网技术（2011~2015）	Z16）大容量快速储能装置 （1）10MW级大规模超临界空气储能装置（2011~2015） （2）MW级飞轮储能系统及飞轮阵列（2011~2017） （3）MW级超级电容器储能装置（2011~2017） （4）MW级超导储能系统（2011~2018） （5）MW级钠硫电池储能系统（2011~2015） （6）MW级液流储能电池系统（2011~2015）	S21）大规模间歇式电源并网输变电示范工程（2011~2015）	P22）新能源接入设备研发平台 P23）大型风电并网系统研发平台 P24）储能技术研发平台
	14. 智能化电网	Y24）智能化电网技术（2011~2015）	Z17）智能化输变电设备（2011~2020）	S22）智能电网示范工程（2012~2016）	P25）智能电网技术研发平台

（续）

技术领域	能源应用技术和工程示范重大专项	重大技术研究名称	重大技术装备名称	重大示范工程名称	技术创新平台名称
新能源技术	15. 先进核能发电	Y25）先进压水堆核电技术（2011~2020） Y26）高温气冷堆核电技术（2011~2015） Y27）快堆核电技术（2011~2020） Y28）模块化小型多用途反应堆技术（2011~2013） Y29）先进核燃料元件技术（2011~2020） Y30）乏燃料后处理技术（2011~2020）	Z18）压水堆核电关键设备（2011~2019） Z19）示范快堆核电关键设备（2011~2020） Z20）乏燃料后处理关键设备（2011~2020）	S23）自主知识产权先进压水堆核电示范工程（2013~2017） S24）高温气冷堆发电示范工程（2011~2014） S25）快堆发电示范工程（2011~2020） S26）模块化小型堆示范工程（2011~2018） S27）大型核燃料后处理厂示范工程（2013~2020）	P26）核电站核级材料与设备研发平台 P27）先进核反应堆技术研发平台 P28）先进核燃料元件研发平台 P29）核电工程建设技术研发平台 P30）核电站仪表与仪控系统研发平台 P31）核电站寿命评价与管理技术研发平台
	16. 大型风力发电	Y31）大型风力发电关键技术（2011~2015） Y32）大型风电场资源评估及监控技术（2011~2015）	Z21）大型风电机组（2011~2017）	无	P32）风电技术及装备研发平台 P33）风电运营技术研发平台
	17. 高效大规模太阳能发电	Y33）大规模太阳光伏系统技术（2011~2015） Y34）大规模太阳能热发电技术（2011~2015）	Z22）太阳电池及产业链生产设备（2011~2015） Z23）太阳光伏发电系统关键设备（2011~2016）	S28）大规模并网光伏发电系统示范工程（2011~2015） S29）大规模太阳能热发电示范工程（2012~2017）	P34）太阳能发电技术研发平台
	18. 大规模多能源互补发电	Y35）多能源互补利用的分布式供能技术（2011~2015）	无	S30）与大电网并网的风/光/储互补示范工程（2011~2016） S31）水/光/储互补发电系统示范工程（2011~2016）	P35）总能系统与分布式能源技术研发平台
	19. 生物质能的高效利用	Y36）生物燃气高效制备及综合利用技术（2011~2015） Y37）生物质制备液体燃料技术（2011~2018）	Z24）非粮生物质原料专用机械及加工转化成套技术装备 （1）非粮生物质原料专用机械设备（2011~2016） （2）非粮燃料乙醇加工转化成套技术装备（2011~2016）	S32）纤维素水解制备液体燃料及其综合利用示范工程（2011~2016） S33）生物质热化学转化制备液体燃料及多联产示范工程（2011~2015） S34）农业废弃物制备生物燃气及其综合利用示范工程（2011~2015）	P36）生物液体燃料技术研发平台

注：表中代码含义如下：Y—技术研发，Z—技术装备，S—示范工程，P—创新平台。

太阳能光伏产业"十二五"发展规划

中华人民共和国工业和信息化部规划司　发布

前　言

太阳能资源丰富、分布广泛，是最具发展潜力的可再生能源。随着全球能源短缺和环境污染等问题的日益突出，太阳能光伏发电因其清洁、安全、便利、高效等特点，已成为世界各国普遍关注和重点发展的新兴产业。

在此背景下，近年来全球光伏产业增长迅猛，产业规模不断扩大，产品成本持续下降。2009年全球太阳电池产量为10.66GW，多晶硅产量为11万t，2010年分别达到20.5GW、16万t，组件价格则从2000年的4.5美元/W下降到2010年的1.7美元/W。

"十一五"期间，我国太阳能光伏产业发展迅速，已成为我国为数不多的、可以同步参与国际竞争、并有望达到国际领先水平的行业。加快我国太阳能光伏产业的发展，对于实现工业转型升级、调整能源结构、发展社会经济、推进节能减排均具有重要意义。国务院发布的《关于加快培育和发展战略性新兴产业的决定》，已将太阳能光伏产业列入我国未来发展的战略性新兴产业重要领域。

根据《工业转型升级规划（2011~2015年）》、《信息产业"十二五"发展规划》以及《电子信息制造业"十二五"发展规划》的要求，在全面调研、深入研究、广泛座谈的基础上，编制太阳能光伏产业"十二五"发展规划，作为我国"十二五"光伏产业发展的指导性文件。

一、"十一五"发展回顾

（一）我国光伏产业概况

1. 产业规模迅速提高，市场占有率稳居世界前列

"十一五"期间，我国太阳电池产量以超过100%的年均增长率快速发展。2007~2010年连续四年产量居世界第一，2010年太阳电池产量约为10GW，占全球总产量的50%。我国太阳电池产品90%以上出口，2010年出口额达到202亿美元。

2. 掌握关键材料生产技术，产业基础逐步牢固

"十一五"期间，我国投产的多晶硅年产量从两三百吨发展至4.5万t，光伏产业原材料自给率由几乎为零提高至50%左右，已形成数百亿元级的产值规模。国内多晶硅骨干企业已掌握改良西门子法千吨级规模化生产关键技术，规模化生产的稳定性逐步提升。

3. 主流产品技术与世界同步，产品质量稳步提高

"十一五"末期，我国晶硅电池占太阳电池总产量的95%以上。太阳电池产品质量逐年提升，尤其是在转换效率方面，骨干企业产品性能增长较快，单晶硅太阳电池转换效率达到17%~19%，多晶硅太阳电池转换效率为15%~17%，薄膜等新型电池转换效率约为6%~8%。

4. 节能减排成效明显，资源利用率大幅提升

光伏产业节能减排取得显著成效，副产物综合利用水平稳步提高，资源利用率整体取得大幅提升。2006年每生产1kg多晶硅的平均单耗水平为：工业硅1.8~2.0kg、液氯1.8kg、综合电耗300~350kW·h，到2010年分别下降为：工业硅1.3~1.4kg、液氯1.0kg、综合电耗160~180kW·h，部分骨干企业达到130~150kW·h/kg。生产晶硅太阳电池的多晶硅用量从2006年的11g/W下降到2010年的7~8g/W。

5. 生产设备不断取得突破，本土化水平不断提高

国产单晶炉、多晶硅铸锭炉、开方机等设备逐步进入产业化，占据国内较大市场份额。晶硅太阳电池专用设备除全自动印刷机和切割设备外，基本实现了本土化并具备生产线"交钥匙"的能力。硅基薄膜电池生产设备初步形成小尺寸整线生产能力。2010年我国光伏专用制造设备销售收入超过40亿元，出口交货值达到1亿元。

6. 国内光伏市场逐步启动，装机量快速增长

我国已相继出台了《太阳能光电建筑应用财政补助资金管理暂行方法》和《关于实施金太阳示范工程的通知》等政策，并先后启动了两批总计290MW的光伏电站特许权招标项目。截至2010年，

我国累计光伏装机量达到800MW，当年新增装机容量达到500MW，同比增长166%。

（二）我国光伏产业的发展特点

1. 充分利用国内外市场要素，产业发展国际化程度高

我国光伏产业充分运用国内外资金、人才两大市场要素，"十一五"末期，已有数十家企业实现海外及国内上市，产品广销国际市场。国内光伏企业以民营企业为主，主要企业实力不断增强，有4家企业太阳电池产量位居全球前十，成为国际知名企业。

2. 自主创新与引进吸收相结合，形成自主特色产业体系

通过自主创新与引进消化吸收再创新相结合，初步形成了具有我国自主特色的光伏产业体系，多晶硅、电池组件及控制器等制造水平不断提高，制造设备的本土化率已经超过50%，太阳电池的质量和技术水平也逐步走向世界前列。

3. 产业链上下游协同发展，推动光伏发电成本下降

"十一五"期间，我国光伏产业突破材料、市场以及人才等发展瓶颈，产业规模迅速壮大，上下游完整产业链基本成型。我国光伏产业的崛起带动了世界光伏产业的发展，有效地推动了技术进步，降低了光伏产品成本，加快了全球光伏产业应用步伐。

4. 产业呈现集群化发展，有效提高区域竞争力

我国光伏产业区域集群化发展态势初步显现，依托区域资源优势和产业基础，国内已形成了江苏、河北、浙江、江西、河南、四川、内蒙古等区域产业中心，并涌现出一批国内外知名且具有代表性的企业，主要企业初步完成垂直一体化布局，加快海外并购和设厂，向国际化企业发展。

二、"十二五"面临的形势

目前，各主要发达国家均从战略角度出发大力扶持光伏产业发展，通过制定上网电价法或实施"太阳能屋顶"计划等推动市场应用和产业发展。国际各方资本也普遍看好光伏产业：一方面，光伏行业内众多大型企业纷纷宣布新的投资计划，不断扩大生产规模；另一方面，其他领域如半导体企业、显示企业携多种市场资本正在或即将进入光伏行业。

从我国未来社会经济发展战略路径看，发展太阳能光伏产业是我国保障能源供应、建设低碳社会、推动经济结构调整、培育战略性新兴产业的重要方向。"十二五"期间，我国光伏产业将继续处于快速发展阶段，同时面临着大好机遇和严峻挑战。

（一）我国光伏产业面临广阔发展空间

世界常规能源供应短缺危机日益严重，化石能源的大量开发利用已成为造成自然环境污染和人类生存环境恶化的主要原因之一，寻找新兴能源已成为世界热点问题。在各种新能源中，太阳能光伏发电具有无污染、可持续、总量大、分布广、应用形式多样等优点，受到世界各国的高度重视。我国光伏产业在制造水平、产业体系、技术研发等方面具有良好的发展基础，国内外市场前景总体看好，只要抓住发展机遇，加快转型升级，后期必将迎来更加广阔的发展空间。

（二）光伏产业、政策及市场亟待加强互动

从全球来看，光伏发电在价格上具备市场竞争力尚需一段时间，太阳电池需求的近期成长动力主要来自于各国政府对光伏产业的政策扶持和价格补贴；市场的持续增长也将推动产业规模扩大和产品成本下降，进而促进光伏产业的健康发展。目前，国内支持光伏应用的政策体系和促进光伏发电持续发展的长效互动机制正在建立过程中，太阳电池产品多数出口海外市场，产业发展受金融危机和海外市场变化影响很大，对外部市场的依存度过高，不利于持续健康发展。

（三）面临国际经济动荡和贸易保护的严峻挑战

近年来全球经济发展存在动荡形势，一些国家的新能源政策出现调整，相关补贴纷纷下调，对我国光伏产业发展有较大影响。同时，欧美等国已发生多起针对我国光伏产业的贸易纠纷，类似纠纷今后仍将出现，主要原因有：一是我国太阳电池成本优势明显，对国外产品造成压力；二是国内光伏市场尚未大规模启动，产品主要外销，可能引发倾销疑虑；三是我国相关标准体系尚不完善，存在产品质量水平参差不齐等问题。

（四）新工艺、新技术快速演进，国际竞争不断加剧

全球光伏产业技术发展日新月异：晶体硅电池转换效率年均增长一个百分点；薄膜电池技术水平不断提高；纳米材料电池等新兴技术发展迅速；太阳电池生产和测试设备不断升级。而国内光伏产业在很多方面仍存在较大差距，国际竞争压力不断升级：多晶硅关键技术仍落后于国际先进水平，晶硅电池生产用高档设备仍需进口，薄膜电池工艺及装备水平明显落后。

（五）市场应用不断拓展，降低成本仍是产业主题

太阳能光伏市场应用将呈现宽领域、多样化的

趋势，适应各种需求的光伏产品将不断问世，除了大型并网光伏电站外，与建筑相结合的光伏发电系统、小型光伏系统、离网光伏系统等也将快速兴起。太阳电池及光伏系统的成本持续下降并逼近常规发电成本，仍将是光伏产业发展的主题，从硅料到组件以及配套部件等均将面临快速降价的市场压力，太阳电池将不断向高效率、低成本方向发展。

三、指导思想、基本原则与发展目标

（一）指导思想

深入贯彻落实科学发展观，抓住当前全球大力发展新能源的大好机遇，紧紧围绕降低光伏发电成本、提升光伏产品性能、做优做强我国光伏产业的宗旨，着力推动关键技术创新、提升生产工艺水平、突破装备研发瓶颈、促进市场规模应用，使我国光伏产业的整体竞争力得到显著提升。

（二）基本原则

1. 立足统筹规划，坚持扶优扶强

加强国家宏观政策引导，坚持做好行业统筹规划和产业合理布局，规范光伏产业健康发展。集中力量支持优势企业做优做强，鼓励重点光伏企业推进资源整合和兼并重组。

2. 支持技术创新，降低发电成本

以企业为技术创新和产业发展的主体，强化关键技术研发，提升生产工艺水平，从高纯硅材料规模化生产、电池转换效率提高、生产装备国产化、新型电池和原辅材料研发、系统集成等多方面入手，努力降低光伏发电成本。

3. 优化产业环境，扩大光伏市场

推动各项光伏扶持政策的落实，调动各方面的资源优势，优化产业发展环境。充分发挥市场机制作用，巩固国际市场，扩大国内多样化应用，使我国光伏产业的发展有稳定的市场依托。

4. 加强服务体系建设，推动产业健康发展

加强公共服务平台建设，建立健全光伏标准及产品质量检测认证体系，严格遵守环境保护和安全生产规定，推进节能减排、资源循环利用，实现清洁生产和安全生产。

（三）发展目标

1. 经济目标

"十二五"期间，光伏产业保持平稳较快增长，多晶硅、太阳电池等产品适应国家可再生能源发展规划确定的装机容量要求，同时积极满足国际市场发展需要。支持骨干企业做优做强，到2015年形成：多晶硅领先企业达到5万t级，骨干企业达到

万吨级水平；太阳电池领先企业达到5GW级，骨干企业达到GW级水平；1家年销售收入过千亿元的光伏企业，3~5家年销售收入过500亿元的光伏企业；3~4家年销售收入过10亿元的光伏专用设备企业。

2. 技术目标

多晶硅生产实现产业规模、产品质量和环保水平的同步提高，还原尾气中四氯化硅、氯化氢、氢气回收利用率不低于98.5%、99%、99%，到2015年平均综合电耗低于120度/kg。单晶硅电池的产业化转换效率达到21%，多晶硅电池达到19%，非晶硅薄膜电池达到12%，新型薄膜太阳电池实现产业化。光伏电池生产设备和辅助材料本土化率达到80%，掌握光伏并网、储能设备生产及系统集成关键技术。

3. 创新目标

到2015年，企业创新能力显著增强，涌现出一批具有掌握先进核心技术的品牌企业，掌握光伏产业各项关键技术和生产工艺。技术成果转化率显著提高，标准体系建设逐步完善，国际影响力大大增强。充分利用已有基础，建立光伏产业国家重点实验室及检测平台。

4. 光伏发电成本目标

到2015年，光伏组件成本下降到7000元/kW，光伏系统成本下降到1.3万元/kW，发电成本下降到0.8元/kW·h，光伏发电具有一定经济竞争力；到2020年，光伏组件成本下降到5000元/kW，光伏系统成本下降到1万元/kW，发电成本下降到0.6元/kW·h，在主要电力市场实现有效竞争。

四、"十二五"主要任务

（一）推动工艺技术进步，实现转型升级

发展清洁、安全、低能耗、高纯度、规模化的多晶硅生产技术，提高副产物综合利用率，缩小与国际先进生产水平的差距。实现太阳电池生产技术的创新发展，鼓励规模化生产，提高光伏产业的核心竞争力。推动行业节能减排。密切关注清洁、环保的新型光伏电池及材料技术进展，加强技术研发。

（二）提高国产设备和集成技术的研发及应用水平

以提高产品质量和光电转换效率，降低生产能耗为目标，支持多晶硅、硅锭/硅片、电池片及组件、薄膜电池用关键生产设备以及发电应用设备研发与产业化，加强本地化设备的应用。推动设备企业与光伏产品企业加强技术合作与交流。

（三）提高太阳电池的性能，不断降低产品成本

大力支持低成本、高转换效率和长寿命的晶硅太阳电池研发及产业化，降低电池产品成本和最终发电成本，力争尽快实现平价上网。推动硅基薄膜、铜铟镓锡薄膜等电池的技术进步及产业化进程，提高薄膜电池的转率效率。

（四）促进光伏产品应用，扩大光伏发电市场

积极推动上网电价政策的制定和落实，并在农业、交通、建筑等行业加强光伏产品的研发和应用力度，支持建立一批分布式光伏电站、离网应用系统、光伏建筑一体化（BIPV）系统、小型光伏系统及以光伏为主的多能互补系统，鼓励大型光伏并网电站的建设与应用，推动完善适应光伏发电特点的技术体系和管理体制。

（五）完善光伏产业配套服务体系建设

建立健全标准、专利、检测、认证等配套服务体系，加强光伏行业管理与服务，支持行业自律协作。积极参与国际标准制定，建立完善符合我国国情的光伏国家/行业标准体系，包括多晶硅材料、电池/组件的产品标准，光伏生产设备标准和光伏系统的验收标准等。加快建设国内认证、检测等公共服务平台。

五、"十二五"发展重点

（一）高纯多晶硅

支持低能耗、低成本的太阳能级多晶硅生产技术。在现有的基础上，通过进一步的研究、系统改进及完善，支持研发稳定的电子级多晶硅生产技术，并建立千吨级电子级多晶硅生产线。突破高效节能的大型提纯、高效氢气回收净化、高效化学气相沉积、多晶硅副产物综合利用等装置及工艺技术，建设万吨级高纯多晶硅生产线，综合能耗小于 120 度/kg。

（二）硅碇/硅片

支持高效率、低成本、大尺寸铸锭技术，重点发展准单晶铸锭技术。突破 $150 \sim 160 \mu m$ 以下新型切片关键技术，如金刚砂、钢线切割技术，提高硅片质量和单位硅材料出片率，减少硅料切割损耗。

（三）晶硅电池

大力发展高转换率、长寿命晶硅电池技术的研发与产业化。重点支持低反射率的绒面制备技术、选择性发射极技术及后续的电极对准技术、等离子体钝化技术、低温电极技术、全背结技术的研究及应用。关注薄膜硅/晶体硅异质结等新型太阳电池成套关键技术。

（四）薄膜电池

重点发展非晶与微晶相结合的叠层和多结薄膜电池。降低薄膜电池的光致衰减，鼓励企业研发 5.5 代以上大面积高效率硅薄膜电池，开发柔性硅基薄膜太阳电池卷对卷连续生产工艺等。及时跟进铜铟镓硒和有机薄膜电池的产业化进程，开发并掌握低成本非真空铜铟镓锡薄膜电池制备技术，磁控溅射电池制备技术，真空共蒸法电池制备技术，规模化制造关键工艺。

（五）高效聚光太阳电池

重点发展高倍聚光化合物太阳电池产业化生产技术，聚光倍数达到 500 倍以上，产业化生产的电池在非聚光条件下效率超过 35%，聚光条件下效率超过 40%，衬底剥离型高倍聚光电池转化效率在非聚光条件下效率超过 25%。突破高倍聚光太阳电池衬底玻璃技术、高效率高倍聚光化合物太阳电池技术、高倍率聚光电池测试分析和稳定性控制技术等，及时发展菲涅尔和抛物镜等配套设备。

（六）BIPV 组件

重点发展 BIPV 组件生产技术，包括可直接与建筑相结合的建材，应用于厂房屋顶、农业大棚及幕墙上的双玻璃 BIPV 组件，中空玻璃组件等，解决 BIPV 组件的透光、隔热等问题，设计出美观、实用、可直接作为建材和构件用的 BIPV 组件。扩大建筑附着光伏（BAPV）组件应用范围。

（七）光伏生产专用设备

支持还原、氢化等多晶硅生产设备，大尺寸、低能耗、全自动单晶炉，吨级多晶硅铸锭炉，大尺寸、超薄硅片多线切割机，硅片自动分选机等关键生产设备。支持多槽制绒清洗设备、全自动平板式等离子体增强化学汽相沉积（PECVD）、激光刻蚀机、干法刻蚀机、离子注入机、全自动印刷机、快速烧结炉等晶硅太阳电池片生产线设备和 PECVD 等薄膜太阳电池生产设备。促进光伏生产装备的低能耗、高效率、自动化和生产工艺一体化。

（八）配套辅料

在关键配套辅料方面，实现坩埚、高纯石墨、高纯石英砂、碳碳复合材料、玻璃、乙烯 - 醋酸乙烯共聚物（EVA）胶、背板、电子浆料、线切割液等国产化。

（九）并网及储能系统

掌握太阳能光伏发电系统集成技术、百万千瓦光伏发电基地的设计集成和工程技术，开发大功率光伏并网逆变器、储能电池及系统、光伏自动跟踪装置、数据采集与监控系统、风光互补系统等。

（十）公共服务平台建设

支持有能力的企事业单位建设国家级光伏应用系统检测、认证等公共服务平台，包括多晶硅、电池片和组件、薄膜电池的检测，光伏系统工程的验收等。支持相关服务平台开展行业共性问题研究，制订和推广行业标准，研发关键共性技术等。

六、政策措施

（一）提升光伏能源地位，加强产业战略部署

光伏能源是一种可持续、无污染、总量大的绿色新能源，应当充分认识太阳能光伏发电的战略价值和重要意义，切实在国家能源经济和社会可持续发展的总体部署中予以统筹考虑，提升太阳能光伏产业在国民经济发展中的战略地位。通过实施工业转型升级和可再生能源等相关规划，统筹制订产业、财税、金融、人才等扶持政策，积极促进我国光伏产业的健康发展。

（二）加强行业管理，规范光伏产业发展

根据产业政策要求和行业发展实际需要，切实加强行业管理，推动行业节能减排，规范我国光伏产业发展，建立健全光伏行业准入标准，引导地方政府坚决遏制低水平重复建设，避免一哄而上和市场恶性竞争。推动相关职能部门联合加强产品检查，对于不达环保标准、出售劣质产品、扰乱正常市场竞争秩序的企业，依照相关规定给予处罚和整顿。

（三）着力实施统筹规划，推进产业合理布局

加强行业统筹规划，推动企业转型升级，坚持市场主导与政府引导相结合，扶持产业链完备、已具有品牌知名度的骨干企业做优做强。鼓励实力领先的光伏企业依靠技术进步、优化存量、扩大发展规模，实施"走出去"战略，积极参与国际产业竞争。实施差异化政策，引导多晶硅等产业向西部地区转移。推动资源整合，鼓励企业集约化开发经营，支持生产成本低、竞争力强的企业兼并改造生产经营不佳的光伏企业。

（四）积极培育多样化市场，促进产业健康发展

推动制订和落实上网电价实施细则，继续实施"金太阳工程"等扶持措施，鼓励光伏企业与电力系统等加强沟通合作，加快启动国内光伏市场。坚持并网发电与离网应用相结合，以"下乡、富民、支边、治荒"为目标，支持小型光伏系统、离网应用系统、与建筑相结合的光伏发电系统等应用，开发多样化的光伏产品。通过合理的电价标准、适度的财政补贴和积极的金融扶持，积极扩大国内光伏市场。

（五）支持企业自主创新，增强产业核心竞争力

支持光伏企业转型升级，通过技术改造等手段扶持掌握自主技术的骨干企业，巩固和提高核心竞争力。加大对光伏产业技术创新的扶持力度，重点支持多晶硅节能降耗、副产物综合利用、太阳电池高效高质和低成本新工艺技术的研发和产业化项目。加强产学研结合，支持关键共性技术研发，全面提升本土化光伏设备技术水平。加大人才培养力度，支持建立企业技术研发中心与博士后科研流动站。

（六）完善标准体系，推动检测认证、监测制度建设

重视光伏产品和系统标准体系建设，以我国自主知识产权为基础，结合国内产业技术实际水平，推动制定多晶硅、硅锭/硅片、太阳电池等产品和光伏系统相关标准，积极参与制订国际标准，建立健全产品检测认证、监测制度，促进行业的规范化、标准化发展。加强对光伏产品质量标准符合性的行业管理，避免劣质产品流入市场。推动企业加强光伏产品回收。

（七）加强行业组织建设，积极参与国际竞争

建立健全光伏行业组织，推动行业自律管理，加强行业交流与协作，集中反映产业发展愿景，打造国内光伏产业合作创新平台。充分发挥市场机制作用，以行业组织为纽带，以企业为主体，以市场为导向，提高产业应对国际竞争和市场风险的能力。加强国际交流和合作，优化产业发展环境，完善出口风险保障机制，鼓励企业积极争取海外资金，巩固和拓展国际市场。

"十二五"中小企业成长规划

中华人民共和国工业和信息化部规划司 发布

前　言

中小企业是我国国民经济和社会发展的重要力量。促进中小企业又好又快的发展是保持国民经济平稳较快发展的重要基础，是关系民生和社会稳定的重大战略任务。国家"十一五"规划《纲要》提出实施"中小企业成长工程"以来，各地区、各有关部门认真贯彻落实，取得了积极成效。"十二五"时期继续实施中小企业成长工程，对于进一步促进中小企业健康发展，实现国家"十二五"规划《纲要》确定的战略目标，具有十分重要的意义。

本规划总结了"十一五"时期实施中小企业成长工程的基本情况，分析了未来五年中小企业发展面临的国内外环境，并依据我国加快转变经济发展方式、优化经济结构、顺应各族人民过上更好生活新期待的新要求，提出了"十二五"时期促进中小企业成长的总体思路、发展目标、主要任务和重要措施。本规划是"十二五"时期继续实施"中小企业成长工程"，提高中小企业发展质量的行动纲领，是制定中小企业规划和政策的重要依据。

本规划根据《中华人民共和国中小企业促进法》、《中华人民共和国国民经济和社会发展第十二个五年规划纲要》以及《国务院关于进一步促进中小企业发展的若干意见》等编制。

第一章　主要成绩和面临形势

一、主要成绩

"十一五"时期是中小企业平稳较快发展的五年。在党中央、国务院的正确领导下，各地区、各有关部门积极实施中小企业成长工程，加大政策支持，完善社会服务，不断优化发展环境。中小企业积极应对国际金融危机，加快调整结构，转变发展方式。在政策支持和市场机制的共同作用下，中小企业发展质量和素质跃上新台阶，在促进经济发展、扩大社会就业、深化改革开放、改善人民生活和全面建设小康社会等方面发挥了重要作用。

经济贡献不断扩大。2010 年末，全国工商登记中小企业超过 1100 万家，个体工商户超过 3400 万个。以工业为例，2010 年，全国规模以上中小企业 44.9 万家，比 2005 年增长 50.1%，年均增长 8.5%，占规模以上企业数量的 99.3%；全国规模以上中小企业工业增加值增长 17.5%，占规模以上工业增加值的 69.1%；实现税金 1.5 万亿元，占规模以上企业税金总额的 54.3%，是 2005 年的 1.9 倍，年均增长 13.1%；完成利润 2.6 万亿元，占规模以上企业利润总额的 66.8%，是 2005 年的 2.4 倍，年均增长 18.9%。

就业主渠道作用不断凸显。"十一五"时期中小企业新增城镇就业岗位 4400 万个以上，其中，规模以上中小工业企业从业人员由 5636 万人增加到 7056 万人，占规模以上工业从业人员的 77.9%。中小企业提供 80% 以上的城镇就业岗位，成为农村富余劳动力、国有企业下岗职工再就业和高校毕业生就业的主渠道。

技术创新能力不断增强。据测算，中小企业提供了全国约 65% 的发明专利、75% 以上的企业技术创新和 80% 以上的新产品开发。在全国科技园区、高新技术园区中，中小企业比例超过了 70%。2010 年底，国家高新技术企业中的中小企业比例达到 82.6%。根据第二次全国科学研究与试验发展（R&D）资源清查数据公报，2009 年，全国开展 R&D 活动的规模以上企业中，小型工业企业达到 23953 家，占 65.8%，私营企业达到 16153 家。中小企业已成为我国提升自主创新能力、加快经济发展方式转变的生力军。

产业结构不断优化。"十一五"时期，中小企业从一般加工制造、批发零售等传统行业，加快向高新技术产业、现代服务业等领域扩展，资本密集型和技术密集型产品和服务比重持续增加，产品质量不断提高，品牌数量不断增多。中西部中小企业快速发展，中西部地区规模以上中小工业企业 13.8 万家，占全国规模以上工业企业数量的30.5%；实现税金5509亿元，占全国规模以上工业税金总额的20.3%。全国以中小企业集聚为特征的产业集群达2000多个，50%的工业中小企业在各类集聚区发展。中小企业和非公有制经济广泛参与市场竞争，有利于发挥市场配置资源基础性作用，促进了社会主义市场经济体制的完善。中小企业已成为调整和优化经济结构的重要推动力量。

企业人员素质和管理水平不断提高。组织实施中小企业银河培训工程，完成经营管理、政策法规等现场培训80万人次，信息化培训110万人次。实施专业技术人才知识更新工程，为中小企业培训240万人次；培养高技能人才830万人次。推动实施中小企业管理咨询服务，帮助中小企业改善经营管理。中小企业经营管理者、专业技术人才等人员素质和经营管理水平不断提高，形成了一批管理科学、经营规范、成长性良好的示范企业。

"十一五"时期中小企业成长取得的良好成绩，是各地区、各部门全面贯彻党中央、国务院一系列方针政策，开拓创新，攻坚克难，努力工作的结果；是完善体制机制，激发社会创新活力的结果；是着力建设社会化服务体系，加强和改善对中小企业服务的结果；是中小企业加强管理、提升素质、奋发努力的结果。这为"十二五"时期中小企业成长奠定了坚实的基础。

二、面临形势

"十二五"时期，我国仍处于可以大有作为的重要战略机遇期。中小企业成长面临着国际和国内经济巨大变革带来的历史机遇和严峻挑战，"转方式、调结构、上水平"势在必行。

(一) 有利条件

——市场空间不断扩大。我国经济继续处于快速发展时期，工业化、信息化、城镇化、市场化、国际化深入发展，人均国民收入稳步增加，居民消费能力不断增强，市场需求潜力巨大。民生优先、内需主导、消费驱动的政策取向，为中小企业成长带来新的市场机会。国际金融危机后的全球产业调整，有利于中小企业加强与大企业和跨国企业的分工合作，加速融入全球产业链。

——发展领域不断拓宽。国际金融危机催生新的技术革命，信息网络、生物、可再生能源等技术正在酝酿新突破。我国经济结构战略性调整加快，战略性新兴产业、现代服务业和现代农业孕育发展，区域间产业转移加快，放宽市场准入，扩大民间投资领域，为中小企业成长提供了新的发展空间。

——政策措施不断完善。各级政府和有关部门高度重视中小企业发展，相继出台了一系列促进中小企业发展的政策措施，加快形成比较完善的财税、金融、社保、公共服务等政策扶持体系，为中小企业成长提供了政策保障。

——社会服务不断加强。中小企业公共服务平台加快建设，融资、担保、信用、信息、培训、技术、咨询、创业、市场开拓等服务业务深入开展，为中小企业成长提供了重要支撑。对外合作与交流日益频繁，为中小企业"走出去"和"引进来"创造了有利条件。各类社会化服务机构不断进入中小企业服务领域，中小企业服务体系建设稳步推进。

(二) 面临挑战

——结构调整任务十分繁重。中小企业主要集中在传统产业，创新能力不强，部分行业产能过剩、布局雷同现象突出；服务业中小企业发展滞后，产业结构不合理；高耗能行业总产值占工业比重高。区域发展不均衡，中西部地区中小企业发展不足。由于中小企业普遍缺乏资金、技术、人才、信息，要实现产业结构优化目标，任务重，压力大。

——资源环境等约束不断强化。初级产品和大宗商品等原材料价格和劳动力成本面临上升压力，土地、能源、环境等制约因素增强。中小企业多处于产业链低端，产品附加值低，消化成本能力弱。一些中小企业资源利用率低，环境污染重，安全隐患多。中小企业走"拼资源、拼价格、拼环境"的老路已难以为继。

——市场竞争更趋激烈。国际金融危机影响深远，围绕市场、资源、人才、技术、标准等的竞争更加激烈。国际贸易保护主义抬头，技术性贸易壁垒等贸易保护手段不断翻新、更趋隐蔽，贸易摩擦范围逐步从传统产业向高新技术产业蔓延，人民币升值压力加大，中小企业进入国际市场面临更大困难。不少中小企业技术和管理落后，产品趋同，国内市场同质化竞争和不公平竞争现象没有根本改变。

——制约中小企业成长的体制机制因素依然存在。中小型金融机构发育不足，中小企业融资难问题依然突出；涉企收费偏多偏高，违规收费屡禁不止，中小企业负担依然较重；公共服务基础设施薄弱，服务质量有待提高；行业性垄断依然存在，部分行业准入条件偏高；创业门槛较高，企业设立前置审批复杂。

第二章 总体思路和主要目标

一、指导思想和基本原则

"十二五"时期中小企业成长的指导思想是：深入贯彻落实科学发展观，紧紧围绕加快转变经济发展方式主线，不断完善政策法规体系，营造环境，改善服务，大力扶持小型微型企业发展，鼓励、支持和引导中小企业进一步优化结构和转型成长，提高技术创新能力和企业管理水平，推动中小企业走上内生增长、创新驱动的发展轨道。

"十二五"时期促进中小企业成长的基本原则是：

坚持就业优先。将促进中小企业发展作为保障和改善民生、维护社会稳定的重大战略任务，大力扶持小型微型企业，发展劳动密集型企业，千方百计扩大就业规模。弘扬创业精神，培育创业主体，提高创业能力，促进新企业的创办与发展。

坚持内涵发展。以优化结构为主攻方向，推进产业分布结构、规模结构、组织结构、产品结构的进一步优化。实现中小企业成长从要素驱动向创新驱动的转变，形成有利于创新的体制和机制，营造有利于创新的社会氛围和文化。促进产学研结合，加快科技成果向中小企业转移。

坚持"专精特新"。将"专精特新"发展方向作为中小企业转型升级、转变发展方式的重要途径，引导中小企业优化生产要素配置，促进中小企业集聚发展，形成一批"小而优"、"小而强"的企业，推动中小企业和大企业协调发展。

坚持分类指导。按照转变经济发展方式和经济结构战略性调整的总体要求，根据中小企业分布广泛、个体差异大的特点，对不同地区、不同行业、不同类型和不同规模的中小企业区别对待，实施分类指导，不搞"一刀切"。

二、主要目标

"十二五"时期中小企业成长的总体目标是：中小企业发展环境持续改善，创业创新活力进一步增强，产业结构明显优化，经营管理水平不断提高，生存能力、竞争能力和可持续发展能力不断增强，整体发展质量全面提升，社会贡献更加突出。

"十二五"时期中小企业成长的预期目标是：

——保持平稳较快增长。工商登记中小企业户数年均增长8%，规模以上中小工业企业户数年均增长6%。中小工业企业实现增加值年均增长8%。新增就业岗位不断增加，从业人员劳动报酬逐步增长。

——技术创新能力明显增强。中小企业研究与试验发展经费支出占主营业务收入比重不断提高，形成一批具有创新能力、知识产权创造优势和知名品牌的创新型中小企业。

——产业结构明显优化。中小企业在现代服务业、现代农业和战略性新兴产业中的比重持续提高，发展一批特色鲜明、生态环保、具有竞争力的中小企业产业集群。单位增加值能耗、单位工业增加值耗水量下降达到全国工业平均水平，主要污染物减排达到国家约束性要求。

——信息化应用水平显著提高。中小企业应用信息技术开展研发、管理和生产控制的比例达到45%，利用电子商务开展采购、销售等业务的比例达到40%，中小企业信息化服务平台基本建立。

——企业人员素质和管理水平明显提升。培训各类中小企业经营管理人才250万人次。社会责任意识增强，诚信水平明显提高，切实保障劳动者和消费者权益。

第三章 主 要 任 务

加快转变经济发展方式对中小企业成长提出了更高要求，为新时期实施中小企业成长工程赋予了新的内涵。努力提高中小企业发展的质量和效益是"十二五"中小企业成长的中心任务。

一、进一步增强创业创新活力和吸纳就业能力

坚持把激发创业创新活力，促进市场主体发展作为扩大就业、改善民生的重要举措，鼓励创办小企业，开发新岗位，力争"十二五"期间中小企业数量持续增加，向社会提供更多的就业机会和岗位。坚持提升中小企业技术创新能力，加大支持中小企业技术创新的力度，营造有利于中小企业技术创新的环境，促进中小企业走创新发展道路。

切实放宽市场准入，破除各种有形和无形的障碍，鼓励和引导民间资本进入基础产业和基础设施、市政公用事业、社会事业、金融服务、国防科技工业建设等领域，拓展企业发展空间；鼓励创办就业容量大的劳动密集型企业、服务业、小型微型企业，鼓励和引导个体、私营等多种所有制经济发展。落实并加快完善鼓励创业的税收优惠政策、小额担保贷款等扶持政策，改善行政管理，加强创业服务，通过创业带动就业。

二、进一步优化产业结构

坚持把结构调整作为促进中小企业成长的主攻方向,力争到"十二五"末取得重大进展。

优化产业分布结构。引导中小企业进入现代农业、现代服务业、战略性新兴产业,支持中小企业在科技研发、工业设计、技术咨询、软件和信息服务、现代物流等生产性服务业领域,以及家政、养老等生活性服务业领域的发展;鼓励中小企业进入服务外包、游戏动漫、文化创意、电子商务、总部经济等新兴领域,拓展发展空间。加强区域合作与交流,引导东部中小企业向中西部有序转移,加快中西部中小企业发展,促进区域协调发展。

优化企业规模结构。支持高成长性中小企业做强做大,成为主业突出、拥有自主核心技术、具有规模效益、带动力强的龙头企业。引导中小企业走专业化发展道路,成为大企业或龙头企业协作配套产业链中的骨干企业。鼓励中小企业适应个性化、多样化市场需求,成为一定区域和细分市场的"小巨人"企业。

优化企业产品结构。实施品牌战略,提高名牌产品的数量和比重,开发自主知识产权新产品,培育竞争力强、知名度高的名牌产品,保护老字号等传统品牌,加大驰(著)名商标培育扶持力度。提升产品质量,扶持优质产品,加强质量安全保障。

加快淘汰落后产能。严格执行国家有关法律法规,综合运用财税、金融、环保、土地、产业政策等手段,加快淘汰中小企业的落后技术、工艺和装备,促进产业结构优化,节约资源和能源。

三、进一步提高"专精特新"和产业集群发展水平

坚持把走"专精特新"之路作为促进中小企业成长的重要途径,把集聚发展作为促进中小企业成长的着力点,建立起企业间紧密的分工协作关系,努力形成中小企业"专精特新"竞相发展的新格局。

按照"布局合理、特色鲜明、用地集约、生态环保"的原则,积极推动以上下游企业分工协作、品牌企业为主导、专业市场为导向的产业集群建设。加强统筹规划,坚持市场导向,突出地区优势和特色,发展专业化产业集群。适应不同地区、不同行业的特点,探索多种类型的产业集群发展模式。加强产业集群环境建设,改善产业集聚条件。

支持中小企业专业化发展,提高生产工艺、产品和服务、市场专业化水平,成为产业链中某个环节的

强者。培育为大企业和龙头企业配套的生产关键零部件、元器件的骨干型中小企业。鼓励为大企业配套,加强中小企业分工协作,培育一批"配套专家"。

支持中小企业精细化发展,建立精细高效的管理制度和流程,开展精细管理,生产精良的产品,提供精致服务。用高、精、尖产品和服务赢得市场。鼓励中小企业走差异化成长道路,赢得市场竞争优势。

支持中小企业特色化发展,大力发展地方特色产业,从满足不同层次、不同消费群体的需求出发,在"特"字上做文章,做到人无我有、人有我特,形成自己的特色产品、特色服务等。

支持中小企业新颖化发展,通过技术创新、工艺创新、功能创新,实现产品和服务创新,以"新"取胜,提高核心竞争力。

四、进一步提升企业管理水平

坚持把完善治理结构、推进管理创新、提升企业整体素质作为促进中小企业成长的重要基础,力争到"十二五"末基本建立较为完善、易于实施、行之有效的中小企业科学管理制度;形成一大批战略管理意识、社会责任意识、节能环保意识、诚信意识强,质量管理、品牌管理、安全管理、营销管理水平高,财务管理规范,治理结构比较完善的中小企业。

按照现代企业制度的基本要求,完善中小企业治理结构,推动有条件的中小企业开放股权,建立科学合理的企业治理结构和管理体制。加强中小企业基础管理,强化战略、财务、营销、品牌、质量、风险、安全和节能管理,推进企业文化建设,推动管理创新,提高管理水平。坚持以人为本,重视人的因素,大力开发人才资源,培养和造就高素质的企业经营者和职工队伍。加强环境保护,搞好清洁生产、安全生产。建立和完善企业工资集体协商制度,构建和谐劳动关系,认真履行社会责任。

五、进一步完善中小企业服务体系

坚持把完善服务体系作为促进中小企业成长的重要保障,力争到"十二五"末中小企业服务环境进一步优化。

发挥政策引导和市场机制作用,调动和优化配置服务资源,推动形成以中小企业服务机构为核心,以行业协会(商会)和专业服务机构等为依托,各层级服务机构纵向贯通、各类服务机构横向协同、各类服务资源开放共享的中小企业服务体系。

专栏1　完善中小企业服务体系

1）培育服务主体。大力培育中小企业服务机构，发挥其核心作用，充分调动行业协会（商会）等社团组织的积极性，鼓励各类专业服务机构的发展。

2）构建服务平台。建立和完善中小企业公共服务平台，加快中小企业公共服务平台网络建设，集聚服务资源、集成服务手段、互补服务功能、减少重复建设，为中小企业提供及时便捷的服务。

3）增强服务功能。增强创业服务功能、创新服务功能、融资服务功能、管理咨询服务功能、信息服务功能、人才培养功能、市场开拓服务功能。

4）健全服务机制。加强服务机构之间的联系与合作，建立服务协同机制，实现服务资源共享。加快中小企业信息服务网络的互联互通和一体化建设，形成虚拟服务系统与实体服务资源的协同服务。建立监督和评价机制，推动服务机构的规范发展。

5）提高服务质量。建立中小企业服务基本规范；提升服务机构从业人员能力。

6）优化服务布局。兼顾企业共性需求和个性需求，打造国家以满足区域共性需求为重点、地方以服务区域特色经济为重点的服务格局。

第四章　关键工程和行动计划

一、中小企业公共服务平台网络建设工程

以中小企业公共服务为主导，引导带动信息、融资、担保、技术、人才培训、市场开拓、管理咨询、对外合作等专业服务，促进服务领域和对中小企业服务的覆盖面不断扩大，服务质量不断提升。制定加快推进中小企业服务体系建设的指导意见，全面提升服务体系建设水平。遵循公开、公平、公正的原则，在省级公共服务示范平台建设基础上，认定和培育一批业绩突出、公信度高、服务面广的国家中小企业公共服务示范平台，加强示范平台管理，发挥示范效应。支持建立和完善4000个中小企业公共服务平台，重点培育500个国家中小企业公共服务示范平台，带动各类社会服务机构开展中小企业服务。

实施"十二五"中小企业公共服务平台网络建设工程，加大财政资金支持力度，引导社会投资，在具备条件的省级地区建立健全中小企业公共服务平台网络。以省级公共服务平台为枢纽，以主要城市和重点产业集群公共服务平台为"窗口"，通过在线服务、呼叫服务等便捷服务通道，开放式服务大厅、虚拟服务与实体服务协同，专业服务队伍支撑，为中小企业提供找得到、用得起、有保证的服务。到"十二五"末，80%以上的省（自治区、直辖市、计划单列市）基本形成信息畅通、功能完善、服务协同、资源共享、供需对接便捷的中小企业公共服务平台网络。

二、中小企业创新能力建设计划

支持技术改造和技术创新。支持中小企业运用先进适用技术以及新工艺、新设备、新材料，改造提升传统产业，加快技术升级，优化生产流程，提高产品质量和附加值，提高生产效率，提高节能减排和安全生产水平。推动落实研发投入加计扣除政策，鼓励中小企业加大研发投入，支持有条件的中小企业建立企业技术中心。完善鼓励中小企业技术创新的财税金融政策，激发中小企业创新活力，不断提高创新型中小企业的比重。支持中小企业参与国家科技计划项目、军民两用技术开发和产业化。

实施中小企业知识产权推进工程。普及宣传知识产权知识，提高中小企业知识产权意识。开展专题培训，为中小企业培养知识产权管理人员。开展专利辅导、专利代理、专利预警以及专利服务中小企业活动，培育形成一批具有自主知识产权优势的中小企业，提高中小企业创造、运用、保护和管理知识产权的能力。

支持建立技术创新服务平台。在产业集群、中小企业集聚区以及轻工、纺织、电子信息、软件和信息服务等行业，重点支持建设面向中小企业的技术创新服务平台，为中小企业提供产品研发、检验检测、技术推广、节能减排、再循环和安全生产等技术服务。加强中小企业共性技术、关键技术研发，为加快转型升级提供强有力的支撑。

促进产学研合作。鼓励中小企业与大专院校、科研机构等建立合作关系，联合建立研发机构，进行联合创新。鼓励大专院校、科研院所和大企业开

放研发仪器设备和专业技术服务资源，为中小企业提供人力资源和技术服务。畅通产学研交流合作渠道，促进大专院校、科研院所研发成果产业化；建立产学研联盟、合作基地，加快产业技术升级。

加强质量和标准工作。推动中小企业开展质量承诺活动，建立质量诚信体系，提高质量诚信自律水平。加强中小企业品牌建设指导，为中小企业提升品牌价值提供技术支撑。推动中小企业积极开展标准化良好行为企业创建活动，提高标准化管理水平。

三、中小企业信息化推进工程

遵照"政府倡导、企业主体、社会参与"原则，继续实施中小企业信息化推进工程，加快信息技术在中小企业核心业务环节的普及推广和深化应用，提高企业创新能力、管理水平和竞争力。

提高中小企业信息技术应用水平。加强分类指导，引导有条件的中小企业实施资源计划管理（ERP）、供应链管理（SCM）、客户关系管理（CRM）以及物流配送信息化；开展生产装备数字化改造，实现生产过程自动化和智能化，提高产品质量和效益。普及推广生产经营管理和决策信息系统一体化，提升管理和决策水平。支持和指导中小企业加强信息安全防护工作，保障和促进企业信息化应用。推进产业集群"两化"融合工作。

建立健全中小企业信息化服务平台。鼓励信息化供应商和服务商运用软件即服务（SaaS）、云计算等技术，开发适合中小企业应用的信息技术产品和解决方案；建设面向区域、行业中小企业的研发、管理、电子商务、电子签名与认证、信用融资等信息化应用服务平台，为中小企业技术创新、生产过程、经营管理、市场开拓、人才培养、筹资融资提供支撑。培育示范企业，开展中小企业信息化绩效评估，宣传推广典型企业的经验。

完善中国中小企业信息网。统一中国中小企业信息网络名称、域名和标识，逐步形成国家、省、市三级信息网络体系。以中小企业需求为导向，创新信息服务模式，提高服务能力与质量，扩大服务广度和深度，发挥桥梁和纽带作用，整合和带动更多优质服务资源参与中小企业信息服务。鼓励行业网站发展。

四、创办小企业计划

按照"创办小企业，开发新岗位，以创业促就业"的工作方针，不断改善创业环境、培育创业主体、强化创业服务、建设创业基地，促进新企业特别是小型微型企业创立和发展，扩大就业。

培育创业主体。加强创业宣传和创业教育，激发创业热情。鼓励创业者进入国家、地方优先和重点发展的劳动密集型产业、服务业、战略性新兴产业创业发展。对初创企业，可按照行业特点，合理设置资金等准入条件，并在法律规定的范围内允许注册资金分期到位。按照法律法规规定的条件、程序和合同约定，允许创业者将家庭住所、租借房、临时商业用房等作为创业经营场所。鼓励创业者和初创办的小企业进入创业园区集聚发展。

强化创业培训。以提高创业者素质和创业能力为重点，对有创业意愿并具备一定创业条件的人员开展创业培训，帮助他们了解创业环境，熟悉有关政策法规，掌握企业经营和管理必备知识，掌握申办各类经济组织的方法，增强创业能力。采取知识讲座、案例教学、经验交流、实际演练等多种培训方式，增强创业培训的针对性和实用性，提高创业培训的质量和实际效果。

深化创业服务。依托现有中小企业服务体系，完善各类创业服务机构，提供创业信息、创业咨询、创业指导与策划以及登记注册、会计（税务）、劳保、外贸、法律等代理服务。鼓励服务机构提升创业服务能力，深入"园区（基地）、社区、校区"开展服务，及时、有效地解决创业者和初创企业的困难。鼓励市、区（县）、街道（乡镇）组织开展项目开发、风险评估、开业指导、融资服务、跟踪扶持等"一条龙"创业服务，建立创业信息服务平台，设立服务热线，通过上门服务、集中服务、电话服务、网络服务等多种形式，为创业者提供个性化、专业化服务。

支持建立小企业创业基地。支持利用闲置的厂房和场地，改造建设小企业创业基地。鼓励在现有经济技术开发区、工业园区、高新技术产业开发区、大学科技园区、创业园区、国家新型工业化产业示范基地等建立小企业创业基地。重点培育和支持一批具有较强创业辅导服务功能，运作规范、业绩突出的小企业创业示范基地。利用各类扶持中小企业发展的专项资金，支持建设和改造3000个小企业创业基地的基础设施、创业场地和服务设备设施等，为创业者提供生产经营场所。

建立和健全创业辅导服务队伍。通过定期举办创业辅导师培训，形成一支专业创业辅导服务队伍；通过建立专家选聘制度，鼓励有创业经验、熟悉创业政策、热心创业服务的优秀企业家、创业成功人士、专家学者以及各行业专业人士参加创业服务专家队伍，逐步形成高素质的创业服务指导专兼职队伍。

贯彻落实国家以创业带动就业的各项政策，进一步减少、合并行政审批事项，实现审批内容、标准和程序的公开化、规范化。简化办理手续、缩短办理时限、提高工作效率。加快形成政策扶持、创业培训、辅导服务的工作机制，营造良好的创业环境。

五、中小企业管理提升计划

组织实施以企业为主体，以专业服务机构和专业人才为支撑的中小企业管理提升计划。

加强中小企业管理和管理创新。督促中小企业加强财务管理，执行企业会计准则、小企业会计准则，建立内部会计核算制度。引导中小企业完善治理结构，健全质量、计量、节能、安全、用工等管理，依法经营，诚实守信，履行社会责任。鼓励有

条件的中小企业积极开展管理创新和体制创新。

推广中小企业管理创新经验。鼓励中小企业及时总结管理创新经验，积极参与全国、地方以及行业企业管理现代化创新成果审定活动。加强管理创新成果推广，通过标杆示范，推动中小企业提高管理水平。学习借鉴国内外先进管理经验。

鼓励开展中小企业管理咨询服务。支持行业协会、专业的管理咨询机构和管理咨询志愿者开展中小企业管理咨询活动，帮助中小企业改善管理。重点支持一批专业水平较高、管理规范的管理咨询机构。培育一批管理咨询队伍和管理咨询师。

强化中小企业管理人员培训。继续实施国家中小企业银河培训工程，启动实施企业经营管理人才素质提升工程，不断优化培训内容，广泛开展政策法规、战略管理、财务管理、会计准则与资本经营、人力资源、市场营销、品牌管理、绩效管理、安全生产等方面的培训，提高管理人员素质，促进企业管理水平的提升。

专栏2　国家中小企业银河培训

每年完成约50万中小企业经营管理人才的培训任务。依托高等学校和优质社会培训机构，建设一批中小企业培训教育基地。

1）"中小企业经营管理领军人才"培训计划。每年1000名中小企业家，培训周期为1年。培养具有世界眼光、战略思维、创新精神、经营能力，在行业领域有一定影响力，为推动地区经济发展做出突出贡献的中小企业经营管理领军人才。

2）"中小企业经营管理骨干人才"培训计划。每年10000名中小企业家及高级职业经理人，培训周期为3个月。培养精通战略规划、资本运作、人力资源管理、财会、法律、知识产权、技术创新等专业知识，能够引领企业发展的中小企业经营管理骨干人才。

3）"中小企业中层经营管理人才"培训计划。每年培训10万人。培训形式以短期集中面授为主。培养业务能力突出、职业素养高、具备现代管理理念的中层中小企业经营管理人才，提高中小企业经营管理层的整体素质。

4）"中小企业经营管理人才远程教育"培训计划。每年培训35万人，在全国范围内通过远程网络、电视媒体、移动互联等形式进行经营管理知识普及培训。

5）创业培训计划。每年培训5万人，以短期集中面授为主，为初创企业经营管理者提供创业能力、经营管理能力和企业家精神等培训。

六、中小企业市场拓展计划

完善商贸布局规划，培育商业中心，发展专业市场，推广连锁经营、特许经营等现代经营方式，加快改造传统商贸，鼓励集约经营，为中小企业货畅其流创造条件。推广"万村千乡市场工程"，完善农村消费品市场的连锁化配送，引导中小企业针对

农村市场特点开发适销对路的产品和服务，开拓潜力巨大的农村市场。支持中小企业利用内贸信用险拓展内贸市场，规避市场风险。进一步规范和引导大企业市场行为，减少不正当竞争，营造和谐市场环境。鼓励大企业与中小企业协作参与政府采购活动。

支持建立各类中小企业产品技术展示中心，搭

建中小企业网络交易平台。鼓励中小企业利用电子商务拓展市场，降低市场开拓成本。继续办好中国国际中小企业博览会，重点培育和发展一批适合中小企业开拓市场的品牌展会。支持中小企业参加各类展览展销活动，鼓励减免中小企业参展展位费。

支持中小企业稳定和开拓国际市场。进一步落实和完善出口退税等政策，充分发挥中小企业国际市场开拓资金作用，加大出口信用保险以及各类出口信贷对中小企业的支持力度。扶持和鼓励中小企业到境外收购技术和品牌，带动产品和服务出口。支持有条件的中小企业到境外建立原材料基地、加工制造基地、研发设计基地和营销渠道。指导和帮助中小企业运用世界贸易组织规则维护企业合法权益，为中小企业提供应对反补贴、反倾销等方面的法律援助。充分发挥行业协会作用，加强行业自律，规范中小企业进出口经营秩序，从源头上避免恶性竞争和贸易纠纷。降低中小企业海外服务收费，提高服务水平。

坚持中小企业"走出去"和"引进来"相结合，坚持引进资金、引进技术和引进智力相结合。发挥已签署的合作协议和已建立的政策对话机制作用，深化中韩中小企业电子商务对接、中德培训、中法工业设计、中意梦德林基金等方面的务实合作。积极探索中小企业国际合作新途径和新机制，加强与国外政府、国际机构和中小企业组织之间的双边和多边合作及政策对话。

第五章　保障措施

一、加强组织领导

进一步提高对发展中小企业重要性的认识，充分发挥国务院促进中小企业发展工作领导小组及其办公室作用，加强统筹规划和政策协调，创新工作方法，保障规划顺利实施。各级地方政府及其中小企业管理部门要在规划指导下，结合本地实际，统筹安排中小企业各项工作，明确工作分工，理顺工作机制，加强分类指导，推进本规划各项任务的落实。调动行业协会、商会等社会服务组织的积极性，推进规划的贯彻和实施。加强规划宣传和工作指导，形成规划实施的合力。

二、完善政策措施

全面落实和完善促进中小企业和非公有制经济发展的各项政策措施，根据新情况新问题研究制定新政策。消除制度性障碍，深化垄断行业改革，放宽市场准入，制定实施细则，鼓励和引导民间资本进入法律法规未明文禁止进入的行业和领域。

加大各级财政对中小企业发展的资金支持，突出支持重点，完善支持方式，向公共服务体系建设倾斜，加大对小型微型企业的支持力度，不断改善对小型微型企业的服务。加快设立国家中小企业发展基金，引导社会资本支持中小企业发展。认真执行现行中小企业税收优惠政策，进一步加大财税政策对小型微型企业的支持力度。进一步优化税收征管流程，提高纳税服务质量。继续清理涉及中小企业的各项收费，规范行政事业性收费和经营服务性收费行为，减轻中小企业负担。尽快出台政府采购促进中小企业发展的具体办法，建立统一的政府采购信息发布平台，提高政府采购信息透明度，降低中小企业获取信息的成本。

三、加强融资支持

全面落实支持中小企业发展的金融政策，完善小企业金融服务差异化监管政策，加大财税政策引导，重点加强和改善小企业金融服务。积极引导银行业金融机构创新体制机制，创新金融产品、服务和贷款抵押方式，积极发展中小金融机构，扩大对小企业的贷款规模和比重。鼓励民间资本投资发展村镇银行、贷款公司和资金互助社等新型金融机构。加快中小企业信用体系建设，支持中小企业信用信息网络互联互通以及数据库等信用基础设施建设，推动信用信息共享，积极引导各类信用服务机构为中小企业提供信用服务。完善多层次中小企业信用担保体系，综合运用资本金注入、税收减免、风险补偿和奖励补助等多种方式，提高担保机构对中小企业的融资担保能力。改进对担保机构的抵押登记服务，推进银行和担保机构的平等互利合作。

进一步拓宽中小企业融资渠道。继续壮大中小企业板市场，积极发展创业板市场，完善中小企业上市育成机制。完善创业投资扶持政策，稳妥推进和规范发展产权交易市场。扩大中小企业直接债务融资工具发行规模，探索发展符合中小企业需求特点的债券融资等创新产品。

四、强化公共服务

转变政府职能，增强服务意识，提高服务效率。深化行政审批制度改革，全面清理、合并行政审批事项，实现审批内容、标准和程序的公开化、规范化。进一步规范行政执法，减少行政干预，维护市场秩序。加强信息服务，及时公开发布发展规划、产业政策、行业动态等信息，逐步建立中小企业市场监测、风险防范和预警机制。建立服务监管长效机制，加强社会服务机构和社团组织监管。加大对中小企业公共服务体系建设的投资力度。

五、搞好统计监测

按照《中小企业划型标准规定》，建立和完善中小企业分类统计、监测、分析和发布制度，加强对规模以下企业的统计分析工作和重点监测工作，扩大行业覆盖范围，更多反映中小企业的特色，提高数据代表性。及时、准确地把握中小企业发展新情况新问题，切实提高中小企业经济运行形势分析水平。

"十二五"机械工业发展总体规划

中国机械工业联合会 发布

前 言

机械工业是国民经济发展的基础性产业，国民经济中各行业的发展，都有赖于机械工业为其提供装备。

回顾我国机械工业百年发展历史，21世纪的头十年无疑是一个黄金发展时期。2000年到2010年，全行业工业总产值从1.44万亿元增长到14.38万亿元，年均增速高达25%以上；规模以上企业数从3.36万家增加到10万多家；资产规模从1.96万亿元增长到近10.4万亿元；工业增加值占全国工业的比重从9.2%大幅提升至19%左右，占GDP的比重从3.7%提高到9%左右。在这十年中，我国机械工业产业规模首次跃居世界首位，进出口贸易首次实现顺差，汽车、发电设备、机床、大中型拖拉机等主要机械产品产量跃居世界第一，发电设备和输变电设备等许多重大技术装备取得突破，一些产品的技术水平已接近或达到世界先进水平。

21世纪的头一个十年，是机械工业发展历程中的黄金十年。得益于国家政策的大力支持、城市化和工业化加快引发的需求升温、国际产业转移的加快，以及行业市场化改革所激发出的内在活力，我国已发展成为当之无愧的全球机械制造大国。

21世纪的第二个十年，我国机械工业要在头十年高速发展的基础上更加注重提高发展质量，将发展目标定位于由机械制造大国转变为机械制造强国。

展望2020年，到我国全面建设小康社会奋斗目标实现之时，我国机械工业将基本实现高端装备的产业化，基础滞后主机的局面基本改观，自主创新能力大幅提高，国际竞争力接近工业发达国家水平。

"十二五"时期是我国机械工业实现21世纪的第二个十年宏伟目标的关键时期。在"十二五"期间，我国机械工业要加快发展方式的转变，大力推进产业结构的调整，为实现由大到强的历史性升级奠定坚实的基础。

《"十二五"机械工业发展总体规划》（以下简称《总体规划》由中国机械工业联合会组织编制。本《总体规划》是遵循《国民经济和社会发展第十二个五年规划纲要》的指导思想和基本要求编制的，《总体规划》努力贯彻落实《国务院关于加快培育和发展战略性新兴产业的决定》和《"十二五"工业转型升级规划》等重要文件精神，在编制过程中广泛征求了各方面的意见，集中了业内专家的智慧。编制并发布《总体规划》的目的是希望对机械行业"十二五"期间的发展起到引导作用，并为相关政府部门制订机械工业的产业政策和实施行业管理提供建议和参考。

一、发展现状

（一）主要成绩

"十一五"期间，我国机械工业延续了"十五"全面高速发展的好势头，无论是行业规模、产业结构、产品水平，还是国际竞争力都有了大幅度的提升。

1. 产业规模跃居世界首位

"十一五"期间，机械工业的产业规模持续快速增长。2010年机械工业增加值占全国GDP的比重已超过9%；工业总产值从2005年的4万亿元增长到2010年的14万亿元，年均增速超过25%，在全国工业中的比重从16.6%提高到20.3%；规模以上企业已达10万多家，比"十五"末增加了近5万家，从业人员数达到1752万人，资产总额已达到10.4万亿元，比"十五"末翻了一番。

2009年，我国机械工业销售额达到1.5万亿美元，超过日本的1.2万亿美元和美国的1万亿美元，跃居世界第一，成为全球机械制造第一大国。

2. 装备保障能力显著增强

"十一五"以来，在高速增长的需求拉动下，我国机械产品的水平有了长足的进步，机械产品的国内市场占有率已经由2005年的80%提高到了2010年的85%以上，重大技术装备自主化取得了较大突破，对国民经济各行业的保障能力明显增强。

电力装备方面：已能基本满足国内需求，技术水平和产品产量已经进入世界前列。可批量生产60万及100万kW级超临界、超超临界火力发电机组；水电设备最大单机容量已由30万千瓦升级到70万kW，机组效率进入世界先进水平；已具备自主生产百万千瓦级二代改进型压水堆核电站成套设备的能力，三代核电站装备的成套制造技术正在研发，并已取得重大阶段性成果；兆瓦级风电机组已实现批量生产，5MW海上风电机组已研制成功；1000kV特高压交流输变电设备和±800kV直流输电成套设备研制成功，综合自主化率分别达到90%以上和60%以上，我国已成为世界上首个特高压输变电设备投入工业化运行的国家。

冶金矿山设备方面，可自主提供年产1000万t级钢铁企业用常规流程的成套设备；年产2000万t级露天矿、年产60~70万t级金属矿、年产600万t级井下煤矿、年处理400万t级选煤厂、年处理300万t级选矿厂、日产4000~10000t级熟料干法工艺水泥厂成套装备。

石化通用设备方面，30万t/年合成氨设备已实现国产化；百万吨乙烯装置所需的关键"三机"（裂解气压缩机、丙烯压缩机和乙烯压缩机）及多股流低温冷箱已研制成功；6万m³/h等级大型空分设备已实现国产化并出口，正在研制8.5万m³/h空分设备；石油钻机已由9000m升级到12000m，达到了世界领先水平，并正在由陆上钻机向海上钻机拓展。

汽车行业：2010年中国汽车产销量分别达到1826万辆和1806万辆，高居世界第一。目前，自主品牌乘用车的销售比重已提高到46%，其中自主品牌轿车的销售比重占31%。

大型施工机械方面：2000t履带起重机、500t全路面起重机、72m臂架混凝土输送泵车、直径11.22m的泥水平衡盾构机等特大型工程机械研制完成。

农业机械方面：除少数高端产品尚需进口外，国产农机已基本能满足国内农业的需求。180马力大型拖拉机已研制成功，小麦联合收割机已经普及并开始向大喂入量机型发展，3~4行玉米联合收割机批量供应市场，水稻种植和收获机械技术基本成熟，4行半喂入式水稻联合收割机研制成功，油菜、牧草和甘蔗收获机械、节水灌溉、秸秆还田和复式作业机具研究也都取得重大进展。

工作母机方面：大型、精密、高速数控机床以及为之配套的数控系统和功能部件进步很快，数控机床自给率达到60%，开发出了五轴联动龙门加工机床、五轴联动叶片加工中心、五轴落地式数控镗铣床、七轴联动重型立式车铣复合加工机床、超精密加工机床、柔性制造系统及大型冲压自动生产线；自主研发的数控系统可靠性明显提高，平均无故障时间达到2万h。

大型铸锻件方面：我国30万、60万kW火电机组高中压转子国内市场满足率已提高到60%左右，低压转子国内市场满足率已提高到45%，发电机大轴国内市场满足率已提高到30%，掌握了超超临界火电机组转子制造技术并实现批量生产；100万kW级三代核电设备成套大型锻件已研制成功，压力壳、蒸发器、主管道等具有代表性的关键锻件的技术攻关已相继取得突破。

3. 结构调整取得一定进展

在资本结构方面：已实现多元化，行业内生的发展活力越来越强。国有大型企业在重大技术装备研制和生产中继续发挥着主力军的作用；民营经济表现出很强的抗风险能力，对机械工业增长的贡献率超过了50%，对机械工业的平稳发展功不可没。

表1　"十一五"期间机械工业企业资本结构变化情况

	2005年			2010年1~11月		
	国有企业	民营企业	三资企业	国有企业	民营企业	三资企业
资产总计	41%	34%	25%	31%	44%	23%
主营业务收入	32%	40%	29%	24%	52%	22%
工业总产值	32%	41%	28%	23%	53%	21%
利润总额	27%	39%	34%	27%	45%	26%

在组织结构方面：企业小而散的局面有所改观，主要行业的生产集中度不断提高，尤其是汽车、工程机械、发电设备等行业更加突出。上汽、东风、一汽、长安销量在全行业中占比已达70%，前十大企业的生产集中度已达86%；哈尔滨、东方、上海三大集团产量在发电设备行业占比达到68.7%，华锐、金风、东汽在风电设备产量中的占比也已达70%左右；徐工、中联重科、三一、柳工、龙工、山推已约占中国工程机械市场总销售额的半壁江山。

在产品结构方面：新产品产值始终保持两位数增长，科技创新成果成为推动行业持续发展的强劲动力。2010年，机械工业新产品产值超过2万亿元，约占全国工业新产品产值的40%。重大技术装备向大型化、高参数化发展，部分产品的效率已接近世界先进水平，量大面广的通用机电产品效率也有很大提高。

在资产结构方面："十一五"期间，机械行业固定资产投资持续高速增长，累计完成固定资产投资57281亿元，年均增速达到约38%，2010年完成固定资产投资额高达1.9万亿元。高强度的投资使得全行业的装备水平大为提高，生产条件大为改善，行业固定资产的新度系数由"十五"末的61%提高到2009年的64%。一批行业排头兵企业的装备水平已达到或接近世界同行先进水平。

4. 进出口贸易逆差变顺差

"十一五"期间，我国机械产品对外贸易规模持续扩大，成为全球机械产品贸易发展的重要动力。2006年，我国机械工业对外贸易结束建国以来持续数十年的逆差局面，实现历史性的转折，首次实现外贸顺差。随着我国机械工业国际竞争力的增强，机械工业贸易顺差不断扩大。2008年，我国机械工业实现对外贸易顺差477亿美元，达到历史最好水平。此后虽由于国际金融危机的影响，以及国家为减少过多的贸易顺差而大力鼓励进口先进设备，机械工业对外贸易顺差开始减少。2010年进出口总额达到5138亿美元，比2005年的2229亿美元大幅增长231%，同时仍保持了进出口基本平衡，实现了顺差31亿美元。

在对外贸易额快速增长的同时，外贸结构也不断优化。外贸出口中一般贸易占比快速提高，一般贸易额在外贸总额中的占比已由2005年的46.4%提高到2010年的58.0%，而加工贸易额占比则由2005年的49.1%降低到2010年的30.5%。与此同时，出口产品结构进一步改善，工程机械、数控机床、发电设备、汽车等技术含量较高的产品出口发展迅速。近年来发电设备的出口量已占到总产量近15%。

除以上成绩外，机械工业在其他方面也都取得明显进步。比如在节能节材方面，"十一五"期间，机械工业万元工业增加值综合能耗逐年大幅下降，从2005年的0.65t标准煤降至2009年的0.425t标准煤，降幅达到34.6%，远超国务院所提出的单位GDP能耗降低20%的目标；大中型企业万元工业增加值耗钢量从0.47t降至0.38t，降幅达18.2%，材料利用率大大提高，间接节能效果明显。在信息化与工业化相融合方面，"十一五"期间，机械工业两化融合进程加速，研发设计信息化已达到较高水平，骨干企业已普遍使用三维设计；CAE、CAPP、PDM的覆盖率已经超过半数；财务管理信息化普及率已经达到90%以上；成本管理、采购管理、销售管理、库存管理、人力资源管理、主生产计划等信息化应用取得明显效果。产品开始向数字化、自动化、智能化方向发展。

（二）存在问题

1. 自主创新能力明显薄弱

我国机械工业的产业规模虽已位居世界首位，但目前高端装备仍满足不了需要，不得不大量进口。2010年进口机械产品用汇高达2553亿美元。行业中低端产能过剩、高端严重不足的矛盾非常突出。之所以如此，原因就在于自主创新能力薄弱，无法有效地支撑产品升级。多年来，相当多的企业过分看重当期发展速度，追求短平快，重当前、轻长远；重制造、轻研发；重引进、轻消化；重硬件、轻软件；重物质、轻人才。从而导致研发投入严重不足，研发条件普遍落后，研发经验缺乏积累。尤其是广大中小企业缺乏公共技术服务平台的支撑，技术创新更是心有余而力不足。据《工业企业科技活动统计资料》（2007年）显示，我国大中型机械制造企业中工程技术人员占从业人员的比例为10%，R&D经费与主营业务收入之比为1.4%；而工业发达国家同行技术人员占从业人员比例为20%～30%，R&D经费与主营业务收入之比达到3%以上。

自主创新能力薄弱不仅导致低端产能过剩、高端不足，而且影响行业的发展后劲，影响我国国际竞争力的提升；更为严重的是累及行业发展方式的转变和科学发展观的贯彻，因此是行业发展中的心腹之患，必须高度重视并尽快解决。

2. 基础发展严重滞后

与快速发展的主机产品相比，基础零部件及优质专用材料、自控系统和测试仪器、数控机床和基础制造装备的发展明显滞后，已成为影响机械产品向高端升级的三大瓶颈。尤其是基础零部件，不但产品水平差距大，而且至今尚未引起各方面足够重视。

"十一五"期间，液压挖掘机、风电设备、高速列车、火电和核电设备、超（特）高压输变电设备、内燃机、数控机床等主机产品发展迅速，但这些主机配套所需的高端零部件越来越受制于进口，液压元件及系统、高档轴承、电力电子器件及变频装置、大型优质铸锻件、高端阀门、耐高压绝缘套管及出线装置、内燃机燃油电子喷射装置及尾气处理系统、数控系统及功能部件、伺服系统、控制电器等进口量越来越多，价格越来越高，而且交货期越来越没有保障。

基础零部件发展之所以严重滞后于主机，除了长期以来基础件行业投入不足的影响外，也与原来面向机械工业中共性、基础技术的研究院所的改制有关。在这些院所改制成为企业以后，摩擦、磨损、传动、强度、可靠性及设计、检测等基础技术的研究，铸造、锻造、焊接、热处理、表面处理等基础工艺技术的研究，以及标准、质量等基础性技术工作都受到了程度不等的削弱和影响。

"十一五"期间主机的迅猛发展一方面激化了基础滞后的矛盾，但另一方面也为加强基础培育了需求市场；此外，行业迅速增强的经济实力也为加大对基础环节的投入提供了现实可能。因此，"十二五"强化基础不仅是必需的，而且也是可能的。

3. 现代制造服务业发展缓慢

机械工业的产业结构调整虽已有一定进展，但总体看来产业结构不合理现象仍然较为严重。如在产品结构上，表现为高端产品不足，中低端产品产能严重过剩；在区域结构上，表现为过度集于东部地区，中西部地区。最近几年发展速度虽然有所加快，但在整个机械工业中的比重依然严重偏低；在人力资本结构上，表现为一般人力资源丰裕，而杰出的企业家、领军型技术人才和高技能人才严重不足。在组织结构上，表现为散乱弱的状态仍很严重。一方面，鲜见具有国际竞争力的大型企业集团；另一方面，众多中小企业中特色鲜明、能为大企业提供有效协作配套服务的产业集群也比较少。我国机械工业有规模以上企业10万多家，但进入世界500强的只有东风汽车、上汽集团和一汽集团三家；世界机床企业产值前20名中，中国仅占2席，而日本占7家，德国占5家。

与上述种种结构相比，机械工业的产业形态结构问题必须引起更大关注。现今我国机械工业中，传统加工制造业比重过大，现代制造服务业比重过低；对实物产品生产的依赖过大，而服务增值在行业总产出中的贡献度过低；从实物产量看，与工业发达国家相比，我国许多机械产品的产量已高居世界前列，但从全行业的销售额看，尤其是从经济效益看，这一优势并不明显，其中原因，除了产品档次差距的影响外，服务性增值方面的巨大差距是主要原因。"十一五"机械工业的高速发展主要得益于实物产品需求的高速增长，随着我国工业化进程向中后期的演进，继续期望依靠实物产品产量的高速增长支撑今后的行业发展已越来越不现实，因此尽快补强现代制造服务业这一短腿已成当务之急。

4. 产业发展方式较为粗放

我国机械工业持续快速发展的良好态势并不能掩盖发展方式粗放的问题。重速度、轻质量；重规模、轻效益；重当前、轻长远的倾向虽已引起越来

越多的关注，但尚未得到根本改变。行业的快速发展仍以过多的资源消耗为代价，生产效率和经营效益与工业发达国家同行相比差距明显。行业投资强度大增，但外延扩张之风盛行、重复建设严重，产业集中度低、地区结构趋同，核心竞争力弱，生产效率和经济效益差，在国际分工中处于明显不利地位。

我国机械工业单位产出综合能耗与工业发达国家相比有较大差距，突出表现在热加工工艺环节上。例如，我国铸造行业每生产一吨铸铁件能耗为0.4~0.5t标准煤，国外先进水平为0.20~0.30t标准煤；我国锻造行业每吨锻件平均能耗约为0.88t标准煤，日本仅为0.52t标准煤；我国热处理行业平均每吨工件热处理能耗为660kW·h，美国、日本、欧盟等发达国家平均能耗在450kW·h以下；国产电炉炼钢平均每吨钢总能耗为800~1000kW·h，国外先进水平为550~600kW·h。

粗放的发展方式导致我国机械工业的经营效益偏低。我国机械工业增加值率在24%~26%，而发达国家在30%以上；销售收入利润率也只有6%左右。

上述状况表明，我国机械工业需改变观念，今后要把改变行业增长质量放在优先位置，将粗放式增长的方式转变到集约型增长的科学发展轨道上来。

二、面临形势

(一) 政策环境利于行业发展

进入新世纪以来，机械工业发展的政策环境非常有利。展望"十二五"，党中央关于制定国民经济"十二五"规划的建议已经昭示，这一有利的政策环境将继续保持并更加有利。

2006年2月，《国务院关于加快振兴装备制造业的若干意见》（8号文）的出台，与《国家中长期科学和技术发展规划纲要》及《实施科技规划纲要若干配套政策》相结合，"振兴"和"自主创新"两大政策取向相互促进、协同统一，使得以机械工业为主体的装备制造业进入了一个加快振兴的全新发展阶段。围绕两大政策取向，国务院各部委密切协作、深入研究，多领域、多角度的配套细化政策不断出台，装备自主化要求不断提升，重大技术装备研制和重大产业技术开发能力显著增强。

2009年，为应对全球金融危机冲击，刺激国内需求，国务院出台十大产业调整和振兴规划，装备制造业和汽车产业位列其中，凸显出机械工业在保持经济平稳较快增长方面的重要地位和作用，体现

了国家对于机械工业平稳较快健康发展的高度重视。

2010年12月的中央政治局会议明确提出以加快转变经济发展方式为主线,实施积极的财政政策和稳健的货币政策,增强宏观调控的针对性、灵活性、有效性,加快推进结构调整,大力加强自主创新,切实抓好节能减排,不断深化改革开放,着力保障和改善民生,巩固和扩大应对国际金融危机冲击成果,保持经济平稳较快发展,促进社会和谐稳定。这进一步为机械工业的转型升级指出了明确的方向。在国民经济不断升级的大背景下,各行业对装备自主创新的需求将更加迫切,这非常有利于机械产品需求结构的优化升级,将促使机械工业国内需求继续稳步回升,机械工业在国民经济中的地位必将进一步提升。

尤为令人振奋的是,党的十七届五中全会明确提出要培育和发展的七大战略性新兴产业中,机械工业就占了两个——高端装备制造业和新能源汽车,而且其他5个战略性新兴产业也都离不开机械工业的支撑。由此看来,机械工业在"十二五"期间的地位和作用只会更加提高,发展的政策环境只会更加有利。

还必须引起关注的是,作为"十二五"主要追求的"着力保障和改善民生"这一重大政策取向,非常有利于机械工业的发展。因为机械工业吸纳就业能力较强,从业人员人数超1700万;同时产业关联度较高,机械工业的快速、健康发展,能够带动其他关联产业的发展,促进国家"保障和改善民生"政策的落实。

(二) 需求变化要求产业升级

1. 内需形势

"十二五"时期,我国经济保持平稳较快发展的基本条件和长期向好的基本趋势不会改变,机械产品市场需求总量仍将保持持续增长,但毋庸讳言,需求增长速度将比前十年趋缓。尽管如此,由于宏观政策注重经济转型升级和科学发展,因此对机械产品品种、质量和水平的要求将受到更多关注。因此,"十二五"我国机械工业必须认清这一形势而加快行业自身的转型升级。

首先,重大技术装备升级势头强劲。电力、石化、冶金等国民经济重点领域的重点建设和技术改造将带来巨大需求。以电力装备为例,"十二五"期间发电设备装机要由2010年的9.3亿kW增加到2015年的14亿kW,5年新增4.5亿kW,年均9000万kW,加上改造老旧机组和出口机组,年均需求将超过1亿kW,大体可保持"十一五"的需求总量;

尤为值得关注的是其中核电、风电、水电等可再生能源和新能源设备的需求将有较大增加,特高压输变电设备将加快发展。大型石化和冶金矿山设备也将有新的发展需求。百万千瓦火电、百万千瓦核电、百万千瓦水电、千万吨级炼油、百万吨级乙烯、千万吨级煤炭、深海油气开采、大型天然气液化和长距离油气管道输送等重大工程建设将为装备制造业创造巨大的高端装备市场需求。

其次,在国家大力培育和发展战略性新兴产业的背景下,机械工业孕育新经济增长点的条件正在趋于成熟。随着节能环保产业、新一代信息技术产业、生物产业、新能源产业、新材料产业、航空航天产业、轨道交通产业、海洋资源开发产业、新能源汽车产业等新兴产业的崛起,必然提出大量新型设备需求,如余热余压利用装置、高效环保装置、新材料生产和加工设备、海洋工程设备、新能源设备、智能电网设备、新能源汽车及与之配套的新型电池、电机和电控装置等,为机械行业提供广阔的增长空间。

再次,传统的机械装备市场需求将保持稳定增长。在低端设备需求萎缩的同时,以节能减排为取向的产品升级将为量大面广的传统机械产品开辟新的发展空间。与此同时,由于我国仍处于大规模工业化和城镇化进程之中,我国辽阔的幅员和东中西部巨大的阶段性差异为经济发展提供了广阔的空间。因此,在相当长的一段时期内,工程机械、交通运输设备、通用机电设备等产品的需求将有望持续稳定增长。

最后,随着以改善民生为重点的社会建设的加快推进,随着"千亿斤粮食"增产工程的实施,与民生和农业相关的机械产品需求将会迸发。如各种轻工和纺织机械、安全应急救灾设备、现代化农业装备、农副产品加工机械、食品包装机械、医疗保健机械、先进印刷装备和民用节能监控仪表等产品的需求将迅猛增长。

2. 外需形势

总体来看,"十二五"时期全球经济仍在较大程度上受金融危机余波的影响。

从短期看,尽管国外主要经济体已经出现止跌企稳的迹象,但不确定因素仍然很多,全球经济的复苏将是一个缓慢曲折复杂的过程。受金融危机的影响,国际贸易保护主义倾向重新抬头,我国面临的贸易摩擦有明显加剧之势,这将对我国出口造成不利影响。同时,金融危机造成经济增速下降,失业率增长,对人们消费习惯产生不利影响。在两者同时作用下，短期内我国机械产品的外需增长空间未可乐观。

从长期看，金融危机已促使各国的政策调整，尤其是发达国家正更加注重制造业等实体经济的发展，这将会对全球现有的产业分工格局造成重大影响。如美国提出了以重振制造业为核心的"再工业化"的新思路和措施，试图在新能源、新材料、航空航天等新兴领域抢占未来发展的制高点。这种趋势会加剧我国在高端装备领域的竞争压力。

与此同时，全球技术革新步伐加快和新兴产业崛起将会刺激机械产品技术和工艺技术的创新，从而可能为我国提供新的学习契机。

由于我国机械工业具有明显的国际比较优势，发展中国家不能生产的，我们能生产；发达国家才能生产的，多数情况下我们可以更便宜地生产。因此，尽管"十二五"期间我国机械工业以满足内需为主，但出口量仍将不以人的意志为转移地不断增长。随着出口的扩大、外资的进入、技术的引进，机械工业的外向型程度将继续提高。在此过程中，外部需求也将促进机械工业产品质量的提高和水平升级。

（三）能源资源约束更趋强化

能源、资源和环境安全问题是国际社会关注的焦点。金融危机后，美元持续疲软，带动能源和大宗商品价格大幅波动，能源、资源和环境安全受到各国政府的高度重视，新能源、节能减排、碳排放控制渐渐成为国际社会的热门话语。

我国现已成为世界最大的能源消耗国，为了承担应有的国际义务，我国政府已初步决定，"十二五"期间非化石能源占一次能源消费的比重要由2010年的8%，提高到2015年的11%以上；单位GDP能源消耗在5年中一共要降低16%；2015年全国能源消耗要控制在40亿t标准煤以内，也就是说要以5%的能源年增长率支撑7%的经济年增长率。这是一个非常艰巨的任务，要求装备水平大幅提高。

目前，我国能源结构和利用效率问题都很严重。随着经济连续多年的持续快速增长，城镇化步伐不断加快，我国能源需求将不断提高，供需矛盾日益突出。与此同时，我国经济中存在的高耗能、高污染、高消耗问题，加剧了能源、资源的供需矛盾和环境压力。要改变这种现状，既要提高我国能源和资源利用效率，又要提高经济增长质量，降低单位能耗，采取低碳发展战略。这些都要求先进机械装备的支撑，从而也必然会促进机械产品的结构调整和升级。

从机械工业目前的现状看，无论是所生产的产品，还是自身的生产过程，都与国民经济的上述要求相距甚远。目前，机械产品的工作效率、钢材利用率和环保性能普遍低于国际先进水平，这种粗放式的发展模式不仅无法支撑国民经济的转型升级，而且也不能适应开放环境下市场竞争的形势，无法保障行业的可持续发展。

（四）行业瓶颈凸现呼唤转型

发展瓶颈之一是需求形势的变化。展望"十二五"，实物产品需求虽仍有增长，但此前高速增长的势头将逐渐趋缓，从而单靠它难以继续支撑行业快速发展；瓶颈之二是供给的变化。无论是中国还是世界，能源、资源和环境的约束正日益强化，今后无法继续靠高消耗去实现高增长。上述两点是客观条件的变化，这些大趋势不可回避，必须正视。与此同时，自主创新能力薄弱，不能有效地支撑产品的升级；基础发展滞后，制约主机的发展；产能过剩严重，加剧市场无序竞争和恶性价格竞争；高素质人才资源不足，难以保障行业健康发展。这些矛盾都因需求和供给形势的客观变化而激化，但都可以通过主观努力去解决或缓解。

面对上述瓶颈约束，"十二五"机械工业必须加快发展方式的转变，由过度依赖于消耗能源、资源和增加环境成本转向更多地依靠技术创新、管理创新和劳动者素质提高实现增长。生产模式努力向节能减排、绿色制造转变；产品结构努力向高端产品升级，产业技术向与信息技术等新技术的深度融合方向转变；商业模式从卖产品向卖服务方向转变；驱动模式从投资拉动向内涵驱动转变；增长点从传统产业向新兴产业方向转变。为此今后行业发展要由专注于产能扩张转向更为重视提高产品水平、质量以及品牌形象，更为重视提升人员素质和更新经营理念；由专注于有形产品的传统制造转向更为重视发展现代制造服务业，延伸产业链，增大附加值；由专注于对厂房、设备等"硬"件的投入，转向更为重视提高研发、管理、人才等"软"实力的投入。

三、指导思想和发展目标

（一）指导思想

全面贯彻党的十七届五中全会精神，深入贯彻落实科学发展观，坚持以转变发展方式为主线，实现转型升级为方向，积极推进机械工业产业结构调整和优化，按照"主攻高端、创新驱动、强化基础、两化融合、绿色为先"的总体要求，努力提高发展质量和效益，加快实现全行业由大到强的战略目标。

转变发展方式就是要实现产品结构由中低端向中高端转变,企业质态由"小而弱"向"大而强"转变,制造方式由产品为主导的实物产品加工制造向服务为主导的现代制造服务转变,发展动力由投资驱动向创新驱动转变,从而使行业发展由数量规模型向质量效益型转变。

"主攻高端、创新驱动、强化基础、两化融合、绿色为先"就是要着力发展高端装备、新能源汽车等战略性新兴产业,推进传统产业高端化、高新技术产业化;着力加强自主创新,加快形成高水平的自主技术、标准和品牌,提高自主创新对产业升级的支撑力;着力夯实产业基础,加强基础技术和工艺的研究,尽快实现关键零部件自主化,促进装备国产化进程向纵深发展;着力推进信息化与工业化的融合,促进信息技术在机械产品中的深度应用,提升机械企业核心竞争力,提升装备制造业整体素质;着力推行绿色制造,千方百计降低单位产出的能源和资源消耗,大力发展节能产品,增强可持续发展能力。

(二)发展战略

1. 主攻高端战略

一是主攻高技术产品,围绕国家重点工程、重点领域和战略性新兴产业的需求,依托国家战略性新兴产业创新发展工程,加快发展目前严重依赖于进口的高端机械产品,将以前"吃不了"的需求变成"十二五"的增长空间。

二是致力于传统产品向精品的升级。传统产品只要做成精品,同样可以成为高附加值商品。"十二五"要大力培育全行业的精品意识,大力加强质量管理和产品形象设计,解决传统产品"做不好"、"不做好"的痼疾,提升中国机械产品在国际国内市场上的形象。

三是力促产业结构高端化。在组织结构方面,要鼓励优势企业兼并重组,做大做强,提高产业集中度;同时还要因势利导,发展以中小企业为主的各具特色和优势的产业集聚区,构建支撑大企业成长的优质配套协作体系。在产业结构方面,要加快发展现代制造服务业,推动机械工业产业结构调整升级。在市场结构等方面,不但要抓扩大内需的机遇,而且要积极扩大国际市场份额,致力于出口市场的多元化,推进国际市场地位的升级;不但要加快"走出去",而且还要努力"引进来";要抓住一切可能的机遇,引进国际市场可以为我所用的技术和人才资源,为我"主攻高端"尽快取得突破提供助力。

2. 创新驱动战略

"十二五"机械工业必须从过度依赖于能源、资源等要素投入驱动发展,转向更多地依赖于科技创新、体制机制管理创新和人员素质提高驱动发展,这是"主攻高端"能否成功的关键。随着我国机械工业与发达国家同行竞争的日渐加剧,某些国外同行对我防范心理日重,向我转让技术已越来越保守,有的甚至以不正当手段阻遏我发展。在"十二五"加快缩小与国际先进水平差距、攀登世界高峰的征程中,全行业必须更加重视自主创新,加大自主创新对行业发展的支撑力。

实现"创新驱动"不仅需要加大对产品研发的投入,更重要的是加强行业创新体系的建设,加强对创新人才和创新能力的培育。此外,根据诸多国产化依托工程的成功经验,还要特别注意争取用户和政府主管部门的支持,以更多更好地落实自主创新的市场条件。

3. 强化基础战略

改革开放以后,机械工业在许多主机国产化的进程中,实行了先在世界范围内采购关键零部件和材料,系统集成以满足用户需求的"逆向发展"战略。这一战略成就了主机产业的高速成长。但随着高端主机产业规模的迅速发展,无论是进口零部件的价格、数量、水平,还是交货期,都已感受到国际竞争伙伴越来越强烈的有意制约,有的已影响到产业安全,因此必须加紧解决。同时,众多主机行业的高速发展也已为我国高端零部件的自主产业成长培育了需求条件,而日渐壮大的行业实力,也已为强化基础所需的巨额投入提供了资金可能。再则,国际金融危机的发生也为我寻求相关技术资源提供了机遇。总之,"十二五"机械工业必须千方百计地强化基础件、基础技术、基础工艺等机械工业的共性基础领域。在加强基础的问题上,要打破原有行业分割,主机行业与零部件行业要发挥各自优势,相互支持和配合,全力推进。

4. 两化融合战略

信息化和工业化的融合是主攻高端、强化基础的有力保障,也是机械工业转变发展方式的重要途径。"两化融合"不仅在于将信息技术融入机械产品之中,加快机械产品向数字化、智能化发展,实现传统机械产品功能的提升和可靠性的提高;也不仅在于将信息技术应用于机械企业的经营管理,使研发、生产和企业管理向信息化、自动化、网络化发展,大幅度改善企业的经营管理水平;"两化融合"的深度推进更在于可以促进新发展理念的建立,促进研发能力、产品水平、市场模式、服务体系等方面的创新，提升研发设计、加工制造、企业管理及营销服务的效率和效益。因此，"两化融合"是"十二五"加快行业由大变强进程的重要抓手。

5. 绿色为先战略

"绿色为先"主要有两方面要求：一是节能减排和环境友好要成为"十二五"期间机械工业自身生产过程必须高度重视的基本要求。尤其是作为机械工业中高耗能环节的热加工企业更要重视节能减排和环境友好。鉴于机械工业是钢材的主要使用大户，而钢铁制造业属于高耗能和高污染的重点行业，因此节约钢材要作为机械工业为全社会节能减排作贡献的间接节能的关键举措在全行业大力提倡。二是"十二五''机械工业要积极发展高效节能产品，大力发展新能源装备，为各行各业用户的节能降耗减排提供先进装备；同时机械产品的设计和制造要更加关注体现全生命周期的绿色理念。"高效、低污染、能回收、资源可重复利用"等因素必须置于优先位置。要发展机械产品再制造，坚持走绿色制造和循环经济的新型工业化道路。这不仅是打破发达国家正在策划构建的绿色壁垒的需要，也是保障我国机械工业自身长远利益的需要。

（三）发展目标

1. 2015 年发展目标

根据我国机械工业产业结构调整和升级、实现"由大到强"转变的总体要求，力争到"十二五"末实现以下目标：

一是保持平稳健康发展：

始终把发展的质量和效益放在首位，保持平稳、协调、健康发展。工业总产值、工业增加值、主营业务收入年均增长速度保持在 12% 左右，出口创汇年均增长 15% 左右。

经济效益逐步提高，利润增长争取略高于产销增速，总资产贡献率达到 15% 左右，全员劳动生产率（按工业增加值计）达到 25 万元/人年左右，主营业务收入利润率达到 7.5% 左右，工业增加值率达到 28% 左右。

二是产业向高端升级有所突破：

产业结构向高端提升，现代制造服务业比重明显上升，机械百强企业现代制造服务业收入占主营业务收入的比重达到 25% 左右。

高端装备增长要高于全行业平均增长速度一倍以上，高端装备的国内市场占有率要有明显提升。

组织结构进一步优化。机械百强企业的生产集中度达到 20% 左右，汽车前五强企业的生产集中度

达到 80% 左右。出现一批具有国际影响力、进入世界 500 强的大型企业；形成一批具有较强国际竞争力的"专精特"中小企业产业集聚区。

三是自主创新能力明显增强：

大中型企业 R&D 经费占主营业务收入比重达到 2.5% 左右。掌握一批重大产品的核心技术，重大技术装备的设计和技术水平明显提升，科技重大专项取得重大阶段性成果。

新产品产值率提高到 25% 左右，专利数量和质量大幅提升。

产品国际竞争力显著提高，进出口贸易平衡有余；出口产品结构升级，高技术、高附加值产品所占比重明显上升。

基本建成布局合理、机制灵活、功能明确并具有良好互动效应的行业技术开发、标准和质量工作的工作体系，完善科技成果转化与推广技术服务体系。

四是产业基础初步夯实：

基础严重滞后于主机发展的局面初步改变。高档数控机床和基础制造装备过度进口的状况有所改观，国产高档测试仪器和自动化、智能化控制系统的国内市场满足率明显提高，制约高端装备发展的关键零部件的瓶颈环节有所缓解，数控机床中的数控系统和功能部件、液压挖掘机配套的液压系统、风电设备配套的关键轴承等国产化取得重大突破。

基础工艺技术水平明显提升，核心技术和关键工艺取得突破并实现批量生产，核电装备等所需的高端大型铸锻件初步实现国产化。

五是两化融合水平显著提高：

优化研发设计流程，推进设计仿真和优化，建立协同创新和集成创新平台，构建数字化研发设计体系。

提高企业制造过程信息化水平，提高产品制造加工质量和精度。

深化信息技术在机械产品中的渗透融合，推动产品的自动化、智能化、数字化，提高产品信息技术含量和附加值。

培育一批企业实现全业务流程环节信息化的协同集成。

六是推进绿色制造：

机械工业万元工业增加值综合能耗由 2009 年的 0.425t 标煤下降到 2015 年的 0.31t 标煤左右，年均下降 5.9%。

大力发展节能机电设备，量大面广的通用机电产品设计效率大幅提升，如中小电机达到 95%，风

机达到92%~95%，泵达到87%~92%，气体压缩机达到85%~90%。内燃机油耗要降低10%，排放要达到国际先进水平。

2. 2020年发展目标

我国机械工业步入世界强国之列，在国际竞争中处于优势地位，主要标志为：主要产品的国际市场占有率处于世界前三位；基本掌握了主导产品的核心技术，拥有一批具有自主知识产权的关键产品和知名品牌；重点行业的排头兵企业进入世界前三强之列。

四、重点任务

（一）做好六大重点工作

1. 促进发展方式转变

（1）发展现代制造服务业，实现由生产型制造向服务型制造转变

实施"发展现代制造服务业示范工程"，率先实现由生产型企业向"生产型+服务型"企业转变；发展从事系统集成和设备成套的集成商，培育具有工程总承包能力的工程公司；实施供应链管理优化，推进精益生产；建设区域物流配送中心；发展老设备的维修、改造服务，培育再制造产业；推广工程机械企业融资租赁模式和经验，鼓励有条件的企业；延伸扩展研发、设计、信息化服务等业务，为其他企业提供社会化服务。

（2）推进节能降耗减排，由传统制造向绿色制造转变

推广先进制造技术和清洁生产方式，提高材料利用率和生产效率，降低能源和原材料消耗，减少污染和废弃物排放，鼓励废旧物资再利用；整合区域内（市、省以及省际间）铸造、锻造、焊接、热处理、表面处理等基础工艺能力，建设专业化基础工艺中心。

（3）积极推行信息化和工业化的深度融合，改造提升传统产业

利用信息技术等新技术改造提升传统产业，不断提高各类装备的自动化、数字化、智能化水平；将信息技术融入到研发、设计、生产、流通、管理各环节，着力推动工业化和信息化的深度融合，提高产业核心竞争力。

选择一批重要装备为示范，积极应用嵌入式技术、传感技术、软件技术、网络技术等，实现信息技术与机械技术的深度融合，使这些装备的功能和性能大幅度提高。同时在企业大力推进设计制造数字化、制造过程智能化、管理网络化。

（4）加快企业兼并重组，提升产业集中度

支持行业中优势企业兼并重组其他企业，鼓励优势互补企业强强联合，鼓励关联企业重组和一体化经营，积极稳妥地推进优势企业境外并购；鼓励业内科贸型央企兼并重组制造企业，发展装备制造业，逐步形成具有工程总承包、系统集成、国际贸易和融资能力的大型企业集团；加大中央企业的重组调整力度，推进中央企业与地方企业的兼并重组；大力推行专业化重组，提高专业化生产水平，促进企业核心竞争力提升。

2. 优化调整产品结构

（1）大力推进高端装备自主化

高度重视我国国防工业、能源工业、战略性新兴产业等重点领域所需的高端装备的自主创新，努力填补我国在高端装备制造业的空白，推进重大技术装备和高端装备自主化，助推我国机械产品结构升级。

（2）突破关键基础零部件瓶颈约束

着力解决我国关键基础零部件发展滞后的问题，大力推进关键基础零部件和基础工艺的发展，摆脱高档、关键基础零部件受制于人的被动局面，满足主机及设备成套发展的需要，有力支撑重大成套装备及高技术装备的自主化。

（3）抑制产能盲目扩张势头

充分认识我国机械工业低端产能严重过剩的危害性，调整存量、优化增量，抑制盲目发展势头，淘汰落后产能，把有限的资源引导和集中配置到行业发展的薄弱环节上。

警惕部分高端产品产能的盲目扩张，防止出现过度重复建设，避免因区域产能结构趋同造成新的产能过剩，从宏观角度加强协调，保持总量供需平衡。

3. 增强自主创新能力

（1）协助有关部门实施科技重大专项

集中力量实施科技重大专项，加快重大关键技术攻关和重大技术装备集成创新。做好顶层设计，合理布局，创新重大专项运行机制，突破"高档数控机床与基础制造装备"、"大型先进压水堆和高温气冷堆核电站"、"智能制造装备"等领域重大专项的关键技术，推进产业结构优化升级。

（2）推进产品数字化和企业信息化

以在产品中嵌入信息技术，实现生产装备和产品的数字化、智能化为重点，积极发展数字化制造和信息化管理。以电子专用设备、工程机械、印刷机械、纺织机械等产品为重点，建立数字化产品开

发的技术平台，突破产品数字化共性关键技术，提升产品技术水平。

（3）继续推进行业科技创新体系建设

在充分发挥国家级科技创新机构作用的基础上，进一步加强机械行业工程技术研究中心和重点实验室的建设，完善布局，形成覆盖机械工业主要行业和重点领域的行业科技创新体系的构架，逐步建立起一套能够充分发挥各自优势的、相互协调的、产学研相结合的科技开发和技术创新的机制和体制；加强企业技术中心的建设工作，完善科研设施，加强人才培养，提升企业的自主创新能力和核心竞争力。

（4）加强行业基础共性技术研究

利用现有基础，特别是已改制研究所的优势资源，围绕重点产业，分离、重组或新建一批从事产业共性技术研发和转化的公益性研究机构。针对我国机械工业发展中的前沿性技术、关键基础技术以及行业共性技术创新能力弱化，基础共性技术和源头创新技术的载体缺失的问题，充分发挥国家重点实验室、国家工程技术研究中心以及行业重点实验室与工程技术研究中心等创新机构的作用，采取有效措施，加强行业共性技术的研究与投入，整合产、学、研、用各方力量，团结协作，满足机械工业自主创新的需要。

（5）完善和提高产品标准体系

加快制（修）订机械产品技术标准，提高通用型标准水平，发展个性化标准，促进新技术、新工艺、新设备、新材料的推广应用，淘汰落后产品。跟踪国际先进技术发展趋势，注重与国际标准接轨，积极参与国际标准制（修）订工作，争取扩大国际标准工作中的话语权，促进自主创新产品进入国际市场。

4. 加强质量品牌建设

（1）大力提升机械产品质量

提高企业质量意识，加强产品质量建设，制定质量工作规划，推广先进质量管理方法，大力提升机械产品质量。

争取有关部门支持，组织实施一批以创新品种、提高质量为目标的技术改造和技术创新项目；优先安排新产品开发、产品共性质量问题攻关、提高实物质量水平和增加产品知识产权含量等相关项目，重点支持一批企业采用新技术、新材料、新设备、新工艺，实现产品的升级换代和质量提升；引导企业加大技术改造、技术创新项目投入，全面提升生产装备、工艺和质量检测控制水平。

（2）建立和完善产品质量标准体系

建立和完善产品质量标准体系，强化产品合格认定，推进全员、全过程、全方位质量管理体系和质量诚信体系的建设，提升机械产品质量水平。

鼓励和支持企业在质量、安全、低碳等方面采用国际标准和国外先进标准，提高先进标准的采标率。引导企业按照国际标准建立健全企业标准体系，树立一批标准化试点示范企业，推动机械工业企业质量和标准化建设工作。

（3）实施精品工程，树立优良品牌形象

切实加强对品牌建设工作的组织引导，完善鼓励实施精品工程的政策措施，为自主品牌的成长创造良好的政策环境和社会环境；积极引导企业增强品牌意识，加强品牌建设，提升品牌层次，不断扩大品牌影响力；鼓励企业加大技术研发投入，积极开发具有自主知识产权的新技术、新产品，增强品牌发展潜力和后劲。

5. 培育发展新兴产业

满足国家"转变发展方式，调整产业结构，改善民生，推进改革开放"的需要，抓住培育节能环保、新一代信息技术、生物、高端装备制造、新能源、新材料、新能源汽车等战略性新兴产业的契机，大力发展高档数控机床和基础制造装备、高档基础零部件、新能源设备、新能源汽车、节能环保设备、海洋工程装备、现代农业装备、工业机器人、现代制造服务和再制造等新增长点。

6. 提高国际合作水平

利用境外资源和市场，提高机械工业国际合作水平。充分吸收借鉴境外先进管理经验，有选择地引进先进技术，积极引进科技人才和战略合作者，为海外专业技术人才回国工作创造良好条件，提高我国机械工业技术水平。

围绕提升竞争力、优化资源配置、扩大市场份额等，大力扩大国际间的合作，支持有条件的企业兼并重组境外企业和研发机构，鼓励有条件的企业在境外投资建厂，充分利用境外资源和市场。

稳定和扩大装备产品出口，推动出口退税政策修改完善，鼓励金融机构增加出口信贷资金投放，支持国内企业承揽国外重大工程，带动成套设备和施工机械出口，提高出口产品技术含量、附加值和成套水平。

（二）主攻5个重点领域

1. 高端装备产品

（1）先进高效电力设备

根据电力结构优化的要求，大力发展高参数、大容量超临界/超超临界火电设备，大型燃气轮机，整体煤气化联合循环设备（IGCC）等火电设备，全面掌握具有自主知识产权的超超临界60万kW和100万kW等级机组设计、制造和运行技术，大型超临界循环流化床锅炉、100万kW空冷系统设计和设备制造技术、大型IGCC机组设计集成技术和煤气化、煤气高温净化等关键技术，E级和F级燃气轮机核心部件的核心制造技术，实现关键型号燃气轮机自主设计制造。大力发展高效、高参数水轮发电机组（100万千瓦级混流式、6MW级灯泡贯流式、大型冲击式等）和抽水蓄能机组。

根据建设坚强智能电网的要求，进一步完善特高压交流及直流输变电关键设备制造技术，提高自主化水平和生产能力，满足大电网发展要求，重点解决大容量、灵活输电和新型输电技术，高海拔、高寒等复杂环境下特高压交直流输电技术，紧凑型和同塔多回线路技术对相关设备的新要求；实现1000kV交流及±800kV直流特高压技术设备升级；研发±1100kV直流输电关键技术和设备、电网灾变防治和先进电网调度控制技术、大规模间歇式电源并网技术、大规模储能关键技术与核心设备。

（2）大型石化设备

发展2000万t级炼油装备、120万t级乙烯装备、200万t级对苯二甲酸（PTA）装置、大型化肥装置、大型煤化工装置等成套设备；发展大型天然气液化设备、石油和天然气长距离集输关键技术装备。

（3）大型冶金及矿山设备

发展大型薄宽钢带冷、热连轧成套设备、1000万t/年及以上井下煤矿综采成套设备、2000万t/年及以上大型露天矿成套设备、1000万t/年及以上大型煤炭洗选成套设备。

（4）现代化农业装备

大力发展保障粮棉油糖增产的大马力拖拉机、收割机等高效技术装备，开发纤维类、块茎类、油料作物和糖料作物生产及收获所需关键装备；保障农业可持续发展和节能环保的装备，开发节能环保型农用动力机械、保护性耕作机械装备、种肥药精准施用装备、农作物秸秆储运机械、新型节水装备；发展促进农业结构调整需要的装备，发展草饲料的收、捆和运输装备；发展农产品初加工和精深加工及现代物流成套设备，茶叶加工机械，农产品在线检测控制设备；发展农机数字化、自动化与智能化技术，提高拖拉机、联合收割机、播种机、植保机械、节水设备等系统控制水平和智能水平，改造和

提升农机关键零部件绿色制造能力和自动化制造、柔性装配与检测能力。

（5）高效低排放内燃机

重点开展高效洁净内燃机技术开发，代用燃料发动机系统匹配、高稳定性燃料制取技术研究，电控柴油机总体设计匹配技术与设计平台开发，高压共轨燃油喷射系统、排气后处理系统与发动机的匹配研究，气体燃料燃烧喷射组织技术及其控制系统的开发，燃油系统、汽油机直喷技术及符合国Ⅲ排放以上标准的高水平柴油机的研制开发；点燃式内燃机缸内直喷燃烧技术和压燃式内燃机均质燃烧技术的研究，现代内燃机控制技术的研究，压燃式内燃机供油系统对降低油耗与排放指标的应用研究，内燃机增压系统支撑主机节能减排技术研究，内燃机排气后处理系统应用条件、范围及效果研究，内燃机低摩擦技术和高密封技术的研究等。

（6）数字化、智能化仪器仪表和自动控制系统

重点发展高精度、高稳定性、数字化、智能化压力、流量、物位、成分检测仪表与高可靠智能化执行器，智能电网先进量测仪器仪表（AMl）；质谱仪器、色谱仪器、光谱仪器及联用仪器、材料测试和无损探伤仪器；百万吨乙烯装置/千万吨炼油/百万千瓦级火电机组/百万千瓦级核电机组及新能源装备等智能控制系统；城市轨道交通智能控制系统；智能化高端可编程控制系统和专用控制系统；供热及油气管网智能控制系统等。

2. 新兴产业装备

（1）新能源汽车

重点发展插电式混合动力汽车、纯电动汽车、燃料电池汽车技术。建设插电式混合动力汽车大规模商业化示范工程，建设纯电动汽车研发及产业化应用工程。

新能源汽车初步实现产业化。动力电池、电机、电控等关键零部件核心技术实现自主化，纯电动汽车和插电式混合动力汽车累计产销量达到50万辆以上，初步形成与市场规模相适应的充电设施体系。动力电池模块比能量达到150W·h/kg以上，成本降低至2元/W·h，循环寿命稳定达到2000次或10年以上，电驱动系统功率密度达到2.5kW/kg，成本降至200元/kW。

（2）新能源发电设备

核电：重点研制百万千瓦级先进压水堆核电装备和高温气冷堆核电装备，尤其要在核电压力容器、蒸汽发生器、控制棒驱动机构、稳压器、堆内构件、核级泵阀、应急柴油机、安全控制系统及仪表核燃

料后处理设备、放射性废物处理和处置技术装备等关键领域获得重大突破，努力实现国产化。

风电：大力发展高参数、高可靠性兆瓦级以上大型风电设备，掌握机组成套设计技术以及试验技术标准与规范；重点实现变频控制系统、高效高可靠性发电机、风电轴承、齿轮增速器、碳纤维叶片等关键零部件的国产化。

其他高效清洁发电设备：重点发展太阳能发电设备、垃圾焚烧发电设备、生物质能发电设备、海洋潮汐发电设备等高效清洁发电设备。

（3）智能电网设备

重点研制完善用于风电及光伏发电接入的大功率变流器和控制器、无功补偿装置、有源滤波装置、可控串联补偿器、大功率变频装置等新能源接入与控制、电力电子应用及核心器件；重点研制开发包括数字变压器、数字互感器、数字电抗器、智能开关设备等在内的110kV及以上智能变电站系统；重点发展智能电表、智能电器、电动车辆充电装置等智能配电、用电设备；重点研制完善巨型储能设备。

（4）高档数控机床及精密加工设备

重点开发面向机床制造业的高精度、智能化、复合化工作母机、高性能数控系统和关键功能部件。重点发展面向航空航天、船舶、发电设备制造业需要的重型、超重型数控加工机床，多轴联动及复合加工机床，高速及高效加工机床，大型、精密数控机床等。开发面向汽车及关键零部件制造所需要的高效、高可靠性、柔性自动化生产线等。发展超精密加工技术、装备以及检测技术。重点开发高性能数控系统，开展面向高性能数控装备的典型应用和示范。重点开发高速高精度主轴单元、动力刀架、高速换刀机构、高速/精密/重载滚珠丝杠及直线导轨等关键功能部件。

大力发展新兴产业所需的精密加工设备，如集成电路制造设备、整机高效装联设备、太阳能硅片切片设备、新型功能材料制备设备、先进结构材料冶炼加工设备、动力电池制造设备、快速充电设备等。

（5）智能印刷设备

重点发展高端数字喷墨印刷机、热敏及UV直接制版装备（CTP）、数字化网络化高端单张纸多色平版印刷装备、环保型卫星式卷筒料柔性版印刷装备、高速无轴多色凹版卷筒料印刷装备等智能化印刷技术装备。

（6）海洋工程装备

重点围绕深水油气田的勘探、钻井、开发、加工、储存、运输、服务和后勤等方面，加快研制深水高性能物探船、深水工程勘察船、深水半潜式钻井平台、深水钻井船、深水半潜式起重铺管船、深水浮式生产储卸装置（FPSO）、深水半潜式生产平台、浮式液化天然气生产储卸装置（LNG-FPSO）等装备，致力于上述装备的核心设备自主化，初步形成我国自主开发深水油气资源的装备体系。

（7）工业机器人与专用机器人

重点发展具有视觉、触觉、力觉的智能化新一代工业机器人技术、多机器人协调作业技术，围绕汽车、物流及消防救援等特种需要，发展焊接、涂装、钻铆、搬运、装配等工业机器人及安全防护、深海作业、灾害救援、医疗保健、家庭服务等专用机器人。

（8）大型智能工程建设机械

重点发展机重30t及以上液压挖掘机；320马力及以上推土机；10t及以上液压式振动压路机；300t及以上履带式起重机；100t及以上全路面起重机；大型全断面隧道掘进机；500t及以上架桥设备（含架桥车、运梁车、提梁机等）；核电PMC燃料装卸与贮运系统；第三代核电站用环形起重机、直径2000mm及以上旋挖钻机、大吨位叉车等。

（9）节能环保设备

依托国家重大节能改造工程，发展锅炉窑炉、电机及拖动、余热余压利用、节能监测等领域的高效节能技术和装备，实现重点耗能行业余热余压余能基本得到利用，变频调速、无功补偿、能源梯级利用等一批节能新技术得到推广。依托国家城市生活垃圾处理示范工程，重点发展生活垃圾分选、填埋、清洁焚烧和垃圾资源综合利用装备。依托重点流域治理及工业污染治理工程，重点发展300MW以上燃煤机组SCR脱硝技术装备及催化剂、钢铁烧结烟气多组分污染物脱除技术装备、工业有毒有害气体净化技术装备等大气污染防治设备，中小城镇一体化污水处理装置、高浓度工业有机废水处理装置等城市及工业污水污泥处理设备，工业有毒有害废弃物净化技术装备、核废料处理装置等危险固体废弃物的处置技术及装备；环境在线监测仪器仪表等环保设备。围绕"城市矿产"工程，发展废旧汽车、家电、机电设备等产品中的钢铁、有色金属、塑料等高效智能破碎、分选设备。围绕公共安全事件处理，重点发展有毒有害液体快速吸纳处理技术装备、移动式快速饮用水净化装置、移动式医疗垃圾快速处理装置、海上溢油处理技术装备等环保应急装备。

3. 民生用机械装备

（1）安全应急救灾设备

积极发展灾害预测、检测技术与设备，灾害救助技术与设备和安全防护技术与设备。重点发展应急指挥调度平台、救援应急指挥系统、仓储车、指挥车、宿营车、医疗急救车、卫生防疫车、排烟设备、水处理设备、应急供油设备、应急供电设备、应急供水设备、各类环保应急设备等应急保障设备，起重支撑设备、破拆工具、大型挖掘机等应急工程抢险设备，照明设备、热成像仪、空气呼吸器、搜救设备、救生器材、救援音视频监控系统、生命探测仪等应急救援设备。

（2）医疗设备

以紧缺的大中型医疗器械的综合开发为重点，带动相关学科整合与技术集成；以重大产品为目标，通过关键部件和核心技术的突破，实现医疗设备整机和系统的全面升级。重点发展分析仪器、生物反应器、药品生产线等生物制药设备；数字化医疗设备、医院信息化设备、用于医疗的微型机器人及针对老年人及病人生活自理需要的服务机器人、远程健康诊断系统、家庭医疗智能系统等生命健康和医疗诊断设备。

（3）消费品现代化生产和流通的"完整解决方案"

适应食品深加工、药品生产、清洁用品及化妆用品、儿童及老人用品等快速发展的新形势，积极为上述领域的现代化生产加工、商品标识及包装过程研发提供"完整解决方案"或定制"个性化解决方案"。如年产20万t及以上玉米深加工及综合利用成套设备，年产10万t及以上大豆深加工成套设备，高效高性能玻璃瓶清洗、检测成套设备，食品、饮料、烟草、药品二次包装成套设备等。

积极发展与商品流通相关的超市、仓储等物流设备，如高效率、专业化、自动化立体仓库系统，机场行李自动分拣系统和集装箱全自动装卸系统等。

（4）现代文办设备

重点发展单镜头反光数码相机、数码立体相机、数码照片打印设备、高档数码相框等数码照相设备；数字多功能复合机、大幅面彩色数字（扫描、打印、复印）一体机、自动扫描制版打印一体化速印机、大中型碎纸机等办公设备；高分辨率胶片扫描仪、胶片输出记录仪、2K、4K数字电影放映成套设备；对媒体投影机、多媒体数字展示台、多媒体语言教学系统、多媒体网络教学系统、低能耗高亮度新型投影机、电子白板式投影机、数码电子白板等现代电化教育设备；为"数字图书馆"、"数字档案馆"、"数字医院"、"远程医疗服务网络"、"文档异质备份"等提供的成套设备服务；数字多功能清分机、

动态伪钞鉴别仪、新型柜员机、彩色双面高速扫描仪、全新企业级数据中心解决方案、银行黄金交易管理系统等金融货币专用设备。

4. 关键基础产品

（1）大型及精密铸锻件

重点发展百万千瓦及以上核电设备铸锻件，百万千瓦及以上超临界/超超临界火电机组铸锻件，70万kW及以上大型混流式水轮机组铸锻件，2MW及以上风电机组铸锻件和大型航空整体模锻件，石油化工、煤化工重型容器锻件，冷热连轧机铸锻件，大型船用曲轴、螺旋桨轴锻件，大型轴承圈锻件等。

大力发展高质量、高性能的精密铸件，如高性能汽车桥壳一体化整体铸造；高压柱塞泵、马达、液压阀、液压缸、液力变速器、大功率液力耦合器等液压铸件等。通过实施装备制造创新发展工程，重点对铸造装备及铸造核心技术和系统的研发，形成自主研发设计能力，摆脱对国外技术的依赖，以创新推动产业发展，初步形成我国自主开发体系。

（2）关键基础零部件

重点发展大功率、高性能电力电子器件及变频调速系统，大型、高速、精密轴承，高性能、高可靠性液压元件及系统，大型、高参数（长寿命、高可靠、耐高温、高压、腐蚀和辐射）密封件，大功率高可靠齿轮及链条传动装置，轿车自动变速箱，高强度紧固件，高可靠性及智能型低压电器，中高档传感元器件等高端基础零部件。

其中：

大功率、高性能电力电子器件及变频调速系统重点发展大功率牵引用变频调速设备；清洁发电用变频调速设备；特殊调速用变频调速设备。

大型、精密、高速轴承重点发展核级泵用轴承；大飞机轴承；高档数控机床轴承和电主轴；时速250~350km高速动车组轴承；轴重30t重载货车轴承；大功率电力机车（9600kW）、内燃机车（6000马力）轴承；使用寿命25万km轿车轴承、50万km载重汽车轴承；森吉米尔轧机轴承；连铸连轧线扇形段轴承；使用寿命5000h高可靠性盾构机轴承；千万吨级煤炭井下综采设备轴承；300t及以上液压履带式起重机轴承；12000m深井石油钻机轴承；高速度、耐高温、长寿命、高可靠性化纤设备轴承等。

高性能、高可靠性液压件及系统重点发展工程机械、大型金属成型机床、高速动车等用31.5兆帕以上高压液压元件；自动化设备用高性能电液伺服比例元件；工程机械和轿车用新型液力传动装置；智能化阀岛、智能定位气动执行系统。

大型、高参数密封件重点发展大型压缩机和泵用高可靠性机械密封装置；重大装备橡塑密封件；工程机械用高性能密封件；核电站用机械和柔性石墨密封装置；高性能非接触式机械密封等。

高速、精密、重载齿轮链条传动装置重点发展汽车（包括新能源汽车）自动变速器；汽车CVT无级变速器链条；汽车发动机正时链系统；高速列车齿轮转动装置；轨道交通盘式制动器和联轴器；风电齿轮箱和联轴器；核电齿轮箱；大功率船用齿轮箱；海洋平台动力传动装置；大功率掘进机齿轮传动装置；大功率采煤机减速箱。

高强度紧固件重点发展发动机螺钉（连杆螺钉、缸盖螺钉、飞轮螺钉）；风力发电配套螺栓；核电专用紧固件；高速铁路配套扣件系统；飞机及航天专用紧固件。

高可靠性及智能型低压电器重点发展第四代低压电器产品，用户端智能电器，智能电网和用户侧智能网络配电与控制系统。

中高档传感元器件重点发展高可靠性力敏、磁敏、光敏传感器和半导体、光纤、生物、MEMS传感器等新型传感器。

（3）加工辅具

重点发展大型精密型腔模具、精密冲压模具、高档模具标准件、高效、高性能、精密复杂刀具，高精度、智能化、数字化量仪，高档精密磨料磨具等。

大型、精密、复杂模具重点发展为C级汽车及以上等级中高档轿车配套的汽车覆盖件模具；为电子、信息、光学等产业及精密仪器仪表、医疗器械配套的精密模具；大型及精密多工位级进模具；大尺寸零件和厚板精冲模及复杂零件连续复合精冲模具等。

（4）特种优质专用材料

重点突破若干国家重大技术装备国产化所需关键原材料：耐高温、耐高压、耐腐蚀电站用钢；大型变压器用高磁感取向硅钢；大型发电设备、超高压/特高压输配电设备用绝缘材料；石油天然气长输管线用抗腐蚀抗变形管线钢；轴承、齿轮、模具、高强度紧固件用特种钢；机床滚珠丝杠和直线导轨专用钢材，量具、刀具用特种钢；高强度、耐高温、低磨损、长寿命复合密封材料；新能源汽车动力用大功率锂电池材料、高端焊接材料等。

5. 基础工艺及技术

（1）基础工艺

重点推进铸造、锻压、焊接、热处理和表面工程等基础工艺的技术攻关，为高端装备的自主创新提供强有力的工艺支撑，积极推进绿色加工工艺及装备的推广应用。

大力发展高强度轻质合金零件精密铸造技术，铸造工艺清洁技术，新型绿色铸造工艺技术；铸（锻）造—热处理连续工艺技术，铸造节能技术；精密冲压技术，挤压—弯曲复合成形技术，轴承冷辗扩技术，超塑—气/液胀复合成形工艺技术；冷风润滑、微量润滑技术，干式切削技术、硬切削技术，环保型冷却润滑材料及工艺；清洁热处理技术，热处理过程节能技术，环保型表面工程技术；无害化焊材及制备技术，新焊接工艺技术等。

（2）基础技术

大力推进计算机辅助技术（CAX）的研究开发与应用，重点发展计算机辅助工程（CAE）技术、并行工程（CE）、协同设计和动态仿真技术，提高自主创新的效率和成功率，开发适应机械制造企业的各类应用软件并产业化。积极研发快速原型制造和快速制造技术，提高新产品开发的市场响应速度。充分发挥各类科技成果数据库的作用，完善数据库网路和平台建设，加速资源共享。加强可靠性设计和可靠性技术研究，开展故障诊断、远程诊断、寿命预测及控制技术研究，强化产品性能和试验条件的建设，发展计算机辅助试验技术和自动化试验装备及各种极限工况条件下的试验研究技术。围绕提高机械制造的自动化、数字化、智能化水平，积极开展先进传感技术、控制与优化技术、工业通信网络技术研究，为发展智能制造提供技术支撑。

五、对策建议

（一）提升自主创新能力，完善支撑体系建设

大力支持企业自主创新能力建设，引导创新要素向企业集聚，从体制改革、机制完善、政策扶持、人才培养、作风建设等方面形成鼓励自主创新的良好社会氛围。

加快建设一批带动性强的国家级工程研究中心、工程技术中心、工程实验室，提升企业产品开发、制造、试验、检测能力。

建立多元化、多渠道、多层次的自主创新基础能力建设投融资体制，发挥财政投资的导向作用，积极探索政府资金引导社会资本投入的有效机制。通过多种形式筹集资金，重点支持机械工业基础共性和关键技术攻关，重点支持用高新技术改造提升传统产业。

加强投资项目的设备采购管理，鼓励使用自主

创新的国产装备，建立使用国产首台（套）装备的奖励机制。

大力推进自主创新能力建设中的国际交流与合作。积极利用国际资源，创造良好环境，吸引海外高层次人才参与自主创新基础设施建设和运行；积极承接国际跨国公司研发中心向中国转移，探索合作开展自主创新基础能力建设的新形式。

（二）促进产业转型升级，发展现代制造服务

加快产业结构调整，促进产业转型升级，带动产业发展方式转变。

以大力发展战略性新兴产业为契机，积极引导机械企业发展新兴产业装备，促进传统机械制造业的技术升级，培育机械制造领域的新兴产业。

选择影响面广、带动性强的高端装备为主攻方向，在国家专项基金支持下实施重大技术创新工程，加快典型高端装备关键技术的突破。

加大财政支持力度，积极实施重点装备应用示范工程，为国产高端装备突破"首台套"门槛、进入市场提供机会和展示舞台。

支持机械工业由生产型制造向服务型制造转变。鼓励和支持机械制造企业所开展的服务业务面向社会并逐步社会化，研究和制定有利于发展现代制造服务业的政策措施。加强现代制造服务业的区域规划和区域合作，按照资源共享、互利共赢的原则，建设服务业设施和协同开展现代制造服务活动。

（三）制止滥用市场支配地位的行为，规范市场竞争秩序

打破计划经济体制下不合理的行业分割，大力发展工程承包和设备成套服务，促进产需有机结合，积极促进制造领域与应用领域合作发展，努力掌握各类重点用户工程的关键工艺流程和设计规范，并在此基础上掌握设备设计主动权，提高关键设备的设计制造水平，更好地满足用户需求。

具有市场支配地位的经营者，不得滥用市场支配地位，排除、限制竞争。鉴于具有垄断地位的用户涉足产品生产制造领域，自设第二制造体系的做法不利于营造公平竞争的市场环境，容易形成垄断行业设备采购的高进入壁垒，不利于激发社会设备制造企业的自主创新积极性，因此强烈建议主管部门向其发出明确的限制信号。

（四）扶持中小企业发展，建设公共服务平台

探索建立机械工业中小企业发展基金，鼓励特色专业企业在创业板、中小板等资本市场上市融资。加大对重点基础性配套企业的投入力度，引导民营资本和外资投向基础零部件领域，发展一批"专、

精、特"的配套企业，健全产业配套体系。

以加快科技成果向现实生产力转化，为各类中小企业的技术研发活动提供社会化公共服务为重点，建设面向全社会的技术服务体系。以促进自主创新为目标，以公共财政投入为引导，鼓励社会资金投入技术服务体系建设；鼓励和引导技术转移中心、技术创新服务中心、科技企业孵化基地、大学科技园、生产力促进中心等各类技术服务机构的发展，完善服务体系；建立中小企业公共技术支持平台；整合科研资源，强化政策激励，显著提升社会资源配置效率和效益。

（五）引导产业合理布局，促进地区协调发展

统筹规划各地区产业发展，有序推进沿海地区装备制造业向中西部地区的梯度转移，避免同质性重复建设，促进机械工业协调发展。加大对中西部地区的扶持力度，给予适当的政策倾斜，大力支持东北老工业基地技术改造和西部地区特色优势产业发展，形成各具特色的产业基地。加强行业预警，抑制过度投资造成的产能过剩，利用市场机制淘汰落后产能。

（六）落实节能减排政策，推进相关装备发展

大力发展绿色经济、低碳经济和循环经济，以绿色发展带动经济转型，发展绿色产业、开发节约、替代、循环利用和减少污染的技术，最大限度地减少污染物的排放。制定促进绿色经济、低碳经济发展的财税、金融、价格等激励政策，对购买高效节能降耗装备产品的终端用户给予适当补贴，刺激相关装备的发展。

全面落实节能减排综合性工作方案，强化目标责任评价考核，加快节能减排重点工程建设，深化环境影响评价体系，严格控制"两高一资"，为淘汰落后设备、推广先进设备创造有利的市场环境。

组织开展循环经济、低碳经济试点。积极发展绿色制造和再制造工程，构建节本增效、保护环境的生产制造模式。选择典型地区和行业，开展低碳经济发展示范试点。

建立健全科技、统计、信息等支撑体系。加大对节能、清洁能源、碳捕集利用与封存等技术和设备的研发和产业化投入。逐步建立温室气体监测统计、气候变化信息共享平台和信息服务体系。

（七）加强人才队伍建设，夯实持续发展基础

大力培养和鼓励引进创新型研发设计人才、开拓型经营管理人才、高级技能人才等专业人才，强化职工培训，提高职工队伍素质，满足企业可持续发展需要。加强高等院校机械专业细分学科建设，

以产学研相结合的形式促进机械专业技术人才培养，增加机械工业专业技术人才储备。鼓励提升企业家、高级管理人员、研发人员和高级技工等专业人才的待遇水平，推进企业技术创新、管理创新和商业模式创新。

（八）健全统筹协调机制，改善机械行业管理

加强规划实施中政府各部门之间的协调，建立部门会商协调制度，统筹规划、整体布局、分头实施、协调推进。建立重大技术装备跨区域、跨行业、跨部门的协调机制，统筹制定机械工业相关政策，组织协调重大技术装备联合攻关，组织落实依托工程，促进国产重大技术装备在国家重点建设工程中的推广应用。打破各级政府部门之间的分隔界限，增强工业部门协调管理能力。

行业协会要加强调查研究，及时向政府部门反映行业情况和诉求，为政府部门改进宏观调控决策提供依据；政府部门要积极支持行业协会发挥行业自律作用，支持其维护行业合法权益，发挥行业协会在反倾销、反补贴和涉外诉讼等方面的专业优势；行业协会要积极为会员单位服务，帮助企业获取各种信息资源，引导企业开拓市场，参与公平的国际竞争。

第二部分 政 策 法 规

国务院关于印发工业转型升级规划
（2011—2015 年）的通知

国发〔2011〕47 号

各省、自治区、直辖市人民政府，国务院各部委、各直属机构：

　　现将《工业转型升级规划（2011—2015 年）》（以下简称《规划》）印发给你们，请认真贯彻执行。

　　编制和实施《规划》，是推进中国特色新型工业化的根本要求，也是进一步调整和优化经济结构、促进工业转型升级的重要举措，对于实现我国工业由大到强转变具有重要意义。"十二五"时期推动工业转型升级，要以科学发展为主题，以加快转变经济发展方式为主线，着力提升自主创新能力，推进信息化与工业化深度融合，改造提升传统产业，培育壮大战略性新兴产业，加快发展生产性服务业，调整和优化产业结构，把工业发展建立在创新驱动、集约高效、环境友好、惠及民生、内生增长的基础上，不断增强我国工业核心竞争力和可持续发展能力。

　　各地区、各部门要进一步统一思想，增强大局意识、责任意识，加强领导，密切配合，切实按照《规划》要求做好各项工作。要进一步完善发展环境和市场机制，加强对市场主体行为的引导和约束，促进工业又好又快发展。各省（区、市）人民政府要按照《规划》确定的目标任务和政策措施，结合实际制定落实方案，切实抓好组织实施，确保取得实效。国务院各有关部门要按照职责分工，尽快制定和完善各项配套政策措施，切实加强对《规划》实施的指导和支持。工业和信息化部要强化对《规划》实施情况的跟踪分析和督促检查，中期评估结果和总体实施情况要向国务院报告。

国务院

二○一一年十二月三十日

工业转型升级规划（2011—2015 年）

前　言

"十一五"期间，面对国际国内环境的深刻变化和风险挑战，在党中央、国务院的正确领导下，工业保持平稳较快发展，结构调整取得积极成效，有力地促进了经济社会又好又快发展。

"十二五"时期是全面建设小康社会的关键时期，是深化改革开放、加快转变经济发展方式的攻坚时期。工业是我国国民经济的主导力量，是转变经济发展方式的主战场。今后五年，我国工业发展环境将发生深刻变化，长期积累的深层次矛盾日益突出，粗放增长模式已难以为继，已进入到必须以转型升级促进工业又好又快发展的新阶段。转型就是要通过转变工业发展方式，加快实现由传统工业化向新型工业化道路转变；升级就是要通过全面优化技术结构、组织结构、布局结构和行业结构，促进工业结构整体优化提升。工业转型升级是我国加快转变经济发展方式的关键所在，是走中国特色新型工业化道路的根本要求，也是实现工业大国向工业强国转变的必由之路。

《工业转型升级规划（2011—2015 年）》是指导今后五年我国工业发展方式转变的行动纲领，是落实《中华人民共和国国民经济和社会发展第十二个五年规划纲要》的具体部署，是工业领域其他规划的重要编制依据。

《工业转型升级规划（2011—2015 年）》由工业和信息化部会同发展改革委、科技部、财政部、国土资源部、环境保护部、商务部、国资委及国防科工局、烟草局等部门和单位联合编制。

第一章　"十一五"工业发展回顾和"十二五"形势分析

第一节　"十一五"工业发展取得的主要成绩

"十一五"期间，我国工业发展经历了极不平凡的五年。面对国内外环境的复杂变化，中央果断实施了一系列强有力的宏观调控措施，有效应对了国际金融危机的巨大冲击和特大地震等自然灾害的严峻挑战，我国工业总体上保持了平稳较快发展，在新型工业化进程中迈出了坚实步伐。

工业保持持续快速增长。在全面应对金融危机的过程中，及时制定出台的十大产业调整和振兴规划，对国民经济企稳回升和平稳较快发展发挥了重要作用。"十一五"期间，全部工业增加值年均增速达 11.3%，全国城镇工业企业投资总额年均增速达 26.1%，规模以上工业企业实现利润总额年均增速达 30.2%。2010 年，全部工业实现增加值 16 万亿元，占国内生产总值的 40.2%，全国城镇工业企业完成投资 9.9 万亿元，规模以上工业企业实现利润总额 4.2 万亿元。

产业结构不断优化。组织实施重点产业调整和技术改造项目 8955 项，带动社会投资 1 万亿元。"十一五"期间重点领域淘汰落后产能取得积极进展，其中淘汰炼铁产能 1.2 亿 t、水泥产能 3.5 亿 t、造纸产能 1070 万 t。2010 年全国高技术产品出口占全部商品出口的 31.2%，较 2005 年提高 3.1 个百分点。企业兼并重组步伐加快，钢铁、汽车、船舶、水泥等行业产业集中度明显提高。东部向中西部地区产业转移步伐加快，"十一五"期间中西部地区工业增加值占全国工业增加值的比重提高了 5.8 个百分点。

技术创新能力不断增强。到 2010 年，依托工业企业设立了 127 个国家工程研究中心、729 个国家级企业技术中心和 5532 个省级企业技术中心，企业发明专利申请数已占国内发明专利申请总数的 53%。机械工业主要产品中约有 40% 的产品质量接近或达到国际先进水平。载人航天、探月工程、新支线飞机、大型液化天然气船（LNG）、高速轨道交通、时分同步码分多址接入通信（TD-SCDMA）、高性能计算机等领域取得一批重大技术创新成果。

节能减排和安全生产取得积极成效。"十一五"期间规模以上企业单位工业增加值能耗累计下降 26%，单位工业增加值用水量下降 36.7%，工业化学需氧量及二氧化硫排放总量分别下降 17% 和 15%；工业固体废物综合利用率达 69%，大宗固体废物等综合利用取得明显进展。工业企业本质安全生产水平不断提高，2010 年工矿商贸事故死亡人数和工矿商贸企业就业人员 10 万人生产安全事故死亡率较 2005 年分别下降 33% 和 45%。

中小企业发展和产业集聚水平不断提高。目前，全国各类中小企业达 4400 万户（含个体工商户），完成了全国 50% 的税收，创造了 60% 的国内生产总值，提供了近 80% 的城镇就业岗位。中小企业发展的外部环境明显改善，社会化服务体系建设取得积极进展。各类产业集聚区成为工业发展的重要载体，东部地区工业园区实现工业产值已占本地区工业总产值的 50% 以上，中西部地区涌现出一批特色产业园区，128 家国家新型工业化产业示范基地创建工作有序推进。

信息技术深化应用和军民融合式发展稳步推进。信息技术在研发设计、生产过程控制、节能减排、安全生产等领域的应用不断深化。国家级"两化"（工业化和信息化）融合试验区建设和重点行业信息化工作取得初步成效。2010 年，我国实现软件业务收入 1.3 万亿元、电子商务交易额 4.5 万亿元，分别为 2005 年的 3.3 倍和 3 倍。民口单位获武器装备科研生产许可证已占全部许可证的 2/3，国防科技工业完成民品产值占国防科技工业产值的 74.5%。

对外开放和体制改革不断深化。目前，我国工业制成品出口额已占全球制成品贸易的 1/7，较 2005 年提高 5 个百分点。2010 年，制造业外商直接投资（FDI）为 496 亿美元，占全国实际利用外资的 46.9%；企业对外直接投资遍布 129 个国家和地区，实现非金融类对外直接投资 590 亿美元，比 2005 年增加 3.8 倍。跨国公司在华设立的研发中心已超过 1400 家，较"十五"末增长近一倍。国有工业大型企业布局调整步伐加快，非公有制经济发展环境不断完善。工业行业管理体系进一步健全。

经过五年的努力，我国工业整体素质明显改善，总体实力跃上新台阶。同时，必须清醒地看到，工业发展方式仍较为粗放，主要表现在：自主创新能力不强，关键核心技术和装备主要依赖进口；资源能源消耗高，污染排放强度大，部分"两高一资"行业产能过剩问题突出；规模经济行业产业集中度偏低，缺少具有国际竞争力的大企业和国际知名品牌，中小企业发展活力有待进一步增强；产业集聚和集群发展水平不高，产业空间布局与资源分布不协调；一般加工工业和资源密集型产业比重过大，高端制造业和生产性服务业发展滞后。这些矛盾和问题已严重制约工业持续健康发展，必须尽快加以研究解决。

第二节 "十二五"工业转型升级面临的形势

"十二五"时期，我国仍处于可以大有作为的重要战略机遇期，但工业发展的内外部环境发生深刻变化，既有国际金融危机带来的深刻影响，也有国内经济发展方式转变提出的紧迫要求，只有加快转型升级才能实现工业又好又快的发展。

国际环境呈现新趋势。当今世界正处于大发展大变革大调整之中，我国工业发展面临的国际环境更趋复杂，既面临着难得机遇，也伴随着严峻挑战，给我国工业转型升级带来深刻影响。

——世界经济增长和市场需求发生新变化。当前和今后一个时期，经济全球化持续深入发展，为我国进一步实施"走出去"战略，提高在全球范围内的资源配置能力，拓展外部发展空间提供了新机遇。同时，国际金融危机影响深远，全球需求结构出现明显变化，贸易保护主义有所抬头，围绕市场、资源等方面的竞争更趋激烈，能源资源、气候变化等全球性问题错综复杂，世界经济的不确定性仍然较大，对我国工业转型升级形成新的压力。

——科技创新和新兴产业发展孕育新突破。信息网络、生物、可再生能源等新技术正在酝酿新的突破，全球范围内新兴产业发展进入加速成长期。我国在新兴产业领域已取得了一定突破，把握好全球经济分工调整的新机遇，加强战略部署和统筹规划，就有可能在新一轮国际产业竞争中抢占先机、赢得优势。同时，发达国家纷纷推行"制造业再造"，加紧在新兴科技领域前瞻布局，抢占未来科技和产业发展制高点的竞争日趋激烈，如果应对不当、贻误时机，我国在新技术和新兴产业领域与发达国家的差距有可能进一步拉大。

——全球化生产方式变革不断加快。随着信息技术与先进制造技术的深度融合，柔性制造、虚拟制造等日益成为世界先进制造业发展的重要方向。全球化、信息化背景下的国际竞争新格局，客观上为我国利用全球要素资源，加快培育国际竞争新优势创造了条件。同时，跨国公司充分利用全球化的生产和组织模式，以核心技术和专业服务牢牢掌控着全球价值链的高端环节，我国工业企业提升国际产业分工地位的任务还十分艰巨。

国内环境呈现新特征。今后五年，我国工业发展的基本条件和长期向好趋势没有改变，但传统发展模式面临诸多挑战，工业转型升级势在必行。

——城镇化进程和居民消费结构升级为工业转

型升级提供了广阔空间。城镇化是扩大内需的最大潜力所在，巨大的消费潜力将转化为经济持续发展的强大动力。"十二五"期间，我国城镇化率将超过50%，内需主导、消费驱动、惠及民生的一系列政策措施将进一步引导居民消费预期，推动居民消费结构持续优化升级，为我国工业持续发展提供有力支撑。同时劳动力、土地、燃料动力等价格持续上升，生产要素成本压力加大，转型升级的约束相应增多。

——信息化、市场化与国际化持续深入发展为工业转型升级提供了重要契机。信息化发展正进入一个新的历史阶段，信息化与工业化深度融合日益成为经济发展方式转变的内在动力。近年来，资本、技术、劳动力等各类要素市场逐步健全，市场配置资源的深度和广度不断拓展，对外经济技术交流合作日益扩大，开放型经济体系不断完善，经济体制活力显著增强。同时，我国信息化和国际化水平与发达国家仍有较大差距，社会主义市场经济体制仍处于完善过程中，经济增长的内生动力还不足，健全与科学发展要求相适应的体制机制尚需较长过程。

——能源资源和生态环境约束更趋强化对工业转型升级提出了紧迫要求。随着资源节约型、环境友好型社会加快推进，绿色发展的体制机制将进一步完善，为工业节能减排、淘汰落后产能等创造良好环境，也将促进节能环保、新能源等新兴产业加速发展。同时，由于长期粗放式发展，我国工业能源资源消耗强度大，能源消耗和二氧化硫排放量分别占全社会能源消耗、二氧化硫排放总量的70%以上，钢铁、炼油、乙烯、合成氨、电石等单位产品能耗较国际先进水平高出10%～20%；矿产资源对外依存度不断提高，原油、铁矿石、铝土矿、铜矿等重要能源资源进口依存度超过50%。随着能源资源刚性需求持续上升，生态环境约束进一步加剧，对加快转变工业发展方式形成了"倒逼机制"。

总体上看，"十二五"时期是我国工业转型升级的攻坚时期。转型升级如能加快推进，就能推动我国经济社会进入良性发展轨道；如果行动迟缓，不仅资源环境难以承载，而且会错失重要的战略机遇期。必须积极创造有利条件，着力解决突出矛盾和问题，促进工业结构整体优化升级，加快实现由传统工业化向新型工业化道路的转变。

第二章　总体思路和主要目标

第一节　指导思想和基本要求

"十二五"工业转型升级，要坚持走中国特色新型工业化道路，按照构建现代产业体系的本质要求，以科学发展为主题，以加快转变经济发展方式为主线，以改革开放为动力，着力提升自主创新能力；推进信息化与工业化深度融合，改造提升传统产业，培育壮大战略性新兴产业，加快发展生产性服务业，全面优化技术结构、组织结构、布局结构和行业结构；把工业发展建立在创新驱动、集约高效、环境友好、惠及民生、内生增长的基础上，不断增强工业核心竞争力和可持续发展能力，为建设工业强国和全面建成小康社会打下更加坚实的基础。

工业转型升级涉及理念的转变、模式的转型和路径的创新，是一个战略性、全局性、系统性的变革过程，必须坚持在发展中求转变，在转变中促发展。基本要求是：

——坚持把提高发展的质量和效益作为转型升级的中心任务。正确处理好工业增长与结构、质量、效益、环境保护和安全生产等方面的重大关系，以提高工业附加值水平为突破口，全面优化要素投入结构和供给结构，改善和提升工业整体素质，强化工业企业安全保障，加快推动发展模式向质量效益型转变。

——坚持把加强自主创新和技术进步作为转型升级的关键环节。努力突破制约产业优化升级的关键核心技术，提高产业核心竞争力，完善产业链条，促进由价值链低端向高端跃升。支持企业技术改造，增强新产品开发能力和品牌创建能力，培育壮大战略性新兴产业。加快推动发展动力向创新驱动转变。

——坚持把发展资源节约型、环境友好型工业作为转型升级的重要着力点。健全激励与约束机制，推广应用先进节能减排技术，推进清洁生产。大力发展循环经济，加强资源节约和综合利用，积极应对气候变化。强化安全生产保障能力建设，加快推动资源利用方式向绿色低碳、清洁安全转变。

——坚持把推进"两化"深度融合作为转型升级的重要支撑。充分发挥信息化在转型升级中的支撑和牵引作用，深化信息技术集成应用，促进"生产型制造"向"服务型制造"转变，加快推动制造业向数字化、网络化、智能化、服务化转变。

——坚持把提高工业园区和产业基地发展水平作为转型升级的重要抓手。完善公共设施和服务平台建设，进一步促进产业集聚、集群发展。改造提升工业园区和产业集聚区，推进新型工业化产业示范基地建设。优化产业空间结构，加快推动工业布局向集约高效、协调优化转变。

——坚持把扩大开放、深化改革作为转型升级的强大动力。充分利用"两种资源、两个市场"，稳定外需、扩大内需，实现内需外需均衡发展。进一步深化改革，充分发挥市场配置资源的基础性作用，激发市场主体活力，加快推动宏观调控手段向更多依靠市场力量转变。

第二节　主要目标

根据走中国特色新型工业化道路和加快转变经济发展方式的总体要求，"十二五"时期要力争实现以下主要目标：

——工业保持平稳较快增长。全部工业增加值年均增长8%，工业增加值率较"十一五"末提高两个百分点，全员劳动生产率年均提高10%，经济运行的质量和效益明显提高。

——自主创新能力明显增强。规模以上工业企业研究与试验发展（R&D）经费内部支出占主营业务收入比重达到1%，重点骨干企业达到3%以上，以企业为主体的技术创新体系进一步健全。企业发明专利拥有量增加一倍，攻克和掌握一批达到世界领先水平的产业核心技术，重点领域和新兴产业的关键装备、技术标准取得突破。

——产业结构进一步优化。战略性新兴产业规

模显著扩大，实现增加值占工业增加值的15%左右；面向工业生产的相关服务业发展水平明显提升。规模经济行业产业集中度明显提高，培育发展一批具有国际竞争力的企业集团。中小企业发展活力进一步增强。中西部地区工业增加值占比进一步提高。

——信息化和军民融合水平显著提高。重点骨干企业信息技术集成应用达到国际先进水平，主要行业关键工艺流程数控化率达到70%，大中型企业资源计划（ERP）普及率达到80%以上。军民资源开放共享程度明显提高，军民结合产业规模显著扩大。

——质量品牌建设迈上新台阶。新产品设计、开发能力和品牌创建能力明显增强，主要工业品质量标准接近或达到国际先进水平，食品、药品、纺织服装等民生产品的质量安全水平进一步提高。工业企业社会责任建设取得积极进展。

——资源节约、环境保护和安全生产水平显著提升。单位工业增加值能耗较"十一五"末降低21%左右，单位工业增加值用水量降低30%，单位工业增加值二氧化碳排放量减少21%以上；工业化学需氧量和二氧化硫排放总量分别减少10%，工业氨氮和氮氧化物排放总量减少15%；主要耗能行业单位产品能耗持续下降，重点行业清洁生产水平明显提升。安全生产保障能力进一步提升。

专栏1　"十二五"时期工业转型升级的主要指标

类别	指标		2010年	2015年	累计变化
经济运行	工业增加值增速（%）				[8]①
	工业增加值率提高（百分点）				2
	全员劳动生产率增速（%）				[10]①
技术创新	规模以上企业R&D经费内部支出占主营业务收入比重（%）			>1.0	
	拥有科技机构的大中型工业企业比重（%）			>35	
产业结构	战略性新兴产业增加值占工业增加值比重（%）		7	15	8
	产业集中度（%）②	钢铁行业前10家	48.6	60	11.4
		汽车行业前10家	82.2	>90	7.8
		船舶行业前10家	48.9	>70	21.1

（续）

类　　别	指　　标	2010 年	2015 年	累计变化
"两化"融合	主要行业大中型企业数字化设计工具普及率（%）	61.7	85.0	23.3
	主要行业关键工艺流程数控化率（%）	52.1	70.0	17.9
	主要行业大中型企业 ERP 普及率（%）		80.0	
资源节约和环境保护	规模以上企业单位工业增加值能耗下降（%）			21
	单位工业增加值二氧化碳排放量下降（%）			>21
	单位工业增加值用水量下降（%）			30
	化学需氧量、二氧化硫排放量下降（%）			10
	氨氮、氮氧化物排放量下降（%）			15
	工业固体废物综合利用率（%）	69	72	3

① [ ]内数值为年均增速；
② 是按产品产量计算的产业集中度。

到"十二五"末，努力使我国工业转型升级取得实质性进展，工业的创新能力、抵御风险能力、可持续发展能力和国际竞争力显著增强，工业强国建设迈上新台阶。

第三章　工业转型升级的重点任务

坚持以市场为导向，以企业为主体，强化技术创新和技术改造，促进"两化"深度融合，推进节能减排和淘汰落后产能，合理引导企业兼并重组，增强新产品开发能力和品牌创建能力，优化产业空间布局，全面提升核心竞争力，促进工业结构优化升级。

第一节　增强自主创新能力

紧紧抓住增强自主创新能力这个中心环节，大力推进原始创新、集成创新和引进消化吸收再创新，突破关键核心技术，加快构建以企业为主体、产学研结合的技术创新体系，为工业转型升级提供重要支撑。

支持企业真正成为技术创新的主体。支持企业参与国家科技计划和重大工程项目，健全由企业牵头实施应用性重大科技项目的机制，重点支持和引导创新要素向企业集聚，使企业真正成为研究开发投入、技术创新活动、创新成果应用的主体。进一步研究落实财政、投资、金融等政策，引导企业增加研发投入。鼓励和支持企业技术中心建设，支持有条件的企业建立院士工作站和博士后科研工作站。

鼓励骨干企业建立海外研发基地，收购兼并海外科技企业和研发机构。面向企业开放和共享国家重点实验室、国家工程实验室、重要试验设备等科技资源。支持骨干企业加强产业链上下游合作，提升协同创新能力。鼓励中小企业采取联合出资、共同委托等方式进行合作研发。

健全产业创新体系，攻克共性及关键核心技术。加强技术创新能力建设，面向主要工业行业，依托大型转制院所和骨干企业，整合相关资源，健全基础研究和共性技术研发体制机制，支持建设一批产业技术开发平台和技术创新服务平台。推动建立一批由企业、科研院所和高校共同参与的产业创新战略联盟，支持创新战略联盟承担重大研发任务，发挥企业家和科技领军人才在科技创新中的重要作用。以核心装备、系统软件、关键材料、基础零部件等关键领域为重点，结合国家重大工程建设及国家科技重大专项、国家科技计划（专项）等，推进重点产业技术创新，突破和掌握先进制造、节能减排、国防科技等领域的一批关键核心技术，研制一批重大装备和关键产品。支持和促进重大技术成果工程化、产业化，加强军民科技资源集成融合，加快提升制造业领域知识、技术扩散和规模化生产能力。

实施知识产权战略，加强标准体系建设。加强重点产业专利布局，建立重点产业知识产权评议机制、预警机制和公共服务平台，完善知识产权转移交易体系，大力培育知识产权服务业，提升工业领域知识产权创造、运用、保护和管理能力。深入开展企事业单位知识产权试点示范工作，实施中小企业知识产权战略推进工程和知识产权优势企业培育工程。完善工业技术标准体系，加快制定战略性新兴产业重大技术标准，健全电子电气、关键零部件等工业产品的安全、卫生、可靠性、环保和能效标准，完善食品、化妆品、玩具等日用消费品的安全标准。支持基于自有知识产权的标准研发、评估和试验验证，促进更多的技术标准成为国际标准，增强我国在国际标准领域的影响力和话语权。

专栏2　实施重点产业技术创新工程

组织实施国家科技重大专项。依托"核心电子器件、高端通用芯片及基础软件产品"、"极大规模集成电路制造装备与成套工艺"、"新一代宽带无线移动通信网"、"高档数控机床与基础制造装备"、"重大新药创制"、"大型飞机"、"载人航天与探月工程"、"高分辨率对地观测系统"等重大科技专项，重点突破一批核心关键技术，加强知识产权布局和技术标准制定，在重点领域形成自主开发能力。

组织实施重大科技成果转化。制定国家产业技术发展指南，每年组织实施一批国家科技进步奖和国家技术发明奖等将重大科技成果项目工程化和产业化。推广一批能带动形成新的市场需求、改善民生的科技成果。

建设重点行业技术创新平台。整合现有研发资源，推动行业技术创新平台建设。积极推进工业重点领域实验室建设。建设重点行业知识产权公共服务平台，建立健全知识产权预警机制。加强重点企业和重点产业基地知识产权能力建设。建立标准化管理和信息服务平台。

发展产业联盟。在节能与新能源汽车、TD-SCDMA及长期演进趋势（LTE）、支线及通用飞机、重大节能环保装备、物联网、云计算、应用电子和工业软件、数字内容等若干新兴产业领域，推动一批技术创新示范企业和重点产业联盟发展。制定支持产业联盟发展的政策措施。

加强创新型人才和技能人才队伍建设。积极推动"创新人才推进计划"在装备制造、航空航天、电子信息等重点领域的组织实施，培养大批面向生产一线的实用工程人才、卓越工程师和技能人才，造就一批产业技术创新领军人才和高水平团队。依托国家科技重大专项和重大工程，加强战略性新兴产业等领域紧缺人才的引进和培养。进一步完善专业技术和技能人才评价标准和职业资格认证工作。加强中西部地区产业技术和管理人才的培养。支持建立校企结合的人才综合培训和实践基地。

第二节　加强企业技术改造

技术改造是促进企业走内涵发展道路的重要途径，充分发挥技术改造投资省、周期短、效益好、污染少、消耗低的优势，通过增量投入带动存量调整，优化工业投资结构，推动工业整体素质跃上新台阶。

运用先进适用技术和高新技术改造提升传统产业。以企业为主体，以提高工业发展质量和效益为中心，紧紧围绕传统产业提升、智能及清洁安全发展等重点，通过不断采用和推广新技术、新工艺、新流程、新装备、新材料，对现有企业生产设施、装备、生产工艺条件进行改造，提高先进产能比重。大力推广重点行业关键、共性技术，支持企业改造提升研发设计、试验验证、检验检测等基础设施及条件，支持工业园区公共服务平台升级改造。注重把企业技术改造同兼并重组、淘汰落后、流程再造、组织结构调整、品牌建设等有机结合起来，提高新产品的开发能力和品牌建设能力，提升企业市场竞争力。

促进新兴产业规模化发展。加快新兴科技与传统产业的有机融合，促进新技术、新产品和新业态的发展。围绕发展潜力大、带动性强的若干新兴领域，立足现有企业和产业基础，实施产业链升级工程，着力突破新兴产业发展的瓶颈制约，促进高新技术产业化，完善产业链条，加快形成一批先进的规模化生产能力。强化企业技术改造与技术引进、技术创新的结合，切实提高企业原始创新、集成创新和引进技术消化吸收再创新能力，加快产品和技术升级换代。

优化工业投资结构。加强工业投资监测分析，研究制定工业投资指南，建立国家重点技术改造项目库，编制发布年度导向目录，引导社会资金等要素投向。完善和落实支持企业技术改造的财政、金融、土地等政策，创新资金投入模式，支持一批重点行业、重点领域的重大技术改造项目，支持中小企业加强技术改造，逐步提高技术改造投资在工业投资中的比重。加强准入管理和产能预警，严格控制产能过剩行业固定资产投入，抑制盲目扩张和重复建设。强化技术改造基础工作，加强统计监测分析，完善技术改造管理体制和服务体系，健全支持企业技术改造长效机制。

专栏3　"十二五"技术改造专项工程

传统产业升级改造。围绕品种质量、节能降耗、安全生产、"两化"融合、军民结合等重点领域，创新研发设计，改造工艺流程，改善产品检验检测手段，开发新产品，提高产品质量，创建知名品牌，提高传统产业先进产能比重。

智能及清洁安全示范。深化信息技术在企业研发设计、生产流通、经营管理等各环节的应用。推进数字化研发设计工具的普及应用，推动生产装备的数字化和生产过程的智能化。支持重点节能、节水、节材技术和设备的推广应用。支持重点行业污染治理设施设备升级改造。支持高耗能、高污染企业建立环境和污染源监控信息系统。加大化工、有色、民爆等行业安全生产改造力度。

产业链升级。围绕新一代信息技术、高端装备制造、新材料、新能源汽车、生物医药等新兴产业领域，实施重点领域产业链改造升级，完善产业链条，形成新的经济增长点。

中小企业专业化发展。支持中小企业加快技术进步，促进走"专精特新"发展道路，支持工艺专业化企业发展，健全协作配套体系，提高中小企业聚集度，发展产业集群。

公共服务平台升级。支持重点工业园区研发设计、质量认证、试验检测、节能与污染治理、信息网络服务等平台升级改造；围绕产业共性关键技术研发和推广，对现有重点产业基础技术研发平台、行业共性检测试验平台、共性服务平台进行升级改造。

第三节　提高工业信息化水平

充分发挥信息化在工业转型升级中的牵引作用，完善信息化推进机制，推动信息技术深度应用，不断提高工业信息化的层次和水平。

加快发展支撑信息化发展的产品和技术。加快应用电子等产品的开发和产业化，着力提升汽车、飞机、船舶、机械、家电等行业的产品智能化水平。

突破一批关键技术瓶颈，大力发展研发设计及工程分析软件、制造执行系统、工业控制系统、大型管理软件等应用软件和行业解决方案，逐步形成工业软件研发、生产和服务体系，为数字化、网络化、智能化制造提供有力支撑。组织开展重点行业工业控制系统的安全风险评估，研究开发危险自动识别和故障实时诊断共性关键技术，加快监控和数据采集系统（SCADA）等工业控制系统的安全防护建设。

专栏4　发展信息化相关支撑技术及产品

工业控制。加强分布式控制系统、可编程序控制器、驱动执行机构、触摸屏、文本显示器等软硬件产品的研制，提升工业控制的集成化、智能化水平。

嵌入式系统。重点支持开发核心芯片、嵌入式操作系统、集成开发环境和嵌入式应用软件产品，加强嵌入式系统与网络技术的融合，推进嵌入式技术在各行业的应用。

工业软件。发展计算机辅助设计（CAD）、计算机辅助工程分析（CAE）、计算机辅助工艺设计（CAPP）、制造执行系统（MES）、产品生命周期管理（PLM）、产品数据管理（PDM）、过程控制系统（PCS）、企业资源计划（ERP）等工业软件，加快重点领域推广应用。

应用电子。突破数控系统现场总线、通信协议、高速伺服驱动等技术。加快发展车载网络、动力电池及管理控制系统、动力总成控制系统和车用芯片。突破数字化医学影像诊断、医用传感器、治疗微系统等的自主研制。促进绝缘栅双极型晶体管（IGBT）等新型器件的开发和应用。发展航空机载电子设备及其相关计算机辅助设计和应用系统。研发综合船桥技术、船载全球定位系统（GPS）产品系统集成技术、船舶自动识别技术。

全面提高企业信息化水平。深化信息技术在企业生产经营环节的应用，推进从单项业务应用向多业务综合集成转变，从企业信息应用向业务流程优化再造转变，从单一企业应用向产业链上下游协同应用转变。推进数字化研发设计工具的普及应用，优化研发设计流程，加快构建网络化、协同化的工业研发设计体系。推动生产装备数字化和生产过程智能化，加快集散控制、制造执行等技术在原材料企业的集成应用；加快精益生产、敏捷制造、虚拟制造等在装备制造企业的普及推广；加大数字化、自动化技术改造提升消费品企业信息化水平力度。全面普及企业资源计划、供应链、客户关系等管理信息系统，以集成应用促进业务流程优化，推动企业管理创新。加强企业信息化队伍建设，鼓励有条件的企业建立首席信息主管（CIO）制度。

创新信息化推进机制。建立健全企业信息化推进服务体系，以服务能力建设为中心，实施行业信息化服务工程，推动信息技术研发与行业应用紧密结合，发展一批面向工业行业的信息化服务平台，培育一批国家级信息化促进中心，建设一批面向重点行业的国家级工程数据中心，树立一批信息化示范企业。依托国家新型工业化产业示范基地和国家级"两化"融合试验区，健全信息网络基础设施，提升智能化发展水平。建立工业企业信息化评估体系和行业评估规范，规范发展第三方评价机构。

第四节　促进工业绿色低碳发展

按照建设资源节约型、环境友好型社会的要求，以推进设计开发生态化、生产过程清洁化、资源利用高效化、环境影响最小化为目标，立足节约、清洁、低碳、安全发展，合理控制能源消费总量，健全激励和约束机制，增强工业的可持续发展能力。

大力推进工业节能降耗。围绕工业生产源头、过程和产品3个重点，实施工业能效提升计划，推动重点节能技术、设备和产品的推广和应用，提高企业能源利用效率，鼓励工业企业建立能源管理体系。完善主要耗能产品能耗限额和产品能效标准，严格能耗、物耗等准入门槛。深入开展重点用能企业对标达标、能源审计和能源清洁度检测活动。健全节能市场化机制，加快推行合同能源管理和电力需求侧管理。健全高耗水行业用水限定指标和新建企业（项目）用水准入条件；组织实施重点行业节水技术改造，加快节水技术和产品的推广使用，推进污废水再生利用，提高工业用水效率。推广节材技术工艺，发展木基复合材料、生物材料、再生循环和节材型包装。加强政策引导，促进金属材料、石油等原材料的节约代用。

促进工业清洁生产和污染治理。以污染物排放强度高的行业为重点，加强清洁生产审核，组织编制清洁生产推行方案、实施方案和评价指标体系，推动企业清洁生产技术改造，提高新建项目清洁生产水平。研究建立生态设计产品标识制度，发布工业企业生态评价设计实施指南。加强造纸、印染、制革、化工、农副产品加工等行业的水污染治理，削减化学需氧量及氨氮排放量。推进钢铁、石油化工、有色、建材等行业二氧化硫、氮氧化物、烟粉尘和挥发性有机污染物减排，逐步削减大气污染物排放总量。切实加强有色金属矿产采选、有色金属冶炼、铅蓄电池、基础化工等行业的铅、汞、镉、铬等重金属和类金属砷污染防治，推动工业行业化学品环境风险防控。稳步推进电子电气产品污染控制合格评定体系的建立，控制和减少废弃电子电气产品对环境的污染。

发展循环经济和再制造产业。开发应用源头减量、循环利用、再制造、零排放和产业链接技术。以工业园区、工业集聚区等为重点，通过上下游产业优化整合，实现土地集约利用、废物交换利用、能量梯级利用、废水循环利用和污染物集中处理，构筑链接循环的工业产业体系。加强废旧金属、废塑料、废纸、废旧纺织品、废旧铅酸电池及锂离子电池、废弃电子电器产品、废旧合成材料等回收利用，发展资源循环利用产业。加强共性关键技术的研发及推广，推进大宗工业固体废物规模化增值利用。以汽车零部件、工程机械、机床等为重点，组织实施机电产品再制造试点，开展再制造产品认定，培育一批示范企业，有序促进再制造产业规模化发展。

专栏5　工业节能降耗减排专项

工业节能。组织开展工业企业能效对标达标活动和企业能效"领跑者"行动，加强钢铁、有色、石化、建材等重点用能行业节能改造，推进能源管理体系建设，实施百项重点节能技术、节能产品（设备）推广应用工程，吨钢能耗、吨铝综合交流电耗、吨乙烯平均能耗、吨水泥综合能耗分别由2010年的615kg标准煤、14250kW·h、910kg标准煤、100kW·h下降到2015年的590kg标准煤、13800kW·h、880kg标准煤、92kW·h。

工业节水。对高用水行业实施节水技术改造。实施干法除尘、工业废水处理回用、矿井水资源化利用等节水工程。组织工业废水处理回用成套装置攻关，加强工业废水资源化利用，提高工业用水重复利用率。

工业节材。组织开展机电产品包装节材代木试点，推动节材代木包装产品的研究开发和扩大应用，开展包装物周转使用示范。组织开展贵重金属节材试点。

清洁生产和污染防治。在重点行业开展共性、关键清洁生产技术应用示范，推动实施一批重大清洁生产技术改造项目。实施重点行业挥发性有机物治理、钢铁烧结机脱硫、水泥厂脱硝、石化行业催化裂化烟气脱硫、造纸及印染行业废水深度治理、二噁英减排等工作方案。加快推行电子电气产品污染控制自愿性认证。

资源综合利用及循环经济。推动大宗工业固体废弃物规模化高值利用。推进工业固废综合利用示范基地建设。组织开展有色金属再生利用示范工程，建设废旧汽车、家电、电子产品拆解加工利用示范基地及机电产品再制造示范基地。

"两型"企业创建。推进电力、钢铁、有色、化工、建材等重点行业资源节约型、环境友好型企业创建试点，培育一批示范企业。

积极推广低碳技术。加强低碳技术的研发及产业化，推动重大低碳技术的示范应用，积极开发轻质材料、节能家电等低碳产品，控制工业领域的温室气体排放。建立企业、园区、行业等不同层次低碳评价指标体系，开展低碳工业园区试点，探索低碳产业发展模式。研究编制重点行业低碳技术推广应用目录，研究建立低碳产品评价标准、标识和认证制度，探索基于行业碳排放的经济政策和碳交易措施。

加快淘汰落后产能。充分发挥市场机制作用，综合运用法律、经济及必要的行政手段，加快形成有利于落后产能退出的市场环境和长效机制。强化安全、环保、能耗、质量、土地等指标约束作用，完善落后产能界定标准，严格市场准入条件，防止新增落后产能。加快资源性产品价格形成机制改革，实施差别电价等政策，促进落后产能加快淘汰；采取综合性调控措施，抑制高消耗、高排放产品的市场需求。严格执行环境保护、能源资源节约、清洁生产、安全生产、产品质量、职业健康等方面的法律法规和技术标准，依法淘汰落后产能。

专栏6 主要行业淘汰落后产能的重点 *

钢铁。重点淘汰90m² 以下烧结机、8m² 以下球团竖炉、400m³ 及以下高炉、30t 及以下电炉、转炉。

焦炭。重点淘汰炭化室4.3m（捣固焦炉3.8m）以下常规机焦炉、未达到焦化行业准入条件要求的热回收焦炉等产能。

铁合金。重点淘汰6300kVA 及以下普通铁合金矿热炉等产能。

有色金属。铜冶炼重点淘汰密闭鼓风炉、电炉、反射炉等落后产能。电解铝重点淘汰100kA 及以下小预焙槽等产能。铅冶炼重点淘汰采用烧结机、烧结锅、烧结盘、简易高炉等的工艺设备。淘汰落后的再生铜、再生铝、再生铅生产工艺及设备。

电石。重点淘汰开放式电石炉，单台炉变压器容量小于12500kVA 的电石炉等落后设备。逐步淘汰高汞触媒电石法聚氯乙烯生产工艺。

水泥。重点淘汰3.0m 以下水泥机械化立窑，小型水泥回转窑，水泥粉磨站直径在3.0m 以下的球磨机等产能，淘汰落后生产能力2.5亿t。

平板玻璃。全部淘汰平拉（含格法）普通玻璃生产线。

造纸。重点淘汰单条年生产能力在3.4万t 以下的非木浆生产线，年生产能力在5.1万t 以下的化学木浆生产线，年生产能力在1万t 以下的废纸制浆生产线等产能。

制革。重点淘汰年加工生皮能力在5万标张牛皮以下的生产线，年加工蓝湿皮能力在3万标张牛皮以下的生产线等产能。

印染。重点淘汰74型染整设备、浴比大于1∶10的棉及化纤间歇式染色设备等落后设备。化纤。重点淘汰湿法氨纶生产工艺，硝酸法腈纶常规纤维生产工艺，年产2万t 以下常规粘胶短纤维生产线等产能。

注：*落后产能淘汰重点将根据国家产业政策和有关规定进行动态调整。

提高工业企业安全生产水平。落实企业安全生产主体责任制，建立健全企业安全生产预防机制。加强重点行业安全生产政策、规划、标准的制定和修订，提升安全生产准入条件，对不符合安全生产标准、危及安全生产的落后技术、工艺和装备实施强制性淘汰。实施高风险化工产品、工艺和装备的替代和改造，推进高安全风险、高环境风险和安全防护距离不足的化工企业搬迁调整，规范建设安全、环保、风险可控的化工园区。研发和推广安全专用设备，加快安全生产关键技术装备升级换代，实现危险作业场所的人机隔离、遥控操作、远程监控或减少在线操作人员，增强事故的预防、预警和应急处理能力。

第五节 实施质量和品牌战略

以开发品种、提升质量、创建品牌、改善服务、提高效益为重点，大力实施质量和品牌战略，引领和创造市场需求，不断提高工业产品的附加值和竞争力。

提升工业产品质量。健全技术标准，优化产品设计，改造技术装备、推进精益制造，加强过程控制，完善检验检测，为提升产品质量提供基础保障。强化企业质量主体责任，结合行业特点推广先进质量管理方法和质量管理体系认证，推动企业建立全员、全方位、全生命周期的质量管理体系。组织开展关键原材料和基础零部件的工艺技术、质量与可靠性攻关。加强重大装备可靠性设计、试验与验证技术研究，提高产品内在质量和使用寿命。加快重点行业质量和检测标准的制修订，深入推进重点工业产品质量对标和达标工作。结合食品、化妆品、家电等行业的产品质量与安全性能的强制性认证和现行法律制度及管理措施，加强质量基础能力建设，提高产品质量检测能力。

加强自主品牌培育。鼓励企业制定品牌发展战略，支持企业通过技术创新掌握核心技术，形成具有知识产权的名牌产品，不断提升品牌形象和价值。引导企业推进品牌的多元化、系列化、差异化，创建具有国际影响力的世界级品牌。鼓励有实力的企业收购海外品牌，支持国内品牌在境外的商标注册，促进品牌国际化。发展专业品牌运营机构，在信息咨询、产品开发、市场推广、质量检测等方面为企业品牌建设提供公共服务。建立品牌评价机制，指导重点行业定期发布品牌报告，加强自有品牌培育过程的动态监测。

加强工业产品质量安全保障。以食品、药品、化妆品等为重点，完善企业产品质量追溯和质量安全检验检测体系，健全产品安全法规和标准体系。引导企业开展"质量安全承诺"活动，有序推进企业质量诚信体系建设和评价工作，逐步建立企业质量安全诚信档案，引导企业创建诚信文化。规范企业质量自我声明，建立工业产品质量监测预警制度。加强行业自律，建立企业质量诚信管理体系和评价机制。强化质量安全基础工作，加快建设废弃工业产品的环境影响数据库、产品伤害监测数据库、重点产品缺陷数据库、有害物质限量安全数据库。支持企业运用信息化手段，加强对产品全生命周期和全供应链的质量控制。支持建立面向中小企业的质量公共服务平台。推进工业企业的社会责任体系建设，建立重点企业社会责任信息披露制度。

专栏7 工业产品质量和品牌建设

工业产品质量提升。支持建设500个权威的工业产品质量技术评价实验室和800个用于产品质量改进的公共服务平台；组织实施关键基础产品质量攻关计划，提升关键原材料、基础元器件性能的稳定性；组织实施重大装备可靠性增长计划，支持开展可靠性设计、试验与验证，提升重大装备的可靠性、一致性水平。

工业企业质量诚信体系建设。以组织机构代码实名制为基础，健全工业企业质量诚信信息征集和披露、评价体系，完善政府、协会、企业联动的工作机制。建立健全企业质量安全诚信档案，完善食品质量安全追溯体系。完善工业产品技术和质量信息发布制度。建立奖惩并举、疏堵结合、多部门联动的工业产品质量信誉社会评价机制。组织完善自律规范。健全和规范"质量承诺"、"产品召回"等制度。

自主品牌培育。指导工业企业通过强化意识、增强能力、创新开发、评估改进和树立信誉等工作，积极培育知名品牌。以消费品、电子信息、机械装备等领域为重点，整合相关政策资源，重点培育100个具有国际影响力的品牌及1000个国内著名品牌。

第六节 推动大企业和中小企业协调发展

在规模经济行业促进形成一批具有国际竞争力的大集团，扶持发展大批具有"专精特新"特征的中小企业，加快形成大企业与中小企业协调发展、资源配置更富效率的产业组织结构。

推进企业兼并重组，发展一批核心竞争力强的大企业、大集团。以汽车、钢铁、水泥、船舶、机械、电子信息、电解铝、稀土、食品、医药、化妆品等行业为重点，充分发挥市场机制作用，推动优势企业强强联合、跨地区兼并重组、境外并购和投资合作，引导兼并重组企业管理创新，促进规模化、集约化经营，提高产业集中度。清理限制跨地区兼并重组的规定，理顺地区间利益分配关系，加快国有经济布局和结构的战略性调整，支持民营企业参与国有企业改革、改制和改组。鼓励通过壮大主业、资源整合、业务流程再造、资本运作等方式，加强技术创新、管理创新和商业模式创新，在研发设计、生产制造、品牌经营、专业服务、系统集成、产业链整合等方面形成核心竞争力，壮大一批具有竞争优势的大企业、大集团。

促进中小企业走"专精特新"发展道路。继续实施中小企业成长工程，着力营造环境、改善服务，鼓励、支持和引导中小企业进一步优化结构和转型成长。增强创业创新活力和吸纳就业能力，鼓励和支持创办小企业、开发新岗位，积极发展劳动密集型和特色优势中小企业，鼓励中小企业进入战略性新兴产业和现代服务业领域。引导和支持中小企业专业化发展，支持成长性中小企业做精做优，发展一批专业化企业，支持发展新模式、新业态。鼓励中小企业挖掘、保护、改造民间特色传统工艺，发展地方特色产业，形成特色产品和特色服务。引导大型企业与中小企业通过专业分工、服务外包、订单生产等多种方式开展合作，培育一批"配套专家"，提高协作配套水平。大力发展产业集群，提高中小企业集聚度，优化生产要素和资源配置。

加强企业管理和企业家队伍建设。引导企业牢固树立依法经营、照章纳税、诚实守信意识，切实维护投资者和债权人的权益，切实维护职工的合法权益。加强企业文化建设，积极推进企业社会责任建设。加快现代企业制度建设，依法建立完善的法人治理结构，完善股权激励等中长期激励制度。引导企业加强设备、工艺、操作、计量、原料、现场、财务、成本管理等基础管理工作，推动管理创新，提高管理水平和市场竞争能力。大力开发人才资源，以职业经理人为重点，培养造就一批具有全球战略眼光、管理创新能力和社会责任感的优秀企业家和一支高水平的企业经营管理者队伍。建立企业经营管理人才库，实施企业经营管理人才素质提升工程和国家中小企业银河培训工程。

第七节 优化工业空间布局

按照国家区域发展总体战略和全国主体功能区规划的要求，充分发挥区域比较优势，加快调整优化重大生产力布局，推动产业有序转移，促进产业集聚发展，促进区域产业协调发展。

调整优化工业生产力布局。按照主体功能区规划和重大生产力布局规划的要求，引导产业向适宜开发的区域集聚。根据国家产业政策要求，综合考虑区域消费市场、运输半径、资源禀赋、环境容量等因素，合理调整和优化重大生产力布局。主要依托能源和矿产资源的重大项目，优先在中西部资源富集地布局；主要利用进口资源的重大项目，优先在沿海沿江地区布局，减少资源、产品跨区域大规模调动。加强对战略性新兴产业的布局规划，引导各地根据自身的基础和条件，合理选择发展方向和布局重点。

推进产业有序转移。坚持政府引导与市场机制相结合、产业转移与产业升级相结合、优势互补与互利共赢相结合、资源开发与生态保护相结合，引导地区间产业合作和有序转移。支持中西部地区以现有工业园区和各类产业基地为依托，加强配套能力建设，进一步增强承接产业转移的能力。鼓励通过要素互换、合作兴办园区、企业联合协作，建设产业转移合作示范区。鼓励东部沿海省市在区域内有序推进产业转移。促进海峡两岸产业融合对接。开展多种形式对口支援，加强对新疆、西藏和青海的产业援助。严格禁止落后生产能力异地转移，强化产业转移中的环境和安全监管。

推动产业集聚发展。按照"布局合理、特色鲜明、集约高效、生态环保"的原则，积极推动以产业链为纽带、资源要素集聚的产业集群建设，培育关联度大、带动性强的龙头企业，完善产业链协作配套体系。加强对工业园区发展的规划引导，提升信息网络、污染集中治理、事故预防处置和公共服务平台等基础设施能力，提高土地集约节约利用水平，促进各类产业集聚区规范有序发展。发挥县域资源优势和比较优势，支持劳动密集型产业、农产品加工业向县城和中心镇集聚，形成城乡分工合理的产业发展格局。按照新型工业化要求，在国家审核公告的开发区（工业园区）和国家重点规划的产业集聚区内，创建一批产业特色鲜明、创新能力强、品牌形象优、配套条件好、节能环保水平高、产业规模和影响居全国前列的国家新型工业化产业示范基地，发展若干具有较强国际竞争力的产业基地。支持以品牌共享为基础，大力培育国家地理标志、集体商标、原产地注册、证明标志等集体品牌，提高区域品牌的知名度。

专栏8　产业集聚区及工业园区提升改造

创建国家新型工业化产业示范基地。在现有依法设立的工业园区（集聚区）中，开展国家新型工业化产业示范基地创建工作。基本条件是：一是集约程度高，规模效益好。主导产业特色突出，规模和水平居国内同行业前列；单位土地平均投资强度和平均产出均在3000万元/公顷以上。二是资源消耗低，安全有保障。单位工业增加值能耗及用水量处于国内同行业先进水平；工业"三废"排放、固体废物综合利用率指标全部达到国家标准；企业强制清洁生产审核实施率达到100%；未发生重大安全生产事故。三是创新能力强，技术水平高。研发投入占销售收入比重原则上不低于2%；有效发明专利拥有量居国内同行业前列；骨干企业工艺技术和装备先进。四是产品质量好，品牌形象优。主导产业产品质量处于国际或国内同行业先进水平；拥有一批国际国内知名品牌。五是信息化水平高。信息基础设施完备，企业在生产经营环节信息化应用达到国内同行业先进水平。六是配套服务体系完善。技术开发、检验检测、现代物流、人才培养等公共服务设施齐全，功能完善；社会保障体系健全，劳动关系和谐。

提升省级开发区（工业园区）发展水平。加强对省级开发区规划编制、产业升级、节能减排、"两化"融合等工作的指导和支持，健全省级开发区管理机制，逐步完善支持省级开发区规范发展的政策措施。

建设产业转移合作示范区。按照"政府引导、市场主导、优势互补、合作共赢"的原则，在有条件的中西部省市探索要素互换、企业合作、产业链协作等合作对接新模式，建立3~5个东（中）西产业转移合作示范区。

第八节　提升对外开放层次和水平

适应我国对外开放的新形势，更加注重引进产业升级亟需的先进技术设备，着力引进高端人才，加快实施"走出去"战略，努力提高工业对外开放的质量和水平。

提高工业领域利用外资水平。加强外资政策与产业政策的协调，鼓励外资投向先进制造、高端装备、节能环保、新能源、新材料等产业领域，积极推进战略性新兴产业的国际合作。利用国内市场优势、资源优势和智力资本优势，加强引进消化吸收再创新，积极引进研发团队等智力资源，更好地利用全球科技成果，努力掌握一批核心技术。鼓励跨国公司在华设立采购中心、研发中心和地区总部等功能性机构，发展国内配套企业。鼓励国内企业深度参与跨国公司全球价值链合作，鼓励港澳台企业到西部地区进行投资。

加快实施"走出去"战略。鼓励国内技术成熟、国际市场需求大的行业，向境外转移部分生产能力。

加强统筹规划，推动在有条件的国家和地区建立境外重化工园区。鼓励有实力企业开展境外油气、铁矿、铀矿、铜矿、铝土矿等重要能源资源的开发与合作，建立长期稳定的多元化、多渠道资源安全供应体系。鼓励国内企业在科技资源密集的国家（地区）设立研发中心，与境外研发机构和创新企业加强技术研发合作。鼓励实力强、资本雄厚的大型企业开展成套工程项目承包、跨国并购、绿地投资和知识产权国际申请注册，建立境外营销网络和区域营销中心，在全球范围开展资源配置和价值链整合。

推动加工贸易转型升级。推进加工贸易转型升级试点和示范，延长加工贸易国内增值链条，推动加工贸易从组装加工向研发、设计、核心元器件制造、物流等环节拓展；在中西部地区培育和建设一批加工贸易梯度转移重点承接地，鼓励加工贸易向中西部地区转移。完善海关特殊监管区域政策和功能，鼓励加工贸易企业向海关特殊监管区域集中。

第四章　重点领域发展导向

按照走中国特色新型工业化道路的要求，促进传统产业与战略性新兴产业、先进制造业与面向工业生产的相关服务业、民用工业和军事工业协调发展，为加快构建结构优化、技术先进、清洁安全、附加值高、吸纳就业能力强的现代产业体系夯实基础。

第一节　发展先进装备制造业

抓住产业升级的关键环节，着力提升关键基础零部件、基础工艺、基础材料、基础制造装备研发和系统集成水平，加快机床、汽车、船舶、发电设备等装备产品的升级换代，积极培育发展智能制造、新能源汽车、海洋工程装备、轨道交通装备、民用航空航天等高端装备制造业，促进装备制造业由大变强。

关键基础零部件及基础制造装备。加强铸、锻、焊、热处理和表面处理等基础工艺研究，加强工艺装备及检测能力建设，提升关键零部件质量水平。推进智能控制系统、智能仪器仪表、关键零部件、精密工模具的创新发展，建设若干行业检测试验平台。继续推进高档数控机床和基础制造装备重大科技专项实施，发展高精、高速、智能、复合、重型数控工作母机和特种加工机床、大型数控成形冲压、重型锻压、清洁高效铸造、新型焊接及热处理等基础制造装备，尽快提高我国高档数控机床和重大技术装备的技术水平。

重大智能制造装备。围绕先进制造、交通、能源、环保与资源综合利用等国民经济重点领域发展需要，组织实施智能制造装备创新发展工程和应用示范，集成创新一批以智能化成形和加工成套设备、冶金及石油石化成套设备、自动化物流成套设备、智能化造纸及印刷装备等为代表的流程制造装备和离散型制造装备，实现制造过程的智能化和绿色化。加快发展焊接、搬运、装配等工业机器人，以及安防、深海作业、救援、医疗等专用机器人。到2015年，重大成套装备及生产线系统集成水平得到大幅度提升。

节能和新能源汽车。坚持节能汽车与新能源汽车并举，进一步提高传统能源汽车节能环保和安全水平，加快纯电动汽车、插电式混合动力汽车等新能源汽车发展。组织实施节能与新能源汽车创新发展工程，通过国家科技计划（专项）有关研发工作，掌握先进内燃机、高效变速器、轻量化材料等关键技术，突破动力电池、驱动电机及管理系统等核心

技术，逐步建立和完善标准体系；持续跟踪研究燃料电池汽车技术，因地制宜、适度发展替代燃料汽车。加快传统汽车升级换代，提高污染物排放标准，减少污染物排放；稳步推进节能和新能源汽车试点示范，加快充、换电设施建设，积极探索市场推广模式。完善新能源汽车准入管理，健全汽车节能管理制度。大力推动自主品牌发展，鼓励优势企业实施兼并重组，形成3~5家具有核心竞争力的大型汽车企业集团，前10强企业产业集中度达到90%。到2015年，节能型乘用车新车平均油耗降至5.9L/百km；新能源汽车累计产销量达到50万辆。

船舶及海洋工程装备。适应新的国际造船标准及规范，建立现代造船新模式，着力优化船舶产品结构，实施品牌发展战略，加快推进散货船、油船（含化学品船）、集装箱船等主流船型升级换代。全面掌握液化天然气船（LNG）等高技术船舶的设计建造技术，加强基础共性技术和前瞻性技术研究，完善船舶科技创新体系。提升船舶配套水平，巩固优势配套产品市场地位，提升配套产品技术水平，完善关键设备二轮配套体系。重点突破深水装备关键技术，大力发展海洋油气矿产资源开发装备，积极推进海水淡化和综合利用以及海洋监测仪器设备产业化，打造珠三角、长三角和环渤海三大海洋工程装备产业集聚区。组织实施绿色精品船舶、船舶动力系统集成、深海资源探采装备、深海空间站等创新发展工程，全面提升绿色高效造船、信息化造船能力和本土配套能力。到2015年，主流船型本土化设备平均装船率达到80%，海洋工程装备世界市场份额提高到20%，船舶工业前10强企业产业集中度达到70%以上。

轨道交通装备。以满足客货运输需求和构建便捷、安全、高效的综合运输体系为导向，以快速客运网络、大运量货运通道和城市轨道交通工程建设为依托，大力发展具备节能、环保、安全优势的时速200km等级的客运机车、大轴重长编组重载货运列车、中低速磁悬浮车辆、新型城轨装备和新型服务保障装备。组织轨道交通装备关键系统攻关，加速提升关键系统和核心技术的综合能力。到2015年，轨道交通装备达到世界先进水平。

民用飞机。坚持军民结合、科技先行、质量第一和改革创新的原则，加快研制干线飞机、支线飞机、大中型直升机、大型灭火和水上救援飞机、航空发动机、核心设备和系统。深入推进大型飞机重大科技专项的实施，全面开展大型飞机及其配套的发动机、机载设备、关键材料和基础元器件的研制，

建立大型飞机研发标准和规范体系。实施支线飞机和通用航空产业创新发展工程，加快新支线飞机研制和改进改型，推进支线飞机产业化和精品化，研制新型支线飞机；发展中高端喷气公务机，研制一批新型作业类通用飞机、多用途通用飞机、直升机、教练机、无人机及其他特种飞行器，积极发展通用航空服务。到2015年，航空工业销售收入比2010年翻一番，国产单通道大型客机实现首飞，国产支线飞机、直升机和通用飞机市场占有率明显提高。

民用航天。完善我国现役运载火箭系列型谱，完成新一代运载火箭工程研制并实现首飞；实施先进上面级、多星上面级飞行演示验证；启动重型运载火箭和更大推力发动机关键技术攻关。实施月球探测、高分辨率对地观测系统等国家科技重大专项。推进国家空间基础设施建设，实施宇航产品型谱化与长寿命高可靠工程，发展新型对地观测、通信广播、新技术与科学实验卫星，不断完善应用卫星体系。进一步完善卫星地面系统建设，推进应用卫星和卫星应用由科研试验型向业务服务型转变。加强航天军民两用技术发展，拓展航天产品与服务出口市场，稳步提高卫星发射服务的国际市场份额。

节能环保和安全生产装备。紧紧围绕资源节约型、环境友好型社会建设需要，依托国家节能减排重点工程和节能环保产业重点工程，加快发展节能环保和资源循环利用技术和装备。大力发展高效节能锅炉窑炉、电机及拖动设备、余热余压利用和节能监测等节能装备。重点发展大气污染防治、水污染防治、重金属污染防治、垃圾和危险废弃物处理、环境监测仪器仪表、小城镇分散型污水处理、畜禽养殖污染物资源化利用、污水处理设施运行仪器仪表等环保设备，推进重大环保装备应用示范。加快发展生活垃圾分选、填埋、焚烧发电、生物处理和垃圾资源综合利用装备。围绕"城市矿产"工程，发展高效智能拆解和分拣装置及设备。推广应用表面工程、快速熔覆成形等再制造装备。发展先进、高效、可靠的检测监控、安全避险、安全保护、个人防护、灾害监控、特种安全设施及应急救援等安全装备，发展安全、便捷的应急净水等救灾设备。

能源装备。积极应用超临界、超超临界和循环流化床等先进发电技术，加大水电装备向高参数、大容量、巨型化转变。大力发展特高压等大容量、高效率先进输变电技术装备，推动智能电网关键设备的研制。推进大型先进压水堆和高温气冷堆国家科技重大专项实施，掌握百万千瓦级核电装备的核心技术。突破大规模储能技术瓶颈，提升风电并网技术和主轴轴承等关键零部件技术水平，着力发展适应我国风场特征的大功率陆地和海洋风电装备。依托国家有关示范工程，提高太阳能光电、光热转换效率，加快提升太阳能光伏电池、平板集热器及组件生产装备的制造能力。推动生物质能源装备和智能电网设备的研发及产业化。掌握系统设计、压缩机、电机和变频控制系统的设计制造技术，实现油气物探、测井、钻井等重大装备及天然气液化关键设备的自主制造。

专栏9 重大技术装备创新发展及示范应用工程

智能制造装备发展工程。围绕感知、决策、执行3个关键环节，研究开发新型传感器、自动控制系统、工业机器人等感知、决策装置，以及高性能液压件与气动元件、高速精密轴承、高速精密齿轮和变频调速装置等执行部件；重点开发基于机器人的汽车焊接生产线、自动化仓储与分拣系统等自动化装备；推进数字制造技术、自动测控装置、智能重大基础制造装备在百万吨乙烯工程、百万千瓦级火电、数字化车间、煤炭综采等领域的示范应用。

节能与新能源汽车。重点开展柴油机高压共轨技术等高效内燃机技术、先进变速器和汽车电子控制技术的研发与应用。大幅提高小排量发动机的技术水平和性能。支持开展普通混合动力汽车技术的研发。重点突破动力电池核心技术，支持电机及驱动系统，以及电动空调、电动转向、电动制动器等的研发和产业化，支持开展燃料电池电堆、燃料电池发动机及其关键材料的核心技术研发。支持建设新能源汽车共性技术平台。

深海探采工程装备。紧密围绕"勘、探、钻、采、运"5个核心环节，重点研制高性能物探船、深水勘察船、半潜式钻井平台、钻井船、深水生产储卸装置、深水半潜式生产平台、大功率平台供应船、潜水作业支持船、深水半潜式起重铺管船等装备，以及核心设备和系统，到2015年掌握3000m以内深水资源开发所需装备的设计建造能力。

轨道交通装备及关键系统。依托重点建设工程，健全研发、设计、制造、试验验证、标准体系和平台，突破永磁电传动、列车运行控制、安全信息传输等核心关键技术；研制配套轮轴轴承、传动齿轮箱、牵引变流器、大功率制动装置等关键零部件；开发牵引传动与控制、列车运行及网络控制等关键系统。

支线飞机和通用飞机。加强航空基础研究，开展航空发动机、机载系统和设备等的研发。积极推进ARJ21支线飞机的批量交付和系列化发展，加快新舟系列支线飞机改进改型和市场推广，根据市场需求研制新型支线飞机；发展高端公务机，研制一批新型通用飞机及其他特种飞行器。选择若干地区和相关行业进行通用航空试点。

第二节 调整优化原材料工业

立足国内市场需求，严格控制总量，加快淘汰落后产能，推进节能减排，优化产业布局，提高产业集中度，培育发展新材料产业，加快传统基础产业升级换代，构建资源再生和回收利用体系，加大资源的国际化保障力度，推动原材料工业发展迈上新台阶。

钢铁工业。严格控制新增产能和总量扩张，以技术改造、淘汰落后、兼并重组、循环经济为重点提高行业整体素质。规范行业秩序，分批公布符合生产经营规范条件的钢铁企业名单。鼓励企业差异化开发品种，重点提升大宗产品的质量和性能，鼓励开发国内短缺的关键钢材品种。推广使用400MPa及以上钢筋等节能高效钢材，力争到2015年高强度钢筋使用比重超过60%。支持以优势企业为主体，实施跨地区、跨所有制兼并重组，形成3~5家具有较强国际竞争力，6~7家具有较强实力的大型钢铁企业集团，前10位钢铁企业集团产量占全国钢铁总产量的60%左右。综合考虑资源、市场、环境和运输等条件，有序推进中心城市城区钢厂搬迁改造，调整优化钢铁工业空间布局。大力发展循环经济，提高钢铁渣、尘泥和尾矿的综合利用水平。加快废钢回收体系建设，鼓励废钢资源回收利用和废钢进口。加大国内铁矿资源勘探开发力度，加强境外资源合作开发，力争海外权益矿石进口量占铁矿石进口总量的30%以上，健全资源保障体系。鼓励企业在境外发展钢铁冶炼及深加工。

有色金属工业。以发展精深加工、提升品种质量和资源综合利用水平为重点，大力发展支撑战略性新兴产业的关键材料和市场短缺产品。提高行业准入门槛，从严控制铝、铅、锌、钛、镁冶炼产能增长。积极利用低温低压电解、强化熔炼、生物冶金等先进适用技术，加快淘汰铜、铝、铅、锌等常用有色金属落后产能，大力实施技术改造，加强含二氧化硫、氮氧化物、烟气、二噁英和汞、铅及其他重金属的污染防治。鼓励低品位矿、共伴生矿、难选冶矿、尾矿和熔炼渣等资源开发利用，建设和完善再生利用体系。鼓励大型企业投资勘探开发铜、铝、铅锌、镍等国内短缺的有色金属矿产资源，进一步推进现有老矿山深部和外围找矿。加强稀土、钨、锡、锑等稀有金属行业管理，整顿和规范勘探、开采、加工、贸易等环节秩序，继续严格控制开采和冶炼产能，大力发展稀有金属深加工。支持煤电铝加工一体化，有序扩大直供电试点。积极推进上下游企业联合重组，到2015年，铜、铝、铅、锌前10家企业产业集中度分别达到90%、90%、60%、60%。

石化及化学工业。按照一体化、集约化、基地化、多联产发展模式，从严控制项目新布点，加快推进炼化一体化新建扩建项目，统筹建设一批具有国际先进水平的千万吨级炼油和百万吨级乙烯炼化一体化基地。促进烯烃原料轻质化、多元化，全面提升炼化技术和大型装备国内保障能力。积极开发煤炭高效洁净转化和有机化工原料来源多样化技术，有序发展煤制烯烃、煤制天然气等现代煤化工；实施煤制合成氨等传统煤化工产业的技术改造，优化工艺流程，推动产业升级；鼓励煤基多联产，促进化工生产与能源转化有机结合。加强对挥发性有机物的控制与消耗臭氧层物质的逐步淘汰工作，严格氯碱、纯碱、无机盐、轮胎、涂料、氟化工、染料等行业准入，加强化学品分类和标签管理。大力发展化工新材料、高端石化产品、新型专用化学品、生物化工和节能环保等产业。优化氮肥生产原料路线和动力结构，鼓励发展专用肥料；支持中小化肥企业生产向肥料二次加工转移，促进基础肥料生产向资源地集中，完善磷、钾肥基地建设。发展高效、低毒、低残留的环境友好型农药，淘汰高毒、高残留、高环境风险的农药品种。促进化工行业推广绿色化学技术，逐步替代和淘汰对环境危害严重的持久性有机污染物及其化学品。

建材工业。重点发展节能环保型建筑构件、工程预制件等建材产品，以及具有保温隔热、隔音、防水、防火、抗震等功能的新型建筑材料及制品。大力推广窑炉余热利用、水泥粉磨节电和浮法玻璃全氧燃烧等节能技术，加强工业粉尘、氮氧化物和大气汞的治理。按等量置换原则推广新型干法水泥生产工艺，到2015年基本淘汰落后水泥产能，新型

干法水泥熟料比重超过90%。重点支持利用水泥窑协同处置城市生活垃圾、城市污泥和工业废弃物生产线建设；加大非金属矿关键技术研发应用，推进建筑卫生陶瓷产品减量化工程，开发建筑陶瓷干法生产技术及装备；建立与电力、煤炭、钢铁、化工等产业相衔接的循环经济生产体系，提高工业固体废弃物利用总量。推进企业兼并重组，到2015年前10家水泥企业、平板玻璃企业产能占全国总产能比重分别达到35%、75%以上。

专栏10　原材料行业调整升级重点

钢铁。加大高强度、高抗腐蚀性、高专项性能等关键钢材品种的开发和应用，关键品种国内保障率达到95%以上。在减少或不增加产能的前提下，综合考虑资源、市场、环境和运输等条件，加快建设湛江、防城港钢铁精品基地，积极推进中心城市城区钢厂转型和搬迁改造。重点推动鞍钢与福建三钢等跨区域兼并重组，以及河北渤海钢铁集团、太钢等区域内兼并重组。研究支持海峡西岸和新疆等地区钢铁工业发展。

电解铝。原则上不再审批新增产能项目，鼓励东部能源紧张、环境容量有限地区的电解铝产能向中西部能源资源富集地区、特别是水电资源丰富的地区转移。支持在具有水电优势、资源富集的广西、云南、四川、青海、陕西、贵州等西部地区合理有序建设有色金属工业基地。

稀有金属。坚持保护性开采与合理利用相结合，严格勘察、开采、生产加工、进出口管理，大力推进稀有金属深加工和应用。到2015年，力争使稀有金属高技术产品销售比率达到40%以上，稀土、钨、锡、锑、钼等稀有金属工业前5家企业产业集中度达到80%以上。

水泥和平板玻璃。在产能相对过剩的地区，严格执行淘汰落后产能的原则，严禁新上新增产能项目。在落后产能较多的地区，引导企业加大联合重组的力度，通过等量置换、上大压小等手段加快淘汰落后产能。

煤化工。在传统煤化工领域，不再审批单纯扩能的焦炭、电石项目，结合淘汰落后产能，对合成氨和甲醇等通过上大压小、产能置换等方式提高竞争力。在现代煤化工领域，加强统筹规划，严格行业准入，在煤炭资源和水资源丰富、环境容量较大的地区有序推进煤制烯烃产业化项目，鼓励产业链延伸，积极发展高端产品；支持具备条件地区适度发展煤制天然气项目，严格控制煤制油项目。

石化炼化一体化。立足现有企业，综合考虑原油来源、环境、市场等因素，统筹规划建设炼化一体化项目，进一步改造提升长三角、珠三角和渤海湾等传统产业区，适度发展以武汉、成都为核心的中西部内陆产业集中区，优化东北和西部地区资源配置，发展深加工产品。严格市场准入，新建炼油项目规模不得低于1000万t/年，乙烯规模不得低于100万t/年。

新材料产业。以支撑战略性新兴产业发展、保障国家重大工程建设为目标，大力发展稀土功能材料、高性能膜材料、硅氟材料、特种玻璃和功能陶瓷等新型功能材料，积极发展新型合金材料、高品质特殊钢、工程塑料、特种橡胶等先进结构材料，提升高性能纤维及其复合材料的发展水平，加强纳米、生物、超导、智能等前沿新材料的研究。加快材料设计、制备加工、服役行为、高效利用及工程化的技术研发，促进产学研用相结合，实现新材料产业与原材料工业融合发展，增强材料支撑保障能力。到2015年，新材料产业产值占原材料工业比重达到6%。

专栏11 新材料产业化及应用

高性能金属材料。加快发展高端铝合金、钛合金、镁合金等轻质高强度合金材料、高性能铜合金材料及非晶合金材料，组织开发具有高强度、耐高温、耐腐蚀、延寿等综合性能好的高品质特殊钢。

稀有金属和稀土功能材料。重点发展高性能磁体、新型显示和半导体照明用稀土发光材料和高端硬质合金，加快推进新型储氢材料、催化材料、高纯金属及靶材、原子能级锆材和银铟镉控制棒等产业化，研究突破新一代高储能密度电池材料及技术。

先进高分子材料。加快发展工程塑料、特种橡胶、高性能硅氟材料、功能性膜材料和复合功能高分子材料，加强改性及加工应用技术的开发，大力发展环保型高性能涂料、防水材料和胶黏剂等材料。

高性能纤维及高性能复合材料。加强高性能增强纤维工艺及技术装备攻关，发展碳纤维、芳纶、超高分子量聚乙烯纤维、新型无机非金属纤维等高性能增强纤维。发展新型超大规格、特殊结构的树脂基复合材料、碳/碳复合材料等，积极开发陶瓷基复合材料，努力扩大产品应用范围。

无机非金属新材料。重点发展超薄基板玻璃、光伏太阳电池用超白玻璃、导电氧化物镀膜（TCO）玻璃，鼓励发展应用低辐射（Low-E）镀膜玻璃、真空及中空玻璃等节能玻璃。组织推广高效阻燃安全保温隔热等新型建材。

第三节 改造提升消费品工业

以品牌建设、品种质量、优化布局、诚信发展为重点，增加有效供给，保障质量安全，引导消费升级，促进产业有序转移，塑造消费品工业竞争新优势。

轻工业。加强轻工产品品牌建设，引导企业增强研发设计、经营管理和市场开拓能力。重点发展智能节能型家电、节能照明电器、高效节能缝制设备、新型动力电池、绿色日用化学品、高档皮革和陶瓷，加快造纸、塑料、皮革、日化等重点行业装备关键技术产业化，推进重点行业节能减排，健全能效标准及标识管理。大力发展降解性好的包装新材料、新型绿色环保包装产品和先进包装装备。加强废旧包装、废纸、废塑料、废旧家电和电池等工业固体废弃物和废旧产品回收与综合利用。加快做强做大一批骨干企业，合理、有序引导产业转移，提升产业集群发展水平。

纺织工业。加大高新技术改造力度，发展技术先进、引领时尚、吸纳就业能力强的现代纺织工业体系。加强超仿真、功能性、差别化纤维、新型生物质纤维等的开发应用，力争使我国纤维材料技术水平达到国际先进水平。推动废旧纤维制品循环利用，再生纤维利用占纤维加工总量比重提高到15%。组织实施产业用纺织品应用示范，加强产品标准和使用规范的对接，加快产业用纺织品的开发及应用。发展高效纺纱、高速织造、短流程印染等成套装备及工艺，优化毛、麻、丝等独特资源的纺织染加工技术。提升纺织服装新产品设计和研发能力，加强营销创新和供应链管理，健全品牌价值体系，重点发展一批综合实力强的自主品牌企业。积极推进产业转移，引导企业在棉花、麻、蚕茧、羊毛等主产区发展精深加工，中西部地区纺织工业产值占全国比重提高到28%。

食品工业。加快发展现代食品工业，推广应用高效分离、节能干燥、食品生物工程、非热杀菌等先进技术，开发健康、营养、保健、方便食品。推广清洁生产技术，促进资源高效利用，提高食品加工副产物和废弃物增值综合利用水平。重点支持发酵、制糖、饮料、酿酒、调味品等行业发展循环经济。加强食品行业标准体系建设，改善企业产品质量安全检验检测条件，推进企业诚信体系建设，加强食品工业优质原料基地建设，提高产品质量安全保障能力。

专栏12 轻纺工业改造提升重点

智能节能家电。重点突破变频、空调制冷剂替代、太阳能混合动力、新材料和材料替代等应用技术，开发变频控制模块和芯片、高效环保压缩机和变频压缩机、直流电机、空气源热泵等关键零部件，发展环保、智能型家电产品。到2015年，主要家电产品能效水平平均提高10%，自有品牌家电出口比例达到30%。

高性能电池。大力发展锂电池、镍氢电池、新型结构铅蓄电池等动力电池;逐步降低电池行业铅、汞、镉的耗用量,淘汰普通开口式铅蓄电池,加快镍氢电池替代镉镍电池的步伐。

制革。加大对清洁化制革、末端污染治理以及环保型皮革化学品的研发推广力度,推进节水降耗,减少制革污染排放,发展生态皮革。到2015年,皮革产品市场知名度和市场占有率有较大幅度提高。

日用玻璃和陶瓷。推广玻璃瓶罐轻量化制造技术、节能玻璃配方,发展自动化配料及均化系统、废(碎)玻璃自动化处理系统。优化窑炉结构设计,推广节能型干燥、球磨、成型设备及高效燃烧控制、循环利用等先进技术。

化学纤维及产业用纺织品。通过分子结构改性、共混、异性、超细、复合等技术,发展仿棉涤纶和仿毛纤维;突破新型溶剂法等关键技术,实现生物质纤维产业化。发展百万吨级精对苯二甲酸(PTA)装置、大型粘胶装置、连续聚合氨纶等技术和装备。开发和提升非织造成型、织造成型、复合加工及功能性后整理技术,重点发展土工、医疗卫生、环保过滤、交通工具、安全防护等产业用纺织品。到2015年,产业用纺织品占纤维消费比重提高到25%。

食品。重点支持肉制品、乳制品等12个食品行业企业工艺技术装备的更新改造,完善原料检验、在线检测、成品质量等检测设施和手段,健全质量可追溯体系和食品工业企业诚信体系。

医药工业。以提高重大疾病防治能力和提升居民健康水平为目标,加快实现基因工程药物、抗体药物、新型疫苗关键技术和重大新产品研制及产业化,支持利用基因工程、酶工程等现代生物技术改造传统制药工艺和流程。加强化学新药的研发及产业化,抓住全球通用名药市场快速增长的机遇,培育国际市场新优势。坚持继承和创新相结合,发展疗效确切、物质基础清楚、作用机理明确、质量稳定可控的现代中药。提高先进医疗装备和高端生物医用材料的发展水平,推进核心技术和关键部件的研发及产业化。促进基本药物生产向优势企业集中,提高生产集约化、规模化水平。推动药品质量标准和生产质量管理规范升级。建立军民结合的应急特需药品研发、生产体系,健全民族药研发及产业化机制,满足应急救治的药物需求。"十二五"期间,医药工业产值年均增速保持在20%以上。

专栏13 生物医药技术创新和结构调整

重大疾病防治新药创制。以提高重大疾病防治能力为目标,支持现代生物技术药物、化学药和现代中药领域的创新药物的研发及产业化。到2015年,培育20个以上创新药物投放市场,培育20个以上具有国际竞争优势的通用名药物新品种,培育50个以上现代中药品种。

先进医疗设备创制。部署核心部件与共性关键技术研究,重点突破主要依赖进口的数字医学设备、精密医疗器械等产品,支持中医诊疗设备发展。到2015年,培育50个以上掌握核心技术、形成较大市场规模的医疗设备产品。

质量升级示范。支持综合实力较强的企业率先实施新版《药品生产质量管理规范》(GMP),鼓励优势企业开展发达国家GMP认证。到2015年,50家以上制剂企业通过发达国家GMP认证。

国际化示范。鼓励国内企业在境外同步开展临床研究,鼓励企业在境外以直接投资或并购的方式设立研发机构或生产基地,加快开展产品国际注册。到2015年,20家以上的国内企业在境外设立研发机构或生产基地。

中药材(民族药)产业化。鼓励企业建立中药材原料基地,推广规模化种植,加强重要野生药材品种人工选育。运用生物技术进行优良种源的繁育,建立和完善种子种苗基地、栽培试验示范基地,推动野生药材的家种。加强中药材认证。到2015年,建成100个以上中药材(民族药)重点品种规模化生产示范基地。

第四节 增强电子信息产业核心竞争力

坚持创新引领、融合发展，攻克核心关键技术，夯实产业发展基础，深化技术和产品应用，积极拓展国内需求，引导产业向价值链高端延伸，着力提升产业核心竞争力。

基础电子。把握电子信息产品发展新趋势，突破关键电子元器件、材料和设备的核心技术和工艺，提高产品质量和档次，形成结构优化、配套完整的基础电子产业体系。结合国家科技重大专项和产业创新发展工程，着力发展集成电路设计业，持续提升先进和特色集成电路芯片生产技术和能力，发展先进封装工艺，进一步提高测试水平，攻克关键设备、仪器、材料和电子设计自动化（EDA）工具技术工艺，实现重大产品、重大工艺和新兴领域的突破。到"十二五"末，集成电路产业规模占全球15%以上。统筹规划、合理布局，重点支持高世代薄膜晶体管液晶显示器件（TFT-LCD）面板发展，提高等离子体显示器件（PDP）产业竞争力，加快大尺寸有机电致发光显示器件（OLED）、电子纸、三维（3D）显示、激光显示等新型显示技术的研发和产业化，发展上游原材料、元器件及专用装备等配套产业，完善新型显示产业体系，平板显示产业规模占全球比重提高到20%以上。支持高端微电子器件、光电子器件、绿色电池、功率器件、传感器件等产品及关键设备、材料的研发及产业化，推动传统元器件向智能化、微型化、绿色化方向发展。

专栏14 基础电子产业跃升工程

集成电路。突破高端通用芯片核心技术，开发面向网络通信、数字视听、计算机、信息安全、工业应用等领域的集成电路产品。加快12in集成电路生产线技术升级和建设，开发45nm及以下先进工艺模块和特色工艺模块；提升先进封装工艺和测试水平；增强刻蚀机、离子注入机、互联镀铜设备、大尺寸硅片等8～12in集成电路生产线关键设备、仪器和材料的开发能力。加强对18in集成电路生产技术的储备性研发。加快国家级集成电路研发中心和公共服务平台建设。

关键电子元器件和材料。支持片式阻容感、机电组件、电声器件、智能传感器、绿色电池、印制电路板等产品的技术升级及工艺设备研发。积极发展半导体材料、太阳能光伏材料、光电子材料、压电与声光材料等，以及用于装联和封装等使用的金属材料、非金属材料、高分子材料等。

新型平板显示。重点支持6代以上TFT-LCD面板生产和玻璃基板等核心技术研发。围绕高光效技术（高能效、低成本）、高清晰度技术（3D、动态清晰度、超高清晰度）以及超薄技术进行研发，提高PDP产品性能，完善配套产业链。重点支持大尺寸OLED相关技术和工艺集成开发，攻克低温多晶硅（LTPS）技术，加强OLED关键原材料及设备本土化配套。支持电子纸及关键材料的研发及产业化。

发光二极管（LED）。重点突破外延生长和芯片制造关键技术，提高外延片和高端芯片的国内保障水平。增强功率型LED器件封装能力，加大对封装结构设计、新型封装材料及新工艺的研究与开发。加快实现金属有机化合物化学气相沉积（MOCVD）设备的量产，推进衬底材料、高纯金属有机化合物（MO源）、高性能环氧树脂以及高效荧光粉等的研发和产业化。加快检测平台建设，制定和完善LED相关标准。

计算机。提升产品研发和工业设计能力，完善和延伸产业链，增强自主品牌国际竞争力。统筹部署云计算等关键技术、产品的研发、产业化及应用，积极推动设计、产品、应用、服务融合创新和互动发展，加快移动互联网终端的研制，加强云计算平台建设，推进先导部署和应用示范。大力支持自主设计研发中央处理器（CPU）等芯片在整机中的应用，加快平板电脑、高性能计算机及服务器、网络产品、存储系统及打印输出设备、工业控制计算机、自主可信安全产品等重点产品的研发及产业化。推进绿色智能数据中心及技术业务服务平台的建设，拓展行业应用市场。加快新一代空管信息系统建设。

通信设备及终端。重点支持TD-SCDMA高端产品、TD-LTE等新一代移动通信设备和系统的研发及产业化，完善TD-LTE移动终端基带和射频芯片、应用平台和测试仪器等配套产业。积极推进大容量、超高速、高智能的光传输、交换和接入技术，以及宽带无线接入技术和产品的研发及产业化。发展传感网络关键传输设备及系统，统筹部署下一代互联网、三网融合、物联网等关键技术的研发和产业化，培育自主可控的物联网感知产业和应用服务业。积极参与国际通信标准制定，推动我国标准更多地成为国际主流标准。大力发展智能手机及信息终端、卫星应用终端等新型终端产品。加强设备制造业与电信运营业的互动，推进产品和服务的融合创新。

数字视听。加快完善平板电视产业链，重点支持网络化、智能化、节能环保、具有立体显示功能的新型彩电产品的研发与应用，促进彩电产业转型升级。加快研发适应三网融合业务要求的多种数字家庭智能终端和新型消费电子产品，支持高清投影机、高保真音响的研发与应用，大力推动数字家庭多业务应用示范，加强音视频编解码、地面数字电视传输等技术标准的推广应用。支持数字家庭产业基地建设。支持电视整机企业与上游企业资源整合，加强与内容服务企业间的联合与合作。培育具有全产业链竞争优势的行业龙头企业，完善产业配套体系。

软件业。坚持以系统带动整机和软硬件应用、以应用带动产业发展，促进软件业做强做大。加强操作系统、数据库、中间件、办公软件等基础软件的研发和推广应用，发展新一代搜索引擎及浏览器、网络资源调度管理系统、智能海量数据存储与管理系统等网络化的关键软件。重点支持数字电视、智能终端、应用电子、数字医疗设备、下一代互联网等领域嵌入式操作系统及关键软件的研发及产业化，提升工业装备和产品的智能化水平。大力发展工业软件、行业应用软件和解决方案，推动工业生产业务流程再造和优化。加快发展信息安全技术、产品和服务，构建自主可控信息安全体系和架构，完善信息安全产品及服务认证制度，提高对国家安全和重大信息系统安全的支撑能力。支持数字内容处理技术及相关产品的研发和产业化。着力培育龙头企业，鼓励中小软件企业特色化发展，形成良好的产业生态环境。推动中国软件名城创建。"十二五"期间，软件业年均增速保持在22%以上，占信息产业比重提高到20%以上。

专栏 15　物联网研发、产业化和应用示范

着力突破物联网的关键核心技术。围绕高端传感器、新型射频识别（RFID）、智能仪表、智能信息处理软件等瓶颈环节，突破核心技术，重点支持面向应用的数据挖掘和智能分析决策软件技术及产品的研发，加强高可靠、低成本传感器专用芯片、传感节点、微操作系统、嵌入式系统和适于传感器节点使用的高效电源等产品的研发及产业化，开发与新型网络架构相适应的虚拟化、低功耗技术及相应产品。

加快构建物联网标准化体系。从总体、感知、传输、应用等方面系统构建物联网标准体系。加快传感器网络组网、物品标识编码、信息传输、智能处理、安全等关键技术标准的研究制定，建立跨行业、跨领域的物联网标准化协作机制。

统筹重点领域的物联网先导应用。研究制定物联网应用行动计划，分步骤、分层次开展先导应用示范，加快形成市场化运作机制。推进物联网在先进制造、现代物流、食品安全、数字医疗、环保监测、安全生产、安全反恐（周界防护）、智慧城市以及在交通、水利、电网等基础设施中的应用。研究推进无锡国家物联网创新示范区建设。加强物联网创新服务体系建设。

第五节　提高国防科技 工业现代化水平

按照走中国特色军民融合式发展道路的要求，加快推进先进国防科技工业建设，建立和完善军民结合、寓军于民的武器装备科研生产体系，确保国防和军队现代化建设需要。

提升武器装备研发制造水平。根据国防建设需要，调整优化能力布局，加强武器装备研发条件建设，提升总体设计、总装测试和系统集成等核心能力，提高武器装备研制体系化和信息化水平。开展基础理论与前沿技术探索，增强原始创新能力。推进产学研用结合，形成创新合力，突破一批基础技术、前沿技术和关键技术，提高集成创新水平。以产业关键技术和先进制造技术为重点，大力推进引进消化吸收再创新，推动高技术武器装备自主式、跨越式和可持续发展。进一步推进国防科技工业投资体制改革，深化军工企业改革，稳步推进军工科研院所改革。

促进军民融合式发展。进一步完善武器装备科研生产许可制度体系，形成管理科学、规范有序、政策协调的武器装备科研生产准入和退出机制。引导和鼓励民间资本进入国防科技工业建设领域，形成面向全国、分类管理、有序竞争的开放式发展格局。加强国防工业与民用工业在规划、政策上的协调衔接，促进军、民科研机构的开放共享；加速军工和民用技术相互转化，促进国防领域和民用领域科技成果、人才、设施设备、信息等要素的交流融合，提高资源利用效率。开发军民两用技术和产品，加快国防科技成果转化和产业化进程，大力发展军民结合产业和军工优势产业；建设军民结合产业基地，促进军工经济与区域经济融合。到"十二五"末，基本实现国防科技与民用科技、国防科技工业与民用工业的互通、互动、互补发展。

第六节 加快发展面向工业生产的相关服务业

按照"市场化、专业化、社会化、国际化"的发展方向，大力发展面向工业生产的现代服务业，加快推进服务型制造，不断提升对工业转型升级的服务支撑能力。

工业设计及研发服务。围绕外观造型、功能创新、结构优化、包装展示以及节材节能、新材料使用等重点环节，创新设计理念，提升设计手段，壮大设计队伍，大力发展以功能设计、结构设计、形态及包装设计等为主要内容的工业设计产业。支持工业企业与设计企业开展多种形式合作，扩大工业设计服务市场。充分利用现代信息网络技术及平台，培育发展一批具备较强竞争力的专业化研发服务机构。扶持一批专业化的技术成果转化服务企业，构建多领域、网络化的技术成果转化服务体系。支持发展面向生产过程的分析、测试、计量、检测等服务，鼓励发展检索、分析、咨询、数据加工等知识产权服务。

专栏16 工业设计及研发服务发展专项

培育高素质工业设计和研发人才。推动建立工业设计专业技术人员职业资格制度。建立国家工业设计奖励制度。鼓励有条件的企业创建工业设计实训基地。吸引海外优秀工业设计和研发服务人才回国创业。

培育龙头企业。引导企业加大设计创新投入，鼓励加强设计研发服务能力建设，创新服务模式，重点培育一批工业设计和研发服务骨干企业。组织认定一批国家级企业设计中心，建立工业设计企业资质评价制度。

培育国家级示范区。面向重点产业和重点区域，加强公共服务平台建设，促进工业设计企业集聚发展，培育一批辐射能力强、带动效应显著的国家级工业设计及研发服务示范区。加强研发设计领域共性和基础性技术研发，依托产业基地建设一批研发公共服务平台。

发展生物医药等专业研发服务外包。大力发展临床前研究、药物安全性评价、临床试验及试验设计等领域的专业化第三方服务，支持发展医药研发外包（CRO）等专业服务。

制造业物流服务。引导工业企业加快物流业务整合、分离和外包，释放物流需求。推进重点行业电子商务平台与物流信息化集成发展。加强危险品流向跟踪、状态监控和来源追溯的信息化管理，提高食品、农产品等冷链物流信息管理水平。支持第三代移动通信（3G）、3S（全球卫星导航系统GNSS、地理信息系统GIS、遥感RS）、机器到机器（M2M）、射频识别（RFID）等现代信息通信技术在制造业物流领域的创新与应用。加快信用、认证、标准、支付和物流平台建设，鼓励服务创新和商业模式创新，完善企业间电子商务（B2B）发展的支撑环境。

信息服务及外包。大力发展网络化、全链条的信息传输、信息技术、信息内容等服务业。引导信息系统集成服务向产业链前后端延伸，推动咨询设计、集成实施、运行维护、测试评估、数据处理与运营服务等业务向高端化发展。支持发展面向网络新应用的信息技术服务，加快发展软件即服务（SaaS）等新型业务模式。制定推广信息技术服务标准（ITSS），加快信息技术服务支撑工具研发和服务产品化进程，促进重点软件企业面向金融、电信、医疗、能源交通等行业的知识库建设。鼓励发展信息技术外包服务（ITO）、业务流程外包服务（BPO）和知识流程外包服务（KPO），扩大服务对象和业务规模。提高信息服务及外包公共服务平台和项目分包平台的服务能力，支持外包人才培训和实训基地建设。扶持一批由制造企业中剥离形成的专业化信息服务企业，提升外包业务承接能力。

节能环保和安全生产服务。加快发展合同能源管理、清洁生产审核、绿色产品（包括节能产品、环保装备）认证评估、环境投资及风险评估等服务。推动节能服务公司为用能单位提供节能诊断、设计、融资、改造、运行等"一条龙"服务。鼓励大型重点用能单位组建专业化节能服务公司，为本行业其他用能单位提供节能服务。加大污染治理设施特许经营实施力度，引导民间投资节能环保服务产业。创新合同能源管理模式，积极推广市场化节能服务模式。积极培育企业安全生产服务市场，加快发展安全生产技术咨询、合同安全管理、工程建设、产品推广和安全风险评估、装备租赁、人才培训等专业服务。

制造服务化。鼓励制造企业积极发展精准化的定制服务、全生命周期的运维和在线支持服务，提供整体解决方案、个性化设计、多元化的融资服务、便捷化的电子商务等服务形式。引导有条件的企业从提供设备，向提供设计、承接项目、实施工程、项目控制、设施维护和管理运营等一体化服务转变，支持大型装备企业掌握系统集成能力，开展总集成总承包服务。鼓励制造企业围绕产品功能拓展，发展故障诊断、远程咨询、呼叫中心、专业维修、在线商店、位置服务等新型服务形态。推动制造企业通过业务流程再造，发展社会化专业服务，提高专业服务在产品价值中的比重。积极开发和保护工业旅游资源，推进工业旅游示范与服务标准化建设，大力开发工业专题旅游线路和旅游产品，加快完善工业旅游市场体系。

第五章 保障措施及实施机制

第一节 完善保障措施

进一步完善政策法规体系，健全促进工业转型升级的长效机制，为实现规划目标及任务提供有力保障。

健全相关法律法规。围绕推进工业转型升级的重点任务，在产业科技创新、技术改造、节能减排、兼并重组、淘汰落后产能、质量安全、中小企业、军民融合式发展等重点领域，健全和完善相关法律法规。加强民用飞机、软件、集成电路、新能源汽车、船舶、高端装备、新材料等战略性、基础性产业发展的法律保障。

完善产业政策体系及功能。动态修订重点行业产业政策，加紧制定新兴领域产业政策，加强产业政策与财税、金融、贸易、政府采购、土地、环保、安全、知识产权、质量监督、标准等政策的协调配合。充分考虑资源状况、环境承载能力和区域发展阶段，研究实施针对特定地区的差异化产业政策。制定发布战略性新兴产业和先进生产性服务业发展指导目录，逐步消除生产性服务业与工业企业在生产要素价格等方面的差异。贯彻全国主体功能区规划，制定产业转移指导目录，促进区域间生产要素合理流动、产业有序转移和生产力合理布局。依法实施反垄断审查，建立产业安全监测预警指标体系和联动机制。

强化工业标准规范及准入条件。完善重点行业技术标准和技术规范，加快健全能源资源消耗、污染物排放、质量安全、生产安全、职业危害等方面的强制性标准，制定重点行业生产经营规范条件，严格实施重点行业准入条件，加强重点行业的准入与退出管理。进一步完善淘汰落后产能工作机制和政策措施，分年度制定淘汰落后产能计划并分解到各地，建立淘汰落后产能核查公告制度。

加大财税支持力度。整合相关政策资源和资金渠道，加大对工业转型升级资金支持力度，加强对重点行业转型升级示范工程、新型工业化产业示范基地建设、工业基础能力提升、服务型制造等方面的引导和支持。完善和落实研究开发费用加计扣除、股权激励等税收政策。研究完善重大装备的首台套政策，鼓励和支持重大装备出口；完善进口促进政策，扩大先进技术装备和关键零部件进口。稳步扩大中小企业发展专项资金规模。发挥关闭小企业补助资金作用。制定政府采购扶持中小企业的具体办法，进一步减轻中小企业社会负担。

加强和改进金融服务。鼓励汽车、电子信息、家电等企业与金融机构密切合作，在控制风险的前提下，开发完善各类消费信贷产品。鼓励金融机构开发适应小型和微型企业、生产性服务企业需要的金融产品。完善信贷体系与保险、担保之间的联动机制，促进知识产权质押贷款等金融创新。加快发展主板（含中小板）、创业板、场外市场，完善多层次资本市场体系；积极推进债券市场建设，完善信用债券发行及风险控制机制；支持符合条件的工业企业在主板（含中小板）、创业板首次公开发行并上市，鼓励符合条件的上市企业通过再融资和发行公司债券做大做强。支持企业利用资本市场开展兼并重组，加强企业兼并重组中的风险监控，完善对重大企业兼并重组交易的管理。

健全节能减排约束与激励机制。完善节能减排、淘汰落后、质量安全、安全生产等方面的绩效评价和责任制。建立工业产品能效标识、节能产品认证、能源管理体系认证制度，制定行业清洁生产评价指标体系。加强固定资产投资项目节能评估和审查。研究制定促进"两型"企业创建的政策措施。严格限制高耗能、高排放产品出口。建立完善生产者责任延伸制度，研究建立工业生态设计产品标志制度。制定鼓励安全产业发展和鼓励企业增加安全投入的政策措施，支持有效消除重大安全隐患的搬迁改造项目。加强重点用能企业节能管理，完善重点行业节能减排统计监测和考核体系。

推进中小企业服务体系建设。以中小企业服务需求为导向，着力搭建服务平台，完善运行机制，壮大服务队伍，整合服务资源。充分发挥行业协会和科研院所作用，支持各类专业服务机构发展，重点支持国家中小企业公共服务示范平台建设，构建体系完整、结构合理、资源共享、服务协同的中小企业服务体系。发挥财政资金引导作用，鼓励社会投资广泛参与，加快中小企业公共服务平台和小企业创业基地等公共服务设施建设。建立多层次的中小企业信用担保体系，推进中小企业信用制度建设。加强对小型微型企业的培训力度，提高经营管理水平。

深化工业重点行业和领域体制改革。加快推进垄断行业改革，强化政府监管和市场监督，形成平等准入、公平竞争的市场环境。健全国有资本有进有退、合理流动机制，促进国有资本向关系国家安全和国民经济命脉的重要行业和重要领域集中。完善投资体制机制，落实民间投资进入相关重点领域的政策，切实保护民间投资的合法权益。进一步简化审批手续，落实企业境外投资自主权，支持国内优势企业开展国际化经营。完善工业园区管理体制，促进工业企业和项目向工业园区和产业集聚区集中。

第二节　健全实施机制

地方各级人民政府及国务院有关部门要切实履行职责，强化组织领导，周密部署、加强协作，保障规划顺利实施。

建立部际协调机制。建立由工业和信息化部牵头、相关部门和单位参加的部际协调机制，加强政策协调，切实推动规划实施。工业和信息化部牵头制定重点行业和领域转型升级总体方案，各地根据实际情况制定具体实施方案。

明确规划实施责任。规划提出的预期性指标和产业发展等任务，主要依靠市场主体的自主行为实现。地方各级人民政府及国务院有关部门要完善规划实施环境和市场机制，加强对市场主体行为的引导。对规划确定的约束性任务，地方各级人民政府及国务院有关部门要加强宏观指导，做好跟踪监测和信息发布，定期公布各地区规划目标完成情况，切实发挥规划的导向作用。

加强和创新工业管理。进一步强化工业管理部门在制定和实施发展规划、产业政策、行业标准等方面的职责，创新工业管理方式和手段。完善行业工业经济监测网络和指标体系，强化行业信息统计和信息发布。加强工业生产要素衔接。充分发挥行业协会、中介组织等在加强行业管理、推动企业社会责任建设等方面的积极作用。

强化规划监测评估。建立动态评估机制，强化对规划实施情况的跟踪分析和督促检查。工业和信息化部要提出规划实施年度进展情况报告，并适时开展中期评估，不断优化规划实施方案和保障措施，促进规划目标和任务的顺利实现。

国务院关于进一步做好打击侵犯知识产权和
制售假冒伪劣商品工作的意见

国发〔2011〕37 号

各省、自治区、直辖市人民政府，国务院各部委、各直属机构：

党中央、国务院高度重视保护知识产权和打击制售假冒伪劣商品工作，近年来采取了一系列政策措施，推动我国知识产权保护和产品质量安全水平不断提高。2010 年 10 月至 2011 年 6 月，国务院部署开展了打击侵犯知识产权和制售假冒伪劣商品（以下简称打击侵权和假冒伪劣）专项行动，集中整治侵权和假冒伪劣突出问题，查办了一批大案要案，维护了公平竞争的市场秩序，增强了全社会的知识产权意识。但一些地区对打击侵权和假冒伪劣工作重视不够，侵权和假冒伪劣行为仍时有发生，有些行政执法领域存在有案不移、有案难移、以罚代刑现象，相关工作机制有待完善。打击侵权和假冒伪劣是一项长期、复杂、艰巨的任务，为进一步做好相关工作，建立健全长效机制，现提出以下意见：

一、依法严厉打击侵权和假冒伪劣行为

（一）切实加大行政执法力度。各地区、各有关部门要围绕食品、药品、化妆品、农资、建材、机电、汽车配件等重点商品，以及著作权、商标、专利等领域的突出问题，确定阶段工作目标，定期开展专项整治，继续保持打击侵权和假冒伪劣的高压态势。要严格对生产经营企业的监管，切实加强市场巡查和产品抽查抽检，对发现的侵权和假冒伪劣线索追根溯源，深挖生产源头和销售网络，依法取缔无证照生产经营的"黑作坊"、"黑窝点"。要强化重点口岸执法，加大对进出口货物的监管力度，有效遏制进出口环节侵权和假冒伪劣违法活动。要大力整治利用互联网发布虚假商品信息，严厉打击互联网领域侵权和销售假冒伪劣商品行为，依法吊销严重违法违规网站的电信业务经营许可证或注销网站备案，规范网络交易和经营秩序。要创新监管手段，完善重点产品追溯制度，推动落实生产经营企业进货查验、索证索票和质量承诺制度。要督促相关企业切实履行主体责任，严把产品质量关；市场开办者、网络交易平台经营者要承担相应的管理责任，引导和督促商户规范经营。

（二）进一步强化刑事司法打击。公安机关对侵权和假冒伪劣犯罪及相关商业贿赂犯罪要及时立案侦查，明确查办责任主体和办理时限，对情节严重、影响恶劣的重点案件要挂牌督办。要加大对制售假冒伪劣食品、药品、农资等直接损害群众切身利益的违法犯罪行为的查处力度，定期开展集中打击行动。要发掘相关案件线索，深挖犯罪组织者、策划者和生产加工窝点，摧毁其产供销产业链条。有关部门要主动支持配合公安机关履行侦查职责，支持配合检察机关履行审查批捕、审查起诉、诉讼监督和对行政执法机关移送涉嫌犯罪案件的监督职责，支持配合法院做好侵权和假冒伪劣犯罪案件审理工作，依法严惩犯罪分子。

（三）加强行政执法与刑事司法有效衔接。商务部作为打击侵权和假冒伪劣领域行政执法与刑事司法衔接工作牵头部门，要切实负起责任，加强统筹协调。行政执法部门在执法检查时发现侵权和假冒伪劣行为涉嫌犯罪的，要及时向公安机关通报，并按规定移送涉嫌犯罪案件；公安机关接报后应当立即调查，并依法作出立案或者不予立案的决定。公安机关依法提请行政执法部门作出检验、鉴定、认定等协助的，行政执法部门应当予以协助。县级以上地方人民政府要尽快明确打击侵权和假冒伪劣领域行政执法与刑事司法衔接工作的牵头单位，建立健全联席会议、案件咨询等制度，及时会商复杂、疑难案件，研究解决衔接工作中的问题。司法机关应当积极支持行政执法部门依法办案，强化协调配合。要加快建设打击侵权和假冒伪劣领域行政执法与刑事司法衔接工作信息共享平台，2013 年年底前分批全面建设完成，实现行政执法部门与司法机关之间执法、司法信息互联互通。除适用简易程序的案件外，行政执法部门应在规定时间内将相关案件

信息录入共享平台。对涉嫌犯罪案件不移送、不受理或推诿执法协作的，由监察部门或检察机关依纪依法追究有关单位和人员的责任。

（四）建立跨地区跨部门执法协作机制。各地区、各有关部门要建立联络员制度，定期研判侵权和假冒伪劣违法犯罪形势，确定重点打击的目标和措施。建立线索通报、案件协办、联合执法、定期会商等制度，完善立案协助、调查取证、证据互认、协助执行及应急联动工作机制，形成打击合力，增强打击效果。规范执法协作流程，加强区域间执法信息共享，提高跨区域执法协作监管效能。充分发挥部门联合办案优势，行政执法部门依法提请公安机关联合执法的，公安机关应当依法给予积极协助。

二、建立健全打击侵权和假冒伪劣的约束激励机制

（五）健全监督考核制度。将打击侵权和假冒伪劣工作纳入政府绩效考核体系，并推动纳入社会治安综合治理考评范围，逐级开展督促检查。对侵权和假冒伪劣问题突出的地区，要督促加强执法、限期整改。监察机关要加大行政监察和问责力度，对因履职不力导致区域性、系统性侵权和假冒伪劣问题发生的，严肃追究当地政府负责人和相关监管部门的责任。

（六）加快诚信体系建设。商务诚信是社会诚信体系的重要组成部分。要把打击侵权和假冒伪劣作为社会诚信体系建设的突破口和重要抓手，努力营造诚实、自律、守信、互信的社会信用环境。各地区、各执法监管部门要建立企业和个体经营者诚信档案，记录有关身份信息和信用信息，推进信用信息系统互联互通，实现信息共享。完善违规失信惩戒机制，将实施侵权和假冒伪劣行为的企业和企业法人、违法行为责任人纳入"黑名单"，鼓励金融机构将企业诚信状况与银行授信挂钩。建立和完善信用信息查询和披露制度，引导企业和个体经营者增强诚信意识。

三、动员社会力量参与打击侵权和假冒伪劣工作

（七）充分发挥社会监督作用。加强维权援助举报投诉平台和举报处置指挥信息化平台建设，完善举报投诉受理处置机制，充分发挥各地区、各有关部门举报投诉热线电话、网络平台的作用。建立和完善有奖举报制度，落实奖励经费，鼓励社会公众举报侵权和假冒伪劣行为。行政执法部门要依法将

侵权和假冒伪劣案件纳入政府信息公开范围，案件办结后按有关规定公布案件主体信息、案由以及处罚情况，接受社会监督，警示企业与经营者。

（八）加大宣传教育力度。各地区、各有关部门要充分利用电视、广播、报刊、网络等传播渠道，大力宣传打击侵权和假冒伪劣的政策措施、工作进展和成效，解读相关法律法规和政策，普及识假防骗知识，宣传注重创新、诚信经营的企业，曝光典型案件，震慑犯罪分子，教育和引导社会公众自觉抵制侵权和假冒伪劣产品。加强知识产权保护法律服务工作，开展知识产权保护进企业、进社区、进学校、进网络活动，强化对领导干部、行政执法和司法人员、企业管理人员的知识产权培训。以全国打击侵犯知识产权和制售假冒伪劣商品专项行动成果网络展为基础，建设集宣传、教育、警示等功能为一体的打击侵权和假冒伪劣工作平台。

四、完善打击侵权和假冒伪劣工作的保障措施

（九）加强组织领导和统筹协调。设立全国打击侵犯知识产权和制售假冒伪劣商品工作领导小组（办公室设在商务部），负责领导全国打击侵犯知识产权和制售假冒伪劣商品工作。地方人民政府对本地区打击侵权和假冒伪劣工作负总责，统一领导和协调对侵权和假冒伪劣重点区域、重点市场的整治；各监管部门要制定加强监管的具体措施，指导和督促基层开展工作，切实负起监管责任。形成"全国统一领导、地方政府负责、部门依法监管、各方联合行动"的工作格局，推动打击侵权和假冒伪劣工作扎实有序开展。

（十）完善相关法律制度。研究修订打击侵权和假冒伪劣相关法律法规和规章，推动完善刑事定罪量刑标准，健全相关检验、鉴定标准，加大对侵权和假冒伪劣行为的惩处力度，为依法有效打击侵权和假冒伪劣行为提供有力法制保障。对跨境、有组织知识产权犯罪以及利用互联网等新技术实施侵权和假冒伪劣的行为，各地区、各有关部门要研究完善相应的执法监管措施。

（十一）加强执法能力建设。加强执法队伍业务和作风建设，提高业务水平和依法行政能力。严格执法人员持证上岗和资格管理制度，做到严格执法、规范执法、公正执法、文明执法。充实基层行政执法人员，加强刑事司法打击侵权和假冒伪劣犯罪专业力量，下移监管重心，推进综合执法和联合执法。保障打击侵权和假冒伪劣工作经费，改善执法装备

和检验检测技术条件，提高执法监管能力。

（十二）加强国际交流合作。建立和完善多双边的执法合作机制，进一步提高对跨境侵权和假冒伪劣行为的打击能力。建立健全企业知识产权海外预警、维权和争端解决机制，提高企业在对外贸易投资中的知识产权保护和运用能力。加强多双边知识产权交流，增进互利合作。建立国际知识产权法规政策和动态信息资料库，学习和借鉴先进经验，提高我国知识产权保护水平。

国务院

二〇一一年十一月十三日

中华人民共和国国务院令

第 613 号

《中华人民共和国招标投标法实施条例》已经 2011 年 11 月 30 日国务院第 183 次常务会议通过，现予公布，自 2012 年 2 月 1 日起施行。

总理 温家宝
二〇一一年十二月二十日

中华人民共和国招标投标法实施条例

第一章 总 则

第一条 为了规范招标投标活动，根据《中华人民共和国招标投标法》（以下简称招标投标法），制定本条例。

第二条 招标投标法第三条所称工程建设项目，是指工程以及与工程建设有关的货物、服务。

前款所称工程，是指建设工程，包括建筑物和构筑物的新建、改建、扩建及其相关的装修、拆除、修缮等；所称与工程建设有关的货物，是指构成工程不可分割的组成部分，且为实现工程基本功能所必需的设备、材料等；所称与工程建设有关的服务，是指为完成工程所需的勘察、设计、监理等服务。

第三条 依法必须进行招标的工程建设项目的具体范围和规模标准，由国务院发展改革部门会同国务院有关部门制订，报国务院批准后公布施行。

第四条 国务院发展改革部门指导和协调全国招标投标工作，对国家重大建设项目的工程招标投标活动实施监督检查。国务院工业和信息化、住房城乡建设、交通运输、铁道、水利、商务等部门，按照规定的职责分工对有关招标投标活动实施监督。

县级以上地方人民政府发展改革部门指导和协调本行政区域的招标投标工作。县级以上地方人民政府有关部门按照规定的职责分工，对招标投标活动实施监督，依法查处招标投标活动中的违法行为。县级以上地方人民政府对其所属部门有关招标投标活动的监督职责分工另有规定的，从其规定。

财政部门依法对实行招标投标的政府采购工程建设项目的预算执行情况和政府采购政策执行情况实施监督。

监察机关依法对与招标投标活动有关的监察对象实施监察。

第五条 设区的市级以上地方人民政府可以根据实际需要，建立统一规范的招标投标交易场所，为招标投标活动提供服务。招标投标交易场所不得与行政监督部门存在隶属关系，不得以营利为目的。

国家鼓励利用信息网络进行电子招标投标。

第六条 禁止国家工作人员以任何方式非法干涉招标投标活动。

第二章 招 标

第七条 按照国家有关规定需要履行项目审批、核准手续的依法必须进行招标的项目，其招标范围、招标方式、招标组织形式应当报项目审批、核准部门审批、核准。项目审批、核准部门应当及时将审批、核准确定的招标范围、招标方式、招标组织形式通报有关行政监督部门。

第八条 国有资金占控股或者主导地位的依法必须进行招标的项目，应当公开招标；但有下列情形之一的，可以邀请招标：

（一）技术复杂、有特殊要求或者受自然环境限制，只有少量潜在投标人可供选择；

（二）采用公开招标方式的费用占项目合同金额的比例过大。

有前款第二项所列情形，属于本条例第七条规定的项目，由项目审批、核准部门在审批、核准项目时作出认定；其他项目由招标人申请有关行政监督部门作出认定。

第九条　除招标投标法第六十六条规定的可以不进行招标的特殊情况外，有下列情形之一的，可以不进行招标：

（一）需要采用不可替代的专利或者专有技术；

（二）采购人依法能够自行建设、生产或者提供；

（三）已通过招标方式选定的特许经营项目投资人依法能够自行建设、生产或者提供；

（四）需要向原中标人采购工程、货物或者服务，否则将影响施工或者功能配套要求；

（五）国家规定的其他特殊情形。

招标人为适用前款规定弄虚作假的，属于招标投标法第四条规定的规避招标。

第十条　招标投标法第十二条第二款规定的招标人具有编制招标文件和组织评标能力，是指招标人具有与招标项目规模和复杂程度相适应的技术、经济等方面的专业人员。

第十一条　招标代理机构的资格依照法律和国务院的规定由有关部门认定。

国务院住房城乡建设、商务、发展改革、工业和信息化等部门，按照规定的职责分工对招标代理机构依法实施监督管理。

第十二条　招标代理机构应当拥有一定数量的取得招标职业资格的专业人员。取得招标职业资格的具体办法由国务院人力资源社会保障部门会同国务院发展改革部门制定。

第十三条　招标代理机构在其资格许可和招标人委托的范围内开展招标代理业务，任何单位和个人不得非法干涉。

招标代理机构代理招标业务，应当遵守招标投标法和本条例关于招标人的规定。招标代理机构不得在所代理的招标项目中投标或者代理投标，也不得为所代理的招标项目的投标人提供咨询。

招标代理机构不得涂改、出租、出借、转让资格证书。

第十四条　招标人应当与被委托的招标代理机构签订书面委托合同，合同约定的收费标准应当符合国家有关规定。

第十五条　公开招标的项目，应当依照招标投标法和本条例的规定发布招标公告、编制招标文件。

招标人采用资格预审办法对潜在投标人进行资格审查的，应当发布资格预审公告、编制资格预审文件。

依法必须进行招标的项目的资格预审公告和招标公告，应当在国务院发展改革部门依法指定的媒介发布。在不同媒介发布的同一招标项目的资格预审公告或者招标公告的内容应当一致。指定媒介发布依法必须进行招标的项目的境内资格预审公告、招标公告，不得收取费用。

编制依法必须进行招标的项目的资格预审文件和招标文件，应当使用国务院发展改革部门会同有关行政监督部门制定的标准文本。

第十六条　招标人应当按照资格预审公告、招标公告或者投标邀请书规定的时间、地点发售资格预审文件或者招标文件。资格预审文件或者招标文件的发售期不得少于5日。

招标人发售资格预审文件、招标文件收取的费用应当限于补偿印刷、邮寄的成本支出，不得以营利为目的。

第十七条　招标人应当合理确定提交资格预审申请文件的时间。依法必须进行招标的项目提交资格预审申请文件的时间，自资格预审文件停止发售之日起不得少于5日。

第十八条　资格预审应当按照资格预审文件载明的标准和方法进行。

国有资金占控股或者主导地位的依法必须进行招标的项目，招标人应当组建资格审查委员会审查资格预审申请文件。资格审查委员会及其成员应当遵守招标投标法和本条例有关评标委员会及其成员的规定。

第十九条　资格预审结束后，招标人应当及时向资格预审申请人发出资格预审结果通知书。未通过资格预审的申请人不具有投标资格。

通过资格预审的申请人少于3个的，应当重新招标。

第二十条　招标人采用资格后审办法对投标人进行资格审查的，应当在开标后由评标委员会按照招标文件规定的标准和方法对投标人的资格进行审查。

第二十一条　招标人可以对已发出的资格预审文件或者招标文件进行必要的澄清或者修改。澄清或者修改的内容可能影响资格预审申请文件或者投标文件编制的，招标人应当在提交资格预审申请文件截止时间至少3日前，或者投标截止时间至少15日前，以书面形式通知所有获取资格预审文件或者招标文件的潜在投标人；不足3日或者15日的，招标人应当顺延提交资格预审申请文件或者投标文件的截止时间。

第二十二条　潜在投标人或者其他利害关系人

对资格预审文件有异议的，应当在提交资格预审申请文件截止时间 2 日前提出；对招标文件有异议的，应当在投标截止时间 10 日前提出。招标人应当自收到异议之日起 3 日内作出答复；作出答复前，应当暂停招标投标活动。

第二十三条 招标人编制的资格预审文件、招标文件的内容违反法律、行政法规的强制性规定，违反公开、公平、公正和诚实信用原则，影响资格预审结果或者潜在投标人投标的，依法必须进行招标的项目的招标人应当在修改资格预审文件或者招标文件后重新招标。

第二十四条 招标人对招标项目划分标段的，应当遵守招标投标法的有关规定，不得利用划分标段限制或者排斥潜在投标人。依法必须进行招标的项目的招标人不得利用划分标段规避招标。

第二十五条 招标人应当在招标文件中载明投标有效期。投标有效期从提交投标文件的截止之日起算。

第二十六条 招标人在招标文件中要求投标人提交投标保证金的，投标保证金不得超过招标项目估算价的 2%。投标保证金有效期应当与投标有效期一致。

依法必须进行招标的项目的境内投标单位，以现金或者支票形式提交的投标保证金应当从其基本账户转出。

招标人不得挪用投标保证金。

第二十七条 招标人可以自行决定是否编制标底。一个招标项目只能有一个标底。标底必须保密。

接受委托编制标底的中介机构不得参加受托编制标底项目的投标，也不得为该项目的投标人编制投标文件或者提供咨询。

招标人设有最高投标限价的，应当在招标文件中明确最高投标限价或者最高投标限价的计算方法。招标人不得规定最低投标限价。

第二十八条 招标人不得组织单个或者部分潜在投标人踏勘项目现场。

第二十九条 招标人可以依法对工程以及与工程建设有关的货物、服务全部或者部分实行总承包招标。以暂估价形式包括在总承包范围内的工程、货物、服务属于依法必须进行招标的项目范围且达到国家规定规模标准的，应当依法进行招标。

前款所称暂估价，是指总承包招标时不能确定价格而由招标人在招标文件中暂时估定的工程、货物、服务的金额。

第三十条 对技术复杂或者无法精确拟定技术规格的项目，招标人可以分两阶段进行招标。

第一阶段，投标人按照招标公告或者投标邀请书的要求提交不带报价的技术建议，招标人根据投标人提交的技术建议确定技术标准和要求，编制招标文件。

第二阶段，招标人向在第一阶段提交技术建议的投标人提供招标文件，投标人按照招标文件的要求提交包括最终技术方案和投标报价的投标文件。

招标人要求投标人提交投标保证金的，应当在第二阶段提出。

第三十一条 招标人终止招标的，应当及时发布公告，或者以书面形式通知被邀请的或者已经获取资格预审文件、招标文件的潜在投标人。已经发售资格预审文件、招标文件或者已经收取投标保证金的，招标人应当及时退还所收取的资格预审文件、招标文件的费用，以及所收取的投标保证金及银行同期存款利息。

第三十二条 招标人不得以不合理的条件限制、排斥潜在投标人或者投标人。

招标人有下列行为之一的，属于以不合理条件限制、排斥潜在投标人或者投标人：

（一）就同一招标项目向潜在投标人或者投标人提供有差别的项目信息；

（二）设定的资格、技术、商务条件与招标项目的具体特点和实际需要不相适应或者与合同履行无关；

（三）依法必须进行招标的项目以特定行政区域或者特定行业的业绩、奖项作为加分条件或者中标条件；

（四）对潜在投标人或者投标人采取不同的资格审查或者评标标准；

（五）限定或者指定特定的专利、商标、品牌、原产地或者供应商；

（六）依法必须进行招标的项目非法限定潜在投标人或者投标人的所有制形式或者组织形式；

（七）以其他不合理条件限制、排斥潜在投标人或者投标人。

第三章 投　标

第三十三条 投标人参加依法必须进行招标的项目的投标，不受地区或者部门的限制，任何单位和个人不得非法干涉。

第三十四条 与招标人存在利害关系可能影响招标公正性的法人、其他组织或者个人，不得参加投标。

单位负责人为同一人或者存在控股、管理关系的不同单位，不得参加同一标段投标或者未划分标段的同一招标项目投标。

违反前两款规定的，相关投标均无效。

第三十五条　投标人撤回已提交的投标文件，应当在投标截止时间前书面通知招标人。招标人已收取投标保证金的，应当自收到投标人书面撤回通知之日起5日内退还。

投标截止后投标人撤销投标文件的，招标人可以不退还投标保证金。

第三十六条　未通过资格预审的申请人提交的投标文件，以及逾期送达或者不按照招标文件要求密封的投标文件，招标人应当拒收。

招标人应当如实记载投标文件的送达时间和密封情况，并存档备查。

第三十七条　招标人应当在资格预审公告、招标公告或者投标邀请书中载明是否接受联合体投标。

招标人接受联合体投标并进行资格预审的，联合体应当在提交资格预审申请文件前组成。资格预审后联合体增减、更换成员的，其投标无效。

联合体各方在同一招标项目中以自己名义单独投标或者参加其他联合体投标的，相关投标均无效。

第三十八条　投标人发生合并、分立、破产等重大变化的，应当及时书面告知招标人。投标人不再具备资格预审文件、招标文件规定的资格条件或者其投标影响招标公正性的，其投标无效。

第三十九条　禁止投标人相互串通投标。

有下列情形之一的，属于投标人相互串通投标：

（一）投标人之间协商投标报价等投标文件的实质性内容；

（二）投标人之间约定中标人；

（三）投标人之间约定部分投标人放弃投标或者中标；

（四）属于同一集团、协会、商会等组织成员的投标人按照该组织要求协同投标；

（五）投标人之间为谋取中标或者排斥特定投标人而采取的其他联合行动。

第四十条　有下列情形之一的，视为投标人相互串通投标：

（一）不同投标人的投标文件由同一单位或者个人编制；

（二）不同投标人委托同一单位或者个人办理投标事宜；

（三）不同投标人的投标文件载明的项目管理成员为同一人；

（四）不同投标人的投标文件异常一致或者投标报价呈规律性差异；

（五）不同投标人的投标文件相互混装；

（六）不同投标人的投标保证金从同一单位或者个人的账户转出。

第四十一条　禁止招标人与投标人串通投标。

有下列情形之一的，属于招标人与投标人串通投标：

（一）招标人在开标前开启投标文件并将有关信息泄露给其他投标人；

（二）招标人直接或者间接向投标人泄露标底、评标委员会成员等信息；

（三）招标人明示或者暗示投标人压低或者抬高投标报价；

（四）招标人授意投标人撤换、修改投标文件；

（五）招标人明示或者暗示投标人为特定投标人中标提供方便；

（六）招标人与投标人为谋求特定投标人中标而采取的其他串通行为。

第四十二条　使用通过受让或者租借等方式获取的资格、资质证书投标的，属于招标投标法第三十三条规定的以他人名义投标。

投标人有下列情形之一的，属于招标投标法第三十三条规定的以其他方式弄虚作假的行为：

（一）使用伪造、变造的许可证件；

（二）提供虚假的财务状况或者业绩；

（三）提供虚假的项目负责人或者主要技术人员简历、劳动关系证明；

（四）提供虚假的信用状况；

（五）其他弄虚作假的行为。

第四十三条　提交资格预审申请文件的申请人应当遵守招标投标法和本条例有关投标人的规定。

第四章　开标、评标和中标

第四十四条　招标人应当按照招标文件规定的时间、地点开标。

投标人少于3个的，不得开标；招标人应当重新招标。

投标人对开标有异议的，应当在开标现场提出，招标人应当当场作出答复，并制作记录。

第四十五条　国家实行统一的评标专家专业分类标准和管理办法。具体标准和办法由国务院发展改革部门会同国务院有关部门制定。

省级人民政府和国务院有关部门应当组建综合评标专家库。

第四十六条　除招标投标法第三十七条第三款规定的特殊招标项目外，依法必须进行招标的项目，其评标委员会的专家成员应当从评标专家库内相关专业的专家名单中以随机抽取方式确定。任何单位和个人不得以明示、暗示等任何方式指定或者变相指定参加评标委员会的专家成员。

依法必须进行招标的项目的招标人非因招标投标法和本条例规定的事由，不得更换依法确定的评标委员会成员。更换评标委员会的专家成员应当依照前款规定进行。

评标委员会成员与投标人有利害关系的，应当主动回避。

有关行政监督部门应当按照规定的职责分工，对评标委员会成员的确定方式、评标专家的抽取和评标活动进行监督。行政监督部门的工作人员不得担任本部门负责监督项目的评标委员会成员。

第四十七条　招标投标法第三十七条第三款所称特殊招标项目，是指技术复杂、专业性强或者国家有特殊要求，采取随机抽取方式确定的专家难以保证胜任评标工作的项目。

第四十八条　招标人应当向评标委员会提供评标所必需的信息，但不得明示或者暗示其倾向或者排斥特定投标人。

招标人应当根据项目规模和技术复杂程度等因素合理确定评标时间。超过1/3的评标委员会成员认为评标时间不够的，招标人应当适当延长。

评标过程中，评标委员会成员有回避事由、擅离职守或者因健康等原因不能继续评标的，应当及时更换。被更换的评标委员会成员作出的评审结论无效，由更换后的评标委员会成员重新进行评审。

第四十九条　评标委员会成员应当依照招标投标法和本条例的规定，按照招标文件规定的评标标准和方法，客观、公正地对投标文件提出评审意见。招标文件没有规定的评标标准和方法不得作为评标的依据。

评标委员会成员不得私下接触投标人，不得收受投标人给予的财物或者其他好处，不得向招标人征询确定中标人的意向，不得接受任何单位或者个人明示或者暗示提出的倾向或者排斥特定投标人的要求，不得有其他不客观、不公正履行职务的行为。

第五十条　招标项目设有标底的，招标人应当在开标时公布。标底只能作为评标的参考，不得以投标报价是否接近标底作为中标条件，也不得以投标报价超过标底上下浮动范围作为否决投标的条件。

第五十一条　有下列情形之一的，评标委员会应当否决其投标：

（一）投标文件未经投标单位盖章和单位负责人签字；

（二）投标联合体没有提交共同投标协议；

（三）投标人不符合国家或者招标文件规定的资格条件；

（四）同一投标人提交两个以上不同的投标文件或者投标报价，但招标文件要求提交备选投标的除外；

（五）投标报价低于成本或者高于招标文件设定的最高投标限价；

（六）投标文件没有对招标文件的实质性要求和条件作出响应；

（七）投标人有串通投标、弄虚作假、行贿等违法行为。

第五十二条　投标文件中有含义不明确的内容、明显文字或者计算错误，评标委员会认为需要投标人作出必要澄清、说明的，应当书面通知该投标人。投标人的澄清、说明应当采用书面形式，并不得超出投标文件的范围或者改变投标文件的实质性内容。

评标委员会不得暗示或者诱导投标人作出澄清、说明，不得接受投标人主动提出的澄清、说明。

第五十三条　评标完成后，评标委员会应当向招标人提交书面评标报告和中标候选人名单。中标候选人应当不超过3个，并标明排序。

评标报告应当由评标委员会全体成员签字。对评标结果有不同意见的评标委员会成员应当以书面形式说明其不同意见和理由，评标报告应当注明该不同意见。评标委员会成员拒绝在评标报告上签字又不书面说明其不同意见和理由的，视为同意评标结果。

第五十四条　依法必须进行招标的项目，招标人应当自收到评标报告之日起3日内公示中标候选人，公示期不得少于3日。

投标人或者其他利害关系人对依法必须进行招标的项目的评标结果有异议的，应当在中标候选人公示期间提出。招标人应当自收到异议之日起3日内作出答复；作出答复前，应当暂停招标投标活动。

第五十五条　国有资金占控股或者主导地位的依法必须进行招标的项目，招标人应当确定排名第一的中标候选人为中标人。排名第一的中标候选人放弃中标、因不可抗力不能履行合同、不按照招标文件要求提交履约保证金，或者被查实存在影响中标结果的违法行为等情形，不符合中标条件的，招标人可以按照评标委员会提出的中标候选人名单排序依次确定其他中标候选人为中标人，也可以重新招标。

第五十六条　中标候选人的经营、财务状况发生较大变化或者存在违法行为，招标人认为可能影响其履约能力的，应当在发出中标通知书前由原评标委员会按照招标文件规定的标准和方法审查确认。

第五十七条　招标人和中标人应当依照招标投标法和本条例的规定签订书面合同，合同的标的、价款、质量、履行期限等主要条款应当与招标文件和中标人的投标文件的内容一致。招标人和中标人不得再行订立背离合同实质性内容的其他协议。

招标人最迟应当在书面合同签订后 5 日内向中标人和未中标的投标人退还投标保证金及银行同期存款利息。

第五十八条　招标文件要求中标人提交履约保证金的，中标人应当按照招标文件的要求提交。履约保证金不得超过中标合同金额的 10%。

第五十九条　中标人应当按照合同约定履行义务，完成中标项目。中标人不得向他人转让中标项目，也不得将中标项目肢解后分别向他人转让。

中标人按照合同约定或者经招标人同意，可以将中标项目的部分非主体、非关键性工作分包给他人完成。接受分包的人应当具备相应的资格条件，并不得再次分包。

中标人应当就分包项目向招标人负责，接受分包的人就分包项目承担连带责任。

第五章　投诉与处理

第六十条　投标人或者其他利害关系人认为招标投标活动不符合法律、行政法规规定的，可以自知道或者应当知道之日起 10 日内向有关行政监督部门投诉。投诉应当有明确的请求和必要的证明材料。

就本条例第二十二条、第四十四条、第五十四条规定事项投诉的，应当先向招标人提出异议，异议答复期间不计算在前款规定的期限内。

第六十一条　投诉人就同一事项向两个以上有权受理的行政监督部门投诉的，由最先收到投诉的行政监督部门负责处理。

行政监督部门应当自收到投诉之日起 3 个工作日内决定是否受理投诉，并自受理投诉之日起 30 个工作日内作出书面处理决定；需要检验、检测、鉴定、专家评审的，所需时间不计算在内。

投诉人捏造事实、伪造材料或者以非法手段取得证明材料进行投诉的，行政监督部门应当予以驳回。

第六十二条　行政监督部门处理投诉，有权查阅、复制有关文件、资料，调查有关情况，相关单位和人员应当予以配合。必要时，行政监督部门可以责令暂停招标投标活动。

行政监督部门的工作人员对监督检查过程中知悉的国家秘密、商业秘密，应当依法予以保密。

第六章　法律责任

第六十三条　招标人有下列限制或者排斥潜在投标人行为之一的，由有关行政监督部门依照招标投标法第五十一条的规定处罚：

（一）依法应当公开招标的项目不按照规定在指定媒介发布资格预审公告或者招标公告；

（二）在不同媒介发布的同一招标项目的资格预审公告或者招标公告的内容不一致，影响潜在投标人申请资格预审或者投标。

依法必须进行招标的项目的招标人不按照规定发布资格预审公告或者招标公告，构成规避招标的，依照招标投标法第四十九条的规定处罚。

第六十四条　招标人有下列情形之一的，由有关行政监督部门责令改正，可以处 10 万元以下的罚款：

（一）依法应当公开招标而采用邀请招标；

（二）招标文件、资格预审文件的发售、澄清、修改的时限，或者确定的提交资格预审申请文件、投标文件的时限不符合招标投标法和本条例规定；

（三）接受未通过资格预审的单位或者个人参加投标；

（四）接受应当拒收的投标文件。

招标人有前款第一项、第三项、第四项所列行为之一的，对单位直接负责的主管人员和其他直接责任人员依法给予处分。

第六十五条　招标代理机构在所代理的招标项目中投标、代理投标或者向该项目投标人提供咨询的，接受委托编制标底的中介机构参加受托编制标底项目的投标或者为该项目的投标人编制投标文件、提供咨询的，依照招标投标法第五十条的规定追究法律责任。

第六十六条　招标人超过本条例规定的比例收取投标保证金、履约保证金或者不按照规定退还投标保证金及银行同期存款利息的，由有关行政监督部门责令改正，可以处 5 万元以下的罚款；给他人造成损失的，依法承担赔偿责任。

第六十七条　投标人相互串通投标或者与招标人串通投标的，投标人向招标人或者评标委员会成员行贿谋取中标的，中标无效；构成犯罪的，依法追究刑事责任；尚不构成犯罪的，依照招标投标法第五十三条的规定处罚。投标人未中标的，对单位的罚款金额按照招标项目合同金额依照招标投标法规定的比例计算。

投标人有下列行为之一的，属于招标投标法第五十三条规定的情节严重行为，由有关行政监督部门取消其1年至2年内参加依法必须进行招标的项目的投标资格：

（一）以行贿谋取中标；

（二）3年内2次以上串通投标；

（三）串通投标行为损害招标人、其他投标人或者国家、集体、公民的合法利益，造成直接经济损失30万元以上；

（四）其他串通投标情节严重的行为。

投标人自本条第二款规定的处罚执行期限届满之日起3年内又有该款所列违法行为之一的，或者串通投标、以行贿谋取中标情节特别严重的，由工商行政管理机关吊销营业执照。

法律、行政法规对串通投标报价行为的处罚另有规定的，从其规定。

第六十八条　投标人以他人名义投标或者以其他方式弄虚作假骗取中标的，中标无效；构成犯罪的，依法追究刑事责任；尚不构成犯罪的，依照招标投标法第五十四条的规定处罚。依法必须进行招标的项目的投标人未中标的，对单位的罚款金额按照招标项目合同金额依照招标投标法规定的比例计算。

投标人有下列行为之一的，属于招标投标法第五十四条规定的情节严重行为，由有关行政监督部门取消其1年至3年内参加依法必须进行招标的项目的投标资格：

（一）伪造、变造资格、资质证书或者其他许可证件骗取中标；

（二）3年内2次以上使用他人名义投标；

（三）弄虚作假骗取中标给招标人造成直接经济损失30万元以上；

（四）其他弄虚作假骗取中标情节严重的行为。

投标人自本条第二款规定的处罚执行期限届满之日起3年内又有该款所列违法行为之一的，或者弄虚作假骗取中标情节特别严重的，由工商行政管理机关吊销营业执照。

第六十九条　出让或者出租资格、资质证书供他人投标的，依照法律、行政法规的规定给予行政处罚；构成犯罪的，依法追究刑事责任。

第七十条　依法必须进行招标的项目的招标人不按照规定组建评标委员会，或者确定、更换评标委员会成员违反招标投标法和本条例规定的，由有关行政监督部门责令改正，可以处10万元以下的罚款，对单位直接负责的主管人员和其他直接责任人员依法给予处分；违法确定或者更换的评标委员会成员作出的评审结论无效，依法重新进行评审。

国家工作人员以任何方式非法干涉选取评标委员会成员的，依照本条例第八十一条的规定追究法律责任。

第七十一条　评标委员会成员有下列行为之一的，由有关行政监督部门责令改正；情节严重的，禁止其在一定期限内参加依法必须进行招标的项目的评标；情节特别严重的，取消其担任评标委员会成员的资格：

（一）应当回避而不回避；

（二）擅离职守；

（三）不按照招标文件规定的评标标准和方法评标；

（四）私下接触投标人；

（五）向招标人征询确定中标人的意向或者接受任何单位或者个人明示或者暗示提出的倾向或者排斥特定投标人的要求；

（六）对依法应当否决的投标不提出否决意见；

（七）暗示或者诱导投标人作出澄清、说明或者接受投标人主动提出的澄清、说明；

（八）其他不客观、不公正履行职务的行为。

第七十二条　评标委员会成员收受投标人的财物或者其他好处的，没收收受的财物，处3000元以上5万元以下的罚款，取消担任评标委员会成员的资格，不得再参加依法必须进行招标的项目的评标；构成犯罪的，依法追究刑事责任。

第七十三条　依法必须进行招标的项目的招标人有下列情形之一的，由有关行政监督部门责令改正，可以处中标项目金额10‰以下的罚款；给他人造成损失的，依法承担赔偿责任；对单位直接负责的主管人员和其他直接责任人员依法给予处分：

（一）无正当理由不发出中标通知书；

（二）不按照规定确定中标人；

（三）中标通知书发出后无正当理由改变中标结果；

（四）无正当理由不与中标人订立合同；

（五）在订立合同时向中标人提出附加条件。

第七十四条　中标人无正当理由不与招标人订立合同，在签订合同时向招标人提出附加条件，或者不按照招标文件要求提交履约保证金的，取消其中标资格，投标保证金不予退还。对依法必须进行招标的项目的中标人，由有关行政监督部门责令改正，可以处中标项目金额10‰以下的罚款。

第七十五条　招标人和中标人不按照招标文件和中标人的投标文件订立合同，合同的主要条款与招标文件、中标人的投标文件的内容不一致，或者招标人、中标人订立背离合同实质性内容的协议的，由有关行政监督部门责令改正，可以处中标项目金额5‰以上10‰以下的罚款。

第七十六条　中标人将中标项目转让给他人的，将中标项目肢解后分别转让给他人的，违反招标投标法和本条例规定将中标项目的部分主体、关键性工作分包给他人的，或者分包人再次分包的，转让、分包无效，处转让、分包项目金额5‰以上10‰以下的罚款；有违法所得的，并处没收违法所得；可以责令停业整顿；情节严重的，由工商行政管理机关吊销营业执照。

第七十七条　投标人或者其他利害关系人捏造事实、伪造材料或者以非法手段取得证明材料进行投诉，给他人造成损失的，依法承担赔偿责任。

招标人不按照规定对异议作出答复，继续进行招标投标活动的，由有关行政监督部门责令改正，拒不改正或者不能改正并影响中标结果的，依照本条例第八十二条的规定处理。

第七十八条　取得招标职业资格的专业人员违反国家有关规定办理招标业务的，责令改正，给予警告；情节严重的，暂停一定期限内从事招标业务；情节特别严重的，取消招标职业资格。

第七十九条　国家建立招标投标信用制度。有关行政监督部门应当依法公告对招标人、招标代理机构、投标人、评标委员会成员等当事人违法行为的行政处理决定。

第八十条　项目审批、核准部门不依法审批、核准项目招标范围、招标方式、招标组织形式的，

对单位直接负责的主管人员和其他直接责任人员依法给予处分。

有关行政监督部门不依法履行职责，对违反招标投标法和本条例规定的行为不依法查处，或者不按照规定处理投诉、不依法公告对招标投标当事人违法行为的行政处理决定的，对直接负责的主管人员和其他直接责任人员依法给予处分。

项目审批、核准部门和有关行政监督部门的工作人员徇私舞弊、滥用职权、玩忽职守，构成犯罪的，依法追究刑事责任。

第八十一条　国家工作人员利用职务便利，以直接或者间接、明示或者暗示等任何方式非法干涉招标投标活动，有下列情形之一的，依法给予记过或者记大过处分；情节严重的，依法给予降级或者撤职处分；情节特别严重的，依法给予开除处分；构成犯罪的，依法追究刑事责任：

（一）要求对依法必须进行招标的项目不招标，或者要求对依法应当公开招标的项目不公开招标；

（二）要求评标委员会成员或者招标人以其指定的投标人作为中标候选人或者中标人，或者以其他方式非法干涉评标活动，影响中标结果；

（三）以其他方式非法干涉招标投标活动。

第八十二条　依法必须进行招标的项目的招标投标活动违反招标投标法和本条例的规定，对中标结果造成实质性影响，且不能采取补救措施予以纠正的，招标、投标、中标无效，应当依法重新招标或者评标。

第七章　附　　则

第八十三条　招标投标协会按照依法制定的章程开展活动，加强行业自律和服务。

第八十四条　政府采购的法律、行政法规对政府采购货物、服务的招标投标另有规定的，从其规定。

第八十五条　本条例自2012年2月1日起施行。

国务院办公厅关于建立外国投资者
并购境内企业安全审查制度的通知

国办发〔2011〕6号

各省、自治区、直辖市人民政府，国务院各部委、各直属机构：

近年来，随着经济全球化的深入发展和我国对外开放的进一步扩大，外国投资者以并购方式进行的投资逐步增多，促进了我国利用外资方式多样化，在优化资源配置、推动技术进步、提高企业管理水平等方面发挥了积极作用。为引导外国投资者并购境内企业有序发展，维护国家安全，经国务院同意，现就建立外国投资者并购境内企业安全审查（以下简称并购安全审查）制度有关事项通知如下：

一、并购安全审查范围

（一）并购安全审查的范围为：外国投资者并购境内军工及军工配套企业，重点、敏感军事设施周边企业，以及关系国防安全的其他单位；外国投资者并购境内关系国家安全的重要农产品、重要能源和资源、重要基础设施、重要运输服务、关键技术、重大装备制造等企业，且实际控制权可能被外国投资者取得。

（二）外国投资者并购境内企业，是指下列情形：

1. 外国投资者购买境内非外商投资企业的股权或认购境内非外商投资企业增资，使该境内企业变更设立为外商投资企业。

2. 外国投资者购买境内外商投资企业中方股东的股权，或认购境内外商投资企业增资。

3. 外国投资者设立外商投资企业，并通过该外商投资企业协议购买境内企业资产并且运营该资产，或通过该外商投资企业购买境内企业股权。

4. 外国投资者直接购买境内企业资产，并以该资产投资设立外商投资企业运营该资产。

（三）外国投资者取得实际控制权，是指外国投资者通过并购成为境内企业的控股股东或实际控制人。包括下列情形：

1. 外国投资者及其控股母公司、控股子公司在

并购后持有的股份总额在50%以上。

2. 数个外国投资者在并购后持有的股份总额合计在50%以上。

3. 外国投资者在并购后所持有的股份总额不足50%，但依其持有的股份所享有的表决权已足以对股东会或股东大会、董事会的决议产生重大影响。

4. 其他导致境内企业的经营决策、财务、人事、技术等实际控制权转移给外国投资者的情形。

二、并购安全审查内容

（一）并购交易对国防安全，包括对国防需要的国内产品生产能力、国内服务提供能力和有关设备设施的影响。

（二）并购交易对国家经济稳定运行的影响。

（三）并购交易对社会基本生活秩序的影响。

（四）并购交易对涉及国家安全关键技术研发能力的影响。

三、并购安全审查工作机制

（一）建立外国投资者并购境内企业安全审查部际联席会议（以下简称联席会议）制度，具体承担并购安全审查工作。

（二）联席会议在国务院领导下，由发展改革委、商务部牵头，根据外资并购所涉的行业和领域，会同相关部门开展并购安全审查。

（三）联席会议的主要职责是：分析外国投资者并购境内企业对国家安全的影响；研究、协调外国投资者并购境内企业安全审查工作中的重大问题；对需要进行安全审查的外国投资者并购境内企业交易进行安全审查并作出决定。

四、并购安全审查程序

（一）外国投资者并购境内企业，应按照本通知规定，由投资者向商务部提出申请。对属于安全审查范围内的并购交易，商务部应在5个工作日内提

请联席会议进行审查。

（二）外国投资者并购境内企业，国务院有关部门、全国性行业协会、同业企业及上下游企业认为需要进行并购安全审查的，可以通过商务部提出进行并购安全审查的建议。联席会议认为确有必要进行并购安全审查的，可以决定进行审查。

（三）联席会议对商务部提请安全审查的并购交易，首先进行一般性审查，对未能通过一般性审查的，进行特别审查。并购交易当事人应配合联席会议的安全审查工作，提供安全审查需要的材料、信息，接受有关询问。

一般性审查采取书面征求意见的方式进行。联席会议收到商务部提请安全审查的并购交易申请后，在 5 个工作日内，书面征求有关部门的意见。有关部门在收到书面征求意见函后，应在 20 个工作日内提出书面意见。如有关部门均认为并购交易不影响国家安全，则不再进行特别审查，由联席会议在收到全部书面意见后 5 个工作日内提出审查意见，并书面通知商务部。

如有部门认为并购交易可能对国家安全造成影响，联席会议应在收到书面意见后 5 个工作日内启动特别审查程序。启动特别审查程序后，联席会议组织对并购交易的安全评估，并结合评估意见对并购交易进行审查，意见基本一致的，由联席会议提出审查意见；存在重大分歧的，由联席会议报请国务院决定。联席会议自启动特别审查程序之日起 60 个工作日内完成特别审查，或报请国务院决定。审查意见由联席会议书面通知商务部。

（四）在并购安全审查过程中，申请人可向商务部申请修改交易方案或撤销并购交易。

（五）并购安全审查意见由商务部书面通知申请人。

（六）外国投资者并购境内企业行为对国家安全已经造成或可能造成重大影响的，联席会议应要求商务部会同有关部门终止当事人的交易，或采取转让相关股权、资产或其他有效措施，消除该并购行为对国家安全的影响。

五、其他规定

（一）有关部门和单位要树立全局观念，增强责任意识，保守国家秘密和商业秘密，提高工作效率，在扩大对外开放和提高利用外资水平的同时，推动外资并购健康发展，切实维护国家安全。

（二）外国投资者并购境内企业涉及新增固定资产投资的，按国家固定资产投资管理规定办理项目核准。

（三）外国投资者并购境内企业涉及国有产权变更的，按国家国有资产管理的有关规定办理。

（四）外国投资者并购境内金融机构的安全审查另行规定。

（五）中国香港特别行政区、中国澳门特别行政区、中国台湾地区的投资者进行并购，参照本通知的规定执行。

（六）并购安全审查制度自本通知发布之日起 30 日后实施。

国务院办公厅

二〇一一年二月三日

国务院关于印发进一步鼓励软件产业和集成电路产业发展若干政策的通知

国发〔2011〕4号

各省、自治区、直辖市人民政府，国务院各部委、各直属机构：

现将《进一步鼓励软件产业和集成电路产业发展的若干政策》印发给你们，请认真贯彻执行。

软件产业和集成电路产业是国家战略性新兴产业，是国民经济和社会信息化的重要基础。近年来，在国家一系列政策措施的扶持下，经过各方面共同努力，我国软件产业和集成电路产业获得较快发展。制定实施《进一步鼓励软件产业和集成电路产业发展的若干政策》，继续完善激励措施，明确政策导向，对于优化产业发展环境，增强科技创新能力，提高产业发展质量和水平，具有重要意义。各地区、各有关部门要高度重视，加强组织领导和协调配合，抓紧制定实施细则和配套措施，切实抓好落实工作。发展改革委要会同有关部门及时跟踪了解政策执行情况，加强督促指导，确保取得实效。

国务院
二〇一一年一月二十八日

国务院关于印发进一步鼓励软件产业和
集成电路产业发展若干政策的通知

《国务院关于印发鼓励软件产业和集成电路产业发展若干政策的通知》（国发〔2000〕18 号，以下简称国发 18 号文件）印发以来，我国软件产业和集成电路产业快速发展，产业规模迅速扩大，技术水平显著提升，有力推动了国家信息化建设。但与国际先进水平相比，我国软件产业和集成电路产业还存在发展基础较为薄弱，企业科技创新和自我发展能力不强，应用开发水平急待提高，产业链有待完善等问题。为进一步优化软件产业和集成电路产业发展环境，提高产业发展质量和水平，培育一批有实力和影响力的行业领先企业，制定以下政策。

一、财税政策

（一）继续实施软件增值税优惠政策。

（二）进一步落实和完善相关营业税优惠政策，对符合条件的软件企业和集成电路设计企业从事软件开发与测试，信息系统集成、咨询和运营维护，集成电路设计等业务，免征营业税，并简化相关程序。具体办法由财政部、税务总局会同有关部门制定。

（三）对集成电路线宽小于 0.8 微米（含）的集成电路生产企业，经认定后，自获利年度起，第一年至第二年免征企业所得税，第三年至第五年按照 25% 的法定税率减半征收企业所得税（以下简称企业所得税"两免三减半"优惠政策）。

（四）对集成电路线宽小于 0.25 微米或投资额超过 80 亿元的集成电路生产企业，经认定后，减按 15% 的税率征收企业所得税，其中经营期在 15 年以上的，自获利年度起，第一年至第五年免征企业所得税，第六年至第十年按照 25% 的法定税率减半征收企业所得税（以下简称企业所得税"五免五减半"优惠政策）。

（五）对国家批准的集成电路重大项目，因集中采购产生短期内难以抵扣的增值税进项税额占用资金问题，采取专项措施予以妥善解决。具体办法由财政部会同有关部门制定。

（六）对我国境内新办集成电路设计企业和符合条件的软件企业，经认定后，自获利年度起，享受企业所得税"两免三减半"优惠政策。经认定的集成电路设计企业和符合条件的软件企业的进口料件，符合现行法律法规规定的，可享受保税政策。

（七）国家规划布局内的集成电路设计企业符合相关条件的，可比照国发 18 号文件享受国家规划布局内重点软件企业所得税优惠政策。具体办法由发展改革委会同有关部门制定。

（八）为完善集成电路产业链，对符合条件的集成电路封装、测试、关键专用材料企业以及集成电路专用设备相关企业给予企业所得税优惠。具体办法由财政部、税务总局会同有关部门制定。

（九）国家对集成电路企业实施的所得税优惠政策，根据产业技术进步情况实行动态调整。符合条件的软件企业和集成电路企业享受企业所得税"两免三减半"、"五免五减半"优惠政策，在 2017 年 12 月 31 日前自获利年度起计算优惠期，并享受至期满为止。符合条件的软件企业和集成电路企业所得税优惠政策与企业所得税其他优惠政策存在交叉的，由企业选择一项最优惠政策执行，不叠加享受。

二、投融资政策

（十）国家大力支持重要的软件和集成电路项目建设。对符合条件的集成电路企业技术进步和技术改造项目，中央预算内投资给予适当支持。鼓励软件企业加强技术开发综合能力建设。

（十一）国家鼓励、支持软件企业和集成电路企业加强产业资源整合。对软件企业和集成电路企业为实现资源整合和做大做强进行的跨地区重组并购，国务院有关部门和地方各级人民政府要积极支持引导，防止设置各种形式的障碍。

（十二）通过现有的创业投资引导基金等资金和政策渠道，引导社会资本设立创业投资基金，支持中小软件企业和集成电路企业创业。有条件的地方政府可按照国家有关规定设立主要支持软件企业和集成电路企业发展的股权投资基金或创业投资基金，引导社会资金投资软件产业和集成电路产业。积极支持符合条件的软件企业和集成电路企业采取发行股票、债券等多种方式筹集资金，拓宽直接融资渠道。

（十三）支持和引导地方政府建立贷款风险补偿机制，健全知识产权质押登记制度，积极推动软件企业和集成电路企业利用知识产权等无形资产进行质押贷款。充分发挥融资性担保机构和融资担保补助资金的作用，积极为中小软件企业和集成电路企业提供各种形式的贷款担保服务。

（十四）政策性金融机构在批准的业务范围内，可对符合国家重大科技项目范围、条件的软件和集成电路项目给予重点支持。

（十五）商业性金融机构应进一步改善金融服务，积极创新适合软件产业和集成电路产业发展的信贷品种，为符合条件的软件企业和集成电路企业提供融资支持。

三、研究开发政策

（十六）充分利用多种资金渠道，进一步加大对科技创新的支持力度。发挥国家科技重大专项的引导作用，大力支持软件和集成电路重大关键技术的研发，努力实现关键技术的整体突破，加快具有自主知识产权技术的产业化和推广应用。紧紧围绕培育战略性新兴产业的目标，重点支持基础软件、面向新一代信息网络的高端软件、工业软件、数字内容相关软件、高端芯片、集成电路装备和工艺技术、集成电路关键材料、关键应用系统的研发以及重要技术标准的制订。科技部、发展改革委、财政部、工业和信息化部等部门要做好有关专项的组织实施工作。

（十七）在基础软件、高性能计算和通用计算平台、集成电路工艺研发、关键材料、关键应用软件和芯片设计等领域，推动国家重点实验室、国家工程实验室、国家工程中心和企业技术中心建设，有关部门要优先安排研发项目。鼓励软件企业和集成电路企业建立产学研用结合的产业技术创新战略联盟，促进产业链协同发展。

（十八）鼓励软件企业大力开发软件测试和评价技术，完善相关标准，提升软件研发能力，提高软件质量，加强品牌建设，增强产品竞争力。

四、进出口政策

（十九）对软件企业和集成电路设计企业需要临时进口的自用设备（包括开发测试设备、软硬件环境、样机及部件、元器件等），经地市级商务主管部门确认，可以向海关申请按暂时进境货物监管，其进口税收按照现行法规执行。对符合条件的软件企

业和集成电路企业，质检部门可提供提前预约报检服务，海关根据企业要求提供提前预约通关服务。

（二十）对软件企业与国外资信等级较高的企业签订的软件出口合同，政策性金融机构可按照独立审贷和风险可控的原则，在批准的业务范围内提供融资和保险支持。

（二十一）支持企业"走出去"建立境外营销网络和研发中心，推动集成电路、软件和信息服务出口。大力发展国际服务外包业务。商务部要会同有关部门与重点国家和地区建立长效合作机制，采取综合措施为企业拓展新兴市场创造条件。

五、人才政策

（二十二）加快完善期权、技术入股、股权、分红权等多种形式的激励机制，充分发挥研发人员和管理人员的积极性和创造性。各级人民政府可对有突出贡献的软件和集成电路高级人才给予重奖。对国家有关部门批准建立的产业基地（园区）、高校软件学院和微电子学院引进的软件、集成电路人才，优先安排本人及其配偶、未成年子女在所在地落户。加强人才市场管理，积极为软件企业和集成电路企业招聘人才提供服务。

（二十三）高校要进一步深化改革，加强软件工程和微电子专业建设，紧密结合产业发展需求及时调整课程设置、教学计划和教学方式，努力培养国际化、复合型、实用性人才。加强软件工程和微电子专业师资队伍、教学实验室和实习实训基地建设。教育部要会同有关部门加强督促和指导。

（二十四）鼓励有条件的高校采取与集成电路企业联合办学等方式建立微电子学院，经批准设立的示范性微电子学院可以享受示范性软件学院相关政策。支持建立校企结合的人才综合培训和实践基地，支持示范性软件学院和微电子学院与国际知名大学、跨国公司合作，引进国外师资和优质资源，联合培养软件和集成电路人才。

（二十五）按照引进海外高层次人才的有关要求，加快软件与集成电路海外高层次人才的引进，落实好相关政策。制定落实软件与集成电路人才引进和出国培训年度计划，办好国家软件和集成电路人才国际培训基地，积极开辟国外培训渠道。

六、知识产权政策

（二十六）鼓励软件企业进行著作权登记。支持软件和集成电路企业依法到国外申请知识产权，对符合有关规定的，可申请财政资金支持。加大政策

扶持力度，大力发展知识产权服务业。

（二十七）严格落实软件和集成电路知识产权保护制度，依法打击各类侵权行为。加大对网络环境下软件著作权、集成电路布图设计专有权的保护力度，积极开发和应用正版软件网络版权保护技术，有效保护软件和集成电路知识产权。

（二十八）进一步推进软件正版化工作，探索建立长效机制。凡在我国境内销售的计算机（大型计算机、服务器、微型计算机和笔记本电脑）所预装软件必须为正版软件，禁止预装非正版软件的计算机上市销售。全面落实政府机关使用正版软件的政策措施，将软件购置经费纳入财政预算，对通用软件实行政府集中采购，加强对软件资产的管理。大力引导企业和社会公众使用正版软件。

七、市场政策

（二十九）积极引导企业将信息技术研发应用业务外包给专业企业。鼓励政府部门通过购买服务的方式将电子政务建设和数据处理工作中的一般性业务发包给专业软件和信息服务企业，有关部门要抓紧建立和完善相应的安全审查和保密管理规定。

鼓励大中型企业将其信息技术研发应用业务机构剥离，成立专业软件和信息服务企业，为全行业和全社会提供服务。

（三十）进一步规范软件和集成电路市场秩序，加强反垄断工作，依法打击各种滥用知识产权排除、限制竞争以及滥用市场支配地位进行不正当竞争的行为，充分发挥行业协会的作用，创造良好的产业发展环境。加快制订相关技术和服务标准，促进软件市场公平竞争，维护消费者合法权益。

（三十一）完善网络环境下消费者隐私及企业秘密保护制度，促进软件和信息服务网络化发展。逐步在各级政府机关和事业单位推广符合安全要求的软件产品。

八、政策落实

（三十二）凡在我国境内设立的符合条件的软件企业和集成电路企业，不分所有制性质，均可享受本政策。

（三十三）继续实施国发18号文件明确的政策，相关政策与本政策不一致的，以本政策为准。本政策由发展改革委会同财政部、税务总局、工业和信息化部、商务部、海关总署等部门负责解释。

（三十四）本政策自发布之日起实施。

财政部、工业和信息化部关于印发《政府采购促进中小企业发展暂行办法》的通知

党中央有关部门，国务院各部委、各直属机构，全国人大常委会办公厅，全国政协办公厅，高法院，高检院，有关人民团体，各省、自治区、直辖市、计划单列市财政厅（局）、工业和信息化主管部门，新疆生产建设兵团财务局、工业和信息化主管部门：

为贯彻落实《国务院关于进一步促进中小企业发展的若干意见》（国发〔2009〕36号），发挥政府采购的政策功能，促进中小企业发展，根据《中华人民共和国政府采购法》和《中华人民共和国中小企业促进法》，财政部、工业和信息化部制定了《政府采购促进中小企业发展暂行办法》。现印发给你们，请遵照执行。

附件：政府采购促进中小企业发展暂行办法

财政部工业和信息化部
二〇一一年十二月二十九日

附件：

政府采购促进中小企业发展暂行办法

第一条 为了发挥政府采购的政策功能，促进符合国家经济和社会发展政策目标，产品、服务、信誉较好的中小企业发展，根据《中华人民共和国政府采购法》、《中华人民共和国中小企业促进法》等有关法律法规，制定本办法。

第二条 本办法所称中小企业（含中型、小型、微型企业，下同）应当同时符合以下条件：

（一）符合中小企业划分标准；

（二）提供本企业制造的货物、承担的工程或者服务，或者提供其他中小企业制造的货物。本项所称货物不包括使用大型企业注册商标的货物。

本办法所称中小企业划分标准，是指国务院有关部门根据企业从业人员、营业收入、资产总额等指标制定的中小企业划型标准。

小型、微型企业提供中型企业制造的货物的，视同为中型企业。

第三条 任何单位和个人不得阻挠和限制中小企业自由进入本地区和本行业的政府采购市场，政府采购活动不得以注册资本金、资产总额、营业收入、从业人员、利润、纳税额等供应商的规模条件对中小企业实行差别待遇或者歧视待遇。

第四条 负有编制部门预算职责的各部门（以下简称各部门），应当加强政府采购计划的编制工作，制定向中小企业采购的具体方案，统筹确定本部门（含所属各单位，下同）面向中小企业采购的项目。在满足机构自身运转和提供公共服务基本需求的前提下，应当预留本部门年度政府采购项目预算总额的30%以上，专门面向中小企业采购，其中，预留给小型和微型企业的比例不低于60%。

采购人或者采购代理机构在组织采购活动时，应当在招标文件或谈判文件、询价文件中注明该项目专门面向中小企业或小型、微型企业采购。

第五条 对于非专门面向中小企业的项目，采购人或者采购代理机构应当在招标文件或者谈判文件、询价文件中作出规定，对小型和微型企业产品的价格给予6%~10%的扣除，用扣除后的价格参与评审，具体扣除比例由采购人或者采购代理机构确定。

参加政府采购活动的中小企业应当提供本办法规定的《中小企业声明函》（见附件）。

第六条 鼓励大中型企业和其他自然人、法人或者其他组织与小型、微型企业组成联合体共同参加非专门面向中小企业的政府采购活动。联合协议中约定，小型、微型企业的协议合同金额占到联合体协议合同总金额30%以上的，可给予联合体2%~3%的价格扣除。

联合体各方均为小型、微型企业的，联合体视同为小型、微型企业享受本办法第四条、第五条规定的扶持政策。

组成联合体的大中型企业和其他自然人、法人或者其他组织，与小型、微型企业之间不得存在投资关系。

第七条 中小企业依据本办法第四条、第五条、第六条规定的政策获取政府采购合同后，小型、微型企业不得分包或转包给大型、中型企业，中型企业不得分包或转包给大型企业。

第八条　鼓励采购人允许获得政府采购合同的大型企业依法向中小企业分包。

大型企业向中小企业分包的金额，计入面向中小企业采购的统计数额。

第九条　鼓励采购人在与中小企业签订政府采购合同时，在履约保证金、付款期限、付款方式等方面给予中小企业适当支持。采购人应当按照合同约定按时足额支付采购资金。

第十条　鼓励在政府采购活动中引入信用担保手段，为中小企业在融资、投标保证、履约保证等方面提供专业化的担保服务。

第十一条　各级财政部门和有关部门应当加大对中小企业参与政府采购的培训指导及专业化咨询服务力度，提高中小企业参与政府采购活动的能力。

第十二条　各部门应当每年第一季度向同级财政部门报告本部门上一年度面向中小企业采购的具体情况，并在财政部指定的政府采购发布媒体公开预留项目执行情况以及本部门其他项目面向中小企业采购的情况。

第十三条　各级财政部门应当积极推进政府采购信息化建设，提高政府采购信息发布透明度，提供便于中小企业获取政府采购信息的稳定渠道。

第十四条　各级财政部门会同中小企业主管部门建立健全政府采购促进中小企业发展的有关制度，加强有关政策执行情况的监督检查。

各部门负责对本部门政府采购促进中小企业发展各项工作的执行和管理。

第十五条　政府采购监督检查和投诉处理中对中小企业的认定，由企业所在地的县级以上中小企业主管部门负责。

第十六条　采购人、采购代理机构或者中小企业在政府采购活动中有违法违规行为的，依照政府采购法及有关法律法规处理。

第十七条　本办法由财政部、工业和信息化部负责解释。

第十八条　本办法自2012年1月1日起施行。

关于印发中小企业划型标准规定的通知

工信部联企业〔2011〕300号

各省、自治区、直辖市人民政府，国务院各部委、各直属机构及有关单位：

为贯彻落实《中华人民共和国中小企业促进法》和《国务院关于进一步促进中小企业发展的若干意见》（国发〔2009〕36号），工业和信息化部、国家统计局、发展改革委、财政部研究制定了《中小企业划型标准规定》。经国务院同意，现印发给你们，请遵照执行。

工业和信息化部国家统计局
国家发展和改革委员会财政部
二〇一一年六月十八日

中小企业划型标准规定

一、根据《中华人民共和国中小企业促进法》和《国务院关于进一步促进中小企业发展的若干意见》（国发〔2009〕36号），制定本规定。

二、中小企业划分为中型、小型、微型三种类型，具体标准根据企业从业人员、营业收入、资产总额等指标，结合行业特点制定。

三、本规定适用的行业包括：农、林、牧、渔业，工业（包括采矿业，制造业，电力、热力、燃气及水生产和供应业），建筑业，批发业，零售业，交通运输业（不含铁路运输业），仓储业，邮政业，住宿业，餐饮业，信息传输业（包括电信、互联网和相关服务），软件和信息技术服务业，房地产开发经营，物业管理，租赁和商务服务业，其他未列明行业（包括科学研究和技术服务业，水利、环境和公共设施管理业，居民服务、修理和其他服务业，社会工作，文化、体育和娱乐业等）。

四、各行业划型标准为：

（一）农、林、牧、渔业。营业收入20000万元以下的为中小微型企业。其中，营业收入500万元及以上的为中型企业，营业收入50万元及以上的为小型企业，营业收入50万元以下的为微型企业。

（二）工业。从业人员1000人以下或营业收入40000万元以下的为中小微型企业。其中，从业人员300人及以上，且营业收入2000万元及以上的为中型企业；从业人员20人及以上，且营业收入300万元及以上的为小型企业；从业人员20人以下或营业收入300万元以下的为微型企业。

（三）建筑业。营业收入80000万元以下或资产总额80000万元以下的为中小微型企业。其中，营业收入6000万元及以上，且资产总额5000万元及以上的为中型企业；营业收入300万元及以上，且资产总额300万元及以上的为小型企业；营业收入300万元以下或资产总额300万元以下的为微型企业。

（四）批发业。从业人员200人以下或营业收入40000万元以下的为中小微型企业。其中，从业人员20人及以上，且营业收入5000万元及以上的为中型企业；从业人员5人及以上，且营业收入1000万元及以上的为小型企业；从业人员5人以下或营业收入1000万元以下的为微型企业。

（五）零售业。从业人员300人以下或营业收入20000万元以下的为中小微型企业。其中，从业人员50人及以上，且营业收入500万元及以上的为中型企业；从业人员10人及以上，且营业收入100万元及以上的为小型企业；从业人员10人以下或营业收入100万元以下的为微型企业。

（六）交通运输业。从业人员1000人以下或营业收入30000万元以下的为中小微型企业。其中，从业人员300人及以上，且营业收入3000万元及以上的为中型企业；从业人员20人及以上，且营业收入200万元及以上的为小型企业；从业人员20人以下或营业收入200万元以下的为微型企业。

（七）仓储业。从业人员200人以下或营业收入30000万元以下的为中小微型企业。其中，从业人员100人及以上，且营业收入1000万元及以上的为中型企业；从业人员20人及以上，且营业收入100万元及以上的为小型企业；从业人员20人以下或营业收入100万元以下的为微型企业。

（八）邮政业。从业人员1000人以下或营业收入30000万元以下的为中小微型企业。其中，从业人员300人及以上，且营业收入2000万元及以上的为中型企业；从业人员20人及以上，且营业收入100万元及以上的为小型企业；从业人员20人以下或营业收入100万元以下的为微型企业。

（九）住宿业。从业人员300人以下或营业收入10000万元以下的为中小微型企业。其中，从业人员100人及以上，且营业收入2000万元及以上的为中型企业；从业人员10人及以上，且营业收入100万元及以上的为小型企业；从业人员10人以下或营业收入100万元以下的为微型企业。

（十）餐饮业。从业人员300人以下或营业收入10000万元以下的为中小微型企业。其中，从业人员100人及以上，且营业收入2000万元及以上的为中型企业；从业人员10人及以上，且营业收入100万元及以上的为小型企业；从业人员10人以下或营业收入100万元以下的为微型企业。

（十一）信息传输业。从业人员2000人以下或营业收入100000万元以下的为中小微型企业。其中，从业人员100人及以上，且营业收入1000万元及以上的为中型企业；从业人员10人及以上，且营业收入100万元及以上的为小型企业；从业人员10人以下或营业收入100万元以下的为微型企业。

（十二）软件和信息技术服务业。从业人员300人以下或营业收入10000万元以下的为中小微型企业。其中，从业人员100人及以上，且营业收入1000万元及以上的为中型企业；从业人员10人及以上，且营业收入50万元及以上的为小型企业；从业人员10人以下或营业收入50万元以下的为微型企业。

（十三）房地产开发经营。营业收入200000万元以下或资产总额10000万元以下的为中小微型企业。其中，营业收入1000万元及以上，且资产总额5000万元及以上的为中型企业；营业收入100万元及以上，且资产总额2000万元及以上的为小型企业；营业收入100万元以下或资产总额2000万元以下的为微型企业。

（十四）物业管理。从业人员1000人以下或营业收入5000万元以下的为中小微型企业。其中，从业人员300人及以上，且营业收入1000万元及以上的为中型企业；从业人员100人及以上，且营业收入500万元及以上的为小型企业；从业人员100人以下或营业收入500万元以下的为微型企业。

（十五）租赁和商务服务业。从业人员300人以下或资产总额120000万元以下的为中小微型企业。其中，从业人员100人及以上，且资产总额8000万元及以上的为中型企业；从业人员10人及以上，且资产总额100万元及以上的为小型企业；从业人员10人以下或资产总额100万元以下的为微型企业。

（十六）其他未列明行业。从业人员300人以下的为中小微型企业。其中，从业人员100人及以上的为中型企业；从业人员10人及以上的为小型企业；从业人员10人以下的为微型企业。

五、企业类型的划分以统计部门的统计数据为依据。

六、本规定适用于在中华人民共和国境内依法设立的各类所有制和各种组织形式的企业。个体工商户和本规定以外的行业，参照本规定进行划型。

七、本规定的中型企业标准上限即为大型企业标准的下限，国家统计部门据此制定大中小微型企业的统计分类。国务院有关部门据此进行相关数据分析，不得制定与本规定不一致的企业划型标准。

八、本规定由工业和信息化部、国家统计局会同有关部门根据《国民经济行业分类》修订情况和企业发展变化情况适时修订。

九、本规定由工业和信息化部、国家统计局会同有关部门负责解释。

十、本规定自发布之日起执行，原国家经贸委、原国家计委、财政部和国家统计局2003年颁布的《中小企业标准暂行规定》同时废止。

国家发展改革委、科技部印发关于加快推进民营企业研发机构建设的实施意见的通知

发改高技〔2011〕1901号

各省、自治区、直辖市及计划单列市、新疆生产建设兵团发展改革委、科技厅（局）：

为推进落实《国务院关于鼓励和引导民间投资健康发展的若干意见》（国发〔2010〕13号），根据国务院的统一部署和要求，国家发展改革委、科技部共同研究制定了《关于加快推进民营企业研发机构建设的实施意见》，现印发你们，请在实际工作中推进落实。

国家发展改革委
科技部
二〇一一年八月二十九日

附件：

关于加快推进民营企业研发机构建设的实施意见

为深入贯彻落实《国务院关于鼓励和引导民间投资健康发展的若干意见》（国发〔2010〕13号），进一步发挥民营企业在推进经济发展方式转变中的重要作用，围绕推进民营企业建立技术（开发）中心，承担或参与工程（技术）研究中心、工程实验室、重点实验室建设，以及建立和完善服务于民营企业的技术创新服务机构（以上统称"研发机构"），增强民营企业技术创新能力，提出如下实施意见。

一、积极推进大型民营企业发展高水平研发机构

（一）国家和省（市）认定企业技术中心要加大向大型民营企业的倾斜力度。要积极推进大型民营企业建立专业化的技术（开发）中心。对于已建技术（开发）中心并具备条件的大型民营企业，要按照地方认定企业技术中心的有关规定，积极支持申报省市级企业技术中心。对于大型骨干民营企业的省级技术中心，要按照国家发展改革委、科技

部、财政部、海关总署、国家税务总局等部门联合发布的《国家认定企业技术中心管理办法》有关要求，鼓励申报国家认定企业技术中心。对于符合条件的民营企业国家认定企业技术中心，要按照财政部、海关总署、国家税务总局等部门联合发布的《科技开发用品免征进口税收暂行规定》，积极落实相关优惠政策。

（二）引导大型民营企业参与产业关键共性技术创新平台的建设。国家和地方布局建设工程（技术）研究中心、工程实验室、重点实验室等产业关键共性技术创新平台，要鼓励和引导有条件的行业大型骨干民营企业承担或参与建设任务，充分发挥其在推进产业技术进步方面的重要作用。有关具体要求和规定按照《国家工程研究中心管理办法》、《国家工程技术研究中心暂行管理办法》、《国家重点实验室建设与运行管理办法》、《国家工程实验室管理办法（试行）》等执行，并积极推进落实相关优惠政策。

（三）积极鼓励大型民营企业发展海外研发机构。进一步建立和完善相应的政策措施，鼓励有实力的大型民营企业积极"走出去"，采取多种形式建立国际化的海外研发机构，增强企业的技术创新活力。积极引导和支持大型民营企业参与全球化的产业创新网络和研发平台建设，促进民营企业利用全球创新资源，提升企业参与国际技术交流与合作的层次和水平。

（四）推进大型民营企业发展综合性研发机构。在国家鼓励发展的重点产业领域，鼓励有条件的大型骨干民营企业组建企业（中央）研究院，加强对行业战略性、前瞻性和基础性技术问题的研究，进一步提升企业整合创新资源和引领产业发展的能力。鼓励有条件的大型民营企业研发机构向中小民营企业开放实验仪器、装备和设施。推进大型骨干民营企业瞄准产业关键共性技术，与高等院校、科研院所、上下游企业、行业协会等共建行业技术服务中

心，推动行业技术进步。国家在科技计划中对符合要求的研究项目给予支持。

二、支持中小民营企业发展多种形式的研发机构

（五）鼓励有条件的中小民营企业自建技术（开发）中心。各地要根据区域经济发展的基础和需求，积极探索设立专项资金，吸引和带动社会投资，鼓励和引导有条件的中小民营企业自建技术（开发）中心，促进中小企业向专精特方向发展，不断提升自身的技术创新能力和市场适应能力。

（六）促进产学研联合建立研发机构。适应产业发展的技术需求，积极引导中小民营企业参与组建产业技术联盟，建立紧密、广泛的产学研用合作机制，增强企业参与国际分工协作的能力。鼓励中小民营企业通过在高校和科研院所设立联合研发机构，或通过投资控股、参股等方式共建研发机构，探索企业选题、共同研发、战略联盟的联合共建研发机构的新模式。鼓励科研院所、高校更好地为民营企业提供技术服务。

（七）支持发展技术创新服务机构和平台。在民营企业相对集中、产业集群优势明显的区域，各地可扶持发展技术转移中心、技术创新服务中心、科技企业孵化器、生产力促进中心等各类技术创新服务机构，支持建立分析测试、技术评估、技术转移、技术咨询、研发设计等公共技术支持平台，为中小民营企业提供技术创新和服务支撑。

三、完善支持民营企业研发机构发展的政策措施

（八）促进国家和地方公共创新资源向民营企业研发机构开放。国家和地方利用政府资金支持建设的科技基础设施、工程（技术）研究中心、工程实验室、重点实验室等技术创新平台，要加大先进实验仪器、装备和设施向民营企业研发机构的开放力度，探索有效的模式，实现国家和地方创新资源的共享。要充分利用上述技术创新平台的研究实验条件和人力资源优势，针对民营企业急需解决的技术难题和问题，开展联合研发。

（九）探索建立民营企业研发机构的良性运行机制。国家和地方各类科技计划要加大对民营企业研发机构的支持力度，按照有关规定支持符合条件的民营企业依托研发机构牵头或参与承担相应的科研任务和产业化项目。要探索以国家和地方重大项目建设为纽带，建立促进民营企业研发机构参与重大技术联合攻关的机制。对民营企业研发机构开展技术创新活动的投入，按国家企业研发经费进行加计抵扣的有关规定，要积极给予落实。鼓励和支持民营企业参与制定国家、行业和地方技术标准。逐步建立多元化支持民营企业研发机构建设和发展的投入渠道。

（十）培育和发展相关服务机构。大力发展面向企业特别是民营企业的公共技术服务机构、政策服务机构和科技政策咨询中介机构。鼓励和引导高等院校、科研院所和行业协会等建立服务于民营企业的培训机构，加强对企业研发机构主要负责人与技术管理人员的培训，提供有关技术发展方向的指导和帮助。地方要探索有效的方式，加快建立健全服务机构体系，提高法律法规、产业政策、经营管理等中介服务机构的社会化和专业化水平，为民营企业研发机构的建设提供全方位支持。

（十一）建立和完善社会化、网络化服务。加快建立适合民营企业特点的公共信息服务网络，为民营企业加强研发机构建设提供咨询、交流、培训等。推进民营企业的信息化建设，加强企业间技术、信息的高效互动。鼓励相关政府部门利用门户网站为民营企业提供专项政策服务，支持面向中小企业的电子商务服务平台建设，发展基于信息网络的技术咨询、劳务培训和维权服务。

（十二）加强有关知识产权服务与管理。围绕推进民营企业研发机构的建设和发展，建立和完善知识产权维权援助体系，为有关专利诉讼与代理、知识产权保护等提供必要的援助服务。加强对国外行业技术法规、标准、评定程序、检验检疫规程变化的跟踪，加强对民营企业研发机构的主要技术和产品可能遭遇的技术性贸易措施进行监测，并提供预测和预警服务。强化企业的知识产权意识，探索建立公益性的专利信息服务平台，为企业提供专利信息定制服务，提高企业对专利信息资源的利用能力。

（十三）支持民营企业研发机构培养和吸引创新人才。探索推进在高等学校和科研机构设立面向民营企业研发机构的客座研究员岗位。支持民营企业研发机构为高等学校和职业院校建立学生实习、实训基地。推进有实力的民营企业建立博士后科研工作站、院士工作站，吸引院士、优秀博士到企业研发机构从事科技成果转化和科技创新活动。制定和实施针对民营企业吸引国内优秀创新人才、优秀留学人才和海外科技人才的计划，采取团队引进、核心人才带动等多种方式引进国内外优秀人才参与民营企业研发机构的建设。

四、建立国家和地方的联动工作机制

（十四）加强组织和协调。各级发展改革、科技部门要会同有关部门加强对民营企业建设研发机构的指导，会同相关部门梳理政策，消除障碍。要强化服务意识，创新服务手段，完善工作协调机制，加强相互之间的配合，形成推进民营企业建设研发机构的合力。有条件的地方可设立专项资金，支持民营企业研发机构的建设与发展。

（十五）加强政策宣传。各级发展改革、科技部门要会同有关部门及时对发布的相关政策和规划中针对民营企业的内容进行解读，通过多种媒体和政府网站等发布，以便民营企业准确了解政策导向。要指导和支持民营企业对研发机构建设和取得的重大研究成果、产业化重要进展等加强宣传，树立民营企业的良好形象，进一步营造有利于民营企业健康发展的良好社会环境。

（十六）建立和完善工作制度。各级发展改革、科技部门要建立高效、便捷的问题反馈机制，便于民营企业对建设研发机构、提升技术创新能力过程中遇到的问题进行及时反馈。要会同有关部门加强调查研究，抓紧制订和完善推进民营企业研发机构建设的具体措施及配套办法，认真解决民营企业研发机构建设与发展中遇到的实际问题，确保党和国家的方针政策落到实处，促进民营企业技术创新平台建设迈上新台阶，切实提升自主创新能力，促进民营企业快速健康发展。

国家发展改革委关于印发鼓励和引导民营企业发展战略性新兴产业的实施意见的通知

发改高技［2011］1592号

国务院各有关部门、直属机构，各省、自治区、直辖市及计划单列市、副省级省会城市、新疆生产建设兵团发展改革委：

为落实《国务院关于鼓励和引导民间投资健康发展的若干意见》（国发［2010］13号）和《国务院关于加快培育和发展战略性新兴产业的决定》（国发［2010］32号），引导和鼓励民营企业发展战略性新兴产业，我们商有关部门制定了《关于鼓励和引导民营企业发展战略性新兴产业的实施意见》，现印送你们，请各部门结合当前培育和发展战略性新兴产业相关工作予以落实；请各地发展改革委在推动区域战略性新兴产业发展工作中认真贯彻执行。

国家发展改革委
二〇一一年七月二十三日

附：

关于鼓励和引导民营企业发展战略性新兴产业的实施意见

民营企业和民间资本是培育和发展战略性新兴产业的重要力量。鼓励和引导民营企业发展战略性新兴产业，对于促进民营企业健康发展，增强战略性新兴产业发展活力具有重要意义。为贯彻落实《国务院关于鼓励和引导民间投资健康发展的若干意见》（国发［2010］13号）、《国务院关于加快培育和发展战略性新兴产业的决定》（国发［2010］32号）精神，增强社会各界对民营企业培育发展战略性新兴产业重要性的认识，鼓励和引导民营企业在节能环保、新一代信息技术、生物、高端装备制造、新能源、新材料、新能源汽车等战略性新兴产业领域形成一批具有国际竞争力的优势企业，制定本实施意见。

一、清理规范现有针对民营企业和民间资本的准入条件。要结合战略性新兴产业发展要求，加快清理战略性新兴产业相关领域的准入条件，制定和完善项目审批、核准、备案等相关管理办法。除必须达到节能环保要求和按法律法规取得相关资质外，不得针对民营企业和民间资本在注册资本、投资金额、投资强度、产能规模、土地供应、采购投标等方面设置门槛。

二、战略性新兴产业扶持资金等公共资源对民营企业同等对待。各相关部门和各地发展改革委要规范公共资源安排相关办法，在安排战略性新兴产业项目财政预算内投资、专项建设资金、创业投资引导基金等资金以及协调调度其他公共资源时，要对民营企业与其他投资主体同等对待。

三、保障民营企业参与战略性新兴产业相关政策制定。各相关部门和各地发展改革委在制定战略性新兴产业相关配套政策、发展规划时，应建立合理的工作机制，采取有效的方式，保障民营企业和相关协会代表参与，并要充分吸纳民营企业的意见和建议。

四、支持民营企业提升创新能力。要采取有效措施，大力推动公共技术创新平台为民营企业提供服务，探索高等院校、科研院所人才向民营企业流动机制，扶持民营企业引进人才。鼓励、支持民营企业建立健全企业技术中心、研究开发中心等研究机构。支持具备条件的民营企业申报国家和省级企业技术中心，承担或参与国家工程研究中心、国家工程实验室等建设任务。

五、扶持科技成果产业化和市场示范应用。支持民营企业和民间资本参与国家相关科研和产业化计划，开发重大技术和重要新产品。扶持相关企业协同推进产业链整体发展，促进新技术与新产品的工程化、产业化。鼓励有条件的民营企业发起或参与相关标准制定。支持民营企业开展具有重大社会效益新产品的市场示范应用。

六、鼓励发展新型业态。鼓励民营企业与民间资本进行商业模式创新，发展合同能源管理、污染治理特许经营、电动汽车充电服务和车辆租赁等相关专业服务和增值服务，发展信息技术服务、生物技术服务、电子商务、数字内容、研发设计服务、检验检测、知识产权和科技成果转化等高技术服务业。

七、引导民间资本设立创业投资和产业投资基金。根据《国家发展改革委、财政部关于实施新兴产业创投计划、开展产业技术研究与开发资金参股设立创业投资基金试点工作的通知》（发改高技〔2009〕2743号）精神，各地发展改革委在创立新兴产业创业投资引导基金时，要积极鼓励民间资本参与创业投资。规范引导合格合规的民间资本参与设立战略性新兴产业的产业（股权）投资基金。

八、支持民营企业充分利用新型金融工具融资。要积极支持和帮助产权制度明晰、财会制度规范、信用基础良好的符合条件的民营企业发行债券、上市融资、开展新型贷款抵押和担保方式试点等，改进对民营企业投资战略性新兴产业相关项目的融资服务。

九、鼓励开展国际合作。鼓励符合条件的民营企业开拓国际业务、参与国际竞争。支持民营企业通过投资、并购、联合研发等方式，在境内外设立国际化的研发机构。鼓励民营企业在境外申请专利，参与国际标准制定。支持有条件的民营企业开展境外投资，建立国际化的资源配置体系。

十、加强服务和引导。各有关部门和各地发展改革委应加强协调，及时发布战略性新兴产业发展规划、产业政策、项目扶持计划、招商引资、市场需求等信息，引导各类投资主体的投资行为，避免一哄而上、盲目投资和低水平重复建设。积极发挥工商联等相关行业组织作用，帮助民营企业解决在发展战略性新兴产业中遇到的实际问题。各级公益类信息服务、技术研发、投资咨询、人才培训等服务机构，要积极为民营企业与民间资本发展战略性新兴产业提供相关服务。鼓励和支持物流、会展、法律、广告等行业为民营企业发展战略性新兴产业提供商务服务。

国家发展改革委关于完善太阳能光伏
发电上网电价政策的通知

发改价格［2011］1594号

各省、自治区、直辖市发展改革委、物价局：

为规范太阳能光伏发电价格管理，促进太阳能光伏发电产业健康持续发展，决定完善太阳能光伏发电价格政策。现将有关事项通知如下：

一、制定全国统一的太阳能光伏发电标杆上网电价。按照社会平均投资和运营成本，参考太阳能光伏电站招标价格，以及我国太阳能资源状况，对非招标太阳能光伏发电项目实行全国统一的标杆上网电价。

（一）2011年7月1日以前核准建设、2011年12月31日建成投产、我委尚未核定价格的太阳能光伏发电项目，上网电价统一核定为每千瓦时1.15元（含税，下同）。

（二）2011年7月1日及以后核准的太阳能光伏发电项目，以及2011年7月1日之前核准但截至2011年12月31日仍未建成投产的太阳能光伏发电项目，除西藏仍执行每千瓦时1.15元的上网电价

外，其余省（区、市）上网电价均按每千瓦时1元执行。今后，我委将根据投资成本变化、技术进步情况等因素适时调整。

二、通过特许权招标确定业主的太阳能光伏发电项目，其上网电价按中标价格执行，中标价格不得高于太阳能光伏发电标杆电价。

三、对享受中央财政资金补贴的太阳能光伏发电项目，其上网电量按当地脱硫燃煤机组标杆上网电价执行。

四、太阳能光伏发电项目上网电价高于当地脱硫燃煤机组标杆上网电价的部分，仍按《可再生能源发电价格和费用分摊管理试行办法》（发改价格［2006］7号）有关规定，通过全国征收的可再生能源电价附加解决。

国家发展改革委
二〇一一年七月二十四日

关于印发电池行业清洁生产实施方案的通知

工信部节〔2011〕614号

各省、自治区、直辖市及计划单列市、新疆生产建设兵团工业和信息化主管部门，有关行业协会，有关中央企业：

为贯彻落实《重金属污染综合防治"十二五"规划》，加强电池行业重金属污染预防工作，我们组织编制了《电池行业清洁生产实施方案》。现印发你们，请遵照执行。

财政部 工业和信息化部
二〇一一年十二月二十五日

电池行业清洁生产实施方案

一、电池行业重金属使用和污染物产排现状

（一）基本情况。我国是电池生产大国，2010年电池总产量为400多亿只，占全世界50%以上，其中出口量约为300亿只。涉重金属的铅蓄电池产量约为14417万千伏安时、普通锌锰电池为240多亿只、镉镍电池约为4亿只、扣式碱性锌锰电池约为90亿只。

现有涉重金属电池生产企业约为2400家。主要包括铅蓄电池企业近2000家；普通锌锰电池300家；镉镍电池80家；扣式碱锰电池20家。

（二）重金属使用情况。2010年我国电池行业耗铅约为280万t、镉7800t、汞140t，分别占全国总使用量的80%、72%和15%。

（三）重金属污染物产排情况与废电池回收情况。据测算，2010年电池企业排放含重金属废水总量为1300多万t，其中铅蓄电池企业排放废水1100多万t；产生含重金属固体废物24万t，其中含铅固体废物23万t，含镉固体废物约为4000t；废铅蓄电池按规定有组织回收率不足30%。

二、实施清洁生产面临的主要问题

电池行业作为涉重金属的重点行业，实施清洁生产面临以下突出问题：一是电池生产企业对清洁生产重视不够，缺乏主动实施清洁生产的自觉性，突出表现在实施清洁生产审核的企业数量偏少，审核方案实施率不高。二是缺乏可有效减少重金属污染物产生及废旧电池回收再利用的关键共性清洁生产技术和装备，同时，已有先进适用清洁生产技术推广应用不够。三是通过原材料替代和减少产品中有毒有害物质含量等源头减量措施急需加强。

三、总体思路和主要目标

（一）总体思路

认真落实《重金属污染综合防治"十二五"规划》，以削减电池行业重金属污染物产生量为目标，对涉重金属电池企业全面实施清洁生产审核，加大关键共性技术的攻关力度，加快成熟适用技术的推广应用，积极推进源头减量替代，突出生产过程控制，强化再生利用规范，努力促进电池行业绿色发展。

（二）主要目标

到2015年，我国电池行业汞、镉耗用总量比2010年分别削减65%和70%，铅蓄电池单位容量（kVAh）耗铅量减少2%。

四、主要任务

（一）全面开展清洁生产审核。从事涉重金属电池，包括铅蓄电池、镉镍电池、含汞锌锰电池、含汞氧化银电池、含汞锌空气电池等的生产企业，应依法实施强制性清洁生产审核，到2012年年底前完成一轮清洁生产审核，并认真实施审核报告中提出的技术改造方案。地方工业主管部门应及时组织专家或委托相关机构对审核及方案实施情况进行系统评估，公布通过清洁生产审核评估的企业名单，引导和推动清洁生产工作有针对性、高质量地开展。对于未审核或审核未通过的企业，按照《清洁生产审核暂行办法》的有关规定处罚。

（二）加强科技创新，推动电池行业清洁生产技术进步。按照源头预防急需、减量效果明显要求，

加快攻关无汞氧化银电池、功率型铅蓄电池减铅技术、废电池规模化无害化再生关键技术与装备。重点支持卷绕式铅蓄电池，铅蓄电池扩展式、冲孔式、连铸连轧式板栅制造工艺，轨道交通车辆、工业机器人等领域用动力锂离子电池和氢镍电池技术与装备的应用示范。

（三）大力实施清洁生产技术改造工程。针对电池生产过程中重金属污染物产生的关键工艺环节，结合清洁生产审核报告要求，采用一批先进成熟适用的技术，实施清洁生产技术改造工程。积极推广铅蓄电池内化成工艺、扣式碱锰电池无汞化技术与装备、电动工具等民用动力锂离子电池与氢镍电池技术，减少生产过程中的污染物产生量；加强涉重金属电池产品的原材料替代，大力支持纸板锌锰电池无汞无镉无铅技术和铅蓄电池无镉化技术的推广应用，从源头减少重金属使用量，大幅提升电池行业的清洁生产技术水平。

（四）建立废铅蓄电池再生利用技术装备示范工程。加快开发废旧铅蓄电池机械拆分技术与装备。鼓励铅蓄电池骨干企业和大型冶炼综合企业从事废铅蓄电池的再生利用，建立 1～2 个年生产能力在 5 万 t 以上，铅回收率大于 98% 的废铅蓄电池机械拆解、破碎、分选、再生利用集成技术与装备应用示范工程，提高废铅蓄电池的资源化利用技术水平，为建立规范废铅蓄电池回收再利用体系提供技术支撑。

五、保障措施

（一）加大资金支持力度。中央财政清洁生产专项资金优先支持电池行业重点清洁生产技术示范项目，加快科技成果产业化应用步伐。地方工业主管部门要充分利用地方技术改造、节能减排等财政资金渠道，加大对电池生产行业和废旧电池再生利用行业的清洁生产技术改造项目的支持力度；加强与各类科技计划的衔接和协调，加大财政科技经费对电池清洁生产技术开发的支持力度。

（二）完善政策标准。建立清洁生产审核的激励机制，对通过清洁生产评估的电池生产企业，特别是自愿开展清洁生产审核的企业，在地方主要媒体上给予通报表扬，在安排中央和地方节能减排资金时，对通过清洁生产审核评估的项目给予优先支持。加强与产业、环保等相关政策的衔接，把企业清洁生产水平作为行业准入、环境影响评价、上市融资审查等政策的重要内容，对技术普及率达到一定程度的行业，采取提高相应环保标准的措施，加快技

术推广应用。

（三）明确管理部门和企业责任。国务院各有关部门按照中央编办确定的清洁生产职责分工，加强协调配合，督促和指导地方相关部门开展工作；各省、自治区、直辖市工业主管部门是实施的责任主体，要切实加强组织领导，确保按期完成目标和任务。电池生产和废旧电池再生利用企业是实施主体，要切实按照有关要求，积极推动自身清洁生产水平的提高，削减重金属污染物的排放，促进企业绿色发展。

（四）充分发挥行业协会、清洁生产中心桥梁作用。行业协会、清洁生产中心要充分发挥贴近企业、熟悉企业的优势，协助企业开展清洁生产审核，加强政策标准宣宣，推进电池企业清洁生产水平评价活动，提升企业清洁生产水平。要为企业提供信息咨询和技术服务，加强对行业清洁生产情况的分析，跟踪国内外技术发展动态，及时向政府部门提出意见和建议。

附件：

电池行业重点清洁生产技术

一、推广类技术

（一）技术工艺改造类

1. 铅蓄电池内化成工艺技术

目前，国内大部分铅蓄电池企业极板采用外化成工艺，产生大量酸雾和含酸含铅废水。推广铅蓄电池内化成工艺，可大大减少含铅含酸废水及酸雾产生，年减少排放含铅废水 600 万 t 以上，污水产量减少 50% 以上。

2. 扣式碱性锌锰电池无汞化技术与装备

无汞扣式碱性锌锰电池关键技术主要包括电池钢壳结构及表面镀层处理、负极无汞合金锌粉材料、正极二氧化锰材料与电解液工艺配方，汞含量低于0.0005%。关键指标是防漏和储存性能。推广该技术可实现扣式碱性锌锰电池无汞化，年减少汞耗量约100t，耗汞总量约减少63%。目前，扣式碱锰电池年产量达 90 多亿只，其中 10% 已经达到无汞化。

3. 电动工具等民用动力锂离子电池与氢镍电池技术

镉镍电池主要应用在电动工具、电动玩具、电动剃须刀、对讲机等民用领域，年耗用镉约 5800t。目前，动力锂离子电池提高了安全性能，在高功率放电性能和循环寿命方面优于镉镍电池；氢镍电池

的放电性能、电压和规格尺寸，与镉镍电池更具有互换性。在电动工具、电动玩具和电动剃须刀等民用消费电子产品领域，采用动力锂离子电池与氢镍电池替代镉镍电池60%，即可减少镉的总耗用量46%。

（二）有毒有害材料替代/减量化类

1. 纸板锌锰电池无汞无镉无铅技术

无汞无镉无铅纸板锌锰电池技术，即汞、镉、铅含量分别低于0.0005%、0.002%、0.004%。该技术改进负极锌筒合金组分与机械加工性能，采用有机和无机添加剂组合成缓腐蚀剂取代升汞、调整电解液与正极配方。目前，纸板锌锰电池产量约为180亿只，其中近10%产品已实现无汞无镉无铅化。推广该技术可利用现有生产线，实现纸板锌锰电池无汞无镉无铅化，年减少耗铅量336t、镉118t、汞4t，其中汞的总耗用量可减少约3%。

2. 铅蓄电池无镉化技术

无镉化技术为采用铅钙多元合金或其他无镉板栅合金，替代含镉板栅合金，镉含量低于0.002%。推广该技术每年可减少镉耗量2000t，及镉总耗用量可减少25%，消除铅蓄电池生产、回收、运输、再生环节中的镉污染风险。目前，无镉铅蓄电池约占电动自行车电池的15%。

二、产业化示范类技术

1. 卷绕式铅蓄电池技术与装备

该技术采用延压铅板栅、卷绕式电极结构，提升了铅蓄电池大电流放电、耐振动和高低温等性能，提高了铅蓄电池功率密度，单位功率密度耗铅量减少1/4。卷绕式铅蓄电池可应用于普通汽车和工程车辆的起动以及电动工具等电源领域，并可作为动力电池应用于轻度混合电动汽车、轻便型电动汽车。目前，该技术已开发成功，可应用示范。

2. 扩展式、冲孔式、连铸连轧式铅蓄电池板栅制造工艺技术与装备

铅蓄电池正极板和负极板是由板栅作为活性物质的载体。扩展式（如拉网）板栅技术是采用冷挤压剪切扩展成型，可使板栅金属结构致密，耐腐蚀性明显提高，且板栅厚度较其他工艺薄很多，减少耗铅量和铅烟、铅渣排放量。板栅制造新技术还包括冲孔式、连铸连轧式工艺技术。目前，上述工艺主要通过引进国外技术装备实现规模化生产，国内对同类技术与装备开始研发，已经有国产线，并有出口，具备应用前景。

3. 轨道交通车辆、工业机器人等领域用动力锂离子电池和氢镍电池技术

目前，磁悬浮列车、工业机器人以及轨道交通车辆（火车、地铁等）的电源系统通常采用镉镍电池。采用动力锂离子电池和氢镍电池替代镉镍电池，一方面减少了废镉镍电池产生量（减少镉耗用总量约3%），另一方面提高了动力电源的能量密度和功率密度。动力锂离子电池和氢镍电池技术的重点是提高电池的可靠性和安全性，以及电池系统管理技术。

三、研发类技术

1. 无汞氧化银电池技术

氧化银电池主要应用于高档电子手表和电子仪器，其汞含量约为电池重量的1%，但废弃后直接进入环境，存在污染风险。在缺少氧化银电池回收处理机制的情况下，需从源头抓起，加快研发新型锌粉合金、代汞添加剂、电解液工艺配方及电池钢壳结构与表面处理工艺技术，实现氧化银电池无汞化。

2. 功率型（放电倍率1C以上）铅蓄电池减铅技术

研究和选用减铅添加剂、去硫酸盐化添加剂，降低铅蓄电池放电过程的极化，克服极板表面硫酸盐化，降低电池内阻，提高铅蓄电池的功率特性，使起动型等大功率使用的铅蓄电池配置容量减小，铅耗量在现有基础上降低10%以上。减铅技术还包括采用超薄极板，其他减铅10%以上的技术。

3. 铅蓄电池等废电池规模化无害化再生利用技术与装备

废铅蓄电池回收再生环节铅污染风险较大。目前，废铅蓄电池再生利用关键技术装备主要依赖进口，需要加大力度研发机械破碎、分选、铅膏脱硫、铅再生等环节拥有自主知识产权的核心技术工艺与装备，开发废水、废气和废渣污染综合防治与利用技术与装备，实现废铅蓄电池规模化无害化再生利用。

加大研发废锌锰电池、氧化银电池、镉镍电池、氢镍电池、锂一次电池与锂离子电池等废电池再生利用工艺技术及装备。

第三部分　宏观经济动态

2011 年国民经济继续保持平稳较快发展

中华人民共和国国家统计局局长　马建堂

2011 年，面对复杂多变的国际形势和国内经济运行出现的新情况新问题，党中央、国务院以科学发展为主题，以转变发展方式为主线，坚持实施积极的财政政策和稳健的货币政策，不断加强和改善宏观调控，国民经济继续朝着宏观调控预期方向发展，实现了"十二五"时期经济社会发展良好开局。

初步测算，全年国内生产总值 471564 亿元，按可比价格计算，比上年增长 9.2%。分季度看，一季度同比增长 9.7%，二季度增长 9.5%，三季度增长 9.1%，四季度增长 8.9%。分产业看，第一产业增加值 47712 亿元，比上年增长 4.5%；第二产业增加值 220592 亿元，增长 10.6%；第三产业增加值 203260 亿元，增长 8.9%。从环比看，四季度国内生产总值增长 2.0%。

一、农业生产稳定增长，粮食连续八年增产

全年全国粮食总产量达到 57121 万 t，比上年增产 2473 万 t，增长 4.5%，连续八年增产。其中，夏粮产量 12627 万 t，比上年增长 2.5%；早稻产量 3276 万 t，增长 4.5%；秋粮产量 41218 万 t，增长 5.1%。全年棉花产量 660 万 t，比上年增长 10.7%；油料产量 3279 万 t，增长 1.5%；糖料产量 12520 万 t，增长 4.3%。全年猪牛羊禽肉产量 7803 万 t，比上年增长 0.3%，其中猪肉产量 5053 万 t，比上年下降 0.4%。生猪存栏 46767 万头，比上年增长 0.7%；生猪出栏 66170 万头，比上年下降 0.8%。全年禽蛋产量 2811 万 t，比上年增长 1.8%；牛奶 3656 万 t，增长 2.2%。

二、工业生产平稳较快增长，企业利润继续增加

全年全国规模以上工业增加值按可比价格计算比上年增长 13.9%。分登记注册类型看，国有及国有控股企业增加值比上年增长 9.9%，集体企业增长 9.3%，股份制企业增长 15.8%，外商及港澳台商投资企业增长 10.4%。分轻重工业看，重工业增加值比上年增长 14.3%，轻工业增长 13.0%。分行业看，39 个大类行业增加值全部实现比上年增长。分地区看，东部地区增加值比上年增长 11.7%，中部地区增长 18.2%，西部地区增长 16.8%。分产品看，全年 468 种产品中有 417 种产品比上年增长。其中，发电量增长 12.0%，钢材增长 12.3%，水泥增长 16.1%，十种有色金属增长 10.6%，乙烯增长 7.4%，汽车增长 3.0%，其中轿车增长 5.9%。全年规模以上工业企业产销率达到 98.0%，比上年下降 0.1 个百分点。规模以上工业企业实现出口交货值 101946 亿元，比上年增长 16.6%。12 月份，规模以上工业增加值同比增长 12.8%，环比增长 1.1%。

1～11 月份，全国规模以上工业企业实现利润 46638 亿元，同比增长 24.4%。在 39 个大类行业中，36 个行业利润同比增长，3 个行业利润同比下降。1～11 月份，规模以上工业企业主营业务成本占主营业务收入的比重为 84.98%，比前三季度微降 0.09 个百分点。11 月份，规模以上工业企业主营业务收入利润率为 7%。

三、固定资产投资保持较快增长，投资结构继续改善

全年固定资产投资（不含农户）301933 亿元，比上年名义增长 23.8%（扣除价格因素实际增长 16.1%）。其中，国有及国有控股投资 107486 亿元，增长 11.1%。分产业看，第一产业投资 6792 亿元，比上年增长 25.0%；第二产业投资 132263 亿元，增长 27.3%；第三产业投资 162877 亿元，增长 21.1%。在第二产业投资中，工业投资 129011 亿元，比上年增长 26.9%；其中，采矿业投资 11810 亿元，增长 21.4%；制造业投资 102594 亿元，增长 31.8%；电力、燃气及水的生产和供应业投资 14607 亿元，增长 3.8%。全年基础设施（不包括电力、燃气及水的生产与供应）投资 51060 亿元，比上年增长 5.9%，增速比上年回落 14.3 个百分点。分地区看，东部地区投资比上年增长 21.3%，中部地区增长 28.8%，西部地区增长 29.2%。从到位资金情况看，全年到位资金 334219 亿元，比上年增长

20.3%。其中，国家预算内资金增长10.8%，国内贷款增长3.5%，自筹资金增长28.6%，利用外资增长8.2%，其他资金增长9.0%。全年新开工项目计划总投资240344亿元，比上年增长22.5%；新开工项目332931个，比上年增加431个。从环比看，12月份固定资产投资（不含农户）下降0.14%。

四、房地产开发呈回落态势，商品房销售增速回落

全年全国房地产开发投资61740亿元，比上年名义增长27.9%（扣除价格因素实际增长20.0%），增速比前三季度回落4.1个百分点，比上年回落5.3个百分点；其中住宅投资增长30.2%，分别回落5.0和2.6个百分点。房屋新开工面积190083万m²，比上年增长16.2%，增速比前三季度回落7.5个百分点，比上年回落24.4个百分点；其中住宅新开工面积增长12.9%，分别回落8.4和25.8个百分点。全国商品房销售面积109946万m²，增长4.9%，增速比前三季度回落8.0个百分点，比上年回落5.7个百分点；其中住宅销售面积增长3.9%，分别回落8.2和4.4个百分点。全国商品房销售额59119亿元，增长12.1%，增速比前三季度回落11.1个百分点，比上年回落6.8个百分点；其中住宅销售额增长10.2%，分别回落11.0和4.6个百分点。全年房地产开发企业土地购置面积40973万m²，比上年增长2.6%，增速比上年回落22.6个百分点。全国商品房待售面积27194万m²，增长26.1%，增速比上年加快18.0个百分点。全年房地产开发企业本年资金来源83246亿元，比上年增长14.1%，增速比前三季度回落8.6个百分点，比上年回落12.1个百分点。其中，国内贷款增长与上年持平，自筹资金增长28.0%，利用外资增长2.9%，其他资金增长8.6%。

五、市场销售平稳增长，汽车销售回落幅度较大

全年社会消费品零售总额181226亿元，比上年名义增长17.1%（扣除价格因素实际增长11.6%）。其中，限额以上企业（单位）消费品零售额84609亿元，比上年增长22.9%。按经营单位所在地分，城镇消费品零售额156908亿元，比上年增长17.2%；乡村消费品零售额24318亿元，增长16.7%。按消费形态分，餐饮收入20543亿元，比上年增长16.9%；商品零售160683亿元，增长17.2%。在商品零售中，限额以上企业（单位）商品零售额78164亿元，增长23.2%。其中，汽车类增长14.6%，增速比上年回落20.2个百分点；家具类增长32.8%，回落4.4个百分点；家用电器和音像器材类增长21.6%，回落6.1个百分点。12月份，社会消费品零售总额同比名义增长18.1%（扣除价格因素实际增长13.8%），环比增长1.41%。

六、进出口保持较快增长，外贸顺差继续收窄

全年进出口总额36421亿美元，比上年增长22.5%；出口18986亿美元，增长20.3%；进口17435亿美元，增长24.9%。进出口相抵，顺差1551亿美元，比上年减少264亿美元。贸易方式继续改善。进出口总额中，一般贸易进出口19246亿美元，增长29.2%，占进出口总额的52.8%，比上年提高2.7个百分点；加工贸易进出口13052亿美元，增长12.7%。出口额中，一般贸易出口9171亿美元，增长27.3%；加工贸易出口8354亿美元，增长12.9%。进口额中，一般贸易进口10075亿美元，增长31%；加工贸易进口4698亿美元，增长12.5%。

七、货币供应量平稳回落，新增贷款有所减少

12月末，广义货币（M2）85.2万亿元，比上年末增长13.6%，增速比上年末回落6.1个百分点；狭义货币（M1）29.0万亿元，增长7.9%，回落13.3个百分点；流通中现金（M0）5.1万亿元，增长13.8%，回落2.9个百分点。全年金融机构人民币各项贷款余额54.8万亿元，新增人民币各项贷款7.5万亿元，比上年少增3901亿元。人民币各项存款余额80.9万亿元，各项存款增加9.6万亿元，比上年少增2.3万亿元。

八、市场物价同比上涨，7月份后同比涨幅连续回落

全年居民消费价格比上年上涨5.4%。其中，城市上涨5.3%，农村上涨5.8%。分类别看，食品上涨11.8%，烟酒及用品上涨2.8%，衣着上涨2.1%，家庭设备用品及维修服务上涨2.4%，医疗保健和个人用品上涨3.4%，交通和通信上涨0.5%，娱乐教育文化用品及服务上涨0.4%，居住上涨5.3%。7月份居民消费价格同比涨幅达到高点6.5%后，涨幅连续回落。12月份，居民消费价格同比上涨4.1%，环比上涨0.3%。全年工业生产者出厂价格比上年上涨6.0%，12月份同比上涨1.7%，

环比下降 0.3%。全年工业生产者购进价格比上年上涨 9.1%，12 月份同比上涨 3.5%，环比下降 0.4%。

九、城乡居民收入稳定增长，农村居民收入增速快于城镇

全年城镇居民人均总收入 23979 元。其中，城镇居民人均可支配收入 21810 元，比上年名义增长 14.1%，扣除价格因素，实际增长 8.4%。在城镇居民人均总收入中，工资性收入比上年名义增长 12.4%，转移性收入增长 12.1%，经营净收入增长 29.0%，财产性收入增长 24.7%。农村居民人均纯收入 6977 元，比上年名义增长 17.9%，扣除价格因素，实际增长 11.4%。其中，工资性收入比上年名义增长 21.9%，家庭经营收入增长 13.7%，财产性收入增长 13.0%，转移性收入增长 24.4%。全年城乡居民收入比为 3.13∶1（以农村居民人均纯收入为 1，上年该比值为 3.23∶1）。全年农民工总量 25278 万人，比上年增加 1055 万人，增长 4.4%；其中本地农民工 9415 万人，外出农民工 15863 万人。外出农民工月均收入 2049 元，比上年增长 21.2%。

十、人口总量低速增长，城镇人口首超农村

2011 年末，中国大陆总人口（包括 31 个省、自治区、直辖市和中国人民解放军现役军人，不包括香港、澳门特别行政区和台湾省以及海外华侨人数）134735 万人，比上年末增加 644 万人。出生人口 1604 万人，人口出生率为 11.93‰；死亡人口 960 万人，人口死亡率为 7.14‰；人口自然增长率为 4.79‰。从性别结构看，男性人口 69068 万人，女性人口 65667 万人；总人口性别比为 105.18（以女性为 100，男性对女性的比例）；出生人口性别比为 117.78，比上年末下降 0.16。从年龄构成看，60 岁及以上人口 18499 万人，占总人口的 13.7%，比上年末提高 0.47 个百分点；65 岁及以上人口 12288 万人，占总人口的 9.1%，比上年末增加 0.25 个百分点；15~64 岁劳动年龄人口 100283 万人，占总人口的比重为 74.4%，比上年末微降 0.10 个百分点。从城乡结构看，城镇人口 69079 万人，比上年末增加 2100 万人；乡村人口 65656 万人，减少 1456 万人；城镇人口占总人口比重达到 51.27%，比上年末提高 1.32 个百分点。

当前，国际经济环境复杂严峻，国内经济发展中不平衡、不协调、不可持续的矛盾和问题仍很突出。要坚决贯彻落实中央经济工作会议的决策部署，把握好稳中求进的工作总基调，继续实施积极的财政政策和稳健的货币政策，保持宏观经济政策的连续性和稳定性，增强调控的针对性、灵活性、前瞻性，继续处理好保持经济平稳较快发展、调整经济结构和管理通胀预期三者关系，加快推进经济发展方式转变和经济结构调整，努力实现经济平稳较快发展。

附注：

（1）国内生产总值、规模以上工业增加值及其分类项目增长速度按可比价计算，为实际增长速度；其他指标除特殊说明外，按现价计算，为名义增长速度。

（2）经国务院批准，国家统计局从 2011 年 4 月份起，对外公布国内生产总值（GDP）、规模以上工业增加值、固定资产投资（不含农户）、社会消费品零售总额四项统计指标的经季节调整的环比数据。

根据季节调整模型自动修正结果，对 1、2、3 季度 GDP、2~11 月份规模以上工业增加值、固定资产投资（不含农户）、社会消费品零售总额环比增速进行修订。修订结果及 4 季度 GDP 环比数据、12 月份其他指标环比数据如下：

2011 年 1 季度、2 季度、3 季度、4 季度 GDP 环比增速分别为 2.1%、2.3%、2.3% 和 2.0%。

其他指标环比数据表

时间	规模以上工业增加值环比增速（%）	固定资产投资（不含农户）环比增速（%）	社会消费品零售总额环比增速（%）
2 月份	0.95	0.18	1.30
3 月份	1.14	1.66	1.35
4 月份	0.93	2.32	1.33
5 月份	0.96	0.94	1.31
6 月份	1.36	-0.38	1.40
7 月份	0.84	1.01	1.30
8 月份	0.94	1.61	1.29
9 月份	1.14	-0.02	1.35
10 月份	0.91	1.10	1.30
11 月份	0.93	-0.41	1.28
12 月份	1.10	-0.14	1.41

（3）经国务院批准，国家统计局从 2011 年 1 月起提高工业、固定资产投资统计起点标准，其中纳入规模以上工业统计范围的工业企业起点标准从年主营业务收入 500 万元提高到 2000 万元；固定资产投资项目统计的起点标准，从计划总投资额 50 万元提高到 500 万元。经测算，规模以上工业和投资统

计起点标准提高后，依据新起点标准统计的规模以上工业和固定资产投资总量、结构和速度数据，与依据原起点统计的相应数据相比，数据及其变化趋势基本一致。

（4）自 2011 年起，国家统计局对月度固定资产投资统计制度进行了完善，即将月度投资统计的范围从城镇扩大到农村企事业组织，并将这一统计范围定义为"固定资产投资（不含农户）"，不仅月度统计内容更加全面，而且定义更加准确。

（5）自 2011 年起，发布限额以上企业（单位）消费品零售额。限额以上企业（单位）是指年主营业务收入 2000 万元及以上的批发业企业（单位）、500 万元及以上的零售业企业（单位）、200 万元及

以上的住宿和餐饮业企业（单位）。

（6）东部地区包括北京、天津、河北、辽宁、上海、江苏、浙江、福建、山东、广东、海南 11 个省（市）；中部地区包括山西、吉林、黑龙江、安徽、江西、河南、湖北、湖南 8 个省；西部地区包括内蒙古、广西、重庆、四川、贵州、云南、西藏、陕西、甘肃、青海、宁夏、新疆 12 个省（市、自治区）。

（7）固定资产投资（不含农户）和房地产开发投资增速与上年比较，均按照 2010 年同口径年报数进行比较。

（8）进出口数据来源于海关总署；货币供应量、人民币存贷款数据来源于人民银行。

附表：

2011 年 12 月份及全年主要统计数据

指 标	12 月		1～12 月	
	绝 对 量	同比增长（%）	绝 对 量	同比增长（%）
一、国内生产总值/亿元	…	…	471564	9.2
第一产业	…	…	47712	4.5
第二产业	…	…	220592	10.6
第三产业	…	…	203260	8.9
二、农业				
粮食/万 t	…	…	57121	4.5
夏粮/万 t	…	…	12627	2.5
早稻/万 t	…	…	3276	4.5
秋粮/万 t	…	…	41218	5.1
棉花/万 t	…	…	660	10.7
油料/万 t	…	…	3279	1.5
糖料/万 t	…	…	12520	4.3
猪牛羊禽肉/万 t	…	…	7803	0.3
#猪肉/万 t	…	…	5053	-0.4
生猪存栏/万头	…	…	46767	0.7
生猪出栏/万头	…	…	66170	-0.8
禽蛋/万 t	…	…	2811	1.8
牛奶/万 t	…	…	3656	2.2
三、规模以上工业增加值	…	12.8	…	13.9
分轻重工业				
轻工业	…	12.6	…	13.0
重工业	…	13.0	…	14.3
分登记注册类型				
国有及国有控股企业	…	9.2	…	9.9
集体企业	…	11.4	…	9.3
股份制企业	…	14.7	…	15.8
外商及港澳台商投资企业	…	8.7	…	10.4
主要行业增加值				
纺织业	…	12.7	…	8.3
化学原料及化学制品制造业	…	14.8	…	14.7
非金属矿物制品业	…	16.7	…	18.4
黑色金属冶炼及压延加工业	…	9.4	…	9.7

（续）

指　　标	12 月		1～12 月	
	绝　对　量	同比增长（%）	绝　对　量	同比增长（%）
通用设备制造业	…	11.7	…	17.4
交通运输设备制造业	…	10.3	…	12.0
电气机械及器材制造业	…	13.3	…	14.5
通信设备、计算机及其他电子设备制造业	…	15.4	…	15.9
电力、热力的生产和供应业	…	9.9	…	10.1
主要产品产量				
发电量/亿 kWh	4038	9.7	46037	12.0
生铁/万 t	4801	3.7	62969	8.4
粗钢/万 t	5216	0.7	68327	8.9
钢材/万 t	7107	6.0	88131	12.3
水泥/万 t	17508	7.0	206317	16.1
原油加工量/万 t	3923	4.0	44774	4.9
十种有色金属/万 t	296	13.2	3424	10.6
乙烯/万 t	135	8.8	1528	7.4
汽车/万辆	182	-6.5	1919	3.0
其中：轿车/万辆	98.1	-5.9	1045	5.9
产品销售率（%）	98.8	-0.6(百分点)	98.0	-0.1(百分点)
出口交货值/亿元	9390	12.3	101946	16.6
四、固定资产投资（不含农户）/亿元	…	…	301933	23.8
其中：国有及国有控股	…	…	107486	11.1
分项目隶属关系				
中央项目	…	…	20209	-9.7
地方项目	…	…	281724	27.2
分产业				
第一产业	…	…	6792	25.0
第二产业	…	…	132263	27.3
第三产业	…	…	162877	21.1
分行业				
石油和天然气开采业	…	…	3057	12.5
黑色金属矿采选业	…	…	1251	18.4
有色金属矿采选业	…	…	1275	24.2
非金属矿采选业	…	…	1284	28.7
非金属矿物制品业	…	…	10448	31.8
黑色金属冶炼及压延加工业	…	…	3860	14.6
有色金属冶炼及压延加工业	…	…	3861	36.4
通用设备制造业	…	…	7702	30.6
交通运输设备制造业	…	…	8406	27.2
电气机械及器材制造业	…	…	7851	44.6
通信设备、计算机及其他电子设备制造业	…	…	5266	34.2
电力、热力的生产与供应业	…	…	11557	1.8
铁路运输业	…	…	5767	-22.5
道路运输业	…	…	13475	9.8
水利管理业	…	…	3412	16.3
公共设施管理业	…	…	19529	14.8
分登记注册类型				
内资企业	…	…	281741	24.7
港澳台商投资企业	…	…	9362	19.9
外商投资企业	…	…	9437	12.0
分施工和新开工项目				
施工项目计划总投资	…	…	632121	18.7

（续）

指　　标	12 月		1 ~ 12 月	
	绝　对　量	同比增长（%）	绝　对　量	同比增长（%）
新开工项目计划总投资	…	…	240344	22.5
新开工项目/个	…	…	332931	431（个）
固定资产投资（不含农户）到位资金	…	…	334219	20.3
其中：国家预算内资金	…	…	14413	10.8
国内贷款	…	…	45282	3.5
利用外资	…	…	5087	8.2
自筹资金	…	…	220376	28.6
其他资金	…	…	49061	9.0
全国建筑业总产值/亿元	…	…	117734	22.6
全国建筑业房屋建筑施工面积/亿 m²	…	…	84.62	19.5
五、房地产开发				
房地产开发投资/亿元	…	…	61740	27.9
其中：住宅	…	…	44308	30.2
房屋施工面积/万 m²	…	…	507959	25.3
其中：住宅	…	…	388439	23.4
房屋新开工面积/万 m²	…	…	190083	16.2
其中：住宅	…	…	146035	12.9
房屋竣工面积/万 m²	…	…	89244	13.3
其中：住宅	…	…	71692	13.0
商品房销售面积/万 m²	…	…	109946	4.9
其中：住宅	…	…	97030	3.9
办公楼	…	…	2008	6.2
商业营业用房	…	…	7878	12.6
商品房销售额/亿元	…	…	59119	12.1
其中：住宅	…	…	48619	10.2
办公楼	…	…	2502	16.1
商业营业用房	…	…	6702	23.7
房地产开发企业本年资金来源/亿元	…	…	83246	14.1
其中：国内贷款	…	…	12564	0.0
利用外资	…	…	814	2.9
自筹资金	…	…	34093	28.0
其他资金	…	…	35775	8.6
其中：定金及预收款	…	…	21610	12.1
个人按揭贷款	…	…	8360	-12.2
房地产开发企业土地购置面积/万 m²	…	…	40973	2.6
商品房待售面积/万 m²	…	…	27194	26.1
六、社会消费品零售总额/亿元	17740	18.1	181226	17.1
其中：限额以上企业（单位）消费品零售额	9053	23.2	84609	22.9
分经营单位所在地				
城镇	15320	18.2	156908	17.2
乡村	2420	17.8	24318	16.7
分消费形态				
餐饮收入	1997	18.6	20543	16.9
其中：限额以上企业（单位）餐饮收入	672	24.7	6445	19.7
商品零售	15743	18.1	160683	17.2
其中：限额以上企业（单位）商品零售	8381	23.1	78164	23.2
其中：粮油食品、饮料烟酒	1068	28.5	10323	25.3
服装鞋帽、针纺织品	950	26.7	7955	24.2
化妆品	111	16.9	1103	18.7
金银珠宝	180	35.6	1837	42.1

（续）

指　标	12 月		1～12 月	
	绝　对　量	同比增长（%）	绝　对　量	同比增长（%）
日用品	277	23.4	2767	24.1
体育、娱乐用品	36.5	14.1	366.8	13.0
家用电器和音像器材	568.2	33.4	5375	21.6
中西药品	373.1	27.2	3718	21.5
文化办公用品	198.3	34.1	1629	27.6
家具	140.5	39.2	1181	32.8
通信器材	108.7	24.8	1070	27.5
石油及制品	1303	31.1	14437	37.4
汽车	2371	10.2	20838	14.6
建筑及装潢材料	180.2	37.2	1401	30.1
七、进出口/亿美元				
进出口总额	3329	12.6	36421	22.5
出口额	1747	13.4	18986	20.3
进口额	1582	11.8	17435	24.9
八、年末货币供应量/万亿元				
广义货币（M2）	…	…	85.2	13.6
狭义货币（M1）	…	…	29.0	7.9
流通中现金（M0）	…	…	5.1	13.8
九、居民消费价格	…	4.1	…	5.4
其中：城市	…	4.1	…	5.3
农村	…	4.1	…	5.8
其中：食品	…	9.1	…	11.8
非食品	…	1.9	…	2.6
其中：消费品	…	4.9	…	6.2
服务项目	…	2.0	…	3.5
分类别	…			
食品	…	9.1	…	11.8
烟酒及用品	…	3.9	…	2.8
衣着	…	3.8	…	2.1
家庭设备用品及维修服务	…	2.5	…	2.4
医疗保健及个人用品	…	2.8	…	3.4
交通和通信	…	0.3	…	0.5
娱乐教育文化用品及服务	…	0.1	…	0.4
居住	…	2.1	…	5.3
十、工业生产者出厂价格	…	1.7	…	6.0
生产资料	…	1.4	…	6.6
采掘	…	9.4	…	15.4
原料	…	2.9	…	9.2
加工	…	0.0	…	4.6
生活资料	…	2.5	…	4.2
食品	…	4.3	…	7.4
衣着	…	3.6	…	4.2
一般日用品	…	2.1	…	4.0
耐用消费品	…	-0.5	…	-0.6
十一、工业生产者购进价格	…	3.5	…	9.1
燃料动力类	…	8.4	…	10.8
黑色金属材料类	…	1.4	…	9.4
有色金属材料及电线类	…	0.6	…	12.1
化工原料类	…	1.4	…	10.4
十二、固定资产投资价格	…	5.7（四季度）	…	6.6

（续）

指　　标	12 月		1～12 月	
	绝　对　量	同比增长（%）	绝　对　量	同比增长（%）
建筑安装工程	…	7.9（四季度）	…	9.2
材料费	…	6.7（四季度）	…	8.7
人工费	…	14.2（四季度）	…	13.5
机械使用费	…	4.7（四季度）	…	4.9
设备、工器具购置	…	0.5（四季度）	…	1.1
其他费用	…	4.0（四季度）	…	4.0
十三、农产品生产价格	…	11.9（四季度）	…	16.5
种植业产品	…	1.9（四季度）	…	7.8
粮食	…	7.7（四季度）	…	9.0
谷物	…	9.0（四季度）	…	9.7
小麦	…	3.9（四季度）	…	5.2
稻谷	…	10.0（四季度）	…	13.3
玉米	…	9.4（四季度）	…	9.9
油料	…	6.9（四季度）	…	12.1
糖料	…	19.8（四季度）	…	25.5
蔬菜	…	-2.2（四季度）	…	3.4
水果	…	4.4（四季度）	…	6.2
茶叶	…	12.4（四季度）	…	13.3
烟叶	…	13.0（四季度）	…	11.5
林业产品	…	12.9（四季度）	…	14.9
木材	…	12.8（四季度）	…	9.8
畜牧业产品	…	21.9（四季度）	…	26.2
生猪	…	29.9（四季度）	…	37.0
活牛	…	10.7（四季度）	…	8.1
活羊	…	18.3（四季度）	…	15.7
家禽	…	8.5（四季度）	…	12.0
禽蛋	…	9.5（四季度）	…	12.6
渔业产品	…	8.7（四季度）	…	10.0
十四、居民收入和支出/（元/人）				
农村居民人均纯收入	…	…	6977	11.4
工资性收入	…	…	2963	21.9
家庭经营收入	…	…	3222	13.7
第一产业生产经营收入	…	…	2520	12.9
第二、三产业生产经营收入	…	…	702	16.7
财产性收入	…	…	229	13.0
转移性收入	…	…	563	24.4
农村居民人均生活消费支出	…	…	5221	12.6
城镇居民人均可支配收入	…	…	21810	8.4
城镇居民人均消费性支出	…	…	15161	6.8
农民工总量/万人	…	…	25278	4.4
本地农民工	…	…	9415	5.9
外出农民工	…	…	15863	3.4
外出农民工月均收入	…	…	2049	21.2
十五、年末人口数/万人				
年末人口	…	…	134735	644（万人）
出生人口	…	…	1604	12（万人）
死亡人口	…	…	960	9（万人）
人口出生率（‰）	…	…	11.93	0.03（千分点）
人口死亡率（‰）	…	…	7.14	0.03（千分点）
人口自然增长率（‰）	…	…	4.79	0（千分点）

（续）

指　标	12 月		1～12 月	
	绝　对　量	同比增长（%）	绝　对　量	同比增长（%）
城镇人口	…	…	69079	2100（万人）
乡村人口	…	…	65656	−1456（万人）
城镇人口占总人口比重（%）	…	…	51.27	1.32（百分点）

注：

1）国内生产总值、规模以上工业增加值及其分类项目增长速度均按可比价计算；农村居民人均纯收入、农村居民人均生活消费支出、城镇居民人均可支配收入和城镇居民人均消费性支出增长速度均为实际增长速度；其他指标增长速度均按现价计算；

2）全国建筑业企业指具有资质等级的总承包和专业承包建筑业企业，不含劳务分包建筑业企业；

3）农产品生产价格指农产品生产者直接出售其产品时的价格；

4）年末人口指 2011 年 12 月 31 日 24 时的人口数，年末人口包括中国人民解放军现役军人，但不包括香港、澳门特别行政区和台湾省以及海外华侨人数；

5）进出口数据来源于海关总署；货币供应量数据来源于人民银行。

附图：

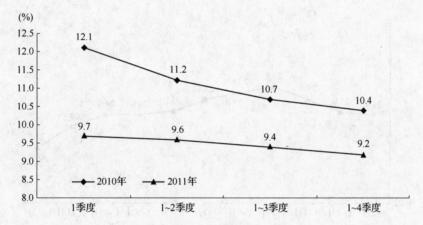

图1　国内生产总值同比增长速度

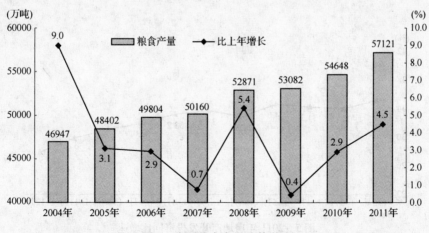

图2　全国粮食产量及其增速

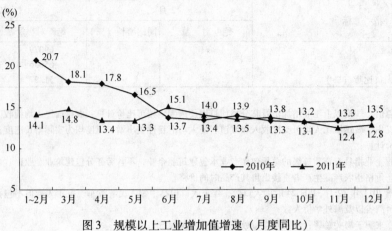

图 3 规模以上工业增加值增速（月度同比）

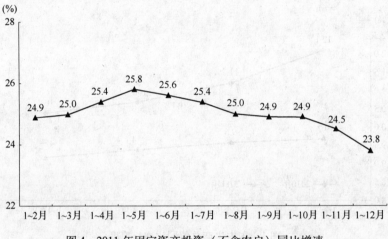

图 4 2011 年固定资产投资（不含农户）同比增速

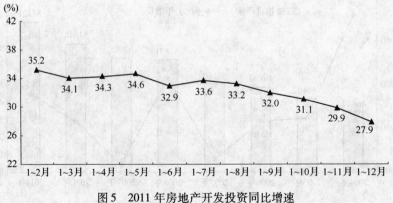

图 5 2011 年房地产开发投资同比增速

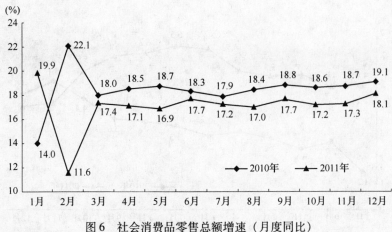

图6　社会消费品零售总额增速（月度同比）

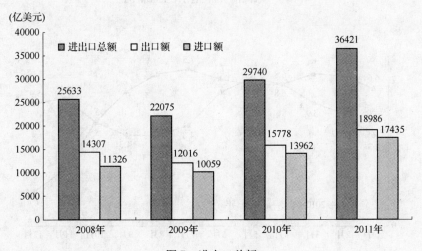

图7　进出口总额

注：数据来源于海关总署。

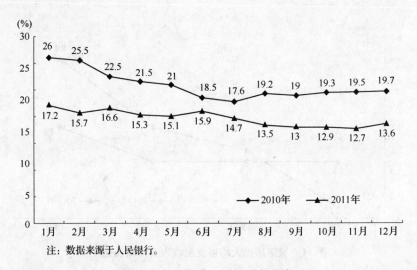

注：数据来源于人民银行。

图8　广义货币（M2）增长速度

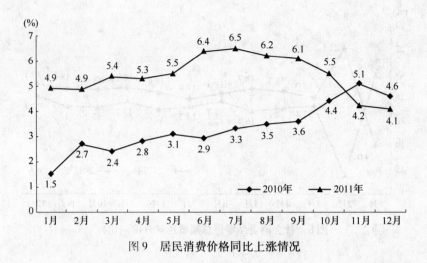

图 9　居民消费价格同比上涨情况

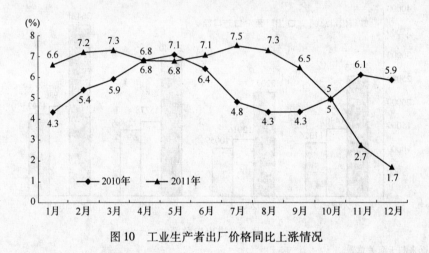

图 10　工业生产者出厂价格同比上涨情况

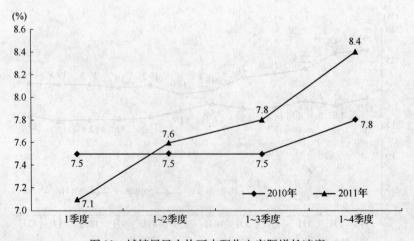

图 11　城镇居民人均可支配收入实际增长速度

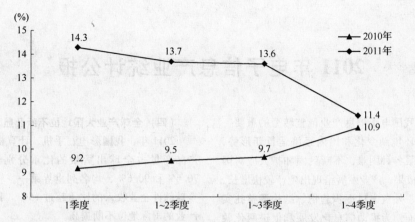

注：1~4 季度为农村居民人均纯收入，其他为农村居民人均现金收入。

图 12　农村居民人均收入实际增长速度

图 13　人口及其自然增长率变化情况

2011年电子信息产业统计公报

2011年是我国电子信息产业调整转型的重要一年。面对国际环境新变化和国内经济运行新形势，全行业努力克服各种困难，不断巩固和扩大应对国际金融危机的成果，产业发展呈现出生产较快增长、投资高位运行、外贸出口逐步趋稳、结构调整扎实推进的良好局面，为推动信息化发展和促进两化融合发挥积极作用，在国民经济发展中的地位不断提高。

一、产业地位保持领先，经济贡献日益突出

（一）在工业行业中保持领先地位

2011年，规模以上电子信息制造业增加值、投资增速分别高于工业平均水平2.0和近20个百分点。行业收入、利润占全国工业比重分别达到8.9%和6.1%，电子制造业在整体工业中的领先和支柱作用日益凸显。

（二）对国民经济的贡献日益加大

2011年，规模以上电子信息制造业从业人员940万人，比2010年新增60万人，占全国城镇新增就业人口的4.9%。上缴税金1245亿元，同比增长31.0%，增速高出全国工业平均水平6.2个百分点。电子信息产品进出口总额达11292.3亿美元，占全国外贸进出口总额的31.0%。电子信息产业在国民经济中的重要性不断提高。

（三）为信息化建设发挥有力支撑

截至2011年年底，我国手机普及率达到73.6部/百人，比2010年提高9.2部/百人；3G网络渗透率达到13.0%，比2010年提高7.5个百分点。我国互联网普及率达到38.3%，比上年提高4.0个百分点；其中手机上网用户占到网民总数的69.4%，比上年提高3.2个百分点。城镇居民的彩电、计算机拥有率超过135台/百户和70台/百户，均比上年有所提高。金融、电信、电力、能源和政府等领域的软件业务收入增势迅速；信息技术对其他行业的渗透进一步深化，为改造提升传统产业、促进工业节能减排、扶持中小企业发展及推动通信业转型发展等发挥积极作用。

（四）全球产业大国地位不断凸显

2011年，我国彩电、手机、计算机等主要电子产品产量占全球出货量的比重分别达到48.8%、70.6%和90.6%，均名列世界第一。软件业收入占全球软件企业收入的比重超过15%。我国电子信息产业的国际地位不断提高。

二、产业规模持续扩大，结构调整扎实推进

（一）产业规模稳步增长

2011年，我国电子信息产业实现销售收入9.3万亿元，增幅超过20%；其中，规模以上制造业实现收入74909亿元，同比增长17.1%；软件业实现收入18468亿元（快报数据），比上年增长35.9%。规模以上电子信息制造业实现销售产值75445亿元，同比增长21.1%。手机、计算机、彩电、集成电路等主要产品产量分别达到11.3亿部、3.2亿台、1.2亿台和719.6亿块，同比增长13.5%、30.3%、3.4%和10.3%。

（二）经济效益波动明显

2011年，规模以上电子信息制造业实现主营业务收入74909亿元，同比增长17.1%；实现利润总额3300亿元，同比增长16.8%。行业销售利润率为4.4%，与2010年基本持平；全年有6个月份的利润呈下降态势，波动较为明显。行业主营业务成本占主营业务收入的比重达到88.7%，比2010年提高0.6个百分点。行业中亏损企业2497个，同比增长36.7%，企业亏损面达16.6%；亏损企业亏损额同比增长52.9%。

（三）外贸增速逐步趋稳

2011年，电子信息产品进出口增速呈前高后低态势，全年进出口总额达到11292.3亿美元，同比增长11.5%，占全国外贸总额的31.0%。其中，出口6612.0亿美元，同比增长11.9%，增速比2010年同期下滑17.4个百分点，占全国外贸出口额的34.8%；进口4680.3亿美元，同比增长11.0%，增速比2010年同期下降23.0个百分点，占全国外贸进口额的26.8%。出口额前三位的产品为：笔记本电脑1058.8亿美元，增长11.1%；手机627.6亿美

元，增长 34.3%；集成电路 325.7 亿美元，增长 11.4%。

（四）投资保持快速增长

2011 年 1~11 月，电子信息产业 500 万元以上项目完成固定资产投资 8183 亿元，同比增长 56%，高于工业投资 29.2 个百分点。其中，电池行业完成投资达 1505 亿元，占全行业投资比重 18.4%，同比增长 111.7%，成为电子信息产业中投资最密集、增长最快的领域。1~11 月，电子信息产业新开工项目 6523 个，同比增长 59.1%，扭转去年同期下滑局面。其中，电子元器件、信息机电和信息化学品制造行业新开工项目数增长均超过 55%，个数占全行业 70%。

（五）结构调整不断深化

1. 软硬件比例趋于合理，行业结构不断改善

2011 年，我国电子信息产业中软件业收入比重接近 20%，与上年（17.5%）相比有明显提高。在制造业中，随着新型显示器件、LED、光伏产品等领域的快速发展，电子元、器件和电子材料行业收入比重达到 36.7%，比上年提高 1.2 个百分点。在软件业中，服务化趋势明显，信息技术咨询服务、数据处理和运营服务分别实现收入 1864 和 3028 亿元，所占比重达到 10.1% 和 16.4%，比上年提高 0.7 和 1.1 个百分点。

2. 内销市场稳步增长，产业对外依存度下降

2011 年，规模以上电子信息制造业实现内销产值 34165 亿元，同比增长 31.0%，比行业销售产值增速和出口交货值增速高 9.9 和 17.1 个百分点。电子制造业对外依存度（54.7%）比上年下降 3.5 个百分点。

3. 内资企业快速发展，本土企业实力增强

2011 年，规模以上电子信息制造业中内资企业销售产值、出口交货值增速分别达到 31.1% 和 16.4%，高于行业平均水平 10.0 和 2.5 个百分点。内资企业经营水平不断提高，销售利润率达到 6.6%，高于行业平均水平 2.2 个百分点。

4. 产业转移步伐加快，区域结构持续优化

2011 年，中、西部地区规模以上电子信息制造业销售产值增长 63.1% 和 74.3%，高出全国平均水平 42 和 53.2 个百分点；两个地区实现出口交货值增长均超过 110%。东部地区电子制造业销售产值和出口交货值增长 15.9% 和 9.1%，低于全国平均水平 5.2 和 4.8 个百分点，产业在东部地区的销售产值和出口交货值比重（84.6% 和 91.5%）比 2010 年同期下降 3.8 和 4.0 个百分点。

5. 外贸结构继续调整，抵御风险能力增强

2011 年，我国电子信息产品出口中：一般贸易出口 1194.7 亿美元，同比增长 22.3%，比重达到 18.1%，较上年提高 1.6 个百分点；内资企业出口 1237.7 亿美元，比重达 18.7%，比上年提高 0.8 个百分点；前十位出口对象所占比重 72.3%，比上年下降 0.3 个百分点；出口前五位省市所占比重 84.9%，比上年下降 2.2 个百分点。

（六）科研创新成果显著

截至 2011 年年底，全国信息技术领域专利申请总量达到 136.4 万件，占工业行业专利申请量的 35.7%；比上年增加 22.95 万件，同比增长 20.2%；信息技术领域专利申请总量和新增量在各工业行业中均居于首位。产业内领军企业华为和中兴的专利申请量分别达到 3.04 和 2.48 万件，明显领先于其他企业。在 2011 年度国家科学技术奖励大会上，武汉邮电科学研究院、海尔集团和华为技术有限公司等多家企业荣获国家科学技术进步奖，在新型显示技术、移动宽带、光通信等多个领域取得新突破，为促进产业结构调整，推进产学研体系健康发展发挥了积极作用。

在当前的产业运行中，也存在一些问题和矛盾，需要引起重视并及时采取应对措施。一是自主创新不足、缺乏核心技术，产业发展受制于人。二是国内成本优势正在逐步削弱，原材料价格、用工成本持续走高，人民币面临升值压力将加大，沿海地区土地日趋紧张，传统的制造业基地地位面临挑战。三是行业发展秩序仍待规范，部分领域重复建设现象明显；价格战等低端竞争形式依然存在；产品质量和售后服务问题仍较突出。

下一阶段，国际经济环境复杂严峻，国内经济发展中不平衡、不协调、不可持续的矛盾和问题仍很突出。产业发展面临着国际市场需求疲软、贸易保护主义愈演愈烈、世界范围内信息技术产业竞争加剧等挑战；同时也具有国内市场稳步增长、信息化建设全面深化、产业结构持续调整等积极因素，预计 2012 年产业发展增速将与 2011 年基本持平。我们既要看到诸多有利条件，坚定发展的信心，更要充分估计形势的复杂性和严峻性，切实增强危机意识和忧患意识，做好应对更大困难挑战的准备。

附表：2011 年电子信息产业主要指标完成情况

	单位	2011 年	增速%
一、规模以上电子信息制造业			
主营业务收入	亿元	74909	17.1
利润总额	亿元	3300	16.8
税金总额	亿元	1245	31.0
从业人员	万人	940	6.8
固定资产投资	亿元	8183	56.0
电子信息产品进出口总额	亿美元	11292.3	11.5
其中：出口额	亿美元	6612.0	11.9
进口额	亿美元	4680.3	11.0
二、软件业			
软件业收入	亿元	18468	35.9
三、主要产品产量			
手机	万部	113257.6	13.5
微型计算机	万台	32036.7	30.3
彩色电视机	万台	12231.4	3.4
集成电路	亿块	719.6	10.3
程控交换机	万线	3034.0	−3.2

附图：

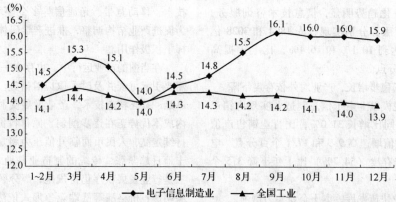

图 1　2011 年电子信息制造业与全国工业增加值累计增速对比

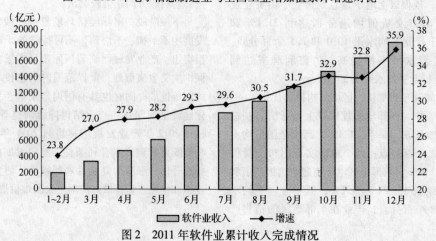

图 2　2011 年软件业累计收入完成情况

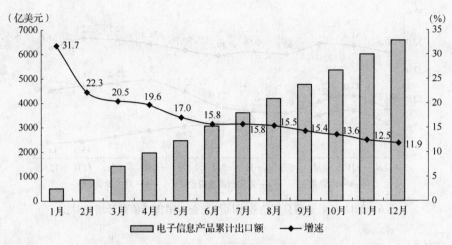

图3　2011年电子信息产品累计出口额情况

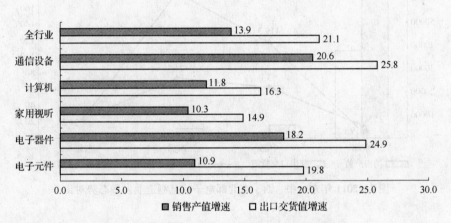

图4　2011年电子信息制造业主要行业发展态势对比

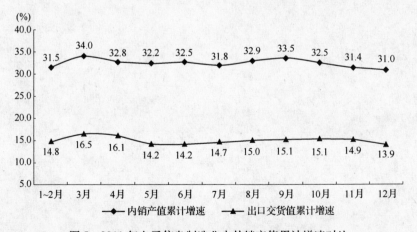

图5　2011年电子信息制造业内外销产值累计增速对比

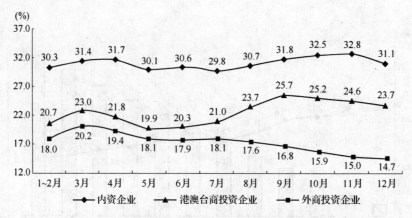

图6　2011年电子信息制造业不同性质企业销售产值累计增速对比

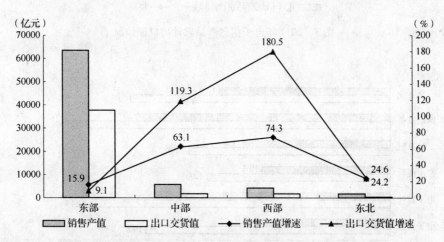

图7　2011年东、中、西、东北部电子信息制造业发展态势对比

2011 年 1~12 月规模以上电子信息制造业主要产值指标完成情况

中华人民共和国工业和信息化部运行监测协调局 发布

2011 年 1~12 月规模以上电子信息制造业主要产值指标完成情况（一）

工业和信息化部运行监测协调局系统运行处制表			单位：万元		
单 位 名 称	销 售 产 值			出 口 交 货 值	
	本月累计	增减%	本月累计	增减%
全部企业合计	754450113	21.1	412804104	13.9
其中：通信设备制造业	118254106	25.8	58263841	20.6
雷达制造业	2314824	26.3	437592	15.2
广播电视设备制造业	5972191	19.1	2112076	8.7
电子计算机制造业	215793177	16.3	160971004	11.8
家用视听设备制造业	49551446	14.9	24038721	10.3
电子器件制造业	119784118	24.9	74616455	18.2
电子元件制造业	137350391	19.8	68686894	10.9
电子测量仪器制造业	10446070	23.8	1760880	13.2
电子专用设备制造业	26520108	23.5	8307480	10.5
电子信息机电制造业	21844434	26.4	4606550	10.7
其他电子信息行业	46619249	29.7	9002612	16.4
其中：外商港澳台投资企业	534829599	17.4	369237135	13.6
其中：国有控股企业	62514670	24.5	15636920	12.4

注：数据来源于国家统计局

2011 年 1~12 月规模以上电子信息制造业主要产值指标完成情况（二）

工业和信息化部运行监测协调局系统运行处制表			单位：万元		
地 区	销 售 产 值			出 口 交 货 值	
	本月累计	增减%	本月累计	增减%
全部企业合计	754450113	21.1	412804104	13.9
北京市	20620766	-6.2	9811834	-13.3
天津市	22600503	30.2	12206734	26.4
河北省	4783802	24.5	873434	-3.1
山西省	2049125	72.1	725753	52.1
内蒙古自治区	1111402	57.8	80241	63.7
辽宁省	12831924	24.3	5392920	24.6
吉林省	1070797	26	26410	-19.9

（续）

2011 年 1～12 月规模以上电子信息制造业主要产值指标完成情况（二）

地　区	工业和信息化部运行监测协调局系统运行处制表			单位：万元	
	销售产值		出口交货值		
	本月累计	增减%	本月累计	增减%	
黑龙江省	311526	14.7	26049	127.5	
上海市	62809294	0	47530371	-2.1	
江苏省	180193035	22.5	111597282	18.2	
浙江省	32316374	18.9	12291764	5.5	
安徽省	12984943	68.6	2017198	160.3	
福建省	29094461	17.9	17645915	18.8	
江西省	11721372	49.6	2900981	28.8	
山东省	53605958	23.2	15752932	-0.5	
河南省	11131761	125.7	3903063	1054.8	
湖北省	12522201	34	3707625	83.5	
湖南省	7972905	65.9	949144	55	
广东省	232098614	14.6	149942154	8	
广西壮族自治区	3781258	61.1	556370	9.9	
海南省	445297	94.6	41741	-25.8	
重庆市	9488286	219.2	4776443	1223	
四川省	22573533	62.6	9447675	129.7	
贵州省	809601	-0.8	65907	40.6	
云南省	196120	34.9	6715	-49.8	
陕西省	4339062	35.5	439064	20	
甘肃省	284283	17	36331	56	
青海省	229406	22.5			
宁夏回族自治区	274934	62.9			
新疆维吾尔自治区	197573	23.3	52053	55.4	

注：数据来源于国家统计局

2011 年电子信息产品进出口情况

2011 年，我国电子信息产品进出口保持增长态势，进出口总额 11292.3 亿美元，同比增长 11.5%，占全国外贸总额的 31.0%，比上年下降 3.1 个百分点。其中，出口 6612.0 亿美元，同比增长 11.9%，占全国外贸出口额的 34.8%，对全国外贸出口增长贡献率达 21.9%。从月度走势看，受上年基数逐步走高影响，总体呈前高后低态势，特别是 9 月份后，出口增速连续低于 10%。进口 4680.3 亿美元，同比增长 11.0%，占全国外贸进口额的 26.8%，对全国外贸进口增长的贡献率为 13.3%。

一、基础行业出口相对平稳，整机行业出口增势不一

2011 年，电子元件、电子器件行业出口增长相对平稳，出口额分别达到 881.4 和 757.0 亿美元，同比增长 15.3% 和 11.0%，增速均在 10% 以上。在整机行业中，家电与计算机行业出口增长缓慢，出口额分别为 946.2 和 2293.9 亿美元，同比增长 7.9% 和 5.6%，增速低于全行业平均水平 4.0 和 6.3 个百分点；通信设备行业保持较快增长，出口额 1300.2 亿美元，同比增长 26.6%，增速高于全行业平均水平 14.7 个百分点。出口金额前三名产品为：笔记本电脑 1058.8 亿美元，增长 11.1%；手机 627.6 亿美元，增长 34.3%；集成电路 325.7 亿美元，增长 11.4%。

进口方面，电子元器件和计算机产品仍占主要地位。全年，电子元件产品进口 960.4 亿美元，增长 5.5%；电子器件产品进口 1955.6 亿美元，同比增长 8.4%；计算机类产品进口 602.3 亿美元，增长 2.1%。

二、对欧美发达经济体出口形势低迷，对新兴市场出口增长较快

2011 年下半年以来，欧美发达国家受各方面不利因素影响，经济增长缓慢，对欧美国家电子信息产品出口形势相对低迷。对美国和英国出口 1259.2 和 121.2 亿美元，同比增长 9.5% 和 0.7%，分别低于平均水平 2.4 和 11.2 个百分点；对德国、法国、波兰和西班牙等国出口呈下降态势，出口额分别为 279.7、96.5、40.7 和 38.2 亿美元，同比下降 1.6%、5.5%、4.9% 和 16.0%。对亚洲地区和新兴市场出口增长较快。对中国香港地区出口电子信息产品 1597.5 亿美元，同比增长 15.5%；对日本出口 455.6 亿美元，同比增长 16.2%；对韩国出口 295.4 亿美元，同比增长 10.5%；对中国台湾出口 163.7 亿美元，同比增长 10.8%。此外，对巴西、俄罗斯等新兴市场国家出口快速增长，出口额分别为 101.5 和 79.0 亿美元，同比增长 17.0% 和 23.4%。

从主要进口来源地看，国货复进口 967.0 亿美元，同比增长 15.5%；自韩国进口额 821.4 亿美元，同比增长 10.9%；自中国台湾地区进口 763.3 亿美元，同比增长 7.1%。列第四至第十位的国家和地区分别是：日本、马来西亚、美国、泰国、德国、菲律宾和新加坡。

三、一般贸易出口增长较快，加工贸易出口比重下降

2011 年，我国电子信息产品出口贸易方式结构持续优化。全年，一般贸易出口 1194.7 亿美元，同比增长 22.3%，增速比行业平均水平高 10.4 个百分点，占行业比重（18.1%）比去年同期提高 1.6 个百分点。来、进料加工贸易出口额分别为 500.6 和 4492.1 亿美元，同比增长 -12.4% 和 11.7%，增速低于行业平均水平 24.3 和 0.2 个百分点，加工贸易出口比重为 75.5%，比去年同期下降 2.2 个百分点。

进口方面，进料加工贸易进口 2149.8 亿美元，同比增长 14.8%，占比 45.9%；来料加工贸易进口 445.2 亿美元，同比下降 17.1%，占比 9.5%；一般贸易进口 1114.7 亿美元，同比增长 17.0%，占比 23.8%。

四、外资企业出口相对缓慢，内资企业出口比重提升

2011 年，外商独资企业出口 4290.4 亿美元，增长 12.2%；中外合资企业出口 1022.2 亿美元，增长 5.4%，增速低于平均水平 6.5 个百分点；中外合作企业出口 61.6 亿美元，增长 7.5%，增速低于平均水平 4.4 个百分点。内资企业出口 1237.7 亿美元，比重达到 18.7%，比去年同期提高 0.8 个百分点。其中，民营企业出口增势突出，出口额 693.2 亿美元，同比增长 33.2%，高于出口平均增速 21.3 个百分点。

进口方面，外商独资企业进口 2935.3 亿美元，同比增长 9.4%；中外合资企业进口 741.4 亿美元，同比增长 8.6%；中外合作企业进口 9.5 亿美元，同比下滑 22.7%；民营、国有和集体企业分别进口 569.4、382.0 和 42.3 亿美元，同比增长 34.7%、5.5% 和 –17.6%。

五、东部地区出口增速差别较大，部分中西部省市增长较快

2011 年，电子产品出口额前五位省市为广东、江苏、上海、浙江和山东，出口额分别为 2727.6、1417.6、1005.7、248.0 和 211.8 亿美元，同比增长 13.5%、3.2%、9.7%、10.7% 和 –7.6%。广东出口增长相对突出，其余四省市出口增速低于全国平均水平。中西部一些省市电子信息产品出口增势突出，重庆、河南、四川同比分别增长 646.8%、724.5% 和 193.8%。

电子信息产品进口额前五位省市为广东、江苏、上海、北京、天津，进口额分别达到 1843.4、942.7、760.1、214.8 和 169.5 亿美元。

附图：

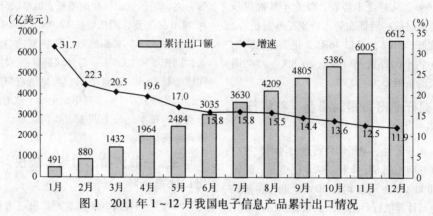

图 1　2011 年 1～12 月我国电子信息产品累计出口情况

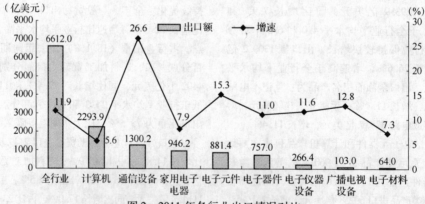

图 2　2011 年各行业出口情况对比

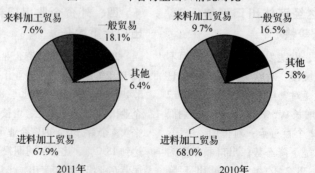

图 3　2011 年与 2010 年电子信息产品出口贸易方式结构对比

2011 年全国规模以上工业企业
实现利润同比增长 25.4%

中华人民共和国国家统计局　发布

2011 年，全国规模以上工业企业实现利润 54544 亿元，比上年增长 25.4%。12 月当月实现利润 7907 亿元，同比增长 31.5%，其中，国有及国有控股企业当月实现利润 1446 亿元，同比增长 31.4%。

2011 年，在规模以上工业企业中，国有及国有控股企业实现利润 14989 亿元，比上年增长 15%；集体企业实现利润 882 亿元，比上年增长 34%；股份制企业实现利润 31651 亿元，比上年增长 31.2%；外商及港澳台商投资企业实现利润 14038 亿元，比上年增长 10.6%；私营企业实现利润 16620 亿元，比上年增长 46%。

在 39 个工业大类行业中，37 个行业利润比上年增长，2 个行业比上年下降。主要行业利润增长情况：石油和天然气开采业利润比上年增长 44.8%，黑色金属矿采选业增长 53%，化学原料及化学制品制造业增长 32.1%，化学纤维制造业增长 1.5%，黑色金属冶炼及压延加工业增长 15.4%，有色金属冶炼及压延加工业增长 51.3%，交通运输设备制造业增长 17.3%，通信设备、计算机及其他电子设备制造业增长 8.7%，石油加工、炼焦及核燃料加工业下降 92.8%，电力、热力的生产和供应业下降 11%。

规模以上工业企业实现主营业务收入 843315 亿元，比上年增长 27.2%。每百元主营业务收入中的成本为 84.71 元，主营业务收入利润率为 6.47%。

在规模以上工业企业中，国有及国有控股企业实现主营业务收入 228310 亿元，比上年增长 20.4%，每百元主营业务收入中的成本为 82.67 元，主营业务收入利润率为 6.57%；集体企业实现主营业务收入 12650 亿元，比上年增长 25.7%，每百元主营业务收入中的成本为 85.06 元，主营业务收入利润率为 6.97%；股份制企业实现主营业务收入为 478892 亿元，比上年增长 30.8%，每百元主营业务收入中的成本为 84.4 元，主营业务收入利润率为 6.61%；外商及港澳台商投资企业实现主营业务收入 218605 亿元，比上年增长 19.4%，每百元主营业务收入中的成本为 85.55 元，主营业务收入利润率为 6.42%；私营企业实现主营业务收入 258321 亿元，比上年增长 37%，每百元主营业务收入中的成本为 85.58 元，主营业务收入利润率为 6.43%。

12 月末，规模以上工业企业应收账款 69874 亿元，同比增长 19.6%。产成品资金 27818 亿元，同比增长 20.8%。

注：12 月份当月利润增速较高主要受年底利润汇缴、投资收益、11 月后石油特别收益金征收方式调整等因素影响。

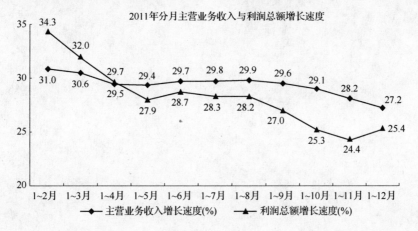

2011年分月主营业务收入与利润总额增长速度

—◆—主营业务收入增长速度(%)　—▲—利润总额增长速度(%)

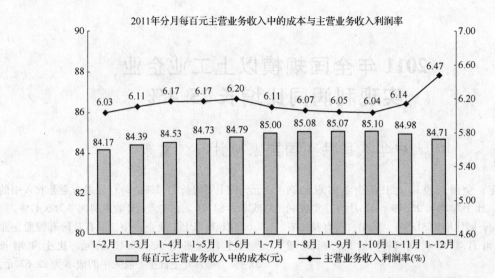

2011年分月每百元主营业务收入中的成本与主营业务收入利润率

图中数据：

每百元主营业务收入中的成本(元)：84.17、84.39、84.53、84.73、84.79、85.00、85.08、85.07、85.10、84.98、84.71

主营业务收入利润率(%)：6.03、6.11、6.17、6.17、6.20、6.11、6.07、6.05、6.04、6.14、6.47

横轴：1~2月、1~3月、1~4月、1~5月、1~6月、1~7月、1~8月、1~9月、1~10月、1~11月、1~12月

图例：每百元主营业务收入中的成本(元)　主营业务收入利润率(%)

附注：

1）指标解释。

利润总额：企业在生产经营过程中各种收入扣除各种耗费后的盈余，反映企业在报告期内实现的盈亏总额。

主营业务收入：企业经营主要业务所取得的收入总额。

应收账款：企业因销售产品或商品、提供劳务等，应向购货单位或接受劳务单位收取的款项。

产成品：企业报告期末已经加工生产并完成全部生产过程，可以对外销售的制成产品。

每百元主营业务收入中的成本＝主营业务成本/主营业务收入×100

主营业务收入利润率＝利润总额/主营业务收入×100%

2）统计范围。从2011年起，规模以上工业企业起点标准由原来的年主营业务收入500万元提高到年主营业务收入2000万元。

3）数据收集。从2011年起，规模以上工业企业财务状况报表按月进行全面调查（1月份数据免报）。

2011 年固定资产投资主要情况

中华人民共和国国家统计局　发布

2011 年，固定资产投资（不含农户）301933 亿元，比上年增长 23.8%，增速比 1～11 月回落 0.7 个百分点，扣除固定资产投资价格上涨因素，实际增长 16.1%（以下除特别标明外均为名义增长）。从环比看，12 月份固定资产投资（不含农户）下降 0.14%。

分产业看，2011 年，第一产业投资 6792 亿元，比上年增长 25%，增速比 1～11 月回落 3.8 个百分点；第二产业投资 132263 亿元，增长 27.3%，增速提高 0.3 个百分点；第三产业投资 162877 亿元，增长 21.1%，增速回落 1.3 个百分点。2011 年，工业投资 129011 亿元，增长 26.9%，增速比 1～11 月提高 0.1 个百分点；其中，采矿业投资 11810 亿元，增长 21.4%；制造业投资 102594 亿元，增长 31.8%；电力、燃气及水的生产和供应业投资 14607 亿元，增长 3.8%。

分地区看，2011 年，东部地区投资 144536 亿元，比上年增长 21.3%，增速比 1～11 月回落 0.4 个百分点；中部地区投资 82524 亿元，增长 28.8%，增速比 1～11 月回落 0.1 个百分点；西部地区投资 69489 亿元，增长 29.2%，增速与 1～11 月持平。

分登记注册类型看，2011 年，内资企业投资 281741 亿元，比上年增长 24.7%，增速比 1～11 月回落 0.7 个百分点；港澳台商投资 9362 亿元，增长 19.9%，增速回落 0.8 个百分点；外商投资 9437 亿元，增长 12%，增速回落 1.1 个百分点。

从项目隶属关系看，2011 年，中央项目投资 20209 亿元，比上年下降 9.7%，增速比 1～11 月回落 1.2 个百分点；地方项目投资 281724 亿元，增长 27.2%，增速回落 0.3 个百分点。

从施工和新开工项目情况看，2011 年，施工项目计划总投资 632121 亿元，比上年增长 18.7%，增速比 1～11 月回落 0.8 个百分点；新开工项目计划总投资 240344 亿元，比上年增长 22.5%，增速回落 1.5 个百分点。

从到位资金情况看，2011 年，到位资金 334219 亿元，比上年增长 20.3%，增速比 1～11 月回落 2.4 个百分点。其中，国家预算内资金增长 10.8%，增速回落 1.6 个百分点；国内贷款增长 3.5%，增速回落 2.4 个百分点；自筹资金增长 28.6%，增速回落 1.1 个百分点；利用外资增长 8.2%，增速回落 2 个百分点；其他资金增长 9%，增速回落 6.5 个百分点。

附表：

指　标	1～12 月	
	绝对量	比上年增长（%）
固定资产投资（不含农户）/亿元	301933	23.8
其中：国有及国有控股	107486	11.1
分项目隶属关系		
中央项目	20209	-9.7
地方项目	281724	27.2
分产业		
第一产业	6792	25.0
第二产业	132263	27.3
第三产业	162877	21.1

（续）

指　标	1～12 月	
	绝对量	比上年增长（%）
分行业		
农林牧渔业	6792	25.0
采矿业	11810	21.4
其中：煤炭开采和洗选业	4897	25.9
石油和天然气开采业	3057	12.5
黑色金属矿采选业	1251	18.4
有色金属矿采选业	1275	24.2
非金属矿采选业	1284	28.7
制造业	102594	31.8
其中：非金属矿物制品业	10448	31.8
黑色金属冶炼及压延加工业	3860	14.6
有色金属冶炼及压延加工业	3861	36.4
通用设备制造业	7702	30.6
交通运输设备制造业	8406	27.2
电气机械及器材制造业	7851	44.6
通信设备、计算机及其他电子设备制造业	5266	34.2
电力、燃气及水的生产和供应业	14607	3.8
其中：电力、热力的生产与供应业	11557	1.8
建筑业	3253	42.9
交通运输、仓储和邮政业	27260	1.8
其中：铁路运输业	5767	-22.5
道路运输业	13475	9.8
水利、环境和公共设施管理业	24537	14.2
其中：水利管理业	3412	16.3
公共设施管理业	19529	14.8
教育业	3882	13.7
卫生、社会保障和社会福利业	2331	28.1
其中：卫生业	1910	23.0
文化、体育和娱乐业	3148	21.3
分登记注册类型		
内资企业	281741	24.7
港澳台商投资企业	9362	19.9
外商投资企业	9437	12.0
分施工和新开工项目		
施工项目计划总投资	632121	18.7
新开工项目计划总投资	240344	22.5

（续）

指　标	1～12 月	
	绝对量	比上年增长（%）
固定资产投资（不含农户）到位资金	334219	20.3
其中：国家预算内资金	14413	10.8
国内贷款	45282	3.5
利用外资	5087	8.2
自筹资金	220376	28.6
其他资金	49061	9.0

注：此表中部分数据因四舍五入的原因，存在总计与分项合计不等的情况。

各地区固定资产投资（不含农户）情况

地　区	投　资　额		比重（以全国总计为100）	
	自年初累计/亿元	比去年同期增长（%）	自年初累计	去年同期
全国总计	301933	23.8	100.0	100.0
一、东部地区	144536	21.3	47.9	48.9
北京	5520	5.7	1.8	2.1
天津	7040	29.4	2.3	2.3
河北	15795	24.1	5.2	5.2
辽宁	17431	30.2	5.8	5.5
上海	4877	0.5	1.6	2.0
江苏	26299	21.5	8.7	8.9
浙江	13651	19.2	4.5	4.7
福建	9693	27.8	3.2	3.1
山东	25928	21.8	8.6	8.7
广东	16688	16.4	5.5	5.9
海南	1611	36.2	0.5	0.5
二、中部地区	82524	28.8	27.3	26.3
山西	6837	29.8	2.3	2.2
吉林	7222	30.3	2.4	2.3
黑龙江	7206	33.7	2.4	2.2
安徽	11986	27.6	4.0	3.9
江西	8756	27.7	2.9	2.8
河南	16932	26.9	5.6	5.5
湖北	12224	30.6	4.0	3.8
湖南	11361	27.6	3.8	3.7
三、西部地区	69489	29.2	23.0	22.1
内蒙古	10292	27.0	3.4	3.3
广西	7564	28.8	2.5	2.4
重庆	7366	31.5	2.4	2.3
四川	13705	22.3	4.5	4.6
贵州	3734	40.0	1.2	1.1
云南	5927	27.6	2.0	1.9
西藏	516	18.4	0.2	0.2
陕西	9124	29.1	3.0	2.9
甘肃	3866	36.5	1.3	1.2
青海	1366	45.0	0.5	0.4
宁夏	1583	32.3	0.5	0.5
新疆	4445	37.6	1.5	1.3

注：由于存在不分地区项目，东、中、西部投资合计不等于全国总计。

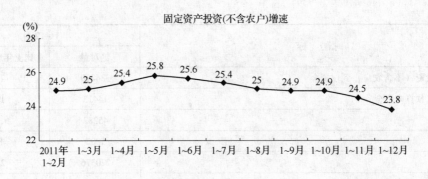

固定资产投资(不含农户)增速

固定资产投资资金来源增速

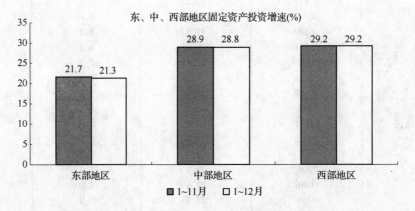

东、中、西部地区固定资产投资增速(%)

附注:

1. 指标解释

固定资产投资（不含农户）：以货币形式表现的在一定时期内完成的建造和购置固定资产的工作量以及与此有关的费用的总称。

到位资金：固定资产投资单位在报告期内收到的，用于固定资产投资的各种货币资金，包括国家预算内资金、国内贷款、利用外资、自筹资金和其他资金。

新开工项目：报告期内所有新开工的建设项目。

国有及国有控股：在企业的全部实收资本中，国有经济成分的出资人拥有的实收资本（股本）所占企业全部实收资本（股本）的比例大于50%的国

有绝对控股。

在企业的全部实收资本中，国有经济成分的出资人拥有的实收资本（股本）所占比例虽未大于50%，但相对大于其他任何一方经济成分的出资人所占比例的国有相对控股；或者虽不大于其他经济成分，但根据协议规定拥有企业实际控制权的国有协议控股。

投资双方各占50%，且未明确由谁绝对控股的企业，若其中一方为国有经济成分的，一律按国有控股处理。

行政和事业单位的投资项目都填国有控股。

登记注册类型：划分企业登记注册类型的依据是工商行政管理部门对企业登记注册的类型，按照国家统计局、国家工商行政管理局联合印发《关于

划分企业登记注册类型的规定》的通知［国统字［2011］86 号］执行。划分个体经营登记注册类型的依据是国家统计局相关规定，按照国家统计局《关于"个体经营"登记注册类型分类及代码的通知》［国统办字（1999）2 号］执行。

固定资产投资统计报表制度规定，基层统计单位均要填报登记注册类型。登记注册类型由从事固定资产投资活动的企业或个体经营单位填报。已在工商行政管理部门登记的，按登记注册类型填报，未登记的，按投资者的登记注册类型或有关文件的规定填报。

其中内资企业包括国有企业、集体企业、股份合作企业、联营企业、有限责任公司、股份有限公司、私营企业和其他企业。

港澳台商投资企业包括与港澳台商合资经营企业、合作经营企业，港澳台商独资经营企业、港澳台商投资股份有限公司、其他港澳台商投资企业。

外商投资企业包括中外合资经营企业、中外合作经营企业、外资企业、外商投资股份有限公司、其他外商投资企业。

2. 统计范围

计划总投资 500 万元以上的固定资产项目投资，房地产开发项目投资。

3. 调查方法

固定资产投资统计报表按月进行全面调查（1 月份数据免报）。

4. 东、中、西部地区的划分

东部地区包括北京、天津、河北、辽宁、上海、江苏、浙江、福建、山东、广东、海南 11 个省（市）；中部地区包括山西、吉林、黑龙江、安徽、江西、河南、湖北、湖南 8 个省；西部地区包括内蒙古、广西、重庆、四川、贵州、云南、西藏、陕西、甘肃、青海、宁夏、新疆 12 个省（市、自治区）。

5. 固定资产投资增长速度为名义增速，由于固定资产投资价格指数按季进行计算，除 1～3 月、1～6 月、1～9 月、1～12 月可计算固定资产投资实际增速外，其他月份只计算名义增速。

6. 环比数据修订

根据季节调整模型自动修正程序，对 2～11 月份固定资产投资（不含农户）环比增速进行修订。修订结果及 12 月份环比数据如下：

固定资产投资（不含农户）环比增长率（%）

2 月份	0.18
3 月份	1.66
4 月份	2.32
5 月份	0.94
6 月份	−0.38
7 月份	1.01
8 月份	1.61
9 月份	−0.02
10 月份	1.10
11 月份	−0.41
12 月份	−0.14

2011 年软件业经济运行情况

中华人民共和国工业和信息化部运行监测协调局　发布

2011 年以来，在国家 4 号文等产业扶持政策的推动下，我国软件产业步入新的快速发展阶段，产业规模超过 1.84 万亿元，新兴信息技术服务增势突出，中心城市集聚效应明显，运行中呈现出如下发展特点：

（一）产业规模快速增长。根据 12 月快报数据显示，我国软件产业 2011 年共实现软件业务收入超过 1.84 万亿元，同比增长 32.4%，超过"十一五"期间平均增速 4.4 个百分点，并超过同期电子信息制造业增速 10 个百分点以上，实现了"十二五"软件产业的良好开局。

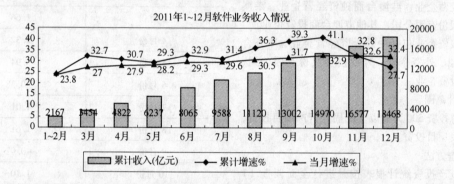

（二）新兴信息技术服务增势突出。累计到 12 月底，信息技术咨询服务、数据处理和运营服务分别实现收入 1864 和 3028 亿元，同比增长 42.7% 和 42.2%，增速高于全行业 10.4 和 10.1 个百分点，两者占比达到 26.5%，比上年同期提高 1.9 个百分点。

嵌入式系统软件增长快于去年，实现收入 2805 亿元，同比增长 30.9%，比上年同期高 15.8 个百分点。软件产品、信息系统集成服务和 IC 设计增长较为平稳，分别实现收入 6158、3921 和 691 亿元，同比增长 28.5%、28.4% 和 33%。

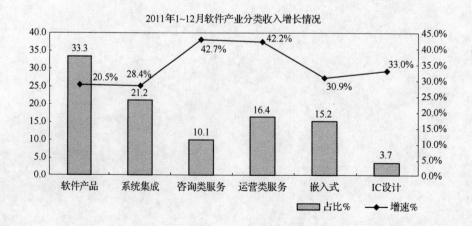

（三）软件出口增速放缓。1～12月，软件业实现出口304亿美元，同比增长18.5%，增速低于上年18个百分点。其中，嵌入式系统软件出口持续低迷，同比仅增长7.6%，拉低行业出口增速7个百分点；外包服务出口保持较快增长，实现收入59亿美元，同比增长40.3%，高于软件出口增速21.8个百分点。

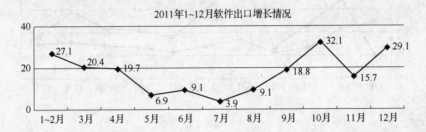

2011年1～12月软件出口增长情况

（四）产业集聚发展特点显著。1～12月，全国4个直辖市和15个副省级城市实现软件业务收入15008亿元，同比增长34%，增速快于全国平均水平1.7个百分点，占全国软件业务收入的81%，其中软件业务规模超过500亿元的城市达到10个，中心城市成为软件产业发展的主要聚集地。东部省市继续领先全国发展，共完成软件业务收入15656亿元，同比增长31.7%，占全国比重达84.8%，江苏、福建和山东等省的增速均超过35%。

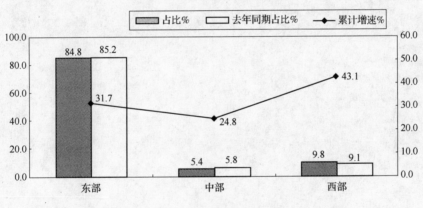

2011年1～12月软件业分区域增长情况

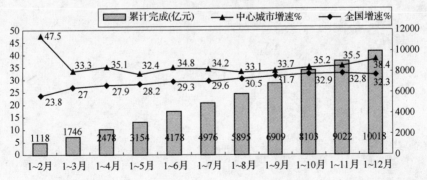

2011年1～12月中心城市软件业增长情况

（五）骨干企业运行态势良好。根据我部重点监测的软件前百家企业数据显示，2011年百家企业累计完成软件业务收入3423亿元，同比增长15%，占全国收入的18.6%。如去掉大型通信类软件企业业务调整的影响因素，其他企业的软件业务收入增长25%，利润增长22%。百家企业全年研发经费投入达461亿元，占收入的13.5%，同比增长13%；从业人员平均人数超过50万人，同比增长24%；订单金额呈增长态势的企业接近九成，企业对未来预期较为良好。

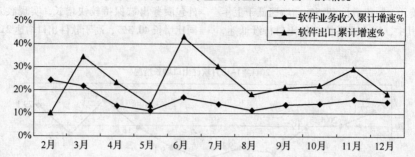

2011年1~12月软件前百家企业软件业务收入和出口增长情况

2011 年 1~12 月软件产业主要经济指标完成情况

中华人民共和国工业和信息化部运行监测协调局 发布

2011 年 1~12 月软件产业主要经济指标完成情况（一）

单位：万元

地 区	企业个数	软件业务收入		软件产品收入		信息系统集成服务收入	
		本期累计	同比增减%	本期累计	同比增减%	本期累计	同比增减%
合计	22788	184679252	32.4	61577834	28.5	39213653	28.4
北京市	2880	29461282	21.5	11075529	18.2	7645382	17.2
天津市	387	3701152	34.1	835126	32.5	365821	66
河北省	242	1191496	-4.1	291943	17.2	845097	-12.2
山西省	112	193392	43	87181	51.6	73588	33.4
内蒙古	64	253648	25.8	62054	1.6	167641	42.4
辽宁省	2092	14628473	42.8	5406430	51.4	2512374	53.7
吉林省	770	2220000	29.1	500000	28.2	630000	28.6
黑龙江省	400	923669	18	334575	43.8	226481	4.9
上海市	1600	14381600	31.1	4584000	24.1	3214600	20.4
江苏省	2551	31063412	35.6	7841040	38.1	5334322	25.8
浙江省	1401	9015899	33.6	2688751	27.7	1689367	8.9
安徽省	139	569838	23.2	258121	21.8	225106	23.3
福建省	1206	8070930	40.1	2488300	41.6	2549600	40.8
江西省	87	408932	16.9	104699	23.4	185646	12.4
山东省	1758	13291139	45.7	3827113	45.2	2708357	41.1
河南省	245	1301734	19.3	506424	18.5	561042	18.1
湖北省	545	2054931	21.9	909380	21.1	729573	24
湖南省	511	2103350	30.7	1477645	29.3	252402	49.4
广东省	3136	31224869	28.1	12030277	23	4713530	41.8
广西省	100	451976	25.9	266845	27.7	99553	22.5
海南省	36	75557	62.1	17718	79.2	32341	59
重庆市	372	2533865	44.6	650074	48.7	624358	46.3
四川省	733	10287908	45.8	3867365	11.3	1855622	58.5
贵州省	172	508600	41.1	230700	43.9	201054	14
云南省	108	432032	11.5	61932	19.1	343754	12.2
陕西省	900	3827000	42.7	1048000	58.3	1129000	42
甘肃省	77	199281	17.2	68965	25.3	105312	13
宁夏	54	52607	18.6	20464	19.5	20161	10.5
新疆	110	250681	32.7	37183	63.1	172568	21.5

（续）

2011 年 1～12 月软件产业主要经济指标完成情况（二）

单位：万元

地　区	信息技术咨询服务收入		数据处理和运营服务收入		嵌入式系统软件收入		IC 设计收入	
	本期累计	同比增减%	本期累计	同比增减%	本期累计	同比增减%	本期累计	同比增减%
合计	18641658	42.7	30282539	42.2	28051795	30.9	6911773	33.0
北京市	2639950	17	7153732	36.8	741452	8.7	205237	12.3
天津市	446177	44	187356	27.3	1183421	19	683251	49.4
河北省	21139	47.3	4521	71.1	26140	86.5	2656	
山西省	16961	38.6	3719	47.5	11733	59	210	−53
内蒙古	17559	7.5	6395	−1.4				
辽宁省	2081237	41.2	1863869	40.8	2186626	24.5	577937	18.7
吉林省	410000	32.3	120000	20	560000	30.2		
黑龙江省	135489	74.6	103725	−24.3	122416	31.8	983	−96.4
上海市	1368000	29.9	2735000	38.2	1000000	100	1480000	38.3
江苏省	2658229	109.1	3901600	14.1	9297206	34.4	2031015	46.5
浙江省	565393	50.4	2524964	77	1360832	23.7	186592	−1.8
安徽省	57953	19.2	5289	19.2	23369	55		
福建省	807230	38.4	1014900	50.7	910800	33	300100	20
江西省	67980	1.3	13752	582.5	6110	7	30745	23.6
山东省	2904524	36.5	1380481	88.8	2370285	44.7	100378	46.7
河南省	113522	21.4	50438	26.7	45102	24.4	25206	30.8
湖北省	90988	17.2	81506	20.6	236812	21.5	6671	17.7
湖南省	94651	8.9	110384	29.4	168268	34.1		
广东省	1401163	35.6	5838454	35.7	6638912	21.6	602533	29.2
广西省	39691	24.2	45887	24.3				
海南省	3970	−53.8	7196	69	11492	4838.6	2839	−13.5
重庆市	324176	56.3	312130	61.6	611039	27.9	12088	27.9
四川省	1301145	44	2634161	135.8	144003	107.8	485612	50.3
贵州省	73646	209.8	1661		1406		133	
云南省	19019	−10.4	5816	−16.8	8		1503	61.5
陕西省	928000	73.1	157000	−34.9	391000	74.6	174000	−22.3
甘肃省	12236	13.1	10706	12.8	289	2527.3	1773	16.4
宁夏	4596	−27.2	4750	76.9	2637			
新疆	37035	62.9	3147	205.2	437	624	311	106

2011 年全国电信业统计公报

中华人民共和国工业和信息化部运行监测协调局　发布

2011 年，在党中央、国务院的正确领导下，我国电信业以科学发展观为主导，以"加快推动行业转型升级"为主线，按照"引领发展、融合创新、普惠民生、绿色安全"的指导原则，积极推动 3G 和宽带网络基础设施建设，大力发展移动互联网和增值电信业务，持续优化市场竞争格局，不断推动经济社会信息化应用水平提升，全行业继续保持健康平稳运行。

一、总体情况

经初步核算，2011 年全行业累计完成电信业务总量 11772 亿元，同比增长 15.5%；实现电信业务收入 9880 亿元，同比增长 10.0%；完成电信固定资产投资 3331 亿元，同比增长 4.2%。

2011 年，电信综合价格水平同比下降 4.8%。

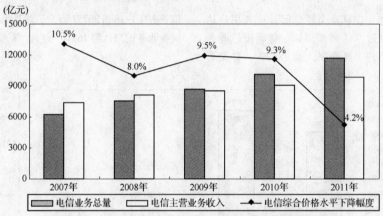

图 1　2007～2011 年电信综合价格水平下降情况

二、电信用户

2011 年，全国电话用户净增 11802 万户，总数达到 127137 万户。其中，移动电话用户达到 98625 万户，在电话用户总数中所占的比重达到 77.6%。

表 1　2007～2011 年电话用户到达数和净增数

	单位	2007 年	2008 年	2009 年	2010 年	2011 年
到达数	万户	91273	98160	106095	115335	127137
净增数	万户	8389	6866	7934	9240	11802

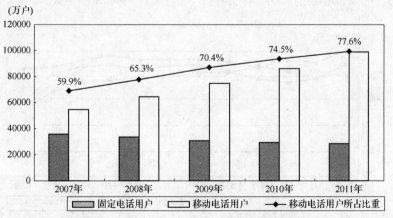

图 2　2007～2011 年移动电话用户所占比重

（一）移动电话用户

2011年，全国移动电话用户净增12725万户，创历年净增用户新高，达到98625万户。其中，3G用户净增8137万户，达到12842万户。移动电话普及率达到73.6部/百人，比上年底提高9.2部/百人。

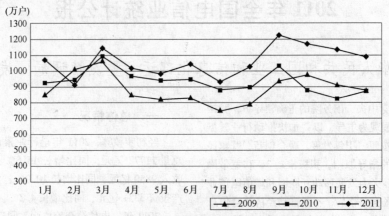

图3 2009～2011年移动电话用户各月净增比较

移动增值业务中，移动个性化回铃业务用户达到61408万户，渗透率达到63.3%；移动短信业务用户达到77672万户，渗透率达到78.2%；移动彩信业务用户达到20757万户，渗透率达到21.2%；手机报业务用户达到16110万户，渗透率达到14.1%。

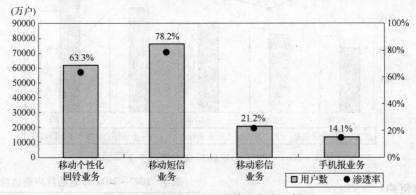

图4 2011年主要移动增值业务发展情况

（二）固定电话用户

2011年，全国固定电话用户减少923万户，达到28512万户。其中，城市电话用户减少548万户，达到19110万户；农村电话用户减少375万户，达到9402万户。固定电话普及率达到21.3部/百人，比上年底下降0.8部/百人。

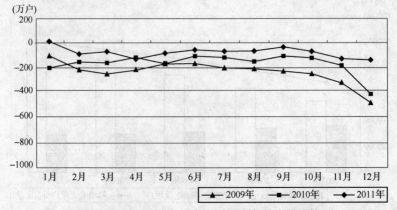

图5 2009～2011年固定电话用户各月净增比较

固定电话用户中，传统固定电话用户净增 154 万户，达到 26725 万户；无线市话用户减少 1076 万户，达到 1787 万户。无线市话用户在固定电话用户中所占的比重从上年底的 9.7% 下降到 6.5%。

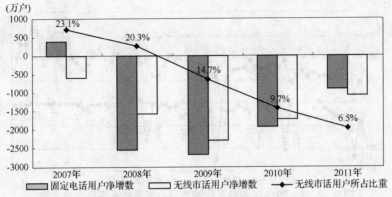

图 6　2007~2011 年无线市话用户所占比重

固定电话用户中，住宅电话用户减少 1011 万户，达到 19287 万户；政企电话用户净增 217 万户，达到 6756 万户；公用电话用户减少 128 万户，达到 2468 万户。与往年相比，政企电话用户所占比重明显上升，住宅电话用户所占比重持续下降。

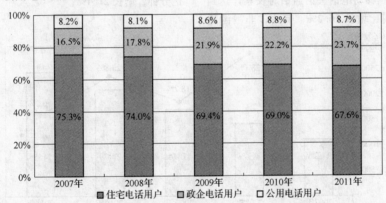

图 7　2007~2011 年公用、政企、住宅电话用户所占比重

（三）互联网用户

2011 年，全国网民数净增 0.56 亿人，达到 5.13 亿人。其中，家庭宽带网民数净增 0.10 亿人，达到 3.92 亿人，占网民总数的 76.4%；手机网民数净增 0.53 亿人，达到 3.56 亿人，占网民总数的 69.4%；农村网民数净增 0.11 亿人，达到 1.36 亿人，占网民总数的 26.5%。互联网普及率达到 38.3%，比上年底提高 4.0 个百分点。

图 8　2007~2011 年网民数和互联网普及率

2011 年，基础电信企业的互联网拨号用户减少 40 万户，达到 551 万户，而互联网宽带接入用户净 增 3020 万户，达到 15649 万户。

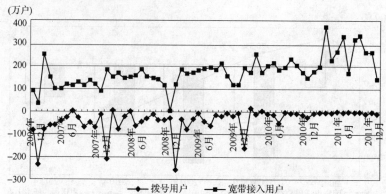

图 9 2007～2011 年各月互联网拨号、宽带接入用户净增比较

三、业务使用情况

（一）移动电话业务

2011 年，全国移动电话去话通话时长累计达到 24556 亿分钟，同比增长 16.2%。其中，非漫游通 话时长 22615 亿分钟，增长 14.4%；国内漫游通话 时长 1936 亿分钟，增长 42.0%；国际漫游通话时长 2.6 亿分钟，增长 45.6%；港澳台漫游通话时长 2.8 亿分钟，增长 21.4%。

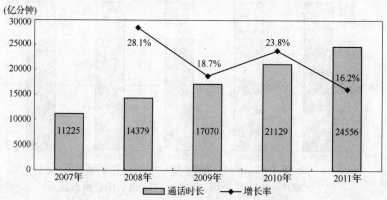

图 10 2007～2011 年移动电话去话通话时长

（二）固定电话业务

2011 年，固定本地电话通话量累计达到 3582 亿 次，同比下降 18.0%。其中，本地网内区间通话量 486 亿次，下降 14.6%；区内通话量 3071 亿次，下 降 18.2%；拨号上网通话量 24 亿次，下降 48.2%。 固定本地通话中，传统电话通话量 3339 亿次，下降 11.5%；无线市话通话量 243 亿次，下降 59.3%。

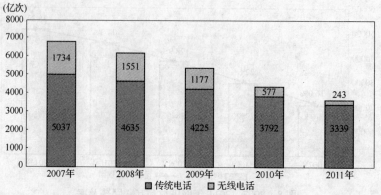

图 11 2007～2011 年固定本地电话通话量

2011年，固定长途电话通话时长累计达到857　　亿分钟，同比下降20.0%。

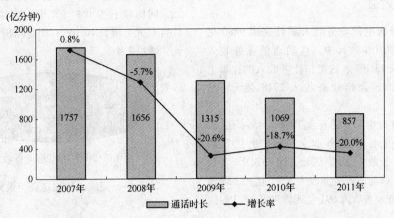

图12　2007～2011年固定传统长途电话通话时长

（三）IP电话业务

2011年，全国IP电话通话时长累计达到856亿分钟，同比下降14.2%。其中，从固定电话终端发起的通话时长252亿分钟，下降26.3%；从移动电话终端发起的通话时长604亿分钟，下降7.9%。通过移动电话终端发起的IP电话所占比重从上年的66.2%上升到70.5%。

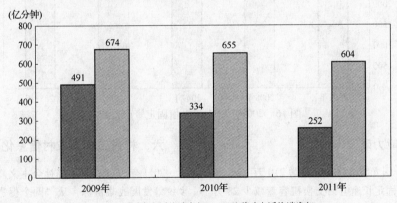

图13　2009～2011年IP电话发起方式

（四）移动短信业务

2011年，全国移动短信发送量累计达到8788亿　条，同比增长6.5%。

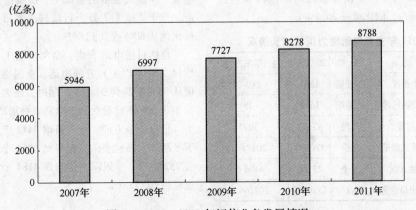

图14　2007～2011年短信业务发展情况

四、经济效益

2011年，全国电信业务收入累计完成9880亿元，同比增长10.0%。其中，移动通信业务收入7162亿元，增长13.8%，占电信业务收入的比重上升到72.5%；固定通信业务收入2718亿元，增长1.0%。

电信业务收入中，非话音业务收入4598亿元，增长17.9%，占电信业务收入的比重上升到46.5%；话音业务收入5282亿元，增长3.9%。话音业务收入中，移动话音业务收入4591亿元，增长8.4%；固定话音业务收入691亿元，下降18.3%。

电信业务收入中，增值电信业务收入1982亿元，同比增长9.0%。其中，移动增值业务收入1744亿元，增长10.0%；固定增值业务收入238亿元，增长2.4%。

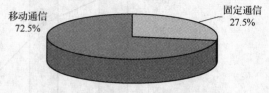

移动通信 72.5%　　固定通信 27.5%

图15　2011年电信业务收入构成

2011年，完成电信固定资产投资3331亿元，同比增长4.2%。

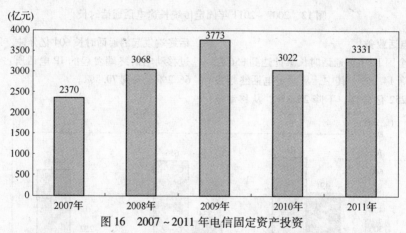

图16　2007~2011年电信固定资产投资

五、电信能力建设

2011年，全国光缆线路长度净增210万km，达到1205万km。固定长途电话交换机容量减少28万路端，达到1616万路端；局用交换机容量（含接入网设备容量）减少3092万门，达到43467万门。移动电话交换机容量净增20174万户，达到170691万户。基础电信企业互联网宽带接入端口净增4406万个，达到23166万个。全国互联网国际出口带宽达到1389529Mbit/s，同比增长26.4%。

表2　2011年主要电信能力指标增长情况

指标名称	单位	2011年	比上年末净增
光缆线路长度	万公里	1205	210
固定长途电话交换机容量	万路端	1616	-28
局用交换机容量	万门	43467	-3092
移动电话交换机容量	万户	170691	20174
互联网宽带接入端口	万个	23166	4406
互联网国际出口带宽	Mbit/s	1389529	207268

六、村通工程与农村信息化建设

2011年，电信业围绕社会主义新农村建设和城乡统筹发展战略目标，从"两个促进"（促进基础设施建设、促进便农信息服务）、"三项任务"（行政村通宽带、自然村通电话、信息下乡）着手，持续深入实施通信村村通工程。

行政村通宽带方面。在全国已经实现行政村通电话、乡镇通宽带的基础上，继续推进行政村通宽带。全年新增1.7万个行政村通宽带，通宽带行政村比例从80%提高到84%。

自然村通电话方面。全年新增1.2万个偏远自然村（20户以上）开通电话，全国通电话自然村比例从94%提高到94.6%，同时，还为黑龙江和内蒙古890个生产建设兵团连队和农林场矿开通电话。

信息下乡方面。全年新增7413个乡镇实施信息下乡活动，新建乡信息服务站6966个、村信息服务点75254个、乡级网上信息库4184个、村级网上信息栏目62755个。

附表：2011 年电信业主要指标分省情况

2011 年电信业务总量、收入、投资分省情况

地　区	电信业务总量		电信业务收入		电信固定资产投资	
	2011 年	比上年	2011 年	比上年	2011 年	比上年
	（亿元）	（±%）	（亿元）	（±%）	（亿元）	（±%）
全国	11771.5	15.5	9879.8	10.0	3331.4	4.2
北京	435.3	15.6	470.8	9.3	125.6	16.5
天津	152.9	12.4	145.7	9.8	55.6	12.5
河北	489.2	11.3	416.3	9.8	140.0	13.6
山西	279.2	17.7	235.3	9.7	81.6	3.2
内蒙古	258.8	26.9	191.4	14.0	87.1	7.7
辽宁	433.4	15.5	389.7	8.3	131.2	15.4
吉林	220.2	13.3	163.9	7.7	58.5	-11.6
黑龙江	277.0	16.7	230.7	8.9	83.2	2.9
上海	409.8	9.9	471.4	7.0	115.2	-4.7
江苏	828.8	14.1	749.5	8.9	237.2	11.5
浙江	747.0	13.2	669.5	8.4	186.7	1.5
安徽	331.6	16.4	293.8	11.0	101.3	-4.8
福建	453.8	16.8	383.8	9.6	116.9	3.1
江西	251.4	12.8	202.5	11.6	67.5	-13.8
山东	724.1	15.0	585.7	8.7	148.4	-3.8
河南	540.7	15.2	426.5	11.5	163.3	24.0
湖北	387.4	16.2	333.6	10.7	100.6	-5.2
湖南	399.5	17.1	342.6	10.5	109.6	-3.0
广东	1616.1	14.0	1357.8	7.7	407.1	14.3
广西	304.4	12.7	237.9	9.9	83.1	-1.7
海南	86.7	18.5	78.6	16.1	29.3	-8.8
重庆	218.9	17.0	177.7	11.0	61.2	-8.9
四川	549.5	17.6	437.1	11.6	148.8	-0.2
贵州	231.4	37.2	166.0	12.7	63.6	12.8
云南	299.9	17.2	239.9	13.7	81.5	-2.8
西藏	25.7	16.3	24.4	10.9	13.9	-25.5
陕西	319.0	14.4	258.9	11.0	83.6	-5.3
甘肃	187.9	18.2	129.8	12.6	60.1	10.5
青海	45.8	26.0	37.3	16.5	21.5	10.7
宁夏	53.4	16.9	46.5	14.9	19.8	-5.3
新疆	212.7	16.5	164.0	17.0	76.6	3.2

2011 年电信用户分省情况

地　区	固定电话用户		移动电话用户		互联网宽带接入用户	
	2011 年	比上年	2011 年	比上年	2011 年	比上年
	（万户）	（万户）	（万户）	（万户）	（万户）	（万户）
全国	28511.5	-922.6	98625.3	12725.1	15648.7	3019.5
北京	883.9	-1.7	2576.0	446.2	523.4	25.0
天津	333.9	-33.0	1235.6	145.8	190.2	17.2
河北	1242.7	-8.6	5094.5	740.9	846.3	179.3
山西	682.2	-38.5	2446.9	241.7	437.3	84.2
内蒙古	379.5	-34.6	2316.2	282.2	233.8	43.3
辽宁	1353.8	-74.2	3836.5	494.7	667.6	72.0
吉林	579.3	-15.9	2004.1	198.8	310.6	25.6
黑龙江	793.5	-20.0	2376.6	304.5	386.7	60.6
上海	926.4	-5.3	2620.6	259.1	531.4	44.7
江苏	2370.9	-127.9	6684.8	761.8	1221.2	172.7
浙江	1947.9	-37.6	5756.0	708.6	1074.2	204.7
安徽	1243.9	13.0	3259.4	460.7	457.4	115.5
福建	1015.0	-30.7	3553.2	531.4	620.4	148.8
江西	673.9	-35.6	2322.1	510.8	318.3	64.9
山东	1896.6	-95.6	7118.1	927.7	1246.0	279.1
河南	1341.4	-85.5	5062.0	660.0	807.1	164.6
湖北	1020.3	-6.2	3953.7	499.1	592.3	132.9
湖南	1011.6	-65.4	3749.1	492.1	502.3	127.8
广东	3147.1	-22.0	10792.8	1168.2	1766.0	366.0
广西	650.9	-58.0	2532.7	318.2	442.9	112.8
海南	175.0	-4.9	671.6	77.3	86.6	19.0
重庆	571.3	-11.4	1801.2	136.7	326.7	63.6
四川	1382.9	-36.2	4817.9	661.5	682.4	160.6
贵州	404.0	-27.2	2044.3	243.7	214.5	64.8
云南	540.1	-22.4	2589.5	345.0	306.5	82.4
西藏	40.5	-3.3	196.4	38.8	13.0	2.6
陕西	775.5	-6.4	2907.2	389.0	389.1	80.8
甘肃	396.4	-15.5	1614.7	224.6	145.6	33.5
青海	104.2	1.1	463.5	65.7	41.8	6.9
宁夏	108.5	-3.4	520.5	83.1	58.1	15.1
新疆	518.3	-9.6	1670.9	311.1	208.8	48.4

2011 年电信能力、电话普及率分省情况

地 区	光缆 线路长度 （km）	互联网宽带 接入端口 （万个）	局用交换机 容量 （万门）	移动电话 交换机容量 （万户）	固定电话 普及率 （部/百人）	移动电话 普及率 （部/百人）
全国	12053042	23165.5	43467.4	170691.4	21.3	73.6
北京	147375	801.8	1329.7	4474.0	45.1	131.4
天津	76991	366.7	485.9	2080.0	25.8	95.5
河北	524697	1150.0	1405.5	9435.0	17.3	70.9
山西	567438	645.7	957.2	4477.2	19.1	68.5
内蒙古	277366	408.4	682.6	3832.5	15.4	93.7
辽宁	400977	981.3	1857.8	6185.8	30.9	87.7
吉林	213334	498.3	797.4	3550.0	21.1	73.0
黑龙江	346511	638.4	1230.5	4563.2	20.7	62.0
上海	202048	705.3	1328.0	3978.0	40.2	113.8
江苏	1127038	2041.6	4126.5	9536.0	30.1	85.0
浙江	800554	1458.2	2985.8	9605.2	35.8	105.7
安徽	503398	732.8	1443.6	6912.0	20.9	54.8
福建	484873	906.7	1747.5	7179.9	27.5	96.3
江西	409804	562.0	851.9	3811.0	15.1	52.1
山东	530306	1789.6	2471.4	10822.4	19.8	74.3
河南	517135	1119.4	1860.0	8428.4	14.3	53.8
湖北	446858	746.1	1575.4	6245.3	17.8	69.1
湖南	432366	736.2	1551.8	5358.9	15.4	57.1
广东	888784	2509.2	4791.5	19076.7	30.2	103.5
广西	378032	590.2	1175.6	3422.1	14.1	55.0
海南	66991	127.1	289.6	1347.4	20.2	77.5
重庆	309523	482.7	1100.9	2976.0	19.8	62.4
四川	695893	943.2	1955.2	12192.5	17.2	59.9
贵州	264529	424.2	990.6	3601.1	11.6	58.8
云南	379611	443.8	1034.1	5276.2	11.7	56.3
西藏	51334	26.7	128.5	225.0	13.5	65.5
陕西	328939	620.0	1215.4	4306.8	20.8	77.9
甘肃	249744	250.5	797.2	2399.0	15.5	63.1
青海	77419	65.0	161.2	649.0	18.5	82.3
宁夏	46830	76.3	220.6	1035.8	17.2	82.6
新疆	306342	318.2	916.4	3709.0	23.8	76.6

注：

1）对于本公报所披露的数据，2010 年及以前的数据为年报最终核算数，2011 年的数据为快报初步核算数。2011 年的最终核算数及分省、分企业数据将在 2012 年年中出版的《中国通信统计年度报告（2011）》中公布。

2）本公报电信综合指标是基础电信企业的合计数，未包括增值电信企业。增值电信企业年报数据将在 2012 年年中出版的《中国通信统计年度报告（2011）》中公布。

3）网民数、互联网普及率、互联网国际出口带宽等数据取自中国互联网络信息中心（CNNIC）发布的《中国互联网络发展状况统计报告（2012 年 1 月）》。

4）电信业务总量根据 2010 年不变单价测算。

第四部分 电源行业发展报告

电源学科发展蓝皮书：综合篇

中国电源学会

一、引言

20 世纪人类最伟大的 20 项科技成果：电气化、汽车、飞机、自来水供水系统、电子技术、无线电与电视、农业机械化、计算机、电话、空调与制冷、高速公路、航天、互联网、成像技术、家电、保健科技、石化、激光与光纤、核能利用，都不同程度地应用了电力电子技术，取得了辉煌的成就。功率器件经历了从电流控制器件，如晶闸管、功率 GTR、GTO，到场控器件，如功率 MOSFET、IGBT 的发展历程。20 世纪 90 年代出现了 SMART 功率器件、智能功率模块（IPM）、TOPSWITCH 等，将功率器件与其驱动、保护等电路集成在一个硅片或一个模块上，形成了电力电子集成化的概念。大功率、高频化、低功耗、驱动场控化为功率器件发展的重要特征。电力电子功率变换技术与电力电子器件同步发展，除发明了众多功率变换的电路拓扑外，还创造了吸收、多重化、谐振开关、谐振环、APFC、矩阵变换、多电平、混沌和电力电子系统集成等概念；在控制技术方面出现了相控、PWM 控制、以状态空间平均法为代表的动态建模理论；在仿真手段方面出现多种商用软件，如 PSPICE、SABER、SIMPLIS 等。电力电子技术已广泛地应用于工业、交通、IT、通信、国防以及家电等，无论对改造传统工业，还是对新建高技术产业和高效利用能源都起到了至关重要的作用。

随着"十二五规划"的布局和实施，作为节能降耗的主力军，电力电子行业每年高增长可以维持相当长的时间。作为高技术应用性的行业，中国电源产业也将有更大的发展空间和更多的机遇，同时也要面临国外企业的激烈竞争。

二、中国电源技术和产业的发展概况

（一）UPS 市场的激烈竞争和技术发展

1. UPS 市场的近况和发展

UPS 技术的发展与市场发展是密切关联、相互推动的。近些年来 UPS 电源系统在 IT 行业发挥着越来越重要的作用，因此，中国的 UPS 市场十分繁荣。国际知名的 UPS 品牌基本上都已进入中国，国内一些优秀品牌也在 UPS 市场异军突起，凭借在技术上的不断追求与本土化的生产服务优势，取得了令人瞩目的成绩。

从整个 UPS 产业来说，这几年最大的一个特点是市场的动荡，尤其是国外 UPS 企业之间的并购，导致整个行业的竞争格局出现了大的调整。这场产业大调整最早始于 2006 年，施耐德以 61 亿美元的价格收购了 APC 公司，成为同时拥有 APC 和梅兰日兰两大 UPS 品牌的 UPS 行业巨头。而在 UPS 市场上，APC 和梅兰日兰原本就是两大强势厂商，直销出身的梅兰日兰占据了大功率 UPS 市场很大的份额，而 APC 的渠道优势也使其在中小功率 UPS 市场收获颇丰。UPS 行业另一个巨头伊顿的收购热情更高，它在收购爱克赛（Powerware）之后，又先后将山特和 MGEOPS 收入囊中，从而形成了从小功率到中大功率较完整的产品系列。艾默生则于 2010 年以 15 亿美元的价格击败 ABB 并购英国 UPS 厂商 Chloride，拓展产品线，加大对高频化技术的投入。

国外行业巨头之间的整合，给包括中国企业在内的其他 UPS 供应商提供了难得的机会。一方面，UPS 巨头们内部整合促进了这些企业进一步完善渠道建设，积极扩大市场份额，特别是开拓新兴行业和市场。另一方面，这些企业也加紧了技术研发的力度，向原本属于国外 UPS 企业的高端市场拓展。包括科华、科士达、易事特、冠军等在内的一批具有较强技术实力和开发力量的中国 UPS 厂商迅速成长为 UPS 行业的一股不可小视的力量。

目前，尽管 UPS 市场竞争依然激烈，但格局已经基本稳定下来。以施耐德、艾默生、伊顿等为主的国外 UPS 巨头，它们起步早，技术实力相对比较强，成为 UPS 产业发展的领头羊，中国的 UPS 市场被它们占据了较大部分；而国内也已形成以科华、科士达等民营企业为主的国产 UPS 大军，它们在市场份额、高端技术的掌握上正在接近国际知名品牌。

从 UPS 厂商们的产品构成来看，由于市场竞争的加剧，此前形成的国外厂商把持高端市场、国内主攻中低端市场的格局，正在逐步模糊。一些原本以低端产品起家的厂商开始依靠自身的技术积累向高端大机市场挺进，而以高端大机产品进入市场的厂商也开始进军小机市场。

根据 ICTresearch 研究调查显示，2011 年 UPS 整体销售额达到近 35.34 亿元，同比增长率为 8.3%，略低于 GDP 增速。

"绿色、低碳"的 UPS 表现为运行的效率高、电力损耗低、谐波电流小、不产生环境污染等。"绿色、低碳"的 UPS，不仅是保护环境和节省能源的要求，还将为用户节省大量的电费，提高经济效益。在 IT 电力消耗和电费成本问题、谐波污染问题日益受到关切的当今，UPS 的运行效率和谐波指标已成为用户关注的焦点。

2. 传统 UPS 技术的发展与进步

（1）UPS 的高频化发展

随着 IT 技术的发展以及人们对社会文明、环境保护意识的增强，UPS 产品依托电力电子技术的进步，并不断地与数字化技术、智能化技术、网络化技术以及"绿色"技术相结合，推动了 UPS 技术的不断进步和 UPS 产业的发展。这其中，高频化技术在 UPS 中的运用应该列为其核心技术的一次变革。

20 世纪 90 年代，无工频变压器的高频链 UPS 设计开始出现在小型 UPS 上，2000 年后逐渐成为了主流设计。其后，高频链结构逐渐向更大功率的 UPS 发展。如今，具有高频链结构的所谓"高频机"的额定容量已拓展到 800 ~ 1200kVA，几乎完全覆盖了 UPS 的容量范围。各 UPS 行业巨头均在努力推出自己的大容量"高频机"系列 UPS，例如伊顿的 9395 系列，最大容量达到 1200kVA。尽管业内对于 UPS"工频机"和"高频机"的应用和发展争议了很多年，但在市场的检验下，高频化技术在 UPS 产品中的应用越来越成熟已成为不争的事实，采用新技术的"高频机"逐步取代传统的"工频机"已成为近期 UPS 发展的大势所趋。

UPS 高频化发展趋势形成的根本原因是"高频机"能更好地满足市场对绿色电源的需求。绿色电源应该符合什么样的标准？从技术上看，UPS 是否绿色主要要看两个指标：第一个是谐波指标。传统"工频机"对电网是个污染源，是产生谐波的设备，对电力系统造成谐波污染，还会造成大量的附加损耗。采用高频 PWM 整流器的"高频机"，输入电流

谐波可以做到小于 3%。完全消除了 UPS 对电网的反馈谐波污染，对供电网来说，是真正的绿色负载。第二个是效率。高效率符合节能减排的社会发展要求，对客户来讲可以节省运行费用。据悉，腾讯网现在的机房每年电费支出已经超过腾讯员工全年的工资，这也是所有 IDC 机房所面临的问题。与传统的"工频机"相比，"高频机"的效率可提高 3% ~ 5%，并且具有更为优化的负载率-效率曲线，轻载时效率的提高更为显著，所节约的电费是很可观的。如果再加上由高效率而节省的空调制冷费，则节约更显著。

更广泛地考虑，机房占用也是绿色电源的重要指标。IDC 机房建设面积寸土寸金，用户希望 UPS 体积小，节约更多的机房空间，也能减小空调的规模，降低机房建设的投资。体积小的"高频机"无疑是更好的选择。

随着"高频机"在用户群中的接受程度不断提高，"高频机"在市场中的比重正在快速增长。据权威调查机构赛迪顾问报告显示，"高频机"的销售额从 2006 年的 12 亿元增加到 2010 年的 21.1 亿元，上升了近 76%；而"工频机"销售额则由 2006 年的 14.1 亿元下滑到 2010 年的 12.7 亿元，下降了近 10%。

与传统的"工频机"相比，新型"高频机"的技术进步主要有以下几个方面：

1）采用 IGBT 高频 PWM 整流器，彻底消除输入谐波污染，使 UPS 成为电网中的"绿色"负载；

2）采用无工频变压器的高频 PWM 逆变器，获得更高的效率和优化的负载率-效率曲线，提高功率密度，降低成本；

3）采用新一代半导体功率器件和新型磁性材料，降低功率变换器损耗，减小功率变换器体积；

4）采用基于 DSP、FPGA 的完全数字化控制技术，提高控制器的运算、处理能力和稳定性，简化硬件系统，提高 UPS 可靠性；

5）采用新的控制理论和控制方法，提高 UPS 的技术指标，增强了 UPS 系统的柔性和智能性；

6）采用更先进的电池维护和管理技术，提高系统可靠性和电池使用寿命。

新技术的采用显著提升了新型"高频机"的技术性能，特别是减去工频输出变压器之后，UPS 的成本也大大降低了，提高了市场竞争力；而且由于无变压器 UPS 体积更小、效率更高、价格更低，所以更受到数据中心的青睐。伴随着高频化 UPS 技术日趋成熟，"高频机"的 MTBF 指标也不断得以提

升，而且采用 N + 1 或 N + m 并联冗余后，高频化 UPS 系统的可靠性和可用性均大幅提高。

"高频机"已日益获得更多 UPS 用户的接受和选择。从业内厂商生产情况来看，目前国际厂商伊顿旗下全系列产品基本上均为"高频机"，APC 的"高频机"产品达到 70% 左右的比重。与此同时，收购克劳瑞德之举意味着艾默生也在紧锣密鼓地加大对高频技术的投入。就技术发展和成熟度而言，国内厂商和国际巨头在"工频机"产品的研发和生产技术上已无明显差距，但是，在大功率"高频机"方面，国内厂商的整体技术水平相比国际品牌仍存在一定的差距。

从细分领域来看，中小功率 UPS 基本上均实现了高频化，在 IT 业应用中，大功率"高频机"与"工频机"可以平分秋色，而使用在工业或恶劣环境下的大功率 UPS，用户仍然更倾向于使用"工频机"，这主要是由于大功率"高频机"仍然存在不尽人意的地方，还需要进一步技术优化和升级。

（2）模块化 UPS 的加速发展

受直流供电系统中模块化高频开关整流器成功发展的启示，早在十几年前就已出现模块化 UPS 的概念。但是，交流 UPS 模块的并联均流、并联冗余等技术要比直流系统复杂得多，模块化 UPS 概念提出后许多年并没有得到快速发展。技术成熟度低、价格偏高以及用户对模块化系统可靠性的担忧，是制约模块化 UPS 快速发展的主要因素。

随着 UPS 技术的高频化、数字化、智能化发展，模块化 UPS 所高度依赖的并联均流技术、并联冗余技术、系统自诊断技术、故障模块的自动安全隔离与退出技术、模块在线热更换技术、高可靠的集中或分布式旁路控制技术等关键技术得到了充分的研究、发展与进步，UPS 功率模块的一致性、长期稳定性显著提高，使模块化 UPS 日趋成熟和可靠，已逐步为更多的 UPS 用户所接受。加之模块化 UPS 在功率密度、优化负载率、运行效率、可冗余性、可扩容性、可维修性、可用性等方面的先天优势，模块化 UPS 发展已呈现加速趋势。

从技术上看，模块化 UPS 与塔式机相比并无本质区别。但为满足其系统构造特征要求，模块化 UPS 在技术上有以下主要特征：

1）模块化 UPS 几乎无一例外地采用高频链技术，以取得所需的功率密度。同时，模块化 UPS 的单个功率模块容量相对较小，更容易实现高频化。因此，模块化 UPS 一直是 UPS 技术高频化发展的先行者和推动者；而高频化技术的发展和成熟，又为模块化 UPS 的发展提供了不可缺少的技术支撑。

2）模块化 UPS 中需要高可靠的 N + m 并联冗余，对并联均流和并联冗余技术的要求更高。数字化控制技术的发展，使模块化 UPS 的功率模块能够取得更好的参数一致性和长期稳定性，并且可以更加智能、灵活地采用新的控制理论和控制方法，取得更加稳定可靠的静态和动态均流性能和冗余性能，极大地促进了模块化 UPS 技术和产品的发展。

3）模块化 UPS 取得高可靠性和可用性的一个重要理论基础是单一模块的失效是孤立事件，不能对其他模块或系统其他部分的正常运行产生不良影响。因此，模块化 UPS 需要更为完善的故障自诊断技术和故障模块的安全隔离、退出技术，以及模块间通信联络的冗余技术。只有杜绝单一模块故障对其他模块和整个系统运行的连带不良影响，模块化 UPS 理论上的可靠性和可用性指标才能真正得以实现。

4）模块化 UPS 的旁路系统构造更为复杂，控制要求更高。采用集中旁路系统时需要防止旁路系统成为单点瓶颈故障隐患；采用分散旁路系统需要实现各旁路通道的同步与均流。

模块化 UPS 所高度依赖的并联冗余和并联均流控制技术也是近年来 UPS 技术研究的一个热点。主流的并联控制方法包括集中控制、主从控制、分散逻辑控制、无互连线独立控制等，主流的均流控制方法有无线并联下垂控制方法、瞬时平均电流控制方法以及有功功率无功功率控制方法等。这些控制技术的研究与进步，为模块化 UPS 的成功发展提供了理论和技术支撑。

近年来，国内外各主要 UPS 厂商几乎都推出了自己的模块化 UPS，单个功率模块的功率容量已从早期的数 kVA 发展至数十 kVA，模块化 UPS 的功率级别也从以往数 kVA 至上百 kVA 的中功率范围发展至数百 kVA 至上千 kVA 的大功率范围，成为 UPS 技术和市场发展的一个新的主流方向。事实上，UPS "高频机"与模块化系统已经呈现出一种相互融合的发展趋势。

最近出现的模块休眠技术使模块化 UPS 的负载率-效率曲线得到进一步的优化。在对效率追求日益强化的今天，无疑会进一步增加模块化 UPS 的竞争优势。

（二）光伏产业和光伏逆变技术的发展

1. 光伏市场和行业标准的发展

从光伏电池第一次空间应用到现在的光伏产业已经有超过 40 年的历史。过去 10 年，是强劲增长的 10 年，同时预计这种增长仍将在未来数年内持续。市场的发展得益于技术的发展，同时也推动了技术的发展。随着市场规模扩大，光伏逆变器的市场竞争加剧，提高了市场准入门槛。

由于光伏逆变器本质上是电源产品，其生产和制造过程没有特殊要求。所以扩展产能相对容易。依据 IMS 的估计，从前 30 名逆变器厂家公布的产能来看，2010 年达到 30GW 左右，而 2011 年则达到惊人的 42GW，已经远远大于市场需求量。预计在未来 10 年内，光伏逆变器市场价格将大幅下降，最终维持在一个规模化工业产品的合理利润水平。我们已经看到 2011 年，光伏逆变器的市场价格已经平均下降 10% ~ 15%。

各国国家标准的不断完善和提高，针对光伏逆变器，各国均有各自的接入规定，其中以德国标准最为严谨，是整个行业的引导者。我国太阳能光伏的标准化工作至今已有近 30 年历史，也制定了系列光伏逆变器国家标准。2009 年国家电网公司发布《光伏电站接入电网技术规定》，2010 年 9 月国家电网公司组织编制了《光伏电站接入电网测试规程》。另外，国内逆变器的检测标准主要依据 CGC/GF001：2009《400V 以下低压并网光伏发电专用逆变器技术要求和试验方法》。现有并网标准缺少电网的规划、安全运行和可靠性等重要内容，尚未建立光伏并网的检测标准和管理体系。

作为借鉴，下表给出国外的光伏并网系统相关标准：

标 准 号	标 准 名 称
UL1741	Inverters, converters, and controllers for use in independent power system
EN 62109-1	Safety of power converters for use in photovoltaic power systems-Part1：General requirements
EN 50178	Electronic equipment for use in power installations
VDE V0126-1-1	Automatic disconnection device between a generator and the public low-voltage grid
CSAC22. 2	General Use Power Supplies
AS4777	Grid connection of energy systems via Inverters Part 2：Inverter requirements
IEC 62116	Testing Procedure of Islanding Prevention Measures for utility-interconnected photovoltaic inverters
IEEE Std 1547	IEEE standard for interconnecting distributed resources with electric power systems
IEEE Std 929	IEEE recommended practice for utility interface of photovoltaic（PV）systems
IEC 61727	Photovoltaic（PV）systems-Characteristics of the utility interface
IEC 62446	Grid connected photovoltaic systems-Minimum requirements for system documentation, commissioning tests and inspection

对于一个光伏并网系统，最基本的要求有如下几个方面，并需要由标准来规范：

（1）电能质量要求

光伏发电并网逆变器易产生谐波、三相电流不平衡，输出功率不确定性易造成电网电压波动、闪变，需要逆变器特性保证或进行治理。目前，国际标准要求谐波小于 5%，这在实际光伏系统中实现还是有一定挑战，如抑制低功率时的电流谐波，抑制多台逆变器同时并网时电流谐波的叠加和在弱电网的环境下，如何保证电流谐波等。

（2）功率控制与电压调节

光伏电池输出功率随机变化且幅度大，自身又不具备惯量，需要由传统的旋转发电进行调节；但光伏系统自身也需要有无功输出能力，能够在一定程度上参与电网的电压和频率调节。可以实现有功功率降额，无功功率补偿，低电压穿越和根据电网频率调整输出。

光伏逆变器从逆变角度来看是一个不太复杂的产品，国内企业有相当强的竞争能力，但是光伏竞争焦点将会是标准，国内已有企业在超前跟踪国外标准的发展，如 SIL3 的引入使得分布式的发电特征功能安全和软件可靠性有了保障，促使真正意义上的实时操作系统、具备安全特性的逆变器的设计技术体系走向成熟，使光伏并网逆变器成为电力电子技术的高端应用领域。

2. 光伏逆变器技术的发展

（1）微型逆变器

主要是指功率范围在 100 ~ 300W。可分为微型逆变器和功率优化器，主要特点是基于开关电源技术和小型单相逆变器技术。一个典型的微型逆变器的基本电路可以由反激式加单相全桥构成。微型逆变器和功率优化器技术体现在器件选择、电路设计优化和工艺，以达到效率和成本目标。

（2）单相组串型逆变器

主要是指功率范围在 1 ~ 10kW。可分为隔离型和非隔离型两类。主要技术特点是以单相全桥逆变器为基础的逆变技术，无变压器的设计中需要采用一些电路和控制方法抑制共模电流和输出直流偏移量。

隔离型逆变器：

使用隔离型逆变器便可以在直流侧，即光伏电池一端接地，这是 UL1741 所要求的。这就需要在光伏电池板和输出接电网之间用工频或高频变压器进行隔离。

带工频变压器的隔离方式。工频变压器在电网和逆变器之间，其特点是：

- 如安规需要，直流侧可以接地；
- 输出没有直流分量；
- 容易得到 UL 认可；
- 大而重的变压器成本高；
- 系统效率在 94% ~ 96% 很难提高。

带高频变压器的隔离方式。高频变压器在电池板和逆变器之间，其特点是：

- 高频变压器，小而轻；
- 如安规需要，直流侧可以接地；
- 容易得到 UL 认可；
- 逆变器效率较高，但因高频变压器的漏感而降低；
- 需要较多的功率器件。

隔离型可以在直流侧即光伏电池一端接地，这是 UL1741《应用于电力系统的逆变器、控制器标准》所要求的，但自从 2005 年起，美国电工法规 NEC 即允许太阳能光电系统不须强制接地，因此采用效率较高的非隔离型光伏逆变器就逐渐在北美市场被接受。然而传统的美国安规标准 UL1741 并没有马上对非隔离型的光伏逆变器做出相应的变更，使得产品使用原 UL1741 来测试时，会有安全上的不足。所以在 2010 年 4 月份 UL 发布了一份额外的技术要求。该额外要求主要有三大部分：第一部分是结构；第二部分是性能；第三部分则为标示与说明。其中，在结构上最重要的是非隔离型逆变器不须要符合原 UL1741 SEC 31 GFDI 的要求，并追加了类似德国并网标准 VDE 0126-1-1 的要求，主要包含下列几项要求：

- 要测试光伏板的对地阻抗；
- 要测试光伏板的对地的连续电流，当大于 300mA 时，应在 0.3s 内断开；

- 要测试光伏板的对地的突变电流，当大于 30mA/60mA/150mA 时，应在 0.3/0.15/0.04s 内断开；
- 发生异常故障时断开，要能在单一故障情况下也能正常动作；
- 要有标示和说明，"非隔离型逆变器" 或 "无变压器逆变器"。

非隔离型单相光伏逆变器：

非隔离型是最常见的形式，其电路简单，逆变器效率取决于全桥电路的功率开关损耗。为提高效率一般采用单极性 Unipolar-SPWM 调制，全桥逆变器两管工作在工频（600V IGBT），两管工作在高频（可采用 MOSFET，如 CoolMOS CFD 600V），这样便有高频共模电压，会产生漏电流。

为了消除共模漏电流，目前主要方法有：

◆参数匹配使得 $V_{CM-DM} + V_{CM}$ 的和为常数。如采用三电平，减小高频共模电流，但需要升压电路把母线电压升到 700V 以上，Boost 升压比一般比单相全桥前极 Boost 大，会降低效率 1% ~ 2%，比如 Sunny Boy 5000TL 的基本结构就是这一类的。

◆对称电路结构使得 $V_{CM-DM} = 0$，控制策略 SPWM，V_{CM} 为常数。如采用双极性 SPWM 调制需要高效率开关器件，以保证效率。但目前大多数设计还是采用单极性调制，这就需要一些辅助电路来抑制共模电流。如 H5 拓扑结构，这是 SMA 专利（US 7411802 B2），专利辅助开关能很好地抑制漏电流。还可以采用 HERIC（Highly Efficient and Reliable Inverter Concept）结构，其专利号为 EP 1369985 B1，专利辅助续流回路能很好地抑制漏电流，峰值效率可达 98%。

◆采用 Bipolar SPWM 技术，电路简单，仅 6 个功率器件，比 H5 省 30% 导通损耗，采用 High-Speed3 芯片，可以预期效率接近 97%。

（3）三相组串型逆变器

主要是指功率范围在 10 ~ 30kW。可分为非隔离型、隔离型两类。非隔离型主要是基于三电平技术，能实现高效率。可采用 NPC1 I-型三电平和 NPC2 T-型三电平方案。

这种三相中功率组串型逆变器正成为新宠，在欧洲 100kW ~ 5MW 以下的电站中，应用 10 ~ 30kW 无变压器逆变器的越来越多，其具有效率高、安装简易、维护方便快捷、性价比高等优点。以 SMA 的 TriPower 和 Danfoss 的 TripleLynx 系列为代表。有 10 多家公司推出了该系列中功率产品。

NPC1 I-型三电平采用 600V 开关器件，不论是

IGBT 还是 MOSFET 开关速度都很快，开关损耗都在比较理想的范围内，由于 NPC 有一长换流回路，一般设计会选用单桥臂模块，寄生电感小，便于实现高效率开关。由于 I - 型三电平开通时会流过两个功率开关，开通损耗成为主要矛盾，高效率三电平的实现需要采用高效开关器件的组合，Vincotech 推出一个比较有特色的电路，由 IGBT 和 MOSFET 构成复合开关能有效提高欧洲效率，但电路结构复杂，成本高。

能提供从中小功率组串型逆变器到集中型的 NPC1、NPC2 三电平解决方案是英飞凌，尤其是采用高速 IGBT HighSpeed3 的 NPC2 结构，电路简单，并能实现 98% 的最高效率。

采用 1200V 碳化硅 JFET，可以把最高效率提升到 99%，例如 SMA 的 17kW 三相组串逆变器就是采用由英飞凌提供的采用碳化硅 JFET NPC2 桥臂来构成三相逆变器。

从发展趋势上看，随着高速低损耗功率器件的发展，NPC2 更具生命力。

（4）集中型逆变器

对于功率范围在 50 ~ 100kW，可分为商用屋顶和构成 100kW 及以上的系统功率单元两类，其技术特点是采用 B6 三相桥或三电平结构。

对于功率范围在 100 ~ 500kW，可分为单一三相半桥逆变器和功率单元并联两类，其技术特点是采用 B6 三相桥或三电平功率单元并联。

（三）变频电源与电力传动技术的现状

在 21 世纪前后十年中，电力电子技术的研究日趋活跃，应用领域迅速扩大，电力传动只是其应用领域之一。传统电力传动技术本身趋于成熟，但因其在电气自动化应用领域的重要性，随着工业实际应用的需求和发展顺应变化，不断得以技术上的拓展和延伸。

1. 大容量、高电压变频器的发展

在高电压、大容量电力电子变换技术上有不少创新。当年电力电子变换器之所以在诞生之后就迅速取代了电力传动中的机组传动，主要是基于其功率放大、快速响应和高效率三大特色，现在电力系统的控制和管理又遇到了类似的需要。只要尽快提高电力电子器件的电压和容量，提高电力电子变换器的可靠性，电力电子技术在电力系统中的大规模应用就指日可待了。

自 1980 年问世以来，IGBT 以其优越的动静态性能，成为当前全控型电力电子的平台器件，现在尚无任何其他器件可以在短期内代替 IGBT。另一方面，碳化硅（SiC）、氮化镓（GaN）、金刚石等宽禁带半导体材料也是当前的研究热点。21 世纪初，SiC 肖特基二极管和 MOSFET 均已问世，估计 10 ~ 15 年后耐压上万伏的 SiC 可控功率器件将在市场上出现。GaN 器件具有比 SiC 器件更好的高频特性，因而受到密切关注。

目前，在交流电源电压 380V 以下的变频器中，1200V 的 IGBT 拥有足够的应力。对于中压等级（3 ~ 10kV）的应用场合，多电平中压变频器得以迅速发展。例如对大容量风机水泵实行调速可以得到显著的节能效果。级联式（单元串联式）中压变频器可采用 1700V 的 IGBT，三电平中压变频器则需要更高电压的器件。现已获得应用的高压器件有 IGCT、IEGT 以及高压 IGBT，额定电压最高可达 6500V。

2. 同步电动机变频可调速传动的崛起

过去，同步电动机传动在恒频电源供电下存在着起动困难和突加负载产生振荡或失步两大障碍，而在结构简单、运行可靠、维护方便、成本低廉等方面都不如异步电动机，因此交流传动主要用异步电动机，同步电动机仅在大型工厂中带水泵或风机长期恒速运行，兼做功率因数补偿之用。出现变频器以后，交流可调速传动逐步取代直流可调速传动，而变频控制也克服了同步电动机应用的两大障碍，同步电动机的诸多优点开始显现，使它逐渐进入调速领域。

同步电动机与异步电动机相比的优点如下：功率因数可调；相同功率的电动机所需的变频器容量小；低速带载能力强，调速范围宽；加大功角就能增大转矩，所以抗负载扰动能力强，动态转矩响应快。这样，除成本稍高外，高性能的同步电动机调速系统是全面优于高性能异步电动机调速系统的，近年来同步电动机变频可调传动的崛起标志着电气自动化领域的新发展。

同步电动机的特点是具有直流励磁，可以用直流励磁绕组，也可以用永久磁铁磁极。采用稀土永磁材料磁极的优点是：① 可获得较高的气隙磁通密度，因而同等容量的电动机体积小、重量轻；② 转子没有铜损和铁损，也没有集电环、电刷间的摩擦损耗，运行效率高；③ 转动惯量小，动态性能好；④ 结构紧凑，运行可靠。近年来稀土材料的加工水平提高、成本降低、温度变化时性能稳定，使得大、中、小容量的稀土永磁同步电动机都获得了越来越普遍的应用。

永磁同步电动机的不足之处是气隙磁场基本恒定。作电动运行时难以实现弱磁调速，调速范围有限；作发电运行时，电压调整率较大，影响供电质量。开发磁场可调的永磁电机是同步电机传动领域的重要研究方向，永磁发电机磁场可调时，可获得较宽的调压范围，在飞机、舰船和车辆中可作为独立的发电系统；永磁电动机磁场可调时，可在电动汽车、武器伺服传动等场合实现弱磁恒功率调速。

为了实现永磁电机的磁场调节和控制，可以从电机结构和控制策略两方面来解决。在永磁磁极以外再引入电励磁绕组形成"混合励磁电机"，既能继承永磁电机的诸多优点，又可以灵活调节电机的磁场。由两种励磁源共同实现电磁能量的转换，是对单一励磁的有效拓宽与延伸。与单纯永磁电机相比，混合励磁电机具有调节气隙磁场的能力；与单一电励磁电机相比，混合励磁电机具有较小的电枢反应电抗。

控制电枢反应的去磁分量也可以实现弱磁调节，但由于永磁体的磁阻较大，要产生去磁磁链需要较大的电枢电流，采用这种方法能够获得的弱磁范围有限。设计漏磁可控的铁心结构，则可用控制漏磁的方法实现较大范围的弱磁。

3. 电力传动技术在绿色新能源应用领域的延伸

当前，在风力发电、太阳能光伏发电等领域中，以及在电力系统的无功发生器、有源滤波、高压直流输电等设备中，电力电子技术的应用均已获得很好的成就。除此以外，电力电子技术在交通运输领域的应用，如电动汽车、电气机车、电动舰船等，也有十分迅猛的发展，促进了电机结构设计、电力电子变换、变频传动系统等方面的创新。

为顺应绿色新能源应用的发展，电力传动技术正从"用电"领域向"发电和输电"领域扩大，由"电-机能量转换"向"机-电能量转换"延伸，从"恒频变速"控制向"变速恒频"控制拓展。

（1）在风力发电中的应用

变速恒频发电技术逐渐成为当前风力发电的主流技术。其优点主要表现为可最大限度地捕捉风能、较宽的转速运行范围、可灵活调节系统的有功功率和无功功率等。在风电技术开发较早的欧美国家，由于双 PWM 全功率变流器控制技术已经成熟，直驱式发电机的变速控制和系统并网控制都不成问题，变桨距控制也有现成的技术可借鉴，所以直驱式风力发电系统的开发重点主要在于低速永磁发电机的结构设计和性能提高上。其他的一些研究集中在全功率变流器的拓扑及控制上，采用更加简化的方案，以降低系统的复杂性，使直驱式风电系统简单、可靠的优点更加突出。

国内外对风力发电技术的研究还包括智能控制在风力发电系统中的应用。由于自然风风速和风向的随机性、间歇性、风机的尾流效应和塔影效应等，不确定因素很多，使得风力发电系统具有本质的非线性特征，因此模糊控制、神经网络、专家系统控制等智能控制方法成为一类特别适合风力发电系统的控制方法。结合现在电力电子技术和风机技术，综合运用智能控制和其他现代控制方法，可有效解决风能转换系统的各类关键控制问题。

（2）在未来电网中的应用

随着用电客户端敏感性和关键性负载的增多，电网因此持续面临着高可靠高质量的电力输出要求。另外一方面，由于分布式发电系统和各种非线性负载的增多，电网电压由于受到这些装置和负载的负面影响（比如谐波、短路故障等）增多而出现更多的电力质量问题。从这些未来电力质量相关的要求和问题考虑出发，未来电网迫切需要一个可供选择的解决方案能够用于提高电网侧和用户侧双边的电力质量。

虽然在未来几年内很多分布式发电系统将倍受期待并应用于向电网提供电能补充，但是现有并网装置的技术水平和设计规范在未来复杂多变的电网中还不能灵活可靠地达到满意的电力质量输出。幸运的是，由于电力电子变换器的灵活可控性，这些基于前级新能源的并网接口变换器，包括储能环节，已经具备了实现综合电力质量调节改善的硬件基础。因此，为了适应迅速的分布式发电应用，同时也是未来电网的需求，并网接口变换器正要面临的一个技术趋势——集成电力质量改善和分布式发电双功效，即除了基本的电能传输之外还应具有改善加强当地电网质量的功能。

（3）在电动汽车中的应用

电动汽车最早采用了直流电机系统，特点是成本低、控制简单，但重量大，需要定期维护。随电力电子技术、自动控制技术、计算机控制技术的发展，包括异步电机及永磁电机在内的交流电机系统体现出比直流电机系统更加优越的性能，目前已逐步取代了直流电机控制系统。特别是借助于设计方法、开发工具及永磁材料的不断进步，用于驱动的永磁同步电动机得到了飞速发展。

电动汽车对驱动电机系统的要求包括：基速以下输出大转矩；基速以上为恒功率运行；全转速运行范围内的效率最优化；结构坚固、体积小、重量轻、良好的环境适应性和高可靠性；低成本及大批量生产能力。目前，车用电驱系统的发展趋势主要有永磁化、数字化和集成化。

我国在电动汽车驱动系统上的研发水平主要表现在：

● 交流异步电机驱动系统，我国已建立了具有自主知识产权异步电机驱动系统的开发平台，形成了小批量生产的开发、制造、试验及服务体系；

● 开关磁阻电机驱动系统已形成优化设计和自主研发能力，通过合理设计电机结构、改进控制技术，产品性能基本满足整车需求；

● 无刷直流电机驱动系统，国内企业通过合理设计及改进控制技术，有效提高了无刷直流电机产品性能，基本满足电动汽车需求；

● 永磁同步电机驱动系统已形成了一定的研发和生产能力，开发了不同系列产品，可应用于各类电动汽车，产品部分技术指标接近国际先进水平。

（四）特种电源的技术发展

特种电源是指运用电力电子技术及一些特殊手段，将发电厂或蓄电池输出的一次电能，变换成能满足对电能形式特殊需要的场合要求而设计的电源。特种电源一般是为特殊负载或场合要求而设计的，它的应用十分广泛。主要有电镀电解、阳极氧化、感应加热、医疗设备、电力操作、电力试验、环保除尘、空气净化、食品灭菌、激光红外、光电显示等。而在国防及军事上，特种电源更有普通电源不可取代的用途，主要用于雷达导航、高能物理、等离子体物理及核技术研究等。

当代许多高新技术均与市电的电压、电流、频率、相位和波形等基本参数的变换与控制相关。特种电源技术能够实现对这些参数的精确控制和高效率的处理，特别是能够实现大功率电能的频率变换，从而为多项高新技术的发展提供有力的支持。因此，特种电源技术不但本身是一项高新技术，而且还是其他多项高新技术的发展基础。特种电源技术及其产业的进一步发展必将为大幅度节约电能、降低材料消耗以及提高生产效率提供重要的手段，并为现代生产和现代生活带来深远的影响。

（1）电化电源

电化电源是电化学研究和电化学工程中的重要设备，它通常是一种低电压、大电流的电源。

近半个世纪以来，电化电源经历了直流发电机组、硅整流器、晶闸管整流器、功率晶体管电源（开关电源）这一发展过程。早期的电化电源是采用直流电源，这种电源至今仍被广泛使用；进入20世纪80年代，由于电力电子技术的发展和人们对电化学深入研究及电化学工程的需要，又开发了脉冲电源。脉冲电源在电化学研究及应用中已显示出明显的优势和显著的经济效益。

电解、电镀电源要求稳流、稳压。电解生产需要消耗巨大的直流电能，由大功率整流设备供给，采用晶闸管稳流、有载调压加饱和电抗器稳流方式，最大输出容量为 3 ~ 350V，5 ~ 150kA。脉冲电源用作金属表面电化学过程，输出容量为 0 ~ 100V，10 ~ 4000A。逆变式真空离子镀膜电源性能的优劣直接影响镀膜性能的高低。

随着控制技术的发展，晶闸管整流器在国内已成为应用的首选，二极管整流器仍然被采用，而斩波整流器的应用尚处于萌芽阶段。目前，晶闸管整流器的结构主要有同相逆并联和母线框架自撑式，使用的晶闸管为 76 ~ 91mm，快速熔断器的分断能力达到230kA，晶闸管的均流系数可达0.95，部分单位已采用高可靠性的全数字化控制系统。近几年来，随着大电流电力电子器件 IGBT 的出现，国外已有斩波控制整流器作电解电源的实例，该整流器由二极管整流与电力晶体管斩波组合来产生可控电流，该种整流方法具有无需谐波滤波器、功率因数高、系统结构灵活等优点。

目前，在我国电解整流行业使用的有载调压变压器、整流变压器、整流器、谐波抑制与无功补偿装置及晶闸管和快速熔断器的生产已基本成熟，但是完全国产化的晶闸管整流控制系统尚未具备优良的性能。在短期内解决这个问题的行之有效的途径是以国外知名公司的核心元件为主，由国内自行研发相关接口元件以实现上述目标。同时，采取合作的方式来研发完全具有自主知识产权的控制系统也是很重要的。为了使整流控制装置在安全、稳定、可靠运行的同时易于维护，控制装置的研发必须遵循结构模块化、硬件标准化、软件固定化与标准化、接口形式简单可靠、安装方便、更换备件无需调试以及冗余控制的原则开展。

（2）弧焊电源

在国外，数字化弧焊电源已有较好的发展。欧洲奥地利 Fronius 公司结合逆变技术和数字信号处理器技术推出全数字化的 TPS 系列（TPS2700/TPS4000/TPS5000）焊机，该系列焊机是数字化控制的弧焊逆变电源，其控制系统采用芯片 DSP 监控焊接过程，实现程序化引弧和收弧，智能化调节参数，简化了操作。焊机具有 MIG/MAG、TIG、手工焊和 MIG 钎焊等多种功能，可实现熔滴过渡和弧长变化的精确控制，此类焊机还可通过网络进行工艺管理和控制软件的升级。

总体上看，国内数字化弧焊电源的研究处于起步阶段。根据目前掌握的情况，高校的研究主要有北京工业大学、上海交通大学、兰州理工大学和华南理工大学等，国内企业的研究则以北京时代集团为主，目前已经有几种数字电源产品投入市场。国内数字化弧焊电源的研究虽然刚刚起步，但是发展迅速，从数字电路的硬件设计水平上看是与国际同步的，有些甚至是超前的。数字技术极大地推动了焊接电源性能的提高和功能的拓展，数字化弧焊电源已经从简单的焊接电弧功率供给单元向多功能复合的智能型焊接设备发展。数字化弧焊电源自身的优势以及围绕着数字化弧焊电源、焊接机器人系统和计算机网络的系列研究工作必将对传统焊接生产模式产生重大的影响。

（3）冶炼电源

20 世纪 60 年代，美国联合碳化物公司提出了超高功率电弧炉（UHP2EAF）的概念，超高功率电弧炉炼钢理念主导了近 60 年电弧炉炼钢生产技术的发展。

大型超高功率电弧炉主变压器容量很大，达到 60～120MVA，为了提高炉子的工作效率、为使电极电流保持在 50000～60000A 的合理范围以内，电弧炉的供电和电气运行方式需发生改变，其技术是高功率因数、高电压、合理电流操作。

大型超高功率电弧炉的操作区间的功率因数接近于 0.866，工作电流低于短路电流的 1/2，在该工况下，由于谐波的影响，冶炼过程的操作电抗不同于电路的短路电抗，操作电抗的非线性是大型电弧炉炼钢过程最重要的技术特征。近 20 年来，我国对不同容量的电炉的电气运行技术进行了系统的研究，掌握了自行开发合理运行技术的经验：非线性电抗模型研究和工作点开发。

（4）电力操作电源

电力操作电源系统由交流配电、单元充电模块、直流配电和监控模块组成。电力操作电源是为发电厂、水电站及 500kV、220kV、110kV、35kV 等各类变电站提供直流的电源设备，包括供给断路器分合闸及二次回路的仪器仪表、继电保护、控制、应急灯光照明等各类低压电器设备用电。最大输出电压为 315V，最大输出电流为 120A。

目前，电力操作电源已大部分采用高频开关电源技术，高频开关电源已成为电力操作电源的主流和今后发展的趋势。近几年来，许多直流电源厂家推出智能化的高频开关电源，这种电源系统具有许多优点：安全、可靠、自动化程度高、具有更小的

体积和重量、综合效率高以及噪声低等，适应电网发展的需要，值得推广使用。

我国生产的直流开关电源设备、系统模块以及检测设备，无论是产品质量还是软件技术，都已经与世界同步，有的已经达到世界领先水平。我国直流电源产品很多连国外都无法生产。如通过一个电源开关，就可以监控 PC 上的数据。对于我国的直流开关电源产品，从技术角度讲，国外比国内略微领先，现在最先进的技术在欧洲。但从使用角度和市场化程度来看，国内要比国外领先，我国市场比国外大，这方面的产品进口也很少，国内市场主要由国内产品占据着。

类似于直流开关电源，直流电源设备有两大技术，一是变换技术，二是元器件。目前，在组装技术方面，我国已经拥有世界一流的技术，能自主开发软件，组装出来的产品质量也是世界一流的。但在元器件方面，无论是芯片还是其他部件，特别是芯片，则主要依靠进口。要解决我国电力工程直流电源设备缺自己"芯"的问题，需要整个行业行动起来，在国家相关部门的支持下，进行技术攻关和产品研发，避免单兵作战的势单力薄，从而很好地解决知识产权保护问题。

（5）大功率高压及脉冲电源

20 世纪 80 年代以前，以美国和前苏联为中心，人们对脉冲功率技术的应用研究主要是在科学研究和军事应用上，并投入了巨额的费用。研究领域主要集中在核物理技术、电子束、粒子束、加速器、激光、等离子体技术、电磁脉冲模拟、电磁发射等高新技术。

冷战结束以后，各个国家都面临着同样的难题，就是"军民结合"。随着对脉冲功率技术研究的不断深入，脉冲功率技术被越来越多地应用到工业及民用领域。例如在环境工程领域，已有的应用技术有脉冲电晕等离子体法净化废气技术、高压脉冲放电废水处理、脉冲静电除尘、微生物灭菌消毒、制取臭氧；在生物医疗领域，已有的应用技术有体外冲击波碎石技术（ESWL）、产生脉冲电磁场研究对生物培养基的影响；其他领域还有矿井物探和水下目标探测、对岩石钻孔、高速 X 射线水下摄影、工业辐射源、快速加热淬火等。

我国脉冲功率技术主要是与我国可控核聚变研究、电子束与粒子束加速器、新兴强激光等重大科学技术项目和国防的需要紧密结合而发展起来的。

大功率脉冲技术的应用，主要在高新技术、国防科研等领域；包括可控聚变、模拟核爆、高功率

微波、高功率激光、电磁轨道炮、强电磁脉冲武器、X 射线照相等方面。

大功率脉冲技术经过半个多世纪的发展，已经从高新技术、国防科研领域逐渐向工业、民用领域延伸。国内大功率高压及脉冲电源的研发与生产主要集中在国防科研单位，还有大连理工大学，西安交通大学，浙江大学等高校，以及西安兆福电子有限公司等单位。作为当代高新技术领域的重要组成部分，它的发展和应用与其他学科的发展有着密切的关系。分析当前脉冲功率技术的发展趋势，可以概括为以下几个方面：

1）由单次脉冲向重复的高平均功率脉冲发展。

过去脉冲功率技术主要为国防科研服务，并且大多是单次运行，而工业、民用的脉冲功率技术要求一定的平均功率，必须重复频率工作。

2）储能技术——研制高储能密度的电源。

在很多应用场合下，脉冲功率系统的体积和重量的大小是决定性因素，如飞机探测水下物体技术、舰载电磁炮等，都要求产生很大的脉冲功率，而且系统又不能过于庞大和笨重。因此，高储能密度的脉冲功率发生器的研制是当前主要的研究课题之一。

3）开关技术——探讨新的大功率开关和研制高重复频率开关。

开关元件的参数直接影响整个脉冲功率系统的性能，是脉冲功率技术中一个重要的关键技术。美国空军武器科学家认为，目前大功率开关技术包括以下几个方面：短脉冲技术、同步技术、高重复频率技术、长寿命技术，而难点在于大功率、长寿命和高重复频率的开关技术。因此，具有耐高电压强电流、击穿时延短且分散性小、电感和电阻小、电极烧毁少以及能在重复的脉冲下稳定工作的各种类型开关元件的研制，是当前国内外脉冲功率技术中又一个十分受重视的研究课题。

4）积极开辟新的应用领域。

脉冲功率技术在核物理、加速器、激光、电磁发射等领域已得到日益广泛的应用。近年来，脉冲功率技术在半导体、集成电路、化工、环境工程、医疗等领域的应用研究，已引起各界的广泛重视，而且在某些应用研究中，已取得了可喜的进展。凭借成功应用的经验，脉冲功率技术将更多地应用于民用技术方面，民用市场是一个巨大的市场，而市场的推动又必将给脉冲功率技术的发展带来新的生机。

（6）动态静止无功补偿装置

动态补偿装置 SVG（又称为 STATCOM）是灵活交流输电技术的主要装置之一，它代表着现阶段电力系统无功补偿技术新的发展方向。

SVG 可直接接入 400V ~ 35kV 电压等级母线，克服传统无功补偿和谐波治理装置存在的不足，为电网或用电负荷提供快速、连续有源动态无功补偿和谐波滤波，可有效提高电网电压暂态稳定性、抑制母线电压闪变、补偿不平衡负荷、滤除负荷谐波及提高负荷功率因数。提高交直流远距离输电能力，改善电能质量，保障电力系统稳定、高效、优质运行。

根据文献检索结果，目前国内生产制造静止无功发生器（SVG）并市场化的厂家仅有少数，多数厂家采用的 SVG 技术均为 FACTS（柔性交流输电系统）研究所技术，采用技术合作或技术引进的方式。SVG 目前均处于小批量生产试制、推广阶段，还没有形成规模化、产业化。主要原因是没有解决好器件的均压和不平衡控制等问题。

（五）照明电源技术的发展

众所周知，以荧光灯为代表的低压气体放电灯已经成为家庭照明的主体，高压钠灯也成为城市街道和高速公路照明的主要光源，金属卤化物灯已经全面占领了车间、体育场馆和部分商场的照明市场。电子镇流器这种特殊的电源正在逐步取代传统的电感镇流器。与此同时，一些原来的非主流气体放电光源也由于电子镇流技术的发展而重新得到重视，如低压钠灯、无极灯、紫外线灯等。LED 照明方面的研究技术也得到高度重视和发展。

关于气体放电灯的研究主要体现在以下几个方面：

1）小功率金属卤化物灯电子镇流器的研究较多。这是与当前国内 70 ~ 100W 金属卤化物灯的大量成功采用有关。目前，国内 70W 和 100W 的金属卤化物灯镇流器的使用量很大，除了一小部分来自国外的著名厂家之外，大多数产品是由国内供货商提供的。这种采用双 buck 结构的脉冲启动式低频方波镇流器在近几年成为小功率镇流器中的首选结构。然而由于该结构存在着专利壁垒，因此，三级结构仍然有很多相关文献。

2）荧光灯镇流器重新成为研究热点。有很多国际知名的芯片制造商重视高端荧光灯镇流器智能控制芯片，如英飞凌、IR、ST 和飞兆等，都推出了专门用于荧光灯镇流器的集 APFC、class D 半桥驱动于一体的芯片。随着几年来的应用设计和使用反馈，这些公司的控制芯片在灯丝预热、灯丝寿命延长、PFC 环节的保护、灯丝故障检测以及调光等方面均具有特色。另外，这些芯片均具有自己的多灯镇流的应用设计。除此之外，由于 LED 室内照明带来的市场压力，对荧光灯照明系统的能效分析、改善等均作了更深入的研究。因为具有长寿命的优势，无极荧光灯的研究得到了更多的关注，国内出现了众多的无极灯生产企业，无极灯镇流器的研究、开发、配套正在成为热点，这是 LED 照明强有力的竞争对手。

3）大功率电子镇流器的研究相对偏少，更偏重于功率因数校正和电磁兼容设计。从 2011 年的文献来看，很大部分研究集中于镇流器的前端 AC-DC 部分（即有源功率因数校正环节）和启动环节，这与大功率电子镇流器的采用率不高和可靠性较差导致市场份额较少有关，目前的大功率气体放电灯，电感镇流器依然是主流。

4）照明系统对电能质量的影响得到极大的重视。调光是照明节能中的重要手段，然而调光所带来的不完全是好处，比如会引起高压钠灯的光衰等。不同调光功率下的电子镇流器的输入电流谐波情况是不一致的，满载下的输入电流谐波含量远低于调光功率下的输入电流谐波。绿色照明已经成为目前节能减排技术的一个重要方面。

关于 LED 照明方面的研究主要集中在以下几个方面：

1）APFC 环节与降压变换器的集成设计。由于一般的 LED 驱动器的功率等级较低，所以对输入电流的谐波含量的限制没有中大功率电源高，因此为了降低成本和提高可靠性（有源开关少、驱动电路少等优点），借鉴了电子镇流器中常用的单功率级设计技术。

2）一次侧控制（PSR）和一次侧反馈技术。这种控制方法是在近十年发展起来的，可以同时实现 APFC 和二次侧电流或电压的控制。该方法的特点是无需另加光耦合器 TL431 之类的器件，一、二次侧完全隔离。在省去了这些元器件之后，为了实现高精度的恒流/恒压（CC/CV）特性，必然要采用新的技术来监控负载、电源和温度的实时变化以及元器件的同批次容差，这就涉及一次侧调节技术、变压器容差补偿、线缆补偿和 EMI 优化技术。这方面的研究国内和国外都非常多。很多大的芯片制造商已经推出了自己的一次侧控制芯片。

3）LED 驱动控制技术的研究更加理性化。这些年，由于急功近利的原因，在 LED 材料、封装技术等方面还亟待巨大突破，恒压源驱动大行其道的条件下，各地 LED 照明灯具纷纷上马，这固然为 LED 及其驱动技术的研究注入了强心剂，也给 LED 及其

驱动研发企业或者研究机构带来了巨大的资金支持，但同样也使人们对一段时期的 LED 照明应用失去了信心。这两年来，LED 的生产企业及驱动器生产企业逐渐认清 LED 驱动器的重要性，目前的市场上的 LED 驱动器的可靠性得到大幅度提高。

（六）EPS 电源的发展

消防应急电源（Emergency Power Supply，EPS）是指"火灾发生时，为消防应急灯具供电的非主电电源"。

应急电源的产生有其特殊的背景。在此之前，在消防应急照明和疏散指示系统中使用的主要是自带电源型应急灯具。由于自带电源型灯具在一个建筑物中的数量庞大，维护工作量大，部分灯具损坏不能及时发现并修复从而导致在火灾发生时危及人身安全，因此迫切需要一种新的供电方式来保证系统的可用性并提高维护的便利性，在这种背景下应急电源（集中型）应运而生。与过去的自带电源型灯具相比，许多灯具由一个集中电源供电，电源自身的逆变技术、充电技术、电池管理技术与自带电源灯具的内部相关电路相比有了很大的提高，而且集中式电源的功能更完善，日常维护也更方便。因此，自 20 世纪 90 年代开始国内部分生产厂商推出了该产品后即得到市场认可而迅速地在业界得以推广应用。

与应急电源一样可以实现集中供电方式的装置还有不间断电源（UPS）和柴油发电机等。其中，不间断电源是应急电源核心技术的来源，应急电源是在 UPS 技术基础上发展起来的，其核心的逆变器和充电器以及电池管理等功能均与 UPS 相同，其关键的不同之处在于 EPS 由于负载为灯具，在民用建筑中当照明功率较大时在线工作方式造成的损耗也很大，所以 EPS 平时工作于市电状态，市电异常时再启动逆变器并转入应急供电。而 UPS 由于后接重要计算机等负载，因此稍大功率的 UPS 均工作于在线方式以保证市电正常时仍有良好的供电质量。此外，在消防领域对应急电源也有许多功能上的特殊要求，而这些功能 UPS 往往不具备，这也是为什么 EPS 独立于 UPS 迅速发展的另一个重要原因。而与发电机相比，EPS 具有占地面积小、维护方便、无噪声等突出优点。因此，在新的集中电源供电方案中 EPS 成为首选并得到了快速的发展。

目前的应急电源包括直流与交流应急电源两大类。由于交流 EPS 对负载的适应性相比直流更广，因此目前交流 EPS 占据绝大多数的市场份额。交流 EPS 初期以单相小功率为主，主要的负载为应急照

明与疏散指示灯。2000 年国家质量技术监督局发布了由公安部沈阳消防科学研究所负责起草的国家标准 GB17945 - 2000《消防应急灯具》，对消防应急灯具专用应急电源的技术要求、试验方法及检验规则进行了详尽的规定，从而有力的规范和促进了行业的发展。此后随着市场的不断推广及其与其他应急电源相比具有的优势逐步体现，更大功率的通用型三相大功率 EPS 与水泵风机等三相电机类负载专用的三相 EPS 逐步推广。最大功率达到近 500kW。随着功率等级的提高，大功率 EPS 的一些弊端逐渐显露，包括大量的电池定期更换以及由此带来的潜在的环保问题，这些问题引起了主管部门的注意。为规范其发展，2006 年 GB16806 - 2006《消防联动控制系统》标准发布，将消防设备（主要是风机水泵等三相设备）应急电源纳入 3C 认证管理，对此类应急电源的技术要求、试验方法及检验规则进行了详尽的规定。在 2010 年发布的 GB17945 - 2010《消防应急照明和疏散指示系统》中则进一步明确规定了 EPS 单相最大功率 30kVA，三相 90kVA。这与国际上发达国家普遍采用小功率电源作为集中应急供电电源的技术路线是相通的。

应急电源在使用的过程中，在监管部门、生产厂家与用户的共同努力下，在技术上和实际使用的功能上一直在不断向着安全、可靠、使用方便的方向发展。表现在：一是其本身的技术在控制数字化、整机智能化方向有了很大的进步；二是从设计和安装使用的便利性出发在 EPS 中集成了配电部分；三是在实际应用中根据一些负载的特殊性通过快速切换开关 STS 实现毫秒级切换；四是与消防系统实现信息互通从而提高应急照明与疏散指示的智能化水平。提高整个消防应急和疏散指示系统智能化水平是我国经济技术发展的必然，2010 年新版的国家标准 GB 17945 - 2010《消防应急照明和疏散指示系统》发布，在此版标准中，应急电源不再是独立的供电装置而是作为疏散指示系统的一个重要单元与系统其他部分一起实现消防系统的智能化，国外大型建筑中也往往采用这种系统，这必将对消防应急照明和疏散指示系统的发展带来深远的影响。

（七）交流稳压电源技术发展

交流稳压电源是能为负载提供稳定交流电源的电子装置，又称为交流稳压器。在使用时如配接了计算机远程通信接口，还可实现远端对电源稳压器的遥控、遥信和遥测。

1. 交流稳压电源技术概况

以电力电子技术为核心的电源产业，从 20 世纪 60 年代中期开始形成，到了 20 世纪 90 年代，电源产业进入快速发展时期。目前，国际国内的交流稳压电源技术发展基本同步，按其工作原理来划分，交流稳压电源可以分成五大类：

第一类是自耦（电压比）调整型。以自耦变压（调压）器为基础实现稳压功能。优点是输入电压范围可以做得较宽，输出与输入电压波形、相位一致，整机效率高，负载适应性好，容易制作成本低，可做成大功率补偿型。其缺点是工作寿命短，响应时间长，适用于对响应时间没有要求的设备。

第二类是铁磁谐振型。以 LC 串并联谐振原理和铁磁物质的非线性磁化为基础实现稳压。这种稳压电源有以下优点：可靠性高（无电子器件、结构简单）、抗高能干扰、无输出过电压、输入电压范围宽、响应时间短、过载能力好、可以做成大功率电源设备，缺点是：笨重、耗材多、价格高、生产一致性差、功率因数及效率低、负载效应差、频率效应差、输出失真大、温升高、噪声大。

第三类是补偿型交流稳压电源。补偿型交流稳压电源是通过补偿电路来实现稳定输出电压的目的。当输入电压大于额定值时，补偿电路产生一个与输入电压相位相反的电压，与输入电压叠加后得到额定的输出电压值；当输入电压小于额定值时，补偿电路产生一个和输入电压相位相同的电压，与输入电压叠加后得到额定的输出电压值。补偿电压通常经过补偿变压器耦合进入主回路。补偿型交流稳压电源的实际处理功率较小，仅有额定输出容量的 20% 左右，因而具有效率高、输出功率大、体积小、重量轻、价格低等突出优势，成为交流稳压电源技术的主流方向。根据补偿电压的不同产生方式，补偿型稳压电源又可分为采用伺服接触调压器产生补偿电压的伺服补偿式、采用数控晶闸管阵列产生补偿电压的数控无触点补偿式、采用磁放大器产生补偿电压的磁放大器式、采用晶闸管控制电抗器和电容器产生补偿电压的 LC 参数调整式和采用高频交流斩波器产生补偿电压的高频斩波补偿式等。

第四类是 LC 参数调整型。20 世纪 80 年代中期国际上出现的采用"正弦能量分配器"技术制造的"电源调节器（Line Conditioner）"是其典型代表。此技术于 20 世纪 80 年代后期进入我国后被称作交流净化稳压电源。交流净化稳压电源是一种高性能新型电子式交流电源稳压设备，是目前国际上流行的性能比较优越的交流稳压电源之一，被广泛应用于高精尖电器设备和常规用电设备的供电稳压。美国已将净化电源应用于军事、航天等需要高可靠性和高稳定性交流电源的场合。交流净化稳压电源集净化、稳压、抗干扰和自动保护等多功能于一体，具有精度高、响应速度快、抗干扰、稳压范围较宽、抗负载冲击能力强、电路简单、工作可靠、寿命长、噪声低、价格适中等优点，所以应用广泛。其缺点是输入侧电流失真度大，源功率因数较低，带计算机、程控交换机等非线性负载时有低频振荡现象；输出电压对输入电压有相移。适用于抗干扰功能要求较高的单位，在城市应用为宜，计算机供电时，必须选择计算机总功率的 2～3 倍左右的稳压器来使用。

第五类是高频开关型。把先进的高频开关电源技术引入到交流稳压电路中，可以取得减小体积重量，节省铜铁材料等效果，具有效率高，响应速度快等优点。它应用于高频脉宽调制技术，与一般开关电源的区别是它的输出量是与输入侧同频、同相的交流电压。它的输出电压波形有准方波、梯形波、正弦波等。市场上的不间断电源（UPS）如果抽掉其中的蓄电池和充电器，就是一台全功率开关型交流稳压电源。全功率开关型交流稳压电源的稳压性好，控制功能强，易于实现智能化，但因其电路复杂、效率较低、价格较高，所以单纯的全功率开关型交流稳压电源实际应用较少。然而，将高频功率变换技术与补偿技术结合的高频 PWM 斩波补偿式交流稳压电源具有稳压性能好、效率高、体积小、重量轻、价格低等优势，是交流稳压电源技术发展的一个重要的新方向。

2. 国内交流稳压电源技术发展回顾

我国 20 世纪 70 年代以前流行的是磁饱和交流稳压器和 614 磁放大器调整型电子交流稳压器，到了 20 世纪 70 年代以后，用继电器触点改变变压器抽头和以电刷移动接触点为主要控制方式的机械调整型交流稳压电源得到较快发展。特别是后来随着家用电器的增加，家用市场迅速增长，此类稳压器得到快速发展。调压型交流稳压器具有制作简单、工作可靠、功率较大、负载适应性好等优点，但这种类型的交流稳压器存在机械磨损、响应时间长、工作寿命短、抗干扰能力差等缺点。20 世纪 80 年代中后期，国外出现的"正弦能量分配器"交流电压调节新技术进入我国，在此基础上出现了净化型交流稳压电源。净化型交流稳压电源抗干扰性能好、稳压精度较高、响应时间短、电路简单、工作可靠、效率高，20 世纪 90 年代在我国得到迅速发展，并淘汰了已经落后的 614 磁放大器调整型电子交流稳压器。但交流净化稳压电源功率较小，不能满足国内

改革开放后工业经济的快速发展需求。在学习国外技术的基础上，一种采用补偿技术和柱式接触调压器技术的 SBW 三相补偿式大功率电力稳压器得到大规模的发展和应用。SBW 三相补偿式大功率电力稳压器具有功率大、电压调节范围宽、效率高、波形失真小、负载能力强、价格低等突出优点，但其采用电动机调节电刷触头方式，调节速度慢，并且存在机械磨损，需要经常维护，使用寿命较短。于是出现了一种采用微机数字控制晶闸管无触点转接型 ZSBW 三相补偿式电力稳压器，同样具有功率大、电压调节范围宽、效率高、波形失真小、负载能力强、价格低等突出优点，而且没有机械触点，使用寿命长。ZSBW 数控无触点三相补偿式电力稳压器与 SBW 一起得到迅速发展与广泛应用。随着电力电子技术的发展，又出现了高频开关型交流稳压器。开关型交流稳压器响应速度快、体积小、重量轻、波形失真小、效率较高，但其电路复杂，成本较高，可靠性也不够理想，多年来并没有得到快速发展。

随着国民经济的发展，我国发电、输电与配电行业规模与技术水平均得到迅速发展，电力质量得到极大改善；同时在对供电质量要求较高的 IT 技术领域，UPS 得到广泛应用，交流稳压电源的市场需求相对下降。近年来交流稳压电源行业与技术发展进入了一个相对平缓的时期。

三、电源技术的机遇与挑战

（一）传统 UPS 面临的新挑战

1. 新一代飞轮 UPS

20 世纪 90 年代，由于电力电子技术的发展、碳纤维材料的广泛应用，以及全世界范围对电池污染的日益重视，旋转式飞轮储能方式又重新燃起了人们的研发热情，得到快速的发展。近年来，由于以下三方面的突破，给飞轮储能带来了新的活力：一是高强度碳素纤维和玻璃纤维的出现，提高了飞轮的转速，大大增加了单位质量的动能储量；二是电力电子技术的新进展，给飞轮电机与系统的能量交换提供了坚实的技术基础；三是电磁悬浮＋超导磁悬浮技术的发展，配合真空技术，极大地降低了机械摩擦与风力的损耗。新一代飞轮 UPS 显示出更加广阔的应用前景，迅速从实验室走向社会，逐渐被业界人士所认知。

随着国家对重金属污染控制力度的不断加大，能够替代铅酸蓄电池的新型储能方式最近引发业界热议，国外已经开始应用的飞轮 UPS 技术逐步进入我国相关领域。与蓄电池储能相比，新一代飞轮储

能技术具有无铅污染、储能可靠性高、能量损耗低、使用寿命长等突出优点，发展潜力巨大，前景广阔。

飞轮储能 UPS 由输入保险、输入接触器、静态开关、在线电感器、输出接触器、逆变器、滤波电感器、飞轮、旁路系统等组成。其核心技术为飞轮储能技术。飞轮和电机系统密封在真空容器内，能量蓄满时飞轮转速高达 7700r/min。应用于航天、军事等领域的储能飞轮转速可高达数万转/分钟，但造价太高，尚不能在民用 UPS 中应用。

飞轮 UPS 内部的拓扑结构是目前市场上并不常见的在线互动式，与 Delta 变换 UPS 有些类似，但以飞轮储能系统代替了蓄电池。市电输入经过输入保险、输入接触器、静态开关、在线电感器后与逆变器输出端并联，经输出接触器向负载供电；逆变器的直流母线与飞轮的驱动系统相连接，可与储能飞轮双向交换能量。在市电正常的情况下，电源经过输入接触器，由在线电感器和逆变器滤除有害的谐波，然后直接通过输出接触器直接输出给负载，在此过程中对电压进行调节，保证满足负载要求；当市电中断时，输入静态开关迅速切断，由飞轮储能系统输出直流电力，经逆变器继续向负载供电。

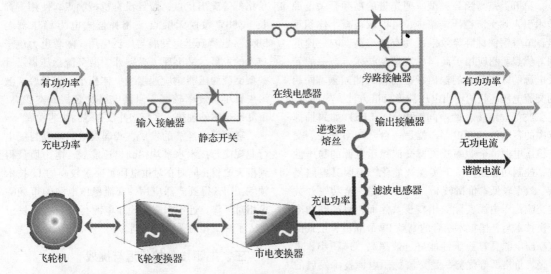

飞轮 UPS 拓扑结构图

飞轮动态 UPS 的应用模式是：

1）与发电机组、ATS 柜整合使用，可持久不间断供电；

2）与传统型 UPS 整合使用。飞轮储能模式比电池更适于多次短时间的电源故障，并可以显著延长现有 UPS 电池的寿命，从而使整个 UPS 系统的可靠性大大增加；

3）其他改善电源品质和短时保护的应用领域。

国外新建的大型数据中心已经普遍开始采用飞轮 UPS，然而，在我国市场，飞轮 UPS 还是个新生事物，多数 UPS 用户还在观望等待。

有关专家认为，运营与采购分开，对绿色环保的重视程度不够，以及创新风险成为制约飞轮 UPS 进入中国市场的主要原因。人们的顾虑是在飞轮的持续时间上。对于大型数据中心来说，飞轮 UPS 可以提供 15～120s 的保障时间，这个过程完全可以保证柴油发电机正常起动（约为 10s），保持数据中心电源不间断。相信未来会有更多的飞轮 UPS 应用到数据中心等领域。

在 UPS "绿色、低碳" 的发展主旋律下，高效率、低污染的飞轮动态 UPS 无疑是对静止变换式 UPS 的一个挑战，是 UPS 技术发展的一个值得注意的新动向。

2. 高压直流 UPS

与交流 UPS 供电相比，直流 UPS 供电的优点很多。首先是节能，直流 UPS 将传统交流 UPS 中的双变换（交/直/交）简化为交/直一次变换，理论上可降低一半能耗；其二是高可靠性，直流 UPS 的供电可以直接用电池，减少了逆变器这个中间环节，理论上可以提高一个数量级的可靠性；其三是减小 UPS 的体积和造价，直流 UPS 省略了逆变器和旁路装置，体积减小和造价降低。

采用直流 UPS 也解决了目前 UPS 界的很多争论，比如 "高频机" 和 "工频机" 谁好谁坏的问题，塔式机和模块化机孰优孰劣的问题等。借鉴通信行业中 48V 直流供电系统的成功模式，可以预见，高压直流 UPS 一定是采用高频功率变换技术，而且一定是模块化的。但现在模块化 UPS 的同步问题、环流问题、旁路问题等在直流 UPS 中都不存在。直流 UPS 模块的并联均流、并联冗余技术要比交流模块并联简单得多，而且成熟可靠得多。

伴随着对"绿色、低碳"电源呼声日益高涨，高压直流 UPS 供电系统的运用已进入到实质研发甚至是小规模试运用阶段。无论是已走在这一技术研发和推广的前列者，如电信行业以及台达、中恒电气等厂商，还有其他主要 UPS 用户与厂商如艾默生、伊顿、科士达等，均开始关注高压直流 UPS 的合理性和可用性。这意味着高压直流 UPS 这一新的供电理念已从悄无声息地研讨阶段进入接受市场检验的阶段，在新技术的变革之路上迈出了重要的一步。

随着社会的进步，技术更新的加快导致 IT 产品的生命周期也在不断地缩短。分析 IT 界技术变革的周期，不难发现，生命周期较短的产品如消费电子类产品领域 3~5 年就有一次重大的技术变革推动新一代产品的上市，而运用在各行业生产环节中的动力系统、基础设施、环境设备等均属于生命周期较长的产品，此类产品的更新换代从新技术运用的研讨、开发、试验到生产、推广往往需要很漫长的过程，周期大约在 20 年。由此可以预见，高压直流 UPS 正逐步进入接受实践检验的关键时期，其发展和运用之路将面临更多的挑战。

直流 UPS 的实际应用目前也取得了很大进展，在发达国家，机房采用大规模直流供电已取得了成功。在我国经过科学家和工程技术人员的不断探索，试点工作也取得了很大成功。有电信人士表示，相比传统 UPS 交流供电模式，高压直流供电系统在安全、节能以及节省成本方面有巨大优势，同时运营商对该系统的认可度也在不断提高，所以高压直流系统替代传统 UPS 的趋势已不可避免。据悉，目前江苏电信对 240V 直流供电系统的试用已呈全省推广之势。

直流 UPS 供电的前景明朗、广阔，但在目前的试点、推广中也遇到一些问题，主要问题有：

1）人们观念的问题。绝大多数人至今认为直流供电需要专用的直流 IT 设备，实践已经证明，只要选择合适的直流电压，绝大多数现有的 IT 设备不经任何改造就可以在直流环境下稳定运行。

2）标准和规范问题。缺乏相应的标准和规范，直流供电就只能停留在实验和试点阶段，无法进行

标准化的设计和施工改造，应用工作难以全面推广。

3）产品的质量和品牌问题。有技术的优势，不代表有产品的优势。如果直流 UPS 电源产品上马一拥而上，质量没有保证，人们就很容易把产品的问题混同于技术问题，从而削弱直流供电的技术优势，使直流供电的推广受到阻碍。

应当指出，高压直流 UPS 系统的推广应用是一个系统性任务，需要电源设备制造商、IT 设备制造商、配电设备制造商、标准规范提供与监管方、系统用户等多方面的协作努力方可完成。除安全可靠的高压直流 UPS 设备外，IT 设备对高压直流供电的适用性必须得到设备制造商的正式支持与确认。尽管分析与实验表明多数现有设备可以直接适用直流供电，但目前的设备毕竟是按照交流供电设计制造的，用于直流系统时的安全性、可靠性等问题需要技术上的全面确认。安全分断高压直流电比分断同电压等级的交流电困难得多，需要专门的直流断路器等配电装置，目前市场上较为少见。如果直接采用为交流配电设计的装置，则必定埋下安全隐患。直流系统的测量与指示装置也与交流不同，需要相关设备制造商的支持。而系统的各类安全规范和设计施工规范更是不可缺少。这些问题的解决需要一个过程，不可能一蹴而就。

对于 UPS 制造业而言，将面临一次前所未有的痛苦抉择。从技术发展的趋势和节能减排等国策角度看，随着时间的推移，将会有至少 90% 的 IT 设备的交流 UPS 供电系统会被高压直流系统取代，这对传统 UPS 制造企业来讲，生死攸关。是千方百计制造障碍、放缓高压直流推广进程，还是企业迅速转型，积极配合高压直流技术的推广，这里面牵涉到方方面面的问题，既有企业的经济利益问题，也有企业研发人员的职业生涯等问题。

然而，技术的发展总归要向着更为科学、合理的方向前进。在数据中心等需要大规模、高可靠、高效率 UPS 供电的应用领域，直流 UPS 最终全面取代交流 UPS，只是一个时间问题。

（二）光伏太阳能产业的发展机遇

根据市场调研机构最新报告显示，预计到 2014 年，全球太阳能逆变器的出货量可望超过 2330 万台，与 2010 年的 260 万台出货规模相较，可望扩大至 9 倍之多。此外，太阳能逆变器的销售额到 2014 年将冲至近 90 亿美元。不过，需要注意的是尽管太阳能应用需求不断上升，但全球太阳能逆变器每瓦的平均价格已经下降了 13.5%，逆变器供应商在持续不断地提高产能的同时，要着重考虑逆变器的成

本以及整体效率的问题。

我国"十二五"太阳能规划由 10GW 上调至 15GW。预计 2011 年国内光伏装机在 2000MW 左右,是 2010 年 400MW 的 5 倍。受日本核电危机影响,核电审批已经停批,一旦核电装机下调,将给其他可再生能源带来巨大的压力,由于风电、水电资源有限,唯一可能填补核电空白的将是光伏发电。根据 2020 年非化石能源消费比重 15% 目标,假设核电仅达到 7000 万 kW,光伏发电规模有望高于之前规划的 5000 万 kW,达到 10000 万 kW;假设核电仅达到 6000 万 kW,光伏发电规模有望达到 15000 万 kW。保守预计,我们认为光伏 2020 年规划有望由 5000 万 kW 上调到 10000 万 kW。

国内组件企业基本 95% 出口,5% 国内安装,目前属于海外市场驱动型市场。据不完全统计,国内光伏组建及电池的产能已经达到 50GW,而国内年均 2～3GW 的装机仍然微不足道。国内光伏的启动短期对光伏组件及电池产业链的带动有限,而光伏逆变器有望大幅受益。

(三) 变频电源与电力传动技术的未来展望

考虑到科学技术的发展和社会需要,至少在未来 10 年中,与电气自动化相关的社会需求的关键字是:低碳、环保、节能、高效、安全、快捷、智能。与此相应,变频电源与电力传动的进一步发展趋势可能有以下方面:

1) 为了满足可再生能源、节能、环保、低碳的需要,开发新型和高压大容量电力电子变换器和高压脉冲发生器;

2) 为了克服以往采用电机和电力电子装置分立模型的缺点,建立包括热能、电能、机械能流程在内的仿真模型,研究和设计电力电子与电机集成系统;

3) 为了满足具有自愈能力的数字化智能电网(强壮电网、现代电网)稳定、高效、安全运行的需要,发展电力电子在电力系统中的应用;

4) 为了提高大功率电力电子变换器的可靠性,创造比较精确的模型,建立解析或仿真方法和设计方法,其中应考虑电力电子器件的开关过程、线路的分布参数、PWM 波形和数字控制的离散作用等因素,以丰富电力电子变换理论;

5) 通过理论与实践的反复提升,加强控制理论在电力电子、变频传动系统中的应用,并反过来丰富控制理论。

实际上,很多发展成果是难以预料的。因此上述发展趋势只是实践需要和一些推想,绝不是覆盖一切的。

(四) 特种电源的发展

特种电源技术最近十几年在环境治理和保护的诸多领域中有着大量的应用,如污水处理领域、废气处理领域、静电除尘领域、电解电镀领域、固体废弃物处理领域等。随着节能环保行业的蓬勃发展,特种电源在未来发展中将迎来更广阔的应用前景。

在《国民经济和社会发展第十二个五年规划纲要》中,节能环保产业作为七大战略性新兴产业之首被委以重任。在国家政策的大力扶持下,节能环保行业前景无限。预计到 2015 年,我国节能环保产业有望年均增长达 15%,节能环保产业总产值预计将超 30000 亿元,分别囊括了装备制造、技术研发、产品开发的全产业链,占 GDP 的 7%～8%。特种电源技术最近十几年在环境治理和保护的诸多领域中有着大量的应用,随着节能环保行业的蓬勃发展,特种电源在未来发展中将迎来更广阔的应用市场。

我国销往医疗设备市场的电源正保持快速稳步增长。根据 IMS Research 的最新研究,到 2012 年,该市场将增至 1.36 亿美元。尽管在所有的应用领域中,医疗行业占电源市场的比重还很小,但该行业将保持高达 19% 的最快的年平均复合增长率。由于标准电源不能完全满足医疗设备所需的安全规格和泄漏电流方面的要求,未来特种电源将在医疗领域大显身手。

(五) LED 照明技术迅猛发展

由于以 LED 为代表的半导体照明技术的飞速发展,目前在很多照明工程中,LED 照明已经成为了设计者的重要选择。这在一定程度上压缩了气体放电光源的市场份额,特别是在中小功率等级的照明市场。尽管 LED 光源还存在着内外量子效率需要改善、相应的热管理技术复杂、光学设计复杂等问题,使得 LED 照明与气体放电灯相比在成本和效率上还有一定的差距,但由于 LED 照明的长寿命、瞬间启动以及良好的调光性能,LED 照明必将是未来照明光源的主流。正因为如此,针对 LED 光源的驱动技术,也就是 LED 驱动电源技术也将得到迅猛的发展。

(六) EPS 电源的发展机遇

面对消防应急照明和疏散指示系统智能化发展机遇,应急电源作为其中的一个重要单元,其技术的发展仍有很大的空间。

应急电源的技术将围绕着模块化、数字化、智能化的方向发展。模块化是指电源的主要部件例如充电器、逆变器、控制器、电池管理等功能实现模块化,从而有利于大规模自动化生产并提高产品的可靠性。数字化是指电源的主控、电池检测等均由DSP、高性能单片机等实现，从而提高产品的性能。智能化是指产品在诸如功能自检、电池检测及维护以及其他一些功能上具有更智能化的技术从而使产品的性能、可靠性得到进一步的提升。此外，在应急电源的实际应用场合中，除消防领域，在化工、钢铁、铁路等诸多行业，应急电源也面临着许多技术上的挑战并有着广泛的市场需求，在保证关键设备的供电方面起着重要的作用并有广阔的发展空间。

总的来说，作为涉及电力电子、控制、电化学等几类学科同时与消防技术、网络技术、灯具等技术密切相关的应急电源面临着新的机遇与挑战，通过监管部门与行业从业人员的共同努力，应急电源将在技术水平、性能与可靠性及智能化等方面有极大的提高，在保护人民群众生命及财产安全中发挥更重要的作用。

（七）交流稳压电源技术与行业的发展展望

由于经济发展的不平衡，需要稳定和改善交流供电电压质量的技术需求将长期存在。同时，大量需要高质量供电的用电设备并不需要不间断供电。而且与 UPS 等可以改善电力质量的设备相比，交流稳压电源具有效率高、价格低、使用寿命长、可靠性高、运行费用低等无法比拟的优点，因此交流稳压电源的市场需求将会长期存在。

交流稳压电源的技术发展将主要体现在大功率交流电压调节技术和控制技术两个方面。

高性能而且"绿色、低碳"将是大功率交流电压调节技术发展的主旋律。电源系统的"绿色、低碳"有两层含义：首先是显著节电，这意味着发电容量的节约，而发电是造成环境污染的重要原因，所以节电就可以减少对环境的污染；其二是电源设备不能对电网产生污染，国际电工委员会（IEC）对此制定了一系列标准，如 IEC555、IEC917、IEC1000等。事实上，许多功率电子节电设备，往往会变成对电网的污染源，向电网注入严重的谐波电流，使电网电压耦合许多毛刺尖峰和畸变。交流稳压电源的发展也须满足"绿色、低碳"的要求。

高效率、低谐波、低成本的电压补偿技术将是交流稳压电源的核心技术。预计发展潜力较大的绿色补偿电压发生技术有两项：一是无触点转接式补偿技术，二是高频 PWM 斩波式补偿技术。无触点转接式补偿技术的发展方向是降低转接过程的冲击与扰动，技术路线包括改进缓冲电路和转接控制逻辑、用 IGBT 全控器件取代晶闸管等。高频 PWM 斩波式补偿技术的发展重点应在优秀电路拓扑和控制方法

的研究方面。

交流稳压电源控制技术的发展将像所有电源设备一样，向着数字化、智能化、网络化的方向发展。

（1）数字化：在传统交流稳压电源中，控制部分多是按模拟信号来设计和工作的。随着数字控制技术日趋完善成熟，数字控制器件日趋丰富、价格下降，交流稳压电源的控制器必将向着全数字化的方向发展。

（2）智能化：以微处理器为主体取代传统仪器设备的常规电子线路，将计算机技术与控制技术结合在一起，组成新一代的所谓"智能化仪器设备"。智能仪器解决了许多传统仪器不能或不易解决的难题，同时还能简化系统电路，提高系统可靠性，加快产品的开发速度。交流稳压电源一方面为仪器设备提供电能量，是仪器设备的"动力源"，另一面它本身就是仪器设备，因此，它有可能而且应当智能化。具体地说，智能化的交流稳压电源应当具有以下功能特点：

1）操作自动化。系统的整个操作过程如键盘扫描、数据的采集处理、开关启动闭合、控制信号的发出、工作状态的显示等都用微控制器来控制操作，实现操作过程的全部自动化。

2）具有自检测功能，系统能自动检测出故障的部位甚至故障的原因。这种自测试可以在系统启动时运行，同时也可在系统工作中运行，极大地方便了系统的维护。

3）具有友好的人机对话能力。智能化的交流稳压电源使用键盘代替传统交流稳压电源中的切换开关。与此同时，智能交流稳压电源还通过显示屏将仪器的运行情况、工作状态以及测量数据的处理结果及时告诉操作人员，使系统的操作更加方便直观。

（3）网络化：具备网络管理能力。随着互联网技术应用日益普及和信息处理技术的不断发展，交流稳压电源通过 RS485 和以太网接口实现与上位 PC 通信，从而使网络技术人员可以随时监视电源设备运行状态、各项技术参数；网络技术人员可通过网络定时开关电源，实现远程开关机等功能。

除此之外，近年来电子电源设备的模块化发展趋势越来越显著。电源的模块化有两方面的含义，其一是指功率器件的模块化；其二是指电源单元的模块化。我们常见的功率器件模块含有一单元、两单元、六单元直至七单元，包括开关器件和与之反并联的续流二极管，实质上都属于"标准"功率模块（SPM）。近年，有些公司把开关器件的驱动保护电路也装到功率模块中去，构成了"智能化"功率

模块（IPM），不但缩小了整机的体积，更方便了整机的设计制造。实际上，由于频率的不断提高，致使引线寄生电感、寄生电容的影响愈加严重，对器件造成更大的电应力。为了提高系统的可靠性，有些制造商开发了"用户专用"功率模块（ASPM），他把一台整机的几乎所有硬件都以芯片的形式安装到一个模块中，使元器件之间不再有传统的引线连接，这样的模块经过严格、合理的热、电、机械方面的设计，达到优化完美的境地。它类似于微电子中的用户专用集成电路（ASIC）。只要把控制软件写入该模块中的微处理器芯片，再把整个模块固定在相应的散热器上，就构成了一台新型的电源装置。由此可见，模块化的目的不仅在于使用方便，缩小整机体积，更重要的是取消传统连线，把寄生参数降到最小，从而把器件承受的电应力降至最低，提高系统的可靠性。另外，大功率的电源，由于器件容量的限制和增加冗余提高可靠性方面的考虑，一般采用多个独立的模块单元并联工作，采用均流技术，所有模块共同分担负载电流，一旦其中某个模块失效，其他模块再平均分担负载电流。这样，不但提高了功率容量，在有限的器件容量的情况下满足了大电流输出的要求，而且通过增加相对整个系统来说功率很小的冗余电源模块，极大地提高了系统可靠性，即使万一出现单模块故障，也不会影响系统的正常工作，而且为修复提供充分的时间。

这些电子电源设备的模块化发展趋势，也必定会被交流稳压电源设备借鉴和采用。

四、结束语

电力电子技术已经成为新能源以及节能领域重要的科学技术。作为"十二五规划"的开局之年，2011年是我国电源科技和产业发展的关键的一年，研发自主知识产权的电源产品和增加电源产业国际竞争力是我国电源产业发展的出路的观念正愈来愈成为大家的共识，21世纪电力电子技术将在建设一个更环保、更美丽、适合人类生活的地球中发挥不可替代的作用，同时，对我国电源科技工作者和实业家提出了严峻的挑战！

编写说明：

本报告由中国电源学会交流电源专业委员会、特种电源专业委员会、变频电源专业委员会、照明电源专业委员会、电能质量专业委员会、元器件专业委员会、学术工作委员会等参与编写。

参 考 文 献

［1］Barcelona, Bruno Burger, Dirk Kranzer, Extreme High Efficiency PV-Power Converters EPE 2009-FRAUNHOFER INSTITUTE FOR SOLAR ENERGY SYSTEMS ISE.

［2］陈子颖. 光伏逆变器设计——功率器件 2011 光伏逆变器设计技术高级培训班.

［3］特种电源：迈入"十二五"翻开新篇章.《电源世界》十月刊卷首语，2011，10.

［4］Nan Chen, Chung, H. S. -H.. A Driving Technology for Retrofit LED Lamp for Fluorescent Lighting Fixtures with Electronic Ballasts. IEEE Transactions on Power Electronics. 2011, 26（2）: 588-601.

［5］Huang-Jen Chiu, Yu-Kang Lo, Chun-Jen Yao, Shih-Jen Cheng. Design and Implementation of a Photovoltaic High-Intensity-Discharge Street Lighting System. IEEE Transactions on Power Electronics. 2011, 26（12）: 3464-3471.

2011年中国电源行业发展报告

中国电源学会 ICTresearch 咨询公司

调研背景

（一）调查对象

在承继历届电源研究及调查优势与成功经验的基础上，2011年中国电源产业调查的范围延伸到了电源市场的各个板块，包括业内专家学者、厂商、传统渠道商、IT渠道商、系统集成、电源培训与教育等企业和机构。调查对象不仅涵盖了家庭/个人用户和一般企业用户，更着力刻画了金融、电信、制造、政府等行业用户对于电源产业的基本概况。具体包括最终用户、产品供应商、维护与支持提供商、渠道商、系统集成商。

（二）数据来源

本届调查主要采取了电话呼叫、问卷调查、线上调查等方式收集信息，并辅助以焦点小组讨论以及专家集中评审等多种方式，以期更加全面、科学地调查和评估中国电源产业发展状况和电源产品与企业的基本状况。在抽样过程上，综合运用了双重抽样、逐次抽样、分阶段抽样、分层抽样、整群抽样、等距抽样等多种方法，以确保调查数据的精确度，综合衡量其优劣。焦点小组和专家集中评审是本届调查的方法创新所在，不但体现了厂商和用户的全程参与特色，同时也是进行收集数据、信息补充和修正的依据。

（三）样本分布

表1　2011年中国电源调查样本区域分布

区　　域	比　　例
华北	12.4%
华东	18.0%
华南	40.9%
华中	9.1%
东北	7.4%
西南	7.9%
西北	4.3%
合计	100%

数据来源：中国电源学会，2012年4月。

（四）研究介绍

本报告的调研周期为2011年4月到2012年4月，本报告的内容是2011年度电源行业发展状况，涉及的专业领域主要是电子电源，研究机构为中国电源学会及ICTresearch咨询公司。

1. 中国电源学会

中国电源学会成立于1983年，是在国家民政部注册的国家一级社团法人，业务主管部门是中国科学技术协会。本书的开始已对中国电源学会作了介绍，此处不再赘述。

2. ICTresearch咨询公司

ICTresearch商标归属北京汇信中通咨询有限公司，是中国首家重点关注IT制造业的市场咨询、顾问和活动服务专业提供商。致力于帮助IT制造业专业人士、业务主管和投资机构制定以事实为基础的技术采购决策和业务发展战略。

ICTresearch的资深分析师具有资深的经验和把握全局的视角，对电源产业、新能源产业、数据中心产业等的技术发展趋势和业务营销机会进行深入分析。ICTresearch在对技术理解的前提下，通过长期积累的企业信息数据库、方法论、扎实的基础研究手段和广泛的国内外影响力，帮助客户优化其商业决策，预测未来，发现事实，影响观念。

ICTresearch客户不仅包括全球财富500强中多家著名跨国公司，而且包括中国本土诸多知名企业。主要业务范围涵盖市场调研、行业分析、产品监测、竞争对手研究、项目可行性研究、企业上市辅导等内容，可以提供一条龙综合服务，经过多年的发展和积累，已经成为业界知名的咨询服务提供商。

一、2011年中国电源市场概况分析

（一）2011年中国电源产业规模与特征

1. 2009～2011年中国电源产业产值规模分析

近年来，随着中国宏观经济的持续高速发展，中国电源产业总体来说一直保持着平稳的增长，即使在经历了全球金融危机的洗礼后，中国电源产业的产值规模仍在2009年超过1200亿元。2011年中

国电源产业的产值规模呈现出良好的发展态势，同比2010年增长率为9.5%，销售额接近1500亿元。中国电源行业的规模分析主要指产值，包含国内销售、出口、OEM/ODM等几个部分，本年鉴涉及的数值如不特意表明均指产品产值（不包含港、澳、台地区）。

表2　2009～2011年中国电源产业产值规模

年份	2009年	2010年	2011年
产值/亿元	1230	1359	1489
增长率	6.6%	10.5%	9.6%

数据来源：中国电源学会，2012年4月，本年度包含变频器产品产值。

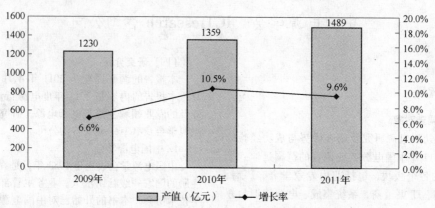

图1　2009～2011年中国电源产业产值规模

2. 2011年中国电源市场特征

（1）产品特征

因为电源产品在各个行业中的应用十分广泛，所有电源产品的种类繁多，产品表现出多样性的特点。由于产品的多样性使得电源产业布局体现出一定的分散性特征，在众多电力电子相关产业中都设计到电源的研发和制造。同时，由于电源产品制造的技术门槛不高，投资也相对较小，这使得进入电源产业中的企业数量较大，产业分布比较分散。目前，国家在监管方面尚没有专门的部门来协调管理整个电源行业的发展，因此电源产品的标准和质量管理也较为分散。

（2）价格特征

从电源市场的价格特征来看，电源产品的价格主要与能源价格、基础材料、核心元器件以及人工成本相关联。目前来看，电源产品的高端核心元器件，如IGBT芯片国内还不能大规模的量产，核心元器件的进口使得电源产品的成本难以有效控制，只有通过不断的研发投入，未来在核心元器件方面，电源产品的成本才能大幅度降低。同时，在2011年由于能源、金属以及人力成本的持续走高，电源产品也面临着较大的成本压力，部分电源产品也出现了涨价的现象。

（3）促销特征

电源产品根据其应用的行业不同，体现出的促销特征也有所不同。电源产品大部分应用于工业企业，其促销往往不是简单地进行广告与打折。电源产品的促销也体现多样性的特点，如通过给予渠道的返点来进行促销，也可以配合一些相关的展览和会议来进行产品的促销。同时，厂商在促销的过程中更加注重概念、理念、方案的宣传而不仅仅集中于产品性能与技术指标，更注重于长期的营销策略而不是短期的促销行为。在对产品进行促销的同时，企业也更加注重附有产品更多的附加价值，如给用户提供更多的服务来增长自身产品的吸引力。

（4）渠道特征

在电源产品市场上，不同的电源产品由于其产品的应用特性不同，往往采用的渠道策略会有较大的差别。一些标准化的产品，如UPS、通信电源等，可以通过经销商和代理商来进行分销，而一些定制化的电源产品，则往往是电源企业直接与客户建立长期的战略合作关系来为客户提供长期的定制化的服务。不论是直销还是分销，把握住客户的需求，更好的通过渠道体系来满足客户的需求无疑就是最适合某种电源产品的渠道销售策略。

（二）2011年中国电源市场结构分析

由于电源产品覆盖的产品种类众多，同时还大量存在各种非标准化的定制化电源产品。根据中国电源学会和ICTresearch的长期跟踪研究，我们对UPS电源、通信电源、电力电源等重点的电源进行了重点的分析研究。当前，对于电源的分类，还没有形成统一的口径，我们的研究主要从以下几个维度进行细分：

按功率变换形式分类：目前的输入功率主要有交流电源（AC）和直流电源（DC）两类；负载要求也主要有 AC 和 DC 两类，所以电源产品有四大类：AC-DC 电源转换产品；DC-DC 电源转换产品；DC-AC 电源转换产品；AC-AC 电源转换产品。

按电源产品名称和原理分类，主要有开关电源（包含通信电源、电力操作电源、照明电源、PC 电源、服务器电源、适配器、电视电源、家电电源等）；不间断电源（简称 UPS 电源，包含 AC UPS 和 DC UPS 等）；逆变器（包含车载逆变器、光伏逆变器等）；线性电源（包含电镀电源、高端音响电源等）；其他（包含变频器、特种电源等）。

按照电源生产的商业模式不同，可分为定制电源和标准电源；定制电源是利用电力电子器件、相关自动化控制技术及嵌入式软件技术对电能进行变换及控制，并为满足客户特殊需要而定制的一类电源。按照行业的细分又可以划分为消费类定制电源和工业类定制电源两大类。标准电源是根据国内外的电源标准和要求制造的电源，标准电源针对的是所有需求的用户，是统一、标准化的产品，不是仅针对满足某些特定需求的用户而定制的产品。

根据中国电源学会的研究表明，规模较大的电源类型有照明电源、计算机电源、通信电源、UPS 电源、变频器、逆变器等。其中，照明电源又可以分为镇流器、LED 驱动电源、其他等三类。2011 年镇流器产值接近 70 亿元，其余为 LED 驱动电源及其他照明电源，LED 驱动电源发展速度较快。计算机电源主要指传统 PC 电源和一体化 PC 电源两类，传统 PC 电源基本趋于饱和，增长乏力，但是一体化 PC 电源成长性非常好。通信类电源主要包含通信电源、直放站电源等。随着国家 4G 的落实，预计十二五期间通信电源还会保持较好的增长势头。逆变器主要包含光伏逆变器、便携式逆变器、车载逆变器等，其中光伏逆变器随着绿色能源的兴起，将会有爆炸性的增长。变频器主要分为低压变频器和中高压变频器，当前以低压变频器为主，但是高压变频器的市场潜力更大一些。

表3　2007～2011 年中国电源产品结构分析

单位：亿元		2007 年	2008 年	2009 年	2010 年	2011 年
开关类电源	照明电源	68	73	77	86	95
	计算机电源	34	38	43	43	42
	通信类电源	55	61	73	65	61
	其他开关电源	511	553	575	656	724
UPS 电源		47	53	57	64	71
线性电源		28	30	31	32	34
逆变器		45	50	57	64	75
变频器		141	159	169	187	210
其他		126	137	148	162	177
总计		1055	1154	1230	1359	1489

数据来源：中国电源学会　2012，04

表4　2007～2011 年中国电源产品结构分析

单位：亿元	2007 年	2008 年	2009 年	2010 年	2011 年
定制电源	688	754	804	887	974
标准电源	367	400	426	472	515
总计	1055	1154	1230	1359	1489

数据来源：中国电源学会　2012，04

二、2011 年中国电源企业整体概况

（一）中国电源企业数量分布

由于电源产业相关产品的多样性以及产品应用的广泛性，使得电源产业中相关的电源企业数量相对较多。同时，由于电源产品制造的技术门槛以及资金要求都不是太高，这在客观上导致了电源产品相关研发和生产的企业数量众多。从近三年的情况

来看，2009 年中国电源产业由于受到全球金融危机的影响，对整个制造业都产生了一些负面影响，电源企业的数量也出现了小幅的负增长，但全球经济的复苏特别是中国经济的企稳回升，电源企业的数量在 2010～2011 年也出现了较大幅度的增长。

表5　2009～2011 年中国电源企业数量分析

年　　份	2009 年	2010 年	2011 年
数量/千家	15.5	16.6	17.0
增长率	-4.9%	7.1%	2.4%

数据来源：中国电源学会　2012，04

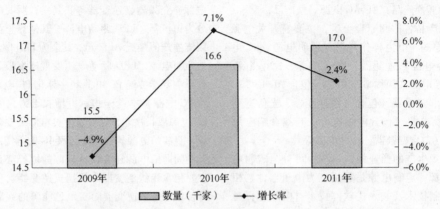

图2　2009～2011 年中国电源企业数量分析

（二）中国电源企业区域分布

目前，从中国电源企业的区域分布来看，主要还是分布在以珠三角、长三角为代表的华南及华东沿海地区，同时在北京、天津周边也有数量众多的电源相关产品的研发和生产企业。

表6　2011 年中国电源企业区域分布分析

区域分布/千家	数　量	占　比
华东	4.0	23.4%
华北	1.7	10.1%
华南	8.5	49.8%
其他	2.8	16.7%
总计	17.0	100%

数据来源：中国电源学会　2012，04

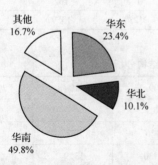

图3　2011 年中国电源企业区域分布分析

（三）中国电源企业类型分布

从目前不同类型的电源企业分布来看，研发与生产定制化电源的企业数量最多，尤其是为工业类相关设备制造定制化电源产品的数量最多。无论是

通信、医疗、交通以及军工行业的相关设备对电源产品的需求都十分强劲，这无疑使得为这些行业客户服务的电源企业长期保持在活跃的状态。

表7　2011 年中国电源企业类型分布分析

企业类型分类/千家	数　　量	占　　比
UPS	0.9	5.3%
开关电源	12.0	70.6%
线性电源	0.5	2.9%
逆变器	0.9	5.3%
变频器	0.6	3.5%
其他	2.1	12.4%
总计	17.0	100%

数据来源：中国电源学会　2012，04

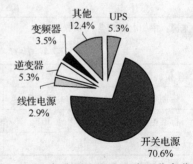

图4　2011 年中国电源企业类型分布分析

三、2011 年中国电源市场大事件分析

1. 国际：ABB 收购 Newave

ABB 在数据中心领域拥有包括变电站、开关柜、

配电单元（PDUs）、应急备份电力解决方案、电力管理系统、断路器、冲击电压保护器、分离器、有源滤波器、高效电机和变频器、建筑控制和自动化系统等领先的技术与产品。

2011 年，ABB 集团在数据中心领域频频发力，先后收购了美国 Validus 直流系统公司和瑞士 Newave 公司。这两家企业分别提供数据中心直流电力基础设施和不间断电源（UPS）设备，完善了 ABB 自身的直流技术平台和针对各类数据中心客户的 UPS 产品组合。

2011 年 12 月，ABB 宣布了对瑞士不间断电源生产商 Newave 公司的收购意向，收购总金额约 1.7 亿美元。该交易预计在 2012 年第 1 季度完成。此次收购不会从根本上改变市场格局，Newave 的业务主要集中在欧洲，但未来 ABB 将能够借此提升市场地位。Newave 未来市场增长将主要集中在发展中地区，如亚洲和拉丁美洲。对 Newave 而言，未来的趋势是大力发展 UPS 之外的业务，为数据中心市场提供全面的产品和服务。

2. 国内：华为推出电源产品

华为安捷信以前的主要产品为天线、配线架和一体化通信机房（Mini 机房），这三种产品占据了整体销售额的 62% 左右。但是可以预计的是，随着数据中心基础设施和能源产品逐渐投放市场，传统的网络配套产品份额会逐步降低，最终会占据整体的 40% 甚至更低的水平。在 2009 年之前，安捷信在华为内部定义为"配套产品线"，在华为对 IT 市场进行了广泛的研究之后，战略性地加大了对此产品线的投资，同时改名为"能源与基础设施产品线"，从名字的变化，可以看出华为战略方向的转变，由原本仅对网络设备配套的产品线变为能源、数据中心、网络配套 3 个部分，同时对网络配套的投资比例逐渐减少。

安捷信当前的重点是建设覆盖全国所有省市的销售和服务网络，建立面向政府、金融、能源、交通等领域及商业分销市场的销服组织和解决方案团队，以及专注政企行业客户需求的北京、深圳、南京、杭州、西安等研发机构，提供覆盖数据中心基础设施、云计算、新能源、统一通信、智能监控等产品的一体化解决方案。安捷信将在华为阳光渠道政策和运作流程的基础上进一步进行完善，与主流渠道共筑伙伴战略联盟，共建良性共赢的价值链。并通过融资服务、集成开发服务、售后技术支持等为客户及合作伙伴提供全方位的服务支持，助力合作伙伴持续发展，不断为客户创造价值。

四、2011 年中国电源市场渠道分析

ICTresearch 将中国电源渠道级别细分为普通渠道、集成商、战略合作伙伴、总代理四类。2011 年中国电源市场的销售渠道仍然以电源经销商（包含代理和分销渠道、总代理）、直销和系统集成商销售为主体，随着越来越多的电源产品以整体解决方案的形式销售，系统集成商的销售比重在逐步提高，同时越来越多的厂商也直接通过直销的方式来进行电源的销售，直销的电源主要为定制化电源及 OEM 和 ODM 的电源产品。对于陌生领域以及中小功率段的产品，厂家基本都是依靠渠道来进行销售。

表 8　2011 年中国电源市场销售渠道构成

区　域	销售额/亿元	比　例
直销	971	65.2%
电源经销商	347	23.3%
系统集成商	126	8.5%
其他	45	3.0%
总计	1489	100%

数据来源：中国电源学会　2012, 04

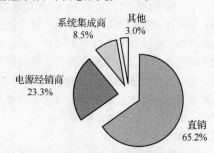

图 5　2011 年中国电源市场销售渠道构成

五、2012～2016 年中国电源产业发展预测

（一）2012～2016 年中国电源产业发展趋势

1. 产品发展历程

现代电力电子技术的发展方向，是从以低频技术处理问题为主的传统电力电子学，向以高频技术处理问题为主的现代电力电子学方向转变。电力电子技术起始于 20 世纪 50 年代末 60 年代初的硅整流器件，其发展先后经历了整流器时代、逆变器时代和变频器时代，并促进了电力电子技术在许多新领域的应用。电源行业在改革开放 30 年的发展历程中，曾出现过的主要市场发展浪潮和典型的产品有：

●工业、军工浪潮下的电源市场代表：开关电源；

• 计算机浪潮下的电源市场代表：PC 电源、服务器电源；

• 便携式电子产品浪潮下的电源市场代表：便携式电源；

• 电信浪潮下的电源市场代表：通信电源、直放站电源等；

• 绿色能源浪潮下的电源市场代表：光伏逆变器、绿色照明电源、电动汽车相关的电源等。

2. 产品发展特点

因为电源产品在各个行业中的应用十分广泛，所有电源产品的种类繁多，产品表现出多样性的特点。由于产品的多样性使得电源产业布局体现出一定的分散性特征，在众多电力电子相关产业中都设计到电源的研发和制造。同时，由于电源产品制造的技术门槛不高，投资也相对较小，这使得进入电源产业中的企业数量较大，产业分布比较分散。目前，国家在监管方面尚没有专门的部门来协调管理整个电源行业的发展，因此电源产品的标准和质量管理也较为分散。

在电源产品市场上，不同的电源产品由于其产品的应用特性不同，往往采用的渠道策略会有较大的差别。一些标准化的产品，如 UPS、通信电源等，可以通过经销商和代理商来进行分销，而一些定制化的电源产品，则往往是电源企业直接与客户建立长期的战略合作关系，来为客户提供长期的定制化的服务。不论是直销还是分销，把握住客户的需求，更好地通过渠道体系来满足客户的需求无疑就是最适合某种电源产品的渠道销售策略。

3. 产品发展与应用前沿

1）短距离无线充电产品值得期待。短距离无线充电是当前研究最多的技术之一。实现无线充电主要通过三种方式，即电磁感应、无线电波以及共振

作用。目前，最为常见的充电解决方案就采用了电磁感应，通过一次侧和二次侧的绕组感应产生电流，从而将能量从传输端转移到接收端。无线电波是另一个发展较为成熟的技术，其基本原理类似于早期使用的矿石收音机。另一种尚在研究中的技术是电磁共振。

2）高压直流 UPS（HVDC）成规模试用。伴随着对"绿色、低碳"电源呼声日益高涨，高压直流 UPS 供电系统的运用已进入到实质研发甚至是小规模试运用阶段。直流 UPS 的实际应用目前也取得了很大进展，在发达国家，机房采用大规模直流供电已取得了成功。在我国经过科学家和工程技术人员的不断探索，试点工作也取得了很大成功。

3）绿色照明电源应用前景广阔。当前主要为用新型高效的高压钠灯、金属卤化物灯替代高压汞灯、低效钠灯、卤钨灯。半导体 LED 灯适用于交通信号指示灯、汽车尾灯、转向灯、广告牌、夜景照明等。电能消耗仅为白炽灯的 1/10，节能灯的 1/4，寿命是白炽灯的 100 倍。用电子镇流器、低耗能电感镇流器替代普通高耗能电感镇流器。

（二）2012～2016 年中国电源产业产值规模预测

ICTresearch 依据中国电源产业产值的历史统计数据，分析其数据特征，选择合适的数学模型，综合定量和定性分析，对中国电源产业未来五年的产值进行预测。ICTresearch 预计未来五年电源产业产值规模见下表。

表9 2012～2016 年中国电源产业产值规模预测

年 份	2012 年	2013 年	2014 年	2015 年	2016 年
产值/亿元	1628	1781	1946	2129	2326
增长率	9.3%	9.4%	9.3%	9.4%	9.3%

数据来源：中国电源学会 2012，04

图6 2012～2016 年中国电源产业产值规模预测

（三）2012～2016 年中国电源市场结构预测

根据预测的总量结果与未来几年电源产品与市场的发展趋势，ICTresearch 对未来五年中国电源产品结构作如下预测。

表 10　2012～2016 年中国电源产品结构预测

单位：亿元		2012 年	2013 年	2014 年	2015 年	2016 年
开关类电源	照明电源	104	115	127	141	156
	计算机电源	44	46	48	49	50
	通信类电源	61	67	74	83	95
	其他开关电源	792	862	938	1024	1117
UPS 电源		78	87	97	109	121
线性电源		36	37	39	39	40
逆变器		86	99	116	134	155
变频器		236	263	290	319	350
其他		191	205	217	231	242
总计		1628	1781	1946	2129	2326

数据来源：中国电源学会　2012，04

表 11　2012～2016 年中国电源销售结构预测

单位：亿元	2012 年	2013 年	2014 年	2015 年	2016 年
定制电源	1067	1168	1278	1401	1533
标准电源	561	613	668	728	793
总计	1628	1781	1946	2129	2326

数据来源：中国电源学会　2012，04

六、竞争格局分析

（一）集中度分析

1. 整体集中度分析

整体电源市场涵盖复杂，涉及各个行业的细分电源，各个电源企业之间针对不同的电源产品阻隔较大，导致市场集中度较低。下图为电源市场前二十名企业占据市场整体的比例分析。

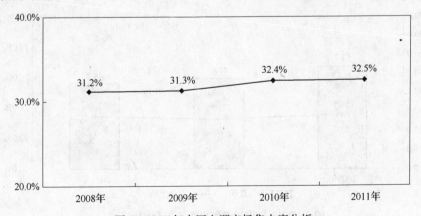

图 7　2011 年中国电源市场集中度分析

2. UPS 集中度分析

一般而言，行业集中度反映一个行业的整合程度，如果集中度曲线上升迅速表明行业竞争激烈，优势企业纷纷采用渠道扩张，降价等方式来扩大市场，而稳定的集中度曲线则表明市场竞争结构相对稳定，领导厂家的优势地位已建立。处于集中度迅速上升中的行业蕴含发展机会，此时加大市场投入，加快渠道建设往往能获取一定的成效。而处于集中度稳定中的行业机会不高，企业扩张的努力会受到领先厂商的集体抵制，此时细分化、差别化的发展策略才能见效。

表 12　2011 年中国 UPS 市场集中度分析（含出口额）

	2009 年	2010 年	2011 年
前五总和	40.0	45.3	50.5
占总比例	70.2%	70.8%	71.1%

数据来源：中国电源学会　2012，04

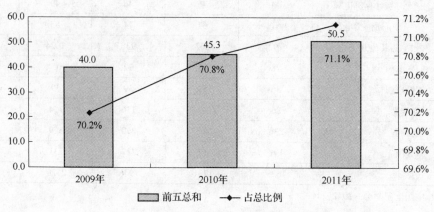

图 8　2011 年中国 UPS 市场集中度分析

3. 通信电源集中度分析

一个行业的关键成功要素是企业参与竞争所必须掌握的最低能力。是分析、甄别哪些要素决定了行业的成长、发展和企业在行业内的建树。对于行业而言，关键成功要素是促使企业在行业、产业内形成竞争优势和有利市场地位的基础因素和成功实践。不同行业内企业的关键成功要素可能大相径庭。另外一些衡量标准可能由于实践阶段或者环境、地域、文化而异。

从近三年的市场集中度分析不难看出，近三年的市场集中度变化不大，整个行业发展已经进入成熟期，领导厂商在行业中的优势地位比较明显。

表 13　2011 年中国通信电源市场集中度分析（含出口额）

	2009 年	2010 年	2011 年
前五总和	53.7	47.6	44.8
占总比例	73.6%	73.2%	73.4%

数据来源：中国电源学会　2012，04

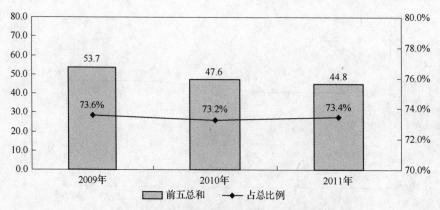

图 9　2011 年中国通信电源市场集中度分析

（二）行业发展分析

1. 上市企业整体分析

2012 年，对于中国电源企业择机上市，我们有了更多期待的理由。在这样的背景下，ICTresearch 针对已经上市的电源企业做以下深入分析，为打算和正在上市的电源企业做参考作用。

表 14　中国电源企业上市不完全统计表

公司股票简称	主要产品	上市时间
德赛电池	电池、电源管理	1995-3-20
上海贝岭	电源管理	1998-9-24
光宇国际集团科技	铅酸电池	1999-11-17
比亚迪股份	锂电池	2002-7-31
动力源	通信电源	2004-4-1
风帆股份	铅酸电池	2004-7-14
比克电池	锂电池	2004-9-28
双登集团	铅酸电池	2005-12-6
奥特迅	电力电源	2008-5-6
鼎汉技术	铁路电源	2009-10-30
九洲电气	高压变频器、开关电源	2010-1-8
科华恒盛	UPS	2010-1-13
中恒电气	开关电源	2010-3-5
南都电源	电池、通信电源	2010-4-21
科士达	UPS	2010-12-7
欣旺达	锂电池	2011-04-21
圣阳电源	铅酸电池	2011-05-06
茂硕电源	开关电源、照明电源	2012-03-16

数据来源：中国电源学会　2012，04

2. 未来行业重点发展方向分析

根据上表可以看出，在 20 世纪 90 年代期间，上市的电源企业多数为电源管理类企业；21 世纪开始的头五年里，上市的企业多数为电池类企业；而最近五年里，上市的企业则以具体的电子电源为主要产品，涉及 UPS、电力电源、通信电源、LED 电源等不同类型的电源。

另外，随着创业板的开放，极大地激励了不同的电源企业，其中仅 2010 年就有五家企业上市，占据统计企业家数的 1/3 左右。当前创业板上市企业为 130 多家，如果和深圳主板及中小板的各 500 家企业相比，还有很大的成长空间。下表是在创业板上市与主板及中小板上市企业方向的比较分析。

表 15　创业板与主板及中小板上市企业方向的比较分析

创 业 板	主板及中小板
中小型的新兴高科技、高风险的企业主要在二板市场融资	主板市场为成熟的大型企业提供融资场所
创业板主要面向尚处于成长期的创业企业，重点支持自主创新企业。因此，在上市条件上主要反映为创业板市场对上市公司的指标要求没有主板多，以及同一指标下的定量标准也较低，但创业板更加注重盈利的持续性和稳定性	主板主要面向经营相对稳定、盈利能力较强的大型成熟企业；中小板主要面向进入成熟期但规模较主板小的中小板企业
作为新兴市场，创业板将更多地担负起制度创新的角色	主板市场的制度改革将是相对平缓的。但是，两者的走势将会基本一致，这是因为两者背靠的经济环境是一样的

数据来源：中国电源学会　2012，04

海外创业板市场对业绩等定量指标的要求也都　较主板市场低很多，如纽约证券交易所在企业规模上对上市公司的有形资产净值要求是 4000 万美元，是 NASDAQ 全国市场对有形资产的 3 个指标中最高的 2.2 倍；中国香港联交所主板市场对企业盈利要求是 5000 万港元，而对创业板则无盈利方面的要求。在公众持股量等指标上也体现出了同样的区别，这是由两个市场在功能上的分工所导致的。

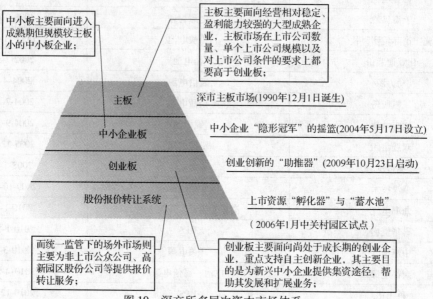

中小板主要面向进入成熟期但规模较主板小的中小板企业；

主板主要面向经营相对稳定、盈利能力较强的大型成熟企业，主板市场在上市公司数量、单个上市公司规模以及对上市公司条件的要求上都要高于创业板；

主板　深市主板市场(1990年12月1日诞生)

中小企业板　中小企业"隐形冠军"的摇篮(2004年5月17日设立)

创业板　创业创新的"助推器"(2009年10月23日启动)

股份报价转让系统　上市资源"孵化器"与"蓄水池"

（2006年1月中关村园区试点）

而统一监管下的场外市场则主要为非上市公众公司、高新园区股份公司等提供报价转让服务；

创业板主要面向尚处于成长期的创业企业，重点支持自主创新企业，其主要目的是为新兴中小企业提供集资途径，帮助其发展和扩展业务；

图 10　深交所多层次资本市场体系

创业板将重点支持新能源、新材料、生物医药、电子信息、环保节能、现代服务等六大产业的高成长企业。2009 年，创业板共上会 74 家，被否 15 家，否决率 20%；2011 年 1 月 1 日~3 月 29 日，创业板共上会 28 家，被否 2 家，否决率 7.1%。截至 2011 年 8 月 20 日，共计过会 115 家，否决率在 20% 左右。

表 16　创业板重点支持行业比较分析

新能源	联合国开发计划署（UNDP）把新能源分为以下三大类：大中型水电；新可再生能源，包括小水电、太阳能、风能、现代生物质能、地热能、海洋能（潮汐能）；穿透生物质能
新材料	为了涵盖目前全球已形成产业规模的新材料，并且使各类别之间尽量不重复，将全球新材料产业分为电子信息材料、稀土新材料、金属材料、先进陶瓷材料、高分子材料、先进复合材料、生物医用材料、超导材料和纳米材料九大类
生物制药	我国的生物制药行业在医药行业中是与国际接轨最为紧密的子行业，与发达国家的科研发展差距只有几年。生物制药按照药品类型可以分为血液制品、体外诊断试剂、疫苗，以及其他生物工程产品等行业
电子信息	按照中国证券监督管理委员会的行业分类，电子和信息技术属于两个单独的分类。信息技术属于第一级分类，下面的二级子类包括通信设备制造业、计算机及相关设备制造业、通信服务业、计算机应用服务业
	电子属于制造行业中的二级子类，下面又包括电子元器件制造业、日用电子器具制造业、其他电子设备制造业、电子设备修理业
环保节能	预计中国在未来 10 年内仍有 50% 的单位能耗节约空间以达到与全球平均的节能路径的接轨（假设人均 GDP 保持 6% 的增速，2018 年实现与全球能效曲线的接轨）；中性地看，按照我国中长期的节能规划，预计未来 10 年内中国也有约 33% 的节能空间。如果以未来 10 年 33% ~ 50% 的节能空间来估算，按照我国 2007 年的总能耗量，这一比例的节能幅度相当于可以节约 8.8 亿~13.3 亿 t 的标准煤，对应经济价值约 8000 亿~12000 亿元人民币
现代服务产业	① 基础服务（包括通信服务和信息服务）；② 生产和市场服务（包括金融、物流、批发、电子商务、农业支撑服务以及中介和咨询等专业服务）；③ 个人消费服务（包括教育、医疗保健、住宿、餐饮、文化娱乐、旅游、房地产、商品零售等）；④ 公共服务（包括政府的公共管理服务、基础教育、公共卫生、医疗以及公益性信息服务等）

数据来源：中国电源学会　2012，04

企业上市选择证券公司应该把握的工作原则：

◆符合资质原则。目前，国家对规范中介机构行为都有一系列管理办法，证券公司、会计师事务所和资产评估事务所等必须具备相应资质才能开展业务。就券商而言，必须选择具备保荐资格的券商，中国证监会只受理具备保荐资格的券商提交的证券发行上市推荐文件。

◆"门当户对"原则。随着市场发展和完善，证券公司的分工越来越明显，有些券商主要侧重做大项目，有些券商专注于中小企业。作为中小企业，应选择实力强、信誉好、经验丰富、精力充沛的中介机构。

◆费用合理原则。首先参照整个证券市场行情确定费用时，同时要结合公司自身状况，一般而言，规模大、历史沿袭长、架构比较复杂的企业支付的费用要高一些。

◆招标竞争原则。企业可向多家中介机构招标，并要求各个中介机构在投标时拿出具体的工作程序和操作方案。这样不仅给企业提供了有关信息和知识，而且直接给了企业一个比较的基准。

◆任务明确原则。在选定中介机构时尽可能敲定工作内容、范围、时间、要求及费用，尽量避免敞口合同。

对第三方顾问（法律、财务、咨询等）的选择是否得当，直接关系到企业资本经营活动的成败，甚至于影响到企业的兴衰存亡。一个好的顾问应该具备以下特点：

◆熟悉资本市场的规则与特点以及创业板市场的运行特点、操作技巧、上市要求和各个环节的具体细节。

◆善于发掘好的企业并具备进行初步包装的专业能力，使其能够符合二级市场的基本要求。换言之，就是顾问应当起到实现企业与市场对接的桥梁作用。

◆提供长期的顾问服务而非仅仅是眼前的利益，为企业的长期发展考虑，与企业共同成长，提供完整、系统、长期的战略发展规划以及相应的财务顾问服务，排除短期行为。

◆具备向企业提供多种应对方案与准备的能力，包括在企业遇到因各种客观因素而未能顺利上市甚至发行失败的严重局面时，为企业事先准备好各种对策和安排。

七、鸣谢单位（按照汉语拼音字母顺序排名）

艾默生网络能源有限公司

安伏（苏州）电子有限公司
安徽省友联电力电子工程有限公司
保定市四北电子有限公司
北京汇众电源设备厂
北京普瑞电源设备有限公司
北京市星原丰泰电子技术有限公司
北京新创四方电子有限公司
北京中宇豪电气有限公司
成都金创立科技有限责任公司
成都科星电器桥架有限公司
东莞市金河田实业有限公司
东莞市友美电源设备有限公司
佛山市柏克电力设备有限公司
佛山市顺德区创格电子实业有限公司
佛山市顺德区冠宇达电源有限公司
佛山市顺德区扬洋电子有限公司
佛山市新光宏锐电源有限公司
佛山顺德区友基电子有限公司
广东创电电源有限公司
广东和昌电业有限公司
广东易事特电源股份有限公司
广州金升阳科技有限公司
杭州池阳电子有限公司
杭州中恒电气股份有限公司
合肥通用电子技术研究所
江苏宏微科技有限公司
溧阳市华元电源设备厂
宁夏银利电器制造有限公司
青岛半导体研究所
瑞谷科技（深圳）有限公司
三科电器有限公司
陕西柯蓝电子有限公司
上海百纳德电子信息有限公司
上海诺易电器有限公司
上海正大电气设备有限公司
深圳华德电子有限公司
深圳科士达科技股份有限公司
深圳可立克科技股份有限公司
深圳麦格米特电气股份有限公司
深圳茂硕电源科技股份有限公司
深圳欧陆通电子有限公司
深圳桑达国际电子器件有限公司
深圳市铂科磁材有限公司
深圳市东辰科技有限公司
深圳市航嘉驰源电气股份有限公司

深圳市核达中远通电源技术有限公司
深圳市捷益达电子有限公司
深圳市金宏威实业发展有限公司
深圳市金威源科技股份有限公司
深圳市京泉华电子有限公司
深圳市科陆电源技术有限公司
深圳市帕瓦科技有限公司
深圳市锐骏半导体有限公司
深圳市新能力科技有限公司
深圳市英威腾电源有限公司
深圳市展盛科技有限公司
施耐德电气集团
石家庄通合电子有限公司
四川长虹欣锐科技有限公司
四川欣三威电工设备有限公司
溯高美索克曼电气设备（上海）有限公司
台达电子企业管理（上海）有限公司
太仓电威光电有限公司
天宝国际兴业有限公司
天津市鑫利维铝业有限公司
温州现代集团有限公司
无锡新洁能功率半导体有限公司
武汉新瑞科电气技术有限公司
西安爱科电子有限责任公司
西安芯派电子科技有限公司
厦门科华恒盛股份有限公司
厦门赛尔特电子有限公司
厦门信和达电子有限公司
扬州奇盛电力设备有限公司
伊顿电气集团
云南金隆伟业科技有限公司
浙江科达磁电有限公司
浙江特雷斯电子科技有限公司
中达电通股份有限公司
中国长城计算机深圳股份有限公司
中兴通信股份有限公司

重庆汇韬电气有限公司
珠海瓦特电力设备有限公司

八、图表索引

2011 年中国光伏逆变器产业发展报告

中国电源学会

一、光伏逆变器行业背景

1. 光伏行业概述

太阳能是取之不尽，用之不竭，无污染的清洁能源，这些优势使太阳能发电产业得到各国政府的高度重视和大力支持。太阳能发电有光热发电和光伏发电两种方式。太阳能光热发电是指利用大规模阵列抛物或碟形镜面收集太阳热能，通过换热装置提供蒸汽，结合传统汽轮发电机的工艺，从而达到发电的目的。太阳能光伏发电是利用半导体的光伏效应原理，把太阳辐射能转换成电能。通常说的太阳能发电指的是太阳能光伏发电。

在石油、煤炭等传统化石能源短缺的现状下，各国都加紧了发展光伏的步伐。美国提出"太阳能先导计划"意在降低太阳能光伏发电的成本，使其在 2015 年达到商业化竞争的水平；日本也提出了在 2020 年达到 28GW 的光伏发电总量；欧洲光伏协会提出了"Set for 2020"规划，规划在 2020 年让光伏发电做到商业化竞争。在发展低碳经济的大背景下，各国政府对光伏发电的认可度逐渐提高，一些经济实力强、环保意识强的国家，纷纷出台产业扶持政策，支持光伏发电产业发展，通过技术升级及规模化运用，实现平价上网和商业化竞争的目标。

由于太阳能光伏的成本在未来几年内仍将高于传统化石能源，因此太阳能光伏发电行业主要分布在政策扶持力度大、经济较发达的国家和地区。此外，太阳能资源丰富的地区，投资的回报率相对较高，吸引力更强。因此，光伏行业市场受政策支持力度的影响很大。

光伏行业经过多年的发展已经形成了完整的产业链，包含的环节有：晶体硅生产、硅锭与硅片生产、太阳电池生产、组件封装、逆变器、电网接入系统。

在光伏行业的终端市场即光伏电站市场上，包括太阳电池（组件）供应商、逆变器（系统设备）供应商、安装商、分销商、电站设计单位、电网公司、电站投资方等。在整个光伏系统成本中，太阳电池组件占系统成本 50% 左右，而逆变器只占 7% 左右。

2. 光伏逆变器的功能及分类

在太阳能光伏发电系统中，太阳能通过太阳电池组件转化为直流电能，再通过光伏逆变器中的功率变换及控制系统将直流电能转化为符合电网电能质量要求的交流电。光伏逆变器的可靠性、高效性和安全性直接影响到整个太阳能光伏发电系统的发电量及运行稳定性，是整个光伏发电系统中的关键设备。

逆变器不仅具有 DC-AC 变换功能，还具有最大限度地发挥太阳电池性能的功能和系统故障保护功能。归纳起来有自动运行和停机功能、最大功率跟踪控制功能、防单独运行功能、自动电压调整功能、直流检测功能、直流接地检测功能。根据光伏电站发电并网的要求的提升，光伏逆变器还需具备低电压穿越、孤岛保护、无功调节等功能。

光伏逆变器一般分类为：组串型光伏逆变器，功率范围从 1～30kW；电站型光伏逆变器，功率范围从 30～1000kW，甚至更大。其中，前者主要应用于住宅型屋顶和一些小型商业屋顶，后者主要应用于大型商业屋顶、工业厂房和大型地面光伏电站。另外，功率等级在 200～500W 的微型逆变器，可方便地在幕墙、窗台、小型屋面上使用，在最近几年也成为一个细分市场热点。

另外，光伏逆变器根据与电网的连接关系，光伏逆变器可以分为离网型和并网型；根据输出功率，可以分为微逆变器、小功率逆变器、中功率逆变器、大功率逆变器；根据可适用的环境，可以分为户外型和室内型；根据是否自带变压器，可以分为带变压器型和不带变压器型。

3. 光伏逆变器上下游行业关联性

上游行业主要包括电力电子元器件、电工器材、变压器等生产行业。上游行业基本属于充分竞争性行业，近年来电力电子元器件的技术进步推动了光伏逆变器行业的技术更新和产品升级，且总体价格呈下降趋势，对光伏逆变器行业的总体发展比较有利。

下游行业主要包括可再生能源发电企业、新能源投资类企业、光伏组件企业和总承包商、分销商等。下游行业的市场需求与当地的可再生能源政策有较强的联动性。下游行业中，光伏组件等价格的浮动将引起光伏电站投资回报率的浮动，间接影响光伏电站投资需求以及对光伏逆变器的需求。

4. 光伏逆变器的行业技术特点及经营模式

光伏逆变器是电力电子技术在太阳能发电领域的应用，行业技术水平和电力电子器件、电路拓扑结构、专用处理器芯片技术、磁性材料技术和控制理论技术发展密切相关。光伏逆变器重点关注以下技术指标：

高效率：光伏逆变器的转换效率的高低直接影响到太阳能发电系统在寿命周期内发电量的多少。根据产品型号的不同，国际一流品牌的产品的转换效率最高可达98%以上。

长寿命：光伏发电系统设计使用寿命一般为20年左右，所以要求光伏逆变器的设计寿命需要达到较高水平。

高可靠性：光伏逆变器发生故障将会导致光伏系统停机，直接带来发电量的损失，所以高可靠性是光伏逆变器的重要技术指标。

宽直流电压工作范围：由于不同功率、不同电压的光伏电池、不同的串并联方案组合，要求对同一规格的光伏逆变器能够适应不同的直流电压输入。所以，光伏逆变器具有越宽的直流电压工作范围，就越能适应客户的实际应用需求。

符合电网并网要求：各国电网对于接入电网的设备都有着严格的技术要求，包括并网电流谐波、注入电网直流分量、电网过欠压时保护、电网过欠频时保护、孤岛保护等。

随着大量可再生能源发电设备的接入，对电网的运行、调度提出了新的挑战，电网提出了如低电压穿越、无功补偿、储能等新要求。

国外光伏市场经历了数十年的发展，经营模式已经比较成熟。一般来说，电站型光伏逆变器一般由负责具体项目的系统集成商从生产厂商直接采购，也有一些大型项目采用集中招标的方式进行，生产厂商参与用户招标，中标后按照购销合同提供产品和服务。组串型光伏逆变器一般采用分销商代理的方式进行销售，每个分销商同时支持多个安装商，由安装商直接对客户进行安装和简单的售后服务，

如故障判断，设备更换等，并由分销商负责物流、售后管理等；生产厂商提供维修配件、备用整机、工程师培训、准时供货、技术支持等。

国内95%以上的光伏发电系统为大型地面光伏电站和屋面电站，即大多使用电站型光伏逆变器。目前，国内光伏逆变器的市场活动基本是采用业主招标的方式，生产厂商参与投标，中标后按照购销合同提供产品和服务。同时，根据用户的实际需求，逆变器厂商可能还需要参与工程前期设计工作，设备的交付必须经过出厂检验、客户验收，并提供及时周到的售后服务。

二、全球光伏逆变器行业发展状况

1. 全球光伏逆变器行业市场容量

在世界各国对太阳能光伏发电鼓励政策引导下，太阳能光伏发电产业呈现出快速发展趋势。特别是在欧洲市场的带动下，2000年以来全球光伏发电装机容量保持了较快的增长速度。

2000年~2011年全球太阳能光伏发电累计装机容量增长率如下表：

年　份	全球光伏发电累计装机容量/MW	年增长率（%）
2000	1459	—
2001	1790	22.69
2002	2261	26.31
2003	2842	25.70
2004	3961	39.37
2005	5399	36.30
2006	6980	29.28
2007	9492	35.99
2008	15655	64.93
2009	22900	46.28
2010	39529	72.62
2011	67229	67

2011年全球光伏发电安装量突破27.7GW，同比2010年增长67%，创历史新高。意大利和德国成为全球安装量最高的国家，占全球市场60%。而欧洲继续统领全球光伏市场，占全球市场的75%，较2010年下降5%。但是2000~2010年由欧洲引导市场增长的局势，在2011年开始改变。欧洲增速开始放缓，美国、中国、日本等国家增长很快，亚太地区、东欧地区以及美国将成为未来光伏市场的主要

增长区域。

从各国装机情况来看，2011年意大利光伏装机量首次超越德国市场，装机量达9GW，德国以7.5GW的装机量退居第二。继意大利、德国之后，中国以超过2GW的装机容量排名世界第三，美国以1.6GW的装机容量排名第四。随后的顺序依次是法国（1.5GW）、日本（1.1GW）、澳大利亚（700MW）、英国（700MW）、比利时（550MW）与西班牙（400MW）。

未来全球光伏发电市场还将保持快速扩张，据欧洲光伏工业协会预测，2015年全球当年新增装机容量有望达到44GW，累计装机容量将达到196GW，2010年~2015年复合增长率将达到37.75%。

2. 影响行业发展的法律法规及金融环境

欧洲以德国为先导，率先实施光伏上网电价法。欧洲以外的国家中，日本、韩国、澳大利亚、南非、加拿大等也实施类似的政策；在美国，则是对光伏系统实施联邦、州的退税政策，投资者最高可获得30%的退税补贴。

对光伏等可再生能源应用实行政府补贴，目的是鼓励可再生能源的迅速应用，进而推动产业发展，并在发展过程中降低成本、改进技术，从而使成本与传统能源逐渐接近，乃至最终低于传统能源。随着技术的革新和成本的降低，各国普遍定期根据产业成本水平或安装量对政府补贴进行适当削减，逐步降低补贴标准，以促进行业企业不断改进技术、降低成本，以利于新能源产业长期稳定健康的发展，避免短期的投机行为。

意大利——2011年5月5日，意大利政府正式签署了"第4号能源法案"，其有效期将从2011年6月1日至2016年12月31日。在这5年半的时间内，从2011年6月1日至2012年12月31日这一年半的时间，将作为一个缓冲期，在这个期间来确定2013~2016年最终的补贴比率。2011年6月1日至2012年12月31日，意大利计划新增2.69GW装机容量，投入5.8亿欧元的补贴。2013年至2016年，计划新增9.77GW装机容量，投入13.61亿欧元的补贴。

德国——2011年7月中期下调方案，根据2011年3月到5月间的新增安装量乘四来测算。3~5月德国的新增安装量约为0.7GW，折算成全年安装量后小于3.5GW，低于补贴削减的标准，德国取消了今年7月份的一次额外补贴削减。即到2011年底，光伏上网电价不会调整。2012年1月全年下调方案，根据2010年10月1日到2011年9月30日的实际新增安装量作为2011年全年预计装机量的参考值。

加拿大——安大略省于2009年10月启动绿色能源法案，实行上网电价补贴政策（FiT）。2010年8月，安大略省电力局调整上网电价后的电价为0.44加元/kW·h~0.8加元/kW·h。从电价可以看出，加拿大具有优厚的上网电价政策，但与之相对应地，根据《Ontario Feed-in Tariff Program FiT Rules Version 1.3.1》有关条款，要求光伏系统中60%需要在加拿大本地生产，具体到逆变器，其产品的组装、调试、测试工序等需在加拿大完成。

英国——政府新政策规定从2011年8月起，新增系统接受的上网电价补贴将会大幅削减。50~150kW的安装系统接受的补贴为19便士/kW·h。150~250kW的项目为15便士/kW·h，比之前降低了73%。250kW~5MW的项目以及独立安装系统为8.5便士/kW·h，比之前减少了72%。

美国——之前实施过"课税扣除"的政策以扶持太阳能产业的发展。实际就是不给予系统开发商现金支持，而是实行税收减免。后来，美国国会通过了"1603财政部计划"，取得了巨大的成功。它不仅促进了太阳能产业的发展，也促进了很多新能源技术的开发。"1603财政部计划"到2011年12月31日终止，可再生能源项目的融资资金将会减半。

法国——11月16日议会决定继续执行自2011年3月10日实施的光伏上网电价补贴方案。规定了每年新增500MW的光伏电站装机容量上限，以及所在地面上安装的光伏系统将接受0.12欧元/kW·h的补贴。

2009年以来，希腊、葡萄牙、西班牙等欧盟国家出现了主权债务危机，各大评级机构纷纷下调对其主权信用等级；随后，美国也出现了主权债务危机。在主权债务危机影响下，相关国家出台了财政紧缩政策。对光伏行业，这个现阶段需要政府财政支持的行业影响很大。

3. 主要品牌介绍

目前，全球光伏逆变器企业有200家左右，全球市场份额主要集中于少数国外品牌供应商。

IHS iSuppli发布的报告显示，德国SMA Solar Technology依然占据了全球光伏逆变器的首要位置，市场份额达到31%。美国加利福尼亚州的Power-One紧随其后，占据全球逆变器市场12%的份额。进入前十的还有Kaco New Energy（德国）、Refusol GmbH（德国）、Siemens Industry Automation（德国）、Satcon Technology Corp.（美国）、Fronius International（奥地利）、Ingeteam Energy（西班牙）、Elettronica Santerno（意大利）、Danfoss Solar（丹麦）。2011年，

上述 10 大逆变器企业共占据了全球 75% 的市场份额。

三、中国光伏逆变器行业发展状况

1. 中国光伏逆变器行业主管部门及监管体制

光伏逆变器所属行业为国家鼓励发展的可再生能源行业，主管部门是国家能源局，其主要职责包括研究提出能源发展战略、政策，研究拟定发展规划，研究提出能源体制改革的建议，推进能源可持续发展战略的实施，组织可再生能源和新能源的开发利用，组织指导能源行业的能源节约、能源综合利用和环境保护工作。

行业全国性自律组织主要有中国资源综合利用协会可再生能源专委会、中国可再生能源学会、中国电源学会等。其中，中国资源综合利用协会可再生能源专委会成立于 2002 年，致力于推动可再生能源领域技术进步和先进技术的推广，积极促进中国可再生能源产业的商业化发展，是联系国内外产业界与政府部门和科研机构的重要纽带。中国可再生能源学会成立于 1979 年，是国内可再生能源领域全国性、学术性和非营利性的社会团体，旨在成为科技工作者、企业和政府之间的桥梁，对外学术交流和技术合作的窗口，致力于促进我国可再生能源技术的进步，推动可再生能源产业的发展。

2. 影响行业发展的主要法律法规

光伏逆变器是电力电子技术在可再生能源发电领域的应用，属于国家加快培育和发展的七大战略性新兴产业中的新能源产业，我国从 2006 年起先后颁布了一系列鼓励发展的政策，主要包括：《中华人民共和国可再生能源法》、《可再生能源发电价格和费用分摊管理试行办法》、《电网企业全额收购可再生能源电量监管办法》、《关于加快推进太阳能光电建筑应用的实施意见》、《关于实施金太阳示范工程的通知》等系列政策法规。

2011 年颁布了多项鼓励光伏产业发展的政策，包括《产业结构调整指导目录（2011 年本）》、《关于做好 2011 年金太阳示范工作的通知》、《关于完善太阳能光伏发电上网电价政策的通知》。特别是《关于完善太阳能光伏发电上网电价政策的通知》，制定全国统一的太阳能光伏发电标杆上网电价。按照社会平均投资和运营成本，参考太阳能光伏电站招标价格，以及我国太阳能资源状况，对非招标太阳能光伏发电项目实行全国统一的标杆上网电价。其中，2011 年 7 月 1 日以前核准建设、2011 年 12 月 31 日前建成投产、尚未核定价格的太阳能光伏发电项目，上网电价统一核定为每千瓦时 1.15 元（含税，下同）；2011 年 7 月 1 日及以后核准的太阳能光伏发电项目，以及 2011 年 7 月 1 日之前核准但截至 2011 年 12 月 31 日仍未建成投产的太阳能光伏发电项目，除西藏仍执行每千瓦时 1.15 元的上网电价外，其余省（区、市）上网电价均按每千瓦时 1 元执行。今后，国家发改委将根据投资成本变化、技术进步情况等因素适时调整。

3. 中国光伏逆变器行业市场容量

据统计，2011 年我国光伏发电新增装机 2.5GW，累计装机达到 3.2GW。2008 年、2009 年、2010 年累计装机容量分别为 145MW、300MW、700MW。2009 年、2010 年、2011 年累积装机容量增长率分别为 107%、133%、357%。

2011 年，日本核泄漏事件后，我国将 2015 年光伏装机目标由 5GW 调至 10GW；七月份首次统一了光伏上网电价补贴后，国内装机量迅速增长，能源局在 12 月再次将 2015 年光伏装机目标提升至 15GW。受欧美主权债务危机影响，以及欧美国家对中国光伏电池板出口的双反调查，快速启动国内光伏市场已成为国内光伏行业共识，能源局年内第二次调高 2015 年光伏装机目标，显示政府对这一行业共识的支持。

虽然太阳能光伏发电市场增长速度较快，但在整个发电行业中占比仍旧很低。根据国家能源局统计，截至 2011 年末，我国发电设备累计装机容量为 10.5 亿 kW，其中光伏发电的占比仅为 0.3%，光伏发电产业发展空间巨大。

4. 中国光伏逆变器行业主要品牌

在国内光伏逆变器行业，以阳光电源、兆伏、颐和为代表的中国厂商占领中国大部分市场，仅阳光电源，就占 2011 年中国市场的 37%。其他活跃的国内品牌包括冠亚、科诺、正泰、许继、特变电工等；在中国活跃的国外品牌有 Emerson（美国）、Satcon（美国）、Siemens（德国）、Power-One（美国）。

同时，国内光伏逆变器行业中，以山亿为代表的中国厂商以海外市场销售为主，在国外表现活跃，包括格瑞特、艾索等品牌。

特别感谢

本行业发展报告资料收集、部分撰写工作得到阳光电源股份有限公司的积极参与和大力支持，特此表示感谢。

2011年中国电能质量产业发展报告

中国电源学会电能质量专业委员会

西安赛博电气有限责任公司

一、电能质量行业发展背景

从20世纪60年代半导体晶体管的发明到20世纪70年代初期大功率晶体管和末期功率场效应管的发明，为发达国家工业带来了快速的发展。据统计，40%电力能源是经过电力电子设备转换才得到的，大量的电力电子元器件的应用对电网产生了负面影响，对其工业产生较大损失。20世纪80年代初期，日本、德国、美国等发达国家开始着手系统研究电能质量问题，并大力发展电能质量相关产品，电能质量产品也由无源时代发展到有源时代，有源电力滤波器、STATCOM等电能质量设备在这一时期得到了长足的发展。国外有关电能质量的研究已趋成熟，从所使用的功率理论的扩展，到电能质量问题分析方法的提出，以及用户电力技术等，电能质量技术的研究和电能质量装置的开发正深入进行。国外针对电能质量问题开发出许多电能质量装置：有源电力滤波器（APF）、静止无功发生器（SVG）、电池储能系统（BESS）、超导磁能存储系统（SMES）、静态电子分接开关（SETC）、不间断电源（UPS）等。这些产品都是采用了电力电子技术，技术已相当成熟，并且进入了大量实用化的阶段。

国内经济增长与年均电力需求的增长趋势基本保持一致，证明了中国经济的发展直接带动了用电需求的增长，对电力系统也得到结构性的颠覆。代表着高科技水平的电力电子装置成为国民经济发展的重要支柱，但也使电力系统中的谐波、三相不对称、电压闪变、瞬变等电能质量问题日益突出，制约了国民经济高速发展，成为当前乃至今后一个时期电力系统的重要矛盾。

近十年间，由于中国电力电网事业的发展和"智能电网"的建设的需要以及人们对电能问题引发的事故以及相关经济损失的认识，促进了电能质量市场的发展；其次，电网、矿山、石油化工、铁路、冶金和新能源等应用电能质量产品的下游主要用户行业的爆发式增长和发达国家和行业协会的影响和推动，使中国电能质量市场得到了进一步的发展。

为了保证我国的电能质量，自1990年以来，我国相继发布了5项电能质量国家标准：GB 12325 - 2008《电能质量 供电电压偏差》；GB 12326 - 2008《电能质量 电压波动和闪变》；GB/T 14549 - 1993《电能质量 公用电网谐波》；GB/T 15543 - 2008《电能质量 三相电压不平衡》；GB/T 15945 - 2008《电能质量 电力系统频率偏差》。这些标准的发布无疑为提高我国的电能质量水平起到了促进作用。

2008年10月17日电能质量第一个行业组织"电能质量专委会"在西安成立，标志着我们国家的电能质量道路上在行业组织发展的又一个里程碑。

目前，国内在电能质量方面的研究，大多局限在谐波、无功问题的范围内，也提出并开发了一些改善和提高电能质量的电能质量补偿装置，包括有源电力滤波器（APF）、动态无功补偿装置（SVC）、静止无功发生器（SVG）、动态电压恢复器（DVR）、不间断电源（UPS）等。

二、国外行业发展状况

从国外电能质量控制装置的发展情况来看，日本、德国、美国等发达国家的电能质量控制装置的发展水平处于全球领先水平，而且占据全球行业出口量的60%以上。全球较大的两家电能质量产品生产厂商如下：

1. 瑞士ABB

ABB集团是电力和自动化技术领域的领导者，集团业务遍及约100个国家，全球员工总数约为13.5万人。集团下设3个业务部门，分别从事电力技术、自动化技术和石油/天然气/石化行业。

ABB的电力产品部门统领ABB在世界各地的变压器、开关、断路器、电缆和辅助设备制造业务。ABB的电力系统部为世界各地的输配电网络和发电厂提供全套系统和服务，重点是变电站和变电站自动控制系统。此外，该部门还提供灵活交流输电系统（FACTS）和高压直流（HVDC）输电系统以及电网管理系统。在发电业务领域，电力系统部提供仪表产品以及电厂控制和辅助装置。

2. 施耐德电气

施耐德电气集团成立 170 多年，为 100 多个国家的能源及基础工业、数据中心及网络、楼宇和住宅市场提供整体解决方案，全球拥有 11.4 万员工。其旗下拥有驰名国际的两大品牌：梅兰日兰、TE 电器。施耐德的主要产品包括人机对话、不间断电源、运动控制、传感技术、MGE 不间断电源系统等，其中电能质量产品包括高低压电抗器、高低压电容器、无源滤波器、有源滤波器。

三、国内行业发展状况

1. 行业情况

电能质量技术的应用需要针对不同用户对供电可靠性和电能质量要求的不同采用不同的技术集成，所以，根据我国电网的情况和用户的需求，电能质量技术应用也一定会有我国的特点。而且，进口设备价格昂贵，技术支持也比较困难。因此，发展电能质量技术并做好相应的产业化工作，是我国电力工业界当前的一大课题。

目前，国内已经有不少单位开展电能质量技术的研究，如：西安交通大学、清华大学、四川大学、华北电力大学、中国电科院等，研究方向基本涵盖了目前该领域的主流装置，根据目前我国电力系统的现状和电能质量技术在我国的发展状况，从目前现存的电能质量问题的设备和解决方案看，电能质量设备主要可以分为三类：电能质量监测系统，帮助用户了解电网供电或用电的状态；电能质量治理设备，从电压、谐波、功率因数等方面对电能质量问题进行修正和完善；软件系统，帮助企业实现电能质量监控和治理的自动化。各类别产品主要包括监测设备、无功补偿装置、滤波器、检测软件等。

2. 企业情况

以下简要介绍 6 家在电能质量行业内具有代表性的高新技术企业。

（1）荣信电力电子股份有限公司

公司拥有具有上百名高端人才的研发团队，常年引进独联体和欧洲权威技术专家直接参与企业技术开发，并与国内国际多所著名大学，共同建立多个实验室，能够满足从系统仿真（RTDS）到全载试验的全过程检验检测需要，可承担电力电子领域最复杂及最前沿的试验研究。公司拥有 66kV/16000kVA 高压变电站、SVC 专用高压全载试验中心、高压变频专用全载试验中心等设施；拥有各类专利 40 余项、软件版权 10 余项；承担了中国国家级重大科研项目 23 项，是两项国家标准的制定单位。

荣信电力电子股份有限公司电能质量产品包括高压电网无功补偿设备、滤波器、串联补偿器等，广泛应用于电力、冶金、煤炭、有色金属、电气化铁路、风力发电、船舶等领域。

（2）西安赛博电气有限责任公司

西安赛博电气有限责任公司成立于 2003 年，是专业从事以有源电力滤波器及静止无功发生器为核心的电能质量产品的研发、生产、销售和服务为一体的高科技企业，是电能质量整体解决方案一流提供商。公司依托西安交通大学在电能质量控制领域十余年的技术积累和国内的领先地位，同时《供用电系统谐波的有源抑制技术及应用》获得了国家科学进步奖。

以"电能质量产品国内最佳品牌"为发展目标，拥有自主知识产权的先进核心技术，建立了科学、完善的现代管理体制，西安赛博电气有限责任公司通过了 ISO9001 - 2008 质量体系认证，建立了先进的电能质量产品试验站，可向客户提供性能优越、质量可靠的全系列产品。公司产品已成功应用于钢铁冶炼、建筑、电力、纺织、轨道交通、新能源、通信、石化及采矿等多个行业。公司已形成以西安为中心，辐射全国的销售网络。

主要产品包括有源电力滤波器、低压大功率静止无功发生器、高压静止无功发生器、电压质量综合控制设备等。

（3）思源电气股份有限公司

思源电气股份有限公司成立于 1993 年 12 月，2004 年 8 月 5 日在深圳证券交易所成功上市，是国内知名的专业研发和生产输配电及控制设备的高新技术企业、国家重点火炬计划企业，是电力设备制造与服务业中发展最快的上市公司之一。

思源电气股份有限公司为输配电行业提供系统解决及应用方案，目前主要电能质量产品有动态无功补偿及谐波治理装置（-SVG）、有源电力滤波装置（-APF）、高压变频调速装置（-MVD）、动态电压调节装置（-DVR）。

（4）深圳盛弘电气有限公司

深圳市盛弘电气有限公司是一家专注于电力电子技术应用的高科技公司，公司的战略方向是为新能源和智能电网提供领先的电力电子产品和解决方案，提供用户更高效率利用电能的核心用户价值。

盛弘电气具备全系列电力电子技术平台，包括 AC/DC、DC/AC、AC/AC、DC/DC，在 200W ~ 500kW 功率段各种电力电子技术平台具有 10 年以上的产品开发经验。盛弘电气电力电子产品，均具备高效率、高功率密度的领先技术优势。

盛弘电气的产品包括：有源滤波器、光伏并网逆变器、新能源汽车非车载充电机、定制电源。

（5）山东山大华天科技股份有限公司

华天公司创立于 1991 年 5 月 7 日，2000 年 12 月 28 日，山东山大科技集团公司联合山东省高新技术投资有限公司、山东省企业信用担保有限责任公司、山东银座商城股份有限公司等战略投资者及 12 名自然人共同以发起方式设立省内高校首家按现代企业制度规范设立的股份制企业——山东山大华天科技股份有限公司。

山东华天的主要产品包括有源滤波器、无源滤波器、低压无功补偿、高压无功补偿、EPS 应急电源、低压成套开关设备、网络能源设备。

（6）哈尔滨威瀚电气设备股份有限公司

哈尔滨威瀚电气设备股份有限公司（原哈尔滨工大威瀚科技开发有限责任公司）成立于 1999 年 6 月，坐落于哈尔滨平房开发区，依托哈尔滨工业大学人才优势，成功开辟产学研成功范例，是致力于动态无功功率补偿及其相关领域电力电子产品开发应用的高新技术企业。

哈尔滨威瀚电气设备股份有限公司主要产品有高低压 ASVG 动态无功发生电源、高低压 APF 电力有源滤波装置、高压 TSC 动态无功功率补偿装置、高压 TCR 型 SVG 动态无功功率补偿装置、TSC 系列晶闸管动态无功功率补偿器、TSF 动态谐波滤波器、HVC 高压自动无功电压综合调节装置、新型 TSVG 动态无功发生电源、WHGRQ 系列中高压电机软起动装置等。

综上所述，基于电力电子技术的电能质量改善产品的产业化应用正呈现高速发展的态势。在该领域内，有源滤波技术和动态无功补偿技术存在较高的技术壁垒，为行业中少数企业掌握并实施产业化应用，能够生产覆盖高压、低压，同时实现有源消谐和动态无功补偿产品的企业更少，因此，产品面临的竞争较少。该领域巨大的发展潜力和旺盛的市场需求将吸引更多的竞争对手进入，影响产业的产品价格和盈利水平，从而导致电力电子设备产品的利润水平降低。

3. 国内外对比

目前，国外有关电能质量的研究正掀起高潮，从功率理论的研究、电能质量评价指标体系的讨论，到电能质量监测，各种电能质量问题的分析，以及配电柔性输电技术（DFACTS）等电能质量控制技术的研究和装置的开发正深入进行。在欧美、日本等发达国家和地区，电能质量技术及其装置已经得到了广泛应用，并且已经有大量能进行工程应用的成熟产品。

另一方面，我国总体经济和技术水平虽然还比较落后，但在部分经济发达地区电能质量问题的影响已经比较突出。尤其是随着经济的快速发展，产业转型下形成的各地高新技术开发区对电能质量有更高的要求。目前，已经有不少高新技术开发区不得不引进国外的电能质量技术产品，以减少因停电或其他电能质量问题而引发产品质量下降造成的损失。

我国的电能质量相关技术起步较晚，在 20 世纪末之前甚至没有形成一定规模的产业。从 20 世纪末至今的 10 多年间，我国电力电容器制造业飞跃式的发展以及 APF 与 SVG 核心技术的掌握和量产等一系列发展，不论是在技术上还是在生产规模上都呈现出世人所公认的进步。

需要注意的是，虽然我们在产品技术经济指标和外观方面都有了今非昔比的变化，但是在一定程度上，这些技术的进步是靠国外技术进步尤其是中外合资企业的先进技术所带动的，具有自主知识产权的技术并不多，这些进步是追赶性的。

总体来讲，我国电能质量技术虽然与国外有一定的差距，但是随着我们国家对电能质量技术的深入研究，我们的电能质量技术已处于高速发展阶段。

4. 影响国内电能质量产业的因素分析

从我国电能质量综合控制装置行业发展情况来看，目前正处于行业成长期发展阶段。在此阶段，行业的发展速度较快，产品产量较快增长，行业利润率水平和盈利水平居于较高水平。同时，由于我国目前越来越重视智能电网建设，政府陆续出台各项鼓励电力系统节能减排的政策，这也使得该行业受到极大的政策优惠，行业发展具有广阔空间。目前，影响整个行业发展的有以下几个因素。

（1）市场因素

电能治理产品或服务下游市场应用广泛，涉及电网、冶金、煤炭、化工、铁路等大产业，下游需求是支撑电能治理产业产品价格的重要一环。

"十二五"期间的电网建设思路是转变电网发展

方式，通过大力建设电网线路来加大输电比重，争取到 2020 年将输电比例提升到 20% 以上。"十二五"期间，国家电网将重点发展大电网和目前的薄弱点——配电网。国家电网还将制定实施农电发展战略，大力加强农网建设。国网"十二五"加强对配电端建设的投入意味着，配电端电力设备市场将随之大幅扩容。最为智能电网的组成，一部分电能质量将被提到一个新的高度，拥有巨大的市场空间。

在铁路方面，2010 年，我国铁路营业里程达 9.1 万 km，增加 4986km，居世界第二，仅次于俄罗斯。虽然我国的铁路建设取得了辉煌的成就，但是，相对于 13 亿庞大的人口基数和经济快速发展对运输的需求来看，我国的铁路总量还是不足的。即使到 2020 年实现了《中长期铁路网规划》，建成 1277km 以上的铁路网，我国铁路密度仍低于美国、日本、欧洲等发达国家，还需要不断向前发展。

在石化行业，"十二五"期间，石化产业结构调整目标建议也指出：到 2015 年，形成若干个 2000 万 t 级的炼油基地，全国炼厂平均规模超过 600 万 t/年，乙烯装置平均规模达到 60 万 t/年以上。氮肥、农药、氯碱、纯碱、电石等传统行业，通过淘汰落后、兼并重组减少企业数量，提高产业集中度；全国石油和化工百强企业销售收入占行业的比重提高到 1/3，销售收入过千亿元的企业达到 10 个以上。

（2）技术因素

电能质量产品向有源滤波技术和动态无功补偿技术等高新技术发展，而作为以有源技术为核心的电力电子设备行业存在较高的技术壁垒，电力电子设备行业为技术密集型产业，是电力与电子交叉学科，并迅速向专业化、信息化、智能化和集成化的方向发展，需要大量电力系统设计、电力电子技术、高压电气设计、机械结构设计、微电脑技术、通信技术、控制技术、软件编程等专业的研发人员协同努力才能完成产品设计、研制和创新性改进，并需要先进、完善的工艺装备完成精致化生产。同时研发人员的技术水平和知识的深度和广度都会直接影响到产品的质量和水平。

而这些技术为行业中少数企业掌握并实施产业化应用，能够生产覆盖高压、低压，同时实现有源滤波和动态无功补偿产品的企业更少，因此，产品面临的竞争较少。2007 年 ~ 2010 年上半年，这些产品的利润达到 30% 甚至 40% 以上，且呈持续上升态势。

（3）硬性技术标准

一般公司的产品获利能力由于客户的不同会有所不同。由于非电力系统客户对于无功补偿的认识不足，产品使用往往是迫于电力公司对于电能质量的硬性标准，安装积极性不高，对于产品价格的关注程度要远远高于性能，拖欠账现象较为严重，导致了对非电力系统客户销售的产品盈利能力较弱。相比之下，电力系统客户虽然对产品质量及技术性能要求更加严格，但同时拥有良好的商业信誉，在产品订购、货款支付等方面均优于非电力系统客户，因此公司对电力系统客户销售的产品一般盈利性较高。近几年由于国家及电力公司对节能减排的要求日益严格，市场对无功补偿及谐波污染治理的需求日益增加，非电力系统客户也逐渐认识到无功补偿装置的重要性，产品需求也在不断增加。

（4）规模经济效应

电力电子设备产品销售规模的提高能够为企业在原材料采购和生产领域带来规模经济效应。固定资产的剩余产能得以充分利用，同时由于大批量的原材料采购，单位采购成本和相关成本均得以降低。

（5）成本控制

20 世纪 90 年代，90% 以上的电能质量市场被国外公司瓜分，不到 10% 由新兴的国内企业占有。2000 年以后，国内企业的市场份额逐渐增加。以瑞士 ABB、德国 SIEMENS 为代表的国外企业，目前仅在电力系统超大功率电能质量产品技术上居领先优势，占领 79% 以上的国内电力系统市场份额。由于国外电能质量产品造价昂贵，极大地限制了电能质量产品在国内电力系统的推广应用，导致该领域市场潜力巨大但却处于需求抑制的状况，目前国内本土企业正在积极开拓该部分市场。

以荣信电力电子股份有限公司、西安赛博电气有限责任公司、思源清能电气电子有限公司等为代表的国内高新技术企业，在国内电能质量市场上具有绝对成本优势与本土化快速完善的服务优势，市场份额迅速成长，最终占领了 90% 以上的国内电能质量市场份额。国际电能质量行业市场化程度非常高，无任何限制。国产电能质量产品具备绝对的成本优势，售价仅是国外产品的 30% ~ 50%，是未来国际市场的后起之秀。

四、对未来发展分析和建议

1. 技术发展趋势

近年来，电能质量控制技术及装置的发展非常迅速，各类技术都是有一定的使用价值，一些高新技术产品如 APF 和 SVG 技术还需要进一步改进。未来的技术还需要进一步发展，主要向技术复杂度、经济性和可靠性方面发展。在如下几方面的发展将会是未来发展的重点。

1）电能质量控制的基础理论研究。包括统一的畸变波形下电能质量的含义，电能质量的界定方法，评价体系的研究，各功率成分的定义及物理意义研究等。目前，为适应不同需要，提出了许多功率成份的定义方法，在其数学表达式、物理意义及实施方面，各有所长。但距离理论上和实践上的统一，并易于接受的表达式尚有一定的差距。

2）研究不同干扰条件下，电能质量指标的科学测量方法及各种电能质量检测仪器和设备。各种电能质量指标均应有合理的计算分析方法，特别是针对不同干扰源的预测计算方法及其误差估计等。建立电能质量指标计算分析程序和数据库，同时还应建立起电能质量控制装置的系统仿真模型。

3）基础电力电子元器件的提升。目前，电能质量产品的核心元器件 IGBT 等功率器件均为国外进口产品，国内没有相关器件的知识产权，无法掌握核心技术，不能直接生产。造成了高端电能质量产品的生产成本较高、生产周期不确定，功率元器件的发展直接影响到电能质量产品。所以基础电力电子元器件的国产化显得十分必要与重要。

4）电能质量产品的高度智能化。最近几年，以专家系统、神经网、模糊逻辑和进化计算为代表的人工智能新技术已开始较全面地应用于电能质量研究，因为这是个较复杂，工作量和数据处理量很大的系统工作。特别是在电能质量分析方面，很多人工智能应用来进行辅助分析，对复杂的问题进行处理。智能化旨在减轻人的劳动，能自动对电能质量问题进行识别和数据处理，从而实现全面的无人监控功能。

5）国家标准的完善与细化。由于电力系统的快速发展，原有的电能质量相关国家标准已不能符合当今电力发展需求，甚至相关标准有所缺失，无法对相关电能质量问题进行定义，使相关电能质量产品不能完全标准化。对于国家标准的完善与细化是迫在眉睫的。

2. 市场发展趋势

2010 年到 2012 年的 3 年时间，随着国家节能减排政策的深入和智能电网工程的开展，中国电能质量市场将进入快速发展的时期。未来 3 年中国电能质量市场的发展会保持一个相对较高的发展速度，即年均复合增长率还会保持在 18%，远远高于中国的 GDP 预期和其他行业的发展速度。

目前，发展相对比较成熟的 PF 和 SVC 等产品在未来 3 年内还会保持稳定的发展，增长速度预计持续在 15% 左右；相对较新的产品 APF 和 SVG 等产品在未来会进一步被用户所接受，随着技术的进步和性能的提高，预计未来会有超过 20% 的增长；相对比较陌生的治理暂降类的产品预计会相继实现零的突破，在未来 3 年内会有成倍的增长；监测类产品也会有较快的发展，相对成熟的便携式监测产品预计会有 15% 的增长速度，而在线式的监测产品则随着功能性和适用性能的进一步完善从而在未来 3 年内达到超过 20% 的发展速度。

我国电能质量的发展刚刚进入快速增长期，企业数量不断增加，但是规模相对较小，国内还没有形成绝对的领导企业，只是一部分企业在技术和市场份额上有些优势。而且，我国电能质量高端产品市场很大一部分被国外进口产品占据，在低端产品市场国内企业的竞争非常激烈。随着技术的不断发展，我国电能质量行业中的企业数量会不断增加，企业规模也会不断增大，并且不断会有企业进入高端产品市场的竞争当中，从而发展成为国内企业在高端产品市场和低端产品市场的竞争都非常激烈的局面，国外对我国高端产品市场的优势地位将会受到强烈的冲击。

3. 行业发展建议

虽然中国电能质量市场在未来的发展前景是非常好的，但是根据研究，目前仍然有几个问题侧面的阻碍了市场的发展。主要包括：

首先，电能质量的相关认识和理解还需要进行进一步的宣传。相比 21 世纪的初期，目前人们特别是下游的用户对电能质量的认识已经有所深入和提高，但主要局限在东部沿海和发达的地区；相比而言，中西部地区由于其经济的发展限制和相关意识水平等原因，电能质量的相关认识还没有被很好地引入。为了保持市场的全面和持续的发展，电能质量的概念应该进一步的被宣传。

其次，就外部环境而言，电能质量的监督和管理体制还应该被合理的制定和完善。纵观目前中国整个电能质量市场，没有一个部门被明确提示可以作为电能质量监管的主管部门。没有监管，监管不力等现象长期阻碍了市场的发展。按照电力工业部在 1998 年颁发的《电网电能质量技术监督管理规定》的条文，国家电力公司负责全国电网电能质量技术监督，但是具体业务由两大部门分级管理，各级电力调度部门为主，对电厂、电站进行监管，但是由于所用指标和监管的范围有限，对广大用户所提供的发电侧电能质量的状况还是没有根本的保障；

还有就是电能质量检验测试中心站，负责监测干扰源用户的谐波、电压波动、闪变以及三相不平衡等，大量设备和人力的投入，实际上也没有达到预期监测的目的。很多厂家和专家反映，监管政策体制的不完善，监管力度的不够造成了中国电能质量市场从根本上没有保障，从而限制了市场的发展。

另外，由于中国电能质量市场尚处于初级阶段，目前在市场的发展过程中，一些市场的参与者出现了一些鱼龙混杂的现象。一些厂家不注重质量和对用户的保障，导致了用户对电能质量产品的不信任态度，从而阻碍了市场的健康发展；此外，作为电能质量产品的最大的用户群体电网公司，也出现了资源配置上的重置、采购盲目和使用混乱的情况，不仅对电能质量市场没有起到相应的宣传作用，反而造成极大的浪费。

第五部分　电源行业要闻

一、行业新闻

1. 国家科技部批准设立"中国电源学会科学技术奖"

2. 中国电源学会在会员企业中建立理事单位组织体系

3. 国家新闻出版总署批准出版《电源学报》

4. 中国电源学会第十九届学术年会在上海召开

5. 第二届中国电源技术年会在深圳召开

6. 电源企业上市总览

7. 全国八成以上铅蓄电池企业被关闭或停产

8. UPS迈入云动力时代

9. 新能源崛起，数据中心的隐形作用初见端倪

10. 我国研发成功电动汽车新电源，充电只需10多分钟

11. 国内逾九成LED驱动电源无专利保护

12. 2011年逆变器出货排名逆转，我国台湾地区逆变器跃身前五名

13. 2011年太阳能光伏发电取得历史性突破

14. 《集中式蓄电池应急电源装置》标准报批审查

15. 分布式电源并网运行控制规范标准编制正式启动

16. 电动汽车充换电设施标准审查通过

17. 工信部发布电动车充电接口等4项国家标准

18. 国家发改委出台太阳能光伏发电标杆电价

19. 深圳出台LED路灯相关技术标准

二、企业动态

1. 合肥阳光电源成功上市

2. 中共中央政治局常委、全国政协主席贾庆林接见何思模董事长

3. 科华恒盛持续荣膺中国高端UPS市场年度成功企业

4. 伊顿9395系列UPS全功率段实现国产化生产，本地化进程再树丰碑

5. 凌力尔特公司庆祝致力模拟创新三十周年

6. 科士达蝉联"国内UPS首选品牌"大奖

7. APC签约英迈，进一步扩展中国市场的渠道覆盖

8. 英飞凌成功采用全新300mm薄晶圆技术制造功率半导体芯片

9. 台达UPS为"天宫一号"升空保驾护航

10. 中共中央政治局常委李长春到志成冠军集团有限公司调研考察

11. 长城柏怡优势互补，打造电源行业龙头企业

12. 陕西省电能质量工程研究中心获批组建

13. 艾默生荣获"2011年度数据中心基础设施优秀管理解决方案奖"

14. 茂硕电源荣膺2011高工"本土十大品牌"

15. 许继集团入围2011新能源汽车产业创新力50强

16. 金升阳顺利成为广州市工业企业安全生产标准化达标企业

17. 中达电通获评深圳大运会"优秀合作伙伴"殊荣

18. 圣阳电源建立院士工作站，开创先进技术平台

19. 天威保变500kW光伏逆变器获国家金太阳认证

20. 南京冠亚荣获"2011年度十大创新逆变器"企业称号

21. 宏微"高压大电流NPT-IGBT和FRED芯片"达到世界先进水平

22. 长运通推出高性能、高功率因数、去电源化光源技术

23. 泛华恒兴nextkit获CEC"2011年度本土创新产品奖"

24. 艾普斯电源ACST系列电网模拟电源取得国家专利证书

25. 日意打破1MW直流开关电源在逆变器行业的应用现状

26. 厦门蓝溪科技有限公司"LXUP-G并联型锂电池电力电源柜"项目被国家火炬计划立项

27. 西安功率器件测试应用中心成立

一、行业新闻

国家科技部批准设立"中国电源学会科学技术奖"

中国电源学会经过长时间的筹备申请，于 2011 年 1 月得到国家科学技术部的批准，在国家科技奖励工作办公室登记，正式设立"中国电源学会科学技术奖"（国科奖社证字第 0220 号，以下简称"电源科技奖"）。

"电源科技奖"是受国家委托组织实施，代表本专业、本行业在全国范围内评选的最高水平的科技奖励。奖励在我国电源领域的科学研究、技术创新、新品开发、科技成果推广应用等方面做出突出贡献的个人和单位。

"电源科技奖"获批后，经过广泛地征求意见以及学会理事会、常务理事会的充分讨论，制定了《中国电源学会科学技术奖组织实施细则》，设立了科技奖励工作办公室，并于 2011 年正式启动首届"电源科技奖"申报、评选工作。

首届"电源科技奖"设立科技进步奖、技术发明奖、青年奖、杰出贡献奖 4 类，共有 12 个项目、3 个个人获奖，并于 2011 年 11 月 18 日在上海举办了颁奖仪式。下届中国电源学会科学技术奖将于 2013 年举行。

另悉，首届电源科技奖一等奖项目中兴通信股份有限公司"ZXDU68 S601/T601 通信直流电源系统"经过中国电源学会推荐已取得 2012 年国家技术发明奖的参评资格，正式参与 2012 年国家技术发明奖评选。

中国电源学会在会员企业中建立理事单位组织体系

中国电源学会长期以来既团结了全国电源学术界，又团结了全国电源企业界，目前有 500 多家企业参加学会，成为学会重要组成部分。为了全面发挥学会优势，加强为企业服务，促进产学研相结合，建立以企业为中心的创新体系，形成企业界的组织体系和服务系统，充分发挥大型企业在行业和市场发展中的领导示范作用，中国电源学会 2011 年在会员企业中发展以企业名义参加的理事单位、常务理事单位、副理事长单位。经过企业申请和审查，有 32 个企业成为理事单位，17 个企业成为常务理事单位，艾默生网络能源有限公司、广东易事特电源股份有限公司、深圳茂硕电源科技股份有限公司、深圳市航嘉驰源电气股份有限公司、台达电子企业管理（上海）有限公司、天宝国际兴业有限公司、厦门科华恒盛股份有限公司、阳光电源股份有限公司等 8 个企业成为副理事长单位。

6 月 24 日在深圳召开了首届理事单位第一次全体会议，介绍了理事单位发展情况，宣布了理事单位、常务理事单位、副理事长单位名单，颁发了理事单位证书，讨论了行业服务工作计划，概括为 4 个平台，两个专项服务。4 个平台：行业发展交流平台、产学研交流合作平台、技术交流和培训平台、采购信息平台。两个专项服务：开展行业市场调查研究，出版中国电源行业年鉴；开展行业科技奖励，推广优秀产品和成果。

国家新闻出版总署批准出版《电源学报》

2010 年 6 月，根据新闻出版总署新出审字 [2010] 401 号文件，同意出版《电源学报》，国内统一连续出版物号为 CN12-1420/TM，主办单位为中国电源学会。

《电源学报》办刊宗旨为：跟踪国内外电源相关新理论、新技术、新成果，促进电源界学术交流，报道电源市场、企业、产品、技术等相关信息，促进国内外电源企业技术及产品的交流合作，推动我国电源产业的发展。

2011 年 1 月，《电源学报》第 1 期正式出版，内容包括电源技术、产业发展展望，新颖开关电源，逆变器与 UPS，加热、电焊等特种电源，照明电子，交流稳定电源，电力传动与变频调速，电动汽车与电力机车，电源的数字控制，电池及充电技术，软开关技术，多电平、新颖 PWM 控制，系统仿真、建模与控制，高频磁元件和集成磁技术，单相、三相功率因数校正技术，谐波、电磁兼容和电能质量控制，SIC 器件、新型功率器件及其应用，太阳能、风力、燃料电池发电，储能技术，电源标准。

《电源学报》代表中国电源科技界的最高学术水平，是科技人员职称晋级和学位评定的重要参考。

中国电源学会第十九届学术年会在上海召开

2011 年 11 月 18 日至 21 日，中国电源学会第十九届学术年会在上海隆重召开。中国电源学会学术年会是中国电源界规模最大、级别最高的综合性学术盛会，已有 30 多年历史。本届年会录用论文 226 篇，有超过 400 名代表参加，汇聚境内外电源学术界、产业界和政府部门的高层人士。通过多种形式，总结交流电源技术新理论、新技术、新成果，展示目前电源技术的发展水平，探讨今后的发展方向。

大会开幕式由中国电源学会副理事长兼秘书长韩家新主持，并代表中国电源学会理事长王兆安教授致开幕词。开幕式上，还进行了"首届中国电源学会科学技术奖"的颁奖仪式及"中国电源学会第十八届学术年会优秀论文"颁奖仪式。

开幕式之后，进入学术交流环节。本次年会大会报告特邀瑞士理工大学 Kolar 教授、以色列 Holon 理工大学 Ioinovici 教授、中科院电工所李耀华副所长等国内外知名专家学者进行报告，同时还安排了12 个主题分会场交流以及墙报交流等活动。

会议同期还召开了中国电源学会第六届理事会第三次全体会议、中国电源行业产学研交流座谈会、中国电源学会第六届理事会第五次常务理事会和《电源学报》编委会。

本次学术年会的成功召开，离不开承办单位鸿宝电气集团股份有限公司、英飞凌科技（中国）有限公司、富士电机以及其他众多企业的支持和资助。

下届年会暨中国电源学会第二十届学术年会将于 2013 年第四季度在杭州召开，浙江三科电器有限公司将承办会议，富士电机将作为协办单位参与。此外，还有多家企业也在积极申请成为协办单位，确定后我们将及时对外公布。

第二届中国电源技术年会在深圳召开

由中国电源学会主办的第二届中国电源技术年会于 2011 年 6 月 23 日至 25 日在深圳召开。会议由学会副秘书长李占师主持，电源行业知名专家学者、企业高层等相关人士出席了会议。中国电源学会专家委员会主席张广明、本次会议的赞助单位深圳茂硕电源科技股份有限公司董事长顾永德、广东省电源学会理事长张波发表了热情洋溢的致辞。开幕式上，还举行了中国电源学会首届理事单位授牌仪式，及增补刘选忠为中国电源学会专家委员会高级顾问的证书颁发仪式。

中国电源技术年会是以促进技术交流、技术进步、技术创新为宗旨，以电源技术人员为主体，以电源应用技术为主要内容，涵盖技术交流、技术培训、技术沙龙、人才招聘等项目的大型、综合性电源技术活动。本次年会，共计组织会议演讲 40 余场，参会人数超过 800 人，会议获得业内人士的一致认可和高度赞扬。

本次技术年会分主会场和分会场，主会场凭借中国电源学会雄厚的专家资源，集合国内外知名专家、知名企业技术高层以及资深技术开发人员，围绕技术管理经验、技术发展动态、先进设计思想、水平较高的专项技术为主要内容，涉及主题包括高效率电源设计、可再生能源发电、LED 照明、大功率 UPS 技术、汽车电子等热点内容。参会工程师一致认为，专家们的演讲开拓了电源技术人员的视野、启发了新思路、提高了电源行业的整体技术水平。

主题分会场根据电源产品的不同分类设置不同的主题，使技术人员和工程师更有针对性地对自己从事的领域进行集中讨论、学习和交流。为增强参会代表间的相互交流，在各分会场技术交流会议之后还设立了技术沙龙环节，沙龙由知名专家担任主持人，参会人员根据设定的主题自由发言讨论，为参会者提供了一个畅所欲言、互相交流、互相学习、共同提高的平台。

本次会议还增加了专题培训。以往会议，多以主题演讲的形式进行技术交流，由于时间有限，无法满足工程师深入系统学习的需求。为解决这一问题，本届技术年会以"光伏逆变器设计技术"为主题开设专题技术培训。讲座特邀国内知名可再生能源发电技术专家赵争鸣教授进行授课，全面、系统地讲解光伏逆变器设计的相关技术要点和设计方法，使学员深入掌握相关知识。参加培训的学员都表示，赵教授的演讲深入浅出，内容更加系统、更加深入。

同时，为缓解电源企业对专业人才的需求，搭建专业人才与企业之间的交流平台，发挥年会期间技术人员集中、业内人员众多的优势，本次技术年会还特别面向电源及相关企业设立招聘专区，向有需求的企业提供现场招聘的机会，使具有电源人才需求的企业，与目标人员进行最直接、最有针对性的接触。本次招聘会共有 40 余家企业参与，取得了一定的效果。

中国电源技术年会已成为国内电源领域工程师们进行技术交流的最具权威的平台，受到工程师们的热烈追捧和由衷称赞。

电源企业上市总览

在 20 世纪 90 年代期间，上市的电源企业多数为电源管理类企业；21 世纪开始的头五年里面，上市的企业多数为电池类企业；而最近五年里，上市的企业则以具体的电子电源为主要产品，涉及 UPS、电力电源、通信电源、光伏逆变器等不同类型的电源。另外，随着创业板的开放，极大的激励了不同的电源企业，其中仅 2010 年就有五家企业上市，占统计企业数量的 1/2。未来上市企业的发展数量和质量还有较大的发展空间。

为了帮助更多的电源企业了解上市流程，更加有效地进行上市准备，更加顺利地成功上市，迅速形成一批具有规模优势的龙头企业，中国电源学会特联合相关金融及咨询机构，面向电源企业提供上市辅导整体服务。中国电源学会及其战略合作伙伴在公司的上市培训、上市规划、上市辅导、市场咨询、企业融资等方面拥有诸多成功案例，具有成熟的先进经验。

中国电源企业上市不完全统计表

公司股票简称	主要产品	上市时间
德赛电池	电池、电源管理	1995-3-20
上海贝岭	电源管理	1998-9-24
动力源	通信电源	2004-4-1
奥特迅	电力电源	2008-5-6
鼎汉技术	铁路电源	2009-10-30
九洲电气	高压变频器、开关电源	2010-1-8
科华恒盛	UPS	2010-1-13
中恒电气	开关电源	2010-3-5
南都电源	电池、通信电源	2010-4-21
科士达	UPS	2010-12-07
阳光电源	光伏逆变器	2011-11-02

数据来源：ICTresearch 2012，02

全国八成以上铅蓄电池企业被关闭或停产

整治铅蓄电池污染，是 2011 年全国环保专项行动的重点。目前，全国 80% 以上的铅蓄电池企业被关闭或处于停产状态。

2011 年，国务院批复《重金属污染综合防治"十二五"规划》，环保部部长周生贤表示，2012年，要加快实施《重金属污染综合防治"十二五"规划》，对重点防控地区、行业和企业，进行集中治理。对有色金属矿采选冶炼业、含铅蓄电池业、皮革及其制品业进行风险排查，妥善处理解决铬渣堆存等重金属污染历史遗留问题。严格落实各项防治要求，对达不到要求的企业，一律停产整顿，直至关闭取缔。

在产业结构调整中，环评审批发挥重要作用，有压有保。从严控制"两高一资"（高耗能、高污染、资源消耗型）、低水平重复建设和产能过剩项目。而对于民生工程、基础设施、生态建设以及有利于结构调整的项目，则按程序和要求加快环评审批进度。

UPS 迈入云动力时代

云计算不仅促使了 IT 行业变革，其带来的便捷、无边界的计算服务更是席卷了多个行业。作为基础设施建设不可缺少的 UPS，同样也受到了云的冲击，可以说云计算技术将使当前的 UPS 市场结构发生巨大变化，对产品、供应商和用户产生直接影响。今天国内外的 UPS 厂商纷纷"依云而动"，在技术、方案产品、服务等多方面调整策略，意欲迎合云时代对 UPS 的需求，在市场的推动下，UPS 产品正朝着高能效、大功率、集中紧凑的方向发展，同时也为云的建设提供源源不断的动力支持。

业界人士分析指出，云计算应用以后，云基地或者大规模的云计算数据中心集群将会随之出现，进而驱动对大规模 UPS 的需求，这是一个市场机会，但广大的 UPS 厂商在把握住云时代所带来的市场机遇时，把目光放得更远、更广阔。

新能源崛起，数据中心的隐形作用初见端倪

在国务院发布的"十二五规划"的高新产业的项目里，重点解析了国家在未来的 5 ~ 10 年当中，在风能、太阳能、风光互补等新能源技术上和服务上的大力拓展和推进。而在这些高新产业的幕后，相关数据保护的隐形作用初见端倪。当前，全球数据中心正面临大力扩张的趋势，但其绝不仅仅局限在 IT 企业，在数据就是金钱的金融界、在信息关乎生命的医疗界以及与每个人都息息相关的零售、物流等行业，都经受着信息爆炸以及业务需求带来的巨大挑战。数据中心已经成为了企业发展业务的基石，兴建数据中心支撑业务发展成为了很多企业的必然选择。

目前，基于云计算和虚拟化的新一代数据中心，具备了更加灵活的计算能力，在成本、能耗、部署、管理等各个方面均具有优势，是未来数据中心发展的必然趋势。但同时也对数据中心方案提供商提出了新的更高的要求，譬如绿色环保、虚拟化、整合、灵活性、模块化以及自动化、云计算等技术趋势必将引领新一代数据中心的发展。而如何整合这些特性，如何高效地利用数据中心成为了我国能否在世界高新技术产业取得突破性进展的一项重要指标。

我国研发成功电动汽车新电源，充电只需10多分钟

高能镍碳超级电容器是中国工程院周国泰院士领衔的科研团队采取综合性能平衡设计思路，提出的一种"内并式"超级电容器结构方案，将活性碳材料引入镍氢电池负极，即一个电极采用电极活性炭电极，而另一个电极采用电容电极材料或电池电极，将普通超级电容器与电池结合为一体。这种电容器兼有一般超级电容器和蓄电池的优异性能，其技术先进性一是比容量高。体积和重量比容量是目前车用超级电容器的10倍，已接近锂离子动力电池比能量的2/3；二是循环寿命长。该产品标准检测寿命5万次以上，实际使用充放电循环已达1.5万次，超级电容器使用寿命可达蓄电池的25～100倍；三是充放电效率高；充电10min可达到其额定容量的95%以上，大电流放电能力强，能量转换效率高；四是安全环保。该产品具有良好的高低温性能与环境适应性，使用温度范围可在 - 40～70℃，即便过充或短路也不会导致致命危险，使用安全可靠。该产品实现了零排放；五是性价比高。用于纯电动汽车的全寿命费用仅为锂离子电池的1/3。其电动车的综合运营成本大大低于蓄电池，一套电源可供4辆车连续使用，比锂离子电池的综合成本降低80%以上。经天津市科委组织的专家鉴定，其技术达到国际先进、国内领先水平。

国内逾九成LED驱动电源无专利保护

"LED电源等应用市场90%没有专利，因为相对于上游核心技术与器件，电源技术含量较低"，LED电源业内人士表示，"有些企业申请LED电源专利的目的是为了不受别人侵犯。"

LED电源是影响LED产品寿命的重要因素，电源的质量取决于电源所处的环境、材料、工艺以及后期的维护。目前，在LED电源市场，企业相互竞争的关键在于提高电源的性价比，以质取胜是大部分企业共同的目标。

目前，我国LED产业的专利主要集中于中下游应用领域。由于缺乏上游核心技术，我国LED企业在国际上不仅面临着专利风险，同时每年在专利诉讼和申请上的花费也不菲，严重制约了我国LED产业的发展。LED电源专业人士透露，目前LED电源申请重复性非常多，这与电源市场的混乱有关。

2011年逆变器出货排名逆转，我国台湾地区逆变器跃身前五名

面对光伏产业的升级，太阳能逆变器成为了技术升级中不可缺少的重要组成部分。在趸售政策变化下，导致国外逆变器（Inverter）大厂出货不及，如SMA市占率滑落至38%，反观我国台湾地区的生产厂商，则因高性价优势明显，包括比科风、茂迪、台达电等则顺势而起，总体排名大幅跃进，已挤进前五名之列。

由于2010年太阳能逆变器供不应求，以及关键电子零组件绝缘栅双极型晶体管（IGBT）的缺货，已促使2011年年初逆变器出货排名发展转变，拥有70%以上市占率的SMA，锐减至38%，而施耐德电气（SchneiderElectric）则通过并购加拿大Xantrx，使市占率达25%以上，使得我国台湾地区的生产厂商通过高性价比产品优势一举提高累计出货量，大幅缩减与SMA的差距，总体排名居于第五。

目前，逆变器国际大厂多半通过购并与合作的方式跨足微型逆变器领域，如SMA收购OKE-Services，美国系统商AkeenaSolar与Enphase发展合作伙伴关系，而我国无锡尚德也通过购买Enphase1MWp微型逆变器，进而提供逆变器结合该公司模组的解决方案。

2011年太阳能光伏发电取得历史性突破

2011年全球太阳能发电市场取得历史性突破。2011年，全球新增太阳能发电装机容量约2800万kW，同比新增1100万kW，相当于2009年底以前全球太阳能累计装机容量。至2011年底，全球太阳能发电累计装机容量达到6900万kW，与2006年底全球累计风电装机规模相当。

欧洲仍是全球太阳能发电市场的重点地区。2011年，欧盟27国新增太阳能发电装机约2100万kW，占全球太阳能发电新增装机的75%。其中，意大利新增900万kW，居世界第一；德国新增750万kW，法国和英国分别为150万kW和70万kW。

此外，美国和日本的太阳能发电市场保持稳定增长，2011年分别新增装机容量160万kW和110万kW；印度等新兴市场处于大规模发展前期阶段，年新增装机容量达到30万kW。我国2011年新增太阳能发电装机容量约220万kW，当年新增量位居世界第三，占全球太阳能发电新增装机的7%左右。

《集中式蓄电池应急电源装置》标准报批审查

2011 年 11 月 29 日至 30 日，由"中国建筑标准设计研究院"组织，合肥联信电源有限公司参与并承办的《集中式蓄电池应急电源装置》国家标准编制送审稿审查会议，在合肥新文采国际大酒店召开。合肥联信电源有限公司董事长兼总经理李多山先生、国家住建部罗文斌所长和林岚岚秘书长、安徽省住建厅黄峰主任和合肥市建委总工丁学福等领导及国内知名电气专家与参编企业代表共计三十多人出席会议。

会议由住房和城乡建设部建筑制品与构配件产品标准化技术委员会林岚岚秘书长主持，参会人员对标准编制大纲、标准的送审稿等具体内容进行了详细的讨论。此次《集中式蓄电池应急电源装置》国家标准编制送审稿的审核通过，对于集中式应急电源今后在建筑工程应用范围、系统配置、功能要求、技术参数等方面，对保证产品质量，提高产品使用的安全性、可靠性及规范性具有重要的指导意义。三科电器集团有限公司总裁周熙文先生承担了本标准第八章《检验规则》主要编制工作任务。此次会议成立了由国内知名电气专家田有连、李炳华为主任的标准审查组对修改后的标准条款逐条进行了严谨的审查，提出了审查意见并一致通过《集中式蓄电池应急电源装置》标准送审稿，正式向住建部提出报批申请。

分布式电源并网运行控制规范标准编制正式启动

按照《国家能源局关于下达 2011 年第二批能源领域行业标准制（修）订计划的通知》（国能科技[2011] 252 号）要求，11 月 25 日，中国电科院组织召开《分布式电源并网运行控制规范》等五项行业标准编制启动会。国家能源局新能源司、国家电网公司等各参编单位领导和专家参加会议。

会上，中国电科院作为主要起草单位，对《分布式电源接入电网测试规范》、《分布式电源接入电网监控系统功能规范》、《储能系统接入电网技术规定》、《储能系统接入电网运行控制规范》五项行业标准的工作计划和大纲作了相关工作汇报。专家组对大纲进行了认真审查，确定了各标准的编制分工职责及工作计划。

分布式电源接入电网系列行业标准的制定，对规范我国分布式电源和储能系统的接入，指导分布式电源和储能系统与电网互联接口的测试，保证电网安全稳定运行具有重要意义。

同时，系列行业标准的制定为加快我国能源发展方式转变，实现节能减排、提高能源利用效率提供技术支撑。

电动汽车充换电设施标准审查通过

2011 年 12 月 20 日~23 日，能源行业电动汽车充电设施标准化技术委员会一届三次会议在海南海口召开。来自国家能源局、国家电网公司、中国南方电网有限责任公司、中海油、中石化、中石油以及电池、汽车行业的标委会委员、代表和中外企业专家近 100 人参加了会议。

会议审查并通过了《电动汽车非车载充电机电能计量》、《电动汽车充电设施电能质量技术要求》、《电动汽车充换电设施术语》、《电动汽车电池更换站通用技术要求》等 4 项国家标准和《电动汽车充电站及电池更换站监控系统技术规范》、《电动汽车充电站电池更换站监控系统与充换电设备通信协议》、《电动汽车充换电设施建设技术导则》、《电动汽车充电设施工程施工和竣工验收规范》、《充电设备检验试验规范 第一部分：电动汽车非车载充电机检验试验规范》、《充电设备检验试验规范 第二部分：电动汽车交流充电桩检验试验规范》、《电动汽车电池箱更换设备通用技术要求》等 7 项行业标准，该 11 项标准待修改后将上报有关政府部门批准发布。

工信部发布电动车充电接口等 4 项国家标准

按照我国电动汽车充电设施标准化总体部署，在国家标准委协调和支持下，由工业和信息化部、国家能源局组织，全国汽标委牵头，汽研中心、电力企业联合会和电器科学研究院共同起草了《电动汽车传导充电用连接装置第 1 部分：通用要求》、《电动汽车传导充电用连接装置 第 2 部分：交流充电接口》、《电动汽车传导充电用连接装置第 3 部分：直流充电接口》三项国家标准；由国家能源局、工业和信息化部组织，电力企业联合会和汽研中心共同起草了《电动汽车非车载传导式充电机与电池管理系统之间的通信协议》国家标准。该四项标准已于 2011 年 12 月 22 日以"中华人民共和国国家标准公告 2011 年第 21 号"批准发布，2012 年 3 月 1 日起实施。

电动汽车充电接口和通信协议四项国家标准的

发布实施，将为电动汽车基础设施建设提供重要的技术和标准支撑，对健全我国新能源汽车标准体系、推动新能源汽车示范试点、促进我国新能源汽车协调发展具有重要意义。

国家发改委出台太阳能光伏发电标杆电价

一直悬而未决的太阳能光伏发电上网价格终于尘埃落定。国家发改委已出台通知，全国范围内统一适用的光伏发电上网标杆电价，今后将按项目核准期限分别定为每千瓦时1.15元（含税）和每千瓦时1元（含税），这或许就意味着国内光伏发电商业化时代的开启。

据了解，2011年7月1日以前核准建设、2011年12月31日建成投产、发改委尚未核定价格的太阳能光伏发电项目，上网电价统一核定为每千瓦时1.15元（含税）。2011年7月1日及以后核准的太阳能光伏发电项目，以及2011年7月1日之前核准但截至2011年12月31日仍未建成投产的太阳能光伏发电项目，除西藏仍执行每千瓦时1.15元的上网电价外，其余省（区、市）上网电价均按每千瓦时1元执行。

业内权威人士介绍说，在发达国家中，上网电价政策的推出通常是当地光伏应用市场正式启动乃至蓬勃发展的标志。对于地方政府主管部门来说，全国光伏上网的标杆基础电价明确的最大好处在于，在制定地方性政策时有了依据和基础。以前企业做不做项目，关键要看是否能拿到国家补贴。现在即便没有补贴，企业也能通过明确的上网基准电价来核算成本和利润。统一标杆电价的出台，意味着今后企业可以按照商业化的操作模式去判断某个项目是否可行。

深圳出台LED路灯相关技术标准

2011年1月19日，从深圳市LED产业标准联盟主持召开的标准发布会上获悉，历时近1年，由深圳市桑达实业股份有限公司和深圳市邦贝尔电子有限公司分别牵头制定的《LED路灯驱动电源通用技术要求》与《LED路灯通用接口及关键部件互换》标准正式发布。加上2010年2月发布的LED道路照明产品技术规范和能效要求，深圳LED路灯生产和评价标准体系最终宣告确立。

据了解，《LED路灯驱动电源通用技术要求》对LED路灯驱动电源的性能及技术指标制订了详细而严格的规定，包括功率规格、命名方式、外观、结构、性能等。根据该标准，客户单从产品命名就能判断其是否符合要求。如在性能要求方面，1级产品的平均无故障时间应不少于50000h，2级产品应不少于25000h。这意味着平均无故障时间低于25000h的产品，已不符合该标准要求。该标准还对现存LED电源标准做了细致补充，提高了部分技术指标，进一步规范了LED路灯驱动电源市场。

另一方面，由深圳市邦贝尔电子有限公司牵头制定的《LED路灯通用接口及关键部件互换》标准，则是为了统一深圳市LED路灯重要部件接口互换问题。该标准为深圳乃至国内LED路灯产业健康有序的发展提供了一定的参考与指引，有利于深圳市LED路灯厂家及配套设备厂家整合优势资源，制定整体发展规划，并促进企业间相互合作、共同发展。

二、企业动态

合肥阳光电源成功上市

2011年11月2日，随着副省长倪发科敲响开市宝钟，阳光电源在深圳证券交易所正式挂牌上市，这是合肥第29家上市企业。阳光电源的成功上市也意味着，中国新能源电源行业第一股诞生。

自成立以来，阳光电源在长期的市场竞争和发展中，形成了独特的领先优势。目前，阳光电源拥有一支具有丰富的可再生能源发电设备研发经验的专业队伍，专业涵盖电力电子、电气、自动控制、计算机、新能源、工业设计等多个领域，同时设立有国家级博士后工作站，拥有一批国内领先的可再生能源和电力电子试验测试设施，建立了以客户需求为导向的研发模式，而"生产一代、开发一代、预研一代、储备一代"的科研方针，也保证了其研发工作的连续性和前瞻性。

阳光电源在国内引领了太阳能光伏逆变器和风能变流器的技术方向，主持起草了光伏逆变器的国家标准，主持制定了两项风能变流器的国家标准。

阳光电源的产品先后成功应用于上海世博会、北京奥运会、国家"金太阳"工程、敦煌20MW特许权光伏电站、宁夏/青海/西藏等大型地面光伏电站、京沪高铁上海虹桥客运站、湘电风能项目、内蒙古通辽风场项目、国家"送电到乡"工程、青藏铁路、南疆铁路，以及意大利Puglia光伏电站、西班牙Malaga光伏电站、德国麦尔光伏系统等众多标志性的光伏和风力发电项目。这些标志性项目的完成，扩大了公司在海内外市场的影响力，巩固了在业内的地位，取得了良好的业绩和品牌效应。

本次募集资金将用于年产 100 万 kW 太阳能光伏逆变器项目、研发中心建设项目等。到 2015 年，阳光电源将完成全球化布局、实现销售收入翻两番。

中共中央政治局常委、全国政协主席贾庆林接见何思模董事长

2011 年 10 月 19 至 21 日，国内著名慈善事迹展，全国政协"善行天下·政协委员慈善公益事迹展"开展仪式在全国政协机关隆重举行。10 月 21 日，中共中央政治局常委、全国政协主席贾庆林，全国政协副主席兼秘书长钱运录等领导亲自接见董事长何思模教授等入选本次慈善公益事迹的 25 名政协委员，充分肯定了政协委员们的慈善义举，强调政协委员在积极履行参政议政职责的同时，要大力支持社会慈善公益事业，为构建社会主义和谐社会做出重要贡献。

何思模董事长是民建中央企业委员会委员、东莞市政协常委和广东省慈善总会荣誉会长。多年来，董事长何思模教授在积极履行政协委员参政议政职责，向政府工作建言献策的同时，大力支持社会慈善公益事业，投入数千万元设立多个重要慈善公益基金，助力国家基金工程、扶贫、赈灾、助学等社会公益慈善工作，得到了党和国家及地方政府部门的高度赞誉和好评。

此次，董事长何思模教授凭借在慈善领域的突出成绩，经过严格审核和考察，光荣入选全国政协"善行天下·政协委员慈善公益事迹展"，这是党和国家对何思模教授公益慈善工作的再一次高度肯定。何思模教授表示，将牢记全国政协主席贾庆林的指示，创新观念，创新方法，加大力度，为国家社会公益事业建设做出更大的贡献。

科华恒盛持续荣膺中国高端UPS 市场年度成功企业

2011 年 2 月 22 日，一年一度的 IT 界盛事——"2011 年中国 IT 市场年会"在北京香格里拉酒店举行。厦门科华恒盛股份有限公司持续荣膺"2010—2011 中国高端 UPS 市场年度成功企业奖"。该奖项是 IT 市场年会的四大奖项之一，旨在表扬在某一产品或领域内，当年度市场销售规模在前三名，成绩优异，增长较快，进步明显的企业。

年会打造了"战略与变革"——成长型企业分论坛，针对"十二五"成长型企业的发展战略与变革等问题，产业各界精英展开了激烈的探讨，科华恒盛与会领导在会上就面向"十二五"规划科华恒盛投融资策划和企业战略变革，以及高端 UPS 在动力创新领域应用作了精彩演讲。科华恒盛与会领导表示："科华恒盛能够取得如此突飞猛进的发展，得益于企业注重软实力的培养，加强 UPS 核心技术的研发，注重企业的自主创新。"

据科华恒盛公告的 2011 年的业绩预告显示，企业 2010 年实现营业收入 6.6 亿元，同比增长 41.75%，净利润 9162 万元，同比增长 31.56%，基本每股收益 1.20 元，同比增长 0.84%。业绩增长主要是因为公司主营业务收入的增长，其中信息设备用 UPS 电源系统设备较上年同期增长 44.22%；工业动力 UPS 电源系统设备较上年同期增长 38.83%；风能配套装置设备较上年同期增长 8657.73%（本年度实现营业收入 1808 万元），而这些主营业务领域的快速发展，都与科华恒盛坚持自主创新、科技研发、厂商级 3A 服务密不可分。

伊顿 9395 系列 UPS 全功率段实现国产化生产，本地化进程再树丰碑

2011 年 8 月 5 日，对于伊顿公司而言，是一个难忘而又值得纪念的日子。伴随着伊顿深圳工厂的首台本地化 9395 825 kVA UPS 成功下线，伊顿 9395 系列 UPS 全功率产品段全部实现了国产化生产，这也树立了伊顿进入中国市场以来，在本地化发展进程中的又一座崭新的丰碑。

对于任何一家全球性的跨国公司而言，本地化的研发和生产都是其在当地市场份额占优时必须考虑的问题，尤其是在中国这样一个需求特色明显的市场更需如此。作为一家多元化的工业产品制造商，在伊顿的亚太战略中，实现产品本地化研发和生产一直都是其重要的组成部分。

近两年，伊顿在本地化研发和生产方面进一步加大了投入，通过对生产能力的整合，将本地化生产能力上探到了高端的 9395 系列。2010 年，伊顿在中国设立了 9395 系列的实验室，从而实现了该系列 UPS 的核心技术转移以及组装生产的本地化。同时，对旗下山特城堡系列 1~80 kVA UPS 的全部产品进行了更新。伊顿还计划将深圳工厂打造成为全球核心的 UPS 技术研发和生产中心，新增工厂面积 1 万 m²。2011 年 8 月，随着第一台 9395 825 kVA UPS 的成功下线，伊顿实现了 9395 系列全部功率段的本地化生产。

凌力尔特公司庆祝致力模拟创新三十周年

2011 年 9 月 27 日，成立于 30 年前的凌力尔特

公司庆祝其致力模拟集成电路三十周年。凌力尔特公司成立于 1981 年 9 月，这正是数字革命起步之际，当时有些人质疑成立一家单纯以模拟技术为主的公司是否可行。在过去的三十年中，全球模拟市场已经从 20 亿美元增长到今天的 400 亿美元，凌力尔特也伴随着模拟市场的繁荣而快速发展。

一直以来，凌力尔特在新兴电子市场出现之初已处于领先地位，其中包括个人电脑革命、笔记本电脑和平板电脑、工业控制和机器人技术、网络基础设施、蜂窝通信、汽车电子（包括先进显示、电子制动和转向）以及现在的混合动力／电动汽车领域。此外，还包括以太网通信系统、先进卫星通信和复杂的工业仪器等。

三十年来，凌力尔特已得到证实赢得卓越声誉的经营策略是：致力为世界各地的客户提供多样化和规模庞大的高性能模拟产品，以满足广泛应用的需要。凌力尔特公司执行主席兼联合创办人 Bob Swanson 表示："在过去的三十年里，我们对于产品创新的坚定承诺使凌力尔特不断发展和壮大，这并没有受到在任何特定时期推动需求的终端市场所影响。"凌力尔特公司首席执行官 Lothar Maier 表示："2011 年是凌力尔特公司成立三十周年，也是公司业绩最好的一年。"

科士达蝉联"国内 UPS 首选品牌"大奖

2011 年 9 月 21 日，由中国质量协会全国用户委员会、工业和信息化部电子科学技术情报研究所、国内权威 ICT 研究咨询机构——计世资讯（CCW Research）联合主办的"2011 中国 IT 用户满意度年会暨满意度研究十年庆典"在北京隆重召开。

本次年会从用户满意度、产品满意度、服务满意度、品牌忠诚度、用户首选品牌等多个维度评选出本年度用户满意品牌。作为中国大陆本土 UPS 行业旗舰品牌厂商，科士达始终视用户满意度为企业战略性资产，致力通过在企业研发、制造、服务、员工和代理商培训、客户关系管理等方面的持续性投入，使用户获得最佳产品使用和商业交互沟通体验，并最终通过自身努力，担负起本土行业领导品牌的企业和社会责任，积极推进中国 UPS 行业用户满意度的进一步提升。

最后，科士达凭借在全国电源用户中领先用户满意度优势，成功摘取"国内 UPS 用户综合满意度第一"和"国内 UPS 首选品牌"两项大奖，这也是科士达 2003 年起连续九年蝉联该系列权威奖项。

APC 签约英迈，进一步扩展中国市场的渠道覆盖

全球领先的关键电源与制冷服务商施耐德电气旗下的 APC（以下简称 APC）在 2011 年与全球最大的 IT 分销商之一、500 强企业英迈（中国）投资有限公司（以下简称英迈）正式签署战略合作协议。英迈将代理 APC 在中国地区的全线产品及服务，从而更好地满足其渠道及用户对整体方案的需求，并藉此实现新的业务增长点。随着中国信息化和数字化生活的不断发展，不论是个人还是企业，都离不开安全可靠的关键电源和制冷保障，此次合作无疑将会进一步扩展 APC 对中国市场的覆盖，让广大用户易于选择并易于购买优秀的关键电源和制冷解决方案。

APC 大中华区总裁黄陈宏表示："随着数字化城市，云计算推进的不断深入，数字家庭、服务器机房、各种规模的数据中心市场保持了强劲的增长势头。作为关键电源和制冷领域的领导厂商，APC 不仅拥有针对家庭及个人用户的电源保护解决方案，同时针对于网络布线间、服务器机房以及各种规模的数据中心，APC 都能提供包括供电、制冷、机柜及监控、软件管理在内的全面的解决方案。而作为全球最大的 IT 分销商之一，英迈拥有完善的物流体系，强大的销售及渠道网络。强强联手，不仅能让更多的 IT 方案商完善其解决方案能力，提高其核心竞争力，同时通过更广的区域及行业覆盖，定能实现更好的用户体验，实现多方共赢。"

英飞凌成功采用全新 300mm 薄晶圆技术制造功率半导体芯片

2011 年 10 月 10 日，德国纽必堡讯——英飞凌科技股份公司在奥地利菲拉赫工厂，首次利用 300mm 薄晶圆技术生产功率半导体芯片，这标志着英飞凌成为全球第一家取得这一技术的企业。采用 300mm 薄晶圆技术制造的功率半导体芯片的性能，与 200mm 薄晶圆技术相同。这一点，在之前高压产品的金属氧化物半导体场效应晶体管（MOSFET）的成功应用已获证明。

英飞凌科技股份公司负责运营、研发和劳工董事 Reinhard Ploss 博士指出："我们工程师取得的成就，标志着制造工艺取得了质的飞跃。创新为我们实现盈利性增长奠定了基础，而且可确保我们的竞争优势。"

率先采用 300mm 晶圆制造芯片，使得英飞凌能

够继续书写其在高能效功率半导体领域的成功故事。据 2011 年 8 月 IMS Research 发布的一份报告，2010 年英飞凌连续 8 年占据全球功率半导体市场最大份额。

台达 UPS 为"天宫一号"升空保驾护航

2011 年 9 月 29 日晚，中国全新研制的首个目标飞行器"天宫一号"成功发射升空。在全国上下欢呼声中，中达电通也传来喜讯：台达 UPS 被成功应用在西安卫星测控中心数据机房，为此次发射担任测控任务的卫星数据测控机房的关键设备提供有力的保障。

中国西安卫星测控中心（即北京航天飞行控制中心的通信数据备份中心）是中国卫星测控网的操作、控制和管理中心，也是中国卫星测控网的中心结点。西安测控中心下辖渭南、南宁、喀什、厦门、青岛、长春、佳木斯等固定测控站和 3 个活动测控站，以及国外测控站。卫星测控中心数据机房承载着对航天器进行跟踪测量、接收处理航天器遥测参数等众多关键任务。稳定可靠的 UPS 不间断电源作为在轨卫星测控通信数据机房的供配电系统显得尤为关键，经过专家组对众多 UPS 电源品牌供货商的慎重评估选择，台达 UPS 电源以其高可用性、卓越的品质脱颖而出。

此次项目，中达电通依据用户对供电的需求，采用灵活的分散式 UPS 供电方案，智能化监控管理方案，将 UPS 电源系统的硬件运行和软件智能管理实现了无缝衔接，融为一体，使卫星测控供电系统的可靠性、可用性、可维护性大大升级，为中国西安卫星测控中心的安全稳定运行、"天宫一号"的成功发射提供了有力的保障，为中国的航天事业做出了杰出的贡献。

中共中央政治局常委李长春到志成冠军集团有限公司调研考察

2011 年 11 月 11 日，中共中央政治局常委李长春在汪洋、朱小丹、刘志庚、袁宝成等省市领导陪同下莅临志成冠军公司调研。在志成冠军集团，李长春详细了解了志成冠军的产业结构调整情况，并且勉励他们要加大研发投入，打造自主品牌，不断提高核心竞争力。周志文总裁表示："志成冠军将继续推进产业结构优化升级，将自主创新的着力点转到发展战略性新兴产业上来，为民族品牌的转型升级而不断探索，勇往直前。"

参观考察过程中，周志文总裁汇报说："志成冠军近年来在把主导产品不间断电源做强做精的同时，把自主创新的着力点转到发展战略性新兴产业上来，作为产业结构优化升级，培育新的经济增长点的最佳途径。从 2008 年开始，公司以壮士断腕的决心，用 2 年时间裁减了产能达 6 亿多元的铅酸蓄电池，与国内一流的高校联合进军新能源、高端新型电子信息、新能源汽车三大战略性新兴产业，成功研发出了光伏发电系统成套装置、区端物联网服务技术及产品和新能源汽车动力电池与充电装置及管理平台，实现了公司产业结构调整的战略性突破。"在谈到企业产业优化升级的成果时，周志文总裁说到："通过转型升级，公司迎来了新一轮的大发展。一是产业结构优化；二是节能降耗成效显著；三是提高了经济效益。"李长春对志成冠军近年来所取得的成绩表示非常满意。

长城柏怡优势互补，打造电源行业龙头企业

2011 年 3 月，长城电脑通过其香港子公司收购柏怡部分股份，从而成为柏怡集团的大股东，加上长城本身自有品牌长城电源在国内的强势表现，长城已经完成在电源产业上的初步布局。柏怡加入长城，有利于双方资源的优化重组和产品线的拓展。柏怡公司与长城电源的互补性强，通过收购，可以迅速扩充长城电源产品线，市场可迅速扩充到国内外，有利于长城在电源行业迅速做大做强。今后，双方将发挥采购、研发、销售、制造等领域的协同效应，利用长城国内市场的优势，将柏怡有竞争力的产品引进到国内市场，利用柏怡海外业务的优势，帮助长城的电源产品开拓海外客户。双方将携手共同研发，加快产品结构优化升级，立足双方现有电源业务的优势基础，纵向向高端转型、横向向宽领域拓展，重点关注并着力推进战略性新兴产业电源的研发步伐，加快实现产业化，拓展新的业务领域，推动企业可持续发展。未来长城与柏怡的合作定是又一次成功、愉快的联姻。

陕西省电能质量工程研究中心获批组建

2011 年 12 月 30 日西安爱科电子申报的陕西省电能质量工程研究中心项目通过专家组的评审，于 2012 年 2 月 6 日获批组建。电能质量工程研究中心依托西安交通大学，针对电能质量有源治理设备、智能微电网及分布式发电并网电能质量关键技术等开展工程应用研究，提高现有科技成果的成熟性、配套性和工程化水平。中心组建后，将进一步打造

集科研、成果转化、人才培养为一体的工程研究平台，着力解决电能质量发展面临的紧迫技术问题，推动陕西省乃至全国电能质量领域快速可持续发展。

艾默生荣获"2011 年度数据中心基础设施优秀管理解决方案奖"

由中国数据中心产业发展联盟主办的"第二届中国数据中心建设与运维高层论坛"在北京成功举办。论坛面向数据中心领域的设备商和服务商特别设立了建设与运维奖项，以鼓励中国数据中心领域的设备和服务提供商，积极为中国数据中心运营商提供高端、先进的设备和技术服务。其中，艾默生网络能源，以其在数据中心领域的深厚经验和出色表现，获得了"2011 年度数据中心基础设施优秀管理解决方案奖"。

作为业界领先的网络能源产品和一体化解决方案供应商，艾默生网络能源不仅在数据中心建设应用中，拥有自己全面的解决方案和独到的优势，而且在整个数据中心基础设施管理方面也不断创新。其中，艾默生网络能源在数据中心优化战略框架内推出的可视化基础设施管理解决方案——Avocent Data Center Planner，使 IT 用户通过可视化等管理方式来提高数据中心的能效，借助独特的机架全时管理功能，用户可准确地获知变更影响机架容量的时间和方式，数据中心管理人员只要"扫一眼"便能知悉机架的当前和未来容量，优化的界面和模板更是提升了数据中心规划和实施的效率。

从 Avocent Data Center Planner 到即将推出的 Trellis 系统，无一不彰显出艾默生网络能源先进技术的成熟应用和前瞻性的发展目光。通过紧贴市场需求的创新研发，艾默生网络能源不断为数据中心的建设以及运维带来全新的视野，帮助用户极大地提高数据中心的可用性和能源利用率以及日常维护的工作效率，切实满足了数据中心既要保持稳定高效运行、又要控制成本的迫切需求。

茂硕电源荣膺 2011 高工"本土十大品牌"

由领先的产业研究与传媒机构——高工 LED 主办的 2011 高级工程师大会在深圳青青世界举行。此次会议邀请国内外知名专家讲座，分享 LED 前沿技术趋势和态势发展，并特别增加了市场营销、产业 IPO 投融资主题报告会和头脑风暴环节。在这么一个融合全国最专业，最权威人士的 LED 大会上，茂硕电源披荆斩棘，一举夺得 2011 高工"本土十大品牌"殊荣。

继茂硕电源在 2010 年获得高工新锐 CEO 奖之后，在这一年的时间里，茂硕电源再接再厉，势头更足，先后被认定为广东省半导体照明产业联盟创新中心成员、中国半导体照明产业应用与推进联盟核心成员，紧接着又成立了深圳茂硕电子软件技术有限公司，为茂硕电源的后续发展夯实技术基础，提供有力支撑，可以说，茂硕电源的"本土十大品牌"，实至名归。

在与本次颁奖盛会同期举办的高工 LED 投融资峰会上，业内人士称赞道，茂硕电源是目前能够媲美甚至赶超国外同类行业的品牌，他们相信并且会一直使用茂硕电源产品。茂硕电源是目前国内少有的高可靠电源品牌，甚至在欧美发达国家都享有盛誉，可以说是中华民族企业的骄傲。"随着越来越多的厂商指定使用茂硕电源产品，茂硕电源"高效节能第一品牌"的良好口碑也逐渐享誉业界。

高工 LED 在业界的地位，是中国 LED 产业的"奥斯卡"，此次对于茂硕电源在高稳定性、高可靠性方面，做出了肯定评价，相信也会成为茂硕电源在今后发展的不竭动力。

许继集团入围 2011 新能源汽车产业创新力 50 强

由 NEV《新能源汽车》杂志、新能源汽车产业网联合发起的新能源汽车产业创新力 50 强（NEV TOP50）评选活动入围企业名单日前出炉。许继集团公司凭借在电动汽车充换电领域强大的技术优势和系统集成实力顺利入围。

据了解，作为新能源汽车行业唯一的创新指数榜，NEV TOP50 评选以"总结创新成果，树立创新标杆，驱动产业化发展"为目标，全面关注、总结新能源汽车产业链的创新技术、创新产品、创新企业、创新人物，及在新能源汽车基础设施建设、商业运营模式探索中作出创新贡献的示范城市和企业，据此发布新能源汽车产业创新力 50 强榜单。

本次 NEV TOP50 评选由新能源汽车产业相关协会\学会及各细分产业链的资深专家组成 20 人评审团，制定完善的评价指标和体系，以公开、公平、公正的评价原则对所有入围企业进行考评，最终 50 强榜单公布于众。

金升阳顺利成为广州市工业企业安全生产标准化达标企业

2011 年，广州市安全生产监督管理局发出公告，公布了顺利通过广州市安全生产标准化达标的企业名单，金升阳赫然在列。

多年来金升阳一直注重生产安全建设和标准化规范化管理建设，早在 2004 年就实现了无铅化生产、无尘化车间。近年来，公司成功导入 6sigma 项目、ESD 静电防护项目等，不断地加强生产安全建设，规范作业流程，完善安全管理的制度，并每年进行全公司的消防演习和安全生产知识培训。在行业内率先通过了 ISO9001：2008 质量管理体系认证、ISO14001 环境管理体系认证、OHSAS18001 职业健康安全管理体系认证。

不断地努力促使金升阳顺利的成为广州市工业企业安全生产标准化达标企业，为电源行业的生产企业树立了榜样。安全生产标准化不仅保证了员工的健康，也严格生产着标准安全可靠的产品。

中达电通获评深圳大运会"优秀合作伙伴"殊荣

2011 年 8 月底，由中国电信深圳大运会信息通信保障指挥部举办的答谢会在深圳隆重举行，对为 2011 年深圳世界大学生运动会信息通信保障工作作出杰出贡献的厂商及合作伙伴予以表彰。中达电通作为此次大运会的重要合作伙伴，凭借优质、可靠、稳定的 UPS 解决方案在服务保障的各个环节均表现出色，被授予"优秀合作伙伴"殊荣。

作为台达集团在我国大陆地区的子公司，中达电通分别为本次世界大学生运动会的闭幕式场馆及分会场——深圳湾体育中心的网络信息系统和消防控制系统，以及开幕式舞台、电视转播车等关键环节提供应急供电保障服务。作为深圳大运会综合信息服务全球唯一合作伙伴的中国电信也在大运会闭幕后向中达电通致函感谢。感谢中达电通在大运会信息通信系统的建设、运营和保障过程中，以安全可靠的网络、及时周到的服务，为中国电信深圳大运会信息通信服务提供了强有力的支持和保障，为中国电信全面履行打造"科技大运"、"信息大运"和"数字大运"的庄严承诺付出了巨大的努力，作出了杰出的贡献。

圣阳电源建立院士工作站，开创先进技术平台

2011 年是圣阳电源走向新技术高端的一年，公司战略性建立了院士工作站。曲阜市张公迁副市长、钱逸泰院士共同为"山东圣阳电源股份有限公司院士工作站"揭牌。

为了提升公司整体核心技术竞争力，不断进行

技术创新，圣阳电源近年来和多家高校、科研院所进行合作，走产学研、引进先进技术并进行产业化的发展思路。提供高品质的产品，不断满足客户的发展需求，为客户提供高附加值的价值服务，是圣阳电源不断前进的目标。将院士和专家引入企业，有利于企业技术团队的成长，有利于科研成果的产业化。未来，圣阳电源将充分利用院士工作站这一平台，与院士专家团队一起，在新型电源领域进行创新合作，开展更为科学、更为先进、更利于企业发展和更益于创造社会价值的技术研究和开发，进一步提高企业的技术研发能力、系统服务实现能力和技术创新管理水平，提升企业的核心竞争力。

天威保变 500kW 光伏逆变器获国家金太阳认证

2011 年 10 月 14 日，从保定天威保变电气股份有限公司了解到，该公司旗下天威卓创电工设备科技有限公司生产的 500 kW 光伏逆变器，成功通过北京鉴衡认证中心太阳能光伏产品国家金太阳认证。

据了解，今年公司将 500 kW 逆变器列为"一把手"工程，成立由天威卓创公司总经理为组长的逆变器项目领导小组。自该项目正式启动以来，他们每天都要召开由安全、生产、技术、质保、市场等多部门参加的碰头会，督促相关部门的工作进度，对项目进展情况进行汇总梳理，并做好项目日志，及时商议解决项目实施过程中遇到的问题，协调好与各工序和相关环节，分秒必争抢进度，以确保研发目标顺利完成。

据悉，目前金太阳认证已经成为可再生能源行业内最高端的认证品牌。通过本次认证，天威保变生产的 500 kW 光伏逆变器完全符合 CGC/GF001：2009 的技术要求，确立了公司在光伏并网逆变器行业中标志性的地位，为今后更好的开拓国内外市场打下了坚实的基础。

南京冠亚荣获"2011 年度十大创新逆变器"企业称号

由国家电网、中国电力科学研究院新能源研究所、中国电工技术学会、教育部光伏系统工程研究中心、中国建筑设计研究院建筑节能与新能源工程中心、江苏省光伏发电系统集成工程技术研究中心联合主办的"2011 年度光伏行业创新企业 50 强"评选活动于 2011 年 11 月 28 日在上海世博展览馆隆重举行。

此次评选活动除由国家电网公司、中国电力科学研究院等主办单位安排专家组成评审组委会外，为了保证此次评选活动的权威性和公平性，还邀请了中国可再生能源学会和中国资源综合利用协会可再生能源专业委员会作为评选的指导单位，同时邀请 IMS Research 和 EnergyTrend 作为评选的第三方调研机构进行调研。

经过组委会的认真调研、行业推选、公示征询、专家评审等一系列过程，南京冠亚光伏并网逆变器凭借其先进的性能优势和多个大型 MW 级光伏电站的应用案例，得到了组委会委员们的一致认可，最终荣获了"2011 年度十大创新逆变器"企业荣誉奖杯。此次获奖是南京冠亚继获得"节能环保企业 50 强"奖项后的又一殊荣，表示了专家评委、广大客户、社会对南京冠亚产品的高度肯定。

宏微"高压大电流 NPT-IGBT 和 FRED 芯片"达到世界先进水平

具有自主知识产权的"非穿透型高压大电流绝缘栅双极晶体管（NPT-IGBT）芯片系列产品"和"高压大电流外延型超快软恢复二极管（FRED）芯片系列产品"项目，2011 年 10 月 25 日在常州通过来自中国电器工业协会电力电子分会、国家电力电子产品质量监督检验中心、中科院半导体所、清华大学、浙江大学、电子科技大学、北京工业大学和西安工程大学等部门的专家鉴定；部分重点用户代表也参加了本次鉴定会。与会专家一致认为："75A-100A/1200V-1700V NPT-IGBT 芯片"达到国际同类产品的先进水平。

具有国际先进水平的国产宏微系列非穿透型高压大电流电力半导体 NPT-IGBT 和 FRED 芯片的研制成功，将我国 IGBT 和 FRED 的研发和生产水平提高到了一个新的高度，是我国在 IGBT 和 FRED 芯片产业化方面迈出的重要一步。产品可广泛应用于国防、民用工业，医学、交通及新能源、智能电网等领域，大大减轻了我国电力电子系统与装置对国外产品的依赖性，有助于电力电子产品这一绿色节能器件在我国不同行业、不同区域的推广应用，有助于推动我国传统产业的更新换代和减少工业污染，提高电能和其他资源的使用效率。

长运通推出高性能、高功率因数、去电源化光源技术

作为专业提供电源管理 IC 和 LED 光源解决方案的长运通，2011 年新推出一款"去电源化 LED 光源"，受到了海内外客商的关注。

由于 LED 是低压光源，故串接一定数量的晶片时，可以和任何电压、功率等参数匹配。通过高压恒流技术，使得 LED 光源不再需要电源转换器，仅需要整流后直接应用。LED 和白炽灯共同有一个特点，就是很容易与供电匹配阻抗，此款去电源化 LED 光源就是利用白炽灯的发光原理研发出来的。

该产品可应用于商业照明、家居照明、隧道照明、铁路照明和景观照明。据透露，有前来参观的客商，在全面了解该产品，并测试性能后，立即下了订单。当然，此款产品能否赢得市场的叫好声，还需要长时间来验证。

泛华恒兴 nextkit 获 CEC "2011 年度本土创新产品奖"

在由 CONTROL ENGINEERING China（控制工程中文版）主办的"创新未来"2011（第七届）最佳产品奖评选活动上，北京泛华恒兴科技有限公司以具有创新性、革命性的 USB 信号万用仪—nextkit，一举夺得"2011 年度本土创新产品奖"。

nextkit 是泛华恒兴为工程师与工科院校师生精心设计的一款 USB 信号万用仪，可实现包括双通道数字存储示波器、任意信号发生器、函数发生器、电压表、扫频仪、幅频特性分析仪、相频特性分析仪、数据记录仪 8 种常用仪器功能，更可通过二次开发实现功能自定义。nextkit 采用 USB 供电模式，无需外接电源也可用，方便工程师外出随身携带，广泛用于产品研发、车载测试、实验室教学、课外工程创新等领域，是除笔记本电脑与万用表之外，工程师随身必备的又一"利器"。

CEC 最佳产品奖是 CONTROL ENGINEERING China 杂志针对中国自动化、工业控制与仪器仪表市场设立的年度重要评选活动之一，至今已举行 7 届，为广大自动化用户提供了一个技术升级、产品选购的权威、全面的参考标准。

艾普斯电源 ACST 系列电网模拟电源取得国家专利证书

2011 年，艾普斯电源苏州厂开发的一款高新技术产品——ACST 系列交流电网模拟电源，通过国家知识产权局的审查，喜获专利证书。

ACST 系列模拟电网电源是艾普斯电源结合多年专业电源研制经验，推出的一套专门应用于光伏逆变器的高效检测系统。在对市场需求进行深入调研以及与光伏逆变器测试认证机构、生产企业多方面

沟通的基础上，能随时根据用户需求提供全方位电网模拟测试，并提供目前行业内最完善的光伏逆变器检测解决方案。

日意打破1MW直流开关电源
在逆变器行业的应用现状

目前，国内光伏并网逆变器生产厂商众多，已经具备一定的规模和竞争力，但在逆变器技术质量、规模上与国外企业仍具有较大差距。从技术方面来看，国内企业在转换效率、结构工艺、智能化程度、稳定性等方面与欧美先进水平仍有一定差距。

其实大功率并网逆变器没有像我国小功率逆变器一样得到良好发展是有多方面原因的。逆变器厂家生产大功率逆变器需要能有同样容量的直流测试电源的生产商为他们提供逆变器测试。而在行业内逆变器测试电源主要进口直流电源且以单台 10 ~ 80kW 为主，功能齐全，能够模拟太阳电池板所有输出特性，但是价格很昂贵，这也是能生产大功率逆变器的国内厂家非常少的原因。

2011 年，上海日意电子科技有限公司专为并网逆变器行业研发、生产了单机达到 1000 V/1300 A 的兆瓦级逆变器测试用直流电源。产品成功的帮助几家国内知名逆变器厂家生产出满足欧洲标准和美国标准的大功率逆变器，打破 1 MW 直流开关电源在逆变器行业的应用现状。

厦门蓝溪科技有限公司 "LXUP-G 并联型
锂电池电力电源柜" 项目被
国家火炬计划立项

2011 年，厦门蓝溪科技有限公司的 "LXUP-G 并联型锂电池电力电源柜" 已获得国家科技部批准，被列为 2011 年国家火炬计划项目。

火炬计划项目是以国内外市场需求为导向，以发展高新技术产品、形成产业为目标，择优评选并组织开发具有先进水平和广阔的国内外市场及较好经济效益的高科技项目。火炬计划对申报项目的创新性和先进性、市场应用前景、技术成熟度、产品投产后能形成的规模等有相当高的要求。

此次厦门蓝溪科技有限公司的 "LXUP-G 并联型锂电池电力电源柜" 项目能够获得国家火炬计划立项，是厦门蓝溪科技有限公司自主创新和核心竞争力提升的又一重要标志。同时也表明了国家对环保节能的智能电网产品的的肯定和支持。

西安功率器件测试应用中心成立

西安功率器件测试应用中心是西安芯派电子科技有限公司与西安高新技术产业开发区创业园发展中心共同建立的一个开放型的测试中心。

实验中心的创建宗旨是立足于行业需求，依靠国内外一流人才，借助国际一流设备，打造国内一流实验室。实验中心由应用/系统测试、可靠性试验、器件测试、失效分析 4 个实验室构成。中心拥有大批具备丰富知识经验的技术人员和国际先进的设施设备，通过产品测试、系统测试、性能研究、可靠性实验、失效分析等技术手段，从行业需求出发，成为公司以及行业公共的新型半导体功率器件的研发与技术平台，为半导体功率器件的设计、生产和应用提供完整的设计开发验证、生产质量监测、产品认证、成品测试、应用测试和客户技术支持等全方位的服务。

同时，西安功率器件测试应用中心与国内多所知名院校建立了合作实验室、大学生实习公共服务平台和人员定向联合培养等多种合作关系。此外，中心和多个研究机构、上下游制造企业形成了多方位的合作关系，现已成为 Global Sources、美国 STI 公司、美国 ITC 公司、美国 Qualmark 公司、中国电源学会等全球著名商业机构及国内学术机构的合作实验室以及指定测试应用实验室。

第六部分　科研与成果

第一届中国电源学会科学技术奖

中国电源学会科学技术奖（国科奖设证字第0220号）于2011年1月通过了国家科技部审批正式设立。我会于2011年5月启动第一届电源科技奖工作，经过项目申报、初评、评审会会议评、公示等程序，评选结果于2011年11月18日通过生效，并于2011年11月19日中国电源学会第十九届学术年会开幕式中举行了颁奖仪式。

本次评奖我会本着公开、公平、公正的原则，严格按照《国家科学技术奖励条例》、《社会力量设立科学技术奖实施细则》以及《中国电源学会科学技术奖实施细则》的有关规定，规范推荐申报制度，严格评选条件和程序，评选结果面向社会进行公示未接到异议申请，评审结果通过中国电源学会第六届理事会第五次常务理事会表决通过正式生效。获奖项目涵盖了我国电源领域的各个方面，汇集了近年来本领域的优秀成果，代表了本领域科技发展的最高水平，为我国电源领域树立了标杆，极大的促进我国电源科技水平的提高。

一、技术发明奖

序 号	项 目 名 称	完 成 单 位	获奖等级
1	ZXDU68 S601/T601 通信直流电源系统	中兴通信股份有限公司	一等奖
2	多制式绿色模块电源 UPS	1. 广东志成冠军集团有限公司 2. 华中科技大学	二等奖
3	基于 TRIZ 理论的开关电源变换器拓扑构造方法及应用	华南理工大学	二等奖
4	新型结构的 UUI 与 EEI 电感器	1. 厦门南磁电子有限公司 2. 清流县鑫磁线圈制品有限公司	三等奖
5	磁悬浮自调桨距垂直轴风力发电机	山东大学	三等奖

二、科技进步奖

序 号	项 目 名 称	完 成 单 位	获奖等级
1	空缺	空缺	一等奖
2	数字化节能型工业电力优化装置	1. 漳州科华技术有限责任公司 2. 浙江大学电气工程学院	二等奖
3	上海光源储能型兆瓦级动态数字化磁铁电源	1. 中国科学院上海应用物理研究所 2. 西安爱科电子有限公司 3. 西安交通大学	二等奖
4	水电分离式大功率水冷电抗器的开发和应用	宁夏银利电器制造有限公司	二等奖
5	500V- 650V 超结（Super Junction）功率 MOSFET	无锡新洁能功率半导体有限公司	三等奖
6	DSP 嵌入式数字控制三相高频 UPS 电源	广东易事特电源股份有限公司	三等奖
7	军械装备智能化系列维修训练电源	军械工程学院	三等奖
8	IDP 电能质量能效管理系统	北京中大科慧科技发展有限公司	三等奖

三、杰出贡献奖

序 号	获 奖 人	所 在 单 位
1	陈成辉	厦门科华恒盛股份有限公司

四、青年奖

序 号	获 奖 人	所 在 单 位
1	康劲松	同济大学
2	伍永乐	广东凯乐斯光电科技有限公司

五、获奖项目及个人介绍

1. 一等奖

ZXDU68 S601/T601 通信直流电源系统
完成单位：中兴通信股份有限公司
获奖类别：技术发明奖
应用领域：通信网络
项目简介：

　　ZXDU68 S601/T601 通信直流电源是一款高效节能、智能管理、安全可靠，扩容能力强、管理专业化的室内型通信电源产品，完成从交流电能到直流电能的变换。支持单相、三相交流输入，适用于多种电网制式，输出标称电压－48V、标称电流 50～600A 的直流电能，广泛应用于中大容量通信基站。具有以下特点：

1）支持宽电压交流输入范围；
2）呼吸式功率管理、节能高效；
3）专业的蓄电池管理；
4）节地、节材，扩容能力强；
5）支持海量数据存储；
6）支持 WEB 远程访问；
7）支持多种语言显示；
8）支持监控模块、子模块软件远程更新；
9）丰富智能接口，支持灵活多样的监控组网。

　　ZXDU68 S601/T601 通信直流电源产品设计充分体现了节能、节地、节材、环保的研发理念，目前已经在全球 136 个国家和地区得到应用，是国际市场拓展最成功的民族电源品牌。

完成单位介绍：

　　中兴通信是全球领先的综合通信解决方案提供商。公司拥有通信业界最完整的、端到端的产品线和融合解决方案，为全球 140 多个国家和地区的电信运营商提供创新技术与产品解决方案。

　　中兴通信动力产品已服务于全球 136 个国家和地区的 385 个运营商，产品包括高频开关电源、可再生能源产品、UPS 等产品类型。基于相关产品为行业内提供 3G 动力解决方案、太阳能风能等可再生能源通信动力解决方案、交直流不间断动力解决方案、室外一体化通信保障解决方案等产品和服务。

　　中兴通信坚持以持续技术创新为客户不断创造价值，凭借不断增强的创新能力、突出的灵活定制能力、日趋完善的交付能力赢得全球客户的信任与合作。

2. 二等奖

基于 TRIZ 理论的开关电源变换器拓扑构造方法及应用
完成单位：华南理工大学
获奖类别：技术发明奖
应用领域：电力电子与电力传动
项目简介：

　　本成果提出了一种适用于开关电源变换器拓扑的 TRIZ 构造方法，可以系统地分析和解决需求指标和实际电路的矛盾，由此改进和提出新的开关电源变换器拓扑。根据此拓扑构成方法，发明了一系列具有功率因数高、电压应力低、单级变换、开关件少、效率高的 AC-DC 变换器，可输出多特性波形、输出电压范围宽的 DC-AC 变换器，以及效率高的非隔离变换器，并成功应用于大功率电化学加工、医疗仪器和 LED 驱动等电源，实现了这些电源的多特性波形输出、低待机损耗、低电压应力、高可靠性、高功率密度、高效节能等性能，创造了显著的经济和社会效益。

完成单位介绍：

　　华南理工大学是直属于教育部的全国重点大学，现有教职工 4599 人，其中中国科学院院士 3 人、中国工程院院士 3 人，双聘院士 26 人，俄罗斯工程院外籍院士 1 人。现有固定资产 51.22 亿元，其中教学科研仪器设备资产总值 13.59 亿元。拥有 3 个国家重点实验室、3 个国家工程研究中心、2 个国家工程技术研究中心、4 个国家工程实验室等省部级以上科研机构 69 个，以及国家大学科技园。承担了一大批国家、省市的重点科研任务，2010 年学校实到科研经费突破 8 亿元，有效专利总量居全国高校前五名，是全国第一批企事业专利试点工作先进单位。

多制式绿色模块电源 UPS

完成单位：1. 广东志成冠军集团有限公司
2. 华中科技大学

获奖类别：技术发明奖

应用领域：工业

项目简介：

该项目采用基于高性能 DSP 的全数字化集成控制算法、高频化控制技术、三电平技术、瞬时均流控制技术等解决了 UPS 绿色化、模块化及多制式运行中存在的关键问题，并在智能化等方面实现了全面的技术升级。该项目产品经国内、国外查新，达到国内领先水平及国外同类产品的先进水平，并获得 2 项发明专利、2 项实用新型专利，且参与制定国家标准 1 个，并在银河证券、北京地铁站、北京奥运新闻中心、西昌卫星发射基地、上海世博会等重要部门得到实际应用，已创造产值 2 亿多元，并得到了电源用户的高度评价。

完成单位介绍：

广东志成冠军集团有限公司创办于 1992 年，公司总部和研发、生产基地位于东莞市塘厦镇，营销网络遍布全国，现有员工 1100 余人。主导产品大容量不间断电源及其配套的免维护蓄电池畅销 70 多个国家和地区，创下销售收入 8.57 亿元、上缴税金 5200 万元的年度记录。其发明专利荣获国家专利金奖，并成为主持不间断电源国家标准制修订的秘书处单位，和名列世界 500 强前茅的美国通用电气公司不间断电源制造商。其被认定为国家重点高新技术企业、国家创新型试点企业和广东省创新型企业、广东省装备制造业骨干企业、广东省战略性新兴产业重点企业。

水电分离式大功率水冷电抗器的开发和应用

完成单位：宁夏银利电器制造有限公司

获奖类别：科技进步奖

应用领域：新能源（风力发电、光伏发电）

项目简介：

本项目属于国家科技创新基金支持项目。项目产品可为 1.5MW 和 2.0MW 两种大功率风力发电机提供并联电源和单机电源配套，是一种可完全替代进口且满足国产化要求的产品。产品温升、噪声等关键技术指标达到国外现有同类产品技术水平，成本及销售价格低于国外同类同规格产品，关键工艺成熟稳定，已通过客户及权威检测机构测试。同时项目拓展性较强，能够派生出多种规格及冷却条件的产品，派生的系列产品经过配套应用，成功应用

于电能质量、光伏发电机组配套。技术指标达到国外同等水平。

完成单位介绍：

宁夏银利电器制造有限公司是从事电力电子磁性元件（特种变压器、电抗器）研发、制造的企业。产品应用于轨道交通、新能源、航空航天、航运、冶金及变频器领域。年生产规模 50000 台，是国内最大的高速动车配套电磁元件的研发制造商。

宁夏银利电器制造有限公司是国家级高新技术企业，电力电子电磁元件国家地方联合工程实验室的依托单位。

数字化节能型工业电力优化装置

完成单位：1. 漳州科华技术有限责任公司
2. 浙江大学电气工程学院

获奖类别：科技进步奖

应用领域：
- ◆食品、钢铁、石油、化工、造纸、玻璃、制药、煤炭、汽车、水利、天然气、冶金、电子、机电、半导体、陶瓷、塑胶等制造领域。
- ◆轴承加工、传动系统、制造生产线、制造流程、工控系统、自动化系统、数控机床（CNC）、工业自动化、实验测试设备、监控系统等自动化控制生产。

项目简介：

该项目是漳州科华技术与浙江大学合作开发，并于 2008 年列入了"国家发改委高技术产业化发展计划项目"。该项目是在原有 UPS 技术基础上，采用了"多模式效率优化技术"、"模块化功率并联与扩容技术"、"IGBT 有源谐波抑制技术"、"数字化 DSP 控制"等创新技术，取得的科技成果显著。2010 年该项目荣获福建省科技进步二等奖，福建省优秀新产奖二等奖，并取得国家实用新型专利 4 项，软件著作权 2 个。

项目产品具有高效节能、低运行成本、产品容量高、绿色环保、便于维护等特性，市场效益良好。

完成单位介绍：

科华公司是一家以电力电子技术为核心，以不间断电源产业为主导的科技创新型企业，是国家知识产权示范单位、福建省高新技术企业、福建省创新型企业。公司先后通过了 ISO9001 质量管理体系认证、ISO14001 环境管理体系认证和 OHSAS 18001 职业健康管理体系认证，是国内本土最大的电源供应商与制造商。

公司技术实力雄厚，拥有技术研发人员 270 余人，设有国家级博士后科研工作站福建省院士专家工作站、省级企业技术中心。公司先后承担国家级火炬计划及重点新产品项目 23 项，省级科技项目 16 项，拥有国家专利 42 项。公司立足 UPS 电源产业，努力向节能绿色能源发展，力争成为国际一流的电力电子领域供应商。

上海光源储能型兆瓦级动态数字化磁铁电源

完成单位： 1. 中国科学院上海应用物理研究所

2. 西安爱科电子有限责任公司

3. 西安交通大学

获奖类别： 科技进步奖

应用领域： 各类粒子加速器系统、科研院所、高校等

项目简介：

本项目所研制的储能型兆瓦级动态数字化磁铁电源是用于上海光源增强器中的电磁铁励磁电源。其输出电流是单方向的 2Hz 偏置正弦波，输出电流峰值 1150A，输出电压峰值 1000V，最大输出功率达 836kW，达到了国际先进水平。

该电源通过加入输入功率控制单元（专利技术），创造性地解决了对电网的扰动问题；通过采用多模块先串联后并联的多重化拓扑结构及相应的均流控制方案以及数模混合控制技术，实现了高稳定度、高精度的动态电流输出，电流稳定度优于 40×10^{-6}，跟踪精度小于 1×10^{-3}。

该项目的研制成功和投入运行，大大提升了我国的数字化电源技术水平。上海光源作为一个开放的窗口，在国际上产生了积极的宣传效果，展示了我国工业技术水平的形象。

完成单位介绍：

中国科学院上海应用物理研究所是专业从事民用动力核技术科学研究的国立研究所，涉及"同步辐射、自由电子激光、离子束等加速器物理和技术、探测成像物理和技术、同位素、标记化合物、辐照装置与辐照新材料科学和技术等民用核技术科学"的基础研究和应用研究，同时积极推进民用核技术科研成果的产业化。

各型粒子加速器研制和产业化是中国科学院上海应用物理研究所的一大特色，如国家大科学工程上海光源的建设，研制中的质子治疗装置项目。目前，承接了国家大型科学研究项目核能开发利用，计划投资 20 亿人民币。

3. 三等奖

磁悬浮自调桨距垂直轴风力发电机

完成单位： 山东大学

获奖类别： 技术发明奖

应用领域： 新能源和可再生能源领域

项目简介：

磁悬浮风力发电机，轴与叶轮的叶轮轴一体制成，同时在发电机轴上和电机壳体内还安装了磁悬浮装置。自调桨距功能使得本垂直轴风力发电机不需要起动装置就可以微风自起动，能够有效提高风力发电机的整体性能，提高了效率，无噪声。其已经在泰安、莱芜等地成功应用，起动风速为1.5m/s，与智能控制器相配合，达到切入风速指标2.0m/s。可方便用于城市路灯供电，免铺设电线，维护方便，免交电费；也可方便解决偏远地区的农、牧、渔民的供电问题，具有较高的实用价值及社会经济效益。

完成单位介绍：

山东大学是一所历史悠久、学科齐全、学术实力雄厚、在国内外具有重要影响的教育部直属重点综合性大学，是国家"211 工程"和"985 工程"重点建设的高水平大学之一。其创建于 1901 年，是继京师大学堂之后我国第二所国立大学。一百多年来，汲取齐鲁文化营养，秉承学术自由的办学理念，积淀了博大精深、历久弥新的文化底蕴，铸成了"气有浩然，学无止境"的校训。学校名师荟萃，教授 1061 人，博士学位授权二级学科专业 230 多个，学校连续十几年被 SCI 收录的论文数进入全国高校前十位，取得了一批具有国际影响的标志性研究成果。

新型结构的 UUI 与 EEI 电感器

完成单位： 厦门南磁电子有限公司、清流县鑫磁线圈制品有限公司

获奖类别： 技术发明奖

应用领域： 电子节能灯、开关电源、电子镇流器、LED 等

项目简介：

该项目由新型磁心、专用骨架、气隙介质和线圈组成。与中柱开隙的 EE 型磁心相比，UUI 磁心双气隙处于线包两侧，磁场分布更加均匀，扩散磁通对线包的影响很小，在保持 I_A 值与电感量相同的情况下，线圈匝数减少 10～15%，降低了邻近效应和励磁电流，减小了分布电容和绕组电阻，同时腾出绕线空间采用多股线减小趋肤效应而进一步节约铜

材。因此，新型结构的 UUI 和 EEI 电感器是一种省铜、高 Q 值、低生产成本的电感器。该产品可广泛应用于中、高频的电子产品中，如电子镇流器、节能灯、开关电源、高频焊机、充电器、逆变器等。本项目已进行批量生产，目前产品月订单量已达 500 万只。

完成单位介绍：

厦门南磁电子有限公司创立于 1997 年，是一家集研发、设计、制造和销售电感器、滤波器、变压器于一体的专业企业。公司设有广东、福建、上海 3 个市场部，其下属工厂和龙岩生产基地拥有员工 800 多人，年销售电感器、滤波器和变压器等电感类产品 5 亿多只。为满足新品的市场需求，公司现已新建泉州和三明两个生产基地，可容纳员工 1500 人，新增生产能力 8000 万只/月。公司开发的 UUI 和 EEI 系列新产品获得了福建省和科技部科技创新基金的立项支持，还获得国家财政部的创新发明补贴。

DSP 嵌入式数字控制三相高频 UPS 电源

完成单位： 广东易事特电源股份有限公司
获奖类别： 科技进步奖
应用领域： UPS 电源
项目简介：

DSP 嵌入式数字控制三相高频 UPS 电源是传统 UPS（不间断供电系统）的技术及功能升级型。产品的输入功率因素高达 0.99，实现了高输入功率因数、低输入电流谐波的优越性能，输出波形稳定、纯净，完全消除了 UPS 对电网的回馈谐波干扰，实现 UPS 电源系统的绿色、高效、节能，顺应了历史的潮流。DSP 嵌入式数字控制三相高频 UPS 产品定位于国内外中高端市场，主要应用于各行业领域数据中心。项目技术指标和经济效益达到预期，产品性能达到先进水平，生产了良好的社会经济效益。

完成单位介绍：

广东易事特电源股份有限公司始建于 1989 年，长期致力于 UPS/EPS、光伏发电、电能质量控制、电力电源、工业节能电子技术等电源（系统）的研发、生产、销售。历经二十多年创新与发展，已成为国内最大的现代电源及电力电子装置研制造基地，是全球领先的整体电源解决方案供应商。

其卓越品质，受到中央领导和各省市领导的关注。公司坚持以"技术创新，自主研发"为企业发展理念，重金建立国内 UPS 电源行业首个"博士后科研工作站"，"广东省省级企业技术中心"、"广东省工程技术研究开发中心"、"易事特现代电能变换

与控制工程研究院"和"易事特光伏发电工程技术中心"等一系列业内领先高端科研平台。

军械装备智能化系列维修训练电源

完成单位： 军械工程学院
获奖类别： 科技进步奖
应用领域： 武器装备维修训练、航空航天地面电源
项目简介：

该项目针对我军军械装备维修、训练时采用装备底盘自发电或启用辅机电站，造成装备摩托小时消耗、操作环境恶劣、维修训练成本高等缺点，应用高功率电路无触点软启动控制、电力电子高频逆变控制、高频电磁 EMC 控制、并列运行功率单元均流控制等技术，设计了高功率密度电源模块，利用模块的并联组合，可以构成任意高功率电源。专门针对我军某型装备的供电要求，研制 DC220V/11kW 直流电源。该系列维修训练电源具有效率高、体积小、重量轻、噪声低、运行可靠等优点，便于部队携行与组合安装，可满足我军各种军械装备的维修训练要求。

完成单位介绍：

军械工程学院是一所以工为主，工学、军事学、管理学、理学、经济学、哲学等学科门类齐全的学历教育院校，是全国重点院校。学院目前设有 4 个博士后流动站和 1 个博士后工作站，拥有 4 个博士学位授权一级学科，2 个博士学位授权二级学科，12 个硕士学位授权一级学科，6 个硕士学科授权二级学科，有 2 个国家重点一级学科。学院师资力量雄厚、科研学术成果丰硕，有 900 余项科研成果获得包括国家技术发明二等奖、国家科技进步一等奖及军队科技进步一等奖在内的高等级奖励；发表论文 15000 余篇，出版科技著作 290 余部。

500V-650V 超结（Super Junction）功率 MOSFET

完成单位： 无锡新洁能功率半导体有限公司
获奖类别： 科技进步奖
应用领域： 应用于供电电源，消费电子，照明行业，计算机，工业控制，汽车电子，太阳能逆变等领域
项目简介：

无锡新洁能功率半导体公司是国内首家成功开发超结 MOSFET 的半导体设计公司，填补了国内在超结 MOSFET 设计制造方面的空白。新的 500 ~ 650V 超结（Super Junction）功率 MOSFET 系列产品采用先进的超结技术理论并引入创新设计，极大地

降低了产品的特征导通电阻，突破了"硅限"限制。其中 650V 20A 产品的 10V 栅压下典型导通电阻仅为 160 毫欧。

本项目开发的超结 MOSFET 具有导通损耗低、栅极电荷低、开关速度快、器件发热小、能效高的优点。产品可广泛用于个人电脑、笔记本电脑、上网本或手机、照明（高压气体放电灯）产品以及电视机（液晶或等离子电视机）和游戏机等高端消费电子产品的电源或适配器。

完成单位介绍：

无锡新洁能功率半导体有限公司坐落于无锡（滨湖）国家传感信息中心，由世界功率半导体设计界精英组成设计团队，是专注于 MOS 半导体功率器件（沟槽型大功率 MOS 器件、超结 MOS 器件、NPT-IGBT）以及射频（微波）RF-LDMOS 器件的设计、生产、测试与质量考核、销售与服务的高新技术企业。公司目前拥有近五十项国内国外发明专利和实用新型专利，为国内拥有自主知识产权最多的功率器件设计公司。公司在中国大陆、香港分别建立了设计与运营中心、销售公司以及外包芯片流片基地、成品封装基地、成品测试基地，并有完善的质量控制保证系统。核心设计人员曾首创两项中国第一，填补多项国内空白，并引领中国功率半导体器件工艺流程、器件结构和性能的创新、创优。

IDP 电能质量能效管理系统
完成单位：北京中大科慧科技发展有限公司
获奖类别：科技进步奖
应用领域：IDC 数据中心、大型精密设备和电网关键点

项目简介：

电能质量问题近年来受到业界的广泛重视，IDP 电能质量能效管理系统设备，结合目前已有的电能质量能效管理系统实用新型专利技术，采用世界上一流的在线监测设备，UNIPOWER（变压器）的在线监测设备，将现有的计算机服务器、接触器、控制器、开关和驱动控制器等硬件设备进行系统设计，实现对需控制局域电网的电能质量的综合监测，该电能质量能效管理设备同时包括电能质量检测控制单元、电能质量评估系统、电能质量告警系统、电能质量检测系统和数据查询系统，取得了较好的运行效果。

完成单位介绍：

北京中大科慧科技发展有限公司，是国内领先的数据中心电能管理设备提供商、信息安全服务商和 IT 运维管理解决方案提供商。其致力于打造全方位的数据中心综合治理平台，为企业的运营提供安全、高效、洁净的数据中心安全管理平台和服务环境。IDP 综合管理设备（系统）——Integrated defend Processing，基于各行业的实际，先后在金融、通信、能源、医疗等行业拥有 3 个唯一：方案唯一；产品唯一；成功案例唯一。

公司产品基于 IT 系统集成，通过多年服务、经验和研究，彻底找到了数据中心的隐形杀手"谐波"，并成功引进了海外先进技术，结合 IT 运维管理软件，研发了成熟的数据中心综合保护系统。

产品先后通过了国家电科院型试试验和 CE 检测，为客户提供创新的产品、优质的服务和完备的解决方案，帮助客户更快地提升机房安全及管理水平，彻底解决了各行业的安全隐患。

4. 杰出贡献奖

陈成辉
董事长兼总裁
厦门科华恒盛股份有限公司
个人介绍：

陈成辉是厦门科华恒盛股份有限公司董事长兼总裁，是国内资深电源专家，主持或参与研制的不间断电源（UPS）项目有 3 个列入国家高技术产业化发展计划，有 14 个列入了国家火炬计划，有 9 个列入了国家重点新产品计划，获得过十余个省部级科技成果奖。先后被评为国务院特殊津贴专家（1995 年）、福建省优秀专家（1997 年）、福建省百千万人才（1998 年），2010 年以科技人员身份被评为全国劳动模范，受到国务院的表彰。其所领导的厦门科华恒盛股份有限公司是我国大功率 UPS 市场的领军型企业，目前拥有员工 2000 余人，年销售收入超过 4 亿元。根据调查机构统计，科华品牌在国内 UPS 市场位居第三（前两位为国际品牌），成为国内电源界公认的本土品牌最大的高端 UPS 制造商和提供商。2010 年 1 月科华公司成功在深交所上市，是国内首家成功上市的 UPS 企业。陈成辉先生对我国 UPS 事业乃至电源事业的发展做出了突出的贡献。

主要参与项目：
KELONG UPS 不间断电源
DJB 系列正弦波 UPS
FR10 在线式不间断电源
DJF1000 通信用不间断电源
高频化通信用逆变器
5～20kVA 大功率不间断电源

数字化节能型工业电力优化装置

20～100kVA 中大功率并联型 UPS

30～150kVA 三相模块化 UPS

6～15kVA 高频化超小型 UPS

节能型电梯安全保护装置

主要社会兼职：

1. 全国电力电子标准化技术委员会不间断电源分技术委员会副主任委员。

2. 中国电源学会常务理事。

3. 中国电子商会电源专业委员会副理事长。

4. 中国计算机学会电源专业委员会委员。

5. 中国电器工业协会电力电子分会副理事长。

6. 福建省信息产业专家委员会委员。

7. 福建省自动化学会理事。

8. 福建省电源学会理事。

9. 福建省工程师经济师协会常务理事。

10. 福建省高级职称评审委员会委员。

11. 漳州市科学技术协会副主席。

12. 漳州市政协委员。

5. 青年奖

康劲松

同济大学电子与信息工程学院副教授

个人介绍：

2003 年毕业于同济大学交通信息工程及控制专业获博士学位，现为同济大学电子与信息工程学院副教授、系学科委员会委员。一直从事电力电子与电力传动技术的科研与教学工作，在轨道车辆和电动汽车电机驱动技术的研究处于国内领先，国际先进水平。作为技术骨干参加完成了国家"八五"、"九五"铁道部重点项目子项目及铁道部科技开发项目。作为主要技术负责人，完成了国家"十五"、"十一五"863 重大项目子项目。作为项目负责人，主持或完成纵向项目 8 项。主编完成了普通高等教育"十一五"国家级规划教材《电力电子技术》，在国内外学术期刊与国际会议上，发表论文 50 余篇，被 SCI/EI/ISTP 检索 30 余篇，获得国家实用新型专利 2 项，软件著作权 1 项，获得国家发明专利申请号 3 项。其取得的科研成果创造了突出的经济效益和社会效益。

主要科技成果：

1）作为技术骨干参加完成国家"八五"重点攻关项目"4000 kW 交直交传动电力机车"子项目"三点式 GTO 电压型逆变器及其控制系统"。

2）作为技术负责人完成上海地铁一号线车辆

IGBT 静止辅助逆变器研制。

3）作为主要技术负责人完成国家"十五"、"十一五"863 重大项目"燃料电池电动轿车"的电机驱动控制系统。

4）主持完成了海军重大项目子课题"某型艇集控系统电源系统关键技术开发及优化设计"。

5）主持铁道部重点项目"牵引系统寿命预测与可靠性快速评价方法的研究"。

伍永乐

广东凯乐斯光电科技有限公司 董事长

个人介绍：

中山大学工商管理博士，现任广东凯乐斯光电科技有限公司董事长、广西电源学会筹备负责人，在 LED 路灯专用的小眩目高效 LED 光引擎技术、无电解电容磁集成 Vcc 电源模块的控制方法、高可靠大功率 LED 标准化集成模组等技术领域取得了丰硕的科研成果，拥有十余项 LED 照明相关发明专利。2006 年创办广东凯乐斯光电科技有限公司，根植于 LED 研发制造领域，企业经济效益显著，该公司重视科技创新，公司每年都有近 10 项以上专利申请及授权，也使该公司获得国家高新技术企业，民营科技企业称号。重视与高校的合作，已经与中山大学、广西大学、湘潭大学、清华大学等著名高校达成了产学研合作意向。伍永乐先生为推广 LED 技术及应用做出了突出的贡献。

主要成果：

1）发明专利：LED 路灯专用的小眩目高效 LED 光引擎技术。

2）发明专利：一种无电解电容磁集成 Vcc 电源模块的控制方法。

3）发明专利：高可靠大功率 LED 标准化集成模组。

4）论文：《创新高可靠性高频交流 LED 光引擎》。

5）论文：《发展 MOD 路灯产业化之我见》。

6）论文：《关于 MOD 转型创新开源节流之我见》。

非专利科技成果

一、智能型超快速超级电容充电器

完成单位：徐州市恒源电器有限公司

项目简介：

超级电容器又称法拉电容、双电层电容器、黄金电容、电化学电容器，是一种新型储能装置，它具有充电时间短、使用寿命长、温度特性好、节约能源和绿色环保等特点。

本发明是针对超级电容特性而设计的一款快速充电器，主要应用于超级电容的充电，同时也可用于其他需要快速充电的电池。

技术背景

传统的充电器都是采用恒流、恒压模式，即电池没有电时，电池电压很低，充电器用一个恒定的电流给电池充电，当电池快充满时，电压比较高了，根据不同的电池特性识别电池充满电后采用恒压、涓流等。由于充电器设计时是根据电池的最高所需要的电压及电流来确定定输出功率的，当电池电压低时，由于电流恒定，输出功率远远达不到充电器的最大功率，这其实是一种浪费。本发明可以合理地避免这种浪费，也就是在同样的电池，同样的时间内将电池充满。利用本发明可以比传统的充电器功率做得更小，是传统充电器功率 2/3～1/2，大大降低了成本。

达到的主要技术、经济指标及社会、经济效益：

（1）主要技术指标

1）电源的充电效率提高，电源效率将达到 92%（5V）、90%（3.3V）、87.5%（2V）。

2）充电器的恒压精度高于±1%。

3）通过采用高频开关电源技术，可以大幅度减小电源体积和重量，充分提高电能利用率、节省材料 20%、降低成本 27%。

4）技术创新：

① 提出一种 ARM 控制的基于模糊理论的充电器电压电流控制方法，有效控制充电电压电流的波动量；

② 建立电池内阻对充电电压电流影响的数学模型，并应用于充电电压电流的控制中；

③ 研制出一种可自动检测电池类型的智能多功能充电器，有效提高电源利用率，减少自身发热；无负载自动断电实现零损耗，形成自主知识产权；

④ 该充电器管理芯片对充电过程进行控制，具有芯片温度调节功能、电池温度实时检测功能、电源状态检测功能、电池状态检测及保护功能等。

（2）经济指标、社会效益

年实现产值 1000 万元，利税总额 200 万元。

该技术可以突破目前数字电源控制管理芯片技术多被国外一些公司技术保护的壁垒，实现高端数字开关电源控制管理芯片国产化和规模化生产；促进社会可持续发展，对国家"十一五"节能目标的

贡献率达到 15%；可增加社会就业岗位 50 个。

二、大功率特种变频数字化不间断电源系统

完成单位： 广东志成冠军集团有限公司

华中科技大学

项目简介：

本项目技术领域是属电子信息类，是志成冠军集团有限公司针对国内 30kVA 以上大容量不间断电源被国外同类产品垄断而经过 5 年的不懈努力研制出来的。大型特种变频不间断电源（UPS）并联系统专门针对大型关键系统如数据处理中心，大型主机计算中心、医疗设备、制造业过程中控制系统和电信设备负载而设计，也可用于生产车间内对供电质量要求较高的大功率负荷。其稳定、可靠、纯正的正弦波输出，低干扰、低噪声等优点，受到各方面的青睐。该 UPS 单机功率可达 300kVA，并联后总容量可达到几兆瓦，最适合超大型客户对高质量供电系统的要求。根据市场需求，广东志成冠军集团有限公司于 2003 年 5 月与华中科技大学联合研发该产品。项目要求高可靠、高质量、智能化、易扩展、成本低。目前，项目研发全部结束并达到了预期的要求和效果。

经济及社会效益分析：以 300kVA 单机 UPS 为例，每台综合成本价（含材料 178562.37 元，工资 600 元、制造费用 25000 元、运输安装及保险费用 900 元、销售费用 4500 元、税金 23456）为 219562.37 元；每台销售价按低于国外同类产品的 40% 计算为 340000 元；每台利润 93981.63 元。按年生产能力 100 套（每套 4 台）计算，得出：年新增产值/销售收入：13600 万元；年新增税金：938.24 万元；年利润：3879.27 万元。同时，可出口创汇。

三、光伏和风力发电并网逆变关键技术及应用

完成单位： 阳光电源股份有限公司

合肥工业大学

项目简介：

本项目属于电力电子技术在可再生能源发电领域的应用。在化石能源日益短缺和环保问题日益严重的背景下，太阳能光伏发电和风力发电已经在全球能源结构中占据越来越重要的地位，而并网逆变

技术是光伏和风力发电的关键技术。随着大量可再生能源发电设备的接入，如何高效逆变、安全并网已成为技术难题。目前，国际一流品牌产品的逆变转换效率最高已达98.5%。另外，各国电网对于接入电网的可再生能源发电设备的技术要求也越来越严，如要求更小的并网电流谐波分量、具有不平衡跌落能力的低电压穿越能力等。随着光伏、风力并网发电规模越来越大，其安全性、可靠性越来越成为各国研究的重点，也是光伏、风力发电系统大规模接入需要重点突破的技术难点。

本项目通过对并网逆变技术的深入研究，提出独特的控制算法和结构工艺，实现了发电系统的高效率、电网接入的安全性和逆变装置的可靠性，打破了长期以来光伏逆变器和风能变流器被国外品牌垄断的局面，实现了国产化。

项目执行过程中，主持制订了光伏逆变器和风能变流器国家标准3项。目前，2项风能变流器国标已发布并实施。申请专利总数170项，其中发明67项；授权专利81项，其中发明8项。光伏并网逆变器系列产品顺利通过金太阳、CE、TUV、DK5940、ETL、SAA等国内外各项认证，250kW/500kW光伏逆变器被授予国家重点新产品。产品在上海世博会、北京奥运会以及甘肃敦煌、宁夏太阳山等重大光伏发电项目上得以大量应用，并批量出口海外，近三年出口创汇7352万美元。项目单位光伏并网逆变器国内市场占有率连续多年保持第一，2MW全功率风能变流器成为国内首个通过欧盟CE认证的变流器产品，风能变流器已批量配套湘电风能、山东长星等整机厂商，并成功应用于内蒙古通辽、福建长乐午山等风电场，已具备替代进口的能力，为提高风电机组国产化率提供了有力支撑。近三年来，项目产品的直接销售收入为16.52亿元，新增就业800余人，众多发电企业通过使用上述产品生产了大量绿色电力，获得了显著的节能减排效果和社会效益。

四、电源自动化测试系统

完成单位： 北京泛华恒兴科技有限公司
项目简介：

PowerMASTER电源自动化测试系统是专业的电源供应器自动测试系统，模块化的硬件架构能够提供灵活多变的硬件组合，如可程控交流/直流电源供应器、电子负载、数位电表、示波器、时序/杂讯分析仪和短路及过电压保护测试器等，在硬件上真正满足任何形式的电源供应器测试要求。可自定义的

应用软件，支持测试项目自由编辑，同时通过优化测试命令的技术来提高硬件复用率，大幅提升测试效率。PowerMASTER电源自动化测试系统是最佳且最适合各种电源供应器的自动测试系统，适用于研究开发人员的产品研究、品保部门的质量验证、生产线大量终检测试等领域。

PowerMASTER电源自动化测试系统充分考虑到未来的扩展需求，包括测试项目添加、测试仪器更换、被测件升级等。模块化的硬件具有天然的可扩展的优势，加之软件上可充分自定义的功能。多数情况下，电源厂商只需更新软件版本或调整测量硬件，就能满足测试需求的变化。

五、IDP 安全管理系统

完成单位： 北京中大科慧科技发展有限公司
项目简介：

本项目系统是一种运用于银行、石油、航空、铁道、地铁、医疗、军队等各行业的电能质量能效管理设备。属于国家重点支持高新技术产业中的光电一体化中电力系统信息化和自动化领域。是一种设计电能安全检测与综合治理技术的集成系统装备。

六、CYT3020 单数据总线 LED 屏幕驱动芯片研发及产业化

完成单位： 深圳市长运通光电技术有限公司
项目简介：

1. 技术领域

CYT3020是在不修改原有LED屏幕硬件的基础上，实现单线数据传输，在现有的PCB上管脚兼容性直接替代。在产品设计中，CYT3020片与片之间有着超强的级联能力，不需要74HC245增强驱动。减少外围器件数量，线路设计更简洁，更实用。

CYT3020的输入电压范围为3.3 ~ 5.5V，提供16通道恒流输出，通过调节系统电阻设置，其恒定电流输出范围为1 ~ 45mA；CYT3020片内每个输出之间的电流差异小于±1.5%，CYT3020片间输出电流差异小于±4%；电流随输出端电压变化被控制在0.1%/V；电流随电源电压和环境温度的变化被控制在1%。输出驱动电流在外设电阻基础上，可矫正偏移±6.4mA，点彩控制器支持下，上电矫正值被送到相应像素控制寄存器。电流矫正值存储由点彩上位机软件管理，存储在电脑硬盘上。

CYT3020 可以 R、G、B 软件独立设置电流，同时驱动 5 个 LED 三基色像素。同时兼容与传统 16 位恒流器件，PintoPin 直接相容。内置 2880Hz 刷新率。出色的高刷新率在大型赛事也不会被摄像机拍到半帧画面，相机的快门也会留下完整照片。

2. 主要内容

CYT3020 的输入电压范围为 3.3 ~ 5.5V，提供 16 通道恒流输出，通过调节系统电阻设置，其恒定电流输出范围为 1 ~ 45mA；CYT3020 片内每个输出之间的电流差异小于 ±1.5%，CYT3020 片间输出电流差异小于 ±4%；电流随输出端电压变化被控制在 0.1%/V；电流随电源电压和环境温度的变化被控制在 1%。输出驱动电流在外设电阻基础上，可矫正偏移 ±6.4mA，点彩控制器支持下，上电矫正值被送到相应像素控制寄存器。电流矫正值存储由点彩上位机软件管理，存储在电脑硬盘上。

3. 技术经济指标

CYT3020 是驱动 LED 显示的重要组成部分。2011 年 3 月通过第 1 版验证，时序完整在线，其中可靠性验证、ESD、整屏设计等工作预计在 8 月份完成。

刷新率：2880Hz；

恒流范围值：1 ~ 45mA；

可矫正偏移电流量：±6.4mA；

恒流精度：片内 < ±1.5%，片间 < ±3%；

通过调节外部电阻，可设定电流输出值；

通过软件可分设 R、G、B 电流值；

曼彻斯特编码，单数据总线；

数据波特率：100Kbit/s ~ 2Mbit/s；

工作电压：3.3 ~ 5.5V；

恒流端口耐压：17V；

ESD > 4000V。

经济指标：此项目于 2011 年底开始预售，2012 年预计完成销售额 3000 万元，2013 年突破亿元大关。未来 3 ~ 5 年预计销售 4 ~ 5 亿元/年。

七、电子铝箔化成工艺用新型大功率直流电源

完成单位：上海日意电子科技有限公司

项目简介：

该产品广泛应用于电化学领域的电子铝箔的腐蚀化成行业，在湖北宜昌的某企业中试试用时曾经创造过节能 20% 的良好成绩。

技术创新：

1）采用了 PWM 脉宽调制技术实施交流电变换到直流电的转换过程；

2）新型高频变压器；

3）精确的电源输出保护装置；

4）特殊设计的冷却装置。

使用以上新技术解决了长期以来困扰开关型直流电源的几个问题，其中最为显著地解决了直流电源的大功率输出和电源设备的散热之间的矛盾，以及化成工艺要求电源要具有可靠性、稳定性与化成行业生产环境的恶劣性之间的矛盾。

目前，随着铝电解电容器使用量的急剧增加，其上游行业——电子铝箔腐蚀化成行业成为国内增长势头最为强劲的行业之一。我国目前电子铝箔化成行业的生产线还需要增加 1000 条左右，新增市场容量为 6 ~ 10 亿元人民币。目前，在该行业内尚无开关型直流电源产品使用，而我公司的新型电源产品在节能方面的特殊优势将使得我们在未来 3 ~ 5 年内在国内市场上占有技术优势。由于化成行业是用电大户，根据目前的测算，新型化成电源较之传统的晶闸管直流电源的节能效果在 10% 以上，一个大型化成企业，每年生产线上需要消耗的电费在 8000 万 ~ 1 亿元人民币。使用新型化成电源，每年可节省的成本将达到 800 万 - 1000 万人民币。同时节能减排是目前国家所倡导的发展方向，此新产品的大规模应用也是响应国家在这方面的政策方针。

八、HYEPS 应急电源装置

完成单位：天津华云自控股份有限公司

项目简介：

HYESP 应急电源装置作为一种可靠的绿色应急供电电源，尤其适用于高层建筑消防设施没有第二市电，又不便于使用柴油发电机组的场合，既可以采用类同于柴油发电机组的配电方案，也适用于一些工程在局部重要场合作为末端应急备用电源。主要应用在各类建筑的工作供电和消防供电；医院安全供电；交通系统高速公路。

技术指标：

转换时间在 0.1 ~ 0.25s，节电在电网正常时处于睡眠状态，耗电不足 0.1%，无电网供电时其效率为 85% ~ 91%。在电网正常时也工作，其效率为 80% ~ 90%。在电网正常时处于睡眠状态，耗电 < 1%，无电网供电时，其效率约 90%。环保在电网供电正常时处于睡眠状态，静音无噪声、无电。

经济指标（项目完成时达到的销售收入、利税、

出口创汇指标或应用的具体效果）：2011 年销售收入：3400 万元；净利润：192.76 万元；缴税总额：249.81 万元。

产品已广泛应用于我国东北、华北、华东和部分西北、华南地区的高层智能楼宇、地铁、大型超市、体育场建设项目中。

九、CM40 系列 UPS 模块实现 40kVA 功率的研发

完成单位：河北先控捷联电源设备有限公司
项目简介：

项目所属科学技术领域，主要科技内容包括技术经济指标、促进行业科技进步及应用推广。

CM40 系列电源是一款非隔离型 UPS 电源，适用于通信系统中不间断用电场合，主要作为各类计算机机房、智能控制系统、管理系统和应急照明等负载的不间断电源系统以及太阳能、风光互补等系统，外形尺寸为 4U 高的 19 英寸标准机箱。直流输入电压为 ±384V，交流输入电压为单相/三相 220V/230V/240V，输出为交流单相/三相交流电压 220V/230V/240V，模块输出总功率容量为 40kVA，输出负载可带感性负载（电机类负载）、容性负载（计算机类负载）、阻型负载，是具有全方位保护的绿色 UPS 电源模块。CMS 系统由多台 CM40 电源模块并联输出，系统支持模块的带电热插拔功能，各个模块具有输出智能均流功能，可组成 N + X 冗余备份系统，为用户提供可靠、稳定、纯净的交流输入电源。

十、超级电容城市客车充电站

完成单位：江苏扬州双鸿电子有限公司
项目简介：

本项目是一种基于高频开关技术的高效大功率电动汽车充电设备，技术门类属电力电子技术。最高输出电压 680V，最大输出电流 300A，最大输出功率 200kVA。主要科技内容是研究大中型电动汽车充电站的专用装置，装置具有大功率、智能监控、均流均压、N + 1 热备用、故障自诊断、高功率因数、低谐波电流等功能。本充电设备采用 PWM 整流技术，使其功率因数达 0.98，回馈到电网的谐波电流仅为 2%，该指标大幅超过相关国家标准。随着我国节能减排事业的推进，城市采用电动公交势在必行，本项目的研制成功推动了城市节能减排事业的发展，具有明显的社会效益和经济效益。

本项目研制时间是 2009 年 1 月 ~ 2010 年 6 月，首台样机应用在上海世博会，其后又应用在香港九龙机场，2011 年 6 月应用于上海崇明岛新能源公交线路。本项目合同金额为 1540 万元。上海崇明岛新能源公交线路开通，上海崇明电视台和上海电视台、上海新民晚报都做了及时报道。

根据相关信息预计，今后本项目年销售应在 3000 万元以上，利税 500 万元左右。

十一、动态节能照明电源

完成单位：江苏宏微科技有限公司
项目简介：

动态节能照明电源采用宏微科技研制的专用 IGBT 集成模块对输入光源的市电进行优化和智能控制，结合不同使用现场的不同情景，通过合理优化，实现光源的高效运行，在大幅度节电的同时有效保障光源寿命。其具有的优先保障照明功能和高可靠性使用户无后顾之忧，其拥有适应各种光源的特性方便不同用户选用，其优越的节电和保障光源寿命的特性真正为用户节约照明成本，其友好时尚的人机交互界面方便了用户的操作。动态节能照明电源是现代高频大功率电力电子技术成功应用于节能减碳的成功范例，为节能照明电源领域带来了源头活水，引领了节能照明电源的新方向和新潮流。

十二、17kVA 中点箝位 T 型三电平光伏并网逆变器

完成单位：复旦大学
项目简介：

本项目属于新能源及电力电子技术，主要科技内容是研制 17kW 功率等级的 T 型 NPC 结构三电平光伏并网逆变器。

其主要技术经济指标如下：

项目规格

额定输出：17kVA；

额定输出线电压（有效值）：AC400V；

额定输出电流（有效值）：AC25A；

电网电压范围：AC（400 ± 10%）V；

电网频率范围：47.5 ~ 51.5Hz（满足 VDE-AR-N4105 要求）；

直流额定输入范围：DC290 ~ 1000V；

最大输入功率电流：DC60A（A40A；B20A）；

MPPT 工作电压范围：DC350 ~ 800V；

输出电流失真因数综合≤5%；

各次≤3%；

产品功率因数≥0.99；

无功输出超前滞后0.90（满足VDE-AR-N4105要求）；

最大效率：98%；

输入控制方式：MPPT控制；

输出控制方式：空间矢量控制；

频率逆变器：12kHz。

三电平中点箝位光伏并网逆变（包括I型和T型）技术已经在国内外引起广泛关注，该技术的深入研究不仅推动了世界范围内电力电子功率器件厂商的产品不断更新换代，也促进了国内学术界以及逆变器制造业对高效率高可靠性的大功率光伏并网逆变器的进一步研究，进而带动整个国内大功率光伏并网逆变器性能的研究热潮。

目前，NPC-I型光伏逆变器设计技术国内外已接近成熟，但存在死区控制复杂、开关管易损毁等问题。NPC-T型逆变器可以有效规避这些问题，但国内由于该类型功率模块缺乏T型设计技术仍处于起步阶段。本项目选择T型NPC结构，能有效解决I型逆变器中存在的开关管易损等问题，同时参照德国最新VDE-AR-N4105及能源法要求，以及最新IEC62109-1和2等要求，使得光伏并网逆变器的研究不再局限于针对自身系统，而是作为新型电网的一部分开展。

十三、飞机地面静止变频电源

完成单位：西安爱科电子有限责任公司

项目简介：

项目属于《国家重点支持的高新技术领域》的第八部分：高新技术改造传统产业、第（三）条：先进制造技术、第4款：电力电子技术。

项目产品的核心技术是采用最先进的功率模块进行功率变换，构建成节能环保的新型电力电子静止变频电源，以取代传统的燃油发动机组的机场电源。

经过前期的市场摸底调查以及实际操作都显示，飞机地面静止变频电源由于其优秀的性能，体积小，不排放有毒以及可燃性气体，有益于环境保护和机场安全，所以极大地受到民航和军用机场的欢迎。特别是今后十年里，国家计划新建、改建、扩建机场数十个，使得该产品的市场前景十分广阔，潜力巨大。

十四、快速切换应急电源

完成单位：合肥联信电源有限公司

项目简介：

联信Q/LS01-1999应急电源

1. 科学技术领域

项目属于电子信息产业的电力电子技术产品领域。

2. 主要科技内容

快速切换应急电源是基于先进的功率变换技术、数字控制技术、脉宽调制技术、同步并网技术于一体，由电力变流器、蓄电池储能装置和复合切换开关等组成的应急电源系统。该电源产品能够在复杂的应用环境中，向多种类型负载提供优质的电能，消除电网瞬间中断、电网过电压、欠电压对生产设备的影响，保证生产流程的可靠运行。

3. 技术经济指标

项目经济目标完成情况如下表所示：

项　　目	合同计划完成数额	项目实际完成数额	完成比率
项目投资总额/万元	900.00	854.02	95%
企业资产规模/万元	4500.00	4984	111%

技术指标完成情况

项目性能指标

输入电压范围：AC380（1±10%）V；

输入频率范围：50（1±5%）Hz；

输出电压：AC380（1±5%）V；

输出频率：50Hz±1Hz；

切换时间≤3ms；

回切时间0ms；

噪声≤40dB。

4. 促进行业科技进步作用

※适合于混合性负载特性，满足工业生产的广泛使用；

※确保瞬时快速切换，为重要负荷提供不间断供电；

※后备式高功率因数，提高用电效率；

※省略同功率整流器，减少电网的污染实现环保生产。

5. 应用推广情况

快速切换应急电源产品充分考虑电源的工作环境和负载性质，采用先进的逆变控制技术，使电源系统的输出具有良好的稳态特性和动态特性。快速切换应急电源可以广泛的应用于如公路、隧道、地铁、轻轨、高铁以及广电通信、水利电力、机场港务、金融、卫生医疗、商场超市、体育场馆、实验设备等各类不可断电的领域，向多种类型负载提供优质的电能，彻底消除电网瞬间中断、电网过电压、欠电压对设备的影响，现已经成功应用于上海世博园、合肥奥体中心、芜湖科技馆、首都体育馆、上海游泳馆、广州地铁、北京地铁、井冈山机场、隆百高速、泰州石化等国家重点项目。

第七部分　电源发明专利

（2011 年授权）

一、2006 年公开

单相插头式电源检测仪

申请号：200610032844. X 公开日：2006-7-12
申请人：刘睿刚
发明人：刘锦泰
摘要：

本发明公开了一种单相插头式电源检测仪，属于用电安全检测技术领域。它能方便地判别单相电源插座内部相、零、地三线接线是否正确，以及对故障类型作出快速、正确的判断。为此，电源检测仪内在相极与零极之间装设有反向发光二极管电路，在零极与结点 A 之间装设有正向发光二极管电路，在相极与结点 A 之间装设有正向发光二极管电路，在地极与结点 A 之间串接有地线带电检测电路。使用时，把它插入被检插座上，中间的三只指示灯以不同的点燃方式分别指示电源内部接线正确、缺地线、缺零线和相、零极接反的几种状态，再通过试验推杆及另一只指示灯来判断地线是否带电。

半导体存储元件的电源开关电路及其电源电压施加方法

申请号：200610004969. 1 公开日：2006-8-2
申请人：三星电子株式会社
发明人：朴哲成
摘要：

一种半导体存储器装置中的电源（电压）开关电路，能够减小待机工作模式中的漏泄电流，并且缩短待机模式被切换到工作模式时的唤醒时间。该电源（电压）开关电路包括第一、第二和第三电源开关，分别响应于第一、第二或第三被施加开关控制信号，选择性地输出动态选择的第一、第二和第三电源电压之一作为元件电源电压。第二电源电压高于第一电源电压，第三电源电压低于第一电源电压。元件电源控制单元控制第一、第二和第三开关控制信号的状态，使得在待机状态中以第三（最低）电源电压施加元件电源电压，并且在待机状态被切换到工作状态时，在预定义的时间段内，以第二（最高）电源电压供应元件电源电压，然后以第一电源电压供应元件电源电压。

用于滑动门的电源设备

申请号：200610067455. 0 公开日：2006-10-4
申请人：株式会社藤仓
发明人：井出刚久
摘要：

本发明提供一种用于车辆滑动门的电源设备，该设备包括：一电源线，该电源线电耦合到电源；一电源线护罩，该电源线护罩包含矩形截面的壳体并位于车辆滑动门内，并且电源线弯曲地容纳在该电源线护罩中；一电源线通路，该电源线通路设置在电源线护罩的壳体中并控制弯曲的电源线；一滑动件，该滑动件容纳在所述壳体中并可沿其长度方向滑动；一拉伸弹簧，所述滑动件由该拉伸弹簧而推向所述壳体一端侧；和缝隙形开口，该缝隙形开口形成于所述壳体的下侧；其中电源线的一侧部分从该缝隙形开口抽出并固定到车体侧；且其中从该壳体另一端侧抽出的电源线部分连接到车门内的装置。

锂离子车辆应急启动电源

申请号：200610012385. 9 公开日：2006-7-26
申请人：北京神州远望科技有限公司
发明人：李文光
摘要：

本发明公开了一种锂离子车辆应急启动电源，它具有一个由电压保护电路、整流滤波的振荡电路、稳压电路和电压、电控制电路组成的限压充电器，其上有一充电插头和一个电池组，该电池组上分别带有正极柱和负极柱，其上设有过放电断电保护器，所述的电池组上有一充电插座与充电器上的插头连接；和一对电线夹，该电线夹包括一对带有蟹爪形夹齿的左右夹体，并通过销轴铰接，该左右夹体上设有夹持力矩调节装置，以及所述的左右夹体上设置与之分别连接的双速导线。具有体积小，重量轻、工作电流大、循环寿命长、自放电率高、启动连接电阻小、电热损失低和具有充放电保护功能，同时还具有不受环境温度的限制，对因蓄电池出现故障，导致发动机不能正常启动的各种车辆实施应急启动、救援。

带有辅助电源的通信电源模块

申请号：200510006039. 5 公开日：2006-7-12
申请人：艾默生网络能源系统北美公司
发明人：方旺林 沈楚春 茹永刚 谢永刚 李彦峰
摘要：

本发明公开一种带有辅助电源的通信电源模块，包括监控电路、输入整流滤波电路、主电源、辅助电源、电池或系统母排、第二辅助电源；由于增加设置的第二辅助电源的输入端同时与电池或系统母排和与整个模块电压输出端相连，则不论输入电压是否正常，它都可以获得电能，并向后级提供电源，维持通信电源模块的出现异常时其需要继续运行的各个子模块仍能运行。

无线局域网的电源管理

申请号：200610051568.1　公开日：2006-10-4
申请人：微软公司
发明人：A·埃比塞克　R·Y·姚　李世鹏　Z·郭

摘要：

揭示了用于网络接口设备的电源管理的计算机实现方法。这些方法可包括将一时段分成多个时隙、确定在第一时隙期间网络接口所接收的数据量，并确定该数据量是否超过预定义阈值。如果所接收的数据量超过了预定义阈值，则使该网络接口设备在下一时隙期间苏醒。如果所接收的数据量未超过预定义阈值，则该网络接口设备在下一时隙期间进入休眠。众多时隙可被定义为苏醒时隙，期间网络接口设备苏醒。在网络接口设备接收一个或多个分组的时段期间时隙的数量可与该时段期间苏醒时隙的数量作比较。基于该比较，苏醒时隙的数量可对下一时段作调整。

移动终端的电源连接结构

申请号：200510091323.7　公开日：2006-1-18
申请人：LG 电子株式会社
发明人：全炯雨

摘要：

一种移动终端的电源连接结构，包括：可拆卸安装到移动终端主体的电池安装部的电池，其中包括多个端子的每一端子组以预定间隔配置；包括多个端子的多个接线板，以相对应的预定间隔安装，以便分别与电池的端子组接触；和位于接线板之间的插孔。因此，使安装电源组成部件的区域最小化，并且减小了移动终端的尺寸。

二、2007 年公开

电源电量查询方法

申请号：200610026162.8　公开日：2007-10-31
申请人：环达电脑（上海）有限公司
发明人：王　婕　王加利

摘要：

一种电源电量查询方法，应用于一电子装置上，该电子装置包括一查询单元，该查询单元耦合一处理单元，该处理单元耦合一显示单元，且该处理单元耦合一储存单元；该方法包括以下步骤：建立一消耗曲线样本库，其设于储存单元内；查询单元侦测有无查询请求；若有，则由显示单元显示一查询界面；查询单元侦测有无特定工作模式下的查询请求；若有，处理单元会自消耗曲线样本库内将特定工作模式下的消耗曲线取出并结合当前电量计算得到特定工作模式下的余下工作时间；显示单元接收并显示特定工作模式下的余下工作时间。用户可以查看到电子装置能够持续工作的时间，使用户能够根据自身的要求更有效的使用电子装置。

控制供应到定影单元的电源的装置和方法

申请号：200710006120.2　公开日：2007-10-10
申请人：三星电子株式会社
发明人：金振河　权重基　崔种文

摘要：

提供了一种用于控制供应到定影单元的电源的装置和方法。该装置包括：电压检测器，检测供应以加热至少一个加热灯的输入电源的电压；同步信号发生器，响应所检测的电压而生成同步信号；开关单元，开关要施加到所述至少一个加热灯的输入电源的供应通路；以及控制器，具有最初供应的输入电源的时间占空比等级值的表格信息，并使用所生成的同步信号和该表格信息输出用于控制开关单元的开关操作的控制信号，其中该开关单元执行与控制信号相对应的开关操作。相应地，通过循序地增加加热灯的最初加热的输入电源，可以降低显示设备的闪烁和谐波特性，并且通过设置占空比等级值来在某个时间之内供应最大输入电源，可以最小化加热灯的最初加热时间。

电源控制装置及其使用方法

申请号：200610166974.2　公开日：2007-10-3
申请人：三星电子株式会社
发明人：赵钟化

摘要：

提供一种电源控制装置和方法。所述装置包括：控制器，用于输出第一脉冲宽度调制（PWM）信号和第二 PWM 信号，该第一 PWM 信号用于提供电功率，而该第二 PWM 信号用于与第一 PWM 信号进行比较；第一 PWM 信号输入单元，用于将第二 PWM 信号转换成直流（DC）信号；第二 PWM 信号输入单元，用于接收经过转换的第二 PWM 信号；比较器，用于比较第一 PWM 信号与经过转换的第二 PWM 信号；开关单元，用于根据比较器的比较结果生成具有电压的波形；变压器，用于根据开关单元的切换结果变换所生成的波形的电压；以及整流器和分压器，用于对变压器的变换结果进行整流和分压，其中，所述控制器通过接收整流器和分压器的整流和分压结果调整第二 PWM 信号。

改善电源稳压的方法和设备

申请号：200610139502.8 **公开日**：2007-3-28
申请人：电力集成公司
发明人：R·J·马耶尔 C·W·朴
摘要：

公开了用补偿信号生成电路来对电源进行稳压的技术。一种示范的稳压电源包括检测稳压电源的输出电压的检测电路。该稳压电源也包括包含开关的开关电力变换器电路，其中，响应从检测电路接收的控制信号而切换该开关的状态，以便对稳压电源的输出电压进行稳压。该稳压电源还包括补偿信号生成电路，该电路用于接收表示开关电力变换器电路中的开关状态切换的开关信号。该补偿信号生成电路用于响应开关信号而产生补偿信号。检测电路接收该补偿信号，以修改控制信号。

电源电路

申请号：200610167890.0 **公开日**：2007-6-27
申请人：松下电器产业株式会社
发明人：小岛友和 本田稳
摘要：

运算放大器从参考电动势产生电源电动势。阻抗调节器根据控制信号调节所述运算放大器的输出阻抗。电荷储蓄器积聚所述运算放大器的输出电荷，所述运算放大器的阻抗受所述阻抗调节器调节。比较器对在所述阻抗调节器进行阻抗调节之前所述运算放大器的输出电压和所述阻抗调节器进行阻抗调节之后所述运算放大器的输出电压进行相互比较，所述比较器进而根据比较结果产生所述控制信号，并且向所述阻抗调节器输出所产生的控制信号。

一种电源控制装置及方法

申请号：200710065304.6 **公开日**：2007-9-5
申请人：无锡中星微电子有限公司
发明人：余娜敏
摘要：

本发明公开了一种电源控制装置及方法，用以解决现有技术无法降低芯片的静态功耗的问题。本发明所述装置，应用于第一用电单元与第二用电单元进行信号交互的系统中，其中，所述第一用电单元和第二用电单元分别由独立的供电单元提供电源，该装置包括：电源控制单元，用于当所述第一用电单元从工作状态或空闲状态转换为睡眠状态时，锁存所述第一用电单元与第二用电单元之间的交互信号，并控制关闭所述第一用电单元的电源，当需要所述第一用电单元从睡眠状态转换为工作状态时，控制接通所述第一用电单元的电源。本发明还公开了一种电源控制方法。本发明用于实现电源控制，降低芯片的静态功耗。

用于便携式电源的方法与装置

申请号：200480036027.0 **公开日**：2007-1-3
申请人：摩托罗拉移动公司
发明人：约瑟夫·帕蒂诺 兰德尔·S·弗雷泽
摘要：

一种具有便携式电源（11）的装置（10）可利用多个不同的电荷消耗门限值（和对应的剩余电荷指示符，在优选实施例中）确定在便携式电源（11）中剩余什么样的电荷水平。这又允许视觉指示符提出的重新充电建议，以更好地记录和加强给定用户的普通重新充电行为。由于如此配置，可以延长便携式电源的总寿命，同时还确保当完成每一充电循环时便携式电源被完全充电。

多驱动输出电路的电源噪声抑制方法

申请号：200610056946.5 **公开日**：2007-9-12
申请人：北京中庆微数字设备开发有限公司
发明人：邵寅亮 徐微
摘要：

该发明属于输出电路控制技术，特别是一种多驱动输出电路的电源噪声抑制方法的应用，主要涉及多驱动输出电路的电源噪声抑制方法。该应用是一种 16 路串转并恒流驱动电路的接口时序，具有如下特征：电路上的输入信号包括数据、时钟和加载，电路在加载信号上升沿之前的 1～16 个时钟信号在上升沿时刻的数据信号的值并存储，在加载信号下降沿之后的 1～16 个时钟信号的上升沿时，电路按照存储值分时设置 1～16 个恒流驱动的状态，每个时钟上升沿有且只有一个恒流驱动的状态被设置，即每一路驱动输出在 1～N 个各不相同的时刻，按照对应的输入状态数据分别由原状态变化为新状态，每一路驱动输出变化的时刻都受到同步信号的控制，这种方法能够有效降低由于电流瞬态变化较大所带来的电源瞬态噪声，从而大幅度提升数据带通并提升了可实现的功率输出。

一种电磁式电源总开关

申请号：200610052142.8 公开日：2007-1-17
申请人：杭州人人集团有限公司
发明人：张宇群
摘要：

本发明涉及一种电磁式电源总开关，外壳组件固接于支架上，外壳组件内设有底座总部件、触头总部件、法兰盘、线圈组件、铁心、垫板，其中法兰盘设于线圈组件顶部，触头总部件设于法兰盘上，底座总部件罩于触头总部件上方，且其底部周缘与法兰盘相接，且相接之处设有密封圈，铁心装于线圈组件内，线圈组件底部设有套于线圈组件的垫板，铁心、垫板与外壳组件的底面之间设有铜垫。铜垫安装在线圈组件内并紧贴于垫板，具有隔磁、抗干扰作用。本发明的有益效果是：由于增加了垫板部件，使得磁力线聚集到铁心的中心位置，增加了电磁吸力；增加了铜垫部件，具有隔磁、抗干扰作用。由于降低线圈工作电流，因此性能可靠，质量稳定，使用寿命长。

双电源切换装置消防定位方法和装置

申请号：200710039491.0 公开日：2007-9-19
申请人：苏州市万松电气有限公司
发明人：潘贻丰 潘贻春 许世聪 洪振海
摘要：

本发明公开了一种双电源切换装置消防定位方法和装置。本发明的技术方案是：由光电方案将信号检测、逻辑处理联成一体、在弱电回路解决来提高双电源切换装置的可靠性和电磁兼容性。

通用电池充电器和/或电源适配器

申请号：200610114891.9 公开日：2007-10-17
申请人：茂新有限公司
发明人：苏锦华
摘要：

一种通用电源适配器具有用于不同的国家和以及不同电子设备物品一起使用的配置选择。用于与适配器主体的枢轴连接的插头基部具有用于与电插座连接的导电销和电连接至所述导电销的相应电端子。旋转安全盖设置为罩住电端子并避免与其的意外接触。所述盖具有在该被旋转时允许到端子的开口。所述主体具有用于在主体可旋转地紧固至基部时接合盖使其旋转的凸耳。电源线从主体延伸到匹配插座和可拆卸的适配器末端。用于选择电压的电压选择器开关具有半透光指示盘，所述半透光指示盘在其下面具有灯，用于指示所选择的输出电压和适配器的操作状态。

非水电解质电池及电源装置

申请号：200710001748.3 公开日：2007-7-25
申请人：松下电器产业株式会社
发明人：中岛琢也 永山雅敏 村冈芳幸
摘要：

本发明提供一种具有正极、负极和非水电解质的非水电解质电池，正极具有每单位容量的极板面积低于 200CM2/AH 的高容量型正极部及每单位容量的极板面积为 200CM2/AH 以上的高功率型正极部，由此，该非水电解质电池不使用复杂的控制系统成为必需的、包括多种电池的混合电源，而使用单一的非水电解质电池便同时满足能够长时间连续放电的高容量特性及能够大电流脉冲放电的高功率特性。

一种基于电量测量的控制开关的电源插座

申请号：200610000391.2 公开日：2007-6-27
申请人：田家玉
发明人：田家玉
摘要：

本发明涉及一种基于电量测量的控制开关的电源插座，包括：一个主控插座组，受控插座组；串联连接在设备电源支路中，获得设备消耗电量的电流检测器，与所述电流检测器的输出端连接的整流滤波器，以及与所述整流滤波器连接的电子开关，所述整流滤波器的输出连接电子开关的控制端，所述电子开关的开关触点串接在受控插座组的电源支路中。本发明提供一种控制准确，节约电能，操作方便的基于电量测量的控制开关的电源插座。本发明所述电源开关和电源指示灯设置在电缆线上，不设置在所述电源插座内部。

具有集成去耦元件的电源连接器

申请号：200610125725.9 公开日：2007-2-7

申请人：蒂科电子公司

发明人：布伦特·R·罗瑟梅尔

摘要：

电源连接器（100）由外壳（102）和安装在该外壳中的电薄片（104）组成。薄片包括在第一侧（162）和第二侧（164）之间具有厚度（T）的介电材料（160）。第二侧与第一侧相对并基本上与第一侧平行。电源迹线（170，172，174）位于薄片的第一侧上，接地迹线（200）位于薄片的第二侧上。电源迹线至少部分与接地迹线重叠，且介电材料的厚度使得电源迹线和接地迹线形成去耦电容器从而减小通过连接器发射的功率波动。

使用多电源的电源管理系统

申请号：200710090564.9　公开日：2007-10-17

申请人：美国凹凸微系有限公司

发明人：罗卢杨　卢纯　许建平　唐林

摘要：

本发明提供了一种用于允许多个电源给一个负载供电的电源管理设备。该电源管理设备包括多个开关和一个控制逻辑。多个开关分别与多个电源相连。控制逻辑可从上述多个开关中选择一套开关以分时的方式协作，以允许电源给负载供电。所述的一套开关系根据负载的电力要求和各个开关的电学状态选取。

电源装置

申请号：200710102844.7　公开日：2007-11-14

申请人：三洋电机株式会社

发明人：山本洋由

摘要：

一种电源装置，具备：二次电池（1）；升压电路（2），使电源电压升压后供给到二次电池进行充电；负载 FET（3），连接在二次电池与负载（12）之间；和控制电路（4），将该负载 FET 控制为接通或断开。升压电路在负输入侧（2C）与负输出侧（2D）之间存在电压差，将负输入侧连接到电源（5）的负侧，将负输出侧连接到二次电池的负侧。而且，在升压电路的负输出侧与负输入侧之间连接负载 FET，使该负载 FET 为 N 沟道 FET。控制电路（4）构成为：在非停电状态下将负载 FET（3）切换为截止，在停电状态下切换为导通，在非停电状态下遮断负载 FET（3）的通电，在停电状态下从二次电池（1）向负载（12）供电。

可调节的大功率锂离子车辆应急启动电源

申请号：200610048231.5　公开日：2007-2-28

申请人：北京神州远望科技有限公司

发明人：李文光

摘要：

本发明公开了一种可调节的大功率锂离子车辆应急启动电源，它具有两组 12V 电池组，通过其正、负极分别连接电压切换器、电流放电保护电路、时间开关、继电器和正、负极电线夹；且在正、负极电线夹之间设有提示与被启动车辆蓄电池接反极向的指示灯。该应急启动电源具有提供 12V/24V 电压切换电源和大电流放电保护，是目前较为理想的车辆应急启动电源。

一种多制式 UPS 电源及其实现方法

申请号：200710026450.8　公开日：2007-11-7

申请人：广东志成冠军集团有限公司

发明人：周志文　李民英　张宇

摘要：

本发明涉及一种多制式 UPS 电源及实现多制式选择的方法。该 UPS 电源主要由三路单相 PFC 整流电路、三路单相逆变电路、集中旁路部分、蓄电池组、DSP 处理器和制式选择输入装置组成，其中用户通过制式选择输入装置输入用户指令给 DSP 处理器，该用户指令经译码分析出需要的控制参数后，由 DSP 处理器控制相应的输出电压、输出相位、输出频率，最后输出逆变驱动信号给三路单相逆变电路，经其中的三相逆变器逆变后，通过集中旁路部分输出正弦波交流电。本发明具有多种工作制式，能满足所有用户的供电要求。

电源系统以及电子设备

申请号：200710102278.X　公开日：2007-11-14

申请人：联想（新加坡）私人有限公司

发明人：织田大原重文

摘要：

本发明提供一种可减少开关元件的电源系统。电源系统由 AC/DC 适配器（121）向负载（125）和充电器（122）提供电力。充电器含有以同步整流方式动作的高端 FET（102）和低端 FET（103），并对电池（108）、（109）进行充电。在商用电源处于停电时，设置在充电器中的停电检测电路检测到该状况后输出停电信号。接收到停电信号的充电器将高端 FET 设定为持续接通，来自电池的放电电流通过放电路径（119）流入。结果，与其他电源系统相比可以减少 FET 的数量。

嵌套式冗余不间断电源装置及方法

申请号：200710100691.2 公开日：2007-10-24
申请人：伊顿动力品质公司
发明人：J·G·特蕾西 F·小塔斯蒂诺
摘要：

不间断电源（UPS）系统包括至少 3 个 UPS（214），UPS（214）被配置为并联连接到共有负载。该系统还包括控制电路（212），控制电路（212）被配置为支持 UPS 中的至少两个冗余组（210A，210B）以及支持至少一个 UPS 冗余组中的至少两个冗余子组（211A，211B）。通过这种方式，可提供嵌套式冗余。

用于使不间断电源同步的设备

申请号：200610064495.X 公开日：2007-8-8
申请人：通用电气公司
发明人：S·科洛姆比 N·博尔诺德
摘要：

本发明公开了一种用于为负载（105）服务的不间断电源（UPS）系统的智能同步模块（ISM）（300）。该 UPS 系统（100）具有第一 UPS 组（310）和第二个分离且独立的 UPS 组（320）二者的至少其中之一，第一和第二 UPS 组（310，320）当中的每一个都具有主 UPS。该 ISM（300）包括处理电路（302）和可由该处理电路（302）读取的存储介质（304），该存储介质（304）存储由该处理电路（302）执行的指令以用于进行如下操作：指定第一 UPS 组（310）作为主组，并且指定第二 UPS 组（320）作为从组；以及将与该主组相关的相位信息传送到该从组，从而使该从组的主 UPS 能够实施与该主组的同步。

电源设备

申请号：200710103510.1 公开日：2007-12-19
申请人：株式会社三社电机制作所
发明人：石井秀雄 荒井亨
摘要：

电源单元，包括输入侧整流电路（4），反相器（8）和输出侧整流电路（12），其中包括功率半导体器件。电源单元在供电期间供电，并且在暂停期间中断供电。供电期间和暂停期间互相交替。风扇

（18）在每个供电期间被驱动以冷却功率半导体器件。温度探测器（30）测量功率半导体器件的温度并且产生测量温度表示信号。调节器（38）产生参考值，参考值在整个暂停期间从在暂停期间起的测量温度表示信号下降到表示在暂停状态结束时由功率半导体器件所达到的温度的预计温度表示信号。参考值由暂停期间起始时的测量温度表示信号，预计温度表示信号，以及暂停期间的长度决定。误差放大器（36）和风扇控制单元（22）控制风扇（18）的旋转速度以使测量温度表示信号遵循参考值。

多相电源控制器及其方法

申请号：200610143513.3 公开日：2007-6-6
申请人：半导体元件工业有限责任公司
发明人：本杰明·M·赖斯
摘要：

本发明涉及多相电源控制器及其方法。在一个实施例中，构造一种电源控制器从而使用多个斜坡信号以产生多个 PWM 控制信号。

能减少外部零件数量的电源电路

申请号：200710096541.9 公开日：2007-10-17
申请人：恩益禧电子股份有限公司 大日本印刷株式会社
发明人：小山英明 佐藤廉志
摘要：

一种反相负电压 DC-DC 电源电路，包含第一电阻，其一端与输出端子相连，用于将输出电压的变化转换成电流。第一电阻的另一端与零伏钳位电路相连，所述钳位电路包含第一和第二晶体管。电流镜电路包含第三和第四晶体管，并与零伏钳位电路相连，用于使与在零伏钳位电路中流动的电流相等的电流流动。第二电阻与电流镜电路相连，用于将从零伏钳位电路流出的电流的变化转化为电压。

电源控制器及其方法

申请号：200610171119.0 公开日：2007-8-1
申请人：半导体元件工业有限责任公司
发明人：陈刚 陈龙威 梁志德
摘要：

在一个实施例中，电源控制器在第一操作模式下使用第一频率的第一时钟来启动 PWM 循环，并且在第二操作模式下使用具有较高频率的第二时钟来启动 PWM 循环。

电源控制电路、电源及其控制方法

申请号：200610127881.9　公开日：2007-9-19

申请人：富士通株式会社

发明人：小泽秀清　长谷川守仁

摘要：

本发明的目的在于提供一种电源控制电路、电源及其控制方法，它们能够实现在集成电路中节省功率，并且减少集成电路的延迟时间。输出各自具有不同电压值的多个直流电压（VCC、VBGP、VB-GN）的电源（10）的控制电路（50）包括电压改变部分（SW1），其检测与所述多个直流电压之一的第一直流电压（VCC）相关的输出电流（I1），并且基于所检测到的输出电流（I1）等设置除第一直流电压（VCC）之外的至少一个直流电压。

电源装置控制电路、电源装置及其控制方法

申请号：200610087503.2　公开日：2007-8-29

申请人：富士通株式会社

发明人：小泽秀清　中村享

摘要：

本发明提供了用于电源装置的控制电路、电源装置及其控制方法，其中要供应到各种设备的输出电压被高速而高效地确定并设定到最优电平。电源装置中的控制电路（10A）向设备（60）供应从V1到V3范围内的所需电压电平，所述设备提供初始电压，然后要求接收所需电压电平。控制电路（10A）包括用于接收诸如V1之类的要求电平的通信单元（21），以及包括REG1至REG3在内的用于预先存储用于确定初始电压的初始设定电平和通信单元（21）所接收的要求电平的存储单元（22）。从V1到V3范围内的初始电压或所需电压可以响应于初始设定电平或要求电平来控制。

电源电压控制装置

申请号：200610137500.5　公开日：2007-5-2

申请人：松下电器产业株式会社

发明人：伊藤稔

摘要：

能够根据系统时钟频率自由地设定时钟周期设定裕量，对于系统时钟频率的变化，能够在短时间内使电源电压会聚为正常动作的最小电源电压而不使内部电路误动作的电源电压控制装置。电源电压控制装置（100）包括对系统时钟以分频比1分频的分频电路（121）、对电压控制振荡电路（110）的

输出以分频比2分频的分频电路（122）、对分频电路121和分频电路122的各自的输出信号进行相位比较/频率比较的相位比较器/频率比较器（130）以及控制器（145）内的存储器（142），根据与系统时钟频率联动的动作模式信号，由控制电路（141）设定各个分频电路（121、122）的分频比。在系统时钟频率变化时，使用控制器（145）内的预置值进行可逆计数器（143）的初始设定和寄存器设定。

电源装置

申请号：200710108286.5　公开日：2007-12-12

申请人：罗姆股份有限公司

发明人：浅津博昭　小宫邦裕

摘要：

本发明提供一种电源装置。电压生成部生成用于驱动LED（110）的驱动电压（VOUT）。第1反馈路径（40）反馈与LED（110）的一端的电压（VOUT）相应的电压（VFB1）。第2反馈路径反馈与LED（110）的另一端的电压（VLED）相应的电压（VFB2）。电流驱动电路（30）被设置在由电压生成部（10）驱动LED（110）的路径上。控制电路（20）控制电压生成部（10），使得由第1反馈路径（40）和第2反馈路径（50）反馈的第1反馈电压（VFB1）和第2反馈电压（VFB2）中的一者趋近于预定的基准电压（VREF）。

开关模式电源以及在功率节省模式中操作电源的方法

申请号：200610136632.6　公开日：2007-5-2

申请人：三星电子株式会社

发明人：崔钟文

摘要：

一种开关模式电源和在功率节省模式下操作此电源的方法。该开关模式电源包括：第一和第二PWM控制器，它们由不同的驱动电压驱动，控制要输出的第一和第二电压；第一变压器，其由第一PWM控制器控制以输出第一电压，并且具有一次绕组、用以感生第一电压的二次绕组和辅助绕组；整流器，其整流和平滑流过第一变压器的辅助绕组的电流、根据第一和第二PWM控制器的各个驱动电压来产生功率节省模式电压，并将此功率节省模式电压提供给第一和第二PWM控制器。因此，可以利用电压差来操作功率节省模式，而不需要额外的控制器。

电源装置

申请号：200710084918.9　公开日：2007-8-29

申请人：株式会社三社电机制作所

发明人：石井秀雄　池田哲朗　檀上谦三

摘要：

　　整流电路（18）将输入的 AC 功率转换为 DC 功率。反相器电路（22）根据从控制电路（50）施加至其的切换控制信号将 DC 功率转换为高频功率。变压器（24）对高频功率的电压进行变压。输出端整流电路（40）对变压的功率整流。输出检测电路（34）检测整流的功率的电压量级，表示检测的电压的信号被施加到控制电路（50）。控制电路（50）生成切换控制信号从而使整流的功率具有预定值。由输入检测电路（62）检测来自整流电路（18）的电压值，表示检测的电压的信号被施加到控制电路（50）。控制电路（50）根据表示来自输入检测电路（62）的检测电压表示信号和变压器（24）的饱和磁特性控制反相器电路（22）的操作。

使电源的功率容量增加的方法和装置

申请号：200610107699.7　公开日：2007-2-7

申请人：电力集成公司

发明人：C·W·朴　A·B·詹格里安　K·王

摘要：

　　公开了一种技术使得开关的导通时间周期延长，从而对从电源的输入端传输到电源的输出端的能量进行调节。一个典型的集成电路包括耦合在电源的输入端和输出端之间的能量传输元件。开关耦合到能量传输元件的输入端。控制器耦合到该开关用于控制开关的切换，从而响应从电源的输出端接收到的反馈信号对从电源的输入端传输到电源的输出端的能量进行调节。控制器被耦合以用于响应第一范围的电源工作状态将开关的最大导通时间周期限定到第一最大导通时间周期，并且响应第二范围的电源工作状态将最大导通时间周期限定到第二最大导通时间周期。

绝缘型开关电源装置

申请号：200680000773.3　公开日：2007-8-15

申请人：株式会社村田制作所

发明人：松本匡彦

摘要：

　　本发明提供一种绝缘型开关电源装置，其在一次侧具备以一定周期使电力开关（4）接通的振荡电路（12）。在二次侧具备导通期间控制电路（29），其通过检测输出电压并与成为基准的三角波信号进行比较，从而输出使电力开关（4）断开的截止信号。在一次侧与二次侧之间具备传输导通信号的绝缘信号传输电路（25）。并且，在一次侧具备电力开关断开电路（19），其基于接通信号使电力开关（4）断开。

高压电源及其高压功率的控制方法

申请号：200610136077.7　公开日：2007-4-25

申请人：三星电子株式会社

发明人：崔种文

摘要：

　　高压电源及其高压功率的控制方法。高压电源包括：高压产生部件，用于产生高压；脉宽调制（PWM）产生部件，用于根据输出控制值产生脉宽调制信号，并且当 PWM 产生部件接收到具有所述输出控制值的高压输出设置信号以指示将要产生高压时，利用所产生的脉宽调制信号来控制高压产生部件产生高压。因此，可以自动输出所需的高压而不需要离线设置。另外，尽管电压设置和/或输出负载是变化的，但可以对变化后的电压设置和输出负载进行补偿，以便利用具有不同负载和功率需求的各种设备输出恒定的高压输出。

控制异常负载的高压电源

申请号：200610131737.2　公开日：2007-4-4

申请人：三星电子株式会社

发明人：洪亨源

摘要：

　　一种用于控制异常负载的高压电源，其包括高压电源处理器，用于放大所提供的直流 DC 电源，并且输出放大后的 DC 电源；变压/整流器，用于将 DC 电源转换成高压电源，并且对高压电源进行整流；负载检测器，用于将从负载输出的负载电压与预定参考电压相比较，并且输出比较电压以检测负载的异常负载；和高压控制器，用于将芯片启动信号提供给高压电源处理器，以便在从负载检测器输出的比较电压小于预定参考值时中断高压电源处理器，其中预定参考值是对应于负载的最小负载来设定的。因此，通过根据异常负载中断高压的输出，从而防止用户和成像装置的外部部件遭受电击和损坏。

限制开关电源的开关中最大开关电流的方法和装置

申请号：200610107684.0　公开日：2007-2-14

申请人：电力集成公司

发明人：D·J·克勒斯

摘要：

公开了限制开关电源的开关中的电流的技术。一种示意性开关调节器电路包括耦合到能量转换元件的开关。控制器耦合到开关上从而控制开关的切换。电流检测器被包括在控制器中。该电流检测器包括第一和第二比较器，该第一和第二比较器被耦合以分别将开关中的电流与第一和第二限流相比较。该控制器响应第一或第二比较器，以在开关的当前切换周期的剩余时间打开开关直到开关的下一个切换周期为止。频率调节器还被包括在控制器中，并且耦合到第二比较器上。该频率调节器响应第二比较器来调节包括在控制器中的振荡器的振荡频率。

限制开关电源中的最大开关电流的方法和装置

申请号：200610107683.6　公开日：2007-2-14

申请人：电力集成公司

发明人：A·B·詹格里安　A·J·莫里什

摘要：

公开了限制开关电源的开关中的电流的技术。示例性的开关稳压器电路包括耦合到电源的能量传递元件的电源开关。控制器产生被耦合成由该电源开关接收的驱动信号以控制该电源开关的转换。该控制器包括一个短导通时间检测器。该短导通时间检测器被用来检测该开关的阈值数量的一个或多个连续短导通时间的出现。该控制器还包括一个耦合到该短导通时间检测器的频率调节器。该频率调节器被用于响应该短导通时间检测器来调节包括在控制器中的振荡器的振荡频率。

用于提供对电源调节器的开关的系统与方法

申请号：200610027041.5　公开日：2007-11-28

申请人：广州昂宝电子有限公司

发明人：陈志梁　赵时峰　方烈义　李振华

摘要：

本发明公开了一种用于提供对电源调节器的开关的系统与方法。根据实施例，本发明提供了一种用于提供开关的系统。该系统包括被配置为提供第一电压的第一电压源。该系统还包括被配置为提供第二电压的第二电压源。第二电压不依赖于第一电压。该系统还包括电耦合到第一电压源的控制器组件。例如，控制器组件被配置为接收至少第一输入信号并且提供至少第一输出信号。此外，该系统包括电耦合到第二电压源的栅极驱动器组件。栅极驱动器组件被配置为接收至少第一输出信号并且响应于至少第二电压和第一输出信号而产生第二输出信号。

一种交流电源转换装置及方法

申请号：200610140152.7　公开日：2007-10-31

申请人：海尔集团公司　青岛海尔空调器有限总公司

发明人：楚人震　谷东照　程永甫　刘俊杰

摘要：

本发明公开一种交流电源转换装置，该装置包括：直流电源单元，用于将三相交流电源变压、整流为三路低压直流电；输入电压检测单元，用于对所述三路低压直流电进行电压检测信号的采样；中心控制单元，用于依据所述电压检测信号，计算出所述三相交流电源各相的电压值，选择最符合要求的一相，并输出导通信号；输出控制单元，用于根据所述导通信号，将所述最符合要求的一相输出。本发明还公开一种交流电源转换方法。在三相交流电源相对不稳定的情况下，通过检测、比较三相交流电源各相的电压值，选择最符合要求的一相输出，提供给需要使用稳定单相交流电源的电器。

具有电源侧四象限变流器的牵引变流器

申请号：200580024917.4　公开日：2007-6-27

申请人：西门子公司

发明人：马克-马赛厄斯·巴克兰　汉斯-冈特·埃克尔

摘要：

本发明涉及一种牵引变流器，其具有一电源侧四象限变流器（2）与一调节设备（18），所述电源侧四象限变流器（2）具有可断开的功率半导体（T7 至 T10）作为换流阀，所述功率半导体（T7 至 T10）分别与一功率二极管（D7 至 D10）反并联，所述调节设备（18）的输出端与所述可断开的功率半导体（T7…，T10）的控制端相连。根据本发明，分别布置一可控功率二极管（D11 至 D14）作为功率二极管，所述可控功率二极管（D11 至 D14）在其控制端上与一对应的二极管控制设备（20）相连，所述二极管控制设备（20）在其输入端上与所述调节设备（18）的控制输出端相连。由此可实现在无需使用二极管芯片面积有所增大的功率半导体模块的情况下使一牵引变流器的一四象限变流器（2）稳定工作的目的。

可调压多路输出电源及其调节输出电压的方法

申请号：200610059290.2　公开日：2007-9-12

申请人：艾默生网络能源系统北美公司

发明人：吴连日

摘要：

　　本发明涉及多路输出电源，公开了一种可调压多路输出电源，包括顺次相连的输入电路、变压器和输出电路，所述输出电路包括主路输出和至少一路辅路输出，所述辅路输出包括顺次相连的辅路输出变压器绕组、整流单元和滤波单元，并且在输出电压偏高的一路或一路以上的辅路输出的变压器绕组与滤波单元之间连接有能量迟滞单元。本发明在辅路输出的变压器绕组与滤波单元之间连接能量迟滞单元，通过减小本路输出的能量来减小本路输出电压，达到调压目的。

具有微功耗待机功能的容开电源

申请号：200610002810.6　公开日：2007-8-8

申请人：王　海

发明人：王　海

摘要：

　　智能化电子设备在我们的日常工作和生活中大量的使用，电子设备处理的速度增快，以及要求电子设备能够全天候的为人服务，电子设备更多的时间是工作在待机准备工作状态，设备的待机功耗已经成了不可忽视的问题。本发明提出一种由开关电源、电容降压整流电路和待机电路组成的混合电源—微功耗待机"容开电源"，是对电子设备的电源系统在节能的要求下的新的发展。本发明的微功耗待机容开电源将电子设备的处理电路和待机电路分开，并采用不同的供电方式，有效地将待机功耗减到最小的程度，这将是智能化电子设备电源系统和待机功能设计的新思路。

一种动态压电或电致伸缩陶瓷驱动电源

申请号：200610054581.2　公开日：2007-9-26

申请人：重庆大学

发明人：王代华　丁文明

摘要：

　　本发明涉及一种压电陶瓷的驱动电源，它包括RS232口接口电路、数字信号处理器（DSP）、键盘及显示接口电路、高压稳压电路、高压放大电路和驱动电路等。RS232接口电路和键盘及显示电路的输出端分别接数字信号处理器的输入端，模数转换电路的输入端控制电压信号，输出端接数字信号处理器的输入端，数字信号处理器的输出端接模数转换电路的输入端，模数转换电路的输出端接高压放大电路的输入端，高压放大电路的输出端接压电或电致伸缩陶瓷 L 的正极，负极接低电压端 LV。本发明采用数字信号处理器作为核心，驱动电路采用多组 MOS 管对并联构成，峰值电流、功率大，电路具有动态响应好、可靠性高、零漂小、精度高、调节方便等特点。

以太网电源系统、控制单元、主控模块及以太网电源供电方法

申请号：200710089538.4　公开日：2007-10-24

申请人：杭州华三通信技术有限公司

发明人：徐在水

摘要：

　　本发明公开了一种以太网电源（POE）系统，包括：POE 电源模块、主控模块和一个以上 POE 控制单元，其中：POE 电源模块，将电源功率输出到各 POE 控制单元，将电源输出功率信息发送给主控模块；主控模块，接收 POE 电源模块发来的电源输出功率信息，确定 POE 电源输出功率，根据该 POE 电源输出功率为各 POE 控制单元和各 POE 端口设置限定功率；POE 控制单元，根据主控模块为各 POE 端口设置的限定功率，将 POE 电源模块输出的电源功率配置到各 POE 端口上。本发明还公开了一种主控模块和控制单元。另外，本发明还公开了一种 POE 供电方法。本发明通过扩展 POE 控制单元，扩大了 POE 电源支持的 POE 端口数量。

芯片上电源调节器

申请号：200610104100.4　公开日：2007-12-19

申请人：澜起科技（上海）有限公司

发明人：斯笑岷　杨崇和　戴光耀

摘要：

　　本发明提供具有芯片上电源调节器的集成电路芯片，且所述芯片上电源调节器具有可编程性和初始化状态。在一个实施例中，一集成电路包括：一初始化电路，其在对所述集成电路加电期间确立一初始化信号；一控制电路，其耦合到所述初始化电

路；和一电源调节器，其耦合到所述控制电路，当确立所述初始化信号时，所述电源调节器将一第一电压提供到所述控制电路，当没有确立所述初始化信号时，所述电源调节器根据来自所述控制电路的一控制信号将一第二电压提供到所述控制电路。在一个实施例中，所述集成电路包括一数字电视解调器。

一种荧光灯驱动电源

申请号： 200710073921.0 **公开日：** 2007-10-24
申请人： 深圳麦格米特电气股份有限公司
发明人： 杨东平 桂成才 张 志
摘要：

本发明公开了一种荧光灯驱动电源，包括多开关变换电路、电源变压器、谐振电感、谐振电容、升压变压器、整流电路，所述电源变压器的一次绕组接所述多开关变换电路的交流输出，所述谐振电感与谐振电容串联后通过升压变压器的一次绕组与所述电源变压器的二次绕组相连，所述电源变压器的二次绕组还接有整流电路；所述升压变压器的二次绕组接负载输出。本发明中将荧光灯驱动电源和控制系统的供电电源合二为一，这样从功率因数校正电路输出到灯管只需一次能量变化，相对于现有的省去了两个变换器，系统成本大大降低，效率得到很大提高，同时系统的稳定性也得到很大的提高。

电气设备电源线存放模件

申请号： 200610161030.6 **公开日：** 2007-6-6
申请人： 汉密尔顿海滩品牌有限公司
发明人： 拉里·丹尼尔·克拉普 马丁·帕特里克·布雷迪
摘要：

一种用于电气设备的电源线存放模件，包括：至少一个的固定部件，其形成绕线表面。可移动部件在收缩位置和伸展位置之间相对固定部件移动。所述可移动部件包括下摆。在可移动部件位于伸展位置的情况下，可以靠近绕线表面以允许手动地将电源线缠绕在绕线表面上，或从绕线表面上绕下。在可移动部件位于收缩位置、并且电源线缠绕在绕线表面上的情况下，下摆至少充分地覆盖电源线。

三、2008 年公开

静电除尘器电源控制器及其远程控制系统

申请号： 200610154086.9 **公开日：** 2008-4-2
申请人： 高峻峰
发明人： 才秀君 孙多春 蒋允辉
摘要：

本发明提供一种静电除尘器电源控制器及其远程控制系统，该控制器包括振打控制模块、火花检测模块、火花预测模块以及充电比优化模块。振打控制模块与静电除尘器电源和收尘板上的振打执行装置依次相连，用以产生各种振打模式所需的振打周期、振打持续时间以及执行装置在各种振打模式下所需的恒定电压；火花预测模块对二次电流波形进行二阶导数分析，预先确定火花的产生；火花检测模块对二次电流进行采样速率为 64 点的频谱分析判断微小火花的产生；充电比优化模块根据充电比、负载侧的二次电流和二次电压，计算除尘极板的品质因数，从而用遗传筛选法获得静电除尘器电源所需的充电比。此外，本发明还实现了对现场静电除尘器电源控制器的远程控制。

一种高频逆变直流点焊电源装置及其应用

申请号： 200710028631.4 **公开日：** 2008-1-16
申请人： 广州市精源电子设备有限公司
发明人： 曹 彪 曾 敏 黄增好
摘要：

本发明公开了一种高频逆变直流点焊电源装置及其应用。该装置包括输入整流滤波装置、逆变器、高频变压器，输出整流滤波装置，各装置依次连接，还包括产生 25kHz PWM 信号的控制装置，控制装置包括微处理器、驱动电路组成；微处理器与驱动电路连接，来自微处理器产生的四路 PWM 信号经光电耦合隔离器隔离后，输出四路信号，分别经由晶体管组成四个功率放大电路放大后，输出到逆变器的 IGBT 功率开关管的门极，控制 IGBT 功率开关管的导通与关断。本发明具有高速精密控制、动态响应性好、输出低脉动率的直流焊接电流、功率因数高、节能经济性好、成本较低等特点，可应用于微型零件的精密点焊和一些难焊金属的点焊。

基于 ARM 的嵌入式数字化多功能逆变式软开关弧焊电源

申请号： 200710031393.2 **公开日：** 2008-4-9
申请人： 广州友田机电设备有限公司
发明人： 王振民 白中启
摘要：

本发明公开了一种基于 ARM 的嵌入式数字化多

功能逆变式软开关弧焊电源，包括主电路、控制电路以及高频引弧电路；主电路包括整流滤波模块、高频逆变模块、功率变压模块、整流平滑和稳弧模块组成，控制电路包括过电压、欠电压保护检测模块、电流电压采样检测与反馈模块、ARM 微控制器和高频驱动模块组成。本发明实现了全数字化控制；对焊接电弧的瞬态能量进行实时精细化控制，使焊接过程的控制更精确和柔性化；采用软开关高频 IGBT 逆变技术，在进一步提高效率和逆变频率、节省制造材料的同时，提高了逆变焊机的电磁兼容能力和可靠性；能够提供手工焊/直流氩弧焊/脉冲氩弧焊等多功能的应用，同时还预留了网络化管理的接口功能。

一种实现逆变焊机电源输出电流稳定的补偿电路

申请号：200810014677.5 公开日：2008-8-6
申请人：山东奥太电气有限公司
发明人：张一鹏 苗华伟 刘晨 李海涛 汪伟
摘要：

本发明公开了一种实现逆变焊机电源输出电流稳定的补偿电路。它包括脉宽调制器 U1，脉宽调制器 U1 的脉冲输出端与驱动脉冲滤波电路连接，驱动脉冲滤波电路则与补偿电路连接，补偿电路与电流给定滤波电路连接，电流给定滤波电路接输入电流给定信号 VG；同时补偿电路还与脉宽调制器 U1 的控制端连接。具有省去霍尔传感器或分流器，简化控制电路，消除传统采样电路引入的干扰，加快系统响应时间，提高电源输出恒流特性等特点。

焊机的电源装置

申请号：200710136720.0 公开日：2008-1-30
申请人：株式会社三社电机制作所
发明人：森本猛 檀上谦三 池田哲朗 石井秀雄
摘要：

一种焊机电源装置（10）包括逆变器（20），其在电极（34）和工件（36）彼此分离而且它们之间不产生电弧时被间歇式地驱动，由此可以降低当逆变器（20）在电源装置的无负载状态下被驱动时在逆变器（20）中产生的功率损耗以及由流过设置在逆变器（20）的输出端中的变压器（24）的激励电流导致的功率损耗。当在电极（34）和工件（36）彼此接触之后输出电流（IO）变得高于阈值（IB）以便在它们之间启动电弧放电时，逆变器（20）被连续驱动。通过这种方式可以无误地引发电弧。

车辆用电源装置

申请号：200680029227.2 公开日：2008-8-6
申请人：丰田自动车株式会社
发明人：中村诚 及部七郎斋 石川哲浩
摘要：

车辆用电源装置具有：电池（B1），其作为蓄电装置；连接单元（50），其用于从例如风力发电的发电装置（55）接收电力，以及对蓄电装置充电，发电装置（55）设置在车辆外部并在由之产生的电力中表现出波动；电力转换单元，其在行驶过程中作为负载电路运行，在接收来自发电装置（55）的电力进行充电的过程中检测电压中的波动并对电力进行转换，以获得适用于对蓄电装置充电的电流和电压。电力转换单元包含第一电动发电机（MG1）、第一变换器（20）、第二电动发电机（MG2）、第二变换器（30）以及控制装置（60），控制装置（60）对第一与第二变换器（20，30）进行控制，使得被提供到第一与第二端子的电力被转换为直流电力并被提供到蓄电装置。

对电源电压进行变换的多电平变换器及方法

申请号：200680028637.5 公开日：2008-10-8
申请人：ABB 技术有限公司
发明人：P·斯蒂芬努蒂 H·措伊格尔 N·雨果 G·多尔米亚 B·德斯科拉斯
摘要：

对电源电压进行变换的多电平变换器及方法。本发明涉及一种多电平变换器，包括具有至少两个变压器单元的变压器配置，其中每个变压器单元带有初级和次级绕组和变压器铁心结构。变压器铁心结构被合并到一个共用变压器铁心中，所述共用变压器铁心包括至少一个返回柱，所述返回柱是至少两个变压器单元的封闭磁路的一部分。与每个变压器单元的单个变压器铁心结构相比，在单个变压器单元之间的共用返回柱，尤其在被提供了彼此之间具有特定相移的一次侧电压信号时，有助于减少体积和重量。多级变换器有益地使用在铁路牵引应用中。

车用电源装置及其恶化判定方法

申请号：200680019393.4 公开日：2008-5-28

申请人：松下电器产业株式会社

发明人：大桥敏彦　三谷庸介　竹本顺治
　　　　森田一树　小田岛义光

摘要：

车用电源装置具有：由蓄积辅助电力的多个电容组成的电容单元、温度传感器、充电电路、电容单元电流检测部、电容单元电压检测部、控制部、存储部和判定部，存储部存储校正计算式和多个恶化判定式，其中，校正计算式用于根据所得温度，通过校正计算内部电阻值和电容值取得内部电阻校正计算值和电容校正计算值，多个恶化判定式用于根据电容校正计算值计算内部电阻判定标准值，且被设置成与电容校正计算值的数值范围对应，判定部根据内部电阻判定标准值和电容校正计算值的至少任一者，判断电容单元的恶化状态。根据该结构，提供一种更加正确地进行恶化判定的车用电源装置，并且实现一种在原有寿命之前都能被使用的车用电源装置。

车辆用电源装置以及控制该装置的方法

申请号：200680029271.3　公开日：2008-8-6

申请人：丰田自动车株式会社

发明人：中村诚　及部七郎斋　矢野刚志

摘要：

车辆用电源装置包含：电池（B1），其作为第一蓄电装置；电池（B2），其作为第二蓄电装置；车辆负载；选择开关（RY0），其选择第一与第二蓄电装置中的一个并将所选择的蓄电装置连接到车辆负载；控制装置（60），其在流过选择开关（RY0）的电流大于规定值时对车辆负载进行控制，使得流过选择开关（RY0）的电流小于规定值，并对选择开关进行切换。优选为，当控制装置（60）切换选择开关（RY0）时，控制装置控制变换器（20，30）以获得在第一电动发电机（MG2）中产生的电力与在第二电动发电机（MG1）中消耗的电力之间的平衡。

电源、控制装置以及运行控制装置的方法

申请号：200680031133.9　公开日：2008-11-19

申请人：威迪欧汽车电子股份公司

发明人：M·格岑贝尔格

摘要：

本发明涉及一种电源，该电源具有第一开关元件（T1），该第一开关元件具有控制输入端（54）

并且被构造，使得能够根据其控制输入端（54）上的控制信号对输出电流（I_A）进行调整。所述电源还具有基准电阻（R_S），该基准电阻与第一开关元件（T1）电耦合，使得输出电流（I_A）流经基准电阻（R_S）。基准电阻（R_S）具有串联的第一和第二单个基准电阻（R5，R6），并且具有与第一单个基准电阻（R5）并联的二极管（D1）。第一单个基准电阻（R5）的阻抗高于第二单个基准电阻（R6）。设置有调节元件（52），将预定的基准电位（U_REF）作为额定值提供给该调节元件，且该调节元件的调整信号是第一开关元件（T1）的控制信号。第二开关元件（T2）被构造用来将实际值施加给调节元件（52），所述实际值包括在第一开关位置中在第一和第二单个基准电阻（R5，R6）上的电压降以及在第二开关位置中在第二单个基准电阻（R6）上的电压降。

可控电抗器感应耐压试验电源装置及其局部放电测量方法

申请号：200810048053.5　公开日：2008-10-29

申请人：湖北省电力试验研究院

发明人：胡惠然　吴云飞　阮羚　汪涛
　　　　金涛　邓万婷　沈煜

摘要：

本发明公开了一种可控电抗器感应耐压试验电源装置及其局部放电测量方法，涉及一种可控电抗器现场试验技术。本装置的结构是变频电源柜（1）、中间变压器（2）、可控电抗器（6）依次连接，为可控电抗器（6）提供试验电源；可控电抗器（6）、检测阻抗（5）、局部放电测试仪（7）依次连接，检测可控电抗器（6）的局部放电量；中间变压器（2）、电容分压器（3）、电压表（4）依次连接，测量中间变压器（2）的试验电压；补偿电抗器（8）和可控电抗器（6）连接，补偿可控电抗器（6）的无功电流。本发明适用于所有可控电抗器的感应耐压试验及其局部放电测量。

电源线

申请号：200610200781.4　公开日：2008-2-13

申请人：鸿富锦精密工业（深圳）有限公司　鸿海精密工业股份有限公司

发明人：孙珂　叶振兴

摘要：

一种电源线，包括一个第一插头、一个通过导

线与所述第一插头电性相连的第二插头、一个电表计量芯片、至少一个电参数传感器及一个显示模块，所述电参数传感器用于侦测所述导线上的电参数模拟信号，所述电表计量芯片将所述电参数模拟信号转化为数字信号后通过所述显示模块显示出来。所述电源线可直观显示出与导线相连的用电设备的相关电参数，方便了用户对用电设备的监控。

直流输入电源变换器节能老化装置

申请号：200810016814.9 公开日：2008-10-22
申请人：德州三和电器有限公司
发明人：田中林 李建明

摘要：

本发明公开了一种直流输入电源变换器节能老化装置。它包括机柜，所述机柜内设有市电输入模块，市电输入模块的输出端与至少一个整流器连接，整流器输出端输出的直流电经直流母线与一路或多路老化单元连接；每个老化单元包括至少一个被老化电源变换器，整流器输出端接被老化电源变换器的直流输入端；电子负载的输入端接相应被老化电源变换器的输出端，各电子负载的输出端反馈直流电到整流器的直流输出端。其结构简单、灵活，不需要复杂的并网逆变电源；同时此装置具有较低的成本。

具有内部电源域的测试准备集成电路

申请号：200680012736.4 公开日：2008-4-16
申请人：NXP 股份有限公司
发明人：伦泽·I·M·P·迈耶 桑迪普库马尔·戈埃尔 何塞德耶稣·皮内达德干维兹

摘要：

集成电路（10）具有内部电源域，内部电源域具有电源电压适配电路（14），以对电源域中的电源电压进行适配。典型地，提供多个这样的域，其中可以独立地适配电源电压。在测试期间，内部电源电压被提供给积分电路（10）中的时间积分模数转换电路（16）。在测量时间段内，测量电源电压的时间积分值。优选地，在同一测量时间间隔内，并行地执行多个内部供电电压的积分测量。优选地，通过在另一测量时间段内在彼此不同的电源电压之间进行转换来执行另一测试。这样，所测量的积分电源电压可用于检查不同电压之间的转换的速度。

车辆、车辆电源装置与电流检测装置

申请号：200680031805.6 公开日：2008-8-27

申请人：丰田自动车株式会社
发明人：中村诚 及部七郎斋 矢野刚志

摘要：

一种车辆（100），其包含：电池（B1），即具有不同于基准容量的容量的蓄电单元；电流传感器（84），其用于检测输入到蓄电单元或从蓄电单元输出的电流，并通过取决于蓄电单元容量与基准容量的比率对之进行转换来传送检测值；控制器（60），其通过接收来自电流检测部分的输出进行电流积分并判断蓄电单元的充电状态。电流传感器（84）优选为包含：传感器，其用于测量流经与蓄电单元连接的导线的电流；以及转换部分，其取决于蓄电单元容量与基准容量的比率对传感器输出进行转换。当蓄电单元的容量等于基准容量的 N 倍时，转换部分在乘以 1/N 时传送传感器输出。

电池残余容量推断方法及装置、电池电源系统

申请号：200810087356.8 公开日：2008-10-1
申请人：古河电气工业株式会社
发明人：岩根典靖

摘要：

本发明提供的电池残余容量推断方法及装置，在电压测定值的取得结束后（步骤 S2），以步骤 S3 中设定的系数的初始值为起点，在以后的反复计算中一边更新各系数的值一边进行最佳化（步骤 S4）。在步骤 S4 中确定了近似式的各系数的最佳值后，在步骤 S5 中，根据利用了该最佳值而被最佳化的倒数函数来算出稳定开路电压，并基于此利用规定的变换方法算出电池残余容量（步骤 S6）。

二次电池劣化判定方法、二次电池劣化判定装置及电源系统

申请号：200680029839.1 公开日：2008-8-13
申请人：古河电气工业株式会社
发明人：岩根典靖 木村贵史 藤村幸司 渡边勇一 佐藤敏幸 岩花史和 饭岛崇

摘要：

以两次以上的规定次数重复下述操作，即，根据劣化状态量的设定值由充电状态量计算单元来求蓄电池的充电状态量，接着根据所述充电状态量由劣化状态量计算单元来求所述蓄电池的劣化状态量，将通过所述规定次数的重复而最后求得的所述劣化状态量作为劣化状态量输出值进行输出，将最后求

得的所述充电状态量作为充电状态量输出值进行输出，并将所述劣化状态量输出值存储到存储器中。

电源装置的异常判断装置以及异常判断方法

申请号：200780000606.3　公开日：2008-12-17
申请人：丰田自动车株式会社
发明人：守屋孝纪
摘要：

本发明提供一种电源装置的异常判断装置以及异常判断方法。该异常判断装置用在具有向用电负载（6）供电的蓄电池（2）、检测所述蓄电池（2）的电流的电流传感器（4）、和检测所述蓄电池（2）的电压的电压传感器（5）的电源装置中，其特征在于，当通过电压传感器（5）检测出的电压大于预定的第一变动量，并且通过电流传感器（4）检测出的电流小于预定的第二变动量时，则判断为蓄电池（2）的开路故障，而在没有判断到蓄电池（2）的开路故障的情况下，当蓄电池（2）的内部电阻大于等于预定值时，则判断为电流传感器（4）的中间固定故障。

电源测试系统

申请号：200710200844.0　公开日：2008-12-24
申请人：鸿富锦精密工业（深圳）有限公司　鸿海精密工业股份有限公司
发明人：张新萍　谢桂峰
摘要：

一种电源测试系统，用于一电源的温度测试，其包括一容置所述电源用于提供测试环境的测试箱、一电子负载、一测试板及一连接于所述电源的交流电源，所述电源通过所述测试板与所述电子负载相连，所述电源上设有一电压选择开关，所述测试板上设有一电源开机信号控制开关，所述电源测试系统还包括一分别连接所述电源、所述交流电源及所述测试板的可编程逻辑控制器，所述可编程逻辑控制器检测所述交流电源的输出电压及所述电子负载的负载状态，并根据检测结果控制所述电压选择开关及电源开机信号控制开关的开闭。所述电源测试系统可自动切换测试条件，提高了测试人员的工作效率，且减少了人力需求，降低了成本。

电源自动测试方法和装置

申请号：200810007009.X　公开日：2008-7-16
申请人：中兴通信股份有限公司
发明人：张高冰
摘要：

本发明提供了一种电源自动测试方法和装置，其中，该方法包括以下步骤：步骤一，通过连接接口，将待测电源连接至控制装置，并根据预置的输入文档格式模版，用户将关于待测电源的参数配置信息输入至控制装置；步骤二，控制装置根据参数配置信息为待测电源选择对应的测试机及生成测试参数信息，并通过连接接口将待测电源连接到测试机；以及步骤三，当对待测电源进行测试时，测试机自动调用测试参数信息来进行测试，并在显示装置上生成测试结果报告以通知用户待测电源是否出现故障。从而，大大减少人为的运算时间，适用于研发、测试验证以及生产过程，提高了测试效率，减低了测试成本。

直流电源检测装置

申请号：200610201110.X　公开日：2008-6-4
申请人：鸿富锦精密工业（深圳）有限公司　鸿海精密工业股份有限公司
发明人：谢明志
摘要：

一种直流电源检测装置，包括一多段分压电路、一模拟数字转换器和一控制器。所述多段分压电路包括至少两电子开关、至少两分路电阻和一主路电阻，所述电子开关的第一极分别通过对应的分路电阻与所述主路电阻的第一端相连，所述电子开关的第二极接地，所述主路电阻的第二端与待测直流电源相连，所述模拟数字转换器与所述主路电阻的第一端相连，所述控制器与所述模拟数字转换器和所述电子开关的第三极相连，所述控制器根据所述模拟数字转换器的输出控制相应的电子开关导通，使与所述导通的电子开关相连的分路电阻与地导通。当所述直流电源提供的电压范围较小时，所述直流电源检测装置能够提供较高的电压检测准确度。

电源检测电路、系统及方法

申请号：200810110636.6　公开日：2008-12-10
申请人：凹凸电子（武汉）有限公司
发明人：高汉荣　栗国星　高亚东　张　卫
摘要：

本发明公开一种电源检测电路、系统及方法，所述电源检测电路包括一个检测引脚、一个分压器和一个比较器，其中，检测引脚可将电源检测电路通过第一数据线连接至电源，分压器和第一比较器与检测引脚相连接，分压器通过将电源提供的电源电压分压从而在检测引脚处提供一个检测电压，比较器通过将检测电压和第一预定参考电压相比较以辨别电源的类型；本发明中的电源检测电路只有一个引脚用于电源检测从而使得电源检测电路的集成电路封装的引脚数较少，且可以用相对高效的方式实现电源检测。

一种用于低电压电源检测指示的装置

申请号：200610090459.0　**公开日**：2008-1-2
申请人：中兴通信股份有限公司
发明人：郝　磷　周　嵘　朱红军　牛　堃　张来喜
摘要：

本发明公开的一种用于低电压电源检测指示的装置，包括：发光电路，放大反向电路，低电压电源处理电路；所述发光电路，用于实现对低电压电源的指示检测；所述放大反向电路，用于实现低电压电源信号电流的放大和电压的反向；所述低电压电源处理电路，用于对被检测到的低电压电源进行处理；放大反向电路把经过低电压电源处理电路的低电压电源信号进行放大反向，使得电压在发光电路的工作电压范围之内，发光电路正常工作，从而对低电压电源检测和显示。本发明所述装置是对低电源的很直观的显示和检测，方案简单，容易实施，所选用的物料都是常规的物料，很容易购买。且实现的电路占用面积很小。

单相电源接线判定方法及单相电源相位检测电路

申请号：200710115267.5　**公开日**：2008-5-21
申请人：海信集团有限公司
发明人：石靖峰　李希志
摘要：

本发明公开了一种单相电源接线判定方法，解决了单相供电时可能的失误而造成的火线与零线反接的问题，在基本不增加硬件成本的前提下，改善了电路板的安全性能。其具体技术方案是在室外机主电路板上设置火线端子、零线端子、地线端子、以及用于检测三相交流电源缺相或逆相的相位检测电路；其中，在所述相位检测电路中包含有两条相位检测支路，将第一条相位检测支路的输入端通过配线与零线端子连接，将第二条相位检测支路的输入端通过配线与地线端子连接，通过检测第二条相位检测支路输出的电信号的状态判定相线与零线是否正确连接。此外，本发明还公开了一种单相电源相位检测电路，利用所述电路能够检测判定出单相供电时相线与零线是否正确连接。

液晶显示装置及电源电路

申请号：200710180985.0　**公开日**：2008-4-16
申请人：索尼公司
发明人：堀端浩行
摘要：

液晶显示装置及电源电路。本发明的目的在于缩小液晶显示装置的电源电路的电路规模，并谋求电路效率的提升。本发明在液晶面板的TFT衬底上形成电源电路，并将其输出供应至垂直驱动电路。电源电路是由产生正电源电位的DC-DC变换器及产生负电源电位的DC-DC变换器所构成。这些DC-DC变换器是由共通电极信号VCOM所驱动。产生正电源电位的DC-DC变换器的输出为VCOMH×2，产生负电源电位的DC-DC变换器的输出为VCOM H×-1，而可获得适于使像素晶体管导通、不导通的电位。

图像形成设备中的电源控制设备和使用电源控制设备的方法

申请号：200710088712.3　**公开日**：2008-1-23
申请人：三星电子株式会社
发明人：严允燮
摘要：

用于控制提供给在图像形成设备中所包括的传纸带（PTB）单元和激光扫描单元（LSU）的电源的方法和设备，包括：PTB单元，用于将经显影的潜像转印到打印介质上；LSU，用于将光扫描到感光介质上；第一控制器，用于控制提供到PTB单元和LSU的电源；和连接单元，用于将PTB单元连接到第一控制器，其中第一控制器根据连接单元的连接状态来控制提供到LSU的电源。

电源管理系统及方法

申请号：200610171226.3　**公开日**：2008-6-25
申请人：立景光电股份有限公司
发明人：陈进荣
摘要：

一种电源管理系统及其方法，该电源管理系统包含一微处理器以及一电源供应器。其中，该微处理器藉由接收一第一单击触发信号作为启动电源，并且传送一使能信号至该电源供应器。该电源供应器藉由接收该使能信号后被启动，用于提供该微处理器启动后所需的操作电源。

一种电源系统的节能控制方法及装置

申请号：200710125419.X　公开日：2008-7-2

申请人：艾默生网络能源有限公司

发明人：李　泉　郦荣　江帆　胡翔　吴能忠
　　　　方　力　高健　曹丰年　王渭渭

摘要：

　　本发明公开了一种电源系统的节能控制方法及装置，所述方法包含如下步骤：1）设置不同负载对应的电源系统的整流模块数；2）监控负载大小，根据步骤1）中的设置选择监控到的负载大小对应的整流模块数投入使用。所述装置包含设置单元，用于设置不同负载对应的电源系统的整流模块数；监控单元，用于监控负载大小，并根据设置单元中的设置选择监控到的负载大小对应的整流模块数投入使用。本发明不需要增加额外的工作量而具有良好的节能效果。

用于致动器的智能电源管理

申请号：200680005725.3　公开日：2008-2-20

申请人：ABB 有限公司

发明人：约翰·科林斯　约翰·欧希金斯　卡塔
　　　　尔·加拉格尔

摘要：

　　公开了一种用于制动器的智能电源管理的系统和方法，上述制动器是诸如用于造纸业的制动器。多个供电单元连接到公共电源总线。电源总线在预定位置连接到通信总线。通信总线与所有制动器串联连接。这些制动器被设置成预定的组。计算设备确定可以将电力提供给部分或所有正在请求同时移动的制动器，如果没有充足的电力用于所有这样的制动器，则计算设备基于预选准则来发出对制动器移动的许可。

用于广泛电源电压范围的有效电荷泵

申请号：200680023594.1　公开日：2008-7-2

申请人：爱特梅尔公司

发明人：泰耶·塞特

摘要：

　　可与 DICKSON 型电荷泵装置一起使用的电压升
压器和调节器（303）尤其适于维持高电源电压和低电源电压两者的效率。对于高电源电压（例如，2.6V 或更高），所述电荷泵（300）降低整体功率消耗，从而形成较有效的设计。对于低电压应用（例如，对于低于 2.6V 的电源电压），所述电荷泵使用升压器电路（303）将时钟输入电位增加到超过典型 DICKSON 阵列可用的电源电压。另外，所述电荷泵（300）避免典型 DICKSON 阵列中的固有二极管电压降。

改善电源负载调整率的电路

申请号：200710003000.7　公开日：2008-8-6

申请人：中兴通信股份有限公司

发明人：郑大成

摘要：

　　本发明公开了一种改善电源负载调整率的电路，其可以用于利用输出电流传感器来改善电源负载调整率，该电路包括：可调基准电压源，用于调节输出电压；输出电流采样补偿单元，其连接至电源输出，包括输出电流采样补偿电路和输出电流传感器，用于对电源的输出电流进行采样，生成采样信号，将采样信号处理成补偿信号并传送给输出电压采样反馈电路或传送给可调基准电压源以反馈给输出电压采样反馈电路作为基准电压；以及输出电压采样反馈电路，其连接至电源输出，用于对电源输出电压采样并连同输出电流采样补偿信号一起对输出电压进行整定和调节。通过使用本发明，可以在不增加电路体积和成本的情况下改善负载调整率。

电源装置，使用该电源装置的 LED 装置及电子设备

申请号：200810086852.1　公开日：2008-9-24

申请人：株式会社理光

发明人：志和屋阳一　岸冈俊树　萩野浩一

摘要：

　　本发明涉及电源装置，使用该电源装置的 LED 装置及电子设备。电源装置（1）由供给 LED（3）驱动电压的供给泵电路（2），引入流过 LED 负载电流的负载电流驱动电路（4），基准电流源（5），比较 LED 的输出电压（VDIN）和基准电压（VREF）的比较电路（7），具有根据比较电路的比较结果控制供给泵电路升压率功能的控制电路（8）构成，基准电流源具有根据外部信号（12）设定相对电源电压（VIN）的变化不变、流向 LED 的基准电流值功

能，包括电流反射镜电路（6），具有使与生成的基准电流相同电流量通过电流反射镜流向基准路径（9）的功能。即使对于电源电压或低下或上升状态，对于 LED 驱动状态变化，也能最优设定 LED 的驱动电压，提供能高效地供给电力、稳定地驱动 LED 的电源装置技术。

两级限流电源系统

申请号：200680052236.3　公开日：2008-12-31

申请人：汤姆逊许可公司

发明人：约翰·詹姆斯·菲茨帕特里克

摘要：

　　一种两级限流电源系统（100）能够在电流过载状况期间减小热应力。根据典型实施例，电源系统（100）包括：测量装置（R6-R9，22，V2，Q3），用于测量提供至负载的电流；以及处理器（28），如果所述电流超过第一阈值达第一测试时段，处理器（28）在第一禁用时段内禁用至所述负载的所述电流，如果所述电流超过第二阈值达第二测试时段，处理器（28）在第二禁用时段内禁用至所述负载的所述电流。

电源电路

申请号：200710110584.8　公开日：2008-1-9

申请人：松下电器产业株式会社

发明人：小岛友和　串间贵仁

摘要：

　　本发明公开了一种调节器，用于从大于低压晶体管模块的击穿电压的第一电源电压产生第二电源电压，其小于或等于低压晶体管模块的击穿电压，该调节器包括具有低压晶体管和高压晶体管的运算放大器。可采用仅包括低压晶体管的运算放大器。

一种低功耗、高电源抑制比的带隙电压参考电路

申请号：200710087147.9　公开日：2008-9-24

申请人：陈嘉　武汉昊昱微电子有限公司

发明人：应建华　陈　嘉

摘要：

　　一种带隙电压参考电路（1）包括一个带隙单元（5）和运算放大器（6），带隙单元（5）包括第一晶体管（T1）与第二晶体管（T2），它们被设置产生一个校准 PTAT 电压，该电压与第一以及第二晶体管的基极-射极电压差成正比，且被形成在两个主要电阻（R2，R5）两端。运算放大器包括第三晶体管（T3）、第四晶体管（T4）、自偏置电流镜电路（7）向第三晶体管（T3）与第四晶体管（T4）的集电极提供电流（8～10）；第一晶体管（T1）的基极-射极电压与次要电阻（R1，RX）上电压两者叠加，从而在输出端（4）与接地端（3）之间提供电压参考，电流支路（10）的加入提高了电路的电源抑制比。

使用低功率虚拟线程的软件指定的电源性能管理装置和方法

申请号：200680016775.1　公开日：2008-8-6

申请人：MIPS 技术公司

发明人：达伦·M·约纳斯

摘要：

　　处理器包括指定电源性能度量的软件控制模块。策略管理器响应所述软件控制模块。分派调度器响应所述策略管理器，按照所述电源性能度量运行所述处理器。

带电源的便携式笔记本电脑基座

申请号：200810030027.X　公开日：2008-12-31

申请人：吕王华

发明人：吕王华

摘要：

　　本发明公开了一种携带及使用方便的带电源的便携式笔记本电脑基座。本发明包括基座本体（100）、电源适配器（2）、用于将所述电源适配器（2）的输入电源线进行收合的收线装置（3）、开关组件（4）、控制电路（5）、直流电源输出接口（40），所述电源适配器（2）、所述开关组件（4）、所述直流电源输出接口（40）分别与所述控制电路（5）相电连接。本发明可广泛应用于笔记本电脑领域。

计算机系统及其电源模块

申请号：200710101728.3　公开日：2008-10-29

申请人：英业达股份有限公司

发明人：石逸群

摘要：

　　一种计算机系统，具有基板、电源模块及机箱。基板与电源模块装设于机箱内。电源模块具有电源供应器、转接板及电源模块支架。转接板分别耦接基板及电源供应器，电源模块支架则承载转接板与电源供应器。

用于无线控制装置的电源供应系统及其相关电源管理方法

申请号： 200710006724.7　**公开日：** 2008-8-6
申请人： 纬创资通股份有限公司
发明人： 陈家宏　陈智弘
摘要：

一种用于一无线控制装置的电源供应系统，包含有多个电源产生单元，分别用来产生电源；一电源输出单元，耦接于该多个电源产生单元及该无线控制装置的一系统电路，用来将该多个电源产生单元所产生的电源输出至该系统电路；以及一微处理器，耦接于该多个电源产生单元，用来控制该多个电源产生单元。

终端设备的电源控制

申请号： 200710087728.2　**公开日：** 2008-7-30
申请人： LG 电子株式会社
发明人： 李政桓　鱼昌镇
摘要：

本发明涉及一种用于通过在系统是由切断模式关闭时重新设置切断电压来防止系统被反复引导的电源控制装置和方法。根据本发明的终端设备电源控制装置包括：电源控制器 30，用于控制从电池 10 向终端设备提供的电源；以及存储器 60，用于存储用于在电池 10 的电压低于参考值时关闭系统的切断电压值，其中，电源控制器 30 在系统是由切断模式关闭时设置一标志。当重新引导系统时，如果该标志被设置，则基于一另外的切断电压来确定是否驱动系统。根据本发明，能防止系统在被驱动之后由切断模式关闭。因此，优点在于能延长电池的寿命并能节省电池的充电时间。

电源切换装置

申请号： 200710200409.8　**公开日：** 2008-10-8
申请人： 鸿富锦精密工业（深圳）有限公司　鸿海精密工业股份有限公司
发明人： 徐　凤
摘要：

一种电源切换装置，包括第一接口、第二接口、第一开关元件、第二开关元件、下拉电阻和可连接至外接电源的电源转换电路，所述第一开关元件的第一引脚接至所述第一接口的电源输入引脚，其第二引脚接至所述电源转换电路的电源引脚，其第三引脚接至所述第二接口的电源输出引脚；所述第二

开关元件的第一引脚接至所述电源转换电路的电源引脚，其第二引脚接至所述第二接口的电源输出引脚，所述电源转换电路的电源引脚还经所述下拉电阻接地。本发明电源切换装置结构简单，在所述电源切换装置的电源输入引脚供电不足时，可通过所述电源转换电路及开关元件将一外接设备的供电线路切换至一外接交流电源，从而保证了对所述外接设备供电的可靠性。

用于禁用计算机系统中电源管理的系统和方法

申请号： 200680014006.8　**公开日：** 2008-4-23
申请人： 惠普开发有限公司
发明人： P・M・哈普曼　M・D・巴彻勒
摘要：

电源适配器（102）包括电源（136），用于输出功率以便当被供电设备（104）耦合到电源适配器时向该被供电设备供电。该电源适配器还包括禁用节流阀指示器（138），当被供电设备耦合到电源适配器时该禁用节流阀指示器向被供电设备指明为了将电源适配器保持在调节范围内被供电设备不需要降低该被供电设备使用的功率量。

具有管芯上电源选通电路的集成电路

申请号： 200680027526.2　**公开日：** 2008-7-30
申请人： 英特尔公司
发明人： E・伯顿
摘要：

描述了一种半导体器件，其在单个管芯上包括功能电路和电源选通电路。电源选通电路用于控制传送给诸如半导体器件上的功能电路的内核电路元件的功率。利用诸如 C4 突起的利用不足的管芯连接元件将功率提供给电源选通电路，并且有可能从电源选通电路提供功率。

电源处理系统及其方法

申请号： 200610036211.6　**公开日：** 2008-1-2
申请人： 佛山市顺德区顺达电脑厂有限公司　神达电脑股份有限公司
发明人： 林升平　张耀俊
摘要：

本发明公开了一种电源管理系统及其方法，其应用于一内建有嵌入式系统（EMBEDDED SYSTEM）的电子装置中，且该电子装置是具有用以提供电源

的供电模块，本发明的电源管理系统及其方法是通过侦测模块侦测供电模块的工作状态，从而输出相应工作状态的致能信号及禁能信号，进而供控制模块控制与该供电模块电性连接的切换模块，来执行开启或切断该供电模块的电源输入路径，因此，即可使电子装置于运作过程中出现温度或电压异常状况时，自动切断供电模块的电源输入路径，从而可有效防止电子装置内部的硬件部件因异常状况而受损坏。

电子装置的电源控制模块及电源控制方法

申请号：200710085880.7　公开日：2008-9-10

申请人：纬创资通股份有限公司

发明人：马钦祥

摘要：

一种电子装置的电源控制模块，包含一中央处理器、一电连接该中央处理器的开关单元及一逻辑单元。该逻辑单元的输入端电连接该开关单元及该中央处理器，其输出端则电连接该电子装置的一供电单元。藉由按压该开关单元以输出一开关信号给该中央处理器及该逻辑单元，使该逻辑单元控制该供电单元供电给该中央处理器，同时该中央处理器判断该开关信号为一开机信号时，输出一供电信号给该逻辑单元，以控制该供电单元持续供电，当该中央处理器判断该开关信号为一关机信号时，则输出一断电信号给该逻辑单元，以控制该供电单元停止供电。

笔记本电脑供电方法及实现该方法的电源供应器

申请号：200710125310.6　公开日：2008-7-2

申请人：深圳市天域嘉科技有限公司

发明人：李武岐

摘要：

本发明公开一种供电方法及实现该方法的装置，特别是一种笔记本电脑供电方法及实现该方法的电源供应器。在电源供应器上设有电池槽，电池槽处设有保护壳，电池设置在保护壳内，保护壳通过连接头与电源供应器内部电路连接，当有外接电源输入时，电源供应器给笔记本电脑供电，当无外接电源输入时，电池通过电源供应器给笔记本电脑供电。其给笔记本电脑体积的小型化设计提供了前提条件，电池体积也可以做得更大，储能更多，给使用带来很大方便，提高了使用安全性，降低了设计难度，还降低了成本。为笔记本电脑的电源通用性及标准化提供可能，增强了笔记本电脑电源的共用性和易用性。

电源侦测系统及其方法

申请号：200610167046.8　公开日：2008-6-18

申请人：英业达股份有限公司

发明人：李少华　柯悦　张晓欧　陈文国

摘要：

一种电源侦测系统及其方法，用以侦测一具有电源状态单元的电子装置是否电性连接至一外接电源，且该电源状态单元存储有电源参数，该电源参数包含用以指示该电子装置是否电性连接至该外接电源的外接电源参数，本发明的电源侦测系统及其方法是通过提取模块自该电源状态单元中提取该电源参数，并生成电源参数数据，从而供侦测模块侦测该电源参数数据中的该外接电源参数是否指示该电子装置未电性连接至该外接电源，若是，则发出一触发信号至提示模块，以供该提示模块提供相应提示信息直至未再次接收到该侦测模块所发出的触发信号为止，由此以及时告知使用者该电子装置尚未与该外接电源实现电性连接。

高级配置与电源接口的操作方法及其计算机系统

申请号：200810109343.6　公开日：2008-10-8

申请人：威盛电子股份有限公司

发明人：张任伯　秦双双　黄正维　陈膺中

摘要：

一种高级配置与电源接口的操作方法及其计算机系统，其中该计算机系统还包括一处理器及一总线主控装置，ACPI定义该计算机系统中的处理器的电源状态具有至少一第一状态（C0 STATE）、一第二状态（C1 STATE）、一第三状态（C2 STATE）、一第四状态（C3 STATE）和一第五状态（C4 STATE），上述方法包括：当该总线主控装置（BUS MASTER）对该处理器发出一请求（REQUEST）的时间在该处理器进入该 C3 状态之前，则使该处理器运作于该 C2 状态，以及当该总线主控装置对该处理器发出一请求的时间在该处理器已进入该 C3 状态但尚未进入该 C4 状态时，则使该处理器略过该 C4 状态并完成该 C3 状态。

芯片 IBIS 模型地钳位曲线和电源钳位曲线重建的方法

申请号：200710036277.X　公开日：2008-7-16

申请人：上海杰得微电子有限公司

发明人：欧阳合 黄 娟 王 阳 王新成
　　　　杨 海 潘 杰 王立伟 徐 晖

摘要：

　　本发明公开了一种芯片 IBIS 模型地钳位曲线和电源钳位曲线重建的方法，用简单电路模型重构 IBIS 的电流电压曲线，适用于信号完整性分析和电路仿真技术领域，根据电源钳位曲线和地钳位曲线所表现的特点，选择合适的分立元件，主要是二极管和电阻来搭建不同的等效电路，然后对该等效电路进行仿真而获得 IBIS 模型的准确的地钳位曲线和电源钳位曲线。这种方法简单易行，可以使得工程师在未获得精确的 IBIS 模型时可以进行准确的仿真。

电致发光显示面板、电源线驱动装置和电子设备

申请号：200810127411.1　公开日：2008-12-31
申请人：索尼株式会社
发明人：富田昌嗣 浅野慎

摘要：

　　在此公开了一种电致发光显示面板、电源线驱动装置和电子设备。该电致发光显示面板包括：像素电路、信号线、扫描线、驱动电源线、公共电源线、电源线驱动电路、高电动势电源线以及低电动势电源线。

用于显示单元的电源电路和显示单元

申请号：200810003195.X　公开日：2008-7-23
申请人：恩益禧电子股份有限公司
发明人：田畑贵史

摘要：

　　一种根据本发明一个实施例的显示单元的电源电路，包括电源电路，其具有连接到多个电容元件的输出端并且向多个驱动器提供能量，以及控制器，其取决于使用模式来切换电源电路和电容元件的连接。所述使用模式包括：将所述电容元件的一端连接到所述电源电路或地电位的第一使用模式，以及将电容元件的一端连接到电源电路或浮置所述电容元件的一端的第二使用模式。

液晶显示器面板的极性反转电源控制方法及系统

申请号：200810108769.X　公开日：2008-12-10
申请人：奇景光电股份有限公司
发明人：陈平波

摘要：

　　本发明揭示了一种液晶显示器面板的极性反转电源控制方法及系统。本发明的薄膜晶体管液晶显示器面板的极性反转电源控制方法包含下列步骤：提供一储存电容，其中该储存电容的电容值大于 LCD 面板的共用驱动电极（VCOM）的电容值；将该储存电容充电至一第一中心电压；以一共用输出放大器于一正极性期间将该 VCOM 电压仅由该第一中心电压推升至一第一上电压；以及以一共用输出放大器于一负极性期间将该 VCOM 电压仅由该第一中心电压推降至一第一下电压。

电源监视装置、装置以及显示装置

申请号：200710148760.7　公开日：2008-3-5
申请人：精工爱普生株式会社
发明人：唐木信雄

摘要：

　　本发明的装置，包括：电源电路，转换电压并输出所述电压；和电源监视装置，被构成为：检测来自所述电源电路的所述电压，当所述电压的值超出允许范围时输出复位信号。

一种线性电源适配器

申请号：200710030355.5　公开日：2008-9-17
申请人：东莞市盈聚电子有限公司
发明人：赵星宝 王里树

摘要：

　　本发明涉及变压器技术领域，特别是一种线性电源适配器，其包括上壳体、下壳体、接电插头、接电柱凸台、架体、铁片、架体保护套、接电柱保护扣盖、绕线固定接线柱、出线端子，架体上设有铁心孔、初级线圈槽、次级线圈槽，架体靠近初级线圈槽的下端面设有接电柱插槽，在初级线圈槽的一侧设有一单边坡形平台，架体上位于个接电柱插槽之间开设有一个安放温度保护装置的插槽，初级线圈槽的一端开设有斜线槽，插槽的入口处开设有线槽，架体保护套套接在架体上，保护扣盖与架体保护套扣接，接电插头与下壳体连接，接电插头通过插针插入接电柱插槽内，节约原材料、装配生产工艺简单。

平面磁元件及利用该平面磁元件的电源 IC 封装

申请号：200680039687.3　公开日：2008-10-29
申请人：株式会社东芝 东芝高新材料公司

发明人：中川胜利　井上哲夫　佐藤光

摘要：

本发明的平面磁元件（1），在由磁性粉末（7）和树脂的混合物构成的第一磁性层（3）和第二磁性层（5）之间具有平面线圈（4），其特征在于，在设上述平面线圈（4）的线圈布线（4C、4C）之间的间隔为 W、而且设上述磁性粉末（7）的最大径为 L 时，满足关系式 W > L。根据具有上述结构的平面磁元件（1），将有效地得到高的电感值的微细磁性粉末填充在线圈布线之间，所以能够实现特性优良、薄型化的电感等平面磁元件。

电源转换装置及其变压器

申请号：200610110012.5　公开日：2008-1-30
申请人：台达电子工业股份有限公司
发明人：卢增艺　陈为

摘要：

一种变压器，包括一磁性组件、第一绕组、第二绕组以及一屏蔽组件。该第一绕组绕设在该磁性组件之外，该第二绕组绕设在该第一绕组之外，该屏蔽组件设置在该第一绕组与该第二绕组之间。

复合变压器及绝缘型开关电源装置

申请号：200680046322.3　公开日：2008-12-17
申请人：株式会社村田制作所
发明人：松本匡彦

摘要：

一种复合变压器，具备 E 型芯体（106）的中脚（106B）和隔着该中脚对置的一对外脚（106A）、（106C），通过在中脚（106B）上卷绕以至少两个线圈为组的第一组线圈，构成电力传输变压器部，通过在外脚（106A）中隔开能够布线线圈的程度的间隙（106AS），将外脚（106A）分离成两个外脚部106AA）、（106AB），并按照卷绕方向相互相反的方式分别在该两个外脚部（106AA）、（106AB）上分别卷绕以两个线圈为组的第二组线圈，构成信号传输变压器部。

一种实现零功耗待机的电源开关及控制装置

申请号：200810067647.0　公开日：2008-12-24
申请人：袁想平
发明人：袁想平

摘要：

本发明涉及一种实现零功耗待机的电源开关及控制装置，所述控制装置包括单片机及连接在被控设备与输入电源之间的电源开关，所述电源开关的内部设线圈和铁心，所述单片机接收到开机或关机的指令后，输出一个瞬间的脉冲信号控制所述驱动开关导通，所述电源开关的线圈中产生一个瞬间的脉冲电流，所述铁心在所述线圈产生的磁力作用下接通或断开所述被控设备的输入电源。本发明针对现有技术的上述在待机状态下实现零功耗，但在正常工作时反而增加了额外的功耗，从而达不到真正的节能效果的缺陷，提供一种实现零功耗待机的电源开关及控制装置，如此在待机状态或正常工作状态下都不会有电流通过电源开关的线圈，从而实现了真正的零功耗及节能。

电源开关的防误触动机构

申请号：200610169275.3　公开日：2008-6-25
申请人：英业达股份有限公司
发明人：李志平　郑再魁

摘要：

一种电源开关的防误触动机构，设于一电子装置的机壳，用以控制该电子装置的电源，包括：一设于该电子装置的机壳中的筒体，其具有至少一扣孔；一设于该筒体中的按键筒，其具有与该扣孔相对应的弹性勾部；一设于该按键筒中的按键，该按键的一端露出该按键筒，且该按键具有一抵靠在该弹性勾部的推顶部；一设于该按键筒中的顶压件；一设于该按键与顶压件之间的第一弹性件；一设于该电子装置中的按压开关；以及一设于该按压开关与顶压件之间的第二弹性件；通过先按压该按键使该按键筒的弹性勾部退出该筒体的扣孔，进而可推压该按键筒，使位于该按键筒中的顶压件推压该按压开关，从而可避免误触碰导致电源中断。

电源电路连接器及电源电路的连接方法

申请号：200810001933.7　公开日：2008-7-23
申请人：日产自动车株式会社　矢崎总业株式会社
发明人：松永康郎　岩下幸嗣　森茂生

摘要：

本发明公开了一种电源电路连接器及电源电路的连接方法，电源电路连接器包括：第一壳体，包括：一对经由第一开关端子相互连接的主电路端子，一对彼此连接的配接状态传感器端子；第二壳体，与第一壳体配接或从第一壳体拆离并包括：第一开关端子，用以通过操纵杆旋转到第一确定位置来连接所述对主电路端子；操纵杆，可旋转地支撑于第二壳体并包括：第二开关端子，用以进行下述操作：在所述对主电路端子保持相互连接的状态下，通过操纵杆旋转到第一确定位置后的第二确定位置连接所述对配接状态传感器端子；和配接-拆卸机构，用以通过操纵杆的旋转进行下述操作：将第二壳体配接于第一壳体，及从第一壳体拆下第二壳体。

用于 AC-AC 电源的负载检测器

申请号：200680032159.5　公开日：2008-8-27
申请人：创新科技有限公司
发明人：牧野淳　汤文义

摘要：

提供了一种负载检测器用于确定 AC-AC 电源上是否连接了负载。所述电源包括具有一次绕组和二次绕组的变压器，所述一次绕组可通过开关耦合到 AC 电压源，所述二次绕组可耦合到负载。所述负载检测器包括用于生成信号的信号发生器；用于检测信号的传感器，所述传感器被配置为在负载耦合到二次绕组时检测信号而在负载未耦合到二次绕组时不检测信号；以及耦合到传感器的开关控制电路，所述开关控制电路被配置为在传感器检测信号时保持开关闭合而在传感器不检测信号时保持开关断开。还提供了包括这种负载检测器的 AC-AC 电源。

利用相移的开关电源控制

申请号：200680023764.6　公开日：2008-7-2
申请人：美国模拟器件公司
发明人：托德·F·斯琪夫

摘要：

一种用于开关电源的控制系统响应运行条件的变化，改变 PWM 信号的相位。相位可以通过复位控制 PWM 信号的振荡器而改变。相移逻辑电路可以包括当 PWM 信号转换状态时保持误差信号值的采样保持电路。保持的误差信号可以与实时误差信号比较，优选地，具有用户可设置的补偿电路。相移逻辑电路的输出可以用于复位振荡器。

一种可调电压基准电源的制备方法

申请号：200810028786.2　公开日：2008-10-22
申请人：广东省粤晶高科股份有限公司　肇庆风华新谷微电子有限公司
发明人：胥小平　张富启　晏承亮　沓世我
　　　　赖小军　黄海文

摘要：

本发明公开了一种可调电压基准电源的制备方法，包括划片、粘片、前固化、压焊、塑封、去溢料、表面处理、成型分离、测试打标编带和包装入库步骤，该制备方法中提供了各个相应步骤的具体操作参数，以及芯片材料、框架材料、金丝材料、编带材料的材料规范。该可调电压基准电源的制备方法能够实现工艺优化和最佳材料搭配的目的，因此提高了可调电压基准电源各方面的性能。其制备的可调电压基准电源产品具有体积小，重量轻，外形封装尺寸适合 SMT 安装，电压精度高，输出电压范围宽，低输出阻抗和低温度系数的特点。

一种用于电源块的方法

申请号：200710181388.X　公开日：2008-4-23
申请人：美国博通公司
发明人：韦尔·威廉·戴博　夏默恩·埃尔卡亚穆

摘要：

本发明涉及一种用于电源块的方法。本发明的方法和系统用于形成具有共同封装占用尺寸的电源块家族，允许用户灵活地选择电源块尺寸而不会导致系统设计的重新布设成本。在一个实施例中，所述电源块由点载荷功率控制器控制。

双接合接地电路和电源电路以及具有其的 IC 芯片

申请号：200610164958.X　公开日：2008-6-11
申请人：硅谷数模半导体（北京）有限公司
发明人：马克　王勇

摘要：

本发明提供了一种用于 IC 芯片内部的双接合接地电路，IC 芯片中的至少一个功能模块包括至少两条接地引线，该至少两条接地引线相接合，并连接至一个伸出到 IC 芯片外部的接地引脚。本发明还提供了一种用于 IC 芯片内部的双接合电源电路，IC 芯片中的至少一个功能模块包括至少两条电源引线，该至少两条电源引线相接合，并连接至一个伸出到 IC 芯片外部的电源引脚。本发明还提供了具有该双接合接地电路和/或电源电路的 IC 芯片。

一种便捷式备用电源

申请号：200810062280.3　公开日：2008-10-29
申请人：宁波市科技园区普马电子有限公司
发明人：冯钢

将来自第二端口的 RF 信号连接至第三端口。

摘要：

本发明公开了一种便捷式备用电源，包括一个封闭的壳体，壳体内设置有电池和与电池电连接的电路板，特点是壳体的前端部设置有第一凹腔，第一凹腔内设置有输出接口，输出接口与电路板之间通过数据线电连接，壳体的前端部套有保护盖；优点是功能较多，使用方便；由于在壳体的前端部设置有第一凹腔，第一凹腔内设置有输出接口，且输出接口与电路板之间通过数据线软连接，使手机等电子产品在使用备用电源充电时，其接口不会被损坏；而且在壳体的前端部设置有保护盖，且保护盖上设置有磁块，壳体上设置有可吸附磁块的金属片，在取下保护盖使用备用电源时，可将保护盖吸附在壳体的后端部以防止保护盖丢失。

分散电源连接器

申请号：200710138821.1 公开日：2008-3-5
申请人：卡尔·菲奥伦蒂诺 郭志伟
发明人：卡尔·菲奥伦蒂诺

摘要：

本发明的一个实施例中提供了一个分散电源连接器（例如用于个人计算机电源）。在一个实施例中，该连接器可以包括一个一体模制体部分，多个电连接器部件，其安装到一体模制体部分上，和一个划线，其置于一体模制体部分上（该划线允许一体模制体部分分为至少两部分）。在另一个实施例中，该连接器可以包括一个一体模制体部分，多个电连接器部件，其安装到一体模制体部分上，和一个铰链，其置于一体模制体部分上（该铰链允许一体模制体部分分为至少两部分）。

电源插入器模块

申请号：200680029032.8 公开日：2008-8-6
申请人：极端宽带工程有限公司
发明人：杰伊·F·夏普森

摘要：

一种电源插入器模块，包括：FIC 公第一端口，用于在不使用电缆的情况下直接连接到 DC 电源的母 F 型输出端口；F 型母第二端口，用于连接到 RF 放大器，以提供 DC 电到 RF 放大器并从 RF 放大器接收 RF 信号；F 型母连接器第三端口，用于将 RF 信号输送到用户；和电路，用于在阻止来自第一端口的 RF 信号的同时，将来自第一端口的 DC 电连接至第二端口，并在阻止来自第三端口的 DC 电的同时，

一种电源插座

申请号：200710069676.6 公开日：2008-12-24
申请人：宁波思宏电器工业有限公司
发明人：俞国麟

摘要：

本发明涉及一种电源插座，包括一其上具有一组或一组以上插座孔单元的外壳，及一与外壳相连且带有插头的电源延长线，其特征在于所述外壳的左侧部及与左侧部相对的右侧部上各设有一可供电源延长线缠绕其上的内凹的限位口。外壳上还设有一由提手部及固定在提手部下方中部的轴组成的提手，所述的轴活动插接并限位在外壳上表面上，所述的外壳可相对轴的轴向旋转。其可将电源延长线围绕外壳而缠绕在限位口上，以实现对电源延长线的折收，当需要使用电源延长线时，操作只需握住提手，然后水平拉动电源延长线，同时，随着电源延长线拉出带动外壳相对轴360°旋转，而无需手作相对外壳的缠绕动作。

大电流半导体激光器驱动电源及其控制方法

申请号：200610124877.7 公开日：2008-4-30
申请人：武汉奇致激光技术有限公司
发明人：张峻洪 俞守刚 孙文

摘要：

本发明涉及激光电源，本发明公开了一种大电流半导体激光器驱动电源及其控制方法，包括模块化电流输出电路、控制电路、扩展接口，所述模块化电流输出电路，用于将大电流输出级模块化，对不同输出电流要求，在扩展接口上增减 DC-DC 模块以获所需工作电流；所述控制电路，用于针对大电流输出电路和激光器工作要求，对 DC-DC 模块的控制总线加以输出电压、输出电流、输出使能、慢启动、慢关闭的控制以及对键盘、LCD 的管理控制。方法：首先将各控制端口初始化和控制显示屏初始化以及工作界面的显示；然后进入主循环程序，对键盘进行扫描；并执行相应按键处理子程序。本发明可灵活扩展输出级功率模块、具有体积小、效率高、稳定可靠的特点。

USB 接口短路保护电路及具有 USB 接口短路保护功能的电源

申请号：200610070038.1 公开日：2008-5-14

申请人：青岛海信电器股份有限公司
发明人：迟洪波　辛晓光
摘要：

本发明为一种 USB 接口短路保护电路及含有此电路的电源。它包括与主电路输端连接的 USB 输出端，所述的主电源输出端接场效应晶体管的阳极，USB 电源输送接该场效应晶体管的源极，场效应晶体管的栅极接能够使栅极在正常状态为能使场效应晶体管导通的高电位、在 USB 接口短路时使场效应晶体管截止的低电位的控制电路。本发明有效地解决 USB 供电 5V 输出端电源独立的短路保护和自恢复的问题，而且仅是在现有电源电路的基础上增加了少量阻容器件，因此还具有成本低廉、制作方便、实用性强、使用可靠的特点。

电源保护装置

申请号：200810029783.0　**公开日**：2008-12-24
申请人：旭丽电子（广州）有限公司　光宝科技股份有限公司
发明人：张苑淼　郭林军
摘要：

一种电源保护装置，连接于用电设备与电源之间，具有一电压输入端以及一电压输出端，一放大电路，与该电压输入端电连接；一稳压电路，与该放大电路电连接，可选择导通该第一输入电流；一断开保护组件，该段开保护组件具有一电磁线圈，及一常开开关，其与该放大电路并联，以使该电压输出端电路断路来保护用电设备；一限流电路，与该放大电路电连接，可限定流过断开保护组件的电磁线圈的电流；以及一整流电路，与该限流电路电连接并接地，所述输入电流通过该整流电路转为直流电流。本发明的技术可行性是很好的，组件选择简单，性能可靠，成本低，生产可行性好。在市场方面，可以面对国内外广泛的公司工厂或个人用电器的电压保护。

一种电视电源保护电路

申请号：200710013097.X　**公开日**：2008-7-30
申请人：青岛海信电器股份有限公司
发明人：迟洪波
摘要：

本发明提供了一种电视电源保护电路技术方案，该方案包括有电源输入电压 VAC 输给第一二极管 D1 经整流后由滤波电容 C1 滤波，以及电源第一芯片 N1 和电源第二芯片 N2，本方案的特点是在第一二极管 D1 的负端和电源第一芯片 N1 之间串接有输入检测控制电路，所述的输入检测控制电路与电源第一芯片 N1 有共同的供电电压 VIN，同时输入检测控制电路在电源第一芯片 N1 的控制下，输出电源供电电压 VCC，供电电压 VCC 又给电源第二芯片 N2 供电，电源第二芯片 N2 通过控制电源电路输出反馈电压 VPFC，电源第二芯片 N2 又连接反馈检测电路，反馈检测电路又连接输入检测电路和反馈电压 VPFC。

三相电源的相不平衡防止电路

申请号：200710153557.9　**公开日**：2008-8-27
申请人：三星电子株式会社
发明人：成始丰
摘要：

本发明涉及一种三相电源的相不平衡防止电路，其目的在于当采用三相电源驱动单相负载时，通过 R、S、T 三个相依次供应电力而不是由 N 相和另外一个相供应电力，从而可以解决相不平衡问题。为此，本发明所提供的三相电源的相不平衡防止电路包括：检测三相电源的各相零交点的零交点检测部；以检测到的各相零交点时刻为基准，控制各相的电力供应和切断的电力控制用继电器；以及接收所述各相的零交点信号来控制所述电力控制用继电器的开关动作的控制部。

升压型开关电源的过电压保护电路

申请号：200610148144.7　**公开日**：2008-7-2
申请人：华润矽威科技（上海）有限公司
发明人：马先林　曹正军　蒋浩　鲁燕宁
摘要：

本发明提供一种适用于升压型开关电源的过电压保护电路，包括分压电路和电压比较器，所述电压比较器比较所述分压电路的输出电压和基准电压后，送入控制逻辑电路得到控制信号，所述过电压保护电路进一步包括：一采样降压电路，其输入端连接所述开关电源的漏极，其输出端连接所述分压电路的输入端，用于采样所述开关电源的漏极电压并进行降压。本发明过电压保护电路相对于其他的过电压保护方法，采用二极管的反向击穿电压作为检测是否过电压的条件，实现结构简单，成本较低。而且通过 SW 管脚进行检测输出电压，避免了通过检测 VOUT 管脚判断是否过电压，减少了芯片外部管脚，节省了封装成本。

负载控制设备的电源

申请号：200680025245.3 公开日：2008-7-9
申请人：路创电子公司
发明人：A·多宾斯 R·韦特曼 D·J·佩罗
J·P·斯泰纳

摘要：

一种用于负载控制设备的电源，该电源被设置为与AC电压源和负载串联并且产生充足的DC电压以向所述负载控制设备的控制器供电。所述电源用于向所述负载提供基本所有的由AC电压源提供的电压，并且所述电源包括可控导电设备、触发设备以及充电电路。所述充电电路用于当所述可控导电设备不导通时对能量存储设备充电并且将电流传导至负载。当所述能量存储设备已充电至预定量能量时，所述可控导电设备开始传导全负载电流。在所述可控导电设备开始传导之前，在电源两端仅产生与触发电路的击穿电压基本相同的最小电压以允许所述能量存储设备充电。

混合电源装置

申请号：200810082281.4 公开日：2008-12-31
申请人：住友重机械工程服务株式会社
发明人：西山范之

摘要：

本发明提供一种混合电源装置，可以恰当控制发动机驱动型发电机的运转，而且能够防止装置大型化。该电源装置具备发动机驱动型发电机和电容器，并且具备：直流母线，并联连接发动机驱动型发电机和电容器，向外部供应电力；升压转换器，设置于直流母线和发动机驱动型发电机之间；以及控制部，控制升压转换器，调整从发动机驱动型发电机向直流母线供应的电力。因为可以从发动机驱动型发电机和电容器的双方向外部供应电力，所以能够使发动机驱动型发电机小型化。因为只要由控制部控制升压转换器，就可以调整从发动机驱动型发电机向直流母线供应的电力，所以能够针对从电源装置向外部供应的电力变动，抑制发动机驱动型发电机的负荷变动。

基于电光变换的高电压装备隔离电源

申请号：200810046676.9 公开日：2008-7-30
申请人：华中科技大学
发明人：李开成 潘 垣

摘要：

本发明提供了一种基于电光变换的高电压装备隔离电源，包括光源、聚光抛物面、空心环氧筒、聚光透镜和光电池板，光源发出的光经过聚光抛物面反射形成平行光，平行光穿过空心环氧筒射向聚光透镜，聚光透镜对平行光聚焦并射向光电池板。本发明高低压之间无电路联系，绝缘性能好，结构简单，成本低廉，安装方便，工作可靠，能提供较大的功率。

功率因素调整装置及电源供应系统

申请号：200610037246.1 公开日：2008-2-27
申请人：佛山市顺德区顺达电脑厂有限公司 神基科技股份有限公司
发明人：熊大嵩

摘要：

本发明公开了一种功率因素调整装置，其包括整流器、功率因素调整（PFC）线圈、二极管、第一及第二电阻、PFC控制单元、电压转换单元、切换单元以及调整单元。整流器用以将交流电压转换成第一直流电压。PFC线圈之第一端耦接整流器。二极管的阳极耦接PFC线圈之第二端。第一电阻耦接于二极管之阴极与第一节点之间。第二电阻耦接于第一节点与低电平之间。PFC控制单元提供参考电压予第一节点。电压转换单元用以将第一直流电压转换成第二直流电压。切换单元根据一调整信号，控制线圈之第二端之电压。调整单元耦接于电压转换单元与切换单元之间，用以根据第二直流电压提供调整信号。因而降低PFC线圈的体积、组件成本，并增加功率因素调整装置的效率。

用于交流电流电源供应器的能量回收系统

申请号：200710102995.2 公开日：2008-11-12
申请人：台达电子工业股份有限公司
发明人：言 超 郑崇峰 詹智强 曾剑鸿 应建平

摘要：

本发明提出一种用于交流电流电源供应器，例如电子式镇流器的能量回收系统。该能量回收系统包括能量回收负载，连接至交流电流电源供应器的输出端，其中该能量回收负载包括整流器，用以将该交流电流电源供应器的输出交流电流成整流直流电流，以及滤波器，连接至该整流器，用以移除该整流直流电流的高频谐波。此外，该能量回收系统还包括直流-交流转换器，连接至该能量回收负载，用以将该能量回收负载所输出的直流电压转换成交流电压，该交流电压接着传递至电力网络以完成能量回收作业。本发明提出一种可节省能源消耗的用于交流电流电源供应器的能量回收系统，其能够在功率损耗为最低的情形下将能量传递到电力网络。

一种多电源模块系统及其电源管理方法

申请号：200810104359.8　公开日：2008-9-17

申请人：华为技术有限公司

发明人：黄爱民

摘要：

　　本发明实施例公开了一种多电源模块系统及其电源管理方法，涉及一种电源系统及其电源管理方法。解决了现有的多电源模块系统冗余度比较大、电源的转换效率比较低的技术问题。该多电源模块系统包括主设备以及为主设备供电的至少两个电源模块，主设备电连接有信号处理单元，信号处理单元与电源模块通过内部通信总线相连接，信号处理单元通过内部通信总线对电源模块发送指令，设定电源模块中至少一个电源模块为正常工作模式、至少一个电源模块为备用工作模式。该多电源模块系统的电源管理方法，用于管理上述多电源模块系统。本发明主要应用于通信系统等要求供电可靠性高的场合。

电池控制器、电池模块以及电源系统

申请号：200810086060.4　公开日：2008-11-19

申请人：日立车辆能源株式会社

发明人：长冈正树　工藤彰彦　菊地睦　水流宪一朗　山内辰美　江守昭彦

摘要：

　　本发明提供一种能抑制噪声等的可靠性良好的电池控制器。电池控制器对应于组电池的个数而具有多个IC，该多个IC具有：电压检测电路，其检测将4个单电池串联连接而成的组电池的各单电池的电压；开关控制电路，其控制经由容量调整用电阻与各单电池并联连接的多个开关元件的导通和截止动作；LIN1端子，其用于输入控制信息；LIN2端子，其用于输出控制信息；VCC端子；以及GND端子，上位IC的LIN2端子和下位IC的LIN1端子呈菊花链状连接。各IC的VCC端子经由除噪用的电感器L与构成对应的组电池的单电池内的上位单电池的正极连接，GND端子与下位IC的VCC端子直接连接。在LIN1、2端子上不重叠噪声。

能够监控次级部件运行状态的无接触电源的初级部件

申请号：200680012064.7　公开日：2008-4-9

申请人：西门子公司

发明人：T·戈特泽　F·罗德

摘要：

　　本发明涉及一种无接触电流供电装置的初级部件，其能够借助电感通过无接触连接将能量从初级部件传输到次级部件。由于通常不期望在次级侧分析电流，因此本发明采用在初级侧的电流分析以获得次级部件运行状态的信息。因此分析的对象为初级部件中的初级电流，该初级电流由识别单元检验其分量，并包含关于次级线圈与初级线圈之间的距离以及次级部件的负载的信息。

电池控制装置、电池控制方法、电源控制装置和电子设备

申请号：200710147770.9　公开日：2008-3-12

申请人：富士通株式会社

发明人：福田秀夫

摘要：

　　本发明提供了电池控制装置、电池控制方法、电源控制装置和电子设备。所述电池控制装置（1）具有：电路控制单元（6），用于控制供电；电压测量单元（7），用于测量电压；电流测量单元（8），用于测量电流；以及电源控制单元（9），其中，所述电源控制单元（9）在所述电池（4）对负载（3）供电的状态下测量被定义为所述电池（4）的电压的第一电压和被定义为所述电池（4）的电流的第一电流，还在从所述电池（4）对所述负载（3）的供电被切断的状态下测量被定义为所述电池（4）的电压的第二电压，并且通过将从所述第二电压中减去所述第一电压而得到的值除以所述第一电流，来计算所述电池（4）的内阻。

并联式不断电电源供应系统

申请号：200710085897.2　公开日：2008-9-10

申请人：台达电子工业股份有限公司

发明人：林鸿杰　谢东宏

摘要：

　　本发明涉及一种并联式不断电电源供应系统，其与供电电源及负载连接，且其中电源分配电路的

第一连接器、多个不断电电源供应器的第二连接器及多个传输线的第三连接器分别具有多个第一导电结构及多个第二导电结构，当第三连接器的第二导电结构与第一连接器的第二导电结构或第二连接器的第二导电结构分离时，第二导电结构间将先互相脱离，使其对应的不断电电源供应器的下拉电路产生触发信号至控制器，并驱动停止不断电电源供应器运作，使第三连接器安全脱离第一连接器或第二连接器，并进行维修更换对应的不断电电源供应器。本发明能够达到安全更换维修故障不断电电源供应器，且负载可由另一个不断电电源供应器继续供电的效果，极具产业价值。

在线切换不间断电源的装置及方法

申请号：200710036383.8 **公开日**：2008-7-16
申请人：宝山钢铁股份有限公司
发明人：李关定 练大胜 傅金华 陈忠平
摘要：

本发明揭示了一种在线切换不间断电源的装置及方法，该不间断电源的输入端通过 UPS 装置输入电源开关 MCB2 连接到输入供电回路，该输入供电回路通过供电线路开关 MCB1 连接到市电线路，该 UPS 的输出端连接到输出供电回路，用户设备通过用户负荷开关 MCB3 连接到输出供电回路，还包括一并联于 UPS 的外旁路，通过外旁路开关 MCB4 连接到输入供电回路，并与输出供电回路相连；一组接触器，第一主触点 MC1 串接在所述 UPS 的输出端和输出供电回路之间，第二主触点 MC2 串接在外旁路开关 MCB4 和输出供电回路之间；接触器在 UPS 和外旁路之间切换。本发明的技术方案通过增加一组接触器、继电器、开关等少量元件，实现了通过继电器的接点来控制接触器的切换方式，可基本实现零秒切换。是一种经济有效的 UPS 在线切换的方式。

具太阳能充电功能的不间断电源

申请号：200710200155.X **公开日**：2008-8-13
申请人：鸿富锦精密工业（深圳）有限公司 鸿海精密工业股份有限公司
发明人：王家鸿
摘要：

一种具太阳能充电功能的不间断电源，包括一蓄电池、一用于给所述蓄电池充电的外接电源充电电路、一太阳能板、一太阳能充电电路及一充电转换开关，所述太阳能板连接于所述太阳能充电电路的输入端，所述外接电源充电电路及太阳能充电电路的输出端连接于所述充电转换开关的输入端，所述充电转换开关的输出端与所述蓄电池充电端相连，所述充电转换开关控制所述外接电源充电电路及太阳能充电电路对所述蓄电池充电的转换。所述具太阳能充电功能的不间断电源可进一步利用太阳能长时间为用电设备供电。

用于电气化铁路的交直交站用电源

申请号：200810019789.X **公开日**：2008-8-20
申请人：张海波
发明人：张海波
摘要：

本发明公开了一种适用于电气化铁路的交直交站用电源，包括输入单元、第一功率变换单元、第二功率变换单元、第三功率变换单元、第四 PIC 控制器、显示界面和用户手动输入单元。具有如下优点：模块设计使得各功率模块通用性好易维护，单个模块主电路可使用低功率等级的器件，降低系统成本，且散热良好；系统稳定性提高；多核设计思想使得系统功能完备，性能优良，各核并行处理，使系统处理速度加倍；各控制核芯片资源得到充分利用，且选用低廉的数字处理芯片即可，整体成本低。

充电和放电控制电路以及充电型电源装置

申请号：200710140916.7 **公开日**：2008-2-13
申请人：精工电子有限公司
发明人：樱井敦司 佐野和亮 小池智幸
摘要：

本发明涉及充电和放电控制电路以及充电型电源装置。提供一种实现过电流检测状态中的低电流消耗、容易计算的自动返回阻抗、以及高可用性的充电和放电保护电路。用来将过电流检测端下拉到 VSS 端的下拉电路串联连接在该过电流检测端和开关电路之间。该开关电路串联连接在该下拉电路和该 VSS 端之间。

不断电电源供应器及其控制方法

申请号：200710097030.9 **公开日**：2008-10-22
申请人：台达电子工业股份有限公司
发明人：王学政 廖仁诠 李升修
摘要：

本发明有关于一种不断电电源供应器及其控制

方法，该控制方法包括步骤：在第一交流电压正常时，该第一交流电压通过旁路回路及切换开关输出到电源输出端，且逆变器转换与第一交流电压实质上相同峰值电压、相位及频率的第二交流电压；以及在第一交流电压的频率或相位变化，使得第二交流电压的相位与第一交流电压不同步而产生相位差值，且相位差值超过特定相位差设定值时，切换开关切换第二交流电压输出到电源输出端。因此，本发明使用在电感性负载或电动机性负载时，不会产生很大的突波电流而将不断电电源供应器烧毁，负载也不会发生断电的情况，同时改善了用电效率。

串联储能电源三单体直接均衡器

申请号： 200810063915.1 **公开日：** 2008-7-16
申请人： 哈尔滨工业大学
发明人： 杨世彦 王雄飞 盖晓东 杨 威
摘要：

串联储能电源三单体直接均衡器：它涉及一种串联储能电源单体均衡电路。它解决了不相邻的两个储能单体不能直接均衡能量，工作效率低的问题。本发明包括第一绕组，第二绕组、第三绕组、第一开关管、第二开关管、第三开关管、第四开关管、第一二极管、第二二极管、第三二极管和第四二极管。4 个二极管与 4 个开关管分别反向并联，均是二极管阳极与开关管源极连接，二极管阴极与开关管漏极连接，第一开关管源极与第一绕组同名端、第二开关管漏极相连，第二开关管源极与第三开关管漏极、第四开关管漏极相连，第三开关管源极与第二绕组异名端相连，第四开关管源极与第三绕组同名端连接，第二绕组同名端与第三绕组异名端相连。3 个绕组缠绕在同一个铁心上，且匝数相同。

电源系统和用于控制输出电压的方法

申请号： 200710152180.5 **公开日：** 2008-3-19
申请人： 富士通株式会社
发明人： 国分政利 松本敬史
摘要：

一种电源系统，包括以下部件：外部电源单元，其用于产生直流输出电压；以及连接到所述外部电源单元的电子设备，可工作于所述外部电源单元的输出电压下。所述外部电源单元包括电压控制电路，其用于接收控制电流，并且，按照所述控制电流，控制所述外部电源单元的输出电压。电压控制电路在控制电流最小时，控制所述外部电源单元的输出

电压，使其等于所述外部电源单元可能产生的最小电压。

电源装置

申请号： 200680014658.1 **公开日：** 2008-4-23
申请人： 株式会社日立制作所
发明人： 乘松泰明 叶田玲彦 菊池睦
摘要：

并联连接燃料电池（1）和双电层电容器（2）来提供电力。DC/DC 转换器（3）对燃料电池（1）及双电层电容器（2）的电压进行升压而输出电力。DC/DC 转换器（3）的输出路径上设置了输出开关（5）。控制 IC（4）通过控制输出开关（5）能够接通/关断输出电力。燃料电池（1）的燃料耗尽或燃料电池（1）异常的情况下，控制 IC（4）控制输出开关（5）断续地变化输出电力。这样，连接到作为便携电子设备的便携电话使用的情况下，使用者能够通过便携电话的充电指示灯的点亮和熄灭状态识别燃料耗尽或燃料电池异常。

不断电电源供应器的控制方法

申请号： 200610111169.X **公开日：** 2008-2-13
申请人： 台达能源技术（上海）有限公司
发明人： 陆岩松 谭惊涛 杨剑平 应建平
摘要：

本发明是指一种不断电电源供应器的控制方法，该不断电电源供应器至少包括一交流输入电压、一直流输入电压及一单相交流-交流转换器，该单相交流-交流转换器是由一交流电感、一母线电容、一升压桥臂、一公共桥臂、及一降压桥臂所构成，该控制方法包括步骤如下：控制母线电压使其具有一直流成份以及一全波整流成分；及设定一母线电压参数 K，其中 $0 \leqslant K \leqslant 1$，使得当 K 趋近于 0 时、母线电压趋近于一直流电压，且当 K 趋近于 1 时、母线电压趋近于一全波整流电压。

一种不间断电源并机信号的传输方法

申请号： 200710109228.4 **公开日：** 2008-11-26
申请人： 力博特公司
发明人： 吕一航 周党生 王志华 夏泉波 刘 波
摘要：

本发明公开了一种不间断电源并机信号传输方法，首先利用逻辑处理单元将并机信号串行化处理；然后进行使得各节点机器并机信号得以同步传输的总

线式传输。采用本发明技术方案的不间断电源并机信号的串行传输方法，布线简单，在满足基本传输需求的同时，抗干扰能力强，能够保证信号传输的实时性和传输距离，且能够方便的识别并机线路故障。

低压控制回路供电电源切换装置

申请号：200710130750.0 公开日：2008-6-18
申请人：北京网联直流工程技术有限公司
发明人：刘 岩

摘要：

本发明的目的在于更好地为低压系统控制回路提供可靠的供电，防止控制回路取电相发生接地故障后，由于控制回路失电而造成的一系列控制失灵问题。为此，提供了将三相系统中非控制回路取电相作为控制回路的备用电源，当取电相发生接地后，装置可将正常的非取电相自动切换作为控制回路电源，为分离线圈提供可靠的线圈驱动电源。同时，必要时还可通过熔断器对控制回路起到防止控制回路过电流的目的。

电源切换防跳控制方法及装置

申请号：200610116185.8 公开日：2008-3-26
申请人：宝山钢铁股份有限公司
发明人：史 进

摘要：

本发明揭示了一种电源切换防跳控制装置，并联于电源切换装置，连接于多路供电电源和被控电气设备之间，被控电气设备由电源切换装置进行电源切换，该电源切换防跳控制装置包括：多路供电装置，连接到多路供电电源；逻辑控制器，连接到多路供电装置由该多路供电装置供电，还连接到被控电气设备；其中多路供电装置连接到多路供电电源，确保在其中一路供电电源出现故障时仍可以向逻辑控制器供电，逻辑控制器向被控电气设备输出连贯的逻辑控制信号，使被控电气设备在切换电源时保持连贯的工作状态。采用本发明的技术方案，既具有电源的自动切换功能，又通过逻辑控制器输出连贯的逻辑控制信号解决了在电源切换过程中被控设备的停机问题。

连接器组及具有该连接器组的电源供应器

申请号：200710108184.3 公开日：2008-12-3
申请人：台达电子工业股份有限公司
发明人：陈鸿川

摘要：

一种连接器组及具有该连接器组的电源供应器。电源供应器包括：电源供应器本体；电源输入装置；第一电源输出装置，具有第一电源线与第一连接器，其中第一电源线连接于第一连接器的第一表面，第一连接器具有限位部件以及卡扣部件；第二电源输出装置，具有第二电源线与第二连接器，其中第二电源线连接于第二连接器的第一表面，第二连接器具有延伸部以及第一侧壁；其中限位部件与卡扣部件分别与第一侧壁以及延伸部相卡配，由此选择性地固定第一与第二连接器于共同的电源插座，以由第一与第二电源输出装置组合供电至共同的电源插座。可选择性搭配、可多向定位，且易于插置固定至电源插座。

具有电源连接接口的电子装置

申请号：200710101955.6 公开日：2008-10-29
申请人：泰商泰达电子公司
发明人：皮尔圣塔那高尔·强伟特 林振发 李 然

摘要：

本发明为一种具有电源连接接口的电子装置，至少包括：电子装置；电源连接接口，设置于该电子装置上，且至少包括：电路板，具有边缘区域，该边缘区域具有第一表面与第二表面；以及多个接脚，至少包括传送直流电源的多个第一接脚以及传送交流电源的第二接脚以及第三接脚，其中该多个第一接脚设置于该第一表面与该第二表面，且该第二接脚与该第三接脚设置于不同表面上。本发明利用电源连接接口的相线插脚与地线插脚设置于电路板边缘区域的不同表面上，使得电源连接接口在相同的电路板宽度下有相对较多区域以设置传递直流电源的插脚数目，可以使电源供应器的功率变大，且使电源供应器的电源密度提高。

功率转换器开关驱动器的自供电电源

申请号：200710127475.7 公开日：2008-1-2
申请人：洛克威尔自动控制技术股份有限公司
发明人：N·R·扎格里 B·吴 W·胡

摘要：

公开了用从关联缓冲电路获得的功率向功率转换器开关驱动器供电的自供电电源，其中供电电路和缓冲电路连接在跨接开关终端的串联路径中，且供电电路从缓冲器接收电功率并向开关驱动器提供功率。

自带动态电源的谐振驱动模块控制方法

申请号：200810073645.2 公开日：2008-12-17

申请人：申莉萌

发明人：申莉萌 王希天

摘要：

本发明提供一种自带动态电源的谐振驱动模块控制方法，采用的技术方案为：把传统的硬开关驱动改进为谐振软开关驱动，可用低于 UGS 的动态电源＋VON 电容泵供电驱动电压 UGS，在非驱动时段，栅极电压 UGS 为-VOFF 负偏压，能够有效克服 CI 的"米勒效应"，降解半桥或全桥直通的危害；驱动时段的电源 VON 电容泵，以及非驱动时段负偏压-VOFF电容泵，均是由隔离变压器次级绕组供电，即变压器既传递驱动频率 F，也传递两个动态电容泵电源＋VON 和-VOFF。其优点为抗干扰能力很强，结合模块的自带负偏压驱动，有较高的可靠性，损耗小，效率较高。

一种开关电源的控制方法及其装置

申请号：200810044884.5 公开日：2008-8-13

申请人：许建平

发明人：许建平 秦 明

摘要：

一种开关电源的控制方法，其具体作法是：电压检测电路（VCC）检测变换器的输出电压 V0 送误差放大器（VA），误差放大器（VA）在每个开关周期起始时刻用输出基准电压 VREF 与输出电压 V0 进行比较产生误差电压值 ΔV；误差区间判断器（VC）对该误差电压值 ΔV 与设定的 N＝2－5 个输出电压的误差区间值 ΔN，N＝1，2，...N，进行比较，根据比较结果输出控制脉冲选择信号使多级脉冲产生器（MPG）产生占空比不同的多级控制脉冲，对变换器的开关管（TD）进行多级控制。采用该种控制方法变换器输出电压纹波较小，动态响应好，抗干扰能力力强，适用于各种拓扑结构的变换器。

用于低温等离子过氧化氢消毒杀菌设备的等离子电源

申请号：200710036492.X 公开日：2008-7-23

申请人：杭州朗索医用消毒剂有限公司

发明人：郭其一 吴定梁

摘要：

一种用于低温等离子过氧化氢消毒杀菌设备的等离子电源，涉及电源技术领域，用于解决电源制造复杂、造价高、辐射高、能效低的技术问题。该电源包括：基于 PFC 电路的整流电路；EMC 滤波电路；H 桥逆变电路，包括直流输入单元、PWM 调制技术的 H 逆变单元和触发驱动电路单元；输出及取样电路，连接 H 桥逆变电路，包括输出信号检测单元、变压器耦合输出单元、反射信号检测单元和采样处理电路单元。本发明具有结构简单，造价较低，电磁辐射低，电能利用率高的特点。

一种电源指示、辅助电源启动及电解电容均压电路

申请号：200810068150.0 公开日：2008-11-19

申请人：深圳市麦格米特驱动技术有限公司

发明人：李树白

摘要：

本发明公开了一种电源指示、辅助电源启动及电解电容均压电路，包括整流桥、IGBT 桥臂，三相交流电经整流桥整流后接 IGBT 桥臂的输入端，第一电容（C1）、第二电容（C2）、第三电容（C3），还包括第一电阻（R1）、第二电阻（R2）、第三电阻（R3）、发光二极管（LED）、第一二极管（D4）、第二二极管（D5）。本发明通过功率电阻 R1、R2，小信号电阻 R3，小信号二极管 D4、D5 及发光二极管 LED，实现了铝电解电容均压、电源上电指示及内部辅助电源启动三种功能。电路大大减小了使用的功率电阻数量，只增加了成本较低、体积较小的两个小信号二极管和一个电阻，节省了电路成本和 PCB 电路板面积及布线难度。同时将铝电解电容均压、电源上电指示及内部辅助电源启动三种功能集于一块电路，功耗只有原电路的1/3，较大地提升了整机效率。

过载保护延迟电路及交换式电源供应器

申请号：200710106521.5 公开日：2008-10-1

申请人：泰商泰达电子公司

发明人：提苏马兰·雪勒米凯特 雅各琼哈艾威

摘要：

本发明公开一种用于交换式电源供应器的过载保护延迟电路以及交换式电源供应器，以使交换式电源供应器能够高度准确地检测过载问题。该过载保护延迟电路连接于该交换式电源供应器的光耦合器与脉冲宽度调制器之间，并且包含能量储存装置如电容，以及充电控制器如齐纳二极管。充电控制器用来设定限制值，当交换式电源供应器的反馈信

号达到该限制值时，能量储存装置便可为脉冲宽度调制器的内部电流源充电。通过对能量储存装置进行充电，一个时间延迟可增加至反馈信号使得脉冲宽度调制器能够准确地启动内部的过载保护机构，而不会受到负载瞬变的干扰。

一种启动辅助电源电路

申请号：200810065767.7　**公开日：**2008-8-13
申请人：艾默生网络能源有限公司
发明人：方红莲　杨学峰　张玉明　刘　强
摘要：

本发明公开了一种启动辅助电源电路，包括提供基准电压的稳压电路、与稳压电路连接的电流电路，所述电流电路具有输出端，其特点在于：稳压电路至少包括两个相互串联的稳压管，且设有控制器与其中至少一个稳压管并联，所述控制器可处于短路或开路状态。所述控制器为开关管，开关管的控制输入端接外界电路的保护信号输出，开关管的输出端与所述一个稳压管的两端并联。本发明采用两个以上稳压管串联提供基准电压，在部分稳压管上并联控制器，可以切换整个稳压管电路的基准电压输出值，当外界模块发生保护动作时，将启动辅助电源输出电压降低，减少启动辅助电源需要提供的负载电流，使得元器件功耗降低，散热量减少。

一种直流电源缓启动控制电路

申请号：200810006443.6　**公开日：**2008-8-27
申请人：中兴通信股份有限公司
发明人：谢　戡　谭　建　胡庆涛　王洪来
摘要：

本发明涉及一种直流电源缓启动控制电路，包括串在负 RTN 输入电压端上的晶体开关管 VT1，还包括正 VIN、负 RTN 输入电压端之间的分压电路以及该分压电路分压节点与负 RTN 输入电压端之间的电容 C1，所述晶体开关管 VT1 的控制端与所述分压节点连接。这种电路通过让作为晶体开关管的MOSFET由夹断区经恒流区向欧姆区过渡，等效一由大变小的串联阻抗来抑制冲击电流，达到缓启动的目的，另外，在控制端增加电荷快放电路，在下电后加速 MOSFET 关断，从而能够适应快速频繁插拔的环境。

功率控制方法和电路以及电源装置

申请号：200810009463.9　**公开日：**2008-8-13

申请人：富士通株式会社
发明人：中泽重晶　矢野秀俊　田中重穗　小泽秀清
摘要：

本发明涉及功率控制方法和电路以及电源装置，本发明披露了一种用于控制电源的输出的功率控制电路，其中具有根据输入的温度信息可变地设置最大额定输出的设置部分。

具有突波缓冲电路的电源转换装置

申请号：200610111210.3　**公开日：**2008-2-20
申请人：佳世达科技股份有限公司
发明人：王博文　叶佳翅　黄建锟
摘要：

一种具有低噪声突波缓冲电路的电源转换装置，当电源转换装置在轻载模式下工作时，能够降低噪声，而且处于重载模式下时，能够避免电磁干扰。该电源转换装置包含电压源节点，开关节点，接地节点，变压元件，第三开关元件，第一突波缓冲单元，第一开关单元，第二突波缓冲单元，以及第二开关单元。当处于轻载模式下时，仅第一突波缓冲器用来吸收变压元件所储存的能量，使噪声得以降低；而处于重载模式下时，第一与第二突波缓冲器都被导通，并用来吸收较高的能量，所以电磁干扰的情况得以改善。

升压器电源电路

申请号：200710181649.8　**公开日：**2008-4-23
申请人：恩益禧电子股份有限公司
发明人：田畑贵史
摘要：

一种升压器电源电路包括半导体 IC 和外部电路。半导体 IC 具有：第一电荷泵电路和第二电荷泵电路，其每一个响应于控制信号通过使用电容器来抬升电压；以及选择电路。在第一模式下，选择电路将彼此不同相的第一控制信号和第二控制信号作为控制信号分别输出到第一电荷泵电路和第二电荷泵电路。外部电路提供有第一泵浦电容器和第二泵浦电容器，它们被作为上述电容器分别连接到第一电荷泵电路和第二电荷泵电路。而在第二模式下，选择电路将相同的控制信号作为上述控制信号输出到第一电荷泵电路和第二电荷泵电路。外部电路提供有公共的泵浦电容器，它被作为上述电容器共同连接到第一电荷泵电路和第二电荷泵电路。

改进型振荡器及使用该振荡器的降压电源转换器

申请号：200810115218.6　**公开日**：2008-10-29
申请人：北京中星微电子有限公司
发明人：王 钊　尹 航　田文博
摘要：

本发明公开了一种振荡器，其包括分压电路、充电电阻、电容、比较电路和放电电路。所述分压电路与电源相连，并提供反映电源电压的分压电压。所述电源通过所述充电电阻对所述电容进行充电。所述比较电路比较电容的压降与所述分压电压，在所述电容的压降大于或等于所述分压电压时，所述比较电路输出放电控制信号控制所述放电电路对所述电容进行放电，在所述电容的压降小于所述分压电压时，所述比较电路输出非放电控制信号控制所述放电电路停止对所述电容的放电。这样，所述振荡器生成了幅度与电源电压成正比的振荡信号。

高效双控制回路调节开关电源变换器

申请号：200810108198.X　**公开日**：2008-12-3
申请人：万国半导体股份有限公司
发明人：张之也　张育诚
摘要：

提出了一种高效双控制回路调节开关电源变换器（DSPC），用于将未经调节的 DC 输入变换为至功率负载的经过调节的 DC 输出。该 DSPC 包括：能量存储回路，该能量存储回路具有：功率电感器、功率电容器和功率二极管；PWM 开关功率调节回路，用于将未经调节的 DC 输入变换为经过调节的 DC 输出；功率效率最大化回路，其与功率二极管并联连接。该功率效率最大化回路包括：与功率二极管并联连接的功率分流晶体管和实时控制回路，其响应于通过功率二极管的续流电流，以使较高续流电流导致较高功率分流晶体管的电导的方式来调节功率分流晶体管的电导。

无电解电容的磁集成 VCC 电源模块控制方法

申请号：200810073643.3　**公开日**：2008-10-29
申请人：广东凯乐斯光电科技有限公司
发明人：申莉萌　王希天
摘要：

一种无电解电容的磁集成 VCC 电源模块的控制方法，它是用高频方波脉冲控制电力电子开关的

"通"和"断"，实现多相高频 CUK 开关电源 DC-DC 变换的控制。本发明的有益效果是，采用本技术方案的 VCC 电源模块，因为不使用可靠性最差的电解电容元件，使本模块可靠性大幅度提升，并由于应用高速单片机及磁集成技术，使本模块的性价比，超越传统有电解电容的 VCC 模块。

一种直流-直流开关电源及其输出电压调节方法

申请号：200610112563.5　**公开日**：2008-2-27
申请人：苏州普源精电科技有限公司
发明人：王 悦　王铁军　李维森
摘要：

一种直流-直流开关电源及其输出电压调节方法，包括：电源输入端口与 PWM 控制器和开关单元连接；开关单元串联连接储能单元；储能单元并联至滤波单元组成 LC 滤波电路；滤波单元的另一端连接至电源输出端口和反馈单元，其特征在于，还包括：输出电压控制部；输出电压控制部的输出端连接至反馈单元；电源输入端口输入电源电压至 PWM 控制器；反馈单元，用于提供反馈电压至 PWM 控制器；输出电压控制部，提供用于改变反馈电压的一模拟控制电压；PWM 控制器，根据反馈电压控制 MOS 开关管的断开/闭合频率；开关单元，控制储能单元进行充电/放电，使电源输出端口输出受控的稳定电压；滤波单元，对储能单元输出的电压进行滤波。解决了输出电源电压范围较小的问题。

电源单元控制电路、电源单元及其控制方法

申请号：200710142550.7　**公开日**：2008-3-19
申请人：富士通株式会社
发明人：小泽秀清　长谷川守仁
摘要：

本发明提供了利用从外部电源 15 提供的电功率来控制输出功率的电源单元控制电路 30 和电源单元 10，所述电源单元控制电路 30 和电源单元 10 包括监控部分 40 和设置部分 E1，其中，所述监控部分 40 监控从外部电源 15 输出的电流 I1 和电压以及外部电源 15 的输出功率；所述设置部分 E1 基于监控部分 40 的监控结果来设置从外部电源 15 输出的电流的上限值。

开关电源电路

申请号：200710196314.3　**公开日**：2008-6-4

申请人：三美电机株式会社
发明人：远藤直人 岛仁志

摘要：

本发明提供一种电流谐振型的开关电源电路（11），其具备开关元件（SWH）、和使流经该开关元件的电流谐振的LC谐振电路（LR、CR）。在电流谐振型开关电源电路中，不在电源电路中设置电流的检测电阻或电容器等电路元件，而仅通过简单的电压检测和逻辑动作，便可以实现准确的输出电流检测。所述开关电源电路具备检测电路（20），其根据开关元件（SWH）的动作时刻和所述LC谐振电路的谐振动作中的电压，进行与输出电流量有关的检测。检测电路（20）根据从开关元件（SWH）的导通时刻到LC谐振电路的谐振开始为止的延迟时间，检测电源电路的输出电流量。

快速消除震荡的切换式电源供应器及其控制方法

申请号：200710096539.1 公开日：2008-10-15
申请人：立锜科技股份有限公司
发明人：魏维信 陈安东 龚能辉
摘要：

本发明提出一种快速消除震荡的切换式电源供应器及其控制方法，包含：可变电阻、晶体管与电感器，相互电连接于一共同节点，其中该可变电阻与一输入电压电连接、该晶体管电性接地、该电感器与一输出端电连接，藉此，根据该可变电阻的阻值变化与该晶体管的切换，而将输入电压转换供应给输出端。本发明提供的电路可以使晶体管成为低电流状态，此时晶体管上通过的电流IC可协助使电感电流IL迅速进入稳定状态，消除震荡。

电源控制器及其方法

申请号：200710166811.9 公开日：2008-5-28
申请人：半导体元件工业有限责任公司
发明人：本杰明·M.·赖斯
摘要：

在一个实施例中，电源控制器的误差放大器配置成在电流感测信号经受放大之前接收电流感测信号。

一种直流开关电源控制电路

申请号：200810057856.7 公开日：2008-7-23
申请人：北京中星微电子有限公司
发明人：董贤辉 王钊 尹航 杨喆
摘要：

本发明公开了一种直流开关电源控制电路，包括依次相连的脉宽调制比较器、控制单元和逻辑驱动单元，所述控制单元的第一输入端输入所述脉宽调制比较器的输出方波信号，第二输入端输入最大占空比方波信号；输出端与所述逻辑驱动单元的输入端相连，所述控制单元在输入的脉宽调制比较器输出方波的占空比大于最大占空比时，输出百分百占空比的方波。本发明中通过改进电源控制电路中的控制单元电路，实现了最大占空比到100%占空比的平滑转换，提高了电路的反应速度，减小了电路在最大占空比模式和百分百占空比模式间转换过程中输出电压的纹波，并且电路设计简单，节省了电路改造的成本。

多路稳压隔离式数字DC/DC电源及控制方法

申请号：200810088300.4 公开日：2008-10-1
申请人：深圳航天科技创新研究院
发明人：张东来 冯永 代守仑 张华
摘要：

本发明涉及一种多路稳压隔离式数字DC/DC电源及控制方法。所述DC/DC电源包括：主功率拓扑、隔离变压器、一次侧控制器、二次侧控制器、驱动电路、电压及电流检测通道、反馈及采样通道、一次侧辅助电源、二次侧辅助电源、参数存储器和通信接口。DC/DC电源控制方法中通过一次侧控制器使DC/DC电源以软启动的方式开始工作，并在软启动结束后输出互补带死区的固定占空比控制推挽变换器的主开关部件；二次侧控制器根据预设参数进行配置，根据启动时序设置各路的上电延时，并采用软启动的方式输出各路电压。本发明为一种全数字控制的DC/DC电源，以软件代码代替硬件补偿网络，适应温度范围宽，抗干扰性强，同时可灵活修改电源的控制器参数、上电时序、保护阈值等。

开关式电源电路

申请号：200680009600.8 公开日：2008-3-19
申请人：株式会社冲电源系统
发明人：佐藤秀夫 小林孝弘 高桥宏明
摘要：

一种开关式电源电路，其使用比铁氧体难于磁性饱和的磁性材料作为变压器或抗流圈的磁心，并且适当地保护开关元件。该电路包括：一变压器 20，其具有一由非晶金属磁性材料制成的磁心、一次侧绕组和一次级侧绕组；一开关元件 30，其用于根据推进驱动信号而使电流流过变压器的一次侧绕组；一次侧电流检测电路 40，其用于检测流过一次侧绕组的电流；多个电路元件，其用于对变压器二次侧绕组中产生的电压进行整流和滤波，以产生一输出电压；和一控制电路 70，其用于基于至少一次侧电流检测电路的检测结果而产生驱动信号，并限制在一次侧绕组中电流流动的周期。

用以补偿最大输出功率的电源转换器及 PWM 控制器

申请号： 200810092178.8　**公开日：** 2008-9-3
申请人： 崇贸科技股份有限公司
发明人： 林乾元
摘要：

　　一种用以补偿电源转换器的最大输出功率的 PWM（脉冲宽度调变）控制器，包括 PWM 单元及补偿电路。该 PWM 单元产生 PWM 信号，来控制功率开关开闭功率变压器，该功率变压器包括连接功率开关的一次线圈，该电源转换器的输入电压供给该一次线圈，该 PWM 信号的脉冲宽度与输入电压的振幅具有关联性。该补偿电路依据该 PWM 信号，通过推高电流感应装置根据上述功率变压器的一次侧交换电流而产生的电流感应信号的峰值，而产生电流升压信号，且通过该 PWM 信号的脉冲宽度来调节该电流升压信号的峰值，从而补偿输入电压振幅所造成的最大输出功率的差值。

用于高压电源电路的方法和装置

申请号： 200710146426.8　**公开日：** 2008-1-16
申请人： 电力集成公司
发明人： D·M·H·马休斯
摘要：

　　公开了一种高压供电方法和装置。根据本发明的装置包括电源电路，它具有连接到电源电路的输入端的整流电路，用于接收 AC 输入电压。开关型电源变换器电路连接到整流电路用于接收整流后的输入电压，以响应整流后的输入电压而产生调节的输出电压。开关连接在整流电路和开关型电源变换器电路之间。感测电路用于检测 AC 输入电压。开关响应感测电路进行切换。当 AC 输入电压的绝对值超出第一阈值时开关关断。当 AC 输入电压的绝对值低于第二阈值时开关接通。

用于并联式电源供应器的功率分享的切换控制器

申请号： 200710136048.5　**公开日：** 2008-8-20
申请人： 崇贸科技股份有限公司
发明人： 杨大勇
摘要：

　　一种用于电源供应器的功率分享的切换控制器，其包含输入电路、第一积分电路及控制电路。其中，该输入电路耦接于输入端，用来接收输入信号，以产生相移信号。该第一积分电路耦接于该输入电路，用来响应该输入信号的脉冲宽度而产生第一积分信号。该控制电路耦接于该第一积分电路，用来产生切换该电源供应器的切换信号。该切换信号响应该相移信号而使能，而该切换信号的脉冲宽度决定于该第一积分信号。

同步调整电源转换器及同步调整电路

申请号： 200810099997.5　**公开日：** 2008-10-1
申请人： 崇贸科技股份有限公司
发明人： 杨大勇
摘要：

　　一种同步调整电源转换器。二次侧切换电路耦接电源转换器的输出端，用以根据反馈信号产生脉冲信号及同步信号。隔离装置耦接二次侧电路，用以将同步信号由电源转换器的二次侧传送至该电源转换器的一次侧。一次侧切换电路根据同步信号来产生多个切换信号以切换变压器的一次侧线圈。同步开关具有电源开关组以及控制电路。电源开关组由变压器的二次侧线圈耦接至电源转换器的输出端，且接收脉冲信号以根据脉冲信号的极性来导通或关闭电源开关组。反馈信号与电源转换器的输出端相关联，且脉冲信号是产生用来校正及调整电源转换器。

具有用于补偿最大输出功率的脉冲宽度调制控制器的电源转换器

申请号： 200810092177.3　**公开日：** 2008-8-27
申请人： 崇贸科技股份有限公司
发明人： 黄伟轩　林乾元　薛正祺
摘要：

　　一种 PWM（脉冲宽度调制）控制器，用于补偿具有功率开关的电源转换器的最大输出功率，该 PWM 控制器包括：振荡器，用于产生锯齿波信号及脉冲信号；功率限制器，连接该振荡器以限制该锯齿波信号而产生锯齿波限制信号；以及 PWM 单元，连接该功率限制器及该振荡器以根据该锯齿波限制信号及该脉冲信号而产生 PWM 信号，从而以控制上述功率开关。输出电压产生之前，锯齿波限制信号于一段时间内保持平坦电平，此后转换为锯齿波限制波形。

自振荡式电源转换器

申请号：200710141891.2 公开日：2008-8-27
申请人：立德电子股份有限公司
发明人：芮妮·弗雷德利克·寇禾

摘要：

　　本发明提供一种推挽型的自振荡式电源转换器，包含有一主变压器及一电流驱动变压器，两变压器的一次侧及二次侧分别对应串接，并使流经两二次侧的电流得以回授至该电流驱动变压器的一次侧而产生一驱动电流以提供给两位于一次侧的切换开关，其中，该驱动电流与该主变压器的二次侧的电流成比例。

适用于返驰式电源转换器的主动箝位电路

申请号：200710026814.2 公开日：2008-8-13
申请人：佛山市顺德区顺达电脑厂有限公司 神基科技股份有限公司
发明人：熊大嵩

摘要：

　　本发明是揭示一种适用于返驰式电源转换器的主动箝位电路。此返驰式电源转换器具有一第一侧以及一第二侧，第一侧是以一第一线圈绕组及一开关串接方式所组成；第二侧是具有一第二线圈绕组、一主动箝位电路（ACTIVE CLAMP）、一开关晶体管（MOS）及一电阻，其中此主动箝位电路至少是由一第三线圈绕组、两二极管及一电容所组成。至此，于开关晶体管不导通（TURN-OFF）状态时，此主动箝位电路的两二极管能嵌制开关晶体管的汲极（DRIAN）和源极（SOURCE）上的跨电压（VDS），使跨电压上升较为缓慢不至产生电压突波（SPIKE）的现象。

电源转换器的提供补偿的电路与方法

申请号：200710105476.1 公开日：2008-6-25
申请人：崇贸科技股份有限公司
发明人：杨大勇

摘要：

　　本发明有关于一种电源转换器的提供补偿的电路与方法，其一电流感测电路接收一切换电流以产生一电流信号。一信号产生电路产生一第一补偿信号与一第二补偿信号以调整电流信号，第一补偿信号调整电流信号以限制电源转换器的输出功率，第二补偿信号调整电流信号以达成斜率补偿。第一补偿信号的斜率在功率晶体管导通时而递减，第二补偿信号的斜率则在功率晶体管导通时而递增。

二次侧控制电源转换器

申请号：200710009342.X 公开日：2008-2-20
申请人：周重甫
发明人：周重甫

摘要：

　　本发明为一种二次侧控制电源转换器，包含一输入电路，并至少具一开关元件；一变压器的一次侧绕组连接前述开关元件，并其电压变化可改变开关元件开、关状态，并具二次侧绕组；一输出电路连接变压器二次侧绕组，并具输出端，又于输出电路设置控制器，而且该控制器可感测输出电压，并对应感测输出电压变化回授至变压器一次侧绕组，使得变压器的一次侧绕组可对应动作控制开关元件作 PWM 或 PFM 开关动作以控制输出电压。

侦测电源转换器的输入电压的电路与方法

申请号：200710123360.0 公开日：2008-4-9
申请人：崇贸科技股份有限公司
发明人：杨大勇 林乾元

摘要：

　　本发明是有关于一种侦测电源转换器的输入电压的电路与方法，其包含一电流感测电路，用于依据一电感装置的一切换电流产生一电流信号；一侦测电路用以感测电流信号，并依据电流信号的斜率产生一斜率信号；一信号产生电路用于依据斜率信号产生一输入电压信号，输入电压信号的准位关联于电源转换器的输入电压。

电源转换器的控制电路及其方法

申请号：200710123359.8 公开日：2008-4-9
申请人：崇贸科技股份有限公司
发明人：杨大勇 林乾元

摘要：

　　本发明是有关于一种电源转换器的控制电路及

其方法，其包含一电流感测电路依据变压器的一切换电流而产生一电流信号；一侦测电路依据电流信号的一斜率，感测电流信号以产生一斜率信号；一保护电路依据斜率信号，控制切换信号，斜率信号的准位关联于电源转换器的输入电压。

可调多用电源

申请号：200810107139.0　公开日：2008-12-3

申请人：章祖文

发明人：章祖文

摘要：

本发明公开了一种可调多用电源，它包括电容调压电路、辅助电源电路、反相开关信号产生电路、整流滤波电路和报警电路，特征是还包括晶闸管调压电路、晶体管调压电路、反相开关信号放大电路、反相开关电路、变频变压器负载电路、自适应滤波电路、依次降压自适应调压电路、直流电压电流合成电路、直流输出电压电流取样电路、取样信号放大电路和放大取样信号控制电路。本发明还包括直流过电压过流报警电路。本发明把可调交流电源设计为电容调压电路、晶闸管调压电路、晶体管调压电路的并联电路，使得晶闸管调压电路的非正弦特性能得到补正，而同时又发挥大功率的特点。本发明具有输入输出电压均连续可调、功率大、波形良好的优点。

高压变频器功率单元的外部供电控制电源

申请号：200710098828.5　公开日：2008-10-29

申请人：北京合康亿盛科技有限公司

发明人：杜心林　李永盼

摘要：

本发明涉及一种控制电源，特别是一种高压变频器功率单元的外部供电控制电源，该控制电源的输出对应连接各功率单元，其包括：电源、多个升压隔离变压器以及连接多个升压隔离变压器输出端的整流稳压电路，其特征在于：所述电源为直流电源，所述直流电源与多个升压隔离变压器之间设有高频逆变电路，所述直流电源的输出连接所述高频逆变电路的直流输入端，所述高频逆变电路的高频交流输出端接所述多个升压隔离变压器一次绕组的串联电路。本发明不仅容易保证各功率单元控制电源的高压隔离，而且使控制电源由功率单元的外部提供，提高了功率单元的控制可靠性，也便于进行系统调试。

电源中的多功能的端子

申请号：200680017349.X　公开日：2008-7-23

申请人：美国快捷半导体有限公司

发明人：J·崔　E-S·金

摘要：

集成电路（IC）装置包括可用于执行第一功能的第一功能电路以及可用于执行第二功能的第二功能电路。提供一种多功能端子。电压感测电路耦合到多功能端子，用于感测多功能端子上的电压。如果感测电压高于预定电平，则激活第一功能电路以执行第一功能。如果感测电压低于预定电平，则激活第二功能电路以执行第二功能。

组合式电源适配器

申请号：200710300588.2　公开日：2008-8-27

申请人：英飞特电子（杭州）有限公司

发明人：华桂潮

摘要：

本发明涉及一种电源装置，旨在提供一种组合式电源适配器。该组合式电源适配器，包括电源输入端子、AC-DC变换模块、DC-DC变换模块和输出端子，AC-DC变换模块和DC-DC变换模块分别独立封装，电源输入端子、AC-DC变换模块、DC-DC变换模块和输出端子通过导线依次相连。本发明中电源DC-DC变换模块输出引线的缩短，使线上损耗降低，电源效率得到提高。且由于线上压降小，输出调整性能较好。电源AC-DC变换模块输出电流的减小，相应可以降低对连接导线线径的要求，使线体积和重量减小，便于携带，且成本相对较低，拆卸容易，组装灵活，使用方便。

电容降压 AC-DC 开关电源

申请号：200710156313.6　公开日：2008-3-12

申请人：葛铮

发明人：葛铮

摘要：

一种电容降压 AC-DC 开关电源，包括 4 个整流二极管（D1、D2、D3、D4）、第一分压电容（C1）、第二分压电容（C2）、第三分压电容（C3）、第四分压电容（C4）、控制器（1）、第一隔离二极管（D6）、第二隔离二极管（D8）、第一接地二极管（D5）、第二接地二极管（D7）、第一放电开关管（Q1）和第二放电开关管（Q2），4 个分压电容分成两组，每组分压电容在正半周充电后，进入负半周时，由控制器控制，通过接地二极管和放电开关管的连接，互相并联共同对负载放电，使各分压电容上的电能得到充分利用，并且使电源能提供较大的直流输出电流，还起到了在线自然隔离的作用。

双晶正激有源钳位开关电源

申请号：200810066287.2 公开日：2008-12-17

申请人：刘小荷 余朝波

发明人：刘小荷

摘要：

本发明一种双晶正激有源钳位开关电源，包括一次侧部分，变压器和二次侧部分，其中一次侧部分包括第一主开关管、钳位开关管、钳位电容以及第二主开关管，所述的该第二主开关管的 D 极与输入电源相连，S 极与变压器一次侧绕组的同名端相连，第一主开关管的 D 极与变压器一次侧绕组的异名端相连，S 极与输入地相连，钳位电容一端与变压器的同名端相连，另一端与钳位开关管的 D 极相连，钳位开关管的 S 极与变压器的异名端相连。

有 PFC 电路的在线隔离式 AC/DC 电源

申请号：200710156461.8 公开日：2008-6-18

申请人：葛铮

发明人：葛铮 葛军华 张强

摘要：

一种有 PFC 电路的在线隔离式 AC/DC 电源，包括整流桥、第一充电电容（C6）、第一开关管（Q1）、输出二极管（D5）、输出电感（L4）、输出电容（C8）、PWM 控制器（U1）、储能电感（L3）、第一隔离二极管（D1）、第二开关管（Q2）、输出回路电流采样电阻（R8）和 PFC 控制器（U2）。PFC 控制器（U2）的一个控制信号输出端与 PWM 控制器（U1）的脉宽控制输入端相连，PWM 控制器输出的调制脉冲落在 PFC 控制器输出的脉冲内，控制第一开关管与第二开关管同步导通和截止，从而在进行输出电压的调控和功率因数校准的同时，实现了电源的输入端与输出端的在线隔离。

电源逆变装置

申请号：200710092922.X 公开日：2008-6-18

申请人：江苏神驰机电有限公司

发明人：艾纯 甘性华

摘要：

本发明公开了一种电源逆变装置，其逆变电路5

输出端输出逆变电给滤波电路6，滤波电路6输出正弦电压，其特征在于：PIC 微电脑控制器 MCU 的经光隔离驱动器 11 连接逆变电路 5 的控制端；光隔离驱动器 11 为光耦隔离，所述逆变电路 5 为 IGBT 逆变 H 桥，该 IGBT 逆变 H 桥的输出端连接滤波电路6。其有益效果是：可以根据不同地区，调节相应的工作频率，使发电机工作在最佳效率状态，同时，降低了发电机正弦波形的畸变率，还节约了电源的占用空间，降低了成本。

逆变电源输出电流控制方法

申请号：200710049190.6 公开日：2008-12-3

申请人：四川省临景软件开发有限责任公司

发明人：张新忠 陈建春

摘要：

本发明涉及电源技术，特别涉及逆变电源电流控制技术。本发明公开了一种逆变电源输出电流控制方法，以提高电源效率，降低控制装置成本。本发明的技术方案是，逆变电源输出电流控制方法，包括以下步骤：A. 检测输出电流的大小；B. 当输出电流大于设定值时，根据逆变电桥当前工作模式按如下顺序改变逆变电桥工作模式：全桥模式→半桥模式→衰减模式；C. 当输出电流小于设定值时，根据逆变电桥当前工作模式按如下顺序改变逆变电桥工作模式：衰减模式→半桥模式→全桥模式。本发明的有益效果是，采用简单的控制装置即可实现，降低了控制装置成本，提高了电源效率，可以不改变输出电流频率，适用范围广。

一种多路输出电源

申请号：200710001900.8 公开日：2008-8-13

申请人：艾默生网络能源系统北美公司

发明人：吴连日

摘要：

本发明公开了一种多路输出电源，包括具有至少两个输出路的变压器、电源控制模块和电压检测比较模块，所述至少两个输出路包括主输出路和辅输出路，所述电源控制模块的输出端通过开关管与变压器的输入端相连，所述电压检测比较模块的输出端与电源控制模块的输入端相连；还包括互感器，所述互感器包括与电压检测比较模块的一个输入端相连的检测绕组和串联在至少两个输出路上的输出路绕组。本发明电路极其简单，不用基准源、比较器等复杂电路，不用加入电阻等会带来损耗的器件。

本发明既能同时对多路输出进行过电流或短路保护，也可以同时对主输出路和所有辅输出路输出进行过电流保护。

用于两个直流电源的逆变器以及用于运行该逆变器的方法

申请号：200680036250.4　公开日：2008-10-1

申请人：奥地利西门子公司

发明人：H·施韦格特

摘要：

本发明涉及一种用于将来自具有共同的参考电位（0）的第一和第二直流电源的电能馈入到交流网络中的逆变器，其中逆变器在输出侧与交流网络的导线（L1 网络）和中性导线（N 网络）相连接，并且其中第一直流电源具有相对于参考电位（0）的正电位（1），第二直流电源具有相对于参考电位（0）的负电位（2），两个直流电源的参考电位（0）与中性导线（N 网络）相连接，逆变器包括第一降压转换器，正电位（1）利用该第一降压转换器被连接到交流网络的导线（L1 网络）上，并且逆变器包括第二降压转换器，负电位（2）利用该第二降压转换器被连接到交流网络的导线（L1 网络）上。该装置将必需的部件降低到最少，由此最小化损耗功率并且提高效率。

便携式太阳多功能电源装置及其生产方法

申请号：200810018899.4　公开日：2008-8-6

申请人：浚鑫科技股份有限公司

发明人：仲波涛

摘要：

本发明涉及太阳电池的制造技术，具体地说是一种便携式太阳能多功能电源装置及其生产方法。按照本发明提供的技术方案，所述便携式太阳能多功能电源装置包括相互连接的太阳能光伏组件与蓄电池组，其特征是：所述光伏组件包括铺设在带孔有机玻璃面板上的 EVA 胶膜，在 EVA 胶膜上有晶体硅电池组，再在晶体硅电池组上铺设 EVA 胶膜，最后在 EVA 胶膜上铺设透明背板；在光伏组件上根据光照及颜色要求焊接可调节 LED 光源和智能充放电控制器的引线以及外接电源连接器的引线，在智能充放电控制器的引线上连接智能充放电控制器。本便携式太阳能多功能电源装置主要体现在重量轻、体积小、携带方便等，无需常规充电可直接利用内置太阳电池补充电能。

电源系统

申请号：200680013269.7　公开日：2008-4-16

申请人：NXP 股份有限公司

发明人：皮埃特·G·布兰肯

摘要：

一种电源系统，包括线性放大器（LA）和 DC-DC 转换器（CO）的并联设置。线性放大器（LA）的输出与负载（LO）直接连接，以向负载（LO）提供第一电流（I1）。DC-DC 转换器（CO）的转换器输出与负载（LO）连接，用于向负载（LO）提供第二电流（I2）。线性放大器（LA）包括：第一放大器级（OS1），用于提供第一电流（I1）；以及第二放大器级（OS2），用于提供与第一电流（I1）成比例的第三电流（I3），第一放大器级（OS1）和第二放大器级（OS2）具有匹配的组件。DC-DC 转换器（CO）还包括控制器（CON），所述控制器（CON）具有用于接收由第三电流（I3）产生的电压的控制输入，以控制使第一电流（I1）的 DC 分量最小化的第二电流（I2）。

可变增益放大器以及使用其的交流电源装置

申请号：200680025993.1　公开日：2008-7-16

申请人：松下电器产业株式会社

发明人：中村政富美

摘要：

可变增益放大器具备与电源连接的第 1 和第 2 电源端子、跨导放大器、第 1 和第 2PN 结元件、电压降元件、第 1 和第 2 电阻、电流发生晶体管和电流镜。跨导放大器输出与第 1 初级晶体管基极和第 2 初级晶体管基极之间的电位差相应的电流。第 1 和第 2 初级晶体管的发射极通过连接点相互连接。第 1 和第 2PN 结元件分别具有与第 1 初级晶体管基极连接的第 1 端和第 2 端。第 1PN 结元件的第 2 端与第 2PN 结元件的第 2 端连接。电压降元件连接于第 1PN 结元件的第 2 端和第 1 电源端子之间。第 1 电阻连接于第 2 初级晶体管基极与作为电压源的第 1 输入信号源之间。电流发生晶体管具有与第 1 初级晶体管基极连接的集电极和与第 1 输入信号源连接的基极。第 2 电阻连接于电流发生晶体管的发射极和第 2 电源端子之间。电流镜与连接点连接，且使与从作为电流源的第 2 输入信号源流出的电流相同的电流通过该连接点。该可变增益放大器不会产生非线性失真，且能够制成小尺寸。

一种直流电源上电缓启动电路

申请号：200810093709.5　公开日：2008-12-17
申请人：中兴通信股份有限公司
发明人：李　璞

摘要：

　　本发明提供了一种直流电源上电缓启动电路，包括：电阻 R1、R2，电容 C1 和晶体管 VT1，电阻 R1、R2 串接于第一节点和第二节点之间，电容 C1 一端连于串接电阻 R1、R2 的中间，另一端接晶体管 VT1 的源极，还包括：一稳压二极管 VD1 和一电阻 R4，所述稳压二极管 VD1 一端连接在电阻 R1、R2 的中间，另一端接晶体管 VT1 的源极，所述电阻 R4 一端连于电阻 R1、R2 的中间、一端连于晶体管 VT1 的栅极，晶体管 VT1 的源极接第一节点，漏极接后级电源模块。本发明提出的缓启动电路解决了 MOS 管易损坏、后级电源出现打嗝现象以及电路可靠性不稳定等问题。

使用低压晶体管的高压电源开关

申请号：200680046011.7　公开日：2008-12-17
申请人：NXP 股份有限公司
发明人：王振华

摘要：

　　一种具有第一和第二电源开关的开关调节器。第一电源开关具有至少两个串联晶体管，晶体管的端子之间具有小于调节器的输入电压的第一最大电压。晶体管在连接晶体管的位置处至少具有第一节点，第一控制电路控制第一节点处的电压，使第一电源开关的晶体管的端子之间的电压不超过第一最大电压。第二电源开关也具有至少两个串联晶体管，晶体管端子之间具有小于输入电压的最大电压。晶体管在连接晶体管的位置处至少具有第二节点，第二控制电路控制第二节点处的电压，使第二电源开关的晶体管的端子之间的电压不超过第二最大电压。

一种应用于多电源系智能卡芯片中的上电系统结构

申请号：200710117996.4　公开日：2008-12-31
申请人：北京中电华大电子设计有限责任公司
发明人：马纪丰　周建锁

摘要：

　　本发明是一种应用于多电源系智能卡芯片中的上电系统结构。本结构依据逐步稳定的原则，对芯片系统中多个电源系电路进行控制，从外部电源上电开始，逐步使能，在前一级电路模块工作稳定之后才让后一级电路模块开始工作，通过本结构保证智能卡在上电时内部电路模块有序上电并稳定可靠启动。

电源缓启动装置

申请号：200710129615.4　公开日：2008-1-30
申请人：中兴通信股份有限公司
发明人：赵刚锋　齐　建

摘要：

　　本发明公开了一种电源缓启动装置，包括：功率场效应晶体管，连接在线性电流控制单元、电流检测单元、以及负载单元之间，用于控制流过负载单元的电流的大小；线性电流控制单元，连接在功率场效应晶体管、电流检测单元、以及装置输入端之间，用于根据电流检测单元的检测结果，对功率场效应晶体管的栅——源电压进行调节；以及电流检测单元，连接在功率场效应晶体管、线性电流控制单元以及负载单元之间，用于检测流过负载单元的电流的大小。本发明可以在负载上电过程中将负载电流与输入控制电压之间的关系控制成严格的线性关系，并且可以通过对输入控制电压编程，实现复杂的负载电流缓启动控制。

组合式功率开关及具有这种开关的电源装置

申请号：200610126293.3　公开日：2008-3-12
申请人：任文华
发明人：任文华

摘要：

　　本发明涉及一种组合式功率开关及具有这种开关的电源装置。一种组合式功率开关，包括：功率 MOSFET（S）；与功率 MOSFET 串联的第一开关二极管（D1）；与由功率 MOSFET 和第一开关二极管所组成的串联电路进行并联的第二开关二极管（D2）；其特征在于，在第一开关二极管（D1）上还并联有电容器（C1）。以及一种电源装置，其特征在于，包含有至少一个组合式功率开关。本发明的装置能高速、可靠地运行，可采用软开关方式来减少其损耗、提高其效率，适合作为中、大功率的开关和电源装置使用。

电源切换电路

申请号：200710108436.2　公开日：2008-12-17
申请人：旺宏电子股份有限公司
发明人：许哲豪　梁甫年

摘要：

本发明公开了一种电源切换电路，包括电平转换器、第一反相器、第二反相器及输出电路。电平转换器根据一控制信号输出第一输出信号及第二输出信号。第一反相器根据第一输出信号输出第一反相输出信号，且第二反相器根据第二输出信号输出第二反相输出信号。其中，第一反相输出信号与第二反相输出信号互不重叠。输出电路根据第一反相输出信号及第二反相输出信号选择性地输出第一电压位准或第二电压位准。利用本发明，由于电平转换器经第一反相器及第二反相器耦接至输出电路，能够提供输出电路互不重叠的第一反相输出信号及第二反相输出信号，进而避免了瞬时电流的产生，并减少了电源切换电路的功率消耗。

具有开关选通门电路电平变换器的可编程多电源区

申请号：200710170163.4　**公开日**：2008-5-7

申请人：阿尔特拉公司

发明人：V·山特卡　R·施路威迪拉　H·易

摘要：

提供了一种适应在相应电压电平下工作的逻辑块之间传送的信号的电平变换结构。所述结构包括在所述逻辑块之间串联连接的选通门电路。可选门电路电压电源给所述选通门电路中的一个门极供电。所述可选门电路电压电源基于配置随机存取存储器（CRAM）设置选自多个电压。在一个实施例中，半锁存器连接至所述选通门电路中的一个门电路。在此实施例中，所述半锁存器是使一个所述逻辑块中逻辑元件的功率泄漏最小化的反馈回路的一部分。还提供了一种控制功率损耗并在集成电路的各区之间提供电压电平变换的方法。

超声波电源中频率跟踪电路结构

申请号：200710134516.5　**公开日**：2008-3-19

申请人：南通普拉尼克机电制造有限公司

发明人：李 英　汪 航

摘要：

本发明涉及一种超声波电源中频率跟踪电路结构，具体地说是用于超声波筛分、超声波塑料焊接、超声波金属焊接，超声加工等功率超声的应用领域。包括电流互感器、光耦电压取样电路、第一、第二带通滤波电路及第一、第二比较整形电路，第一分频电路输出端与相位检测电路输入端连接；第二分频电路输出端与相位检测电路输入端连接；相位检测电路输出端依次连接低通滤波电路、电压电流转换电路及压控振荡频率控制电路。本发明采用分频电路，工作在谐振频率时，换能器回路的电压和电流处于同相状态，从而达到频率自动跟踪的目的。

光探测器电源控制方法、控制模块、光接收装置

申请号：200710029759.2　**公开日**：2008-1-23

申请人：华为技术有限公司

发明人：张乃胜　吴双起　苏长征

摘要：

本发明公开了一种光探测器电源控制方法，该方法可提供第一控制信号、第二控制信号，并对该第一控制信号、第二控制信号进行逻辑运算得到总控制信号，当总控制信号指示切断光探测器电源时，则切断光探测器电源，当总控制信号指示接通光探测器电源时进行对应处理，从而避免在输入强光时烧毁光探测器。另外，本发明还公开了一种控制模块及光接收装置。采用本发明，可对光接收装置实现及时保护，且简单易行。

使能远程电源状态控制的方法和系统

申请号：200710186734.3　**公开日**：2008-7-16

申请人：国际商业机器公司

发明人：詹姆斯·J·博泽克　马科托·奥诺　爱德华·S·萨弗恩

摘要：

描述了用于从远程桌面环境控制 ClientBladeTM 的不同电源状态的方法。允许远程用户经由具有操作系统或不带有操作系统的瘦客户机（或解压程序块）的远程客户机控制 ClientBladeTM 的不同电源状态。在准予对 BladeCenterTM 环境中的管理模块的访问之前要求远程用户的管理认证，以激活对 ClientBladeTM 的电源状态的改变。

用于依赖通信模式/协议的 LNB 电源输出的自适应阻抗

申请号：200580051616.0　**公开日**：2008-9-17

申请人：汤姆逊许可证公司

发明人：约翰·詹姆斯·菲特茨帕特里克

摘要：

一种用于在卫星接收系统中选择天线配置的方法，该方法包括：通过利用第一模式的操作或者第

二模式的操作来选择天线配置，并且当利用第二模式时适应性地控制电容器来调节信号，当利用第一模式时去除所述电容器的影响。其中，在第一模式中实施频率的频移键控（"FSK"），在第二模式中实施 DC 电平。

电源电路及显示装置

申请号：200810088545.7　公开日：2008-10-1

申请人：爱普生映像元器件有限公司

发明人：堀端浩行

摘要：

电源电路及显示装置。本发明的目的是在电荷泵方式的电源电路中抑制时钟频率反转时所产生的不必要的直通电流，且抑制输出电位的不足、消耗电力的增加。本发明的电源电路是为了抑制时钟频率反转时的过渡性直通电流（I1、I2），并且抑制输出电位的降低，而以配线（14）的电阻值（R4）＞配线（11）的电阻值（R1）、配线（14）的电阻值（R4）＞配线（12）的电阻值（R2）的方式设定电阻值（R1、R2、R4）。通过减小电阻值（R1、R2），可使时钟频率反转所致的电位的反转急速进行，可抑制直通电流（I1、I2）。此外，通过将电阻值（R4）设定为比电阻值（R1、R2）大，可抑制直通电流（I1），且抑制输出电位的降低。

一种用于 LED 调光的电源装置

申请号：200710124056.8　公开日：2008-6-18

申请人：深圳市众明半导体照明有限公司

发明人：薛信燊

摘要：

本发明涉及一种用于 LED 调光的电源装置，其特征在于，包括晶闸管调光器和与晶闸管调光器串接的电源。所述的电源包括用于将经过晶闸管调节器变换后的电压变成直流电压的输入保险装置和整流器，整流后的高压端经变压器一次侧接在开关晶体管的集电极上，开关晶体管的发射极接功率限制电阻及负反馈系统，开关晶体管的基极接两个启动电阻及正反馈系统，变压器一次侧依次接变压器二次侧，二次侧整流滤波及 LED 负载。本发明实现了用晶闸管调光器对 LED 进行亮度调节的功能，解决了现有技术中 LED 驱动电源不能用晶闸管调光器调光的技术难题，使人们可根据需要随意地调节 LED 灯的亮度，既方便了人们的生活又有效地节约了能源。

LED 驱动电源

申请号：200710037934.2　公开日：2008-9-10

申请人：宁波安迪光电科技有限公司

发明人：刘学勇　叶东明

摘要：

本发明公开了一种 LED 驱动电源，包括：一电源输入端、整流滤波单元、电压变换单元、输出单元、开关单元、PFC 控制单元和恒压定电流控制单元。所述恒压定电流控制单元包括一恒压单元和一定电流单元，所述恒压单元和定电流单元分别采集输出单元的信号并产生反馈信号给 PFC 控制单元。所述 PFC 控制单元根据所述反馈信号调整控制信号，控制所述开关单元周期性导通和关断，以调整开关单元导通和关断的周期，从而调整电压变换单元的输出，实现对输出的精确调整并提高了功率因数。

具有电源监视电路的调光器

申请号：200680016022.0　公开日：2008-4-30

申请人：路创电子公司

发明人：S·德容格　K·鲁西凯什

摘要：

一种用于交流（AC）电压源（102）的照明负载（104）控制的两线调光器，该调光器包括半导体开关（110、112）、电源（102）和控制电路（114）。所述电源（102）包括仅当半导体开关不导通时能够充电的能量存储输入电容。所述控制电路（114）连续监视所述输入电容的电压并且当电压降低到不能保证电源的适当操作的电平时，自动减少半导体开关的最大允许导通时间。本发明的调光器在能够保证电源和调光器的适当操作的足够充电时间的同时，在高端（即最大光强度）提供半导体开关的最大可能导通时间。

用于驱动 LED 的单级数字电源转换器

申请号：200680017477.4　公开日：2008-6-11

申请人：美国快捷半导体有限公司

发明人：I-H·吴　M·拉亚巴里

摘要：

本发明提供了一种单级电源转换器，用于驱动多个发光二极管（LED）。该电源转换器将 AC 输入电压转换成 DC 电流源并调节流到 LED 中的电流。此外，控制 AC 输入电流使之具有与 AC 输入电压同步的正弦波形，使得 AC 输入功率因数得到校正。因此，使用单个电源转换级同时获得了功率因数校正

（PFC）和 LED 电流调节，能够以低成本获得更高效率。

具单一晶体管的冷阴极萤光灯管电源转换器

申请号：200710154247.9　公开日：2008-3-19

申请人：奇景光电股份有限公司

发明人：白双喜　谢秀娜　张书铭

摘要：

一种具单一晶体管的冷阴极萤光灯管电源转换器，用以将直流电压转换为交流电压以供发光源使用，并包含驱动电路、开关、变压器以及电容。开关具有用以耦接于驱动电路的控制端，以及用以耦接于接地电压的接地端。变压器具有一次侧以及二次侧，其中一次侧上的线圈耦接于直流电压以及开关的信号端之间，使得交流电压产生于二次侧。电容则是耦接于开关的接地端以及信号端之间。

一种波长定标用低压光谱汞灯启辉点燃电源

申请号：200810056091.5　公开日：2008-7-9

申请人：中国科学院空间科学与应用研究中心

发明人：陈济　王英鉴　王咏梅　张仲谋
　　　　吕建工　王永松

摘要：

本发明提供一种波长定标用低压光谱汞灯启辉点燃电源，包括启辉高压电路、汞灯、点燃高压电路和调整管；所述启辉高压电路和调整管的集电极连接在所述汞灯的一端，所述点燃高压电路连接在所述汞灯的另一端，所述启辉高压电路与汞灯之间接有限流电阻，所述限流电阻与调整管的集电极之间接有保护电路。本发明采用低压直流电源供电，能够按要求自动点燃和关闭，无需使用耐高压触发开关和大容量高压电容，工作可靠。低压-高压转换采用脉宽调制器和高频脉冲变压器，变换效率高、且减小了低压光谱汞灯启辉点燃电路的体积和重量。低压光谱汞灯光强输出稳定，并可实时监测低压光谱汞灯点燃工作情况。

冷阴极管的电源供应系统与灯管的启动方法

申请号：200610109815.9　公开日：2008-2-20

申请人：明基电通股份有限公司

发明人：黄崇荣

摘要：

一种冷阴极管的电源供应系统包括亮度控制单元、亮度调整单元、控制电路与电压转换器。亮度控制单元用以接收点灯信号，并在预定时段之内，输出第一亮度信号。亮度调整单元可根据使用者的输入而输出第二亮度信号。控制电路根据第一亮度信号与第二亮度信号来输出功率控制信号。电压转换器根据功率控制信号输出交流电压以驱动灯管。其中，在预定时段内，控制电路根据第一亮度信号来输出功率控制信号；在预定时段之后，控制电路根据第二亮度信号来输出功率控制信号。

用于液晶显示背光的电源电路及其方法

申请号：200710198543.9　公开日：2008-6-18

申请人：美国凹凸微系有限公司

发明人：许育彰

摘要：

本发明提供了一种用于 LCD 背光的电源电路及其方法。该电源电路包括一个电源总线、一个升压变换器、一个降压变换器和一个控制器。电源总线给负载供电。升压变换器和降压变换器分别连接到电源总线用于存储来自电源线的能量和释放能量给负载。控制器连接到升压变换器和降压变换器，根据脉宽调制信号交替使能两者。

一种磁控管驱动电源及控制方法

申请号：200610062595.9　公开日：2008-1-16

申请人：阮世良

发明人：阮世良

摘要：

本发明公开了一种磁控管驱动电源及其控制方法，电源包括电源端、与电源端相连接的高压电路，对高压电路进行控制驱动的第一逻辑控制电路，还包括灯丝电路，其输入与所述电源端相连接，并包括对灯丝电路进行控制驱动的第二逻辑控制电路。其方法为：对于高压功率部分，采用变频控制，通过开关频率的调节对输入功率进行调节，通过电压前馈，保证输入电源电压变化时输出功率大致稳定；对于所述灯丝电路中，采用半桥电路或单管电路，半桥电路一个开关管开通时间固定，另一只开关管开通时间随反馈进行变化；单管电路开关管关断时间由主电路决定，开通时间由反馈进行控制。本发明采用灯丝电路和高压电路分开的方案，对磁控管有很强的适应能力。

磁控管驱动电源

申请号：200680018278.5　公开日：2008-5-21

申请人：松下电器产业株式会社

发明人：酒井伸一　城川信夫　末永治雄
　　　　守屋英明

摘要：

允许稳定的逆变器操作并且具有高开发效率的磁控管驱动电源。可以最小化开关元件（12）的发射极端子电动势（121）和整流元件（1）的负端子电动势（101）之间的差异，并且实现稳定的开关和异常电压检测。具有 100～120V 的额定电压范围和具有 200～240V 的额定电压范围的磁控管驱动电源的元件的布置，具体地说，共用接地连接位置（41）和丝极输出位置（42），从而因为例如底盘标准化所以提供具有高开发效率的并且可以对电源电压最适应的磁控管驱动电源。

气体放电源，特别是 EUV 辐射

申请号：200680017282.X　公开日：2008-5-14

申请人：皇家飞利浦电子股份有限公司

发明人：J·W·内夫　R·普鲁默

摘要：

本发明涉及一种气体放电源，特别是涉及 EUV 辐射和/或软 X 射线辐射，其中，在真空腔体（2）中，可旋转地设置了至少两个具有至少大致圆形周边的电极（1）以用于旋转，其中在一个空间位置处的电极具有狭小的空间用来点燃气体放电（6，18）并且在每种情况下都以这样的方式与用于液体的、导电材料（5）的贮液器（15）连接：即在旋转过程中，该导电材料的液体膜（22）可以形成在所述电极的圆形周边上，且通过所述贮液器使得电流可能流到所述电极。在本发明的气体放电源中，在每种情况下电极都通过连接元件（14）与贮液器连接，其中在电极和连接元件之间、在每个电极的圆形周边的局部部分上形成有缝隙（19），在电极旋转的过程中液体材料可以通过形成在连接元件中的至少一个馈送通道（16）从贮液器渗透到该缝隙中。

多路可分离直流稳压电源印制电路板

申请号：200710072405.6　公开日：2008-12-31

申请人：黑龙江大学

发明人：王　丁　郑仙麟

摘要：

多路可分离直流稳压电源印制电路板，传统方法实现的直流电源波动较大且较单一。多路可分离直流稳压电源印制电路板，其组成包括：单相变压器（1），所述的单相变压器连接整流桥（2），所述的整流桥连接滤波器（3），所述的滤波器连接三端集成稳压器（4），所述的三端集成稳压器连接滤波器，所述的滤波器连接 MAX1552 电源芯片（5）或连接指示电路（6），所述的 MAX1552 电源芯片连接指示电路。本产品用于实现多路可分离直流稳压电源的输出。

用于对电源模块灌胶的工具及其灌胶方法

申请号：200810066564.X　公开日：2008-9-10

申请人：艾默生网络能源有限公司

发明人：陈绪胜

摘要：

本发明公开了一种用于对电源模块灌胶的工具及其灌胶方法，其中灌装工具包括灌装盒、可密封电源模块内部空间的限胶模具，灌装盒与真空发生器连通，限胶模具放入灌装盒内，限胶模具连接有灌胶装置。电源模块灌胶方法为在真空条件下，将导热胶抽入灌装到电源模块的两块 PCB 之间。用于对电源模块灌胶的工具可迅速在电源模块两块 PCB 之间灌装导热胶，干净、方便实用，电源模块灌胶方法简单、快速、灌装效果好。

用于运行开关电源的方法

申请号：200680033832.7　公开日：2008-9-10

申请人：奥地利西门子公司

发明人：W·阿佩尔　W·佩普尔尼
　　　　A·肖恩莱特纳

摘要：

本发明涉及一种用于运行工业用途的空气冷却式开关电源的方法，其中，借助热电偶（11，12，13，14，15）测量由外部热源以及由布置在开关电源中的热源所影响的温度并且向控制设备报告，其中把由至少两个布置在不同测量点上的热电偶（11，12，13，14，15）所测量的温度向控制设备报告，和其中将所测量的温度与温度模式进行比较。通过与已知的温度模式相比较，创造以下可能性，即持续地检测热学总情形和从中推导出控制设备用的预先规定。

具有电源输入元件散热机构的主动散热式电源供应系统

申请号：200610115626.2　公开日：2008-2-20

申请人：台达电子电源（东莞）有限公司

发明人：陈智仁 张乃建 苏诚强

摘要：

本发明为一种具有电源输入元件散热机构的主动散热式电源供应系统，其包含：壳体，具有第一侧面、第一散热气流通道以及第二散热气流通道，其中该第一侧面具有至少一个第一气流进出口，该第一气流进出口与该第二散热气流通道相连通；多个电子元件，设置于该壳体内部以及该第一散热气流通道中；气流驱动装置，设置于该壳体的该第一侧面；以及电源输入元件，设置于该壳体的该第一侧面以及该第二散热气流通道中；其中，该气流驱动装置使散热气流在该第一气流进出口、该第二散热气流通道以及该气流驱动装置的开口间流动，以对该电源输入元件进行散热。通过本发明的设计，可使电源输入元件有效散热，使其符合电气安全温度规范。

电源供应器

申请号：200710101957.5 公开日：2008-10-29

申请人：泰商泰达电子公司

发明人：李 然 皮尔圣塔那高尔·强伟特 林振发

摘要：

本发明提供一种电源供应器，其应用于备援式电源供应系统中，该电源供应器包含：壳体，具有第一气流进出口与第二气流进出口；电路板总成，设置于壳体的内部，且具有多个电子元件；以及气流驱动元件，设置于电路板总成的实质上中段区域，并于壳体内部驱动散热气流以使散热气流由第一气流进出口以及第二气流进出口进出，以进行散热。本发明的电源供应器的气流驱动元件设于电源供应器的实质上中段区域，因此可以有效的排除电源供应器内部的电子元件所产生的热，确保电源供应器的稳定工作，使备援式电源供应系统能够稳定地供电给受电设备。

四、2009 年公开

外科开关电源和外科直流电电动工具

申请号：200780045452.X 公开日：2009-11-18

申请人：阿斯卡拉波股份有限公司

发明人：托马斯·卡勒 罗兰德·霍格勒

摘要：

为了这样改进外科直流电电动工具（10），使得在必要时，尤其是在消毒的条件下，在使用传统的交流电电压供应的情况下可操作外科直流电电动工

具，建议一种用于外科直流电电动工具的外科开关电源（38、76、138、238、338），该外科开关电源具有开关电源线路布置（68、168、268、368、468）、开关电源外壳（40、140、240、340）和构成在开关电源外壳中的用来容纳开关电源线路布置的线路容纳部（42、142、242、342），其中开关电源外壳具有开关电源接口（74、174、274、374），开关电源接口这样构成，使得该开关电源接口可与直流电电动工具的为不依赖于电网的能量源（22）设置的接口（26）达成接合和/或连接。此外，还建议了一种改进的外科直流电电动工具（10）。

高频烧灼电源装置

申请号：200680056272.7 公开日：2009-9-16

申请人：奥林巴斯医疗株式会社

发明人：三堀贵司 林田刚史 长濑彻 有浦绫

摘要：

高频烧灼电源（1）被装载在处置装置上，在导电性液体下开始切除手术时，对处置电极施加高频电力，如果在该施加时所检测出的输出阻抗为小于设定值的值，则将可变直流电源电路（HVPS）设定为恒电流控制模式，将所输出的电流值限制为固定值的同时断续地施加包含瞬时性的高电压值的高频电力，从而开始放电。如果上述输出阻抗为大于设定值的值或者为较高的值，则设定为恒电压控制模式，根据预先设定的固定电压进行电力提供，使用适当的高频电流对作为对象的生物体进行烧灼处置。

一种多普勒超声成像系统发射电源控制装置

申请号：200810141809.0 公开日：2009-1-21

申请人：深圳市蓝韵实业有限公司

发明人：蒋颂平 黄嘉熙 兰 海 李春彬

摘要：

本发明公开了一种多普勒超声成像系统发射电源控制装置，包括主控制器、光电隔离继电器、线性电压调节器和电阻采样网络，所述主控制器、所述光电隔离继电器和所述电阻采样网络依次相连，所述线性电压调节器与所述电阻采样网络相连，所述主控制器用于输出通断控制信号，所述光电隔离继电器用于根据所述通断控制信号实现关断或导通，所述电阻采样网络用于在所述光电隔离继电器关断或导通时产生不同的电阻值，所述线性电压调节器用于随所述电阻采样网络的电阻值改变输出线性变化的电压。

静电分离除油器的电源连接机构

申请号：200910031638.0　公开日：2009-12-2

申请人：常熟市三龙电控有限公司

发明人：潘永明　潘　熠

摘要：

一种静电分离除油器的电源连接机构，属于纺织印染行业的环保设施技术领域。静电分离除油器包括具有电极导杆的静电分离除油器本体、具有导线腔的箱门和门盖，电源连接机构包括用于将电源线与电极导杆在箱门的导线腔内实施电源连接的电源连接过渡装置和弹性接触件，电源连接过渡装置设置在箱门上，而弹性接触件固定在电极导杆上且与电源连接过渡装置相对应。优点：可以节约时间，体现对静电分离除油器本体的快捷检修、维护以及清洗。

微束等离子弧焊主弧电源多功能主电路

申请号：200810200827.1　公开日：2009-4-1

申请人：上海工程技术大学

发明人：何建萍　黄　晨　焦馥杰　马春伟　任江伟

摘要：

本发明微束等离子弧焊主弧电源多功能主电路，涉及焊接电源技术领域。其包括输入整流滤波电路、功率开关元件、中频变压器、输出整流滤波电路、电流反馈电路、逆变控制驱动电路，同时包括功能选择开关（1）的输入端与输出整流滤波电路的一端连接，功能选择开关（1）的一个输出端同时与高频开关电路（2）和基值输出电路（3）连接，功能选择开关（1）的另一个输出端穿过电流传感器（11）与工件（12）连接，高频滤波电路（4）的两端分别与电流反馈电路连接和电流传感器（11）连接等组成。通过本发明实现微束等离子弧焊主弧电源主电路直流、低频脉冲、高频脉冲、混合脉冲等多功能输出。

变极性焊接电源二次逆变电路及其控制方法

申请号：200810222503.8　公开日：2009-1-28

申请人：清华大学

发明人：朱志明　陈　杰

摘要：

本发明公开了变极性焊接电源技术领域中的一种变极性焊接电源二次逆变电路及其控制方法。其技术方案是，变极性焊接电源二次逆变电路包括第一续流电感 L1、第二续流电感 L2、IGBT 半桥电路以及 IGBT 的 RC 缓冲电路。变极性焊接电源二次逆变控制方法，包括针对半桥电路中两个 IGBT 控制所采用的开关切换控制方法，以及在输出电流极性切换之前小于等于 500ms 的时间内，设定换向电流值控制输出电流的控制方法。利用本发明在进行变极性焊接的时候，可以获得较快的电流过零速度，维持电弧的稳定；同时，通过匹配换向前的焊接电流值以及 IGBT 的 RC 缓冲电路中的电阻 R 的参数，可以获得满足燃弧要求的再燃弧电压。

不漏磁系列节能多功能弧焊电源

申请号：200710050193.1　公开日：2009-4-15

申请人：倪敏禄

发明人：倪敏禄

摘要：

一种不漏磁系列节能多功能弧焊电源。主变压器采用环型变压器，一次侧用抽头式绕组，二次侧由独立的工作绕组和引弧绕组组成。工作绕组按焊接规范确定导线匝数及截面积。引弧绕组匝数由空载电压确定，电流由引弧所需功率的大小确定。工作绕组串联电抗器后接整流器，引弧绕组串交流电容后接另一组整流器，两组整流器的正、负极并联后作输出端。通过改变一次侧绕组抽头位置，来改变二次侧工作绕组电压，满足各种功能对电压的要求。各种功能的附件，可安装在机内，或机外的终端上。满足单机多功能、多工位要求。本弧焊电源具有：节能幅度高，铜、铁消耗少，结构简单，机械化生产，温升低，寿命长，功能多，焊接质量好等特点。适用各类焊机。

高频微束等离子弧焊主弧电源主电路

申请号：200810200826.7　公开日：2009-4-1

申请人：上海工程技术大学

发明人：何建萍　任江伟　黄　晨　焦馥杰　徐培全

摘要：

本发明高频微束等离子弧焊主弧电源主电路，涉及焊接电源技术领域。包括：输入整流桥电路、输入滤波电容、功率开关元件、中频变压器、输出快恢复整流电路，同时包括高频模拟晶体管（1）的基极、发射极、集电极分别与高频控制电路（2）、工件（7）、输出滤波电容（5）的一端连接，输出滤波电容（5）的另一端钨棒（8）连接等组成。通过本发明实现了微束等离子弧焊主弧电源主电路多参数（高频脉冲峰值、脉冲基值、脉冲频率、脉冲占空比、缓升时间、缓降时间）调节的复杂高频脉冲输出，同时也大大减小微束等离子弧焊接电源的体积和重量，提高了焊接电源的动态特性和运行的可靠性，并且使微束等离子弧焊接电源满足节能环保的要求。

嵌入式数字化控制的管板全位置自动焊接逆变电源

申请号：200810218635.3　公开日：2009-3-25

申请人：广东火电工程总公司　华南理工大学

发明人：王振民　李　晋　黄石生　王则灵

摘要：

本发明为一种嵌入式数字化控制的管板全位置自动焊接逆变电源，包括主电路、控制电路和高频引弧电路；主电路由整流滤波模块、高频逆变模块、功率变压模块、整流平滑模块依次连接组成，整流滤波模块连接三相交流输入电源，整流平滑模块连接负载；控制电路包括过电压欠电压保护检测模块、电流电压采样检测与反馈模块、ARM 微处理器和高频驱动模块，过电压欠电压保护检测模块分别连接三相交流输入电源和 ARM 微处理器，电流电压采样检测与反馈模块分别连接 ARM 微处理器和负载，ARM 微处理器还分别与高频驱动模块和高频引弧电路连接；高频驱动模块还与高频逆变模块连接；高频引弧电路还与负载连接。本发明可实现管板自动焊接逆变电源的全数字化控制。

车载电子设备电源控制电路

申请号：200910096987.0　公开日：2009-8-26

申请人：浙江大华技术股份有限公司

发明人：殷　俊　傅利泉　张兴明

摘要：

本发明公开了一种车载电子设备电源控制电路，它主要由 7 个电阻 R1～R7，1 个电容 C1，2 个晶体管 Q1、Q2 和 2 个芯片 U1、U2 组成；本发明的车载电子设备电源控制电路能够自动检测蓄电池电压，根据对蓄电池容量的判断开关控制车载电子设备的电源；且具备手动控制功能，方便实用，能有效保证车辆蓄电池的存电余量和使用寿命。

车辆驱动用电源系统

申请号：200780008129.5　公开日：2009-3-25

申请人：丰田自动车株式会社

发明人：相马贵也　吉田宽史　茂刘武志

摘要：

车辆驱动用电源系统，具有蓄电池（B），对蓄电池（B）的电压进行升压的升压变换器（12），在电极间施加有升压变换器（12）升压后的电压的电容器（40），设置在电容器（40）和升压变换器（12）输出之间、进行电容器（40）和升压变换器（12）的连接和断开的主继电器（C-SMRP、C-SMRG），控制升压变换器（12）和系统主继电器（C-SMRP、C-SMRG）的控制装置（30）。控制装置（30），在对系统主继电器（C-SMRP、C-SMRG）进行了断开指示后，使升压变换器（12）改变输出电压，判定本应该已经断开的系统主继电器（C-SMRP、C-SMRG）是否正常断开。

用于车辆的电源控制装置

申请号：200780039090.3　公开日：2009-9-9

申请人：丰田自动车株式会社

发明人：本谷谦治　品川昌彦　片冈显二

摘要：

一种用于车辆的电源控制装置，包括：安装在车辆中的多个电负载；馈电部分，其被配置为将电力供应至所述电负载；以及推定部分，其被配置为基于对于所述电负载的可预测操作的征兆信息来推定使所述电负载操作的电力需求。基于由所述推定部分得到的推定结果来调节从所述馈电部分到每个电负载的电力供应。

可容耐不稳定电源的电梯电动机驱动

申请号：200580052506.6　公开日：2009-2-4

申请人：奥蒂斯电梯公司

发明人：I·阿吉尔曼　C·切尔温斯基　J·伊扎德　E·皮达　V·布拉斯科　F·希金斯　H·金

摘要：

一种用于电梯（14）的升降电动机（12）由一不稳定电源（16）供电而被持续地驱动。一再生驱动器（10）在电源（16）和升降电动机（12）之间传输电力。一控制器（11）测量响应于电源电压检测改变的电源电压，并控制再生驱动器（10），用以将电梯（14）的额定运动轮廓调节为与测量电源电压到额定电源电压的调节比率成比例。

脉冲调制电源及具有该电源的电化学抛光装置

申请号：200710307865.2　公开日：2009-7-1

申请人：比亚迪股份有限公司

发明人：罗　霆　汤小华　何耀华　刘　楠　龚　剑

徐应物　刘　凯　蒋县宏　吴巧巧

摘要：

一种脉冲调制电源及具有该电源的电化学抛光装置，该脉冲调制电源包括控制器和脉冲执行电路；其中，所述控制器用于控制脉冲执行电路改变输出的脉冲电流的方向；所述脉冲执行电路用于输出改变方向的脉冲电流。该脉冲调制电源能周期性改变输出的脉冲电流的方向。

织物表面改性用低温等离子体电源及其控制方法

申请号：200910095282.7　**公开日：**2009-6-17
申请人：浙江大学
发明人：何湘宁　刘　军　邓　焰　张仲超

摘要：

本发明公开了一种织物表面改性用低温等离子体电源及其控制方法，织物表面改性用低温等离子体电源主要由整流电路、直流母线、全桥逆变电路、升压变压器、织物表面改性装置、电场测量模块、电场幅值稳定控制模块和织物表面改性线性调功控制模块组成。本发明在大气压下产生稳定、均匀和柔和的低温等离子体对织物进行处理，避免不均匀的细丝低温等离子体放电引起织物的穿孔和损伤，能在不破坏织物基体性能的情况下使其表面润湿性显著提高。

可提供低压电源的潜水泵

申请号：200810141870.5　**公开日：**2009-7-22
申请人：李明玉
发明人：李明玉

摘要：

一种可提供低压电源的潜水泵，包括泵体和与泵体连接的过滤罩，泵体内设置定子容置腔和转子容置腔，转子容置腔外侧有叶轮室，叶轮室上边设出水口，定子的矽钢片组和定子线圈灌封于泵体内的定子容置腔内，永磁转子通过转子轴安装于泵体内的转子容置腔内，永磁转子一端的叶轮位于叶轮室内，其还包括一个内置变压器，该内置变压器含低压线圈和作为高压线圈的所述定子线圈，两者设置于所述定子的矽钢片组上，该低压线圈向外提供低压交流电源。由原有的矽钢片组、定子线圈及新增加低压线圈构成一内置变压器。此设计所占用的空间小，在潜水泵工作的同时能向外部提供交流或直流低压电源，使用安全，工作可靠。

具有单一电源的光源系统

申请号：200910106605.8　**公开日：**2009-9-23
申请人：深圳华映显示科技有限公司　中华映管股份有限公司
发明人：赵翰楒　邹健龙　陈弼先

摘要：

本发明适用于光源领域，提供了一种具有单一电源的光源系统，所述光源系统包括第一电源，用于提供第一电压；第一发光负载，电性连接于第一电源并载有一第二电压，并根据所流通的电流发光；第二发光负载，电性连接于第一电源并载有第三电压，并根据所流通的电流发光；以及电压补偿模块，电压补偿模块包括第一电压补偿装置，电性连接于第一发光负载并载有第四电压，以及第二电压补偿装置，电性连接于第二发光负载并载有第五电压；第二电压与第四电压的和等于第一电压；第三电压与第五电压的和等于第一电压。本发明提供的光源系统利用电压补偿模块补偿各发光二极管串行间的压差，使得多个发光二极管串行能够共享同一个电源，降低了成本，提高了便利性。

应用于 LED 的电源系统

申请号：200710030565.4　**公开日：**2009-4-1
申请人：深圳市比克电池有限公司
发明人：李春青

摘要：

本发明公开了一种应用于 LED 的电源系统，包括电池组，还包括恒流驱动单元，其输入端与电池相连，输出端与 LED 相连，所述恒流驱动单元包括：电流调节单元，用于调节输出电流的大小；小电流输出单元，用于当所述输出电流小于设定值时，向 LED 输出恒定的供电电流；大电流输出单元，用于当所述输出电流大于或等于设定值时，向 LED 输出恒定的供电电流。本发明的电源系统在电池组与 LED 之间设置了恒流充电电路，可以对 LED 输出稳定的电流，保证了电池组电压在较高或较低时都具有恒定的亮度。本发明采用集成芯片的方式，其输出功率与输入功率的比一般都在 90% 以上，且由于分立元器件较少，能量损耗也较少。

照明装置及其电源模组以及使用该照明装置的灯具

申请号：200710203565.X　**公开日：**2009-7-1
申请人：富士迈半导体精密工业（上海）有限公司

沛鑫半导体工业股份有限公司

发明人：徐弘光 王君伟

摘要：

一种照明装置，包括一光源模组以及与该光源模组结合的一电源模组，该光源模组包括一基板、设于该基板上的至少一固态发光元件以及多个电极端，该至少一固态发光元件与该多个电极端电连接，该电源模组包括一外壳以及多个电源端，该外壳内形成一光源插槽，该光源模组可拆卸地插设于该光源插槽内，且该光源模组的电极端与电源模组的电源端抵接。上述照明装置组装与拆卸方便，可满足其中的光源模组或电源模组因部分损坏而需要回收、维修或更换的要求。本发明还涉及一种使用该照明装置的灯具。

光源模块及其电源板

申请号：200910111140.5 **公开日**：2009-7-29

申请人：福州华映视讯有限公司
中华映管股份有限公司

发明人：黄恒毅

摘要：

本发明涉及一种光源模块及其电源板，其中光源模块包括一背板、一光源、一电源板以及一可挠性扁平排线。背板具有一第一破孔、一前表面以及一背表面，其中第一破孔贯穿前表面以及背表面。光源配置于前表面上，而电源板配置于背表面上，其中电源板包括一本体以及一联结器。本体具有一第二破孔，而联结器配置于本体上，且本体位于联结器以及背表面之间。可挠性扁平排线具有一输出端以及一输入端，其中输出端电性连接光源，而可挠性扁平排线穿过第一破孔而使输入端电性连接联结器。本发明不仅提升光源模块的良率，保证了光源模块的品质，而且降低了成本，具有较好的应用价值。

直下式背光装置的电源连接装置

申请号：200810088519.4 **公开日**：2009-1-7

申请人：喜星电子株式会社

发明人：刘熙锺

摘要：

本发明涉及直下式背光装置的电源连接装置，具有借助凸轮弹簧的弹力使加压凸轮挤压采用板簧构成的灯引线收容口，使其与灯引线密合的一体型结构。用于将电源从逆变器连接到具有从导管突出的引线的灯上，包括：底座，设置在背光装置的基板上；灯引线收容口，由设置在底座上的一对板簧分别折弯形成收容灯的引线的空间；设置在底座上的灯引线导向件，稳定地收容灯引线；设置在底座上的灯管导向件，稳定地支承灯的导管；形成为具有弹性的结构的凸轮弹簧，提供恢复力；和加压凸轮，借助凸轮弹簧的恢复力对灯引线收容口加压。无需为了对冷阴极荧光灯施加电源而要求另外的灯座，可节省电源供给装置的材料费，可简化制造工序并实现自动化从而可减少加工费。

电源控制系统及其方法

申请号：200810028587.1 **公开日**：2009-12-9

申请人：佛山市顺德区顺达电脑厂有限公司

发明人：戴子敦

摘要：

本发明揭示一种电源控制系统及其方法，主要实时接收有效 GPS 信号，并对其执行信号筛选处理，以得到并输出一对应的射频信号性能参数，且于判断出电源管理信号为电源关闭管理信号时，接着判断性能参数是否超出预设的第一门坎值，若是则发送 GPS 电源开启信号以提供工作电源予该 GPS 模块，若判断该电源管理信号为非电源关闭管理信号，则再判断该性能参数是否小于预设的第二门坎值，若是，则发送 GPS 电源关闭信号以切除该 GPS 模块的工作电源，借此以有效节省该导航装置的电源消耗。

感应加热中频电源柜面板集中数字显示系统

申请号：200910021539.4 **公开日**：2009-9-23

申请人：西安启功电气有限公司

发明人：侯西伦 田志明

摘要：

本发明公开了一种感应加热中频电源柜面板集中数字显示系统，包括与布设在被检测中频电源柜内部的传感器组相接的信号采集、处理及通信传输模块、布设在所述被检测中频电源柜面板上且能进行相应数据接收、处理及显示的显示仪表组、连接在信号采集、处理及通信传输模块与显示仪表组之间的数据传输线，以及为各用电单元进行供电的供电电源。本发明结构简单、成本低、使用操作简便且性能可靠，能有效解决现有电源柜面板显示系统结构复杂、接线多且存在信号干扰等实际问题。

一种称重传感器激励电源的保护电路

申请号：200810038266.X　公开日：2009-12-2

申请人：上海耀华称重系统有限公司

发明人：徐平均

摘要：

　　本发明公开了一种称重传感器激励电源的保护电路，其特征在于交流激励电路的输入端与交流激励驱动电路的输出端连接，该交流激励驱动电路的第一输入端与保护电路连接，该交流激励驱动电路的第二输入端与过电流保护电路的输出端连接，该过电流保护电路的第一输入端与重启动电路的输出端连接，重启动电路的输入端与单片机电路接口的输入端连接，过电流保护电路的第二输入端与交流激励电路的第二输出端连接本发明实现对传感器交流激励电源的可靠保护，避免了因外部故障造成的仪表损坏。

一种用于汽车电磁阀质量测试的电源

申请号：200910062152.3　公开日：2009-10-7

申请人：武汉科技大学

发明人：周凤星　杨君　叶进军　章泰　王莉

摘要：

　　本发明具体涉及一种用于汽车电磁阀质量测试的电源。所采用的技术方案是：矩阵键盘［3］的三条行线和三条列线与单片机［4］对应的端口P10～P15连接，单片机［4］的端口P00～P07、P16、P17、/WR和RD与LCD［5］对应的端口DB0～DB7、/CE、C/D、/WR和RD连接；单片机［4］的端口P00～P07、P20～P22、RST和/WR与FPGA［6］对应的端口DB0～DB7、F_C、Q_C、V_C、RST和/WR连接。主程序模块、液晶写入模块、键盘处理模块、液晶显示参数设置模块和数据处理模块的程序写入单片机［2］的内部存储器，FPGA内部PWM波形产生模块用硬件描述语言编程。本发明设计的电源可以任意设置电压幅度、频率和占空比，其电压幅度变化范围为0～32V，频率变化范围是0～25000Hz，占空比变化范围为0～100%，能模拟不同种类电磁阀的实际工作状态。

一种用于电源电压脉冲干扰的检测电路

申请号：200810104554.0　公开日：2009-10-28

申请人：北京同方微电子有限公司

发明人：霍俊杰　盛敬刚　邰晓鹏　黄金煌　徐磊

摘要：

　　一种用于电源电压脉冲干扰的检测电路，涉及电源电压脉冲干扰技术领域。本发明包括参考电压产生电路、阈值比较器和锁存器电路。电源电压。经参考电压产生电路低通滤波后输出参考电压。到阈值比较器的一个输入端，阈值比较器的另一个输入端与电源电压相连。阈值比较器的输出信号经锁存器电路锁定并输出。同现有技术相比，本发明静态功耗低，能检测出高于或者低于电源电压的脉冲干扰信号，并能及时、有效地报警，保证电路系统中其他电路模块的正常工作。

一种三相电源输入缺相检测电路

申请号：200710124003.6　公开日：2009-4-22

申请人：深圳市汇川技术股份有限公司

发明人：廖湘衡

摘要：

　　本发明涉及一种三相电源输入缺相检测电路，包括分别连接到第一相线、第二相线和第三相线的第一限流电阻、第二限流电阻以及第三限流电阻，还包括上拉电阻，阴极连接到第三限流电阻的第三二极管，输出端串联连接于所述上拉电阻和信号地之间的第一光耦和第二光耦，与所述第一光耦的输入端串联到第一限流电阻和第三二极管阳极之间的第一二极管，与所述第二光耦的输入端串联到第二限流电阻和第三二极管阳极之间的第二二极管，并接于第一光耦输入端的第一电容，并接于第二光耦输入端的第二电容，所述上拉电阻连接到缺相检测电路的输出端。本发明降低了限流电阻上的损耗，使限流电阻因发热小而难于损坏，提高了电路可靠性和使用寿命。

备用电源自动投入设备试验开关模拟装置

申请号：200810233803.6　公开日：2009-5-13

申请人：宁夏电力公司吴忠供电局

发明人：房建政　王世宏　沈国梁　朱林　陈昕　王学成　张晓磊

摘要：

　　本发明涉及一种能够为电力设备输出不同组合开关量信号的模拟装置以满足设备检测等情况下的需要，尤其是备用电源自动投入设备试验开关模拟装置。其特点是，包括第一自保持继电器（ZJ）和第二自保持继电器（KKJ），其中第一自保持继电器（ZJ）中复归线圈的一个接线端通过一保护跳闸开关（AN1）接电源（VCC），其中第二自保持继电器（KKJ）中复归线圈的一个接线端通过前述分闸开关

（AN2）接电源（VCC），该复归线圈的另一个接线端接地。本发明装置能像开关一样进行分合置位，能模拟合后继电器（区分手动分闸还是保护跳闸）动作情况，接线简单，不影响保护装置的正常运行，携带方便，能够减少备自投校验失败次数。

一种直接串联的绝缘检测用高压脉冲电源

申请号：200810147837.3　公开日：2009-5-13
申请人：西南交通大学
发明人：郭育华　卢国涛　张昆仑　丁　娜
　　　　舒泽亮　汤　坚　陈　灿　连级三
摘要：

一种直接串联的绝缘检测用高压脉冲电源，其组成为：多个电隔离的 AC/DC 直流电源的电源输出分别与对应单相全桥逆变器电源输入端相连；或 AC/DC 直流电源输出并接多个电隔离 DC/DC 直流电源的输入相连，多个 DC/DC 直流电源的输出相互电隔离，且每个 DC/DC 直流电源的输出与对应单相全桥逆变器的电源输入相连。逆变器控制系统的输出与逆变驱动器的输入相连，逆变驱动器有多组相互电隔离的输出分别与对应的单相全桥逆变器控制端相连。多个单相全桥逆变器的电源输出端相互依次串联。该种脉冲电源可产生幅度和频率可以任意调节的高压脉冲，且其脉冲电压上升沿陡直。

一种用于检测电磁阀的智能电源

申请号：200910063155.9　公开日：2009-12-23
申请人：武汉科技大学
发明人：杨　君　柴　利　周凤星　刘志文　张在波
摘要：

本发明涉及一种用于检测电磁阀的智能电源。其技术方案是：在单片机系统的输出端 P2.4、P2.5 和 P2.6 分别与继电器电路对应的控制端 P2.4、P2.5 和 P2.6 连接，单片机系统的输出端 VOUT 与稳压电路的输入端 VIN 连接，单片机系统的输出端 FOUT 和 P3.0 分别与频率放大电路对应的输入端 FOUT 和 P3.0 连接；继电器电路的输出端 AC1 和 AC2 分别与稳压电路对应的输入端 AC1 和 AC2 连接；软件控制模块写入单片机系统的单片机的内部存储器。稳压电路的输出端 V_CON 和频率放大电路的输出端 F_CON 分别与负载对应的两端连接。本发明通过软件编程对硬件进行控制，实现了调频调幅，幅值与频率为线性可调的方波，具有处理速度快、精度高、有记忆功能的特点。

直流电源接地报警装置

申请号：200810163894.0　公开日：2009-6-10
申请人：浙江省送变电工程公司
发明人：谭小兵　郑　海　单金华　蒋乐飞　张继明
　　　　汪卫东　吴建豪　占刚强　吕旭东
摘要：

一种直流电源接地报警装置，包括负极电位下拉电路、直流检出电路、交流检出电路、第一光电耦合电路、第二光电耦合电路、第三光电耦合电路、报警器和用于根据各个光电耦合电路的电位变化信号判定不同的接地故障并向报警器输出报警信号的报警处理器，负极电位下拉电路连接直流电源的负极，负极电位下拉电路的输出连接直流检出电路，直流检出电路连接第一光电耦合电路和第二光电耦合电路，直流检出电路同时与交流检出电路连接，交流检测电路与第三耦合电路连接，第一光电耦合电路、第二光电耦合电路和第三耦合电路分别与报警处理器的三个输入端连接，报警处理器的输出端连接报警器。本发明能够检测接地故障。

一种电源开/关自动控制装置

申请号：200810033042.X　公开日：2009-7-29
申请人：中芯国际集成电路制造（上海）有限公司
发明人：丁育林　刘云海　郑鹏飞　丁佳妮
摘要：

本发明提供了一种电源开/关自动控制装置，用于控制外接电源给测试器件供电的通与断。它包括计时模块、计数模块和接触模块；计时模块的工作状态输出端与接触模块的控制端连接，控制接触模块的通与断；计数模块的输入端与计时模块的信号输出端连接，用于记录计时模块中开计时模块和关计时模块交替计时作为一周期而循环的次数；计数模块的输出信号与计时模块的控制端连接，当计数模块到达其预设的数值，将停止计时模块工作，保持接触模块为断开状态。该装置可为器件的开/关测试，提供外接电源通与断的自动控制，并能自动控制外接电源通与断的时间，该装置结构和操作简单，可有效节省人力，降低测试成本。

测量电源的参数的设备

申请号：200780024899.9　公开日：2009-7-15
申请人：法雷奥电子及系统联合公司
发明人：约瑟夫·博森杰克　阿兰·蒂蒙

摘要：

一种设备（10）包含数据获取和处理链路（12）。该链路（12）包括第一部件（14），用于获取由电源电动势（VA）与高于该供电电动势（VA）的电动势（VB）之间的差所定义的电压提供的第一参数。该第一参数是在连接到供电电动势（VA）的电路中（20）流动的电流的强度（I）。该链路（12）包括第二部件（24），用于获取由连接到所述供电电动势（VA）的分压桥（28）提供的第二参数。具体而言，所述第二获取部件（24）由地电动势（VM）与中间电动势（VC）之间的差所定义的电压来供电，所述地电动势低于所述供电电动势（VA），所述中间电动势（VC）在所述地电动势（VM）与所述供电电动势（VA）之间。

一种能馈型电源老化系统

申请号：200910039461.9　公开日：2009-10-7
申请人：刘晓刚
发明人：刘晓刚

摘要：

本发明公开了一种能馈型电源老化系统，包括AC电源、老化通道、中央处理器。所述的老化通道是由被老化电源串联能馈型负载组成，能馈型负载的输出端反馈连接老化通道的输入端。中央处理器实时采集被老化电源的输出端数据并控制能馈型负载，所述的AC电源与老化通道之间依次串联有将交流转换为直流的AC-DC变换器和将直流转换为交流的DC-AC变换器，能馈型负载的输出端反馈连接DC-AC变换器的输入端。与现有技术相比，无论被老化的电源有多少，都能及时由能馈型负载变成直流电后反馈到DC-AC变换器的输入端与AC电源转换后的直流电叠加，不存在任何相位的错位问题，并网简单、高效。

输出能量直流侧回馈的电源测试系统

申请号：200910097987.2　公开日：2009-10-7
申请人：浙江大学
发明人：吴新科　胡　晨　张军明

摘要：

本发明公开了一种输出能量直流侧回馈的电源测试系统，含被测试设备（3），测试系统包括PFC功率因数校正模块（1）、交流或直流电源模块（2）、能量收集模块（4）和能量回馈模块（5）；PFC功率因数校正模块（1）输出端的高压直流母线分别与交流或直流电源模块（2）的输入端和能量回馈模块（5）的输出端连接；交流或直流电源模块（2）的输出端与被测试设备（3）的输入端连接，能量收集模块（4）的输入端与被测试设备（3）的输出端连接，能量收集模块（4）的输出端与能量回馈模块（5）的输入端连接。采用该系统能提高回收能效，并且大大减小对电网的谐波干扰。

一种开关电源输出短路及过电压保护的测试方法及装置

申请号：200810065724.9　公开日：2009-9-2
申请人：中国长城计算机深圳股份有限公司
发明人：王利平　陈科登　尹高斌

摘要：

本发明适用于电源领域，提供了一种开关电源输出短路及过电压保护的测试方法及装置，所述方法包括：单片机控制第一驱动器、继电器及电压源工作，执行过电压测试；单片机控制第二驱动器、继电器工作，执行短路测试；判断待测试开关电源过电压测试和短路测试是否都正常保护；如果过电压测试和短路测试都正常保护，则输出测试通过信号。在本发明中，通过单片机来读取测试项目设定值，并自动进行连续测试，能够自动判断测试结果并显示不良的项目。

一种射频电源测试装置

申请号：200810036582.3　公开日：2009-10-28
申请人：中芯国际集成电路制造（上海）有限公司
发明人：黄国伟

摘要：

本发明提出一种射频电源测试装置，其包括：电源控制模块，用于控制上述射频电源的开关；电源调节模块，用于调节上述射频电源的输出功率大小；功率测量模块，用于测量上述射频电源的输出功率和反射功率；以及状态显示模块，用于显示上述射频电源的工作状态和上述功率测量的结果。本发明提出的半导体制造设备中的射频电源的测试装置，可直接使用射频电源内部的辅助直流电源作为其工作电源，不需要再使用外接电源，而且可以同时显示输出功率和反射功率的测量结果。

智能型弧焊电源发热试验测试仪

申请号：200910088399.2　公开日：2009-11-25
申请人：北京工业大学

发明人：黄东龙 张 军 刘 强 宋永伦

摘要：

本发明是一种智能型弧焊电源发热试验测试仪。此测试仪包括焊机输入电路、按键输入电路、模式切换电路、继电器输出电路、时钟芯片接口电路、串口通信电路、打印机接口电路。CPU 从按键输入电路和模式切换电路接收实验开始和模式选择控制信号，然后 CPU 开始开始实时的读取焊机的输入信号，并在规定的动作发生时，把试验数据通过串口通信输出到打印机，由打印机打印出实验结果。本发明有两种试验模式，在计时模式下，每次负载时间和复位时间的误差在 100ms 以内，负载的平均时间和复位的平均时间也控制在 100ms 以内。在计数模式下，可以自动记录热敏开关闭合和断开的次数，记录的次数存在 0 误差。

一种三相电源缺相信号检测电路

申请号：200910304610.X　**公开日：**2009-12-30

申请人：北京中纺锐力机电有限公司

发明人：裘锦灼 周海亮

摘要：

本发明公开了一种三相电源缺相信号检测电路，包括光耦合器件、单相全桥整流器、电阻、电容和阻抗器；需要检测的三相电源分别通过 3 个降压阻抗与 3 个光耦检测电路相连，通过光耦检测电路检测 3 个相电流的缺失，然后将 3 个检测输出信号合成为总的开关输出信号，该信号作为判断三相电源是否缺相的依据。三相电源缺相信号检测电路可以有效的检测出三相电源是否缺相，如果缺相则输出控制信号切断电源，起到保护电源的作用。该电路简单可靠，容易制作，适用的电源电压范围较宽。

模拟测试系统程控电源零伏电压检测补偿装置

申请号：200910024834.5　**公开日：**2009-8-19

申请人：无锡市晶源微电子有限公司

发明人：朱伟民 林日兴 苏 卡 赵兴达

摘要：

模拟测试系统程控电源零伏电压检测补偿装置包括由第四运算放大器（U4）组成的等比例反向电路和由第三运算放大器（U3）组成的跟随电路，使用第四运算放大器（U4）进行 1：1 反相，第三运算放大器（U3）跟随反馈至第二运算放大器（U2）输入端，其中，第三运算放大器（U3）输出端连接的第十二电阻（R12）与第二运算放大器（U2）反馈回路第十电阻（R10）值相同；第二地（GND_2）连接第四运算放大器（U4），第二十三个电阻（R23）阻值等于第二十四电阻（R24）的阻值，第四运算放大器（U4）输出端连接第三运算放大器（U3）的同向输入端，第三运算放大器（U3）使用跟随方式，第十二电阻（R12）阻值等于第十电阻（R10）阻值。极大提高测试系统程控电压源的精度和稳定度。

电源电路和采用该电源电路的液晶显示装置

申请号：200810065787.4　**公开日：**2009-9-9

申请人：群康科技（深圳）有限公司 群创光电股
　　　　　 份有限公司

发明人：李仲儒 陈汉昌

摘要：

本发明提供一种电源电路。该电源电路包括一脉宽调变电路、一开关稳压电路、一第一控制电路和一第二控制电路。该脉宽调变电路分别输出一脉冲信号、一第一控制信号和一第二控制信号。该开关稳压电路接收该脉冲信号并产生一第一直流电压，该第一控制电路接收该第一控制信号，并在该第一控制信号作用下控制该第一直流电压是否对一第一负载电路进行供电。该第二控制电路将该第一直流电压转换成一第二直流电压，且接收该第二控制信号，并在该第二控制信号作用下控制该第二直流电压是否对一第二负载电路进行供电。本发明同时提供一种采用该电源电路的液晶显示装置。

电源控制系统

申请号：200810215999.6　**公开日：**2009-3-18

申请人：株式会社理光

发明人：榎并英司 矢野哲哉 白井孝明

摘要：

主系统的电源模式指定单元将操作模式指定信号输出到子系统。在从正常操作模式转换到节能模式时，子系统的控制单元将指示可以转换到节能模式的节能模式转换启用信号输出到子系统的电源控制单元。当操作模式指定信号指定了节能模式并且节能模式转换启用信号指示可以转换到节能模式时，电源控制单元供应节能模式电压到控制单元。

智能电源供给装置

申请号：200810065416.6　**公开日：**2009-8-26

申请人：尚新民
发明人：尚新民

摘要：

　　一种智能电源供给装置，与交流市电的相线和零线相连，在交流供给线上设置总开关和布置于该总开关之后的两个并列的开关，该两个并列的开关一个控制主设备、另一个控制从设备的供电，通过一智能化的控制电路来分别控制该3个开关的导通和断开，可捕获主设备的开机和关机动作来自动实现主设备和从设备的顺序开关机功能，并且具备自动关机、限时开机、防止误开机、误关机、频繁开关机及防止因电源过欠电压而盲目关机等功能，关机后不仅可使其配接的主设备和从设备的电源输入端与电网彻底断开以防安全隐患，而且使其自身及所配接的主设备和从设备的待机耗电等于零，从而达到其节省电力消耗、保障使用安全和增强和延长使用寿命的效果。

电源控制装置及电源控制方法

申请号：200810132991.3　公开日：2009-1-7
申请人：佳能株式会社
发明人：桥本实

摘要：

　　本发明提供一种电源控制装置及电源控制方法。该电源控制装置包括：第一电源（204），用来在正常模式下供给电力；第二电源（203），用来在省电模式下供给电力；第一切换单元（211），用来将电力的供给和停止从外部电源切换到所述第一电源；第二切换单元（502），用来将从所述第一电源（204）输出的电力在供给与停止之间切换；控制单元，用来使用从所述第二电源供给的电力对所述第一切换单元（211）和所述第二切换单元（501）进行控制。在省电模式下，所述第一切换单元停止从外部电源向所述第一电源的电力供给。

一种控制通信电源的方法及系统

申请号：200710169998.8　公开日：2009-5-13
申请人：艾默生网络能源系统有限公司
发明人：曹丰年　李　泉　黄恩伦

摘要：

　　本发明公开了一种控制通信电源的方法及系统，所述方法包括如下步骤：根据通信电源当前的实际负载和最佳效率点获取当前调整整流模块数目的判据；判断通信电源内开机的整流模块的容量和是否处于调整整流模块数目的判据之中，如果是则调整开机的整流模块的数目。所述系统包括如下单元：获取调整判据单元，用于根据通信电源当前的实际负载和最佳效率点获取当前调整整流模块数目的判据；调整单元，用于判断通信电源内开机的整流模块的容量和是否处于调整整流模块数目的判据之中，如果是则调整开机的整流模块的数目。本发明无需依靠人工进行操作，减少了额外的工作量。

电源开关装置

申请号：200710154442.1　公开日：2009-3-18
申请人：英业达股份有限公司
发明人：罗梓桂　季海毅　陈志丰

摘要：

　　本发明公开了一种电源开关装置，应用于具有电源模块的电子系统，该电源开关装置包括供触发第一信号的第一开关、供触发第二信号的第二开关、用以接收该第一信号及该第二信号进行逻辑运算的处理逻辑判断模块以及与该电子系统及逻辑判断模块电性连接的控制模块，其中该控制模块是用以产生对应该电子系统的开机及关机信号传送至该逻辑判断模块，并可基于关机信号且根据该第一信号所进行的逻辑运算处理而控制开启该电源模块，复可基于开机信号且同时根据该第一信号及第二信号所进行的逻辑运算处理而控制关闭该电源模块。

电源电路

申请号：200810066574.3　公开日：2009-10-14
申请人：群康科技（深圳）有限公司　群创光电股份有限公司
发明人：林静忠

摘要：

　　本发明涉及一种电源电路。该电源电路包括一输出电压控制电路、一待机控制电路、一待机侦测电路和一微处理器。该输出电压控制电路和该待机控制电路分别接收一直流电压。该待机侦测电路侦测负载的工作状态，当负载将要进入工作状态时，该待机侦测电路发送控制信号至该待机控制电路，该待机控制电路控制该输出电压控制电路向该负载和该微处理器供电。当该负载将要进入停止工作状态时，该待机侦测电路发送控制信号至该微处理器，该微处理器控制该输出电压控制电路停止向该负载和该微处理器供电，该电源电路进入待机状态。该电源电路进入待机状态后，该微处理器停止工作，该电源电路的待机效率提高。

管理数据中心中的电源的方法和装置

申请号： 200810176833.8　**公开日：** 2009-6-24

申请人： 国际商业机器公司

发明人： 约翰·K·兰古德　托马斯·F·刘易斯
　　　　　凯文·M·雷恩伯格　凯文·S·D·弗农

摘要：

对数据中心中的电源的管理包括：当第一电源通过电力线连接到数据中心中的断路器时，由第一电源的电源通信设备通过电力线向断路器的断路器通信设备查询断路器标识；通过第一电源的电源通信设备查询断路器的最大电流阈值；将断路器标识和断路器的最大电流阈值发送到管理模块；该管理模块根据该断路器标识和该断路器的最大电流阈值判定是否给通过该第一电源供电的计算设备上电，包括判定该断路器是否由另一电源共用。

用于 2 线调光器的电源

申请号： 200680039884.5　**公开日：** 2009-2-18

申请人： 立维腾制造有限公司

发明人： E·弗里德

摘要：

一种用于调光器装置的电源电路，其包括电压加倍器电路、滤波器电路、开关电源以及线性调节器电路。在一个实施例中，所述电压加倍器电路包括具有第一电容器和第一二极管的第一级，以及具有第二电容器和第二二极管的第二级。所述开关电源可以包括反馈电路，并且可以是非隔离电源。在一个实施例中，所述调光器装置可在关位置与全开位置之间变化，并且在所述调光器装置处于所述全开位置时，所述电路可以提供用于所述开关电源的操作的电力。

一种多晶硅还原电源硅棒并串联的控制回路

申请号： 200910058454.3　**公开日：** 2009-8-5

申请人： 四川英杰电气股份有限公司

发明人： 周英怀　陈毅松　邓长春

摘要：

本发明公开了一种多晶硅还原电源硅棒并串联的控制回路，其特征在于：变压器（T）的二次侧有多组抽头，每个抽头与晶闸管的一头串联，所有晶闸管的另一头并联后分别与第一开关（K1）、第二开关（K2）连接，第一开关（K1）和第二开关

（K2）之间连接有第一组负载（RM），第一开关（K1）经第三开关（K3）与第四开关（K4）连接，第四开关（K4）与第二开关（K2）之间连接有第二组负载（RN）。本发明采用变压器任意抽头，串并联自动切换由开关控制，在解决了功率因素及谐波等问题的基础上，还具有以下效果：1）电路更清晰明了，易于维护；2）易于控制，出现故障几率减小；3）节约功率器件（晶闸管）。

具有高电源抑制比的低压差线性稳压器

申请号： 200710125429.3　**公开日：** 2009-6-24

申请人： 辉芒微电子（深圳）有限公司

发明人： 谭润钦　方磊　谷文浩

摘要：

一种具有高电源抑制比的低压差线性稳压器，其特征在于，在电源 VDD 与误差放大器的输出端（N1）之间连接有可减小 N1 节点等效输出电容的传输函数为 ZPC 的补偿网络（201）。实施本发明提供的具有高电源抑制比的低压差线性稳压器，能够有效推开了 PSRR 曲线的近零点，在提高 LDO 在高频处的 PSRR 特性的同时，保持 LDO 的稳定，从根本上解决了由于米勒效应带来的 PSRR 主零点的过小的问题。

具有纹波补偿的电源电路

申请号： 200780009466.6　**公开日：** 2009-4-8

申请人： NXP 股份有限公司

发明人： 弗朗西斯克斯·A·C·M·朔夫斯

摘要：

提供一种电源电路（1），该电源电路（1）包括与开关装置（7）耦合的电感器（2），以及包括电容器（4），该电源电路（1）配置有位于电感器（2）和电容器（4）之间的阻抗（3）、电流注入器（5）以及包括用于控制电流注入器（5）以补偿电容器（4）两端的输出电压中的纹波的转换器（6）的反馈回路。阻抗（3）允许在不同于输出位置的位置注入补偿电流。这大为增加了检测输出电压中的纹波的可能性，并且即使在负载在电容器（4）两端引入较多噪声的情况下也允许检测到输出电压中的纹波。转换器（6）利用阻抗（3），通过测量阻抗（3）两端或者包括阻抗（3）和电容器（4）的串联电路两端的电压检测检测信号。阻抗（3）包括电阻器或另一电感器。

电源管理电路及其频率补偿方法

申请号： 200810088822.4　**公开日：** 2009-9-30

申请人： 瑞鼎科技股份有限公司

发明人： 侯春麟　饶永年

摘要：

　　一种电源管理电路，包括稳压电路、第一频率补偿电路、第一开关电路及侦测电路，稳压电路包括信号输出端。第一开关电路响应于致能的第一控制信号导通，以耦接第一频率补偿电路至稳压电路。侦测电路用来判断输出电容是否被耦接至信号输出端，并在输出电容未被耦接至信号输出端时，产生致能的第一控制信号导通第一开关电路，以连接第一频率补偿电路至稳压电路，由此，对稳压电路进行频率补偿操作。

直流稳定电源

申请号： 200810215714.9　**公开日：** 2009-3-11

申请人： 夏普株式会社

发明人： 松田秀生

摘要：

　　本发明涉及一种直流稳定电源装置，包括：生成对应于给定驱动电流的电压并将其作为输出电压输出的输出控制器件；将该驱动电流传给输出控制器件以使对应于该输出电压的比较电压与预定基准电压相等并使该输出控制器件生成所希望的输出电压的直流稳定部分；以及监控该比较电压并根据该比较电压中的降低驱动电流的驱动电流限制部分。其中，当该比较电压等于或低于预定阈值电压时，该驱动电流限制部分执行将该驱动电流保持在预定下限电流值的操作，或执行将该比较电压的下限值钳位在预定电压值的操作。因此，即使该输出电压变成负电压，确保适当的驱动电流也是可能的。

电源调节器及电源转换方法

申请号： 200910147339.3　**公开日：** 2009-12-23

申请人： 凹凸电子（武汉）有限公司

发明人： 拉兹洛·利普赛依
　　　　　肖邦-米哈依·庞贝斯库

摘要：

　　本发明提供一种电源调节器及电源转换方法，用于转换输入电压至输出电压。该电源调节器包括通路设备、参考信号电路和耦合至通路设备的误差放大器。通路设备用于接收所述输入电压，且提供所述输出电压至所述电源调节器的输出端。参考信号电路由所述输出电压供电，用于提供参考信号。误差放大器由所述输出电压供电，用于比较所述参考信号和表示所述输出电压的反馈信号，且根据比较的结果产生控制信号以驱动所述通路设备。本发明电源调节器的误差放大器和用于提供参考信号至误差放大器的参考信号电路，均由电源调节器的输出电压供电，因而，可以消除由电源调节器的输入电压的变化而引起的缺陷，且电源调节器可以具有较高的电源抑制比。

具有平衡的电源导轨电流的功率变换器

申请号： 200780017253.8　**公开日：** 2009-8-5

申请人： 雅达电子国际有限公司

发明人： 卡恩德拉奥·M·盖克沃德　塞尔瓦拉
　　　　　朱·帕拉尼维尔　帕莱帕扬·威尔逊

摘要：

　　一种功率因数校正（PFC）电路，包括具有至少两个线圈231、232的耦合分体升压电感、至少两个升压二极管 D6、D7，以及至少两个电源导轨104、106。每个电源导轨包括其中一个线圈和其中一个升压二极管。该 PFC 电路还包括连接在电源导轨之间的电流平衡电路，以用于基本平衡这种电源导轨中的电流。

用于在多个独立供电设备之间管理电源寿命的系统和方法

申请号： 200780028482.X　**公开日：** 2009-7-29

申请人： 摩托罗拉公司

发明人： 贾森·A·拉普斯　理查德·D·格伦迪
　　　　　帕特里克·D·科什坎
　　　　　詹姆斯·S·米特罗斯基

摘要：

　　电力管理系统（100）包括连接至电力管理控制器（109）的一组独立供电的电子设备（101～107）。电力管理控制器（109）在操作中用于确定电子设备（101～107）的每个电源的操作和充电，以通过使用预先选择的电力管理算法来管理至少一个设备的电源寿命。这些算法包括基于预期或实际设备活动性的预编程和预测算法（203，205）、基于设备优先级的优先级算法（207）或基于用户工作轮班的时间段的最大工作轮班算法（209）。

带软启动的电源功率控制

申请号： 200780039210.X　**公开日：** 2009-12-23

申请人：先进模拟科技公司

发明人：约翰·苏　大卫·叶·伟·王

摘要：

　　电荷存储器件（例如，电池或超级电容器）不时需要被充电。在一种设备中，为了保护电荷存储器件以及用来对其充电的电源，该设备通常包括功率环控制电路。一种实现功率环控制的方法采用了与软启动电路相结合的温度传感器，以便在充电电流增大时保护电路免受迅速增大的温度的危害。软启动电路允许对电流的受控逐步增大和调节。该方法优选地允许选择这种递进梯级的数目和分辨率。本发明的各种实施例包括用于控制功率的装置和方法，并且在对充电电流逐步调节时可考虑温度。

卡勾式电源外壳

申请号：200810219032.5　公开日：2009-4-8

申请人：旭丽电子（广州）有限公司　光宝科技股份有限公司

发明人：张　颖　叶志红　张庆友　曾　忠　赵清林

摘要：

　　本发明公开了一种卡勾式电源外壳，所述卡勾式由一上盖体和一下盖体构成，所述上盖体上设有第一卡勾、第二卡勾，而所述下盖体上设有与所述第一卡勾、第二卡勾配合的第一卡槽、第二卡槽，卡勾与卡槽的配合固定而形成卡勾式电源外壳。这种卡勾式电源外壳，只需要使用两颗固定螺钉就可以牢牢的固定成一个电源外壳，使得电源外壳无论在拆卸或安装程序上都节省了大量的时间，提高了工作效率，从而降低了生产成本。

一种同步双控 ATX 电源

申请号：200810139880.5　公开日：2009-2-11

申请人：浪潮集团有限公司

发明人：于治楼　翟西斌　杜光芹

摘要：

　　本发明提供一种同步双控 ATX 电源，该电源是两个控制器分别与背板上的 ATX 接口和心跳接口连接，控制器1接 ATX 接口1和心跳接口1，控制器2接 ATX 接口2和心跳接口2，两个控制器通过心跳接口相互连接以互相检测对方的工作状态，并有控制信号接到 CPLD 上；ATX 接口0的电源部分与 ATX 接口1和 ATX 接口2的电源部分连接，而三者的电源开关控制信号接到 CPLD 上，ATX 接口0的 5VSB 电源连接到 CPLD，因为 5VSB 电源一直有电

（不管是否开机），所以能够 CPLD 正常工作。本发明的有益效果是，安全可靠、自动化程度高，解决了一组 ATX 电源给两块控制器主板供电并能够同步开机和关机的问题。

电源适配电路

申请号：200710203420.X　公开日：2009-7-1

申请人：鸿富锦精密工业（深圳）有限公司　鸿海精密工业股份有限公司

发明人：熊金良

摘要：

　　一种电源适配电路，包括一电源连接器、一第一开关元件、一第二开关元件、一第一电源端、一第二电源端、一第一传输线、一第二传输线、一电阻和一输出端。所述电源连接器包括一电源正常信号引脚和一电压引脚；所述两开关元件均包括一第一端、一第二端和一第三端。上述电源适配电路，利用所述第一开关元件的第二端根据主机板芯片启动电压的需求可选择性地连接到所述第一电源端或所述第二电源端的特点，来为所述输出端提供一合适的电压信号作为主机板芯片的启动电压信号，以此满足不同类型主机板芯片启动电压的要求，从而提高了主机板对电源的兼容性。

在为计算机供电的高可用冗余电源模式间选择的方法、装置

申请号：200810176834.2　公开日：2009-6-17

申请人：国际商业机器公司

发明人：尼古拉斯·J·格伦德勒

摘要：

　　公开了用于选择向计算机系统供电的冗余电源模式的方法、装置和程序制品，包括：由电压监视模块检测电源的输入电压电平；由电压监视模块确定电源的输入电压电平是否大于预定阈值；如果电源的输入电压电平大于预定阈值，则由所述电压监视模块配置该电源为具有 N 个主要电源和 N 个冗余电源的 N＋N 冗余电源模式，其中 N 是大于零的整数；以及如果电源的输入电压电平不大于预定阈值，则由所述电压监视模块配置该电源为具有 N 个主要电源和 M 个冗余电源的 N＋M 冗余电源模式，其中 M 是大于零的整数，并且 N 大于 M。

解决电源供应器搭配性问题的计算机系统

申请号：200710167913.2　公开日：2009-4-29

申请人：华硕电脑股份有限公司
发明人：陈荣泰　郭忠韦
摘要：

　　一种解决电源供应器搭配性问题的计算机系统，用以解决电源供应器和计算机主板搭配性问题，提供在计算机系统开机时，计算机主板开机所需的最小负载，并可于计算机系统的核心电压到达一预定电平后，停止使用假负载以节省计算机系统的功率消耗。该系统包含：一电压源、一电压信号源、一负载元件、一第一开关元件，其第一端耦接于上述电压源，第二端耦接于上述负载元件的第一端、一稳压电路，其第一端耦接于上述第一开关元件的控制端，一参考端耦接于上述负载元件的第一端及一第二开关元件，其第一端耦接于上述稳压电路的第一端，控制端耦接于上述电压信号源。

控制计算机系统的电源的方法和系统

申请号：200780048842.2　公开日：2009-11-4
申请人：惠普开发有限公司
发明人：N·P·布朗　G·曼达马迪奥蒂斯　R·特荣
摘要：

　　控制计算机系统的电源的方法和系统。所述方法包括：致动耦合到计算机系统（12）的外围设备（10）的电源按钮（28）；经由基于消息的通信路径（27）发送来自外围设备（10）的消息到计算机系统（12），所述消息指示所述电源按钮（28）的致动；以及计算机系统（12）基于所述消息执行动作。

用于计算设备的电源管理的空闲检测度量缩放

申请号：200780009169.1　公开日：2009-4-1
申请人：微软公司
发明人：M·H·霍利　A·马歇尔
摘要：

　　基于以一频率振动的时钟信号来操作计算设备的诸如处理器等的组件。在保证时通过调整被应用于该组件的时钟信号的频率，并且还通过在该组件经历长于根据所调整的频率缩放的空闲检测度量的一段不活动时间时空闲该组件，来执行对该计算设备的电源管理。

电源供应器

申请号：200710203251.X　公开日：2009-6-24

申请人：鸿富锦精密工业（深圳）有限公司　鸿海精密工业股份有限公司
发明人：檀义才　肖人军　袁志胜
摘要：

　　一种电源供应器，包括脉宽调制控制器、整流器、变压器、第一二极管及电压输出端，一交流电源经整流器连接变压器，变压器分别连接第一二极管及脉宽调制控制器，电源供应器还包括电源开关、继电器，继电器包括单刀双掷开关及电感线圈，单刀双掷开关的第一端连接第一二极管的阴极，其第三端连接脉宽调制控制器的电压端，电源开关连接电感线圈后接地，整流器的正电压端连接于第一二极管的阴极与单刀双掷开关的第一端之间的节点，负电压端接地，电源供应器根据电源开关的断开或闭合使电感线圈控制单刀双掷开关的开闭状态，进而控制脉宽调制控制器的脉冲输出端是否输出脉冲信号来控制电压输出端是否输出备用电源电压。所述电源供应器结构简单、成本低。

带节能控制的计算机电源装置

申请号：200710178002.X　公开日：2009-5-27
申请人：北京交通大学
发明人：刘平竹
摘要：

　　本发明提供的带节能控制的计算机电源装置，包括电源输入插座、计算机TAX电源、节能控制电路和受控电源插座，计算机TAX电源的+5V SB电源和PW-OK信号分别接至节能控制电路，节能控制电路的输出信号接至受控电源插座。当使用者关闭计算机主机后，将自动延时关闭计算机所连接的显示器、打印机、音响系统等外围设备的电源开关。本节能控制电路不消耗任何功率。本发明提供的带节能控制的计算机电源装置简单可靠，价格低廉，节能效果好。如果能成为计算机电源的设计标准，将极大的减小能源的浪费。

应用于交通工具的中控计算机及其相关电源管理方法

申请号：200710169317.8　公开日：2009-5-27
申请人：宏达国际电子股份有限公司
发明人：杨明哲　赵春生　宛兆峰
摘要：

　　应用于交通工具的中控计算机，包含一中央处理单元以及一可编程逻辑装置。该中央处理单元用于控制该中控计算机的运作。该可编程逻辑装置耦接于该中央处理单元，且内建一电源状态机，用以管理该中控计算机的电源状态。该电源状态机包含一关闭状态、一运转状态与一特定状态以及该特定状态位于该关闭状态与该运转状态之间。

电源控制电路

申请号：200810301851.4 公开日：2009-12-2

申请人：鸿富锦精密工业（深圳）有限公司 鸿海精密工业股份有限公司

发明人：邹 华 何凤龙

摘要：

一种电源控制电路，包括一第一开关元件、一第二开关元件、一第三开关元件及一输出端。所述第一开关元件与一超级输入/输出芯片相连，用于接收一控制信号，所述第三开关元件通过所述第二开关元件与所述第一开关元件相连，并与一电源及所述输出端相连。当所述控制信号为高电平时，所述第一开关元件导通，所述第二开关元件截止，所述第三开关元件截止，所述输出端不输出所述电源；当所述控制信号为低电平时，所述第一开关元件截止，所述第二开关元件导通，所述第三开关元件导通，所述输出端输出所述第一电源。上述电源控制电路在电脑处于软件关机状态时，停止电源输出，节省了电能。

一种基于策略的计算机电源功率动态分配的方法

申请号：200910017509.6 公开日：2009-12-30

申请人：浪潮电子信息产业股份有限公司

发明人：王洪亮 刘福军

摘要：

本发明公开了一种基于策略的计算机电源功率动态分配的方法，属于计算机监控管理领域，根据客户业务负荷情况，制定对应的工作策略，然后根据既定策略，对电源的输出功率进行控制；体系结构包括客户业务负荷监控单元、安装在电源的嵌入式功率控制单元、策略分析和实施单元；客户业务负荷监控单元主要负责客户业务负荷的监控和统计；安装在电源的嵌入式功率控制单元是该方法的载体，负责在策略规定基础上控制电源的功率；策略分析和实施单元是该方法的核心，负责做策略分析、制定和实施。本发明的一种基于策略的计算机电源功率动态分配的方法，通过强制控制电源的输出功率，

从而达到节能的目的，具有设计合理、使用方便、节能节源等特点。

固态硬盘存储系统电源管理方法和装置

申请号：200810216276.8 公开日：2009-2-11

申请人：成都市华为赛门铁克科技有限公司

发明人：陈云昊 徐 君

摘要：

本发明实施例公开了一种固态硬盘存储系统电源管理方法，包括以下步骤：读取固态硬盘的历史操作频率，所述历史操作频率用于记录固态硬盘被访问的次数；根据所述固态硬盘的历史操作频率，对所述固态硬盘进行断电或供电。本发明实施例通过存储系统控制器根据所述固态硬盘的历史操作频率针对性的对固态硬盘主动进行电源管理，从而不同的存储设备可以进行主动的电源管理方式，减少存储系统的能耗。

电源管理方法及其相关芯片组

申请号：200910135752.8 公开日：2009-9-9

申请人：威盛电子股份有限公司

发明人：秦双双 黄正维

摘要：

本发明提供一种电源管理方法及其相关芯片组，适用于一计算机系统，其中计算机系统具有一处理单元、一电源管理模块以及一锁相回路电路，电源管理模块耦接多个外围模块，并且计算机系统以及处理单元可分别操作于一工作状态与多个省电状态下。其方法包括：当计算机系统操作于工作状态且处理单元进入省电状态中的一最低功耗省电状态时，侦测外围模块的状态，以判断一特定条件是否符合；以及当外围模块的状态符合特定条件时，依据一控制状态设定，致使处理单元进入一控制状态以控制锁相回路的操作。本发明可更有效地减少整个计算机系统的电源损耗，达到电源控制的目的。

主板与其显卡的电源管理方法

申请号：200810095962.4 公开日：2009-11-4

申请人：华硕电脑股份有限公司

发明人：吴潮崇 李侑澄

摘要：

一种主板与其显卡的电源管理方法，当主板由第一效能模式切换至第二效能模式时，主板内的微控制器会经由专属的连接接口输出一调整信号至显

卡以对应调整显卡的工作参数，使电脑整体的节能与效能提升的效果更佳。

具有主单元和从属单元的数据处理设备中的电源管理

申请号： 200680055493.2　**公开日：** 2009-8-5

申请人： ARM 有限公司

发明人： A·通

摘要：

描述了一种诸如集成电路之类的设备（2），该设备（2）包括通过互连（14）连接的主单元（8、10）和从属单元（6、18、20）。除了与事务一起传递的常规数据信号（22）和地址信号（24）之外，还传递使用信号（26），该使用信号指定直到下一事务将被发送到从属单元的时间间隔。局部从属功率控制器（34）响应于所述使用信号（26）而切换到低功率模式，并且响应于将被接收到的下一事务而及时优先切换回到工作模式。

电源开关控制系统

申请号： 200710203412.5　**公开日：** 2009-7-1

申请人： 鸿富锦精密工业（深圳）有限公司　鸿海精密工业股份有限公司

发明人： 王　卫　宋拥军

摘要：

一种电源开关控制系统，包括依次连接的一服务器、一转换电路、一控制电路、一开关电路及一连接器，所述开关电路包括至少一个开关，所述连接器具有至少一个接脚，所述开关电路的开关与所述连接器的接脚对应连接，所述连接器的接脚用来与至少一个待测电脑主板的电源接脚连接，所述服务器包括一串行接口，所述服务器通过该串行接口输出一控制信号，所述转换电路将所述服务器输出的控制信号转换为所述控制电路支持的电平信号，所述控制电路依据接收的控制信号控制所述开关电路中的开关的接通或断开，以控制与连接器连接的电脑的开关。上述电源开关控制系统可实现远程控制多个电脑电源的开关。

遥控计算机电源插板装置及遥控方法

申请号： 200910025741.4　**公开日：** 2009-8-12

申请人： 江苏科技大学

发明人： 王长宝　赵厚宝　支海龙　李　杰
　　　　　赵　建　尹　楠　黄祖荣　蔡云兴

摘要：

本发明公布了一种遥控计算机电源插板装置及遥控方法，其计算机电源插板电源打开键与关闭键安装在鼠标上，以无线遥控的方式控制电源插板电源打开与关闭，计算机处于关机、待机、休眠时电源打开键为面板开机键开机功能。计算机处于关机、待机、休眠时，在规定时间内电源插板上所有插座断电。本发明的显著特点在于其将电源打开键与关闭键和鼠标集合在一起，运用鼠标上电源打开键打开计算机主机电源并同时启动计算机，运用鼠标上电源关闭键关闭计算机主机电源，彻底解决了关闭计算机主机电源需要按电源插座上开关的问题，同时解决了计算机完全开启，间隙使用的周边设备电源由鼠标上电源打开键与电源关闭键控制电源打开与关闭，节能，使用方便。

一种双界面智能卡电源管理电路

申请号： 200810101679.8　**公开日：** 2009-9-16

申请人： 北京同方微电子有限公司

发明人： 邰晓鹏　盛敬刚　霍俊杰　徐　磊

摘要：

一种双界面智能卡电源管理电路，涉及双界面智能卡通信技术领域。本发明电源管理电路包括：分别用于对射频整流电源 VDD_RF，接触输入电源 VCC 和内部电源 VDD 进行采样的 3 个采样单元 SAM1、SAM2 和 SAM3；分别用于对采样单元 SAM1 和 SAM3 的采样信号及采样单元 SAM2 和 SAM3 的采样信号进行比较放大的两个比较器单元 COMP1 和 COMP2；对应于射频整流电源 VDD_RF 的 MOS 管 MP1 和对应于接触输入电源 VCC 的 MOS 管 MP2。同现有技术相比，本发明可以保证双界面智能卡在接触/非接触各自单独工作模式以及接触/非接触两种模式同时上电时，都可以高效、可靠地得到内部电源 VDD。

电源设备防盗系统

申请号： 200810070474.8　**公开日：** 2009-7-22

申请人： 福建三元达通信股份有限公司

发明人： 陈木健　纪承宇

摘要：

一种电源设备防盗系统，包括主控制单元、连接到主控制单元的防盗告警模块和采样系统，以及远程监控终端，主控制单元与远程监控终端进行通信，其中主控制单元包括至少一个摄像头，防盗告警模块通过红外探测器或者串接于每块太阳能极板上的极板环路检测线实现防盗告警，产生告警至主控制单元，远程监控终端实现远程监控及控制。本发明的优点在于：除了红外探测功能，还增加了线路保护，实现多功能防护作用，在产生告警的同时，不仅能在现场产生告警功能，更能将现场情况拍摄下来传输到需求方。另一方面，该系统将防盗与电源设备检测结合在一起，实现防盗的同时，又可检测电源设备的性能，包括检测电压、电流。并能实现欠电压、欠电流告警。

内部无电源无引入线的发光装置

申请号：200810229590.X 公开日：2009-7-8

申请人：沈阳世杰电器有限公司

发明人：朱宇辉 任晓洁

摘要：

本发明涉及一种内部无电源无引入线的发光装置，其特征在于：它是由发光二极管电路板、磁感应体、基座和外壳组成，外壳的底部设置有基座，基座上设置有磁感应体，发光二极管电路板固定设置在外壳内，发光二极管电路板与磁感应体电连接。本发明在使用时将其安装到位后只需用一根导线分别穿过每个磁感应体中心或在其外壳缠绕，在结构上形成串联安装，在磁路上形成并联连接，既简化了安装结构又提高了产品的安全性和稳定性，具有使用方便灵活、显示图形或文字时使用者可任意组合的特点。可用于各种娱乐场所发布图文信息、店面牌匾、室内外装饰光源、制作个性化显示标识等。通过安装方式的变化，可实现显示的拉帘扫描形式和类似霓虹灯的各种显示效果。

用于真空荧光显示管的灯丝电源电路

申请号：200910130087.3 公开日：2009-10-21

申请人：则武伊势电子株式会社 诺利塔克股份有限公司

发明人：诸冈直之 秋山瑞季 芝田和久 小滨徹

摘要：

一种真空荧光显示管的灯丝电源电路，积分电路连接至信号输入端子，该信号输入端子用于接收幅度相应于直流电源电压的脉冲信号。比较电路将所述积分电路的输出电压与基准电压进行比较并输出结果。第一灯丝阴极连接端子连接至所述真空荧光显示管的灯丝阴极的一个端子，并向该端子提供直流电源电压。第二灯丝阴极连接端子连接至所述灯丝阴极的另一个端子，以通过电容元件使该灯丝阴极的另一个端子接地。三端子元件包括第一、第二和第三端子。所述第一端子连接至所述第一灯丝阴极连接端子。所述第二端子接地。所述第三端子接收所述比较电路的输出，以根据该输出切换所述第一端子和第二端子之间的通道。

交流电源反馈控制装置

申请号：200810089304.4 公开日：2009-10-14

申请人：盛群半导体股份有限公司

发明人：叶晨光

摘要：

本发明是一种应用在真空荧光显示器（VACU-UM FLUORESCENT DISPLAY，VFD）的交流电源反馈控制装置，利用脉宽调制（PWM）控制器来驱动D类驱动器（CLASS-D DRIVER），经过低通滤波器（LPF）之后产生灯丝所需的弦波电压，同时利用简易的反馈装置检测所反馈的灯丝输出电压，借以控制及调整该脉宽调制控制器的工作周期（DUTY CY-CLE）的大小。

等离子显示器电源时序控制装置

申请号：200910304347.4 公开日：2009-12-23

申请人：深圳晶辰电子科技股份有限公司

发明人：苏志春 郁海斌 谢金诚 徐大伟

摘要：

本发明涉及一种等离子显示器电源时序控制装置，包括：微处理器IC1、信号控制单元、电压输出端，所述微处理器IC1接收所述信号控制单元的控制信号，控制所述电压输出端的电压输出；信号控制单元，接收电源指令信号，根据电源指令信号控制电源电压按IC1中设置的电源电压时序输出。本发明通过构建一种等离子显示器电源时序控制装置，采用微处理器IC1集中控制，对等离子显示器开关机时电源时序进行精确控制，并对电源模块输出的电压提供过电压保护、欠电压保护及输出短路保护的功能。本技术方案采用的元件少，故障率低，成本低。

预置值开关稳压电源、控制器、分配器和分配系统

申请号：200910080630.3 公开日：2009-11-18

申请人：北京中庆微数字设备开发有限公司

发明人：商 松

摘要：

本发明公开了一种预置值开关稳压电源、控制

器、分配器和分配系统，预置值开关稳压电源包括数据控制模块和至少一开关稳压电源；数据控制模块设置第一信号输入接口，接收外部各负载输入条件的第一信号进行处理，输出第二信号到与对应负载相连接的开关稳压电源；脉冲宽度调制器与数据控制模块连接，根据第二信号，输出 PWM 信号到 MOSFET 调控电路；MOSFET 调控电路根据所述 PWM 信号，切换至少一功率开关管 MOSFET 的开关状态及其开关状态之间的转换时间，调整变压器的输入电压，变压输出到整流滤波电路，整流滤波后为各负载输出一组或多组稳定电压。本发明可以正常而且稳定地进行灰度显示，保障了亮度深度，并且显示效果好。

电源顺序控制电路及所应用的栅极驱动器与液晶显示面板

申请号：200810097139.7　公开日：2009-11-25
申请人：联咏科技股份有限公司
发明人：张志远

摘要：

一种电源顺序控制电路，接收一输入正电压与一输入负电压。电路包括一电压拉高单元，有一第一端耦接至该输入正电压，一第二端耦接至一节点，以及一控制端接收反馈的一输出正电压。一电压拉低单元有一第一端耦接至该节点，以及一第二端连接到一输出负电压。一限流开关单元具有一第一端接收该输入正电压，一第二端输出该输出正电压，以及一控制端耦接至该节点。当该输出负电压下降时，该电压拉低单元将该节点所对应的一控制电压拉降，且于该控制电压低于一启动临界值时，该限流开关单元导通以将该输入正电压传送出做为该输出正电压。

用于一液晶显示器降低电源噪声的驱动方法及其相关装置

申请号：200810088650.0　公开日：2009-10-14
申请人：联咏科技股份有限公司
发明人：徐锦鸿

摘要：

用于一液晶显示器降低电源噪声的驱动方法及其相关装置，所述方法包含有接收对应于一第一帧的一扫描线的多个源极信道输出信号，以及将对应于该扫描线的该多个源极信道输出信号分成多次在不同时间输出，以驱动该液晶显示器显示该扫描线。其中，在

该多次输出中，至少有一次输出是同时输出该多个源极信道输出信号的至少二源极信道输出信号。

一种用于开关电源模块无源基板的铁氧体嵌板和磁心结构

申请号：200910021868.9　公开日：2009-12-2
申请人：西安交通大学
发明人：杨　旭　王佳宁　王兆安

摘要：

本发明涉及开关电源模块，公开了一种用于开关电源模块无源基板的铁氧体嵌板和磁心结构。铁氧体嵌板包括垫板以及粘贴在垫板上的铁氧体单元，所述铁氧体单元为长方体，所述铁氧体单元之间的气隙中固化有铁氧体胶状聚合物；磁心结构通过铁氧体嵌板经过裁剪、层叠、拼接或者其组合的方法而做成。

大功率逆变电源用铁基纳米晶磁心及制造方法

申请号：200810224251.2　公开日：2009-7-8
申请人：安泰科技股份有限公司
发明人：王立军　陈文智　王六一　张宁娜　宋翀旸

摘要：

本发明涉及一种大功率逆变电源用软磁磁心及其制造方法，该磁心采用铁基非晶纳米晶带材卷绕而成，磁心的成分按重量百分比为 FE：81%~85%，CO：0.01%~5%，SI：7%~9%，B：1.5%~2.5%，CU：1%~2%，M：4%~7%，M'：0.001%~0.04%，其中 M 为 NB、MO、V、W、TA 中的一种或几种，M' 为 AL、TI 的至少一种。磁心在保护气氛或真空中进行退火，退火时磁心在炉内的位置可以移动或转动，保温温度为 520~600℃，保温时间为 1~2h，升温速度为 100℃/h。采用上述方法制造的磁心具有更低的损耗和更好的制造工艺性能，它不仅具有优良的软磁性能，而且热处理后的后续加工可以适用多种工艺方法。

一种高频开关电源变压器

申请号：200810197747.5　公开日：2009-9-2
申请人：武汉长江通信产业集团股份有限公司
发明人：曹昌圣

摘要：

本发明提供了一种高频开关电源变压器，其包括磁心、骨架和线圈绕组；所述磁心由开关电源所用的磁心材料制成；所述磁心设有中柱，其周围设

有窗口；所述中柱套有绝缘套，绝缘套为骨架；所述骨架设有连接柱，其外表面上由内向外依次缠绕的是二次绕组、二次侧绝缘层、隔离层、一次侧绝缘层、一次绕组，它们构成线圈绕组；所述连接柱的两端设有档片，在档片与所述线圈绕组之间有一次侧绝缘填充层和二次侧绝缘填充层；所述骨架两边的出线排的距离，大于空气条件下达到所需的隔离电压的空气放电距离。该变压器可提供初、次级绕组间 6～10kV 的隔离电压，安全防护等级高。

电源用变流器及其制造方法

申请号：200810133526.1　公开日：2009-1-14
申请人：LS 产电株式会社
发明人：孙钟万
摘要：

本发明公开了一种电源用变流器及其制造方法。所述电源用变流器包括：第一铁心，其由磁性物质形成，并且具有环形形状，在其一侧带有间隙；及支撑铁心，其由磁性物质形成，并且布置在所述第一铁心的一侧或多侧以便遮挡所述间隙。因此，能够在小电流区域内平稳地执行供电，并且防止供电对象在大电流区域内受损。此外，能够减小线圈的匝数，并且能够使所述电源用变流器的整体尺寸变小。

高频加热电源用空心线圈

申请号：200910045038.X　公开日：2009-10-14
申请人：上海交通大学
发明人：莫锦秋　王石刚　梁庆华　范进秋　周小丹
摘要：

本发明涉及的是一种电源技术领域的高频加热电源用空心线圈，包括下盘、脚座、下支架管、中盘、上支架管、上盘、隔板、导线槽、导线。下盘安装在脚座上，下盘的上表面垂直安装下支架管，下支架管的上端垂直安装圆环形中盘，中盘的上表面垂直安装上支架管，上支架管的上端垂直安装圆环形上盘，隔板固定在下盘、中盘、上盘之间。下盘、下支架管、中盘、上支架管、上盘、隔板组成骨架。导线通过导线槽在骨架上缠绕形成缠绕线圈。本发明利用线圈骨架和线圈缠绕解决实现改善高频电源内部电磁环境，极大降低对高频电源中开关管的驱动电路正常工作的影响，使开关管能够按照要求正常开启和关闭，适用于高频加热电源进行快速响应加热封装工作。

适用于电磁斥力推斥机构的大电流脉冲电源

申请号：200710178455.2　公开日：2009-6-10
申请人：北京市电力公司　中国电力科学研究院
发明人：荆　平　赵　波　邓占锋　于坤山
　　　　赵国亮　李金元　冶　铁　刘　兵
摘要：

本发明公开了一种适用于电磁斥力推斥机构的大电流脉冲电源。该大电流脉冲电源包括：电容充电装置，由整流桥和 MOS 管串联实现，用于实现储能电容的充电；电容放电装置，由晶闸管和线圈实现，用于实现储能电容的放电；电容控制装置，由模拟滞回电路和模拟分压检测电路实现，用于实现储能电容的恒压控制；以及充放电控制装置，由模拟逻辑电路实现，用于控制电容充电装置和/或电容放电装置对储能电容进行充电和/或放电。本发明实现了储能电容的快速充放电和高精度的恒压控制，从而实现了快速机械开关的快速动作。

一种智能双电源转换装置

申请号：200810127452.0　公开日：2009-3-11
申请人：乐清市瓯越电力科技有限公司
发明人：黄勤飞
摘要：

本发明公开了一种智能双电源转换装置，包括两台真空断路器主体和一个机械联锁装置，其中第一台真空断路器主体处于合闸/分闸状态时，通过该机械联锁装置使第二台真空断路器主体处于分闸/合闸状态。本发明可在中、高压下可实现安全有效的双电源转换，同时还可利用真空断路器自身的特性使本发明具有过载及短路保护功能。

电源控制装置及继电器的异常检测方法

申请号：200780014276.3　公开日：2009-5-6
申请人：丰田自动车株式会社
发明人：尾崎真仁　内田健司　西田尚人
摘要：

点火钥匙被启动后，ECU（50），驱动双向 DC/DC 转换器（40），向电容器（C1）充电至电压 VTH1（<VB）。然后，ECU（50）仅接通第 1 继电器（SMR1），基于此时的电压 VL 的变化，进行被断开的第 2 继电器（SMR2）的熔敷诊断。熔敷诊断后，ECU（50）接通第 2 继电器（SMR2），电容器（C1）被充电到主蓄电装置（B）的电压水平。

用于电池模块组件的电源开关模块

申请号：200780043849.5　公开日：2009-9-23
申请人：株式会社 LG 化学
发明人：尹畯一　卢钟烈　梁熙国　尹种文　郑道阳

摘要：

一种用于电池模块组件的电源开关模块，电池模块组件被构造为如下结构，在该结构中，多个矩形电池模块在宽度方向（纵向）和高度方向（横向）上至少两个两个地堆叠，使得矩形电池模块大体构成六面体结构（六面体堆），每个矩形电池模块具有多个相互串联连接的电池组电池或单元模块，六面体堆的外边缘由框架构件固定，矩形电池模块的输入和输出端子被定向为使得矩形电池模块的输入和输出端子向着六面体堆的一个表面（A），电源开关模块包括：以结合方式被安装到六面体堆的该表面（A）的绝缘基底；安装在绝缘基底上的元件，其用于控制在矩形电池模块的充电和放电期间的电压和电流；以及安装在绝缘基底上的连接构件，其用于将控制元件互连。

一种手动复位电源保护继电器

申请号：200910037602.3　公开日：2009-7-29
申请人：佛山市顺德区威睿电子有限公司
发明人：陈春炎　刘海生　陈永良

摘要：

本发明公开了一种手动复位电源保护继电器，它包括有上盖、下盖、电源输入端电极、电源输入弹触片、电源输出弹触片、线包接线针、线圈基座、驱动线圈、弹簧、铁心。另外，它还包括有一电磁铁制锁和复位机构，该电磁铁制锁和复位机构由复位弹簧、制锁卡簧、活动码、弹片、手动复位杆构成。其中，复位弹簧与活动码配合，活动码同时与电源输入弹触片配合，制锁卡簧的一端与铁心扣合，另一端插入活动码的卡槽内并与手动复位杆扣合，弹片固定在活动码底部，手动复位杆从上盖前端面伸入继电器内部并与活动码连接。本发明具有体积小、成本低、结构简单、生产效率高、调试检测方便、安全性和可靠性高的特点。

集成电路电源布局及其设计方法

申请号：200810005333.8　公开日：2009-8-5
申请人：瑞昱半导体股份有限公司
发明人：庄佳霖

摘要：

本发明公开了一种集成电路的电源布局、设计集成电路的电源布局的方法以及建构集成电路的电源布局的方法。该电源布局方式利用多个具有一致线宽的金属干组成电源供应网络与电源供应环。特别地，该电源供应环包含多个金属环，该金属环由该金属干中部分较密集聚集的金属干所形成，该电源供应环用以接收电源并且将该电源分配给集成电路的电子元件。

太阳光发电模拟功率的生成方法和太阳光发电模拟器电源装置

申请号：200780024171.6　公开日：2009-7-8
申请人：株式会社三社电机制作所
发明人：汤口孝司　牧谷敦　山本创

摘要：

模拟生成太阳光发电模块的输出特性的方法和具有削减内部功率损耗的该输出特性的太阳光发电模拟器电源装置。具备 IV 存储单元（该 IV 存储单元将与太阳光发电的电流·电压特性作为 IV 曲线存储）、IV 读取单元、将 IV 特性作为自动控制的输出目标值设定的单元，从存储的 IV 曲线中读取指定的特定的 IV 曲线，生成保持与 I 对应的该曲线上的电压值 V 的控制信号，供给进行功率控制的半导体开关元件，从而模拟生成太阳光发电输出特性。由将输出维持成为与指定的 IV 曲线的电流对应的电压地进行功率控制的控制信号电路和排除了串联电阻的功率变换主电路构成的太阳光发电模拟器。

一种电池电源的管理方法

申请号：200910105377.2　公开日：2009-7-22
申请人：中兴通信股份有限公司
发明人：陈琪

摘要：

本发明公开了一种电池电源的管理方法，包括：根据电池电量曲线预先设置小于标称电压的电压第一门限值和大于标称电压的电压第二门限值；若电池实际电压值小于电压第一门限值，则对电池进行充电；若电池实际电压值大于电压第二门限值则停止充电；若电池实际电压值小于等于标称电压且大于等于电压第一门限值，则启动以时间为 T/N 的周期对电池电压进行检测；若电池实际电压值大于等于标称电压且小于等于电压第二门限值，则启动以时间为 T 的周期对电池电压进行检测。采用本发明技术方案既可以精确测定电压值防止过放出现，又可以改变可能出现的频繁充放电过程，在不需要额外硬件的条件下，提高了电池的安全性和电池的使用寿命。

电源装置和车辆

申请号：200780038621.7　公开日：2009-9-9

申请人：丰田自动车株式会社

发明人：相马贵也　茂刘武志

摘要：

搭载在混合动力汽车（100）上的电源装置，具备：能够充放电的电容器（C1），用于在设置于混合动力汽车（100）的外部的充放电装置（50）与电容器（C1）之间输入输出电力的电力输入输出部（40），检测电容器（C1）的温度（TC）的温度传感器（21），基于温度传感器（21）的检测结果判定为需要进行电容器（C1）的升温的情况下，进行从充放电装置（50）向电容器（C1）的充电和从电容器（C1）向充放电装置（50）的放电中的至少一方以使电容器（C1）升温的控制装置（30）。由此，能够使电容器（C1）升温而不会使变换器（14、15）等负载消耗电力。

车辆用电源装置以及电池的冷却结构

申请号：200810130880.9　公开日：2009-1-7

申请人：本田技研工业株式会社

发明人：小池荣治　武富春美　大矢聪义
　　　　大熊香苗　佐藤诚一

摘要：

本发明公开一种车辆用电源装置，其在车身前后方向延伸的左右的侧部车架（11）之间，偏靠车身左侧地载置收置电池的电池盒（18），并在电池盒（18）的车身右侧的端部，连接对电池进行冷却的冷却空气的进气导管（19）和排气导管（20），因此不仅能够用左右的侧部车架（11）保护电池盒免受侧面碰撞的冲击，而且能够将电池盒（18）的容积确保到最大限度，并能够确保配置进气导管（19）和排气导管（20）的空间。并且由于将电池盒（18）的左右两端部连接于左右的侧部车架（11），因此不仅能够将电池盒（18）坚固地载置于车身，而且也能够通过电池盒（18）提高左右侧部车架（11）的刚性。

电源装置

申请号：200880004850.1　公开日：2009-12-16

申请人：丰田自动车株式会社

发明人：高桥泉

摘要：

本发明涉及一种电源装置（1），其中组合电池（12）和冷却所述组合电池（12）的冷却剂被容纳在电源壳体（11）中，所述电源装置（1）被构造成环形带（13）被布置在冷却剂中，并且通过使环形带（13）环形旋转来循环冷却剂。环形带（13）被布置成环绕组合电池（12）。循环翅片（13A）被设置在环形带（13）上。结果，能够抑制冷却剂的温度分布的变化，并且能够使得电源装置更小。

电源设备

申请号：200880000575.6　公开日：2009-9-23

申请人：丰田自动车株式会社

发明人：村田崇

摘要：

本发明提供了一种电源设备（100），其中蓄电体（1）被布置在容纳冷却液（30）的外壳（20）中。电源设备（100）包括使冷却液（30）振动的振动装置（50）。

电源装置

申请号：200780018775.X　公开日：2009-6-3

申请人：丰田自动车株式会社

发明人：相马贵也　吉田宽史　茂刘武志

摘要：

冷却装置（40）包含：被设置在蓄电装置（C1）侧的冷却风扇（F10），被设置在电池（B）侧的排气口（44），和用于使从冷却风扇（F10）获取的冷却风流通的冷却风流道。蓄电装置（C1）与电池（B）形成能够通过开口部（46）将筐体（50）内部的间隙与筐体（52）内部的间隙连通。从冷却风扇（F10）供给的冷却风在形成在蓄电装置（C1）的筐体（50）内部的间隙中流通而冷却电容器单元（CC1~CC5）。然后，经过了蓄电装置（C1）的冷却风在通过开口部（46）而被导入电池（B）的筐体（52）内部时，在电池单元（BC1~BC6）的上面与筐体（52）之间的间隙中以及电池单元之间的间隙中流通，将电池单元（BC1~BC6）冷却，然后经由排气口（44）向筐体（52）的外部排出。

电源装置及具有该电源装置的安全电路

申请号：200810214026.0　公开日：2009-2-25

申请人：松下电动车辆能源股份有限公司

发明人：丸川修平　宫城义和　松川靖

摘要：

　　一种包括多个串联的电池模块的电源装置和安全电路。从电池组的端子板的侧面插入供电插头，因此在电池模块之间建立电连接。通过突起部将连接器设置在端子盖的后面，及通过连接端子盖和将连接器插进端子板来触发第二安全开关，因此在电池模块中建立电连接。即使在完成维护时连接了供电插头而未连接端子盖，通过第二开关使电池模块仍然保持断开状态，且防止因端子的暴露而出现的通电。

电源装置以及车辆

申请号：200780022006.7　公开日：2009-6-24

申请人：丰田自动车株式会社

发明人：土屋豪范　铃木崇裕

摘要：

　　一种被搭载在车辆上的电源装置，包括：蓄电设备（31）；用于容纳所述蓄电设备（31）的蓄电箱（21）；将所述蓄电设备（31）的输出电压降低为第一电压的 DC/DC 变换器（2）；将所述蓄电设备（31）的输出电压降低为第二电压的 DC/DC 变换器（3）。所述蓄电设备（31）、DC/DC 变换器（2）以及 DC/DC 变换器（3）被固定在所述蓄电箱（21）上。通过这种结构，提供了能够供应至少三种以上电压的电力的小型电源装置。

电源装置

申请号：200880001122.5　公开日：2009-10-14

申请人：丰田自动车株式会社

发明人：长峰浩一　今井正浩

摘要：

　　提供一种实现了构成电源装置的构成部件的良好的保持和固定并很好地防止了由凝结水引起的液体短路或漏电的电源装置。包括：电源集合体（30），层叠了多个电源体（35）；上壳体（10）和下壳体（20），容纳所述电源集合体；辅助连结部（50），固定在下壳体（20）上，使得在电源集合体（30）的下表面与下壳体（20）之间形成空间 S；以及连接部（13、34），配置在视线方向为电源集合体（30）的层叠方向时的所述电源集合体（30）的左右方向上，连接所述电源集合体（30）和上壳体（10）。

固态化学电源及提高其放电功率的方法

申请号：200680050818.8　公开日：2009-2-11

申请人：波塔宁协会有限公司

发明人：亚历山大·阿尔卡季叶维奇·波塔宁

摘要：

　　本发明涉及一种固态化学电源及提高其放电功率的方法。本发明的电源可用于电化学工程，本发明具体涉及基于固态离子导体的具有高放电功率的初级和二级固态化学电源，以及用于提高所述放电功率的方法。该固态化学电源包括：具有电流引出线的本体，设置于该本体内，并连接到该电源引出线的固态原电池，该原电池是基于固态离子导体，同时执行加热元件的功能。还包括为减少加热的原电池的热量散失的隔热体，其设置于该本体之内或/和该本体之外。本发明的方法用于通过对其加热提高固态化学电源放电功率，包括，通过流过原电池的电流所产生的热量加热固态原电池并在放电期间保持固态原电池的热状态。本发明使获得具有高放电功率和低自放电以及长期电能存储的固态化学电源成为可能，并可提高能量特性，使其大于或等于 600 瓦特-小时/DM3。

电源接线板防挤压踩踏保护装置

申请号：200810204377.3　公开日：2009-5-13

申请人：宁波奥博尔电器有限公司

发明人：王广富　张秀彬　唐厚君

摘要：

　　一种接线板安全保护技术领域的电源接线板防挤压踩踏保护装置，包括：电源模块、电桥模块、放大模块和报警模块，其中，电源模块的输入接口与交流市电连接，电源模块依次连接电桥模块、放大模块和报警模块，其特征在于，电桥模块包括动态电桥臂和静态电桥臂，其中，静态电桥臂包括两个阻值相等的金属膜电阻器，动态电桥臂包括电阻应变片和微调电阻器，电桥模块输出端与放大模块相连接。本发明能够在电源接线板发生碰撞和挤压或当儿童玩耍触电时报警，使得电源接线板使用起来更加安全、可靠和人性化。

万能转换电源连接线

申请号：200810216181.6　公开日：2009-7-8

申请人：诸葛瑞

发明人：诸葛瑞

摘要：

一种万能转换电源连接线，包括三相电源线和三相插头，所述电源线的一端与所述插头的相应导电片电连接，所述插头包括插头座和多个设有不同规格的导电插脚的可拔插插头，所述可拔插插头与所述插头座活动连接。本发明应用力学杠杆原理进行设计。它结构简单，分离与结合轻巧方便，结合牢固，通过电流大，可达 AC 250V/16A。解决了过去插头容易脱扣产生的安全隐患，填补了转换式插头用于电源连接线的空白，也将给转换式电源连接线领域带来一场革命。

电源插头的防松脱装置

申请号：200810141813.7　公开日：2009-3-25
申请人：张　杰
发明人：张　杰

摘要：

一种电源插头的防松脱装置，该装置包括至少一个可拔插的限位件和与之相配合的电源插座，在电源插座的上表面上设有与所述限位件的形状和位置相对应的限位导槽，限位件包括对称设置在电源插座上表面上的任意两侧边沿的两条相向的导槽，两条导槽是自电源插座上表面向上延伸形成的直边和自直边顶端折向内侧的折边构成。限位件在电源插头插入电源插座后卡接于电源插座上的限位导槽中，以限制电源插头向脱离电源插座方向的移动。本发明能有效防止电源插头在使用中因外力而造成松动或脱落，并能保持与电源插头和电源插座原结构和形状的一致性，且结构简单，拔插方便快捷，易于实施和广泛推广。

一种电源插座

申请号：200810241949.5　公开日：2009-7-8
申请人：深圳和而泰智能控制股份有限公司
发明人：钟　鸣　蒋洪波　刘建伟　汪显方

摘要：

本发明公开了一种电源插座，包括控制器、开关器件、插孔，所述插孔通过开关器件与电源耦合，所述开关器件与控制器耦合，所述控制器根据其内的运行信息控制开关器件。本发明通过控制器开关器件，使插孔得电或断电，可实现自动定时开关，方便用户。

可携式电子装置、电源侦测接头及电源侦测方法

申请号：200710199898.X　公开日：2009-6-17
申请人：华硕电脑股份有限公司
发明人：沈育成　邱义文　许敏辉

摘要：

本发明涉及一种电源侦测接头，可分别与多个电源输出接头结合，来接受不同电源准位。所述的电源输出接头内分别具有不同长度的第一绝缘元件。电源侦测接头包含一第一电极、一第二电极以及一电源侦测元件。第一电极位于电源侦测接头内部。第二电极位于电源侦测接头外围。电源侦测元件位于第一电极与第二电极之间，当电源侦测接头与任一电源输出接头结合时，根据电源侦测元件与第一绝缘元件的一连接状态，来判别电源输出接头提供的电源准位。

可控制远端电源的双电源插座组设备

申请号：200810082361.X　公开日：2009-9-2
申请人：胜德国际研发股份有限公司
发明人：李裕隆　郭明洲

摘要：

一种可控制远端电源的双电源插座组设备，包括：第一电源插座，具有第一壳体，该第一壳体的侧面设置有多个第一插座孔，该第一壳体的一侧延伸出电源线；连接线，其一端连接至该第一壳体的另一侧；以及第二电源插座，连接于该连接线的另一端，该第二电源插座具有第二壳体，该第二壳体的侧面设置有多个第二插座孔以及至少一个电源开关。借助该第二电源插座，使用者能方便地将电能供应给电子产品，且该电源开关也可让使用者方便地控制第一电源插座的电能供应与否。

一种 360 度旋转的电源插头

申请号：200910041294.1　公开日：2009-12-30
申请人：广东明家科技股份有限公司
发明人：周建林

摘要：

本发明公开了一种 360 度旋转的电源插头，插头壳体内设有同轴设置的固定座和旋转座，插接端子沿旋转座轴向固定在旋转座上，并且插接端子的上、下两端分别伸出旋转座的上、下端面，面盖上设有透空窗，旋转座的上端面设有凸台，凸台与透空窗相配合，并在透空窗内自由旋转；固定座与旋

转座之间设有与插接端子数量相对应的且同心设置的环形导电环，每一导电环与一个插接端子的下端相接触，每一导电环上还设有连接脚，连接脚穿过固定座上对应的通孔后与对应的电源线相连接。由于插接端子设置在一个可以自由旋转的旋转座上，而固定座上设置环形的导电环，使得旋转座旋转过程中，接插端子的下端始终保持与导电环的电接触，从而提供一种360度旋转的电源插头。

线夹、应用该线夹的电源插座和该电源插座的制造方法

申请号：200910106281.8　公开日：2009-8-26
申请人：深圳市克莱沃电子有限公司
发明人：张　杰

摘要：

本发明涉及线夹、应用该线夹的电源插座和该电源插座的制造方法。电源插座包括主线和支线，主线包括主线线心和包裹在其外围的主线绝缘层；支线包括支线线芯和包裹在其外围的支线绝缘层；主线绝缘层上设有至少一个主线缺口，对应位置处的主线线芯形成主线导体接口；支线绝缘层上设有支线接口，对应位置处的支线线芯形成支线导体接口；主线导体接口与支线导体接口之间设有将两者导电连接的束紧件。本发明还提供该电源插座的制造方法及其使用的线夹。采用束紧件连接作为输入电源线的主线和作为输出电源线的支线，不会破坏两种导线的线芯，且面接触方式可提高导电性能；连接过程仅一处连接点，有助于降低故障隐患。

通过弹性环带和活动触点所构成的电源引脚

申请号：200810002302.7　公开日：2009-7-8
申请人：李　明
发明人：李　明

摘要：

本发明是一种通过弹性环带和活动触点所构成的电源引脚，通过弹性带形变所提供的弹力和活动电极，由一个或数个可拉伸变形产生弹力的弹性材料做成的弹性环带、一个或数个与弹性环带组合的带有屏蔽防护的活动电极触点、与触点连接的电源和数据引线、控制弹性环带弹性的弹力控制器组成，电极触点在弹性环带上自由活动，弹性环带套在电池外壳上，调节弹性环带上的电极触点移动到电池的电极对应位置或者对应数据位，借助弹性环带所产生的弹力使得触点和电池电极接触在一起，连接金属触点的引线将电力或数据信息传递给所需要的设备，弹力控制器套在弹性环带上控制松紧力大小，适应不同外形和大小的电池的电极。方便对电池电力的引出使用。

一种防水电源接头的制作方法及采用该方法的防水接头

申请号：200910041339.5　公开日：2009-12-23
申请人：鹤山丽得电子实业有限公司
发明人：樊邦扬

摘要：

本发明公开了一种防水电源接头的制作方法，包括以下步骤：先裁剪所需长度的电源线；接下来将电源线一端的芯线外皮剥离掉，使其漏出金属导线；然后将金属导线放入端子机中分别压接金属公端子、金属母端子；接着在金属母端子外再套制一硬质隔离套；然后将连接好金属公端子的电源线放入公接头模具中，将连接好金属母端子的电源线放入母接头模具中，采用注塑的方式注塑成型公接头、母接头，注塑公接头、母接头的材料选用硬质塑料。本发明采用硬质塑料注塑的方式制作接头，相对于现有技术中的组合式防水接头，本发明工艺简单，防水效果好。

大电流脉冲 LD 激光器驱动电源

申请号：200910085901.4　公开日：2009-10-28
申请人：北京国科世纪激光技术有限公司
发明人：樊仲维　周正生

摘要：

本发明提供一种大电流脉冲 LD 激光器驱动电源，包括放电单元；所述放电单元包括用于计算外部负载的电压降的偏置电路，所述偏置电路包括第一 MOS 管、第一电阻、第二电阻、第一可变电阻以及第一电容；所述第一 MOS 管的漏极与外部负载的阴极端相连，所述第一 MOS 管的源极通过第一电阻连接到地，所述第一 MOS 管的栅极通过第二电阻连接到第一可变电阻器以取得一恒定电压值，且所述第一 MOS 管的栅极还通过第一电容连接到地以稳定电压。本发明实现了对负载的大电流供电；实现了对外部负载的自适应性；实现了对储能电容的恒流充电，有利于充电效率的提高及对储能电容的保护；实现了多路保护电路对 LD 负载及电源本身的保护。

用于高压脉冲电源的多电极旋转火花隙开关

申请号：200810118084.3　**公开日**：2009-1-7

申请人：北京交通大学

发明人：田付强　王　毅　雷清泉

摘要：

本发明是一种用于高压脉冲电源的多电极旋转火花隙开关，属于脉冲功率技术领域。该开关包括定子（8）、转子（7）、转子针电极（9）、定子针电极（10）、驱动电机（1）。在定子（8）和转子（7）上分别安装2N层针电极，在定子（8）上每层均匀安装M个定子针电极（10）并用导线相连保持同一电位；在转子（7）上每层安装一个转子针电极（9），相邻两层的两个转子针电极相差180°机械角度，并用导线直接相连保持同一电位，电机带动转子旋转到转子针电极和定子针电极相对时开关导通。该开关具有开断电压、开断功率和重复工作频率高，开断速度快小于10ns，绝缘结构简单，工作寿命长、维修方便、成本低等优点。

智能双电源切换装置

申请号：200810181040.5　**公开日**：2009-5-13

申请人：郑文秀

发明人：苏　杭　陈　勇　郑文秀

摘要：

本发明公开了一种智能双电源切换装置，由于采用了一台真空断路器设置在轨道车上，利用轨道车的移动来带动真空断路器移动，从而实现在主电源和备用电源之间切换，其结构同利用两台开关柜以及相应的机械连锁装置相比，结构较为简单，极大降低了成本，同时工作性能上也较为稳定、可靠。

一种利用平时电站形成战时网状电源的设计施工方法

申请号：200810029595.8　**公开日**：2009-4-15

申请人：姚　军

发明人：姚　军

摘要：

一种利用平时电站形成战时网状电源的设计施工方法，其特征是在附有防空地下室和平时电站的民用建筑物内，利用平时电站作为战时主电源；在所述的每栋建筑物的防空地下室主体内均设有电站配电控制室；将所述的每栋建筑物内的平时电站与防空地下室主体内的电站配电控制室之间通过强、弱电电缆相连；在以每栋建筑物内的电站配电控制室为圆心的低压供电半径范围内，将该栋建筑物周围的同类建筑物内的电站配电控制室均与该栋建筑物内的电站配电控制室之间通过强、弱电电缆相连，从而形成战时网状电源。本发明利用各种民用建筑物内的平时柴油发电机组作为战时主电源，构成战时供电网络，为防空地下室提供较可靠的网状电源保障。

用于三相电源系统的接地故障电路中断器系统

申请号：200680041990.7　**公开日**：2009-2-11

申请人：切夫里昂美国公司

发明人：P·S·哈莫

摘要：

一种用于三相电源系统的接地故障电路中断器方法和系统，所述系统包括形成用在三相配电系统中的接地故障电路中断系统的多个GFCI单元和处理器，该三相配电系统包括三相电源、三线或四线干线电路及连接在干线电路上的多个三线或四线馈电线电路。GFCI单元设在干线电路中和馈电线电路的每一个中。处理器编程成连续地监视干线GFCI单元和每个馈电线GFCI单元以确定故障已经发生在何时和何地，并且响应于此，中断故障电路和禁止非故障电路的跳闸。新的GFCI系统可应用于直接接地、电阻接地或未接地的以及其他三相系统。

基于无接触电流采样的直流电源短路保护电路

申请号：200910152018.2　**公开日**：2009-12-2

申请人：中国科学技术大学

发明人：陈宗海　刘新天　何　耀

摘要：

本发明提出一种基于无接触电流采样的直流电源短路保护电路，包括霍尔电流传感器、电压比较输入延时网络、短路检测电路、短路锁定电路和锁定解除按键。本发明通过霍尔电流传感器进行无接触的电流采样，利用霍尔效应原理，传感器不需与直流电源放电回路相串联，即可将放电回路电流值转换成电压值，电流采样电路功耗低，精度高；并且，提供短路锁定电路，在短路瞬间将保护电路输出锁定为短路保护控制信号，使放电回路上的开关器件保持断开状态，防止开关器件频繁动作被烧毁；在短路故障排除后，按下锁定解除按键重新导通放电回路。

电源装置、装有电源装置的电动车以及控制电源装置的方法

申请号：200780004379.1　**公开日**：2009-3-4
申请人：丰田自动车株式会社
发明人：内田健司
摘要：

ECU（60）基于来自绝缘电阻降低检测器（50）的电压（V）判断电源装置（100）的绝缘电阻是否降低。当车外负载（80）没有连接到电源装置（100）时，ECU（60）将用于判断绝缘电阻降低的判断阈值设置为正常的第一值。另一方面，当车外负载（80）电气连接到电源装置（100）时，考虑由于Y形电容器（84）的电容器（C3，C4）引起的电容性分量的增大，ECU（60）将判断阈值设置为低于第一值的第二值。

一种电源欠电压保护电路及包含该保护电路的电源

申请号：200710169763.9　**公开日**：2009-5-20
申请人：艾默生网络能源系统有限公司
发明人：刘志宇　赵　辉　向小路　柳树渡
摘要：

本发明公开了一种电源欠电压保护电路及包含该保护电路的电源，该欠电压保护电路包括采样模块、比较模块和回差保护模块；采样模块与比较模块相连；采样模块采集电源的输入电压并输出至比较模块，比较模块将输入的电压与基准电压进行比较并在输入的电压小于基准电压时输出相应触发信号至控制模块；回差保护模块连接在采样模块输出端和控制模块输入端之间。本发明的电源欠电压保护电路包括回差保护模块，该回差保护模块会使欠电压保护动作后，当欠电压刚刚在欠电压保护点向上恢复的时候，不会立即停止欠电压保护动作避免电源在保护点频繁启动关断，从而保证电源的可靠性。

汽车空调控制面板参考电源保护装置

申请号：200810043635.4　**公开日**：2009-3-18
申请人：浙江三花汽车零部件股份有限公司
发明人：王军东　季　东
摘要：

本发明涉及汽车空调控制面板参考电源保护装置。它包括内部电源电路，在CPU和外部传感器之间设有由电源输出电路、反馈电路构成的传感器参考电源保护电路，传感器参考电源保护电路输出电压等于内部电源电压VCC，为外部传感器提供参考电压并提供短路或过载保护；当传感器参考电源保护电路的输出端对地短路或过载时，电源输出电路和反馈电路对传感器参考电源保护电路的输出电流限流或关断，使内部电源电路正常工作；当传感器参考电源保护电路的输出端接到外部电源时，电源输出电路使内部电源电路和外部电源隔离，使内部电源电路正常工作。本发明解决了当接口对汽车的地，或点火电压，或电瓶电压短路时，造成整个控制系统损坏或不能工作的问题。

模块电源短路保护电路

申请号：200910107308.5　**公开日**：2009-10-14
申请人：中兴通信股份有限公司
发明人：张本军　马光明　买春法
摘要：

本发明公开了一种模块电源短路保护电路。该电路包括开关元件和电源监控模块，其中，电源监控模块用于设置预定的电压门限，探测开关元件的电压输入极和电压输出极的电压，分别比较两端的电压值是否落入电压门限，若全是，则电源监控模块通过电源监控模块的受控极，控制开关元件闭合，否则，控制开关元件断开。本发明采用简单、可靠的电路设计，有效地解决了模块电源近端短路和远端短路的保护问题。

变频器开关电源的短路保护电路

申请号：200910045678.0　**公开日**：2009-10-7
申请人：上海新时达电气股份有限公司　上海辛格林纳新时达电机有限公司
发明人：徐　勇　金辛海　蔡新波　成爱军
摘要：

本发明涉及一种变频器开关电源的短路保护电路，包括：主功率电路；所述的主功率电路分别连接RCD吸收电路、PWM控制器以及输出整流电路；一个反馈电路分别连接PWM控制器输出整流电路；还包括一个过电压保护电路；所述的过电压保护电路连接PWM控制器和反馈电路；在所述输出整流电路的+5V整流输出电路中，在整流二极管D5V和电阻之间串接一个可恢复熔丝。本发明的有益效果是：能够实现对任意一路输出的保护，具有完善的保护功能；当短路发生时，不会引起变频器操作事故，也不会引起元器件的失效。

开关电源逐周波过电压保护电路

申请号： 200810306644.8　**公开日：** 2009-10-7
申请人： 卢东方
发明人： 卢东方　符平凡
摘要：

本发明涉及一种过电压保护技术，尤其是涉及一种开关电源输入过电压保护电路。本发明主要是通过下述技术方案得以解决的：晶闸管 SCR、二极管 D1、电容 C1 构成了电流输出主回路；电阻 R1、TVS 稳压管、电容 C2、电阻 R3 构成了作为产生晶闸管触发脉冲的控制回路一；二极管 D2、电阻 R2、TVS 稳压管、电容 C2、电阻 R3 构成了作为产生晶闸管触发脉冲的控制回路二；该保护电路利用晶闸管交流斩波原理，直接采样电网电压，根据交流输入电压的大小，自动改变晶闸管的导通时间，达到了对交流输入电源的逐周波控制，从而避免了响应时间慢的缺点，能对电网电压的波动，实现自动、即时修正，从而达到了对后级电源线路的过电压保护。

含分布式电源配电网保护方法

申请号： 200910067641.8　**公开日：** 2009-10-7
申请人： 天津大学城市规划设计研究院
发明人： 李永丽　孙景钉　李盛伟
摘要：

本发明属于电力系统配电网继电保护技术领域，涉及一种含分布式电源配电网保护方法，该方法对于在配电网母线处接有一个或一个以上的分布式电源的情况，在接入分布式电源配电网的上游区域，加装方向纵联保护装置，同时在该区域采用带有方向元件的定时限过电流保护方式；对于在配电网非母线之处接有至少一个分布式电源的情况，在接入分布式电源配电网的上游区域，加装方向纵联保护装置，在其下游区域，加装过电流保护装置，并对整个区域采用反时限过电流保护方式。本发明通过对传统的电流保护配置进行了改进，保证了含 DG 配电系统故障的可靠切除。

单相电源低通防雷器

申请号： 200810028600.3　**公开日：** 2009-12-9
申请人： 珠海市金宏辰新科技有限公司
发明人： 李明森
摘要：

本发明涉及一种单相电源低通防雷器。要解决的技术问题是如何提供一种不中断正常供电，无残压危害的单相电源低通防雷器。其特征是：①相线依次串联有电感 L1、L3、L5，零线依次串联有电感 L2、L4、L6；②L1 和 L2、L5 和 L6 分别组成共模电感；相线输入端和零线输入端之间连接有浪涌保护器；在 L1、L3 之间的相线和 L2、L4 之间的零线之间连接有浪涌保护器；③L3、L5 之间相线和 L4、L6 之间零线之间连接有电容 C1；L5 靠近相线输出端一侧和 L6 靠近零线输出端一侧之间连接有 C2；④相线、零线输出端分别通过 C3、C4 与地线相接。本发明具有结构简单、使用方便的优点，适用于各种网络电源。

易更换的模块式电源防雷装置

申请号： 200810217133.9　**公开日：** 2009-5-6
申请人： 张杰
发明人： 张杰
摘要：

一种易更换的模块式电源防雷装置，该装置由基座和电源防雷模块构成，所述电源防雷模块插接到基座上，并与基座电连接。基座上设有插槽，在插槽的底部设有三相导电插孔，该导电插孔内的导电片通过导线与用电设备的电源线连接。电源防雷模块是与基座的插槽形状相对应的块状体，其内封装有电源防雷保护电路，电源防雷模块的下端设有导电插脚。电源防雷模块在正常使用状态时插入所述基座的插槽内，当电源防雷模块因故障需更换时，可在不断电情况下将其从基座上拔下更换。本发明可在不需要断电的情况下对电源防雷模块进行及时、方便地维修或更换，因此可保障用电设备和系统的正常、持续、安全运行。

一种无线商话电源管理电路

申请号： 200910112056.5　**公开日：** 2009-11-25
申请人： 厦门敏讯信息技术股份有限公司
发明人： 沈贺勇
摘要：

本发明公开了一种无线商话电源管理电路，它包括一通信模块、一电池、一外电接口电路、一外电供电电路、一充电控制电路及一供电切换电路。该供电切换电路包括一 MOS 管和一保护电路。该 MOS 管漏极电接电池，源极电接开关电路，使得在有外接电源时 MOS 管截止并由外接电源为通信模块提供电能，在无外接电源时 MOS 管导通并由电池为通信模块提供电能。该保护电路电接外电接口电路、电池和外电供电电路，用于在外电源切断时，使MOS管栅极电压为低电平，使MOS管源极和栅极之间存在有电压差，使MOS管处于导通状态。

车辆的电源装置和搭载该电源装置的车辆

申请号：200780023496.2　公开日：2009-7-8

申请人：丰田自动车株式会社

发明人：及部七郎斋　洪远龄　吉田宽史　泽田博树

摘要：

车辆（100）的电源装置具备：第1、第2蓄电池（BA、BB）；电源线（PL2）；第1、第2升压转换器（12A、12B）；系统主继电器（SMR4）；电容器（C2）；进行第1、第2升压转换器（12A、12B）和连接部的控制的控制装置（30）。控制装置（30），在接收了起动指示IGON的情况下，对第1升压转换器（12A）进行控制使得从第1蓄电池（BA）向供电节点电容器（CH）进行充电，并且对第2升压转换器（12B）进行控制使得从电源线（PL2）进行向电容器（C2）的充电，在电容器（C2）的充电结束后，将系统主继电器（SMR4）从断开状态切换至连接状态。

车辆的电源装置及车辆

申请号：200780049098.8　公开日：2009-11-4

申请人：丰田自动车株式会社

发明人：小松雅行

摘要：

车辆的电源装置具备：作为主蓄电装置的电池（BA）；向用于驱动电动机发电机（MG2）的逆变器（22）进行供电的供电线（PL2）；设置在电池（BA）和供电线（PL2）之间的进行电压变换的升压变换器（12A）；相互并联设置的作为多个副蓄电装置的电池（BB1、BB2）；设置在多个副蓄电装置和供电线（PL2）之间的进行电压变换的升压变换器（12B）。升压变换器（12B）选择性地与多个副蓄电装置中的任意一个连接来进行电压变换。

一种消防电源无线监控装置

申请号：200910014405.X　公开日：2009-9-23

申请人：张瞳

发明人：张　瞳　陈俊恺　郭树林

摘要：

本发明公开了一种消防电源无线监控装置，它

具有监控主机（1）和至少一个电源采集器（3），还具有至少一个中继器（2）。监控主机1具有无线接收，智能化报警信息显示，智能存储等功能。中继器2具有无线数据接收、转发功能，能够增强监控主机1与电源采集器3之间的通信传输距离和上下传承功能，除将本区域内所有的电源采集器3的报警及工作状态信息上传至监控主机1，还兼传其他中继器2的报警信息。本发明施工灵活，安装调试方便，施工量小，大大缩短施工周期；维护保养和维修方便，降低维护成本、操作简单、安装简便、灵敏度高、安全可靠。

非接触电源、非接触充电系统以及对可充电电池进行充电的方法

申请号：200780003798.3　公开日：2009-2-25

申请人：LS电线有限公司

发明人：崔星旭　权光熙　金政范　文盛煜
　　　　朴东荣　韩燮

摘要：

本发明涉及与具有接收线圈的电池装置磁耦合的非接触电源，用于以非接触的方式对所述电池装置进行充电，所述非接触电源具有：发送线圈阵列，所述发送线圈阵列包括用于将充电功率感应到接收线圈中的多个发送线圈；以及驱动装置，所述驱动装置用于检测与所述接收线圈磁耦合的发送线圈，并选择性地仅驱动检测到的发送线圈。

具内建式耦合侦测装置的非接触式电源及其耦合侦测方法

申请号：200710198979.8　公开日：2009-6-17

申请人：财团法人工业技术研究院

发明人：陈清标　陈婉珮　陈慕平　杨明哲　陈柏燊

摘要：

本发明是揭露一种非接触式电源（NON-CONTACTPOWER SUPPLY）及其耦合侦测方法。该非接触式电源包含一可分离式变压器（DETACHABLE TRANSFORMER），包括一变压器一次侧，以及一内建式耦合侦测装置（BUILT-IN COUPLING DETECTION DEVICE），包括一电流传感器（CURRENT SENSOR），耦合于该变压器一次侧，用以感测该变压器一次侧的电流，以及一控制器，连接于该电流传感器，用以接收该电流，并根据该电流以判定该变压器是否处于耦合状态。

电源噪波消除电路、带有该电路的电源插座和电器设备

申请号： 200710016361.5 **公开日：** 2009-2-4
申请人： 徐灿清
发明人： 徐灿清
摘要：

本申请公开了一种电源噪波消除电路、带有该电路的电源插座和电器设备，所述的电源噪波消除电路包括两个对称的滤波电路，其中第一滤波电路连接在交流电源相线上，第二滤波电路连接在交流电源零线上，每个滤波电路的电感都有一个中间抽头，这两个中间抽头再分别连接在单相桥式整流工作电路的左、右两个桥臂上；且所有电源噪波通过连接在单相桥式整流工作电路正负极上的负载电阻形成电源相线和零线的滤波通路。本申请的有益效果是：电源电路的低频、中频、高频脉冲噪波都能得到有效的消除，减少了噪波对电器设备的危害，而且一旦人们触及裸体导线或导电点，能减轻人们最大程度的刺痛感。

一种具有雷涌保护的电源线电磁干扰抑制装置

申请号： 200910029823.6 **公开日：** 2009-8-19
申请人： 国网电力科学研究院 南京南瑞集团公司
发明人： 吴维宁 宋云翔 范志刚
摘要：

本发明公开了一种具有雷涌保护的电源线电磁干扰抑制装置，包括第一磁性元件、电磁干扰抑制器、第二磁性元件、雷涌共模保护电路和雷涌差模保护电路，雷涌共模保护电路和雷涌差模保护电路布置在同一块环氧基板上，通过铜箔导线相连；焊接在环氧基板上的两根多芯软铜导线在第一磁性元件内同向绕制后和电磁干扰抑制器输入端相连；电磁干扰抑制器输出端和高频特性好的电容元件通过多芯软铜导线相连；分别与两个高频特性好的电容元件压接的两根多芯软铜导线在第二磁性元件内同向绕制后和输出端子相连。本发明可以在电源线电磁干扰抑制的同时，通过低成本的雷涌保护方法对瞬时强烈的雷涌冲击能量进行可靠泄放，为电源线提供雷涌保护。

三相中频电源远程电压补偿三闭环反馈调节装置

申请号： 200910103973.7 **公开日：** 2009-11-4
申请人： 重庆华渝电气仪表总厂
发明人： 张明宇 邱明伯 刘胜家
摘要：

三相中频电源远程电压补偿三闭环反馈调节装置，包括远程电压补偿反馈信号传输线、远程电压传感器、本机电压传感器、本机电流传感器、积分调节器（I）、比例微分调节器（PD）和三闭环反馈信号叠加器；由三相中频电源远程输出电压补偿及本机电压、电流双闭环瞬时值调节的叠加和调节反馈构成中频电源的三闭环反馈系统；远程反馈信号反馈线对中频电源负载设备上得到的实际中频电压进行实时采样，再反馈回中频电源本机与中频电源本机电压反馈、电流反馈同时进行闭环反馈调节，确保负载设备上得到的电压为负载设备实际所需电压。给负载提供准确的电源电压，大幅提高中频电源电压动态响应速度，使整个中频电源系统更稳定。

电力储存装置和混合型分布电源系统

申请号： 200780030899.X **公开日：** 2009-8-12
申请人： 三菱重工业株式会社
发明人： 重水哲郎 西田健彦 小林克明 田岛英彦
摘要：

本发明提供一种电力储存装置和混合型分布电源系统。其目的在于，在蓄电装置没有成为过充电或过放电的充电率的范围中，有效利用蓄电装置的电力量，并且向作为分布电源系统整体的电力系统有效进行输出。在混合型分布电源系统中，根据发电装置的发电输出和蓄电装置的充电状态来设定目标提供电力，并且在所述目标提供电力超出规定的允许提供电力范围的情况下，将目标提供电力抑制在规定的允许提供电力范围内。

一种电源系统

申请号： 200810128495.0 **公开日：** 2009-2-18
申请人： 艾默生网络能源系统北美公司
发明人： 张 强 朱春辉
摘要：

本发明涉及一种电源系统，包括第一电源模块组（101），还包括与所述第一电源模块组（101）并联的第二电源模块组（102），以及用于检测电源系统当前所需功率并根据所述当前所需功率开启或关闭所述电源模块组中电源模块的监控模块（103）。实施本发明的电源系统，具有以下有益效果：系统是一般输出时，可以关闭所述低效率的模块，让高效率的模块运行来提高整个系统的运行效率；在系统需要满载输出时，可开启低效率模块来满足系统

的输出功率的要求。

一种冗余电源的控制方法、控制装置及该冗余电源

申请号：200810105324.6　公开日：2009-11-4
申请人：联想（北京）有限公司
发明人：王　军
摘要：

本发明提供了一种冗余电源的控制方法、控制装置及该冗余电源，该方法包括：获得各电源供应模块的输出功率及冗余电源当前的输出总功率，输出总功率等于各电源供应模块的输出功率之和；判断所述各电源供应模块的输出功率的分配方式是否为预先计算出的、在所述当前输出总功率下的预定分配方式；在各电源供应模块的输出功率的分配方式不为预先计算出的、在当前输出总功率下的预定分配方式，则按照预定分配方式重新分配各电源供应模块的输出功率。利用所述技术方案，用户可使得冗余电源的输出总功率相同的情况下，使得输入总功率较低，输出效率较高，从而获得节能、省电的效果。

一种从高压线路获取弱电电源的装置

申请号：200810163714.9　公开日：2009-10-7
申请人：浙江电力变压器有限公司
发明人：朱炎辉　余德明　周　策　黄　晓
摘要：

本发明涉及一种从高压线路获取弱电电源的装置，包括带电容金属层钢心铝绞线、屏蔽系统、负载系统，其中带电容金属层钢心铝绞线包括中心导线、电容介质层、电容金属薄膜层、外部保护层，屏蔽系统安装在带电容金属层钢心铝绞线上对负载系统构成屏蔽保护，负载系统包括负载和负载电路，电容金属薄膜层和中心导线与负载电路的输入端相连，负载电路的输出端与负载相连。利用高压线路对地电容分压原理的高压等电位电源，具有成本较低、输出电压稳定、可靠性强、免维护、输出功率大、适用范围广、无需考虑过多的绝缘配合问题等优势，具有很好的推广、应用前景。

电源系统和具备该电源系统的车辆、蓄电装置的升温控制方法以及存储着用于使计算机执行蓄电装置的升温控制的程序的计算机能够读取的存储媒介物

申请号：200780028504.2　公开日：2009-7-29

申请人：丰田自动车株式会社
发明人：市川真士　石川哲浩
摘要：

在蓄电装置的升温控制时，如果电压值（VB1）超过了上限值（VBH1），修正值运算部（66-1）输出负的修正值。于是，占空指令（TON1）被朝着减小的方向修正。即，占空指令（TON1）被朝着提高转换器的升压率的方向修正。另一方面，如果电压值（VB1）低于下限值（VBL1），修正值运算部（66-1）输出正的修正值。于是，占空指令（TON1）被朝着增大的方向修正。即，占空指令（TON1）被朝着降低转换器的升压率的方向修正。

电源系统和具备该电源系统的车辆、蓄电装置的升温控制方法以及记录有用于使计算机执行蓄电装置的升温控制的程序的计算机可读取的记录介质

申请号：200780032814.1　公开日：2009-8-19
申请人：丰田自动车株式会社
发明人：市川真士　石川哲浩
摘要：

电源系统（1）具备：蓄电装置（6-1，6-2）、转换器（8-1，8-2）和控制转换器（8-1，8-2）的转换器ECU（2）。转换器ECU（2），在蓄电装置（6-1，6-1）的升温控制时，根据各蓄电装置的容许放电电力和容许充电电力，决定经由主正母线（MPL）和主负母线（MNL）在蓄电装置（6-1，6-2）间授受的电力及其通电方向，将转换器（8-1，8-2）控制为使得在蓄电装置（6-1，6-2）间授受该决定的电力。

车用直流电源装置

申请号：200810168705.9　公开日：2009-4-1
申请人：株式会社日立制作所　日立车辆能源株式会社
发明人：江守昭彦　河原洋平　坂部启　菊地睦
　　　　山内辰美　工藤彰彦　久保谦二
摘要：

一种车用直流电源装置，具有诊断锂电池单元端子电压的计量电路中的异常诊断功能。该直流电源装置包括：串联连接的多个锂电池单元，计量上述各电池单元的端子电压的计量电路，连接上述计量电路和上述各电池单元端子的多个检测用导线，具有用于使上述电池单元的放电电流流过的电阻及

平衡开关的多个串联电路，控制上述平衡开关的控制电路，以及具有比较电路的诊断电路；通过上述检测用导线将上述各串联电路分别连接到上述各电池单元，利用上述控制电路使上述平衡开关导通，接着利用上述计量电路计量通过上述检测用导线提供的电池单元的端子电压，利用上述比较电路比较预定的阈值和计量的端子电压，并利用上述诊断电路判断异常状态。

一种基于远程监控平台的大容量后备电源的维护方法

申请号：200910087368.5　公开日：2009-11-11

申请人：深圳市迪迪美环保科技有限公司

发明人：许　可　黎勇昌　郭达崧

摘要：

一种基于远程监控平台的大容量后备电源的维护方法，其特征是：将后备电源即电池组中的每一节单体电池的设定数据储存进监控平台的数据库中，作为该电池组的原始数据；在使用过程中，实时扫描检测电池组中每一节单体电池的检测数据并传到监控平台，与原始数据进行比较，发现某个单体电池的检测数据变化大于允许的偏离值时，发出告警信息，并启动单体电池修复仪切换到该异常的单体电池，进行修复处理，使该单体电池的检测数据符合该设定数据。通过本发明方法只需要一个远程监控平台和配备一名值班监控人员即可满足对几百组蓄电池的监控与维护，极大地减轻了后备电源维护的工作量，提高了系统供电可靠性。

一种不间断电源

申请号：200710123823.3　公开日：2009-4-15

申请人：广东科士达工业科技有限公司

发明人：蔡雄兵　杨戈戈　刘程宇

摘要：

本发明公开了一种不间断电源，包括正相升压模块、市电副相升压模块、二次电池、第一储能器、第二储能器、逆变模块和降压-升压双向变换器；正相升压模块输入与二次电池和市电耦合，其输出与第一储能器输入耦合；市电副相升压模块输出与第二储能器输入耦合；第一储能器和第二储能器输出与逆变模块输入耦合；降压-升压双向变换器连接在二次电池和第二储能器之间，用于在市电模式下将负母线直流电压降压给二次电池充电，在电池模式下将二次电池电压升压给第二储能器充电。本发明提供了一种

新的拓扑结构，比现有的拓扑结构更为经济。

电源管理系统、控制电源的方法及电子系统

申请号：200810214373.3　公开日：2009-3-11

申请人：凹凸电子（武汉）有限公司

发明人：卢　纯　苏新河

摘要：

本发明公开了一种电源管理系统、控制电源的方法及电子系统。电源管理系统包括电源管理单元（PMU）和电流传感器。电源管理单元（PMU）控制第一电源和第二电源。第一电源经由充电路径给第二电源充电。电流传感器的第一端与第一电源和第二电源相连，其第二端经由充电路径与第二电源相连。电流传感器检测从第一电源流经电流传感器的第一电流，且检测从第二电源流经电流传感器的第二电流。与现有技术相比，本发明的电源管理系统采用单一的电流传感器来检测第一电源的第一电流和第二电源的第二电流。由此，可降低元件的数目和电源管理系统的成本并提高系统效率。

多电源输入变换器装置及不断电电源供应系统

申请号：200810004098.2　公开日：2009-7-29

申请人：飞瑞股份有限公司

发明人：李长潭

摘要：

本发明公开一种多电源输入变换器装置以及具有该多电源输入变换器装置的不断电电源供应系统，其中该多电源输入变换器装置针对每一输入电源设置一储能电感和一交流开关电路，之后再连接两个储能电容，当输入交流电源时，通过控制该交流开关电路导通或关闭，即可控制输入电流的流向，而达到全波整流及高功率因数校正功能；当输入直流电源时，也是通过控制该交流开关电路导通或关闭，而实现直流转直流电源变换模式。因此，每一个交流开关电路独立依据其对应输入电源的状况，实现交流转直流与直流转直流变换的功能，并维持对储能电容的正常供电。

电源管理系统、电池盒以及电源管理方法

申请号：200910203759.9　公开日：2009-12-16

申请人：凹凸电子（武汉）有限公司

发明人：比尔·丹森　高汉荣　刘柳胜

摘要：

本发明公开了一种电源管理系统、电池盒以及

电源管理方法。该电源管理方法包括接收指示适配器的最大适配功率的功率识别信号，以及由电池盒根据所述电池盒的状态以及由所述适配器供电的系统负载的状态来产生控制信号以调节所述适配器的输出功率。采用本发明的电源管理系统、电池盒以及电源管理方法能在适配器输出功率达到最大适配功率时，系统负载仍然可以正常工作。

电源系统和车辆

申请号：200780014680.0　公开日：2009-5-6
申请人：丰田自动车株式会社
发明人：市川真士

摘要：

最大值选择部（50），接收电池电压值（VB1、VB2），将其中的最大值输出至下限值限制部（54）。此外，最大值选择部（52），接收电压要求值（VM1＊、VM2＊），将其中的最大值输出至下限值限制部（54）。下限值限制部（54），进行限制使得电压目标值（VH＊）不低于最大值选择部（50）的输出值，输出电压目标值（VH＊）。开关指令（PWC1、PWC2），分别基于电压反馈控制要素和电压前馈要素的组合以及电流反馈控制要素和电压前馈要素的组合所进行的控制运算而生成。

一种便携设备的智能扩展电源系统

申请号：200710046016.6　公开日：2009-3-18
申请人：联想移动通信科技有限公司
发明人：刘　伟

摘要：

本发明公开了一种便携设备的智能扩展电源系统，即在使用主电池的前提下，再使用外置辅电池。所述主电池和辅电池分别连接一包含PMOS二极管的负荷开关单体并通过电源管理电路进行管理。本发明实行结合人机交互界面的联合电量显示方式，主电池永远优先充电，辅电池永远优先使用，安全支持热插拔特性。根据所述方案设计的辅电池具有结构形式多样、安全、电芯寿命长、方便、用户感受好、成本低的优点。

绝缘栅双极晶体管不间断电源系统

申请号：200710151619.2　公开日：2009-3-18
申请人：国际通信工业株式会社
发明人：金性助　白石民

摘要：

本发明为一种绝缘栅双极晶体管不间断电源（IGBTUPS：INSULATED GATE BIPOLAR TRANSISTOR UNINTERRUPTIBLE POWER SUPPLY）系统，本绝缘栅双极晶体管不间断电源系统可以通过微处理器监视输入电源是否顺畅地输出到负载侧，在输入稳定电源的过程中通过逆变器对内置电池充电，检测到不稳定的电源输入时遮蔽上述输入电源，通过直流/交流变换器把充电后的直流电压转换成交流电压，以无瞬断方式向负载侧供应输出电源，从而保护工作数据并稳定地结束连接到负载侧的系统，而且供应一定时间的稳定电源后输入电源依然不稳定或维持停电状态时，通过微处理器与输出遮蔽单元把连接到负载侧的系统强制结束。

用于电池供电装置的电源

申请号：200780006466.0　公开日：2009-3-18
申请人：永备电池有限公司
发明人：J·S·伊格尔　P·F·霍夫曼

摘要：

一种辅助电源（150），包括辅助电池（152）、电源电路（154）和连接器（108B）。该电源电路（154）供给输出，该输出提供用于对电池供电装置（100）的电路（102）供电和用于对与之关联的电池（104）再充电的电能。在一个实施例中，该电源电路（154）供给输出电流，该输出电流为辅助电池（152）的充电状态以及由电路（102）提供的负载电流的函数。

电流型双输入不间断开关电源

申请号：200810066941.X　公开日：2009-11-4
申请人：冉茂鑫
发明人：冉茂鑫

摘要：

一种电流型双输入不间断开关电源，包括：主功率变压器、高压开关回路、低压开关回路、一个脉宽调制器和一个中心控制单元，所述中心控制单元通过采样所述高压开关回路、低压开关回路的电流以及输出回路的电压，分析判断后，控制脉宽调制器的输出，进而控制高压开关回路和低压开关回路工作。所述主功率变压器包括：第一绕组，它连接在所述高压开关回路中；第二绕组，它连接在所述输出回路中；第三绕组，它连接在所述低压开关回路中，其首端与第二绕组的末端连接并接地；一个用于给脉宽调制器和中心控制单元提供电源的第四绕组。本电流型双输入不间断开关电源不但体积小，电路简单，成本低，而且可靠性高。

电源装置和电源装置中的输入输出限制设定方法及车辆和其控制方法

申请号：200780013130.7　公开日：2009-4-29
申请人：丰田自动车株式会社
发明人：铃井康介

摘要：

当充放电电流 IB 的平方值的时间平均值（平方平均值 SQIB）大于阈值 SQREF、剩余容量 SOC 大于阈值 SOCREF1 时，将基于电池温度 TB 和剩余容量 SOC 而设定的基本输入限制 WINTMP 进行补正后的值作为执行用输入限制 WIN＊而设定（步骤 S140、S180、S190）；当剩余容量 SOC 小于阈值 SOCREF2 时，将基于电池温度 TB 和剩余容量 SOC 而设定的基本输出限制 WOUTTMP 进行补正后的值作为执行用输出限制 WOUT＊而设定（步骤 S200、S210）。这样一来，与基于蓄电池的电池温度 TB 同时补正执行用输入限制和执行用输出限制相比，能够更适当地设定执行用输入输出限制 WIN＊、WOUT＊。

电源系统

申请号：200780015343.3　公开日：2009-5-13
申请人：艾可品牌美国有限公司
发明人：罗伯特·马哈菲

摘要：

一种电源系统。该电源系统具有带开关并适于根据开关的状态产生第一输出电压和第二输出电压的电源电路。它还包括耦合于电源电路的输出接头，输出接头包括多个电触头，所述多个电触头包括第一电触头和第二电触头。电压输出指示装置耦合于第一和第二电触头。电压输出指示装置指示电源电路正在产生第一输出电压或第二输出电压，以使用户了解正由电源系统输出的电压。

电子系统及其电源管理的方法

申请号：200810172640.5　公开日：2009-5-13
申请人：凹凸电子（武汉）有限公司
发明人：艾夫提米·卡瑞乔乔博　康斯坦丁·史匹登
　　　　杨子青

摘要：

本发明公开了一种电子系统，以及对电子系统进行电源管理的方法。该电子系统包括多个主电源、一个次电源和一个与所述多个主电源及次电源耦合的电源管理单元，多个主电源可以为次电源充电，电源管理单元根据系统负载的电能需求，选择性的将每个主电源的电能输送至所述系统负载，并在所述系统负载的电能需求超出主电源总的电能时，将次电源的电能也输出至系统负载，从而使得系统负载能够避免电能中断，并能够满足次电源在不同的充电阶段或充电模式下的充电需求。

具并联运转功能的不间断电源系统

申请号：200810006914.3　公开日：2009-7-29
申请人：盈正豫顺电子股份有限公司
发明人：吴晋昌　周宏亮　林裕修　侯文杰　魏汉昇

摘要：

具并联运转功能的不间断电源系统包含一个或数个不间断电源单元，各单元的容量可不同，该不间断电源单元包含直流/交流变流器及控制该直流/交流变流器的控制电路。该控制电路包含电压反馈控制电路及电流前馈控制电路。该电压反馈控制电路包含控制负载电压振幅的稳压控制电路及控制负载电压波形的波形控制电路。该电流前馈控制电路检出该直流/交流变流器的输出电流，并分出该输出电流的基波及谐波成分，将该基波及谐波成份操作成虚拟基波电阻及虚拟谐波电阻，并使其等效串联在该直流/交流变流器的输出端。将该电压反馈控制电路及电流前馈控制电路的输出相加形成调制信号，将该调制信号输出至脉宽调制电路，以获得该直流/交流变流器的驱动信号。

一种不间断电源及其控制方法

申请号：200910105405.0　公开日：2009-10-28
申请人：艾默生网络能源有限公司
发明人：郭磊

摘要：

本发明公开了一种不间断电源及其控制方法，不间断电源包括升压模块和逆变模块，升压模块包括依次相连的第一开关管、第二电感、第一二极管、第一电容、第二电容、第二二极管、第一电感和第二开关管以及第三开关管和第四开关管；第三开关管源极耦合在第一开关管的源极和第二开关管的漏极之间，第三开关管漏极耦合在第二电感和第一二极管阳极之间，第四开关管漏极耦合在第一开关管的源极和第二开关管的漏极之间，第四开关管源极耦合在第一电感和第二二极管阴极之间；第一开关管漏极耦合在电池正极与第二电感之间，第二开关管源极耦合在电池负极与第一电感之间。本发明电路结构简单、效率高。

不断电电源供电模块

申请号：200810095214.6　公开日：2009-8-5

申请人：台达电子工业股份有限公司

发明人：陆岩松　吕飞　谭惊涛　应建平

摘要：

一种不断电电源供电模块，其包含一直流电压源、一控制模块、一控制臂桥模块、一电感元件、一切换元件及一开关元件。开关元件在切换元件使电感元件连接至直流电压源前导通，以将直流电压源所提供的直流电压通过该控制臂桥模块调节后，作为该输出交流电压，提供至该负载，并在切换元件使电感元件连接至直流电压源后关断，即不导通，以提高切换元件的使用寿命及不断电电源供电模块的可靠性。

电源供应装置与自动限流控制方法

申请号：200910007254.5　公开日：2009-7-29

申请人：威盛电子股份有限公司

发明人：李永胜　王昆琪

摘要：

本发明提供一种电源供应装置与自动限流控制方法，该电源供应装置包括：一电源转换器、一限流电路、一比较电路以及一控制电路。电源转换器包括一充电电路并产生一电源备妥信号，用以根据一充电致能信号充电，以产生一供应电压，其中外围设备根据电源备妥信号决定是否取用供应电压。限流电路接收电流源致能信号用以控制电流源，并且根据电流源的致能状态提供一限流参考电压。比较电路用以根据限流参考电压与电源转换器的一输出电流产生充电致能信号以决定是否进行充电。控制电路，接收电源备妥信号与多个限流控制信号，用以根据电源备妥信号与限流控制信号产生电流源致能信号以自动地切换限流。本发明可有效地提升系统稳定度。

一种充电器及控制充电器与外部电源连接的方法

申请号：200810241697.6　公开日：2009-6-17

申请人：深圳华为通信技术有限公司

发明人：宾建华

摘要：

本发明实施例公开了一种充电器，包括：负载检测单元，用于检测是否有负载接入；充电单元，具有电源输入端，用于在该电源输入端接外部电源时，将外部电源转化为充电电源，为接入的负载充电；充电电路控制单元，用于负载检测单元检测到有负载接入时，将充电单元的电源输入端接到外部电源。本发明实施例还公开了一种控制充电器与外部电源连接的方法，包括：检测所述充电器是否有负载接入；若有负载接入，则将所述充电器与外部电源连接；若无负载接入，则断开所述充电器与外部电源的连接。本发明的实施例可以使充电器在空载时节约电能。

电源温度传感器和系统

申请号：200680053649.3　公开日：2009-3-25

申请人：福特全球技术公司

发明人：萨拉瓦南·帕拉马斯万　帕特里克·马奎尔

摘要：

一种电源温度传感器和系统，包括：电源壳体，被构造为容纳至少一个电源单元（例如，电池单元）。所述电源壳体包括孔，该孔提供电池单元和电源壳体外部的周围环境之间的流通。具有感测元件的传感器被构造为感测电池单元的温度，传感器壳体围绕传感器的至少一部分，并包围感测元件的至少一部分。这使感测元件与电池单元电绝缘。传感器壳体的一部分被构造成穿过电源壳体中的孔设置，以接触电源单元，从而便于电源单元和传感器壳体之间的传导热的传递，进而便于电池单元的温度的准确测量。

节电式不断电电源供应器

申请号：200710161397.2　公开日：2009-4-1

申请人：硕天科技股份有限公司

发明人：何濂洵　叶修廷　谢宏明

摘要：

本发明提供了一种节电式不断电电源供应器，包括：变压器，包括一次侧及二次侧，所述一次侧连接至交流电源；电子式电压稳定器AVR，其交流输入端连至所述变压器的二次侧；充电暨变能电路，连接至该变压器的二次侧，对蓄电池充电；正常模式判断单元，连接至交流电源及蓄电池，以检知交流电源的供电状态及蓄电池的电量，并进一步判断目前是否处于正常模式的工作状态下；电子开关，串联于负载端及变压器与交流电源的电源回路中，所述电子开关的控制端连接至该正常模式判断单元的输出端，切换端则供负载连接。本发明的电源供应器能够避免负载在正常模式下仍通过变压器取得工作电源，降低变压器消耗的电源功率。

电源电路、具有该电源电路的充电单元和电源方法

申请号：200780012968.4　公开日：2009-4-29
申请人：株式会社理光
发明人：野田一平

摘要：

公开了一种向对蓄电池充电的充电控制电路供应电源的电源电路。所述电源电路包括：直流电源，被配置用于生成并输出预定电压；以及 DC-DC 转换器，被配置用于检测所述蓄电池的电压，将从所述直流电源输入的所述预定电压转换成根据所检测的蓄电池电压的电压，并将转换后的电压输出到所述充电控制电路。

电源系统和具备该电源系统的车辆以及温度管理方法

申请号：200780025981.3　公开日：2009-7-22
申请人：丰田自动车株式会社
发明人：市川真士　石川哲浩　矢野刚志　土屋宪司

摘要：

要求判断部（50）比较蓄电部的电池温度 TB1 和预先确定的温度管理值 TB1＊，若在两者之间产生了预定的阈值温度以上的偏差，则生成升温要求或者冷却要求。电流方向决定部（54）基于蓄电部的热反应特性，决定为了满足升温要求或者冷却要求应该使电流流向充电侧以及放电侧的哪一方向。目标电流值决定部（56）决定与由电流方向决定部（54）所决定的充电/放电相关的目标电流值 IB1＊。电流控制部（ICTRL1）生成开关指令 PWC1，使得蓄电部的电池电流 IB1 与从选择部（60）输出的目标电流值一致。

一种电梯供电电源

申请号：200910085373.2　公开日：2009-11-4
申请人：富士工业（中国）电梯制造有限公司
发明人：于　涛　隋学礼　孙　鹏

摘要：

本发明公开了一种电梯供电电源，包括市电输入端与第二电源输入端，其特征在于，所述第二电源包括有太阳能光伏电池、电能回收模块，所述太阳能光伏电池将太阳能转化为电能，所述电能回收模块接收电梯发电状态下发出的电能，所述太阳能光伏电池与电能回收模块与电压优选模块输入端相连接，所述电压优选模块的输出端与蓄电池相连接，所述蓄电池通过逆变器为电梯运行提供第二供电电压。本发明的优点是，通过利用太阳能转化成电能以及将电梯发电状态下发出的电能经由电能回收模块输入到蓄电池，该蓄电池经由逆变器作为电梯的第二供电电源，能够部分代替市电工作，而且在市电停电或断电时驱动电梯正常工作，提高电梯使用便利性。

电源管理系统

申请号：200810133770.8　公开日：2009-1-28
申请人：株式会社电装
发明人：阿部邦宏

摘要：

本发明公开了一种电源管理系统，包括：用于检测安装在机动车辆中的电负载的所需电力供应的装置；用于基于所述电负载对电力供应的需要来确定要从机动车辆中的电力源向所述电负载分配的电力的量的分配的装置；以及用于根据所述电力的量的分配来向所述电负载中的一个供应所述电力的量中对应的一个装置。

一种控制通信电源的方法

申请号：200710193809.0　公开日：2009-5-27
申请人：艾默生网络能源系统有限公司
发明人：曹丰年　李　泉　黄恩伦

摘要：

本发明公开了一种控制通信电源的方法，包括自动调整过程：按一定的时间间隔自动打开至少一个处于关闭状态的整流模块，自动关闭至少一个处于打开状态的整流模块。本发明无需依靠人工进行操作，减少了额外的工作量。而且本发明可以均衡通信电源内各个整流模块的使用时间，使所有的整流模块同步地老化，延长了通信电源的使用寿命。

全高频无切换接点的铁路信号智能电源屏

申请号：200910097430.9　公开日：2009-12-9
申请人：周明东

发明人：刘　斌　高义芝

摘要：

　　本发明涉及全高频无切换接点的铁路信号智能电源屏，其采用电力电子高频开关技术及计算机技术的无切换接点的静态供电系统。其特征在于：系统供电模式采用双路电源同时工作，交流"H"桥式双母线工作制；各路输出电源模块采用1+1并联均流冗余电路，每一个配电回路都由两个同等容量模块并联而成。本发明使智能电源屏真正成为无切换接点的静态供电系统，从而使铁路信号智能电源屏真正做到输入输出无中断，成为稳定、安全、可靠的电源系统。其关键技术在于高频交流模块，实现了并联、均流、同相、同频、有故障自动退出工作母线机制。

一种 USB OTG 器件电源及其实现方法

申请号：200810105492.5　公开日：2009-1-7

申请人：北京中星微电子有限公司

发明人：张　浩

摘要：

　　本发明涉及一种 USB OTG 电源及其实现方法，所述 USB OTG 电源包括电池、第一稳压器、充电泵、USB OTG 器件和总线电压端，其中电池、第一稳压器和充电泵顺序连接，第一稳压器与 USB OTG 器件连接，在所述 USBOTG 器件的主机（HOST）模式下，所述电池经总线电压端对下游器件供电，其特征在于：所述 USB OTG 电源还包括第二稳压器，所述第二稳压器的一端连接至总线电压端，另一端连接至 USB OTG 器件，在所述 USB OTG 器件的从属（DEVICE）模式下，所述总线电压端经由所述第二稳压器为所述 USBOTG 器件供电。本发明的 USB OTG 器件电源方案使得 USB OTG 器件能自动选择 HOST 和 DEVICE 两种工作模式，在 DEVICE 模式下只由 PC 端 USB 总线供电并且可以识别 USB 总线插拔，节约了电池寿命并方便了用户使用。

辅助自然能源供电的电源切换装置

申请号：200710187669.6　公开日：2009-5-27

申请人：传典光电科技有限公司

发明人：林山城　林赐鸿

摘要：

　　本发明公开一种辅助自然能源供电的电源切换装置，在交流电供应端接通电源供应器，电源供应器与切换开关相通，切换开关与充放电控制器及负载相通，充放电控制器与自然能源供电器及电压传感器相通，电压传感器与蓄电池相通；在蓄电池存有电能时，电压传感器能控制切换开关切换负载与充放电控制器相通，蓄电池的电能会经由充放电控制器及切换开关供应至负载，在蓄电池电能耗尽时，电压传感器能控制切换开关切换负载与电源供应器相通，电源供应器能转换交流电供应端的电能，并经由切换开关供应至负载，将交流电供应端当作备载使用。本发明在自然能源供电装置停止供电期间，能持续供电驱动负载运作，进而提升自然能源供电装置的使用可靠度。

一种直流电源的状态检测系统及方法

申请号：200810000404.5　公开日：2009-7-8

申请人：中兴通信股份有限公司

发明人：席红涛

摘要：

　　一种直流电源状态检测系统，包括电源处理单元、信号隔离单元、监控单元以及热备份处理单元；其中，信号隔离单元将对应被测电源各个状态的电平信号进行隔离输出给监控单元；监控单元根据输入的电平信号进行控制及报警处理；电源处理单元将从被测电源的输入端抽取的被测电源信号进行降压、稳压处理生成驱动电源给信号隔离单元；热备份处理单元将从被测电源的输入端抽取的被测电源信号进行热备份处理，为监控单元提供驱动电源；在被测电源无输入时，通过热备份驱动电源将信号隔离单元输出的信号全部上拉至高电平或下拉至低电平。本发明以低成本可靠地实现直流电源的正常、欠电压、过电压及无输入状态的检测。

备用电源系统及其供电方法

申请号：200810103360.9　公开日：2009-10-7

申请人：苏庆泉

发明人：苏庆泉

摘要：

　　本发明是关于一种备用电源系统及其供电方法。该备用电源系统包括蓄能装置、蒸汽循环装置、汽轮机以及发电机；所述蓄能装置包括蓄能壳体及设置在蓄能壳体内的至少一个蓄热体；蒸汽循环装置包括充有吸收溶液的蒸汽循环壳体，并连接于汽轮机的排汽端；蒸汽发生器，设置在蒸汽循环壳体内，并连接于汽轮机的进汽端；蓄能壳体通过管道连接于蒸汽循环壳体。本发明的备用电源系统可以将蓄热体所储存的热量转变为电力，也可以通过其他热源向蓄热体蓄积热量。该电源系统具有良好的循环性能，适用面宽、使用方法简单可靠且安全清洁环保，适于实用。

不间断电源

申请号：200710043866.0　**公开日：**2009-1-21
申请人：中芯国际集成电路制造（北京）有限公司
发明人：俞　荣
摘要：

本发明涉及一种不间断电源，该不间断电源包括由整流充电器、与整流充电器连接的逆变器、通过一开关连接至整流充电器与逆变器之间的电池、连接在整流充电器另一端的开关组成的正常供电通路以及由静态开关和一维修开关组成的维修通路，所述的静态开关与逆变器相连，其中，该维修开关由3个开关互相机械连锁组成，用于不间断电源在正常供电通路与维修通路之间切换。采用本发明的不间断电源不仅能避免不间断电源在切换时的短路可能，而且保障了不间断电源和负载的良好运转。

一种主电源与后备电源的切换方法和切换电路

申请号：200910057328.6　**公开日：**2009-12-16
申请人：钜泉光电科技（上海）有限公司
发明人：姚　超　朱　江
摘要：

本发明揭示一种主电源与后备电源的切换方法和切换电路，包括主电源开关、后备电源开关、第一至第四开关控制逻辑、主电源检测电路以及开关控制信号产生电路。主电源开关包括第一PMOS管和第二PMOS管，第一PMOS管和第二PMOS管串联于主电源与输出节点之间。后备电源开关包括第三PMOS管和第四PMOS管，第三PMOS管与第四PMOS管串联于输出节点与后备电源之间。开关控制信号产生电路根据主电源检测电路的输入决定第一至第四PMOS管的导通与截止。通过交叉耦合的方式产生PMOS管的独立衬底，可以避免衬底漏电，又可以满足两个串联PMOS管分别导通和截止的需要。

一种工频电源与变频电源在线相互切换控制装置

申请号：200910014886.4　**公开日：**2009-10-21

申请人：山东新风光电子科技发展有限公司
发明人：何洪臣　李瑞来　尹彭飞
摘要：

本发明公开了一种电源相互切换装置，尤其是涉及一种工频电源与变频电源在线相互切换控制装置。包括变频输出接触器KM2、变频输出电抗器L、工频输出接触器KM1、控制处理器、变频电源，在控制处理器的控制下，在变频电源与工频电源相互切换的过程中，都保持了变频电源与工频电源，以及负载有共网时刻，同时中间有变频电源输出由电压源输出与电流源输出的相互切换过程，在切换过程中不存在对变频电压、工频电压以及负载之间的电流冲击，确保了整个系统的可靠性。

扩大内桥接线的微机控制备用电源自动投入的方法

申请号：200810243566.1　**公开日：**2009-5-20
申请人：江苏省电力公司镇江供电公司
发明人：汤大海
摘要：

本发明属于电力输配电网络的控制技术，涉及一种用微机控制备用电源自动投入的方法。该控制方法包括以下控制过程：第一断路器1QF的跳闸控制、第四断路器4QF的跳闸控制、第一断路器1QF合闸充放电控制、第二断路器2QF合闸充放电控制、第三断路器3QF合闸充放电控制、第四断路器4QF合闸充放电控制、第一断路器1QF合闸控制、第二断路器2QF合闸控制、第三断路器3QF合闸控制、第四断路器4QF合闸控制、异常信号控制。本发明能够应用于输配电网络为220kV及以下电压等级变电所一次主接线为双电源供电的扩大内桥接线的备用电源自动投入装置，动作原理简单、可靠性高、完全符合备用电源自动投入的基本原理。

内桥及单母线接线的微机控制备用电源自动投入的方法

申请号：200810243565.7　**公开日：**2009-10-7
申请人：江苏省电力公司镇江供电公司
发明人：汤大海
摘要：

本发明属于电力输配的控制技术，涉及一种用微机控制备用电源自动投入的方法。本发明的方法包括内桥接线或单母线分段接线的控制方法和单母线接线的控制方法这两种基本控制方法，其中内桥接线或单母线分段接线的控制方法包括以下控制过程：第一断路器 1DL 的跳闸控制、第二断路器 2DL 的跳闸控制、第一断路器 1DL 合闸充放电控制、第一断路器 1DL 合闸控制、第二断路器 2DL 合闸充放电控制、第二断路器 2DL 合闸控制、第三断路器 3DL 合闸充放电控制、第三断路器 3DL 合闸控制、异常信号控制。本发明动作原理简单、可靠性高完全符合备用电源自动投入的基本原理，并能适应输配电网络中内桥接线、单母线分段接线和单母线接线这三种变电所一次主接线。

双电源自动切换开关

申请号：200810306723.9　**公开日**：2009-10-28
申请人：乐清市雷顿电气科技有限公司
发明人：苏国强　周国强　洪全标　郭　波

摘要：

本发明公开了一种双电源自动切换开关，包括有左右两组断路器、控制器、传动装置，所述的传动装置包括电机、转动手柄、与转动手柄同轴转动连接的手动转轴，还包括有手动传动齿轮、联动齿轮组、套接于电机动力输出轴上的电机传动齿轮、行星齿轮组、定位机构、电磁阀等机构。本发明具有紧凑、控制灵活、手动操作轻巧等优点。

电源切换装置及网络设备

申请号：200710186392.5　**公开日**：2009-5-20
申请人：环隆电气股份有限公司
发明人：叶洧豪

摘要：

本发明提供一种电源切换装置，使用在一网络设备中，电源切换装置用来切换以太网络供电（POWER OF ETHERNET；POE）或直流电源供电给该网络设备中的负载使用。电源切换装置包括：一提供给第一供电线头插入的第一输入端、一提供给第二供电线头插入的第二输入端、一提供给输出电压输出的输出端及一连接于该第一输入端、该第二输入端及该输出端的切换电路，其中，切换电路根据第二供电线头插入该第二输入端，用以切断第一供电线头提供输出电压，改由第二供电线头提供输出电压。

电流传感器装置和用于不间断电源的方法

申请号：200780047243.9　**公开日**：2009-10-21
申请人：通用电气公司

发明人：福克·赫克斯特拉　罗伯特·齐杰尔斯特拉　克里斯·范卡尔肯　雷詹德拉·奈克普拉迪普·V·

摘要：

UPS 具有电流传感器，用于控制与 AC 源电压串联放置的 UPS 主电源电路的操作，以便测量由连接到 UPS 主电源电路的每个组件使用的净电流。由控制电路接收的、来自电流传感器的反馈用于 UPS 实现一致的功率因数操作。电流传感器位置和操作适用于单相和三相操作。

多功能电源控制器

申请号：200810013107.4　**公开日**：2009-5-13
申请人：抚顺市沃尔普机电设备有限公司
发明人：李　强　李红玲　陈　宁　王家石　蒋　宾

摘要：

本发明公开了一种多功能电源控制器，它是采用微控制器作为中央处理器，连接同步信号采集电路、触发驱动电路、数字量输入电路、A/D 转换电路、按钮输入与液晶显示电路以及频率调制电路和电源滤波电路，构成完整的计算机系统，由编写的程序控制完成工作。本发明以微控制器为主控制单元，配合适当的外围电路组成控制精确、功能完善、人机界面友好的多功能电源控制器，其中包括三路继电器输出、三路模拟量输入、四路数字量输入、六路晶闸管触发信号。多功能电源控制器上集成了参数设置按钮、汉字液晶显示屏、AD 转换电路与 RS232 串行通信电路，所有部分均由程序控制相互配合达到控制要求，是一个高度集成化，多功能化，智能化的控制器。

逆变电源超低功耗待机电路

申请号：200910027981.8　**公开日**：2009-10-14
申请人：张强胜
发明人：张强胜

摘要：

本发明公开了逆变电源的超低功耗待机电路，该待机电路依次由控制单元（1）、隔离电源（2）、开关控制单元（3）和检测单元（5）连接组成；当控制单元接收到交流侧送来的空载信号后，关闭主逆变回路，此时负载单元端口的电压为 0；由控制单元产生高频脉冲，高频脉冲驱动隔离电源单元中的功率器件，变压器产生 50V 左右的直流电压，通过开关控制单元将直流电送出到负载单元；检测单元检测负载回来的电流判定是否是加上负载。逆变电源能自动根据有无负载情况来决定是否启动主逆变回路或负载检测电路，使得整机的待机功耗低于0.2W，完全符合"能源之星"的标准。

可提升轻载效率的交换式电源供应器

申请号：200810109634.5　公开日：2009-12-16
申请人：康舒科技股份有限公司
发明人：威廉·R·卫尔　林维亮
摘要：

本发明是关于一种可提升轻载效率的交换式电源供应器，所述的电源供应器包括一交换式电源电路、一功率监控电路及一轻载供电电路。其中，该交换式电源电路依据负载的电压变化将交流电源转换为一稳定直流电源后予负载，若该功率监控电路检测交流电源功率并判断负载处于轻载状态，该功率监控电路即控制轻载供电电路输出小功率直流电源予轻载状态下的负载。由于该轻载供电电路提供的直流电源功率小，因此在负载处于轻载状态时所产生的切换损失比例亦较低，而得以提高轻载状态时的运作效率。

开关电源一种可变伏安特性的实现方法

申请号：200810236448.8　公开日：2009-5-20
申请人：陕西柯蓝电子有限公司
发明人：蔡　晓　毛建华　周　勇　易峥嵘
摘要：

本发明公开了开关电源一种可变伏安特性的实现方法，该方法由计算机、控制模块、可变伏安特性模块和开关电源驱动电路组成的控制系统实现，与机械调节实现的可变伏安特性方法相比，具有调节快速、简单、可靠的特点。由于采用了数字控制，可以实现电阻随意调节，使得伏安特性的可重复性变得简单、快速。便于实现远程操作，对于运用于大功率电源和超大功率电源避免操作人员触电具有很大的实用价值。同时本发明和机械调节相比，实现的系统易于小型化，无机械调节带来的干扰等优点。

大功率脉冲开关电源 A 型母排叠层方法

申请号：200810231639.5　公开日：2009-7-8
申请人：中国科学院近代物理研究所
发明人：张　曙　高大庆　陈又新　张显来　冯秀明
摘要：

本发明公开大功率脉冲开关电源 A 型母排叠层方法，其结构特征是：选用 4 个整流桥模块并联整流和 2 个 IGBT 模块输出主电路，主电路中滤波电容，功率开关管或整流器，电感或变压器放置靠近，并确定好这些器件的方向，即在大功率开关电源设计中，电容板，A、B、C、正极相输入铜板均采用铜板叠层而安装，减少了走线，克服导线电感和阻抗的影响，进而减小了电磁干扰，达到了抑制电磁干扰的目的。

通用电源适配器

申请号：200810072309.6　公开日：2009-10-7
申请人：厦门大学　厦门青天信息科技有限公司
发明人：柳　旭　彭胜祥
摘要：

通用电源适配器是涉及一种电子设备的电源适配装置，提供一种可以调节/设定输出电压、具有自适应功率匹配、既遵循国家现有标准又有转换插头的通用电源适配器。设有 AC/DC 变换电路、DC/DC 变换电路、电压调整输出电路、电压采样电路、调压按键、电源测控电路和显示电路。克服适配器不能通用的障碍，可以适用所有移动电子设备、便携式电子装置：小到手机、数码相机、随身听、游戏机、DV、PDA、MP3/MP4，大到家用路由器、ADSL_MODEM、笔记本电脑等。通用型电源适配装置的智能化功能，能为手机、数码产品、小型电子设备等多种便携式电子设备提供可设定的稳定电源。

一种变频空调外机开关电源的供电装置

申请号：200810081835.9　公开日：2009-11-11
申请人：海尔集团公司　青岛海尔空调器有限总公司
发明人：张守信　程永甫　尹得样　孙风凯　姚启媛　吴丽琴
摘要：

本发明公开了一种变频空调外机开关电源的供电装置，包括滤波电路，用于对输入的交流电源进行滤波；第一电源转换电路，用于将经过滤波电路滤波后的交流电源转换为直流电源，并将直流电源提供给开关电源电路，给开关电源电路供电；第二电源转换电路，用于将经过滤波电路滤波后的交流电源转换为直流电源，并将直流电源提供给控制压缩机运转电路，给控制压缩机运转电路供电。本发明通过第一电源转换电路和第二电源转换电路，分别将滤波后的交流电源转换为直流电源，并分别将转换后的直流电源提供给开关电源电路和控制压缩机运转电路，从而将开关电源电路和控制压缩机运转电路的电源输入端进行隔离，提高了开关电源的输入电源的稳定性。

降低开关电源电磁噪声的技术

申请号：200810062047.5　**公开日**：2009-12-2
申请人：陈庭勋
发明人：陈庭勋

摘要：

　　本发明针对于开关电源的电磁噪声问题，从衰减、隔离电磁噪声和阻断电磁噪声形成源头两方面入手，重点放在破坏电磁噪声产生的基础条件上进行消除。基本思想是利用开关电源中存在的电感电流不能突变的物理规律，用多个电感的续流电流相互配合，平滑电路的电压、电流变化量，从而消除或削弱电源的电磁噪声。在传统的电磁噪声抑制技术基础之上，结合本发明所指的组合消噪技术，可以使开关电源输出传导噪声和辐射噪声降至较小的程度，接近线性电源的输出噪声水平，为开关电源替代线性电源提供技术途经。

一种低纹波可吸电流的开关电源的控制方法

申请号：200910181799.8　**公开日**：2009-12-23
申请人：无锡芯朋微电子有限公司
发明人：杭中健

摘要：

　　一种低纹波可吸电流的开关电源的控制方法，具有两种控制状态，即在每个时钟周期电感电流始终为单向流动的大输出电流控制状态，和在每个时钟周期电感电流存在向两个方向流动的小输出电流控制状态；在每个时钟周期开始时，由时钟信号控制开关模块将电感的活动端接到输入电压上，控制模块根据反馈信号确定何时将电感的活动端接到地上，直到下一个时钟周期开始时再将电感的活动端接到输入电压上。其特征在于电感电流在每个时钟周期都始终处于从小到大和从大到小的两个变化过程，是一个连续变化的过程。解决了 BUCK 型开关电源在 DCM 模式下输出电压纹波幅度加大、频率成分复杂，以及输出端不具有从负载吸收电流能力的问题。

用于开关型电源转换系统的二阶段前沿消隐滤波器

申请号：200910048896.X　**公开日**：2009-9-16
申请人：上海源赋创盈电子科技有限公司

发明人：郭亮　林立谨

摘要：

　　本发明揭示了一种用于开关型电源转换系统的二阶段前沿消隐滤波器，包括第一阶段 RC 滤波器，用于滤除所述驱动管启动时所产成的启动脉冲；第二阶段 RC 滤波器，用于将从所述取样电阻所获取的取样电压输入至所述比较器以与所述比较器的参考电压进行比较，进而去控制所述开关型电源转换系统的驱动管的通断；前沿消隐控制器，用于控制所述第一阶段 RC 滤波电路和第二阶段 RC 滤波电路在不同的时间段工作。本发明提供的用于开关型电源转换系统的二阶段前沿消隐滤波器，既可以滤除驱动管开启时不希望看见的电压脉冲，同时对于电压脉冲后的电压信号又可以几乎没有延迟地传送。

用于电源设备的过电流保护装置及相关的电源设备

申请号：200810125466.9　**公开日**：2009-12-16
申请人：绿达光电股份有限公司
发明人：王燕晖　吴继浩　洪家杰　林金延

摘要：

　　用于电源设备的过电流保护装置，包含有接收端，用来接收电流感测信号；补偿电流单元，耦接于该接收端，用来补偿该电流感测信号，以产生电流感测补偿信号；第一参考电压产生单元，用来产生第一参考电压；比较器，耦接于该补偿电流单元及该第一参考电压产生单元，用来比较该电流感测补偿信号及该第一参考电压，以产生一比较结果；控制单元，耦接于该比较器，用来根据该比较结果，控制该电源设备的功率开关的导通状态。

用于过电压保护的数字锁存控制电路及其电源转换器

申请号：200810002099.3　**公开日**：2009-7-22
申请人：通嘉科技股份有限公司
发明人：沈逸伦　魏大钧

摘要：

　　本发明提供一种具有过电压保护的电源转换器。该电源转换器包括有电压转换电路与数字锁存控制电路。该电压转换电路具有变压器，该变压器具有一次侧绕组、二次侧绕组以及辅助绕组，其中该辅助绕组用来提供供应电压，而该数字锁存控制电路耦合到该电压转换电路，并用来根据过电压保护触发信号将该供应电压的电压电平锁存在第一预定电平，当该电压电平锁存在该第一预定电平时，该电压转换电路处于禁用状态。

电源供应器的电流准位变化保护控制装置

申请号：200810005275.9　公开日：2009-8-26

申请人：中茂电子（深圳）有限公司

发明人：王志贤　刘利伟　廖孝茵

摘要：

本发明为一种电源供应器的电流准位变化保护控制装置，是应用在电源供应器上，包含有电压积分单元、电流积分单元、脉宽调制器与控制单元，所述的控制单元是连接撷取电压积分单元的信号，包括有比较器、数字信号处理器与数字/模拟转换器。数字信号处理器是根据比较器的输出端所传送的信号调整输出的数字信号给数字/模拟转换器，所述的数字/模拟转换器将其数字工作信号转换成一模拟的工作电流给电流积分单元，由工作电流的高低决定改变定电流模式的电流准位，如此可以使本发明具有防止负载过大、改变电流准位与保护负载的优点。

用于 PWM 开关电源的远程控制关断电路

申请号：200810218989.8　公开日：2009-4-22

申请人：广州金升阳科技有限公司

发明人：尹向阳

摘要：

本发明公开了一种用于 PWM 开关电源的远程控制关断电路，包括：远程控制接收部分、线性稳压部分、PWM 芯片的补偿端控制部分；所述的远程控制接收部分的控制信号输入端接入关断电平，远程控制接收部分的控制输出端一路连接线性稳压部分，线性稳压部分的稳压输出端连接 PWM 供电引脚，另一路连接 PWM 芯片的补偿端控制部分，PWM 芯片的补偿端控制部分输出连接到 PWM 芯片的补偿端。本发明相对现有技术优点在于：通过远程控制端的高低电平转换使线性稳压电路和电源内部的拓扑结构停止工作，从而实现对 PWM 芯片的关断，关断操作后的电路中输入电流极小，处于基本可忽略水平，且此时电源待机功耗达到≤0.12W 的水平，实现绿色环保电源。

提高通信电源交流电网适应性的控制方法及控制设备

申请号：200810187267.0　公开日：2009-5-20

申请人：中兴通信股份有限公司

发明人：刘明明　孟燕妮　周保航　韦树旺

摘要：

本发明涉及一种提高通信电源交流电网适应性的控制方法，包括确定一个预回调电压 VJ（V），以及一个预上调电压 VI（V）；在交流启动时，将整流模块的输出电压在当前蓄电池电压 VBAT 的基础上回调一个 VJ（V）电压；以回调后的电压作为启调点，平稳的将输出电压逐渐上升至 VBAT + VI（V）；从 VABT + VI 开始，快速将电压上升至通信电源浮充电压。本发明还涉及一种提高通信电源交流电网适应性的控制设备。因此，本发明在不增加系统成本的前提下，降低通信电源对交流电网供电质量的要求，提高通信电源在恶劣交流供电条件下的适应性。

一种直流开关电源启动电路

申请号：200910181334.2　公开日：2009-12-16

申请人：河海大学

发明人：周　岩　王柏林

摘要：

本发明提供一种直流开关电源启动电路，包括第一电阻 R1、第二电阻 R2、第三电阻 R3、第四电阻 R4、第五电阻 R5、PNP 管 Q3、第一 NPN 管 Q1、第二 NPN 管 Q2 以及二极管 D1。本发明不仅满足了开关电源模块在低输入电压的条件下为电源提供启动工作电压的要求，而且同时克服了在高输入电压工作时传统启动电路静态功耗大的缺陷。该启动电路具有电路结构简单、体积小、性能可靠等优点，对工作在宽输入工作电压、低压启动的条件下的开关电源，具有实际的应用价值。

功率因素校正电路与其电源供应装置

申请号：200810087905.1　公开日：2009-9-23

申请人：英业达股份有限公司

发明人：夏春华　刘士豪

摘要：

本发明公开了一种功率因素校正电路，包括升压转换器、第一电容、第一电阻与升压控制单元。升压控制单元包括信号产生器与频率控制器。升压转换器用以依据脉宽调制信号而将一整流电压转换成一校正电压。第一电容与第一电阻相互串接在升压转换器的输入端与接地端之间。升压控制单元用以产生脉宽调制信号，并依据流经第一电阻的电流、整流电压以及校正电压来调整脉宽调制信号的工作周期与频率。其中，信号产生器用以产生斜波信号，并依据一充电电流来调整斜波信号的斜率。频率控制器用以依据整流电压来调整充电电流。

伪连续工作模式开关电源功率因数校正方法及其装置

申请号：200910058127.8　公开日：2009-10-7
申请人：西南交通大学
发明人：许建平　张　斐　周国华　吴松荣　王金平
　　　　秦　明
摘要：

　　本发明公开了一种伪连续工作模式开关电源功率因数校正方法及其装置，在每个开关周期，误差放大器 VA 用输出基准电压 VREF 与输出电压 VO 进行比较产生误差电压值 ΔV；根据比较结果向变换器 TD 的主开关 SW1 输出关断控制信号；在变换器 TD 的主开关 SW1 关断期间，逻辑比较器 LC 用基准正弦电流产生器 BSCG 产生的基准正弦电流 IREF 与电感电流 IL 进行比较，当变换器 TD 的电感电流 IL 下降到基准正弦电流 IREF 时向变换器 TD 的辅开关 SW2 输出导通控制信号，直到下个开关周期的到来。本发明具有输出电压纹波小，控制器结构简单，负载突变时变换器进入新稳态迅速，负载功率范围广的优点。

一种适合空间环境应用的多路输出电源

申请号：200910071508.X　公开日：2009-8-12
申请人：哈尔滨工业大学
发明人：郭闯强　倪风雷　谢宗武　刘　宏　顾义坤
　　　　张庆利　党　进　介党阳
摘要：

　　一种适合空间环境应用的多路输出电源，属于电源装置领域。本发明的目的是解决针对空间环境的特殊要求，现有电源电路无法实现对负载的有效保护，不能实现单粒子锁定事件的检测和保护的问题。本发明的多路 DC/DC 变换电路模块具有母线输入过流保护和输出电压保护功能，通过电源输入滤波电路连接上级电源，通过 N 个低压差线性输出调节模块连接负载电路，当负载电流超过电流设定上限时，输出报警信号给闩锁触发电路，闩锁触发电路通过关断撬杠电路控制同时关闭 N 个低压差线性输出调节模块，并控制 N 个电荷泄放撬杠电路导通将负载电容的多余电荷快速释放掉。用于空间环境中使用，特别是适用于空间机器人模块化关节的设计。

电源装置及其控制方法、功率放大装置

申请号：200910087546.4　公开日：2009-11-25
申请人：华为技术有限公司
发明人：侯召政　唐　志
摘要：

　　本发明实例涉及一种电源装置及其控制方法、功率放大装置。其中，所述装置包括线性电源支路和第一开关电源组，第一开关电源组包括第一电流检测器和至少两个开关电源支路；所述开关电源支路包括滞环控制器和开关电源驱动及功率电路，所述第一电流检测器的输入端与所述线性电源支路的输出端连接，所述滞环控制器的输入端与所述第一电流检测器的输出端连接；所述开关电源驱动及功率电路的输入端与所述滞环控制器的输出端连接，输出端与所述线性电源支路的输出端并联连接。本发明实施例可以提高开关电源的带宽和跟踪精度，进而提高 ET 功率放大器的整体效率。

一种电源控制系统

申请号：200810163200.3　公开日：2009-10-7
申请人：伊博电源（杭州）有限公司
发明人：马克·朱彻斯　周远平　杨　超　危　建
摘要：

　　本发明公开了一种电源控制系统，包括一组 POL 电源、数字电源控制器和上位机，所述的数字电源控制器接收从上位机发送过来的标准 PMBUS 命令，控制和监控系统中的多个 POL 电源，数字电源控制器使用 DSP 芯片上集成的各种外设来实现对系统中 POL 电源的控制和监控：通过 ADC 监控 POL 的输出电压；通过数字 I/O 来控制 POL 的开关状态并对多个 POL 变换器进行上、下电和/或排序控制；通过 PWM 输出滤波后的直流电平来 TRIM 每个 POL 的输出电压。本发明基于 DSP 的数字电源控制器使用芯片上集成的各种外设来实现对系统中 POL 电源的控制和监控，它们之间不需要使用 PMBUS 进行通信，可以降低整个电源系统实现的成本。

交流-直流变换单元的能量回馈电源负载电路及其方法

申请号：200910106636.3　公开日：2009-9-9
申请人：罗吉国

发明人：罗吉国

摘要：

本发明提供了一种适用于交流-直流变换单元的能量回馈电源负载电路及其方法，所述能量回馈电源负载电路包括直流-直流变换单元、第一全波整流单元、第二全波整流单元、滤波单元、直流-交流变换单元、电源，所述直流-交流变换单元把交流电供给至所述电源，所述电源把电能输送至所述直流-直流变换单元，所述直流-直流变换单元输出直流电输送至所述直流-交流变换单元。所述方法步骤包括：把交流电供应给电源；输出所述电源的能量且把它转换成电压；对所述电压进行整流和滤波，以输出交流电至所述电源，从而形成电源输出电能循环利用。所述电源负载电路能够循环利用电源的输出电能，达到节约电能，降低输入配电功率，促进环保之目的。

一种通信用燃料电池备用电源系统

申请号：200910061032.1 **公开日**：2009-8-12

申请人：武汉理工大学

发明人：全书海 全 睿 黄 亮 谢长君
陈启宏 张立炎 石 英 邓 坚

摘要：

本发明涉及一种通信用燃料电池备用电源系统，包括制氢储氢单元、燃料电池单元、DC/DC单元、输出单元、电控单元、巡检单元、监控单元以及通信单元。其特点是：制氢储氢单元利用太阳能或风能制氢并以固态形式存储，通过吸收燃料电池单元的热量释放氢气；燃料电池单元通过氢氧的电化学反应产生直流电能和热量；DC/DC单元对直流电能调节升压后给输出单元提供电能；输出单元在市电掉电时给负载供电；电控单元采集各种数据以及向各单元发送控制信息；巡检单元采集所有单片电压值进行传输；监控单元显示各种参数和工作状态，实现人机交互；通信单元进行近程和远程通信与监控。该电源系统清洁、高效、可靠，适合各种通信备用电源使用。

一种低压电源生成电路及装置

申请号：200910143629.0 **公开日**：2009-10-14

申请人：深圳市明微技术有限公司

发明人：王乐康 李照华 赵春波 符传汇 郭伟峰

摘要：

本发明公开了一种低压电源生成电路及装置，属于集成电路技术领域，低压电源生成电路包括启动电路，产生启动信号将电路启动，产生偏置电流控制信号和启动电流信号；误差放大电路，其启动和工作时所需的偏置电流由偏置电流控制信号控制，其输入端接收来自电流转电压及采样电路的采样和启动电压信号，输出端输出电流控制信号；电流控制电路，由电流控制信号控制电流信号大小；电流转电压及采样电路，根据电流信号生成需要的低压输出工作电源，对产生的低压输出工作电源进行采样形成采样电压信号反馈至误差放大电路的输入端；低压电源生成装置包括上述电路。本发明所述电路及装置不需外加基准电压，通过特殊的连接后也不需要耐高压的PMOS管器件。

切换供电电压的控制电路、控制方法、电源模块和单板

申请号：200810093695.7 **公开日**：2009-10-28

申请人：华为技术有限公司

发明人：何壁桃 赵宏明

摘要：

本发明公开了一种切换供电电压的控制电路、控制方法、电源模块和单板，为解决现有技术中，单板不能以较低成本同时支持VDSL2中8B模版激活和支持非8B模版激活时降低单板功耗的问题而设计；所述控制电路包括供电单元，供电单元包括电压输出端、调整端和公共端，电压输出端、调整端之间和/或调整端、公共端之间连接有带有控制端的可变电阻单元。所述控制方法步骤包括：通过控制信号，使供电单元的电压输出端与调整端之间的阻值和/或调整端与公共端之间的阻值在至少两个数值之间变换；供电单元根据所述阻值，提供相对应的输出电压。本发明实施例适用于带有TRIM端的电源模块或DC-DC电源转换电路等领域。

射频离子电源

申请号：200910143265.6 **公开日**：2009-10-7

申请人：唐山海通电子有限公司

发明人：张建伟

摘要：

本发明涉及电源技术领域，具体地说是一种射频离子电源。包括可调电源电路、推挽放大自激振荡电路、耦合输出电路，所述可调电源电路对功率、电压进行调节，该可调电源电路的输出端连接有静电除尘器，该静电除尘器的另一端通过稳压滤波电路与推挽放大自激振荡电路连接，该推挽放大自激

振荡电路的另一端与耦合输出电路连接，该耦合输出电路的另一端接设备负载，该设备负载发出的信号反馈给推挽放大自激振荡电路。设置的推挽放大自激振荡电路实现电源与设备间的阻抗匹配；电源的射频峰值电压高，工作开始不需要点火装置，增设的静电除尘器完全消除工作过程中由于静电的影响造成的粘附现象。

电源、发光控制装置和显示装置

申请号：200780001403.6　**公开日：**2009-1-28
申请人：罗姆股份有限公司
发明人：今中义德
摘要：

本发明的电源包括：电荷泵电路（54），用于根据时钟信号（C1和C2），周期性地接通和断开多个电荷传送开关（Q1到Q4），从而对电荷存储电容器（C1）进行充电和放电，并从输入电压（VI）产生所需输出电压（VO），以将产生的输出电压（VO）提供给负载（LED）输出电流检测电路57，用于检测至负载的输出电流IO（图1中基准电流（IM））；以及基于输出电流（IO）的检测结果来改变时钟信号（C1和C2）的频率的装置（图1中变频电路52）。采用这种配置，无论负载大小如何，均可以获得高的电功率效率。

一种宽范围电压输入的电源转换器

申请号：200910038271.5　**公开日：**2009-12-2
申请人：广州金升阳科技有限公司
发明人：尹向阳
摘要：

本发明公开了一种宽范围电压输入的电源转换器，包括：BUCK电路、反馈控制模块、逻辑电路、电子开关；所述的电源输入端连接BUCK电路的电压输入端；电源输入端正极经逻辑电路后接电子开关的开关控制信号和BUCK电路的开关管栅极；BUCK电路的电压输出端正极依次经过反馈控制模块和电子开关连接BUCK电路的控制信号输入端。优点在于，作为第一级转换器，将超宽电压输入压缩到原来的1/3左右输出，从而使得输入电压范围变宽很多，后级变压器的优化变得简单许多；另外采用逻辑电路判定后，本发明中通过占空比方式控制时，占空比的跨度比现有技术小很多，易于优化。

一种调节电源电压的方法及装置

申请号：200710145380.8　**公开日：**2009-3-18
申请人：华为技术有限公司
发明人：刘旭君
摘要：

本发明公开了一种调节电源电压装置，该装置包括：电流源模块、控制电路模块、转换模块和被充电模块，其中，所述电流源模块，用于产生电流；所述控制电路模块，用于根据发送间隔时间发送开关信号；所述转换模块，用于根据所述开关信号，将所述电流斩波成脉冲电流，所述脉冲电流对所述被充电模块充放电；所述被充电模块，用于通过所述脉冲电流对所述被充电模块充放电，形成输出电压。通过本发明解决了现有技术存在的调压速度慢的问题。本发明同时公开了一种调节电源电压的方法。

电源转换装置及电源转换方法

申请号：200810089952.X　**公开日：**2009-10-14
申请人：普诚科技股份有限公司
发明人：高念安　江宗远
摘要：

本发明揭示一种电源转换装置及电源转换方法，其包括一控制信号产生模块、一转换模块以及一比较模块。控制信号产生模块用以根据一延迟信号，产生一控制信号。转换模块耦接于控制信号产生模块，用以根据该控制信号，将一输入电压转换为一电平不同的输出电压。比较模块耦接于该转换模块以及该控制信号产生模块，用以将根据输出电压所产生的一分压电压与一参考电压进行比较，并根据比较结果、一致能信号以及一时脉信号，产生该延迟信号。本发明所述的电源转换装置及电源转换方法，可提升输出电压的准确度，并且防止涟波电压的产生。

电源模块

申请号：200810090298.4　**公开日：**2009-10-28
申请人：英业达股份有限公司
发明人：游顺荣　范源勇　梁凯翔
摘要：

本发明涉及一种电源模块，包括电感电路、开关电路、检测驱动电路以及控制器。电感电路具有电感以及电压反馈线路，该电压反馈线路反馈电感的端电压。开关电路电性连接电感电路以驱动电感电路。检测驱动电路电性连接开关电路以及电压反馈线路，该检测驱动电路依据电感的端电压控制开关电路并产生电流反馈信号。控制器电性连接检测驱动电路，该控制器依据电流反馈信号控制检测驱动电路。

一种双模式的直流开关电源变换器

申请号：200910097233.7 公开日：2009-8-19

申请人：苏州日月成科技有限公司

发明人：何乐年 叶益迭 张 鲁 陈 琛
邱建平 宁志华

摘要：

本发明公开了一种双模式的直流开关电源变换器，包括开关晶体管，用于控制开关晶体管的 PWM 控制电路，连接开关晶体管输出端的电感和输出支路，所述的 PWM 控制电路为峰值电流模式控制电路，PWM 控制电路中设置有一个最小占空比模块，最小占空比模块发送的信号占空比与直流开关电源变换器的输出电压 VOUT 和输入电压 VIN 的比值成正比；当 PWM 控制电路的控制信号占空比小于最小占空比模块的信号占空比时，开关晶体管的驱动信号占空比为最小占空比模块的信号占空比。

准连续工作模式开关电源的多频率控制方法及其装置

申请号：200910058419.1 公开日：2009-10-14

申请人：西南交通大学

发明人：许建平 王金平 秦 明 周国华
吴松荣 牟清波

摘要：

本发明公开了一种准连续工作模式开关电源的多频率控制方法及其装置：开关变换器工作在电感电流准连续模式，控制器根据开关变换器的输出状态，采用多组不同频率的脉冲进行组合，以此实现对开关变换器的控制。采用本发明方案的开关变换器工作在电感电流准连续模式下，主功率开关管的驱动为多组不同频率脉冲的组合，可用于开关变换器的多种拓扑结构，其优点是：控制稳定可靠，无须补偿网络，输出电压纹波小，输出功率范围大，瞬态响应速度快。

双功率开关与使用双功率开关的电源供应电路

申请号：200810087632.0 公开日：2009-9-30

申请人：立锜科技股份有限公司

发明人：龚能辉 朱冠任 陈俊聪 邱子寰

摘要：

本发明提出一种双功率开关与使用双功率开关的电源供应电路，该双功率开关包含并联的 PMOS 功率开关和 NMOS 功率开关，各自根据预设的条件而操作。

电源系统以及具备该电源系统的车辆

申请号：200780032897.4 公开日：2009-8-19

申请人：丰田自动车株式会社

发明人：市川真士 石川哲浩

摘要：

由于电感器（L1）维持非磁饱和直到达到使芯（CR1）磁饱和的电感器电流#IS 为止，因此维持电感值 Z1。若电感器电流增加而超过#IS，则电感器（L1）的电感值减小。另一方面，由于电感器（L2）维持非磁饱和直到电感器电流 IS 为止，因此维持电感值 Z2。分别包含电感器（L1）以及电感器（L2）的转换器相互分担着向负载装置供给电力，以此减少与电压变换动作有关的损耗，并且维持过渡稳定性。

电子设备及其电源装置

申请号：200710203346.1 公开日：2009-6-24

申请人：鸿富锦精密工业（深圳）有限公司 鸿海精密工业股份有限公司

发明人：洪俊龙 汪 涛 陈文明 段旺昌
黄 强 张世明

摘要：

一种电子设备，其包括：电源输入接口、第一电源转换器、电源管理器、第二电源转换器和主系统，电源输入接口用于接收外部电源输入；第一电源转换器用于接收外部电源且将其转化为电源管理器所需的工作电压并提供给电源管理器；电源管理器用于在得电工作后发送启动指令给第二电源转换器；第二电源转换器用于基于启动指令开始工作，将外部电源转化成主系统所需的工作电压并提供给主系统；主系统用于电子设备功能的实现；第二电源转换器进一步用于将外部电源转化成电源管理器所需的工作电压并提供给电源管理器，电子设备还包括控制单元，用于在第二电源转换器为电源管理器提供工作电压后关闭第一电源转换器的工作。本发明还提供一种对应的电源装置。

电源系统和具备该电源系统的车辆以及该电源系统的控制方法

申请号：200780026116.0 公开日：2009-7-22

申请人：丰田自动车株式会社

发明人：市川真士

摘要：

与转换器（CONV1）对应的积分要素，在转换器（CONV1）停止电压变换动作的期间（时刻 TM1～时刻 TM2）也继续进行积分动作，但在该期间进行了积分后的积分输出为无效数据。因此，若在转换器（CONV1）再次开始电压变换动作的时刻 TM2，从该积分要素输出无效的积分输出，则转换器（CONV1）通过没有任何保证的控制值被控制。于是，如上所述，电压变换动作控制部向该积分要素发送复位信号，从而将存储的积分输出 INT1 清零。

电源控制装置

申请号：200810175658.0 公开日：2009-3-25

申请人：矢崎总业株式会社 丰田自动车株式会社

发明人：中山雅之 石间茂巳 青木一弘 塚本朗仁

摘要：

本发明提供一种电源控制装置，当其不接地时，可以将大地连接至合适的电动势。所述电源控制装置包括控制电路，其具有开关元件和开关控制单元以及负载。负载的一端通过所述开关元件连接至直流电源，并且另一端连接至地电动势。所述开关控制单元具有接地端，其连接至所述地电动势，并且输出流向所述地电动势的地电流。所述控制电路包括旁路装置，其具有负载侧旁路系统，用于当所述接地端与所述地电动势之间的连接断开时，将所述地电流流向所述地电动势。所述负载包括阻抗，用于当地电流流过时，将接地端的电动势变为所述控制单元稳定工作的电动势。

电源系统及具备该电源系统的车辆

申请号：200780023528.9 公开日：2009-7-8

申请人：丰田自动车株式会社

发明人：市川真士

摘要：

滞后特性部，按照依存于当前的选择状态（履历）的状态特性（ST1 以及 ST2），切换选择指令（SEL1、SEL2）的输出。即滞后特性部，如果是选择指令（SEL1）被选择中，则按照状态特性（ST1）执行切换判定；另一方面，如果是选择指令（SEL2）被选择中，则按照状态特性（ST2）执行切换判定。若充放电电压（VB1）低于充放点电压（VB2）的程度超过切换阈值电压（VTH1），则执行从选择指令（SEL1）到选择指令（SEL2）的切换。

开关式电源和半导体集成电路

申请号：200910140937.8 公开日：2009-11-4

申请人：株式会社瑞萨科技

发明人：细川恭一 工藤良太郎 长泽俊夫 立野孝治

摘要：

本发明提供一种开关式电源和半导体集成电路，即使当电源电压 VDD 为低电压时，其也能够获得高电位侧开关元件 M1 的足够的驱动电压。在控制电流通过开关元件流入电感器的开关式电源中，开关元件响应 PWM 信号执行开关操作，并通过与电感器串联提供的电容器形成输出电压，在开关元件的输出节点与预定电压端之间提供由自举电容和 MOSFET 构成的升压器电路，升高的电压用作开关元件的驱动电路的工作电压，源极和漏极区域中的另一个与衬底栅极彼此连接，使得在 MOSFET 呈 OFF 状态时，在源极和漏极区域之一与衬底栅极之间的结型二极管相对于由自举电容形成的升高电压被反向定向。

开关电源的双频率控制方法及其装置

申请号：200910058418.7 公开日：2009-10-14

申请人：西南交通大学

发明人：许建平 王金平 秦 明 周国华 吴松荣 牟清波

摘要：

本发明公开了一种开关电源的双频率控制方法和装置，根据开关变换器的输出状态，控制器采用两组频率不同的脉冲进行组合，以实现对开关变换器的控制。该发明可用于控制各种拓扑结构的开关变换器，其优点是：控制环路简单可靠，无须补偿网络，瞬态响应速度快，电磁干扰（EMI）噪声小。

可快速切换输出电压的电源装置

申请号：200910111445.6 公开日：2009-9-16

申请人：福州华映视讯有限公司 中华映管股份有限公司

发明人：陈科宏 谢俊禹 张世孟 刘家麟 莫启能

摘要：

本发明提供一种可快速切换输出电压的电源装置，其包含有一升压式直流对直流转换器及一电荷回收电路。该升压式直流对直流转换器用来对一输入电压进行升压转换，以产生一输出电压，并根据一准位调整信号，调整该输出电压的准位。该电荷回收电路电性连接于该升压式直流对直流转换器，用来根据该准位调整信号，产生一电流路径，以于该输出电压由一高准位调整至一低准位时，透过该电流路径，回收多余的电荷，并于该输出电压由该低准位调整至该高准位时，透过该电流路径释放所储存的电荷，从而加快该输出电压的准位调整速度，并减少能量消耗。

电源系统及具备该电源系统的车辆、蓄电装置的升温控制方法和记录有用于使计算机执行蓄电装置的升温控制的程序的计算机可读取的记录介质

申请号：200780027130.2　公开日：2009-7-22

申请人：丰田自动车株式会社

发明人：市川真士　石川哲浩

摘要：

第一电压控制部（50－1）包括第一PI控制部（54－1）、第一切换部（55－1）、和第一减法部（56－1）。第一减法部（56－1）从作为电压前馈补偿项的电压值（VB1）/目标电压（VR1）减去第一切换部（55－1）的输出。同样地，第二电压控制部（50－2）包括第二PI控制部（54－2）、第二切换部（55－2）和第二减法部（56－2）。在升温控制时，切换控制部70控制第一切换部和第二切换部（55－1、55－2），使得放电侧的电压控制部的PI控制部发挥作用，且使得充电侧的电压控制部的PI控制部的输出被切断。

电源系统和车辆

申请号：200780014621.3　公开日：2009-5-6

申请人：丰田自动车株式会社

发明人：市川真士

摘要：

P1（S）、P2（S）是对转换器（CONV1、CONV2）以占空指令（TON1、TON2）为输入、以电池电流（IB1、IB2）为输出的控制模型（76－1、76－2）的传递函数。而且，在分别包括传递函数P1（S）、P2（S）的传递函数G1（S）、G2（S）中，确定控制增益（比例增益KP1、KP2和积分增益TI1、TI2）使得关于延迟要素互相大致一致。

电源装置和装有该装置的车辆

申请号：200780001502.4　公开日：2009-2-4

申请人：丰田自动车株式会社

发明人：洪远龄

摘要：

电源装置包含电流传感器（11）以及控制装置（30），电流传感器（11）对在合流点（第一升压转换器（12A）的输出与第二升压转换器（12B）的输出在合流点上连结在一起）与负载电路（23）之间流动的电流进行检测，控制装置（30）控制第一与第二升压转换器（12A，12B）并监视由电流传感器（11）检测得到的电流值。控制装置（30）基于在频率上相等且在相位上不同的载波信号在第一与第二升压转换器（12A，12B）上进行脉宽调制控制。控制装置（30）通过设置对应于相位差的时间差对检测得到的电流值进行采样来获取流经第一与第二升压转换器（12A，12B）的电流的各个值。

开关电源转换器和用于控制多个开关电源转换器的系统

申请号：200910009294.3　公开日：2009-8-19

申请人：艾科嘉公司

发明人：肯特·科纳罕　约翰·卡尔·托马斯　伊莱尔斯·劳兹艾诺　大卫·F·弗雷泽　杰克·罗恩　丹尼尔·W·尤德

摘要：

一种用于同时调节多个不同类型的开关电源转换器工作的控制系统和方法。该系统使用调节电源转换器的采样数据和非线性反馈控制环路。

三维电阻率成像系统的直流升压电源装置

申请号：200910115623.2　公开日：2009-11-18

申请人：东华理工大学

发明人：刘庆成　黎定国　谢军

摘要：

本发明属于地球物理勘探技术领域，涉及一种三维电阻率成像系统的直流升压电源装置，脉宽调制控制芯片产生一个频率约为100kHz的方波，通过2个晶体管、2个场效应晶体管驱动变压器，进行电压升压变换，并经过整流、滤波得到一个直流电压。它用单片机控制CAN接口芯片，实现了CAN总线通信功能，因此三维电阻率成像系统中的笔记本电脑能够通过CAN总线对该直流升压电源装置进行控制，通过单片机控制9个继电器的切换，能够输出16档不同大小的输出电压，并能够改变输出电压的极性以及直流、方波2种供电方式，从而输出一个

三维电阻率成像系统所需要的电压。

电源装置及其保护方法

申请号：200710202555.4 公开日：2009-5-20
申请人：鸿富锦精密工业（深圳）有限公司 鸿海
　　　　精密工业股份有限公司
发明人：洪俊龙 段旺昌 陈文明 汪涛
　　　　张世明 刘培

摘要：

　　一种电源装置，其包括电源接入单元和电池接入单元，电源接入单元用于外接电源的输入，电池接入单元用于电池电源的输入。电源装置还包括解锁/充电开关和控制单元，解锁/充电开关连接于电源接入单元和电池接入单元之间，用于基于自身的闭合和断开控制电源接入单元和电池接入单元之间的导通和断开，控制单元用于在电源接入单元接收到外接电源的输入且电池接入单元没有接收到电池电源的输入时，控制解锁/充电开关间歇导通。本发明还提供一种电源装置的保护方法。

一种输出可调的变结构直流开关电源

申请号：200910103630.0 公开日：2009-9-16
申请人：重庆大学
发明人：周雒维 孙鹏菊 杜雄 罗全明 卢伟国

摘要：

　　一种输出可调的变结构直流开关电源，该电源包括有全桥直流变换器、高频变压器、两个单相二极管整流桥、一个低频切换功率开关管和两个旁路二极管。其中：低频切换功率开关管和旁路二极管分别连接在单相二极管整流桥的正负输出端与开关电源的输出之间，通过对低频切换功率开关管的控制，灵活改变输出的方式，既可以并联运行也可以串联运行，是一种变结构的直流开关电源。本发明特别适合于输出可宽范围调节的开关电源应用领域。与现有的宽范围调节技术相比，输出电压和电流的调节范围更大，同时又减小了输出整流二极管的电压电流应力，简化了高频变压器的设计，提高了效率，也有效地减小了成本。

电源电路

申请号：200710123710.3 公开日：2009-4-1
申请人：群康科技（深圳）有限公司 群创光电股
　　　　份有限公司
发明人：林静忠

摘要：

　　本发明提供一种电源电路。该电源电路包括一直流稳压电源、一开关元件、多个输出支路和至少一桥接电阻，每一输出支路包括依次连接的一变压器、一整流滤波电路和一输出端。该直流稳压电源提供一直流电源电压，每一输出支路的变压器通过该开关元件分别将该直流电源电压转换成一交流电压，且其对应的整流滤波电路对该交流电压进行整流滤波后分别输出到该输出端，该多个输出支路通过该桥接电阻进行相互之间的能量支援。

可调整输出电压的电源供应装置

申请号：200810000208.8 公开日：2009-7-15
申请人：光宝科技股份有限公司
发明人：萧益州 陈文生

摘要：

　　一种可调整输出电压的电源供应装置，接受一输入电压以产生至少一输出电压。该电源供应装置包括至少一输出变压器、至少二整流滤波电路及一电压调整变压器。该输出变压器包含至少一组接受该输入电压的输入线圈及至少两组用以分别对该输入电压进行电压转换的输出线圈。该二整流滤波电路各别对该至少两组输出线圈产生的电压进行整流滤波，以分别产生一输出电压。该电压调整变压器包含至少一组一次侧线圈及至少一组二次侧线圈，该一次侧线圈与该输出变压器的其中一组输出线圈并联连接，该二次侧线圈与该输出变压器的其中另一组输出线圈串联连接，以调整与该另一组输出线圈连接的整流滤波电路的输出电压。

柔性切换电源转换器的同步整流电路

申请号：200810099416.8 公开日：2009-9-2
申请人：崇贸科技股份有限公司
发明人：杨大勇 王周升 徐维利

摘要：

　　本发明公开了一种柔性切换电源转换器的同步整流电路，具有一变压器，同步整流电路包含有：电流变压器，对应于该变压器的切换状态而产生一切换电流信号；以及一集成同步整流器，此集成同步整流器包含有一功率晶体管，耦合于该变压器以及该电源转换器的一输出端作为整流之用；以及一控制器，依据该切换电流信号产生一驱动信号来控制该功率晶体管。其中，当该切换电流信号大于一第一临界值，该控制器产生一启动信号，当该切换电流信号低于一第二临界值，该控制器产生一停止信号，且该启动信号致能该驱动信号用以开启该功率晶体管，该停止信号禁能该驱动信号用以关闭该功率晶体管。本发明的柔性切换电源转换器的同步整流电路，可提升电源转换器的电源转换效率。

电源电路

申请号：200710125670.6 公开日：2009-7-1

申请人：群康科技（深圳）有限公司 群创光电股份有限公司

发明人：周和康 周 通

摘要：

本发明涉及一种电源电路。该电源电路包括一直流高压源、一变压器、一脉宽调制芯片和一第一开关元件。该脉宽调制芯片包括一高压输入端。该直流高压源输出一直流高压。该直流高压经由该第一开关元件被提供到该高压输入端触发该脉宽调制芯片工作，该脉宽调制芯片用来控制将该直流高压经由该变压器提供到负载电路，当该电源电路断电时，该第一开关元件断开。该电源电路可在断电时有效保护脉宽调制芯片。

电源电路

申请号：200710076752.6 公开日：2009-3-4

申请人：群康科技（深圳）有限公司 群创光电股份有限公司

发明人：林静忠

摘要：

本发明提供一种电源电路。该电源电路包括一变压器、多条输出支路和多个负载电路，该变压器包括一交流输出端，每一输出支路对应一负载电路，且分别包括一整流电路，该变压器的交流输出端分别通过各输出支路的整流电路连接到该输出支路对应的负载电路，为该负载电路供电。

一种抗干扰开关稳压电源

申请号：200810218783.5 公开日：2009-4-8

申请人：崧顺电子（深圳）有限公司

发明人：陈胜兵 许 晓 喻德茂 范继光

摘要：

本发明公开了一种抗干扰开关稳压电源，包括依次连接的电源输入端、整流滤波单元、高频变换单元、调宽方波整流滤波单元、电源输出端，还包括跨接于所述高频变换单元和所述调宽方波整流滤波单元两端的控制电路单元，还包括：浪涌吸收模块，用于吸收电源信号中的浪涌干扰信号，所述浪涌吸收模块位于所述电源输入端和所述整流滤波单元之间。相应地，本发明还公开了一种检验开关稳压电源电磁兼容性的方法及设备。实施本发明可提高电源抗干扰度，并可快速验证电源的电磁兼容性。

一种电源调整装置

申请号：200710119236.7 公开日：2009-1-21

申请人：华为技术有限公司

发明人：刘志华 刘旭君

摘要：

一种电源调整装置，包括至少一个前级隔离变换单元，用于将输入的电源信号进行电压或电流变换处理，获得符合预定电压或电流要求的电源信号；至少一个电压调整控制单元，用于根据期望输出的电源电压与待跟踪信号产生调整后级非隔离调压变换单元的控制信号；以及至少一个后级非隔离调压变换单元，用于根据电压调整控制单元输出的控制信号将所述前级隔离变换单元输出的电源信号变换成期望的电源电压输出。其改变现有模块电源的架构，将光耦隔离的延时影响，隔离变压器参与实时调压的弊端现象从实时动态调压控制部件中剔除，实现高带宽的调压电源解决方案；引入前级电流源调压或串级线性校正结构，以实现更高带宽的调压电源解决方案。

开关电源装置以及电源控制用半导体集成电路

申请号：200780003895.2 公开日：2009-2-25

申请人：三美电机株式会社

发明人：小松雅树 山中佑司

摘要：

在具备电压变压用变压器的开关电源装置中，可以在二次侧的整流用二极管中流过的电流成为0前不久的定时对辅助线圈的端子电压进行采样，由此可以进行高精度的输出电压控制。一种开关电源装置，其具备：在一次侧具有辅助线圈的电压变换用变压器（T1）；与上述变压器的一次侧线圈连接的开关晶体管（TR0）；接收上述辅助线圈的端子电压，输出对上述开关晶体管进行开/关控制的信号的开关控制电路（12）；与上述变压器的二次侧线圈连接的整流用二极管（D1）；以及设置在上述变压器的二次侧的输出平滑用电容器（C2），上述开关控制电路具有：检测上述辅助线圈的端子电压的下降的检测电路（12A）；根据上述检测电路的检测定时，并根据上述整流用二极管中流过的电流成为 0 前不久的上述辅助线圈的端子电压，控制上述开关晶体管。

开关电源装置

申请号：200880001404.5 公开日：2009-11-11
申请人：株式会社村田制作所
发明人：山口直毅 细谷达也 余川拓司

摘要：

本发明提供一种开关电源装置。通过使作为 DC-DC 变压器的主开关元件的第一开关元件（Q1）和作为功率因数改善电路的开关元件的第三开关元件（Q3）的导通时间同步，并且独立地进行导通期间控制，从而能够防止切换频率的上升，并且通过不产生间歇振荡，从而防止声响。进而能够防止轻负载或无负载时的第一开关元件（Q1）的切换频率上升所引起的间歇振荡控制，能够解除间歇振荡的频率进入可听频带而引起声响或脉动电压变大的问题。

开关电源装置

申请号：200780024639.1 公开日：2009-7-8
申请人：松下电工株式会社
发明人：加田恭平 伊东千夫 和田澄夫 秋定昭辅 井坂笃 小幡健二

摘要：

一种开关电源装置，包括：有源器件，用于从 RCC 中的该开关器件的控制端拉出一部分控制信号；以及控制信号产生电路，向该有源器件的控制端施加作为开启/关闭时间控制电压的调节电压。当该调节电压在该有源器件的该有源区中分别减小或者增大时，该有源器件拉出该控制信号，以减少或者增加该开关器件的关闭时间，同时固定该开关器件的开启时间。当该调节电压在该有源器件的该截止区中分别减小或者增大时，RCC 中的定时电路的元件拉出该控制信号，以增加或者减少该开关器件的开启时间，同时固定该开关器件的关闭时间。

具有高效率的大功率多路输出电源结构及其控制方法

申请号：200810004746.4 公开日：2009-8-5
申请人：台达电子工业股份有限公司
发明人：李飞 甘鸿坚 应建平

摘要：

本发明是揭示一种具有高效率的大功率多路输出电源结构及其控制方法，所述电源结构具体为开关模式电源，包含一第一输出变换器，用以产生一第一高功率电压输出，以及一第二输出变换器，产生一第二高功率电压输出，且与该第一高功率电压耦合，以产生一耦合输出，其中当该耦合输出的一暂态功率小于或等于该第一高功率电压输出的一额定输出功率时，该第一输出变换器工作，而该第二输出变换器闲置；但当该暂态功率大于该额定输出功率时，该第二输出变换器也开始工作。本发明有效地提高了该电源的轻载效率，解决了变压器的散热问题以及多路输出变换器的交叉调整率问题，实现了从满载到极轻载具有相对的高效率，同时设计简单，具有低成本的特点。

电源电路

申请号：200810067100.0 公开日：2009-11-11
申请人：群康科技（深圳）有限公司 群创光电股份有限公司
发明人：周和康 周通

摘要：

本发明提供一种电源电路，其包括一交流-直流转换电路、一脉宽调制控制器、一开关晶体管、一变压器、一整流滤波电路及一缓启动电路。在该脉宽调制控制器及该开关晶体管的控制下，外界交流电压依次通过该交流-直流转换电路、该变压器及该整流滤波电路转变为直流电压，该缓启动电路设置在该整流滤波电路与负载之间。该电源电路在先带负载后通电的情况下仍能正常工作。

一种分立元器件电源电路

申请号：200810241362.4 公开日：2009-6-10
申请人：深圳创维-RGB 电子有限公司
发明人：王俊永

摘要：

本发明公开一种分立元器件电源电路，包括分立元器件电源电路，包括变压器 T1、开关电源 MOS 管 Q2、与 MOS 管 Q2 连接的开关电源 MOS 管驱动反抽电路、与反抽电路连接的开关电源 MOS 管驱动电路、连接于开关电源的输出端 OUT 的开关电源输出电压反馈电路以及开关电源的控制电路。本分立元器件电源电路由分离元器件构成，电路结构简单，省去价格昂贵的集成电路 IC，成本较低，进而降低了电视机整机的生产成本。

反激式零电压软开关开关电源

申请号：200810120301.2　公开日：2009-1-14

申请人：浙江光益光能科技有限公司

发明人：郑皆乐

摘要：

　　本发明公开了一种反激式零电压软开关开关电源，包括第一集成电路、第一晶体管、第一高频变压器和振荡电路，所述第一集成电路的输入端连接有振荡电路，输出端通过第一晶体管连接到第一高频变压器，所述振荡电路上还并联有外同步电路。本发明采用外同步电路对振荡电路的电容快速注入电荷，使原本固定的电容电压上升时间变为可变，使得第一集成电路输出高电平的时间变为可控，实现了同步变频。降低了开关损耗，比常规的3842/3/4/5类反激式电路拓扑具有更高的电源变换效率，功率管的温升更低，输出更大的功率，具有更高的性能价格比。而且电磁干扰更低，该电源能应用在对电磁干扰敏感的设备上，可靠性更高。

开关电源电路及其运作方法

申请号：200810066691.X　公开日：2009-11-4

申请人：群康科技（深圳）有限公司　群创光电股
　　　　份有限公司

　　发明人：郑接见　周　通

摘要：

　　本发明涉及一种开关电源电路，其包括一直流电压输入端、一开关控制电路、一整流滤波电路、一变压器、一电容、一第一电阻、一第二电阻及一第一晶体管。该第一晶体管的栅极经由该第一电阻接地，源极经由该开关控制电路接地，漏极经由该电容连接至该直流电压输入端，也经由该第二电阻连接至其栅极。该变压器包括一次绕组及二次绕组。该直流电压输入端经由该一次绕组及该开关控制电路接地。该二次绕组经由该整流滤波电路给负载提供电压。该开关电源电路具有较高的效率。本发明还提供一种上述开关电源电路的运作方法。

开关电源电路

申请号：200810067670.X　公开日：2009-12-9

申请人：群康科技（深圳）有限公司　群创光电股
　　　　份有限公司

　　发明人：赵立军　周　通

摘要：

　　本发明涉及一种开关电源电路。该开关电源电路包括一第一整流滤波电路、一第一变压器、一开关控制电路和一第二整流滤波电路。该第二整流滤波电路包括一第一晶体管、一第二晶体管和一控制电路。外部交流电压通过该第一整流滤波电路整流、滤波后转换为直流电压并提供给该第一变压器，该第一变压器通过该开关控制电路的控制输出直流电压到该第二整流滤波电路，该第二整流滤波电路通过该控制电路控制该第一晶体管和该第二晶体管的导通与截止，从而对该第一变压器输出的直流电压进行整流。

开关电源电路

申请号：200810067270.9　公开日：2009-11-18

申请人：群康科技（深圳）有限公司　群创光电股
　　　　份有限公司

发明人：郑接见　周　通

摘要：

　　本发明涉及一种开关电源电路。该开关电源电路包括一直流电源输入端、一变压器、一与该变压器配合产生振荡脉冲的脉冲产生电路、一反馈电路和一输出端。该脉冲产生电路包括一反馈端，该反馈电路包括一分压电路、一开关元件和一光耦合器，该输出端输出的直流电压经该分压电路分压后，依次经该开关元件和该光耦合器输入到该脉冲产生电路的反馈端。该开关电源电路的电路结构简单，体积较小，成本较低。

一种抗电磁干扰电源变换器

申请号：200910040415.0　公开日：2009-11-18

申请人：广州金升阳科技有限公司

发明人：黄江剑　龚　晟　张红军

摘要：

　　一种抗电磁干扰电源变换器，包括前级非隔离的电压调整变换器、后级半桥谐振变换器及反馈控制电路。所述前级非隔离的电压调整变换器主要包括第一滤波电容、储能电感、第一开关管、第二开关管及第二充电电容，第一滤波电容连接在输入电源的输入端和电源参考端之间，第一开关管的源极经储能电感连接电源的输入端，第一开关管的漏极连接电源参考端，第二开关管的漏极连接第一开关管的源极，第二开关管的源极为调整变换器的电压输出端，第一开关管和第二开关管的栅极作为反馈信号输入端，第二充电电容连接在电压输出端和电源参考端之间。变换器的效率在不同的输入电压下都比较高，后级半桥谐振变换器省去主要使用元器件，体积缩小，成本降低。

一种具有故障保护功能的开关电源及其控制方法

申请号：200910059878.1　公开日：2009-12-9
申请人：成都芯源系统有限公司
发明人：胡　进　张军明　任远程

摘要：

本发明公开了一种具有故障保护功能的开关电源及其控制方法，该开关电源包括：储能元件，能够储存能量；开关，电耦接至所述储能元件，在所述开关导通时所述储能元件存储能量，在所述开关关断时所述储能元件中存储的能量被传送至负载；控制电路，电耦接至所述开关，产生控制信号以控制所述开关的导通与关断；故障检测电路，检测所述开关电源是否处于故障状态；故障计时电路，电耦接至所述故障检测电路和所述控制电路，对持续故障状态计时，在计时超过第一预设时间时屏蔽所述控制电路，使所述控制信号关断所述开关。

输出控制装置、电源装置、电路装置和变换装置

申请号：200810131127.1　公开日：2009-2-4
申请人：夏普株式会社
发明人：久保胜　仲敏男　神谷真司　大泽升平

摘要：

本发明涉及输出控制装置、电源装置、电路装置和变换装置，其中提供了一种可缩小芯片尺寸并实现低成本化的输出控制装置（1）。该输出控制装置（1）具备开关晶体管（3）和控制IC（4），其中，上述开关晶体管（3）借助于通/断时间比率控制来控制输出电压或输出电流，上述控制IC（4）根据上述开关晶体管（3）控制的输出电压或输出电流来控制上述开关晶体管（3）的通/断时间比率，由横向型功率MOSFET构成上述开关晶体管（3）。

驱动电路及包含此驱动电路的电源转换器

申请号：200810001075.6　公开日：2009-7-22
申请人：光宝科技股份有限公司
发明人：陈志泰

摘要：

本发明有关一种驱动电路及包含此驱动电路的电源转换器。该电源转换器，包含：一主开关，受一驱动信号控制；一主变压器，通过主开关切换地接收一输入电源；一切换电路，输出一同步信号且包括一决定外接负载电源接收状态的开关；及一驱动电路，包括：一死极时间控制器，具有第二和第四开关，第四开关受同步信号控制以控制第二开关导通状态；及一反相产生器，具有一受驱动信号控制的第一和第五开关，且第五开关受第一和第二开关控制，以输出一与驱动信号呈反相的切换信号来控制切换电路，并使同步信号与切换信号间保持死极时间的间距。该驱动电路包括一死极时间控制器及一反相产生器。本发明能主动修正切换信号，确保不发生逆流现象，且使电路同步，并以驱动电路提升驱动能力。

三相电源转换为单相电压输出的方法及交流电源供应器

申请号：200810067572.6　公开日：2009-12-9
申请人：中茂电子（深圳）有限公司
发明人：黄志忠　陈诠泓

摘要：

本发明适用于电源技术领域，提供了一种三相电源转换为单相电压输出的方法以及交流电源供应器，所述的方法包括下列步骤：（A）提供一中性输入端与3个电压输入端；（B）将所述三相电源的接线连接至所述中性输入端与所述3个电压输入端；（C）于所述3个电压输入端中选定二电压输入端；（D）检测所述中性输入端与两个被选定的电压输入端的电压准位，以判断所述三相电源为△接或Y接；以及，（E）若判断所述三相电源为Y接，选择所述中性输入端与一被选定电压输入端以产生一单相电压信号，若判断该三相电源为△接，选择两个被选定的电压输入端以产生一单相电压信号。本发明提供的技术方案能够判断所连接的三相电源是△接或Y接，所连接的三相电源接线是否正确。

宽输入范围开关电源电路

申请号：200810223954.3　公开日：2009-7-8
申请人：北京新雷能有限责任公司　深圳市雷能混合集成电路有限公司
发明人：卢作炬　尹安全

摘要：

一种宽输入范围开关电源电路，包括变压器，变压器二次绕组可以连接各种常用的输出整流滤波电路，变压器一次包括匝数不同的第一绕组和第二绕组，第一绕组匝数大于第二绕组，第一绕组串联一个防反压二极管，每个绕组连接一个开关管，两个开关管通过一个与电源连接的控制电路单元控制，控制电路单元输入端输入 PWM 信号，并通过输入信号的不同控制上述两个开关管的打开和关断。此发明加入了另一绕组，两绕组在整个输入电压范围内不同的电压段分别工作，当输入电压小时，匝数少的绕组工作，变比 N 变大，减小占空比；输入电压大时，匝数多的绕组开始工作，占空比 D 变大，解决了占空比过小的问题。本结构在宽范围输入场合下性能更好。

三相数字式分时平衡大功率交流焊接电源

申请号：200810195517.5　公开日：2009-3-25
申请人：江苏东方四通科技股份有限公司
发明人：吴　雷　惠　晶　沈锦飞　颜文旭

摘要：

本发明涉及一种三相数字式分时平衡大功率交流焊接电源，是一种三相变单相焊接电源，包括三相可控开关电路、三相变单相变压器和控制电路。交流电通过由晶闸管组成的三相可控开关电路，产生三相分时平衡电压，经过三相变单相变压器，将三相变为单相输出，供给交流负载；在单片机控制电路的控制下，三相交流电按时间顺序分别对主变压器的一次三相绕组供电，通过三相合成变压器，在二次输出三相顺序合成的单相输出，实现三相变单相的过程。具有三相输入功率平衡、节能、单相输出电压可控的优点。

低频动态电源的输入电流低频波动控制器

申请号：200810018133.6　公开日：2009-1-14
申请人：西安赛博电气有限责任公司
发明人：卢家林　罗来明　石　涛　李德明
　　　　　李　瑞　沈天健

摘要：

本发明是一种低频动态电源的输入电流低频波动控制器。它主要由一个接在低频动态电源的输入整流器与输出脉宽调制逆变器之间的升压斩波电路和一个对该升压斩波电路输入电流进行恒定控制的电压、电流双控制环路构成。本发明利用该电压、电流双控制环路实时控制升压斩波电路输入电流的低频波动，从而完全消除了低频动态电源网侧输入电流的大幅度低频波动，避免了低频动态电源对电网的电流冲击，减小了低频动态电源对电网容量的要求。本发明的特点是在不增加电源体积和重量的条件下较好地解决了低频动态电源对电网的电流冲击，而且达到了输入电流的波动小于 5% 的控制效果。

一种三相中频电源

申请号：200910103974.1　公开日：2009-10-21
申请人：重庆华渝电气仪表总厂
发明人：张明宇　邱明伯　刘胜家

摘要：

本发明公开一种三相中频电源，三相 380V/50Hz 的外电网标准电压经过三相熔断器、输入接触器、抗电磁干扰滤波器，输入到工频变压器，经隔离降压后，输入到三相整流器，经桥式整流后由常 K 型两元件 Γ 型 L、C 二阶低通滤波器滤波，得到主回路工作的直流电压；将此直流电压送入大功率变换模块内的 IGBT 开关管，并由辅助电源为控制回路供电，生成中频频率并产生 IGBT 脉冲调宽控制信号，驱动 IGBT 开关管，将直流电压变换为三相中频电压，通过输出中频变压器对三相中频电压进行隔离、整合和调整，再经二阶低通滤波器滤波，得到所需标准三相中频正弦电压输出。它克服了传统中频电源采用调整管串联调压，或者采用双极性晶体管、SCR、GTO 晶闸管作为主功率管所造成的中频电源控制、驱动复杂、功率损耗过大、效率不高、波形不佳、频率不稳定以及可靠性差的缺点。

一种开关电源中控制恒流输出的装置及方法

申请号：200910129471.1　公开日：2009-10-7
申请人：BCD 半导体制造有限公司
发明人：费瑞霞　孙　涛　宿清华　朱惠珍

摘要：

本发明提供一种开关电源中控制恒流输出的装置，包括时间补偿模块，用于将检测的二次线圈的电流持续时间 TONS 补偿为实际的二次线圈的电流持续时间；所述时间补偿模块的两个输入端分别连接检测的二次线圈的电流持续时间 TONS 检测器的输出端和 0.1V 检测比较器的输出端；所述检测的二次线圈的电流持续时间补偿模块的输出端一路经过非门连接第一控制开关；一路直接连接第二控制开关。本发明还提供一种开关电源中控制恒流输出的方法。本发明补偿后的二次线圈的电流与实际的二次线圈的电流一致，使输出电流与功率晶体管的周期无关，进而使开关电源的输出电流不随输出电压的变化而变化，达到恒流输出。

极性和幅值可调的隔离脉冲电源

申请号：200910068283.2 公开日：2009-8-19
申请人：天津大学
发明人：李 刚 林 凌

摘要：

本发明公开一种极性和幅值可调的隔离脉冲电源，包括有用于隔离和传输能量和控制信息的隔离变压器，还设置有分别与隔离变压器的输出端相连，用于全波整流的第一二极管和第二二极管；连接在第一二极管和第二二极管之间，用于电源储能和滤波的电容；分别与隔离变压器的输出端相连，用于传递触发信号的第一电阻和第二电阻；以及分别与第一二极管和第二二极管的负极、电容的另一端、第一电阻和第二电阻的另一端相连，用于输出并控制脉冲极性与幅值的双稳态触发器。所述的双稳态触发器通过缓冲放大器和连接负载。本发明的极性和幅值可调的隔离脉冲电源，具有结构简单、成本低廉、效率高、体积小、无须调试等优点。

一种多功能高压电源

申请号：200910065108.8 公开日：2009-10-21
申请人：河南科技大学
发明人：张柯柯 张占领 石红信 马 宁 岳 云
刘珊中 栗海仙 于 华 王要利 吴志伟
孙 敬

摘要：

本发明属于特种电源技术领域，公开一种多功能高压电源，其包括变压电路、整流滤波电路、安全保护电路和检测显示电路，变压电路的升压变压器（T2）的二次的一端接所述检测显示电路的电流表后接地，另一端作为多功能高压电源的交流高压输出端；变压电路的高压输出端与整流滤波电路的高压硅堆（D1）正极连接，与高压硅堆（D2）负极连接，高压硅堆（D1）负极作为多功能高压电源的正直流高压输出端，高压硅堆（D2）正极作为多功能高压电源的负直流高压输出端。本发明适用于为工作机构或装置提供不同类型高压电的高压电源。

一种架构工业用交直流宽范围输入电源模块的方法

申请号：200910051716.3 公开日：2009-11-4
申请人：捷普科技（上海）有限公司
发明人：于 龙 何静飞 韩泳涛 应海雄

摘要：

本发明涉及一种架构工业用交直流宽范围输入电源模块的方法，其步骤为：先将交流输入及直流输入接入桥式电路的输入端，交流输入高频变压器的输入端及输出端分别连接在桥式电路的输出端及直流输出通道的输入端上。其特征在于，直流输入高频变压器的输入端通过输入切换开关接入桥式电路的输出端，使得桥式电路形成两路输出；将开关控制器的两端分别接在切换开关及桥式电路的输出端上，用来驱动切换开关，同时，将开关控制器的使能端及电源端接在交流输入高频变压器上。本发明的优点在于：交直流共用接口输入，经过整流桥整流后无极性要求，降低了用户接线的复杂度；提高了电源转换效率，降低了系统损耗。宽范围电压输入能力，增强了系统应用水平。

单铁心差动电流互感器式电源

申请号：200910060636.4 公开日：2009-10-14
申请人：华中科技大学
发明人：肖 霞 徐 雁 徐 垦 朱明钧 叶妙元

摘要：

本发明公开了一种差动电流互感器式电源。电源的主体为两组绕在取能环形铁心上的线圈，两组线圈差动连接。桥式整流电路的两个交流输入端分别与差动线圈的两个输出端相连，输出接入滤波电路；滤波电路的正输出端接稳压电路的正输入端；稳压电路的正输出端与电解电容相连，电解电容的正、负极分别作为电源的正、负输出端。与只有单个线圈的传统的电流互感器式电源相比，在同等一次电流激励下，差动线圈所输出的差动电流和电压要小得多，因此差动电流互感器式电源可在一次电流很大时保持工作。同时该电源只使用一个取能环形铁心，体积比双铁心差动电流互感器式电源要小很多，使用方便。差动电流互感器式电源主要用来为电子式互感器高压侧提供电能。

离子加速器高精度脉冲/直流数字电源

申请号：200910117317.2 公开日：2009-11-18
申请人：中国科学院近代物理研究所

发明人：王进军　高大庆　周忠祖　闫怀海　黄玉珍
　　　　陈又新　张显来　高亚林　上官靖斌
　　　　辛俊业　唐　勇　原振东

摘要：

　　本发明涉及一种离子加速器高精度脉冲/直流斩波数字电源。它包括：离子加速器高精度通用数字电源调节器、离子加速器通用数字电源控制器、低压变压器、三相二极管整流与滤波电路、H桥双向斩波电路、高精度电流反馈电路以及负载电路。通过使用离子加速器高精度通用数字电源调节器对斩波式非隔离开关电路的进行控制和调节，实现了一种能脉冲和直流两种运行方式工作的离子加速器高精度数字电源，满足离子加速器数字电源高精度数据采集、高速高精度数字调节、高精度PWM输出等要求。本发明工作方式简单可靠，可以通过本地人机界面对数字电源通信和操作也可利用CAN总线组网方式对单台或多台数字电源采用远程网络控制；可应用于普通离子加速器和专用离子治癌加速器，或其他类似用途。

电源装置

申请号：200810300722.3　公开日：2009-9-30
申请人：鸿富锦精密工业（深圳）有限公司　鸿海精密工业股份有限公司
发明人：戴　龙　施用松　邓桥林　熊　勇

摘要：

　　一种电源装置，其包括输入接口和输出接口，输入接口用于接收外部电源电压，输出接口用于将外部电源电压输出至用电设备。所述电源装置还包括检测模块、报警模块以及开关模块，所述检测模块用于比较判断所述外部电源电压是否过高，若所述外部电源电压过高，则检测模块输出断开信号，反之则输出导通信号，所述开关模块用于响应所述导通信号将所述外部电源电压通过所述输出接口输出，所述报警模块响应所述断开信号进行报警，所述开关模块响应所述断开信号停止将所述外部电源电压通过所述输出接口输出。

一种正反激式开关电源电路

申请号：200810202986.5　公开日：2009-4-15
申请人：浙江源创电子科技有限公司
发明人：葛　铮　李　亮　杨元佳

摘要：

　　本发明涉及一种正反激式开关电源电路，该电路包括开关变压器、二极管Ⅰ、二极管Ⅱ、二极管Ⅲ、二极管Ⅳ、电容。所述的开关变压器的二次绕组的3端及4端分别与一次绕组的1端为同名端，所述的二极管Ⅰ的阴极与开关变压器的二次绕组的3端连接，阳极与电容的负端连接；所述的二极管Ⅱ阳极与开关变压器的二次绕组的3端连接，阴极与电容的正端连接；所述的二极管Ⅲ的阴极与开关变压器的二次绕组的4端连接，阳极与电容的负端连接；所述的二极管Ⅳ的阳极与开关变压器的二次绕组的5端连接，阴极与电容的正端连接；所述的电容并联在电路输出端的两端。本发明的优点为开关电源上采用了正激反激方式，提高了充电效率，减少了充电器耗电量。

一种用于大气压下等离子体放电的改进式射频电源

申请号：200910013653.2　公开日：2009-10-28
申请人：李庆荣　徐向宇　卓慧锋　李建华　刘文革
发明人：李庆荣　徐向宇　卓慧锋　李建华　刘文革

摘要：

　　本发明公开了一种用于大气压下等离子体放电的改进式射频电源。它解决了传统自激式射频振荡电路稳定性差以及效率低的问题。电源采用了开关调整器电路，实现了可控的脉冲波对射频信号的调制作用。当该电源应用于大气压等离子体放电时，可以有效地克服大气压等离子体在连续状态下工作的射频源激励易产生的丝状放电以及电极过热问题。同时，电路中引入了由L型滤波器和反Γ型滤波器构成的O型滤波器（射频衰减量达到了30dB以上），因此脉冲调制的射频波具有良好的传输特性。

一种AC/DC电容反激式开关电源电路

申请号：200810202985.0　公开日：2009-4-15
申请人：浙江源创电子科技有限公司
发明人：葛　铮　李　亮　杨元佳

摘要：

　　本发明涉及一种AC/DC电容反激式开关电源电路，该电路包括交流电源、二极管Ⅰ、二极管Ⅱ、二极管Ⅲ、二极管Ⅳ、控制开关Ⅰ、控制开关Ⅱ、电容Ⅰ、电容Ⅱ。所述的交流电源的一端分别接二极管Ⅰ的阳极与二极管Ⅱ的阴极，另一端接电路负输出端，所述的控制开关Ⅰ接在二极管Ⅰ的阴极与电路负正输出端之间，所述的控制开关Ⅱ接在二极管Ⅱ的阳极与电路负输出端之间，所述的二极管 II 的阳极接电容 II 的负端，所述的电容 II 的正端分别接二极管 III 的阴极及二极管 IV 的阳极，所述的二极管 III 的阳极接电路负输出端，所述的二极管 IV 的阴极接电路负正输出端，所述的电容 I 的正端接二极管 I 的阴极，其负端接电路负输出端。本发明的结构简单，功率大。

功率变换装置和电源装置

申请号：200810131141.1　公开日：2009-1-28

申请人：佳能株式会社

发明人：黑神诚路　竹原信善　中西学

摘要：

　　提供一种功率变换装置和电源装置。该功率变换装置，具有与直流电源（1）连接的具有 N 相（N 是 ≥2 的整数）交流输出的功率变换器（3）和在上述直流电源和上述功率变换器之间设置的平滑单元（2）。其特征在于：上述功率变换器（2）具有控制成各相的功率波形的相位差都与把功率波形的周期 N 等分后的值一致，且各相的功率值都相同的控制单元（9）。

一种波形柔性化控制的高频软开关方波逆变电源

申请号：200810218463.X　公开日：2009-3-11

申请人：华南理工大学

发明人：王振民　张芩

摘要：

　　本发明为一种波形柔性化控制的高频软开关方波逆变电源，包括主电路和控制电路；主电路由连接输入电源的整流滤波模块、高频逆变模块、功率变压模块、整流平滑模块和连接负载的二次逆变模块依次连接组成，控制电路由过压欠压保护检测模块、电流电压采样检测与反馈模块、ARM 微处理器系统、一次高频驱动模块和二次驱动模块连接组成，其中输入电源与过电压欠电压保护检测模块和 ARM 微处理器系统依次相连，整流平滑模块与电流电压采样检测与反馈模块和 ARM 微处理器系统依次连接，ARM 微处理器系统与一次高频驱动模块和高频逆变模块依次连接；ARM 微处理器系统与二次驱动模块和二次逆变模块依次连接。该发明可实现方波电源的数字化和柔性化控制。

一种软开关焊接逆变电源、移相控制方法和软开关方法

申请号：200910000324.4　公开日：2009-7-8

申请人：清华大学

发明人：朱志明　赵港

摘要：

　　本发明公开了一种软开关焊接逆变电源、移相控制方法和软开关方法，属于电子电路领域。所述软开关焊接逆变电源包括全桥变换器和控制模块；所述移相控制方法应用于所述电源，包括：所述控制模块接收所述全桥变换器的电流信号，并根据所述电流信号进行移相信号的死区时间调节；所述软开关方法应用于所述电源，包括：在所述电源的桥臂上并联辅助谐振网络，为开关器件的零压开通提供辅助能量；在所述全桥变换器的滞后臂开关器件关断前，衰减流过开关器件的主功率回路电流，并抑制所述主功率回路电流反向；在开关器件上并联吸收电容，减缓开关器件关断时承受的电压上升速度。本发明实现了所述电源包括空载和短路的全负载范围零压零流软开关。

一种开关电源中软开关电路的控制方法

申请号：200710153963.5　公开日：2009-3-18

申请人：力博特公司

发明人：张春涛　肖学礼　张晓飞

摘要：

　　本发明公开了一种开关电源中软开关电路的控制方法，通过控制第一、二主功率开关器件不断开通与关断，形成交变的主功率滤波电流，并且通过控制正向和负向辅助开关器件的开通与关断，在谐振支路上形成与交变主功率滤波电流同方向的间歇交变谐振电流，以实现第一、二主功率开关器件的零电压开通；并且通过进一步控制正向和负向辅助开关器件的开通与关断，在谐振电流歇止期间的至少一段时间内，在谐振支路上形成与交变主功率滤波电流反方向的补偿电流，以保证谐振电容在死区时间内完成充电和放电过程，使续流二极管可以正常导通，从而避免软开关电路在电流过零处产生的冲击电流和尖峰电压对元器件造成伤害。

电源电路及其控制方法

申请号：200710124287.9　公开日：2009-5-13

申请人：群康科技（深圳）有限公司　群创光电股份有限公司

发明人：林静忠

摘要：

本发明涉及一种电源电路及其控制方法。该电源电路包括一输入端、一输出端、N 个变压单元和一脉宽调变电路，N 为大于 1 的自然数。该输入端用于接收外部电路输入的电压。该 N 个变压单元分别电连接于该输入端与该输出端之间。该脉宽调变电路分别电连接该 N 个变压单元。该脉宽调变电路分别提供 N 个不同相位的控制信号于该 N 个变压单元，每两个控制信号的相位差为 360（N＋1）°，该 N 个变压单元分别接收该脉宽调变电路提供的 N 个控制信号，并分别输出 N 个不同相位的电压于该输出端。

全数字式软启动电路与应用该电路的电源供电系统

申请号：200710161969.7　公开日：2009-4-1

申请人：智原科技股份有限公司

发明人：于文浩

摘要：

一种全数字式软启动电路，应用于电源供电系统中，其包括环形振荡器、脉冲发生器、计数器以及多路转换器。环形振荡器产生相位不对齐但占空比相同且频率相同的时钟信号。脉冲发生器产生占空比不同的脉冲信号。计数器产生多位的计数信号。多路转换器决定是否传导脉冲发生器所产生的脉冲信号，以产生随时间而稳定的输出脉冲。

一种自激式电源变换电路

申请号：200910058685.4　公开日：2009-9-9

申请人：成都大殷电器科技有限公司

发明人：马　富　刘罡麟　虞茗畅

摘要：

本发明提供了一种自激式电源变换电路，它由开关体 302、高频变压器、电容器 304、电容器 CX、二极管 308 组成；高频变压器的初级线圈中心抽头 301C 与电源一端连接，电容器 304 被连接在所述一次绕组的 301A 端和开关体 302 的第一端子，开关体 302 的第一端子、第三端子之间反向连接二极管 308，开关体 302 的第三端子连接到公共端 GND，开关体 302 的第二端子被连接到一次绕组 301B；公共端 GND 与电源另一端连接。本发明电源转换效率高，是利用 LC 电路的充放电过程的自动更替来实现持续的自激震荡。

用于电源供应器的具频率调变的控制电路

申请号：200810177667.3　公开日：2009-4-29

申请人：崇贸科技股份有限公司

发明人：江定达

摘要：

本发明是关于一种用于电源供应器的具频率调变的控制电路，其包含一可调整充电电路、一震荡信号产生电路与一切换电路，可调整充电电路依据一第一震荡信号产生复数充电信号并传送至震荡信号产生电路，以供震荡信号产生电路产生一第二震荡信号，震荡信号产生电路依据该些充电信号调变第二震荡信号，以达到频率调变的目的，切换电路依据第二震荡信号产生一最大导通控制信号，最大导通控制信号用以决定一切换信号的一切换周期。

大功率发电厂烟气脱硫脱氮脉冲电晕等离子体直流电源

申请号：200810137275.4　公开日：2009-2-18

申请人：袁晓欧

发明人：袁晓欧　袁宝君　袁宝春

摘要：

大功率发电厂烟气脱硫脱氮脉冲电晕等离子体直流电源，它包括整流电路、滤波电路、脉冲开关电路、充放电电路、脉冲变压器和脉冲调制电路。滤波电路的正输入端和负输入端分别与整流电路的正输出端和负输出端相连，脉冲开关电路的输入端与滤波电路的正输出端相连，脉冲开关电路的正输出端与充放电电路的正输入端相连，充放电电路的正输出端和负输出端分别与脉冲变压器一次侧的两端分别相连，脉冲调制电路的两输入端分别与脉冲变压器二次侧的两端分别相连，脉冲开关电路由至少两个门极关断晶闸管开关电路相并联构成。它具有功率大，使用寿命长的优点，它可以使国内燃煤发电厂烟气干法脱硫脱氮能力大为增强，从而促进国内干法脱硫脱氮技术的发展。

人体内用微电源

申请号：200910303254.X　公开日：2009-11-4

申请人：江苏技术师范学院

发明人：刘浏

摘要：

本发明公开了一种人体内用微电源，包括橡胶囊、橡胶柱、不锈钢管、薄膜热电偶、微温差发电器、无线发射装置、信号处理系统以及电极。橡胶柱和橡胶囊由橡胶黏结剂粘为一体，不锈钢管外套于橡胶柱，橡胶囊内腔充有高超声吸收系数液体。薄膜热电偶的热端穿过橡胶囊而浸在高超声吸收系数液体中，其冷端设置在橡胶柱中。微温差发电器的热端穿过橡胶囊而浸在高超声吸收系数液体中，其冷端位于橡胶柱中。无线发射装置、信号处理系统均封装于橡胶柱内，无线发射装置的发射天线焊接在不锈钢管上。本发明的微电源体积小，结构简单，成本低廉，且超声对人体非常安全。

电源电压形成装置及极化调制发送装置

申请号：200880003545.0 公开日：2009-12-9

申请人：松下电器产业株式会社

发明人：池户耐一 松冈昭彦

摘要：

公开了电源电压形成装置（100），能够校正高频功率放大器的偏移电压而不使高频功率放大器的失真特性劣化。电源电压形成装置（100）包括：电平调整单元（103），基于用于控制高频功率放大器（200）的输出电平的输出电平控制值，对模拟变换后的输入数据的电平进行调整；模拟加法器（104），对模拟变换后的偏移数据与所述电平调整后的信号进行模拟加法运算；数字加法器（101），对模拟变换前的所述输入数据与偏移数据进行数字加法运算；以及选择单元（106），基于输出电平控制值，选择是由模拟加法器（104）进行加法运算，还是由数字加法器（101）进行加法运算。

一种用于电源再生器中的高保真功率放大电路

申请号：200810035623.7 公开日：2009-10-7

申请人：上海工程技术大学

发明人：李荣正 杜威 陈学军

摘要：

本发明提供了一种用于电源再生器中的高保真功率放大电路，它包括分别与高保真功放模块相连的第一功放电源电路、第二功放电源电路、低通滤波电路和反馈电路，其中，所述的高保真功放模块用来对输入的信号进行高保真的放大，所述的第一功放电源电路和第二功放电源电路用来给高保真功放模块供电，所述的低通滤波电路包括并联的电感L1和第一电阻R19，所述的反馈电路用来使高保真功放模块的输出进行反馈并且将高频信号短路。本发明的一种用于电源再生器中的高保真功率放大电

路，它能够高保真的放大输入的信号，为电源再生器提供高精度的输出信号。

低电源电压全差动轨对轨放大电路

申请号：200910047459.6 公开日：2009-8-19

申请人：上海交通大学

发明人：隋晓红

摘要：

本发明涉及一种集成电路技术领域的低电源电压全差动轨对轨放大电路，包括正常阈值的NMOS管MN1、MN2、MIN、MAN1、MAN2、MLN1-MLN7，正常阈值的PMOS管MP1、MP2、MIP、MAP1、MAP2、MLP1-MLP7，除了MLP2、MLP3，其他NMOS管和PMOS管的衬底端分别接低电源VSS和高电源VDD。该电路采用一对PMOS管和一对NMOS管进行差动输入，同时采用一对附加PMOS管和一对附加NMOS管进行电流补偿，这样全差动轨对轨放大电路具有恒定的电流；采用电压平移电路，消除低电源电压下的输入共模范围的死区，实现低电源电压下的轨对轨输入。

电源开关切换电路

申请号：200810224616.1 公开日：2009-2-25

申请人：北京星网锐捷网络技术有限公司

发明人：任谦 单宝灯

摘要：

本发明公开了一种电源开关切换电路，包括：场效应晶体管，用于在分级控制电压的控制下开启或关断，场效应晶体管包括栅极、源极和漏极，栅极连接分级控制电压，漏极连接电源输入端，源极连接负载输出端；控制电路，用于通过逻辑控制信号的控制，将该控制电路输入端输入的两路控制电压合成所述分级控制电压输出，控制电路与场效应晶体管的栅极连接。本发明的电源开关切换电路通过采用分级控制电压对场效应晶体管的栅极进行充电，通过该分级控制电压的控制可以达到抑制场效应晶体管导通时产生的浪涌电流，使得电源开关控制下的电路工作稳定，器件不易损坏，并且由于该电路仅采用一个场效应晶体管，因此成本低、体积小。

电磁瞬触式电源开关

申请号：200810168180.9 公开日：2009-3-4

申请人：袁想平 郝忠泰 谭晓锋

发明人：郝忠泰

摘要：

本发明涉及一种电磁瞬触式电源开关，其用于配合电器的遥控器或者网络来控制电器的电源，包括开关单元、按键驱动单元、连接件以及为按键驱动单元提供电力驱动的电路模块；所述开关单元为具有按键锁定功能的按键开关，所述电磁瞬触式电源开关还包括：所述按键驱动单元具有动作输出件；所述连接件两端分别与所述动作输出件及按键开关的按键连接；所述电路模块与按键驱动单元连接。采用本发明技术方案的电磁瞬触式电源开关，由于只需在瞬间通电一次，即可达到电源开启或关闭的目的，不需再持续供电，可真正达到节能的效果。

具有用于内核电源关闭应用的双电压输入电平转换器

申请号：200810185828.3 公开日：2009-9-30

申请人：台湾积体电路制造股份有限公司

发明人：张祐慈

摘要：

一种电平转换器，包括具有第一晶体管和第二晶体管的第一开关模块，每个晶体管具有漏极、栅极和源极，其中第一晶体管与第二晶体管的漏极连接到第一电压端。所述电平转换器还包括连接在第一开关模块与第二电压端之间的第二开关模块，其包括至少6个互相连接的晶体管，其中第二开关模块的每个晶体管具有分别用于接收 GATE 信号、GATEB 信号、CORE_INPUT 信号、CORE_INPUTB 信号、IO_INPUT 信号或者 IO_INPUTB 信号的栅极，第二开关模块被设计为当栅极信号 GATE 为逻辑低时在输出节点产生分别响应补充 IO 输入信号 IO_INPUTB 和 IO 输入信号 IO_INPUT 的输出信号，其与补充内核输入信号 CORE_INPUTB 和内核输入信号 CORE_INPUT 无关，从而减少从第一电压端流向第二电压端的泄漏电流。

振荡器电源电路

申请号：200810001862.0 公开日：2009-7-15

申请人：普诚科技股份有限公司

发明人：詹勖典

摘要：

本发明提供一种振荡器电源电路，包括：一多工器，用以输入一数字信号；多个传输门，分别耦接至该多工器，用以接收该数字信号，并根据该数字信号决定开启或关闭；多个电阻，分别耦接至该多个传输门，并且该多个电阻互相串联；一电压源电路，耦接至该多个电阻，用以提供一电压源；一输出电路，耦接至该电压源电路，用以根据该电压源以及该多个传输门的开启或关闭，输出一振荡器电压源。本发明所述的振荡器电源电路，具有低阻抗误差，高便利性等优点，足以稳定振荡器电源的电压，使振荡器更为稳定。

全固态射频电源

申请号：200910033433.6 公开日：2009-12-2

申请人：常州瑞思杰尔电子科技有限公司

发明人：丁义国 彭金 牟文智

摘要：

本发明涉及一种射频电源，特别是一种基于 MOS-FET 放大器的大功率的全固态射频电源，其包括信号源、控制电路、调制开关、滤波器、初级功放电路、二级功放电路、合成滤波器、功率检测器等模块，本发明的有益效果是工作寿命长，连续工作时间长，电源频率及功率稳定，无须预热，操作简单，减少了工程操作人员的劳动强度，而且整机效率高，还具有驻波保护和过热保护功能。

一种 300PIN 10G 光模块自适应电源

申请号：200810065459.4 公开日：2009-9-2

申请人：中兴通信股份有限公司

发明人：董强 武二中 柴岩

摘要：

本发明公开了一种 300PIN 10G 光模块自适应电源，包括第一电阻、第二电阻及第三电阻，第三电阻的两端分别与自适应电源的电压输出端及基准电压端相连，第一电阻与第二电阻串接于基准电压端与自适应电源的接地端间，自适应电源还包括与基准电压端相连的电流补偿网络，用于补偿流经第三电阻的电流。本发明所述技术方案能在基准电压低于 0.8V 的情况下满足协议中对自适应电源的性能要求。

一种单板电源控制系统和单板

申请号：200810179027.6 公开日：2009-4-22

申请人：中兴通信股份有限公司

发明人：张萍 陆建鑫

摘要：

本发明涉及通信技术，特别涉及一种单板的电源控制技术。提供一种单板供电控制系统，用以解决现有技术中存在的不在使用中的单板和端口耗费电能的问题。本发明实施例提供了一种单板供电控制系统，在单板闲置时不给单板中耗电的单板运行控制单元和功能单元供电，仅给单板供电控制系统中的单板供电控制单元供电，在单板工作时才给单板运行控制单元和功能单元供电，节省了大量电能，同时也减少了不必要的噪声。

电源供应装置及其无线通信系统

申请号：200810111501.1　公开日：2009-12-9
申请人：环隆电气股份有限公司　环旭电子股份有限公司
发明人：黄建华　王文宏　洪榆棍　邱利吉

摘要：

本发明是有关一种电源供应装置及其无线通信系统。电源供应装置，包括：资料输入连接埠；网路供电控制模组，藉资料输入连接埠获取资料信号产生结合电力资料信号；网路连接埠，将信号传输至无线通信设备主板及接收主板上至少一控制线与一接地线提供信号；解码电路耦接网路连接埠，根据控制线与接地线信号产生信号强度指示信号；及信号强度指示单元耦接至解码电路，显示无线通信设备信号接收强弱状况。无线通信系统，包括：无线通信设备，包括：主板及第一网路连接埠；电源供应装置，包括资料输入连接埠、网路供电控制模组、第二网路连接埠、解码电路及信号强度指示单元。本发明能显示无线通信设备信号接收强弱状况，利于装修人员判断问题依据，而可节省架设及维修时间。

一种电源监控装置及单板热备份的实现方法

申请号：200810006040.1　公开日：2009-7-29
申请人：中兴通信股份有限公司
发明人：熊　勇

摘要：

本发明公开了一种电源监控装置及单板热备份的实现方法，在电源监控装置中，通过背板上带双路电池供电的双口 RAM，来实现两块控制单板的高速数据保存和交换；通过一个简单可靠的仲裁器，实现控制单板的选通；软件上，两块控制板同时工作，交换数据，比较判断，分析侦查故障点，保障正常无故障的单板拥有系统的控制权。本发明可以实现热插拔，如果出现故障，可以不断电的更换单板；甚至，当控制板同时故障或者同时被拔出时，监控单元对系统的控制都能维持不变，具备非常高

的可靠性和可维护性。

电源噪声模型建立方法及其装置

申请号：200710152241.8　公开日：2009-3-25
申请人：华为技术有限公司
发明人：晋兆国

摘要：

本发明公开了一种电源噪声模型建立方法，用以解决现有技术中求取电源噪声模型不准确的问题。本发明方法包括步骤：采样在单板上对应每个 IC 芯片选定的电压测试节点处的电压值；将采样得到的各个电压值转换到频域，得到由各个转换后的频域电压值组成的频域电压序列；获得所述单板以各个选定的电压测试节点为测量端口的阻抗矩阵，以及将所述阻抗矩阵的逆矩阵与所述频域电压序列相乘，得到所述单板上对应各个 IC 芯片的电源噪声模型。本发明还公开了一种建立电源噪声模型的装置。利用本发明方案建立的各个 IC 的电源噪声模型可以精确的进行电源分布系统的设计，从而减小了电源分布系统的设计成本。

显示装置中的电源管理装置和方法

申请号：200810177920.5　公开日：2009-6-3
申请人：LG 电子株式会社
发明人：金大炫　李泰和

摘要：

公开了一种在激活的待机模式下管理电源显示装置。更具体地说，该显示装置包括：信号模式提供单元，该信号模式提供单元为选择了数字有线功能（DCR）特性的模式提供控制信号，或者，为选择了数字视频记录器（DVR）特性和信号处理电路的模式提供控制信号。此外，该装置包括待机电源单元，用于为操作微型计算机而供电，以及如果选择了 DCR 特性，用于为操作至少一个 DCR 特性而供电；和多电源单元，用于为操作至少一个 DVR 特性而供电，以及如果选择了 DVR 特性，用于为操作信号处理电路而供电。

用在高清晰度多媒体接口的电源控制装置与方法

申请号：200710138741.6　公开日：2009-2-18
申请人：晨星半导体股份有限公司
发明人：蔡孟哲

摘要：
　　本发明为一种用在高清晰度多媒体接口（HD-MI）的电源控制装置与方法，可节省电力，以避免背景技术的问题。所述的电源控制装置包含电压产生单元与侦测单元。电压产生单元根据一控制信号，在一输出端产生第一电压值与第二电压值两者之一。所述的输出端耦接至高清晰度多媒体接口的电源脚位，第二电压值对应于高清晰度多媒体接口的供应电压。侦测单元具有一输入端，并侦测所述的输入端的电压值是否不小于临界电压值，以产生所述的控制信号。所述的输入端耦接至高清晰度多媒体接口的热插拔侦测脚位，临界电压值对应于第一电压值。

一种用于车载图像采集设备的电源装置

申请号：200810142392. X　公开日：2009-1-14

申请人：深圳华强信息产业有限公司

发明人：王学军　周志文　祝　娟　戴智翔　黄智崎

摘要：
　　本发明公开了一种用于车载图像采集设备的电源装置，包括电压保护单元、开关单元、电压变换单元、图像采集接口单元；电压保护单元输入与车辆电源相连，对车辆电源提供的电压进行处理、得到稳定的电压；开关单元第一输入端用于与车载卫星定位终端相连，第二输入端与电压保护单元输出相连，开关单元输出端与电压变换单元输入相连，电压变换单元输出与图像采集接口单元相连；开关单元在第一输入端接入车载卫星定位终端发出的控制信号后导通，使电压保护单元输出的电压被耦合至电压变换单元，电压变换单元对输入的电压进行变换并通过图像采集接口单元提供给车载图像采集设备。本发明增加了 GPS 终端工作的稳定性，保证了监控效果。

通信电源的呼吸式控制方法及其装置

申请号：200810187268. 5　公开日：2009-5-20

申请人：中兴通信股份有限公司

发明人：孟燕妮　刘明明　周保航　韦树旺

摘要：
　　本发明涉及一种通信电源的呼吸式控制方法，包括系统设定呼吸放电开始时刻、呼吸充电开始时刻以及电池放电截止电压；当到达所述呼吸放电开始时刻，所述系统配置所述整流模块和所述电池对负载进行供电；当所述系统检测到所述电池的电压到达所述电池放电截止电压时，设定所述电池停止对负载进行供电；当到达所述呼吸充电开始时刻，所述系统设定所述整流模块对所述电池进行充电。本发明还涉及一种通信电源的呼吸式控制装置，包括设定模块、控制模块和检测模块。本发明有效且可靠地约束通信电源对于交流电的依赖性，避免出现由于基站停电导致基站设备掉电的情况；保证了紧急状态下的供用电平衡，提高模块效率，以及节约用户运营成本。

分体式移动终端电源管理方法、管理装置及分体式终端

申请号：200810030091. 8　公开日：2009-1-7

申请人：宇龙计算机通信科技（深圳）有限公司

发明人：张　伟　王德友

摘要：
　　本发明实施例公开了一种分体式移动终端的电源管理方法，所述终端包括第一终端和第二终端，所述方法包括：检测第一终端和第二终端的电池电量；根据所述电池电量对所述终端进行电源管理方案选择。同时，本发明实施例还公开了一种分体式移动终端的电源管理装置及一种分体式移动终端。实施本发明实施例，可实现分体式移动终端的第一终端和第二终端的电池电量的互相查询，互相管理和两终端的互相充电，以满足不同的场合需求。

网络的电源管理

申请号：200910137047. 1　公开日：2009-9-23

申请人：微软公司

发明人：R·Y·姚　W·朱　X·王　Z·郭

摘要：
　　本发明公开了一种用于包括多个计算装置的网络的电源管理技术。电源管理技术包括标识多个计算装置的一个或多个装置可以在规定时间间隔内发送数据的顺序。一方面，通过在共享计算装置的规定时间间隔内增加若干相邻信道时间分配周期，为网络内的计算装置减少唤醒数量。另一方面，网络可以基于时分多址（TDMA）。

无线网络装置的电源管理方法及其电源管理器

申请号：200910118276. 9　公开日：2009-9-30

申请人：瑞昱半导体股份有限公司

发明人：许嘉华　吕宜桦　周耿行　邱鼎尧

摘要：

应用于无线网络装置的电源管理方法包含有：当该无线网络装置于电源启动后，周期性地检测该无线网络装置是否操作于未联机状态，以决定是否进入第一省电模式；以及当该无线网络装置操作于联机状态时，依据该无线网络装置所接收的信标中的信息，以决定该无线网络装置是否进入第二省电模式。其中，若检测该无线网络装置操作于该未联机状态时，控制该无线网络装置进入该第一省电模式。

电源设备

申请号： 200680032410.8　**公开日：** 2009-12-30
申请人： 卢昭正
发明人： 卢昭正

摘要：

本发明揭示一种电源设备，具体地说是一种包含电压振幅控制单元的电源设备，所述电压振幅控制单元采用有源功率因数校正器通过施加正或负逻辑控制电压来控制输出 DC 电压，所述电源设备并入有高频电源电路和高频变压器，冷阴极荧光灯（CCFL）或外部电极荧光灯（EEFL）的亮度是可控制的，且 DC 功率直接施加到 DC 负载。此方法是通过调节供应 DC 电压的振幅以用于控制 CCFL 或 EEFL 的高频电压振幅来实现的，因此称为电压振幅方法。由于稳定的频率、高分辨率和线性的特征，VAM 广泛用于控制例如 TFT-LCD TV、LCD 监视器和广告灯等的放电管的辉度。本发明的脉冲宽度控制器实现对在发光放电区域内部或外部的 CCFL 或 EEFL 的辉度控制。

准谐振电磁热水器电源电路

申请号： 200810230909.0　**公开日：** 2009-5-6
申请人： 张军才　杨建昌
发明人： 张军才　杨建昌

摘要：

本发明提供一种准谐振电磁热水器电源电路，该电路包括市电接入端、保险、共轭线圈、两个滤波电容、压敏电阻、全桥整流电路和 L 型滤波电路，市电接入端依次电连接保险和共轭线圈一侧的两端，共轭线圈另一侧的两端分别电连接全桥整流电路两输入端，两个滤波电容分别电连接在共轭线圈的两侧，压敏电阻两端电连接在全桥整流电路两输入端，全桥整流电路一输出端接地，全桥整流电路另一输出端电连接 L 型滤波电路，L 型滤波电路包括电感和电容，电感一端电连接全桥整流电路另一输出端，电感另一端电连接电容一端，电容另一端接地，电感另一端为电源电路供电输出端。该电源电路工作稳定性好，使用安全可靠，适应能力强。

磁控管驱动电源

申请号： 200910039013.9　**公开日：** 2009-10-14
申请人： 美的集团有限公司
发明人： 张天琦　唐相伟　黄玉松　焦生杰
　　　　　吴济华　叶文生

摘要：

一种磁控管驱动电源，包括高压三相发电机组、一个以上的磁控管及与磁控管相同数量的灯丝变压器，磁控管驱动电源还包括整流滤波电路和脉宽调制电路，高压三相发电机组发出的高压电经整流滤波电路后输入到脉宽调制电路，脉宽调制电路输出后分别输入到磁控管及灯丝变压器，灯丝变压器变压后再输入到磁控管，经过脉宽调制电路后的输出电流成周期固定的占空比变化的脉冲电流。本发明采用高压三相发电机组，通过整流滤波电路和脉宽调制电路取代漏感变压器，控制磁控管电流大小的脉宽调制电路能精确控制磁控管电流大小，不需要另外加装散热片或其他散热设备，具有电路结构简单，既减小了体积、降低了重量，又节约了成本。

电源放电控制系统

申请号： 200810107816.9　**公开日：** 2009-11-18
申请人： 英业达股份有限公司
发明人： 黄　岚　刘士豪

摘要：

一种电源放电控制系统，用以消除电子装置内部各电子组件的残余电压，主要通过控制芯片对应电子装置开机及关机指令分别输出第一及第二电平的第一电信号，并由电源供应器接收该第一电信号并据以提供或终止提供给电子组件工作电源，且延迟输出等同第一电信号电平的第二电信号，并通过连接控制芯片及电源供应器的逻辑判断模块接收该第一及第二电信号进行逻辑运算处理，使得当该第一及第二电信号中至少一个为第一电平时，输出第三电平的第三电信号，当该第一及该第二电信号均为第二电平时，输出第四电平的第三电信号，通过至少一放电模块接收第三电信号，并于该第三电信号为第三电平时，不执行放电操作，当该第三电信号为第四电平时，执行放电操作。

电子回旋管阳极高压电源

申请号：200710195830.4 公开日：2009-6-10

申请人：核工业西南物理研究院

发明人：康自华 王明伟 郑铁流 李 波

摘要：

本发明属于等离子体加热领域所用的设备，具体涉及一种电子回旋共振加热波产生所需的电源。由于本发明中采用了三相隔离变压器，使得电源的抗干扰能力加强，金属陶瓷四极管作为调整管，使得电源的稳定度大大提高；由于霍尔传感器的一侧绕铜心线所制成的测量系统具有很好的保护功能。

利用热电致冷器改进的电源散热系统

申请号：200810087520.5 公开日：2009-9-30

申请人：和舰科技（苏州）有限公司

发明人：刘 刚 程光中 刘 涛 储著飞

摘要：

本发明涉及电气产品的供电电源的散热系统技术领域，且特别涉及一种利用热电致冷器改进的电源散热系统。本发明的散热系统包括依次相接的储冷器、热电制冷器和散热器；其中，上述热电制冷器的冷面与储冷器相接，上述热电制冷器的热面与散热器相接；上述储冷器的与热电制冷器相背的一面与电源的进风孔位置处的外壳相接；上述储冷器的侧面具有进风口以使空气穿过储冷器并通过电源的进风孔进入电源内部。本发明的利用TEC改进的电源散热系统结构简单、效果优良，在不改变原有电源结构的前提下，可以显著的提高电源散热系统的效果。

电源供应器及其散热方法

申请号：200710139830.2 公开日：2009-2-4

申请人：康舒科技股份有限公司

发明人：陈荣发 陈文雄

摘要：

本发明公开了一种电源供应器及其散热方法。所述电源供应器包括一机壳，机壳在一壁面上贯穿成形有一入风口与一出风口，并架设有对流风扇，另有一电子元件区，其置设于机壳内邻近入风口与入口风扇出风面的壁面上，电子元件区上置设电源供应器的电子元件，电源供应器运作期间该电子元件散发热能，而通过对流风扇将主机外部的空气抽入电源供应器的机壳内以便将电子元件所产生的热量通过机壳内产生一循环对流将余热自出风口带出，而由于主机外的空气较现有技术所抽取的主机内部空气温度低，因此可得到一较现有技术更佳的降温效果。

五、2010 年公开

无线控制的微型植入式无线供能电源管理集成电路芯片

申请号：200910101381.1 公开日：2010-1-27

申请人：浙江大学

发明人：叶学松 王鹏 梁波 刘峰 葛文勋

摘要：

本发明公开一种无线控制的微型植入式无线供能电源管理集成电路芯片，包括接收天线、整流电路、稳压电路、解调电路、控制电路和开关电路，整流电路分别与接收天线、稳压电路和解调电路连接，稳压电路分别与解调电路的输入端和开关电路连接，控制电路包括或门、与非门和RS触发器，或门的输出端和与非门的一个输入端连接，RS触发器的输出端和与非门的另一个输入端连接，稳压电路的输出端口与或门的输入端连接，RS触发器的S端和解调电路的输出端口连接，RS触发器的R端和稳压电路的输出端口连接，与非门的输出端通过控制电路的输出端口与开关电路连接，或门的输入端和开关电路的输出端口连接。本发明减小植入器件的体积和功耗、延长寿命、降低成本。

一种可降低医用诊断 X 射线机对电源容量要求的方法

申请号：200910197943.7 公开日：2010-5-12

申请人：上海医疗器械厂有限公司

发明人：吴志敏 陈驾凌 郭卫华 毕谢伟 马 惠

摘要：

一种可降低医用诊断 X 射线机对电源容量要求的方法，属医疗器械领域。其在逆变电源模块的电源输入端，设置电能蓄能模块和充电模块，以"浮充电"的工作方式对电能蓄能模块在线、持续地进行电能补充；设置一个电压比较/监控模块，用于检测电能蓄能模块的输出电压或逆变电源模块的输入电压，并为逆变电源模块的启动提供连锁控制条件。其解决了单相民用电源容量不足和质量不稳定对医用 X 射诊断设备的正常运行和使用寿命带来的不利影响，使得医用诊断 X 射线机的适用范围得到大大扩展，为广大农村的医疗卫生所/站/点使用中、小型医用诊断 X 射线机创造先决条件。可广泛用于 400mA 以下规格中、小型医用诊断 X 射线机的设计和制造领域。

智能响应电脱盐脱水设备专用电源

申请号：200910206844.0　**公开日**：2010-3-17
申请人：长江（扬中）电脱盐设备有限公司
发明人：刘建春　杨卫国　于　跃　裴宏臣
摘要：

本发明涉及一种智能响应电脱盐脱水设备专用电源，属于电脱盐电源技术领域。外部电能输入通过受控于电子触发控制回路的电子调压器输出端接升压变压器的一次侧，所述升压变压器的二次侧经正、反向整流器件分别接电脱盐设备内的正、负电极板。所述电子调压器由并联的正、反向晶闸管组成，所述正、反向晶闸管的控制极分别接电子触发控制回路的正、反向输出控制端。本发明以合理的电路设置巧妙解决了现有技术存在的问题，不仅可以对电脱盐设备提供稳定可靠的电力，还可以监控设备的运行，自动判断故障，在故障消除后自动恢复工作，并可以带电无极调节高压输出，使设备的运行维护更加容易。

一种静电除尘用新型高频高压电源

申请号：200910155325.6　**公开日**：2010-7-7
申请人：浙江师范大学
发明人：张浩然　丘杰凡
摘要：

本发明提供一种静电除尘用新型高频高压电源，包括整流模块、负载模块、设在整流模块与负载模块之间的若干个并联的电源变换电路模块，所述整流模块与负载模块之间还设有控制回路模块。能够克服传统工频电源的缺点和现有高频电源的不足，可靠性好，功率大。

电火花加工电源的放电回路

申请号：200910093214.7　**公开日**：2010-3-3
申请人：北京迪蒙斯巴克科技股份有限公司
发明人：罗培刚
摘要：

本发明涉及一种电火花加工电源的放电回路，包括工作电源、充电电源以及由电极和工件连接端子组成的放电支路，还包括分别与所述放电支路并联的消电离支路、负波吸收支路和增爆电容支路。所述放电支路的电极端连接所述工作电源的正输出端，工件连接端子端连接所述工作电源的负输出端。所述增爆电容支路由相互串联的容性单元和电容放电开关组成。所述电容放电开关和所述电容充电开关均为功率场效应晶体管或绝缘栅双极晶体管。所述电子开关为功率场效应晶体管或绝缘栅双极晶体管。该放电回路可极大地缩短电场建立时间，提高加工效率，同时改善加工表面质量，并且还可提高消电离能力。

一种具有自动关断电源功能的电焊机

申请号：200910095097.8　**公开日**：2010-4-21
申请人：昆明理工大学
发明人：沈正彪　卢　诚　何　轩　邵建龙
摘要：

本发明提供一种具有自动关断电源功能的电焊机。包括具有红外传感器的信号处理电路、具有 MCU（微控制单元）的控制电路、交流接触器 J1、J2 和电焊机。其特征在于电焊机电源的"关断"操作由具有红外传感器的信号处理电路、具有 MCU 的控制电路和交流接触器 J1、J2 组成的控制电路来实现。其中，红外传感器由电池供电，其信号输出端与信号处理电路相连，信号处理电路输出端与 MCU 的信号输入端相连，MCU 的信号输出端与交流接触器相连，交流接触器与电焊机电源相连，整个控制电路由焊机电源进行供电。本发明实现了在长时间无人使用的情况下能自动切断电焊机的电源，达到节约电能、提高电焊机工作安全性的目的。

一种采用逆变技术的钢格板压焊机焊接电源

申请号：200910183999.7　**公开日**：2010-2-3
申请人：无锡威华电焊机制造有限公司
发明人：史继青　王卫红
摘要：

本发明涉及一种采用逆变技术的钢格板压焊机焊接电源，其包括嵌入式系统及辅助电源和与之连接的逆变箱体。所述逆变箱体包括可控整流电路、桥式逆变电路、预启动电路和驱动电路；桥式逆变电路的输出连接焊接变压器的一次侧，从焊接变压器的二次侧输出焊接电压。本发明的优点是：采用 IGBT 全桥逆变主电路，极大地提高了设备的功率因数；采用交流焊接，降低了能耗；采用并联技术，降低制造成本；采用嵌入式系统，增加了故障指示，使得维修方便。

一种螺柱焊机用电源装置

申请号：201010120500.0　公开日：2010-7-14
申请人：江门市保值久机电有限公司
发明人：翁良轩
摘要：

本发明公开了一种螺柱焊机用电源装置，包括第一变压器、控制器、电容器、开关管，所述控制器设有第一输出通路和第二输出通路，所述电容器跨接于第一输出通路和第二输出通路之间，第一输出通路和第二输出通路的末端分别接有第一插接端子和第二插接端子。该电源装置还包括第二变压器，所述第二变压器一次侧的一端与第一输出通路的末端连接，一次侧的另一端接有第一连接端子，所述第二变压器二次侧的两端分别接有第三插接端子和第四插接端子。用户能够根据实际需要方便地选择电源装置的不同输出特性，满足不同场合的使用。此外，本发明对所接市电的供电电压或者过电流能力并不会产生过分的限制，本发明的适用范围广泛，具有良好的市场推广前景。

具有双电源电压系统的逆变直流电焊机

申请号：200910258311.7　公开日：2010-6-16
申请人：上海广为电器工具有限公司　上海广为美线电源电器有限公司　上海广为拓浦电源有限公司
发明人：范晔平　刘记周　徐德进　沈　静　胡成绰
摘要：

一种具有双电源电压系统的逆变直流电焊机，包含电路连接的电源电压识别电路、辅助电源电路、逆变主回路、电流给定电路以及控制电路。该电源电压识别电路包含电路连接的电压采样电路、电压识别电路和继电器电路，该辅助电源电路包含电路连接的整流电路、备压电路、电源电路，电压采样电路采样输入电压信号，将电压信号输入到电压识别电路，识别是高压还是低压，若为高压，则继电器不动作，若为低压，则继电器吸合，备压电路工作，把整流电压提高到高压电源系统的整流电压。本发明既能适用于如家庭作业、装潢、维修等低压电源系统，又能适用于如工厂焊接等高压电源系统。

一种细双丝数字化软开关逆变焊接电源系统及其控制方法

申请号：201010240297.0　公开日：2010-12-15
申请人：薛家祥
发明人：薛家祥
摘要：

本发明涉及焊接设备技术领域，尤其涉及一种细双丝数字化软开关逆变焊接电源系统及其控制方法，本发明的系统包括采用一体化结构内置安装于同一个焊接电源机箱中的过压欠压保护检测电路、人机交互系统、内置有焊接工艺专家数据库软件系统的 ARM 主控制器、两路电路结构相同的有限双极性软开关全桥逆变主电路以及两路电路结构相同的驱动与检测电路；有限双极性软开关全桥逆变主电路以绝缘栅双极性晶体管 IGBT 作为开关元件。本发明在保证焊接质量和焊接稳定性的前提下能提高焊接效率，可有效降低焊接现场电磁干扰的影响，消除两根焊丝之间相互的电磁干扰，安全性能高，且可减小设备体积、降低设备成本，以及比较节能。

多电极输出弧焊电源

申请号：200910089835.8　公开日：2010-1-6
申请人：北京工业大学
发明人：陈树君　于　洋　卢振洋　蒋　凡　白立来
摘要：

本发明是具有四输出电极的焊接电源，属于焊接领域。本发明主要包括：一个直流恒压源、6 个桥臂、3 个电感、4 个输出电极、系统控制电路、反馈电路和驱动电路。具体连接方式为：由 6 个桥臂组成的 3 个半桥并联于电压源的正端和负端之间，3 个电感一端分别电连接于所述的 3 个半桥的中点，另一端分别电连接于电源的 3 个可控输出电极上，另一个电极电连接于直流电压源的零点。本发明是一种四电极输出弧焊电源，四输出电极中的 3 个电极的输出灵活可控，并且四电极之间相互协调，可满足各种多电极电弧焊接工艺。

电动车电源锁钥匙忘拔提示装置

申请号：200910232619.4　公开日：2010-6-2
申请人：江苏科技大学
发明人：王长宝　张再跃　程　科
摘要：

本发明公开了一种电动车电源锁钥匙忘拔提示装置。该提示装置是由电池的正极依次串接第一开关、第二开关至二极管的 a 端，二极管的 b 端分别连接到稳压电路的电源输入端和扬声器的一端，稳压电路的电源输出端连接到控制器的电源输入端，控制器的输出端串接电阻与晶体管的基极 b 相连接，晶体管的集电极 c 与扬声器的另一端相连接，电池的负极分别与稳压电路的负极、控制器的负极、晶体管的发射极 e 相连接，永久磁铁以磁力与第二开关连接。当电动车停驾放下支撑脚 5s 后，电动车电源锁钥匙没有拔出时，即发出报警提示声响，直到钥匙拔出为止，从而防范发生不必要的电动车被盗事件。本发明比现有电瓶防盗、电动车车体防盗产品更有实用意义。

一种快速调整铂金通道热通量、提高电源效率方法

申请号：200910075843.7　公开日：2010-5-19
申请人：河北东旭投资集团有限公司
发明人：宋金虎　郑　权　刘文泰　李兆廷
摘要：

一种快速调整铂金通道热通量、提高电源效率方法，解决现有技术中由于回路电流较高而不能准确计算变压器参数，进而需要较多的变压器规格以及直接电加热档位设计偏大、电能利用率偏低的技术难题，采用的技术方案是，根据铂金通道的整体设计要求对于各区段的适配变压器分成 A、B 两类三规格结构设计，根据铂金通道的各区段设计要求对于各区段功率适配选择调整在变压器满负荷的 60%~90% 区间输出，借助于适配变压器的规格选配、变压组合调整工艺参数变化或电加热负载老化使变压器满负荷维持在 60%~90% 区间输出。本发明避免回路电流过高而导致无法对铂金负载的电参数进行精确技术的问题出现；输出电压随机精确调节，解决了电能利用低的问题。

一种具有高启动电压的磁控溅射脉冲电源

申请号：201010166751.2　公开日：2010-9-8
申请人：西安理工大学
发明人：陈桂涛　孙　强　姬军鹏　施　辉　李　岩
摘要：

本发明公开了一种具有高启动电压的磁控溅射脉冲电源，包括依次连接的 DC 输入、高压启动模块、脉冲发生模块和续流模块，续流模块与磁控溅射装置中的基片和靶材连接；高压启动模块与异常检测模块连接，高压启动模块用于为磁控溅射工艺提供一个

1500V 的启动电压；脉冲发生模块用于产生脉冲偏压；续流模块用于解决脉冲磁控溅射时由于等离子负载的特殊性质而导致输出电压产生较大震荡的问题；所述的异常检测模块用于检测等离子体负载电流的变化，根据负载电流的变化情况在发生异常的情况下对磁控溅射工艺进行二次高压启动。本发明的电源结构能够提高磁控溅射工程中等离子体的离化率、增强薄膜与基体结合强度和保证沉积工艺。

一种具有远程控制功能的电刷镀电源

申请号：200910207818.X　公开日：2010-4-28
申请人：南车戚墅堰机车车辆工艺研究所有限公司
发明人：薛伯生　吴凤英　陈善忠
摘要：

本发明涉及一种具有远程控制功能的电刷镀电源，属于电刷镀电源技术领域。该电源由电源主机和远程控制盒组成；电源主机含有输入整流电路、逆变电路、脉宽调制数字信号处理电路、脉冲变压器以及输出整流电路——用以将交流 220V 电压转变为直流电压，经极性切换控制，提供给电刷镀；远程控制盒含有核心单片机，单片机的输入端接输入装置，通信端通过总线驱动芯片接通信端口，输出端通过显示驱动芯片接显示装置；电源主机和远程控制盒通过数据线将对应的通信接口连接起来。采用本发明后，即使在工作环境恶劣、电源和工件相互隔离放置之处，也能十分方便快捷地对电刷镀电源输出参数进行调节及监控，从而大大方便电刷镀操作，减轻劳动强度，提高刷镀层质量。

无缆遥控漂浮电源泳池自动清洁机

申请号：200910224036.7　公开日：2010-6-9
申请人：付桂兰
发明人：付桂兰　余　浅　邹常胜　刘　建
　　　　王必昌　宫欣茹　吕晓洲　岑　璞
摘要：

本发明涉及一种无缆遥控漂浮电源泳池自动清洁机，其包括可充电漂浮电源、脐带电缆、泳池水下自动清洁机与遥控器；可充电漂浮电源漂浮在水面上，其上面部分露出水面，可接收遥控器发出的信号，用以控制水下自动清洁机的工作；所述泳池水下自动清洁机是采用直流电机的泳池水下自动清洁机，能按设定程序自动清洗，还能按遥控器发出的信号进行清洗工作。本发明的无缆遥控漂浮电源泳池自动清洁机取消了较长的供电电缆，因而可不

受电缆长度制约，到达泳池所有地方进行清洗，同时消除了电缆缠绕、挂卡等弊端。

无缆遥控悬浮电源泳池自动清洁机

申请号：200910224035.2　**公开日**：2010-6-9
申请人：付桂兰
发明人：付桂兰　余　浅　邹常胜　刘　建
　　　　　王必昌　宫欣茹　吕晓洲　岑　璞

摘要：

本发明涉及一种无缆遥控悬浮电源泳池自动清洁机，其包括通信浮体、通信脐带电缆、悬浮直流电源、供电脐带电缆、泳池水下自动清洁机与遥控器；悬浮直流电源悬挂在从通信浮体引出的通信脐带电缆下端，供电脐带电缆从悬浮直流电源密封引出，另一端与泳池水下自动清洁机连接供电；通信浮体漂浮在水面上，其上面部分露出水面，可接收遥控器发出的信号，控制泳池水下自动清洁机的工作，实现泳池清洁机行走、刷洗、过滤、爬壁及清洗水垢线全部功能。无缆遥控悬浮电源泳池自动清洁机取消了较长的供电电缆，因而可不受电缆长度制约，到达泳池所有地方进行清洗，同时消除了电缆缠绕、挂卡等弊端。

无缆遥控自容式电源泳池自动清洁机

申请号：200910224034.8　**公开日**：2010-6-9
申请人：付桂兰
发明人：付桂兰　余　浅　邹常胜　刘　建
　　　　　王必昌　宫欣茹　吕晓洲　岑　璞

摘要：

本发明涉及一种无缆遥控自容式电源泳池自动清洁机，其包括通信浮体、通信脐带电缆、自容式直流电源、供电电缆和泳池水下清洁机与遥控器；通信浮体漂浮在水面上，浮体上面露出水面接收遥控器发出的信号，通过脐带通信电缆控制自容式直流电源工作；实现泳池清洁机行走、刷洗、过滤、爬壁及清洗水垢线全部功能。无缆遥控自容式电源泳池自动清洁机取消了较长的供电电缆，因而可不受电缆长度制约，到达泳池所有地方进行清洗，同时消除了电缆缠绕、挂卡等弊端。

可携式照明装置及提供电源至负载电路的方法

申请号：200910129517.X　**公开日**：2010-9-22
申请人：凹凸电子（武汉）有限公司

发明人：林永霖　李勝泰
摘要：

本发明公开了一种可携式照明装置及提供电源至负载电路的方法。该可携式照明装置包括电源、控制器和负载电路。控制器包含电源输入端，该电源输入端经由第一开关与电源电性连接。负载电路与控制器的电源输出端电性连接，且可产生反馈信号。控制器至少依据第一开关的状态及反馈信号，经由电源输出端调节提供给负载电路的电能。本发明可携式照明装置可以提高电路设计与应用的灵活性，且可延长可携式照明装置的使用寿命。

集光源及电源于一体的 LED 灯具电路板及其制造方法

申请号：201010005229.6　**公开日**：2010-8-4
申请人：广州南科集成电子有限公司
发明人：吴俊纬
摘要：

本发明公开了一种连接可靠、生产快速简便、生产效率高、产品合格率高的集光源及电源于一体的 LED 灯具电路板及其制造方法。LED 灯具电路板包括至少两个模块单元板（1），模块单元板（1）之间相固定连接，模块单元板（1）的正面设有用于固定 LED 芯片（2）并构成 LED 芯片（2）之间电连接的金属层（13）、背面设有焊接电路元件并构成电路的电源线路（14），相连接的模块单元板（1）的电源线路（14）之间通过跳线相电连接。制造方法是将预制电路板制成连片，将连片的电路板整体进行贴片并打线、涂覆荧光粉及硅胶，固化后焊接电路元件，将模块单元板（1）切割成独立的部分并通过连接部相连，通过跳线将各电源线路（14）相电连接。可应用于 LED 照明领域。

光源的活动式电源装置及其方法

申请号：200810168361.1　**公开日**：2010-6-9
申请人：宁翔科技股份有限公司
发明人：叶长青
摘要：

本发明是有关于一种光源的活动式电源装置及其方法。该光源的活动式电源方法，以至少一条独立不具有电力的承载线路连接若干连接座，各连接座相对应供光源或电源连接头装卸，且在承载线路上保留任一连接座供一电源连接头安装，而能够达成承载线路上各连接座的光源电力流通。该光源的活动式电源装置，包含：一承载线路、多数连接座、至少一电源连接头以及至少一光源；或包含：多数承载线路、多数连接座、至少一电源连接头以及至少一延伸线。借此，运用前述方法及装置能随时更换电源连接及配置方式，不仅跳脱出必须预先布线的技术窠臼，而且能够让前述所有设备简单的重复再利用。

一种评测光纤陀螺电源敏感性的装置及方法

申请号： 201010145927.6 **公开日：** 2010-9-1

申请人： 浙江大学

发明人： 熊增辉 舒晓武 刘 承

摘要：

本发明公开了一种评测光纤陀螺电源敏感性的装置和方法，采用计算机、信号发生器、功率放大电路、线性阻抗稳定网络、电源、耦合网络、示波器和数据采集卡组成的测试装置，首先通过计算机控制信号发生器产生不同类型的信号模拟电源纹波和噪声并记录各类信号信息，再将各类信号耦合至光纤陀螺供电电源线中，同时采集光纤陀螺的输出数据，最后通过分析比较静态即无信号注入时与不同类型、频率的信号注入时，光纤陀螺零偏、零偏稳定性和随即游走系数这几个指标的变化来评测光纤陀螺的电源敏感性。本发明提供的装置和测试方法操作简单，且能准确评价光纤陀螺受电源纹波、噪声影响的程度和频率范围。

一种基于线性电源的单/双频电磁流量计励磁控制系统

申请号： 200910144878.1 **公开日：** 2010-2-10

申请人： 合肥工业大学 重庆川仪自动化股份有限公司

发明人： 徐科军 杨双龙 王 刚 石 磊 李积春

摘要：

本发明为一种基于线性电源的单/双频电磁流量计励磁控制系统，包括恒流源电路、电流旁路电路、励磁线圈驱动电路、励磁时序产生电路和检流电路。采用高电压源供电，恒流源由线性电源搭建向励磁线圈驱动电路供电，电流旁路电路并接于线性电源输入输出端以解决能量耗散问题，励磁线圈驱动电路由 H 桥及其控制电路组成，检流电路跨接在 H 桥低端与参考地之间，数字信号处理器 DSP 控制多路开关及电平匹配器件产生时序，控制励磁线圈驱动电路的动作。该励磁控制系统能显著提高励磁频率范围和励磁频率精度，适用于浆液测量的单频高频方波励磁或双频方波励磁，同时能提供更准确的电流检测，以修正流量信号处理结果。

基于高低压电源切换的电磁流量计励磁控制系统

申请号： 200910251461.5 **公开日：** 2010-6-9

申请人： 合肥工业大学 重庆川仪自动化股份有限公司

发明人： 徐科军 杨双龙 王 刚 石 磊 李积春

摘要：

本发明为一种基于高低压电源切换的电磁流量计励磁控制系统，包括高低压电源、电源切换电路、恒流控制电路、励磁线圈驱动电路、检流电路和励磁时序产生电路。励磁工作电源由高压电源和低压电源通过电源切换电路根据励磁电流响应情况切换分时提供以加快方波励磁电流响应速度和提高电源利用效率；恒流控制电路向励磁线圈驱动电路供电以使励磁电流稳态值恒定；励磁线圈驱动电路由 H 桥及其控制电路组成以实现方波励磁；检流电路跨接在 H 桥低端与参考地之间；励磁时序产生电路主要由用于电磁流量计信号处理的处理核心 MCU 等组成。该励磁控制系统能在保证电磁流量计零点稳定的情况下显著提高励磁频率范围、降低电路能耗、提高电源利用效率，以适用于浆液流体的精确测量。

一种电表及用于电表的电源

申请号： 201010223585.5 **公开日：** 2010-12-1

申请人： 洪金文

发明人： 洪金武 洪金文

摘要：

本发明的实施例公开了一种电子电表，该电子电表主要包括电表功能电路和电源电路，该电源电路包括交换元件、隔离功率变压器、输入整流滤波电路、输出整流滤波电路和控制与回授电路。该变压器同一磁心上绕有只少一个一次绕组和一个二次绕组，一次绕组通过交换元件连接到输入整流滤波电路，二次绕组连接到输出整流滤波电路，输出整流滤波电路连接到电表功能电路。电表功能电路中的掉电信号可以从电源电路中的任意一点获取，电源工作在开关模式，开关状态由控制与回授电路信号决定。

电力电容器在多频率电源下的损耗测量方法

申请号：200910272960.2　公开日：2010-5-5

申请人：国网电力科学研究院

发明人：林 浩 严 飞 倪学锋 姜胜宝

摘要：

本发明涉及一种电力电容器在多频率电源下的损耗测量方法，将电容器损耗测量等效为其散失热能的测量，把会受电源频率影响的电桥法转换为不受电源频率影响，而直接测电容器耗散能量的方法。该方法具有广泛的适用性，不仅适用于电力电容器，也适用于其他电器设备，不仅适用于多频率电源，也同样适用于其他各类电源下的损耗测量。

内燃机车辅助电源变换器功能试验台

申请号：200910013540.2　公开日：2010-1-27

申请人：中国北车集团大连机车研究所有限公司

发明人：闫春辉

摘要：

本发明公开了一种内燃机车辅助电源变换器功能试验台。它包括模拟辅发三相电源电路、模拟负载电路、信号检测及控制电路、显示电路；模拟辅发三相电源电路为内燃机车辅助电源变换器即 APC 提供模拟内燃机车辅助交流发电机的三相交流电源，模拟负载电路为 APC 提供模拟内燃机车标称 74VDC 设备的负载，信号检测及控制电路对相关 APC 信号进行检测和给定控制，显示电路对 APC 工作状态进行显示。本发明可为 APC 提供小功率变频电源，并为 APC 的输出提供模拟内燃机车标称 74VDC 设备的负载，还提供相关信号以实现对 APC 的相关功能测试，并可显示 APC 工作状态。另外，本试验台还可以对 APC 的控制板进行单独测试。

低频变频电源测量铁磁元件伏安特性的试验方法和补偿计算方法

申请号：200910094536.3　公开日：2010-2-17

申请人：云南电力试验研究院（集团）有限公司电力研究院

发明人：梁仕斌

摘要：

低频变频电源测量铁磁元件伏安特性的试验方法和补偿计算方法，本发明方法对铁磁元件的等效模型进行了深入分析，采用变频电源进行试验，测量低频率下的损耗功率 P、电压 U、励磁电流 Iex、绕组直阻 Rct，并推导出一组补偿计算公式，对铁损、直流电阻的影响进行补偿，使低频试验数据经补偿计算后与工频实测结果具有良好的一致性。本发明能够大幅降低试验电压及所需的试验设备容量，弥补工频试验的不足，并能有效消除对铁心损耗、绕组直流电阻等因素的影响。

一种交流叠加直流的合成电压试验电源装置

申请号：200910241219.X　公开日：2010-6-2

申请人：中国电力科学研究院

发明人：李 博 李光范 李金忠 程焕超
　　　　张书琦 孙 倩

摘要：

本发明提供了一种交流叠加直流的合成电压试验电源装置。输出电压可包含纯交流电压、纯直流电压以及交流叠加直流的合成电压。输出交流分量、直流分量分别独立可调，可根据需要输出不同分量的交流叠加直流电压波形。本发明的技术方案对研究交直流混合场强下的局部放电产生的机理、交直流分量对击穿应力的影响、换流变试验应力有效性的选择等方面的研究都具有重要意义。

二次电池的内部阻抗测量方法及装置、恶化判断方法及装置、电源系统

申请号：200910170531.4　公开日：2010-2-3

申请人：古河电气工业株式会社

发明人：岩根典靖 渡边勇一 杉村竹三 佐藤敏幸
　　　　木村贵史 岩花史和 稻庭克己 加纳哲也

摘要：

一种二次电池的内部阻抗测量方法，将充电电流或者放电电流作为二次电池的输入电流，测量所述二次电池的输入电流和响应电压，在时间轴上取得多个电流测量值以及电压测量值；通过将所述取得的多个电流测量值以及多个电压测量值分别进行傅里叶变换，求出规定频率下的所述输入电流以及所述响应电压的各个频率成分；取得所述输入电流的频率成分和所述响应电压的频率成分之比，算出所述规定频率下的所述二次电池的内部阻抗。

一种高压电源调试检测仪

申请号：200810247363.X　公开日：2010-7-7

申请人：北京有色金属研究总院

发明人：牟洪山 张希顺 孙继光 刘安生
　　　　马通达 杜志伟 杜风贞 张智慧

摘要：

本发明公开了一种高压电源调试检测仪，它包括工控机、第一数字输入输出单元、第一光纤驱动接口、第二光纤驱动接口和光纤。第二光纤驱动接口的信号输入输出端口经由该第一数字输入输出单元与该工控机上的总线相连，该第二光纤驱动接口的光纤连接端口经由光纤与第一光纤驱动接口的光纤连接端口相连，该第一光纤驱动接口的信号输入输出端口通过I2C串行总线与至少一串行方式的被控设备的控制端口相连。本发明采用光纤隔离技术，具有双向通信功能，既能控制高压电源的开关和升压过程，也能读取高压电源反馈的电压状态等信息，适用于调试与检测数字控制的高压电源的运转情况。

激光器氙灯高压脉冲电源的测量装置

申请号：200910262343.4 公开日：2010-6-2
申请人：郭 亮
发明人：郭 亮 许凯达 程 力 曹 辉
　　　　许建圣 曹庆国 王卫民 张有峰
　　　　王 军

摘要：

本发明涉及一种激光器氙灯高压脉冲电源的测量装置，属于测量仪器技术领域。本发明设置由耐高压云母电容构成的分压电路和由两级运放构成的两个采样保持电路组成一个峰值检测电路，使用时，将激光器氙灯高压脉冲电源触发的快速高压脉冲采样保持，并使其峰值保持一定时间不变，两个采样保持电路起不同作用，尤其是后一级运放，可以将采样的电平进行长期的保持不跌落，等待后级的模数转换。在两个脉冲的间隙，第一个运放输出电压下降时，两个二极管可以阻止后级运放输入电压的下降，使得后级电压输出更为稳定。本发明精度高，动态响应特性好，体积小，重量轻，使用方便简单，具有很强的实用性，适用于高重复频率激光器的氙灯高压脉冲电源的测量。

微功耗直流电源装置试验方法

申请号：200910187660.4 公开日：2010-3-10
申请人：中国北车集团大连机车车辆有限公司
发明人：蔡志伟

摘要：

本发明的微功耗直流电源装置试验方法，用DC-DC变换电路作为被试直流电源装置的负载，该变换电路的输出端接至被试直流电源装置的电源输入端，调节DC-DC变换电路的输出电流给定值，经过电流调节器PI运算，生成DC-DC变换电路的脉宽控制信号，控制DC-DC变换电路的输出电流。其优点是降能耗、成本低、体积小、对电网容量要求低。

主板电源兼容性测试装置

申请号：200910300226.2 公开日：2010-7-21
申请人：鸿富锦精密工业（深圳）有限公司 鸿海
　　　　精密工业股份有限公司
发明人：周家兴 叶振兴 陈晓竹

摘要：

一种主板电源兼容性测试装置，包括一用于连接一主板的电源插头、若干用于分别连接若干电源的电源插座及一微处理器。当所述微处理器接收到所述主板发送的开机信号时，发送一低电平控制信号开启其中一电源，当所述电源工作正常时，所述电源反馈一电源正常信号给所述微处理器，并给所述主板供电，所述微处理器将接收到的电源正常信号输出给所述主板，使所述主板对所述电源进行测试，测试完成后，所述主板重启，所述微处理器再次接收到所述主板发送的开机信号时，发送一高电平控制信号以关闭所述电源，并再次发送一低电平控制信号开启另一电源，以对另一电源进行测试。

电源特性测试系统及其方法

申请号：200810131672.0 公开日：2010-1-27
申请人：环隆电气股份有限公司
发明人：吴汉东 游孟达

摘要：

一种电源特性测试系统及其方法，该测试系统包括一计算机、一直流电源供应器、一电子负载供应器、一示波器以及一加热装置。操作者可以操作计算机以控制直流电源供应器、电子负载供应器以及加热装置，使其分别提供量测所需的直流输入电压、虚拟负载以及环境温度给一待测装置，并利用示波器取得待测装置的输入电源特性值/波形与输出电源特性值/波形，示波器再将输入电源特性值/波形与输出电源特性值/波形送回计算机，以提供操作者确认，实现自动量测待测装置电源特性的目的。本发明可以在一预设环境温度中，自动化测试一待测装置的电源特性，以实现省时、节省人力资源的目的，同时，可以确保待测装置在设计阶段符合各项电源特性的要求。

一种卫星电源分系统工作状态自动判读系统

申请号：200910237624.4　公开日：2010-5-26

申请人：航天东方红卫星有限公司　大田基业软件（北京）有限公司

发明人：王志勇　姬云龙　阎梅芝　刘　洋
　　　　李敬博　赵生林　张云霞

摘要：

　　一种卫星电源分系统工作状态自动判读系统，包括电源数据采集模块、电源数据归一化处理模块、电源数据处理模块、电源工作状态调度模块、电源工作状态判读模块、电源工作状态异常报警模块和图形化显示模块。本发明根据采集处理的电源分系统遥测数据工程值和地面测试设备数据工程值从电源工作状态数据库中自动调用相应的判据，根据判据对电源分析的工作状态进行实时判断、报警、显示，降低了测试人员的工作强度，解决了人工监视判断过程中，因人而异，容易出错等问题，确保了电源分系统工作状态判读的一致性，提高了卫星电源分系统的工作可靠性。

一种电源老化的方法和系统

申请号：200910109531.3　公开日：2010-1-6

申请人：东莞市冠佳电子设备有限公司

发明人：梁远文　王　俊　邹　曙　李垂猛　萧黎鑫

摘要：

　　一种电源老化的方法和系统，包括：首先在系统电源输入端设置系统电源电流传感器 CS1 或在被老化电源输入端设置老化电源电流传感器 CS2，用于检测系统的总输入电流 IIN 或者被老化电源输入电流 IP；然后将 IP 或者 IIN 送到节能电子负载中谐波电流检测单元中，进行数字运算，将其谐波含量数据计算出来；再将谐波含量数据送给 DC/AC 控制电路，使 DC/AC 电路输出相应谐波含量的并网电流；最后将并网电流 IE 回馈到被老化电源输入端进行谐波消除补偿。本发明的节能电子负载，一来节约了老化用电，同时在基本不增加或者增加很小的成本的情况下，治理了谐波，为电源厂省去了购买大量滤波器的成本。

电源测试控制装置、测试系统及其测试方法

申请号：200810169025.9　公开日：2010-6-9

申请人：和硕联合科技股份有限公司

发明人：蓝英杰　汪立忠　岩柏志

摘要：

　　本发明提供一种电源测试控制装置、测试系统及其测试方法。控制装置包括时序设定单元、时序控制单元以及电源传输单元。时序设定单元用以设定多个直流电源的启动时序。时序控制单元接收待测主机板输出的第一电源启动信号，并根据时序设定单元设定的启动时序分别产生对应这些直流电源的第二电源启动信号。电源传输单元根据这些第二电源启动信号控制这些直流电源所供应的电源输出至待测主机板。

一种三相电源缺相检测方法及检测电路

申请号：201010103456.2　公开日：2010-8-11

申请人：付爱喜

发明人：付爱喜

摘要：

　　本发明提供一种三相电源缺相检测方法，首先，通过半波整流电路将相位信号输送至光电耦合器内，由光电耦合器将信号转换成弱电信号输出，并将弱电信号输送至处理器，处理器扫描光电耦合器输出信号的波形即可判断出三相电源的工作状态。本发明在采用了上述方案后，在三相正常时，光电耦合器的输出信号全部为低电平，缺一相时，输出信号的波形中，高平周期大约4ms，低电平大约为16ms；而缺二相时，输出信号的波形中，高电平大约为12ms，低电平大约为8ms；而缺三相时，输出信号全部为高电平。处理器通过统计 20ms 内高平电持续的时间长短很容易判断出三相电源状态，并且，处理器可以根据前后的状态，准确地区分缺三相与停电。

具有节电结构的交流电源电子钟

申请号：200910109311.0　公开日：2010-3-10

申请人：深圳市强大实业有限公司

发明人：冯启祥

摘要：

　　一种具有节电结构的交流电源电子钟，该交流电源电子钟包括电子钟主体，其特征在于，该电子钟具有一个置于电子钟主体外部并与其电子时钟电路相连的可节电的电源转换电路，该电源转换电路将城市供电电路的电压转换为与电子时钟的计时振荡频率一致的直流电压，并输出到电子时钟电路的电源输入端。电源转换电路包括整流电路、自激式间歇振荡电路、输出电路及反馈电路。其中，自激

式间歇振荡电路包括开关变压器 T1、磁通复位电路、电源调整芯片 IC1 及电源调整芯片的供电电路。本发明具有电能转换效率高，节能效果显著，输出电压稳定度高，源效应和负载效应较小，体积小，重量轻，可在全球范围使用等特点。

电源输入控制的方法、装置和系统

申请号： 200810174683.7　**公开日：** 2010-6-9
申请人： 华为技术有限公司
发明人： 龙祥均
摘要：

本发明公开了一种电源输入控制的方法、装置和系统，涉及电子电路领域，为解决现有技术现有单板供电方案无法根据单板的实际情况为单板供电的问题而发明。本发明实施例提供的系统，包括：电源控制单元：用于提供启动电源和工作电源，并按照槽位发送的单板在位信号和单板发送的单板信息控制插接在槽位上的单板接收工作电源；槽位：用于插接单板，并在电源控制单元提供启动电源后，向电源控制单元发送单板在位信号；单板：用于向电源控制单元发送单板信息，并按照电源控制单元的控制，接收电源控制单元提供的工作电源，依靠所述工作电源进行工作。本发明适用于各种通信、工业控制等电子电路系统。

电源配置装置

申请号： 200810165653.X　**公开日：** 2010-3-24
申请人： 旭丽电子（广州）有限公司　光宝科技股份有限公司
发明人： 陈志泰　许议侨
摘要：

本发明是一种用于多个电源供应模块的电源配置装置，该多个电源供应模块均分别通过多条供电电力线耦接于相对的负载，该电源配置装置包含有：一第一开关元件，具有一第一连接端与一第二连接端分别耦接于该多个电源供应模块中转换效率相对高的电源供应模块的输出端和转换效率相对低的电源供应模块的输出端，并依据导通或阻断状态选择性地将转换效率高的电源供应模块所输出的电源同时配置予预定数量的负载；以及一控制装置，耦接于该第一开关元件，用来产生该控制信号以控制该第一开关元件的导通或阻断状态。

电源管理装置以及电源管理方法

申请号： 200810213393.9　**公开日：** 2010-3-3
申请人： 亚洲光学股份有限公司
发明人： 陈宴召　王荣庆
摘要：

本发明揭示一种电源管理装置，包括电源电路和控制单元。电源电路接收具有电压值的输入电源，并通过第一电压转换器和第二电压转换器分别将上述电压值转换成具有第一电压值的第一转换信号以及具有第二电压值的第二转换信号。第一电压转换器根据第一重置信号重新启始，以及第二电压转换器根据第二重置信号重新启始。控制单元接收相应第一转换信号和相应第二转换信号，并比较第一电压值与第一参考范围以及第二电压值与第二参考范围，当第一电压值未介于第一参考范围内且第二电压值介于第二参考范围内时，发送第一重置信号，当第一电压值介于第一参考范围内且第二电压值未介于第二参考范围内时，发送第二重置信号。

电源切换电路

申请号： 200810303231.4　**公开日：** 2010-2-3
申请人： 鸿富锦精密工业（深圳）有限公司　鸿海精密工业股份有限公司
发明人： 戴方达　洪瑞廷
摘要：

一种电源切换电路包括一连接器、一侦测电路、一第一开关电路及一第一转换电路，所述连接器与所述侦测电路相连，所述连接器通过所述第一开关电路与所述主板上的第二电源端相连，所述连接器与所述主板上的第一电源端相连，所述侦测电路分别通过所述第一转换电路及第一开关电路与所述主板上的第二电源端相连，所述侦测电路侦测所述电源供应器为单端输出模式还是双端输出模式，并输出相应的控制信号来控制所述第一开关电路及第一转换电路的开启及关闭来使所述连接器提供电压给所述主板。本发明电源切换电路使所述主机板可共用单端与多端输出的电源供应器。

排水管网检测装置的通信与电源电路

申请号： 200910153228.3　**公开日：** 2010-5-5
申请人： 杭州电子科技大学
发明人： 鲁仁全　陈巧
摘要：

本发明涉及一种排水管网检测装置的通信与电

源电路。传统的通信与电源电路的电源存在干扰，影响工作可靠性。本发明包括 RS232 通信接口部分、转换电路部分、获取电压电路部分和供电电路部分。RS232 通信接口部分采用九芯插座。转换电路部分包括第一运算放大器，4 个电阻以及一个开关二极管和 NPN 型晶体管。获取电压电路部分包括 4 个开关二极管和两个滤波电容。供电电路部分包括 4 个电阻和一个运算放大器、PNP 型晶体管、发光二极管。本发明的外界供电由通信线提供而不是由供电电源提供，输出电压可靠，具有较强的抗干扰性。本发明采用的元器件成熟可靠、成本低廉、来源丰富。

通过关断电源实现故障安全的方法

申请号：201010235352.7　公开日：2010-11-24

申请人：北京交大资产经营有限公司

发明人：马连川　王　悉　袁彬彬

摘要：

本发明公开了一种通过关断电源实现故障安全的方法，步骤包括：为被控系统建立两条并联的供电支路，即上电启动-正常关断支路和安全关断支路；上电复位时导通所述上电启动-正常关断支路的控制开关，给被控系统供电；由状态识别模块通过状态指示信号判定被控系统的工作状态是否正常，如果是，则导通安全关断支路的控制开关，建立电源给被控系统供电；安全关断支路导通并延迟一定时间后，由复位/延迟控制模块断开上电启动-正常关断支路的控制开关；由状态识别模块实时监控被控系统的状态，当状态指示信号显示被控系统运行异常，则输出关断信号断开安全关断支路的控制开关。本发明的方法能够更加彻底地消除安全隐患。

转换输入电压至输出电压的方法、电源调节器及电子系统

申请号：200910171464.8　公开日：2010-3-24

申请人：凹凸电子（武汉）有限公司

发明人：黄浩程

摘要：

本发明公开了一种转换输入电压至输出电压的方法、电源调节器及电子系统，所述电源调节器包括：通路设备用于接收所述输入电压，且提供所述输出电压至所述电源调节器的输出端；以及误差放大器耦合至所述通路设备，其包括第一晶体管，用于接收参考信号和表示所述输出电压的反馈信号，用于比较所述反馈信号和所述参考信号，且用于根据所述比较的结果产生第一控制信号以驱动所述通路设备。与现有技术相比，本发明的电源调节器的成本更低。

稳压电源电路

申请号：200910101913.1　公开日：2010-2-3

申请人：宁波和真汽车电子系统有限公司

发明人：王志民

摘要：

本发明公开了一种稳压电源电路，包括稳压器，所述稳压器的电源输入端与系统电源连接，它还包括分压器件，所述的分压器件串联在稳压器与系统电源之间。上述的稳压电源电路可减少稳压器上功率损耗以保证稳压器的工作可靠性和寿命且输出电源质量高。

一种与电源无关的电流参考源

申请号：200910216375.0　公开日：2010-6-16

申请人：四川和芯微电子股份有限公司

发明人：刘　辉

摘要：

本发明公开了一种与电源无关的电流参考源，用于产生一种与电源无关的电流参考源，其电路结构至少包括一个电阻 Rs 和 4 个场效应晶体管 M1、M2、M3、M4 形成的镜像电路，在镜像电路外还设置有一条镜像的电流支路，该支路的电流流入电阻 RS。本发明是对传统的与电源无关电流参考源电路进行了修改，推导出的电流公式多了一个可调变量，这样，让决定参考电流的因素多了一个，设计起来更加自由。尤其值得关注的是在需要很小参考电流的情况下，运用此公式可知，不用增加 NMOS 的宽长比和电阻阻值，就可以在增加一个电流镜像支路的情况下轻松获得。

用于系统级 CMOS 集成电路的二次线性电源系统的防闩锁电路

申请号：200910309968.1　公开日：2010-6-9

申请人：哈尔滨工业大学

发明人：党　进　倪风雷　张庆利　介党阳　郭闯强　刘　宏

摘要：

用于系统级 CMOS 集成电路的二次线性电源系统的防闩锁电路，它涉及一种防闩锁电路，它解决

了目前在系统级、大规模的 CMOS 电路中存在的闩锁效应无法抑制的问题。当闩锁检测电路检测到闩锁事件时，闩锁检测电路输出的下降沿将触发单稳态触发电路，进而启动撬杠输出电路，撬杠输出电路输出关断电源信号关断所有线性电源，并输出泄放电流信号快速泄放闩锁效应形成的大电流；闩锁效应解除后，单稳态触发电路的输出信号结束，线性电源重新恢复启动。本发明的防闩锁电路，能够有效的检测闩锁事件，并在检测到闩锁事件时关断电源、快速泄放电流，可作为线性电源系统的保护电路。

一种高压恒流启动的内部电源电路

申请号：201010229125.3 公开日：2010-12-1
申请人：昌芯（西安）集成电路科技有限责任公司
　　　　深圳市泰德工业产品设计有限公司
发明人：代国定 方展忠 刘文昊 杨 令
摘要：

本发明公开了一种高压恒流启动的内部电源电路，用于产生稳定的内部电源电压，包括耐高压 LDMOS 管隔离电路、恒流充电电路、电压基准电路及电平移位电路。所述耐高压 LDMOS 管隔离电路包括一个限流电阻 R1 和一个 N 沟道耐高压 LDMOS 管 MN1，所述耐高压 LDMOS 管 MN1 用作调整管，输入端连接电源引脚 HVin，同时接受所述恒流充电电路和所述电平移位电路中过压控制电路的信号，保证电路的正常启动和输出电压的稳定。本发明采用高压 LDMOS 管进行高压隔离，可使电路具有更高的击穿电压和更大范围的安全工作区以及更低的导通电阻。

电源开启重置控制电路及其操作方法

申请号：200810179353.7 公开日：2010-6-23
申请人：盛群半导体股份有限公司
发明人：胡闵雄 林春安
摘要：

本发明公开了一种电源开启重置控制电路，其包括：分频器及移位寄存器，该移位寄存器的时钟输入端电连接于该分频器的输出端，其中当该电源开启重置控制电路被施加第一电压时，该分频器通过与该电压相关的起始振荡信号而在该分频器的该输出端产生分频信号，及该移位寄存器的数据输入端接收预设电平，且以先进先出的操作来输出电源开启重置信号。该电源开启重置信号用来帮助主要的电源开启重置信号。

计算机系统与其电源控制装置

申请号：200810189712.7 公开日：2010-6-30
申请人：英业达股份有限公司
发明人：吕俊颖
摘要：

本发明公开了一种计算机系统与其电源控制装置，装置包括温度传感器、第一电压转换器、过温保护单元、重置单元以及第二电压转换器。温度传感器用以感测一测量温度，以输出感测信号。第一电压转换器将计算机系统的电源电压转换为第一电压。过温保护单元接收第一电压，并依据感测信号而决定是否输出第一电压。当重置单元接收到来自过温保护单元的第一电压时，其将依据电源电压的电平而决定是否产生重置信号。第二电压转换器将依据重置信号而产生激活信号，以使能嵌入式控制器。

电源组合

申请号：200910300440.8 公开日：2010-8-18
申请人：鸿富锦精密工业（深圳）有限公司 鸿海精密工业股份有限公司
发明人：叶振兴 陈晓竹
摘要：

一种电源组合，包括一本体及一风扇，所述电源组合还包括至少一装设于所述风扇的托座，每一托座的一端设有弹性件，所述本体开设有一用于容置所述风扇的容置腔，所述容置腔形成有安装壁，当所述装设有托座的风扇容置于容置腔时，所述弹性件扣合于所述安装壁。本发明电源组合采用分体式设计，风扇可轻易拆装，便于风扇的维护和替换。

电源转换电路

申请号：200810303661.6 公开日：2010-2-17
申请人：鸿富锦精密工业（深圳）有限公司 鸿海精密工业股份有限公司
发明人：胡可友
摘要：

一种电源转换电路，包括第一、第二电子开关及一第一电阻，所述第一、第二电子开关的第一端均连接至一电脑主板的一控制端，第二端均连接至一待机电源，第三端作为一输出端，均通过所述第一电阻连接至所述电脑主板的一开机触发端，当所述控制端输出一低电平信号时，所述第一、第二电子开关导通，所述输出端输出一电压，所述电压通过所述第一电阻为所述开机触发端供电。所述电源转换电路结构简单,成本较低。

一种开关电源、计算机主板及计算机

申请号:200810118792.7 公开日:2010-2-24

申请人:联想(北京)有限公司

发明人:张旭辉

摘要:

本发明提供了一种开关电源、计算机主板及计算机,该开关电源包括用于向至少两个内存插槽供电的供电模块,供电模块所能提供的最大相数为大于1的第三数目,还包括:内存条数目确定模块,判断所述至少两个内存插槽的内存插设状态,并根据至少两个内存插槽的内存插设状态确定至少两个内存插槽中插设的内存条的第一数目;相数确定模块,根据第一数目确定第二数目,所述第二数目为能够满足第一数目的内存的供电需求的开关电源的最少相数;相数控制模块,用于在第二数目小于第三数目时,降低供电模块的相数到第四数目,第四数目大于或等于第二数目且小于第三数目。本发明提高了内存开关电源的供电效率。

机载计算机电源系统

申请号:200910254458.9 公开日:2010-6-2

申请人:中国航空工业集团公司第六三一研究所

发明人:孙立萌 孟颖悟 王 泉 何立军
田育新 韩 敏

摘要:

本发明提供的机载计算机电源系统包括电源变换模块、开关阵列、电源管理模块以及计算机电子模块;计算机电子模块上置有二次电源变换组件以及多个电压调节组件;电源变换模块为电源转换单元分布在集成机架上,实现高压输入到稳定的48V中间母线电压的功率变换,通过开关阵列与分布在各计算机电子模块上的二次电源变换组件相连接,实现对各计算机电子模块进行供电;各计算机电子模块经二次电源变换组件变换成5V的直流电压,经分布在各计算机电子模块上的负载旁的电压调节组件,实现对负载的供电。解决了现有电源可靠性差的技术问题,具有可靠性高,易于维护等优点。

高密度服务器电源控制系统及其方法

申请号:200810130791.4 公开日:2010-1-27

申请人:英业达股份有限公司

发明人:陈志伟 卢晓芬

摘要:

本发明涉及一种高密度服务器(HIGH DENSITY SERVER)电源控制系统及其方法,应用于具有多个服务器的一种高性能计算(HIGH-PERFORMANCE COMPUTING,HPC)系统中,用以控制对这些服务器的电源供应。利用一微控制器控制系统中这些服务器主机板的电源开关,使系统在同一时段内,仅有一个服务器主机板进行开机程序,有效降低电源供应的最大负载量。

一种电源控制装置及开关机方法

申请号:200910180392.3 公开日:2010-3-17

申请人:中兴通信股份有限公司

发明人:段顶柱 刘团辉 王 蔚

摘要:

本发明公开了一种电源控制装置,包括根据适配器的输出电压产生适配器供电信号的适配器供电信号产生单元,在电池供电时产生开关机信号的开关机信号产生单元,在电池供电时产生供电保持信号的供电保持信号产生单元,根据适配器供电信号、开关机信号或供电保持信号产生使能信号,控制电源芯片的上电、供电和掉电的使能信号产生单元,在电池供电时终止供电保持信号的产生的保持信号终止单元。本发明还公开了一种开机方法和关机方法。本发明的电源控制装置可以为嵌入式系统提供稳定的电源供电,并且实现了较为复杂的终端产品的开关机电源控制流程。本发明通过电路的控制实现系统的上电、供电和掉电过程,电路简单易用,成本低,可靠性高。

电子设备及其电源连接模组

申请号:200810304679.8 公开日:2010-3-31

申请人:鸿富锦精密工业(深圳)有限公司 鸿海精密工业股份有限公司

发明人:叶振兴 陈晓竹

摘要:

一种电子设备,包括一第一及一第二电源供应器,所述第一及第二电源供应器之间设有一监控电路,所述监控电路用于实时监测所述第一电源供应器的输出功率,并将所述输出功率与所述第一电源供应器的额定功率相比较,以判断所述第一电源供应器当前的输出功率能否满足所述电子设备的用电需求。在所述输出功率不满足所述电子设备的用电需求时，接入所述第二电源供应器输出的电源。上述电子设备根据监测结果对接入的电源供应器的数目进行调整，以达到不必更换电源装置就能满足电子设备不同的用电需求的目的，故既充分利用了资源，又降低了成本。

电子装置、电源供应器检测系统及方法

申请号：200810169420.7　**公开日**：2010-6-9
申请人：宏碁股份有限公司
发明人：吕基男
摘要：

本发明为一种电子装置、电源供应器检测系统及方法。电源供应器检测系统包括电源供应器及电子装置。电子装置与电源供应器电性连接以接收电源信号。电源供应器包括电源输入端、开关模块及信号产生模块。电源输入端用以输入电源信号。信号产生模块用以控制开关模块以通过电源信号产生一调变信号。电子装置包括检测模块及电源管理模块。检测模块用以检测调变信号。电源管理模块用以通过检测模块所检测的调变信号以辨别电源供应器，并对电子装置进行一电源管理。本发明可在电子装置连接到不足瓦数的电源供应器时，能够即时的执行电源管理，以避免电子装置过载或过热而造成损坏，并且相较于现有技术，电源供应器检测系统可节省下制造成本。

主机装置、通用串行总线的接口模块与其电源管理方法

申请号：200810147060.0　**公开日**：2010-2-17
申请人：华硕电脑股份有限公司
发明人：李泳德
摘要：

一种主机装置、通用串行总线的接口模块与其电源管理方法。本发明的接口模块包括 USB 控制器和检测电路。USB 控制器可以耦接 USB，而检测电路则可以耦接 USB 中的一第一数据线和一第二数据线两者至少其中之一，并且输出其上的电压。当第一数据线和第二数据线为低电位时，则 USB 控制器可以被禁能。相对地，当第一数据线和第二数据线两者至少其中之一的电压为高电位时，则 USB 控制器可以被致能。本发明还提出一种通用串行总线的电源管理方法及一种包括接口模块与通用串行总线的主机装置。

电源切换电路

申请号：200810173424.2　**公开日**：2010-6-9
申请人：英业达股份有限公司
发明人：董步强　刘士豪
摘要：

本发明公开了一种电源切换电路，其配置于笔记本计算机的主板上，且此电源切换电路的特征在于包括开机检测电路与电源切断单元。其中，开机检测电路用以检测处于待机状态下的笔记本计算机的电源按钮是否被按压，并据以输出开机状态信号。电源切断单元耦接开机检测电路，用以依据开机状态信号而决定是否切断主板上的所有电源轨。

输入装置的电源管理方法

申请号：200810174739.9　**公开日**：2010-6-9
申请人：金宝电子工业股份有限公司
发明人：林国弘　陈君毅
摘要：

本发明提供一种输入装置的电源管理方法，包括下列步骤：在输入装置进入浅度休眠模式后开始计时并纪录输入装置的一触发时间，并根据该触发时间更新深度休眠启动时间。当该输入装置闲置超过一段时间后则进入一浅度休眠模式，并借由在浅度休眠时纪录输入装置由浅度休眠模式因使用者操作而回复至工作模式的触发时间。依此纪录作为动态更新深度休眠启动时间的方式可达到更佳的节能效率。

一种基于 Linux 嵌入式系统的动态电源管理的方法

申请号：200910193473.7　**公开日**：2010-4-21
申请人：华南理工大学
发明人：刘发贵　曹立正　吴泽祥
摘要：

本发明提供一种基于 Linux 嵌入式系统的动态电源管理的方法，由动态电源管理框架实现，所述动态电源管理框架包括脚本层、虚拟文件接口层、设备动态电源管理策略层和设备驱动层；所述脚本层提供用于对动态电源管理框架进行控制的脚本，通过脚本层所提供的脚本能启动/关闭具体设备的动态电源管理，或者获取设备电源管理的相关信息；所述虚拟文件接口层提供与脚本命令相对应的接口，以供脚本调用，包括整个动态电源管理框架的虚拟文件接口以及各个电源管理设备的文件接口；所述设备动态电源管理策略层提供各电源管理

设备的策略接口，以供虚拟文件接口层调用；所述设备驱动层提供与各电源管理设备动态电源管理相关的驱动。

一种计算机的电源管理方法及该计算机

申请号：200810222249.1 公开日：2010-3-17
申请人：联想（北京）有限公司
发明人：刘勇军

摘要：

本发明提供了一种计算机的电源管理方法及该计算机，该方法包括如下步骤：检测计算机锁定的消息或计算机进入屏幕保护状态的消息；在检测到计算机锁定的消息或计算机进入屏幕保护状态的消息时，获得当前用户的身份信息；利用获得的身份信息获取当前用户的第一电源管理设置；将第一电源管理设置调整为第二电源管理设置，计算机采用第二电源管理设置时的功耗低于计算机采用第一电源管理设置时的功耗。利用技术方案，系统服务可实现在计算机锁定或进入屏幕保护状态后使计算机进入一种更节能省电的状态。

具内部辅助电源的通用序列总线外接装置

申请号：200910002589.8 公开日：2010-7-28
申请人：飞利浦建兴数位科技股份有限公司
发明人：翁伟光

摘要：

一种具内部辅助电源的通用序列总线外接装置，连接于一计算机主机的一通用序列总线端口，且该通用序列总线端口的一正电源端可提供一最大输出电流，包含：负载电路，具有一正电源端，使得该通用序列总线端口的该正电源端可单向地供应一主电流至该负载电路的该正电源端；其中，该负载电路的该正电源端可接收一负载电流以驱动该外接装置；以及一辅助电源电路，具有一输出端，使得该辅助电源电路的该输出端可单向地供应一辅助电流至该负载电路的该正电源端；其中，当该负载电流需求升至一第一临限电流值时，该负载电流由该主电流与该辅助电流共同提供；以及，当该负载电流需求降至一第二临限电流值时，该负载电流全部由该主电流所提供。

逆变电源用低噪声变压器铁心

申请号：201010223202.4 公开日：2010-12-22
申请人：秦皇岛市燕秦纳米科技有限公司

发明人：李玉山 林志清 孙泽松

摘要：

本发明公开了一种逆变电源用变压器铁心，将原料成分 C、Si、B、（Nb、Sb、V、Mo、Ta、Cr、W）、Cu，其余为 Fe；按配比投入真空炉精炼，钢液温度为 1500℃，充入氩气喷铸到高转速铜辊上，差动水冷却，得到 20～26μm 的低磁致伸缩非晶合金带材，并绕成变压器铁心热处理，温度 530℃，保温 2～4h 使其合金晶化，得到低磁致伸缩系数 λs 的纳米晶铁心；热处理保温和降温的同时施加直流磁场；对其纳米晶铁心径向改换位置施加压应力，消除应力使其恢复至整个铁心的片层间没有粘连；将纳米晶铁心两侧端涂无应力胶层，再将纳米晶铁心整体表面涂敷用于降噪的环氧树脂绝缘层。具有降噪效果好，是目前较为理想的变压器铁心。

用以减少电磁干扰影响的变压器及其适用的电源转换电路

申请号：200810215063.3 公开日：2010-3-17
申请人：台达电子工业股份有限公司
发明人：欧阳志弘 许志勋 林瑞玲

摘要：

本发明为一种用以减少电磁干扰影响的变压器及其适用的电源转换电路，该变压器至少包含：绕线基座；磁心组，部分穿设绕线基座；第一一次绕线，缠绕于绕线基座上，且由第一绕线部及第二绕线部构成，其中第一绕线部的电磁干扰大于第二绕线部；二次绕线，缠绕于第一一次绕线上；以及第一屏蔽元件，设置于第一一次绕线及二次绕线之间，用以阻隔第一一次绕线的电磁干扰传导至二次绕线；其中，第一一次绕线的第一绕线部与磁心组邻设，以通过磁心组来屏蔽第一绕线部的电磁干扰，第二绕线部缠绕于第一绕线部上而与次级绕线邻近，以增加第一一次绕线及二次绕线的电磁耦合率。本发明可减少变压器受电磁干扰的影响，使变压器减少漏电感而提高转换效率。

一种双电源开关及其中性线重叠转换方法

申请号：201010105826.6 公开日：2010-8-25
申请人：深圳市泰永电气科技有限公司
发明人：黄正乾 冯科让 龚李伟

摘要：

本发明公开了一种双电源开关及其中性线重叠转换方法，该双电源开关的常用 N 相动触头组件包括分别固定和可转动地安装在常用驱动方轴上的常用驱动部和连接部；备用 N 相动触头组件包括分别固定和可转动地安装在备用驱动方轴上的备用驱动部和连接部；常用驱动部用于与备用连接部配合，驱动备用 N 相动触头组件的动触头与 N 相静触头电性接触，或者断开与 N 相静触头之间的电性接触；备用驱动部用于与常用连接部配合，驱动常用 N 相动触头组件的动触头断开与 N 相静触头之间的电性接触，或者与 N 相静触头电性接触。本发明所述双电源开关在转换过程中可以避免中性线"腾空"，有效保护了用电设备。

用于多靶溅射系统的电源装置

申请号：200880008645.2　公开日：2010-3-31

申请人：因特瓦克公司

发明人：T·布鲁克　P·沃德　M·巴尔奈斯

摘要：

一种用于同时为多个溅射源供电的装置。电源耦合到电荷累计器。所述电荷累计器经由开关装置耦合到几个溅射源。每一个开关装置的占空比用来单独控制传输到每一个溅射源的功率。在另一个装置中，电源耦合到阻抗匹配电路。所述阻抗匹配电路经由几个平衡元件耦合到几个溅射源。操作每一个平衡元件以单独控制传输到所述溅射源的功率。

半导体装置以及具备该半导体装置的电源和运算处理装置

申请号：200880015931.1　公开日：2010-3-24

申请人：罗姆股份有限公司

发明人：山本宪次

摘要：

本发明提供一种半导体装置（301），该半导体装置（301）具备：晶体管（M2），其具有与被提供第一电源电压的第一电源节点耦合的第一电极、第二电极，并向温度检测元件（TD1～TD12）提供基准电流；包括第一半导体区域和第二半导体区域的扩散电阻（R1），所述第一半导体区域具有与第一电源节点耦合的电位固定节点，所述第二半导体区域具有与晶体管（M2）的第二电极耦合的第一电阻节点、与提供第二电源电压的第二电源节点耦合的第二电阻节点，并形成在第一半导体区域的表面上；漏电流修正电路（CR1），其使与经过电位固定节点和第二电阻节点而流过的电流大致相同大小且相同方向的电流，不经过扩散电阻（R1）而经过晶体管（M2）流过。

电源分布系统

申请号：200910126097.X　公开日：2010-9-15

申请人：奇景光电股份有限公司　卢奕璋

发明人：卢奕璋　李政鸿　郭仲宇　吴宗佑

摘要：

本发明是有关于一种电源分布系统，包含：一第一电源线；一第二电源线，与该第一电源线相距一距离；一基板，用以将该第一电源线和该第二电源线布局于其上；以及至少一导电连接线，在一端电性耦接至该第一电源线，并在另一端电性耦接至该第二电源线；其中，一电源供应器供应电源至该第一电源线的第一电源供应端点，且供应电源至该第二电源线的第二电源供应端点，其中该第一电源供应端点的位置对立于该第二电源供应端点，位于该导电连接线的供应节点用以提供该供应电源。因此，本发明的电源分布系统可以有效地改进或避免压降问题。

供电源电路用的多芯片模块及用多芯片模块的电压调节器

申请号：200810127994.8　公开日：2010-1-6

申请人：立锜科技股份有限公司

发明人：李忠树　李嘉荣

摘要：

一种提供电源电路使用的多芯片模块，包括两个 MOSFET，一驱动器和一控制器，其中，所述两个 MOSFET 各具有一闸极；所述驱动器连接所述二闸极；所述控制器连接所述驱动器，以提供一内部 PWM 信号给所述驱动器。本发明的供电源电路用的多芯片模块及用多芯片模块的电压调节器具有缩短通道与控制器之间的回授路径和降低功率损耗与噪声干扰的优点。

用于使用直流电源的分布式电力获取系统的监测系统

申请号：200780049673.4　公开日：2010-1-27

申请人：太阳能安吉有限公司

发明人：梅厄·阿德斯　约阿夫·加林　利奥尔·汉德尔斯曼　阿米尔·菲谢尔夫　盖伊·塞拉

摘要：

本发明提供了一种用于监测单独电力性能的监测系统和方法，该单独电力在分布式电源系统中。监测模块与每个电源相连，或者与每个一连串串联相连的电源相连，用来监测和收集数据，该数据涉及电源上的电流、电压、温度和其他环境因素。收集到的数据通过电力线被发送至中央分析站用于分析。从每个电源收集的数据指出了电源上的故障或退化。对于太阳电池板，对比从相邻电源收集到的数据去除了影响相邻电源的环境因素如阴天。对比在不同时间从相同电源收集到的数据指示了电源的污染或退化或者周期事件如相邻建筑物的移动阴影。

UPS 不间断电源用铅酸蓄电池正极活性材料

申请号：201010181748.8　**公开日**：2010-9-22

申请人：江苏双登集团有限公司

发明人：薛奎网

摘要：

本发明公开了一种 UPS 不间断电源用铅酸蓄电池的正极活性材料，主要由铅粉、丙纶纤维、硫酸、去离子水混合而成，改进之处是所述铅粉为游离铅、氧化铅、二氧化铅的混合物，所述硫酸密度为 1.25～1.30g/ml。该材料中加入三氧化二锑和碳纤维，各组分按合理、规范的含量范围混合成粘性铅膏，视密度为 4.10～4.45g/cm³。本发明的活性材料结合力、利用率高、导电性好，用于制备 UPS 不间断电源用铅酸蓄电池，能明显提高电池充电接受能力、大电流起动放电性能和深循环寿命。

电源连接器及其压接接触件

申请号：200910304642.X　**公开日**：2010-2-17

申请人：中航光电科技股份有限公司

发明人：周文富

摘要：

本发明涉及一种电源连接器，同时还涉及一种压接接触件，所述的电源连接器包括连接器壳体和设置于连接器壳体内的接触件，接触件包括压接部和插接部，压接部包括基底，基底上向同侧相对延伸有压接折弯臂，所述基底与插接部之间设有桥接件，所述桥接件的上方设有分隔槽，该分隔槽将压接折弯臂与插接部相分隔；所述插接部包括一对相互间隔、平行相对的平面板和从该两块平面板的相同一端各自延伸出的相对设置的弹性悬臂，在两弹性悬臂之间形成插合空间，两弹性悬臂的自由端相互远离形成插接入口；每一弹性悬臂上由臂根部至自由端设有至少一个内凹弧形接触部。该电源连接器采用压接连线的方式，同时其接触件接触良好，使用时产热少且散热性能好。

电源连接器

申请号：200810304633.6　**公开日**：2010-3-31

申请人：鸿富锦精密工业（深圳）有限公司　鸿海精密工业股份有限公司

发明人：熊开春

摘要：

一种电源连接器，包括插座部、绝缘部、手柄、挡板及插头部。插座部包括绝缘壳体、收容空间和导电端子，收容空间位于绝缘壳体中并与外界连通。导电端子凸露于收容空间中。绝缘部包括接触部、缺口、第一中心通孔及收容部，收容部收容于收容空间中。第一中心通孔贯穿接触部和收容部。手柄包括第二中心通孔，接触部收容于第二中心通孔中。绝缘部可以随手柄一起转动。插头部包括端部和插入部，插入部通过第二中心通孔收容于第一中心通孔中。挡板安于手柄和绝缘部之间。其中，通过旋转手柄使插入部和导电端子通过缺口电性连接或断开，从而开启或关闭电源连接器。因通过旋转手柄就可以开关电源连接器，从而简化了电路板的电路设计。

电信专用的电源控制分配装置

申请号：201010121375.5　**公开日**：2010-8-11

申请人：深圳市克莱沃电子有限公司

发明人：张杰

摘要：

一种电信专用的电源控制分配装置，它具有一条块状基座（10），基座（10）上沿长度方向的一个侧面设有多个电源分配单元（20），与所述侧面垂直的另一侧面设有分别控制每个电源分配单元（20）的多个控制单元（30），在基座（10）的一端或两端设有一个或两个电源接线盒（40），所述电源接线盒与电源母线（50）相连接，多个电源分配单元模组（20）及多个控制单元（30）通过分线（52）并接在与电源母线（50）连接的主线（51）上，所述主线（51）与分线（52）采用压注方式设于所述基座（10）内。本发明由一个控制单元控制一个电源分配单元，便于用户根据需要有选择地进行手动通、断操作，且便于安装、布线。

一种智能电源插板装置及其控制方法

申请号：200910034738.9　**公开日**：2010-6-2

申请人：江苏科技大学

发明人：王长宝　黄徐进

摘要：

本发明公开了一种智能电源插板装置及其控制方法，键盘上设有第二按钮控制主机插座的电源接通与切断；所述第二按钮在主机插座的电源切断情况下，通过第一光电耦合器使继电器吸合，主机插座、AC-DC电源转换电路的电源接通，电容C使D触发器置位，Q端经晶体管控制第二光电耦合器导通，保持继电器吸合，所述第二按钮在主机插座通电情况下，通过第一控制器输出脉冲至D触发器CP时钟端，Q端为低电平，经晶体管控制第二光电耦合器截止，继电器释放，切断主机插座、AC-DC电源转换电路电源。其显著特点在于切断主机插座电源时，智能电源插板上只有第一指示灯有电和第一、第二光电耦合器有漏电流存在，本发明计算机电源插板节能，使用方便。

一种电源插座

申请号：201010109777.3　公开日：2010-6-30
申请人：江苏科技大学
发明人：王长宝　胡广朋　顾　勇　陆　虎
摘要：

本发明公开了一种电源插座，由电源插头、插座主体、气囊组成。其中，插座主体包括压力检测控制单元、可控开关电路；电源插头通过外部连接线与插座主体的可控开关电路相连接；气囊的气管与插座主体的压力检测控制单元相连接。使用时将气囊置于枕头下，通过传递人体头部的压力控制切断插座的电源，解决了上床休息时实时自动切断电热毯的输入电源问题。本发明的一种电源插座为心脏病患者、中风病人、年老体弱者，特别是高龄老人使用电热毯提供了极大的方便，安全可靠，具有很大的实用性。

一种防雷电源连接器

申请号：200910306504.5　公开日：2010-2-17
申请人：中航光电科技股份有限公司
发明人：陈国强
摘要：

本发明涉及一种防雷电源连接器，包括导电壳体，导电壳体内设有一组接触件，所述接触件与导电壳体之间设有绝缘介质，所述各接触件与导电壳体之间均导电连接有第一气体放电管，所述火线接触件与零线接触件之间导电连接有第二气体放电管。本发明的防雷连接器，在接触件与导电壳体及在用于连接零线与相线的零线接触件及相线接触件之间均导电连接有气体放电管。当在雷电环境中，线路上出现瞬时的感应过电压和过电流时，气体放电管被击穿并将过电压和过电流泄放到机箱或大地上，保护了设备，使其免受过电压和过电流的损伤。

电源的安全插接结构

申请号：200810179293.9　公开日：2010-6-23
申请人：国意有限公司
发明人：马庆伟
摘要：

本发明公开了一种电源的安全插接结构，其设置在一电源基座上，其中，在该电源基座上枢接设置有一公插头，其内设置有导电片，并电性连接该公插头中可导电的枢接轴；所述枢接轴外侧设置有与所述公插头外壳一体的半瓦形绝缘瓦，部分包覆所述枢接轴设置；在所述电源基座内设置有一电源连接片，用于所述公插头旋转到预定角度时导通所述公插头的导电片；所述安全插接结构还包括一母插头，其内设置有适配所述公插头导电片的导电柱。本发明电源的安全插接结构由于采用了通过枢接轴导电的连接方式，在预定角度时保持导通，而在其他的角度则保持绝缘状态，实现了通过内部结构的安全防护插接结构，其结构实现精巧，保证了安全性的实现。

电源供应器及其模块化电源连接接口

申请号：200810129593.6　公开日：2010-1-6
申请人：台达电子工业股份有限公司
发明人：陈鸿川
摘要：

一种电源供应器及其模块化电源连接接口，该电源供应器设置于具有多个电子装置的电子设备内部，且包括：将输入电源转换为多组输出电源的电源转换电路及模块化电源连接接口。该连接接口包括：输出部，具有设置于板件的至少一个表面上并与电源转换电路电连接的多个接脚，以对应输出多组输出电源；及连接元件，依电子设备的电子装置而选配，且包括第一端部以及多个第二端部，第一端部对应于输出部并与输出部的接脚电连接，而多个第二端部是与电子设备的电子装置电连接，以通过连接元件的选配而将电源供应器的输出电源提供给相应的电子装置。本发明的配置可弹性地变化，降低因焊接接点所造成的电能损耗，并节省导线或其他连接器的使用以降低成本。

电源插座装置

申请号：200810171351.3 公开日：2010-6-9

申请人：胜德国际研发股份有限公司

发明人：李裕隆 郭明洲

摘要：

本发明提供一种电源插座装置，包括有电源插头、至少一个插座、至少一开关、电源转换器、通信模块、微处理器及红外线模块。其中，电源插头用以接收一交流电力。该些开关则分别对应串接于每一个插座与电源插头之间。电源转换器耦接于电源插头，将交流电力转换成一直流电力，以供微处理器电力使用。微处理器透过通信模块接收一控制信号，并且根据控制信号用以控制该些开关的开启或闭合，以及传送该控制信号至红外线模块，红外线模块进而发射一红外线信号用以控制一红外线电子装置。

自动收线式笔记本电源

申请号：201010018703.9 公开日：2010-6-30

申请人：南京信息职业技术学院

发明人：刘晓强 韩满林 董鸿新 甘艳平
　　　　马云鹏 张裕荣 卢建生

摘要：

本发明提出了一种自动收线式笔记本电源，包括：壳体、上绕线盘、主连接套、卷簧、印制电路板、隔离板、下绕线盘、导电集电环、紧锁机构和自锁机构。当使用本发明时，只需拉出一定长度的输入线和输出线，未使用的电源线收纳于壳体内。使用结束后，本发明借由其自动收线功能可将电源线迅速的收集至壳体内，使电源线不再因散乱而整理不便，可有效缩小笔记本电源及其电源线的整体收纳体积，便于收存及携带。

可伸缩笔记本电脑电源线

申请号：201010100475.X 公开日：2010-6-2

申请人：河南理工大学

发明人：李 辉

摘要：

本发明涉及一种可伸缩笔记本电脑电源线，包括变压器，连接在变压器一端的交流导线及插头和连接在变压器另一端的低压直流导线及插头，还包括一个筒状外壳，所述变压器匹配套装于筒状外壳中段，筒状外壳被分为变压器腔、交流导线腔和低压直流导线腔，所述交流导线和低压直流导线均为弹簧状可伸缩导线。本发明可伸缩笔记本电脑电源线，具有使用方便的优点，绝对不发生绕线的问题，另外可增加旅途中对电线的保护。还可以对其结构略加改进使其变为组合式，以便更加方便携带和保存。该电源线结构简单，容易生产制造，使用效果好，非常利于推广实施。

分离式电源转换器

申请号：200810029676.8 公开日：2010-1-27

申请人：佛山市顺德区顺达电脑厂有限公司

发明人：郭幸评

摘要：

本发明提供一种分离式电源转换器，包含一壳体、一可拆离的安装于壳体上的插头、一电路机构，一用以卡扣定位插头的卡扣机构。该插头包括一往后插装于壳体的二轨槽中而限位于壳体的安装槽内的座体，及至少二插装于座体上的导电插杆，且该座体左右侧面分别凹设有一定位槽。该卡扣机构包括二间隔枢设于壳体中的卡扣件，所述卡扣件可被相向弹性按压而枢摆脱离地分别嵌卡于所述定位槽中，而使座体无法往前脱离地定位于该安装槽内。通过该卡扣机构与插头的座体的卡扣结构设计，使得该分离式电源转换器的插头的拆装更换更为简单方便。

旋转电源转换器

申请号：200810134013.2 公开日：2010-1-27

申请人：汪文捷 黄必英

发明人：汪文捷

摘要：

本旋转电源转换器，通俗的说就是一个电转盘。它主要利用强弹性铍青铜制作成导电连片，在圆台状绝缘外壳中，将固定在上绝缘支架板上与用电负载相连接的两个片状导电环，分别经六组双导电连片与固定在下绝缘支架板上和电源相连接的两个片状导电集电环作双面咬合旋转滑行摩擦活性电连接。由于导电连片、导电环和导电集电环均为片状，而且是悬空平置于上下绝缘支架板中间水平线上，加上超薄的中心定位转盘和R槽里的承压钢珠，使本旋转电源转换器在设计上迈进了超薄领域。从而使产品轻巧灵便，并可独立与餐桌配套使用，成为旋转电火锅餐桌。同时还能广泛应用到剧场舞台以及工农业生产中去，使现有旋转电源转换步入一个新台阶。

一种射频电源装置

申请号：200910189641.5　公开日：2010-2-3

申请人：深圳市大族激光科技股份有限公司

发明人：高云峰　叶建国　谢根华　张建群

摘要：

　　本发明提供的一种射频电源装置，通过在设置多路输出同步信号源、功率放大器、匹配器及放电电极，并且匹配器的输出连接所述放电电极与之匹配，匹配器的输入连接功率放大器的输出与之匹配，并在直流电源的供电作用下，多路输出同步信号源的输出，经过多路所述功率放大器的同步放大，在多路匹配器的共同作用下，多路放电电极对气体进行射频放电，使多路所述放电电极内的气体产生辉光，所述气体生产等离子体，并在激光谐振腔内产生激光，其采用无线电射频的激励方式，射频的电极被放置在谐振腔外，不和放电气体接触，射电的频率从一万到三百万兆赫，隔着玻璃激励腔内的气体，进行电离和放电，从而避免电极溅射和腐蚀引起谐振腔及光学器件污染。

一种电光调 Q 开关驱动电源

申请号：200910272684.X　公开日：2010-6-2

申请人：华中科技大学

发明人：郭　飞　朱　晓　朱长虹　朱广志　齐丽君

摘要：

　　本发明提供的一种电光调 Q 开关驱动电源，包括直流高压源，其特征在于：它还包括第一、第二限流电阻，第一、第二开关电路以及触发电路；直流高压源、第一限流电阻、第一开关电路与触发信号构成一个退压电路，直流高压源、第二限流电阻、第二开关电路与触发信号构成另一个退压电路。本发明作为加压式电光调 Q 驱动电源使用时，可对激光脉冲进行斩波，压缩激光脉宽；作为两个退压式电光调 Q 驱动电源使用，应用于双电光调 Q 激光器，可将重复频率提高一倍。

一种高压快速调 Q 电源电路

申请号：200910144234.2　公开日：2010-3-31

申请人：中国科学院合肥物质科学研究院

发明人：占礼葵　江海河　袁自钧　孙怡宁
　　　　李雪情　张永亮　丁　力

摘要：

　　本发明公开了一种高压快速调 Q 电源电路，本发明采用雪崩晶体管、电子管混合实现高压快速调 Q 电源，利用两者各自的特点，实现 5ns 内从 0 到 5500V 的跳变，重复频率大于 2500Hz。在雪崩晶体管电路模块中，雪崩晶体管可以是一个或是多个，具体根据电子管的驱动电压及电子管中栅极漏电流的大小确定。控制电压信号通过变压器控制雪崩晶体管的导通与关断，再通过电容的充放电获得足够电子管完全导通的电压，输入到电子管电路模块。在电子管电路模块中，一旦电子管导通，则两输出端的输出电压差由原来的 0V 跳变到 5500V。

一种电感电容正弦变换 CO_2 激光电源

申请号：200910273381.X　公开日：2010-6-16

申请人：中国船舶重工集团公司第七〇九研究所

发明人：李勇　曹　敏　王　震　肖　刚

摘要：

　　一种电感电容正弦变换 CO_2 激光电源，包括：驱动电路、激光输出控制电路、电流采样电路，还有主电路和 DSP 控制器电路，主电路单元中采用电感电容正弦变换电路，数字化处理电流反馈信号的 DSP 控制器。其优点是：电感电容的正弦变换电路使输出端能获得与输入端电压成正比、与负载阻抗变化无关的电流，能很好的满足 CO_2 激光管的负载特性，为激光管的正常工作提供相匹配的能量供给；通过 DSP 控制器对负载电流的监控，及时发现 CO_2 激光管是否异常，防止因其异常而损坏激光电源；全数字化的控制，保证电源的控制精度高、响应速度快、稳定性好。

均流合成式大功率恒流电源电路

申请号：201010270086.1　公开日：2010-12-15

申请人：吉林大学

发明人：单江东　田小建　汝玉星　吴　戈　高　博

摘要：

　　本发明涉及均流合成式大功率恒流电源电路，属于电子工业及光通信领域。包括电压基准电路、末级驱动电路、软启动电路、防浪涌电路、调制输入电路、反馈控制电路、电流驱动电路及控制开关；所述的末级驱动电路包括并联的大功率半导体器件、均流电阻，各均流电阻分别对应地与各大功率半导体器件的漏极串接，各大功率半导体器件产生的输出电流合并后流经取样电阻；各大功率半导体器件的漏极分别与半导体激光器的阴极相连接，各大功率半导体器件的源极与取样电阻相连接。其优点在于：极大地增强了大功率半导体激光器驱动器输出电流的稳定性；采用均流技术，使流过每个 MOS 管的电流基本相等；极大地提高了电源高负荷工作状态下的可靠性。

用于半导体激光器的高速窄脉冲调制驱动电源

申请号：201010220952.6　公开日：2010-11-24
申请人：中国科学院上海光学精密机械研究所
发明人：杨　燕　俞敦和　吴姚芳　侯　霞

摘要：

一种用于半导体激光器的高速窄脉冲调制驱动电源，包括半导体激光器驱动电路和高精度温控电路，所述的半导体激光器驱动电路采用高速 MOS-FET 作开关。本发明能根据半导体激光器的参数，通过改变本发明驱动电源电路中的电源电压、电阻和电容，使被驱动的半导体激光器输出所需要的频率高、前沿快、脉宽窄、脉冲峰值可控、波形平滑的激光脉冲。

电源系统过电压防护用大功率金属陶瓷气体放电管

申请号：200910107556.X　公开日：2010-6-30
申请人：东莞市新铂铼电子有限公司
发明人：曾献昌

摘要：

电源系统过电压防护用大功率金属陶瓷气体放电管，涉及在电子设备、电源系统中防雷击、防电磁脉冲带来的过电压及操作过电压对电子设备所造成的损害中应用的放电管。包括外电极、内电极及金属化瓷环，内电极包括一空腔体，空腔体伸进外电极的筒体内，在外电极的筒口部位与内电极伸进外电极的筒口部位间安装金属化瓷环并进行气密性封接，构成密闭的气体放电间隙并在其间充以惰性气体；可容纳气体的空腔体的顶壁中心部位开有一中心气孔，在空腔体的底部开有多个进气孔，放电间隙与空腔体间通过中心气孔及进气孔形成气体环流通路。其效果是：聚过电压过后交流电源系统电压过零时能可靠自行关闭、体积小及大功率为一身，性能优，生产成本低。

一种防晶闸管效应的电源保护电路

申请号：200910092781.0　公开日：2010-2-17
申请人：北京控制工程研究所
发明人：张笃周　袁　利　曹荣向　陈德祥
　　　　蒋庆华　张万利

摘要：

一种防晶闸管效应的电源保护电路，本发明主要用于电路的电源输入端，以恒流源为基础，运用反馈原理及电容两端电压不能突变的原理加入瞬间切断功能，当电路发生晶闸管闩锁效应时能够瞬间将电路板的供电电源切断从而破坏晶闸管效应所需的维持电流条件而将其彻底消除，能有效的抑制开机浪涌电流，当晶闸管效应消除后，能够迅速恢复对电路板的正常供电，本方法同时对负载短路提供有效的保护措施，当负载短路发生时，仅提供极小的电流。该电路结构简单、易于实现。

防止因分布式电源接入变、配电站造成非同期重合闸的方法

申请号：200910144164.0　公开日：2010-1-27
申请人：孙　鸣　安徽省电力公司淮南供电公司
发明人：孙　鸣　汪　洪　李　宗　杨事正

摘要：

防止因分布式电源接入变、配电站造成非同期重合闸的方法，其特征是通过在变、配电站内进行详细的故障信息检测，包括检测系统电源进线开关的功率方向、流过电源时线开关上的电流、系统电源时线开关处的方向阻抗等，进而决定对分布式电源所采取的相应措施，避免不对故障性质加以区分，盲目切除分布式电源的弊端，提高了配电网的供电可靠性，保证了分布式电源运行的经济性。

一种基于等效负序阻抗的分布式电源孤岛保护方法

申请号：200910241989.4　公开日：2010-5-26
申请人：北京四方继保自动化股份有限公司　中国
　　　　南方电网有限责任公司电网技术研究中心
　　　　天津大学
发明人：刘志超　徐振宇　承文新　胡玉峰　郭　力
　　　　吴小辰　王成山

摘要：

本发明公开基于等效负序阻抗的分布式电源（Distributed Generator）孤岛保护方法，该方法利用了 DG 并网状态与孤网状态下，系统等效负序阻抗

将出现极大变化的特点，仅利用保护安装处的电流电压信息，就可以判断出系统当前是否与大电网相连。本发明公开的保护方法理论上不受负荷的影响，与 DG 的并网逆变器特性无关，与孤岛状态下岛内存在的 DG 个数无关，与电网的拓扑状态无关，且易于实现自适应整定，不需要配合关系。实验结果表明该发明具有很好的灵敏性、选择性、快速性。

通信设备用直流电源的防护装置

申请号：200910211149.3　公开日：2010-4-21

申请人：烽火通信科技股份有限公司

发明人：刘江锋　邹崇振　游汉涛

摘要：

本发明涉及直流电源技术领域，是一种通信设备用直流电源的防护装置，包括雷击防护模块、过欠电压保护模块、滤波模块和 DC-DC 电源模块，雷击防护模块包括初级防护单元、显示单元、次级防护单元和保险管 FU2，滤波模块包括低频滤波单元、高低频去耦单元和高频滤波单元。本发明采用 3 个模块互相配合的综合防护方法，即通过两级防雷之间的合理设计，第一级防雷用于泄流，第二级防雷用于箝位，这样既可泄放大的雷击电流又能保证较低残压值；采用电源管理模块对电源模块进行控制的过欠电压防护，防止输入电压跃变的影响；同时采取低频滤波与高频滤波相结合的滤波方式，有效解决了通信设备用直流电源中雷击损坏的防护问题以及高低频干扰问题。

一种车载电源抗浪涌装置

申请号：200810071906.7　公开日：2010-5-26

申请人：厦门雅迅网络股份有限公司

发明人：汤益明　李家祥　蔡运文　岳　鹏

摘要：

本发明一种车载电源抗浪涌装置，涉及一种直流电源附属设备。它的 N 沟道 MOS 管 D 端连接汽车电源，S 端向负载提供直流输出；该 MOS 管的 S 端与 G 端之间设充电泵电路，为 G 端提供驱动电压；该 MOS 管的 D 端与 G 端之间设启动电路，在汽车电源最初提供输入电压时为 G 端提供初始驱动电压，启动本装置；该 MOS 管 G 端与地线之间设箝位电路，在 D 端的电压高于箝位电压而低于关断电压时控制 S 端输出略低于箝位电压，在 D 端的电压低于箝位电压时控制 S 端输出略低于 D 端的电压；该 MOS 管 D 端与地线之间设过压保护电路，其输出端连接该 MOS 管 G 端，控制该 MOS 管在 D 端电压高于关断电压时切断 S 端输出。解决抵抗持续的高浪涌电压冲击的问题。

并联直流开关电源双均流母线均流控制电路及控制方法

申请号：200910073437.7　公开日：2010-5-19

申请人：哈尔滨工程大学

发明人：张　强　姚绪梁　游　江　张敬南
　　　　程　鹏　张文义　巩　冰　孟繁荣
　　　　张缪钟　罗耀华

摘要：

本发明提供的是一种并联直流开关电源双均流母线均流控制电路及控制方法。包括有 N 个并联运行的直流开关电源，其中 N = 1、2、……，所有直流开关电源通过两条不同的公共均流母线联系在一起。所述直流开关电源包括直流电源主电路、中央处理器 CPU、PWM 生成电路、A/D 转换电路、电压检测电路、电流检测电路，还具包括均流信号生成电路、第一均流母线和第二均流母线。本发明具有很好的冗余度和抗干扰性；有利于提高电源系统及负载的可靠性和安全性；可以降低每个电源的调节频率，有效避免输出电流产生低频振荡；提高整个电源系统的工作效率和输出电压质量，更好地满足负载的需求。

电源管理方法及应用其的电源管理电路及能量传输系统

申请号：200910128769.0　公开日：2010-3-3

申请人：苏州达方电子有限公司　达方电子股份有限公司

发明人：林志隆　廖国超　高培善

摘要：

电源管理方法及应用其的电源管理电路及能量传输系统，该电源管理方法包括：在 N 段操作期间中分别致能该 N 个能量传输装置，各该 N 个能量传输装置提供 M 笔能量至该 M 个能量接收装置，且该 M 个能量接收装置对应地回传 M 笔回传信息；决定各该 M 个能量接收装置的一能量供应量信息；决定一较佳能量传输装置信息来与各该 M 个能量接收装置对应，该较佳能量传输信息选择该 N 个能量传输装置中对应的至少一较佳能量传输装置；以及根据对应至该 M 个能量接收装置的 M 笔能量供应信息提供能量至该 M 个能量接收装置。本发明具有能量传输效率较高及耗电量较低的优点。

隔离变压器式多级电压输出可移动式三相稳压电源

申请号：200910180586.3　**公开日**：2010-3-10

申请人：秦山核电有限公司

发明人：马明泽　黄志军　余前军　任洪涛　王浩钧

摘要：

　　本发明属于稳压电源技术领域，具体涉及一种隔离变压器式多级电压输出可移动式三相稳压电源，提供一种可靠性高、能够在一定范围内自动调压，具有多级电压输出的可移动的隔离变压器式多级电压输出可移动式三相稳压电源。其特征在于：它包括补偿式稳压器和隔离变压器，隔离变压器连接在补偿式稳压器的输出端。本发明采用隔离变压器，其二次绕组带中心抽头，可输出 380V/220V/110V 三种电压，实现了多种电压等级的供电；使负荷变成不接地系统，提高了供电的可靠性。在装置的上部安装有吊耳，在装置下面安装有滚轮，使其成为一个移动的稳压供电站。

冗余电源供应设备及计算机系统

申请号：200810117219.4　**公开日**：2010-1-27

申请人：联想（北京）有限公司

发明人：郭加总　李春鹏

摘要：

　　本发明提供一种冗余电源供应设备及计算机系统，该设备包括至少两个电源供应模块；第一保存模块，用于保存电源供应模块的负载与输出效率的对应关系；至少两个功率检测模块，用于分别检测对应的子系统的当前实际需求功率；开关模块，设置于所述电源供应模块和两个功率检测模块之间；开关控制模块，用于根据电源供应模块的负载与输出效率的对应关系和子系统的当前实际需求功率控制开关模块，使电源供应模块与功率检测模块从第一连接转换为第二连接；所述至少两个电源供应模块处于所述第二连接时的总功率损耗小于所述至少两个电源供应模块处于所述第一连接时的总功率损耗。本发明实施例使得电能得到了充分利用。

一种燃料电池电源管理系统

申请号：200910013182.5　**公开日**：2010-3-17

申请人：新源动力股份有限公司

发明人：王克勇　侯中军　孙德尧　陈　明

孙茂喜　明平文

摘要：

　　一种燃料电池电源管理系统，包括燃料电池发电系统、负载和电源管理单元，电源管理单元包括低压控制器、高压控制器，启动低压电瓶、一级电压变换器、二级电压变换器、电瓶充电电路、开关 I 和开关 II，燃料电池发电系统与二级电压变换器输入端连接，二级电压变换器输出端输出三路电源：一路通过开关 II 与负载连接，第二路与高压控制器连接，第三路通过电瓶充电电路与启动低压电瓶相连；所述启动低压电瓶的输出端输出二路电源：一路通过开关 I 与低压控制器连接，另一路通过一级电压变换器和一个二极管与二级电压变换器输入端相连。本装置可以实现燃料电池发电系统在无须外部供电的条件下启动，具有实现简单、成本低和系统结构简单等优点。

通用型 USB 电源供应器

申请号：200810146156.5　**公开日**：2010-2-17

申请人：硕天科技股份有限公司

发明人：何濂洵　周宜昌　易俊士

摘要：

　　本发明公开了一种通用型 USB 电源供应器，是以一 USB 供电接口供一内建有一 D＋预设电压值及一 D－预设电压值的电子装置连接，且由一电压调变模块通过该 USB 供电接口的一 D＋接点及一 D－接点输出电压信号准位至该电子装置的对应脚位，若电压信号准位不符合对应的预设电压值，则该电压调变模块改变输出的电压信号准位直至符合电子装置的 D＋及 D－预设电压值后即固定，此时该电子装置即会接受本发明 USB 电源供应器的充电电源，故本发明的 USB 电源供应器可适用于具 USB 充电接口的各类型电子装置。

一种燃料电池不间断电源装置

申请号：200910154358.9　**公开日**：2010-5-12

申请人：浙江大学　台达环境与教育基金会

发明人：徐德鸿　杜成瑞　沈国桥　朱选才

摘要：

　　本发明公开的燃料电池不间断电源装置包括主电路和控制系统，主电路包括旁路开关三相四线整流器、三相四线逆变器、燃料电池、直流-直流变换器、双向直流-直流变换器和超级电容组，控制系统包括直流母线电压检测环节、超级电容组电压控制环节、两个直流母线输入输出侧电流检测环节、两个内环电流控制环节、直流母线中点电压均衡控制环节。装置通过双向直流-直流变换器和超级电容组提供直流母线电流中低频交流的成分，同时控制正负直流母线电压均衡，在电网不对称或负载三相不平衡时，有效抑制正负直流母线电压的低频脉动，使得燃料电池不间断电源系统的可靠性和寿命不再受电解电容可靠性和寿命的限制，提高了不间断电源装置的可靠性和寿命。

一种变电站事故照明交直流电源自动切换装置

申请号：200910252952.1　公开日：2010-5-26

申请人：河南省电力公司周口供电公司

发明人：孙华伟　袁洪州　安　庆

摘要：

一种变电站事故照明交直流电源自动切换装置，交流分压模块输出端接整流稳压模块输入端，整流稳压模块输出端连接光耦合器的发光二极管正极，光耦合器的发光二极管负极接地；直流分压模块输出端接功率开关管栅极，切换继电器线圈接于直流电源与功率开关管集电极之间；光耦合器中光敏晶体管的集电极以及晶体管的集电极均连接于直流分压模块输出端与功率管开关模块输入端的中间接点上，光耦合器中光敏晶体管的发射极连接晶体管的基极，晶体管的发射极接地；事故照明灯的两接头分别通过切换继电器的第一、第二常开接点连接直流电源的正、负极，正常交流照明灯的两接头分别通过切换继电器的第一、第二常闭接点连接交流电源的火、零线。

基于功率方向的工业企业电源快速切换装置起动方法

申请号：200910264318.X　公开日：2010-6-2

申请人：江苏金智科技股份有限公司

发明人：苗世华　李　杰　宗洪良

摘要：

基于功率方向的工业企业电源快速切换装置起动方法，电压幅值判据、电流幅值判据以及功率方向变化判据三者构成，以功率从变电站内部流向外电网即功率反向作为外电源故障检测的主判据；以母线电压低于"低压设定值"作为灵敏度调节辅助判据；以进线电流大于设定值作为防止误判辅助判据；功率方向的变化特征如下：功率方向的变化最

终反映为电压和电流之间相位关系的变化：当进线发生短路故障时，某二相间电压与相对应的电流夹角在 90～270°之间，从而构成判据，形成一个有效可靠的起动方法，能够在第一时间准确识别出电源侧发生的故障，从而快速起动电源切换。

电源供应系统、无线通信系统及照明系统

申请号：200810131688.1　公开日：2010-1-27

申请人：佶益投资股份有限公司

发明人：蔡文贵　王纯健　林友复

摘要：

本发明提供了一种电源供应系统、无线通信系统及照明系统，其中该电源供应系统包括第一电源、第二电源、配电盘、继电装置以及控制装置。配电盘电性连接至第一电源，而继电装置电性连接至配电盘。继电装置包括第一固态继电器以及第二固态继电器，分别电性连接至第一电源以及第二电源。控制装置包括控制单元以及第一电力线通信单元，其中控制单元电性连接至第二电源，而第一电力线通信单元电性连接于继电装置与第二电源之间，且第一电力线通信单元电性连接至控制单元。

高压智能双电源控制保护器

申请号：200910167341.7　公开日：2010-1-6

申请人：浙江中意电气有限公司

发明人：林金良　彭亦方　钱建中

摘要：

本发明涉及一种高压智能双电源控制保护器，包括：内部隔离开关、中央处理单元和设置键电路；中央处理单元具有：I 电电源状态信号输入端、II 电电源状态信号输入端、用于检测所述内部隔离开关是否处于 I 位的 I 位信号输入端、用于检测所述内部隔离开关是否处于 II 位的 II 位信号输入端、用于检测所述内部隔离开关是否处于中位的中位信号输入端、用于检测所述内部隔离开关中的分合开关是否处于闭合状态的合位信号输入端、用于检测所述内部隔离开关中的分合开关是否处于分开状态的分位信号输入端；中央处理单元连接有用于在 I 电电源和 II 电电源之间进行切换的继电器驱动电路。本发明不区分主电源和备用电源，利于供电的稳定性。

提高 EPS 系统使用寿命的三路电源自动切换线路

申请号：200910144942.6　公开日：2010-2-17

申请人：安徽方兴科技股份有限公司

发明人：陈国良　徐苏民　蔡 芳　商长军

摘要：

本发明属于工厂供电领域，涉及一种提高 EPS 系统使用寿命的三路自动切换线路，该切换线路由三联自动断路器、单联自动断路器、中间继电器、交流接触器、时间继电器等电气元件组成主回路的控制电路及常用回路（1#）切换控制电路、常备回路（2#）切换控制电路以及 EPS 切换控制电路。当常用回路（1#）、常备回路（2#）两路市电中任何一路或两路同时出现故障时，切换线路可以按照预先设定的时间继电器设定的时间控制两路市电和 EPS 之间的自动切换，避免 EPS 频繁切换，为工厂重要电气设备提供可靠而稳定的不间断电源。本发明有三路电源直接切换速度快，有效延长 EPS 使用寿命的优点，同时操作简单，性能可靠，技术易于实现和推广。

单板电源备份电路及单板电源系统

申请号：200910215819.9　公开日：2010-6-30

申请人：福建星网锐捷网络有限公司

发明人：任 谦　陈会光

摘要：

本发明涉及电源领域，尤其涉及一种单板电源备份电路及单板电源系统，该电路包括：检测切换单元，检测单板上主电源输出电压，有故障时发出切换使能信号；至少一个冗余电源备份单元，其包括：电源变换模块，输出端经第一开关与主电源输出端连接；反馈回路，包括串联的上比例电阻和下比例电阻；阻值切换单元，出现故障时将下比例电阻切换到一个确定阻值，使电源变换模块输出电压切换到故障主电源电压；备份电源输入切换单元，在接收到切换使能信号时，接通第一开关。单板电源系统利用上述单板电源备份电路进行冗余电源备份。本发明供电时能够在所需的多个电压间快速切换，快速切换到需要的备份电源，大大缩短 MTTR 恢复时间。

隔离主直流系统分支电源一极接地故障电路结构

申请号：200910174449.9　公开日：2010-4-28

申请人：江苏省电力公司无锡供电公司

发明人：何有钧　何光华　赵东升

摘要：

本发明涉及一种隔离主直流系统分支电源一极接地故障电路结构，其利用分路继电器使分路主、备电源二极管并列运行，确保电源可靠性，利用备用电源高主电源 5V 和正或负极短路继电器接点短路正或负极并列二极管，逼使点第 n 回路负或正极并列二极管截止；彻底分时隔离主直流系统每一分支回路电源一极接地故障，从而为每一分支回路对地绝缘电阻监测作隔离功能。其优点是：为每一分支回路高灵敏度和高精度测量对地绝缘电阻奠定基础，从而达到用全直流方法，全面的在线监测直流系统绝缘。

复合微能源电源输出管理控制系统

申请号：200910250994.1　公开日：2010-6-23

申请人：重庆大学

发明人：廖海洋　温志渝

摘要：

本发明公开了一种复合微能源电源输出管理控制系统，主要包括负载供能组和自主控制电路供能组，另外，为实现能量备用，满足不间断供电的要求，还设计了备用切换储能组。本发明成功地解决了单一 MEMS 微型发电器件发出的电量微小，难以直接为功率较大的负载供能的难题，充分满足复合微能源系统间歇式为负载提供大电流输出的要求。本发明采用了创新的负载供能、自主控制电路供能和备用切换储能三组架构，其设计合理，供能全面，联接方式多样，灵活性高，可根据实际需要应用于多种负载场合，有效地降低了转换成本。

不间断电源

申请号：200910109260.1　公开日：2010-4-28

申请人：艾默生网络能源有限公司

发明人：肖学礼

摘要：

本发明公开了一种不间断电源，包括切换模块、功率因数校正模块、第一母线电容、第二母线电容和逆变模块，功率因数校正模块包括第一电感、第一开关管、第二开关管、第一二极管、第三二极管、第二电感、第三开关管、第四开关管，第二二极管、第四二极管；切换模块第一输出依次经第一电感、第一开关管、第二开关管耦合至第一母线电容负极，第一二极管阳极耦合在第一电感与第一开关管之间、阴极耦合至第一母线电容正极，第三二极管阴极耦合至第一二极管阳极，第三二极管阳极耦合至第二母线电容负极。本发明中，市电的正负半周均利用同一个电感，提高了电感的利用率，节约了成本。本发明所使用的电感和二极管数量较少、成本较低、效率较高。

一种电子设备的电源控制装置、电源及电子设备

申请号：200810118349.X 公开日：2010-2-17
申请人：联想（北京）有限公司
发明人：陈川 孙丽萍 阮冬

摘要：

本发明提供一种电子设备的电源控制装置、电源及电子设备。其中，装置包括：外壳，第一端口，设置在所述外壳上，用于与一供电电源连接；第二端口，设置在所述外壳上，用于与所述电子设备的电源连接；所述外壳内设置有绝缘基板，相向而置的一对电极，设置在所述绝缘基板上，用于当所述绝缘基板上有结露存在时，所述结露在所述绝缘基板和所述电极之间汇集，并联通所述一对电极，使得所述相向而置的一对电极短路；处理器，与所述相向而置的一对电极连接，用于在检测到所述相向而置的一对电极短路时，通过所述第二端口输出关闭所述电子设备电源的控制信号。本发明使电子设备内的电子元件不因结露短路而被烧毁。

电源供应装置及其收纳器

申请号：200810215666.3 公开日：2010-3-17
申请人：华硕电脑股份有限公司
发明人：沈育成 许敏辉

摘要：

本发明涉及一种用于一电源供应装置及其收纳器，电源供应装置包含：一电源适配器、一电源线以及一收纳器。电源线的一端连接于电源适配器；收纳器包含：一第一板件、一第一电源接头及两个第一挡板。其中，第一板件接于电源适配器的一第一表面；第一电源接头形成于第一板件上，第一板件通过第一电源接头接合于电源适配器；两个第一挡板形成于第一板件相对的两侧边上。

一种开关电源电源输出线压降补偿的方法

申请号：200910243292.0 公开日：2010-6-16
申请人：北京东土科技股份有限公司
发明人：刘帮

摘要：

本发明公开了一种开关电源电源输出线压降补偿的方法。其技术方案的要点是，开关电源反馈部分电路包括取样电阻04、基准源03、光耦合器02、输出电容05、电源输出线电阻06、限流电阻01；限流电阻01一端与输出电容05连接，另一端与光耦合器02连接，光耦合器02与基准源03的阴级连接，基准源03的阳极设为参考地，基准源03的参考端与串联的取样电阻04？R2、R3的公共端相连接；串联的取样电阻04？R2、R3电路R2端与输出电容05连接、R3端与基准源03的参考地连接；在基准源03的参考地和取样电阻04？R3之间加入补偿电阻Rd。本发明的用途：节约了线材，提高了负载调整率。本电路可以应用的场合包括各种开关电源的反馈部分，包括但不限于：反激变换器、正激变换器、半桥变换器、全桥变换器、准谐振变换器等。

电源输出功率调控电路

申请号：200810302776.3 公开日：2010-1-20
申请人：鸿富锦精密工业（深圳）有限公司 鸿海精密工业股份有限公司
发明人：赵泉亮 龙俊成

摘要：

一种电源输出功率调控电路，其包括一信号产生电路、一光耦合电路、一变压转换电路及一晶闸管，晶闸管用来连接在电源与负载之间，信号产生电路产生一占空比可调的第一脉冲信号，提供给光耦合电路，第一脉冲信号为高电平时，光耦合电路内部导通并输出一正弦信号，正弦信号通过变压转换电路转换为一第二脉冲信号以控制晶闸管的通断，第二脉冲信号为高电平时，晶闸管导通，电源对负载供电，第二脉冲信号为低电平时，晶闸管截止，电源不对负载供电。本发明电源输出功率调控电路采用光耦合电路隔离信号产生电路与变压转换电路，光耦合电路能有效抑制共模干扰，信号产生电路通过调节第一脉冲信号的占空比调控电源在单位时间内的输出功率。

一种提高开关电源工作可靠性的保护方法

申请号：200910023675.7 公开日：2010-1-27
申请人：西安迅湃快速充电技术有限公司
发明人：蔡晓 毛建华 王丰

摘要：

本发明公开了一种提高开关电源工作可靠性的保护方法，该方法对桥式电路模块的驱动模块和功率开关电路模块增加了提高驱动可靠性模块，对于第一类型的正常驱动脉冲前出现的误驱动脉冲，第二类型的正常驱动脉冲前沿出现小的凸起，并逐渐抬升，将原来的驱动脉冲加宽以及第三类型的正常驱动脉冲结束后出现的驱动脉冲，进行不同的处理。本方法简单易行，可以基于一般的驱动模块和功率开关电路模块进行改造，大大降低了大功率开关电源及超大功率开关电源驱动模块和功率开关电路模块的成本，提高了产品的竞争力。

半导体激光电源防浪涌电路

申请号：201010120857.9　公开日：2010-7-14

申请人：厦门大学

发明人：蔡志平　周　敏　张爱文　许惠英
　　　　王晓忠　叶新荣　张爱清

摘要：

半导体激光电源防浪涌电路，涉及一种激光电源。设有电流控制开关模块、主控模块、从控模块和激光器驱动电路。电流控制开关模块输出端接主、从控模块输入端。主控模块设有驱动控制电路、延迟网络、电源开关器件和负反馈调节网络，驱动控制电路的输入端接电流控制开关输出端，驱动控制电路经延迟网络接电源开关器件，负反馈调节网络输入端接激光器驱动电路输出端，负反馈调节网络输出端接驱动控制电路输入端。从控模块设有延迟网络、反相开关控制器、电流开关器件和旁路支流电路，延迟网络输入端接电流控制开关输出端，反相开关控制器输入端接延迟网络输出端，电流开关器件的控制端接反相开关控制器输出端和激光器驱动电路输出端。

相位超前补偿网络、电源转换器及闭环控制系统

申请号：200810177803.9　公开日：2010-6-23

申请人：香港理工大学

发明人：曾启明　陈伟乐

摘要：

本发明公开了一种相位超前补偿网络、电源转换器及闭环控制系统，该相位超前补偿网络设置于电源转换器闭环控制系统内，闭环控制系统还包括：电源转换器和控制模块，其中，电源转换器接收输入电压，并产生输出电压，并将所述输出电压反馈至所述控制模块，电源转换器包括-电感，电源转换器通过控制所述电感电流来完成能量转换；控制模块，输入参考电压和所述电源转换器的输出电压，产生一控制信号至所述电源转换器，用以调节所述电源转换器的动态响应；相位超前补偿网络与所述电源转换器的电感并联，相位超前网络包括串联的电容和电阻。本发明能实现低成本高效率的电源转换器电感电流检测，并提高该电源转换器闭环控制系统的稳定性。

一种 EMI 滤波电路及使用该滤波电路的 LED 电源驱动电路

申请号：200910107326.3　公开日：2010-5-12

申请人：海洋王照明科技股份有限公司　深圳市海洋王照明技术有限公司

发明人：周明杰　陈清桥

摘要：

本发明涉及一种用于接收输入交流电的整流桥（100）和用于接收整流后的直流电压的后级模块（200），还包括连接在所述整流桥（100）和所述后级模块（200）之间用于 EMI 滤波的第一共模滤波模块（300）。本发明还涉及使用该滤波电路的 LED 电源驱动电路。实施本发明的 EMI 滤波电路和 LED 电源驱动电路，只需使用一级共模电感就可达到理想 EMI 滤除效果，因此电路设计简单，用到的器件较少；并且由于将共模电感的位置放到整流桥的后面和后级模块的前面，因此降低了共模电感的温度，并且可以使得后级模块的电容与共模电感组合，加强了滤波效果。

电源转换器、控制电源转换器中变压器的控制器及方法

申请号：200910265547.3　公开日：2010-7-28

申请人：凹凸电子（武汉）有限公司

发明人：任智谋　任　俊　谢云宁

摘要：

本发明提供了一种电源转换器、控制电源转换器中变压器的控制器及方法。该电源转换器包括一个变压器，该变压器具有与电源相连的一次绕组和与负载相连的二次绕组。变压器能够工作于多个周期。多个周期中至少一个周期包含充电阶段、放电阶段和调整阶段。在充电阶段中，变压器由电源供电，流经一次绕组的电流增大。在放电阶段中，变

压器放电以给负载供电，流经二次绕组的电流减小。放电阶段的时间长度与充电阶段、放电阶段及调整阶段的总的时间长度的比值为常数。本发明的电源转换器可以省去传统的电源转换器中所包含的光耦合器和误差放大器等部件，从而减小电源转换器的尺寸并提高效率。

一种用于开关稳压电源控制器的环路补偿电路

申请号：200910167916.5　**公开日**：2010-4-14
申请人：电子科技大学
发明人：甄少伟　罗　萍　周泽坤　吴惠明　陈　君
摘要：

一种用于开关稳压电源控制器的环路补偿电路，属于电子技术领域，涉及一种应用于功率集成电路中 PWM 控制模式的开关稳压电源控制器的环路补偿电路。本发明提出的环路补偿电路包括相位超前补偿单元电路和低频增益单元电路，其中相位超前补偿单元电路实现相位超前补偿，通过运算放大器 OP1、电阻 R1、R2 和电容 C1 实现，相位超前的度数即是开关稳压电源控制环路的相位裕度；低频增益单元电路为开关稳压电源提供低频增益，通过运算放大器 OP2、电阻 R3 和 R4 实现，从而保证变换器较小的稳态误差。本发明可采用较小的电容和电阻实现环路补偿，有利于实现整个开关稳压电源的单芯片集成，可提高开关稳压电源的可靠性，并节约开关稳压电源的成本。

降低切换式电源供应器中之切换震荡的方法与电路

申请号：200910149811.7　**公开日**：2010-1-6
申请人：立锜科技股份有限公司
发明人：黄建荣　曾国隆　戴良彬
摘要：

本发明提出一种降低切换式电源供应器中之切换震荡的方法与电路，在该切换式电源供应器中包含两个晶体管，且该两晶体管不会同时进入关闭状态。本发明中可进一步设置锁相回路，以使脉宽调变控制电路之输出频率等于一设定频率。本发明与同步切换式电源供应器相较，具有节省能耗的优点，并能够大幅缩短震荡时间。

准连续工作模式开关电源双频率控制方法及其装置

申请号：200910058420.4　**公开日**：2010-3-31
申请人：西南交通大学
发明人：许建平　王金平　周国华　吴松荣　秦　明
摘要：

本发明公开了一种准连续工作模式开关变换器的双频率控制方法及其装置，由控制器控制功率变换器的功率输出，功率变换器工作在电感电流准连续模式；控制器根据功率变换器的输出状态，选用两组频率不同的脉冲进行组合，以此实现对变换器功率输出的控制。主功率开关管的驱动为两组不同频率脉冲的组合。本发明可用于开关变换器的多种拓扑结构，其优点是：控制稳定可靠，无须补偿网络，输出功率范围大，瞬态响应速度快。

具有双重功能接脚的电源管理芯片

申请号：200810169263.X　**公开日**：2010-6-9
申请人：立锜科技股份有限公司
发明人：王克丞
摘要：

本发明提出一种具有双重功能接脚的电源管理芯片，其输出脉宽调变讯号控制上下桥功率晶体管的切换，以将输入电压转换为输出电压，该上下桥功率晶体管互相电连接于一节点。该电源管理芯片包含：一双重功能接脚，供与输入电压或该节点电连接；电压感测电路，与该双重功能接脚电连接，以供侦测输入电压的位准；以及时脉侦测电路，与该双重功能接脚电连接，以供侦测该双重功能接脚所接收的信号是否呈现震荡。

电源供应装置及均流控制方法

申请号：200910192983.2　**公开日**：2010-3-17
申请人：旭丽电子（广州）有限公司　光宝科技股份有限公司
发明人：李景艳　赵清林　叶志红　李明珠　罗　斐
摘要：

一种电源供应装置，用以提供一供应电压，该电源供应装置包含：第一谐振电路、第二谐振电路、第一转换电路及均流调节电路。第一谐振电路将一第一输入电压转换成供应电压；第二谐振电路的输出端与第一谐振电路的输出端并联且将一第二输入电压转换成供应电压；第一转换电路用以提供第一输入电压给第一谐振电路；均流调节电路根据与第一谐振电路及第二谐振电路的输出信号有关的第一误差信号，调整控制第一转换电路提供给第一谐振电路的第一输入电压，使得第一谐振电路与第二谐振电路的输出电流相同。本发明还涉及一种均流控制方法。

一种用于电磁生物效应的线性可调高压直流电源

申请号：200910095080.2　公开日：2010-4-21
申请人：昆明理工大学
发明人：张云伟　姜　涛
摘要：

本发明提供了一种用于电磁生物效应的线性可调高压直流电源，由低压、高压两部分及连接两部分的高频低压变压器组成，低压部分包括由依次连接的时钟源电路、电压调节电路、缓冲器电路、放大电路、高频功率输出电路组成的高频功率模块、显示模块和大功率直流电源；高压部分包括倍压电路和与之连接的高压输出电路，高频低压变压器的一、二次侧分别与高频功率输出电路的输出端和倍压电路的输入端连接。本直流电源输出的电压线性连续可调，其线性度与稳定性都优于常规高压直流电源，因采用高频低压变压器和使用常规器件，绝缘等级要求用电压等级较低，安全性更好，维护方便，节约成本，在发生故障时易更换，且不会产生对电网造成影响的谐波。

隔离固定对称输出高压模块电源

申请号：201010164091.4　公开日：2010-8-25
申请人：天津市东文高压电源厂
发明人：刘云滨　殷生鸣　于　亮
摘要：

本发明涉及一种隔离固定对称输出高压模块电源，包括封装在壳体内的电源电路，电源电路上焊接有数根引针，电源电路包括控制及驱动电路、高压反馈电路、对称高压整滤及输出电路，控制及驱动电路通过对称高压整滤及输出电路与高压反馈电路连接，高压反馈电路与控制及驱动电路连接。本发明的有益效果是：输入与输出完全隔离，且双路对称高压输出；温漂小，输出纹波低，在定负载条件下，两路输出高压具有良好的对称性，长期稳定性好；外形尺寸小，重量轻，易于 PCB 安装。

一种长寿命低电磁干扰稳压电源变换器

申请号：200910042128.3　公开日：2010-1-20
申请人：广州金升阳科技有限公司
发明人：龚　晟　黄江剑　张红军
摘要：

本发明公开一种长寿命低电磁干扰稳压电源变换器，包括谐振半桥电路、压电陶瓷变压器、整流输出电路、负反馈电路、隔离驱动电路，其特征在于还包括定频率驱动电路、PWM 控制电路；定频率驱动电路连接于谐振半桥电路和隔离驱动电路之间；PWM 控制电路连接于负反馈电路与隔离驱动电路之间；上述谐振半桥电路的输出连接到上述压电陶瓷变压器的输入端，上述压电陶瓷变压器经整流电路输出；上述电源变换器的输出反馈采样电压经所述负反馈电路连接所述 PWM 控制电路；所述 PWM 控制电路的 PWM 输出控制所述隔离驱动电路的驱动占空比，所述隔离驱动电路来驱动设在所述定频率驱动电路的导通或截止，从而让所述定频率驱动电路控制的谐振半桥电路处于间歇工作的模式，间歇工作的时间比率取决于所述隔离驱动电路的驱动占空比。

用于一电源转换器的一次侧反馈控制装置及其相关方法

申请号：200810215395.1　公开日：2010-3-17
申请人：绿达光电股份有限公司
发明人：王燕晖　林金延　洪家杰　吴继浩
摘要：

用于一电源转换器的一次侧反馈控制装置及其相关方法。该一次侧反馈控制装置包含有一控制单元、一比较器及一采样保持单元。该控制单元用来根据一反馈信号，产生一脉冲信号，以控制该电源转换器的一开关晶体管的导通及关闭状态。该比较器耦接于该电源转换器的一辅助绕组，用来根据该辅助绕组的电压电平，产生至少一控制信号。该采样保持单元耦接于该辅助绕组、该比较器及该控制单元，用来根据该比较器所输出的该至少一控制信号，产生该反馈信号。

小型双路正负输出高压模块电源

申请号：201010164095.2　公开日：2010-8-18
申请人：天津市东文高压电源厂
发明人：刘云滨　殷生鸣　于　亮

摘要：

本发明涉及一种小型双路正负输出高压模块电源，包括封装在壳体内的电源电路，电源电路上焊接有数根引针，电源电路包括基准电路、限压控制电路、高压反馈及控制电路、过电流保护电路、高压启停控制电路和高压输出电路，高压反馈及控制电路分别与基准电路、限压控制电路、过电流保护电路、高压启停控制电路和高压输出电路连接。本发明的有益效果是：正负输出调节范围宽，可同时从零起调并可通过外部控制电压或电位器调节；输出转换效率高；有外部启停控制高压功能；低温漂，高稳定度，输出纹波小，长期稳定性好；外形尺寸小，重量轻，易于 PCB 安装。

一种适用于开关电源的辅助源电路

申请号：201010133996.5　公开日：2010-7-7

申请人：英飞特电子（杭州）有限公司

发明人：华桂潮　姚晓莉　葛良安

摘要：

本发明公开了一种适用于开关电源的辅助源电路，包括第一二极管和第二二极管、第一电感、第一电容、第二电容，其特征在于：所述的第一电容的一端接输入电压 Vin 的正端，第一电容另一端接第一电感的一端和第二二极管的阳极，第一电感的另一端接第一二极管的阴极，第二二极管的阴极接第二电容的正端，输入电压 Vin 的负端接第一二极管的阳极和第二电容的负端，第二电容上的电压为辅助源电路的输出电压 Vo。本发明的有益效果是：1）在宽范围输出的电路中，可以提供全输出范围的辅助电源电压；2）损耗低，结构简单，成本低；3）可实现主电路开关管的无损吸收。

用于开关电源稳压控制的全数字脉冲调节方法

申请号：200910023663.4　公开日：2010-2-10

申请人：西安英洛华微电子有限公司

发明人：方建平　宋利军　郭晋亮　杨　阳

摘要：

本发明是一种用于开关电源稳压控制的全数字脉冲调节方法。它用实测法和变量替换法得出了所选不同源电压 U1、U2、UN 下输出电压采集值 FB 与稳压调节脉冲频率 Freq 的关系曲线和 FB 与稳压调节脉冲占空比 Ratio 的关系曲线。在稳压控制中，根据实时侦测的源电压值 Ux 和输出电压采集值 FBx，可在上述关系曲线中查出稳压调节脉冲 PWM 的 Freq 值和 Ratio 值，再根据这两个参数实时产生相应稳压调节脉冲 PWM，从而完成稳压调节脉冲的频率和占空比的调节。本发明可使稳压控制环路工作稳定，消除因控制环路元件老化和温度漂移产生的控制误差，控制精度高。

一种开关电源及其控制方法

申请号：200910306434.3　公开日：2010-3-10

申请人：成都芯源系统有限公司

发明人：石　洋　张军明　任远程

摘要：

本发明公开了一种开关电源的控制方法及装置。当开关电源工作在轻载状态下，一高频脉冲信号被一低频调制信号调制后生成一开关驱动信号，使得在调制信号周期内，开关或者被一组连续的高频脉冲信号驱动，或者保持为关断状态，实现对开关电源输出的闭环调节。

电源驱动电路

申请号：200910307844.X　公开日：2010-2-17

申请人：江苏技术师范学院

发明人：杨龙兴

摘要：

本发明涉及一种电源驱动电路，包括：脉冲变压电路、LC 谐振回路以及用于在 LC 谐振回路的谐振时控制开关管同频率开闭的同步控制电路、设于变压器二次侧的直流取样和分压取样回路。同步控制电路包括：单片机、PWM 信号产生电路和与门电路；PWM 信号产生电路与 LC 谐振回路并联，以产生与 LC 谐振回路的振荡频率相同的 PWM 信号。该 PWM 信号控制开关管反复在 LC 谐振回路的振荡波形中的正弦波的正半波上升沿的零电压时刻开启，并在该正半波下降沿的零电压时刻关闭，从而使开关管工作在接近零电压开启或关闭状态，大大减少了开关管的开关损耗和发热，节约了电能，且确保了其开关特性和使用寿命。

固定输出隔离高压模块电源

申请号：201010105971.4　公开日：2010-7-7

申请人：天津市东文高压电源厂

发明人：刘云滨　殷生鸣　于　亮

摘要：

本发明涉及一种用于质量光谱学与固体表面分

析、高能物理检测、半导体元件检测系统、环境监测及尘埃粒子计数器、医疗应用等方面仪器设备中的固定输出隔离高压模块电源。它包括封装在壳体内的电源电路，电源电路上焊接有数根引针，电源电路包括振荡及控制电路、驱动电路、高压取样及反馈电路、整流滤波电路，振荡及控制电路通过驱动电路与整流滤波电路连接，整流滤波电路通过高压取样及反馈电路与振荡及控制电路连接。本发明的有益效果是：输入与输出完全隔离；温漂小，稳定度高，输出纹波低，长期稳定性好；外形尺寸小，重量轻，易于 PCB 安装。

超小型自激式光电倍增管专用高压模块电源

申请号：200910070816.0　公开日：2010-4-14

申请人：天津市东文高压电源厂

发明人：刘云滨　殷生鸣　于　亮

摘要：

本发明涉及一种用于光谱学、质量光谱学与固体表面分析、环境监测、生物技术及医疗应用等方面仪器设备中的超小型自激式光电倍增管专用高压模块电源，它包括封装在壳体内的电源电路，电源电路上焊接有数根引针，电源电路包括辅助电路、振荡电路、过流保护电路、倍压整流电路、滤波电路、电压采样电路、电压反馈电路及基准电路。本发明的有益效果是：高稳定度，很低的 EMI 和输出纹波；输入电压范围宽；温漂小，长期稳定性好；外形尺寸小，重量轻，易于安装。

基于高频变压器反馈的超声波电源系统

申请号：200910031759.5　公开日：2010-2-3

申请人：南京航空航天大学

发明人：马春江　葛红娟　李光泉　韩　猛
　　　　戴钱坤　谢刘宏

摘要：

本发明公开了一种基于高频变压器反馈的超声波电源系统，包括超声波电源、匹配电感、超声波换能器、无感电阻、高频脉冲变压器、鉴相器和 DSP，其中，超声波电源的一个输出端依次串接匹配电感、换能器后分别接所述无感电阻的一端和鉴相电路电阻 R1 的一端，无感电阻的另一端接超声波电源的另一个输出端，鉴相电路的输出信号接 DSP，高频脉冲变压器的一次端子接所述超声波电源的输出端，其二次端子的一端接所述鉴相电路电阻 R4 的一端和地，另一端接所述鉴相电路电阻 R4 的另一端

和运算放大器的 5 脚。本发明克服了在电压相位的测量中响应延迟的问题，减小了系统误差；所使用的高频变压器相对于传感器来说，具有体积小、重量轻、价格便宜的优点。

高压隔离开关电源及多个输出隔离的开关电源系统

申请号：200910152937.X　公开日：2010-3-3

申请人：浙江大学

发明人：吕征宇

摘要：

本发明属于电力电子领域，旨在提供一种高压隔离开关电源及多个输出隔离的开关电源系统。该开关电源以交流电流源输入，经变压器隔离、整流后并联输入滤波电容器使之改变阻抗性质，通过常规的高频开关变流器输出，其调节方向与常规方向相反。输出分电压型与电流型两种，输出滤波电容或电感的储能值高于输入滤波电容器。本发明采用的电路及控制方式，具有结构紧凑、线路简单、工作效率高、多个辅助电源相互干扰低的特点，特别适合于需要高压、超高压绝缘隔离的分布式辅助供电，在高压电力电子设备中应用。本发明还能从电力系统的传输线上直接获取电能，为智能电网系统中电力电子设备辅助供电。

旋转变压器的励磁电源电路

申请号：200910311792.3　公开日：2010-5-26

申请人：哈尔滨工业大学

发明人：介党阳　倪风雷　顾义坤　党　进
　　　　张庆利　郭闯强

摘要：

旋转变压器的励磁电源电路，属于驱动电源领域。它解决了现有旋转变压器励磁电源存在的电路复杂并且不能独立工作的问题。它由正弦振荡电路、幅值调整电路和功率放大电路组成，正弦振荡电路由电阻 R1、电阻 R2、电阻 R3、电阻 R4、电阻 R5、电容 C1、电容 C2、电容 CSEL1、电容 CSEL2、第一运算放大器和第二运算放大器组成，幅值调整电路由电阻 R6、电阻 R7、电阻 RSEL、电容 C3 和第三运算放大器组成，功率放大电路包括电阻 R8 和功率放大器。本电路产生的正弦励磁电源的频率通过选择电容 CSEL1 和电容 CSEL2 的容值调解，正弦励磁电源的幅值通过改变电阻 RSEL 的阻值进行调节。本发明用作旋转变压器的驱动电源。

交流无刷调压稳压数字电源装置

申请号：200910309331.2　公开日：2010-4-14

申请人：上海交通大学

发明人：金　楠　唐厚君　耿　新　崔光照　孟祥琪

摘要：

　　本发明公开了一种电力电子技术领域的交流无刷调压稳压数字电源装置，包括：交流电源、功率变换主电路模块、驱动电路模块、控制信号发生模块、检测模块和辅助电源模块，其中，交流电源分别与功率变换主电路模块和辅助电源模块相连，功率变换主电路模块与驱动电路模块相连，驱动电路模块与控制信号发生模块相连，检测模块与功率变换主电路模块相连，检测模块与控制信号发生模块相连，辅助电源模块分别与驱动电路模块、控制信号发生模块和检测模块相连，负载与功率变换主电路模块的输出端相连。本发明直接产生四路 PWM 控制信号，装置简单，成本低，易于实现；具有过流保护功能；当输入电压发生波动时，能够保持输出电压稳定。

电源供应装置

申请号：200910193158.4　公开日：2010-4-28

申请人：旭丽电子（广州）有限公司　光宝科技股份有限公司

发明人：李明珠　赵清林　叶志红　张春林　丁雪征

摘要：

　　一种电源供应装置，用以接受交流输入电压并产生一直流输出电压。整个电路装置由两个功率因子校正器和两个谐振电路组成。第一功率因子校正器与第一谐振电路连接，第二功率因子校正器与第二谐振电路连接；第一功率因子校正器与第二功率因子校正器的输入侧并联，第一谐振电路与第二谐振电路的输出侧并联。通过电压调节器，使得第一功率因子校正器的输出电压（VD1）在第一驱动信号的作用下被稳定在一设定值，而第二功率因子校正器的驱动信号直接来自于第一驱动信号，使得第二功率因子校正的输出电压（VD2）会围绕第一功率因子校正的输出电压（VD1）上下浮动来实现功率均分。

一种市电和电池双路供电的多路输出辅助开关电源

申请号：200910192995.5　公开日：2010-3-17

申请人：佛山市柏克电力设备有限公司

发明人：罗　蜂　潘世高　黄　敏

摘要：

　　一种市电和电池双路供电的多路输出辅助开关电源，包括市电输入、交流-直流转换电路和反激式开关电源，市电输入经交流-直流转换电路为反激式开关电源供电，反激式开关电源输出至少一路电源，关键是：还包括电池输入、市电隔离二极管和电池隔离二极管，市电隔离二极管设置在交流-直流转换电路的输出端和反激式开关电源的供电端之间，电池输入经电池隔离二极管连接反激式开关电源的供电端。还包括市电自启动电路，设置在交流-直流转换电路的输出端和反激式开关电源的开机启动电路控制端之间。还包括电池低压关机电路，其输出端连接开机启动电路的控制端。本发明实现单相市电和电池双路供电，实现市电自启动，电池低压关机的功能。

具维持时间延迟功能的交直流电源转换器

申请号：200810144939.X　公开日：2010-2-10

申请人：康舒科技股份有限公司

发明人：林维亮　张顺德

摘要：

　　本发明关于一种具维持时间延迟功能的交直流电源转换器，其功率因数校正电路的输出电容以一电子开关与一辅助电容并联，并将一切换开关串联于辅助电容与该功率因数校正电路的输入端，该电子开关及切换开关的控制端均连接至一功率因数校正控制器；当交流电源供电正常时，即令电子开关导通，令输出电容与辅助电容并联，并令切换开关断路；反之，若交流电源中断时，则令切换开关导通而该电子开关断路，令该辅助电容作为该功率因数校正电路的输入电源，维持其输出电容直流电源一段时间，不必额外的维持时间延长电路。

矩阵整流器自举电平转移的驱动电源电路

申请号：200910309916.4　公开日：2010-6-9

申请人：上海交通大学

发明人：杨喜军　杨兴华　颜伟鹏

摘要：

　　本发明公开了一种电力电子技术领域的矩阵整流器自举电平转移的驱动电源电路，包括：自举驱动电路和功率变换电路，其中，自举驱动电路与功率变换电路相连传输驱动电源；自举驱动电路包括：6 个自举电容、6 个自举二极管、12 个隔离驱动器和

3 个隔离电源；功率变换电路是 3H 桥结构，包括：4 个共发射极双向可控开关和两个共集电极双向可控开关，其中，共发射极双向可控开关包括两个共发射极串联的 IGBT，共集电极双向可控开关包括两个共集电极串联的 IGBT。本发明根据矩阵整流器、自举电平转移工作原理，在只需三路隔离驱动电源的前提下，实现矩阵整流器的变换功能，具有结构简单、附加成本低、实现容易的优点。

电源跟踪方法和装置

申请号：200910174588.1　公开日：2010-3-3

申请人：华为技术有限公司

发明人：侯召政

摘要：

本发明实施例公开了一种电源跟踪方法，所述电源跟踪方法，包括：控制器接收待跟踪信号；根据所述待跟踪信号输出对应的控制信号，控制至少两套电平选择电路从对应的至少两组隔离电平中选取至少一个跟踪电平，且每套电平选择电路从对应的一组隔离电平中选取至多一个跟踪电平，其中，隔离电源根据待跟踪信号的电平区间，提供所述至少两组隔离电平，每组隔离电平中包括至少两个跟踪电平；所述选取的跟踪电平经过所述电平选择电路，对负载电路供电。本发明实施例还公开了一种电源跟踪装置，适用于对参考信号进行电源跟踪。

一种具有渐进式电流过载与饱和防止功能的开关电源

申请号：200910023574.X　公开日：2010-2-10

申请人：陕西亚成微电子有限责任公司

发明人：余远强

摘要：

本发明公开了一种具有渐进式电流过载与饱和防止功能的开关电源，包括供电模块、输出电压反馈电路、采样功率管瞬间电流的低点、临高点和高点电流采样电路、串接在功率管基极供电回路中的电流源 Ia 和开关 K1、与低点电流采样电路和输出电压反馈电路相接的误差调节限流器、PFM 和 PWM 控制器、振荡器、分别与振荡器和 PWM 控制器相接的触发器、与触发器和高点电流采样电路相接且控制 K1 的上限限流调节与驱动控制器、与临高点电流采样电路相接且控制 Ia 的斜坡与限流驱动调节器及前沿消隐电路。本发明电路设计新颖合理、损耗小且使用效果好，能有效克服现有开关电源所存在的对功率

管开关速度要求较高与响应调节速度较慢的弊病。

开关电源电路

申请号：200810302637.0　公开日：2010-1-13

申请人：鸿富锦精密工业（深圳）有限公司　鸿海精密工业股份有限公司

发明人：熊金良

摘要：

一种开关电源电路，包括一电源接口、一继电器控制电路、一继电器电路及一电脑电源。所述继电器电路包括一继电器及一开关元件，所述继电器的开关连接在所述电源接口与所述电脑电源之间，所述开关元件与所述继电器控制电路相连。当所述继电器控制电路使所述开关元件导通时，所述继电器闭合其开关，从而使所述电源接口与所述电脑电源导通，所述电脑电源给电脑供电，并输出一系统电源给所述继电器控制电路，以维持所述开关元件的导通。当所述电脑电源停止输出所述系统电源时，所述继电器控制电路使所述开关元件截止，所述继电器断开其开关，所述电源接口停止供电给所述电脑电源。上述开关电源电路在电脑软件关机时无电源输出，节省了电能。

一种逆变器电源装置

申请号：200910189758.3　公开日：2010-2-10

申请人：深圳科士达科技股份有限公司

发明人：林华勇

摘要：

本发明适用于电源技术领域，提供了一种逆变器电源装置，包括并联于直流电源两端的两个开关管支路、二极管 D1、D2 和储/释能元件 L1、L2。其中，一个开关管支路包括依次连接的开关管 S1、S5、S3，S1 一端与直流电源正极连接，S3 另一端与直流电源负极连接；另一个开关管支路包括依次连接的 S2、S6、S4，S2 一端与直流电源正极连接，S4 另一端与直流电源负极连接。D1 阴极连接至 S1 与 S5 的节点，阳极同时连接到 L2 的一端和开关管 S6 与 S4 的节点；D2 阴极连接至 S2 与 S6 的节点，阳极同时连接到 L1 的一端和开关管 S5 与 S3 的节点；L1 的另一端与 L2 的另一端作为输出端。通过采用上述对称结构，市电正负半周都有两个开关管做高频切换，使得输出滤波电感的利用率达到 100%。

基于压电效应和电磁感应现象的振动驱动式复合微电源

申请号：201010142644.6　公开日：2010-8-25

申请人：中北大学

发明人：丑修建　张文栋　薛晨阳　刘　俊
　　　　熊继军　张斌珍　牛康康　耿文平

摘要：

　　本发明涉及微能源领域，具体是一种基于压电效应和电磁感应现象的振动驱动式复合微电源。适应了微电子机械系统发展对微能源的需要，包括基底、外围基座、悬臂梁、质量块，基底与外围基座的下表面键合固定，质量块中央开设有竖直通孔，质量块的上表面和/或下表面上加工有感应线圈；基底上表面固定有微型永久性柱状磁体，悬臂梁上设有 PZT 压电薄膜；外围基座上设置有若干外接引线键合焊盘，感应线圈两端和 PZT 压电薄膜的两极化表面分别经引线与相应的外接引线键合焊盘连接。本发明结构合理、简洁，易于小型化与集成化，能以高输出能量密度和高输出效率为微电子机械系统提供电源，实现微电子机械系统自给供电，满足微电子机械系统发展对微能源的需要。

链接驱动群同步多连杆长行程同步支撑跟踪采光太阳能家用电源

申请号：201010127961.0　公开日：2010-7-28

申请人：北京印刷学院

发明人：张立君

摘要：

　　一种可由电机驱动，可实现太阳光采集自动跟踪的链接驱动群同步多连杆长行程同步支撑跟踪采光太阳能家用电源，它可由两台电机通过由直齿轮、同轴双链轮、链条、长丝杠、正向螺纹螺母、反向螺纹螺母等组成的机械传动机构带动多个太阳电池板完成同步自动跟踪太阳光运动，可用来带动多个太阳电池板实现太阳光采集的群同步自动跟踪。

直齿条驱动群同步多连杆长行程同步支撑跟踪采光太阳能家用电源

申请号：201010127983.7　公开日：2010-7-28

申请人：北京印刷学院

发明人：张立君

摘要：

　　一种可由电机驱动，可实现太阳光采集自动跟踪的直齿条驱动群同步多连杆长行程同步支撑跟踪采光太阳能家用电源，它可由两台电机通过由直齿轮、长直齿条、长丝杠、正向螺纹螺母、反向螺纹螺母等组成的机械传动机构带动多个太阳电池板完成同步自动跟踪太阳光运动，可用来带动多个太阳电池板实现太阳光采集的群同步自动跟踪。

电致驱动的移动载具，电力系统与电源管理方法

申请号：200810184935.4　公开日：2010-6-30

申请人：财团法人工业技术研究院

发明人：林炳明　叶胜发　孙秀慧

摘要：

　　一种电致驱动移动载具的电源管理系统，其包括操作模块、第一控制单元、多个电池模块及一马达模块。操作模块至少具有一第一切换单元；控制单元耦接至操作模块，并依据第一切换单元的状态，而输出第一控制信号；多个电池模块共同耦接控制单元，以依据第一控制信号而选择电池模块其中之一输出电力，并决定输出电力的大小；而马达模块则耦接电池模块，以依据电池模块所输出的电力而提供移动载具动力。

带绝缘电源的模拟多路复用器

申请号：200880007051.X　公开日：2010-1-13

申请人：三菱电机株式会社

发明人：齐藤成一　明星庆洋　野本浩主

摘要：

　　一种带绝缘电源的模拟多路复用器，不需要包围整个变压器的屏蔽物，即使是高密度的配置布线也能够容易实现高精度的模拟数据收集。设置有：模拟信号用变压器，经由 FET 向一次绕组输入模拟信号，通过对 FET 进行截止/导通驱动而在二次绕组中产生以模拟信号为振幅的脉冲；驱动用变压器，经由 FET 向初级绕组输入驱动脉冲，在二次绕组中发生使 FET 截止/导通的脉冲；禁止生成电路，生成具有比驱动脉冲的脉冲宽的脉宽的禁止脉冲；与门，取来自连续脉冲发生电路的连续脉冲以及禁止脉冲的逻辑积，得到电源用脉冲串；以及整流平滑电路，得到与电源用脉冲串相应的直流电压，经由高电阻向变压器的一次绕组施加直流电压。

信息和电源同线传输的串行总线系统

申请号：200810150778.5　公开日：2010-3-3

申请人：王安军

发明人：王安军

摘要：

本发明涉及信息和电源同线传输的串行总线系统，其节点从总线获取电源及节点向总线发送数据和接收数据的方法；具体步骤是电源和总线通过电感 L 相连；总线通过二极管 D1、电感 L1 从总线获取电源经 DC-DC 变换电路或三端稳压器供给节点 1 其他电路电源；节点信息发送端 TXD 经反向放大电路将高低电平放大通过电容 C12 及肖振电阻 R1 与总线相连，在 TXD 下降沿和上升沿在总线上产生正负尖脉冲；总线通过电容 C13 与节点电路的施密特电路输入端相连，当总线出现正尖脉冲后施密特电路输出为负，总线出现负尖脉冲后施密特电路输出为正；施密特电路输出与节点通信电路 RXD 端相连；此电路连接使多节点从总线获取电源及节点向总线发送和接收数据得到更方便的使用。

电源、数据信号、音频模拟信号时分复用的单总线通信系统

申请号：201010125972.5　**公开日**：2010-9-1

申请人：浙江大学

发明人：吴建德　顾云杰　何湘宁

摘要：

本发明公开了一种电源、数据信号、音频模拟信号时分复用的单总线通信系统，包括接在电源/通信总线上的电源模块和至少两个通信模块，电源/通信总线的始端和终端分别跨接一个阻抗匹配电阻，通信模块包括：整流稳压电路、数据信号发送电路、数据信号接收电路、音频模拟信号发送电路、音频模拟信号接收电路和通信控制电路。本发明的总线供电通信系统电路结构简单，大大简化了电路的复杂度并降低了成本。在构成多节点总线通信方式时，支持主从通信和对等通信。

数字电视终端及控制其外接设备电源开关的方法、装置

申请号：200810216495.6　**公开日**：2010-5-26

申请人：骏亚（惠州）电子科技有限公司

发明人：朱培侠　杨忠国

摘要：

本发明适用于数字电视终端领域，提供了一种数字电视终端及控制其外接设备电源开关的方法、装置。所述方法包括下述步骤：当数字电视终端开机时，控制开启市电环出，为数字电视终端的外接设备提供电源供给；当数字电视终端接收到待机信号时，查询用户是否需要关断外接设备电源；若当用户需要关断所述外接设备电源时，则数字电视终端关断所述数字电视终端的市电环出。本发明中，主板对待机信号或待机结束信号进行处理，生成市电环出控制信号，电源板根据市电环出控制信号控制数字电视终端外接设备电源的开启关断，用户可通过控制数字电视终端电源实现对数字电视终端及其外接设备的同时开关机，实现简单，操作方便，减少了不必要的能量损耗。

电源控制装置以及工程装置测试系统

申请号：201010121245.1　**公开日**：2010-7-28

申请人：青岛海信电器股份有限公司

发明人：钟　鸣

摘要：

本发明实施例公开了一种电源控制装置以及工程装置测试系统，涉及电视机技术领域。解决了现有技术存在安全性差、操作麻烦且测试效率低下的技术问题。该电源控制装置包括主控模块、与至少两路电能输入端相连的电源选通模块以及分别与电源选通模块、至少一路电能输出端相连的电路选通模块，主控模块用于根据用户指令，分别对电源选通模块、电源选通模块发送控制指令；电源选通模块用于根据控制指令，接收从其中的一路电能输入端输入的电能，并将输入的电能输出至电路选通模块；电路选通模块用于根据控制指令，接收电源选通模块输出的电能，控制电能是否从电能输出端输出或控制电能从一路或几路电能输出端输出。本发明应用于测试用电装置。

电源模块及其安装方法

申请号：200810182139.7　**公开日**：2010-6-16

申请人：英业达股份有限公司

发明人：季　平　陈志丰

摘要：

本发明公开了一种电源模块和电源模块的安装方法，适于配置在电子装置。电源模块包括电源供应器、弹性件以及电源线。电源供应器组装于电子装置内，电源供应器具有插座，位于电源供应器的第一侧面。弹性件包括弯折部、第一限位部及第二限位部。弯折部的一端固设于电源供应器，且弯折部具有第一平面与第二平面。第一限位部位于第一平面。第二限位部于位于第二平面且部分突出于相

邻于第一侧面的第二侧面。电源线具有相对于插座的插头，其具有第三平面。当插头插入插座后，第三平面紧贴于第一平面，使第一限位部将插头限制于插座内，且维持第二限位部突出于第二侧面。

用于智能控制设备的电源与开入混合插件

申请号：200910212556.6　公开日：2010-6-9
申请人：国电南瑞科技股份有限公司
发明人：李钢　刘巍　张昆

摘要：

本发明公开了一种用于智能控制设备的电源与开入混合插件，包括电源模块和开入模块，所述电源模块包括电源板基和电源元器件，所述开入模块包括开入板基和开入元器件，其特征在于：所述电源模块背负于开入模块上，所述开入元器件安装在开入板基的背面，开入板基作为混合插件的板基与混合插件的对外端子、对内端子以及插件面板相连，在开入板基的正面，即开入模块无元器件的一面，安装电源模块，在开入模块与电源模块之间夹入一层环氧板。本发明的用于智能控制设备的电源与开入混合插件，将电源模块背负到开入模块上，形成电源和开入的混合插件，可减少设备的插件数量，从而减小机箱的宽度和体积。

六、2011 年公开

伺服器的电源供应装置

申请号：200910159480.5　公开日：2011-01-26
申请人：英业达股份有限公司
发明人：季海毅　林祖成

摘要：

本发明提供一种伺服器的电源供应装置，包括电源供应器、控制电路、延迟电路以及切换开关。电源供应器于伺服器处于关机状态下提供辅助电源，并于伺服器开机状态下同时提供主电源与该辅助电源。电源供应器还输出依据主电源的提供或关闭的瞬间来转换状态的控制信号。控制电路依据控制信号以输出接地电压或产生高阻抗状态。延迟电路决定延迟主电源一个延迟时间或直接传输接地电压以产生控制切换开关的切换信号。切换开关则接收切换信号，根据切换信号选择切换主电源或辅助电源对伺服器供电。

电源管理系统及为负载供电的方法

申请号：201010219222.4　公开日：2011-01-05

申请人：凹凸电子（武汉）有限公司
发明人：卢纯　罗卢杨

摘要：

本发明公开了一种电源管理系统及为负载供电的方法。所述电源管理系统包括：电源总线，用以将电能从第一电源传送到输出结点；以及电流限制电路，其耦合到所述电源总线和所述输出结点，用以监控流经所述电源总线的电流，并根据所述电流的大小，从第二电源提取电能以供给所述输出结点，且将所述输出结点的电压保持在预设范围内。本发明能够克服现有技术存在的开关工作在线性模式引起的温度上升和功率消耗的问题。

一种防电源毛刺攻击的检测电路

申请号：200910088706.7　公开日：2011-01-12
申请人：北京中电华大电子设计有限责任公司
发明人：马哲

摘要：

本发明涉及一种防电源毛刺攻击的检测电路。本发明提供一种易于在 CMOS 工艺集成的高速的负电源 Glitch 检测电路。传统电路如果检测集成电路电源上出现的高频毛刺，则需要较大的功耗才能对较高频率的电源毛刺响应。本发明的目的在于以较低的功耗代价来实现高频电源 Glitch 的检测。本发明的电源 Glitch 检测电路包括采样模块、稳压模块、保持模块以及放大电路模块；采样模块由串联电阻连接电源、地实现对电源上毛刺的采样；稳压模块由 R、C 构成；保持模块通过输入对管、NMOS 管与电容参数的合理匹配实现；放大模块对于保持模块的输出信号放大输出检测标志位。

一种电源、地上毛刺的快速低功耗检测电路

申请号：200910088707.1　公开日：2011-01-12
申请人：北京中电华大电子设计有限责任公司
发明人：马哲　张建平

摘要：

本发明涉及一种电源、地上毛刺的快速低功耗检测电路。本发明提供一种对集成电路电源、地上出现的 glitch（毛刺）进行快速检测的电路。本发明的检测电路包括采样模块、正 glitch 检测模块、负 glitch 检测模块以及与非门；采样模块由电阻、电容构成，实现对电源、地上出现的 glitch 采样作用；正 glitch 检测模块由 MOS 开关管、下拉管、对地电容、反相器构成；负 glitch 检测模块由 MOS 开关管、下

拉管、对地电容、反相器构成；与非门对正、负glitch 的输出进行与非运算后作为本检测电路的输出。

制冷高压电机电源端子绝缘套管制作工艺

申请号：201010220188. 2　　公开日：2011-04-20

申请人：苏州贝得科技有限公司

发明人：蔡泽农

摘要：

本发明公开了一种制冷高压电机电源端子绝缘套管制作工艺，它包括按顺序执行的如下步骤：硅脂涂抹步骤，在芯棒上涂覆一层硅脂；云母带缠绕步骤，在涂覆有硅脂的所述的芯棒上紧密地缠绕云母带；烘烤定型步骤，将所述的芯棒放入加热装置内，烘烤定型，待冷却后将所述的芯棒卸下即制得绝缘套管；套管修整步骤，使用修整工具对所述的绝缘套管进行外形修整。本发明解决了现有技术的问题，提供了能可靠工作在制冷剂和冷冻机油中、绝缘防护性能好的制冷高压电机电源端子绝缘套管制作工艺。

用变频交流电源测定有机场致发光的发光期间的方法

申请号：201010519954. 5　　公开日：2011-04-20

申请人：北京交通大学

发明人：徐　征　赵谡玲　张福俊　冀国蕊　徐叙瑢

摘要：

用变频交流电源测定有机场致发光的发光期间的方法，涉及信息显示技术。该方法包括：第一，选用交流电源；频率可调的有正、负脉冲的交流电源；第二，要求其中 p 是所选的恒定脉宽，μe 及 μh 是电子及空穴的迁移率，E 是电场强度，d 是注入型有机场致发光薄膜的厚度；第三，找发光强度随频率变化曲线的回折点：用上述电源激发注入型有机场致发光薄膜，从低频起逐步增加频率，则发光强度线性上长，到一定频率时，发光开始下降，找出激发光从低频到高频变化时，发光光强与频率的关系从线性上升到回折的转变点所对应的频率 f0，这时发光期间：知道期间后，才可正确使用这种发光材料，正确估计发光效率，也才能正确估计它在平板显示中的像元数目及选址。

第八部分　电 源 标 准

一、电工

1. 输变电设备

电力变压器、电源装置和类似产品的安全
第 18 部分：开关型电源用变压器的特殊要求
标准编号：GB 19212.18—2006
实施日期：2007-03-01
发布部门：中华人民共和国国家质量监督检验检疫
　　　　　总局　中国国家标准化管理委员会
标准简介：

本部分适用于开关型电源用、单相或三相、空气冷却的配套用（分离变压器、隔离变压器、安全隔离变压器）电力变压器。其额定电源电压不超过交流 1000V，额定频率 500Hz 至 1MHz，额定输出不超过：单相变压器 10kVA，多相变压器 16kVA；空载输出电压或额定输出电压不超过：分离变压器交流 1000V 或无纹波直流 1415V，隔离变压器交流 500V 或无纹波直流 708V，安全隔离变压器交流 50V 方均根值（和）或无纹波直流 120V。

电力变压器、电源装置和类似产品的安全
第 9 部分：电铃和电钟变压器的特殊要求
标准编号：GB 19212.9—2007
实施日期：2008-04-01
发布部门：中华人民共和国国家质量监督检验检疫
　　　　　总局　中国国家标准化管理委员会
标准简介：

本部分规定了变压器各个方面的安全要求。本部分适用于固定式、单相、空气冷却、独立或配套用供电铃和电钟用的安全隔离变压器。

阀器件堆、装置和电力变流设备的端子标记
标准编号：GB/T 16859—1997
实施日期：1998-03-01
发布部门：国家技术监督局
标准简介：

本标准适用于阀器件堆、装置及由工厂组装的整体变流设备的主电路的端子标记。端子标记是针对由半导体阀器件构成的堆、装置及设备的。

量度继电器和保护装置
第 11 部分：辅助电源端口电压暂降、短时中断、电压变化和纹波
标准编号：GB/T 14598.11—2011

实施日期：2011-12-01
发布部门：中华人民共和国国家质量监督检验检疫
　　　　　总局　中国国家标准化管理委员会
标准简介：

本部分规定了对电力系统保护所用的量度继电器和保护装置，包括与这些装置一起使用的控制、监视和过程接口设备的交流和直流电源的一般要求。本部分基于：•IEC61000-4-11 交流电压暂降、短时中断、电压变化；•IEC61000-4-17 电压纹波；•IEC61000-4-29 直流电压暂降、短时中断、电压变化。试验的目的是验证被试装置在被激励并受到由诸如电压暂降、短时中断、电压变化和纹波时能否正确工作。本部分的各项要求适用于新的量度继电器和保护装置，所规定的所有试验仅为型式试验。本部分的目的是规定：•所用术语的定义；•试验严酷等级；•试验设备；•试验配置；•试验程序；•验收准则；•试验报告。

电力变压器、电源、电抗器和类似产品的安全
第 1 部分：通用要求和试验
标准编号：GB 19212.1—2008
实施日期：2009-06-01
发布部门：中华人民共和国国家质量监督检验检疫
　　　　　总局　中国国家标准化管理委员会
标准简介：

GB 19212 的本部分规定了电力变压器、电源、电抗器和类似产品的安全方面的要求，如电气、温度和机械等方面的安全要求。

电力变压器、电源装置和类似产品的安全
第 8 部分：玩具用变压器的特殊要求
标准编号：GB 19212.8—2006
实施日期：2007-03-01
发布部门：中华人民共和国国家质量监督检验检疫
　　　　　总局　中国国家标准化管理委员会
标准简介：

本部分适用于玩具用变压器，其额定电源电压不超过交流 250V，额定频率为 50Hz/60Hz，额定输出电压不超过交流 24V 或无纹波直流 33V，额定输出不超过 200VA，额定输出电流不超过 10A。

电力变压器、电源装置和类似产品的安全
第 10 部分：III 类手提钨丝灯用变压器的特殊要求
标准编号：GB 19212.10—2007
实施日期：2008-04-01

发布部门：中华人民共和国国家质量监督检验检疫
   总局 中国国家标准化管理委员会

标准简介：

  本部分规定了变压器各个方面的安全要求，本部分适用于驻立式或移动式、单相、空气冷却、配套用Ⅲ类手提钨丝灯用的安全隔离变压器。

电力变压器、电源装置和类似产品的安全
第13部分：恒压变压器的特殊要求

标准编号：GB 19212.13—2005

实施日期：2006-08-01

发布部门：中华人民共和国国家质量监督检验检疫
   总局 中国国家标准化管理委员会

标准简介：

  GB 19212.1—2003 的该章用下列内容来代替：本部分规定了变压器各个方面（例如：电气、温度和机械方面）的安全要求。本部分适用于驻立式或移动式、单相或多相、空气冷却（自然冷却或强制冷却）、配套用或独立的：恒压自耦变压器；恒压分离变压器；恒压隔离变压器；恒压安全隔离变压器。

半导体变流器变压器和电抗器

标准编号：GB/T 3859.3—1993

实施日期：1994-09-01

发布部门：国家技术监督局

标准简介：

  本标准规定的仅是关于变流变压器的特殊性能要求。

电力变压器、电源装置和类似产品的安全
第16部分：医疗场所供电用隔离变压器的特殊要求

标准编号：GB 19212.16—2005

实施日期：2006-08-01

发布部门：中华人民共和国国家质量监督检验检疫
   总局 中国国家标准化管理委员会

标准简介：

  GB 19212.1—2003 的该章用下列内容代替：本部分规定了变压器各个方面（例如：电气、温度和机械方面）的安全要求。本部分适用于驻立式、单相或多相、空气冷却（自然冷却或强制冷却）的组别Ⅱ医疗场所供电用隔离变压器。它与IT电源系统固定导线呈永久性连接，其额定电源电压不超过交流 1000V，额定频率不超过 500Hz，额定输出不应小于 3kVA 且不应超过 10kVA。

半导体变流器变流联结的标识代号

标准编号：GB/T 21226—2007

实施日期：2008-05-20

发布部门：中华人民共和国国家质量监督检验检疫
   总局 中国国家标准化管理委员会

标准简介：

  本标准规定的仅仅是最主要和最常用的、由阀器件构成的变流联结，并可用于作为堆和装置整个额定值代号的一部分。适用于 GB/T 3859 所包括的变流器设备的二极管、变流器装置的变流联结。

电力变压器、电源装置和类似产品的安全
第20部分：干扰衰减变压器的特殊要求

标准编号：GB 19212.20—2008

实施日期：2009-01-01

发布部门：中华人民共和国国家质量监督检验检疫
   总局 中国国家标准化管理委员会

标准简介：

  GB19212 的本部分的全部技术内容为强制性。GB19212《电力变压器、电源装置和类似产品的安全》目前拟分为 24 个部分，本部分为 GB19212 的第 20 部分。本部分是在 GB19212.1—2003 的基础上制定的，需与 GB19212.1—2003 配合使用。本部分根据 IEC61558-2-19：2000 重新起草。本部分规定了各个方面的安全要求。本部分适用于驻立式或移动式、单相或多相、空气冷却、独立或配套用的隔离或安全隔离变压器，其额定电源电压不超过交流 1000V，额定频率不超过 500Hz，额定输出不超过 10kVA。

电力变压器、电源装置和类似产品的安全
第21部分：小型电抗器的特殊要求

标准编号：GB 19212.21—2007

实施日期：2008-04-01

发布部门：中华人民共和国国家质量监督检验检疫
   总局 中国国家标准化管理委员会

标准简介：

  本部分适用于驻立式或移动式、单相或多相、空气冷却、独立或配套用的通用小型电抗器，包括交流、预励磁和电流补偿电抗器，也适用于无额定容量限制的小型电抗器。

电力变压器、电源装置和类似产品的安全
第24部分：建筑工地用变压器的特殊要求

标准编号：GB 19212.24—2005

实施日期： 2006-08-01

发布部门： 中华人民共和国国家质量监督检验检疫
总局 中国国家标准化管理委员会

标准简介：

GB 19212.1—2003 的该章用下列内容来代替：本部分规定了变压器各个方面（例如：电气、温度和机械方面）的安全要求。本部分适用于驻立式或移动式、单相或多相、空气冷却（自然冷却或强制冷却）、配套或独立、建筑工地用的隔离或安全隔离变压器，其额定电源电压不超过交流 1000V，额定频率不超过 500Hz。额定输出不应超过：25kVA，对单相变压器；40kVA，对多相变压器。建筑工地用隔离变压器的空载输出电压和额定输出电压超过交流 50V 但不超过交流 250V。建筑工地用安全隔离变压器的空载输出电压和额定输出电压不超过交流 50V。按安装规程或设备规范，建筑工地用变压器用于要求保护的场合。当变压器装入如 GB 7251.4—1998 规定的建筑工地用低压成套开关设备和控制设备中时，GB 7251.4—1998 中的附加要求也适用于成套设备。本部分适用于干式变压器。其绕组可以是密封或非密封的。本部分适用于包含有电子电路的变压器。本部分不适用于拟接到变压器输入端子和输出端子或插座的外部电路及其器件。

电力变压器、电源装置和类似产品的安全

第 2 部分：一般用途分离变压器的特殊要求

标准编号： GB 19212.2—2006

实施日期： 2007-03-01

发布部门： 中华人民共和国国家质量监督检验检疫
总局 中国国家标准化管理委员会

标准简介：

本部分适用于驻立式或移动式、单相或多相、空气冷却、配套用或非配套用的分离变压器，其额定电源电压不超过交流 1000V，额定频率不超过 500Hz，额定输出不超过：单相变压器 1kVA，多相变压器 5kVA。

电力变压器、电源装置和类似产品的安全

第 3 部分：控制变压器的特殊要求

标准编号： GB 19212.3—2006

实施日期： 2007-03-01

发布部门： 中华人民共和国国家质量监督检验检疫
总局 中国国家标准化管理委员会

标准简介：

本部分适用于驻立式或移动式、单相或多相、

空气冷却、配套用或其他应用的隔离变压器，其额定电源电压不超过交流 1000V 或无纹波直流 1415V，额定频率不超过 500Hz，额定输出没有限制。本部分适用于干式变压器。

电力变压器、电源装置和类似产品的安全

第 4 部分：燃气和燃油燃烧器点火变压器的特殊要求

标准编号： GB 19212.4—2005

实施日期： 2006-08-01

发布部门： 中华人民共和国国家质量监督检验检疫
总局 中国国家标准化管理委员会

标准简介：

GB 19212.1—2003 的该章用下列内容来代替：本部分规定了变压器各个方面（例如：电气、温度和机械方面）的安全要求。本部分适用于同定式、单相、空气冷却（自然冷却或强制冷却）、配套用（内装式或非内装式）燃气和燃油燃烧器点火系统用的变压器，其额定电源电压不超过交流 1000V，额定频率不超过 500Hz，额定输出电流不超过交流 500mA。空载输出电压和额定输出电压不应超过交流 15000V。本部分适用于按安装规程或设备规范，不要求电路之间采用双重绝缘或加强绝缘的变压器。本部分适用于干式变压器。其绕组可以是密封或非密封的。本部分适用于包含有电子电路的变压器。本部分不适用于拟接到变压器输入端子和输出端子或插座的外部电路及其器件。

电力变压器、电源装置和类似产品的安全

第 5 部分：一般用途隔离变压器的特殊要求

标准编号： GB 19212.5—2006

实施日期： 2007-03-01

发布部门： 中华人民共和国国家质量监督检验检疫
总局 中国国家标准化管理委员会

标准简介：

本部分适用于驻立式或移动式、单相或多相、空气冷却、配套用或其他应用的隔离变压器，其额定电源电压不超过交流 1000V，额定频率不超过 500Hz，额定输出不超过：对单相变压器 25kVA，对多相变压器 40kVA。

电力变压器、电源装置和类似产品的安全

第 14 部分：一般用途自耦变压器的特殊要求

标准编号： GB 19212.14—2007

实施日期： 2008-04-01

发布部门：中华人民共和国国家质量监督检验检疫
　　　　　总局　中国国家标准化管理委员会
标准简介：

　　本部分规定了变压器各个方面的安全要求。本部分适用于驻立式或移动式、单相或多相、空气冷却、独立或配套用的自耦变压器。

静态继电保护装置逆变电源技术条件

标准编号：DL/T 527—2002
实施日期：2002-12-01
发布部门：中华人民共和国国家发展和改革委员会
标准简介：

　　本标准规定了静态继电保护装置逆变电源的技术要求、试验方法、检验规则及包装、运输、贮存的要求。本标准适用于静态继电保护装置（设备）使用的逆变电源，作为产品设计、制造、试验和选用的依据。

进出口电源变压器、供电单元和类似装置检验规程
第1部分：通用要求

标准编号：SN/T 0811.1—2005
实施日期：2005-12-01
发布部门：中华人民共和国国家质量监督检验检疫总局
标准简介：

　　本部分规定了对进出口电源变压器、供电单元和类似装置的要求、检验及判定。本标准不适用于连接到变压器输出端子或插座的外部电路和元件。本部分适用于干式变压器，其绕组可能是包封或未包封。该部分也适用于与变压器相关的设备的特定项目，至于适用的范围在相应的 IEC 技术委员会作了裁定。包括电子线路的变压器也适用于本标准。

中频感应加热用半导体变频装置

标准编号：JB/T 8669—1997
实施日期：1998-02-01
发布部门：湘潭牵引电气设备研究所
标准简介：

　　JB/T 8699—1997 本标准是对 ZB K46 001—87 进行的修订。本标准规定了感应加热用半导体变频装置的技术要求、检验、标志、包装、运输与贮存。本标准适用于以半导体器件（晶闸管或功率晶体管）构成的感应加热用半导体变频装置。其频率范围从 50Hz 以上至 10000Hz。对 10000Hz 以上的感应加热用半导体变频装置亦可参照采用。

工业电池用充电设备

标准编号：JB/T 10095—2010
实施日期：2010-07-01
发布部门：中华人民共和国工业和信息化部
标准简介：

　　本标准规定了工业电池用充电设备的术语、定义、基本参数、技术要求、检验和试验、标志、包装、运输和贮存等内容。本标准适用于直流功率 1 kW 以上、直流电压等级 1000V 以下，被充电电池可以是铅酸蓄电池，也可以是锂电池或者其他具有相同特性的蓄电池，为电动搬运车、电动汽车、蓄电池化成和类似设备提供动力的电池充电的设备。电力工程及邮电、通信用电池的充电、浮充电用整流设备也可参照使用。合适时，该设备也可作为一般工业用直流电源。本标准不适用于码头、船坞和其他海上用途的电池充电，家用电器和应急照明用电池充电，也不适用于消防泵和消防车的电池充电。本标准中的快速充电设备不适用于铅酸贫液蓄电池的充电。

补偿式交流稳压器

标准编号：JB/T 7620—1994
实施日期：1995-06-01
发布部门：中华人民共和国机械工业部
标准简介：

　　本标准规定了补偿式交流稳压器（以下简称稳压器）的型号、基本参数、技术要求、试验方法和检验规则。本标准适用于山补偿变压器和调压变压器及其控制电路构成的干式交流稳压器。

电力变流器用纯水冷却装置

标准编号：JB/T 5833—1991
实施日期：1992-10-01
发布部门：中华人民共和国机械电子工业部
标准简介：

　　本标准规定了纯水冷却装置的技术要求和试验方法。本标准适用于电力变流器用纯水冷却装置，也适用于对水质有一定要求的其他电气设备用纯水冷却装置（以下简称冷却装置）。

电力变流变压器

标准编号：JB/T 8636—1997
实施日期：1998-01-01
发布部门：沈阳变压器研究所
标准简介：

　　本标准是对 JB 2530—79《电力变流变压器》的

修订。其技术性能参数有如下变化：1）有关型谱和技术要求详细内容均引自相应标准，不重复叙述；2）删除了"型式容量"章节；3）增加了额定参数一章；4）提出基波电压、基波电流等新概念；5）对温升试验提出了限值和要求，规定了试验等效电流计算公式，规定了试验方法。本标准规定了网侧系统标称电压 220 kV 及以下的油浸式、干式电力变流变压器（以下简称变压器）的参数、试验和试验方法、标志、包装等通用技术要求。本标准适用于半导体电力变流器中的变压器，包括内附的平衡电抗器、饱和电抗器等。本标准不适用于高压直流输变电用的变压器和单相牵引变压器。本标准只对变压器的通用部分提出要求，各类型的变压器应根据其自身的特点，在本标准的基础上编制相应标准籍以对特殊部分作出补充规定。注：对采用其他冷却介质的变压器，可参照采用本标准。本标准于 1997 年 9 月 5 日首次发布。

小功率电流电压变换器通用技术条件

标准编号： JB/T 10635—2006

实施日期： 2007-04-01

发布部门： 国家发展和改革委员会

标准简介：

本标准规定了小功率电流电压变换器的技术要求、试验方法、检验规则、标志、包装、运输、贮存、供货的成套性及质量保证等。本标准适用于电力系统继电保护及自动化装置中使用的小功率电流电压变换器。本标准适用于感应式的电流—电流、电流—电压及电压—电压变换器，其他类型的小功率电流电压变换器可参考采用。

半导体变流器包括直接直流变流器的半导体自换相变流器

标准编号： GB/T 3859.4—2004

实施日期： 2004-12-02

发布部门： 中华人民共和国国家质量监督检验检疫总局　中国国家标准化管理委员会

标准简介：

本部分适用于电力变流器中至少有一部分是自换相型的所有类型半导体自换相变流器。例如：交流变流器、间接直流变流器、直接直流变流器。GB/T3859.1 中的要求，只要不与本部分相矛盾，也同样适用于自换相变流器。对于某些特殊应用，如不间断电源设备（UPS），交、直流调速传动和电气牵引设备，可使用另外的标准。

火电厂风机水泵用高压变频器

标准编号： DL/T 994—2006

实施日期： 2006-10-01

标准简介：

本标准根据《国家发展改革委办公厅关于下达 2004 年行业标准项目补充计划的通知》（发改办公业［2003］873 号文）的要求制定的。风机水泵类等采用变频率调速技术实现节能运行是我国节能的一项重点推广技术。火电厂风机水泵用电动机多为 6 kV 及以上高压大功率电机，国内外厂家生产的高压变频器已在我国火电厂开始投入运行。由于火电厂生产流程、操作规则以及环境要求均具有一定的特殊性，有必要对电力行业用高压变频器的生产、技术要求和试验内容等进行相应的规定。

电力变压器、电源装置和类似产品的安全

标准编号： GB 19212.6—2006

实施日期： 2007-03-01

发布部门： 中华人民共和国国家质量监督检验检疫总局　中国国家标准化管理委员会

标准简介：

本部分适用于装有一个或多个输出插座，单相、空气冷却隔离变压器的剃须刀用电源装置，其额定电源电压不超过交流 250V，额定输出不小于 20VA 和不大于 50VA，额定频率不超过 500Hz。

变流变压器
第 2 部分：高压直流输电用换流变压器

标准编号： GB/T 18494.2—2007

实施日期： 2007-08-01

发布部门： 中华人民共和国国家质量监督检验检疫总局　中国国家标准化管理委员会

标准简介：

GB/T 18494 的本部分适用于具有两个、3 个或多个绕组的高压直流输电用三相和单相油浸式换流变压器。

变流变压器
第 1 部分：工业用变流变压器

标准编号： GB/T 18494.1—2001

实施日期： 2002-06-01

发布部门： 中华人民共和国国家质量监督检验检疫总局

标准简介：

本标准规定了组装在半导体变流设备内的电力

变压器和电抗器的技术要求、设计和试验，本标准不适用于一般交流配电变压器。

半导体变流器基本要求的规定

标准编号： GB/T 3859.1—1993

实施日期： 1994-09-01

发布部门： 国家技术监督局

标准简介：

本标准规定了半导体电力变流器的有关定义、类型、参数、基本性能和试验要求。本标准适用于电子阀构成的电力电子变流器和电力电子开关。就运行方式而言，主要是基于电网换相的整流器、逆变器，或兼有这两种运行的变流器。

电力变压器、电源装置、电抗器和类似产品 电磁兼容（EMC）要求

标准编号： GB/T 21419—2008

实施日期： 2008-09-01

发布部门： 中华人民共和国国家质量监督检验检疫总局　中国国家标准化管理委员会

标准简介：

本标准适用于 IEC60989 和 GB19212 所包括的独立绕组变压器、电抗器和电源装置。本标准规定了频率范围为 0～1000 MHz 的发射与抗扰度的电磁兼容要求。

半导体变流器与供电系统的兼容及干扰防护导则

标准编号： GB/T 10236—2006

实施日期： 2007-04-01

发布部门： 中华人民共和国国家质量监督检验检疫总局　中国国家标准化管理委员会

标准简介：

本标准规定了半导体变流器与供电系统兼容问题，并提供相互干扰的处理原则和方法。本标准是 GB/T 3859 在半导体变流器与供电系统兼容方面的补充。本标准适用于电网换相半导体变流器，其他类型的半导体变流器可以参考使用。

半导体变流器

第 6 部分：使用熔断器保护半导体变流器防止过电流的应用导则

标准编号： GB/T 17950—2000

实施日期： 2000-08-01

发布部门： 中华人民共和国国家质量监督检验检疫总局

标准简介：

本标准作为应用导则，适用于带有熔断器的半导体变流器，熔断器用来保护构成变流器主臂的半导体。本标准限于单拍或双拍联结的电网换相变流器，也适用于满足 GB/T13539.1 和 GB13539.4 要求的熔断器。适当时，本标准的通用条款也对第 2 章引用标准 GB/T3859 和 IEC1287—1 所包括的变流器给出了指导。

半导体变流器应用导则

标准编号： GB/T 3859.2—1993

实施日期： 1994-09-01

发布部门： 国家技术监督局

标准简介：

本标准给出的是关于变流器应用方面的资料，包括计算方法和有关性能的进一步说明。本标准主要涉及电网换相变流器，所叙述的内容及计算方法均以电网换相变流器为基础，但是某些章节（例如等效结温计算、安全运行方面的资料等）亦可用于其他变流器。

半导体电力变流器型号编制方法

标准编号： JB/T 1505—1975

实施日期： 1975-07-01

发布部门： 中华人民共和国机械工业部

标准简介：

本标准适用于符合 JB 1500—75《半导体电力变流器通用技术条件》的各种电力变流器产品。

旋转整流器

标准编号： JB/T 9686—1999

实施日期： 2000-01-01

发布部门： 国家机械工业局

标准简介：

本标准规定了旋转整流管的型式尺寸、额定值、特性、检验要求和模拟应用试验方法。本标准适用于按管壳额定正向平均电流在 16～500A 的螺栓形旋转整流二极管（以下简称整流管）。本标准的整流管适合在有离心加速度（恒加速度）力作用的场合下使用。

KE 型 50A 至 500A 电焊机用晶闸管

标准编号： JB/T 6324—1992

实施日期： 1993-01-01

发布部门： 中华人民共和国机械工业部

标准简介：

本标准规定了工频电阻焊机和电弧焊机的主电路用晶闸管的型式、尺寸、参数、检验和标志等技术要求。本标准适用于电阻焊机和电弧焊机用按管壳额定的 KE 型 50A 反向阻断三级晶闸管（以下简称晶闸管）。

单相 R 型铁心电源变压器

标准编号：SJ/T 11245—2001

实施日期：2002-05-01

标准简介：

本标准规定了 R 型铁心电源变压器的技术要求、检验规则及标志、包装、运输贮存等要求。本标准适用于工作电压不高于 500V、电源频率为 1000Hz 以下、重量不大于 12 kg 的电子设备用干式 R 型铁心电源变压器。

电力变压器、电源装置和类似产品的安全

第 7 部分：一般用途安全隔离变压器的特殊要求

标准编号：GB 19212.7—2006

实施日期：2007-03-01

发布部门：中华人民共和国国家质量监督检验检疫
　　　　　总局　中国国家标准化管理委员会

标准简介：

本部分适用于驻立式或移动式、单相或多相、空气冷却、配套用或其他应用的安全隔离变压器，其额定电源电压不超过交流 1000V，额定频率不超过 500Hz，额定输出不超过：对单相变压器 10kVA，对多相变压器 16kVA。

牵引变电站用整流器

标准编号：JB/T 9689—1999

实施日期：2000-01-01

发布部门：国家机械工业局

标准简介：

本标准适用于工矿企业电气化运输、城市公共交通、市郊电气化铁道、井下电机车等牵引变电所作直流电源用整流器。本标准仅对该整流器的特殊性提出要求，而与其他半导体电力整流器相同的共性部分，应符合 GB/T 3859.1 ~ 3859.2《半导体变流器》的有关规定。

电化学用整流器

标准编号：JB/T 8740—1998

实施日期：1998—11—01

发布部门：全国电力电子学标准化技术委员会

标准简介：

JB/T 8740—1998 本标准是根据我国目前电化学工业的现状以及 GB/T 3859.1 ~ 3859.3—93《半导体变流器》，对 ZB K46 006—88《电化学用整流器》进行修订。本标准规定了电化学用整流器的有关定义、基本参数、技术要求、检验及试验方法。本标准适用于电化学工业作为电解直流电源使用的大功率电力半导体二极管整流管和晶闸管整流器。对于类似负载特性的石墨化、碳化硅等大功率电炉用整流器，本标准可参照使用。

电泳涂漆用整流器

标准编号：JB/T 8675—1997

实施日期：1998-02-01

发布部门：全国电力电子学标准化技术委员会

标准简介：

JB/T 8675—1997 电泳涂漆用整流器系半导体电力变流器的一种。本标准系参照 GB/T 3859—93《半导体变流器》编制的，并引用了该标准的部分内容。本标准规定了电泳涂漆整流器的技术要求、试验方法和检验规则等。本标准适用于电泳涂漆用各型整流器，也可部分或全部用于类似用途或对电源有相同要求的整流器。

半导体变流器变压器和电抗器

标准编号：GB/T 3859.3—1993

实施日期：1994-9-1

发布部门：国家技术监督局

标准简介：

本标准规定的仅是关于变流变压器的特殊性能要求。

船用半导体变流器通用技术条件

标准编号：GB/T 14548—1993

实施日期：2005-10-1

发布部门：中华人民共和国国家质量监督检验检疫
　　　　　总局　中国国家标准化管理委员会

标准简介：

本标准规定了船用半导体变流器的技术要求、试验方法和检验规则等。本标准适用于半导体整流二极管、各种类型的晶闸管以及其他电力电子器件所构成的船用静止变流器。

半导体器件分立器件

第 6 部分：晶闸管

第三篇 电流大于 100A、环境和管壳额定的反向阻断三极晶闸管空白详细规范

标准编号：GB/T 13151—2005

实施日期：2005-10-01

发布部门：中华人民共和国国家质量监督检验检疫总局 中国国家标准化管理委员会

标准简介：

GB/T 13151—2005 半导体器件 分立器件

第 6 部分：晶闸管

第三篇 电流大于 100A、环境和管壳额定的反向阻断三极晶闸管空白详细规范。

2. 电气照明

灯的控制装置

第 13 部分：放电灯（荧光灯除外）用直流或交流电子镇流器的特殊要求

标准编号：GB 19510.13—2007

实施日期：2009-01-01

发布部门：中华人民共和国国家质量监督检验检疫总局 中国国家标准化管理委员会

标准简介：

本部分首次发布。GB 19510《灯的控制装置》现有 13 个部分，本部分为 GB 19510 的第 13 部分。本部分应与 GB 19510.1—2004 一起使用，它是在对 GB 19510.1—2004 的相应条款进行补充或修改之后制定而成的。本部分规定了直流或交流电子镇流器的一般要求和安全要求。

灯用附件高频冷启动管形放电灯（霓虹灯）用电子换流器和变频器性能要求

标准编号：QB/T 2986—2008

实施日期：2008-12-01

发布部门：中华人民共和国国家发展和改革委员会

标准简介：

本标准规定了高频冷启动管形放电灯（霓虹灯）用电子换流器和变频器的性能要求。电源包括 50Hz/60Hz、1000V 以下的交流电源或者 1000V 以下的直流电源。此类换流器和变频器是一种装有触发和稳定部件的转换器，这种转换器能在直流与电源频率不同的频率下使霓虹灯工作。与转换器匹配的霓虹灯是辉光放电灯管。本标准不包括弧光放电的低气压荧光灯用电子镇流器。

单端金属卤化物灯用 LC 顶峰超前式镇流器性能要求

标准编号：QB/T 2511—2001

实施日期：2001-11-01

发布部门：中国轻工业联合会

标准简介：

本标准规定了 1000V 以下，50Hz 交流供电的单端金属卤化物灯用 LC 顶峰超前式镇流器的分类、技术要求、试验方法、检验规则和标志、包装、运输、贮存。本标准适用于 175 ~ 15 00W 单端金属卤化物灯用 LC 顶峰超前式镇流器（以下简称"镇流器"）。本标准与 GB 14045 共同使用。

灯用附件放电灯（管形荧光灯除外）用镇流器性能要求

标准编号：GB/T 15042—2008

实施日期：2009-09-01

发布部门：中华人民共和国国家质量监督检验检疫总局 中国国家标准化管理委员会

标准简介：

本标准规定了高压汞灯、低压钠灯、高压钠灯和金属卤化物灯等放电灯用镇流器的性能要求。第 12 章 ~ 第 15 章对特定类型的镇流器均规定了具体要求。本标准所论述的是使用 50Hz 或 60Hz、1000V 以下交流电源的电感式放电灯用镇流器，灯的额定功率、尺寸及特性均应符合相应 IEC 的灯标准的规定。

矿灯用 LED 及 LED 光源组技术条件

标准编号：MT/T 1092—2008

实施日期：2010-07-01

发布部门：国家安全生产监督管理总局

标准简介：

本标准规定了矿灯用 LED 及 LED 光源组的术语和定义、符号、要求、试验方法、检验规则及标志、运输和贮存。本标准适用于矿灯用 LED 及 LED 光源组。

环境标志产品技术要求管型荧光灯镇流器

标准编号：HJ/T 232—2006

实施日期：2006-03-01

标准简介：

本标准规定了管型荧光灯镇流器类环境标志产品的定义、基本要求、技术内容和检验方法。本标准适用于 220V、50Hz 交流电源供电，标称功率在 18 ~ 40W 的管形荧光灯所用独立式电感镇流器和电

子镇流器（以下简称镇流器）。本标准不适用于非预热启动的电子镇流器。

灯具
第 2-12 部分：特殊要求电源插座安装的夜灯
标准编号：GB 7000.212—2008
实施日期：2010-02-01
发布部门：中华人民共和国国家质量监督检验检疫
总局　中国国家标准化管理委员会
标准简介：

GB 7000 的本部分规定了使用电光源、电源电压不超过交流 250V、50/60Hz 电源插座安装的夜灯的要求。本部分应与 GB 7000.1 一起使用。

杂类灯座
第 2-2 部分：LED 模块用连接器的特殊要求
标准编号：GB 19651.3—2008
实施日期：2010-04-01
发布部门：中华人民共和国国家质量监督检验检疫
总局　中国国家标准化管理委员会
标准简介：

GB 19651 的本部分适用于杂类内置式连接件（包括 LED 模块（模块）内部连接用连接件），该连接件和基于 LED 模块的 PCB（印制电路板）一起使用。

电源插座安装的夜灯
标准编号：QB 2908—2007
实施日期：2008-06-01
发布部门：中华人民共和国国家发展和改革委员会
标准简介：

本标准规定了使用电光源、电源电压不超过交流 250V、50/60Hz 的电源插座安装的夜灯的要求。本标准应与 GB 7000.1 一起使用。

灯的控制装置
第 4 部分：荧光灯用交流电子镇流器的特殊要求
标准编号：GB 19510.4—2009
实施日期：2010-12-01
发布部门：中华人民共和国国家质量监督检验检疫
总局　中国国家标准化管理委员会
标准简介：

本部分规定了供 IEC60081 和 IEC60901 所述荧光灯以及其他高频荧光灯使用的电子镇流器的特殊要求，这种电子镇流器使用 50Hz 或 60Hz、1000V 以

下交流电源，但其工作频率不同于电源的频率。

灯的控制装置
第 8 部分：应急照明用直流电子镇流器的特殊要求
标准编号：GB 19510.8—2009
实施日期：2010-12-01
发布部门：中华人民共和国国家质量监督检验检疫
总局　中国国家标准化管理委员会
标准简介：

本部分规定了持续应急照明和非持续应急照明用直流电子镇流器的特殊安全要求。本部分包括了对 IEC60598-2-22 所述应急照明灯具用的镇流器和控制装置的特定要求。应急照明用直流电子镇流器可以装有也可以不装电池。本部分还包括其他直流电子镇流器性能要求的所有工作条件要求。这是因为不工作的应急照明设备将会对安全造成危害。

灯的控制装置
第 7 部分：航空器照明用直流电子镇流器的特殊要求
标准编号：GB 19510.7—2005
实施日期：2005-08-01
发布部门：中华人民共和国国家质量监督检验检疫
总局　中国国家标准化管理委员会
标准简介：

本部分规定了航空器照明用直流电子镇流器的特殊安全要求，其工作电源有可能出现伴随的瞬态变化和浪涌电流。性能要求在 GB/T 19656 中给出。

普通照明用 LED 模块安全要求
标准编号：GB 24819—2009
实施日期：2010-11-01
发布部门：中华人民共和国国家质量监督检验检疫
总局　中国国家标准化管理委员会
标准简介：

本标准规定了普通照明用发光二极管（LED）模块的一般要求和安全要求：在恒定电压、恒定电流或恒定功率下工作的不带整体式控制装置的 LED 模块；采用 250V 以下直流或 1000V 以下 50Hz 或 60Hz 交流电源的自镇流 LED 模块。

灯的控制装置
第 14 部分：LED 模块用直流或交流电子控制装置的特殊要求
标准编号：GB 19510.14—2009

实施日期：2010-12-01

发布部门：中华人民共和国国家质量监督检验检疫
　　　　　总局　中国国家标准化管理委员会

标准简介：

　　GB 19510 的本部分规定了使用 250V 以下直流电源和 1000V 以下、50Hz 或 60Hz 交流电源的 LED 模块用电子控制装置的特殊安全要求，该电子控制装置的输出频率不同于电源频率。本部分中规定的 LED 模块控制装置是设计在安全特低电压或等效安全特低电压或更高的电压下能够为 LED 模块提供恒定的电压或电流的控制装置。非纯电压源和电流源类型控制装置也包括在本部分之内。适用于本部分的 GB19510.1—2009 的附录和所使用的名词灯也理解为包含 LED 模块。

灯的控制装置

第 10 部分：放电灯（荧光灯除外）用镇流器的特殊要求

标准编号：GB 19510.10—2009

实施日期：2010-12-01

发布部门：中华人民共和国国家质量监督检验检疫
　　　　　总局　中国国家标准化管理委员会

标准简介：

　　GB 19510 的本部分规定了高压汞灯、低压钠灯、高压钠灯和金属卤化物灯用的镇流器的特殊要求。本部分适用于采用 50Hz 或 60Hz、1000V 以下交流电的镇流器，与其配套的放电灯的额定功率、尺寸及特性应符合 IEC60188、IEC60192、IEC60662 和 IEC61167 的规定。本部分适用于完整的镇流器及其组成部件，例如：电抗器、变压器和电容器。

普通照明用 LED 和 LED 模块术语和定义

标准编号：GB/T 24826—2009

实施日期：2010-05-01

发布部门：中华人民共和国国家质量监督检验检疫
　　　　　总局　中国国家标准化管理委员会

标准简介：

　　本标准规定了普通照明用 LED 和 LED 模块及相关的术语和定义。本标准适用于编写有关普通照明用 LED 的各类标准及其有关的技术文献。

普通照明用 50V 以上自镇流 LED 灯安全要求

标准编号：GB 24906—2010

实施日期：2011-02-01

发布部门：中华人民共和国国家质量监督检验检疫
　　　　　总局　中国国家标准化管理委员会

标准简介：

　　本标准规定了在家庭和类似场合作为普通照明用的、把稳定燃点部件集成为一体的 LED 灯（自镇流 LED 灯）。本标准对该种灯规定了安全和互换性要求，以及试验方法和检验其是否合格的条件。本标准适用于如下范围：额定功率 60 W 以下；额定电压大于 50V 且小于或等于 250V；灯头符合表 1 要求。本标准的要求只涉及型式试验。关于全部产品的检验和批量产品的检验方法将在 GB 24819—2009 的附录 C 中定义。

灯用附件

钨丝灯用直流/交流电子降压转换器性能要求

标准编号：GB/T 19654—2005

实施日期：2005-08-01

发布部门：中华人民共和国国家质量监督检验检疫
　　　　　总局　中国国家标准化管理委员会

标准简介：

　　本标准规定了使用 250V 以下直流电源和 50Hz 或 60Hz，1000V 以下交流电源，其工作频率不同于电源频率的电子降压转换器的性能要求。此种转换器应与 IEC 30657 所规定的卤钨灯及其他钨丝灯一起使用。

灯的控制装置

第 5 部分：普通照明用直流电子镇流器的特殊要求

标准编号：GB 19510.5—2005

实施日期：2005-08-01

发布部门：中华人民共和国国家质量监督检验检疫
　　　　　总局　中国国家标准化管理委员会

标准简介：

　　本部分规定了采用无瞬态浪涌电源进行工作的直流电子镇流器的特殊安全要求。此种镇流器用于休闲设备，例如大篷车，并直接使用不带充电器的电池进行工作。性能要求在 GB/T 19656 中给出。

灯的控制装置

第 9 部分：荧光灯用镇流器的特殊要求

标准编号：GB 19510.9—2009

实施日期：2010-12-01

发布部门：中华人民共和国国家质量监督检验检疫
　　　　　总局　中国国家标准化管理委员会

标准简介：

　　GB 19510 的本部分规定了用于 1000V 以下 50Hz

或 60Hz 交流电源的荧光灯用镇流器的特殊要求（不包括电阻型镇流器）。与其配套的荧光灯可以带预热阴极，也可以不带预热阴极，可以带启动器工作，也可以不带启动器工作，这些灯的额定功率、尺寸及特性应符合 IEC 60081 和 IEC 60901 中的规定。本部分适用于完整的镇流器及其组成部件，例如：电抗器、变压器和电容器。热保护式镇流器的特殊要求在附录 B 中给出。本部分涉及的是在电网频率下正常工作的灯所用的镇流器，不包括高频工作的交流电子镇流器，该镇流器的要求见 GB 19510.4。

灯的控制装置
第 6 部分：公共交通运输工具照明用直流电子镇流器的特殊要求

标准编号：GB 19510.6—2005

实施日期：2005-08-01

发布部门：中华人民共和国国家质量监督检验检疫
　　　　　总局　中国国家标准化管理委员会

标准简介：

　　本部分规定了用于汽车、火车、电车和船舶等公共运输工具的直流电子镇流器的特殊安全要求，这种镇流器的工作电源有可能出现瞬态变化及浪涌现象。性能要求在 GB/T 19656 中给出。

道路照明用 LED 灯性能要求

标准编号：GB/T 24907—2010

实施日期：2011-02-01

发布部门：中华人民共和国国家质量监督检验检疫
　　　　　局　中国国家标准化管理委员会

标准简介：

　　本标准规定了道路照明用 LED 灯的术语和定义、分类与命名、技术要求、试验方法、检验规则、标志、包装、运输和贮存。本标准适用于集 LED 器件及其控制驱动电路和灯具于一体、采用交流 220V/50Hz 电源供电的道路照明用 LED 灯。符合本标准的灯，在额定电源电压的 92% ~ 106% 以及 −30 ~ 45℃ 范围内，应能正常启动和燃点。

灯用附件放电灯（荧光灯除外）用直流或交流电子镇流器性能要求

标准编号：QB/T 2878—2007

实施日期：2008-01-01

发布部门：中华人民共和国国家发展和改革委员会

标准简介：

　　本标准规定了直流或交流电子镇流器的性能要求。电源包括 50Hz/60Hz、1000V 以下的交流电源。此类镇流器是一种装有触发和稳定部件的转换器，这种转换器能在直流或与电源频率不同的频率下使用放电灯工作。与镇流器匹配的放电灯包括高压汞灯、高压钠灯和金属卤化物灯。本标准不包括荧光灯和低压钠灯用镇流器以及如剧院和机动车辆用特种灯用镇流器。

普通照明用自镇流 LED 灯性能要求

标准编号：GB/T 24908—2010

实施日期：2011-02-01

发布部门：中华人民共和国国家质量监督检验检疫
　　　　　总局　中国国家标准化管理委员会

标准简介：

　　本标准规定了普通照明用自镇流 LED 灯的性能要求、试验方法、检验规则及标志、包装、运输、贮存等。本标准适用于在家庭和类似场合作为普通照明用的、把稳定燃点部件集成为一体的 LED 灯（自镇流 LED 灯）。

进出口灯具检验规程
第 8 部分：管形荧光灯用镇流器

标准编号：SN/T 1588.8—2007

实施日期：2008-03-01

标准简介：

　　本部分规定了进出口管形荧光灯用镇流器的要求、检验及判定。

普通照明用 LED 模块性能要求

标准编号：GB/T 24823—2009

实施日期：2010-05-01

发布部门：中华人民共和国国家质量监督检验检疫
　　　　　总局　中国国家标准化管理委员会

标准简介：

　　本标准规定了普通照明用 LED 模块的分类、技术要求、试验方法、检验规则、标志、包装、运输、贮存等。其模块形式有各种发光单件方式（例如对称、非对称、矩形、椭圆）及组合方式。其 LED 可安装在平面上，也可安装在曲面上。本标准适用于在恒定电压、恒定电流或恒定功率下工作的、不带整体式控制装置的 LED 模块及采用 250V 以下直流或 1000V 以下 50Hz 或 60Hz 交流电源的自镇流 LED 模块。注 1：不带整体式控制装置的 LED 模块简称为"LED 模块"，不带整体式控制装置的 LED 模块及自镇流 LED 模块统称为"模块"。注 2：本标准中的"镇流"术语泛指变压、限流或稳流，这与气体放电光源正常工作所需的"镇流"含义有所不同。

管形荧光灯用交流电子镇流器性能要求

标准编号：GB/T 15144—2009
实施日期：2010-03-01
发布部门：中华人民共和国国家质量监督检验检疫
　　　　　总局　中国国家标准化管理委员会
标准简介：

本标准规定了管形荧光灯及其他高频工作的管形荧光灯用电子镇流器的性能要求，此种镇流器使用频率为50Hz或60Hz、电压在1000V以下的电源，其工作频率不同于电源的频率，与其匹配使用的管形荧光灯应符合GB/T10682和GB/T17262的要求。

普通照明用 LED 模块测试方法

标准编号：GB/T 24824—2009
实施日期：2010-05-01
发布部门：中华人民共和国国家质量监督检验检疫
　　　　　总局　中国国家标准化管理委员会
标准简介：

本标准规定了普通照明用 LED 模块的基本性能的测量方法。本标准适用于功率大于或等于1W，在恒定电压、恒定电流或恒定功率下稳定工作的、外置控制的 LED 模块；以及采用直流 250V 以下或交流 50Hz 或 60Hz、1000V 以下电源供电的稳定工作的自镇流 LED 模块。非本标准范围内的 LED 产品，如有需要，也可以参考本标准。

金卤灯用低频方波电子镇流器

标准编号：GB/T 26697—2011
实施日期：2011-12-01
发布部门：中华人民共和国国家质量监督检验检疫
　　　　　总局　中国国家标准化管理委员会
标准简介：

本标准提供了金卤灯用低频方波电子镇流器的性能要求和工作特性。电子镇流器工作电源频率为50Hz，最大电源电压为250V。电子镇流器的输出频率可以是50Hz之外的某些频率。本标准覆盖的灯的工作电流频率为50～400Hz（适用于某些单独的频率范围），与其匹配使用的金卤灯应符合GB/T18661和IEC61167的要求。方波电子镇流器定义为灯工作电流波形基本为方波，并符合本标准5.4.4.1中要求的上升/跌落时间的电子镇流器。

装饰照明用 LED 灯

标准编号：GB/T 24909—2010
实施日期：2011-02-01
发布部门：中华人民共和国国家质量监督检验检疫
　　　　　总局　中国国家标准化管理委员会
标准简介：

本标准规定了额定电源电压 250V 以下、频率为50Hz 交流或直流的装饰照明用 LED 灯的产品分类、技术要求、检验规则、标志、包装运输和贮存的要求。本标准适用于由 LED 及相关附件组成的灯。该产品适用于室内或室外装饰照明。

管形荧光灯用镇流器性能要求

标准编号：GB/T 14044—2008
实施日期：2009-09-01
发布部门：中华人民共和国国家质量监督检验检疫
　　　　　总局　中国国家标准化管理委员会
标准简介：

本标准规定了使用 50Hz 或 60Hz、1000V 以下交流电源，与管形预热阴极荧光灯一起工作的（非电阻型）镇流器的性能要求，其所用荧光灯可以带或不带启动器或启动装置工作，灯的额定功率、尺寸和特性均应符合 IEC 60081 和 IEC 60901 的规定。本标准适用于完整的镇流器及其零部件，例如，电阻、变压器和电容。本标准不包括 GB 19510.4 所规定的高频工作的管形荧光灯用交流电子镇流器。

管形荧光灯用直流电子镇流器性能要求

标准编号：GB/T 19656—2005
实施日期：2005-08-01
发布部门：中华人民共和国国家质量监督检验检疫
　　　　　总局　中国国家标准化管理委员会
标准简介：

本标准规定了额定电压不超过 250V 并与符合IEC 60081 的荧光灯匹配使用的直流电子镇流器的一般性能要求。本标准应和 GB 19510.5、GB 19510.6、GB 19510.7、GB 19510.8 一起使用。本标准规定了通用性能要求、普通照明、公共交流运输工具照明和航空器照明用电子镇流器的性能要求。

单端无极荧光灯用交流电子镇流器

标准编号：QB/T 2871—2007
实施日期：2007-08-01
发布部门：中华人民共和国国家发展和改革委员会

标准简介:

　　本标准规定了 1000V 以下,50Hz 交流电源供电,工作频率超过电源频率的单端无极荧光灯用交流电子镇流器的术语和定义、一般要求和安全要求、性能要求以及试验方法。本标准适用于单端无极荧光灯。

镇流器型号命名方法

标准编号: QB/T 2275—2008

实施日期: 2008-07-01

发布部门: 中华人民共和国国家发展和改革委员会

标准简介:

　　本标准规定了各种气体放电灯用的电感式和电子式镇流器的型号命名方法。本标准适用于各种气体放电灯的电感式和电子式镇流器。

管形荧光灯用无频闪电子镇流器性能要求

标准编号: GB/T 26692—2011

实施日期: 2011-12-01

发布部门: 中华人民共和国国家质量监督检验检疫
　　　　　　总局　中国国家标准化管理委员会

标准简介:

　　本标准规定了高频工作的管形荧光灯用无频闪电子镇流器的性能要求。本标准适用于使用频率为50Hz、60Hz 的交流电源或直流电源,电压在 1000V 以下,其工作频率不同于电源的频率,与其匹配使用的管形荧光灯应符合 GB/T10682 和 GB/T17262 的要求。

高压钠灯用预置功率电感镇流器

标准编号: QB/T 2941—2008

实施日期: 2008-07-01

发布部门: 中华人民共和国国家发展和改革委员会

标准简介:

　　本标准适用于不更换高压钠灯来改变灯功率用预置功率电感式镇流器,这些镇流器使用 50Hz、1000V 以下交流电源。上述这类镇流器在额定输出功率时应首先满足 GB/T 15042—2005 的要求。本标准应与 GB 19510. 10—2004 和 GB/T 15042—2005 一起使用,本标准镇流器适用的高压钠灯应符合 GB/T 13259 的要求。

LED 模块用直流或交流电子控制装置性能要求

标准编号: GB/T 24825—2009

实施日期: 2010-05-01

发布部门: 中华人民共和国国家质量监督检验检疫
　　　　　　总局　中国国家标准化管理委员会

标准简介:

　　本标准规定了使用 250V 以下直流电源和 50Hz或 60Hz、1000V 以下交流电压,其工作频率不同于电源频率的电子控制装置的性能要求,此控制装置与 GB 24819 所规定的 LED 模块一起工作。本标准规定的 LED 控制装置设计提供恒定电压和电流。不符合纯电压和电流类型不被排除本标准之外。

3. 其他

低压变频调速装置技术条件

标准编号: DL/T 339—2010

实施日期: 2011-05-01

发布部门: 国家能源局

标准简介:

　　本标准适用于 660kV 及以下电压,50Hz/60Hz三相交流电源供电的变频调速装置。2011- 05- 01实施。

感应加热用变频机组电控设备

标准编号: JB/T 4086—1997

实施日期: 1998-02-01

发布部门: 湘潭牵引电气设备研究所

标准简介:

　　本标准是根据中频电热行业研究、设计、制造和使用的实际需要,对 JB 4086—85 进行的修订。本标准规定了变频机组供电的中频感应加热用电控设备的要求、试验方法、抽样与检验、标志、包装、运输与贮存。本标准适用于变频机组供电的中频感应熔炼、透热、淬火、烧结、焊接等工况的电控设备。其频率范围为高于工频 50(60)Hz,低于或等于 10000Hz。

电动工具电源线护套

标准编号: JB/T 9605—1999

实施日期: 2000-01-01

发布部门: 国家机械工业局

标准简介:

　　本标准适用于电动工具电源线进线处保护用的护套(以下简称护套)。

三相交流稳频稳压电源机组及系统技术条件

标准编号: JB/T 8982—1999

实施日期: 2000-01-01

发布部门: 中华人民共和国机械工业部

标准简介：

本标准规定了二相交流稳频稳压电源机组及系统的基本参数、技术要求、试验方法、检验规则以及标志、包装等。本标准适用于电动机拖动的同步发电机组及其稳频稳压装置的整套系统（以下简称电源系统）。电源系统作为小型三相交流电机及其他电器试验用的低波动率、标准技术指标的其他用电器的电源设备，或作为变频电源设备。

YVF2 系列（IP54）变频调速专用三相异步电动机技术条件（机座号 80～315）

标准编号：JB/T 7118—2004
实施日期：2004-06-01
发布部门：中华人民共和国国家发展和改革委员会
标准简介：

本标准规定了 YVF2 系列电动机的型式、基本参数与尺寸、技术要求、检验规则、试验方法、标志、包装及保用期的要求。本标准适用于 YVF2 系列变频调速专用三相异步电动机。凡属本系列电动机所派生的各种系列电动机也可参照执行。

电热器具用电源开关

标准编号：JB/T 8440—1996
实施日期：1997-01-01
发布部门：中华人民共和国机械工业部
标准简介：

本标准规定了电热器具用电源开关的分类、基本要求、试验方法、检验规则、包装、贮存等技术规范。本标准适用于供家用和类似用途电阻性发热源的电热器具使用的由手、脚或其他人体动作驱动的电源开关，开关额定电压不超过 440V，额定电流不超过 63A。本标准不适用于与电自动控制器结合成一体的组合开关。

电控设备用低压直流电源

标准编号：JB/T 8948—1999
实施日期：2000-01-01
发布部门：国家机械工业局
标准简介：

本标准规定了电控设备用低压直流电源的产品型号、技术要求、试验方法、检验规则、产品包装、运输及贮存的要求等。本标准适用于额定频率为 50Hz 或 60Hz、400Hz、额定电压不超过 1000V 及额定电压为直流不超过 400V 供电的、输出额定直流电压不超过 400V、额定功率不大于 30kW 的低压开关成套设备及电气传动控制设备用的低压直流电源（以下简称电控用直流电源）。本标准适用于自成一体的组件（单元）。本标准不适用于充电、浮充电整流器（直流电源）。

船用充电发电装置技术条件

标准编号：JB/T 7596—2010
实施日期：2010-07-01
发布部门：中华人民共和国工业和信息化部
标准简介：

本标准规定了船用充电发电装置的分类、型式和基本参数、试验方法、检验规则、标志及包装储运等。本标准适用于额定功率为 1.2～18kW，由柴油机驱动，对蓄电池充电及其他电阻性负荷供电的船用充电发电装置。

真空管式高频感应加热电源装置

标准编号：JB/T 5267—1991
实施日期：1992-07-01
发布部门：全国工业电热设备标准化技术委员会
标准简介：

本标准规定了对真空管式高频感应加热电源装置的各项要求，包括产品分类、技术要求、试验方法、检验规则、等级划分、标志、包装、运输、贮存、订购和供货等。本标准适用于真空管式高频感应加热电源装置，该装置可作为表面与局部加热淬火、透热、熔炼和焊接等高频感应加热设备的电源。

煤矿蓄电池式电机车用防爆特殊型电源装置

标准编号：JB/T 7568—1994
实施日期：1995-06-01
发布部门：中华人民共和国机械工业部
标准简介：

本标准规定了煤矿蓄电池式电机车用防爆特殊型电源装置（以下简称电源装置）的规格参数、技术要求、试验方法、检验规则等。本标准适用于有沼气或煤尘爆炸危险的井下煤矿铅酸蓄电池式电机车用电源装置。

低压交流电源（不高于 1000V）中的浪涌特性

标准编号：GB/Z 21713—2008
实施日期：2008-11-01
发布部门：中华人民共和国国家质量监督检验检疫
总局　中国国家标准化管理委员会

标准简介：

本指导性技术文件为首次发布。本指导性技术文件描述低压交流电源中的浪涌电压、浪涌电流环境，不包括其他的电能质量问题。标准中所考虑的浪涌持续时间不超过半个工频周期，这些浪涌可以是周期性的，也可以是随机事件，可以出现在相线、零线以及地线之间。

环境标志产品技术要求充电电池

标准编号：HJ/T 238—2006

实施日期：2006-03-01

标准简介：

本标准规定了充电电池类环境标志产品的基本要求、技术内容和检验方法。本标准适用于除镍镉电池外的各类充电电池。

煤矿防爆特殊型电源装置用铅酸蓄电池

标准编号：JB/T 8200—2010

实施日期：2010-07-01

发布部门：中华人民共和国工业和信息化部

标准简介：

本标准规定了防爆特殊型电源装置用铅酸蓄电池的产品品种和规格、技术要求、试验方法、检验规则、标志、包装、运输和贮存。本标准适用于煤矿蓄电池式电力机车用防爆特殊型电源装置中的铅酸蓄电池的检验之用。

电动工具用变频机组

标准编号：JB/T 9607—1999

实施日期：2000-01-01

发布部门：国家机械工业局

标准简介：

本标准规定了电动工具用同轴旋转式变频机组的基本技术要求和试验方法。本标准适用于将三相50Hz交流电能转换为三相150Hz、200Hz、300Hz、400Hz交流电能的同轴旋转式变频机组。

矿灯充电架

标准编号：MT 68—2002

实施日期：2002-09-01

发布部门：国家经济贸易委员会

标准简介：

本标准第4章第4.3.8条、第4.4.2条、第4.4.5条为强制性的，其余为推荐性的。本标准是根据矿灯制造技术、矿灯充电控制技术的不断发展，对MT/T

68—1992《自动电压控制型酸性矿灯充电架通用技术条件》和MT 129—1985（碱性矿灯充电架通用技术条件》进行修订的。本标准将各类矿灯（酸性、碱性）充电架归入，标准名称相应改为《矿灯充电架》，提高了标准的适用性。在MT/T 68—1992和MT 129—1985的基础上增加了产品型号编制方法、湿热性能试验、充电指示器的防尘抗静电试验。

煤矿电机车电源装置用隔爆型插销连接器

标准编号：MT/T 875—2000

实施日期：2001-05-01

发布部门：国家煤炭工业局

标准简介：

本标准规定了煤矿电机车电源装置用隔爆插销连接器的产品分类与基本参数、技术要求、试验方法、检验规则、标志、包装、运输和贮存。本标准适用于煤矿电机车电源装置用隔爆插销连接器（以下简称插销连接器）。

电源用磁性氧化物磁芯（EC-磁芯）的尺寸

标准编号：SJ 2743—1987

实施日期：1987-10-01

发布部门：中华人民共和国电子工业部

标准简介：

本标准规定了磁性氧化物制成的适用于高磁通密度的E形磁心的几何尺寸的磁路尺寸，这个系列的磁心明确规定用于电源变压器，例如用作开关频率为25kHz开关电源的磁心。本标准列出了这些磁心的优选尺寸及其公差，这些尺寸和公差对机械和电气互换性是很重要的。

军用装备直流供电电源总规范

标准编号：SJ 20825—2002

实施日期：2003-03-01

标准简介：

本规范规定了军用装备直流供电电源总规范的技术要求、质量保证规定和交货准备等，对特殊电源的详细要求应在产品规范中规定。本规范适用于军用装备常用的直流供电电源，是该类电源产品研制、设计、生产和验收的主要技术依据，也是制定相关电源产品规定和其他技术文件应遵循的原则和基础。

电源用磁性氧化物ETD磁心的尺寸

标准编号：SJ/T 10282—1991

实施日期：1992-01-01

标准简介:

本标准规定了磁性氧化物制成的 ETD 磁心在机械互换性方面的主要尺寸和用于这类磁心线圈骨架的基本尺寸,以及计算这类磁心所用的有效参数值。本标准规定的磁心主要用作在高磁通密度下应用的电源变压器和扼流圈。

刷镀电源完好要求和检查评定方法

标准编号: SJ/T 31056—1994

实施日期: 1997-01-01

标准简介:

本标准规定了刷镀(涂镀)电源的完好要求和检测评定方法。本标准适用于 TD 类刷镀(涂镀)电源,其他类型刷镀电源亦可参照本标准执行。

移动通信手持机锂电池充电器的安全要求和试验方法

标准编号: YD 1268.2—2003

实施日期: 2003-06-05

发布部门: 中华人民共和国信息产业部

标准简介:

本部分规定了移动通信手持机锂电池充电器的安全特性的技术要求,并规定了相应的试验方法。本部分适用于移动通信手持机锂电池充电器(以下简称充电器)。

逆变应急电源

标准编号: GB/T 21225—2007

实施日期: 2008-05-20

发布部门: 中华人民共和国国家质量监督检验检疫
　　　　　　总局　中国国家标准化管理委员会

标准简介:

本标准规定了逆变应急电源的定义、产品分类和特征参数、技术要求、试验方法、检验规则及标志、包装、运输和贮存。本标准适用于一般工业、民用等场所在应急状态向照明、动力等及其混合负载提供交流电能的 EPS。

发电厂、变电站电子信息系统 220/380V 电源电涌保护配置、安装及验收规程

标准编号: DL/T 5408—2009

实施日期: 2009-12-01

发布部门: 国家能源局

标准简介:

本规程规定了发电厂、变电站(含箱式变电站)电子信息系统 220/380V 电源电涌保护器的选择、配置原则。本规程适用于发电厂、变电站(含箱式变电站)电子信息系统 220/380V 电源电涌保护器的选择、配置、安装及验收。

电气化铁道用中倍率镉镍蓄电池直流电源装置

标准编号: TB/T 2892—1998

实施日期: 1998-09-01

发布部门: 中华人民共和国铁道部

标准简介:

本标准规定了电气化铁道用中倍率镉镍蓄电磁直流电源装置的使用环境条件、技术要求、结构、试验方法及检验规则,及铭牌标字、包装、运输、贮存的要求。本标准适用于电气化铁道的牵引变电所、开闭所、电力系统 110kV 以下的变电站、工矿企业配电装置和其他自动化铁道的牵引变电所、开闭所。电力系统 110kV 以下的变电站、工矿企业配电装置和其他自动化装置的户内式直流电源装置。

军用电子设备电源模块灌封工艺规程

标准编号: SJ 20596—1996

实施日期: 1997-01-01

标准简介:

本规程规定了军用抗恶劣环境电子设备中,电源模块绝缘,导热灌封工艺的材料、工艺、设备、环境要求等内容。本规程适用于军用电子设备电源模块,也适用于电子设备中高发热部件、器件的绝缘导热灌封和整机绝缘导热灌封。

进出口电力系统直流电源设备检验规程

标准编号: SN/T 1412—2004

实施日期: 2004-12-01

发布部门: 中华人民共和国国家质量监督检验检疫
　　　　　　总局

标准简介:

本标准规定了进出口电力系统直流电源设备的抽样、检验及检验结果的判定。本标准适用于电力系统中直流电源设备。该设备用于电力系统发电厂、变电站等电气设备、安全自动监控装置和通信电路中的直流电源系统,是作为控制、信号、通信、保护及直流事故照明、动力装置等的直流电源设备。本标准也适用于其他行业,如冶金、化工、铁路等系统中厂内变电站等的直流电源设备。

起重及冶金用变频调速三相异步电动机技术条件

第 1 部分：YZP 系列起重及冶金用变频调速三相异步电动机

标准编号： GB/T 21972.1—2008

实施日期： 2009-03-01

发布部门： 中华人民共和国国家质量监督检验检疫总局　中国国家标准化管理委员会

标准简介：

GB/T 21972 的本部分规定了 YZP 系列起重及冶金用变频调速三相异步电动机的型式、基本参数与尺寸、技术要求、检验规则、试验方法以及标志、包装及保用期的要求。本部分适用于变频器供电的各种起重机械及冶金辅助设备电力传动用三相异步电动机，凡属本系列电动机所派生的各种系列电动机均可参照执行。

低压直流电源设备的性能特性

标准编号： GB/T 17478—2004

实施日期： 2005-02-01

发布部门： 中华人民共和国国家质量监督检验检疫总局　中国国家标准化管理委员会

标准简介：

本标准规定了输出直流电压在 250V 以下，功率小于 30kW，由 600V 以下交流或直流源电压供电的低压电源设备（包括开关型）确定技术要求的方法。该电源在 I 类设备中使用，或者在有足够电气、机械保护条件下独立运行。本标准适用于有任何输出路数，由交流或直流供电的所有类型的电源以及为其他未知应用定制的产品。对于那些作为已有专门产品标准的设备的一部分而开发的电源，这些专门产品标准同样适用于这类电源；尤其当产品标准不足以覆盖这些电源的某些性能特性时，补充采用本标准可作为一种有用的选择。本标准允许规定满足特定用途的电源设备所需的性能水平的技术参数，建立与该类设备有关的基本定义，并确定具体的技术要求。这些使制造商及用户能够根据规定的技术要求，选择和确定其电源设备的适用范围。

不间断电源设备（UPS）

第 2 部分：电磁兼容性（EMC）要求

标准编号： GB 7260.2—2009

实施日期： 2010-02-01

发布部门： 中华人民共和国国家质量监督检验检疫总局　中国国家标准化管理委员会

标准简介：

《不间断电源设备（UPS）》的本部分适用于安装在下述场所的 UPS：单台 UPS 或由数台 UPS 互连与相关控制器/开关装置构成单一电源组成的 UPS 系统；连接至工业、住宅、商业和轻工业的低压供电系统的任何操作者可触及区或独立电气场所。本部分拟作为下述定义的 C1 类、C2 类和 C3 类产品在投放市场前进行 EMC 合格评定的产品标准。本部分考虑了 UPS 的物理尺寸和功率额定值范围涉及的不同的试验条件。本部分不覆盖特殊安装环境，也未考虑 UPS 故障情况。本部分不覆盖直流供电的电子镇流器或基于旋转式机组的 UPS。本部分规定了：EMC 要求；试验方法；最低性能的电平。

半导体变流串级调速装置总技术条件

标准编号： GB 12669—1990

实施日期： 1991-10-01

发布部门： 国家技术监督局

标准简介：

本标准规定了半导体变流串级调速装置的技术要求和试验方法。本标准适用于利用半导体电力变流器调节交流绕线转子感应电动机速度的串级调速装置（以下简称装置）。本标准侧重于低于电动机同步转速的串级调速装置。对超同步串级调速装置尚需附加规定。

不间断电源设备

第 1-1 部分：操作人员触及区使用的 UPS 的一般规定和安全要求

标准编号： GB 7260.1—2008

实施日期： 2009-04-01

发布部门： 中华人民共和国国家质量监督检验检疫总局　中国国家标准化管理委员会

标准简介：

GB 7260《不间断电源设备（UPS）》分为 3 个部分，本部分为 GB 7260 的第 1-1 部分。本部分是首次发布。本部分适用于直流环节具有储能装置的电子式不间断电源设备。本部分包括的不间断电源设备（UPS）的主要功能是保证交流电源输出的连续性。UPS 也可使电源保持规定的特性，从而提高电源质量。本部分适用于预定安装在操作人员触及区内、用于低压配电系统的移动式、驻立式、固定式或嵌装式的 UPS。本部分规定了保证操作人员和可能触及设备的外行人员安全的要求。当特别说明时，也适用于维修人员。

家用和类似用途电自动控制器管形荧光灯镇流器热保护器的特殊要求

标准编号：GB 14536.4—2008

实施日期：2010-02-01

发布部门：中华人民共和国国家质量监督检验检疫
　　　　　总局 中国国家标准化管理委员会

标准简介：

　　GB 14536.1 中的该章，除下述内容外均适用。代替：本部分适用于对管形荧光灯镇流器热保护器作出评定。本部分适用于使用 PTC 和 NTC 热敏电阻的热保护器，其额外的要求见附录 J。

电工名词术语电焊机

标准编号：GB/T 2900.22—2005

实施日期：2006-04-01

发布部门：中华人民共和国国家质量监督检验检疫
　　　　　总局 中国国家标准化管理委员会

标准简介：

　　本部分规定了电焊机的专用名词，包括一般术语、产品名称、结构及附件等。本部分适用于电焊机产品及其标准制定、编制技术文件、编写和翻译专业手册、教材及书刊等。与电焊机有关的各类标准中的使用的名词术语必须符合本部分和有关的专业名词术语标准。本部分中未作规定的名词术语，需要时可在有关的标准和技术文件中给予规定。

变频调速专用三相异步电动机绝缘规范

标准编号：GB/T 21707—2008

实施日期：2008-12-01

发布部门：中华人民共和国国家质量监督检验检疫
　　　　　总局 中国国家标准化管理委员会

标准简介：

　　本标准为首次制定。本标准的制定参照了 IEC62068-1. Ed. 1、IEC60034-25 和 IEC60034-18-41。本标准中规定了由变频调速专用三相异步电动机的绝缘结构规范。本标准适用于电压等级为 1140V 及以下采用散绕组的变频调速专用三相异步电动机。

变频电机用 G 系列冷却风机技术规范

标准编号：GB/T 22712—2008

实施日期：2009-10-01

发布部门：中华人民共和国国家质量监督检验检疫
　　　　　总局 中国国家标准化管理委员会

标准简介：

　　随着变频电机应用的日益广泛，冷却风机作为

变频电机的配件，市场也日趋增大，且规格品种繁多，迫切需要制定一个《变频电机用 G 系列冷却风机技术规范》规范市场，以利于国民经济的发展。由于目前市场上变频电机品种繁多，性能指标和安装尺寸有较大地不同，在本标准中难以统一，所以本标准以 YVF2（IP54）变频调速专用变频电机三相异步电动机所配用的 G 系列冷却风机作为基本系列。其他的变频调速专用三相异步电动机可参照本标准选用冷风机。凡属该风机所派生的各种风机也可参照执行。本标准为首次发布。本标准规定了变频器供电的 YVF2（IP54）变频调速专用三相异步电动机用 G 系列冷却风机的型式、基本参数与尺寸、技术要求、检验规则、标志、包装及保用期的要求。本标准适用于变频器供电的 YVF2（IP54）变频调速专用三相异步电动机用 G 系列冷却风机（轴流式），由变频器供电的其他系列的变频调速专用三相异步电动机也可参照此标准选用风机。凡属该风机所派生的各种风机也可参照执行。

变频器供电同步电动机设计与应用指南

标准编号：GB/T 24625—2009

实施日期：2010-04-01

发布部门：中华人民共和国国家质量监督检验检疫
　　　　　总局 中国国家标准化管理委员会

标准简介：

　　本标准规定了变频器供电的三相或多相同步电动机定额、结构型式、性能要求、冷却方式、试验方法及验收规则，同时包含对变频器的要求。本标准适用于变频电源驱动的同步电动机。本标准未规定者，均应符合 GB 755 中的有关规定。

变频器供电三相笼型感应电动机试验方法

标准编号：GB/T 22670—2008

实施日期：2009-11-01

发布部门：中华人民共和国国家质量监督检验检疫
　　　　　总局 中国国家标准化管理委员会

标准简介：

　　本标准规定了变频器供电三相笼型感应电动机试验方法。本标准适用于变频器供电的三相笼型感应电动机。本标准不适用于牵引电机。

低压直流电源

第 3 部分：电磁兼容性（EMC）

标准编号：GB/T 21560.3—2008

实施日期：2008-11-01

发布部门：中华人民共和国国家质量监督检验检疫
　　　　　总局　中国国家标准化管理委员会

标准简介：

本部分为首次发布。GB21560《低压直流电源》分为7个部分，本部分为 GB21560 的第 3 部分。本部分规定了功率等级不超过 30kW、交流输入或直流输入电压不超过 660V、直流输出电压不超过 250V 的各种电源装置的电磁兼容性要求。本部分适用于作为具有直接功能的单元而开发的电源装置。本部分与 IEC612040-3：2000 相比，存在如下技术性差异：根据我国国标，本部分第 1 章将输入电源电压范围上限从 IEC61204-3 规定的不超过 600V 改为不超过 660V，输出电压范围上限则从 IEC61204-3 规定的不超过 200V 改为不超过 250V。

电能质量三相电压不平衡

标准编号：GB/T 15543—2008

实施日期：2009-05-01

发布部门：中华人民共和国国家质量监督检验检疫
　　　　　总局　中国国家标准化管理委员会

标准简介：

本标准规定了三相电压不平衡的限值、计算、测量和取值方法。本标准适用于标称频率为 50Hz 的交流电力系统正常运行方式下由于负序基波分量引起的公共连接点的电压不平衡及低压系统由于零序基波分量而引起的公共连接点的电压不平衡。瞬时和暂时的不平衡问题不适用于本标准。

不间断电源设备
第 1-2 部分：限制触及区使用的 UPS 的一般规定和安全要求

标准编号：GB 7260.4—2008

实施日期：2009-04-01

发布部门：中华人民共和国国家质量监督检验检疫
　　　　　总局　中国国家标准化管理委员会

标准简介：

GB 7260《不间断电源设备（UPS）》分为 3 个部分，本部分为 GB 7260 的第 1-2 部分。本部分的全部技术内容为强制性。本部分是首次发布。本部分适用于直流环节具有储能装置的电子式不间断电源设备。本部分包括的不间断电源设备（UPS）的主要功能是保证交流电源输出的连续性。UPS 也可使电源保持规定的特性，从而提高电源质量。本部分适用于预定安装在限制触及区内，用于低压配电系统的移动式、驻立式、固定式或嵌装式 UPS。本部

分规定了保证维修人员安全的要求。

旋转电机电压型变频器供电的旋转电机 I 型电气绝缘结构的鉴别和型式试验

标准编号：GB/T 22720.1—2008

实施日期：2009-10-01

发布部门：中华人民共和国国家质量监督检验检疫
　　　　　总局　中国国家标准化管理委员会

标准简介：

《电压型变频器供电的旋转电机电气绝缘结构》分为两个部分，本部分为 GB/T 22720 的第 1 部分。本部分为首次发布。GB/T 22720 的本部分规定脉宽调制变频器供电的定子/转子绕组绝缘结构的评估标准。本部分适用于变频器供电的单相或多相交流电机定子/转子绕组绝缘结构。本部分阐述了用典型试样或完整电机进行的鉴别或/型式试验，以验证与电压型变频器的匹配程度。本部分不适用于：仅由变频器起动的旋转电机；额定电压有效值≤300V 的旋转电机；牵引电气设备和结构。

不间断电源设备（UPS）
第 3 部分：确定性能的方法和试验要求

标准编号：GB/T 7260.3—2003

实施日期：2003-08-01

发布部门：中华人民共和国国家质量监督检验检疫
　　　　　总局

标准简介：

本标准修改采用 IEC 62040—3：1999，本标准规定了确定不间断电源设备（UPS）性能的方法和试验要求。本标准为 UPS 的基础标准，所有 UPS 产品符合其规定，其他 UPS 相关标准亦应以本标准的规定为准。

低压直流电源
第 6 部分：评定低压直流电源性能的要求

标准编号：GB/T 21560.6—2008

实施日期：2008-11-01

发布部门：中华人民共和国国家质量监督检验检疫
　　　　　总局　中国国家标准化管理委员会

标准简介：

本部分为首次发布。GB/T21560《低压直流电源》分为 7 个部分，本部分为 GB/T21560 的第 6 部分。本部分适用于一般用途电源。这些电源进行交流到直流或直流到直流的变换。输入特性，本部分适用于额定值 660V 及以下的所有交流或直流电源。输出

特性，本部分仅适用于直流电压低于 250V，且功率 2.5kW 及以下的电源。本部分与 IEC612040-6：2000 相比，存在如下技术性差异：根据我国标准，本部分第 1 章将输入电源电压范围上限从 IEC61204-6 规定的不超过 600V 改为不超过 660V，输出电压范围上限则从 IEC61204-6 规定的不超过 200V 改为不超过 250V。

额定电压 450/750V 及以下橡皮绝缘电缆
第 6 部分：电焊机电缆
标准编号：GB/T 5013.6—2008
实施日期：2008-09-01
发布部门：中华人民共和国国家质量监督检验检疫
　　　　　　总局、中国国家标准化管理委员会
标准简介：

　　GB/T 5013 的本部分给出了橡皮绝缘电焊机电缆的技术要求。每种电缆均应符合 GB/T 5013.1 规定的要求和本部分的特殊要求。

普通电源或整流电源供电直流电机的特殊试验方法
标准编号：GB/T 20114—2006
实施日期：2006-06-01
发布部门：中华人民共和国国家质量监督检验检疫
　　　　　　总局　中国国家标准化管理委员会
标准简介：

　　本标准适用于额定输出 1kW 及以上的普通电源或整流电源供电的直流电机，但其他 IEC 标准所涵盖的电机除外，如 IEC 60349。本标准的目的是制定用于测试普通电源或整流电源供电的直流电机特性参量的试验方法。本标准所描述的任一项或全部试验项目都不应理解为对任何指定电机都要求执行。特定试验应依据制造商和用户之间的协议进行。

YGP 系列辊道用变频调速三相异步电动机技术条件
标准编号：GB/T 21969—2008
实施日期：2009-03-01
发布部门：中华人民共和国国家质量监督检验检疫
　　　　　　总局　中国国家标准化管理委员会
标准简介：

　　本标准规定了 YGP 系列辊道用变频调速三相异步电动机的型式、基本参数与尺寸、技术要求、检验规则、试验方法以及标志、包装及保用期的要求。本标准适用于各种辊道用变频调速三相异步电动机。凡属本系列电动机所派生的各种系列电动机均可参照执行。

电能质量公用电网间谐波
标准编号：GB/T 24337—2009
实施日期：2010-06-01
发布部门：中华人民共和国国家质量监督检验检疫
　　　　　　总局　中国国家标准化管理委员会
标准简介：

　　本标准规定了公用电网谐波电压的允许阻值及测量取值方法。本标准适用于交流额定频率为 50Hz，标称电压 220kV 及以下的公用电网。

半导体电力变流器电气试验方法
标准编号：GB/T 13422—1992
实施日期：1992-12-01
发布部门：国家技术监督局
标准简介：

　　本标准规定了半导体电力变流器电气试验方法的试验条件、试验一般规定和试验程序。本标准适用于各种类型的变流器，包括整流器、逆变器以及兼有两种运行方式的变流器和各种电力电子开关的试验方法，至于应进行的试验项目应在各自产品标准的检验规则中作出规定。本标准对各种变流器电气试验的共性问题作出规定，有关不同变流器的特殊性问题可以在该种变流器的分类标准或其他标准中作出规定。本标准不适用于机动车用变流器和航空电器用机载变流器。

电能质量供电电压偏差
标准编号：GB/T 12325—2008
实施日期：2009-05-01
发布部门：中华人民共和国国家质量监督检验检疫
　　　　　　总局　中国国家标准化管理委员会
标准简介：

　　本标准代替 GB/T 12325—2003《电能质量　供电电压允许偏差》。本标准规定了电网供电电压偏差的限值、测量和合格率统计。本标准适用于交流 50Hz 电力系统在正常运行条件下供电电压对系统标称电压的偏差。本标准与 GB/T 12325—2003 相比主要变化如下：标准名称改为《电能质量　供电电压偏差》；为便于理解和实施，前 3 个术语与 GB 156 协调一致（见 3.1～3.3），修改了"电压偏差"的定义（见 3.4），增加了"电压合格率"术语（见 3.5）；增加 20kV 电压等级的电压偏差限值（见 4.2）；正文增加"供电电压偏差的测量"，以增强标准的可操作性；增加了"附录 A　电压合格率统计"、"附录 B　电网电压监测及地区电网电压合格率的统计"。

二、通信、广播

数据通信用电源系统

标准编号：YD/T 1818—2008
实施日期：2008-11-01
发布部门：工业和信息化部
标准简介：

本标准规定了数据通信用电源系统的定义、分类、系统组成、技术及系统配置要求。本标准适用于数据通信机房电源系统及进入数据通信机房的各类数据通信设备的电源系统。

通信用模块化不间断电源

标准编号：YD/T 2165—2010
实施日期：2011-01-01
发布部门：工业和信息化部
标准简介：

本标准规定了通信用模块化不间断电源的术语和定义、要求、试验方法、检验规则和标志、包装、运输、贮存等。

通信局（站）电源系统维护技术要求

第 1 部分：总则
标准编号：YD/T 1970.1—2009
实施日期：2009-09-01
发布部门：工业和信息化部
标准简介：

本部分规定了通信局（站）电源系统结构组成、维护原则、维护技术目标、主要设备的有效使用年限和能用检测方法。　本部分适用于通信局（站）中的高、低压变配电系统、直流系统、交流不间断电源 UPS 系统、逆变系统、发电机组系统、接地系统、动力环境监控系统、光伏与风力发电系统、蓄电池等系统设备。

数据设备用交流电源分配列柜

标准编号：YD/T 2322—2011
实施日期：2011-06-01
发布部门：中华人民共和国工业和信息化部
标准简介：

本标准规定了数据设备用交流电源分配列柜的系统结构、电源配置、监控测量、防雷与接地等方面的性能要求和技术指标，以及定义、分类、命名、试验方法、检验规则和标志、包装、运输和贮存。本标准适用于数据设备用网络机柜配套使用的交流电源分配列柜，与其他设备配套使用的电源配电柜、交流电源列柜以及直流电源列柜也可参照执行。

接入网电源技术要求

标准编号：YD/T 1184—2002
实施日期：2002-02-01
发布部门：中华人民共和国信息产业部
标准简介：

本标准规定了接入网电源的技术要求。本标准适用于接入网用户端网络单元及以下的交换和业务终端设备的电源设备和系统。

微波无人值守电源技术要求

标准编号：YD/T 501—2000
实施日期：2000-03-31
发布部门：中华人民共和国信息产业部
标准简介：

本标准规定了微波无人值守站电源系统及设备的技术要求。本标准适用于无人值守站电源系统设计、设备选型等。

通信电源用阻燃耐火软电缆

标准编号：YD/T 1173—2010
实施日期：2011-01-01
发布部门：工业和信息化部
标准简介：

本标准规定了通信电源用阻燃耐火软电缆的分类与命名、要求、试验方法、检验规则、标志、包装、运输及贮存。

移动通信手持机用锂离子电源及充电器

标准编号：YD/T 998—1999
实施日期：1999-07-01
发布部门：中华人民共和国信息产业部
标准简介：

本标准规定了移动通信手持机用锂离子电源的技术要求、试验方法、检验规则及包装、标志、贮存、运输。本标准适用于移动通信手持机用锂离子电源，用于其他用途的锂离子电源也可参考使用。

通信设备用直流远供电源系统

标准编号：YD/T 1817—2008

实施日期：2008-11-01

发布部门：工业和信息化部

标准简介：

本标准规定了通信设备用直流远供电源系统的定义、分类、要求、测试方法，及设备的标志、包装、运输和存储。本标准适用于通过通信线缆进行直流电能远距离传送和接收的供电系统。本标准不适用于 TNV 电路的远供系统。

通信用铜包铝电源线

标准编号：YD/T 2320—2011

实施日期：2011-06-01

发布部门：中华人民共和国工业和信息化部

标准简介：

本标准规定了交流额定电压 600/1000V 及以下通信用铜包铝电源线的分类与命名、要求、试验方法、检验规则、标志、包装、运输和贮存。本标准适用于通信局（站）、建筑物等电源输、配电系统中的通信用铜包铝电源线。

无线射频拉远单元（RRU）用线缆
第 2 部分：电源线

标准编号：YD/T 2289.2—2011

实施日期：2011-06-01

发布部门：中华人民共和国工业和信息化部

标准简介：

本部分规定了无线射频拉远单元（RRU）用电源线的分类与命名、要求、试验方法、检验规则、标志、包装、运输及贮存。本部分适用于交流额定电压为 600/1000V 的通信局（站）无线射频拉远单元（RRU）用电源线。

通信用逆变设备

标准编号：YD/T 777—2006

实施日期：2006-10-01

发布部门：中华人民共和国信息产业部

标准简介：

本标准规定了通信用直流—交流正弦波逆变设备（以下简称逆变设备）为适应通信设备的特殊要求所必须具备的技术条件、试验方法和检验规则。本标准适用于向通信设备供电的正弦波逆变设备。

无触点补偿式交流稳压器

标准编号：YD/T 1270—2003

实施日期：2003-06-05

发布部门：中华人民共和国信息产业部

标准简介：

本标准规定了无触点补偿式交流稳压器的技术要求、试验方法、检验规则和标志、包装、运输、贮存。本标准适用于采用低压电器及电子器件组成的无触点补偿式交流稳压器。

室外型通信电源系统

标准编号：YD/T 1436—2006

实施日期：2006-10-01

发布部门：中华人民共和国信息产业部

标准简介：

本标准规定了室外型通信电源系统（以下简称系统）的定义、分类、技术要求、结构要求、环境适应性要求、试验方法、检验规则以及标志、包装、运输和贮存。本标准适用于放置在室外固定地点的，由不间断电源或逆变器、高频开关电源、蓄电池及相应配电设施组合的通信电源系统。本标准不适用于室外型柴油发电机组、车船载移动电源系统及利用自然环境能量发电的电源系统。

移动通信手持机用锂离子电源及充电器

标准编号：YD/T 998.2—1999

实施日期：1999-06-01

发布部门：中华人民共和国信息产业部

标准简介：

本标准规定了移动通信手持机用锂离子电源充电器的技术要求、试验方法、检验规则和标志、包装、贮存、运输。本标准适用于移动通信手持机用锂离子电源的专用充电器。其他对锂离子电源充电的充电器也可参照使用。

移动通信手持机用锂离子电源及充电器 锂离子电源

标准编号：YD/T 998.1—1999

实施日期：1999-06-01

发布部门：中华人民共和国信息产业部

标准简介：

本标准规定了移动通信手持机用锂离子电源的技术要求、试验方法、检验规则及包装、标志、贮存、运输。本标准适用于移动通信手持机用锂离子电源，用于其他用途的锂离子电源也可参考使用。

移动通信手持机锂电池及充电器的安全要求和试验方法

标准编号：YD 1268—2003

实施日期：2003-06-05

发布部门：中华人民共和国信息产业部

标准简介：

本标准规定了移动通信手持机锂电池的安全性能要求，包括正常使用及可能发生误操作时的安全性要求和试验方法。本标准适用于移动通信手持机锂电池（以下简称电池）和锂电池芯（以下简称电池芯）。本部分规定了移动通信手持机锂电池充电器的安全特性的技术要求，并规定了相应的试验方法。本部分适用于移动通信手持机锂电池充电器（以下简称充电器）。

移动通信终端电源适配器及充电/数据接口技术要求和测试方法

标准编号：YD/T 1591—2009

实施日期：2010-01-01

发布部门：工业和信息化部

标准简介：

本标准规定了移动通信终端充电/数据接口、交流电源适配器及线缆的技术要求和测试方法，包括所涉及的物理特性、电气特性、安全特性、电磁兼容性、环境适应性和识别标识等。 本标准适用于采用有线供电方式的终端、交流电源适配器及其连接线缆；不适用于需要特殊供电和应用的移动终端，如仅用于企业、行业的特殊移动设备等。其他便携式或家用小型电子设备的供电或充电也可以参照使用。

移动通信终端车载直流电源适配器及接口技术要求和测试方法

标准编号：YD/T 2306—2011

实施日期：2011-06-01

发布部门：中华人民共和国工业和信息化部

标准简介：

本标准规定了移动通信终端车载直流电源适配器及接口的技术要求和测试方法，包括车载直流电源适配器及其接口的物理特性、电气特性、安全特性、电磁兼容性、环境适应性等。本标准适用于在供电系统为直流 12V 或 24V，具有点烟器接口的车辆环境内使用的为移动通信终端供电的电源适配器。

通信局（站）电源、空调及环境集中监控管理系统
第 1 部分：系统技术要求

标准编号：YD/T 1363.1—2005

实施日期：2005-11-01

发布部门：中华人民共和国信息产业部

标准简介：

本部分规定了通信局（站）电源、空调及环境集中监控管理系统的系统组成、监控内容、系统管理、硬件配置、软件功能和系统维护等要求。本部分适用于各类通信局（站）单独设置的通信电源、空调及环境集中监控管理系统以及以此为基础构成的不同规模的监控系统网络。

通信局（站）电源、空调及环境集中监控管理系统
第 2 部分：互联协议

标准编号：YD/T 1363.2—2005

实施日期：2005-11-01

发布部门：中华人民共和国信息产业部

标准简介：

本部分规定了通信局（站）电源、空调及环境集中监控管理系统的互联通信协议接口。本部分适用于各类通信局（站）单独设置的通信电源、空调及环境集中监控管理系统以及以此为基础构成的不同规模的监控系统网络。

通信局（站）电源、空调及环境集中监控管理系统
第 4 部分：测试方法

标准编号：YD/T 1363.4—2005

实施日期：2005-11-01

发布部门：中华人民共和国信息产业部

标准简介：

YD/T 1363 的本部分规定了通信局（站）电源、空调及环境集中监控管理系统的测试方法。本部分适用于各类通信局（站）单独设置的通信电源、空调及环境集中监控管理系统以及以此为基础而构成的不同规模的监控系统的测试。

通信局（站）电源系统维护技术要求
第 2 部分：高低压变配电系统

标准编号：YD/T 1970.2—2010

实施日期：2011-01-01

发布部门：工业和信息化部

标准简介：

本部分规定了通信局（站）高低压变配电系统的使用条件、维护项目、周期、指标要求和检测方法。

通信局（站）电源系统总技术要求

标准编号：YD/T 1051—2010

实施日期：2011-01-01

发布部门：工业和信息化部

标准简介：

本标准规定了通信局（站）电源系统的结构形式、交流供电系统、直流供电系统、防雷接地、主要电源设备技术性能要求和电源系统的监控、环境条件等要求。

通信局（站）电源系统维护技术要求

第10部分：阀控式密封铅酸蓄电池

标准编号：YD/T 1970.10—2009

实施日期：2009-09-01

发布部门：工业和信息化部

标准简介：

本部分规定了通信局（站）用阀控式密封蓄电池使用条件、维护项目、周期、指标要求和检测方法。 本部分规定了通信局（站）中直流系统、交流不间断电源 UPS 系统、逆变系统、发电机组系统、光伏与风力发电系统等供电系统所配置的铅酸蓄电池。

无触点感应式交流稳压器

标准编号：YD/T 1325—2004

实施日期：2005-03-01

发布部门：中华人民共和国信息产业部

标准简介：

本标准规定了无触点感应式交流稳压器（以下简称稳压器）的定义、分类与命名、技术要求、试验方法、检验规则、标志、包装、运输和贮存。本标准适用于交流电压为 500V 以下的稳压器。

通信局（站）电源、空调及环境集中监控管理系统

第3部分：前端智能设备协议

标准编号：YD/T 1363.3—2005

实施日期：2005-11-01

发布部门：中华人民共和国信息产业部

标准简介：

本部分规定了通信局（站）内为实现集中监控而使用的电源设备在设计、制造中应遵循的通信协议，同时规定了通信局（站）电源、空调及环境集中监控管理系统中监控模块和监控单元之间的通信协议。本部分适用于各类通信局（站）电源、空调及环境集中监控系统和在此基础上构成的不同规模的监控系统。

通信用高频开关整流器

标准编号：YD/T 731—2008

实施日期：2008-11-01

发布部门：中华人民共和国工业和信息化部

标准简介：

本标准规定了通信用高频开关整流器的要求、试验方法、检验规则和包装储运。本标准适用于通信用高频开关整流器。

通信用开关电源系统监控技术要求和试验方法

标准编号：YD/T 1104—2001

实施日期：2001-03-21

发布部门：中华人民共和国信息产业部

标准简介：

本标准规定了通信用开关电源系统监控模块的监控内容、技术要求、通信协议、试验方法等。本标准适用于各类通信局（站）单独设置的通信用开关电源系统监控模块及以此为基础构成的不同规模的监控系统网络。微波、光缆、移动通信等通信局（站）中纳入通信设备监控系统的通信智能电源监控可参照本标准有关部分执行。

通信用半导体整流设备

标准编号：YD/T 576—1992

实施日期：

标准简介：

原 GB 10292—88 调整为 YD 标准。

通信设备用电源分配单元（PDU）

标准编号：YD/T 2063—2009

实施日期：2010-01-01

发布部门：工业和信息化部

标准简介：

本标准规定了通信设备机柜内部使用的交流电源分配单元的定义、分类和规格、要求、试验方法、检验规则及标志、包装、运输、贮存等。本标准适用于局站通信设备用电源分配单元（简称 PDU）。

接入网设备与远端模块电源系统的综合再利用

标准编号：GB/T 26260—2010

实施日期：2011-06-01

发布部门：中华人民共和国国家质量监督检验检疫
　　　　　总局　中国国家标准化管理委员会

标准简介：

本标准规定了接入网设备与远端模块电源系统

进行综合再利用的技术要求、试验方法及判定与原则。本标准适用于接入网设备与远端模块等配套电源系统的综合再利用。

移动通信电源技术要求和试验方法

标准编号：GB/T 13722—1992

实施日期：1993-06-01

发布部门：国家技术监督局

标准简介：

本标准规定了移动通信电源的技术要求和试验方法。本标准适用于供地面、内河或沿海作移动业务使用的，其额定输出电压为48V以下的直流稳压电源。

通信用太阳能电源系统

标准编号：GB/T 26264—2010

实施日期：2011-06-01

发布部门：中华人民共和国国家质量监督检验检疫
         总局　中国国家标准化管理委员会

标准简介：

本标准规定了通信用太阳能电源系统的定义、组成、要求、试验方法、检验规则和包装储运。本标准适用于向通信设备供电的离网型光伏发电系统或混合发电系统，不适用于向电网送电的光伏发电系统和柴油发电机组等发电装置。

移动通信手持机用锂离子电源充电器

标准编号：GB/T 21544—2008

实施日期：2008-11-01

发布部门：中华人民共和国国家质量监督检验检疫
         总局、国家标准化管理委员会

标准简介：

本标准规定了移动通信手持用锂离子电源充电器的要求、试验方法、检验规则和标志、包装、储存、运输。本标准适用于移动通信手持机用锂离子电源的充电器。

视听设备和系统　标牌——电源标志

标准编号：GB/T 18122—2000

实施日期：2000-10-01

发布部门：中华人民共和国国家质量监督检验检疫总局

标准简介：

本标准适用于音频、视频、电视和视听工程领域的电子设备及系统，特别是对使用人员无须进行技术培训的设备。本标准仅适用于使用不超过单相250V交流电压或不超过50V的直流电压、通过插头和插座连接电源的设备。

卫星通信地球站无线电设备测量方法
第2部分：分系统测量
第四节：上变频器和下变频器

标准编号：GB/T 11299.8—1989

实施日期：1990-01-01

发布部门：中华人民共和国电子工业部

标准简介：

本标准规定了卫星通信地球站发射机和接收机内上、下变频器电性能的测量适用于本系列标准GB11299.1《卫星通信地球站无线电设备测量方法》"总则"图1所示的分系统。

通信用风能电源系统

标准编号：GB/T 26263—2010

实施日期：2011-06-01

发布部门：中华人民共和国国家质量监督检验检疫
         总局　中国国家标准化管理委员会

标准简介：

本标准规定了通信用风能电源系统的定义、组成、要求、试验方法、检验规则和包装储运。本标准适用于向通信设备供电的风能发电系统或混合发电系统，不适用于向电网送电的风能发电系统和柴油发电机组等发电装置。

通信建设工程预算定额
第一册　通信电源设备安装工程

标准编号：GXG 75—4.1—2008

实施日期：

标准简介：

《通信电源设备安装工程》预算定额覆盖了通信设备安装工程中所需的全部供电系统配置的安装项目，内容包括10kV以下的变、配电设备、电力缆线布放、接地装置及供电系统配套附属设施的安装与调试。本册定额不包括10kV以上电气设备安装；不包括电气设备的联合试运转工作。

卫星直播系统一体化下变频器技术要求和测量方法

标准编号：GY/T 232—2008

实施日期：2008-03-15

发布部门：国家广播电影电视总局

标准简介：

本标准规定了卫星直播系统一体化下变频器的技术要求和测量方法。对于能够确保同样测量不确定度的任何等效测量方法也可采用。有争议时，应以本标准为准。本标准适用于广播电视卫星直播系统一体化下变频器的开发、生产、使用和运行维护。

通信用直流—直流模块电源

标准编号：YD/T 1376—2005
实施日期：2005-12-01
发布部门：中华人民共和国信息产业部
标准简介：

本标准规定了通信用直流—直流模块电源（以下简称模块电源）的要求、试验方法、检验规则和包装贮存。本标准适用于非独立使用、板上安装的通信用直流—直流模块电源。

多路微波分配系统（MMDS）下变频器技术要求和测量方法

标准编号：GY/T 173—2001
实施日期：2001-10-01
发布部门：国家广播电影电视总局
标准简介：

本标准规定了采用多路微波分配方式、工作在2500～2700MHz频率范围内的广播电视系统用MMDS下变频器的技术要求和测量方法。对于能够确保同样测量不确定度的任何等效测量方法也可以采用。有争议时，应以本标准为准。

通信用高频开关电源系统

标准编号：YD/T 1058—2007
实施日期：2007-12-01
发布部门：中华人民共和国共和国信息产业部
标准简介：

本标准规定了通信用高频开关电源系统（以下简称系统）的组成、系列、要求、试验方法、检验规则、标志、包装、运输和储存。本标准适用于直流输出电压为－48V（24V）的通信用高频开关电源系统。

通信用变换稳压型太阳能电源控制器技术要求和试验方法

标准编号：YD/T 2321—2011
实施日期：2011-06-01
发布部门：中华人民共和国工业和信息化部
标准简介：

本标准规定了通信用变换稳压型太阳能电源控制器的定义、分类、要求、试验方法、检验规则、标志、包装、运输、贮存等。本标准适用于采用

DC/DC变换稳压控制技术的太阳能电源控制器，不适用于并网太阳能电源控制器。

通信用应急电源（EPS）

标准编号：YD/T 2062—2009
实施日期：2010-01-01
发布部门：工业和信息化部
标准简介：

本标准规定了通信用应急电源（EPS）（以下简称EPS设备）的定义、分类、要求、试验方法、检验规则及标志、包装、运输、贮存。本标准适用于输出容量为0.5～10kVA，应用于微机站、直放站等场所的EPS设备。

通信用交流稳压器

标准编号：YD/T 1074—2000
实施日期：2000-09-01
发布部门：中华人民共和国信息产业部
标准简介：

本标准规定了通信用交流稳压器（以下简称稳压器）的要求、试验方法、检验规则和标志、包装、运输、贮存。本标准适用于由补偿变压器和接触调压器以及低压电器和电子器件组成的向通信设备供电的干式交流稳压器。

通信用太阳能供电组合电源

标准编号：YD/T 1073—2000
实施日期：2000-09-01
发布部门：中华人民共和国信息产业部
标准简介：

本标准规定了通信用太阳能供电组合电源（以下简称组合电源）的要求、试验方法、检验规则和标志、包装、运输、贮存。本标准适用于以太阳能光伏电池做主供电源，由交流配电单元、直流配电单元、整流器、监控器和太阳能光伏电池电压稳定装置等构成的向通信设备供电的组合电源设备。本标准不包含对太阳能光伏电池的要求。

通信电源设备安装工程设计规范

标准编号：YD/T 5040—2005
实施日期：2006-10-01
发布部门：中华人民共和国信息产业部
标准简介：

本规范适用于新建通信电源设备安装工程。扩建和改建工程可参照执行。

通信局（站）电源系统维护技术要求

第 6 部分：发电机组系统

标准编号：YD/T 1970.6—2009

实施日期：2009-09-01

发布部门：工业和信息化部

标准简介：

本部分规定了通信局（站）发电机组系统的使用条件、维护项目、周期、指标要求和检测方法。本部分适用于通信局（站）发电机组系统中的发电机设备、机组控制屏、转换设备、配电设备、启动系统、通风排烟系统、燃油系统等设备。

通信局（站）电源系统维护技术要求

第 4 部分：不间断电源（UPS）系统

标准编号：YD/T 1970.4—2009

实施日期：2009-09-01

发布部门：工业和信息化部

标准简介：

本部分规定了不间断电源 – UPS 系统的使用条件、维护和现场验收项目、周期、指标要求及检测方法。本部分适用于通信局（站）中 UPS 系统。

通信局（站）电源系统维护技术要求

第 3 部分：直流系统

标准编号：YD/T 1970.3—2010

实施日期：2011-01-01

发布部门：工业和信息化部

标准简介：

本部分规定了通信局（站）直流系统的使用条件、维护项目、周期、指标要求和检测方法。

通信用不间断电源（UPS）

标准编号：YD/T 1095—2008

实施日期：2008-11-01

发布部门：工业和信息化部

标准简介：

本标准规定了通信用在线式、互动式与后备式静止型不间断电源（UPS）的技术要求、试验方法、检验规则和标志、包装、运输、贮存。本标准适用通信用在线式、互动式与后备式输出电压为正弦波的静止型不间断电源。

有线电视系统接收机变换器入网技术条件和测量方法

标准编号：GY/T 125—1995

实施日期：1996-01-01

发布部门：广播电影电视部

标准简介：

本标准规定了有线电视接收机变换器（以下简称变换器）的性能参数要求和测量方法，对于能确保同样测量准确度的任何等效测量方法也可以应用。有争议时，应以本标准为准。本标准适用于入网的有线电视接收机变换器电性能参数的检测，并作为入网评价的技术依据。

三、电子元器件与信息技术

混合集成电路 HDCD2812D15 型 DC/DC 变换器详细规范

标准编号：SJ 52438.9—2001

实施日期：2002-01-01

发布部门：中华人民共和国信息产业部

标准简介：

本规范规定了混合集成电路 HDCD2812D15 型 DC/DC 变换器（以下简称电路）的详细要求。该电路的质量保证等级为 H 和 HI 级。本规范适用于电路的研制、生产和采购。

电磁兼容环境工业设备电源低频传导骚扰发射水平的评估

标准编号：GB/Z 18039.2—2000

实施日期：2000-12-01

发布部门：中华人民共和国国家质量监督检验检疫总局

标准简介：

本指导性技术文件推荐了评估工业环境中安装在非公用电网中的装置、设备和系统发射所产生的骚扰水平的程序，并只限于供电电源中的低频传导骚扰。

LC410-9005-E-E-1E-B-3、 LC410-9007-H-E-1E-B-3 型电源滤波器详细规范

标准编号：SJ 51518/1—2004

实施日期：2004-12-01

标准简介：

本规范规定了 LC410-9005-E-E-1E-B-3、LC410-9007-H-E-1E-B-3 型电源滤波器（以下简称"产品"）的详细要求。

进出口信息技术设备检验规程

第 6 部分：信息技术设备用电源适配器

标准编号：SN/T 1429.6—2007

实施日期：2008-03-01

标准简介：

本部分规定了对进出口信息技术设备用电源适配器的要求、检验及判定。

400Hz 静止变频电源通用规范

标准编号：SJ 20915—2004

实施日期：2004-12-30

标准简介：

本规范适用于电子装备所使用的各种静止变频电源，是产品研制、生产和验收的主要技术依据，也是制定相关产品规范和其他技术文件应遵循的原则和基础。

电子电源术语及定义

标准编号：SJ/T 1670—2001

实施日期：2002-01-01

标准简介：

本标准规定了电子电源常用名词术语的定义。本标准适用于电子电源专业范围内制定各种标准、编制各类技术文件，也适用于科研、科学等方面。

混合集成电路 HMSF-600 型电源滤波器详细规范

标准编号：SJ 52438.10—2001

实施日期：2002-01-01

发布部门：中华人民共和国信息产业部

标准简介：

本规范规定了混合集成电路 HMSF-600 型电源滤波器（以下简称电路）的详细要求。该电路的质量保证等级为 H 级和 H1 级。本规范适用于电路的研制、生产和采购。

发光二极管（LED）显示屏测试方法

标准编号：SJ/T 11281—2007

实施日期：2008-01-20

发布部门：中华人民共和国信息产业部

标准简介：

本标准规定了发光二极管（LED）显示屏的机械、光学、电学等主要技术性能指标的分级和测试方法。本标准适用于各类发光二极管（LED）显示屏（以下简称显示屏）的测试。

交流电容器老化电源完好要求和检查评定方法

标准编号：SJ/T 31381—1994

实施日期：1994-06-01

发布部门：中华人民共和国电子工业部

标准简介：

本标准规定了交流电容器老化电源的完好要求和检查、评定方法。本标准适用于 P80-1/HM 型和 P80-4/HM 型交流电容器老化电源，类似型式的交流电容器老化电源亦可参照执行。

VYJ9S 系列野战电源电缆规范

标准编号：SJ 20988—2008

实施日期：

标准简介：

本规范规定了 VYJ9S 系列野战电源电缆的要求、质量保证规定和交货准备等。本规范适用于 VYJ9S 系列野战电源电缆（以下简称电缆）的研制、生产、订货和验收。

道路照明用 LED 灯具

标准编号：DB35/T 813—2008

实施日期：2008-07-10

发布部门：福建省质量技术监督局

标准简介：

地方标准，主管部门： 福建省质量技术监督局。

CS42 型电源用矩形电连接器规范

标准编号：SJ/T 11323—2006

实施日期：2006-02-01

标准简介：

本规范规定了 CS42 型电源用矩形电连接器的型号命名、技术要求、质量评定程序、标志、包装、运输和贮存等要求。本规范适用于 CS42 型电源用矩形电连接器。

LED 路灯

标准编号：DB44/T 609—2009

实施日期：2009-07-01

发布部门：广东省质量技术监督局

标准简介：

本标准规定了 LED（发光二极管）路灯的定义、产品分类、型号和命名、技术要求、试验方法、检测规则以及标志、使用说明书、包装、运输和贮存要求等。本标准适用于 250V 以下直流电源及 1000V

以下交流供电的道路、街路、隧道照明和其他室外公共场所 LED（发光二极管）路灯。本标准与 GB 7000.1 等相关标准的有关章节一起阅读。

LED 显示屏通用规范

标准编号： SJ/T 11141—2003
实施日期： 2003-10-01
发布部门： 中华人民共和国信息产业部
标准简介：

本标准规定了 LED 显示屏的定义、分类、技术要求、检验方法、检验规则以及标志、包装、运输、贮存要求。本规范适用于 LED 显示屏产品。它是 LED 显示屏产品设计、制造、测试、安装、验收、使用、质量检验和制定各种技术标准、技术文件的主要技术依据。

电磁兼容试验和测量技术直流电源输入端口纹波抗扰度试验

标准编号： GB/T 17626.17—2005
实施日期： 2005-12-01
发布部门： 中华人民共和国国家质量监督检验检疫总局　中国国家标准化管理委员会
标准简介：

本部分规定了电气和电子设备的直流电源输入端口的纹波抗扰度试验方法。本部分适用于由外部整流系统或正在充电的蓄电池供电的设备的低压直流电源端口。本部分的目的是建立一个通用的和可重现的基准，以在试验室条件下对电力和电子设备进行来自于如整流系统和/或蓄电池充电时叠加在直流电源上的纹波电压的抗扰度试验。本部分规定了：试验电压的波形；试验等级范围；试验发生器；试验配置；试验程序。

通信用电感器和变压器磁心

第四部分：空白详细规范

标准编号： GB 9629—1988
实施日期： 1989-02-01
发布部门： 中华人民共和国电子工业部
标准简介：

本规范规定了评定水平为 A 的电源变压器和扼流圈用磁性氧化物磁心的额定值、性能、检验要求和补充资料。

气体激光器电源系列

标准编号： GB 12083—1989

实施日期： 1990-08-01
发布部门： 国家技术监督局
标准简介：

本标准规定了气体激光器电源输出电压和输出电流值的系列、调节范围和允许的波动范围；同时规定了输出电压和输出电流之间的允许匹配。本标准适用于连续工作状态的气体激光器的固定的和可调的直流电流源和直流电压源。

变频调速节能改造技术规范

标准编号： DB37/T 1107—2008
实施日期： 2009-01-15
发布部门： 山东省质量技术监督局
标准简介：

地方标准，发布单位：山东省质量技术监督局。

电子设备用固定电容器

第 14 部分：分规范　抑制电源电磁干扰用固定电容器

标准编号： GB/T 14472—1998
实施日期： 1998-09-01
发布部门： 国家技术监督局
标准简介：

本标准适用于抑制电磁干扰用固定电容器和电阻器-电容器的组件，这些电容器和电阻器-电容器组件将用于电气和电子设备，并跨接到电源线，且电源线之间的电压不超过 500V 直流或交流有效值，或任一电源线与地之间的电压不超过 250V 直流或交流有效值，频率不超过 100Hz。本标准规定了适用于连接电源的抑制干扰电容器的各项试验。有关设备规范也可以规定应使用符合本规范要求电容器的其他电路位置。本标准也适用于在一个外壳内装有两个或多个电容器的组合电容器。本标准也适用于电阻器-电容器的串联组件，但组合件的等效串联电阻应不超过 1kΩ。本标准也适用于电阻器-电容器的并联组件，但此电阻器是作为电容器的放电电阻。

电磁兼容试验和测量技术直流电源输入端口电压暂降、短时中断和电压变化的抗扰度试验

标准编号： GB/T 17626.29—2006
实施日期： 2007-09-01
发布部门： 中华人民共和国国家质量监督检验检疫总局　中国国家标准化管理委员会
标准简介：

GB/T17626 的本部分规定了在电气和电子设备的直流电源输入端口对电压暂降、短时中断和电压

变化的抗扰度试验方法。

电磁兼容试验和测量技术交流电源端口谐波、谐间波及电网信号的低频抗扰度试验

标准编号：GB/T 17626. 13—2006

实施日期：2007-07-01

发布部门：中华人民共和国国家质量监督检验检疫
　　　　　　总局 中国国家标准化管理委员会

标准简介：

　　GB/T17626 的本部分规定了低压电网中每相额定电流小于等于 16A 的电气和电子设备对骚扰频率高至 2kHz 的谐波、谐间波的抗扰度试验方法，并提出了基本试验等级的范围。

电子设备用固定电容器

第 14 部分：空白详细规范 抑制电源电磁干扰用固定电容器评定水平 D

标准编号：GB/T 14473—1998

实施日期：1998-09-01

发布部门：国家技术监督局

标准简介：

　　空白详细规范是分规范的一种补充文件。

按能力批准评定质量的电子设备用电源变压器分规范

标准编号：GB/T 15183—1994

实施日期：1995-03-01

发布部门：国家技术监督局

标准简介：

　　本规范规定了按 GB/T 14860 规定的能力批准程序放行的电源变压器详细规范编制方法。本规范包括空白详细规范（BDS）。空白详细规范规定了格式并指出了适合于这种型式元件的试验；而最终选择列入检验一览表中的试验是由该规范的编写者决定的。该规范还规定了相应的额定值和特性。本规范规定的元件与单频率、基本为对称波形的最大传输功率有关。

普通照明用 LED 灯具（固定式、可移式、嵌入式）

标准编号：DB35/T 810—2008

实施日期：2008-07-10

发布部门：福建省质量技术监督局

标准简介：

　　地方标准，发布单位：福建省质量技术监督局。

微小型计算机系统设备用开关电源通用规范

标准编号：GB/T 14714—2008

实施日期：2008-12-01

发布部门：国家标准化管理委员会

标准简介：

　　本标准规定了微小型计算机系统设备用开关电源的技术要求、试验方法、检验规则、标志、包装、运输、贮存等。本标准适用于微小型计算机系统设备用开关电源，是制定产品标准的依据。本标准代替 GB/T 14714—1993《微小型计算机系统设备用开关电源通用技术条件》。本标准与 GB/T 14714—1993 的主要区别如下：标准名称修改为"微小型计算机系统设备用开关电源通用规范"；表 1 中关于电压分类，电压分类增加 3.3V 和负电压，取消 24V，将大于 60V 的电压并入"其他"；将"最小调节范围"修改为"稳压范围"；其他各项指标也作了部分修订；增加电源适应能力的要求；电磁兼容增加抗扰度限值和谐波电流限值的要求；可靠性要求由 3000h 更改为 4000h；主要性能试验增加测试电流计算方法，确定了额定负载的计算方法，并在相关的试验中作了修订。

信息技术设备用不间断电源通用技术条件

标准编号：GB/T 14715—1993

实施日期：1994-06-01

发布部门：国家技术监督局

标准简介：

　　本标准规定了信息技术设备用不间断电源通用技术条件。本标准适用于信息技术设备用不间断电源，其他场合使用的不间断电源可参照本标准，本标准是制定型号产品标准的依据。

单端和双端荧光灯用电子镇流器的电磁发射试验方法

标准编号：GB/T 22148—2008

实施日期：2009-07-01

发布部门：中华人民共和国国家质量监督检验检疫
　　　　　　总局 中国国家标准化管理委员会

标准简介：

　　与 GB 17743 的要求相对应，本标准在使用基准灯具的基础上，详细描述了 I 类荧光灯具用电子镇流器的无线电骚扰特性的独立测量方法。本标准覆盖了使用 G5 或 G13 灯头的双端荧光灯和 2G7、2G11、G24q、GX24q 灯头的单端荧光灯用电子镇流器。

电子设备用电源变压器和滤波扼流圈总技术条件

标准编号：GB/T 15290—1994

实施日期：1995-07-01

发布部门：国家技术监督局

标准简介：

本标准规定了电子设备用电源变压器、滤波扼流圈的技术要求、试验方法、检验规则及标志、包装、运输、贮存。本标准适用于电子设备用的干式电源变压器、滤波扼流圈，其工作电压不高于5000V、电源频率不高于1050Hz、重量不大于70kg。

变频变压电源通用技术条件

标准编号：DB37/T 727—2007

实施日期：2007-12-01

标准简介：

替代标准：DB37/T 727—2007 变频变压电源通用技术条件。

按能力批准评定质量的电子设备用开关电源变压器分规范

标准编号：GB/T 15184—1994

实施日期：1995-03-01

发布部门：国家技术监督局

标准简介：

本规范规定了按 GB/T 14860《通信和电子设备用变压器和电感器总规范》规定的能力批准放行的开关电源变压器详细规范编制方法。本规范还规定了相应的额定值和特值。本规范规定的元件与工作在开关状态的半导体器件连在一起用以传输功率，其输入波形为正弦或非正弦、对称或非对称的波形。

通信用电感器和变压器磁心

第 4 部分：分规范电源变压器和扼流圈用磁性氧化物磁心

标准编号：GB 9628—1988

实施日期：1989-02-01

发布部门：中华人民共和国电子工业部

标准简介：

本分规范规定了有质量评定的磁性氧化物磁心的性能、额定值及检验要求。

四、能源、核技术

离网型风能、太阳能发电系统用逆变器

第 2 部分：试验方法

标准编号：GB/T 20321.2—2006

实施日期：2007-01-01

发布部门：中国国家标准化管理委员会

标准简介：

本部分规定了离网型风能、太阳能发电系统用逆变器工作性能的试验条件、试验内容和试验方法。本标准适用于离网型风能、太阳能发电系统用逆变器（以下简称逆变器）的工作性能试验。

离网型风能、太阳能发电系统用逆变器

第 1 部分：技术条件

标准编号：GB/T 20321.1—2006

实施日期：2007-01-01

发布部门：中国国家标准化管理委员会

标准简介：

本部分规定了离网型风能、太阳能发电系统用逆变器的术语、基本参数及型号编制、技术要求、试验方法、检验规则和标志、包装、运输及贮存等内容。

核电厂优先电源

标准编号：GB/T 13177—2008

实施日期：2009-08-01

发布部门：中华人民共和国国家质量监督检验检疫总局　中国国家标准化管理委员

标准简介：

本标准代替 GB/T 13177—2000《核电厂优先电源》。本标准规定了核电厂优先电源（PPS）和优先电源与安全级（1E级）电力系统、开关站、输电系统以及替代交流电源（AAC）接口的设计准则。本标准适用于核电厂优先电源。本标准与 GB/T 13177—2000 相比主要有以下变化：修改了 4.4、5.1.2、5.1.4.1、5.3.3.3、5.3.4.4、6.3.2、7.2 的部分内容。

电力系统用蓄电池直流电源装置运行与维护技术规程

标准编号：DL/T 724—2000

实施日期：2001-01-01

发布部门：中华人民共和国国家经济贸易委员会

标准简介：

本标准规定了电力系统用蓄电池直流电源装置（包括蓄电池、充电装置、微机监控器）运行与维护的技术要求和技术参数，适用于电力系统各部门直流电源的运行和维护。

家用太阳能光伏电源系统技术条件和试验方法

标准编号：GB/T 19064—2003

实施日期：2003-09-01

发布部门：中华人民共和国国家质量监督检验检疫
总局

标准简介：

本标准规定了定义、分类与命名、技术要求、文件要求、试验方法、检验规则以及标志、包装。本标准适用于太阳电池方阵、蓄电池组、充放电控制器、逆变器及用电器等组成的家用太阳能光伏电源系统。

电力用直流电源监控装置

标准编号：DL/T 856—2004

实施日期：2004-06-01

发布部门：中华人民共和国国家发展和改革委员会

标准简介：

本标准规定了电力用直流电源监控装置的使用条件、术语和定义、基本功能要求、电气与安全性能要求、设计和结构、检验规则和试验方法、标志、包装和贮运。本标准适用于电力用直流电源监控装置（以下简称监控装置）的设计、生产、选择、订货和试验。

发电厂、变电所蓄电池用整流逆变设备技术条件

标准编号：DL/T 857—2004

实施日期：2004-06-01

发布部门：中华人民共和国国家发展和改革委员会

标准简介：

本标准规定了发电厂、变电所蓄电池用整流逆变设备（以下简称整流逆变设备）的技术要求、试验方法、包装及贮运条件。本标准适用于直流电源系统中的蓄电池用整流逆变设备的试验、选择和订货。

核电厂安全级静止式充电装置及逆变装置的质量鉴定

标准编号：GB/T 15473—1995

实施日期：1995-10-01

发布部门：国家技术监督局

标准简介：

本标准规定了核电厂安全级静止式充电装置及逆变装置的质量鉴定方法，以保证在规定的工作条件下充电装置及逆变装置能执行预定的功能。本标准适用于核电厂安全壳外适度环境区内安装的安全级静止式充电装置及逆变装置的质量鉴定。本标准不适用于指导充电装置及逆变装置在电厂电力系统中的应用，也不规定这些装置的具体性要求。

管形荧光灯镇流器能效限定值及节能评价值

标准编号：GB 17896—1999

实施日期：2000-06-01

发布部门：国家质量技术监督局

标准简介：

本标准规定了管形荧光灯镇流器的能效限定值、节能评价值、试验方法和检验规则。本标准适用于220V、50Hz交流电源供电，标称功率在 $18\sim40W$ 的管形荧光灯所用独立式电感镇流器和电子镇流器。本标准不适用于非预热启动的电子镇流器。

风力发电机组 全功率变流器
第1部分：技术条件

标准编号：GB/T 25387.1—2010

实施日期：2011-03-01

发布部门：中华人民共和国国家质量监督检验检疫
总局 中国国家标准化管理委员会

标准简介：

本部分规定了风力发电机组全功率交直交电压型变流器的相关术语和定义、通用要求、试验方法、检验规则等。本部分适用于风力发电机组全功率交直交电压型变流器。

远动设备及系统
第2部分：工作条件
第1篇：电源和电磁兼容性

标准编号：GB/T 15153.1—1998

实施日期：1999-06-01

发布部门：国家质量技术监督局

标准简介：

本标准适用于对地理上广布的生产过程进行监视和控制，并以串行编码方式进行数据传输的远动设备及系统。本标准也可供远方保护设备及系统，以及支持配电自动化系统的配电线载波系统参考采用。

核辐射探测器用直流稳压电源

标准编号：GB/T 10261—2008

实施日期：2009-04-01

发布部门：中华人民共和国国家质量监督检验检疫
总局 中国国家标准化管理委员会

标准简介：

本标准于1988年12月第一次发布。本标准代替 GB/T 10261—1988《核仪器用高、低压直流稳压电源测试方法》。本标准规定了核辐射探测器用直流

高压稳压电源的产品分类、要求、试验方法、检验规则以及标志、包装、运输和贮存。本标准适用于由交流或直流供电的室内核辐射探测器用直流高压稳压电源。本标准与 GB/T 10261—1988 相比主要变化如下：增加前言；引用新的规范性文件；增加"遥控控制率"等术语；增加技术要求、检验规则等产品标准的内容；增加资料性附录 A，内容是核仪器用直流稳压电源的特定测试方法。

风力发电机组全功率变流器
第 2 部分：试验方法
标准编号：GB/T 25387.2—2010
实施日期：2011-03-01
发布部门：中华人民共和国国家质量监督检验检疫
　　　　　总局　中国国家标准化管理委员会
标准简介：

本部分规定了风力发电机组全功率交直交电压型变流器的试验条件和试验方法。本部分适用于风力发电机组用全功率交直交电压型变流器的试验和检验。

风力发电机组双馈式变流器
第 1 部分：技术条件
标准编号：GB/T 25388.1—2010
实施日期：2011-03-01
发布部门：中华人民共和国国家质量监督检验检疫
　　　　　总局　中国国家标准化管理委员会
标准简介：

GB/T25388 的本部分规定了双馈式变速恒频风力发电机组交直交电压型变流器的相关术语和定义、通用技术要求、试验方法、检验规则及其产品的相关信息等。本部分适用于双馈式变速恒频风力发电机组交直交电压型变流器，即双馈式变流器。

风力发电机组双馈式变流器
第 2 部分：试验方法
标准编号：GB/T 25388.2—2010
实施日期：2011-03-01
发布部门：中华人民共和国国家质量监督检验检疫
　　　　　总局　中国国家标准化管理委员会
标准简介：

GB/T25388 的本部分规定了双馈式风力发电机组交直交电压型变流器工作性能的试验条件、试验内容和试验方法。本部分适用于双馈式风力发电机组交直交电压型变流器性能试验。

风力发电机组电能质量测量和评估方法
标准编号：GB/T 20320—2006
实施日期：2007-01-01
发布部门：中国国家标准化管理委员会
标准简介：

本标准规定了风力发电机组电能质量特性参数、测量程序和功率质量的评估。本标准适用于风轮扫掠面积大于或等于 40 平方米的并网型风力发电机组。

高压钠灯用镇流器能效限定值及节能评价值
标准编号：GB 19574—2004
实施日期：2004-12-02
发布部门：中华人民共和国国家质量监督检验检疫
　　　　　总局　中国国家标准化管理委员会
标准简介：

本标准规定了高压钠灯用镇流器能效限定值、节能评价值、目标能效限定值、检验与计算方法和检验规则。本标准适用于额定电压 220V、频率 50Hz 的交流电源，额定功率为 70～1000W 高压钠灯用的独立式和内装式电感镇流器。

金属卤化物灯用镇流器能效限定值及能效等级
标准编号：GB 20053—2006
实施日期：2006-07-01
发布部门：中华人民共和国国家质量监督检验检疫
　　　　　总局　中国国家标准化管理委员会
标准简介：

本标准规定了金属卤化物灯用镇流器能效限定值、节能评价值、能效等级、检验与计算方法和检验规则。本标准适用范围为额定电压 220V、频率 50Hz 交流电源，额定功率为 175～1500W 单端金属卤化物灯用 LC 顶峰超前式的独立式和内装式电感镇流器。

单路输出式交流-直流和交流-交流外部电源能效限定值及节能评价值
标准编号：GB 20943—2007
实施日期：2007-12-01
发布部门：中华人民共和国国家质量监督检验检疫
　　　　　总局　中国国家标准化管理委员会
标准简介：

本标准适用于额定输出功率不大于 250W 的电源。

《金属卤化物灯用镇流器能效限定值及能效等级》第 1 号修改单
标准编号：GB 20053—2006/XG1—2007

实施日期：2007-09-01

发布部门：中华人民共和国国家质量监督检验检疫
　　　　　总局　中国国家标准化管理委员会

标准简介：

本标准规定了金属卤化物灯用镇流器能效限定值、节能评价值、能效等级、检验与计算方法和检验规则。本标准适用范围为额定电压220V、频率50Hz交流电源，额定功率为175～1500 W单端金属卤化物灯用LC顶峰超前式的独立式和内装式电感镇流器。

反向阻断型普通半导体闸流管（普通可控整流器）

标准编号：SJ 1102—76

实施日期：1977-10-01

标准简介：

本标准适用于额定通态平均电流为1～50A的反向阻断型普通半导体闸流管（以下简称产品）。该产品主要用于整流、逆变、电机调速、无触点开关及自动控制等方面。产品除应符合本标准外，还应符合SJ 1101—76《半导体闸流管（可控整流器）二类总技术条件》的规定。

电动汽车非车载充电机监控单元与电池管理系统通信协议

标准编号：NB/T 33003—2010

实施日期：2010-10-01

发布部门：国家能源局

标准简介：

本规范规定了电动汽车非车载充电机监控单元与电池管理系统（Battery Management System，BMS）之间的通信协议。　本规范适用于采用传导式充电方式的电动汽车用非车载充电机。

低压直流电源通用规范

标准编号：SJ 20365—1993

实施日期：1993-07-01

发布部门：中华人民共和国电子工业部

标准简介：

本规范规定了低压直流电源的通用技术要求、质量保证规定以及交货准备要求。本规范适用于军用电子设备的低压直流稳压电源（以下简称电源）。本规范是制定各种特定电源产品规范的依据。

电力整流设备运行效率的在线测量

标准编号：GB/T 18293—2001

实施日期：2001-7-1

发布部门：国家质量技术监督局

标准简介：

本标准规定了实际负载条件下在线测量电力整流设备运行效率的测试条件、方法、程序，包括直流电流测量变换器的在线校验方法和交、直流功率或电能测量综合误差的测试、计算及其修正方法。本标准适用于电冶金、电化学等行业使用的脉波数为6及以上的电力整流设备；发、供电系统和其他用电企业需要进行交、直流功率或电能测量综合误差分析与修正时，可参照执行。逆变设备运行效率的在线测量，也可参照执行。

永磁风力发电机变流器制造技术规范

标准编号：NB/T 31015—2011

实施日期：2011-11-01

发布部门：国家能源局

标准简介：

本标准按照GB/T1.1—2009给出的规则起草。本标准由能源行业风电标准化技术委员会（NEA/TCI）归口。

电动汽车交流充电桩技术条件

标准编号：NB/T 33002—2010

实施日期：2010-10-01

发布部门：国家能源局

标准简介：

本标准规定了电动汽车交流充电桩基本构成、功能要求、技术要求、试验项目、产品资料等方面的要求。本标准适用于采用传导式充电方式的充电桩选型、配置和检验。

电动汽车非车载传导式充电机技术条件

标准编号：NB/T 33001—2010

实施日期：2010-10-01

发布部门：国家能源局

标准简介：

本标准规定了电动汽车用非车载传导式充电机（以下简称充电机）的基本构成、功能要求、技术要求、实验方法、检验规则及标识。本标准适用于采用传导式充电方式的电动汽车用非车载充电机。

风电场电能质量测试方法

标准编号：NB/T 31005—2011

实施日期：2011-11-01

发布部门：国家能源局

标准简介：

　　本标准适用于通过 110（66）kV 及以上电压等级线路接入电网的装机容量大于 40MW 的风电场。2011-11-01 实施。

双馈风力发电机变流器制造技术规范

标准编号：NB/T 31014—2011

实施日期：2011-11-01

发布部门：国家能源局

标准简介：

　　本标准按照 GB/T1.1—2009 给出的规则起草。本标准由能源行业风电标准化技术委员会（NEA/TCl）归口。

五、铁路

铁路 450MHz 车站电台电源技术要求和试验方法

标准编号：TB/T 2678—1995

实施日期：1996-10-01

标准简介：

　　本标准规定了铁路 450MHz 车站电台电源的适用范围、基本性能、技术要求及试验方法。本标准适用于铁路 450MHz 列车无线调度通信设备车站电台电源的产品设计、生产及检验。

交-直传动电力机车电力变流器动态负荷试验台技术条件

标准编号：TB/T 3186—2007

实施日期：2008-05-01

标准简介：

　　本标准规定了交-直传动电力机车电力变流器动态负荷试验台的技术要求、试验方法、检验规则、包装、标志及贮存等。本标准适用于交-直传动电力机车电力变流器试验用动态负荷试验台。

铁路信号电源屏

第 3 部分：继电联锁信号电源屏

标准编号：TB/T 1528.3—2002

实施日期：2003-02-01

发布部门：中华人民共和国铁道部

标准简介：

　　本部分规定了继电联锁电源的术语和定义、产品分类、技术要求、检验规则、标志、包装、运输、贮存等。本部分适用于继电联锁信号设备的供电电源设备。

电力机车控制电源柜试验台

标准编号：TB/T 3214—2009

实施日期：2010-05-01

发布部门：中华人民共和国铁道部

标准简介：

　　本标准规定了电力机车控制电源柜试验台的技术要求、试验方法、检验规则、标志、包装、运输和贮存等。本标准适用于直流 110V 机车控制电源柜试验用试验台。

电力机车辅助变流器

标准编号：TB/T 3215—2009

实施日期：2010-05-01

发布部门：中华人民共和国铁道部

标准简介：

　　本标准规定了交-直传动电力机车辅助变流器的使用条件、特性、技术要求、试验项目、试验方法及检验规则等。本标准适用于交-直传动电力机车上使用的辅助变流器。

直流 110V 机车控制电源柜技术条件

标准编号：TB/T 1395—2003

实施日期：2003-09-01

发布部门：中华人民共和国铁道部

标准简介：

　　本标准是对铁道行业标准 TB/F1 395—1981《110V 控制电源屏技术条件》的修订，主要参考了 TB/T 1333.1—2002《铁路应用机车车辆电气设备第 1 部分：一般使用条件和通用规则》、TB/T 3021—2001《铁道机车车辆电子装置》以及 TB/T 3034—2002《机车车辆电气设备电磁兼容性试验及其限值》标准而制定的。在内容上主要增加了有关电磁兼容性方面的要求。

铁路 450MHz 机车电台电源技术要求和试验方法

标准编号：TB/T 2677—1995

实施日期：1996-10-01

标准简介：

　　本标准规定了铁路 450MHz 机车电台电源的适用范围、基本性能、技术要求及试验方法。本标准适用于铁路 450MHz 机车电台电源的产品设计、生产及检验。

LED 铁路信号机构通用技术条件

标准编号：TB/T 3242—2010

实施日期：2011-04-01

发布部门：中华人民共和国铁道部

标准简介：

本标准规定了 LED 铁路信号机构（以下简称机构）的产品型号、产品分类、技术要求、试验方法、检验规则及标志、包装、运输、贮存。本标准适用于机构的设计、制造、检验和维修。

机车空调电源

标准编号：TB/T 3141—2006

实施日期：2007-05-01

标准简介：

本标准规定了电力机车和内燃机车用空调电源的技术要求、试验方法及验收规则等。本标准适用于电力机车和内燃机车上的机车空调电源。

铁路信号电源屏

第 4 部分：计算机联锁信号电源屏

标准编号：TB/T 1528.4—2002

实施日期：2003-02-01

发布部门：中华人民共和国铁道部

标准简介：

本部分规定了计算机联锁信号电源屏的术语和定义、产品分类、技术要求、检验规则、标志、包装、运输、贮存等。本标准适用于计算机联锁信号设备的供电电源设备。

铁路中间站通信电源设备技术条件

标准编号：TB/T 2169—2002

实施日期：2002-07-01

发布部门：中华人民共和国铁道部

标准简介：

本标准规定了铁路中间站用通信电源设备及铁路通信站用组合电源设备的通用技术要求。本标准适用于交流标称电压为 220V/3800V、标准频率为 50Hz、交流输出电流不大于 100A、直流额定电压为 −48V、直流输出电流不大于 200A、以低压电器和电子器件组成的铁路中间站电源柜。本标准可作为"铁路中间站电源柜"及"铁路通信站组合电源柜"产品设计、制造、采购、使用及质量检验的依据。

电力机车、电力动车组主变流器用水散热器

标准编号：GB/T 25331—2010

实施日期：2011-03-01

发布部门：中华人民共和国国家质量监督检验检疫

总局　中国国家标准化管理委员会

标准简介：

本标准规定了电力机车、电力动车组主变流器用水散热器的技术要求、试验方法、检验规则以及标志、包装、贮存等要求。本标准适用于电力机车、电力动车组主变流器用新造水散热器的设计、制造和验收。

铁路信号电源屏

第 6 部分：区间信号电源屏

标准编号：TB/T 1528.6—2002

实施日期：2003-02-01

发布部门：中华人民共和国铁道部

标准简介：

本部分规定了区间信号电源屏的术语和定义、产品分类、技术要求、检验规则、标志、包装、运输、贮存等。本部分适用于区间信号设备的供电电源设备。

铁道客车双端荧光灯用直流电子镇流器

标准编号：TB/T 2219—2005

实施日期：2006-01-01

发布部门：中华人民共和国铁道部

标准简介：

本标准规定了由直流电源供电的铁道客车双端荧光灯（以下简称荧光灯）用直流电子镇流器（以下简称镇流器）的技术要求、试验方法、检验规则、标志、包装、运输、贮存等。本标准适用于由直流电源供电的铁道客车双端荧光灯用直流电子镇流器。

轨道交通机车车辆用电力变流器

第 1 部分：特性和试验方法

标准编号：GB/T 25122.1—2010

实施日期：2011-02-01

发布部门：中华人民共和国国家质量监督检验检疫

总局　中国国家标准化管理委员会

标准简介：

GB/T 25122 的本部分规定了机车车辆用电力电子变流器的术语和定义、使用条件、一般特性和试验方法。本部分适用于为机车车辆（电力机车、内燃机车、动车、客车及拖车等）牵引电路与辅助电路供电的电力电子变流器。本部分也适用于其他牵引机车车辆（例如有轨电车、地铁、城市轨道交通车辆）的电力电子变流器。本部分适用于完整的变流器机组及其配置，包括：半导体器件组件；集成

冷却系统；中间直流环节的部件，包括与直流环节相连的滤波器；半导体驱动单元（SDU）及有关传感器；保护电路。本部分不适用于为半导体驱动单元（SDU）提供电气控制电源和变流器工作有关的其他设备（如传感器）供电的变流器。

轨道交通机车车辆组合试验
第3部分：间接变流器供电的交流电动机及其控制系统的组合试验
标准编号：GB/T 25117.3—2010
实施日期：2011-02-01
发布部门：中华人民共和国国家质量监督检验检疫总局　中国国家标准化管理委员会
标准简介：

GB/T25117 的本部分适用于机车车辆上电动机、间接变流器及其控制系统所构成的组合系统，其目的是规定：机车车辆变流器、交流电动机及其控制系统所构成的电传动系统的性能特性；验证这些性能特性的试验方法。

铁路信号电源屏
第5部分：驼峰信号电源屏
标准编号：TB/T 1528.5—2005
实施日期：2005-12-01
标准简介：

本部分规定了驼峰信号电源屏（以下简称电源屏）的术语和定义、产品分类、技术要求、检验规则、标志、包装、运输、贮存等。本部分适用于驼峰信号设备的供电电源设备。

铁路信号用变压器继电器硅整流器雷电冲击试验
标准编号：TB/T 2313—1992
实施日期：1992-12-31
发布部门：中华人民共和国铁道部
标准简介：

本标准规定了铁路信号用变压器、继电器、硅整流器雷电冲击试验的术语、试验波形、冲击波发生器电路、试验的环境条件、试验程序、试验记录以及变压器、继电器、硅整流器雷电冲击试验耐压值。本标准适用于和外线及轨道连接的铁路信号用部分变压器、部分继电器、部分硅整流器雷电冲击试验。

铁路信号电源屏
第2部分：试验方法
标准编号：TB/T 1528.2—2005

实施日期：2005-12-01
标准简介：

本部分规定了铁路信号电源屏（以下简称受试设备）的术语和定义、试验要求和试验方法等。本部分适用于铁路继电联锁信号电源屏、计算机联锁信号电源屏、驼峰信号电源屏、区间信号电源屏、25Hz 信号电源屏等受试设备。但各类受试设备需要进行的试验项目和技术指标应在各自技术标准的检验规则中作出规定。

铁路信号电源屏
第7部分：25Hz 信号电源屏
标准编号：TB/T 1528.7—2002
实施日期：2003-02-01
发布部门：中华人民共和国铁道部
标准简介：

本标准规定了25Hz 信号电源屏的术语和定义、产品分类、技术要求、检验规则、标志、包装、运输、贮存等。本标准适用于25Hz 信号设备的供电电源设备。

铁路应用机车车辆逆变器供电的交流电动机及其控制系统的综合试验
标准编号：TB/T 3117—2005
实施日期：2005-12-01
发布部门：中华人民共和国铁道部
标准简介：

本标准规定了机车车辆逆变器、交流电动机和相关控制系统所组成的电传动系统的性能、特性和用试验来检验其性能、特性的方法。本标准适用于机车车辆上电动机、逆变器及其控制的组合系统。

铁路信号电源屏
第1部分：总则
标准编号：TB/T 1528.1—2002
实施日期：2003-02-01
发布部门：中华人民共和国铁道部
标准简介：

本部分规定了铁路信号电源屏（以下简称电源屏）的术语和定义、产品分类、技术要求、检验规则、标志、包装、运输、贮存等。本部分适用于铁路信号继电联锁、计算机联锁、驼峰信号、25Hz 相敏轨道电路、区间自动闭塞等设备的供电电源设备。

铁道客车用交流电子镇流器
标准编号：TB/T 2918—2003

实施日期：2004-04-01

发布部门：中华人民共和国铁道部

标准简介：

本标准规定了由220V交流电源供电的铁道客车管形荧光灯用交流电子镇流器技术要求、试验方法、检验规则、标志、包装、运输、贮存等，本标准适用于有220V交流电源供电的铁道客车管形荧光灯用交流电子镇流器。

铁道客车车厢用灯

第2部分：卧铺车厢用LED床头阅读灯

标准编号：TB/T 3085.2—2003

实施日期：2004-04-01

发布部门：中华人民共和国铁道部

标准简介：

本部分规定了LED系列床头阅读灯（以下简称"阅读灯"）的技术要求、试验方法、检验规则、标志、包装、运输、贮存等。本部分适用于铁道客车卧铺车厢用LED系列床头阅读灯。

轨道交通机车车辆用电力变流器

第2部分：补充技术资料

标准编号：GB/T 25122.2—2010

实施日期：2011-02-01

发布部门：中华人民共和国国家质量监督检验检疫
　　　　　总局 中国国家标准化管理委员会

标准简介：

GB/T25122的本部分说明了机车车辆电力电子变流器（例如外部换相整流器、自换相整流器、斩波器和逆变器）的基本电路结构、控制方法、工作方式和性能。本部分列出了典型的图表和例子进行论述，但并没有论述变流器的所有方面。本部分是GB/T25122.1—2010的补充技术资料。

六、电子

混合集成电路HDC28S5/1000型DC/DC变换器详细规范

标准编号：SJ 52438/2—1997

实施日期：1997-10-01

发布部门：中华人民共和国电子工业部

标准简介：

本标准规定了混合集成电路HDC28S5/1000型DC/DC变换器（以下简称电路）的详细要求。本标准适用于电路的研制、生产和采购。

镉镍密封碱性蓄电池充电器总规范

标准编号：SJ/T 10289—1991

实施日期：1992-01-01

发布部门：国家机械电子工业部

标准简介：

本标准规定了各种镉镍密封碱性蓄电池用充电器的一般技术要求、试验方法、检验规则和标志、包装、运输、贮存。本标准适用于交流电源供电的各种镉镍密封碱性蓄电池用充电器。本标准不适用于作为一个部件安装在其他设备内的充电器。

舰船扩声系统电源通用规范

标准编号：SJ 20576—1996

实施日期：1997-01-01

标准简介：

本规范规定了舰船扩声系统电源要求、质量保证规定和交货准备等。本规范适用于舰船扩声系统用低压直流稳压电源，本规范是制定电源产品规范的依据。

半导体桥式整流器热阻测试方法

标准编号：SJ 20787—2000

实施日期：2000-10-20

发布部门：中华人民共和国信息产业部

标准简介：

本标准规定了半导体桥式整流器稳态热阻的测试方法。本标准适用于单相和三相半导体桥式整流器稳态热阻的测试。

电子测量仪器电源频率与电压试验

标准编号：GB 6587.8—1986

实施日期：1987-07-01

发布部门：国家标准局

标准简介：

本标准规定了电子测量仪器电源频率与电压试验的要求和方法。确定仪器在规定的电源频率与电压工作范围内对电源的适应能力。

混合集成电路DC/DC变换器测试方法

标准编号：SJ 20646—1997

实施日期：1997-10-01

标准简介：

本标准规定了混合集成电路DC/DC（直流/直流）变换器主要性能参数的测试方法。本标准适用于各种军用电子设备的混合集成电路DC/DC变换器参数测试。

混合集成电路 HDCD2815S15 型 DC/DC 变换器详细规范

标准编号：SJ 52438/6—2000

实施日期：2000-10-20

发布部门：中华人民共和国信息产业部

标准简介：

　　本标准规定了混合集成电路 HDCD2815S15 型 DC/DC 变换器（以下简称电路）的详细要求。本标准适用于电路的研制、生产和采购。

混合集成电路 HDC28D15/1000 型 DC/DC 变换器详细规范

标准编号：SJ 52438/1—1997

实施日期：1997-10-01

发布部门：中华人民共和国电子工业部

标准简介：

　　本标准规定了混合集成电路 HDC28D15/1000 型 DC/DC 变换器（以下简称电路）的详细要求。本标准适用于电路的研制、生产和采购。

方形密封镉镍可充电单体蓄电池

标准编号：SJ/T 10621—1995

实施日期：1995-10-01

发布部门：中华人民共和国电子工业部

标准简介：

　　本标准规定了方形密封镉镍可充电单体蓄电池的试验和要求。

混合集成电路系列与品种 DC/DC 变换器系列的品种

标准编号：SJ 20759—1999

实施日期：1999-12-01

发布部门：中华人民共和国信息产业部

标准简介：

　　本标准规定了输入电压为 28V 的脉宽调制式厚膜混合集成 DC/DC 变换器系列及其品种，并给出了每一品种的主要电参数、外形图、引出端系列的主要方式以及选择和应用导则。本指南适用于 DC/DC 变换器生产、研制、开发时系列和品种的选择，也适用于电子设备在设计和制造时对 DC/DC 变换器的选型。

舰船电子设备直流稳压电源通用规范

标准编号：SJ 20736—1999

实施日期：1999-12-01

发布部门：中华人民共和国信息产业部

标准简介：

　　本规范规定了直流稳压电源的要求、质量保证规定和交货准备等。本规范适用于舰船电子设备用直流稳压电源（以下简称电源）。本规范是制定电源产品规范的依据。

舰船电子设备不间断电源通用规范

标准编号：SJ 20735—1999

实施日期：1999-12-01

发布部门：中华人民共和国信息产业部

标准简介：

　　本规范规定了舰船电子设备不间断电源的要求、质量保证规定和交货准备等。本规范适用于舰船电子设备用各类不间断电源。本规范是制定不间断电源（以下简称电源）产品规范的依据。

七、石油

彩色电视广播接收机用 KDC-A02 型按钮式电源开关详细规范

标准编号：SJ 3132—1988

实施日期：1988-10-01

发布部门：中华人民共和国电子工业部

标准简介：

　　适用于本规范的电源开关的全部要求由本详细规范和 SJ 3129《彩色电视广播接收机用电源开关总规范》组成。

抗干扰型交流稳压电源通用技术条件

标准编号：SJ/T 10541—1994

实施日期：1994-12-01

发布部门：中华人民共和国电子工业部

标准简介：

　　本标准规定了具有抗干扰功能的交流稳压电源的术语、技术要求、试验方法、检验规则以及标志、包装、运输、贮存等。本标准是抗干扰型交流稳压电源设计、生产、质量检验和使用的共同技术依据，也是制定本类产品标准的依据。本标准适用于单相或多相工频输入、单相或多相工频输出的抗干扰型交流稳压电源（以上简称电源）。本标准不适用于测量用交流校准仪。

半导体集成电路 JW117、JW117M、JW117L 型三端可调正输出稳压器详细规范

标准编号：SJ 20297—1993

实施日期：1993-07-01

发布部门：中华人民共和国电子工业部

标准简介：

本规范规定了半导体集成电路 JW117、JW117M、JW117L 型三端可调正输出稳压器（以下简称器件）的详细要求。本规范适用于器件的研制生产和采购。

变频变压电源通用规范

标准编号：SJ/T 10691—1996

实施日期：1996-11-01

发布部门：中华人民共和国电子工业部

标准简介：

本规范规定了变频变压电源（以下简称电源）的要求、试验方法、检验规则和标志、包装、运输、贮存要求。本规范适用于电子设备进行电源频率与电压试验用的变频变压电源；亦适用于进行电磁兼容性试验的各种专用和通用的变频变压电源。

半导体集成电路 JW1930-12、JW1930-15、JW1932-5 型三端低压差固定正输出稳压器详细规范

标准编号：SJ 20302—1993

实施日期：1993-07-01

发布部门：中华人民共和国电子工业部

标准简介：

本规范规定了半导体集成电路 JW1930-12、JW1930-15、JW132-5 型三端低压差固定正输出稳压器（以下简称器件）的详细要求。本规范适用于器件的研制生产和采购。

半导体集成电路 JW723 型多端可调精密稳压器详细规范

标准编号：SJ 20305—1993

实施日期：1993-07-01

发布部门：中华人民共和国电子工业部

标准简介：

本规范规定了硅单片 JW723 型多端可调精度稳压器（以下简称器件）的详细要求。本规范适用于器件的研制生产和采购。

抗干扰型交流稳压电源测试方法

标准编号：SJ/T 10542—1994

实施日期：1994-12-01

发布部门：中华人民共和国电子工业部

标准简介：

本标准规定了抗干扰型交流稳压电源的稳态性能、动态性能、抗干扰性能的测试方法。本标准适用于单相或多相工频输入、单相或多相工频输出的抗干扰型交流稳压电源的性能测试。

彩色电视广播接收机用 KDC-A03 型按钮式电源开关详细规范

标准编号：SJ 3133—1988

实施日期：1988-10-01

发布部门：中华人民共和国电子工业部

标准简介：

适用于本规范的电源开关的全部要求由本详细规范和 SJ 3129《彩色电视广播接收机用电源开关总规范》组成。

电子设备用低压直流稳压电源系列

标准编号：SJ 1500—79

实施日期：1979-10-01

标准简介：

本标准规定了电子设备用 48V 以下的低压直流稳压电源系列。

测量用稳定电源装置

标准编号：SJ/Z 9035—1987

实施日期：1987-10-19

发布部门：中华人民共和国电子工业部

标准简介：

本推荐标准适用于以下装置：稳定的电源装置，提供电气测量用的电压与电流的校准值；与该装置连用的附件。

彩色电视广播接收机用 KDC-A04 型按钮式电源开关详细规范

标准编号：SJ 3134—1988

实施日期：1988-10-01

发布部门：中华人民共和国电子工业部

标准简介：

适用于本规范的电源开关的全部要求由本详细规范和 SJ 3129《彩色电视广播接收机用电源开关总规范》组成。

半导体集成电路 JW7905、JW79M05 等型三端固定负输出稳压器详细规范

标准编号：SJ 20304—1993

实施日期：1993-07-01

发布部门：中华人民共和国信息产业部

标准简介：

本规范规定了硅单片 JW7905、JW7906、JW7909、JW7912、JW7915、JW7918、JW7924、JW79M05、JW79M06、JW79M12、JW79M15、JW79M18、JW79M24 型三端固定负输出稳压器（以下简称器件）的详细要求。本规范适用于器件的研制生产和采购。

八、仪器、仪表

直热式稳压型负温度系数热敏电阻器

标准编号： JB/T 9477.3—1999
实施日期： 2000-01-01
发布部门： 国家机械工业局
标准简介：

本标准规定了直热式稳压型负温度系数热敏电阻器（以下简称电阻器）的产品分类、技术要求、试验方法、检验规则、标志、包装、运输、贮存。本标准适用于稳压型直热式负温度系数热敏电阻器。该电阻器用于频率在 150Hz 以下的交流和直流电路中作稳压或稳幅的自动调节元件。

单相 C 型铁心电源变压器和滤波阻流圈典型计算

标准编号： SJ/Z 2165—1982
实施日期： 1983-01-01
标准简介：

中标分类：仪器、仪表≫仪器、仪表综合≫N01 技术管理，发布日期：1982-09-15，实施日期：1983-01-01，页数：98 页。

无线双工移动通信系统中心台发射机电源通用规范

标准编号： SJ 20504—1995
实施日期： 1995-12-01
发布部门： 中华人民共和国电子工业部
标准简介：

本规范规定了无线双工移动通信系统中心台发射机电源（以下简称中心台发射机电源）的要求、质量保证规定、交货准备和说明事项。本规范适用无线双工移动通信系统中心台发射机电源。

磁放大式电子交流稳压器可靠性要求与考核方法

标准编号： JB/T 5409—1991
实施日期： 1992-07-01
发布部门： 中华人民共和国机械电子工业部
标准简介：

本标准规定了单相工频输入和输出的电子控制磁放大调整形式电子交流稳压器的可靠性要求与考

核方法。本标准适用于 ZBN25001《磁放大式电子交流稳压器》的规定范围，并假设相邻失效时间的统计分布规律。

锂离子蓄电池充电设备通用要求

标准编号： JB/T 11142—2011
实施日期： 2011-08-01
发布部门： 中华人民共和国工业和信息化部
标准简介：

本标准规定了锂离子蓄电池充电设备的术语和定义、型号和基本参数、技术要求、试验、标志、包装、运输和贮存。本标准适用于由大于或等于 6A.h 的锂离子蓄电池组成的锂离子蓄电池模块或锂离子蓄电池总成的充电设备，也可用于镍基蓄电池及铅酸蓄电池模块和总成的充电设备，以及采用电缆与蓄电池模块或总成连接，交流额定电压不超过 660V、直流额定电压不超过 1000V 的充电设备。

体育场馆用 LED 显示屏规范

标准编号： SJ/T 11406—2009
实施日期： 2010-01-01
发布部门： 中华人民共和国工业和信息化部
标准简介：

主要规定了体育场馆用 LED 显示屏的定义、分类与分档、技术要求、试验方法、检验规则以及标志、包装、运输、贮存要求等内容。适用于体育场馆用 LED 显示屏的设计、制造、质量检验、安装和验收。

工业自动化仪表用电源电压

标准编号： JB/T 8207—1999
实施日期： 2000-01-01
发布部门： 国家机械工业局
标准简介：

本标准规定了由外界供电的工业自动化仪表的交流电源电压、频率和直流电源电压的公称值。本标准适用于工业自动化仪表。

交流输出稳定电源

标准编号： JB/T 7397—1994
实施日期： 1995-05-01
发布部门： 中华人民共和国机械工业部
标准简介：

本标准规定了交流输出稳定电源的术语、技术性能和试验方法等。

测量用交流稳压电源装置

标准编号: JB/T 6786—1993

实施日期: 1994-01-01

发布部门: 中华人民共和国机械电子工业部

标准简介:

本标准规定了测量用交流稳压电源装置(以下简称装置)的技术要求、试验方法、检验规则及包装等。本标准适用于在电测量时能提供交流电压校准值的装置,也适用于这些装置的附件。

磁放大式电子交流稳压器

标准编号: JB/T 9299—1999

实施日期: 2000-01-01

发布部门: 国家机械工业局

标准简介:

本标准适用于单相工频输入和输出的电子控制磁放大调整形式的电子交流稳压器。本标准不包括测量用交流稳压电源(校准源)。本标准是属电源设计、生产、质量检验和使用的共同技术依据,也是制定符合本标准范围的产品企业标准的依据,相应产品企业标准的规定要求不应低于标准的要求。

锂离子蓄电池充电设备接口和通信协议

标准编号: JB/T 11143—2011

实施日期: 2011-08-01

发布部门: 中华人民共和国工业和信息化部

标准简介:

本标准规定了锂离子蓄电池充电设备接口和通信协议的术语和定义、拓扑结构和接口、通信协议、数据格式和状态转换。本标准适用于由大于或等于6A. h的锂离子蓄电池组成的锂离子蓄电池模块或锂离子蓄电池总成的充电设备,也可用于镍基蓄电池及铅酸蓄电池模块和总成的充电设备以及采用电缆与蓄电池模块或总成连接,交流额定电压不超过660V、直流额定电压不超过1000V的充电设备。

九、工程建设

电气装置安装工程 质量检验及评定规程
第13部分:电力变流设备施工质量检验

标准编号: DL/T 5161. 13—2002

实施日期: 2002-12-01

发布部门: 中华人民共和国国家经济贸易委员会

标准简介:

本章适用于需要安装基础的整流逆变类盘、蓄电池柜、稳压器柜、隔离变压器等的基础安装。

LED 车道控制标志

标准编号: JT/T 597—2004

实施日期: 2005-02-01

发布部门: 中华人民共和国交通部

标准简介:

本标准规定了 LED 车道控制标志产品(以下简称标志)的组成与分类、技术要求、试验方法、检验规则以及标识、包装、运输与贮存等内容。本标准适用于公路上 LED 车道控制标志,其他道路可参照使用。

高速公路监控设施通信规程
第3部分:LED 可变信息标志

标准编号: JT/T 606. 3—2004

实施日期: 2005-02-01

发布部门: 中华人民共和国交通部

标准简介:

JT/T606 的本部分规定了 LED 可变信息标志的通信规程,并给出了通信过程中采用的数据格式。本部分适用于高速公路监控系统中的上位机与安装于路侧的 LED 可变信息标志之间的数据通信过程。

体育场馆设备使用要求及检验方法
第1部分:LED 显示屏

标准编号: TY/T 1001. 1—2005

实施日期: 2005-12-01

发布部门: 中华人民共和国国家体育总局

标准简介:

TY/T 1001 的本部分规定了体育场馆用 LED 显示屏的定义、分类、使用要求、检验方法及合格判定规则。本部分适用于田径场综合体育馆、游泳馆、跳水馆的 LET 显示屏。其他体育场馆可参考执行。本部分不包括计时记分系统内的显示屏和场馆内引导方向的显示屏。

铁路通信电源设计规范(附条文说明)

标准编号: TB 10072—2000

实施日期: 2001-04-01

发布部门: 中国人民共和国铁道部

标准简介:

本规范适用于铁路通信站、中间站通信机械室等固定站的新建、改建铁路通信电源设计。

通信电源集中监控系统工程设计规范

标准编号: YD/T 5027—2005

实施日期：2006-10-01

发布部门：中华人民共和国信息产业部

标准简介：

本规范适用于新建的通信电源集中监控系统（以下简称监控系统）的工程设计。改扩建工程可参照执行。

电气装置安装工程电力变流设备施工及验收规范

标准编号：GB 50255—1996

实施日期：1996-12-01

发布部门：国家技术监督局、中华人民共和国建设部

标准简介：

本规范适用于电力电子器件及变流变压器等组成的电力变流设备安装工程的施工、调试及验收。

微机控制变频调速给水设备

标准编号：CJ/T 352—2010

实施日期：2011-05-01

发布部门：中华人民共和国住房和城乡建设部

标准简介：

本标准规定了微机控制变频调速给水设备的术语和定义、分类和型号、工作条件、要求、试验方法、检验规则、标志、包装、运输和贮存。本标准适用于工作压力不大于2.5MPa、水温不大于80℃的生活、生产给水系统用微机控制变频调速给水设备。本标准不适用于采用变频电机或水泵集成变频器及消防给水设备。

电能质量测试分析仪检定规程

标准编号：DL/T 1028—2006

实施日期：2007-05-01

发布部门：中华人民共和国国家发展和改革委员会

标准简介：

本标准规定了电能质量测试分析仪的技术要求及检定方法等。本标准适用于新生产和使用中的电能质量测试分析仪和多功能测量仪器的电能质量测量功能部分的检定。本标准也适用于电压检测仪测量误差的检定。本标准不适用于暂态谐波的检定。

通信电源集中监控系统工程验收规范

标准编号：YD/T 5058—2005

实施日期：2006-10-01

发布部门：中华人民共和国信息产业部

标准简介：

本规范是通信电源集中监控系统工程施工质量检查、工程初验、工程试运行和工程终验的依据。本规范适用于新建的通信电源集中监控系统工程，对于改建、扩建工程验收可参照本规范执行。

十、车辆

汽车用电源总开关技术条件

标准编号：QC/T 427—1999

实施日期：

标准简介：

本标准规定了汽车用电源总开关的技术要求、试验方法、检测规则、标志、包装、运输和贮存。本标准适用于标称电压12V、24V机械式、电磁式汽车电源总开关。

电动汽车传导式充电接口

标准编号：QC/T 841—2010

实施日期：2011-03-01

发布部门：中华人民共和国工业和信息化部

标准简介：

本标准规定了电动汽车传导式充电接口的术语与定义、技术参数、充电模式、分类及功能定义、结构尺寸、性能要求、试验方法和检验规则。该标准规定了两种充电接口，一种是为车载充电机提供交流电能的接口，另一种是为电动汽车提供直流电能的接口。本标准适用于交流额定电压为220V和直流额定电压不超过750V的电动汽车用传导式充电接口。

电动汽车传导充电用插头、插座、车辆耦合器和车辆插孔通用要求

标准编号：GB/T 20234—2006

实施日期：2006-12-01

发布部门：国家发展和改革委员会

标准简介：

本标准参考采用了IEC 62196—1：2003。本标准规定了电动汽车传导充电用插头、插座、车辆耦合器和车辆插孔的通用要求，适用于电动汽车传导充电用插头、插座、车辆耦合器、车辆插孔和电缆束，这些附件和电缆束可用于具有控制性能的传导充电系统。符合本标准规范要求的附件适用于电动汽车的部分充电模式。本标准可作为轻型车辆用触头数量较少和使用级别较低的附件的指南。

电动车辆传导充电系统 电动车辆交流/直流充电机（站）

标准编号：GB/T 18487.3—2001

实施日期：2002-05-01

发布部门：中华人民共和国国家质量监督检验检疫总局

标准简介：

本标准与 GB/T 18487.1 结合，给出传导连接到电动车辆的交流/直流充电机（站）的具体要求。对于交流充电站，本标准不包括不具有充电控制功能的盒式装置，它配有给电动车辆提供能源的插座。

电动车辆传导充电系统一般要求

标准编号：GB/T 18487.1—2001

实施日期：2002-05-01

发布部门：中华人民共和国国家质量监督检验检疫总局

标准简介：

本标准适用于交流标称电压最大值为 660V、直流标称电压最大值为 1000V（根据 GB 156—1993）的电动车辆充电设备。本标准适用于电动道路车辆充电的设备。本标准不适用于发动机启动、照明和点火装置或类似用途的家用或其他类似的蓄电池充电系统的充电设备。本标准也不适用于轮椅、室内电动汽车、有轨电车、无轨电车、铁路交通工具以及工业用载重车（如叉式起重车）等非道路用蓄电池充电系统的充电设备。本标准不涉及 II 类车辆。本标准规定了对充电设备的基本结构要求，即对供电装置和车辆连接的特性及操作环境的要求；对充电设备的技术要求及针对此要求电动车应有的特性；对供电电压和电流的要求。对充电模式功能的要求；电动车辆连接及对其接口的要求；对专用的插孔、连接器、插头、插座和充电电缆等的要求。本标准还规定了防电击保护等安全要求，但不包括与维护有关的其他安全要求。

道路车辆由传导和耦合引起的电骚扰

第 2 部分：沿电源线的电瞬态传导

标准编号：GB/T 21437.2—2008

实施日期：2008-09-01

发布部门：中华人民共和国国家质量监督检验检疫总局 中国国家标准化管理委员会

标准简介：

本部分规定了安装在乘用车及 12V 电气系统的轻型商用车或 24V 电气系统的商用车上设备的传导电瞬态电磁兼容性测试的台架试验，包括瞬态注入和测量。本部分还规定了瞬态抗扰性失效模式严重程度分类。本部分适用于各种动力系统（例如火花点火发动机或柴油发动机，或电动机）的道路车辆。

电动汽车 DC/DC 变换器

标准编号：GB/T 24347—2009

实施日期：2010-02-01

发布部门：中华人民共和国国家质量监督检验检疫总局 中国国家标准化管理委员会

标准简介：

本标准规定了电动汽车 DC/DC 变换器的要求、试验方法、检验规则、标志、包装、运输、贮存等。本标准适用于电动汽车动力电源系统用 DC/DC 变换器。附件和控制系统低压（12V、24V）电源系统使用的 DC/DC 变换器可参照本标准相关内容。本标准中涉及的 DC/DC 变换器的功率等级为千瓦级（1 ～ 200kW）；不包括模块式小功率 DC/DC 变换器。

电动车辆传导充电系统电动车辆与交流/直流电源的连接要求

标准编号：GB/T 18487.2—2001

实施日期：2002-05-01

发布部门：中华人民共和国国家质量监督检验检疫总局

标准简介：

本标准连同 GB/T 18487.1 给出了电动车辆与交流或直流电源的连接要求。当电动车辆与供电电网连接时，根据 GB 156—1993，交流电压最大值为 660V，直流电压最大值为 1000V。本标准不涉及 II 类车辆。本标准不覆盖保养维修方面的所有安全事项。本标准不适用于无轨电车、铁路机车、工业卡车和原设计为非道路用的车辆。

汽车用 LED 前照灯

标准编号：GB 25991—2010

实施日期：2012-01-01

发布部门：国家质量监督检验检疫总局 国家标准化管理委员会

标准简介：

本标准规定了汽车用 LED 光源/模块或含有 LED 光源/模块的前照灯配光性能、光色、温度循环等试验方法和检验规则等。本标准适用于 M、N 类汽车使用的 LED 前照灯或主要由 LED 光源或 LED 模块形成远光或近光的 LED 前照灯。

电动汽车电池管理系统与非车载充电机之间的通信协议

标准编号：QC/T 842—2010

实施日期：2011-03-01

发布部门：中华人民共和国工业和信息化部

标准简介：

本标准规定了电动汽车电池管理系统（简称BMS）与非车载充电机（简称充电机）之间的通信协议。本标准适用于电动汽车非车载充电。该标准的 CAN 标识符为 29 位，通信波特率为 250kbit/s，但该标准不限于 29 位标识符和 250kbit/s 通信波特率，如使用其他格式，可参照该标准制定其 CAN 标识符。标准数据传输采用低位先发送的格式。

十一、矿业

煤矿铅酸蓄电池防爆特殊型电源装置

标准编号：MT/T 334—2008

实施日期：2009-01-01

发布部门：国家安全生产监督管理总局

标准简介：

本标准规定了煤矿铅酸蓄电池防爆特殊型电源装置的产品分类、要求、试验、方法、检验规则、标志、包装、运输和贮存。本标准适用于在具有甲烷或煤尘爆炸危险的煤矿井下使用的电源装置。

矿用直流电源变换器

标准编号：MT/T 863—2000

实施日期：2000-05-01

发布部门：国家煤炭工业局

标准简介：

本标准规定了煤矿架线电机车车灯、电笛及通信信号用直接电源变换器的分类与型号、技术要求、试验方法、检验规则、标志、包装、运输和贮存。

煤矿用直流稳压电源

标准编号：MT/T 408—1995

实施日期：1995-10-01

发布部门：中华人民共和国煤炭工业部

标准简介：

本标准规定了煤矿用直流稳压电源的产品分类、技术要求、试验方法、检验规则、标志、包装、运输和贮存。本标准适用于单相交流供电，额定输出电压 60V 以下的煤矿用直流稳压电源（以下简称稳压电源）。

矿用本质安全输出直流电源

标准编号：MT/T 1078—2008

实施日期：2010-01-01

发布部门：国家安全生产监督管理总局

标准简介：

本标准规定了矿用本质安全输出直流电源的产品分类、技术要求、试验方法、检验规则、标志、包装、运输和贮存。本标准适用于矿用安全输出直流电源。

电源中减小电磁干扰的设计指南

标准编号：SJ 20156—1992

实施日期：1993-05-01

发布部门：中国电子工业总公司

标准简介：

本指导性技术文件规定了抑制电源传导干扰和辐射干扰的方法。本指导性技术文件适用于电源的电磁兼容性设计，旨在降低电源的传导和辐射干扰。

矿用变频调速装置

标准编号：MT 1099—2009

实施日期：2010-07-01

发布部门：国家安全生产监督管理总局

标准简介：

本标准规定了煤矿具有爆炸性危险气体环境用变频调速装置（以下简称变频调速装置）的型式、规格、试验方法、检验规则、标志、包装和储运。本标准适用于 1140V 及以下煤矿用变频调速装置。

煤矿蓄电池电机车用隔爆型充电机

标准编号：MT 1093—2008

实施日期：2010-07-01

发布部门：国家安全生产监督管理总局

标准简介：

本标准规定了煤矿蓄电池电机车用隔爆型充电机的产品分类、要求、试验方法、检验规则、标志、包装、运输和贮存。本标准适用于煤矿蓄电池电机车用隔爆型充电机（以下简称充电机）。

矿灯充电架型号编制方法

标准编号：MT/T 455—2006

实施日期：2006-12-01

发布部门：中华人民共和国国家发展改革委员会

标准简介：

本标准规定了矿灯充电架型号的编制原则、型号的组成和排列方式、编制方法和管理及申报办法。本标准适用于煤矿地面室内用的充电架,不适用于单个矿灯充电器。

采煤机电气调速装置技术条件
第 2 部分:变频调速装置
标准编号:MT/T 1041.2—2008
实施日期:2009-01-01
发布部门:国家安全生产监督管理总局
标准简介:

MT/T1041 的本部分规定了采煤机行走部变频调速装置的要求、试验方法、检验规则、标志。本部分适用于采煤机行走部变频调速装置(以下简称变频调速装置)。

十二、轻工、文化与生活用品

电动自行车用蓄电池及充电器
第 3 部分:锂离子蓄电池及充电器
标准编号:QB/T 2947.3—2008
实施日期:2008-07-01
发布部门:中华人民共和国国家发展和改革委员会
标准简介:

本部分规定了电动自行车用锂离子蓄电池及充电器的术语和定义、型号命名、要求、试验方法、检验规则及标志、包装、运输和贮存。本部分适用于 GB 17761《电动自行车通用技术条件》中规定的电动自行车用锂离子蓄电池组及其所用充电器。

教学电源
标准编号:JY 0361—1999
实施日期:2000-06-01
发布部门:中华人民共和国教育部
标准简介:

本标准适用于中学教学中分组和演示实验用的电源。

电动自行车用蓄电池及充电器
第 1 部分:密封铅酸蓄电池及充电器
标准编号:QB/T 2947.1—2008
实施日期:2008-07-01
发布部门:中华人民共和国国家发展和改革委员会
标准简介:

本部分规定了电动自行车用蓄电池及充电器的术语、代号、要求、试验方法、检验规则及标志、包装、运输和贮存。本部分适用于 GB 17761《电动

自行车通用技术条件》中规定的电动自行车用蓄电池以及其用充电器。

电动自行车用蓄电池及充电器
第 2 部分:金属氢化物镍蓄电池及充电器
标准编号:QB/T 2947.2—2008
实施日期:2008-07-01
发布部门:中华人民共和国国家发展和改革委员会
标准简介:

本部分规定了电动自行车用金属氢化物镍蓄电池及充电器的术语和定义、型号命名、要求、试验方法、检验规则及标志、包装、运输和贮存。本部分适用于 GB 17761《电动自行车通用技术条件》中规定的电动自行车用金属氢化物镍蓄电池组以及其所用充电器。

风光互补供电的 LED 道路和街路照明装置
标准编号:QB/T 4146—2010
实施日期:2011-04-01
发布部门:工业和信息化部
标准简介:

本标准规定了采用风能和太阳能互补发电、蓄电池储能供电、以 LED 为光源的道路和街路照明装置的安全和性能要求。本标准适用于离网型、以风光互补供电的照明装置。

家用和类似用途电器的安全电池充电器的特殊要求
标准编号:GB 4706.18—2005
实施日期:2006-09-01
发布部门:中华人民共和国国家质量监督检验检疫
　　　　　总局　中国国家标准化管理委员会
标准简介:

本部分全部技术内容为强制性。GB 4706 是家用和类似用途电器的安全的系列标准,分为以下几部分:第一部分:通用要求;第二部分:特殊要求。本部分是电池充电器的特殊要求部分。

实验室设备　电源系统
标准编号:JY/T 0374—2004
实施日期:2005-04-01
发布部门:中华人民共和国教育部
标准简介:

本标准规定了学校实验室设备电源系统(简称电源系统)的分类与命名、要求、试验方法、检验规则、标志、标签、使用证明书、包装、运输、贮

存。本标准适用于小学实验室中固定在实验台（桌）上教师可控制的电源系统，不适用于中小学实验室中独立使用的电源。

十三、其他

程控电话交换机电源通用技术条件

标准编号： SJ/T 10693—1996

实施日期： 1996-11-01

发布部门： 中华人民共和国电子工业部

标准简介：

　　本标准规定了程控电话交换机电源系统的技术要求、试验方法、检验规则及标志、包装、运输、贮存等。本标准适用于各类程控电话交换机的基础电源系统和设备（以下简称电源设备）。

电源装置维护检修规程

标准编号： SHS 06006—2004

实施日期： 2004-06-21

标准简介：

　　本规程规定了直流电源装置，电解用大功率可控硅整流器、UPS 装置及酸（碱）性蓄电池维护检修周期、项目、质量标准、定期检查项目要求、常见故障与处理方法、交接程序与验收要求。

机载雷达用栅控行波管组合高压电源通用规范

标准编号： SJ 20396—1994

实施日期： 1994-12-01

标准简介：

　　本规范规定了机载雷达用栅控行波管组合高压电源通用要求、质量保证规定以及交货准备要求。本规范适用于机载雷达用栅控行波管组合高压电源，其他机载电子设备的组合高压电源也可参照采用。本规范是制定高压电源产品规范的基本依据。

机载电源变换设备通用规范

标准编号： SJ 20799—2001

实施日期： 2002-01-01

标准简介：

　　本规范规定了机载电源变换设备的要求、质量保证规定和交货准备等要求。本规范适用于机载电子设备用 AC-DC、DC-DC 和 DC-AC 电源变换设备。

彩色电视机广播接收机用电源开关空白详细规范

标准编号： SJ 3130—1988

实施日期： 1988-10-01

发布部门： 中华人民共和国机械电子工业部

标准简介：

　　适用于本规范规定的彩色电视广播接收机用电源开关的全部要求由本规范和 SJ 3129《彩色电视广播接收机用电源开关总规范》组成。

彩色电视广播接收机用 KDC-A01 型按钮式电源开关详细规范

标准编号： SJ 3131—1988

实施日期： 1988-10-01

发布部门： 中华人民共和国电子工业部

标准简介：

　　适用于本规范的开关的全部要求由本详细规范和 SJ 3129《彩色电视广播接收机用电源开关总规范》组成。

LG2 型行电源滤波电感器详细规范

标准编号： SJ 20096—1992

实施日期： 1993-05-01

发布部门： 中国电子工业总公司

标准简介：

　　本规范规定的 LG2 型行电源滤波电感器，其全部要求由本规范和 SJ 20037—92《射频固定和可变电感器总规范》作出规定。本规范适用于机敏雷达光栅显示器及同类显示器行电源滤波用 LG2 型电感器。

通道级电源控制接口

标准编号： SJ 20153—1992

实施日期： 1993-05-01

发布部门： 中国电子工业总公司

标准简介：

　　本标准规定了设计生产的设备在电源时序和控制方面能兼容的电源控制接口，其中包括电源控制接 n 线和可选的紧急断电的定义和描述。本标准适用于军用计算机与外围设备。

电影放映用整流器

标准编号： JB/T 11090—2011

实施日期： 2012-4-1

发布部门： 中华人民共和国工业和信息化部

标准简介：

　　本标准规定了电影放映用整流器的术语和定义、型号规格与基本参数、技术要求、试验方法、检验规则及标志、包装、运输、贮存。本标准适用于晶闸管整流式和开关电源式的负载为高压短弧氙灯的电影放映用整流器。

弧焊整流器

标准编号： JB/T 7835—1995

实施日期： 1996-6-1

发布部门： 中华人民共和国机械工业部

标准简介：

本标准规定了弧焊整流器的产品型式和基本参数、安全要求、技术条件、检验规则以及标志、包装、运输、贮存等。本标准适用于一般使用条件下的各种类型的弧焊整流器（以下简称电源）。对于某些特殊要求，可以在本标准的基础上由用户与制造厂协商，在专用技术条件或企业标准中予以规定。

半导体分立器件 QL71 型硅单相桥式整流器详细规范

标准编号： SJ 20064—1992

实施日期： 1992-11-19

发布部门： 中国电子工业总公司

标准简介：

本规范规定了电源设备用的 QL71 型硅单相桥式整流器（以下简称器件）的详细要求。该种器件按 GJB33《半导体分立器件总规范》的规定，提供产品保证的两个等级（GP 和 GT 级）。

半导体分立器件 QL72 型硅三相桥式整流器详细规范

标准编号： SJ 20065—1992

实施日期： 1993-05-01

发布部门： 中国电子工业总公司

标准简介：

本规范规定了电源设备用的 QL72 型硅三相桥式整流器（以下简称器件）的详细要求。该种器件按 GD33《半导体分立器件总规范》的规定，提供产品保证的两个等级（GP 和 GT 级）。

飞机地面电源机组

标准编号： MH/T 6019—1999

实施日期： 2000-03-01

标准简介：

本标准规定了飞机地面电源机组技术要求、试验方法、检测规程及包装、标志、储存。本标准适用于由内燃机驱动发动机，向飞机供给检查和启动电能的交流 400Hz、115/200V（三相）、115V（单相）和直流 28.5V 地面电源机组，包括固定式、汽车式、挂车式电源机组。

弧焊设备 第 1 部分：焊接电源

标准编号： GB 15579.1—2004

实施日期： 2004-08-01

发布部门： 中华人民共和国国家质量监督检验检疫总局 中国国家标准化管理委员会

标准简介：

本部分适用于为工业和专业用途而设计的由不超过 GB156—1993 标准中表 1 规定的电压供电或由机械设备驱动的弧焊和类似工艺所用的电源。本部分不适用于为非专业人员使用的限制负载的手工电弧焊电源。本部分对弧焊电源以及等离子切割系统在结构和性能方面的安全要求作出了规定。

电除尘用晶闸管控制高压电源

标准编号： JB/T 9688—2007

实施日期： 2007-09-01

发布部门： 中华人民共和国国家发展和改革委员会

标准简介：

本标准规定了电除尘用工频、晶闸管移相调压控制高压电源的型谱、技术要求。本标准适用于电除尘用工频、晶闸管移相调压控制高压电源，不适用于其他半导体电力变流器。

电焊机型号编制方法

标准编号： GB/T 10249—2010

实施日期： 2010-11-10

发布部门： 中华人民共和国国家质量监督检验检疫总局 中国国家标准化管理委员会

标准简介：

本标准规定了电焊机型号的编制方法。本标准适用于一般使用条件下的电焊机产品。

电焊机专用转换开关

标准编号： JB/T 10498—2005

实施日期： 2005-09-01

发布部门： 中华人民共和国国家发展和改革委员会

标准简介：

本标准规定了电焊机或类似电焊机的专用转换开关的安全要求及性能要求、试验方法、检验规则等。

电焊机用冷却风机的安全要求

标准编号： JB/T 8588—1997

实施日期：1997-07-25

发布部门：中华人民共和国机械工业部

标准简介：

本标准规定了电焊机用冷却风机的安全要求及其试验方法和检验规则。本标准适用于在各类电焊机内使用的由电容运转异步电动机驱动的各种轴流式或离心式电焊机用冷却风机（以下简称风机）。由罩极式异步电动机驱动的风机应参照执行本标准。本标准推荐的风机型号编制方法，见附录 B（提示的附录）。本标准推荐的风机的外形尺寸及安装尺寸，见附录 C（提示的附录）。

出口电焊机检验规程

标准编号：SN/T 0233—1993

实施日期：1994-05-01

发布部门：中华人民共和国国家进出口商品检验局

标准简介：

本标准规定了出口电阻焊机、电弧焊机的抽祥、检验及检验结果的判定规则。本标准适用于出口电阻焊机和电弧焊机的检验。

半导体分立器件 QL73 型硅三相桥式整流器详细规范

标准编号：SJ 50033.50—1994

实施日期：1994-12-01

发布部门：中华人民共和国电子工业部

标准简介：

本规范规定了 QL73 型硅三相桥式整流器（以下简称器件）的详细要求。本规范适用于器件的研制、生产和采购。

太阳能 LED 灯具通用技术条件

标准编号：DB37/T 1181—2009

实施日期：2009-03-01

发布部门：山东省质量技术监督局

标准简介：

地方标准，发布部门：山东省质量技术监督局。

可充电电池用冲孔镀镍钢带

标准编号：GB/T 20253—2006

实施日期：2006-10-01

发布部门：中华人民共和国国家质量监督检验检疫总局　中国国家标准化管理委员会

标准简介：

本标准规定了可充电电池用冲孔镀镍钢带的要求、实验方法、检验规则、标志、包装、运输、储存及合同内容。本标准适用于金属氢化物-镍、镉-镍、锌-镍碱性可充电电池正极、负极骨架材料所使用的冲孔镀镍钢带。

高速公路 LED 可变限速标志

标准编号：GB 23826—2009

实施日期：2009-12-21

发布部门：中华人民共和国国家质量监督检验检疫总局　中国国家标准化管理委员会

标准简介：

本标准规定了发光二级管（LED）可变限速标志的分类与组成、技术要求、试验方法、检验规则和标识、包装、运输、贮存。本标准适用于高速公路以 LED 为发光单元的可变限速标志，其他道路可参照使用。

电能质量暂时过电压和瞬态过电压

标准编号：GB/T 18481—2001

实施日期：2002-04-01

发布部门：中华人民共和国国家质量监督检验检疫总局

标准简介：

本标准规定了交流电力系统中作用于电气设备的暂时过电压和瞬态过电压要求、电气设备的绝缘水平以及过电压保护方法。当涉及过电压方面电能质量问题时，应根据本标准的规定，结合电网、设备特点和使用环境参照相关的专业标准执行。本标准不适用于因静电、触及高压系统以及稳态波形畸变（谐波）引起的过电压。

船舶电气设备半导体变流器

标准编号：GB/T 22193—2008

实施日期：2009-04-01

发布部门：中华人民共和国国家质量监督检验检疫总局　中国国家标准化管理委员会

标准简介：

本标准适用于使用如二极管、反向阻塞三端晶闸管等半导体整流件的船舶静止变流器。变流可以是交流变直流、直流变交流、直流变直流以及交流变交流。

船用半导体变流器通用技术条件

标准编号：GB/T 14548—1993

实施日期：1994-02-01

发布部门：国家技术监督局

标准简介：

本标准规定了船用半导体变流器的技术要求、试验方法和检验规则等。本标准适用于半导体整流二极管、各种类型的晶闸管以及其他电力电子器件所构成的船用静止变流器。

电力工程直流电源设备通用技术条件及安全要求

标准编号： GB/T 19826—2005

实施日期： 2006-07-01

发布部门： 中华人民共和国国家质量监督检验检疫总局 中国国家标准化管理委员会

标准简介：

本标准规定了电力工程直流电源设备的通用技术条件和安全要求，以及检验方法、检验规则、标识、包装、运输和贮存等方面的要求。本标准适用于电力系统发电厂、变电站及其他电力工程中，为直流控制负荷、直流动力负荷等供电的直流电源设备，并作为产品设计、制造、检验和使用的依据。本标准也适用于冶金、石化、铁路等行业电力工程所使用的直流电源设备。对于未涵盖的其他直流电源设备可参照使用。

高速公路 LED 可变信息标志

标准编号： GB/T 23828—2009

实施日期： 2009-07-01

发布部门： 中华人民共和国国家质量监督检验检疫总局 中国国家标准化管理委员会

标准简介：

本标准规定了发光二极管（LED）可变信息标志的分类与组成、技术要求、试验方法、检验规则和标识、包装、运输、贮存。本标准适用于高速公路以 LED 为发光单元的可变信息标志，其他道路可参照使用。

渔船电子设备电源的技术要求

标准编号： GB/T 3594—2007

实施日期： 2008-03-01

发布部门： 农业部

标准简介：

本标准规定了渔船电子设备电源设计的基本技术要求。本标准适用于各种作业方式渔船上安装的电子设备，如各种无线电通信设备、无线电导航设备、电子助渔仪器、船内通信及报警系统、自动控制设备及电源变换装置等。

电能质量电力系统频率偏差

标准编号： GB/T 15945—2008

实施日期： 2009-05-01

发布部门： 中华人民共和国国家质量监督检验检疫总局 中国国家标准化管理委员会

标准简介：

本标准规定了标称频率为 50Hz 的电力系统频率偏差限值、测量及合格率的统计方法。本标准不适用于电气设备的频率偏差限值。

电能质量监测设备通用要求

标准编号： GB/T 19862—2005

实施日期： 2006-04-01

发布部门： 中华人民共和国国家质量监督检验检疫总局 中国国家标准化管理委员会

标准简介：

本标准规定了电能质量监测设备的通用要求。本标准适用于户内使用的、对交流电力系统及其设备进行电能质量监视测量的下述设备：固定式监测设备；便携式监测设备。

电能质量公用电网谐波

标准编号： GB/T 14549—1993

实施日期： 1994-03-01

发布部门： 国家技术监督局

标准简介：

本标准规定了公用电网谐波的允许值及其测试方法。本标准适用于交流额定频率为 50Hz、标称电压 110kV 及以下的公用电网。本标准不适用于暂态现象和短时间谐波。

等离子喷焊电源

标准编号： JB/T 9192—1999

实施日期： 2000-01-01

标准简介：

本标准是对 ZB J64 015—89 进行的修订。本标准规定了等离子喷焊电源的技术性能要求及使用条件。本标准适用于与等离子喷焊设备配套的专用硅整流弧焊电源，也适用于将整流弧焊机经改制后用作等离子喷焊的电源。其他类型的整流弧焊机，凡用于等离子喷焊的，亦应参照使用。

景观装饰用 LED 灯具

标准编号： DB35/T 811—2008

实施日期：2008-07-10

发布部门：福建省质量技术监督局

标准简介：

地方标准，发布单位：福建省质量技术监督局。

投光照明用 LED 灯具

标准编号：DB35/T 812—2008

实施日期：2008-07-10

发布部门：福建省质量技术监督局

标准简介：

标准类别：地方标准，主管部门：福建省质量技术监督局。

LED 道路交通诱导可变信息标志

标准编号：GA/T 484—2010

实施日期：2011-03-01

发布部门：中华人民共和国公安部

标准简介：

本标准规定了 LED 道路交通诱导可变信息标志的分类、命名、技术要求、试验方法、检验规则、标识、包装、运输与贮存。本标准适用于道路交通诱导可变标志的设计、制造和验收。

环境保护产品技术要求电除尘器高压整流电源

标准编号：HJ/T 320—2006

实施日期：2007-02-01

发布部门：国家保护总局

标准简介：

本标准适用于高压静电除尘器的整流电源（以下简称整流电源），也适用于除雾、除焦油及其他环境保护用途的高压整流电源。

环境保护产品技术要求电除尘器低压控制电源

标准编号：HJ/T 321—2006

实施日期：2007-02-01

发布部门：国家环境保护总局

标准简介：

本标准适用于电除尘器所配套的低压控制电流。

电火花加工机床可靠性试验规范

第 1 部分：脉冲电源

标准编号：JB/T 6559.1—2006

实施日期：2007-05-01

发布部门：国家发展和改革委员会

标准简介：

本部分适用于电火花加工机床脉冲电源的可靠性测定试验。

磁耦合直流电流测量变换器校准规范

标准编号：JJF 1047—1994

实施日期：1994-08-01

发布部门：国家技术监督局

标准简介：

本规范为推荐指导性校准技术文件，适用于新制造、使用中和修理后的测量用磁耦合直流电流测量变换器的校准。控制用磁耦合直流电流测量变换器的校准可参照使用。

直流稳压电源检定规程

标准编号：JJG（航天）6—1999

实施日期：1999-08-31

发布部门：中国航天工业总公司

标准简介：

本规程规定了直流稳压电源的技术要求、检定条件、检定项目、检定方法、检定结果的处理和检定周期。

船用通信导航设备的安装、使用、维护、修理技术要求

第 11 部分：蓄电池与充电设备

标准编号：JT/T 680.11—2007

实施日期：2007-08-01

标准简介：

本部分规定了船舶电台的蓄电池和充电设备的安装、使用、维护、修理技术要求。本部分适用于 JT/T 680.1 所规定的范围。

整体式 LED 路灯的测量方法

标准编号：LB/T 001—2009

实施日期：2009-09-01

发布部门：国家半导体照明工程研发及产业联盟

标准简介：

本推荐技术规范规定了整体式 LED 路灯基本性能的测量方法。本推荐性技术规范适用于交流 50Hz/220V 电源供电的并在内置控制器（自镇流）或外置控制器驱动下稳定工作的用于道路和街路照明的整体式 LED 路灯。超出本推荐性技术规范范围的 LED 路灯或类似产品的测量可参考本推荐性技术规范。

民用航空器维修标准地面维修设施
第 7 部分：电瓶充电修理作业场所
标准编号：MH/T 3012.7—2008
实施日期：2009-02-01
发布部门：中国民用航空局
标准简介：

　　代替标准号：MH 3145.77—2001 民用航空器维修标准。

水声设备用低压直流稳压电源技术条件
标准编号：CB/T 957—1995
实施日期：1996-08-01
发布部门：中国船舶工业总公司
标准简介：

　　本标准规定了水声设备用低压直流稳压电源的基本参数、技术要求、测量方法及检验规则等。本标准适用于水声设备中采用的各种稳压电源，对于非水声设备采用的稳压电源，也可参照使用。

第九部分 高等院校和科研机构简介

（按单位名称汉语拼音字母顺序排列）

北方工业大学

北京航空航天大学

电子科技大学

东南大学

福州大学

复旦大学

哈尔滨工业大学

合肥工业大学

华南理工大学

华中科技大学

南京航空航天大学

清华大学

山东大学

上海大学

上海海事大学

上海应用技术学院

天津大学

同济大学

武汉大学

西安交通大学

西安理工大学

西北工业大学

浙江大学

中国矿业大学（北京）

重庆大学

中国科学院等离子体物理研究所

一、北方工业大学

高校介绍：

北方工业大学坐落在北京风景秀丽的西山脚下，是一所以工为主，理、工、文、经、管、法相结合的多科性大学。校园占地32.05万平方米，环境优美，交通便利，是一所花园式的文明校园。

信息工程学院

信息工程学院设有计算机科学与技术、电子信息工程、通信工程、微电子学和数字媒体艺术5个一本招生的本科专业，计算机应用技术、信号与信息处理、计算机软件与理论和电路与系统等4个硕士学位授予点，现有全日制在校学生近1900人。

学院具有一支优秀的师资队伍，教学科研能力强。学院的实验中心设备先进，已具备了开设大型实验、综合性实验的能力。学院重视学生的创新能力、自学能力和工程素质能力的培养，注重学生良好学习习惯和优良学风的培养，管理严格，教学严谨，每年都有几十名毕业生考取全国著名大学的研究生。

学院现有计算机科学与技术、电子信息工程、通信工程、微电子学4个系，北京市重点建设学科1个，北京市人才十大培养基地1个，北京市品牌建设专业2个。学院积极开展科研活动，近年来承担国家自然科学基金等国家纵向课题及横向课题几十项，并在模糊控制、集成电路设计、计算机应用、绿色电源、信号处理等方面取得重大成果，多次获得国家科技进步奖和省、部级科技进步一、二、三等奖，多项成果处于国内领先水平。

学院重视国际交流和合作，与英国、德国、日本、美国等多所大学开展了联合办学和学术交流，建立了良好的合作关系。

地址：北京市石景山区晋元庄路5号北方工业大学信息工程学院

邮编：100041

电话：010-88803797

邮箱：xinxi@ncut.edu.cn

网址：http://cie.ncut.edu.cn/xueyuan/chinese/index.asp

二、北京航空航天大学

高校介绍：

北京航空航天大学（简称北航）成立于1952年，是一所具有航空航天特色和工程技术优势的多科性、开放式、研究型大学。学校现隶属于工业和信息化部，是国家"211工程"和"985工程"建设的重点高校。

学校现有院系26个，本科专业52个，硕士学位授权点144个，一级学科博士学位授权点14个，二级学科博士学位授权点49个。学科涵盖理、工、文、法、经济、管理、教育、哲学等8个门类，在航空、航天、动力、信息、材料、制造、交通、仪器和管理等领域形成明显的比较优势。北航原有的11个国家重点学科，9个进入全国前5名，2个名列全国第7名。2007年新一轮国家重点学科评审和增补，有8个一级学科被评为国家重点学科，位于全国高校第7名，国家重点二级学科由11个增加到28个。

学校现有教职工3803人，其中专任教师2230人，1640人具有高级职称。院士17人，中组部"千人计划"10名，长江学者35人，国务院学科评议组成员11人，博士生导师583人，国家杰出青年基金获得者30人，"973"计划首席科学家18名，跨世纪优秀人才13人，新世纪优秀人才112人；国家级教学名师3人，国家自然科学基金委创新研究群体4个，教育部创新团队9个，国家级教学团队1个，国防科技创新团队6个。

建校以来，北航共培养11万余名毕业生。目前，全日制在校生总数为22856人，其中本科生12616人，硕士研究生6808人，博士研究生3432人，研究生和本科生的比例为1：1.23。在校攻读学位的外国留学生534人，是国内接收外国工科研究生最多的高校之一。

学校科研实力雄厚。2006年，获批筹建航空科学与技术国家实验室，成为我校航空航天特色和研究型大学的重要标志。同时，学校还拥有"航空发动机气动热力实验室"、"软件开发环境实验室"、"虚拟现实技术与系统重点实验室"、"飞行器控制一体化技术实验室"、"可靠性与环境工程实验室"、"国家计算流体力学实验室"和"国家空管新航行系统技术重点实验室"等7个国家级重点实验室，25个省部级重点实验室，3个国家级工程中心以及3个省部级工程中心。

自动化学院

北京航空航天大学自动化科学与电气工程学院（简称自动化学院）的前身是北京航空学院飞机设备系，始建于1954年8月。在五十多年的发展过程中，自动化学院教师秉承了学院奠基者敢为人先的开拓精神、百折不挠的顽强意志、求真务实的工作作风、钩深致远的师者风范，在教学和科学研究方面均取得了优异的成绩。学院作为主要完成单位曾先后研制成功我国第一架轻型旅客机"北京一号"、第一架高空高速无人侦察机、靶机、蜜蜂系列轻型飞机和第一架共轴式双旋翼直升机、我国第一台歼击机飞行模拟器和第一台民用飞机飞行模拟器等，创造了多项全国第一。获国家科技进步一等奖 1 项、二等奖 5 项、三等奖 1 项、国家技术发明一等奖 1 项、二等奖 1 项、省部级一等奖 13 项，其他各种奖励百余项。

学院现有教师 161 人，其中，教授 39 位，副教授 77 位，院士 1 人，千人计划 1 人，国家级突出贡献专家 1 人，教育部长江学者创新团队 1 支，长江学者特聘教授 3 人，讲座教授 1 人，国家杰出青年基金获得者 2 人，新世纪百千万人才工程人选 2 人，北京市教学名师 1 人，享受政府特殊津贴人员 4 人，新（跨）世纪优秀人才 6 人。学院承载 3 个一级学科和 9 个二级学科，其中 2 个国家重点一级学科，5 个国家重点二级学科，拥有 7 个博士点，9 个硕士点和一个工程硕士专业学位点。获国家教学成果一等奖 2 项、二等奖 1 项，北京市教学成果一等奖 4 项，二等奖 4 项。

学院师资雄厚，教学设备精良，拥有北京市教学示范中心 1 个，北京市优秀教学团队 2 个，国家级精品课 1 门，北京市精品课 3 门，国家级双语示范课程 1 门，北航"十佳"优秀教师 6 人。学院为学生进行科学研究与创新实践提供条件完善和设备先进的基地。

自动化学院已经成为我国重要的航空航天自动化领域高素质人才培养基地和科研基地。学院以学科建设为主线、以创新人才引育为核心、以科研创新为引领、以教学创新为根本、以创新基地建设为基础、以机制创新为驱动、以国际合作交流为参照、以加强党的建设与思想政治工作为保证，努力打造空天信融合特色的国际知名自动化学院。

学院坐落在北京航空航天大学新主楼 E 座，院机关位于 8 层，学院教职员工将竭诚为校友、同学和朋友提供优良的服务，为打造国内一流国际知名的自动化学院而努力！

地址：北京市海淀区学院路丁 11 号

网址：http://dept3.buaa.edu.cn:81/templates/T_index/index.aspx?nodeid=1

三、电子科技大学

高校介绍：

电子科技大学是教育部直属全国重点大学，坐落于四川的省会，西南经济、文化、交通中心——成都市。

学校占地 4000 余亩，设有研究生院和 15 个学院（部），另有示范性软件学院、继续教育学院、职业技术学院和网络教育学院以及电子科技大学成都学院、电子科技大学中山学院两个独立学院。全校教职工 3400 余人，其中专任教师 2000 余人，教授 343 人，中国科学院、中国工程院院士 7 人，国家"千人计划"入选者 3 人，国务院学位委员会学科组委员 3 人，长江学者特聘教授、讲座教授 20 人，国家杰出青年科技基金获得者 12 人，国家级教学名师奖获得者 2 人，全国优秀教师 4 人，全国师德先进个人 2 人，国家自然科学基金委创新群体 1 个，教育部创新团队 2 个，国防科技创新团队 1 个。全校现有各类全日制在读学生 25000 余人，其中博士、硕士研究生 9000 余人。

学校现有一级学科国家重点学科 2 个（含 6 个二级学科国家重点学科），国家重点（培育）学科 2 个，一级学科省级重点学科 12 个，二级学科省级重点学科 3 个；国家级重点实验室 5 个，部省级重点实验室 36 个。学校现有一级学科博士学位授权点 8 个，二级学科博士学位授权点 36 个，硕士学位授权点 62 个，MBA、MPA 和工程硕士（含 13 个工程领域）等 3 种专业学位授权点；博士后流动站 10 个；本科专业 44 个，其中国家级特色专业建设点 10 个，省级特色专业 19 个。学校承担了国家科技攻关、国家自然科学基金以及国务院有关部委、四川省和国内大中型企业委托的各级各类科研项目，"十五"期间年度科技经费以年均 26% 的速度递增，2008 年达到 5.5 亿元。50 多年来，学校科技成果获国家级奖励 50 项、部省级奖励 600 余项，发表论文（专著）3.3 万余篇（部），申请专利 1000 余项。

随着全球经济信息化以及我国电子信息产业的蓬勃发展，电子科技大学的建设和发展跨入新的历史阶段。学校将秉承"求实、求真，大气、大为"的精神，毫不动摇地以人才培养为根本，坚定不移地走内涵式发展道路，以服务国家、地方经济建设和国防建设为己任，锐意创新，携手奋进，努力把电子科技大学建设成为在电子信息学科领域具有世界先进水平的一流大学。

物理电子学院

物理电子学院成立于 2001 年 10 月，现设有应用物理系、电子信息科学与技术系、真空电子技术系、高能电子学研究所、应用物理研究所和现代物理研究所。学院现有教职工 198 人，拥有一支以中科院院士刘盛纲教授为学术带头人，3 位"千人计划"入选者、1 位长江学者讲座教授、1 位国家杰出青年基金获得者、33 位博士生导师、40 位教授、55 位副高级专业技术职称人员为核心，在国内外具有一定影响的师资队伍。拥有教育部新世纪优秀人才支持计划入选者 6 位，四川省"百人计划"入选者 1 位，四川省学术和技术带头人 6 位，78% 的教师具有博士学位。

学院在"电子科学与技术"、"物理学"两个一级学科博士学位授予权点中设有博士后流动站，设有"物理电子学"（国家重点学科）、"无线电物理"、"光学"、"等离子体物理"、"凝聚态物理"、"理论物理" 6 个二级学科点。学院目前在 7 个学科点招收硕士和博士研究生。现有在校博士研究生 169 人，硕士研究生 521 人。

学院在"应用物理学"（四川省特色专业）、"电子信息科学与技术"（四川省特色专业）、"真空电子技术"（国防特色紧缺专业）等 3 个本科专业有在校学生 1116 人。2008 年，新增"核工程与核技术"本科专业。学院实施了学生工作指导委员会、班导师制等学生管理机制，学生工作的各项指标（英语四六级、毕业率、就业率等）一直名列学校前茅。多年来，学院为国家培养了一大批优秀人才，深受用人单位欢迎。

学院拥有微波电真空器件国家级重点实验室、国家"863 计划"强辐射重点实验室、太赫兹科学技术四川省重点实验室、中国科学院太赫兹科学与技术发展战略研究基地、激光与毫米波系统实验室等多个国家和省部级研究室，拥有国内高校中唯一能进行大功率微波、毫米波器件的理论研究、计算模拟、制管，到测试的系统研制基地。微波电真空器件国家级重点实验室进入了国家的"拓展提高序列"。

学院在太赫兹研究、微波电真空器件、等离子体电子学、新型受激辐射器件、毫米波理论与技术、计算电磁学及应用、固体光学和热学、空间光学等研究领域具有明显的特色优势，承担了国家重大专项、国家 973 计划、国家 863 计划、ITER 计划、国家支撑计划、国家自然科学基金、国家重点基础研究和攻关项目以及对外引进等大量高水平科研项目。"十一五"期间，承担了我国第一个太赫兹技术的"973"项目，独立承担国家重大专项 1 项，多学科参与国家重大专项 5 项，参与国家支撑计划 2 项，参与国际 ITER 计划，科研项目类型多样化，在国内已具有较好的影响力；科研总经费近 2 亿元，获得省部级科技奖励 10 项，申请和授权专利 74 项，发表科技论文 1354 篇，其中三大检索收录论文 966 篇。2003 年，刘盛纲院士获得了毫米波、红外线领域的国际最高奖 K. J. Button 大奖，成为我国第一位获此殊荣的科学家。学院还获批教育部创新团队 1 个。研制出了国内第一支 220GHz 太赫兹回旋管、8mm 高功率回旋行波管、3mm 二次谐波渐变复合腔回旋管和 8mm 高功率回旋速调管，研制的微波管 CAD 软件已成为我国微波管 CAD 设计的首选软件。

学院重视校企合作，建有"电子科技大学·美的微波管技术及微波能应用联合实验室"、"电子科技大学·宇光电子器件工程中心"、"电子科技大学·宝通天宇超宽带电子学联合实验室"、"电子科技大学·雷奥风电传感器新能源技术应用联合实验室"、"电子科技大学 CST 培训中心"等校企联合实验室。

学院十分重视与国内外相关机构的交流与合作，举办了中国—英国/欧洲毫米波与太赫兹技术学术研讨会（2008 年）、首届 IEEEMTT-S（微波理论与技术协会）国际微波研讨会（2008 年）、国际微波毫米波技术会议（ICMMT）（2010 年）等国际会议。2010 年，举办了由 16 位院士、国内众多科研院所的学者以及企业界人士等参加的中国太赫兹科学技术及应用发展研讨会。派出骨干教师出国进修、合作研究、考察访问达 100 余人次，参加国内外大型学术会议 500 余人次，邀请美国、俄罗斯、德国、英国、日本等国家及国内相关专家来短期讲学、交流 100 余人次。

沧桑巨变，风雨彩虹。物理电子学院将继承和发扬"求真，求实，大气，大为"的"成电精神"，把握机遇，开拓进取，为把学院建成为国内一流、国际知名的高水平研究型二级学院而努力奋斗。

地址：中国四川省成都市建设北路二段四号

邮编：610054

电话：028-83202590

传真：028-83202009

网址：http://202.115.12.8/default.aspx

四、东南大学

高校介绍：

东南大学是中央直管、教育部直属的全国重点大学，是"985工程"和"211工程"重点建设的大学之一。学校坐落于历史文化名城南京，占地面积5841亩，建有四牌楼、九龙湖、丁家桥等校区。

东南大学是我国最早建立的高等学府之一，素有"学府圣地"和"东南学府第一流"之美誉。经过一百多年的创业发展，如今的东南大学已成为一所以工科为主要特色，理学、工学、医学、文学、法学、哲学、教育学、经济学、管理学等多学科协调发展的综合性、研究型大学。全日制在校生28000多人，其中研究生12000多人，另有在职硕士研究生3600多人。专任教师2400多人，其中正、副教授1500多人，博士生导师500多人，两院院士11人，国务院学位委员会委员2人，国务院学科评议组成员12人，国家"千人计划"8人，"长江学者奖励计划"特聘教授、讲座教授30人，国家级教学名师奖获得者5人，国家杰出青年科学基金获得者25人，国家"十一五"863计划领域专家2人，人事部"百千万人才工程"国家级人选16人。

目前，学校设有30个院（系），拥有70个本科专业，25个一级学科博士点，164个二级学科博士点，23个博士后科研流动站，41个一级学科硕士点，255个硕士点，5个一级学科国家重点学科，20个二级学科国家重点学科，1个国家重点（培育）学科，4个江苏省一级学科国家重点学科培育建设点，7个江苏省一级学科重点学科，6个江苏省国家重点学科培育建设点，16个江苏省省级重点学科，3个国家重点实验室，2个国家工程技术研究中心，1个国家专业实验室，10个教育部重点实验室，5个教育部工程研究中心，并以此为依托形成了一批重点科研基地。近年来，学校大力加强学科建设，取得丰硕成果。在教育部学位与研究生教育发展中心2007~2009全国学科评估高校排名中，我校有5个学科进入全国前5名，其中生物医学工程学科位列全国第1位，交通运输工程位列第2位，建筑学和艺术学均位列第3位，土木工程位列第5位；另有电子科学与技术、仪器科学与技术、信息与通信工程、公共卫生与预防医学、电气工程、动力工程及工程热物理等6个学科进入全国前10名，高水平学科数量位居全国同类高校前列。

电气工程系

电气工程学院历史悠久，其办学历史可追溯到1923年成立的国立东南大学电机系。从中央大学、南京工学院，到今天的东南大学都一直设有电气工程相关学科和专业。曾经有大批国内外学术界知名的专家、学者在学院工作，如吴玉麟、陈章、吴大榕、程式、杨简初、严一士、闵华、周鹗、陈珩等。

电气工程学院现设有电气工程一级学科博士学位授权点，含电机与电器、电力系统及其自动化、电力电子与电力传动、高电压与绝缘技术、电工理论与新技术、应用电子与运动控制、电气信息技术和新能源技术等二级学科，其中，电机与电器、电力系统及其自动化两个二级学科为江苏省重点学科。设有电气工程博士后流动站和电气工程及其自动化本科专业。电气工程学院是国家"211工程"、"985工程"一期、二期的重点建设单位，是教育部电气工程及其自动化专业教学指导分委员副主任单位。电气工程及其自动化本科专业是江苏省高等学校品牌专业，2006年6月又首个通过教育部工程教育专业认证。

目前，电气工程学院有专任教师50余人，其中教授22人（含博士生导师19人），副教授和高级工程师20人。专任教师中有博士学位的教师占70%，另有在职攻读博士学位的教师8人。博士后流动站博士后研究人员10人。有兼职院士1名、长江学者1名、国家杰出青年基金获得者2名、省级优秀骨干教师4名，省"333工程培养对象"2名，省"六大人才高峰"学术带头人2人，省"青蓝工程学术带头人"2名，国家教育部优秀骨干教师1名，享受国务院"政府特殊津贴"的有12名。

电气工程学院坚持本科生教育与研究生教育并重、教学与科研并重的方针，在不断加强本科生教育的同时，积极开展研究生培养和科学研究，每年招收硕士研究生和博士研究生130多名。近五年来承担了国家"863"高技术项目、国家自然科学基金项目以及省部级项目数50余项，取得一批达到了国内外领先水平的重要研究成果。获得14项国家和省部级奖项、30余项国家专利，另有数十项成果通过了省部级鉴定，发表论文700余篇（其中三大检索300篇），出版学术专著8部。

近年来，电气工程学院积极开展教学改革和研究，承担了国家、省和学校各类教改项目数十项，取得了一批教学成果，获得国家级教学成果奖2项、国家级优秀教材1项，省部级精品教材奖2项，出版"十五"和"十一五"国家级规划教材等 15 部。

学院拥有 Rockwell 自动化实验室、电力电子实验室、电机实验室、微特电机实验室、电力系统仿真实验室、计算机实验室等设备先进的实验室。近年新建了伺服控制技术教育部工程研究中心、南京市电气设备与自动化工程技术中心、东南大学-香港德昌电机联合研究中心、东南大学电力需求侧管理研究所、东大-中电联合研发中心、东大-金智联合研发中心、东大-南自通华电力电子研究中心、东南大学风力发电研究中心等，强化了科研与经济建设的结合。

电气工程学院与境外数十所知名高校和研究机构建立了稳定的合作关系，如亚琛工业大学（德）、苏黎士工业大学（瑞士）、谢菲尔德大学（英）、俄亥俄州立大学（美）、巴士（BATH）大学（英）、伦敦城市大学（英）、斯德莱克德大学（英）、伊阿华州立大学（美）、爱知工业大学（日）、莫纳什（Monash）大学（澳大利亚）、悉尼理工大学（澳大利亚）等，每年都互派学者讲学，交换留学生，开展联合科研等。每年亦邀请多位国际知名专家来校讲学、进行研究生联合培养等。另外，每年都派出 10 多位教师和研究生参加各类国际学术会议。2005 年成功举办了大型国际学术会议"第八届国际电机与系统会议"，2008 年又成功举办了 DRPT08 国际学术会议，提高了学院电气工程学科在国内外的影响和学术地位。

地址：江苏省南京市四牌楼 2 号
邮编：210096
电话：025-83792260
传真：025-83791696
邮箱：master@ seu. edu. cn
网址：http://ee. seu. edu. cn/

五、福州大学

高校介绍：

福州大学是国家"211 工程"重点建设大学，创建于 1958 年，现已发展成为一所以工为主、理工结合，理、工、经、管、文、法、艺等多学科协调发展的福建省属多科性、教学研究型大学。

学校确立了走区域特色创业型强校之路的办学理念，正朝着建设具有较强学科相对优势、体现教学研究型办学特色和开放式办学格局的我国东南强校的奋斗目标大步迈进，努力为国家和海峡西岸经济区建设作出更大的贡献！

电气工程与自动化学院

福州大学电气工程与自动化学院是在原电气工程系的基础上，经过学科重组后，于 2003 年 6 月成立的。电气工程系的前身为福州大学电机系，创建于 1958 年，是当时福州大学建校首批设置的 5 个系之一，担负着培养电气工程与自动化学科方面的高级人才的任务。

电气工程与自动化学院拥有电气工程一级学科博士点（包括电机与电器、电力电子与电力传动、电力系统及其自动化和电工理论与新技术 4 个二级学科博士点）、电气工程和控制科学与工程两个一级学科硕士点，电气工程及其自动化国家级高等教育特色专业建设点。学院设立电气工程系、电力工程系、自动化系、应用电子系、建筑电气系、电工电子学科部以及实验教学中心。科研方面设立有电气工程一级学科博士后科研流动站、福州大学智能电网测量新技术研发中心、先进控制技术研发中心、电工研究所、电力电子与电力传动研究所、精密仪器研究所以及国家实验室认可委认证的电器检测中心和福建省电器行业技术开发基地。学院现有总建筑面积 16980 平方米。

学院师资力量雄厚，现有专任教师 89 人，其中闽江学者计划特聘教授 1 人，教授 21 人，副教授 24 人；博士生导师 14 人。学院目前在校本二学生 1500 多名、硕士研究生 240 多名、博士研究生 20 多名，近几年学院学生就业率名列全校前茅。

在电力电子与电力传动学科，围绕电力电子变流技术，开展各类电力电子变换器、可再生能源发电、照明电源和静止变流器等领域的基础和应用基础研究，其中在高频环节逆变器和静止变流器的研究处于国际先进水平；围绕电力电子高频磁技术，开展高密度模块电源、高频磁器件分析与设计、磁集成技术、平面磁技术、电磁干扰诊断与抑制、电磁干扰滤波器、非接触电能传输等方面的研究与应用，并与国内外大企业保持密切广泛的科技合作，在学术界和企业界有很高知名度；围绕电力传动技术，开展高精度交流伺服控制技术、同步电动机变频控制技术、永磁直驱式风力发电技术等方面的基础及其应用研究。陈道炼教授主持的"高频环节逆变技术及其应用"获得国家科学技术发明一等奖和福建省科学技术发明一等奖。

地址：福建省福州市福州地区大学新区学园路 2 号福州大学电气工程与自动化学院

邮编：350108

电话：0591-22866586

传真：0591-22866581

网址：http://dqxy.fzu.edu.cn/dq/

六、复旦大学

高校介绍：

复旦大学是 211 及 985 重点建设的首批综合性大学。现有化学系、高分子科学系、环境科学与工程系、信息科学与工程学院、光源与照明工程系、管理学院等 29 个直属院系，本科专业 70 个，52 个全国重点学科。学校现有各类科研机构 330 多个，其中国家重点实验室 4 个（应用表面物理、专用集成电路与系统、遗传工程和医学神经生物学），教育部工程研究中心 4 个，教育部重点实验室 13 个，卫生部重点实验室 9 个，上海市重点实验室 6 个，"985 工程"科技创新平台 5 个（先进材料、生物医学、脑科学研究、微纳电子和物理研究）。

信息学院

复旦大学信息学院有一级学科 5 个，其中电子科学与技术是一级学科国家重点学科；二级学科 11 个（含国家重点学科 3 个，上海市重点学科 1 个）；博士后流动站 2 个，博士点 6 个，硕士点 11 个，工程硕士培养领域 6 个，学士学位专业 6 个；拥有国家重点实验室 1 个，教育部重点实验室 1 个，教育部工程中心 1 个。

重点实验室介绍：

在电气工程与自动化的研究方面，复旦大学的教育部先进照明技术工程中心在智能电网接入技术与智能照明电器系统的研究居国际领先地位。1）其中，智能电网接入技术实验室研制的太阳能光伏并网逆变技术，在"电力电子实时控制与电路优化"与"智能电网接入与新能源协调控制技术"等方面取得突破性技术成果。已通过了德国、英国、西班牙等 7 个国家的电网接入许可和 PHOTON、VED、BV 等国际权威组织的认证检测，作为中国唯一的入选产品与国际著名企业的产品一起入选海拔 3887m 中国西藏山南地区全球最高极端地理气候环境示范应用的大型光伏电站，研制的分布式并网逆变器在 2011 年国际权威机构 PHOTON 的公开测试中取得"双 A"的殊荣，核心技术指标在亚洲排名第一，全球并列排名第 11 的优异成绩，并获得了 2011 年江苏省科技进步二等奖。2）光源电器系统的研究方面也取得较大的突破，特别是大飞机的照明与测控系统研究，已经用于中国大型飞机照明系统与安全性的研制中。

地址：上海杨浦区邯郸路 220 号

邮编：200433

七、哈尔滨工业大学

高校介绍：

哈尔滨工业大学隶属于工业和信息化部，是首批进入国家"211 工程"和"985 工程"建设的若干所大学之一。

学校坚持航天特色，坚持"面向国家重大需求，面向国际学术前沿"，为工业化、信息化和国防现代化服务，为地方经济社会发展服务。科研实力始终位居全国高校前列。

2008 年以来，学校参与了国家 16 个重大科技专项中的 12 项，在航天、机器人、小卫星、装备制造、新能源、新材料等领域取得了重大标志性成果，为国家作出了积极的贡献。

电气工程系

哈尔滨工业大学电气工程及自动化学院设有两个系（自动化测试与控制系、电气工程系）和一个基础教学中心；现有教职工 282 人；其中国家工程院院士 2 人、博士导师 50 人、基础教学带头人 6 人；45 周岁以下获得博士学位的教师占全院教师的 53.8%。

学院有 2 个博士后流动站、2 个一级学科博士点、5 个二级学科博士点、6 个硕士点、3 个本科专业。有学生 2000 余人；其中博士研究生 200 余人、硕士研究生 400 余人、本科生 2000 余人，另有工程硕士 200 余人。

学院具有很强的科研实力，5 年来累计科研经费达 3 亿多元，获科研成果奖 120 余项，发表学术论文 3000 余篇，其中被 SCI、EI、ISTP 检索 300 余篇，出版学术专著、教材 60 余部。获教学成果奖 50 余项，资料室藏书 26000 余册。

哈尔滨工业大学电气工程系设有 7 个研究所，包括 5 个方向：电机、电器、电力系统及其自动化、工业自动化和建筑自动化。一级学科电气工程包括 5 个二级学科：电机与电器、电力电子与电力传动、电力系统及其自动化、电工理论与新技术和高电压与绝缘技术，其中电机与电器为国家重点二级学科。2006 年一级学科电气工程综合水平在全国重点学科评估中名列第 6。电气工程一级学科具有博士学位授予权，设有电气工程博士后流动站，设有电机与电器、电力系统及其自动化和电力电子与电力传动博士点和电工理论与新技术硕士点。目前，全日制在校生规模为1542人，其中硕士研究生289人，博士研究生211人。

现有教职工112人，其中院士2人，教授50人，副教授37人。拥有一批治学严谨、学术造诣颇深的专家学者和教学名师，又有许多富于创新精神、站在学科前沿的中青年学术带头人：国家科学技术发明奖二等奖获得者程树康教授，"中达学者"徐殿国教授；还有许多出类拔萃、充满活力的青年教师："中达学者"崔淑梅教授，"新世纪人才"郑萍教授、李立毅教授、寇宝泉教授。

地址：
主校区：哈尔滨市南岗区西大直街92号（150001）
基础学部：哈尔滨市南岗区海河路202号（150090）
深圳研究生院：中国深圳西丽深圳大学城（518055）
威海分校：山东省威海市文化西路2号（264209）
电话：0451-86418297

八、合肥工业大学

高校介绍：

合肥工业大学是教育部直属的全国重点大学、国家"211工程"重点建设高校和"985工程"优势学科创新平台建设高校。创建于1945年，1960年批准为全国重点大学。学校设有19个学院、3个联合共建的国家级科研基地、1个国家技术转移示范中心、40多个省部级重点科研基地、1个国家甲级综合建筑设计研究院。学校有3个国家重点学科、27个省级重点学科；有10个博士后科研流动站、40个博士学位授权点、139个硕士学位授权点。

电气与自动化工程学院

合肥工业大学电气与自动化工程学院设有电力电子与电力传动国家级重点学科、电气工程一级学科博士点和博士后流动站；设5个二级学科博士点、6个硕士专业和两个工程硕士专业；设有自动化、电气工程及其自动化两个本科专业。拥有国家"111引智项目工程"可再生能源并网发电科学与技术创新基地、教育部光伏系统工程研究中心、安徽省工业自动化工程研究中心、安徽省新能源与节能重点实验室、安徽省飞机雷电防护重点实验室等国家和省部级科研基地。目前，全院有教职工147人，其中专任教师105人。教师中教授21人，副教授71人，长江学者1人，国家杰出青年科学基金获得者1人，国家"百千万人才工程"人选1人，教育部新

世纪优秀人才3人；另现已聘任长江学者讲座教授1名，兼职教授24名。在科学研究方面，学院形成了基础研究的高水平和科研成果的高转化率的明显特色。依托国家重点学科建设的可再生能源并网发电创新引智基地和教育部光伏系统工程中心。以光伏利用、风力发电、基于可再生能源的分布式发电技术、柔性输配电技术、特种电源、新型电气传动为主要研究方向，在太阳能和风能并网发电技术、基于可再生能源的分布式发电技术、高低压变流与特种电源技术、特种永磁电机设计、新型电力传动、等离子体的电磁场约束技术、电能质量控制等方面已经形成明显优势和特色。自2006年以来，学院教师共承担科研项目500多项，其中国家和省部级项目88项；省省部级科学技术一等奖2项，二等奖4项，三等奖5项；完成科研纵向项目合同经费3000余万元，横向项目合同经费约1.2亿元；发表学术论文1100余篇，被EI/SCI收录350余篇；出版著作30部；获发明专利14项。

重点实验室介绍：

教育部光伏系统工程研究中心；国家可再生能源并网发电科学与技术创新引智基地（"111"基地）；安徽省新能源与节能重点实验室；安徽省飞机雷电防护重点实验室（与企业共建）；安徽省工业自动化工程研究中心

地址：安徽省合肥市包河区屯溪路193号
邮编：230009
电话：0551-2901408

九、华南理工大学

高校介绍：

华南理工大学是直属教育部的全国重点大学，坐落在南方名城广州，占地面积294万平方米。校园分为两个校区，北校区位于广州市天河区石牌高校区，校园内湖光山色、绿树繁花，民族式建筑与现代化楼群错落有致，文化底蕴深厚，是教育部命名的"文明校园"，南校区位于广州市番禺区广州大学城内，是一个环境优美、设施先进、管理完善、制度创新的现代化校园。南北校区交相辉映，是莘莘学子求学的理想之地。

电力学院

华南理工大学电力学院前身为中山大学工学院电机系，1952年划归华南理工大学，1994年华南理工大学开始与当时的广东省电力工业局联合共建。学院设有电力工程系、电力电子工程系、动力工程

系等 3 个系，设有电工理论新技术中心、广东省电力工程技术研究开发中心、新能源中心、电力实验中心、电力系统工程研究所、能源洁净利用研究所、电力经济与电力市场研究所等 7 个中心（研究所）。现有 1 个广东省重点学科，1 个博士后科研流动站，1 个一级学科博士点，6 个博士点和 10 个硕士点。在校学生共有 3260 人，其中博士后 10 多人，博士研究生 102 人，硕士研究生 387 人，工程硕士 479 人，本科生 1117 人，成人教育学生 1165 人。

学院现拥有一支学术水平较高、结构合理、力量雄厚的师资队伍，现有教职工 110 人，其中专任教师 87 人（教授 26 人，博士生导师 20 人，副高职称 36 人，高级职称占教师总数的 67%），拥有博士学位的 67 人，博士学位的教师占 76%；45 岁以下的中青年教师约占 62%。教师队伍中有中国工程院院士 1 人，双聘院士 5 人，国家"千人计划"特聘教授 1 人，"长江学者奖励计划"特聘教授 1 人，享受国务院政府特殊津贴专家 6 人，霍英东青年教师基金获得者 2 人。多名中青年教授是教育部"新世纪优秀人才支持计划"资助对象、广东省"千百十工程"培养人选。

近年来，学院共获得国家自然科学基金重点项目及面上项目、973 国家重点基础研究子项目、863 计划课题及广东省自然科学基金重点及面上项目等几十个纵向项目，并获得南方电网公司、广东电网公司和粤电集团公司的几百个横向科技项目。近三年实到科研经费 1.2 亿元，在核心期刊发表论文近 600 篇，被三大索引收录近 300 篇次，申请专利 200 多项，专利授权 100 多项，出版专著 20 多部。

学院以九号楼、电力实验楼和热工实验楼作为办公、科研和实验基地，用房面积约有 5600 平方米。现有 3 个创新学科平台（电力系统交直流混合实验研究基地、广东省电力电子重点实验室、高效低污染燃烧实验室）；4 个特色实验室（雅达电源实验室、新能源中心、HyperSim 交直流数字仿真系统、高效低污染燃烧实验室）；7 个校外实习基地（葛洲坝水电厂、沙角发电总厂、广州黄埔发电厂、韶关发电厂、广州科琳电源设备有限公司、云浮火力发电厂、广州微型电机厂）。这些给学院的教学实践活动带来了极大的便利，学生的实践教学效果明显提高。

学院坚持育人为本、质量第一的办学指导思想，将人才培养、专业改革和学科建设紧密结合，努力推进课程建设和教材建设，重视教学改革与教学研究。长期以来，学院形成了严格管理、从严治院的

优良传统，积极实践优良学风和教风建设，获得了社会的高度评价，毕业生以其专业基础扎实、动手能力强、综合素质高而受到社会及用人单位的厚爱，供需比约 1∶6，毕业生一次就业率一直排在学校前列。

地址：广州市天河区五山路 381 号/广州市番禺区广州大学城
邮编：510640
电话：020-87110613
传真：020-87110613
电子邮箱：service@ scut. edu. cn
网址：http：//202. 38. 194. 204/

十、华中科技大学

高校介绍：

华中科技大学是国家教育部直属的全国重点大学，由原华中理工大学、同济医科大学、武汉城市建设学院于 2000 年 5 月 26 日合并成立，是首批列入国家"211 工程"重点建设和国家"985 工程"建设的高校之一。

学校学科齐全、结构合理，基本构建起研究型大学的学科体系。拥有哲学、经济学、法学、教育学、文学、历史学、理学、工学、农学、医学、管理学等 11 大学科门类；设有 93 个本科专业，291 个硕士学位授权点，238 个博士学位授权点，31 个博士后科研流动站；现有一级国家重点学科 7 个，二级国家重点学科 15 个（内科学、外科学按三级），国家重点（培育）学科 7 个。

电气与电子工程学院

电气与电子工程学院是国内电气工程学科领域实力最雄厚的教学科研单位之一，其历史渊源于原武汉大学、湖南大学、中山大学、南昌大学、广西大学等南方主要大学的电机学科，于 1953 年全国院系调整时合并组成华中工学院电机系，1988 年改称华中理工大学电力工程系，2001 年建制华中科技大学电气与电子工程学院。2007 年，学院获得人事部、教育部授予的"全国教育系统先进集体"称号。

学院师资力量雄厚，有中国工程院院士 2 人、中国科学院院士 1 人、国家海外高层次人才引进计划（千人计划）学者 5 人、长江学者 5 人、博士生导师 43 人、教授 52 人、副教授 61 人。学院设有电机及控制工程系、电力工程系、高电压工程系、应用电子技术系、电工理论与新技术系、电磁新技术系、电气测量技术系和国家级电工电子实验教学示

范中心（电工）、国家电工电子工科基础课程教学基地（电工）。目前在校本科生 1900 余人、研究生 1000 余人。2009 年以来，学院获得国家科技进步二等奖 1 项，省部级科技奖励 6 项，全国百篇优秀博士学位论文 1 项、提名 1 项，年到校科研经费过亿元。

学院是国内首批硕士点、博士点、博士后流动站和一级学科博士学位授权单位，所属的"电气工程"一级学科为国家首批一级学科重点学科，电机与电器、电力系统及其自动化和电工理论与新技术等 3 个学科为国家二级学科重点学科，电力电子与电力传动为湖北省重点学科。本科生招生和培养专业为电气工程及其自动化；研究生招生和培养学科覆盖了国务院学位办在电气工程一级学科下设立的所有 5 个二级学科，即电机与电器、电力系统及其自动化、高电压与绝缘技术、电力电子与电力传动、电工理论与新技术，并在国内率先获准设立了脉冲功率与等离子体和电气信息检测技术两个二级学科。学院主要研究方向覆盖了电能生产、传输、应用、变换、检测、控制和调度、管理等的全过程。

学院拥有强电磁工程与新技术国家重点实验室（筹）、国家脉冲强磁场科学中心（筹），新型电机国家专业实验室，聚变与电磁新技术等 3 个教育部重点实验室，电力安全与高效湖北省重点实验室，电力安全与高效教育部工程研究中心，新型电机与特种电磁装置教育部工程中心等多个国家及省部级研究基地。学院正在牵头建设的国家重大科技基础设施项目——脉冲强磁场实验装置，建成后将成为世界四大脉冲强磁场科学中心之一。学院拥有国内高校唯一的 J-TEXT 托克马克磁约束聚变实验装置，也是"磁约束核聚变教育部研究中心"的挂靠单位。

学院每年招收计划内博士研究生 50 余名，硕士研究生 200 余名，本科生 400 余名。学院以"一流教学、一流本科"为目标，坚持把人才培养的质量放在第一位，努力办人民满意的、尽可能好的教育，大力培养具有创新精神与合作意识、具有国际视野与国际意识的国际型人才。学院拥有"电工电子系列课程"和"电机系列课程"两个国家级教学团队，《电机学》、《电力电子学》、《电气工程基础》三门国家级精品课程和《电路理论》国家级网络精品课程，建设了电工电子首批国家级实验教学示范中心、"电气工程及其自动化"国家第一类特色专业建设点、"具有国际竞争力的电气学科创新人才培养实验班"国家级人才培养模式创新实验区。据不完全统计，五十多年来，学院已累计培养各类高级专门人才逾万人，获国家科技进步奖及省部级以上科研奖励 200 余项，出版学术著作 200 多部，为我国电气科学技术与教育事业的发展做出了重大贡献。

学院全体师生员工以建设国际一流的电气工程学科为目标，以发展电工高新技术和电力技术为主导，凝炼学科方向，汇聚学术队伍，构筑学科基地，醇化学术氛围，团结务实，求真创新，共创电气工程学科更美好的未来。

地址：湖北省武汉市珞瑜路 1037 号　华中科技大学主校区西九楼
邮编：430074
电话：027-87543228
传真：027-87545438
邮箱：ceee@ mail. hust. edu. cn
网址：http：// ceee. hust. edu. cn

十一、南京航空航天大学

高校介绍：

南京航空航天大学创建于 1952 年 10 月，是新中国自己创办的第一批航空高等院校之一。1978 年被国务院确定为全国重点大学；1981 年经国务院批准成为全国首批具有博士学位授予权的高校；1996 年进入国家"211 工程"建设；2000 年经教育部批准设立研究生院。现隶属于工业和信息化部。

经过 50 多年的建设，学校已基本形成以工为主，理工结合，工、管、理、经、文、法、哲、教等多学科协调发展，具有航空、航天、民航特色的研究型大学学科体系。学校现设有航空宇航学院、能源与动力学院、机电学院、民航学院等 14 个学院；设有无人机研究院、直升机技术研究所等 112 个科研机构，其中国家重点实验室 1 个、国防科技重点实验室 1 个、国防科技工业技术研究应用中心 1 个、省部级重点实验室 8 个、省部级研究中心和科研基地 9 个；建有教学机构 16 个，其中国家工科基础课程教学基地 2 个、国家级实验教学示范中心 3 个、省级实验教学示范中心 11 个。现有本科专业 50 个、硕士学科点 127 个、博士学科点 52 个（其中一级学科博士学位授权点 10 个）、博士后流动站 12 个。有飞行器设计、工程力学、机械制造及其自动化等 9 个国家级重点学科，导航制导与控制、电力电子与电力传动 2 个国家重点（培育）学科，以及 15 个国防特色学科和 14 个江苏省重点学科。

自动化学院电气工程系

南京航空航天大学自动化学院前身——航空仪

表制造、飞机电气设备安装与测试两个专科成立于
1952 年，发展至今已成为一个在控制科学与工程、
电气工程、仪器科学与技术、生物医学工程、武器
系统与运用工程等领域具有广泛影响、多学科的教
学、科研群体。2000 年 10 月 20 日新成立的自动化
学院是全院教职工经过艰苦奋斗和开拓发展的一个
新的里程碑。学院下属四系一所两中心：自动控制
系、电气工程系、测试工程系、生物医学工程系、
飞行控制研究所以及电子教学中心、电工教学中心。
中国工程院院士冯培德教授为我院名誉院长。

经过多年的建设和发展，学院现拥有 3 个博士
后流动站，3 个一级博士学位授予权学科（含 11 个
二级博士学位点），13 个硕士学位授予权学科，5 个
本科专业。2 个国家重点（培育）学科，2 个江苏省
一级重点学科，2 个国防重点学科。拥有 1 个国家级
高等学校优秀教学团队，1 个国防科工局国防科技
创新团队，1 个江苏省高等学校优秀科技创新团队。
现建有 1 个部级航空科技重点实验室，2 个教育部工
程研究中心，1 个江苏省高校重点实验室，1 个江苏
省实验教学示范中心，联合建设了 1 个国家级教学
基地和 1 个国家级实验教学示范中心。

自动化学院师资力量雄厚，已经形成一支结构
合理、团结奋进、富于开拓创新精神的高水平学术
梯队。近年来，教学和科研硕果累累，每年承担国
家 863、973 项目、国家自然科学基金、国防预研项
目、航空基金、博士点基金以及省部委下达项目、
横向合作项目和各类攻关项目几十项，近两年的年
科研经费到款超过 6000 万元。目前，已形成若干有
特色、处于国内领先地位或具有国际水平的研究领
域，多次获得国家级、省部级教学成果和科研成果
奖，在国内航空航天界同行中获得很好的声望。

学院十分重视学术交流和国际合作。1981 年以
来，陆续向国外派出访问学者或留学人员 160 余人，
许多留学人员已学成回国，成为科研教学的骨干力
量。学院主办过多次国际和国内学术会议，邀请外
国专家、教授来校讲学，并且与多所国外大学建立
了富有成效的合作关系。

学院现有在校学生 3200 多人。50 多年来，学院
已培养一万多名本科生和千名研究生，他们中有的
已经成为院士、学科带头人、国内外知名专家，有
的成为企业或科研院所的技术骨干，为我国的国民
经济与国防建设做出了重要的贡献。

电气工程系建设有航空电源航空科技重点实验
室、教育部航空航天电源技术工程研究中心、江苏
省新能源发电与电能变换重点实验室、南京市模块

电源工程中心等省部级重点实验室和工程中心，在
航空电源研究方面处于国内领先水平。

电气工程学科为江苏省重点一级学科；电力电
子与电力传动学科 1994 年、2001 年和 2006 年连续
三次被评为江苏重点学科；2002 年被评为国防科工
委国防重点学科，是我国电气工程领域仅有的两个
国防重点建设学科之一；2007 年被评为国家重点
（培育）学科。学科团队评为"国防科技创新团队"
以及"江苏省高校优秀科技创新团队"。

近年来电气工程系承担了国家"973 计划"项
目、"863 计划"项目，国家自然科学基金重点项
目、国防 863 子专题、总装备部项目、国家高新工
程项目等重要国家及省部级项目。获得国家技术发
明二等奖 1 项，省部级科技进步一等奖 2 项，二等
奖 15 项，三等奖多项。获得国家授权发明专利 100
余项，申请发明专利 220 多项。

地址：中国南京市御道街 29 号，南京航空航天
大学自动化学院

邮编：210016

电话：025-84893500

传真：025-84893500

邮箱：nhcaedw@ nuaa. edu. cn

网址：http：// cae. nuaa. edu. cn/ee

十二、清华大学

高校介绍：

清华是中国最高学府，是中国综合实力最强的
大学之一。工学、理学、经济学、管理学、法学、
医学、文学、艺术学、历史学等都是它的强项。清
华是国家重点支持建设的两所大学之一，国家首批
"211 工程"和"985 工程"系列的重点大学，九校
联盟（C9）的成员。清华大学设有建筑学院、土木
水利学院、机械工程学院、航天航空学院、信息科
学技术学院、理学院、生命科学学院、医学院、地
球科学学院（筹）、人文社会科学学院、新闻与传播
学院、法学院、马克思主义学院、经济管理学院、
公共管理学院、美术学院、应用技术学院等，以及
生命科学学院、生物信息与系统生物学、医学系统
生物学研究中心等院系。清华大学已成为一所具有
理、工、文、法、医学、经济、管理、艺术等学科
的综合性大学。

自动化系

早在 20 世纪 50 年代，清华大学就设置了与自
动化学科有关的一批专业。1970 年 5 月，学校将有

关的专业联合归并，组建了国内第一个自动化系。经过40多年的发展，自动化系在教学和科研上取得了丰硕的成果，为我国培养了大批的学士、硕士和博士，成为我国自动化科学与技术的重要研究和开发基地、培养自动化领域各层次高级专门人才的摇篮，在我国现代化建设中发挥了重要作用。

自动化系的一级学科为"控制科学与工程"，在2001年全国重点学科评审中，"控制理论与控制工程"和"模式识别与智能系统"两个二级学科均排名第一。在2006年全国一级学科的评估中我系"控制科学与工程"一级学科名列全国第一。目前，该一级学科下设"控制理论与控制工程"、"模式识别与智能系统"、"系统工程"、"检测技术与自动装置"、"导航、制导与控制"、"企业信息化系统与工程"、"生物信息学"7个二级学科。研究生按二级学科招生，按一级学科培养。高年级本科生可根据需要自主选修相关学科方向的专业课程。

自动化系有多位教师从事电源相关的教学与科研，开设《电力电子技术基础》、《电力拖动与运动控制》、《电力电子电路的微机控制》等相关课程，近年相关的科研项目有：大型风电场并网与传输的关键技术、风电场微观选址、智能型电储能装置电能的高效利用与节电、智能决策支持系统中的多技术集成框架、变电站综合自动化系统、双馈式和直驱式风力发电机组用电源的研制、大功率直流压缩机驱动系统。

地址：北京市海淀区清华园1号
邮编：100084
电话：010-62770559
传真：010-62786911

十三、山东大学

高校介绍：

山东大学是一所历史悠久、学科齐全、学术实力雄厚、办学特色鲜明，在国内外具有重要影响的教育部直属重点综合性大学，是国家"211工程"和"985工程"重点建设的高水平大学之一。

山东大学是中国近代高等教育的起源性大学。其医学学科起源于1864年，为近代中国高等教育历史之最。其主体是1901年创办的山东大学堂，是继京师大学堂之后中国创办的第二所国立大学，也是中国第一所按章程办学的大学。从诞生起，学校先后历经了山东大学堂、国立青岛大学、国立山东大学、山东大学以及由原山东大学、山东医科大学、

山东工业大学三校合并组建的新山东大学等几个历史发展时期。百余年间，山东大学秉承"为天下储人才"、"为国家图富强"的办学宗旨，踔厉奋发，薪火相传，为国家和社会培养了40余万各类人才，为国家和区域经济社会发展做出了重要贡献。

控制科学与工程学院

控制科学与工程学院其前身是创建于1949年的原山东工学院电机工程系。1952年，全国高校院系调整，原山东大学电机专业调整并入。随着科学技术的不断进步，电机工程系各专业逐渐分化成为信息类其他新的学科并相继独立出去。1989年山东工学院电机工程系更名为山东工业大学自动化工程系。新山东大学合并后，2001年1月更名为控制科学与工程学院。

控制科学与工程学院现有在校本科生1351人，硕士、博士生530人。有教职工140人，其中专职教师96人，专职教师中教授41人、博士生导师26人。学院还聘有双聘院士1人、长江学者讲座教授2人、教育部长江学者特聘教授3人、国家杰出青年基金获得者1人、山东省泰山学者特聘教授3人、"新世纪百千万人才工程"国家级人选1人。

控制科学与工程学院拥有控制科学与工程、生物医学工程2个一级学科博士学位授权点和控制理论与控制工程、电力电子与电力传动、检测技术与自动化装置、模式识别与智能系统、系统工程、生物医学工程等6个二级工学博士与硕士学位授权点，并有控制工程、仪器仪表工程、生物医学工程和物流工程等4个工程硕士学位授权点和控制理论与控制工程教育硕士学位授予权，学院还建有"控制科学与工程"博士后流动站。拥有自动控制、电力电子与电力传动、过程控制等8个研究所，还设有物流工程研究中心、机器人研究中心、生物医学工程中心、控制理论研究中心以及集产、学、研于一体的高技术产业——山东奥太电气有限公司。学院下设自动化、测控技术与仪器、生物医学工程和物流工程4个本科教学系，有设备先进的计算中心和实验中心。本科现在按照自动化类和生物医学工程专业招生。自动化类招生的学生二年级按自动化、测控技术与仪器、物流工程3个专业方向分流。生物医学工程专业自2008年起实行本硕连读（7）制度。

控制科学与工程学院是"211工程"重点建设单位、"985工程"建设单位、"十五"强化建设省级重点学科单位、"控制理论与控制工程"国家重点学科建设单位。学院还建有2个山东省重点学科、2

个山东省重点实验室和 1 个山东省品牌专业，并设有 2 个泰山学者岗位特聘教授岗位。近 5 年来，学院承担国家重点攻关项目、国家"863"计划项目、国家自然科学基金项目 36 项，其他政府、科研项目 110 余项，企业委托项目 140 余项，获国家级科技进步奖 2 项、省部级科技进步奖 20 余项；在国际著名刊物《IEEETransactionsonAutomaticcontrol》、《Automatica》上发表论文 26 篇，出版学术著作、教材 35 部。

控制科学与工程学院经过几代人的奋斗，实现了跨越式的发展。目前，它正以崭新的姿态走向更加美好的未来！

地址：中国山东省济南市经十路 17923 号
邮编：250061
电话：0531-88395114
传真：0531-88565167
邮箱：webmaster@ sdu. edu. cn
网址：http://control. sdu. edu. cn/default. aspx

十四、上海大学

高校介绍：

上海大学是上海市属、国家"211 工程"重点建设的综合性大学。现设有 27 个学院和 2 个校管系；设有 71 个本科专业、42 个硕士学位一级学科授权点、166 个硕士学位二级学科授权点、20 个博士学位一级学科授权点、72 个博士学位二级学科授权点、19 个自主设置二级学科博士点、13 个博士后科研流动站；拥有 4 个国家重点学科、9 个上海市重点学科；拥有 2 个科技部与上海市共建的国家重点实验室培育基地，1 个国家体育总局体育社会科学重点研究基地，1 个教育部重点实验室，1 个教育部省部共建重点实验室，1 个教育部工程研究中心，并拥有多个上海市重点实验室及国家级实验教学示范中心等。上海大学积极实施人才强校战略，初步形成了由名师领衔、层次清晰、结构合理的国际化、高素质、基本满足学校发展需要的师资队伍，并已在多数学科领域中形成了若干有特色、有影响、有潜力的学科团队。

机电工程与自动化学院

机电工程与自动化学院是一个机、电、测、控多学科交叉的学院，下设精密机械工程系、机械自动化工程系、自动化系和工程技术训练中心。

学院的教学科研涵盖机械工程、控制科学与工程、仪器科学与技术、电气工程 4 个一级学科，并

在以上大多数学科领域内实现了博士后、博士、硕士、本科各级各类人才培养的全覆盖。拥有 7 个本科专业；3 个一级学科硕士点（涵盖多个二级学科硕士点）以及 3 个二级学科硕士点；2 个一级学科博士点（涵盖多个二级学科博士点）以及 2 个二级学科博士点；3 个博士后科研流动站。学院现有在校本科生近 3000 名，硕士研究生、博士研究生 1000 余名。

学院拥有教育部新型显示技术与系统集成重点实验室、上海市机械自动化及机器人重点实验室、上海市电站自动化重点实验室、上海市教委自动化制造装备及驱动技术工程研究中心、上海机器人研究所、上海大学计算机集成制造与机器人中心、上海大学精密机械研究所、上海电机与控制工程研究所、上海大学—华中科技大学联合快速制造中心、上海大学机电工程设计院、上海大学微电子研究与开发中心、上海大学中瑞微系统集成技术中心、上海大学警用装备与公共安全工程研究中心，以及教育部、上海市教委工程训练实验教育示范中心等基地。学院先后建成了机械基础实验平台、数字化设计制造教学实验平台和机电一体化产品综合实验平台等 5 个本科教学专业实验平台、1 个自动化信息与网络控制实验中心和 1 个大学生创新中心。

20 世纪 80 年代以来，学院所属的多个学科先后得到了国家及上海市政府的支持。"十五"期间，机械电子工程被列入第一期上海市重点学科，先进机器人技术与现代制造系统、仪电自动化分别被列入第二期上海市重点优势学科和重点特色学科。1998 年起，先进制造及自动化学科连续三期被列入国家"211 工程"重点建设学科。"十一五"期间，学院所属的能源工程优化调控技术被列入国家"211 工程"重点学科"能源工程与新技术"学科三大方向之一。2001 年机械电子工程学科被列为国家重点学科。

重点实验室介绍：

上海市电站自动化技术重点实验室是由上海大学、上海电力学院、上海自动化仪表股份有限公司和上海外高桥电厂联合成立的产学研一体的综合实验室。实验室通过上海大学自动化系提供应用基础研究、人才培养及对外开放平台，通过上海电力学院提供应用研究支撑平台，通过上海自动化仪表股份有限公司提供产业化研发支撑平台，通过上海外高桥电厂提供产业应用技术需求平台。实验室通过特色鲜明的"四位一体"的模式搭建了以社会应用

需求和产业化为导向，以高校基础研究和技术开发为主要形式，以对外平台开放交流为辅助方法的产学研平台。

地址：上海市延长路149号

邮编：200072

电话：021-56331562

传真：021-56331183

邮箱：yraun@ mail. shu. edu. cn

网址：http：//www. auto. shu. edu. cn/

十五、上海海事大学

高校介绍：

上海海事大学是一所以航运技术、经济与管理为特色，具有工学、管理学、经济学、法学、文学和理学等学科门类的多科性大学。

中国高等航海教育发轫于上海，1909年晚清邮传部上海高等实业学堂（南洋公学）船政科开创了我国高等航海教育的先河。1912年成立吴淞商船学校，1928年更名为吴淞商船专科学校。1959年交通部在沪组建上海海运学院。2004年经教育部批准更名为上海海事大学。

电力电子与电力传动学科

自1995年起，电力电子与电力传动学科通过10余年上海市教委重点学科建设，建立了重点学科的主要研究基地，1999年建立了"航运技术与控制工程"交通部重点实验室，2001年获得"电力电子与电力传动"博士点，2007年建立了"电气工程"博士后流动站，为学科的进一步发展提供良好的研究环境和开发平台，形成了将电力电子与电力传动技术应用于港口、船舶和航运系统的鲜明特色，使本学科在目前国内港口和船舶电力传动与控制领域处于领先水平，在国际船舶电工界也有一定影响和知名度。

现该学科目前是上海市教委"港航电力传动与控制工程"重点学科，拥有电气工程及其自动化、自动化、检测技术3个本科专业；电气工程一级学科硕士点，控制理论与控制工程、检测技术与自动化装置2个二级学科硕士点，以及中法联合硕士项目；一个博士点和博士后流动站。

在科学研究方面，建立了电力传动与控制研究所。已逐步形成了电力拖动与控制系统研究以港航运输设备的传动控制为主线，计算机仿真技术研究以港航模拟器的开发为主线，智能信息与智能控制研究以港航系统状态监测、故障诊断与容错控制为主线的研究特色。自主研发了船舶电力推进模拟器，构建了船舶电力推进研究的先进平台；研制成功国内第一条燃料电池试验船"天翔1号"，于2005年11月在上海市第6届国际工业博览会上正式亮相，宣告中国第一条燃料电池电力推进船的诞生，填补了国内空白，并达到国际先进水平。具有开拓意义，为未来中国新能源在船舶中的应用和"全电船"的研究引领新的方向；上海市登山计划项目"临港新城可再生能源发展应用研究"的研究成果分别在上海国际工业博览会和北京国际节能减排和新能源科技博览会成功展出。

在研究基地建设方面，2001年建成电工、电子实验中心；2005年建成"电气传动控制系统实验室"、"微机网络型自动化电站实验中心"、"电力电子装置与仿真实验研究室"等一批研究性实验室；2008年与施耐德电气公司（Schneider Electric）建立了"船舶电站"联合实验室；目前，正在建设上海市教委重点学科研究基地"海上清洁能源综合发电系统"。

学科与上海振华港机（集团）公司、上海国际港务（集团）股份有限公司、施耐德电气公司等国内外著名企业建立了战略联盟，为产、学、研相结合承接重大项目搭建了广阔的舞台。与施耐德电气公司联合研发智能化的船舶电能管理（PMS）系统，具有自主知识产权的船舶 PMS 装置已于2005年12月在中国国际海事展览会成功展出，并列入施耐德电气2006年的新产品目录，成为产、学、研相结合成功的范例。学科始终如一的坚持港口机械和电气设备的研究方向，为企业的产品更新和技术进步提供强有力的前期预研和技术支持，形成了港口机电设备设计、研发与运行监测和管理一体化的研究体系和人才队伍，为上海建设国际航运中心服务。

学科具有广泛的国际联系和合作关系，多年来，中波国际合作项目研究卓有成效，与法国中央理工大学、法国海军学院、布莱斯特海洋科技园区等建立了中法国际合作关系，建立了中法联合伽利略系统与海上安全智能交通研究所，开展科学研究和学术交流，与波兰和法国联合培养博士和硕士研究生。连续6届主办国际电工学术会议（IMEDCE），具有国际影响力。

本学科目前设有三个研究方向：

（1）新能源电力电子装置与船舶电力系统研究方向，本研究方向主要从事电力电子变流技术在可再生能源电能变换以及电能质量控制等方面的研究与开发。本研究方向以应用基础研究为特征，以海上清洁能源发电为主要领域，建立了一个起点高、特色明、研究开发能力强的教学科研基地，在应用基础理论研究、应用技术开发、学术交流和产学研联合、人才培养等方面发挥引领性和关键性的作用；根据国家科技发展方针和上海市科技发展战略，面向科技前沿，海上清洁能源及船舶电力传动的重大科技问题，开展创新性研究，获取原创新成果，取得自主知识产权，在海洋新能源开发、电力电子变流新拓扑，混合可再生电源并网技术等方面形成了特色和优势。

（2）港航传动控制技术及应用研究方向，具有鲜明的港航特色，在港口与船舶大型机电设备技术改造方面具有良好的研究基础和发展前景，特别是近年来在港口设备节能技术，比如：开展了多电机共直流母线交流传动系统建模、节能控制与能量管理方面的研究。目前，与施耐德电气公司建立了"国际海事效能管理及安全系统设计与研究中心"进一步开展港航系统节能及安全控制的联合研究。

（3）信息处理与港航系统仿真技术研究方向，主要是运用计算机技术、控制技术、仿真技术、局域网技术和多媒体技术推进船舶、港口与航运技术的信息化、自动化和智能化发展。目前，已在复杂系统的状态监测、集成智能故障诊断与容错控制技术研究方面取得了多项创新性研究结果。上述研究成果与方法可以推广应用于解决当前可再生能源分布式发电与智能电网问题。

本学科将进一步完善师资队伍的学术梯队结构，提高教育水平，培养各类企业，特别是港、航企业急需的电气工程高级技术人才；提升科研实力和学术水平，促进产、学、研相结合，为国家建设提供技术支撑作用，特别是在更好的为上海市建设国际航运中心服务。

地址： 上海市浦东大道 1550 号
邮编： 200135
电话： 021-58855200
网址： http://www.shmtu.edu.cn/

十六、上海应用技术学院

高校介绍：

学校目前有两个校区：学校占地面积共 1700 多亩；漕宝路校区坐落在上海西南隅，毗邻漕河泾高科技开发区；奉贤校区坐落在奉贤海湾地区。学校实行校、院两级管理体制，现设有材料科学与工程学院、机械工程学院、电气与电子工程学院、计算机科学与信息工程学院、城市建设与安全工程学院、化学与环境工程学院、香料香精技术与工程学院、艺术与设计学院、经济与管理学院、外国语学院、人文学院和思政学院、生态技术与工程学院、理学院、轨道交通学院、工程创新学院、体育教育部、高等职业学院、继续教育学院等 18 个二级学院、部。学校以全日制本科教育为主，积极发展应用型、工程型研究生教育，兼办高职高专教育。学校现有全日制学生 17027 人，其中本科生 14539 人，高职高专生 2378 人，研究生 90 人，留学生 20 人。

电气与电子工程学院

上海应用技术学院电气与电子工程学院具有 50 多年的办学历史。现有电气工程及其自动化、自动化、电子信息工程 3 个本科专业和一个中美合作联合办学的四年制本科专业（电气工程及其自动化）。近几年，学院先后投入巨资进行实验室建设，拥有创新、应用和基础 3 个实验教学平台。

电气与电子工程学院目前拥有一支学术水平高，教学经验丰富的师资队伍。现有教职员工 62 人，其中专任教师 49 人，包括正教授 8 人，副高职称的教师 13 人，具有博士学位的教师 11 人，在读博士生 8 人，具有硕士学位的教师 23 人。现有本科学生 1080 人，并与国内外多所高校联合培养研究生。

学院着力培养具有创新精神和实践能力的、具有国际视野的、一线工程师为主的高层次应用型技术人才。服务区域经济社会发展，立足上海，面向全国，满足社会对生产一线工程师的人才需求，取得了良好的效果。近几年来，电气与电子工程学院每年的毕业生就业率一直保持在 98% 以上，专业对口就业率达到 90%。在全国大学生电子竞赛、"天华杯全国电子专业人才设计与技能大赛"、全国大学生数学建模竞赛、"飞思卡尔杯智能车竞赛"、"西门子杯全国大学生控制仿真挑战赛" 等多项赛事中，以我院学生为主的参赛队表现出色，多次获得一等奖。

学院十分重视科研工作，按照"有所为，有所不为"的方针，在基础理论研究和应用技术研究上，以应用技术研究为主，兼顾基础研究，特别是以本学院的专业特色为依托，承担了一批高水平的科研项目，并取得良好的成果。近年来，科研经费逐年递增，在各种刊物发表了相当数量具有一定影响的科研或教研论文，EI、SCI 收录 50 篇以上，先后获得过省部级以上奖励 10 余项。在校企合作方面，我院发挥自身优势，在冶金、化工、建筑、电力、环境、食品、航天、电子、交通、海洋等领域承担了多项有重要影响的科研项目，树立了良好的声望。

地址：上海市海泉路 100 号
邮编：201418
电话：021-60873227
传真：021-60873226
邮箱：qping@ sit. edu. cn

十七、天津大学

高校介绍：

天津大学是教育部直属国家重点大学，其前身为北洋大学，始建于 1895 年 10 月 2 日，是中国第一所现代大学，素以"实事求是"的校训、"严谨治学"的校风和"爱国奉献"的传统享誉海内外。1951 年经国家院系调整定名为天津大学，是 1959 年中共中央首批确定的 16 所国家重点大学之一，是"211 工程"、"985 工程"首批重点建设的大学。

电气与自动化工程学院

天津大学电气与自动化工程学院素以严谨治学、务实求真而闻名，先后培养出以原清华大学校长高景德院士、北京邮电大学名誉校长叶培大院士、著名华人企业家荣智健先生等为代表的一大批各类杰出人才。

学院现设 2 个系、5 个中心、2 个研究所。学院 2 个一级学科电气工程和控制科学与工程均具有博士学位授予权和设有博士后流动站。学院的 8 个二级学科（电力系统及其自动化、电机与电器、高电压与绝缘技术、电力电子与电力传动、电工理论与新技术、控制理论与控制工程、检测技术与自动化装置和模式识别与智能系统）均具有博士和硕士学位授予权；其中，电力系统及其自动化和检测技术与自动化装置为国家重点建设学科。学院设有电气工程及其自动化、自动化 2 个宽口径的本科生专业和 1 个高等职业技术教育专业楼宇自动化技术。

学院有一支高效、精干、勇于开拓的师资队伍，现有中国工程院院士 1 人，俄罗斯工程院院士 1 人，长江学者特聘教授 2 人，长江学者讲座教授 2 人。

在实验教学方面，学院具有各类专业实验室近 50 个，各类实验仪器设备约 2500 台套，设备总值 2529 万元人民币，实验室总面积 5500m²。其中，与国内外各大公司企业合作建立的专业实验室 4 个，国家 211 工程项目资助建设与改造实验室 8 个，如 EDA、CAI、CAD、电工电子等实验室。另外，学院

还设立了开放实验室，以培养学生的创新能力。

学院具有雄厚的科研实力，近 5 年来，共完成科研项目 300 余项，获国家级和省（部）级科学技术进步奖 30 余项，发表科技论文 1000 多篇，取得了丰硕的科技开发成果。2009 年全院承担的科研项目经费已超过 2600 万元，在天津大学名列前茅。而且已形成多个在国内很有影响、具有自己特色的研究方向，如电力系统规划、运行与控制理论，电力系统微机保护与变电站综合自动化，新型电机及其控制技术，交、直流传动及调速技术，两相/多相流检测技术，计算机工业控制技术等。所完成的科研项目，已在全国多个相关生产技术领域推广应用，受到实际应用部门的高度评价。

学院坚持走产学研相结合、多种渠道办学的道路，先后同大庆油田、天津电力局、华北电力集团公司、大港电厂、海尔集团、渤海石油集团公司、华北油田、山西电力局、西安仪表厂、天津高频设备厂、胜利油田、建设部人事劳动教育司、河南电力局、美国霍尼韦尔公司以及香港理工大学、台湾中原大学、英国曼彻斯特大学、美国康奈尔大学、彼得堡工业大学、莫斯科大学、日本九州工业大学等几十家中外企业和高校建立了长期合作伙伴和学术交流关系。尤其是同美国霍尼韦尔公司合作，由公司投资 130 万美元建立的楼宇自动化中心，其实验室规模和软硬件装备水平达到同行业国际领先、亚太地区第一。同天津电力局、河南电力局、天津大港电厂合作，筹措资金 400 万元人民币建立的电力研究与培训中心，内设教室、学生宿舍、教师公寓等配套设施，总面积达 3300m²。所有这些都为学院的学科建设、教学与科研的发展奠定了良好基础。

地址：天津市南开区卫津路 92 号天津大学电气与自动化工程学院
邮编：300072
电话：022-27405477
传真：022-27406272
邮箱：autju@ 163. com
网址：http://www2. tju. edu. cn/colleges/automate/

十八、同济大学

高校介绍：

同济大学创建于 1907 年，是教育部直属全国重点大学，国家"211 工程"和"985 工程"重点建设高校，也是首批经国务院批准成立研究生院的高校，综合实力位居国内高校前列。

学校现有教授等正高级专业技术职务者 860 余人，副教授等副高级专业技术职务者 1380 余人。有全日制在校学生约 35600 人，其中本科生约 19800 人，硕士、博士研究生约 15800 人。另有在职攻读专业学位硕士研究生 8800 多人，各类留学生近 3000 人。校园占地面积 3857 亩，分布于 4 个校区。

同济大学已基本构建起了"综合性、研究型、国际化知名高水平大学"的整体框架，学科设置涵盖工学、理学、管理学、医学、经济学、文学、法学、哲学、教育学等 9 大门类。

学校设有建筑与城市规划、土木工程、经济与管理、电子与信息工程、环境科学与工程、材料科学与工程、机械工程、医学、口腔医学、理学、交通运输、汽车、海洋与地球科学、生命科学与技术、航空航天与力学、外国语、人文、法学、马克思主义、政治与国际关系、传播与艺术、设计创意、软件、电影、中德、中德工程、中法工程和管理、中意、职教等 29 个学院。建有铁道与城市轨道交通研究院、知识产权学院、继续教育学院、网络教育学院、高等技术学院、国际文化交流学院、女子学院、出国培训学院等办学机构。有 6 家附属医院和 3 所附属中学。

同济大学现有中国科学院院士 6 人，中国工程院院士 7 人；第三世界科学院院士 1 人，美国工程院外籍院士 1 人，瑞典皇家工程科学院外籍院士 1 人，法国建筑科学院院士 1 人；入选中组部"千人计划" 16 人，教育部"长江学者"特聘教授 18 人、讲座教授 3 人，国家杰出青年科学基金获得者 21 人，国家百千万人才工程入选者 19 人；4 人被评为国家级教学名师。有国家自然科学基金创新群体 2 个，教育部创新团队 4 个，国家级教学团队 6 个。

学校拥有 3 个国家重点实验室、1 个国家工程实验室、3 个国家工程（技术）研究中心以及 23 个省部级重点实验室和工程（技术）研究中心。已经建成或正在建设国内首个"汽车整车风洞"、世界规模最大的"多功能振动实验中心"、国内第一个"城市轨道交通综合试验平台"、"海底观测研究实验基地"等一批重大科研平台。承担了一系列国家重大科研专项、重大工程，取得了大跨度桥梁关键技术、燃料电池轿车研发、耦合式城市污水处理、城市交通智能诱导、国产化智能温室、结构抗震防灾技术、软土盾构隧道设计等一大批标志性科研成果。

电子与信息工程学院

同济大学电子与信息工程学院下设电气工程系、电子科学与技术系、信息与通信工程系、控制科学与工程系、计算机科学与技术系、CAD 研究中心、CIMS 研究中心、实验中心及半导体与信息技术研究所。

学院覆盖学科领域宽广。设有电气工程、电子科学与技术、信息与通信工程、控制科学与工程、计算机科学与技术 5 个一级学科。目前，拥有控制理论与控制工程国家二级重点学科和上海市重点学科；拥有控制科学与工程一级学科博士点和博士后科研流动站，涵盖控制理论与控制工程、检测技术与自动化装置、系统工程、模式识别与智能系统、导航制导与控制 5 个二级博士点；拥有计算机科学与技术一级学科博士点和博士后科研流动站，涵盖计算机系统结构、计算机软件与理论、计算机应用技术 3 个二级博士点。学院的硕士学位授权点多达 19 个。1998 年以来还相继拓展了电子与通信工程、控制工程、计算机技术、电气工程、集成电路工程、软件工程等 6 个工程硕士培养领域。

学院本科专业门类齐全。设有电气工程及其自动化、电子科学与技术、通信工程、自动化、电子信息工程、计算机科学与技术和信息安全等 7 个本科专业。其中，计算机科学与技术专业入选教育部第三批高等学校特色专业建设名单并通过了国家工程教育专业认证。

学院有较为雄厚的师资力量。截至 2010 年年底，学院拥有教授（研究员）65 名，副教授（副研究员、高级工程师）83 名；博士生导师 53 名、硕士生导师 109 名。拥有 973 项目首席科学家 2 名、国家千人计划获得者 3 名、长江学者特聘教授 2 名、教育部新世纪优秀人才计划学者 8 名，教育部"长江学者和创新团队发展计划"科研团队 1 支、国家级教学团队 1 支；上海领军人才"地方队"培养计划 1 名、上海市优秀学科带头人 3 名、上海市教学名师 1 名、上海市曙光学者 8 名、上海市科技启明星 7 名、上海高校特聘教授（东方学者）1 名；同济大学特聘教授 3 名、同济大学特聘讲座教授 11 名。

学院培养结构合理、国际化办学特色突出。目前，全院在校博士研究生 227 名、全日制硕士研究生 1067 名、非全日制工程硕士 610 名、本科生 2241 名。经教育部批准，学院与意大利米兰理工大学、意大利都灵工业大学、法国国立高等电信大学开展了合作办学项目。学院还分别与意大利博洛尼亚大学、英国诺丁汉大学、英国拉夫堡大学、芬兰阿尔托大学、芬兰米凯利工业大学、法国瓦伦西纳大学、法国布尔日国立高等工程师学校、法国高等矿业学校集团、法国国立海军工程学校等签署合作协议，开展本科生及研究生联合培养方面的合作。

学院有良好的教学、科研环境。设有国家高性能计算机工程技术研究中心同济分中心、计算机与信息技术国家级教学实验示范中心、国家集成电路人才培养基地和国家 Linux 软件人才技术培训与推广中心；拥有"嵌入式系统与服务计算"教育部重点实验室、"企业数字化技术"教育部工程研究中心；设有网格技术研究中心、基础软件工程中心、网络化系统研究所、信息安全技术研究中心等研究机构。此外，学院还与 Microsoft、IBM、Nokia、Apple、三菱电机、飞思卡尔、美国赛灵思等多家国际著名高科技企业开展深层次全面合作，成立了一批国际合作机构、实验室及俱乐部。

近 5 年，学院教学、科研成果显著。先后主持完成一批国家 973 计划项目、国家重大专项（子课题）、国家自然科学基金重大研究计划项目（子课题）、国家自然科学基金（重点、面上、青年）项目、国家科技支撑计划项目、国家 863 计划项目、科技部攻关项目。学院在并行工程、复杂系统、智能机器人、PN 机理论、信息处理自动化及软件智能化测试技术、信息安全等前沿领域取得了多项具有重要学术价值和应用前景的研究成果。近 5 年获得国家技术发明二等奖 1 项、国家科技进步二等奖 2 项，国家教学成果二等奖 2 项；教育部科技进步一等奖 1 项、二等奖 5 项；上海市技术发明一等奖 1 项，上海市科技进步一等奖 1 项、二等奖 5 项、三等奖 7 项，上海市教学成果一等奖 2 项，并有多项成果在实际中应用，产生了较大的社会和经济效益。

地址：上海市曹安公路 4800 号同济大学嘉定校区电信大楼

邮编：201804

电话：021-69589979

邮箱：dxwg@ mail. tongji. edu. cn

网址：http://see. tongji. edu. cn/

十九、武汉大学

高校介绍：

武汉大学是国家教育部直属重点综合性大学，是国家"985 工程"和"211 工程"重点建设高校。学校占地面积 5166 亩，建筑面积 256 万平方米。

武汉大学学科门类齐全、综合性强、特色明显，涵盖了哲、经、法、教育、文、史、理、工、农、医、管理等 11 个学科门类。学校设有人文科学、社会科学、理学、工学、信息科学和医学六大学部 37 个学院（系）。有 114 个本科专业。5 个一级学科被认定为国家重点学科，共覆盖了 29 个二级学科，另有 17 个二级学科被认定为国家重点学科。6 个学科为国家重点（培育）学科。36 个一级学科具有博士学位授予权。250 个二级学科专业具有博士学位授予权，347 个学科专业具有硕士学位授予权。有 32 个博士后流动站。设有三所三级甲等附属医院。

武汉大学名师荟萃，英才云集。学校现有专任教师 3600 余人，其中正副教授 2400 余人，有 7 位中国科学院院士、9 位中国工程院院士、3 位欧亚科学院院士、8 位人文社科资深教授、15 位"973 项目"首席科学家（含国家重大基础研究计划）、4 位"863 项目"计划领域专家、4 个国家创新研究群体、37 位国家杰出青年科学基金获得者、15 位国家级教学名师。

武汉大学科研实力雄厚，成就卓著。学校有 5 个国家重点实验室、2 个国家工程技术研究中心、2 个国家野外科学观测研究站、12 个教育部重点实验室和 5 个教育部工程研究中心；还拥有 7 个教育部人文社会科学重点研究基地、10 个国家基础科学研究与人才培养基地、8 个国家级实验教学示范中心和 1 个国家大学生文化素质教育基地。

电气工程学院

武汉大学电气工程学院其发端源于 1934 年成立的武汉大学电机工程系。学院前身为 1959 年武汉水利电力学院成立的电力工程系，1964 年更名为三系，1977 年复命名为电力工程系。2000 年四校合并成立新武汉大学，其再次更名为武汉大学电气工程学院。学院是原国家电力部重点建设学院之一，国家"211 工程"、"985 工程"重点建设单位，是我国电力工业高级人才培养的摇篮，在国内外电气工程领域一直享有很高的知名度。

学院目前已建成较为完整的学科体系，包括电气工程博士后流动站，电气工程一级学科博士学位授权点，高电压与绝缘技术、电力系统及其自动化、脉冲功率与等离子体技术、电力电子与电力传动、汽车电子工程、电力建设与运营和电工理论与新技术 7 个博士学位授权点，高电压及绝缘技术、电力系统及其自动化、电力电子与电力传动、电工理论及新技术、测试计量技术及仪器、脉冲功率与等离子体技术 6 个硕士学位授权点，电气工程专业学位工程硕士点，教育部第一类特色专业电气工程与自动化本科专业。现有"高电压与绝缘技术"、"电力系统及其自动化"及"电力电子与电力传动"3个省部级重点学科和湖北省电气工程一级重点学科,"国家电工电子实验教学示范中心"、"国家工科基础课程电工电子教学基地"等教学平台以及"雷电防护与接地技术"教育部工程研究中心、"高电压与绝缘技术"国家电力公司重点实验室、"武汉大学智能电网研究院"、"高电压大容量开关电器研究开发平台"等科研平台。学院下设高电压技术研究中心、电力系统研究中心、电机与电力电子研究中心、基础教学与实验研究中心。

学院现有在岗教职工 146 人,其中教授 32 人,副教授 39 人,讲师 22 人。学院有双聘院士 2 人,长江学者特聘教授 1 人,国家杰出青年获得者 1 人,国务院学位委员会学科评议组成员 1 人,教育部高等学校教学指导委员会委员 2 名,有 9 名教授享受政府特殊津贴,84% 的在职教师具有博士学位,此外另有一大批国内外知名学者被聘为学院客座教授或兼职教授。学院每年招收计划内博士研究生 40 余名,硕士研究生 220 余名,本科生 340 余名。

五十多年来,学院在科学研究方面为国家的科技进步作出了自己的贡献,承担了包括"973"、"863"、"国家自然科学基金"在内的 1000 余项科研项目,获得国家和省部级奖励 10 余项,出版教材和专著 30 余部,发表论文 1500 余篇,三大检索论文 300 余篇,100 多项科研成果被转换为现实生产力,一大批研究成果在国内占据领先地位,有些科研成果已达到国际领先水平。五十多年来,学院已累计为国家培养了各类、各层次毕业生 25000 余名,他们大都成为电力行业技术骨干、领导者、实业家或成为高校及科研院所学术带头人,包括有被誉为"中国计算机之父"的张孝祥院士,我国第一个自行设计建造的核电站——秦山核电站的总设计师欧阳予院士,我国核武器引爆控制系统和遥测系统的开拓者之一俞大光院士,以及我国核聚变电磁工程和大型脉冲电源技术的主要开拓者潘垣院士等。

地址:武汉市武昌区珞珈山武汉大学工学部 3 教
邮编:430072
电话:027-68774431
网址:http://see.whu.edu.cn

二十、西安交通大学

高校介绍:

西安交通大学是国家教育部直属重点大学,为我国最早兴办的高等学府之一。其前身是 1896 年创建于上海的南洋公学,1921 年改称交通大学,1956 年国务院决定交通大学内迁西安,1959 年定名为西安交通大学,并被列为全国重点大学。西安交通大学是"七五"、"八五"首批重点建设项目学校,是首批进入国家"211"和"985"工程建设,被国家确定为以建设世界知名高水平大学为目标的学校。2000 年 4 月,国务院决定,将原西安医科大学、原陕西财经学院并入原西安交通大学组建新的西安交通大学。

电气工程学院

西安交通大学电气工程学院其前身创建于 1908 年邮传部上海高等实业学堂(交通大学前身)电机专科,是中国高等教育创办最早的电工学科;是全国电工二级学科设置齐全、师资力量雄厚、实验设备先进的电气工程学院之一。历经百年沧桑,经过几代人的努力,今天已成为我国电气工程领域人才培养和研究创新重要基地。

学院目前主体学科为电气工程一级国家重点学科,并涵盖控制科学与工程、仪器科学与技术两个一级学科。拥有电力设备电气绝缘国家重点实验室、国家工科基础课程电工电子教学基地、陕西省智能电器及 CAD 工程研究中心。现有教职工 190 人,其中院士 2 名、国家教学名师 1 名、"长江学者" 4 名、"国家杰出青年" 2 名、陕西省教学名师 3 名、教育部新世纪人才 15 名、教授 51 名(其中博士生导师 34 名)、研究员 2 名、副教授及高级工程师 75 名;拥有教育部创新团队 1 个、国家级教学团队 2 个、陕西省优秀教学团队 1 个。另聘有双聘院士 3 名、海外兼职教授 4 名。

学院设有电气工程与自动化、测控技术与仪器 2 个本科专业,其中电气工程与自动化专业在全国排名第一,在国际上享有盛誉。目前,在校本科生 1679 名,各类研究生 1688 名,其中,博士生 209 名、工学硕士生 770 名。

百年来,学院本着兴学强国,尚实严谨的精神,以育人为本,历经几代电气人的传承与创新,形成了"起点高、基础厚、要求严、重实践"的办学特色。迄今,已为国家培养本专科生 18000 余名,硕士研究生 2909 名,博士研究生 398 名。其中,包括钱学森、邱爱慈等 30 位两院院士和邹韬奋、江泽民、陆定一、蒋正华、王安等众多著名的专家和杰出人物。

学院教学改革成绩显著。十余年来编写出版各类教材、科研专著、译著 150 余种,建成国家级电工电子教学示范中心，获国家精品课程 5 门、国家教学成果奖 8 项、优秀教材 4 部；陕西省精品课程 3 门、陕西省教学成果奖 29 项、省部级优秀教材 11 部。学院是教育部全国高校电气工程及其自动化专业教学指导分委员会主任单位，也是电气工程领域工程硕士教育协作组的组长单位。

电气工程学科紧紧围绕国家重大需求和学科创新开展科学研究，2003 年以来电气工程学科承担国家级科研项目 79 项、国家电网公司和国家南方电网公司有关特高压输电项目 15 项。制定了国家电网公司 750kV 系统用主设备技术规范 Q/GDW103-2003 至 Q/GDW108-2003 等 6 项标准，为世界第一套高海拔 750kV 输变电主设备技术规范；制定了国家电网公司 1000kV 交流特高压输变电设备试验规范，为国际首创。2009 年我校被评为"特高压交流试验示范工程"建设特殊贡献单位，邱爱慈院士和彭宗仁、马志瀛、李盛涛、郭洁四位教授被评为特殊贡献专家。

2005 年以来，电气工程学科获国家科学技术进步奖二等奖 4 项，省部级奖 20 项；授权发明专利 181 项。在国内核心期刊发表学术论文 1800 余篇，其中 SCI 收录论文 385 篇、EI 收录论文 910 余篇。在电工学科领域主办的国际学术会议共 3 次，在国际上产生了重大的影响。本学科已与美国、日本、加拿大、法国、德国、英国、瑞典、荷兰、波兰、韩国、新加坡等 14 个国家近 60 所大学和研究机构建立了长期科技协作关系，在国际上已有较高的学术地位。

地址：陕西省西安市咸宁西路 28 号
邮编：710049
电话：029-82668621
邮箱：xueping@ mail. xjtu. edu. cn
网址：http://ee. xjtu. edu. cn/new_ee/index. php

二十一、西安理工大学

高校介绍：

西安理工大学属中央和陕西省共建、以陕西省管理为主的高校。学校建于 1949 年 5 月 1 日，前身是北京机械学院和陕西工业大学于 1972 年合并组建的陕西机械学院，1994 年 1 月经批准更名为西安理工大学。

学校现设材料科学与工程学院、机械与精密仪器工程学院、印刷包装工程学院、自动化与信息工程学院、计算机科学与工程学院、水利水电学院、经济与管理学院、艺术与设计学院、理学院、人文与外国语学院、土木建筑工程学院、研究生学院、高等技术学院、继续教育学院、国防生教育学院等 15 个学院和体育教学部、思想政治理论课教学科研部。设有 23 个实验教学中心，其中有 1 个国家级实验教学示范中心，5 个陕西省高等学校实验教学示范中心；有 1 个国家技术推广中心、1 个国家地方联合工程研究中心、1 个省部共建国家重点实验室培育基地，2 个教育部重点实验室，7 个陕西省重点实验室、7 个陕西省工程研究中心。

电气工程系

西安理工大学有关电源技术的科研与教学主要设置在自动化学院的电气工程系。

电气工程系现设有电气工程博士后流动站（2000.1 设立）、电力电子与电力传动博士点（1993.4 设立）、电气工程一级学科硕士点（2011.1 设立，其中最早的二级学科硕士点 1983 年设立）。已培养博士 50 余名（其中获全国优秀博士论文 1 人、陕西省优秀博士论文 5 人），培养硕士 300 余名，培养学士 3000 余名。

电力电子与电力传动学科是陕西省重点学科，电气工程及其自动化专业是国家级特色专业。

电气工程学科现有教授（或相当专业技术职务）16 人，副教授（或相当专业技术职务）11 人，讲师（或相当专业技术职务）15 人。近五年来发表学术论文 450 篇，被 SCI、EI、ISTP 等三大检索收录 150 篇，出版学术专著共 6 部，获国家级科技奖共 1 项，省部级奖共 5 项，发明专利合计 15 项。

学科近年来完成了一批高水平的科研项目，目前在研科研项目 56 项，其中国家及国务院各部门项目 1 项，国家自然科学基金 6 项，部省级项目 10 项，目前承担的科研经费合计 1000 余万元。

学科与电源技术相关的研究方向及研究内容有：

1. 交流电机变频调速技术

我校在交流变频技术研究尤其是交流变频调速装置国产化方面，是工作开展最早、走在全国技术前沿的院校之一。科研成果已技术转让国内外 10 余个厂家，所培养的研究生在多家知名企业担任交流变频调速器的研发负责人，在全国具有较大影响力。目前，与企业合作开发新一代工业用变频调速器，也在进行矩阵变频器等新型变频器的开发。

2. 用于材料大面积特种功能表面改性的特种电源

1)"铝镁合金微弧氧化系列设备的研究开发"

获 2005 年国家科技进步二等奖，现已有 30 余条生产线正式投入产业化应用；2）大功率液态等离子复合脉冲抛光工业电源的技术性能处于国内领先地位，已获多项省部级工业攻关项目资助；3）高性能闭合场非平衡磁控溅射特种高频开关电源已通过中试，将投入产业化应用；4）新型复合电镀特种电源进入中试阶段。

3. 静止型无功功率补偿装置

是我校二十年来一贯的研究方向之一，始终结合电力电子技术的最新发展和电力系统的工程实际应用，开展了 SVC、STATCOM 和 MCR 等新型无功补偿技术和装置的研究。开发的 SVC 全数字控制系统已在国内多家钢厂应用并出口。

4. 电力谐波滤波器的研究

针对电力电子设备的非线性特性给电力系统造成的谐波污染，开展了电网谐波的测试分析和治理工作，完成了国家"九五"、"产业化前期关键技术与成套装置研制开发项目"中的子项目《交流连续可调滤波器研究》，在有源调谐型混合滤波器方面开展了一定的开创性工作。

5. 新能源发电与储能技术

主要研究内容有光伏发电与风力发电并网技术、超级电容器储能技术、超导储能技术、微电网中的微源控制技术等。

与企业合作开发的三相光伏并网逆变器已通过金太阳认证，并已在甘肃、陕西等省市并网发电。

6. 谐振型电力电子变换器

围绕高频软开关技术、PWM 优化技术、IGBT 串并联技术和电磁兼容技术等展开研究，完成了陕西省自然科学基金"高频链软开关逆变器的研究"、省级重点工程配套项目 60kW/20kHz 中频电源、10kW/80kHz 感应加热电源等多个项目。

西安理工大学电气工程系在办学上注重学生综合素质的培养，特别是工程实践和创新能力的培养，鼓励和支持学生积极参加全国、市省和知名企业举办的科技竞赛。近年来，在电源行业知名的"英飞凌杯"全国大学生科技竞赛中，电气系学生都取得了第一、二名的好成绩。

西安理工大学电气工程系愿与电源行业的朋友在人才培养和技术开发各方面广泛合作，共同推动我国电源技术进步和产业发展。

地址：陕西省西安市金花南路 5 号西安理工大学电气工程系

邮编：710048

电话：029-82312461 转各分机，82312223（直线）

邮箱：duanjd@ xaut. edu. cn

网址：http://zdh. xaut. edu. cn/

二十二、西北工业大学

高校介绍：

西北工业大学坐落于古都西安，是我国唯一一所以同时发展航空、航天、航海工程教育和科学研究为特色，以工理为主，管、文、经、法协调发展的研究型、多科性和开放式的科学技术大学，隶属工业和信息化部。

学校占地面积 5100 亩，其中友谊校区 1200 亩，长安校区 3900 亩。设有 15 个专业学院，58 个本科专业，101 个硕士点，57 个博士点和 14 个博士后流动站。现有 2 个一级国家重点学科，7 个二级国家重点学科，2 个国家重点培育学科，20 个博士学位一级授权学科。建有 7 个国家重点实验室，27 个省部级重点实验室和 19 个省部级工程技术研究中心。到 2011 年 3 月，学校共有研究生 10861 人，其中全日制博士研究生 2782 人，硕士研究生 6018 人，专业学位研究生 2061 人，本科生 14183 人，留学生 178 人。

现有教职工 3600 余人，其中教授、副教授等高级职称人员 1500 余人，博士生导师 478 人，中国科学院、中国工程院院士 15 人，"千人计划"入选者 5 人，"长江学者"重大成就奖、特聘教授、讲座教授 17 人，国家级突出贡献专家 7 人，全国模范教师、优秀教师 5 人，国家教学名师奖获得者 3 人，国家杰出青年基金获得者 10 人，"中国青年科技奖"获得者 10 人，入选国家"百千万人才工程" 18 人、"新世纪优秀人才" 64 人。学校现有 7 个国家级教学团队，4 个教育部创新团队，1 个国家自然科学基金委创新研究群体，8 个国防创新团队和 1 个国防优秀创新团队。

电子信息学院

西北工业大学电子信息学院的前身是创建于 1958 年的电子工程系，1970 年哈尔滨军事工程学院空军工程系航空武器控制、航空武器设计专业并入该系。2003 年更名为电子信息学院。

学院现有 136 名教职工中，专任教师 108 人，其中教授 32 人（含博士生导师 25 人）、副教授 36 人；实验技术人员 19 人，其中高级工程师 11 人。教师博士率达到 61.5%。

教职工中获国家政府特殊津贴 4 人，全国高等学校优秀骨干教师 1 人，部级"突出贡献专家"1 人，国防科工委"511 人才工程"1 人，教育部新世纪优秀人才支持计划 4 人，教育部教学指导委员会分委员会委员 2 人，陕西省师德标兵 1 人，陕西省教学名师 2 人，陕西省高校优秀青年教师标兵 1 人，中国教育工会陕西省委员会"先进女职工"1 人，陕西省先进工作者 1 人，陕西高等学校优秀党员 2 人。聘有 22 名海内外著名专家学者为兼职、客座教授。

目前，在院学生 2150 余人，其中本科生 1260 余人，硕士、博士生 863 人，留学生近 30 人。建院 6 年来，培养航空航天等领域和国民经济主战场各层次优秀电子信息技术人才 8500 余名。研究生就业率始终为 100%，本科生就业率稳定在 98% 以上。

目前设有 5 个本科专业、10 个硕士点、7 个博士点以及 3 个博士后流动站。拥有"电路与系统"国家重点学科；"电子科学与技术"、"信息与通信工程"博士授予权一级学科；1 个陕西省名牌专业，1 个教育部一类特色专业；1 门国家精品课程，4 门陕西省精品课程。建设有"航空火力与指挥控制系统"航空科技重点实验室和"信息获取与处理"陕西省重点实验室以及中俄、中法等 5 个国际合作实验室和陕西省电子实验教学示范中心。

近五年，承担国家自然科学基金、"863"、"973"等各类科研项目 70 余项，科研经费总额近亿元；有 30 余项教学、科研成果获国家、省部级优秀成果奖；共计发表学术论文 950 余篇，被 SCI、EI、ISTP 收录的论文达 330 余篇。

地址：西安市友谊西路 127 号

邮编：710072

二十三、浙江大学

高校介绍：

浙江大学是教育部直属、省部共建的普通高等学校，是首批进入国家"211 工程"和"985 工程"建设的若干所重点大学之一。浙江大学前身是书院成立于 1897 年，为中国人自己最早创办的新式高等学府之一。1952 年，在全国高等院校调整时，曾被分为多所单科性学校，部分系科并入兄弟高校。1998 年，同根同源的浙江大学、杭州大学、浙江农业大学、浙江医科大学合并组建新的浙江大学。经过一百多年的建设与发展，学校已成为一所基础坚实、实力雄厚、特色鲜明、居于国内一流水平、在国际上有较大影响的研究型、综合型大学。

电气工程学院

电气工程学院（简称电气学院）由原浙江大学电机工程系发展而来。该系历史悠久，始建于 1920 年，是我国创建最早的电机系之一。

电气工程学院位于浙江大学玉泉校区，设置有电机工程学、系统科学与工程学、应用电子学 3 个系和电工电子基础教学中心，3 个系下属有电气工程及其自动化、自动化、电子信息工程、系统科学与工程 4 个本科专业。学院所属专业学科主要领域涉及电气工程、控制科学与工程、系统科学、电子科学与技术 4 个一级学科。学院设有"电气工程"、"控制科学与工程（共享）"、"电子科学与技术（共享）"3 个学科博士后科研流动站，具有"电气工程"一级学科博士学位授予权，拥有 10 个二级学科，其中 9 个博士点、10 个硕士点。学院拥有电气工程一级学科国家重点学科，覆盖电机与电器、电力系统及其自动化、电力电子与电力传动、电工理论与新技术、高电压与绝缘技术、电力工程管理与信息化、航天电气技术等 7 个二级学科，另有系统分析与集成为省重点学科，电工理论与新技术为省重点扶植学科。电气工程学科先后被列入国家"211"和"985"工程重点建设项目。

历年来，学院为社会培养了大批基础扎实、知识面广、适应能力强的人才，本科毕业生 16699 名，授予硕士学位 2591 名，授予博士学位 522 名，出站博士后 98 名，毕业外国留学生 91 名。在学院学习或工作过的两院院士共 21 名。目前，在校本科生 1280 名，硕士研究生 1843 名（其中工程硕士研究生 1190 名），博士研究生 313 名，在站博士后 41 名。

学院师资力量雄厚，既有资深博学的知名教授，如首批中国工程院院士汪槱生教授，中国科学院院士、原浙江大学校长韩祯祥教授，也有朝气蓬勃的中青年学术骨干。学院现有教职工 179 名，其中教授 43 名（含博士生导师 37 名）、副教授（副研究员）65 人、高级工程师（高级实验师）14 人、讲师 24 人。教学科研岗位人数 121 人，其中具有博士学位的比例为 76.9%。

浙江大学电力电子与电力传动学科是全国首批设立的国家重点学科，设有首批博士学位（1981 年）和硕士学位（1981 年）授予点和电气工程一级学科博士后流动站，建有电力电子技术国家专业实验室和电力电子应用技术国家工程研究中心，并连续被列为国家"九五"、"十五"、"十一五""211"工程重点建设学科。30 多年来，研究成果丰硕，尤其在大功率中、高频谐振变换器、感应加热及其成套技术、高频开关功率变换电路拓扑和软开关技术、谐波治理及电磁兼容方面的研究水平已接近或达到国际水平，在国际同行中已具有较高的学术声誉。主要研究方向有高压高功率电力电子器件、感应加热电源及其成套系统、电力电子先进控制技术与网络化技术、高频功率变换拓扑与特种电源系统、电力电子系统集成与模块化技术、电力电子在电力系统中的应用及电力电子传动技术等。在新能源电力电子技术方面，已建成燃料电池发电系统、光伏发电系统、风力发电系统、新能源发电微网等多个试验平台。

地址：浙江省杭州市浙大路38号
邮编：310027
电话：0571-87952707
传真：0571-87951625
网址：party@zju.edu.cn

二十四、中国矿业大学（北京校区）

高校介绍：

中国矿业大学是教育部直属的全国重点大学，由地处北京和徐州的两个办学实体组成。中国矿业大学（北京）是在原北京矿业学院基础上发展起来的一所研究型大学。1978年，经国务院批准，中国矿业学院北京研究生部成立，恢复招收和培养研究生；1997年7月，经原国家教委和北京市批准，成立了中国矿业大学（北京），1998年恢复招收本科生。学校位于北京市高校云集的海淀区学院路，东眺国家奥林匹克公园，西望颐和园、圆明园与香山，学校占地面积24万平方米，总建筑面积34万平方米，图书馆藏书60余万册，电子图书40万册。

中国矿业大学是一所具有矿业和安全特色，以工为主，理、工、文、管、法、经相结合的全国重点大学，是列入国家"211工程"、"985工程"、"优势学科创新平台"建设以及全国首批具有博士和硕士授予权的高校之一，是全国首批产业技术创新战略联盟高校。学校的前身是创办于1909年的焦作路矿学堂；1950年学校由焦作迁至天津，更名为中国矿业学院；1952年全国高校院系调整时，清华大学、原北洋大学和唐山铁道学院的相关科系调整到中国矿业学院，为学校的发展奠定了良好的基础；1953年学校迁至北京，更名为北京矿业学院；"文革"期间学校搬迁、更名，形成异地办学格局；

1978年经国务院批准，学校恢复中国矿业学院校名，成立中国矿业学院北京研究生部；1988年更名为中国矿业大学。1960年和1978年，学校先后两次被确定为全国重点高校。2000年2月，学校整体成建制划归教育部管理，成为教育部直属高校。

信电系

机电与信息工程学院下设有4个系和一个研究所：机械电子工程系、信息与电气工程系、计算机科学与技术系、材料科学与工程系、信息工程研究所。现有2个国家重点学科（电力电子与电力传动、机械设计与理论），3个博士后流动站（电气工程、机械工程、控制科学与工程），1个一级博士学科点（机械工程），9个二级博士学科点（机械制造及自动化、机械工程电子、机械设计与理论、车辆工程、电力电子与电力传动、通信与信息系统、控制理论与控制工程，检测技术自动化装置、计算机应用技术），19个硕士点（流体机械制造及自动化、机械工程电子、机械设计与理论、车辆工程、测试计量技术及仪器、材料物理与化学、材料学、材料加工工程、电机与电器、电力系统与自动化、电力电子与电力传动、电路与系统、通信与信息系统、信号与信息处理、控制理论与控制工程、检测技术与自动化装置、计算机系统结构、计算机软件与理论、计算机应用技术）。本科专业目前设有机械工程及自动化、测控技术与仪器、材料科学与工程、电气工程及其自动化、计算机科学与技术、信息工程、工业设计7个本科专业。其中，机械工程及其自动化专业为国家级特色专业，电气工程及其自动化专业为北京市市级特色专业，电气工程实验室为北京市实验教学示范中心。我院与中煤集团北京煤机制造有限责任公司合作申报成功了北京市高等学校市级校外人才基地。

机电与信息工程学院具有一批学术造诣较高、教学经验丰富的老教师和富有朝气、学历较高的中青年教师。现有在职教职工共计79人，其中教授15人（博导12人），副教授22人，高级工程师7人。中青年教师中有近70%拥有博士学位。长期以来学院在机械、自动控制、电气与电子、通信、计算机和材料等领域为国家培养大批高级技术人才，完成了国家"十五"科技攻关、国家863重点及一般项目、国家自然科学基金项目、973等较高级别的科研课题若干项，取得了很多较高水平的研究成果，获得国家级和省部级科技进步奖多项，机械工程及其自动化专业教学团队获得北京市优秀教学团队。

　　学院目前拥有在校研究生、本科生近 1700 名。学生中近年来先后有个人和集体获省部级以上奖项多次，其中获得"北京市三好学生"称号 4 人，北京市大学生数学竞赛三等奖以上 20 人，全国大学生英语竞赛三等奖以上 7 人，北京市物理竞赛三等奖以上 8 人，全国大学生数学建模大赛二等奖以上 6 人，全国大学生电子设计大赛三等奖 6 人，全国 ITAT 教育工程就业技能大赛三等奖 4 人，首都大学生"挑战杯"系列竞赛三等奖以上 15 人，1 人获首都高校英语风采大赛网络翻译第一名，全国周培源大学生力学竞赛优胜奖 1 人，全国大学生"飞思卡尔"杯智能汽车竞赛 3 人，首都高校第四届"亿维讯-CAI 杯"机械创新设计大赛 10 人，有 4 个团体获得北京市先进班集体、优秀团支部等团体奖项，20 余人次还获得校董事会、IET、邝寿堃奖学金，在校各类文体比赛活动中更是夺得多项冠军。学院还积极配合建立国外联系，每年培养本科留学交换生 2～3 名，公派出国留学博士生若干名。

　　十年来学院毕业生就业状况良好，如 2009 届本科生 274 人，一次性就业率达到 97.45%，本科生读研 102 人，其中推荐免试研究生 42 人，包括清华大学 2 人、北京大学 3 人、中科院电工所 1 人、北京航空航天大学 2 人、北京理工大学 1 人、北京科技大学 1 人、本校 32 人，考上研究生 60 人，包括清华大学 2 人、中科院 5 人、上海交通大学 1 人、东南大学 1 人、海军工程大学 1 人、北京航空航天大学 4 人、北京邮电大学 2 人、北京科技大学 3 人、北京理工大学 1 人、北京有色金属研究总院 1 人、吉林大学 1 人、西南交通大学 1 人、中北大学 1 人、本校 36 人。部分学生就业于国家安监局、广东出入境检验检疫局、中国神华神东公司、中煤华宇公司、太原煤科院、西安煤科院、中铁工程设计咨询集团公司、新浪公司、三一重装、京东方、各大矿业集团等。

　　学院将以科学发展观为指导，坚持以学科建设为龙头，以人才培养为根本，加强教学和科研工作，为学校以跨越式发展做出应有的贡献。

　　地址：北京市海淀区学院路丁 11 号
　　邮编：100083
　　电话：010-62331257-8344
　　传真：025-83791696
　　邮箱：jdxy@ cumtb. edu. cn
　　网址：http://jdxy. cumtb. edu. cn/

二十五、重庆大学

高校介绍：

　　重庆大学是教育部直属的全国重点大学，是国家"211 工程"和"985 工程"重点建设的高水平研究型综合大学。

　　重庆大学创办于 1929 年，早在 20 世纪 40 年代就成为拥有文、理、工、商、法、医等 6 个学院的国立综合性大学。马寅初、李四光、何鲁、冯简、柯召、吴宓、吴冠中等大批著名学者曾在学校执教。经过 1952 年全国院系调整，重庆大学成为国家教育部直属的、以工科为主的多科性大学，1960 年被确定为全国重点大学。改革开放以来，学校大力发展人文、经管、艺术、教育等学科专业，促进了多学科协调发展。2000 年 5 月，原重庆大学、重庆建筑大学、重庆建筑高等专科学校三校合并组建成新的重庆大学，使得一直以机电、能源、材料、信息、生物、经管等学科优势而著称的重庆大学，在建筑、土木、环保等学科方面也处于全国较高水平，奠定了高水平大学建设的坚实基础。

电气工程学院

　　重庆大学电气工程学院（原电机系）创建于 1936 年。1940 年电机系分为电机、机械两系。1953 年学校将电机系更名为电信系。1955 年电信系全体学生和大部分专业课教师调往北京，与天津大学无线电系合并组建北京邮电学院；重庆大学又恢复电机系，除发电厂、电力网及电力系统专业外，增设电机及电器专业。

　　在历届系主任税西恒、冯简、闵启杰、吴大榕、刘宜伦、王际强、江泽佳等一大批著名学者的引领下，奠定了今天电气工程学院坚实的学术基础，形成了严谨的治学传统。在电气工程领域享有很高声誉的江泽佳先生，自 1951 年至 1982 年一直担任电机系主任。他的教育思想和治学态度对历届电机系的师生有重大而深远的影响。

　　改革开放后，电机系先后更名为电气工程系、电气工程学院，并增设高电压与绝缘技术、电工理论与新技术、电力电子与电力传动 3 个专业方向。2000 年，学院与原重庆建筑大学电气工程系合并组建成新的电气工程学院，增设建筑电气与智能化专业方向。徐国禹、杨顺昌、曾祥仁、孙才新、舒立春、周雒维先后任系主任、院长，为学院的发展做出了重要贡献。

　　学院现有教职工 180 余人，其中，中国工程院院士 1 名、外聘院士 7 名、国务院学位委员会学科评议组召集人 1 人、国家自然科学基金工程与材料学部专家咨询委员会成员及专家评审成员 1 人、教育部科技委学科组成员 1 人、教育部教学指导委员会成员 2 人、国家创新研究团队 1 个、长江学者特聘教授 4 人、国家杰出青年基金获得者 1 人、全国百篇优秀博士学位论文获得者 3 人、教育部跨（新）世纪优秀人才 6 人、博士生导师 28 人、教授 38 人、副高职称教师 40 人；在读博士生、硕士生、本科生 3200 余人。

学院拥有电气工程国家一级重点学科、输配电装备及系统安全与新技术国家重点实验室、电气工程一级学科博士学位授权点和博士后流动站、国家工科电工电子基础课程教学基地和国家级示范中心。在 2006 年学科评估中电气工程一级学科名列全国前五名。

学院下设建筑电气与智能化、电机与电器、电力系统及其自动化、高电压与绝缘技术、电力电子与电力传动、电工理论与新技术 6 个系及建筑电气与楼宇智能化、电工技术、电力系统、高电压技术及系统信息监测、电机与电器、电力电子与电力传动 6 个研究所。

近年来，学院荣获国家级科技进步奖教学、成果奖 5 项，省部级科技、教学成果奖 40 余项；承担国家级研究项目 50 余项，省部级研究项目 100 余项；发表高水平论文 1300 余篇；获专利 20 余项；出版学术著作 40 余本。

重庆大学电气工程学院已经成为国家"211 工程"、"985 工程"重点建设单位。

电力电子与电力传动系

电力电子与电力传动系是依托电气工程二级学科电力电子与电力传动组建的。本系拥有一个博士点，一个硕士点，目前有教授 6 人、副教授 3 人、讲师 3 人，高级工程师、工程师各 1 人，其中博士生导师 4 人。与国际著名公司建立了 3 个联合实验室：重庆大学-美国 TI 公司 DSP 实验室、重庆大学-日本 OMRON-PLC 实验室以及重庆大学-美国 Micro-Chip 的 PIC 单片机实验室；此外，在 211 二期建设中将建成电能质量监控实验中心和电气传动综合测试实验中心，配备有试验台和各种测试分析仪器。

主要研究方向：现代输变电系统电力电子装置及其智能控制技术，电力电子电路的拓扑变换与应用；电力电子装置与系统；电力系统谐波治理；电气传动与智能控制技术，交流传动及控制技术；电动汽车驱动控制技术等。

地址：重庆市沙坪坝区沙正街 174 号
邮编：400030
电话：023-65102434
传真：023-65102434
邮箱：zhangbin4288@cqu.edu.cn
网址：http://www.cee.cqu.edu.cn

二十六、中国科学院等离子体物理研究所

重点实验室介绍：

中科院等离子体物理研究所电源及控制研究室主要从事脉冲电源的研究、开发、运行和维护工作，并为托克马克聚变装置的运行提供电源。

近年来，本研究室致力于高功率脉冲电源技术、超导储能技术、二次换流技术、大功率直流发电机励磁控制等方面的研究，并取得了较为成熟的研究成果和实践经验。本室主要承担了 EAST、HT-7、HT-6B、HT-6M 等托卡马克装置的磁体电源及辅助加热电源的设计、运行和维护等课题。

目前，本研究拥有一套自主设计的直流断路器型式试验设备，该试验系统主要由四台脉冲发电机组成，该电机单台额定输出电流 50kA，额定电压 500V。多年来，我们已依据国家标准、欧洲标准和 IEC 标准，多次为众多国内及外企断路器厂家进行型式试验。

本研究室拥有一支非常专业的科研团队，主要从事大功率变流技术、电力电子技术、高压绝缘技术、自动控制、电磁兼容和接地技术等方面的研究。截至目前，本室曾先后获得 46 次国家科技奖，22 项国家技术专利。此外，本室还招收相关专业的硕士和博士研究生，至今已培养出 51 位硕士、博士毕业生，他们大都在国内外高新技术领域的科研院校和企业表现出色。本室现有在读研究生 24 名。

同时，本研究室还与众多企业、国际科研院所和组织保持着紧密的交流和合作，如 ABB 变流器公司、中日核心大学项目、美中磁约束装置研讨组、德国马普学会、通用原子能公司核聚变工作组等。

地址：合肥市蜀山区蜀山湖路 350 号（合肥市 1126 信箱）
邮编：230031
电话：0551-5593261
传真：0551-5391310
邮箱：xqy768@sohu.com
网址：http://www.ipp.cas.cn/

第十部分 会员企业简介

（按单位名称汉语拼音字母顺序排列）

副理事长单位 安徽省

常务理事单位 河北省

理事单位 湖北省

会员单位 四川省

广东省 贵州省

江苏省 甘肃省

上海市 黑龙江省

北京市 重庆市

浙江省 湖南省

山东省 陕西省

天津市 其他

福建省

副理事长单位

1. 艾默生网络能源有限公司

地址：广东省深圳市南山区科技园科发路 1 号

邮编：518057

电话：400-887-6510

传真：0755-86010112

网址：www. emersonnetwork. com. cn

简介：

艾默生网络能源是艾默生所属业务品牌（纽约证券交易所股票代码：EMR），是"关键业务全保障 TM"的全球领导者，为通信网络、数据中心、医疗保健和工业设施提供从网络到芯片全方位的保障。

艾默生网络能源在交直流电源、精密制冷、嵌入式运算及电源、一体化机架和机柜、转换开关和控制、基础设施管理、连接、太阳能、风能、工业节能和电动汽车充电等领域为客户提供不断创新的解决方案和专业技术。所有的解决方案在全球范围内均能得到本地的艾默生网络能源专业服务人员的全面支持。

★ 企业愿景：

我们立志——敏锐预测客户面对的快速多变的商业环境，成为全球最前沿科技和网络能源整体解决方案的唯一选择。

★ 企业文化：

求索 互信 必胜 诚信

2. 广东易事特电源股份有限公司

地址：广东省东莞市松山湖科技产业园区工业北路 6 号

邮编：523808

电话：0769-22897777

传真：0769-87882853

E-mail：zhansl@ eastups. com

网址：www. eastups. com

简介：

广东易事特电源股份有限公司长期致力于 UPS 电源、光伏发电等新能源产品的研发、生产和销售，是全球领先的整体电源解决方案供应商和国内电源行业强力进军国际市场的标志性企业集团。公司总部坐落于国家级高新技术产业开发区——广东东莞松山湖高新技术产业开发区。公司已连续多年保持在国内市场占有率领先地位，拥有业内最完善的营销服务体系，即在国内市场建立了 156 个销售分支机构和 307 个技术服务机构，保证在市级城市可以做到 2 小时内响应服务；此外，公司在海外设立了五大营销中心，产品远销全球 100 多个国家和地区。

3. 深圳茂硕电源科技股份有限公司

地址：广东省深圳市南山区西丽街道阳光社区松白公路茂硕科技园

邮编：518108

电话：0755-27657000

传真：0755-27657908

E-mail：618@ mosopower. com

网址：www. mosopower. com

简介：

深圳茂硕电源科技股份有限公司（简称"茂硕电源"）是一家国家级高新技术股份制企业，是国家"十二五"规划鼓励发展的节能减碳新能源行业企业之一，也是目前国内最具影响力的 LED 路灯高可靠智能驱动解决方案提供商。公司自 2006 年成立以来，凭借每年超过绝对优势的市场占有率，茂硕电源已被业界公认为"高效节能第一品牌"。

技术和品质是茂硕电源的突出优势。茂硕电源同全国多所重点高校进行多项产学研合作，投入大量研发资金。具有超强研发能力的茂硕技术研究院，拥有行业类先进的可靠性安规试验室，采用全自动电脑测试仪等先进生产和检验设备，已创造出多款世界领先水平的高效率绿色电源。短短五年间，茂硕电源已取得多项 LED 智能驱动发明专利。

茂硕电源集产品研发、制造、销售及服务于一体，已在北京、杭州、台湾、欧洲、美国设立分公司或办事处，能够为国内外客户提供迅捷的专业服务。优秀的人才，先进的技术，科学的管理，以及务实、进取的创业精神，使得茂硕电源能够持续处于行业领先位置，是茂硕电源真正的核心竞争力。

4. 深圳市航嘉驰源电气股份有限公司

地址：广东省深圳市龙岗区布吉镇坂田坂雪大道航
　　　嘉工业园
邮编：518129
电话：0755-89606815
传真：0755-89606333
E-mail：secy@huntkey.net
网址：www.huntkey.com
简介：

　　航嘉电气股份有限公司创立于1995年，是从事IT产品及电力、电子系统研发、设计、制造及销售一体化的专业服务机构，总部位于深圳，有11万平方米的航嘉（深圳）工业园和38万平方米的航嘉（河源）工业园，是中国大陆最大的PC电源生产基地。公司是国际电源制造商协会（PSMA）会员、中国电源行业协会（CPSS）副会长单位、深圳市高新技术产业协会副会长单位、深圳市首届优秀民营企业。

　　公司拥有一支高水平的专业研发队伍和与国际接轨的研发体系，并与国内外高等院校、研究机构拥有多项合作，共同拓展电力电子应用领域。为保持产品技术研发上的领先优势，不断加大研发投入力度，建立了先进的研发和实验平台，先后设立了EMC、MTBF、环境可靠性、安规、静音、风洞、电网环境模拟等专业实验室，具备TUV/CE、UL认证及泰尔认证的能力。"Huntkey航嘉"获"中国驰名商标"，是电源行业最具竞争力的品牌，自2000年起连续十年蝉联中国PC电源行业首位，世界电源行业2008年排名第五位。

　　航嘉多年来服务于联想、华为、海尔、方正、同方、中兴、DELL、BESTBUY等海内外知名企业，得到客户高度认同，多次荣获联想全球"Perfect Quality Award"品质大奖和华为"优秀合作供应商"奖。

5. 台达电子企业管理（上海）有限公司

地址：上海市浦东新区民夏路238号2楼
邮编：201209
电话：021-68723988
简介：

　　台达相信有远见的公司，会善用环保节能的优势来创造公司本身与产品的价值，同时也会藉由此特质让公司不断成长创新。以台达而言，我们努力做好准备，以新的思维和新的行动来强化绿色竞争力。凭借40年来在电源管理上建立的基础，电源产品的效率每年不断地提升，目前都达到90%以上，尤其通信电源效率已可达到97%、太阳能电源转换器更达98%，因为这样的成果，使我们的市场占有率不断提高，有几个项目的市场占有率接近全球50%，成为全球最大的电源供应器厂商。

　　除了持续提升电源产品的品质与效率外，我们积极发展洁净与替代能源的产品技术，提供的绿能整合解决方案，如太阳能、风力发电系统、云端运算、智能电网、医疗电子、电动车、锂电池、与充电站基础设施、LED节能照明、工业自动化、智慧绿建筑系统等，都切合未来节能趋势所需。

　　目前公司策略主要以发展品牌、经营经销通路为主。针对工业自动化不断电系统与通信电源等方面持续深耕。

　　此外，在重点区域市场，尤以新兴市场为主（例如中国、巴西、印度等国家），提升品牌知名度，呈现给客户一致的品牌形象与经验，深化台达品牌对客户的影响力；同时把在这些区域取得的实绩，透过不同的方式往欧洲、美洲等地区输出，有效地在全球市场上取得与其他品牌竞争的有利地位。

6. 天宝国际兴业有限公司

地址：香港特别行政区九龙观塘海滨道151-153号广
　　　生行中心6楼10-11室
邮编：无
电话：+852-27905566
传真：+852-23420146
E-mail：mkt@tenpao.com
网址：www.tenpao.com
简介：

　　天宝集团是由洪氏兄弟于1979年创立，多年来专注研制不同的电源产品，当中包括：开关电源、充电器、整流器、变压器、高频磁性组件、PCB组件等。以香港为销售基地，并设厂于中国广东惠州。

　　天宝三十多年来专注经营电源，致力为客户提供一站式服务，迄今已拥有稳定的环球客户及经销网络。时至今日，天宝公司厂房占地面积达80000多平方米，员工已越7000人，拥有庞大的厂房和先进的检测及生产设备，现已有多家分公司于全球各地，成为专营电源制造业中罕见的跨国企业。

天宝每年营业收入达 2 亿美元，其电源产品市场分布为北美（40%）、欧洲（31%）及亚太区（29%），近三年的业绩增长速度保持平稳增长。

在未来发展，公司仍以消费电源为本，并向工业电源市场进军，拓展新能源市场业务，持续为客户提供有竞争力的电源解决方案与服务，成为更多元化、更具价值的专业电源制造企业。

7. 厦门科华恒盛股份有限公司

地址： 福建省厦门市思明区软件园二期望海路 65 号北楼

邮编： 361008

电话： 0592-5160516

传真： 0592-5162166

网址： www. kehua. com. cn

简介：

厦门科华恒盛股份有限公司创立于 1988 年，2010 年深圳 A 股上市（股票代码 002335）。23 年电源研发制造经验，服务于全球 70 多个国家和地区，是智慧电能领导者。

公司现拥有员工 1600 余人，在厦门、漳州、深圳、北京四地设立了 6 家全资子公司、3 个电源研究中心、4 个现代化电源生产基地、1 个业界最先进的 UPS 及 EMC 检测中心。

以电力电子技术为核心，科华恒盛专注电源技术，致力于动力创新，先后承担 20 余项国家级、省部级火炬计划项目，获 40 余项国家专利，参与 18 项行业标准制定。公司现拥有高端电源解决方案、新能源产品方案、数据中心解决方案三大产品体系。"KELONG"被认定为中国驰名商标。

科华恒盛电源产品广泛应用于工业、交通、金融、通信、政府等领域。北京鸟巢、上海世博、三峡枢纽、金税工程、首都机场、广电总局等众多重点工程都选择了 KELONG。

8. 阳光电源股份有限公司

地址： 安徽省合肥市高新区天湖路 2 号

邮编： 230088

电话： 0551-5327877

传真： 0551-5327800

E-mail： sungrow@ sungrow. cn

网址： www. sungrowpower. com

简介：

阳光电源股份有限公司是一家专注于太阳能、风能等可再生能源电源产品研发、生产、销售和服务的国家重点高新技术企业。是中国目前最大的光伏逆变器制造商、国内领先的风能变流器企业，并掌握了新能源行业的多项核心技术、拥有完全自主知识产权。承担了近 10 项国家重大科技攻关项目，主持起草了多项国家标准，并取得多项重要成果和专利。

其光伏逆变器、风能变流器，先后成功应用于上海世博会、北京奥运鸟巢、敦煌 20MW 特许权光伏电站、宁夏太阳山 30MW 光伏电站、京沪高铁上海虹桥站、东汽集团风电项目、北车风电项目、内蒙古通辽风场、国家送电到乡工程、南疆铁路、青藏铁路等众多重大光伏和风力发电项目。阳光电源保持国内领先，并拓展国际市场。产品已通过 TüV、CE、ETL、Enel-GUIDA、AS4777、CEC、"金太阳"等多项国际权威认证，批量销往海外。

公司荣获众多荣誉，是国家博士后科研工作站设站企业、国家高技术产业化示范基地、《福布斯》"2010 中国潜力企业榜"百强企业、"中国新能源企业 30 强"等数十项。

常务理事单位

9. 北京韶光科技有限公司

地址： 北京市海淀区知春路 108 号豪景大厦 B 座 2002 室

邮编： 100086

电话： 010-62105512

传真： 010-62102958

E-mail： hejl@ shaoguang. com. cn

网址： www. shaoguang. com. cn

简介：

北京韶光科技有限公司成立于 1998 年，是国内最早从事代理 FAIRCHILD（美国"快捷"，又名"仙童、"飞兆"）产品及韩国 DAWIN 半导体公司功率半导体产品（DAWIN-IGBT-FRD 模块）的公司。

公司致力于功率半导体器件的推广和应用，在中国下设3个中心：元器件销售中心、检测中心、技术支持中心和7个办事处（北京、南京、上海、深圳、广东佛山、四川成都、台州），向广大用户提供全方位的技术支持和完善的售后服务；北京韶光科技是由专业化人才组成的一支锐意开拓进取的团队，在生产商的支持与配合下，不断拓展市场、占领市场先机，为用户提供质优、价廉、高效的产品与服务。韶光科技的理念是：我们迈出一小步，客户迈出一大步；共荣、共赢、共发展。

10. 北京星原丰泰电子技术有限公司

地址：北京市昌平区沙河镇豆各庄工业园9号彩易达科技园
邮编：102206
电话：010-80733900
传真：010-80733900
E-mail：jwh960@126.com
网址：www.saps.cn
简介：

北京星原丰泰电子技术有限公司成立于1997年3月，坐落于北京市昌平区科技园区内，是一家研发、生产、销售工业级、军工级电源模块的专业厂家。

公司主要产品包括：DC-DC电源、AC-DC电源、DC-AC电源及大客户定制电源等。产品广泛应用于通信、铁路、电力、工业控制、公路、军工、医疗、新能源等领域，已成为国内模块电源的主要供应商。

公司拥有业内第一个完整的动态小信号测试分析实验室、软开关实验室和EMC实验室，拥有完整的自动化生产线和检测线，并拥有严格的研发管理、质量管理和工艺控制流程。

在2000年公司率先电源行业通过了ISO9001国际质量体系认证，目前大部分产品通过了TUV MARK、CE、UL等认证。

11. 广东凯乐斯光电科技有限公司

地址：广东省佛山市顺德区勒流清源工业区三路1号（B）
邮编：528322
电话：0757-25527922
传真：0757-25530710

E-mail：clipao@163.com
网址：www.mod.com.cn
简介：

广东凯乐斯光电科技有限公司成立于1994年，是一家集研发、生产、销售于一体的高端商业照明国家级高新技术企业；公司有完整的生产线，集模具研发制造、LED封装、装配、智能喷涂车间为一体，产品涵盖光源、电器、传统商业照明、LED商业照明、LED户外、COSMO路灯；公司定位于高端商业照明路线，专注于商业照明、酒店照明、大型零售照明系统产品的开发、销售和照明解决方案；产品主要有LED路灯、LED天花灯、LED射灯、LED筒灯、LED格栅射灯、LED庭院灯等近千个品类。公司目前已通过了ISO9001质量管理体系认证和ISO14001环境管理体系认证、CE认证、CCC认证，符合RoHS标准。公司拥有专业的电子和结构研发工程师组成的研发团队，并聘请国内著名电光源专家及德国著名的灯具结构专家做顾问，确保提供安全、稳定、不断创新的照明产品；每年研发各种产品满足市场需求，公司"MOD"品牌在国内外市场获得了认可，并且有相当高的知名度，与国内外知名厂商保持长期的合作关系（包括飞利浦、欧司朗、松下、GE、罗格朗等）。并且公司与国内外知名体育用品销售商（NIKE、ADIDAS、李宁等）保持长斯的品牌建立合作关系。

12. 广东新昇电业科技股份有限公司

地址：广东省佛山市三水区乐平工业园创新大道东5号
邮编：528137
电话：0757-87362807
传真：0757-87362828
E-mail：Wushh9150@163.com
网址：www.fsnre.com
简介：

广东新昇电业科技股份有限公司创立于1994年，公司现坐落于佛山市三水工业园。公司面积82700平方米，员工2000多名。公司产品包括各类型变压器、逆变器、LED光源及灯饰灯具等。

公司目前拥有："广东省优秀企业、广东省民营科技企业、高新技术企业、广东省清洁生产企业"等荣誉称号，2010年5月，公司的测试中心获得了CNAS证书；6月，公司获批组建广东省绿色电子照明工程技术研究开发中心。2011 年 9 月，公司认定广东省企业技术中心获得通过。

公司先后通过了 ISO9001：2008 质量管理体系、ISO14001：2004 环境管理体系认证和 GB/T28001：2001 职业健康安全管理体系；产品通过了 CQC、3C、TUV、VDE、UL、SGS、CE 等国际权威机构的安全认证。

公司品牌"NRE"在国内外业界享有很高的声誉，已经申请欧盟、美国等国际商标注册。

未来，公司将继续追求提高技术与注重细节的品质管理原则，保持并扩大在业界的领先地位，为国家和社会做出应有的贡献。

13. 广东志成冠军集团有限公司

地址：广东省东莞市塘厦镇田心工业区
邮编：523718
电话：0769-87725486
传真：0769-87927259
E-mail：zcz@ zhicheng-champion. com
网址：www. zhicheng-champion. com
简介：

广东志成冠军集团有限公司（简称志成冠军集团）位于毗邻深圳特区的东莞市塘厦镇，是一家集科、工、贸、投资于一体的国家火炬计划重点高新技术企业，始创于 1992 年 8 月，注册资金 5000 万，占地 15 万平方米，自有资产逾 4.3 亿元。

公司设有 4 个研发机构，4 个生产厂区，32 个分公司办事处，有员工 1000 余名，其中各类专业人才 500 多名。技术上以国内多所著名高校为依托、致力从事于电子信息、先进制造、新能源与高效节能等高新技术领域的自主创新，研发、生产、销售不间断电源（UPS）、逆变电源（INV）、应急电源（EPS）、高压直流电源、电动汽车充电站及管理系统、太阳能光伏并网发电系统、新型阀控密封式免维护铅酸蓄电池、嵌入式多媒体软件、网络安防监控系统等，产品广泛应用于上层建筑和经济基础的各个领域，覆盖国内和 70 多个国家与地区市场，是广东省 50 家装备制造业骨干企业之一。

14. 河北先控捷联电源设备有限公司

地址：河北省石家庄市开发区湘江道 319 号天山科技工业园 15 号

邮编：050035
电话：0311-85903698
传真：0311-85903718
E-mail：dongmei. li@ sicon. com. cn
网址：www. sicon. com. cn
简介：

河北先控捷联电源设备有限公司是一家集研发、制造、销售电源保护装置的专业公司。先控电源专注于电力电子技术的应用与研究，以模块化 UPS 电源产品和风能、太阳能并网发电设备作为公司现阶段的主流产品和研发方向，以创造行业领先的技术和产品为目标，在世界范围内逐步把先控打造为国际知名品牌和一流的产品供应商。

先控电源不断研究、开发新的产品，使产品不但在技术上始终领先，而且能不断满足客户新的需求，现已拥有全部产品的完整知识产权，拥有 18 项实用新型专利和发明专利；拥有达到业界先进水平的电源生产、研发所需的各种电子测量仪器、整机测试设备、环境试验设备，以及焊接、调试、电装流水线；拥有先进的生产管理技术和完备的质量管理体系。

先控电源现为中国电源学会常务理事、信息产业部标准化协会会员单位，公司全面通过了英国劳氏 ISO9001（国际标准化委员会）-2008 质量体系认证和 ISO14000 环境体系认证，系列模块化 UPS 产品获得了泰尔认证、CE 认证及 CQC 节能认证和 9 烈度抗震测试的认证，产品的先进性、可靠性和适应性居于世界前列。

作为行业的领导者，先控始终关注、引导产品的发展方向，率先提出了产品"绿色、节能、环保"的新理念，即重视产品的"高效、节能、无污染"，并率先推出了新一代的模块化 UPS 电源系统。先控模块化 UPS 电源系统，采用业内领先的"模块休眠技术"及"内置分配技术"，大大提高了产品的节能环保效果，居同行业领先水平。

先控电源为政府机关、军队、通信、电力、交通、广电、金融、税务、医院、石化、工矿等行业提供了大量的产品服务，为用户提供了安全可靠的电力保障和全面的技术支持。

河北先控电源设备有限公司的产品不仅满足中国市场的需求，还出口到世界其他国家和地区，同时，我们也为世界其他知名厂商提供模块化 UPS 系统的特定设计和 OEM 服务。

"绿色、节能、环保"是先控电源追求的永恒目标，创新是公司发展的强大动力。先控电源将秉承可持续发展的科学理念，携手社会，共创人类"绿色、节能、环保"的美好家园。

15. 鸿宝电气集团股份有限公司

地址：浙江省乐清市柳市镇车站路 198 号鸿宝工业园

邮编：325604

电话：0577-62771555

传真：0577-62777738

网址：www. hossoni. com

简介：

鸿宝电气股份有限公司是电源领域专业从事科研、开发、生产、销售、信息及服务为一体化的大型高新技术企业。公司拥有十大专业公司，300 多家专业协作厂，并在全国各地设有 500 余家销售公司和特约经销处。在国外设有十多家专买公司和 50 多家销售代理。主要生产的产品有稳压电源、应急电源、不间断电源、蓄电池、变频器、软启动器、充电器、逆变器、变压器、断路器、建筑电气等五十多个系列，3000 多个品种的电源产品。2010 年产销量达 8.5 亿元。

16. 瑞谷科技（深圳）有限公司

地址：广东省深圳市南山区琼宇路 3 号特发信息工业大厦

邮编：518057

电话：0755-26616755

传真：0755-26616937

E-mail：rd@ szlvt. com

网址：www. szlvt. com

简介：

瑞谷科技（深圳）有限公司，2000 年 8 月由台湾上市公司侨威集团投资成立。目前为公司员工控股，侨威注资，结合风险投资的股份有限公司。是专业从事高端电源及新能源产品具研发和制造的中外合资企业。

公司产品主要有各种高功率密度的 AC/DC 客户定制电源、基站系统电源、嵌入式电源、LED 驱动、服务器电源、标准模块电源、逆变器等，被广泛应用于通信、新能源、云计算、军事、医疗、服务器、LED 照明等可靠性要求很高的领域。

瑞谷一直致力于高端电源技术的研发和应用，不断扩大国产高端电源的市场份额，为振兴民族产业尽

职尽责。由于公司的突出贡献，先后获得了"国家级高新技术企业"、"深圳市南山区 2009～2011 年领军企业"、"深圳市 LED 产业联合会副会长单位"、"深圳市南山区高层次创新型人才训练基地"、"2010 年中国电气行业电源十佳企业"等资质及荣誉。

17. 深圳华德电子有限公司

地址：广东省深圳市南山区蛇口兴华大厦五栋 A 座 6 楼

邮编：518067

电话：0755-26693168

传真：0755-26693918

网址：www. watt. com. cn

简介：

深圳华德电子有限公司建立于 1987 年，是随经济特区共同发展成长的专业电源技术公司。

公司注重高端电源产品及技术的开发研究，已成规模的电源产品，涵盖了数据通信、医疗设备、工业设备、测量仪器、汽车及工程机械动力控制系统、高端计算机及服务器、民用航空飞行器等领域。

在不断发展和完善产品研发及销售平台的基础上，公司积极地引进国内外先进技术和专利技术，采取自主设计、定制、合作开发等灵活的方式，为全球的客户提供最佳的解决方案、高可靠产品及优质服务。

公司不断强化企业的现代化管理水准和体系建设，重视人才，重视质量。以自动化的生产能力和先进的生产工艺使产品品质得到有效地保证。

18. 深圳科士达科技股份有限公司

地址：广东省深圳市南山区高新中区科技中二路软件园 1 栋 4 楼

邮编：518057

电话：0755-86169858

传真：0755-86168482

E-mail：chenglc@ kstar. com. cn

网址：www. kstar. com. cn

简介：

深圳科士达科技股份有限公司成立于 1993 年，是专注于电力电子技术领域，产品涵盖 UPS 不间断电源、数据中心关键基础设施（UPS、蓄电池、精

密配电、精密空调、网络服务器机柜、动力环境监控）、太阳能光伏逆变器的国家火炬计划重点高新技术企业。2000~2010 年科士达国内 UPS 销量以领先优势连续十一年排名本土品牌第一位，是产能规模和市场占有率领先的中国大陆本土 UPS 研发生产企业，数据中心关键基础设施一体化解决方案提供商，新能源电力转换系统整体解决方案提供商。科士达产品至今已覆盖亚洲、欧洲、北美、非洲八十多个主要国家和地区市场。2010 年 12 月 7 日，公司在深圳证券交易所成功上市（股票代码：002518）。

19. 深圳市金宏威实业发展有限公司

地址：广东省深圳市南山区高新区高新南九道 9 号
威新软件科技园 8 号楼

邮编：518057

电话：0755-26506655

传真：0755-26955898

E-mail：sunqiwei@ jhw. com. cn

网址：www. jhw. com. cn

简介：

深圳市金宏威公司成立于 2000 年，总部位于深圳市南山区高新科技园，到 2011 年初，已经在全国设置了 16 个分支机构，2011 年底将达到 25 个分支机构。

金宏威公司致力于新能源、自动化、系统集成三大业务领域，在技术研发、设备生产、方案设计、工程维护等方面，取得了长足的进步、积累了丰富的经验，为全国客户提供了安全可靠、技术先进的系列电源、光伏系统、汽车充换电站、配网自动化、工业通信、信息网络等解决方案。

金宏威以"致力于智能电网、绿色能源领域，让人们用上可靠的清洁的能源"为使命，聚焦客户需求，不断提升满足客户需求的能力，让世界更智能、让环境更低碳。

20. 石家庄通合电子有限公司

地址：河北省石家庄市湘江大道 319 号天山科技工业园 12 号楼

邮编：050035

电话：0311-66685611

传真：0311-66685629

网址：www. sjzthdz. com

简介：

通合电子是一家致力于电力电子技术创新，以高频开关电源及相关电子产品研发、生产、销售、服务于一体，为客户提供系统能源解决方案的高新技术企业。

历经十余年的快速发展，公司已开发出了八大系列 100 多种高新技术产品，涉及电力、高速列车、通信、军事工业、船舶、广播电视、火灾报警、电动汽车充电场站等多个领域，销售网络遍及全国 20 多个省市自治区，拥有长期合作客户 450 余家，部分产品远销海外，领先的技术优势、可靠的质量保证和卓越的服务品质得到了国内外客户的一致好评。

通合公司作为国内电力电源行业具备领先技术优势的企业，承担推动行业进步的重任，具有一支高素质的专业设计开发团队。通合公司的长远目标是用世界领先的技术，赢得顾客忠诚的产品质量和规范化的管理创国际一流品牌，以此实现公司的社会价值。

十年来我们一直秉承坚韧、执着、务实、平等的企业精神。以贡献、共益、感念、高效、创新的核心价值观为导向。始终贯彻科学的技术、优质的产品、满意的服务、科学的管理、持续改进的质量方针。

21. 温州现代集团有限公司

地址：浙江省温州市龟湖路金丝桥 20 号

邮编：325000

电话：0577-88823874

传真：0577-88845711

E-mail：joexzz@ 126. com

网址：www. wzmodern. com

简介：

温州现代集团有限公司坐落于中国民营经济发源地——温州，是由原创办于 1979 年的温州市精密电子仪器厂经公司化改制，在 1994 年组建成立了温州现代集团有限公司，下辖温州现代电力成套设备有限公司、温州现代电器制造有限公司、上海华陶电器有限公司、苏州现代电工仪器有限公司等几个全资分公司。

温州现代集团有限公司是电能质量产品（谐波治理/滤波补偿装置、稳压（节电）电源/变频电源、干式变压器/电抗器等电能质量综合治理产品）的开发、设计和生产制造专业厂家，JB/T 7620-1994 标准起草单位，ISO9001：2008 质量体系认证，信息产业部通信设备进网许可认证，美国通用电气（GE）公司中国地区稳压电源唯一供应商，美国 EMERSON 公司稳压电源 OEM 商，航天科技集团环境试验认证，军用抗干扰电源定点生产厂家，是浙江省区外高新技术企业。

公司产品已广泛应用于冶金、通信、国防军工、医疗设备、大型数据中心、精密仪器、实验室、广播电视、楼宇电梯、数控机床、生产流水线、交通设施、金融、教育、工矿企业等国民经济各个领域。所提供的优质设备和完善的售后服务得到了用户的一致好评。

22. 西安爱科赛博电气股份有限公司

地址：陕西省西安市高新区新型工业园信息大道 12 号
邮编：710119
电话：029-88887953　85691870/71/72
传真：029-85692080
E-mail：sales@ cnaction. com
网址：www. cnaction. com
简介：

西安爱科电子有限责任公司创业成立于 1996 年，公司位于西安高新区新型工业园，占地面积 20 亩，厂房面积 18000 平方米，员工 400 余人。2012 年 4 月，公司改制为股份公司，整体变更为西安爱科赛博电气股份有限公司。

陕西省第一批国家高新技术企业、国家科技部中小企业创新基金支持企业、国家火炬计划支持企业、西安市企业技术中心、西安市电力电子产业联盟核心成员。

致力于应用最新电力电子科技，为客户提供高效、低碳的电能变换产品与解决方案。通过在专业领域内持之以恒的不懈追求和应用领域的产业化，制造一流产品，创建领先品牌，使"中国智造"走向世界。

目前，公司已在大功率高性能电源设备和先进电能质量控制设备领域成为领先产品制造商和解决方案提供者，并为新能源和智能微电网领域提供一流的电能变换和控制设备，助力绿色环保发展的长期目标，践行"洁净电能、绿色地球"的使命。

芯派科技 SEMiPOWER

23. 西安芯派电子科技有限公司

地址：陕西省西安市高新区高新一路 25 号创新大厦 MF6
邮编：710075
电话：029-88253717
传真：029-88251977
E-mail：zhuwei@ semipower. com. cn
网址：www. semipower. com. cn
简介：

西安芯派电子科技有限公司是一家专业从事中大功率场效应晶体管及电源管理 IC 开发设计，集研发、生产和销售为一体的高新技术企业。公司拥有的自主品牌 SAMWIN 系列产品已在手机充电器、UPS 电源系统、便携及台式计算机电源系统、汽车逆变电源系统、HID 汽车照明系统、LED 照明系统以及电动车、手持电动工具等多个领域得到广泛应用。公司的核心产品 MOSFET 在 NOKIA、LG、AP-PLE、SAMSUNG、飞利浦、长城电脑、惠普、NFA 等国际知名品牌产品中使用。公司坚持创新发展，即将推出的低压大电流场效应晶体管（TRENCH MOSFET）以及深结高压场效应晶体管（COOL MOSFET）系列产品将再次填补国内相关产品空白，为广大客户提供更多优质可靠的场效应晶体管产品。

同时公司携手西安高新创业园，投资逾 3000 万元设立国内首家大功率分立器件及电源管理集成电路测试应用中心。该测试中心拥有优秀的核心技术团队和完备的各项行业测试设备，能够为客户提供完整的产品应用方案、产品可靠性测试及产品失效分析，为我们的合作伙伴建立高效可靠的应用技术平台。

24. 厦门信和达电子有限公司

地址：福建省厦门市厦门软件园二期望海路 57 号 602 室
邮编：361008
电话：0592-5205266
传真：0592-5205265
E-mail：xuxiaomei@ xmholder. com
网址：www. xmholder. com
简介：

厦门信和达电子有限公司成立于 2000 年，从事贴片电子元器件代理与销售业务。通过几年的努力，公司不断成长壮大，业绩蒸蒸日上。2000 年取得 TDK 代理权，同时取得中国台湾地区 YAGEO 代理权，2004 年取得 KEMET 代理权。2009 年设立工业产品事业部（简称 IBU），专门负责国内工业控制市场的开发。

目前工业事业部代理的品牌包括：BHC（电解电容）、ARCOTRONICS（薄膜电容）、EVOX RIFA（电解电容、薄膜电容）、NESSCAP（超级电容）、Amphenol（连接器）、MERSEN（熔断器）、SCHALTBAU（接触器）、DEHN（防雷器）等。

IBU 专注于风电、太阳能、电动汽车、轨道交通、工业自动化控制等领域，提供专业的技术支持及产品配套能力，致力于成为客户可以信赖的合作伙伴。

25. 浙江科达磁电有限公司

地址：浙江省德清县武康镇经济开发区曲园北路
　　　525 号
邮编：313200
电话：0572-8085882
传真：0572-8085880
E-mail：kda@ kdm-mag. com
网址：www. kdm-mag. com
简介：

浙江科达磁电有限公司（KDM）成立于 2000 年 9 月，位于杭州北郊，离上海 150 公里，占地面积 40000 平方米，是中国最具规模的软磁金属磁粉芯制造商，也是浙江省高新技术企业。

公司通过了 ISO9001：2000 和 ISO14001：2004 管理体系认证，所有产品均符合欧盟 RoHS 规范。目前公司年产能 5 亿只金属磁粉芯，主要产品有：铁硅铝磁粉芯（Sendust Cores）、硅铁磁粉芯（Si-Fe Cores）、铁硅镍磁粉芯（Neu Flux Cores）、铁镍磁粉芯（High Flux Cores）、铁镍钼磁粉芯（MPP Cores）、铁粉芯（Iron Powder Cores）。产品主要应用于太阳能、风能、新能源汽车等领域。

理 事 单 位

26. 安伏（苏州）电子有限公司

地址：江苏省苏州市工业园区星龙街 428 号 21 幢
邮编：215126
电话：0512-67671500
传真：0512-62833080
E-mail：jason. chen@ efore. com. cn
网址：www. efore. com
简介：

安伏（苏州）是 Efore 集团在中国的全资子公司，总部位于芬兰 Espoo，是专业设计，制造和销售电源相关产品的国际化公司。创立于 1975 年，在欧洲、亚洲设有工厂，在芬兰、瑞典、中国设有技术研发中心。安伏集团利用先进的全球物料系统，优秀的设计，制造能力为通信，工业，电子行业客户提供产品设计及制造服务。

安伏专注于一流设计的一体化定制电源解决方案、直流电源系统以及产品维护，密切配合客户需求，为客户提供有效的电源产品以及电子产品。

安伏在产品的研发中致力于减少能耗，提高效率，以及环境友好。

多年的专注经营与管理，如今，安伏已成为众多知名企业的合作伙伴。

27. 安徽省友联电力电子工程有限公司

地址：安徽省合肥市潜山路 277 号盛世名城 8-104
邮编：230031
电话：0551-3644000
传真：0551-3657270
E-mail：lxs@ unionelec. cn
网址：www. unionelec. cn
简介：

安徽省友联电力电子工程有限公司成立于 1996 年，为中国电源学会理事单位。经历十五年的创业成长历程，已经成为集研发、制造、销售、服务为一体的专业电源企业，我们秉承"动力、服务、创新、品牌"的企业宗旨，朝着专业化供配电系统方案、高可靠电源系统集成、绿色机房工程、专业服务、社会公共安全等方向不断努力，并且这一领域的深度和广度继续迈进。

经过多年的积累，我们在此领域获得了丰富的实践经验，拥有了一批优秀的设计、制造、销售、技术支持及服务的专业人才，使得我们可以根据用户的具体需求，选用最适合您的组合，为您提供最优化的配电和电源解决方案。我们为您提供的稳定的电力环境，将高可靠地保护您的通信、网络、办公设备，让您的数据信息安全、可靠地经过每一个地方，避免供电问题引起的任何损失。

公司自主研发、设计、制造的车载综合电源系统获得多项专利，已经成功应用于人民防空、安全生产、军队、公安、供电、水利、广播电视等应急指挥车。

28. 北京泛华恒兴科技有限公司

地址：北京市海淀区西小口路 66 号东升科技园北领地 A-4 楼
邮编：100192
电话：010-82156688
传真：010-82156006
E-mail：sales@ pansino-solutions. com
网址：www. pansino-solutions. com
简介：

北京泛华恒兴科技有限公司是国内领先的行业测控专家及测控技术专业公司，为各行业用户，尤其是"航空、航天和军工领域"高科技企业提供专业测试测量解决方案和成套检测设备。泛华公司拥有一批熟悉各个领域的测控行业专家，丰富的测试测量工程经验和多项自主知识产权，已成为北京中关村地区企业联合会会员及航空航天产业联盟单位。

2011 年，泛华公司实现年营业额超 4 亿元人民币。在电源测试产品线上开发设计了包括变电站直流电源特性测试台、通用电源测试平台以及星载二次电源测试平台在内的多款电源测试产品，在航空航天、自动化行业等领域得到了一点儿应用。

围绕着帮助用户完成更精准、更高要求的测试测量任务，公司建立了完善的产品与服务质量管理体系，于 2004 年通过了 ISO9001：2000 国际质量体系认证，并于 2010 年初顺利通过了 ISO9001：2008 质量体系认证的换版与换证审查。

29. 北京新创四方电子有限公司

地址：北京市朝阳区酒仙桥北路甲 10 号 201 号楼 C3
邮编：100015
电话：010-57589000
传真：010-57589169

E-mail：bingzi@ bingzi. com
网址：www. bingzi. com
简介：

北京新创四方电子有限公司专业致力于各类小型精密电磁器件、霍尔电压、电流传感器和 AC-DC，DC-DC 模块电源产品的高新技术企业，公司位于北京市朝阳区中关村电子城 IT 产业园，集开发、生产和销售及配套为一体，拥有"BingZi 兵字"和"TransFar 创四方"两大自有品牌，产品覆盖全国并远销海外。公司自从 1992 年诞生中国第一款全封闭式变压器以来，产品品种和业务规模得到快速的发展，今天"BingZi 兵字"已成为业界知名品牌。公司投资兴建的占地面积 60 余亩（40000 平方米），建筑面积 22000 平方米的福建生产基地一期工程已建成投产，公司将以崭新的风貌展现在广大客户面前。公司系中国电源学会理事单位，中国电子商会电源专业委员会暨北京电源行业协会副理事长单位，北京福建企业总商会常务副会长单位，ISO9001：2000 质量体系认证单位，中国电子行业知名品牌单位。

30. 北京中大科慧科技发展有限公司

地址：北京市海淀区上地三街 9 栋 F 座 904
邮编：100085
电话：010-82486889
传真：010-82484848
E-mail：lihong@ zdkh. net
网址：www. zdkh. net
简介：

北京中大科慧科技发展有限公司，国内领先的数据中心电能管理设备提供商、信息安全服务商和 IT 运维管理解决方案提供商。致力于打造全方位的数据中心综合治理平台，为企业的运营提供安全、高效、洁净的数据中心安全管理平台和服务环境。IDP（Integrated Defend Processing，综合防护管理）设备（系统），基于各行业的实际，先后在金融、通信、能源、医疗等行业拥有三个唯一：方案唯一；产品唯一；成功案例唯一。公司产品基于 IT 系统集成，全方位解决客户的安全与系统管理问题，并与 IBM、HP、SUN、CISCO、华为、H3C、山特、梅兰日兰等单位深度合作，融合先进技术，提供智能化、一体化的各行业的电能安全管理系统。通过多年服务、经验和研究，彻底找到了数据中心的智能安全运营所欠缺的重要一环："综合系统安全运营管理"，包括对能源的安全高效管理、对数据中心整体架构的安全控制，并利用成熟的 IT 系统构架，在成功引进了海外及相关行业的先进技术，结合 IT 运维管理软件，成功研发了的 IDP 数据中心综合安全保护系统。产品功能全面而成熟，得到国家质量技术监督局的认可，通过国家电力科学院的型试试验，并获得了相关部门认定的技术专利和著作权，也被国家质量协会、电源学会、中国赛迪等多家专业协会的认可和一致好评。我们为客户提供创新的产品、优质的服务和完备的解决方案。帮助客户更快地提升机房安全及管理水平，彻底解决了各行业的安全隐患，为客户提供全面完善的系统安全管理方案和系统而不断进取！

31. 北京中宇豪电气有限公司

地址：北京市朝阳区酒仙桥路四号 8503 信箱
邮编：100015
电话：400-6577696
传真：010-80700383
E-mail：emc@ vip. 163. com
网址：www. zhongyuhao. com
简介：

北京中宇豪电气有限公司于 1997 年成立，现注册资金一千零五十万元人民币，至今已有 14 年历史，为国内 EMC/EMI 电源领域资深知名企业，具有较强的生产技术实力。公司并主持了国内比较有影响的中国电磁兼容网（www. emcchina. com）。

公司通过了 ISO9001：2008 国际质量体系认证，产品通过 UL、CUL、ROHS、CE 等国家安规认定。产品已被广泛应用于 EMC 测试、航空航天、测量仪器、医疗仪器、变频逆变和电力驱动系统等各行各业，产品范围覆盖电磁干扰控制的所有领域。

ZYH 系列核心滤波器有，电快瞬变脉冲抑制滤波器、高插入损耗滤波器产品。并凭借独特的技术优势，可靠的质量保证研发了数百种品质超群性能稳定科含量高 DC-DC，AC-DC 模块电源，包括定电压，定电压稳压，非隔离，宽电压系列及超宽电压系列品种。

历经十余年的 EMI 滤波器研发和生产经验，成就了今天的"中宇豪"品牌，客户包括 SIEMENS、HAIER、ABB、烽火通信、德力西集团、比亚迪等全球着名企业，成功提出合理方案并解决了北京银行、中国人寿和北京各大知名饭店、购物大楼的节能问题。

32. 成都金创立科技有限责任公司

地址：四川省成都市新都区班竹园镇鸦雀口四组
邮编：610506
电话：028-83988111
传真：028-83989066
E-mail：jcl. cdjcl@ 163. com
网址：www. cdjcl. com
简介：

成都金创立科技有限责任公司是以等离子体技术产业化推广为目标的高科技公司。公司依托大型科研机构和控股企业，技术积累深厚、科研开发能力强。公司凭借先进的开关电源、镀膜电源、脉冲电源、自动控制技术，集研发、生产、销售、服务为一体。专业生产销售真空镀膜电源、大功率开关电源和专用脉冲电源、热等离子体电弧发生器成套设备，自动控制系统等设备。公司遵从平等互利、友好合作、坚持服务至上、质量第一的经营理念；竭诚为科技界、实业界提供技术产品和技术服务。公司发展的战略目标是要力争成为国内外有特色的特种电源和专用控制系统供应商。

 金武士

33. 佛山市新光宏锐电源设备有限公司

地址：广东省佛山市国家高新技术开发区禅城园区塱沙路塱宝工业园西区三路 8 号
邮编：528000
电话：0757-82236302
传真：0757-82305809
E-mail：sun@ sunshineups. com
网址：www. sunshineups. com
简介：

佛山市新光宏锐电源设备有限公司成立于 1996 年，是专业从事不间断电源（UPS）开发、生产和销售的创新型企业，年产量超 70 万台。产品涵盖电力系统的三大领域：电力保护、电力储存和电力转换，包括了后备式、高频在线式、工频在线式 UPS 及逆变电源、应急电源、蓄电池等系列产品，能满足不同行业用户的需求。产品行销南亚、西亚、非洲、拉丁美洲等 100 多个国家和地区。

公司一直秉持"有品质才有市场，有创新才有永续经营"的品质政策，赢得了客户的认可。公司已通过了 ISO9001 国际质量标准认证，产品通过节能产品认证、泰尔认证、CE 认证等多项标准认证。

为响应国家节约能源、开发新型环保能源的政策，投入巨资设立了佛山市 UPS 电源与新能源工程技术研究开发中心。拥有 60 多位开发人员，同时与科研院校进行合作，通过技术创新、开发新产品，产品达到国际先进水平，保证了公司产品的先进性和市场竞争力。

◆CHADI®

创电电源

34. 广东创电电源有限公司

地址：广东省佛山市南海区桂城街道深海路 17 号瀚天科技城 A 区 2 号门 3 楼

邮编：528200

电话：0757-86766988

传真：0757-86766800

E-mail：lzq301@ vip. 163. com

网址：www. chadi. com. cn

简介：

广东创电电源有限公司是国内较早从事电源系统设备研制和工程服务的专业厂家，公司创办于 1997 年（前身是佛山市创电电源有限公司），主营项目包括不间断电源（UPS）、应急电源（EPS）、配电系统、地铁信号交直流系统、工业、国防、电力系统用 UPS、电源监控产品及 LED 新光源智能驱动电源等，并根据客户要求定制特殊电源产品。公司秉承用户至上、不断提供高品质产品和完善的售后服务的经营宗旨，于 1999 年全面通过了德国 TüV ISO 9001 质量管理体系认证，多年来已为全国各大领域的电源系统用户提供各类大功率电源设备。目前公司产品用户已遍布全国各地，主要用户包括地铁、空军、二炮、海军、油田、公安、金融、电信、邮政、广电、医疗等各大领域，在国外已开拓了印度、德国、黎巴嫩、南非、巴西、委内瑞拉等国家的市场。公司多年来一直与华南理工大学进行科研项目合作技术开发，已成功开发出多项目前国内最先进的电源技术及产品，并不断加强在新光源、新能源领域的研发合作。创电公司已获颁"广东省高新技术企业"、"广东省民营科技企业"、"佛山市南海区雄鹰计划重点扶持企业"等荣誉称号。

MORNSUN®

35. 广州金升阳科技有限公司

地址：广东省广州市萝岗区科学城科学大道科汇发展中心科汇一街 5 号

邮编：510663

电话：020-38601850

传真：020-38601272

E-mail：market@ mornsun. cn

网址：www. mornsun. cn

简介：

广州金升阳科技有限公司，成立于 1998 年 7 月。本着敢为人先的精神，历经十余年的发展，公司注册资金追加到 3000 万元，厂房面积 14000 平方米，拥有百余项专利，员工 1000 余人。随之成为国内集生产、研发和销售为一体的规模最大、品种最全的工业模块电源的制造商之一。

金升阳人以稳健和踏实的经营作风，坚韧不拔、不屈不挠的开拓精神，图创百年企业之大策。矢志于磁电隔离技术和产品的研究与应用，创造了高品质的 AC/DC、DC/DC、隔离变送器、IGBT 驱动器、LED 驱动器等系列产品，其中多个产品系列已经顺利通过了 UL、CE 等认证。与此同时金升阳公司在行业内率先通过了 ISO9001：2008 质量管理体系认证、ISO14001 环境管理体系认证、OHSAS18001 职业健康安全管理体系认证。金升阳产品远销世界各地，并获得了包括 GE、SIEMENS、Honeywell、艾默生等在内的众多行业领袖企业的赞誉。

Acepower

36. 杭州池阳电子有限公司

地址：浙江省杭州市萧山经济开发区桥南区鸿发路 312 号

邮编：311231

电话：0571-22868370

网址：www. acepower. com. cn

简介：

杭州池阳电子有限公司创建于 1997 年 12 月。目前占地面积约 8200 平方米，拥有总资产约 8000 万人民币，员工人数 800 人。

为了满足公司生产需要，于 2010 年在浙江省嘉兴。桐乡市购买了约 42100 平方米土地，总投资额

2500万USD，2011年5月已动工建设，预计2012年6月投产。

本公司专业开发、生产和销售开关电源、模块电源、工业控制电源、机电控制板、跑步机上/下控、美腿机控制板、电子镇流器、变压器、电暖器、LED驱动电源等电子产品，广泛应用于各种通信设备、健身器材、IT及AV设备及工业控制领域。

公司理念：

以人为本，激发潜能

强调主观能动性和团队合作，

强调管理文化和执行文化创新

质量为本，顾客至上

以质量求生存，以服务立信誉

以管理增效益，以创新造辉煌

37. 基美电子（苏州）有限公司

地址：江苏省苏州市苏州工业园区阳浦路99号

邮编：215024

电话：0512-88163388

传真：0512-88163188

网址：www. kemet. com

简介：

基美（KEMET）是全球最知名的电容器生产商之一，在无源电子技术领域占有全球领导地位。公司总部坐落于美国南卡罗纳州格林维尔市，并在美国、中国、墨西哥、德国、保加利亚等10个国家拥有生产工厂，并拥有遍布全球的销售和分销网络。

基美公司拥有世界上最完善的电容器产品线，产品涵盖二氧化锰钽、有机钽、陶瓷、铝电解、有机铝、薄膜、纸介质等各种类型电容，年产量达数十亿颗。基美电容被广泛运用于各种电子领域和产品中，包括计算机、电信、汽车、军事和航空航天、医疗、照明、工业/仪表和各消费类产品市场。无论是第一颗通信卫星，海盗号探测器，阿波罗登月，爱国者导弹，和平号空间站，还是火星探路者号探头，旅居者号火星车中都能见到KEMET高可靠性电容的身影。

38. 江苏宏微科技有限公司

地址：江苏省常州市新北区华山中路18号三晶科

技园

邮编：213022

电话：0519-85166088

传真：0519-85162291

网址：www. macmicst. com

简介：

江苏宏微科技有限公司是由一批长期在国内外从事电力电子产品研发和生产，具有多种专项技术的科技专家组建的高科技企业，企业的宗旨是自主创新，设计、研发、生产国际一流的IGBT、FRD、VDMOS分立器件及其模块，打造民族品牌，成为提供绿色高效节能电子产品和电力电子系统解决方案的专家。

公司被认定为国家高新技术企业、国家高新技术产业化基地，企业院士工作站、国家IGBT和FRD标准起草单位之一，承担多项国家项目、2项省级项目，已获得8项国家发明专利、6项实用新型专利。

公司自主研发生产的FRED、VDMOS、IGBT等电力半导体器件及模块多项填补国内空白，广泛应用于电焊机，变频器，UPS，逆变电源、电动汽车等行业，并出口欧洲、美国、韩国和东南亚等国家；公司自主研制的具有国内首创、国际领先的动态节能电源在广东，广西，江苏和上海等地的城市道路、超市、工厂和办公楼宇照明中应用，节电率均达到30%以上。由于在新型电力电子技术方面取得的卓越成绩，公司获得了温家宝总理的殷切寄语"大胆创新、不怕失败、超越前进"。

39. 洛阳隆盛科技有限责任公司

地址：河南省洛阳市凯旋西路25号

邮编：471009

电话：0379-63327696

传真：0379-63917137

E-mail：rosen. rosen@163. com

网址：www. rosen-tech. com

简介：

洛阳隆盛科技有限责任公司成立于1996年4月，总部位于牡丹花城——洛阳，直属于中国航空工业集团公司洛阳电光所。主要从事电源产品的设计、开发、生产和服务，并代理销售VICOR、GAI-A、COSEL等世界著名品牌的电源模块。

公司自主设计开发的模块化电源，产品可靠性高、体积小、重量轻、效率高，各项性能指标均高于同类电源产品，并具有多种保护功能，能满足各种环境要求。产品已达到世界先进水平，产品性能处于行业领先地位。目前，面向航空航天、舰船雷达、指挥通信、军用车载及地面控制等军用领域和高端的工控、铁路、电力、通信等工业领域，公司已累计向国内一百多家用户提供了数万余台套电源产品，承担并完成多项国防及民生重点工程型号的电源研发生产任务，性能卓越、质量稳定，获得广大客户的肯定和认同。

公司拥有大型的生产、研发基地和调测试验中心。集聚了设计经验丰富的电源专家和专业技术高超的工程技术人员，配备了包括全自动电源测试系统在内的精良先进的测试仪器，拥有全套的电源加工生产和筛选试验设备。公司通过了 GJB9001B 质量管理体系认证，拥有完善的质量管理体系，产品设计生产完全按照军品标准进行生产，确保了每台产品的可靠性和质量稳定性。公司被中国电子商会电源专业委员会评为中国电源行业诚信企业。

公司在北京、南京、成都、武汉、西安设置了五个办事处，建立了完整的服务保障体系。每个隆盛人都遵循着"致力先进的技术和产品，创造用户的成功和机会"的经营理念，发扬"诚信守法、团结奉献、激情进取、创新超越"的企业精神，用军工技术打造优质电源，以可靠质量赢得用户信赖，不遗余力的为国内外客户提供一流的产品和服务。

40. 宁夏银利电器制造有限公司

地址： 宁夏回族自治区银川市高新技术产业开发区
二号标准厂房

邮编： 750002

电话： 0951-5045200

传真： 0951-5019240

E-mail： yldq@263.net

网址： www.yinli.com.cn

简介：

宁夏银利电器制造有限公司成立于 1992 年，是国家高新技术企业。

公司主要从事高频大功率变压器、电感器、无功补偿及谐波装置（SVG）、有源滤波装置（APF）等系列电抗器的研发生产，是国家目前唯一专业研制特殊频率变压器、电感器的企业；拥有国家专利14 项，拥有全套先进的高频变压器、电感和开关电

源的生产和检测设备。

公司在电力电子行业有较高的知名度，产品遍布全国且应有广泛，分别应用于航天运载火箭、神舟飞船、城铁城际轨道车辆、风电项目、石油平台以及为奥运会的来宾而投放的无轨电车、及机场地面电源项目等方面。

公司于 2001 年通过了 ISO：9002-1994 质量体系认证，于 2004 年 2 月通过了 ISO：9001-2000 质量体系认证，于 2010 年 2 月顺利完成了 ISO：9001-2008 质量体系认证转版工作。建立健全了完善的质量管理体系。

银利电器于 2008 年在深圳市设立分公司——深圳银利电器制造有限公司，主要从事批量产品的加工与制造，在深圳当地的电力电子行业已具有一定的影响力。

Salcomp

41. 赛尔康技术（深圳）有限公司

地址： 广东省深圳市宝安区沙井镇芙蓉工业区赛尔
康大道

邮编： 518125

电话： 0755-27255111

传真： 0755-27255255

E-mail： yh.liew@salcomp.com

网址： www.salcomp.com

简介：

赛尔康技术（深圳）有限公司是一家芬兰独资企业。赛尔康成立于 1975 年，公司总部位于芬兰。赛尔康在全球各地设有销售中心，在芬兰、深圳和台北设有研发中心，在中国、巴西和印度设有生产基地。

赛尔康致力于开发和提供最具创新和绿色环保的手机电源适配器产品及其他电源方案。经过 30 多年的发展，赛尔康在全球手机电源适配器行业已处于世界领先地位，公司年度总业绩达到 4 亿美元，主要客户涵盖了排名世界前列的手机制造商。赛尔康自主研发的产品也适用于无绳电话、蓝牙耳机、路由器、POS 机、平板电脑、数码相框等。

赛尔康技术（深圳）有限公司位于深圳市宝安区沙井芙蓉工业区，是深圳市评定的"高新技术企业"和"工业百强企业"，同时赛尔康深圳的研发中心是深圳市评定的"企业技术中心"。赛尔康深圳现有 4500 多名员工，主要从事销售、研发和制造工作。

SAKO三科®

42. 三科电器集团有限公司

地址：浙江省乐清经济开发区纬十一路 258 号三科
　　　科技园

邮编：325600

电话：0577-62666888 62666030

传真：0577-62666018

E-mail：sako@ sako. cn

网址：www. sako. cn

简介：

　　三科集团坐落于浙江省乐清经济开发区三科科技园，是一家现代化的专业电源制造商，创办于1997 年。目前已拥有深圳、杭州、温州三大制造基地，专业研发、制造、销售、服务 UPS、EPS、开关电源、LED 电源、变频器、稳压电源等系列电源产品，销售网点遍及全国 100 多个城市、全球 30 多个国家和地区，是国家级高新技术企业、中国电源学会理事单位、浙江省电源学会理事单位。

　　三科集团先后通过了 ISO9001 质量管理体系、ISO14001 环境管理体系、OHSMS28001 职业健康安全管理体系等国际标准管理体系认证，主要产品取得了 3C 产品认证、CQC 产品认证、CE 认证、ROHS 认证等，公司始终坚持自主研发的创新之路，目前已荣获 50 多项国家专利。

　　面对经济全球化的浪潮，三科集团正紧紧围绕着"专业营销、专业研发、专业制造"的经营战略，坚定地朝着"打造全球知名电源品牌"的宏伟目标迈进。

CRIANE 柯蓝电子

43. 陕西柯蓝电子有限公司

地址：陕西省西安市高新区科技二路 72 号西安软件
　　　园唐乐阁 A101

邮编：710075

电话：029-87669492

传真：029-87669428

E-mail：criane@ criane. com

网址：www. criane. com

简介：

　　陕西柯蓝电子有限公司一家集产品开发、生产、销售及技术支持服务为一体、专注于为各类电源设备以及电力高压试验及特性测试提供高可用性的产品和维护管理方案的专业化公司。

　　公司产品功能涉及大功率柴油发电机组、大功率 UPS 及逆变器的检测；蓄电池的充电、放电、检测、活化及接地电阻的测试与维护等；电能质量分析仪、谐波测试仪、设备能效测试仪等节能检测产品；电力高压试验及特性测试仪表主要包括直流电阻测试类检测仪、变压器类检测仪、绝缘电阻类检测仪、高压开关类检测仪、继电保护类检测仪，电缆，互感器，避雷器，电容器类测试仪、高压试验设备类检测仪、油化类测试仪等产品。

　　柯蓝电子产品已经在全国各电信运营商、电力系统、通信专网、铁路系统、船舶制造、石油煤炭、金融系统、交通系统、公安系统及大型工矿企业等行业领域广泛应用。

MEGMEET

44. 深圳麦格米特电气股份有限公司

地址：广东省深圳市南山区科技园北区朗山路紫光
　　　信息港 5 楼

邮编：518057

电话：0755-86600500

传真：0755-86600999

E-mail：frank. dai@ megmeet. com

网址：www. megmeet. com

简介：

　　深圳麦格米特电气股份有限公司成立于 2003年，注册资本金 1. 33 亿，是中国定制电源、电机驱动变频器和 PLC 的领导品牌制造商之一。麦格米特致力于电力电子技术及相关控制技术平台的建立，为客户提供核心部件及全面解决方案。

　　麦格米特全球分支机构：

中国深圳：深圳麦格米特电气股份有限公司
　　　　　　深圳麦格米特驱动技术有限公司

上海：麦格米特应用技术（上海）有限公司

株洲：株洲麦格米特电气有限责任公司

美国加州硅谷：MEGMEET USA INC.

香港：Fesicu Hong Kong Limited

同时在中国深圳建有以下资源：

◆国际一流公司的管理团队

◆业界最高水平的 260 多位工程师的研发团队。

◆13000 多平米先进制造中心，月产 100 余万件产品的产能。

◆投资四千多万元建立的完整电力电子产品测试及技术评估平台。

◆超过 60 项电力电子技术专利。

◆在全球拥有 500 多家客户，有 1500 多万件产品被不同用户使用，应用领域涵盖铁道、交通、电力、风能、通信、计算机、医疗、军工、汽车、工业自动化及平板显示技术。

45. 深圳桑达国际电子器件有限公司

地址：广东省深圳市南山区科技园桑达科技大厦
　　　11 层
邮编：518057
电话：0755-86316375
传真：0755-86316446
E-mail：luximei@ sed-ipd. com
网址：www. sed-ipd. com
简介：

深圳桑达国际电子器件有限公司，是由 POW-ER-ONE 和深圳市桑达实业股份有限公司共同组建的合资企业，于 1995 年注册成立的合资企业，坐落于广东深圳市科技园。公司主要从事 AC-DC、DC-DC、DC-AC 开关电源、电源管理技术、LED 驱动电源、可再生能源的研发、生产、销售及相应专业服务，产品主要用于国内及全球的大型通信和商用设备。公司已通过国家高新技术企业认定，获得 ISO9001 质量管理体系认证、ISO14000 环境管理体系认证和 OHSAS18000 职业健康安全管理体系，是深圳市高新技术产业协会副会长单位、深圳外商投资协会副会长单位、2009～2010 年度全国外商投资双优企业、深圳市 LED 产业标准联盟标准制定单位之一、"LED 路灯驱动电源通用技术要求"标准制定主导单位、中国电源学会理事单位，是开关电源应用行业和可再生能源发电设备行业中的知名企业。

46. 深圳市铂科磁材有限公司

地址：广东省深圳市龙岗区布澜路中盛科技园 5 栋
　　　4 层
邮编：518023
电话：0755-81478742
传真：0755-29574277
E-mail：sales@ pocomagnetic. com
网址：www. pocomagnetic. com
简介：

铂科磁材源于美国核心实验室的突破性技术、在中国历经多年研发、应用磨砺。完成全系列金属磁粉芯产品。

产品特点：
■完全使用无机物黏结，不存在老化、安全稳定。
■无噪声
■个性化服务：可根据客户需要针对产品形状、性能做定制服务。特别是效能提升的改善。

47. 深圳市捷益达电子有限公司

地址：广东省深圳市南山区蛇口工业五路南水工业
　　　村 8 号厂房 5、6 楼
邮编：518067
电话：0755-26696338
传真：0755-26811099
E-mail：jeidar@ 163. com
网址：www. jeidar. com
简介：

深圳市捷益达电子有限公司
成立时间：1993 年 7 月
公司性质：研发、生产、销售、服务为一体的电源专业制造商。
项目经营：产品涵括了商用及电力不间断电源（UPS）、逆变电源（INV.）、EPS 应急照明电源、蓄电池及相关的设备管理软件，以及为不间断电源提供的专业技术咨询与支持服务。
市场地位：中国电源行业的领先者。
发展目标：实现 UPS 产业化，成为具有国际竞争力的中国电源专业企业。
发展战略：
◇追求名品牌战略，持续推动品牌建设；
◇确保公司在市场价值链中的地位，建立和不断调整适合市场竞争的经营组合体制。以建立终端用户为基础，依托渠道经销商为结点的营销模式；
◇立足拥有自主知识产权和拥有核心技术；
◇按照国际、国家标准建立规范的制造业体制。推行适合公司发展的管理模式。

48. 深圳市金威源科技股份有限公司

地址：广东省深圳市宝安区新安街道宝城 68 区留仙
　　　二路

邮编：518101

电话：0755-27864064

传真：0755-29799837

E-mail：szjianjun@163.com

网址：www.gold-power.com

简介：

　　金威源，全球领先的电源解决方案服务商。具有高度自主知识产权的高科技信息核心骨干企业，集产品研发生产及销售为一体，拥有世界领先的产品研发平台、可靠性测试平台和现代化自动生产制造平台。针对通信、太阳能绿色环保、汽车应用电子和新能源领域形成了六大核心产品系列，标准通信电源，远供电源，高压直流电源，太阳能光伏，LED 电源，汽车充电控制电源，产品广泛应用于通信、电力电子、自动化控制、铁路、军工、医疗、LED、太阳能发电和汽车充电控制系统。客户已遍布欧美、日本、印度、中东、巴西、非洲等国家和地区；

　　凭着快捷、创新、卓越，为用户增值的经营理念，为全球用户提供完善的电源解决方案。已成为中国移动、中国电信、中国联通、Indonesia PT. TELKOM、India Reliance、华为、中兴、京瓷、阿朗、大唐电信、国内外著名企业的优选服务商。

　　我们为客户在特定领域或行业提供创新性、个性化的解决方案和产品服务，快速准确地为您提供产品技术支持，提供全方位、多元化的解决方案，高效全面地解决用户需求。

49. 深圳市京泉华电子有限公司

地址：广东省深圳市宝安区观澜街道库坑新圩龙工业区 1 号京泉华工业园

邮编：518110

电话：0755-27040111

传真：0755-27040555

E-mail：everrise@everrise.net

网址：www.jqh.cc

简介：

　　深圳市京泉华电子有限公司成立于 1996 年，注册资本 6000 万元，是深圳市和国家高新技术企业，公司为客户提供由本公司自行研制的电源、磁性器件、三相变压器等产品，同时，还为客户提供上述产品的 ODM 服务和专用产品的开发、研制及配套服

务。产品广泛应用于商业和个人电子设备上，客户包括 APC、SONY 等国际知名企业。

　　公司于 2002 年组建了深圳市技术研究开发中心，随着不断在软硬件上的投入与技术升级，公司的综合实力也不断增强，这与公司拥有一支专业性强、技术扎实的外国专家、博士、硕士组成的研发队伍和管理团队密不可分，公司分别与香港理工大学、清华大学深圳研究生院、深圳大学等各类高等院校展开产学研究合作，并签订长期合作协议和成为他们的实习基地。承担着国家省市科技项目。

　　十多年来公司以"开拓进取，诚信务实，树品牌"的经营理念，秉承"公平、公正、合理、竞争"的原则，坚持"质量第一、顾客至上"的方针，以满足用户需求为宗旨，积极开拓国内、国际市场，以良好的品质求信誉，以良好的信誉求发展，不断开发、引进现代化的技术和设备，提高产品的竞争力。先后荣获"国家高新技术企业"、"第 24 届中国电子元件百强企业"、"深圳市高新技术企业"、"深圳市企业技术研究中心"、"深圳市自主创新百强民营中小企业"、"广东省著名商标"、"深圳市知名品牌"等荣誉称号。

50. 深圳市联运达电子有限公司

地址：广东省深圳市宝安西乡西成工业城茂成大楼东段六楼

电话：0755-27825520

传真：0755-27826541

E-mail：sandy_q9018@188.com

网址：www.sz-lyd.com

简介：

　　联运达（香港）实业股份有限公司——深圳市联运达电子有限公司是一家专业生产开关电源、LED 防水电源、电源适配器、充电器的厂家，目前以 12W-360W 大小功率的产品在电源行业里技术及认证均处于领先水平，一流的技术，热情的服务，强大的研发实力与生产高效能力将是你理想的选择，公司 LOGO（POADAPTOR）即英文 POWER ADAPTOR 缩写（一般纳税人企业，能开 17% 增值税发票）有独立的研发、生产及销售机构，公司的产品规格繁多且外形优美。公司产品设计时严格按照安规标准：EN 61347，EN55015，IEC950、60335、61558、EN60335、61558、UL1950、1310、1012，产品由 3～150W（电压由 3～48V，电流由 0.3～10A）共 400 种型号全系列通过美国 UL，加拿大 cUL、

CSA，欧洲 TUV/GS、CE，英国 BS，澳大利亚 SAA、C-Tick，韩国 EK，日本 PSE，以及 ROHS、FCC、LVD、EMC、CEC、MEPS、ERP、CB 等认证。

联运达电源涵盖所有大中、小功率 AC、DC 电源适配器，特种电源和各类电池充电器，公司秉着"科技以人为本"的理念。"质量是生命"的原则，按照 ISO9001-2000 版的标准建立了从进料、生产到销售等一套完善的品质保证体系。

联运达电源已广泛应用于：案液晶显视器，LCDTV，DVR 监控，DVB，监控系统，电子冰箱、电动车充电、小型家电、医疗器械、工业装备、LED 照明、视听影相、按摩美容、数码通信、等；用户遍及美、加、韩、日、澳大利亚、欧洲各地及中国大陆，及时满足客户的不同需求，此外我公司能根据客户的需求定做各种电源，联运达实业热忱欢迎您的光临和洽谈。

Ruichips®

51. 深圳市锐骏半导体有限公司
地址：广东省深圳市福田区下梅林梅华路 207 号安通大厦东座 5 楼
邮编：518049
电话：0755-82907976
传真：0755-83114278
E-mail：sales@ruichips.com
网址：www.ruichips.com
简介：

锐骏半导体总部坐落于中国第一个经济特区深圳，公司位于深圳中心区，专业从事 MOSFET 等分立器件系列的设计及半导体微电子相关产品研发的高科技企业。公司是由海归精英、市场营销专家共同出资创办，有多位高级研发人员曾任职于行业知名半导体企业及上市公司。

我们致力于打造世界上一流的设计、应用和销售为一体，拥有自主知识产权的中国民族品牌！锐骏半导体特别专注于大功率大电流 MOSFET 分立器件，自从 2009 年后，锐骏半导体已迅速成为大功率大电流 MOSFET 解决方案的国内领先供应商之一，可为客户提供相关应用最完整的解决方案，最优质的服务。

我们已经实现了这个目标，提供一个具有成本效益的新一代大功率大电流 MOSFET，同时也为客户提供定制的系统设计。依托于持之以恒的研发投入，锐骏半导体一直在稳定、持续、快速的发展，为客户提供优质、创新、低成本的集成电路产品和应用系统。

52. 四川长虹欣锐科技有限公司
地址：四川省绵阳市高新区绵兴东路 35 号
邮编：621000
电话：0816-2417231
传真：0816-2417198
E-mail：sinew.sales@changhong.com
网址：www.changhong-sinew.com
简介：

四川长虹欣锐科技有限公司始建于 2007 年 6 月，属四川长虹集团旗下控股子公司。公司主要从事平板电视电源、适配器、商用电源、工业电源、军品电源、汽车电子、相关新能源产品的研发、生产、销售和服务。公司位于广元市经济技术开发区长虹工业园内，占地 20 万平方米，目前拥有电源生产线 16 条，年生产能力 600 万台（套）。

公司先后与日本 Sanken、Renesas，美国 Fairchild、On semi、Microsemi 和四川大学等企业和高校建立了长期技术合作关系，并与 Fairchild、On semi 和 Sanken 公司建立了联合实验室。截至目前，公司拥有国家专利 16 项。凭借强大的综合实力，公司通过了 ISO9001、ISO14001 体系认证，被授予国家高新技术企业、四川省企业技术中心和四川省知识产权试点企业等称号。

秉承"专业、专注、专心"的经营理念，公司以市场为导向，以客户为中心，抓住机遇、锐意进取，致力于打造具有中国影响力的电源产品供应商与服务商。

EPE
電威光電有限公司
ETHER POWER
ELECTRONICS TECHNOLOGY CO.,LTD.

53. 太仓电威光电有限公司
地址：江苏省太仓市城厢镇新毛管理区新港西路 66 号
邮编：215400
电话：0512-82775558
传真：0512-82776898
E-mail：hr@powerepe.com
网址：www.powerepe.com
简介：

公司于 1999 年在台北成立，专业从事各类电子式安定器研发与生产，应市场需求，于 2000 年在江苏太仓设立工厂，本着"专业研发、专业生产、共享市场、创造双赢"发展策略全方位满足客户需求，提供客户最可靠的品质与服务。

公司主要产品：石英金卤灯具专用电子式安定器；陶瓷金卤灯、路灯、民用电子式安定器；车用 HID 电子式安定器；小功率电子式安定器；LED 电源供应器。

我们的宗旨：精心设计，恒久品质，愿以精诚的服务，领先的技术与您携手共创美好的明天。

公司的理念：公司拥有雄厚的技术力量和经济实力，以品质为中心的经营理念。以质量第一，信誉至上为宗旨，凭借自己雄厚的技术力量和经济实力，把优质的产品，一流的服务奉献给广大客户。

54. 无锡新洁能功率半导体有限公司

地址：江苏省无锡市滨湖区高浪东路 999 号启航大厦 8 楼
邮编：214131
电话：0510-85622825
传真：0510-85627839
E-mail：zhuyz@ ncepower. com
网址：www. ncepower. com
简介：

无锡新洁能功率半导体有限公司（NCE Power Semiconductor）是中国现代大功率半导体器件的领航设计企业，专业从事各种大功率半导体器件与功率集成器件设计、生产和销售。目标成为全球最具价值的功率半导体器件与服务提供商。与华虹-NEC及长电科技的紧密协作，新洁能是中国第一家研发并上量成功大功率-超结-MOSFET 的设计企业；此外，各种大功率 Trench-MOSFET、1200V IGBT 产品处于热销中，客户包括多家世界品牌公司。

公司把产品质量视为企业的生命；产品性能与可靠性超越同行，产品应用偏向高端。注重公司品牌和信誉。立足自主创新，拥有自主知识产权和"新功率""NCE Power"产品品牌，在全球已取得几十项发明专利。

公司以诚信对待，忠诚服务一路相伴走来的所有客户和合作者，致力于建立合作共赢的长期协作关系。

55. 西安龙腾新能源科技发展有限公司

地址：陕西省西安市经开区凤城十路出口加工区
邮编：518057
电话：029-86658666
传真：029-86658666-5555
E-mail：info@ lonten. cc
网址：www. lonten. cc
简介：

西安龙腾新能源科技发展有限公司是一家集研发、生产、销售于一体的高新技术企业。公司致力于光伏并网逆变器、光伏监控系统与光伏系统产品的设计生产及整体解决方案的提供，同时还从事电力电子行业核心产品新型功率半导体器件的开发。

公司位于西安出口加工区。由一批在太阳能光伏、电力电子、半导体等相关行业的资深从业人员创立。管理团队由具备国际化视野及上市公司管理背景的专业化人员组成。公司自创立伊始即与海内外知名高校及研发机构保持着密切的技术合作，为公司未来的可持续发展提供强大的技术支持。

公司始终坚持"吸引人才，培养人才"的核心人才观，为员工提供广阔的发展空间。

公司的长期发展目标是成为全球光伏并网逆变器市场主要厂家及功率半导体器件重要供应商。

公司是陕西省光伏联盟理事单位。

主要产品：

我公司主要致力于光伏逆变器，特种电源等电力电子产品以及电力电子行业核心产品新型半导体功率器件的研发，生产和销售。光伏逆变器方向的主要研发以及生产产品为：3～5kW 户用光伏逆变器，10～20kW 商业用光伏逆变器。功率器件方向的主要产品为：高压大功率 Super Junction MOSFET。公司推出的高效率光伏逆变器系列产品具有多项核心技术专利，先进的功率变换及数字控制技术，简约现代的工业造型设计，人性化的操作界面，严格的可靠性设计，使得产品系列具有较强的市场竞争力。目前公司已获得的技术专利已达十余项。

56. 厦门市爱维达电子有限公司

地址：福建省厦门市海沧区霞美东路 8 号
邮编：361026
电话：0592-8105999
传真：0592-5746808
E-mail：ql@ evadaups. com
网址：www. evadaups. com
简介：

爱维达公司是一家专注于提供全面电源解决方案及电源保护产品的设计、开发、生产、和销售的高新技术企业，并获得"厦门市著名商标"和"福建省著名商标"称号，而且已连续四年被评为"厦门市成长型中小企业"，福建省电源学会常务理事单位，厦门电力电气产业联盟理事单位，厦门光电协会理事单位，承担过多项厦门市科技计划和国家重点新产品计划。

爱维达的主要产品有：全系列 UPS 不间断电源、逆变电源、LED 驱动电源、通信设备用直流远供电源、太阳能、风能光伏逆变电源等。

爱维达公司以优良的品质和良好的服务，一举进入行业十强。公司目前已在 25 个省会城市设有驻外分公司或办事处，这些办事处组成了全国的营销和服务网络。全国性的营销服务网络和全方位的电源解决方案是爱维达公司品牌的核心价值所在，也是建立客户对爱维达品牌忠诚度的基础。

INVENTRONICS
英飞特电子

57. 英飞特电子（杭州）有限公司

地址：杭州市滨江区东信大道 66 号 D 座二楼
邮编：310053
电话：0571-56565866
传真：0571-86601139
E-mail：lilyzeng@ ledone-co. com
网址：www. cn. inventronics-co. com
简介：

英飞特电子（杭州）有限公司是一家致力于高校、高可靠性 LED 驱动电源研发、生产和销售的高新技术企业，成立于 2007 年，注册资本 334.6409 万美元，资产总额 1.8 亿元人民币，2011 年销售收入 1.59 亿元（产值 2 亿元），较 2010 年年增长 86%；公司近三年研发投入 2807 万元，共申请专利 217 项，授权专利 89 项（其中美国授权 1 项，中国发明授权 12 项）。公司为浙江省专利示范企业、杭州市创新型试点企业、杭州市工业龙头企业等。

公司创始人华桂潮博士，2009 年 10 月作为海外高层次专业人才，成功入选国家"千人计划"。目前，英飞特 LED 驱动器已成功应用于温哥华冬奥会、上海世界博览会、胶州湾跨海大桥等全球知名工程。"创新驱动、全球领航"，公司将秉承"品质第一、追求卓越"的战略方针，启动创新引擎，推进开发创新产品速度，致力于打造英飞特成为全球 LED 驱动解决方案的第一品牌！

TRESS®
特雷斯

58. 浙江特雷斯电子科技有限公司

地址：浙江省温州乐清市柳市镇前垟洞村
邮编：325604
电话：0577-61677775
传真：0577-62715225
E-mail：teris@ teris. cn
网址：www. tress-power. com
简介：

浙江特雷斯电子科技有限公司是专业从事电源领域科研、开发、生产、信息及服务一体化的高新技术公司的企业。公司经过不懈努力，现已成为国内专产电源的公司，以品种全、高质量、服务优为广大客户所认可，目前公司研发的产品基本涵盖了国内外最优秀的产品，它们代表了当今世界电源制造的最高水平。

公司主要生产产品：EPS 消防应急电源、EPS 专用逆变器、并网逆变器、正弦波逆变器、EPS 专用变压器、消防评定中心 EPS 专用检测逆变器、UPS 不间断电源、双电源等系列……公司产品在消防、建筑、工业、新能源、民用、金融、财税、电力、医疗、航空、军工自动化控制系统、国家重点工程建设等各领域得到广泛应用。

中国航天事业合作伙伴
A COOPERATIVE PARTNER OF CHINA SPACE

59. 中国长城计算机深圳股份有限公司

地址：广东省深圳市南山区科技园长城计算机大厦
邮编：518108
电话：0755-29519372
传真：0755-29519395
网址：www. greatwall. cn
简介：

长城电源事业部隶属于中国电子产业集团旗下中国长城计算机深圳股份有限公司，自 1989 年开始从事开关电源的生产，具有 23 年的电源开发设计经验。全系列产品通过 CCC 认证，并在国内电源行业中率先通过了 ISO9001 质量体系认证，荣获首张节能证书，是国内最大的电源供应商之一，各类计算机电源年产能 1500 万台，同时长城电源也是中国电源国家标准的主要起草单位之一。长城电源凭借优良的产品质量、贴心的服务深受广大消费者的青睐，牢牢占据国内近 38% 的市场份额，多年来一直稳居国内电源第一品牌，其产品已被长城、方正、清华同方、清华紫光、浪潮、海尔、神舟、海信、联想、TCL、ECS 等国内外著名品牌计算机所选用，产品远销欧美、日韩等国家和地区。

会 员 单 位

广东省

60. TÜV 南德意志集团

地址：广东省深圳市福田区福强路 4001 号世纪工艺
　　　品文化广场 H 馆 6 楼
邮编：518048
电话：0755-33323274
传真：0755-82709993
E-mail：esther. yao@ tuv-sud. cn
网址：www. tuv-sud. cn
简介：
　　TÜV 南德意志集团 140 多年前诞生于德国，是业内领先的技术服务公司，为客户提供资讯、检验、测试、专家指导、认证和培训服务。16000 多名员工遍及全球 600 多个办事处，着力为您提供技术、体系和实际运作中的优化服务。
　　TÜV 南德意志集团大中华区的总部设在上海，其主要分公司分布在北京、广州、香港和台北，以及超过 40 个贯穿整个区域的分支机构及办事处。2012 年，TÜV 南德意志集团大中华区拥有约 2000 名专注于各个领域的专家和训练有素的工作人员。截至目前为止，TÜV 南德意志集团大中华区已与约20000 家公司有过合作，包括政府机构、中小型企业和跨国公司。

61. 成翔电子（东莞）有限公司

地址：广东省东莞市清溪镇长山头管理区
邮编：523658
电话：0769-86812888
简介：
　　成翔电子（东莞）有限公司是一家大型的台资上市企业，主要与三星、康佳、TOSHIBA、APEX 等品牌企业合作。主要制造电源供应器、手机充电器、OEM 变压器。公司占地面积为 12 万余平方米，年营业额过 2 亿，月产量可达 3000000 台，是清溪镇上名列前茅的大型外资企业。目前公司内拥有员工4000 余人，其中中高级技术管理人员 600 余人，多次荣获东莞市和清溪镇"优秀外资企业"的称号。

62. 创意银河电机（深圳）有限公司

地址：广东省深圳市龙华镇东环二路油松第十工业
　　　区慧华园
邮编：518109
电话：0755-29781299
传真：0755-29781400
E-mail：rd07@ cgesz. com
网址：www. cgesz. com
简介：
　　创意银河电机（深圳）有限公司（简称 CGE）成立于 2002 年，系创意电子（香港）有限公司下属之独资企业。目前公司拥有各类专业人才和员工 800人左右，CGE 主要从事 LCD/LED TV 电源、LED 电源及智能型电子镇流器的设计、生产与销售。
　　公司多年来一直与香港大学进行科研项目合作技术开发，并不断加强在新能源照明，汽车领域的研发合作，CGE 已获颁"深圳市高新技术企业"等荣誉称号。
　　CGE 拥有雄厚的研发设计及生产的能力，拥有一批优秀的研发人员及生产、检测的设备，CGE 创立十多年以来一直秉承"优质创新，服务客户"为宗旨，以"保证质量、确保交期、降低成本、持续改进"的质量方针为竞争策略，增强 CGE 的素质，不断完善 CGE，为客户提供更满意的产品和服务。CGE 拥有优秀及丰富设计经验的研发设计队伍，专业生产管理人员及销售服务人员。

63. 东莞宏强电子有限公司

地址：广东省东莞市南城区宏远工业区
邮编：523087

电话：0769-22414096

传真：0769-22414097

E-mail：sj_zhang@decon.com.cn

网址：www.decon.com.cn

简介：

自 1989 年创业以来，集团的核心业务是铝电解电容器和其配套原材料的销售。集团总部位于香港，于 1995 年在广东东莞设立了东莞宏强电子有限公司，主要经营业务是研发、制造和销售高品质铝电解电容器。其后集团又在江苏高邮设立了另一铝电解电容器生产基地，至今集团拥有月产 2 亿只各种类型铝电解电容器的生产能力。

理想的材料是开发理想产品所必不可少的，我们的产品开发都从电容器所需材料的基础研究开始，在决定电容器性能的主要材料中，即铝电极箔的生产方面，集团位于江苏和新疆的铝箔生产公司产量位居中国大陆前列，电容器材料的研发能力实现了产品的高品质与高可信，是我们的一大优势。

随着电子产业迎来崭新的数字化时代，集团不断对自身进行改革，以便构筑起极富机动性的灵活运转经营体制，成为顺应时代潮流的企业，为创造丰富多彩的未来继续做出不懈努力！

64. 东莞华兴电器有限公司

地址：广东省东莞市清溪镇三中金龙工业区

邮编：523651

电话：0769-82995698

传真：0769-82995693

E-mail：info@wahhing.com.hk

网址：www.wahhing.com.hk

简介：

东莞华兴电器有限公司创建于 1997 年，位于中国最发达的制造业基地——广东省东莞市清溪镇，占地面积 110000 平方米，现有员工 1500 余人。

华星电器有限公司是一家专业从事电源变压器、电源转换器、环型变压器、灌注型变压器、开关电源和充电器等产品，自主研发、制造和销售的大型港资企业。公司在东莞、深圳、厦门和香港建有多家生产和销售基地，奉行国际化的品牌战略，客户均为世界著名电器制造商，如：CASIO、PHILIPS、SONY、iRobot、THOMSON、PANASONIC、OMRON、SAMSUNG 等。

65. 东莞市东扬电器有限公司

地址：广东省东莞市南城新城区百安中心 A 座 1607 室

邮编：523071

电话：0769-23185908　23185928

传真：0769-22416418

E-mail：dongya@dongguan.gd.cn

网址：www.dong-yang.com.cn

简介：

东莞市东扬电器有限公司成立于 1995 年中外合资，是中国电源学会会员。主要产销稳压器，变压器，调压器、直流电源等电源设备以及 UPS 不间断电源。本产品适用于 SMT、CNC、线切割、慢走丝、印刷机械、纺织机械、电子医疗设备、实验室等精密机械及整厂稳压。产品主要品牌是东扬牌，主要是以自产自销形式。东扬电器以优良的产品品质、完善的售后服务赢得广大客户的信赖与鼎力支持。非凡的产品品质，印证了公司"质量第一，客户至上"的宗旨。东扬在同广大客户同发展共进步，产品及服务也越做越好。

66. 东莞市港龙电源设备有限公司

地址：广东省东莞市常平镇横江厦工业二路

邮编：523565

电话：0769-81188878

传真：0769-81188978

E-mail：gl_516@126.com

网址：www.glbyq.com.cn

简介：

港龙电源设备有限公司是一家低频电源变压器专业制造厂商。

我公司拥有一群工作实践经验丰富的工程技术人员，集研发，设计，生产，销售为一体，技术实力雄厚，材料上乘，工艺精湛。我公司还引进了先进的生产与检测设备，产品达到部颁级标准，企业以通过 ISO90001：2000 国际质量认证体系，推动中国电源行业发展为目标。公司由 2002 年成立于深圳市，2008 年迁至惠州市开拓新市场，2010 年由于扩大生产需要，迁至东莞市常平镇，现有厂房面积为 6000 平方米，为客户提供更快捷，更优质的服务。

港龙电气设备有限公司系珠三角地区知名的电源设备制造和供应商。是中国电源学会成员单位之一。2007 年公司产品全面实行 RoHS 标准，现正申请环境管理体系 ISO14000 之中。

我公司本着信誉至上，质量第一的企业理念，竭诚于广大电源客户精诚合作，携手双赢。

67. 东莞市冠佳电子设备有限公司

地址：广东省东莞市塘厦镇莅心湖浦龙工业区莅田路七号

邮编：523710

电话：0769-87921555

传真：0769-87818287

E-mail：cs@ burnin. com. cn

网址：www. burnin. com. cn

简介：

东莞市冠佳电子设备有限公司成立于 2003 年 3 月，历经多年快速发展。现有厂房面积 6300 平方米。拥有高素质团队 120 多人，其中 30% 以上属于工程研发人员。拥有车床、铣床、冲床、剪床、折床、喷涂房、自动生产线等各类机械/钣金/电子加工设备，拥有电力电子及自动化项目研发/测试各类仪器设备，建有东莞市标准工程研究中心及实验室。专业从事老化（烧机）设备，节能负载/电子负载，自动化设备的研发、制造、销售、服务。

公司拥有"冠佳（冠佳电子）"注册商标的所有权，冠佳从事的自动化/节能系统解决方案在国内同行业中享有非常高的知名度，产品已遍布全国大多地区及数家知名厂商。2009 年冠佳（冠佳电子）经多年努力与品牌整合，获得"省市优秀民营科技企业"等荣誉。

68. 东莞市金河田实业有限公司

地址：广东省东莞市厚街镇科技工业城

邮编：523943

电话：0769-85585691-8012

传真：0769-85587456-8012

E-mail：iso@ goldenfield. com. cn

网址：www. goldenfield. com. cn

简介：

东莞市金河田实业有限公司成立于 1993 年，是一家集研发、生产、销售、服务于一体的民营高新技术企业。主要产品有电脑机箱、开关电源、多媒体有源音箱、键盘、鼠标等，是国内主要的"电脑周边设备专业制造商"之一。

金河田是国家高新技术企业，是中国优秀民营科技企业、广东省民营科技企业、广东省知识产权优势企业、广东省创新型试点企业和东莞市工业龙头企业等。金河田公司自主品牌"金河田"商标是中国驰名商标和广东省著名商标；金河田主导产品电脑机箱、开关电源、多媒体有源音箱均为广东省名牌产品。

金河田产品销售和服务网点已覆盖全国各大中城市，并进入了韩国、印度、俄罗斯、阿联酋、德国、巴西、澳大利亚等 40 多个国家和地区。

69. 东莞市科达电子有限公司

地址：广东省东莞市企石镇新南敬业工业园

邮编：523499

电话：0769-81928128 81928129

传真：0769-81928126

E-mail：livelye@ live. cn

网址：www. kedaups. com

简介：

科达电子（KedaUPS electron）是领先的大型电源产品服务及制造商。致力于可靠电源产品的研发、生产、销售和服务，以卓越的技术为企业、政府以及各行业客户提供创新的产品及电源一体化解决方案。

科达科技成立于 1995 年，2000 年 4 月进入中国·东莞，主营产品有 UPS 不间断电源、EPS 应急电源、交、直流稳压电源、铅酸免维护蓄电池、变频电源、智能远程监控控制等。

多年的技术积累和研发投入，使科达具备了领先的自主研发与创新实力。成立于 2005 年的科达研发中心拥有最优秀的技术及产品研发团队，掌握了多项智能电源与网络兼容的核心技术，是业内领先的专业电源产品研究机构。科达全面实施 ISO9001：2000 国际质量管理体系，以先进的流程规范产品研发，竭力提供贴近客户需求的电源产品。

OUXIPER 欧希潜

70. 东莞市欧西普电子有限公司

地址：广东省东莞市塘厦镇振兴围益民路 56 号

邮编：523700

电话：0769-87864890

传真：0769-87289871

E-mail：ouxiper@ouxiper.net

网址：www.ouxiper.net

简介：

东莞市欧西普电子有限公司成立于2005年，是一家集设计、开发、制造、销售、服务于一体的综合性企业，专业的技术人才和完善品质保证体系，拥有雄厚的技术力量，十多年丰富研发经验和专业管理方式，确保生产一流的产品，公司同时建立了十分专业的供应体系和售后团队，成为业界极受好评的专业安全机房设备供应商。

本公司本着"互利发展、资源共享、服务第一"的原则；"追求品质、突破、创新"的企业方针；敬业、创新、开拓、进取是我们的企业精神，互联网开发和全方位信息及技术服务，是我们企业发展的定位；秉承"客户至上，质量第一"的经营理念。为您提供最好的产品及一流的服务是我们的目标，真诚欢迎各界朋友与我们洽谈、合作。

本公司主营STS（静态切换开关）、ATS、PDU等系列产品，已广泛服务于各类计算机系统、消防系统、医院、宾馆、商场、高速公路、隧道、地铁、通信界、航空公司……等重要用电环境中。

71. 东莞市西屋电气设备制造有限公司

地址：广东省东莞市寮步镇横坑万荣工业区河堤路 23栋

邮编：523413

电话：0769-23117999

传真：0769-23113999

E-mail：xw@xwdq.cn

网址：www.xwdq.cn

简介：

东莞市西屋电气设备制造有限公司专业生产、销售稳压电源、变压器、调压器、变频电源、节电器、电源净化等系列电源产品。在精英团队近二十年来的努力下，为全球地区用户提供了大量安全、可靠的优质电源设备，产品广泛服务政府、科研院所、工矿企业、军事单位、学校、医院以及广播电视行业、机场地铁、通信等单位。

西屋电气公司满足用户要求，不断加大研发投入，强化产品安全质量管理，严格遵守PCCC电能质量标准，确保产品合格率100%。凭着领先全球的专业技术和无可挑剔的专业服务，安全的西屋电气电源产品备受广大用户推崇，畅销全球各区域，特别在中国地区，部分电源产品的销量耀居电源行业前列。

西屋电气公司拥有整套产品的多项技术专利保护及CE欧盟品质权威认证、ISO9001：2008质量管理体系认证、拥有品牌商标所有权，为中国电源学会会员单位，中国国内认定科技企业，国际电气通用技术支持企业。

西屋电气公司秉承安全协力之使命，注重吸纳海内外专业人才，以人为本，强化"研发中心、品牌营运中心和客服中心"三大管理本部，用最佳方案满足广大用户最大的潜在需求，服务全球广大用电用户，我们真诚期待与您携手共创美好生活！

72. 东莞市友美电源设备有限公司

地址：广东省东莞市寮步镇凫山村长富工业区兴山 路27号

邮编：523401

电话：0769-88953166

传真：0769-83239410

E-mail：hsk@woomijn.com

网址：www.woomijn.com

简介：

东莞友美电源设备有限公司自2001年成立之日起就致力于动力和能源领域，经过8年多的磨炼，友美公司业已发展成为一家集节能产品、电源产品LED照明产品的研发、生产、销售、服务为一体的高新科技企业。其中公司主打产品数控式路灯节电控制系统荣获2007年东莞市科技进步奖一等奖、东莞市中小企业创新基金。

友美以事业吸引人，以爱心团结人，以创新凝聚人，以机制稳定人的人才观，造就公司拥有完整的管理体系和完善的组织结构，公司现有各类管理人才34人，其中80%具有大学以上学历；各类科技人才29人，其中高级工程师8人。同时，公司还建立了完善的产品质量保证体系和24小时全天候响应的售前、售中、售后服务。

一个专业的、朝气蓬勃的友美电源设备有限公司正朝着自己的目标迈进，以质量取信客户；以信誉立足市场；以价值回报社会；以实力驰骋未来；跨越历史、创造明天！

UMART 優瑪電源

73. 东莞优玛电气器材有限公司

地址： 广东省东莞市塘厦镇大坪工业区四黎南路
　　　381 号
邮编： 523722
电话： 0769-87869777
传真： 0769-87928985
E-mail： cs@ umartups. com
网址： www. umart. com. cn
简介：

优玛（UMART）集团创立于 1983 年，由留美华人组成，专业于精密电源的研发和制造。优玛电气是隶属于优玛集团之一的工业电源企业，是少数具有全系列不间断电源及邮电用整流电源的专业公司。

优玛（UMART）1997 在中国建立生产基地（ISO9001 认证合格工厂），占地 1600m²，提供电源系统产品自 300VA-3600KVA，已有单机 500KVA 的电源长期可靠运行，产品获得国家技术专利（专利号：03223064.8），为包括通信、金融、政府、军事、能源、交通、医疗以及制造业等领域的业务提供长期可靠的电源保障。

产品介绍：不间断电源、稳压器、变压器、变频电源、变频器、消防应急电源、直流稳压电源、逆变器、静态转换开关、铅酸免维护电池等；

系统工程：防雷工程、监控工程、节能工程、IDC 机房工程等。

Prostar

74. 佛山市宝星科技发展有限公司

地址： 广东省佛山市南海区罗村联和工业西二区石碣朗大道 1 号
邮编： 528000
电话： 0757-81285481
传真： 0757-81285480
E-mail： info@ prostar-cn. com
网址： www. prostar-cn. com
简介：

佛山市宝星科技发展有限公司主要从事不间断电源（UPS）、消防应急电源（EPS）、专用逆变器、蓄电池等电源产品以及太阳能光伏发电系统，风力发电系统等可再生能源发电产品的专业设计、研发、制造公司，自主运营并全权负责 Prostar 全球业务的推广和服务。经过十多年的市场开拓，宝星公司业务迅速发展，销售、物流、服务等机构日益完善。凭借雄厚的技术研发实力，可靠的产品品质，完备、快捷、高效的售后服务，得到了国内各行业用户的一致肯定和好评，产品广泛应用在中国的政府、金融、电信、电力、财税、制造等系统，尤其是 2008 年北京奥运会的竞赛场馆项目，Prostar UPS 系统相继中标北京老山自行车场馆、五棵松篮球场馆、奥林匹克公园网球中心等奥运场馆项目，以优质、可靠的电力安全保护系统为北京奥运会保驾护航。宝星公司本着"以专业诚恳的态度，造世界一流品质"目标为己任，坚持不断学习和勇于创新的精神，勇攀事业新高峰。

75. 佛山市迪智电源有限公司

地址： 广东省佛山市顺德区容桂南区达盛路一横路
　　　15 号首层
邮编： 528306
电话： 0757-26968229　26123607
传真： 0757-80344401　26123607
E-mail： dss@ dss-power. com　dsspower@ 163. com
网址： www. dss-power. com　www. dsspower. com. cn
简介：

佛山市迪智电源有限公司是一家专业从事 AC-DC、DC-DC 系列开关电源研究、开发和制造的高新技术企业，公司位于广东省佛山市顺德区，公司面积 3000 多平方米，拥有专业的研发队伍，多年的设计研发、生产、销售经验，可以灵活高效的根据客户的要求为客户提供全面的电源解决方案，公司产品类型包括：电源适配器、各种电池充电器、标准化工业电源、RO 纯水机变压器，LED 防水、防雨、LED 灯条电源，裸版型电源灯等，所有产品经过全电脑测试，100% 满负载老化，广泛应用于显示屏、净水器、RO 纯水机、空气净化器、空气雾化器、香薰机、邮电、通信、电力、仪器仪表、半导体制冷制热、医疗设备、监控系统及铁路信号等领域。

公司推行"8S"管理，以"质量求生存、效率求发展"为宗旨，"科技领先、品质至上"为方针，率先通过了 ISO9001 国际质量认证体系，八大系列产品通过 3C、CE、CB、GS、TUV、PS、SAE 等认证，部分产品正在申请 UL 的认证。

公司在北京、上海、杭州等全国各大中城市建立了几十个销售网点，建立了完善的质量跟踪与售后服务体系，能快捷、周到地为客户提供全方位的服务。公司总部以及各销售网点保持一定量的标准产品库存，能及时满足您的需要。如果您不能找到合适的型号，我们的工程师在了解您的需求后，能够迅速提出相应的电源解决方案，为您定制出特殊规格的电源。希望我们能够成为长期的合作伙伴。

76. 佛山市富士川电业有限公司

地址：广东省佛山市南海区狮山科技工业园 C 区恒丰路

电话：0757-86696021　86696023

传真：0757-86696022

网址：www.fsc8.com

简介：

富士川公司从成立至今以制造行业最具竞争力产品，打造行业最具影响力品牌为目标。不断营造良好企业文化、聚精英人才，使优质产能不断提高，产品成本不断降低，让内、外销客户得到了真正的实惠。在往后的发展中，会继续深耕变压器 4 大品种的设计与制造，把技术优势、品质优势、产能优势、成本优势、管理优势、服务优势充分发挥出来，为更多的客户提供物美价廉的变压器产品，同时也欢迎您的来电、来访、询价、打样、洽谈合作。

77. 佛山市哥迪电子有限公司

地址：广东省佛山市禅城区江湾二路 34 号

邮编：528000

电话：0757-82724179

传真：0757-82721428

E-mail：info@ gedi-lighting.com

网址：www.gedi-lighting.com

简介：

佛山市哥迪电子有限公司是一家专门从事照明产品研发、生产、销售的综合性合资企业。公司创办于 1987 年，是最早进入照明行业的企业之一。

公司一直信奉"以质量求生存，以信誉求发展，以管理求效益"管理理念。在充分引进吸收国内外

先进技术的基础上，哥迪电子不断与国内多个科研机构交流合作，使技术更成熟，产品更稳定。产品全部采用高品质原辅材料，采用先进的生产设备、检测设备及仪器，保证了前期研发的准确性和先进性。以严格的生产管理体系为保障，使产品质量达到了国际先进水平。

公司质量管理体系顺利通过了 TUV 德国莱茵公司的 ISO9000：2001 认证，关键产品取得了 VDE、UL、CUL、GS、SAA、TUV、CE、EMC 等各种认证。

二十年风雨兼程，哥迪一路走来，以诚立商，在竞争日益激烈的电子市场立于不败之地。今后，哥迪将以更高的效率研发新品，以更大的诚意谋求与海内外客户的合作。

78. 佛山市汉毅电脑设备有限公司

地址：广东省佛山市禅城区汾江南路里水大道 11 号综合楼

邮编：528000

电话：0757-83835908

传真：0757-83835018

E-mail：hanny@ hanny.com.cn

网址：www.hanny.com.cn

简介：

开关电源专业生产厂家，年产开关电源 1000 万件

1. 企业通过 ISO9001：2008 质量管理体系认证。

2. 已有六大系列近百种规格开关电源分别通过 UL、CUL、TUV、CE、S-MARK、SAA、KTL、CB 产品安全认证。

3. 中国电源学会会员单位，广东省电源学会常务理事单位，具有中华人民共和国进出口企业资格。

4. 专业配套生产开关电源，配套范围：饮水机、电子冰箱、雾化器、LED 广告灯、照明节能灯、数字功放、液晶显示器等。

5. 拥有多项技术专利和独特工艺，质量可靠，性价比高。

6. 产品深受客户的信赖，从 1999 年起，一直是美的集团的"优秀供应商"；被广东省轻工协会授予"质量信得过企业"称号。

7. 美的集团、海尔冰箱、科龙集团、星星集团、新世纪安吉尔等多家大型知名企业和品牌都是我们稳定的客户。

8. 产品出口美国、意大利、英国、德国、日本、

韩国、澳大利亚等世界各国。

Nelion 力迅

79. 佛山市力迅电子有限公司

地址：广东省佛山市三水区范湖工业园

邮编：528138

电话：0757-87360282

传真：0757-87360189

网址：www.netion.com.cn

简介：

佛山市力迅电子有限公司始建于 2001 年，是一家专业研发、生产、销售 UPS 不间断电源、EPS 应急电源、阀控式铅酸蓄电池及配套电源产品的电源制造企业。公司位于佛山市三水区乐平镇范湖工业区，总资产 5500 多万元。

公司通过了 ISO9001、ISO14001、GB/T2008 体系认证，各产品均通过泰尔认证，多个系列产品通过 CE、RoHs、FCC 等国际认证，并且获得多个行业入网许可证，拥有多项专利。力迅产品被广泛应用于广电、通信、电力、政府机构、工业、科研院校等行业领域，畅销欧洲、美洲、东南亚、中东、非洲等世界各地。

公司秉承"领先的技术、钻石的品质、星级的服务"的一贯理念，以"创新不断，动力无限"的专业精神，致力于成为全球用户心目中最可信赖的"世界领先的电源专家"。

廣日電子機械

80. 佛山市南海区平洲广日电子机械有限公司

地址：广东省佛山市南海区平洲夏西工业区一路
　　　3 号

邮编：528251

电话：0757-87691200

传真：0757-86791244

E-mail： windingchina@yahoo.com.cn

网址：www.windingchina.com

简介：

广日电子机械有限公司是中国最大的环形绕线机械制造商之一。专业生产环形变压器绕线机，环形电感线圈绕线机，稳压器，调压器专用绕线机，矩形绕线机/包带机，环形小孔包带机，电力变压器绕线机，EI 型变压器绕线机，环形包绝缘胶带机以

及环形线圈匝数/匝比测量仪等产品。

本公司已通过德国 TUV9001（2000）国际质量体系，良好的品质和完善的售后服务已赢得了众多客户的青睐和支持，产品远销东南亚及欧美等国家和地区。

KNT

81. 佛山市南海赛威科技技术有限公司

地址：广东省佛山市南海区桂城深海路 17 号瀚天科
　　　技城 A 座 6 楼 4 区

邮编：528200

电话：021-55820281

传真：021-33817832

E-mail： jillian.li@sifirsttech.com

网址：www.sifirttech.com.cn

简介：

佛山市南海赛威科技技术有限公司成立于 2009 年，是由佛山市南海区高技术产业投资有限公司投资的佛山市首家集成电路设计企业。

公司总部位于佛山市南海瀚天科技城。在上海设有 50 人团队的研发中心。在深圳设有 30 人团队的商务中心，在台湾设有办事处。业务覆盖全国，辐射全球。

赛威科技拥有一支由留美博士、硕士及国内顶尖半导体设计公司的资深专家组成的创新型精英团队，他们曾在国内外著名半导体公司工作十年以上，具有广泛的理论基础和丰富的实践经验，在模拟与数字混合电路芯片设计领域里领导开发出多款世界一流的芯片产品。

赛威科技致力于高性能高品质绿色电源、数字电源、照明电源三大领域芯片的开发、销售、服务。

赛威科技始终坚持自主创新，致力于全面打造卓越的绿色节能技术平台，在技术、品质、和服务上追求至善至美，引领绿色节能"芯"时代。

SCPOWER

82. 佛山市上驰电源科技有限公司

地址：广东省佛山市南海区桂城街道简平路 1 号天
　　　安数码新城 B 座 603

邮编：528000

电话：0757-81230549

传真：0757-81230548

E-mail：scpower@ 126. com

网址：www. scpower. cn

简介：

　　佛山市上驰电源科技有限公司是一家专业生产UPS控制板及UPS不间断电源、EPS消防应急电源、逆变器、太阳能并网机等电源产品的企业。公司拥有一批高素质专业人才，经过多年的电源产品自主研发、设计、实践和经验积累，掌握着电源控制的核心技术。

　　"铸上品 驰天下"是上驰人的创业精神和目标。公司秉承致力成为行业领先、受人尊敬的电源供应商，不断创造价值，造福社会的宗旨。遵守"客户至上、信誉第一"的服务承诺，坚持严谨、务实、创新、高效的工作态度，不断研发生产高技术、高质量、适应市场需求的产品，为客户提供优质的服务。

　　放眼未来，在全球经济一体化的形势下，机遇与挑战并举，竞争与发展共存，上驰人将不懈努力，与国内外各界新老朋友携手共进，共创美好明天。

83. 佛山市顺德区丰明电子科技有限公司

地址：广东省佛山市顺德区北滘镇工业园环镇东路
　　　1号

邮编：528311

电话：0757-26601282　13531437337

传真：0757-23608828

E-mail：powerelectech@ bm-cap. com

网址：www. bm-cap. com

简介：

　　佛山市顺德区丰明电子科技有限公司是一家2004年成立的港资企业，位于经济发达的珠江三角洲黄金腹地——顺德北滘工业园。公司拥有现代化的工业生产基地，占地面积三万多平方米，设备原值近9000万元，总投资规模过亿元，员工共有一千多名，电容器年生产产能约7亿只，公司后续还将不断投资完善生产设备的自动化、技术更新及提升，力争公司人均产能再上新台阶。

　　公司目前主要生产电力电子电容、交直流滤波电容、高频高压谐振电容、IGBT吸收电容、CBB60、CBB61、CBB65、CBB20、CBB21、CBB80、MKP-X2型金属化薄膜电容器，产品广泛应用于各类电子设备、变频器、电源、光伏风电新能源行业、工业感应加热设备、照明灯具、空调器、电冰箱、洗衣机、电磁炉等家用电器及电力系统中。其中，风扇用电容

器、空调风机用电容器、电磁炉专用电容器三大主导产品的产销量连续领先业界多年，稳居全国第一。

　　为了增强客户对公司产品的信心，我们已经获得了CQC、UL、CUL、TUV、VDE、CB等多项国内外产品认证，通过丰明人倾力打造的"BM"商标电容器现正销往全国各地电机、电器制造商，远销东南亚、非洲及欧美等国。后续公司还计划专项增资实验室检测硬件的扩充与完善，建立起行业内具有先进水平的产品实验室。

　　公司以"科技、品质、环保"为核心，秉承"研发的产品市场满意、制造的产品我们满意、交付的产品顾客满意"的质量方针，以"顾客满意"为宗旨，坚持严格的质量管理，全面建立和执行ISO9001国际质量管理体系和ISO14001国际环境管理体系，现已发展成为品种齐全、质量可靠、绿色环保、技术先进、配套能力强的规模性企业，赢得了众多合作伙伴的一致好评，并被多家客户评为优秀供应商。

　　公司全体丰明人竭诚欢迎广大用户的来电垂询和莅临，我们一定向您提供最优质的产品、最合理的价格、最佳的合作方式、最热情的服务，为我们共同的利益而真诚合作！

84. 佛山市顺德区冠宇达电源有限公司

地址：广东省佛山市顺德区伦教熹涌工业区

邮编：528308

电话：0757-27736306

传真：0757-27725706

E-mail：gve01@ gve-cn. com

网址：www. gve-cn. com

简介：

　　佛山市顺德区冠宇达电源有限公司是专业多年生产开关电源的中型厂商，品种多（5大系列：电源适配器5-150W、充电器5-150W、LED电源、工业内置电源、大功率电源500-5000W），产品通过UL、FCC、CCC、CE、GS、CB、PSE、KETI、SAA…等各国认证，产品温升低、性能稳定、寿命长、价合理，客户有美的、海信等。

85. 佛山市顺德区扬洋电子有限公司

地址：广东省佛山市顺德区陈村工业园西区广隆中

路 8 号

邮编：528313

电话：0757-23303066

传真：0757-23303063

E-mail：sales@ umgz. com

网址：www. umgz. com

简介：

佛山市顺德区扬洋电子有限公司成立于 2002 年，经过 10 年的努力奋斗，取得了辉煌的业绩。公司设有电源事业部和电感元器件事业部。

电源事业部致力于 LED 驱动电源方案的提供及 LED 驱动电源的生产与销售。电感元器件事业部专注于生产高频变压器，滤波器及电感类等产品。

公司一直坚持"务实进取，学习创新，团队合作，注重分享，诚实守信，互相尊重"的经营理念和"客户至上，精益求精"的质量方针，充分发挥产业链的优势，以专心、专业、专注的精神，致力于向社会各界提供环保，安全的 LED 驱动电源及电感类产品。

公司拥有精干的技术团队，先进的自动化仪器设备，完善的生产和检测设备，并配备了可靠性试验设备，为产品的质量保证提供了坚实的基础。目前已通过了 ISO9001：2008 质量管理体系认证及 UL 绝缘系统认证，全部产品承诺符合欧盟 RoHS 指令和 REACH 要求，部分产品通过了 CQC、CE 等认证。我们密切与各大高校及研究院合作，以获得最大的技术支持。

我们坚持质量第一，信誉第一，服务第一。我们孜孜不倦地努力，期待着与广大客户一道追求卓越，共创辉煌。请关注我们的产品，关注我们的品牌。

Big-Bit 大比特资讯
Big-Bit Information

86. 广东大比特资讯广告发展有限公司

地址：广东省广州市天河区黄埔大道西翠园街 36 号 2 楼

邮编：510630

电话：020-37880700

传真：020-37880701

E-mail：isc@ big-bit. com

网址：www. big-bit. com   www. globalsca. com

简介：

历经 12 的创业发展，大比特资讯已成长为中国电子制造业优秀的资讯提供商。

业务范围涉及，行业门户网站、平面媒体宣传、市场调查、行业专题研讨会策划、展览展示、人力资源服务等一系列围绕中国电子制造业提升竞争力的服务举措。

大比特资讯旗下拥有以下成熟媒体：

大比特电子变压器网：www. big-bit. com

大比特半导体器件应用网：www. globalsca. com

中国电子制造人才网：www. emjob. com

《磁性元件与电源》杂志（月刊）

NET 恩亿梯

87. 广东恩亿梯电源有限公司

地址：广东省惠州市惠阳区永湖镇麻溪工业区

邮编：516267

电话：0752-3710088

传真：0752-3710622

E-mail：netups@ netups. cn

网址：www. netups. cn

简介：

广东恩亿梯电源有限公司是美国 NET 集团在中国大陆的合作企业。成立于 2002 年，以惠州生产基地为中心，在全国各大、中城市均设有分公司及办事处，为广大用户提供全面的售前、售中及售后服务支持。

公司具有先进齐全的生产检测设备，优秀的研发技术人才。主要从事以 UPS 电源、EPS 电源、稳压电源、节电柜等电源产品的研发、生产、销售为一体的高科技企业。公司均严格按照国际标准生产，通过了 ISO9001 质量管理体系认证、ISO14001 环境管理体系认证、泰尔认证、国防入网许可证、电信设备进网许可证、广电设备进网许可证和出口许可证、CE 认证、中国节能产品认证等系列认证。面对日益激烈的电源市场，公司针对中国大陆电力不足波动大、传输干扰强、频率稳压性差等现象，研发出适应中国用电环境、品质优良、性能稳定的电源产品。

公司坚持以人为本，以科技为依托，以用户为中心，以发展专业电源产品为己任，用优良的产品和诚挚的服务换您真心笑容。欢迎选购、代理。

88. 广东风华高新科技股份有限公司利华电解电容器分公司

地址：广东省肇庆市风华路 18 号

邮编：526000

电话：0758-2865128

传真：0758-2865488

E-mail：lhservice@ china-fenghua.com

网址：www. china-fenghua.com

简介：

　　利华电解电容器分公司是广东风华高新科技股份有限公司属下的主要子公司，企业的主导产品是全系列的铝电解电容器，目前月生产能力为 1.2 亿只。电解电容器主要用于整流电源中的滤波、能量的储存和转换、信号的旁路和耦合、音频和分频、单相电机起动等电路中，广泛用于计算机及其外部设备、程控交换机和电话机等通信类产品、节能灯、镇流器、LCD 电视机、DVD、VCD、空调、照相机、节能灯等消费类产品以及航空、航天等军工产品。利华公司拥有雄厚的技术力量，先进的生产设备工艺，完善的检测手段，致力于成为全球最佳元器件供应商之一。

89. 广东和昌电业有限公司

地址：广东省广州市黄埔区黄埔东路 3401 号亚钢大厦 1410 室

邮编：510530

电话：020-62958188

传真：020-61302830

E-mail：ebusiness@ hichain. com. cn

网址：www. hichain. com. cn

简介：

　　广东和昌电业有限公司是一家集 PVC 电缆料、铜导体、电线电缆、成套电缆及电气控制设备研发、制造、销售为一体的高技术企业。公司成立于 1998 年，现于肇庆高新开发区拥有 5 万多平方米生产基地，下属控股肇庆中乔电气实业有限公司、肇庆和昌线缆有限公司及重庆和昌电线电缆有限公司三个子公司。产品被广泛应用于电梯、自动化机械设备、电源系统、弱电安防、机械设备、通信设备、汽车等数十个行业。

　　公司现已通过 ISO9001：2008，ISO/TS16949：2001 质量管理体系认证及 ISO14000 环境管理体系认证，并获得 CCC、VDE、UL、CE 等产品安规认证，严格按照欧盟 ROHS、REACH 及 WEEE 环保指令进行生产及品质控制，每年都荣获多个客户颁发的奖项，并连年保持

《中国质量信用 AAAA＋级企业》荣誉称号。

　　多年来，和昌企业以建树民族品牌为己任，在长期为奥的斯、艾默生、广船国际等大型跨国集团及国内知名上市公司提供产品及服务配套过程中积累了丰富的企业管理经验，企业、产品与技术水平稳步上升。

　　和昌人始终奉行"品质为先，市场为导，人才为本，管理为实"的经营理念，以雄厚的资金，前端的技术为后盾，和昌人不懈追求，力争行业领航人地位！

90. 广东金华达电子有限公司

地址：广东省广州市天河区棠下涌东路大地工业区 C 栋 5 楼

邮编：510665

电话：020-61031498

传真：020-61031481

E-mail：13922298699@ 139. com

网址：www. 020k. net

简介：

　　广东金华达电子有限公司成立于 1995 年 7 月，总部设于中国广州市，是一家中外技术合作高新科技企业，主要从事通信电源、电力电源、汽车照明等电源，防雷配电设备研发、生产、销售、工程设计施工等业务。公司自成立以来致力于打造"金华达"品牌，严格执行"技术领先、质量可靠、服务满意，客户至上"的经营方针，经过近年来的努力，金华达通信、电力电源产品广泛应用于通信，电力，铁路，军队等行业。并以优良的品质和服务，赢得了广大客户信赖。

　　2003 年金华达与欧州企业合作共同开发了高级时尚车灯系列——金华达 HID 高压氙气车灯系列。主要用于奔驰、宝马、奥迪等高级汽车前车灯。目前金华达 HID 高压氙气车灯系列的各项技术指标及品质达国际中高、国内领先地位，并符合 ECE R98 的近光配光性能要求。为国内车灯的革命注入了新的活力。产品热销海内外，并已在全国大部分地区拥有销售、服务网络。

91. 广东金顺怡科技有限公司

地址：广东省佛山市顺德区勒流镇工业五路 59 号

邮编：528322

电话：0757-25563570

传真：0757-25566961

网址：hr@ kingsunny. com

E-mail：www. kingsunny. com

简介：

　　广东金顺怡科技有限公司是国家高新技术企业，广东省名牌产品企业，是研发和制造通信电源、电镀电源、电镀生产线的专业生产厂家。

　　通信电源长期服务于军队、公安、三防、消防、远洋通信等。

　　电镀电源已覆盖全国各地，在表面处理行业普遍享有高效、节能、质量稳定的赞誉。

　　电镀生产线广泛应用于五金、塑胶、线路板、电子电镀等领域。我们的全自动电镀生产线、半自动电镀生产线、手动电镀线、废气处理系统等产品均可根据客户要求设计，制造，并提供整厂交付工程。

　　稳定可靠的设计，量身定制的产品，细致周到的服务是客户回馈给我们的口碑；多年来我们吸收国内外先进的技术经验，产品不断地创新改良，体现出制作工艺先进、测控技术精准的特点，同时把科学管理模式融入自动化生产过程也是我们的一种产品设计理念。

KVR®

92. 广东省佛山科星电子有限公司

地址：广东省佛山市南海区平洲工业园环胜路 2 号

邮编：528251

电话：0757-81285150

E-mail：ricky@ kestar. com. cn

网址：www. kestar. com. cn

简介：

　　广东省佛山科星电子有限公司是一家大型开发、生产全系列氧化锌压敏电阻器（Varistor）、SPD 浪涌抑制防护器和防雷产品等保护元器件的专业企业。公司通过了 ISO9001 质量管理体系和 ISO14000 环境管理体系认证。全系列产品通过 UL、CE、VDE 等多项国际安全认证。公司产品类型丰富，应用广泛，主要产品有 MYG 通用型压敏电阻、MYL 防雷型压敏电阻、MYE 高负荷型压敏电阻、MYP 高能压敏电阻银片、TMOV、MYN 以及拥有独立知识产权的各种 SPD 防雷装置器件等。公司技术力量雄厚，拥有本科以上文化程度的技术人员数十人，其中有从事本行业研究工作数年到几十年的多名高级职称人员及硕士以上研究人员。企业的品牌在市场上有着良好的美誉度，国内外有较为完善的市场网络和客户群体。

GTMBU

93. 广州东芝白云菱机电力电子有限公司

地址：广东省广州市白云区江高镇神山管理区大岭南路 18 号

邮编：510460

电话：020-26261623

传真：020-26261285

E-mail：gtmbusg@ 126. com

网址：www. gtmbu. com. cn

简介：

　　广州东芝白云菱机电力电子有限公司成立于 2004 年 2 月，是由广州白云电器设备股份有限公司和东芝三菱电机产业系统株式会社共同出资组建的中外合资公司，注册资金 3510 万元。公司主要设计、制造不间断电源系统、传动装置及变频器、直流电源柜等电源产品。

　　公司被认定为广东省高新技术企业，荣获广州市白云区 2010 年度促进专利授权奖二等奖。

　　生产制造的高压 IGBT 变频器被认定为广东省自主创新产品、广东省高新技术产品；10kV、6kV 高压 IGBT 变频器，G8000C（380V/380V），Midstar2000（380V/380V、380V/220V）在线式通信用不间断电源，GZDW35-220/200 微机控制高频开关直流电源柜等产品被认定为广州市自主创新产品。

　　公司通过了质量环境职业健康安全三大管理体系认证。

EFG 广州广日电气设备有限公司
Electricity Facilities Guangri Guangzhou Co.,Ltd.

94. 广州广日电气设备有限公司

地址：广东省广州市番禺区石楼镇岳溪村国贸大道 105 号

邮编：511447

电话：020-84654222

传真：020-84654898

E-mail：sale@ efg. cn

网址：www. efg. cn

简介：

　　广州广日电气设备有限公司成立于 1998 年 10 月，是广州广日集团属下一家中港合资的国有控股企业。公司先后在上海、天津、广州三地设立了分公司和生产基地，拥有员工460多人。

公司集研发、生产于一体，主要产品包括：电梯配件类产品、LED 照明类产品、矿用类产品、以及电子类产品，其中电源类产品作为电子类产品的重要组成部分，在我公司有一个专业的、高素质的开发团队。我公司开发的开发电源产品包括 LED 驱动电源、工业电源以及其他各类客户定制电源。

公司坚持以"奉献社会、服务客户、讲求诚信、服务百年"为宗旨，通过了德国莱茵 TUV 认证审核，并获得 ISO9001：2000、ISO14001、OHSAS18001 国际质量认证体系证书，优质的产品和良好的售后服务得到社会各界的一致认可和好评，公司也因此获得了国家高新技术企业，外商投资先进企业，中国质量过硬知名品牌和社会突出贡献奖等荣誉。

![凯盛科技 Kaisen——创造节能环保新生活——]

95. 广州凯盛电子科技有限公司

地址：广东省广州市黄浦区浦南路沧联工业园 C、D 栋
邮编：510760
电话：020-62958818
传真：020-62958225
E-mail：jasoncheng-88@163.com
网址：www.gzkaisen.com
简介：

广州凯盛电子科技有限公司成立于 2000 年，前身是广州市黄埔威格电器设备厂，于 2006 年更名为广州凯盛电子科技有限公司。主要是以生产和销售以开关电源产品为主的专业生产企业，公司现在坐落在环境优美、名企云集的广州市黄埔区埔南路沧联工业园区内，拥有高素质的管理人才、国际化的管理理念、先进的设备和技术、良好的工作和生活环境，坚持严格的生产控制，为世界各地客户提供多种规格的电源配套设备，树立以高品质为中心的企业文化。我公司有多年的 OEM 经验和给诸多著名的电脑公司供货经验。我们的产品质量稳定，性能可靠，广销欧洲，南美及亚洲等地区。我们以"客户第一"，"服务第一"，"0 错误"为标准，以最热心的服务对待所有的客户。公司已经取得 ISO9001 证书，以及 CE 认证证书，FCC 认证，长城认证等一系列证书。但我们仍然坚持以"7S"为标准前进。以更好的服务和科学的技术创新去扩广国际高水平的市场。广州凯盛电子科技有限公司正处于高速发展的阶段，我们非常有信心为全世界提供信息时代最

快的"脑"提供绿色环保、稳定强劲的能源保障。

96. 广州市白云化工实业有限公司

地址：广东省广州市白云区广州民营科技园云安路一号
邮编：510540
电话：020-36703113
传真：020-36703110
E-mail：huangshaoyuan@china-baiyun.com
网址：www.china-baiyun.com
简介：

广州市白云化工实业有限公司（原广州白云粘胶厂，以下简称白云化工）主要从事各类建筑密封胶和高分子新材料的研究开发及生产经营。公司成立于 1985 年，位于广州市高新技术产业开发区民营科技园内，占地面积 4 万多平方米。现有员工 186 人，其中博士后 3 人，博士 5 人，硕士 17 人，具有高中级职称的有 30 多人，大专以上学历的员工占 65%。

白云化工是国内同行业中唯一通过英国 BSI 公司 ISO9001/ISO14001/OHSAS18001 质量环境安全健康管理体系国际认证的企业，是建设部唯一的建筑密封胶技术产业化示范建设基地、人事部授予的博士后科研工作站、广东省工程技术研究开发中心、广东省技术创新优势企业、广州市高新技术及科技示范型企业。2002 年，建成我国第一条达到世界先进水平的硅酮密封胶连续化生产线。公司产品检测中心设备先进完善，能按中国、美国、欧洲、日本等标准进行产品的性能检测。公司是 GB/T14683-2003《硅酮建筑密封胶》、GB/T16776-2005《建筑硅酮结构胶》、JCT486-2001《中空玻璃用弹性密封胶》等国家和行业标准主要起草单位。

公司奉行"科技兴企、以人为本"的方针，立足"国内第一，国际领先"。遍布全国三十多个城市的服务网点，是我们"质量第一，服务领先"的有力保证！展望未来，我们将一如既往地服务社会，"把最好的产品贡献给人类"！

Bothleader®

97. 广州市宝力达电气材料有限公司

地址：广东省广州市花都区花山镇南村
邮编：510880

电话：020-86947862

传真：020-86947863

E-mail：info@ gzbld. com

网址：www. gzbld. com

简介：

广州市宝力达电气材料有限公司是电气绝缘漆的专业研发和制造厂家，是中国电器工业协会绝缘材料分会及中国电源学会会员单位，是全国绝缘材料标准化技术委员会成员，是我国绝缘漆行业国家标准和行业标准的主要起草单位。

本公司具有丰富的生产制造经验及各类中高级技术人才，拥有强大的研制开发能力，通过精心的设计，先进的生产工艺及完善的检测手段，确保产品性能优异，质量稳定，完全能满足用户的特殊要求。

本公司注重产品质量及职业健康安全管理，先后取得了 ISO9001：2008 质量管理体系认证证书、危险化学品生产企业安全生产许可证、危险化学品从业单位安全标准化二级企业证书、广东省环保慈善单位称号。

广州市宝力达电气材料有限公司是广州市守合同重信用企业，以"专业、诚信"为宗旨，以顾客要求为最高标准，以用户满意为最终目的，以严格管理创最佳产品，竭诚为国内外用户提供优质产品和服务。

98. 广州市昌菱电气有限公司

地址：广东省广州市天河北路 900 号高科技大厦A410 房

邮编：510630

电话：020-22233181

传真：020-22233183

E-mail：lee@ cl-ele. com

网址：www. cl-ele. com

简介：

广州市昌菱电气有限公司是一家以供应 UPS 电源为核心的电源综合解决方案供应商。是日本三菱 UPS 中国总代理，东芝三菱 TMEIC 品牌 UPS 中国全国代理，日本共立（KYORITSU）双电源转换开关中国代理。

广州市昌菱电气有限公司的主要成员由三菱电机（香港）有限公司原三菱 UPS 中国事业部人员组成。公司拥有包括多名留学生在内的博士、硕士等高级人才，公司董事长原在三菱 UPS 的基干工厂——神户工厂从事技术工作，后调任三菱电机（香港）有限公司三菱 UPS 中国事业部经理，统管三菱 UPS 在中国的销售和服务工作。其他工程技术人员也在日本三菱 UPS 神户工厂接受过严格的专业训练，多年来一直负责三菱 UPS 在中国的技术支持工作，在三菱 UPS 中国事业的发展过程中发挥了重要作用。

2008 年 5 月，广州市昌菱电气有限公司获得 ISO 认证机构颁发的 ISO9001：2008 质量管理体系认证证书（证号：11408Q10251R0S），成为 UPS 销售与服务行业少有的通过 ISO 认证的企业。引入国际标准的 ISO 质量管理体系，使昌菱电气的管理水平迈上了一个新台阶，为企业提高核心竞争力和进入国际竞争创造了有利的条件。

Wate® 华德

99. 广州市华德电子电器设备有限公司

地址：广东省广州市白云区石井镇横沙村黄丽路18 号

邮编：510180

电话：020-81970003　81799770

传真：020-81970003

E-mail：cgz@ huadedianzi. com

网址：www. wate. com. cn

简介：

广州市华德电子电器设备有限公司，前身是国有大型计算机公司开关电源厂，建立于 1985 年。具有十几年开关电源的设计和生产经验。

本公司是集开发、设计、生产、销售、服务为一体的企业。工艺精湛，并通过 ISO9001 体系认证，CE、CCEE（长城）、CCC 认证。我公司的产品有 AC-DC、DC-DC、DC-AC 开关电源。包括工业电源、通信电源、电脑电源。本公司有设计生产 15～2000W电源的能力，现成标准产品 15～1500W 的电源。也可根据用户特殊要求，设计、生产、各类开关电源。

本公司凭先进的技术，多年的开发生产经验，先进的检测设备，完善的品质管理体制，及完善的售后服务，在国内同类产品中处于领先地位，赢得了广大客户的信赖与支持。我们真诚的感谢各客户对我公司帮助和支持，欢迎各行各业与我们合作，让我们共同创造优质产品。

100. 广州市锦路电气设备有限公司

地址：广东省广州市天河区中山大道 89 号 C211 房

邮编：510665

电话：020-85566613

传真：020-85565253

E-mail：cici@ gzkingroad. com

网址：www. gzkingroad. com

简介：

广州市锦路电气设备有限公司努力融合创新，不断开拓进取，永续稳健运营，自 2004 年成立以来，长期致力于 UPS 电源、EPS 电源、机房通信产品及机房节能产品的研发、生产、销售及服务，是国内领先的绿色电源系统集成供应商之一，同时还和国际著名品牌：美国 3M 公司、美国 PROTEK 公司、法国 SOCOMEC 公司等展开了深入、密切的合作。

公司产品品质卓越，性能稳定，优质服务于广州亚运会主会场、亚运场馆、广州塔、广州地铁、武汉地铁等标志性行业客户，并荣获客户的一致好评。

公司坚持于"大行业、大客户、大项目、大团队"的营销理念，秉承"开拓，进取，创新"的创业精神，保证产品从研发到售后服务整个环节的高质高效地运转，最大限度地满足客户发展与改进的需求，以"科技创新"的观念不断提升客户的竞争力和赢利能力。

101. 广州市凝智科技有限公司

地址：广东省广州市天河区中山大道中 393 号天长商贸园 A 栋首层 102

邮编：510660

电话：400-606-9106

传真：020-82306916

E-mail：service@ richcomm. com. cn

网址：www. richcomm. com. cn

简介：

广州市凝智科技有限公司——机房与 UPS 动力系统安全管理产品专家。自 1999 年创立以来一直致力于智能 UPS 监控管理产品及机房动力环境与设备监控管理的软硬件系统的研制和开发。经过多年的

努力和专注发展，公司已成为国内领先的智能 UPS 监控管理产品及机房监控管理解决方案产品的开发商和提供商。

102. 广州市维能达软件科技有限公司

地址：广东省广州市天河区龙口东路五号龙晖厦 14 楼

邮编：510635

电话：020-87549506

传真：020-87589980

E-mail：sale@ vnata. com

网址：www. vnata. com

简介：

广州市维能达软件科技有限公司，专业从事网络化电源安全管理产品的研发以及制造，研究网络化架构软件技术和信息安全运营管理的高新技术企业。公司已有一支从事电源安全管理产品设计的资深团队，为产品研发的技术服务提供一个强大的后勤保障体系，是中国本土最具潜力的电源安全管理产品供应商。

103. 广州市先锋电镀设备制造有限公司

地址：广东省广州市南沙区横沥镇前进村

邮编：511466

电话：020-84961566　84873354

传真：020-84961455

E-mail：xianfeng@ pyxianfeng. com

xianfeng. 8hy@ 126. com

网址：www. pyxianfeng. com

简介：

广州市先锋电镀设备制造有限公司（原番禺先锋电镀设备二厂）位于珠江三角洲中心地带的广东省广州市南沙区。公司成立于 1986 年，是早期引进国外先进技术，集设计、开发、制造于一体的专业生产各种电源及其他配套设备的生产厂家，为多个行业开发生产行业所需的特种电源及设备，1986 年开始用大功率晶闸管在整流设备，在表面处理行业推广，代替直流发电机及硒整流设备，取代价格较贵的进口设备，使表面处理行业生产质量及效率得

到大大提高；与稀土电解行业的专家一同，了解稀土电解特性，为稀土行业研制出加热及电解一体的稀土电解电源；后开发了大功率的开关电源，当时在国内处于领先的地位，使电镀表面处理，及其他大功率电解行业得到推广应用，促进了行业的节能减排。产品提供给多个行业并销往全国各地及东南亚、南美等国家。

104. 海丰县中联电子厂有限公司

地址：广东省汕尾市海丰县金园工业区 A 六座

邮编：516411

电话：0660-6400997

传真：0660-6405708

E-mail：eee@ zldyc. com

网址：www. zldyc. com

简介：

公司成立于 1991 年，位于海丰县城金园工业区。拥有自己的工业园区，占地面积为 14600 平方米。自建厂房建筑面积为 4 千多平方米；拥有现代化生产流水线 4 条，具有完善的生产、研发和检测设备。公司目前有员工一百多人，其中科研、工程技术人员 30 多名。

公司为国内电源行业知名高新技术企业及国内最早进入开关电源领域的专业研发生产厂家之一。专业从事各类开关电源、充电机等电源设备的研发、生产、销售，可为客户度身定制各种开关直流稳压电源和充电机等系列产品（电压 1000V 内，电流 6000A 内）。公司推出的系列开关电源和系列充电机已在 UPS/EPS、电力自动化、广播电视、仪器仪表、通信系统和工业控制、电镀氧化、元器件老化、部队等领域广泛应用，用户遍及全国各地。

公司的产品品种多、种类全，产品详情请登录公司的网站查看。

105. 华南理工大学科技开发公司

地址：广东省广州市五山华南理工大学 28 号楼西侧二楼

邮编：510641

电话：020-85511281 87111007

传真：020-85511287

E-mail：32163@ 32163. com

网址：www. 32163. com

简介：

华南理工大学科技开发公司是直属华南理工大学的全民所有制企业，承办学校的科研成果项目转让，技术服务等对外业务，具有法人资格。

公司自 1986 年以来，率先引进国外先进的电力电子器件。特别自 1992 年 3 月以来，本公司作为日本富士电机公司功率半导体器件中国代理，多次与日本富士电机公司的工程技术人员组织应用技术交流会，为各单位提供了大量的技术资料和应用技术，并为各生产厂家和科研单位提供了大量的富士电机电力电子器件，对促进电力电子技术的发展做出积极的贡献。

目前本公司是日本富士电机电子设备技术株式会社功率半导体件中国代理、日本日立 AIC 有限公司电容器中国代理。日本三社电机株式会社整流模块中国代理，本公司实力雄厚，重守信誉，每种元件皆为原厂定购，质量保证。始终保持"库存最多、交货最快、价格最低"的宗旨为广大用户提供优质服务。欢迎各界人士前来选购和洽谈业务、开展联营业务。

106. 华为技术有限公司

地址：广东省深圳市龙岗区坂田华为基地

邮编：518129

电话：0755-28780808

传真：0755-89550100

E-mail：fumoli@ huawei. com

网址：www. huawei. com

简介：

华为是全球领先的信息与通信解决方案供应商。华为于 1987 年成立于中国深圳，发展到 2011 年已经将近 12 万员工。华为围绕客户的需求持续创新，与合作伙伴开放合作，在电信网络、终端和云计算等领域构筑了端到端的解决方案优势。华为致力于为电信运营商、企业和消费者等提供有竞争力的综合解决方案和服务，持续提升客户体验，为客户创造最大价值。目前，华为的产品和解决方案已经应用于 140 多个国家，服务全球 1/3 的人口。

华为以丰富人们的沟通和生活为愿景，运用信息与通信领域专业经验，消除数字鸿沟，让人人享有宽带。为应对全球气候变化挑战，华为通过领先的绿色解决方案，帮助客户及其他行业降低能源消耗和二氧化碳排放，创造最佳的社会、经济和环境效益。

107. 惠州 TCL 王牌高频电子有限公司

地址：广东省惠州市仲恺高新技术开发区 75 号小区

邮编：516006

电话：0752-2096506

传真：0752-2096615

E-mail：lning@tcl.com

网址：www.tclrf.com

简介：

　　惠州 TCL 王牌高频电子有限公司是一家从事电源产品研发、生产、销售一体的高科技现代化企业，综合实力位于全国同类企业前列，公司位于广东省惠州市仲恺高新技术开发区，工厂面积约 4 万平方米，现有员工 1500 余人，其中科研技术人员 200 多名。

　　公司有着十几年的电子产品生产经验，拥有 8 条电源自动化装调生产线和 15 条高速 SMT 生产线。生产工艺完善，电源的年生产能力达 1000 多万只。公司已通过 ISO9001 和 ISO14001、IECQ 等认证，被评为"广东省高新技术企业"。公司拥有两个独立的研发中心，配备完善的高端实验仪器，以规范的开发流程和完备的实验手段，确保为客户提供满意的电源产品配套服务。

　　公司作为 TCL 集团股份有限公司、泰科立（产业）集团旗下一员，依托集团资源与品牌优势，做客户值得信赖的伙伴和雄厚实力的方案提供商是我们不懈追求的奋斗目标！

108. 惠州佳扬电子科技有限公司

地址：广东省惠州市博罗县福田镇昌中路

邮编：516131

电话：0752-6866660

传真：0752-6866393

E-mail：vtcheng@126.com

网址：www.hzjy-cnt.com

简介：

　　博罗县福田镇，毗邻风景秀丽的罗浮山风景区，外商独资企业。公司占地 10000 多平方米，现有员工约 300 人，主要从事研发和生产各种非晶、超微晶磁心及其器件、电感线圈、主（被）动式 PFC、绝缘材料、塑胶外壳等产品。产品广泛地运用于开关电源供应器、车载音响滤波电感、家用电器 EMC 元器件、尖峰抑制器等。公司积累了多年丰富的生产经验，集聚了一批实力雄厚的技术人才，可根据客户要求设计、生产各种规格产品，由于本公司采用先进的制造技术，严格按照 ISO9001：2000 质量体系执行品质管理，产品品质一直居同行领先水平，性能接近国外同类产品。

109. 江门市安利电源工程有限公司

地址：广东省江门市新会今古洲经济开发区今兴路 20 号

邮编：529141

电话：0750-6192880

传真：0750-6192881

E-mail：7506192880@163.com

网址：www.jmanli.com

简介：

　　江门市安利电源工程有限公司是专业从事大功率变频电源设备的研发设计、生产制造、销售、安装调试一条龙服务的电源设备工程公司。公司本着"专业、专心、专注、专一"的工作态度，提供技术先进、性能可靠的大功率变频电源设备系列产品及提供最完整的端到端一体化整体大功率变频电源解决方案及服务。

　　我公司的变频电源设备产品广泛应用在各大工业制造工厂、码头、修造船厂、浮船坞、海洋钻井平台及外国轮船上。目前已生产出单台功率容量由 50～3000KV·A 大功率变频电源设备系列产品，并采用我公司自主研发具有世界最高水平的大功率变频电源同步并联运行技术—模块驱动信号主从同步并联技术，实现最多达 4 台大功率变频电源无环流可靠并联运行，总功率容量达 12MW。是我国目前单台功率容量以及并联总功率容量最大的变频电源设备。

110. 理士国际技术有限公司

地址：广东省肇庆市国家高新开发区理士电池工业园

邮编：526238

电话：0758-3103299

传真：0758-3103300

E-mail：domestic@leoch.com

网址：www.leoch.com

简介：

　　理士国际技术有限公司始于 1999 年，是专门从事 LEOCH（理士）牌全系列铅酸蓄电池的研制、开发、制造和销售的国际化新型高科技企业，于 2010 年 11 月 16 日在香港联交所主板上市（股票代码：00842.HK）。公司现已成为中国最大的铅酸蓄电池制造商及最大的铅酸蓄电池出口商。

　　现已建立深圳、东莞、肇庆、江苏、安徽五个国内生产基地和马来西亚生产基地，在美国、欧洲、中国香港、地区新加坡及马来西亚建立了销售公司及仓库，拥有国内外 30 多个销售公司及办事处，产品销往全球 100 多个国家和地区。建有肇庆、安徽、江苏三个专门的蓄电池研究开发中心和博士后研究工作站。

　　目前共拥有职工 13000 余人，国内外技术研发人员 400 余人，生产全系列的铅酸蓄电池，包括：AGM 阀控式密封铅酸蓄电池，胶体（GEL）铅酸蓄电池，OPzV、OPzS、PzS、PzV、PzB 管式极板铅酸蓄电池，汽车用蓄电池，摩托车用蓄电池，高尔夫球车用蓄电池，电动助力车用蓄电池等系列产品，年生产能力总和超过 1000 万 kV·A·h。

ANDGOOD

111. 深圳安固电子科技有限公司

地址：广东省深圳市龙岗区坂田街道东村十四巷一号 B 栋 3 楼
邮编：518129
电话：0755-28896797　28896787
传真：0755-28894255
E-mail：andgood@188.com
网址：www.andgood.cn
简介：

　　安固电子科技有限公司是一家专业致力于各类安防系统非标准电源及 LED 驱动电源研发、制造的机构. 公司本着为客户服务，做客户朋友的宗旨，努力创造出质量可靠、性能优越、功能齐备、价格合理的各类电源产品.

　　公司主要产品：

- 考勤、门禁系统专用电源
- 楼宇对讲系统专用电源
- 停车场系统票箱专用电源
- 监控报警系统专用电源
- 城市公交 IC 卡车载读卡机专用电源
- LED 驱动电源
- 接受 OEM 订单及特种需求研制.

 奥特迅

112. 深圳奥特迅电力设备股份有限公司

地址：广东省深圳市南山区高新技术产业园南区南一道 29 号南座
邮编：518057
电话：0755-26520500
传真：0755-26615880
E-mail：atcsz@163.net
网址：www.atc-a.com
简介：

　　深圳奥特迅电力设备股份有限公司，是大功率直流设备整体方案解决商，是直流操作电源细分行业的龙头企业。公司成立于 1998 年，位于深圳高新技术产业园区，是国家级高新技术企业，于 2008 年在深圳证券交易所成功上市，公司销售额连续九年位居同业榜首并负责起草或参与制定了多项国家及电力行业标准。

　　奥特迅秉持"拥有自主知识产权，独创行业换代产品"之理念，致力于新型安全、节能电源技术的研发，创新新型电源技术在多领域的应用，研究开发的多项技术填补国内空白，产品有直流操作电源系列，核电安全电源系列，电动汽车充电站完整解决方案，通信高压直流电源系列。主要应用在电动汽车、通信、核电、智能电网、太阳能储能、水电、风能等新能源领域，如在举世瞩目的长江三峡工程、西电东送工程、南水北调工程、岭澳核电站、大亚湾核电站以及全国最大规模的深圳大运中心充电站均有奥特迅的产品在运行。

Goafar Technology

113. 深圳格尔法科技有限公司（原深圳市星河时代电气有限公司）

地址：广东省深圳市福田区深南中路核电大厦 3 层
邮编：518031
电话：0755-83615866
传真：0755-61640777
E-mail：goafar@163.com
网址：www.gp1998.com
简介：

　　深圳格尔法科技有限公司是一家专业研制、生产、销售通信电源，电力电源，逆变电源、高频开关电源、直流屏、变频电源，EPS 及 UPS 等产品的高科技企业，公司拥有一批富有经验和成果的专业人员，拥有多项自主知识产权及专利产品，并与华中科技大学、航空航天大学等科研院所开展了紧密的合作，系列产品经多年的市场检验与不断优化，以体积小、重量低、效率高、智能化程度高、维护操作方便、高可靠性等诸多优点，在通信，电力，铁路等各个领域得到了广泛应用。

优势产品：通信专用 AC-DC，DC-DC，DC-AC 模块，广泛应用于 3G 扩容工程！

通信、电力直流屏及套件，为多家成套企业 OEM 生产！

"智慧源泉，科技结晶"，格尔法一如既往追求高标准，高品质，以最优性价比的产品来回报广大客户。我们将跟随国际电力电子技术的发展步伐，不断研发高性能的电源产品，创造民族产业的新旗帜！

114. 深圳冠顺微电子有限公司（原深圳市伊顺电子科技有限公司）

地址：广东省深圳市南山区西丽镇留仙洞工业区北区 6 栋 6 楼

邮编：518102

电话：0755-82968940

传真：0755-82968927

E-mail：sales@ srpower. com. cn

网址：www. srpower. com. cn

简介：

深圳冠顺微电子有限公司（久嘉电源）是一家集工业级电源研发、设计、生产及销售为一体的高新科技企业。公司定位于成为高效、节能的 LED 驱动类电源专家。公司产品包括：大功率 LED 路灯电源，LED 隧道灯电源，LED 显示屏电源，LED 电视超薄电源，室内外 LED 照明电源等电源产品。公司拥有自己的专业研发团队，可为客户提供方案设计、产品生产、项目合作等全方位技术合作。产品特色：效率更高、寿命更长、稳定性更强、节能更显着。工厂拥有先端生产制造设备和 SMT 全自动生产线的配合厂家，拥有成熟的工艺技术和品质保证能力。我们的每一个产品都必须经过多层次的检测合格后才允许出厂，用专业技术保证产品的品质。以高效、节能、持久的产品品质和服务满足客户的需要，为

节能减排、绿色照明贡献力量。

115. 深圳华意隆电气股份有限公司

地址：广东省深圳市南山区西丽镇红花岭工业南区五区三栋

邮编：518055

电话：0755-86000398 86007952

传真：0755-86000571

E-mail：sz@ szhuayilong. com

网址：www. szhuayilong. com

简介：

深圳华意隆电气股份有限公司是一家集研发、生产、销售、服务为一体的专业从事逆变焊割设备制造的高新技术企业，拥有自营进出口权。

经过多年的技术创新和品牌经营，公司先后被授予"中国名优品牌"、"质量、服务、信誉 AAA 级企业"。

目前公司在职员工近 1000 名，具有雄厚的自主研发、设计和生产制造能力。拥有的和正在申请的国家专利共计 90 余项。并荣获多种奖项。

公司主要产品有：全数字化多功能逆变焊机、逆变直流手工弧焊机系列、逆变手工/氩弧焊机系列、逆变等离子切割机系列、逆变二氧化碳气体保护焊机系列、逆变埋弧焊机系列、数字化脉冲氩弧焊机、数字化单管逆变气体保护焊机系列等 26 大系列，共计二百余种产品。涵盖了民用型、工业型、数字化、经济型焊机四大类，广泛应用于建筑、桥梁、钢筋架构、火电厂、汽车、造船以及五金加工等各大行业。工程案例遍及全国各地，同时建立物流配送、售后服务中心，及时有效的为客户提供服务与技术保障。

116. 深圳晶辰电子科技股份有限公司

地址：广东省深圳市宝安区松岗街道塘下涌同富路10 号

邮编：518105

电话：0755-29866866

传真：0755-29866865

E-mail：webmaster@ jewel-etech. com

网址：www. jewel-etech. com

简介：

深圳晶辰电子科技股份有限公司成立于 2001 年3 月，是国内知名的电源制造商，平板电视电源行业的开拓者和技术领先者。公司集产品研发、制造、销售为一体，生产经营各类开关电源，并提供相关

的技术支持服务。

作为国家级高新技术企业、深圳市企业技术中心、宝安区开放性研究开发基地，晶辰电子拥有一支高素质的研发队伍，致力于各类平板显示（LCD、PDP、LED）开关电源、PC 电源、医疗和通信动力电源、大功率锂电池充电电源、电源适配器、升压板、LED 路灯驱动电源、LED 照明电源等系列产品的研发与设计。一整套持久、完善的研发管理体系、保证了产品从原理方案论证、设计开发、例行实验、新品试产的标准化，也使得晶辰电子的产品通过了包括 CCC、UL、CSA、PSE、VDE、BSI、CE 在内的 129 项国际安规认证。

秉着"以客为尊、人才为本、品质第一、永续创新、高效务实、协作共享"的经营理念，晶辰电子在市场上树立了良好的企业形象，与国内外众多国际知名企业建立了长期友好的合作伙伴关系。

117. 深圳可立克科技股份有限公司

地址：广东省深圳市宝安区福永街道桥头社区正中工厂区 7 栋 1~5 层、8 栋 2 层

邮编：518103

电话：0755-29918302

传真：0755-29918005

E-mail：brainchow@ clickele. com

网址：www. clickele. com

简介：

深圳可立克科技股份有限公司（下称可立克）成立于 2004 年，是一家在电源和磁性元件领域内快速成长且具有高增长性的高新技术企业，专业从事特种磁性元件、适配器、专业充电器、定制电源、LED 照明电源等产品的研发设计、生产、销售和服务。

公司自成立以来，保持了快速发展的态势。在过去的几年里，可立克在行业中取得了良好的成绩，产品畅销国内外市场，70% 产品远销欧美、澳洲、南美及亚洲等国家和地区，是亚太地区乃至国际市场有影响力的磁性元件和电源厂商之一。

在技术和工艺上，可立克紧跟国际行业技术前沿，兼收并蓄，不断引进吸收先进技术和设计理念，拥有一整套现代化的电源验证和检测实验室（如 EMI、EMS 等）；拥有 200 多人的研发队伍；年实现研发项目 3000 多个，研发中心已成为区级技术中心，每年获得多项专利。

公司一直坚持"卓越、创新、坦诚、分享"的核心价值观，坚持以人为本，走科技强企之路，并于 2010 年已获得广东省著名商标企业，产品价值逐步在行业体现。未来将继续努力拓展品牌推广，进一步提升可立克在行业的品牌认知度，为塑造中国民族品牌奋斗不息，将"亲和、诚信、稳健与活力"的品牌个性传遍世界，为可立克的明日腾飞创造更加坚实的基础。

118. 深圳欧陆通电子有限公司

地址：广东省深圳市宝安区西乡镇九围路 111 号富源工业城 C7、C8 栋

邮编：518145

电话：0755-33857166（10 线）

传真：0755-81453115-218

E-mail：david@ honor-cn. com

网址：www. honor-cn. com

简介：

深圳欧陆通电子有限公司是中国大陆南部最大的电源供应器生产商之一，占地面积 25000 平方米，员工 2800 多人。公司集开发、生产、销售于一体，主要产品有适配器、充电器、直流转换器、电子变压器、感应器和 LED 驱动电源、工业电源（IPC）、太阳能发电逆变器、充电桩电源等。产品广泛适用于显示器、音响、电话机、手机、电脑外置硬盘及打印机、交换机、路由器、电视机、机顶盒、电子书、数码相框、扫描仪、工控系统、电力系统、轨道交通、医疗器械、电动汽车以及太阳能与风力发电领域等。

"务实、品质、创新、服务"是公司的经营理念，公司产品通过了 UL 、CUL 、CE、VDE、GS、CCC、PSE、EK、NOM 、PSB、GOST、BSMI、SAA 等认证并出口到世界各地。

公司产品市场分布为：产品 65% 销往美国及欧洲，15% 销往日本、韩国，20% 销往中国及其他地区。

119. 深圳市艾丽声电子有限公司

地址：广东省深圳市宝安区西乡前进二路 135 号

邮编：518126

电话：0755-29962666

传真：0755-29962211

E-mail：seanchenvip@126.com

网址：www.alenson.com

简介：

深圳市艾丽声电子有限公司是一家高科技民营企业，成立于1998年。公司自成立以来，从无到有、从小到大，在科技创新、生产制造、人才培养等方面实现了跨越式的发展。艾丽声座落于全球电子产品生产聚集地深圳宝安，距深圳国际机场及宝安和鹤洲两个高速公路出入口均在15分钟车程以内，紧邻107国道，交通十分便利。公司拥有超过13000m² 的厂房面积，以及从注塑、喷油、丝印、移印、SMT、组装及包装的6个专业化生产车间，超过50人的研发团队，总人数在600人以上。艾丽声专注于电子产品的研发、生产与服务，产品涉及电源逆变器、古兰经播放器、阴历万年历、数字卫星接收机等几个主要领域。产品销往欧美、东南亚、中东、及非洲多个国家和地区，是海外多家上市集团公司在中国大陆地区的长期合作伙伴。

在公司的发展历程中，形成了良好的企业文化氛围，同时也汇聚了一大批优秀的技术、管理人才和优质供应商，为公司的长足发展提供了必要的保障。艾丽声一直秉承"诚信经营、品质优先"的宗旨，全心全意为客户提供一流的产品与服务。结合自身实际，公司积极探索科学高效的管理方式，业已形成在品质、交货期、效率与制造成本控制等方面较为完善的运作机制。

在产品规划方面，艾丽声坚持走实用、创新的路线，紧跟时代及用户要求变化的步伐，先后自主研发了不同功率大小的修正波电源逆变器、正弦波电源逆变器、车载逆变器，以及将多波段收音机与古兰经播放器融为一体的产品。在工艺、技术和管理上不断完善，使产品在价格、品质等方面能保持强有力的竞争优势。

为更好的服务于海内外客户，公司先后在浙江省义乌市和广东省广州市开辟了产品展示厅，并多次参加国内外技术研讨会和展览。公司内部已形成一个学习型的组织，多次邀请业内技术、管理方面的专家到公司进行讲座、培训，使人才的成长和公司成长形成相互促进的良好氛围。

当今世界，随着中国加入世界贸易组织（WTO）、资本的跨国流动、信息技术带动物流的全球化，以及中国民族工业由劳动密集型向高附加值发展战略的实施，为艾丽声的发展创造了前所未有的新机遇。回顾过去，面对未来，艾丽声人充满信心，将坚定不移地为打造一个诚信务实、创新高效与可持续发展能力的艾丽声而奋勇拼搏；艾丽声人还将进一步加强与海内外各界朋友的合作，为民族产业的发展不懈努力，作出自己应有的贡献！

主要产品：

逆变器系列

车载型：

75W 车载逆变器

150W 修正波逆变器

120W 车载逆变器

130W 车载逆变器

家庭型：

300W 修正波逆变器

500W 修正波逆变器

1000W 修正波逆变器

1500W 修正波逆变器

2000W 修正波逆变器

1200W 一体式逆变器

办公型（UPS功能）：

1000VA 修正波不间断逆变器

2000VA 修正波不间断逆变器

纯正弦波型：

150W 纯正弦波逆变器

300W 纯正弦波逆变器

500W 纯正弦波逆变器

1000W 纯正弦波逆变器

1500W 纯正弦波逆变器

2000W 纯正弦波逆变器

太阳能、风能发电（离网型）：

300W 修正波逆变器

500W 修正波逆变器

1000W 修正波逆变器

1500W 修正波逆变器

2000W 修正波逆变器

ACT®

120. 深圳市安科讯实业有限公司

地址：广东省深圳市盐田区北山大道北山工业区5号楼

邮编：518083

电话：0755-25552808

传真：0755-25558229

E-mail：info@szaction.com support@szaction.com

网址：www.szaction.com

简介：

深圳市安科讯实业有限公司成立于 1999 年，是一家集产品研发、生产和销售为一体的高新技术企业。依靠多年积累的行业技术经验和自身强大的研发创新能力，在彩色平板显示领域不断取得突破，现有产品包括：数字电视、数码相框、手机、笔记本、电源等。产品主要销往欧美、澳大利亚、亚洲等 20 多个国家和地区。

通过 ISO9001：2008、TS16949：2002 及 ISO14001：2004 体系认证，建立了一套从产品研发、生产、到出货的全过程品质管理体系，产品取得了 CCC、CE、FCC、UL 等产品认证证书。

121. 深圳市安托山技术有限公司

地址： 广东省深圳市宝安区沙井镇新沙路安托山高科技工业园 6 栋
邮编： 518104
电话： 0755-33842888
传真： 0755-33923833
E-mail： market@atstek.com.cn
网址： www.atstek.com.cn
简介：

深圳市安托山技术有限公司是一家致力于通信电源、系统电源、逆变电源、LED 驱动电源开发、生产、销售、服务的专业电源厂家，产品辐射通信、工业控制、军工及其他高科技领域。公司已通过 ISO9001 质量体系认证、ISO14001 环境体系认证。

公司位于深圳市宝安区沙井安托山高科技工业园内，拥有厂房面积 12000 平方米，拥有雄厚的资金、尖端的人才、先进完善的设备、卓越的管理。具备世界级先进的生产设备和现代化的标准生产厂房，在设计、工艺和设备等方面均达到国内先进水平，公司拥有通信电源电子产品线、通信电源机加工产品线两个产品线，能完全独立开发生产通信电源的电子产品、机械部品。生产工艺机械化、自动化程度高；并配备有一级实验室，引进国际先进检测设备，建立完备的试验、检测系统，确保产品保持国际国内领先水平。

122. 深圳备倍电科技有限公司
地址： 广东省深圳市南山区南油登良路商服大厦

423 号
邮编： 518054
电话： 0755-26640365
传真： 0755-26402325
E-mail： lovelgao@fab-chain.com
网址： www.fab-chain.com
简介：

深圳备倍电科技有限公司（外贸窗口：香港泽田通商有限公司）是专注于消费类电子外设产品开发与生产的集成服务提供商，目前主要产品为移动电源系列和 LED 开关电源，并为各种便携式设备提供配套定制电源服务。

本公司的前身是深圳盛弘电器有限公司的两块业务单元之一，因另一业务的单元为中低压设备（有源电力滤波器、太阳能逆变器等新能源，目前相关产品的技术属于国内领先水平），后业务实现剥离，在 2008 年底成立香港泽川通山有限公司的外贸窗口，从事独立的移动电源研发、销售，因开拓国内市场需要，于 2010 年成立深圳备倍电科技有限公司（一般纳税人）。

市场主要是分为国内和国外客户，国内主要是礼品商定制、OEM、ODM 配套，并有网络授权经销商；国外客户主要分布在北美、欧洲、日、韩等国家和地区的渠道商。

深圳备倍电科技有限公司，实行自主生产与研发。拥有强大的技术研发团队，一批从事本行业多年的、经验丰富的技术管理人员。我们凭"真诚、实干、创新、卓越"的企业精神，精湛的技术和生产管理经验，规模不断扩大，产品品种不断创新，技术实力持续增强。拥有 1000 平方米生产车间组装车间，及测试老化设备。公司将在产品和服务方面不断调整，努力为广大客户提供更优质的产品和更优良的服务！

123. 深圳市比亚迪锂电池有限公司
地址： 广东省深圳市龙岗区宝龙工业城宝坪路 1 号
邮编： 518116
电话： 0755-89888888
传真： 0755-89643262
E-mail： rita.he@byd.com
网址： www.byd.com.cn
简介：

深圳市比亚迪锂电池有限公司（以下简称比亚

迪锂电池公司或公司），成立于1998年，是比亚迪股份有限公司（以下简称比亚迪股份）的全资子公司。2001年，比亚迪股份启用事业部制管理，遂将比亚迪锂电池公司内命名定为第二事业部。目前，第二事业部拥有深圳、上海、惠州、商洛四大生产基地，下设深圳锂电工厂、上海锂电工厂、网络能源工厂、太阳能电源工厂、工具电池工厂、储能电池及汽车电池厂、设备与工程厂等9个生产部门及人力资源部、财务部、项目管理部等10个职能部门，拥有员工2万余人。

公司产品规划由生产单一的锂离子电池，逐渐转向为客户提供全套能源解决方案。现有产品主要包括铁电池、锂离子电芯、电池Pack、聚合物电池，以及新兴产品电动自行车电池、EV/HEV电池、硅铁模块、UPS、DPS、太阳电池片、太阳电池模组等，主要应用于手机、无绳电话、笔记本、数码产品、电动工具、后备电源、通信设备备电、太阳能路灯及照明设备、电动车船、各类储能电站等领域。

124. 深圳市必事达电子有限公司

地址：广东省深圳市宝安区福永街道城建工业园
邮编：518000
电话：0755-27379031
传真：0755-26644736
E-mail：13902918520@139.com
网址：www.c-con.net.cn
简介：

成立于1999年的华拓国际企业有限公司，在国内拥有广东深圳（即深圳市事达电子有限公司）、重庆、浙江兰溪三大生产基地。

产业主要集中在新能源、新材料、自动化设备和LED四大领域。

公司是数码相机、电容储能点焊、电梯、频闪灯等应用的特种材料电容器的国内主要供应商。公司在重庆投资生产锂电池软包装铝PP膜、LED用铝基板。在深圳投资生产自动化设备和LED成灯。在浙江兰溪投资生产锰酸锂粉、锂电池和超级电容。

125. 深圳市长运通光电技术有限公司

地址：广东省深圳市南山区科技中二路深圳软件园4

栋201
邮编：518057
电话：0755-86168222
传真：0755-86168622
E-mail：cyt@szcyt.cn
网址：www.szcyt.com
简介：

深圳市长运通光电技术有限公司（CYT）成立于2003年11月，是一家专业提供电源管理IC、LED光源解决方案及LED照明产品的国家高新技术企业，是国家集成电路设计深圳产业化基地的重点企业和深圳市自主创新行业的龙头企业。

长运通以电源管理IC和LED光源为核心，为客户提供各种高品质、合理价格的电源解决方案、LED照明解决方案、LED屏幕显示解决方案和LED点彩解决方案，帮助客户快速推出产品。长运通产品应用涉及通信、家用电器、数码产品、节能照明、LED装饰、LED显示等众多领域。

公司坚持"专业、专心、专注、诚信赢未来"的经营理念，通过持续创新，为客户提供差异化的产品和解决方案，满足客户需求。我们相信，长运通在客户和合作伙伴的大力支持下，一定能够为客户提供更加专业、更加优质、更加满意的产品和服务，成为行业的领先者，持续为我们的客户和合作伙伴创造更高的价值回报。

LPL·德泽

126. 深圳市德泽能源科技有限公司

地址：广东省深圳市宝安区福永镇新和村新兴工业园3区B3栋
邮编：518103
电话：0755-33939783
传真：0755-33939017
E-mail：cx@dokocom.com
网址：www.dokocom.com
简介：

德泽能源科技有限公司成立于1996年，是一家10年专注于生产电源和LED照明产品的国家级高新技术企业。公司专业生产LED照明产品和各种LED防水驱动电源、LED背光源电源、开关电源等产品。

德泽能源从2001年开始专业生产开关电源、充电器以来，在国内同多家著名电源生产及配套企业建立了生产技术合作关系，同时还与多家科研机构建立了沟通渠道。公司产品远销美国、欧洲、俄罗

斯、韩国、越南、印尼等十多个国家和地区，现代
表客户有中兴、长方照明、真明丽、创维、TCL、海
尔、海信……

公司于 1998 年通过 ISO9000 认证、2000 年通过
ISO1400 认证、2003 年通过 UL 认证及 CCC 认证、2005
年通过 CQC 认证，同年被中国电源学会认可为会员单
位，2006 年通过 GPMS/RoHS 认证。公司绝大部分产品
已通过了 CE、UL、VDE、TUV、GS、EK 等认证。

127. 深圳市伽玛电源有限公司

地址：广东省深圳市宝安区西乡街道固戍社区航城
　　　大道安乐工业区厂房 B4 栋 3B
邮编：518101
电话：0755-83487300
传真：0755-83487301
E-mail：hx. huang@ gamatronic. com. cn
网址：www. gamatronic. com. cn
简介：

在高科技领域，以色列这个充满神秘色彩的国
度一直享有盛名，GA 已经跻身于电源、电子行业近
40 载，目前已经与全球范围内 80 多个国家建立广泛
的联系，为用户提供高端电源产品以及高效的一体
化解决方案。

GA 由约瑟夫·格仁（Josef Goren）创立于 1970
年，已经成为以色列经营电源的专业型尖端企业之
一。1994 年在特拉维夫证券交易所上市。GA 于
2004 年正式进入中国，经过近 5 年的发展，已经成
为模块 UPS 专家，占据行业领先地位。

GA 总部和工厂位于有"圣城"之称的耶鲁撒
冷，在英国、中国、巴西设有代表处，全面负责区
域市场的市场拓展和维护。

GA 聚焦高标准的技术和研发理念，不断进行技
术创新，推出符合对持续、可靠、纯净电源需求日
益增加的关键行业领域，如国防、医疗机构、信息
中心以及电信等。

KNT

128. 深圳市港泰电子有限公司

地址：广东省深圳市宝安区松岗街道楼岗大道蓝天
　　　科技园 A2 栋
邮编：518052
电话：0755-27139706 27139708 27139135 27139136

传真：0755-27139137
E-mail：info@ kntecn. com
网址：www. kntecn. com
简介：

公司总部香港泰升（集团）实业有限公司创建
于 1980 年，下属公司深圳市港泰电机有限公司，生
产设备先进，检测手段齐全，经济、技术力量雄厚。
现有自己 10000 多平方米的现代化生产厂房和 800
多平方米的办公楼，投资 3000 万元。

专业生产变压器、变频器、红外线语音系统等
产品。欢迎各省、市、地区代理商、经销商和进出
口商加盟代理共同发展！

公司已通过 ISO9001 质量体系认证和国家强制
性 3C 认证，第一批获得全国工业产品生产许可证，
产品由中国平安保险公司承保，产品远销世界各地。
已荣获国家知识产权局授予专利证书多项。产品投
放市场，深受广大消费者好评。

129. 深圳市港特科技有限公司

地址：广东省深圳市宝安区松岗街道楼岗工业区厂
　　　房 C 栋一至四层
邮编：518105
电话：0755-29095011　29095012　29095055
传真：0755-29095058
E-mail：ktt@ kttchina. com
网址：www. kttchina. com
简介：

港特公司具有十余年丰富的变压器研发、生产
经验的积累，已成为电源行业知名的优质供应商，
公司始终坚持"诚信是企业的生命，创新是公司的
灵魂"的企业发展理念。本公司引进了先进的生产
与检测设备，以完善的品质管理，严格的生产工艺
要求以及优质的售后服务，更以专业的技术研发使
之不断的创新突破。

130. 深圳市好科星电子有限公司

地址：广东省深圳市宝安区福永和平村和秀西路
　　　68 号
邮编：518103
电话：0755-33813990 33813991
传真：0755-33813989
E-mail：hkxdz@ hkxdz. com

网址：www.hkxdz.com

简介：

深圳市好科星电子有限公司是专业研发，制造大，中，小功率（150W～100kW）开关直流稳压，恒流电源及全自动充电机的生产厂家。集设计，开发，生产，销售为一体的企业。公司本着"科技为本，质量至上，精准求精，优质服务"的质量方针与经营理念，严谨的工作态度，建立并完善了质量保证体系，为产品的销售奠定了坚实的基础。公司拥有先进的生产设备和现代化的生产流水线。公司的每一个产品从研发，元器件筛选，生产调试，整机测试老化，质量检测等各环节均有专门的流程规则，并执行严格把关，绝不让有质量隐患的产品出厂。产品主要应用于通信、电台、国防、科研、电力电子、电镀电解、蓄电池充电、器件老化工控设备及工具电源等。公司急顾客之所急，忧顾客之所忧，在不断提高产品质量的同时并以最实惠的价格，完善的售后服务，准时的交货承诺服务于广大客户。我们可以根据您的要求度身定做各种规格的开关电源及充电机。好科星电源将是您值得信赖的合作伙伴。DC-DC电源，电源广泛应用于电力直流屏系统、工控、通信、科研、蓄电池充电等设备。

131. 深圳市核达中远通电源技术有限公司

地址：广东省深圳市南山区桃源街道留仙大道1268号众冠红花岭工业北区1栋

邮编：518055

电话：0755-26515709

传真：0755-26515601

E-mail：wangyong@vapel.com

网址：www.vapel.com

简介：

深圳市核达中远通电源技术有限公司隶属广东核电集团，是国家认定的高新技术企业，专业致力于VAPEL品牌开关电源的研发、生产和销售。总部设在深圳，现有员工将近1500余人，拥有50000多平方米的开发和生产基地。公司已通过ISO9001国际质量体系认证和ISO14001国际环境体系认证，是国内最大的电源企业，是诺基亚西门子、爱立信、华为、中兴、中国移动、中国联通、UT斯达康等国内外知名企业的指定供应商和优秀供应商。

现有3000余种AC-DC、DC-DC、DC-AC标准产品、非标准产品、客户定制产品的种类和系列，功率覆盖1～10000W等级，广泛应用于通信、电力、工业控制、仪器仪表、医疗、铁路、新能源及其他高科技领域；电源通过UL，TUV，CE，CSA，CCC等国内外的安规认证。

欢迎广大客户订购订制电源，我们将为您提供完善的服务。

GTS

132. 深圳市环球众一科技有限公司

地址：广东省深圳市宝安西乡劳动第二工业区2栋1楼&2楼

邮编：518102

电话：0755-27798480

传真：0755-27798960

E-mail：amy.tang@gtstest.com

网址：www.gtstest.com

简介：

深圳市环球众一科技有限公司（以下简称GTS）立足于深圳，作为环球中检联合检测机构成员，面向国际贸易市场，是一家主要从事电磁兼容（EMC）测试、安规（Safety）测试、无线射频和电信终端类产品（RF，Telecom）测试、化学（Chemical）测试认证和代理的专业服务机构。GTS为标准化的第三方检测实验室，得到欧、美、亚各大认证机构授权。为商用及家用电器产品、信息技术类产品、音视频类产品、灯具类产品、玩具类产品、机械类产品以及电动工具等产品，专业提供UL、GS、CE、CCC、CSA、ETL、FCC、RoHS、PAHs、SASO、REACH、KC、PSE等多国测试与认证，以及各国能效测试服务。

我们通过与UL、TUV、ITS、SGS、CSA、NEMKO、CQC等权威机构的合作及大量国际认证检测工作的磨炼，积累了丰富的经验，为您提供专业、快捷、满意的认证服务，让客户的产品顺利进入国际市场，迅速实现"全球通"。

在无线射频和电信终端类产品（RF，Telecom）测试方面，国家通信终端产品质量监督检验中心（广东省通信终端产品质量监督检验中心作为我们环球中检联合检测机构的技术支持平台，在深圳本地提供无线射频和电信终端类产品的测试、抽检和认证服务。

同时，GTS可提供产品整改咨询、出货前检验及验货服务，高效、权威、公正、快捷！

133. 深圳市汇业达通信技术有限公司

地址：广东省深圳市宝安区观澜环观南路高新技术
　　　产业开发区泰豪科技园
邮编：518110
电话：0755-89800910
传真：0755-27521017
E-mail：huiyeda0239@163.com
网址：www.huiyeda.com
简介：

　　深圳市汇业达通信技术有限公司专业从事高频模块化交直流电源系统与模块的研发、生产及销售为一体的高科技企业。

　　公司成立于1996年，严格按照ISO9001：2008及现代企业模式管理，有一支经验丰富且高素质的研发团队：70%以上具有本科以上学历，由博士、硕士及重点大学优秀本科生组成。在国内率先研发出具有自主知识产权以DSP为主控芯片的数字模块化电源技术，已拥有智能高频开关直流电源系统、模块化UPS和EPS、模块化逆变电源、一体化数字电源、轨道交通专用电源、通信电源、新能源汽车充电站电源以及其他多种功率等级的工业电源产品，所有产品均通过了国家权威部门的检测和电磁兼容EMC测试。

　　公司通过多年来的努力，产品广泛应用于电力、电厂、轨道交通、石化、冶金、新能源等领域，同时还出口到南美、东南亚、中东、东欧以及非洲等国家和地区，赢得了良好的声誉，得到用户的一致好评。

134. 深圳市坚力坚实业有限公司

地址：广东省深圳市宝安区沙井街道沙井大街粮食
　　　局院内
邮编：518104
电话：0755-27728633
传真：0755-27722739
E-mail：webmaster@jlj-china.com
网址：www.jlj-china.com
简介：

　　坚力坚实业有限公司成立于1996年，前身为坚力电子制品厂（个体），自1993年起建立自己的研发部，其产品研发一直坚持"人无我有，人有我精"的方向，在不断探索，不断努力，不断成长，不断创新的道路上迈开了成功的第一步。

　　公司主要技术成果为开关电源系列模块：CG9396、CG0206、CG0298，专利号：02227402.2、022274403.0，该成果应用在电脑电源或电子电器设备中，其高效、节电、低热量、小体积的优势，必将掀起一场电源革命。

　　公司研发二部着眼于汽车音响市场，"人有我精"为设计依据，成功开发出一系列极具特色的汽车音响产品。

135. 深圳市巨鼎电子有限公司

地址：广东省深圳市宝安区宝田一路636号百利园
　　　五楼
邮编：518102
电话：0755-26974799
传真：0755-26974522
E-mail：sales@judingpower.com
网址：www.judingpower.com
简介：

　　我公司是一家专业的高频开关电源制造商，成立于1998年，一直专注于开关电源的研发、生产、销售与服务，致力于为客户提供高品质的、高可靠的电源产品和完美的电源解决方案。

　　我们的产品包括AC-DC一次电源、DC-DC二次电源、ADAPTER适配器电源、DC-AC逆变电源、PFC功率因素校正电源及UPS不间断电源等六大系列，一千多种标准与非标准电源产品，单机电源功率涵盖0.5~5000W。

　　我公司产品目前在国内电子检测设备和银行监控等应用领域处于领先地位，其中集中供电电源成为唯一一家入围多家银行监控工程的产品。

　　"高质求生存，低价赢客户，优服促发展"是我公司的经营宗旨。制造高品质、高可靠性的电源产品仅仅是我们迈出的第一步，为每一个客户提供最完美的电源解决方案才是我们的最终目标。

　　"创新源于专业制造，放心自在'巨鼎电源'"！每一个产品，我们，巨鼎人，都将为您精诚打造！

136. 深圳市科陆电源技术有限公司

地址：广东省深圳市南山区留仙大道1298号南山区

人才公寓东明花园二楼

邮编：518055

电话：0755-26610640 26638977

传真：0755-26632050

E-mail：auto@ szclou. com

网址：www. szclou-power. com

简介：

深圳市科陆电源技术有限公司（以下简称科陆电源），是一家专业从事电力电源产品（直流操作电源设备、不间断 UPS 电源设备、电力用直流和交流一体化不间断电源设备、电力专用电源设备等）的研发、生产、销售与服务的公司。成立于 2005 年、其前身是深圳市科陆电子科技股份有限公司的电源事业部。

科陆电源自成立以来，紧密依托高新技术、以发展民族工业为己任，创造国际品牌、永居电力行业高峰为目标，得以持续快速发展；其产品先后在1000MW 及以下的发电行业、750kV 及以下等级的变电站行业，以及在轨道交通、石油化工、水利行业都得以广泛使用。产品具备的技术先进性、安全可靠性、易操作性、抗干扰性、可扩展性、开放性、适用性的特点，得到广大的用户一致好评。

目前，公司拥有几十项国家专利及软件著作权，其电力电源产品全部具有自主知识产权，使用"科陆"商标。

科陆电源是中国电源学会、全国电力系统直流电源委员会委员单位；也是广东省电机工程学会交直流电源专业委员会常务委员会委员。

科陆电源的愿景："打造世界级能源服务商"。

137. 深圳市库马克新技术股份有限公司

地址：广东省深圳市福田区泰然科技园苍松大厦北座 706 号

邮编：518048

电话：0755-81785111

传真：0755-81785108

E-mail：business@ cumark. com. cn

网址：www. cumark. com. cn

简介：

库马克公司成立于 2001 年 3 月 19 日，现有员工200 余人，注册资本为人民币 5074.23 万元。致力于复杂电气传动和自动化领域，已成为在该领域拥有多项核心专利技术和产品，刚刚开始步入腾飞的未来新星。

库马克是国家级高新技术企业、调速电气传动系统国家标准起草单位、国家发改委备案的节能服务公司、中国节能协会节能服务产业委员会常务理事单位、深圳市上市重点培育企业、深圳市知名品牌，具备国家工业和信息化部授予的计算机信息系统集成资质。

138. 深圳市联德合微电子有限公司

地址：广东省深圳市南山区艺园路马家龙田厦 IC 产业园 2-008 号

邮编：518052

电话：0755-26982076

传真：0755-26983407

E-mail：service@ lpme. com

网址：www. lpme. com

简介：

深圳市联德合微电子有限公司（以下简称公司）于 2002 年 4 月 5 日由几位技术、销售、管理方面的专业人士共同发起成立，注册资本 555 万元人民币。专业从事民用电源芯片、高压器件的研发与销售，是经认定的国家级高新技术企业、集成电路设计企业与软件企业，是工业和信息化部组织的"中国半导体照明技术标准工作组"成员单位。目前公司分别在深圳和成都设立了研发中心，共拥有员工 55人，其中从事 IC、软件等高新技术产品开发的技术人员占 56% 以上。

作为以芯片研发、销售为主的高科技企业，我们拥有一支强大的高素质的研发队伍，聚集了众多从业多年并积累了丰富经验的 IC 设计、工艺工程师，拥有先进的设计工具和测试手段。已授权的各类型知识产权 35 项，其中 PCT 国际申请 3 项，国内发明专利 10 项。

公司采用无工厂化模式，专注于特殊 BICMOS、BCD 高压工艺及 IC 的开发与应用，并与国内知名的晶圆代工生产企业建立了研发合作伙伴关系。公司已研发并投入量产的 IC 产品共 9 个系列 50 余种，主要包括：高压 AC-DC 电源管理芯片、LED 驱动芯片、PFC、大功率高压 MOS 管、PDP 驱动芯片等。已广泛应用于电源管理、LED 照明、电力计量、汽车电子、工业自动化、多媒体、通信、安防等领域。

139. 深圳市南方默顿电子有限公司

地址：广东省深圳市宝安区松岗街道东方社区大田
　　　洋工业区东方华丰工业园（华美路段）D 栋
　　　4 楼 1 号

邮编：518105

电话：0755-27143393

传真：0755-27143830

E-mail：merdn88@163.com

网址：www.merdn.com

简介：

　　深圳市南方默顿电子有限公司是一家自研发、
生产、销售到售后服务一体化的专业 UPS 生产制造
公司。公司一贯秉承"品质第一，客户至上，追求
卓越"的经营理念与奋斗目标，长期致力于科技研
发与技术创新，以给消费者提供更合适的产品；完
整的系统技术，优异的产品品质，以给客户提供完
整的电力解决方案。

　　南方默顿生产基地座落于经济优越、科技领先
的广东深圳。公司品牌与 OEM 并行，在印度、泰
国、日本等地都有极佳的品牌知名度与市场占有率，
并为各国知名度品牌 OEM 生产。

　　南方默顿生产通过了 ISO9001 国际质量管理体
系认证以及 ISO14001 国际环境体系认证，所生产的
UPS 产品也通过了 CE、CQC 等产品品质认证，未来
的南方默顿公司更会致力于技术的创新与服务的提
升，援引学术高端科技与力量，奔向国际电源行业
新标航。

nicon

140. 深圳市尼康继峰电子有限公司

地址：广东省深圳市光明新区公明街道松白工业区
　　　C 区 3 栋

邮编：518000

电话：0755-61138966

传真：0755-61138989

E-mail：niconjf@hotmail.com

网址：www.nicon.cn

简介：

　　深圳市尼康继峰电子有限公司成立于 1990 年，
专业从事铝电解电容器研发、生产、经营。公司现
有厂房面积近 20000 平方米，员工 400 余人，拥有
硕士、本科等高素质的管理人员和工程技术人员十

多名，月产能引线式 8000 万只、焊针式 60 万只、
螺栓式 2 万只以及导电高分子铝固态电容器 200
万只。

　　依托于西安交通大学的科研实力，于 1995 年开
发出国内第一款 PC 电源用高频低阻抗铝电解电容
器，后续推出长寿命、耐大纹波、笔形、阻燃型等
系列产品以及导电高分子铝固态电容器全系列产品，
在全国处于领先水平，广泛应用于主板、显卡、电
表、PC 电源、LCD 电源、路灯电源、适配器、专业
功放音响等消费类电子领域以及焊机、UPS、变频
器、通信设备等高端工业电源领域。

141. 深圳市欧硕科技有限公司

地址：广东省深圳市宝安区民治街宝山工业区 A8 栋
　　　2 楼

邮编：518131

电话：0755-29044852

传真：0755-81758961

E-mail：sales@szapd.com

网址：www.szapd.com

简介：

　　深圳市欧硕科技有限公司专注于研发，生产绿
色节能 LED 电源。公司已为国内外多家 LED 灯饰、
灯具企业提供了多款电源产品。产品以精湛的工艺、
卓越的品质、合理的价格和完善的服务多次获得客
户的赞许和肯定。

　　公司秉承"诚信、创新、至善"的宗旨，致力
于为 LED 灯饰、灯具企业提供优质的产品和服务，
成为广大客户的首先 LED 电源供应商。

　　我们真诚期待与您的精诚合作，携手同进，共
创美好未来！

142. 深圳市帕瓦科技有限公司

地址：广东省深圳龙岗中心城留学生创业园一园南
　　　区 311 室

邮编：518172

电话：0755-28968679　28968700

传真：0755-28968689

E-mail：root@szpower-tech.cn

网址：www.szpower-tech.cn

简介：

　　深圳市帕瓦（Power）科技有限公司是专业从事电源及节能设备研发、制造、销售的综合性高科技企业。Power 产品已在市政、金融、医疗、广播电视等需要高品质电源的领域都有相当好的口碑，深受广大客户的青睐，自 2006 年成立以来，先后获得"电源学会会员单位"，"高新技术企业"等荣誉称号。

　　Power 科技运用丰富的电能效率管理经验及现代化的电能损耗诊断分析手段，从低压电网侧入手，对客户的电效和降耗的管理结构、配电系统、动力设备、照明系统以及产品流程等方面，进行系统的综合性分析和诊断，为客户提供系统的电能损耗现场诊断和分析评估，从而帮助客户有效地降低电能消耗和设备故障率，提高产品品质和设备利用效益，降低直接和间接运作成本，提升企业的盈利能力和市场竞争能力。

　　我们的企业目标："提升电能质量"和"降低用电成本"。

　　我们的服务承诺："让我们尽心尽力，让客户称心如意"。

143. 深圳市鹏源电子有限公司

地址：广东省深圳市福田区新闻路侨福大厦 4F
邮编：518034
电话：0755-82947272
传真：0755-82947262
E-mail：sales@ szapl. com
网址：www. szapl. com
简介：

　　鹏源电子是一家专业为新型能源产品提供核心电子零件的代理商，既提供包括各类 IGBTs、MOS-FET、快速二极管、整流桥、晶闸管、碳化硅二极管和场效应晶体管和控制 IC 等关键的半导体器件，也提供薄膜电容器、铝电解电容器和滤波器等产品，能为功率变换的各个环节提供关键的元器件。

　　我们拥有专业的销售工程师团队，能为客户提供准确、高效和经济的元器件方案，让客户的设计处于业界前沿。在通信电源、UPS、电力电源、变频器、电焊机、风能、太阳能、SVG 等领域，我们都有成熟和领先的元器件方案，能有效减少工程师挑选元器件的时间，缩短产品开发的周期。

　　产品众多、现货充足是我们的优势之一，无论是跨国企业还是国内厂家，都能得到我们迅速、可靠和专业的服务。

　　我们代理的产品包括 IXYS、Westcode、CREE、icel、Panjit、CET、NEM、Wavefront、擎力科技等，服务的客户包括 Emerson、Siemens、GE、Philips、中兴通信、中国南车等。我们致力于为客户提供一站式的服务，是电力电子行业首选的供应商。

144. 深圳市普德新星电源技术有限公司

地址：广东省深圳市南山区前海路 4 号能源工业区 1 栋 3 楼
邮编：518054
电话：0755-26483257-826
传真：0755-86051389
E-mail：hsg@ kondawei. com
网址：www. powerld. com
简介：

　　深圳市普德新星电源技术有限公司是一家专业从事开关电源开发设计、生产、销售与服务的公司，是中国电源协会（CPSS）会员，德国 TUV ISO9001 质量管理体系认证企业。1991 年在中国硅谷中心中关村成立北京新星普德电源技术有限责任公司，首创公司品牌——新星开关电源。1998 年在深圳南山高新技术开发区成立深圳市康达炜电子技术有限公司。公司由最初的十几人规模发展到现有员工 1200 多人，生产面积 20000 平方米，可月产各类电源 100 万台。

　　公司产品涵盖了整机型 AC-DC 电源、基板型 AC-DC 电源、多路隔离输出电源、DC-DC 电源、AC-DC 模块、DC-DC 模块、适配器电源等七大系列二千余种，目前公司开发、生产的新星开关电源已经遍及全国各地，产品远销欧美与东南亚国家。现与创维，PHILIPS, lenovo 联想，ZTE 中兴，TCL，华三通信等著名品牌公司合作。

　　公司自成立以来，秉承"顾客至上，真诚合作，勤奋创新，追求卓越"的经营理念和"顾客至上、群策群力、持续改善、争创一流"的质量方针；提倡"尊重知识，尊重人才，实事求是"的科学原则；坚持"以人为本，唯才是举"的人才理念。公司落实决策民主化，管理权威化的原则，制度因人而设，决不因人而废，做到管理有效，是公司的管理政策。创造利润回馈顾客和员工，为振兴民族产业贡献自已一份力量，是公司的使命。

当今世界工业的高速发展，为新星电源提供了广阔平台。我司将以此为契机在电源领域勇于开拓，不断创新，立志成为世界级开关电源供应商！

145. 深圳市瑞晶实业有限公司

地址：广东省深圳市南山区西丽镇丽山路民企科技园3栋6楼

邮编：518055

电话：0755-88860609

传真：0755-26515068

E-mail：zhen. xiuping@ rjsz. net

网址：www. rjsz. net

简介：

公司成立于1997年，是一家集科、工、贸于一体的民营股份制企业，坐落于深圳市内著名的大型工业区-西丽红花岭工业区，濒临深圳著名学府——深圳大学城，以及西部风景旅游点：西丽湖度假村、动物园等。工业区内配套完善，交通十分便利。

公司目前主要从事开关电源类产品的研制、开发、生产。现公司拥有10000平方米生产平台，1000名员工和一批专业技术骨干，生产装配线20条及4台SMT自动贴片机，各种专业电子测试仪器，信赖性测试设备，及可同时BURN—IN 7200pcs的老化室。日平均产能35k，峰值产能可达到50k。2005年的年产值已超过亿元大关。

1999年开始为国外内主流通信设备及相关厂商提供各类规格的开关电源，工业电源，LED驱动电源。主要客户包括了深圳中兴通信股份有限公司、福建星网锐捷通信股份有限公司、德赛电子（惠州）有限公司，韩国LG等大型厂商。

2006年中国电子科技集团公司（CETC）第九研究所（原信息产业部电子九所）与我司合资合作，资产整合后注册资本为959万元，现今公司是国有控股的军转民形式的股份制科技企业，依托于九所这一强大技术后盾，致力于发展成为国内一流的电源产品研制，生产，销售一体化的专业公司。

2009年，深圳市瑞晶实业有限公司成为深圳市LED产业标准 联盟核心会员单位（该联盟是深圳市计量院与标准局牵头创建），积极参加深圳市LED产业标准的制定工作，并已成为深圳市有关LED产

业中电源产品核心生产厂家。

146. 深圳市盛弘电气有限公司

地址：广东省深圳市南山区西丽中山园路1001号国际E城D1栋6层

邮编：518000

电话：0755-86511588

传真：0755-86513100

E-mail：service@ sinexcel. com

网址：www. sinexcel. com

简介：

深圳市盛弘电气有限公司是一家专注于电力电子技术应用的高科技公司。盛弘为智能电网、新能源产业提供高性价比的电力电子产品及解决方案，包括有源滤波器、光伏并网逆变器、非车载充电机、定制电源。

盛弘电气荣获首届中国（深圳）创业创新大赛三等奖、深圳南山"创业之星"创业大赛第三名，是深圳市软件企业。盛弘电气通过了ISO 9001：2008质量管理体系认证，是一家管理规范、发展迅速的高科技公司。

盛弘电气自主研发的Sinexcel有源滤波器，目前已申请6项专利，其中3项为软件算法发明专利。Sinexcel有源滤波器具有高效率、模块化、全功能等创新技术特点。

盛弘电气的使命是通过电力电子技术创新，以用户需求为导向提供高性价比电力电子产品及解决方案，使电能更高效为人类服务，用电能创造美好生活。

147. 深圳市思凡贝特科技有限公司

地址：广东省深圳市宝安区沙井街道新玉路圣佐治科技工业园3A-4栋

邮编：518125

电话：0755-27639970

传真：0755-27639971

E-mail：317282163@ 163. com

网址：www. safebata. com

简介：

深圳思凡贝特科技有限公司依托德国贝特国际集团的先进技术、品牌销售和服务网络，其设计生

产的贝特品牌产品采用国际上更为先进的设计理念，具有更长的使用寿命及稳定可靠的卓越品质，是保护网络设备稳定运行的首选品牌。其研发和生产的所有产品都有严格的质量保证，符合 ISO9001 国际标准。

思凡贝特科技凭借 20 多年的专业经验和对行业发展的敏感预测，不断投入在新技术、新应用和新概念的研发，不仅提高了产品的可靠性，而且随着新技术的应用同时降低了产品的成本，大大提升了产品的性价比，得到更为广泛的市场认可。

思凡贝特科技还致力于为客户提供全方位的专业电源管理服务，以及一体化的动力系统解决方案。贝特科技不仅注重硬件的研发，其设计开发的专业管理软件更具有强大的兼容性，可以应用于多种操作平台，使系统管理更为简捷及时，令管理人员真正体会到"运筹帷幄，决胜千里"之感。

148. 深圳市天音电子有限公司

地址：广东省深圳市宝安区石岩镇三祝里工业区
　　　9 号
邮编：518108
电话：0755-27634674
传真：0755-27570445
E-mail：szty@ sztianyin.com
网址：www. sztianyin.com
简介：

2006 年，深圳市天音电子有限公司进军电子行业……今天的天音是中国具有相当规模的电源及数据线生产的专业制造商，是集产品开发、生产、营销、物流、服务于一体的实办企业。工厂面积达 18000 平方米，研发人员 20 多人，管理人员 120 多人，员工人数 800 多人，并拥有 25 条生产线及先进的高科技设备仪器，其业务涵盖电源适配器，充电器、数据线等三大系列，年产量电源适配器、充电器达 2000 万个，公司产品以优良的质量和合理的价格畅销中国大陆各省、市、自治区，远销中国台湾、中国香港地区、日本、德国、法国、美国、欧洲等 30 多个国家和地区，产品得到客户的广泛认可和好评。

公司自成立以来秉承"客户是上帝"的服务理念，本着"诚信务实、科技创新、共同发展"的经营战略，全心全意服务客户。

WYL 深圳市万源来电子有限公司
SHENZHEN WANYUANLAI ELECTRONIC CO.,LTD.

149. 深圳市万源来电子有限公司

地址：广东省深圳市宝安新中心区新安六路宝城 82
　　　区勤业商务中心 A 栋 213 室
邮编：518057
电话：0755-26639508
传真：0755-26553187
E-mail：wanyuanlai@ 126. com
网址：www. wylpower. com
简介：

深圳市万源来电子有限公司成立于 1999 年，是一家专业从事平板液晶电视电源开发设计、生产、销售及服务于一体的高新技术企业，并在 2005 年成为中国电源学会会员单位。

作为一家专业从事液晶平板电视电源的高新技术企业，公司始终坚持人才与产品并重的原则，拥有一支高素质，充满活力，富有创新精神的研发团队，能够及时有效地根据客户要求为客户提供性价比高、安全、稳定可靠并符合欧盟环保标准的绿色电源产品。

作为高新技术企业，公司实施现代化管理制度，以"更高、更好、更新、更强"为企业精神，以"质量第一、信誉至上、开拓创新、追求卓越"为企业发展宗旨，以"狠抓管理创一流企业，严抓质量让顾客满意"为质量方针，建立了严密的质量保证体系及完善的服务体系。

公司全体同仁诚望与广大用户携手合作、共创辉煌！

150. 深圳市威日科技有限公司

地址：广东省深圳市宝安区民治街道上塘松仔园综
　　　合楼 2 楼南分隔体（办公场所）
邮编：518109
电话：0755-28132066 29787232
传真：0755-29787235
E-mail：vr2008@ 126. com
网址：www. weiri. net. cn
简介：

深圳市威日科技有限公司/深圳市兆伟科技开发有限公司位于深圳宝安区龙华二线拓展区内，是以开发生产电子元件检测仪器和元件数控自动生产设备为主的高科技型公司。现公司有九大类别 30 余种型号产品：精密 LCR 测试仪 精密直流电阻测试仪 变压器综合参数测试仪直流叠加程控恒流源 磁性材料功耗测试仪 绝缘耐压安规测试仪器无刷电机程控绕线机 CNC 自动排线式绕线机 无刷电机数控驱动器 威日公司还正在研制开发电容纹波测试仪、精密电解电容测试仪、高频功率计、开关电源综合参数测试仪等新产品。公司所投产的所有产品都要收集国内外最新的相关产品进行详细研究，综合各家之所长，并加上本公司独创的电路及根据从广大用户收集来的意见改进的电路。形成既有先进性又符合用户需求的独创产品。

151. 深圳市西格玛泰变压器有限公司

地址：广东省深圳市宝安区石岩街道办光明路 36 号
　　　西格玛泰工业大厦（石岩汽车站后侧，泉宝
　　　工业区）
邮编：518108
电话：0755-29827108
传真：0755-29827008
E-mail：cgsb1@ szxgmt. com
网址：www. szxgmt. com
简介：

　　深圳市西格玛泰变压器有限公司由一批资深的管理人员和科技人员共同投资，专业从事特种变压器研发、设计、制造、营销和技术服务。

　　企业拥有一支素质高、专业理论坚实、实际经验丰富的员工队伍。经营管理和工程技术人员全部具备大专以上学历或中级以上职称，生产人员中，具有相关专业中专、中技学历和五年以上本行业工龄的员工占 80% 以上。

　　主要产品：各类高低压电抗器、高低压变压器. 已广泛应用于电力、电源设备和橡胶、塑料、冶金、化工、印染、印刷、纺织、包装、装卸、电子、电器、机床、机电、数控节能、整流、超声、喷涂、电镀、焊接、UV 曝光、晒板、固化、给排水、建材、环保、市政、医疗、通信等多种设备、设施和行业。

　　本企业为中国台湾地区、中国香港特别行政区、澳门、加拿大、澳大利亚等外资企业和其他客户提供的变压器，使用安全、运行稳定。

　　本企业设计、制造的变压器，配随客户产品，

成功地安装、运行在北京人民大会堂和北京钓鱼台国宾馆。

152. 深圳市新能力科技有限公司

地址：广东省深圳市南山区华侨城东部金众工业区
　　　202 栋 3 楼
邮编：518053
电话：0755-83409828
传真：0755-83417632
E-mail：sinoly@ sinoly. com
网址：www. sinoly. com
简介：

　　深圳市新能力科技有限公司成立于 1999 年 5 月，一直以来致力于大功率高频开关变流技术及计算机控制技术的研究、开发和生产。是国家科技部、财政部、深圳市科技局、财政局重点扶持的高科技企业。

　　公司产品现包括电力高频开关电源模块，微机高频开关电源监控器，智能电力参数仪表，智能电度表，电能质量谐波分析仪表，电力操作电源小系统，BZW 系列壁挂电源，GZDW 微机控制高频开关直流系统。并分别通过了电力工业部电力设备及仪表检测中心和国家继电器检测中心的严格检验。

　　公司秉承"创新、合作、服务、双赢"的经营理念，坚持"全员参与，制造优质产品，持续改进，满足客户需求"的方针，坚持"求实创新，质量第一；用户至上，服务社会"的服务宗旨，以可靠的质量，优良的性能，互惠的价格，殷实的服务，与社会各界广大用户同发展、共进步！

153. 深圳市新未来电源技术有限公司

地址：广东省深圳市南山区西丽珠光村第二工业区
　　　四栋二楼
邮编：518057
电话：0755-86507115
传真：0755-26951925
E-mail：nfcsw2008@ vip. 163. com
网址：www. nfcszb. com
简介：

　　深圳新未来电源技术有限公司是广西新未来信

息产业股份有限公司的全资子公司，由广西新未来信息产业股份有限公司的电源产品部，于2001年迁至深圳成立广西新未来信息产业股份有限公司深圳分公司，于2006年成立深圳新未来电源技术有限公司，公司注册资本为1000万元。公司成立伊始，即以"科技创造新未来"的理念，立足于高端电源产品的研发。通过几年的艰苦研发，逐渐形成了模块化并联技术为主的系列电源产品，其中又以并联模块化逆变电源和模块化UPS翘楚同业，并被国家科技部认定为"2004年国家级火炬计划产品"、"2005年国家级重点新产品"等。公司通过了ISO9001：2000质量体系认证，建立了完善的质量管理体系。电源产品已通过泰尔认证，电力、铁路等电源产品也通过了相关国家级检测。所有指标均已达到并超过国家标准和相关行业标准。与国际知名电源公司艾默生网络能源有限公司紧密合作，是艾默生网络能源有限公司的核心合作伙伴。

广西新未来信息产业股份有限公司成立于1997年，是一家集模块化电源、软件开发、安防智能化、GPS监控及压敏电阻等于一体的大型集团公司，公司注册资本为4558万元，经政府认定为高新技术企业，是国家"863"计划信息技术领域课题的承担单位。

深圳新未来电源技术有限公司本着打造一流产品，追求产品的新技术、高质量，不断研究开发高可靠性的电源产品，始终与世界最先进的技术保持同步。公司从2002年开始销售并联逆变电源，有8年的电力逆变电源和铁路信号电源研发生产销售经历。公司电源产品已经系列化，涵盖模块化逆变电源/UPS、单体逆变电源/UPS，在铁路和电力行业有近3万只电源模块在线运行，可以为电力系统提供最可靠的整套电源应用解决方案，能够为客户创建竞争优势。

公司下设总经理办公室、人力资源、行政、市场、技术、工程、计划、采购、生产、品质等部门、拥有模块调试生产线、机柜组装生产线、高低温老化室等生产设备。现有员工近100人，同时在深圳高新技术产业园有近2000平方米的厂房。

公司产品目前广泛应用在电力系统、国内的大部分发电和供电企业都有我公司的产品在运行。在中国的电力系统有良好的人脉。公司对电力系统的市场营销和渠道开发有丰富的经验，销售通路畅通。公司现有专业的专职销售人员20余人，面向全国各省电力终端市场，他们对所辖区域的电力系统特别熟悉，基本上都能完成或者超额完成公司所下达的

销售任务。

154. 深圳市兴龙辉科技有限公司

地址： 广东省深圳市龙岗区横岗镇西坑村西湖工业区19栋

邮编： 518002

电话： 0755-89737829 89737228 89737666

传真： 0755-89737108 89737118

E-mail： admin@ unitefortune.com

网址： www.gd-battery.com

简介：

兴龙辉科技有限公司成立于1998年，是一家专门从事设计，制造镍氢电池，锂电池，聚合物电池的生产企业。产品广泛应用于数码/摄像机，PDA，手机，无绳电话等。

自公司成立以来，我们始终坚持"技术第一，品质卓越，顾客至上"的原则。其先进的品质检测设备及严格的质量管理体系确保金龙电池在生产过程中品质更完善，性能更稳定。

经过多年的研究与发展，凭借良好的产品品质与不断的技术创新，我们金龙品牌电池已逐渐成为国内电池业最畅销产品。其产品同时远销美国，欧洲，东南亚，中东等国家与地区。

我们热烈欢迎新老客户莅临公司参观与指导，并期待着与您进一步的合作！

155. 深圳市雄韬电源科技股份有限公司

地址： 广东省深圳市大鹏镇同富工业区雄韬科技园

邮编： 518120

电话： 0755-84318730

传真： 0755-84318700

E-mail： juliewj@ vision-batt.com

网址： www.vision-batt.com

简介：

雄韬电源是全球最大的蓄电池生产企业之一，成立于1994年。现有员工2500人，两大生产基地—深圳雄韬科技园及越南雄韬总占地面积250000m^2。在中国大陆，中国香港地区、越南、欧洲、美国、印度拥有制造基地或销售中心，分销网络遍布全球100多个国家和地区。

公司产品涵盖密封铅酸、锂电子电池两大品类：密封铅酸蓄电池包括AGM、深循环、胶体、纯铅四大

系列；锂电子电池包括钴酸锂、锰酸锂、磷酸铁锂。

公司在全球 100 多个国家和地区的通信、电动交通工具、光伏、风能、电力、UPS、电子及数码设备等领域为客户提供完善的产品应用与服务。目前，在全球的主要合作伙伴有艾默生（EMERSON）、沃达丰（VODAFONE）、APC-MGE、伊顿（EATON）、中国移动、中兴、南方电网等。

156. 深圳市扬力科技有限公司

地址：广东省深圳市南山区南海大道兴华工业大厦 8 栋 4 楼 B1 座
邮编：518000
电话：0755-88860769
传真：0755-26898369
E-mail：landy. li@ greatpowercorp. com
网址：www. greatpowercorp. com
简介：

深圳市扬力科技有限公司是一家专业开关电源设计公司，创建于 2005 年 3 月，坐落于美丽的深圳市南山区，中国电源学会会员单位。

公司已获数项有关开关电源方面的专利，致力于研发高可靠性、高功率密度 AC-DC、DC-DC 电源。拥有一批高素质、充满活力、极具创新精神的高技术人才，本科以上学历占总人数 80% 以上，其中博士、硕士占 40%，主要研发人员来自于各大知名电源公司。雄厚的技术力量、高效的设计能力、严格的测试流程，保证了所研发产品的高效性和可靠性。现已拥有大功率 AC-DC 模块电源、全系列的 1/8 和 1/4 DC-DC 模块电源、并能承接各种客户订制电源的设计。

公司强调以人为本，创建一个和谐、积极向上的工作氛围。

157. 深圳市英可瑞科技开发有限公司

地址：广东省深圳市南山区马家龙工业区 77 栋
邮编：518052
电话：0755-26586000
传真：0755-26545384
E-mail：increase@ increase-cn. com
网址：www. increase-cn. com
简介：

深圳市英可瑞科技开发有限公司成立于 2002 年，是一家总部设立在深圳市的民营国家级高新技术企业。公司从成立之初就立足于电力电子领域，走自主研发、技术创新的道路，专业从事电力电子产品的研发、生产、销售。公司业务范围包括电力电源、通信电源、大功率可并联逆变电源、汽车充电站用电源、电力 UPS、EPS、及其他特殊工业电源等。

自公司成立以来，在全体员工的共同努力下，英可瑞公司在技术研发能力、产品品质、和市场占有率几方面在电源行业内已经占有一定的地位。合作的国内企业已经多达数百家，生产的电源产品已经大量运行在国内及世界各地，广泛地应用于电力、铁路、城市交通、冶金、能源等多种行业。生产的产品先后参与保障了青藏铁路、北京奥运会、上海世博会、广州亚运会相应电源设备的顺利平稳运行。

公司有着一支高素质的研发队伍，这使我们成为技术和革新的先锋，在公司各部门人员的配合下，我们不仅为客户提供我们现有的产品和经验，同时我们也能提供解决问题的新产品和新方案。

invt

158. 深圳市英威腾电源有限公司

地址：广东省深圳市南山区北环路猫头山高发工业区高发科技工业园 5#5 房一楼 106 室、107 室
邮编：518055
电话：0755-26783941
传真：0755-26782664
E-mail：chinasales@ invt. com. cn
网址：www. invt-power. com. cn
简介：

深圳市英威腾电源有限公司是英威腾电气股份有限公司（股票代码：002334）的全资子公司，是国内领先的高端电源解决方案供应商。公司致力于向全球客户提供高性能、高品质的产品与全方位的服务。公司凭借研发，产品，服务，产能规模等方面的综合优势，始终处于业界的领先地位。

公司产品包括 UPS、EPS、逆变电源等，广泛应用于政府、金融、通信、教育、交通、国防、广播电视、医疗卫生、能源电力等行业领域。公司掌握核心技术，拥有自主知识产权，产品以高可靠性、高性价比，赢得了广大客户的一致赞誉。

快速为客户提供全方位、个性化的解决方案是公司的经营宗旨，持续创新是公司追求的目标。不断推出的具有竞争力的电源完整解决方案满足了各行各业

用户对于供电系统高可靠性和高智能化的需求。我们将致力于通过技术创新和品牌全球化运营，成长为电源及电力电子相关领域令国人骄傲的世界级企业。

159. 深圳市正能实业有限公司

地址：广东省深圳蛇口港湾大道南 20 号北区
邮编：518067
电话：0755-26698797
传真：0755-26698765
E-mail：zhengneng@ zhengneng. com
网址：www. zhengneng. com
简介：

深圳市正能实业有限公司成立于 1999 年，是一家民营高新技术企业。公司总部员工 80 余人，其中研发人员 40 余人，生产基地 800 余人。多年来主要从事功率电子学，电气控制及相关成套设备的研究、开发和生产，尤其擅长于高频开关电源微机控制技术；从而在电力和通信高频开关电源以及智能监控领域，有很强的市场竞争能力，其主要产品有：分布式电源、电力操作电源、通信直流电源、电力充电模块、通信智能高频开关充电模块、小系统监监控模块、直流变换器、工频高频逆变器、UPS、EPS等。2008 年，公司成立新能源事业部，以实力雄厚的专业技术人员，结合高等院校的专家、教授，共同研制、开发的主要产品都通过微处理控制、采用智能化、数字化、PWM 调制、SPWM 调制及无触点静态控制等技术，达到国内技术领先水平。其主要产品有太阳能系列离网/并网逆变器、太阳能充放电控制器，风光互补控制器，太阳能控逆一体机，风光互补系统（路灯、家庭用电），太阳电池及组件等。

160. 深圳市中电熊猫展盛科技有限公司

地址：广东省深圳市南山区西丽镇红花岭第二工业区 3 栋 3、4 楼
邮编：518055
电话：0755-86238746 86238876
传真：0755-86238829
E-mail：eng@ jensin. cn

网址：www. jensin. cn
简介：

公司成立于 1996 年，集研发、生产、销售于一体的高科技企业，有厂房面积 5000 平方米，生产设备精良，工艺技术处于同行领先水平，具备严格的质量管理体系和丰富的制造经验。

公司拥有多名高级工程师和专业技术人员，员工总数两百多人，月产量 20 ~ 30 万台，严格按 ISO9001：2008 国际标准进行生产管理和质量控制，产品通过 CCC、UL、CE、VDE、PSE、DEWKO、TUV 等认证。

公司着力开发、生产各种开关电源，广泛用于通信行业，LED 照明，办公设备，电力电源，军工产品等领域。

以良好的信誉、优质的服务赢得用户的信赖，与国内外各界企业合作，共创造美好未来！

161. 深圳市卓时技术咨询有限公司

地址：广东省深圳市福田区车公庙泰然八路安华工业区四栋 5 楼东
邮编：518040
电话：0755-83448688
传真：0755-83442996
E-mail：white. liu@ timewaytech. com
网址：www. timewaytech. com
简介：

深圳市卓时技术咨询有限公司（卓时检测中心，TIMEWAY TESTING LABORATORY），总部位于深圳市福田区，成立于 2001 年 4 月，是首批全面获得中国合格评定国家认可委员会（CNAS）认可的，并且严格按照 ISO/IEC17025 国际实验室管理规范组织建立的独立的第三方检测实验室。卓时检测实验室的成立，旨在为中国的电子产品厂商进军全球市场提供更权威、更专业、更便捷的产品 测试和和认证及技术支持的渠道。目前在中国香港地区、东莞、厦门、宁波和成都都建立了分支机构。

卓时检测实验室深圳总部拥有完备的安规、电磁兼容及化学实验室，可提供产品可靠性、环境监测、水质分析及能效评定等十余项检测服务。卓时的技术人员由长期从事国际认证的资深专家和测试工程师组成，可按照 CE、UL、IEC、GS、FDA 等标准进行测试，并按照测试需要定期邀请美国 UL

实验室、德国 TUV、挪威 NEMKO 工程师前来进行目击测试，为申请商提供更为有效和快捷的认证服务。我司在 2005 年首次获得 CNAS 认可，2010 年 12 月获得 IECEE 的 CBTL 认可。

近十年来，卓时检测秉着诠释真正"一站式"服务理念；呈上专业、操作性强的整改建议；提供高效、迅捷的检测服务；树立诚信、严谨、权威的认证形象"的卓时理念，卓时检测实验室同国际认证机构及政府部门的合作正逐步扩大和深化。融入国际检测认证体系，树立卓时权威认证品牌，我们愿与中国电子等相关企业共同发展、进步。

SOROTEC®
Power Solutions Expert

162. 深圳索瑞德电子有限公司
地址：广东省深圳市宝安区福永高新技术开发区光阳工业园 6 栋
邮编：518103
电话：0755-81495850/51/52/53
传真：0755-81495855
E-mail：sales@ soroups. com
网址：www. soroups. com
简介：

索瑞德电子有限公司是德国 SORO 公司在中国大陆的技术合作企业，公司从事于以电力电子技术、通信技术、微处理技术为基础的高科技电子产品的研发、生产与销售的高新企业。主要产品有 UPS 不间断电源、EPS 应急电源、逆变电源、电力电源、移动通信电源等智能电源产品。公司已通过 ISO9001 认证，产品已获电信设备进网许可证、消防型式认可证、CE 认证、UL 认证等。在电源和电子仪器领域拥有十几年经验的专业的研发、生产经验。我公司在浙江和深圳分别有两个大型生产基地和一个专业的 SMT（表面组装技术）部门。并建立了一套完整的质量保证体系，分别从来料、生产、组装到测试，每个环节都严格监控。我公司产品已达到 CE（LVD/EMC）、CUL、FCC）等国际安全标准。

公司拥有先进齐全的生产检测设备，和一支电源领域的精英研发队伍，针对市场上不同用户特殊的产品要求，专门成立了一个 ODM 研发小组，为用户研发生产定制电源产品。专注行业应用，致力中国信息化。索瑞德根据不同行业应用特点，为用户提供从个人桌面系统到大型数据中心、从计算机网络到工业自动化设备电源保护的全系列 UPS 产品和整体解决方案，在业内率先构建起一个覆盖中国大陆各省、自治区、直辖市的完整服务网络，产品广泛应用于金融、通信、政府、教育、交通、电力、气象、公安国防、医疗卫生、石油化工等各个行业领域，在各个行业发挥着电力保护神的重要作用。

索瑞德产品除国内销售外，我公司产品在全球拥有广大市场，合作伙伴及客户遍及美国、欧洲、南美、南非、中东、印度、土耳其、巴基斯坦、伊朗等六十多个国家和地区。不管是从我公司自身的标准还是按客户的具体要求，我们都能提供大范围，高质量的产品，供您选择。

公司定位

专业从事开发、生产与经营最可靠的、安全易管理的不间断电源（UPS）产品；

我们的成功源自于不懈地提升产品品质，并以优质、高效的服务帮助客户构建安全的电力基础，提高客户生产力。

使命

永不妥协的品质——始终致力于制造最安全、最可靠的 UPS；

不断创新的技术——创造世界最优秀、最具创新性的产品；

规范高效的服务——提供最专业、最高效的服务，力求客户满意。

TOMWELL

163. 深圳唐微科技发展有限公司
地址：广东省深圳市南山区高新南区粤兴三道中国地质大学产学研基地 B701-709
邮编：518057
电话：0755-86147770
传真：0755-86147707
网址：www. tomwell. cn
简介：

深圳唐微科技发展有限公司是一家自主型专业电源转换、智能控制、科技创新的设计研发企业。作为一家具有高度责任感的企业，唐微公司坚持以"踏实、进取、创新、敬业"为创业原则，以"节能减排，绿色照明"为发展方向，致力于为世界各地的人们带来优秀的产品和服务，以及全新的生活方式。

凭借着"可靠、节能、精确控制、智能、易于维护"的产品品质，深圳唐微公司得到了众多灯具厂商的青睐，同时吸引了来自世界各地相关领域领先者的关注，并且得到了全球智能网络控制系统的领导者、LonWorks 网络技术平台的创立者——美国埃施朗（Echelon）公司和欧洲最专业的智能控制系统应用软件开发咨询公司 Streetlight. Vision（SLV）的技术支持，在三方强强联手通力合作下推出了物联网智能照明控制方案，能够满足各类的复杂照明节能需求，同时还能扩展环境监测、实时监控等"智慧城市"信息化管理功能。

164. 现代企业集团东莞现代电器有限公司

地址：广东省东莞市南城新基工业区凤凰广场 B 座604 室

邮编：523076

电话：0769-22406916 22406986 22406486

传真：0769-87071280

E-mail：modern_world@163.com

网址：www.modern-world.com.cn

简介：

现代企业集团东莞现代电器有限公司集生产、研发、商贸、工程于一体的企业，走集团化股份制经营之路，由日本、中国台湾地区、中国大陆的股东组成。1995 年成立后，从事稳（调）压器、变压器、配电柜等系列工业设备的生产、研发和销售。严格执行 ISO9002 品保体系及 5S 标准，消除产品之零缺陷。2000 年开始投资汽车工业/农产品/食品检测之研制工作。在汽车之销售、维修/汽车配件之生产、加工方面完成了项目融资，技术引进和资源整合的过程，已进入稳定发展的阶段。在农产品/食品检测方面，以研发、生产 & 代理相结合的方式，与农业部及相关科研单位建立友好合作和战略联盟，并参与相关标准之拟定。在农产品/食品检测等方面取得了一定的突破性进展，生产制造出一系列有一定技术先进性之品牌产品。

企业经过多年的发展，已在日本、中国台湾地区、东南亚及中国大陆各省区建立了营销网点及服务联络机构，我们一直在努力，能为更多的用户服务，客户的鼎力支持和关爱，会不断鞭策我们做得更好！

R&P electronics

165. 香港创历电子有限公司

地址：（广东省办事处）深圳市福田区泰然工贸园

202 栋东 506

邮编：518040

电话：0755-88351557

传真：0755-88351101

E-mail：colbee@rpecl.com.cn

简介：

代理：APEC（富鼎）20V-800V 全系列 MOSFET产品、270V-1500V IGBT 单管。

应用于消费类、便携式、车载、PC、NB、电源，以及电磁加热、UPS、变频器、电焊设备等领域。

协丰万佳科技（深圳）有限公司
Hip Fung Technology(Shenzhen) Ltd.

166. 协丰万佳科技（深圳）有限公司

地址：广东省深圳市龙岗区平湖镇良安田村良白路179 号

邮编：518111

电话：0755-84687559

传真：0755-84688817

E-mail：wanjia@hipfung.com.cn

网址：www.hipfung.com.hk

简介：

本公司是香港协丰公司在内地投资兴建的企业，本公司在中国的加工生产基地主要向客户提供各种电子产品加工生产服务，完全有能力满足各种 OEM 客户的需求和各种复杂产品的加工要求。

本公司于 2002 年 5 月积极的引进无铅焊接技术，现今完全有能力生产无铅产品，目前公司的生产设备可以满足欧洲市场。

此外，本公司还加强了环境管理体系，参与了一些客户的"绿色伙伴"计划，并根据 RoHS 指示减少、逐渐停止或随后禁止采购和使用破坏环境的物质。

本公司在亚洲和美国都设有采购办事处，在中国澳门设立了一个办事处以满足一些特别客户的需求，具有稳定的人力资源、国际最新和专门的生产设备、良好的质量控制、准时交货，与相关方保持互利的合作与信任，使公司与来自日本、美国、欧洲及澳大利亚等大型电子公司客户保持着良好的商业合作关系。

EAGLERISE
伊戈尔电气股份有限公司
EAGLERISE ELECTRIC & ELECTRONIC (CHINA) CO., LTD.

167. 伊戈尔电气股份有限公司

地址：广东省佛山市南海区简平路桂城科技园 A3 号

邮编：528200

电话：0757-86256888

传真：0757-86256886

E-mail：sales@ eaglerise. com

网址：www. eaglerise. com

简介：

（原日升电业）1992 年成立于中国佛山，现有标准厂房 7.2 万平方米，员工约 3100 人，是一家致力于向全球市场提供变压器产品、成套电源产品及变压器铁心组件的专业供应商。以电感模式电源产品、电子模式电源产品、特种变压器、电力变压器及变压器铁心组件五大类龙头产品，四百多个规格品种，广泛应用于新兴能源、节能设备、电力配电、传统照明、LED 照明、工业控制、家用电器等七大领域。伊戈尔电气坚持以市场为导向、以客户为中心，在中国上海、北京，美国洛杉机、德国汉堡、孟加拉达卡、日本福冈、巴基斯坦拉合尔分别设有驻外机构，在全球范围内围绕着有价值的客户群，建立并发展着互惠互利的良好合作关系。

KEBO®

168. 中山市电星电器实业有限公司

地址：广东省中山市东凤镇安乐工业区广珠路238 号

邮编：528425

电话：0760-22611988

传真：0760-22602617

E-mail：sales@ kebopower. com

网址：www. kebopower. com

简介：

中山市电星电器实业有限公司成立于 1984 年 9 月，坐落于美丽发达的珠江三角洲地区，是一家至今已有 27 年发展历史的民营出口企业。公司主要生产交流稳压器和不间断电源，集注塑、五金加工、丝印、插元件和装配于一体，并拥有专业的研发团队和与时俱进的营销团队，销售范围遍布全球 93 个国家和地区，产品质量和服务得到全球客户的高度肯定和信赖。公司秉承"质量为本、管理立业、以客为尊、持续改进"的企业文化和精神，不断发展壮大，并逐年取得了业绩新高！

Hocen浩成

169. 中山市浩成自动化设备有限公司

地址：广东省中山市火炬开发区高科技创业路 23 栋

7 楼

邮编：528437

电话：0760-85311915

传真：0760-85312506

E-mail：zs. hcpower@ 163. com

网址：www. hcpower. cn

简介：

中山市浩成自动化设备有限公司是一家高技术民营企业，公司位于广东省中山市国家级高新技术产业开发区内，交通便利，资讯发达。公司拥有一支专业的研发、生产、营销队伍，是一家专业致力于工业电器装备的开发、制造及服务的企业。HC 系列高频开关电源是在原 CS 系列高频开关电源的技术基础上，吸收引进国内外最新技术、扬长避短，不断完善，开发而成。HC 系列高频开关电源已广泛应用于电动车充电、电力系统、印制板生产线、活塞环电镀生产线等诸多领域。产品覆盖全国各地。诚信、务实、拼搏，浩成人竭诚为客户提供优质产品与服务。

中山市浩成自动化设备有限公司根据电力电子的最新成果、推出 GGDF 系列高频开关电源。它采用了具有国际先进水平的 IGBT 模块全桥逆变电源技术。用纳米晶软磁材料的变压器体积小，重量轻，耦合紧密，电流分布均匀，组装方便。有效地解决了电网对电源的干扰及电源对电网的谐波的影响。提高了电源的可靠性，增加了电源的平均无故障时间。该产品可广泛应用于电镀、电解、充电、表面氧化处理等行业。该产品完全符合国家对该类型产品的安全性要求。整机控制过程完全由高精度的微电脑 CPU 控制，精度高、运行块、多功能、高稳定性、自动报警、系统完善。便于随时升级，使电源技术不断推陈出新，跟踪世界电源技术的最前端。

根据市场的需求，公司正在加快新产品的研发和生产。其中 UV 固化电源和电动充电机已经面世。并将批量生产。

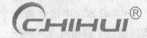

170. 中山市横栏镇阿瑞斯电子厂

地址：广东省中山市横栏镇贴边村同生路 12 号

邮编：528400

电话：0760-87615167

传真：0760-87615267

E-mail：ktj7210@ yahoo. com. cn

简介：

阿瑞斯电子厂位于珠江三角腹地，中山市横栏镇紧邻中国灯饰之都—古镇，地理位置优越，交通运输便捷，是一家专业从事开发设计及制造各类灯饰配套电器的企业，主营电子变压器、LED 变压器、电子镇流器、数码遥控分段开关等产品。

自创办至今，经过多年的积累，阿瑞斯已拥有科学的设计理念、先进的生产工艺、资深的工程技术人员和优秀的管理人员，确保了产品的品质。优质的产品、合理的价格、热忱的服务使阿瑞斯的产品深受客户的信任和青睐，不仅销往全国各地，还远销至欧洲、中东、中国台湾地区、中国香港地区等国家和地区。

"质量至上，信誉第一"是阿瑞斯不变的理念，"诚信经营，优质服务"是阿瑞斯的经营原则，您的满意、我们的好"芯"，是阿瑞斯永远的承诺！

171. 中山市卓锋电子有限公司

地址: 广东省中山市东凤镇东凤翔大道 31 号
邮编: 528425
电话: 0760-22783498 22619848
传真: 0760-22611689
E-mail: ycc8813329@ 163. com
网址: www. zhuo-feng. com
简介:

中山市卓锋电子有限公司是一家专业从事开关电源研发生产和销售的现代化企业，得到香港国华五金集团投资，成功收购具有开关电源设计生产，销售 20 年历史的武汉天龙电源有限公司及天龙电源商标。产品有工业级开关电源系列、大功率 LED 防水驱动电源系列、大功率 LED 商业照明驱动电源系列、大功率开关电源智能充电机等，所有产品 100% 满载老化。

特别推出大功率 LED 路灯电源。采用软开关技术，两级 PFC 电路，输入电压范围宽 AC85-265V，分单路及多路独立恒流输出，恒流精度高达 ±1%，输出超低的纹波，纹波电压≤0.5%，PF≥0.99（最高达 1.0），整机效率最高可达 92%。具有强大的保护功能：短路保护/过载保护/过电压保护/过温保护，同时采用大功率智能充电机，智能温度恒流控制技术，可控范围宽：5% ~ 50%，整机温升≤30℃。本产品开机及工作中无跳、闪、抖等不良现象，提高 LED 灯珠的长期稳定的工作可靠性。经过

我们的市场调查，该产品各项技术和功能指标达到行业的领先地位。

172. 中兴通信股份有限公司

地址: 广东省深圳市南山区高新技术产业园科技南路 55 号中兴通信大厦
邮编: 518057
电话: 0755-26770000
传真: 0755-26771999
E-mail: info@ mail. zte. com. cn
网址: www. zte. com. cn
简介:

中兴通信是全球领先的综合通信解决方案提供商。公司通过为全球 140 多个国家和地区的电信运营商提供创新技术与产品解决方案，让全世界用户享有语音、数据、多媒体、无线宽带等全方位沟通。公司成立于 1985 年，在中国香港和深圳两地上市，是中国最大的通信设备上市公司。

中兴通信拥有通信业界最完整的、端到端的产品线和融合解决方案，通过全系列的无线、有线、业务、终端产品和专业通信服务，灵活满足全球不同运营商的差异化需求以及快速创新的追求。

中兴通信从 1995 年涉足通信电源领域，凭借对通信技术的深刻理解和强大的研发实力，得到了飞速的发展。目前，中兴通信动力产品已服务于全球 132 个国家和地区的 360 个运营商。

中兴通信动力产品包括高频开关电源、可再生能源产品、UPS 等产品类型。基于相关产品为行业内提供 3G 动力解决方案、太阳能风能等可再生能源通信动力解决方案，交直流不间断动力解决方案、室外一体化通信保障解决方案等产品和服务。

未来，中兴通信将继续致力于引领全球通信产业的发展，应对全球通信领域更趋日新月异的挑战。

173. 珠海金电电源工业有限公司

地址: 广东省珠海市拱北港昌路 256 号
邮编: 519020
电话: 0756-3883366-8008
传真: 0756-3883366-8012
E-mail: service@ gep-power. com
网址: www. gep-power. com
简介:

珠海金电电源工业有限公司是一家专业从事高频开关电源的研发、生产、销售和技术服务的具有独立法人资格的高科技企业。自 1992 年公司创立时起，我们就一直致力于高频开关电源的开发、研制与生产。公司创始人曾先后为清华大学物理系、北京迪赛通用技术研究所、山东烟台计算机公司、珠海通用电源厂、深圳华为技术有限公司等单位主持电源产品设计，其电源技术对中国电源产业的发展产生过巨大的影响。

公司具有现代化企业创新经营意识，采用硅谷高科技创新机制，以人为本，注重人才。目前已经发展成为拥有员工 260 余名，其中技术人员占 60% 以上，11000 多平方米生产厂地和成套的生产和科研设备，具有年生产电源能力达 2700 余套的现代生产型科技企业。长期以来公司坚持"以技术为先导，以质量、服务为保证"的经营方针，采用国际上先进的电源工作模式，结合我国国情，独具匠心，设计、开发出性能卓越、功能完备的高频开关电源系统，在我国高频开关电源工业发展中占据着重要地位。

如今，公司产品已被广泛应用于电力、电信、移动、联通、国防、水利、石化、银行、铁路、广播电视等领域。经过多年的不断发展与稳步成长，产品遍布全国各省、市、自治区，并以性能优良、运行可靠赢得了广大用户的信任和认同。

174. 珠海科达信电子科技有限公司

地址：广东省珠海市香洲区梅华西路 1089 号 2
栋 601
邮编：519070
电话：0756-8658523
传真：0756-8620978
E-mail：marinasun@ qq. com
网址：www. zhcodasun. com
简介：

珠海科达信电子科技有限公司是专业致力于交流稳压器及相关动力设备的研制、生产和销售的高新技术企业，拥有着一大批多年从事电源开发的专业技术人员，不断创新，为用户提供最符合国情电网环境的优质电源产品，提供动力系统的全方位技术解决方案。

秉承"科技为先，诚信为本"的企业理念，以

满足用户的需求为己。1997 年自主研制开发出国内第一台"晶闸管步进调压式无触点电力稳压器"，先后获得八项国家专利。该产品一经推出，其卓越的技术性能即受到广大用户的认可和欢迎并得以迅速推广使用。几年来，它倡导了"无触点"稳压技术新概念，在信息产业部及各省份的选型检测中连续名列榜首，一度成为替代传统机械稳压器的最佳产品。

多年来，我公司不仅重视产品的质量，更看重对用户的服务，为用户提供技术咨询、产品配套、精心选型及完善的售前、售中、售后全方位的服务。用优异的产品质量和完善的售后服务来赢得各方用户的信赖。

目前我公司生产的稳压器在全国二十几个省、市、自治区应用于国防、广电、通信、金融、民航、医疗、厂矿等不同行业。

175. 珠海山特电子有限公司

地址：广东省珠海市唐家湾镇哈工大路 1 号-1-C102
邮编：519000
电话：0756-3388866
传真：0756-3388877
E-mail：ata@ ataups. com
网址：www. ataups. com
简介：

珠海山特电子有限公司是目前国内具有较完整产品系列的不间断电源（UPS）和免维护蓄电池生产制造企业之一。

ATA 是珠海山特电子有限公司的自主品牌。

公司的产品主要有不间断电源（UPS）、逆变器、稳压电源以及免维护蓄电池。其中不间断电源有后备式、高频在线式、工频在线式、在线互动式等几大系列 100 余种规格；免维护蓄电池有世界各种型号汽车电池以及广泛用于通信、电力、消防等各个行业用的 2V-24V 电池。以上产品能够满足世界不同用户的要求，并可根据客户要求设计生产，接受 OEM 订单。

公司采用先进的设备进行生产，产品质量的管理体系通过 ISO 9001 国际质量管理体系认证，并大力引进世界著名企业的管理理念，以确保满足用户对高品质产品的要求。

ATA 品牌的系列产品广泛用于金融证券、医疗、通信、教育、交通等各个领域，并大量出口至东南

亚、中东、南非和欧美等世界各个地区。

176. 珠海泰坦科技股份有限公司

地址：广东省珠海市石花西路 60 号泰坦科技园
邮编：519015
电话：0756-3325899
传真：0756-3325889
E-mail：titans@ titans. com. cn
网址：www. titans. com. cn
简介：

泰坦公司全称为"中国泰坦能源技术集团有限公司"，为中国香港联交所主板上市企业（股票代码 2188），包括珠海泰坦科技股份有限公司、珠海泰坦自动化技术有限公司、珠海泰坦新能源系统有限公司、北京优科利尔能源设备公司等企业，公司以电力电子为主要行业定位，集科研、制造、营销一体化，围绕发电、供电、用电的各类用户，运用先进的电力电子和自动控制技术，解决电能的转换、监测、控制和节能的需求，通过技术创新和新技术新产品的推广应用取得企业的发展。公司成立于 1992 年 9 月，总部设在风景优雅的珠海市石花西路泰坦科技园。公司拥有专业化、高素质的员工团队和雄厚的研发实力，以及覆盖全国的营销和技术服务网络。

公司研制和营运的主要产品有：电力直流产品系列、电动汽车充电设备、电网监测及治理设备、风能太阳能发电系统等产品。

177. 珠海瓦特电力设备有限公司

地址：广东省珠海市港湾大道大学路 99 号
邮编：519080
电话：0756-3610150
传真：0756-3610148
E-mail：guanping@ gdwatt. com
网址：www. gdwatt. com
简介：

珠海瓦特电力设备有限公司于 1998 年成立，由广东省风险投资集团、广东清华科技创业基金和广东珠海高科技成果产业化示范基地等股东组建。公司从成立至今一直专注于电力、通信用交直流电源产品的研究、开发、生产、销售和服务。

现可提供智能电力直流电源系统、电力专用

UPS 系统、一体化电源系统、48V 通信电源系统、通信用 240V 直流电源系统、智能蓄电池恒流放电仪、移动式充电机等成套产品。也可单独提供 WEPR 系列电力电源模块、WMB 系列通信电源模块、WMP 系列 UPS 模块、WDJ 系列电源监控系统、WDX 系列蓄电池在线监测系统、WZJ 系列直流绝缘监测系统、IEC61850 协议转换器等组成电力、通信用交直流电源系统的核心部件。

13 年来公司已为用户提供了 4000 余成套电源系统，广泛运行于全国 25 个省市、地区的 10～500kV 变电站及大中型发电厂，包括"西电东送"工程 500kV 枢纽变电站。产品技术成熟稳定，质量广受好评。

178. 专顺电机（惠州）有限公司

地址：广东省惠州市博罗县石湾镇科技产业园科技大道一号
邮编：516127
电话：0752-6928301
传真：0752-6928311
E-mail：csc@ csepower. com
网址：www. csepower. com
简介：

专顺电机在我国台湾成立于 1978 年，是一家致力于变压器设计和制造的专业厂商并在变压器行业取得了骄人的成绩。2002 年成立了专顺电机（惠州）有限公司，工厂位于中国惠州市石湾镇，占地面积 60000 多平方米，现有员工 1500 多人。为更好地服务客户需求，还在苏州，菲律宾，印度设立生产服务据点。我们的主要产品包括：电源变压器，UPS 变压器，环形变压器，自耦变压器，三相变压器，高频变压器，线圈，非晶电抗器等。经过多年的努力我们已成为许多全球知名品牌的客户的一级供货商。

我们始终以质量和创新的理念来经营管理。通过了 UL 认证（Class B. F. H. N. R）。及 TUV ISO9001 质量认证并我们全面执行 RoHS 标准。我们的欧洲研发团队，及我们有经验丰富的管理人员和高效熟练的员工。公司现代化设备使我们成为变压器行业的先驱，并为客户提供物美价廉的产品。

完善的质量体系，严格的原材料和生产质量检测以及优质的售后服务，树立了客户对公司产品的信心，在国际及国内市场享有较好信誉，期待与您的真诚合作！

江　苏　省

179. 艾普斯电源（苏州）有限公司

地址：江苏省苏州市新区科技工业园火炬路 39 号

邮编：215009

电话：0512-68098868

传真：0512-68083816

E-mail：sales@ acpower. net

网址：www. acpower. cn

简介：

　　1989 年，艾普斯电源开始专业研发、制造及行销交流稳压电源，满足全球电子及资讯业对电源设备日益蓬勃的市场需求。迄今为止，业已发展成为交流不间断电源、稳压电源、变频电源、恒流源、电网模拟电源、中频航空-军事专用电源、直流电源、逆变电源、电动汽车充电等产品范围广泛的综合性电源企业。产品畅销欧美、日本、澳洲、东南亚、中东及非洲等世界四十余个国家和地区，享有很高的声誉并取得了众多瞩目成就。

　　艾普斯电源始终致力于产品的研发和创新，不断开发和推出紧贴顾客需求的电源产品。目前，艾普斯电源产品涵盖数十个系列、几百种产品规格，广泛应用于政府机构、新能源、资讯、家电、航空航天、造船、铁路、交通、通信、广电、医疗、金融、质检、工业、教育、实验室等民用和军用的各个领域，为数以万计的客户提供安全、可靠、稳定、高品质的电源环境。

　　艾普斯电源拥有雄厚的技术实力，现有员工总数 500 余人，其中工程技术人员占员工总数的 40% 以上。公司在销售及服务领域积累了丰富的经验，在亚太、北美等地区逾 20 个中心城市设有销售及服务分支机构，更好地满足各地顾客需求，全方位解决客户电源问题，提供各类电源项目的设计方案、安装、调试、维护及培训等专业服务。

180. 常州诚联电源制造有限公司

地址：江苏省常州市新北区百丈工业园创业东路 15 号

邮编：213000

电话：0519-88802588

传真：0519-88256951

E-mail：office@ czchenglian. com

网址：www. czchenglian. com

简介：

　　常州诚联电源制造有限公司，位于江苏省常州市百丈工业园，是专业从事 AC-DC、DC-DC 系列开关电源、适配器、防水电源、防雨电源研究、开发和制造的高新技术企业，中国电源学会成员单位。

　　公司产品广泛应用于 LED 显示屏、邮电、通信、电力、仪器仪表、半导体制冷制热、医疗设备、监控系统自动控制及铁路信号等领域。

　　公司重视人才培养与引进，拥有一批高素质的专业人才，并专门聘请上海交大教授定期上门对公司的技术人员进行指导与培训。

　　公司推行"5S"管理，以"质量求生存、效率求发展"为宗旨，率先通过了 ISO9001 国际质量认证体系，系列产品通过 3C、CE、GS、SGS、PSE 及 SAA 认证。

　　公司产品均经 100% 高温满载老化，产品老化一次合格率大于 99%，年返修率小于 3%。

　　公司产品远销德国、新加坡、澳大利亚、南非等国，并且在北京、上海等全国各大中城市建立了几十个销售网点，拥有完善的质量跟踪与售后服务体系，能快捷、周到地为客户提供全方位服务。公司总部以及各销售网点保持一定量的标准产品库存，能及时满足您的需要。如果您不能找到合适的型号，我们的工程师在了解您的需求后，能够迅速提出对应的电源解决方案，为您定制出特殊规格的电源。希望我们能够成为长期的合作伙伴。

181. 常州坚力电子有限公司

地址：江苏省常州市新北区河海西路 2 号

邮编：213022

电话：0519-86972136

传真：0519-86960580

E-mail：cyi@ cnfilter. com

网址：www. cnfilter. com

简介：

　　常州坚力电子创立于 1993 年，坐落于江苏省常州高新技术开发区，地理位置优越，处于长三角经济圈内，物流发达。

常州坚力电子有限公司是中国规模和研发实力并举的 EMi/EMC 电源滤波器制造商。自 20 世纪 60 年代生产滤波器以来，积累了五十多年的专业制造经验。在国内同行业中率先通过了 ISO9001 质量体系认证，先进的测试设备和严格的品质管理形成了我们的独特优势。历年来坚力电源滤波器主要品种已先后通过了 UL、CSA、VDE 和 NEMKO、SEMKO、FIMKO、DEMKO 等安规认证。

本公司电源滤波器广泛用于各种仪器仪表、医疗设备、电力设备、通信电源、UPS、变频空调及电梯设备等。产品曾多次为国家重点工程-洲际火箭、电子方舱、运载火箭、考察船以及飞船系列等配套。本公司产品畅销海内外，拥有国内外各领域优秀客户。本公司能在 4 ~ 6 周内为您提供 0.5 ~ 1600A 的各种规格的单相、三相交流电源滤波器和直流电源滤波器。专业的研发团队，可以为有特殊要求的客户设计和制造各种特规滤波器，以帮助您的设备有效抑制沿电源线传输的电磁干扰，满足电磁兼容（EMC）规范的要求。

182. 常州金鼎电器有限公司

地址：江苏省常州市武进区湟里镇卜东路
邮编：213151
电话：0519-83341043　83346188　83348978
传真：0519-83340978
E-mail：czdk978@ msn. com
网址：www. czdk. com
简介：

常州金鼎电器有限公司是一家生产漆包圆绕组线、电容器、电源变压器、充电器、适配器的专业化公司，公司生产的漆包圆绕组线各项性能均符合国家标准，取得全国工业产品生产许可证；电容器通过 VDE 认证；充电器、适配器、电源变压器系列产品拥有 GS、UL、CUL、BS、SAA、PES 等多国认证证书。公司通过了 ISO9001 质量体系认证，建立了 ISO14001：2004 环境管理体系。

公司产品主要用于各种电动工具、灯串、家用电器、电动车辆及其他低压电器等，公司年产充电器、适配器等产品 500 万只，产品畅销十多个国家和地区，深受用户好评。同时公司具有较强的开发

新品的能力，可根据用户要求定做特殊规格产品。

公司创立十年来，始终坚持以市场为导向，以满足客户需求为己任，将一如既往地为客户提供专业化、高质量、高可靠性的产品和一流服务！

申　社

183. 常州瑞华电力电子器件有限公司

地址：江苏省金坛市社头工业园区 8 号
邮编：213231
电话：0519-82711101　82718958
传真：0519-82711121
E-mail：sales@ ruihuaelec. com
网址：www. ruihuaelec. com
简介：

常州瑞华电力电子器件有限公司始建于 1984 年 3 月，注册资金 2000 万元，是国内最早也是最具实力的专业化、规模化电力半导体模块制造企业之一，江苏省首批高新技术企业，属金坛市电力半导体模块工程技术研究中心的独家依托单位。

目前畅销国内外市场的产品主要有：晶闸管、快速晶闸管、整流管和超快恢复二极管等各种桥臂模块、单（三）相整流桥模块、单（三）相交流开关模块、绝缘型降压硅堆模块以及三相整流桥与晶部管集成的模块、NBC 焊机及充电机专用硅整流组件、超快恢复二极管、MDST 组合模块等。

公司与西安电力电子技术研究所、清华大学、秦皇岛燕山大学等知名院校签署了长期产学研合作协议，拥有一支由教授、高工、硕士等高级专业技术人员组成的研发团队，现已拥有和申请 10 多项国家专利（其中发明专利 3 项）。

公司年年被评为"重合同，守信用"和"AAA 级信用企业"，曾多次承担国家科技部重点攻关项目、国家火炬计划项目、国家星火计划项目以及国家发改委组织的产业化专项项目，被列为江苏省高新技术产品、江苏省攻关项目、江苏省火炬计划、省星火计划项目 18 项，列为常州市、金坛市科技项目 23 项，并多次荣获国家、省、市级科技进步奖。

184. 常州市超顺电子技术有限公司

地址：江苏省常州市新北区春江镇百丈工业区港口

大道 10 号

邮编：213034

电话：0519-85914838

传真：0519-85911248

E-mail：sjl@ csdztech. com

网址：www. csdztec. com

简介：

本公司是一家专业从事研发、生产金属基覆铜箔层压板（铝基、铁基、铜基）的民营科技企业。公司位于常州市新北区百丈工业区，公司面积 2000 平方米，员工 200 人，年生产能力 80000 平方米，产品具有高散热，低热阻的特点，广泛应用于大功率 LED 景观照明，各种模块电源。电机及电动机驱动器，太阳能电站和军工产品等。

185. 常州市创联电源有限公司

地址：江苏省常州市新北区外环路佳井工业园 E 座

邮编：213022

电话：0519-85215050

传真：0519-85215252

E-mail：cls@ cl-power. com

网址：www. cl-power. com

简介：

常州市创联电源有限公司专业从事 AC-DC、DC-DC 开关电源及模块电源的研究开发及制造，是国内规模最大的电源厂家之一。公司坐落于常州市国家级高新技术开发区，交通便捷。厂区占地 10 亩，生产作业面积 4000 平方米；公司员工 200 多人，年生产各类开关电源、模块电源 100 多万台。"创联"牌电源产品 50% 满足国内市场的需求。50% 远销欧美、东南亚等国家和地区。

公司坚持"以质量求生存，凭信誉求发展"，率先通过了 ISO9001 国际质量体系认证，通过了 UL 认证、CE 认证和 3C 认证。产品符合 UL1950、TUVEN60950 安全标准，符合 EN55022classA、EN61000、EN60555 等 EMC 标准，并符合欧盟 SGS 环保检测。

公司系列产品广泛应用于通信、电力、煤矿、有线电视等各个领域。公司在国内外各大中城市建立了几十个销售服务网点，并保持一定量的标准产品库存，及时满足你的需要，而且能为你定制出特殊规格的电源。

HGPOWER® 红光

186. 常州市武进红光无线电有限公司

地址：江苏省常州市武进区礼嘉镇蒲岸村

邮编：213165

电话：0519-86732495

传真：0519-86731270

E-mail：ww@ hgpower. com

网址：www. hgpower. com

简介：

常州市红光无线电有限公司成立于 1998 年，一直致力于交换式电源产品的开发及生产。

目前公司已成为国内知名的开关电源生产基地，拥有先进的生产工艺和完善的品质保证体系，主要产品全部通过 CCC、UL、CE、GS、FCC 认证，并通过国际 ISO9001 质量体系认证。

目前公司产品广泛应用于家电，计算机，通信网络，工业设备等领域，公司现有固定资产 8000 万元，厂房及宿舍面积达 50000 平方米，月生产开关电源 82 万台。

公司拥有一支作风严谨、高素质的研发队伍，可以灵活高效地为客户提供全面的电源解决方案。

创一流品质，持续不断推出高效、节能、绿色电源产品，打造中国电源品牌是我们的宗旨。

187. 淮安亚光电子有限公司

地址：江苏省淮安市青浦区枚皋西路 5 号

邮编：223002

电话：0517-83976343

传真：0517-83963861

E-mail：haygdz@ 126. com

网址：www. haygdz. com

简介：

淮安亚光电子有限公司坐落在周恩来总理的故乡、历史文化名城-淮安市。经过 40 余年的辛勤耕耘，在各类稳压电源研制开发和生产领域，取得了良好的业绩，在业内率先通过 ISO9001 质量体系认证，拥有强大的技术研发能力和先进的生产检测手段。

40 多年来，亚光电源被广泛应用于航天航空、国防国民建设、大专院校、科研院所、远程教育等领域。多次参与国家援外工程项目，享有良好的声誉。先后多次获得国际、国内众多奖项。

凭借四十余年专业生产电源的经验，在设计开发和生产特种专用电源领域，亚光更具优势，在最短的时间里为您量身打造品质一流的特种电源设备，用户的需求就是亚光的产品！

亚光的专长是：大功率、高电压、大电流的交直流稳压电源；最大输出功率达 1000kVA；最大输出电流达 10000A；最高输出电压为 10000V。

"诚信务实，追求卓越"的经营理念，遍布全国各地的销售服务网络，使亚光成为用户永远信赖的朋友。

EKSi®

188. 江苏爱克赛电气制造有限公司

地址：江苏省扬州市扬州经济技术开发区八里工业园
邮编：225131
电话：0514-87525888
传真：0514-87526268
E-mail：webmaster@ eksi. cn
网址：www. eksi. cn
简介：

江苏爱克赛电气制造有限公司坐落在风景秀丽的扬州经济技术开发区，是江苏省高新技术企业，并通过 ISO9001：2008 质量管理体系认证、ISO14001：2004 环境管理体系认证、CE 认证、TLC 认证等公司占地 1 万多平方米，是国内大型专业研究、开发、生产 UPS 不间断电源；EPS 消防应急电源；太阳能、风能并网、离网逆变器；电力 UPS、专用 UPS 不间断电源；电抗器；变压器；交直流稳压电源的科技型股份制企业。

公司在全国设有三十多个分公司（办事处），形成较为完善的产品销售服务网络；产品广泛应用于金融、电信、民航、教育、公路、铁路等领域，并出口西班牙、德国等三十几个国家和地区。

本着"严谨、务实、拼搏、创新"的工作精神，公司将一如既往地坚持"客户至上、质量为本、求精创新、遵信守约"的核心价值观！

ASiDe 爱斯德

189. 江苏爱斯德电源发展有限公司

地址：江苏省淮安市经济开发区海口路 9 号
邮编：223005
电话：0517-83719557　83719558
传真：0517-83719557
E-mail：88@ jsasd. com. cn
网址：www. jsasd. com. cn
简介：

江苏爱斯德电源发展有限公司坐落在风景秀丽的一代伟人周恩来总理的故乡淮安，是一家引进意大利先进技术，根据国内电网环境，专业从事 UPS 不间断电源、EPS 应急电源、逆变电源、交直流稳压电源、免维护铅酸蓄电池的研发、生产及销售的高新技术企业。

公司秉承"品质第一、服务第一"的思想，严格执行已通过的 ISO9001：2008 国际质量体系认证标准，为了更好地服务于客户，公司在全国设有一个营销中心（总部）6 个大区，建立了完善的营销服务体系，为广大客户提供永不间断的全方位、高质量的售后服务。因此，爱斯德电源在 2009 年 12 月被中国质量监督检验中心评为"全国质量信誉双保障优秀单位"，相继荣获"中国国际专利与名牌博览会特别金奖"，并被"中国电源学会"纳入会员单位。

公司是国内少数能提供全系列 UPS 及其他各种电源产品的厂家之一，公司现有产品主要有七大系列："爱斯德 ASD"牌 500VA 至 800KVA 全系列 UPS 电源；"爱斯德 ASD"牌铅酸免维护蓄电池；"爱斯德 ASD"牌直流稳压电源；"爱斯德 ASD"牌全自动、精密净化、参数式抗干扰等各种系列交流稳压电源；智能化应急供电系统（EPS）；智能化变频节能电源系统；逆变器、高频模块电源及高频充电机系统。

sunel 上能®
pward,we can!

190. 江苏上能新特变压器有限公司

地址：江苏省常州市竹林北路 168 号
邮编：213022
电话：0519-68860202
传真：0519-85351613
E-mail：xufeng5529@ sina. com
网址：www. sunel. com. cn
简介：

江苏上能新特变压器有限公司，主导产品覆盖 330KV 及以下电压等级的油浸式电力变压器和特种变压器、35kV 以下电压等级的干式电力变压器和特种变压器。

公司前身为江苏上能变压器有限公司，始建于 1999 年，在 2005 年被评定为"江苏省高新技术企业"。"特种变压器"作为企业差异化发展战略的"上能"，以专而强的技术、及时快速的交付，在中国变压器行业中独树一帜，成为中国特种变压器的重要门户，被中国特种变压器门户网、中国工业电器品牌网联合命名为中国特种变压器制造基地，成为"中国蓝海战略"的一个标杆。

2009 年 9 月 26 日，超高压新厂房开工典礼在常州北塘河东路的新厂址举行。在常州这块全球最大变压器制造基地的热土上，江苏上能即日起正式进入超高压电力变压器和特种变压器制造领域！

未来，上能新特将为国电南自的"智能一次设备产业"发展竭尽已能！

COTEK

191. 昆山奕冈电子有限公司

地址： 江苏省昆山市张浦镇阳光西路 510 号
邮编： 215301
电话： 0512-50110401
传真： 0512-50110413
E-mail： Cotek006@ cotek. com. cn
网址： www. cotek. com. cn
简介：

昆山奕冈电子有限公司属中国台湾企业，至今已有 26 年的历史，主要生产销售开关电源、逆变器和充电器产品。我们的销售网络遍布全球，在世界各地都有经销商。我们的产品通过了 UL，CE，TUV 等认证，产品的独到设计及优秀的品质赢得了客户及同行的赞许，目前我们推出了新型逆变器，包括太阳能并网逆变器，双向逆变器等高科技前沿产品，欢迎新老客户选购。相信我们的质量，服务，技术专长是您最好的选择。

Reros®

192. 雷诺士（常州）电子有限公司

地址： 江苏省常州市新北区华山中路 38 号
邮编： 213022
电话： 0519-85190886
传真： 0519-88220368
E-mail： www. rerosups. com
网址： reros@ rerosups. com
简介：

雷诺士（常州）电子有限公司是外商独资企业，创建于 2003 年，是大型专业研发、制造、销售、服务不间断电源（UPS）的高科技企业。工厂占地面积 13000 平方米，建筑面积 10000 平方米，新建有现代化的 4 条电源生产流水线及 1 条线路板生产流水线，主导产品雷诺士牌 UPS。功率容量覆盖 1 ~ 720kV·A，拥有百余种型号和规格。

我司生产的 UPS 产品采用当今世界最先进的 DSP（全数字信息处理）技术处理器芯片与智慧型电源管理软件的完美结合，使用 IGBT 及高频 PWM 技术，并且具备功能强大、友好的液晶式人机界面。产品体积轻巧，外观美观，轻松实现全数字化、智能化、网络化控制和管理。广泛应用于国外与国内金融、财税、邮政、电信、交通、医疗、保险、国防等国民经济领域，在各个行业发挥着电力保护神的重要作用。产品已在全球使用。

在新的一年，公司将继续秉承"专注、沉稳、可靠、至善"的理念和"质量第一、用户至上、开拓创新、永不间断"的质量方针，竭诚为广大客户和合作伙伴提供优质的产品和专业的服务。

193. 溧阳市华元电源设备厂

地址： 江苏省溧阳市昆仑开发区民营路 3 号
邮编： 213300
电话： 0519-87383088
传真： 0519-88306606
E-mail： lyhydy_hj400@ 163. com
网址： www. huayuan-power. com. cn
简介：

我厂在江苏省溧阳市昆仑开发区内，是省级科技型民营企业。

本厂从事高频开关电源的新技术研发及其新产品的生产，拥有高频开关电源的自主发明专利技术和多项专有技术。

本厂研发生产的氙灯、金卤灯等多种大功率电光源电子镇流器，节能、可靠，在性价比上优于一些进口同类产品；自主研发生产的电动汽车充电机产品，已配套国内电池生产厂商的动力电池远销欧美、日本、独联体、中东及东南亚一些国家和地区，几年使用下来的可靠性得了用户的肯定；本厂研制生产的新型高频开关电源，还应用于通信、高能物理、军事、化工、焊割等领域。

我厂的专利技术在电源的高效、可靠、节能、控制、均流等方面有自己的特色。本厂生产的单台 350kW、四台并联 1400kW 的大功率高频开关电源产品，开创了国内先河。特大功率高频开关电源，可用于快速充电站、智能化电网中的充电蓄能，还可用于高能物理、军事、航空航天、化工、冶炼等领域。我们可以根据用户的实际需要研发生产出高效、节能、高可靠的几千千瓦甚至上万千瓦的绿色特大功率高频开关电源产品。

194. 南京大普电子实业有限公司

地址：江苏省南京市虎踞北路 100 号 5 座 2 楼
邮编：210003
电话：025-83344367
传真：025-83344297
E-mail：evalo-53@ vip. 163. com
网址：www. darpu. com
简介：

南京大普电子实业有限公司成立于 1996 年，2003 年由原国企改制企业。中国电源学会团体会员，江苏省和中国教学仪器设备行业协会会员。国家级大学工业园园区企业。公司产品拥有注册商标。2010 年获得江苏省省级自主创新产品称号。通过 ISO9001-2008 国际质量管理体系的认证，ISO14000-2004 环境管理体系认证和 GB/T28001-2001 职业健康安全管理体系。

我们公司是研发生产电子产品的老企业，有着厚实的技术功底和完备的生产管理经验和体系，是东南大学，南邮等南京市多所大学的实训基地。公司 2005 年率先进入通用技术课程设备仪器的研发制造，拥有如视力保护提醒器实践台，楼梯灯实践台，水位水箱控制，红绿灯翻转时间控制系统，单片机实践台等数十项通用技术课程教学具。在北京、安徽、山西、河南及全国各地的通用技术实践室中拥有大量的成功案例。

195. 南京冠亚电源设备有限公司

地址：江苏省南京市高新区柳州北路 22 号小柳工业园
邮编：210031
电话：025-66607770
传真：025-58842492
E-mail：gy@ guanyapower. com
网址：www. guanyapower. com
简介：

我公司自 2001 年成立以来，经过十年的打拼，已经发展成为国内技术水平最高、品种最齐全、单机功率最大的两家光伏逆变器生产企业之一。公司

资产由初创时的 50 万元积累到目前的 1.5 亿元，职工发展到 290 人，拥有各类专业技术人员 90 多人，其中博士、硕士 9 人并有科技部 863 计划评审专家 3 人，具有相当强的新产品研发能力。

公司 2011 年产能为 500MW，2012 年 800MW，2013 年 2GW，2014 年 3.5GW，2015 年 5GW。

在突破产能的瓶颈之后，2011 年公司将实现 4 亿元销售额，将实现利税为 1 亿元，人均年产值约为 50 万元。2012 年实现销售额 10 亿元，2013 年实现 24 亿元，2014 年实现 40 亿元，2015 年实现 55 亿元。

公司将在 2012 年申请江苏省太阳能电源工程中心和博士工作站。公司一期需要吸引和招聘人才约 500 人，二期需求人才为 1800 人。

196. 南京金宁星拓电源设备研究所

地址：江苏省南京市中央门外经五路壹城 D61-103
邮编：210000
电话：025-85382010
传真：025-85614916-808
E-mail：15295509300@ 163. com
网址：www. njxtdy. com
简介：

公司位于古都南京。前身是国营 898 厂的研究所，从 1987 年开始研究，生产开关电源。是专业生产交、直流稳压电源，逆变器，防水电源等型号为 XT 系列的开关电源；本产品广泛应用于通信、广播电视、仪器仪表、自动控制、电力、煤矿、安全防范监控系统、军工及各种医疗设备等领域。本产品远销国内、外，深受用户好评，有着良好的信誉。为更好的为客户服务，我公司在北京、上海、深圳等设立销售网点，确保产品质量跟踪和售后服务，更能方便快捷的满足各地客户的需求。

我公司设有产品研发部、调试检验部、标准的生产组装车间、老化车间、产品检验质部。推行以质量为生命，以市场为方向的重信誉、守合同企业，中国电源学会会员单位，并荣获了 ISO9001/2000 质量体系认证，被评为中国（江苏）质量诚信 AAA 企业。

为满足各种客户的需求，利用现有资源，开展了各类特种规格开关的研发和定制项目。

197. 南京精研磁性技术有限公司

地址：江苏省南京市栖霞区栖霞镇石埠桥
邮编：210033
电话：025-85770330

传真：025-85764221

E-mail：lumy2000@21cn.com

网址：www.finemag.com.cn

简介：

南京精研磁性技术有限公司（简称：精研磁技，英文名称：NANJING FINEMAG TECHNOLOGY CO.，LTD.）是一家专门从事软磁铁氧体研究开发和生产的高科技中外合资企业。

精研磁技主要产品分为五大材料系列和数十个磁心系列，包括用于电源和其他功率转换领域的低损耗功率铁氧体 FP 材料系列；用于通信及电磁兼容领域的高磁导率铁氧体 FH 材料系列；用于照明电源信号反馈线路的 FHB 和 FB 材料系列；用于汽车电子、电力电子、网络通信系统的 FQ 材料系列。磁心以小尺寸、低矮扁平形状和高性能参数的规格品种为主，特别适合于现代电子信息产品小型化、轻量化的发展趋势和使用要求，被广泛应用于液晶显示器、汽车电子、电力电子和数字通信、互联网、电磁干扰抑制、音视频设备和绿色照明等领域。

精研磁技充分借鉴国内外先进磁性材料企业的工艺技术和管理经验，严格遵循 ISO9001：2000 质量管理体系、ISO14001：2004 环境管理体系、GB/T28001-2001 职业健康安全管理体系，把满足顾客需求视为企业最高准则，力求以优质的产品及服务赢得客户广泛的信赖，实现互利双赢。

198. 南京时恒电子科技有限公司

地址：江苏省南京市江宁区文靖路文华街 8 号

邮编：211100

电话：025-52121868

传真：025-52122373

E-mail：sales@shiheng.com.cn

网址：www.shiheng.com.cn

简介：

南京时恒（SHIHENG）电子科技有限公司为国家高新技术企业，专业生产全系列 NTC 热敏电阻器、NTC 温度传感器、PTC 热敏电阻器和氧化锌压敏电阻器等敏感元器件，是国内最大的敏感元器件专业生产企业之一。公司通过了 ISO9001 质量管理体系认证、ISO14001 环境管理体系认证，并先后被认定为"南京市民营科技企业"、"南京市高新技术企业"、"江苏省民营科技企业"、"国家高新技术企业"。公司还是中国电子元件协会（CECA）会员单位和中国电源协会会员单位。

公司不断研发出具有国际先进水平的新产品，多项科技项目获得包括国家火炬计划、国家科技部创新基金在内的各级政府的立项和资助。

主要产品均通过了 CQC 标志认证和美国 UL、C-UL 安全认证，产品广泛应用于工业电子设备、通信、电力、交通、医疗设备、汽车电子、家用电器、测试仪器、电源设备等领域。

199. 南京亿源科技有限公司

地址：江苏省南京市秦淮区大校场场路 26 号

邮编：210007

电话：025-52611803

传真：025-52611803-808

E-mail：wyj999@126.com

简介：

我公司成立于 1993 年，是从事高频电源研究、开发、生产的专业性高科技企业，有一支高素质的致力于电力电源和通信电源研究开发的队伍。公司秉承"务实、创新、高效、优质"的宗旨，针对各类用户对电源的不同要求，研制出多种具有特色的电源产品，主要包括工业标准开关电源、电力系统自动化专用开关电源、模块电源、高压开关电源、通信电源和其他按客户要求特别定制的非标、特标开关电源及电源应用产品。其中电力系统自动化专用开关电源已在国内各主要电力自动化设备制造单位的多种监控、保护等设备上得到长期使用，性能稳定可靠。主要产品均通过国网公司质量检测中心、电磁兼容实验室检测。我公司电源产品已成功运用在 75 万 V 超高压、100 万 V 高压输变电装置及智能电网设备中。

200. 启东市华泰电源制造厂

地址：江苏省启东市紫薇中路 778 号

邮编：226200

电话：0513-82758222

传真：0513-82759222

E-mail：qdsimaite@yahoo.com.cn

网址：www.ayfl.com.cn

简介：

启东市华泰电源制造厂是一家专业研究、开发、生产、定做、销售各种开关电源的专业工厂，本厂生产的爱因牌、斯坦牌开关电源具有输入电压范围广、输出功率保护、过热保护、过电流保护等优点。产品老化一次合格率大于99%，年返修小于1%。并以科技为先导，诚信为本，质量与服务并存为宗旨，坚持服务第一、信誉至上、真诚合作、互惠互利的原则，坚持走开拓和发展的道路，为用户提供性能优良的产品，合理公道的价格，更为满意的服务。

201. 双羽电子（苏州）有限公司

地址：江苏省苏州市相城区黄埭镇潘阳工业园春秋
　　　　路38号
邮编：215143
电话：0512-65712889
传真：0512-65713367
E-mail：oki@ futaba. com. cn
网址：www. futaba. com. cn
简介：

1973年与日本福岛双羽签定技术合约，双羽电机股份有限公司在中国台湾地区成立，经过30多年的努力，双羽公司不断成长壮大，在苏州、深圳等多地设厂服务客户，在质量和服务上也持续提高和改进，公司拥有优秀的专业人材和研发团队，在材料和新产品的研发上不遗余力，我们秉持好品质、服务佳的宗旨为您服务。

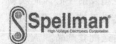

202. 斯派曼电子技术（苏州工业园区）有限公司

地址：江苏省苏州市苏州工业园区苏桐路16号
邮编：215021
电话：86-512-67630010
传真：86-512-67630030
E-mail：jshen@ spellmanhv. cn
网址：www. spellmanhv. cn
简介：

斯派曼电子技术公司是全球高压电源、X射线发生器、Moboblock一体化射线源的领先独立制造商。斯派曼电子技术（苏州工业园区）有限公司是

斯派曼高压电子公司设立在中国的独资企业。主要生产高压直流电源、X射线发生器，销售本公司所生产的产品并提供相关技术咨询和售后服务。

斯派曼成立于1947年，经过半个世纪的发展，已经成为医疗、工业、科研领域一个值得信赖的供应商。我们的产品主要应用于以下领域：CT扫描、骨密度测量、无损检测、分析用X射线分析、X射线探测、离子注入、电子束印刷、爆炸物探测、行李扫描、电信、质谱仪、电泳等行业。斯派曼主要产品包括：模块和机架式高压电源，输出电压范围250V~500kV，输出功率1W~120kW。

"理解客户所需，提供客户所需"，斯派曼愿同客户一道致力于新技术的研发，促进高压技术的发展。

203. 苏州固钜电子科技有限公司

地址：江苏省苏州市工业园区新泽路12号
电话：0512-62883513-23
传真：0512-62882907
E-mail：li@ gujukeji. com
网址：www. gujukeji. com
简介：

固鼎电子有限公司成立于2004年。于2011年因业务发展需要成立了苏州固钜电子科技有限公司，固钜电子科技有限公司是一家专业的电源解决方案提供商，致力于电源技术与应用工程的完美结合，为客户提供有竞争力、可靠的、先进的电源产品及应用方案。

固钜电子公司拥有现代化的生产车间和设备。公司规划员工200多名，其中工程技术人员和大学本科学历以上占20%。凭借着自身强大的实力，苏州固钜电子科技有限公司通过了ISO9001：2000质量体系和ISO14000环境管理体系认证，使得公司的产品性能更加可靠，管理更加制度化。

公司始终坚持"产品创新、科技先行"的宗旨，以雄厚的科技力量为基础，应用领先的科学技术，不断研发适应市场需求的新产品，提高产品档次，并采用先进的检测设备，努力把公司建成高科技，多元化的电源设备专业公司。

公司生产的主要产品有逆变变压器，机械控制变压器，太阳能、风能逆变变压器，UPS逆变变压器，非晶节能变压器、电抗器，电器系列，机械控制变压器裸机系列、单相机床控制变压器系列，稳压器。

204. 苏州宏品电子有限公司

地址：江苏省苏州市相城区黄埭镇潘阳工业园春秋
　　　路 31 号

邮编：215143

电话：0512-66735222

传真：0512-66735223

E-mail：jack@ es-ycap. com

网址：www.es-ycap. com

简介：

　　苏州宏品电子是专业制造电容器的厂家，已有
十几年的经验，目前主要产品为高压及 AC 交流安规
电容器，申请九国安规认证已通过美国，加拿大，
德国，芬兰，挪威，瑞典，丹麦，中国等九国，已
通过 ISO9002 国际质量认证。

　　由于经验丰富，制造技术精湛，管理良好，并在
大陆东莞设有生产基地，因此得以广开市场，为客户服
务，提供良好质量之产品，为提升国际市场竞 争力，
一方面增设多项全新自动化生产设备及测试仪器，包括
半成品瓷片开发，追求与客户最完美之配合。

　　"质量第一，客户至上，永续经营"为本公司之
经营理念，在全员参与追求零缺点之质量政策之下，
配合 ISO9002 质量系统之管理，全体同仁不断提升
技术质量与服务，以达成客户期望之满意。

205. 苏州吉远电子科技有限公司

地址：江苏省苏州市工业园区沸腾 CBD 乐嘉大厦
　　　1215 室

邮编：215006

电话：0512-62373510

传真：0512-62373512

E-mail：psdpower@ psd-power. com. cn

网址：www. psd-power. com. cn

简介：

　　公司专注于开关电源管理器件研究及产品开发，
为广大客户提供集成一站式新颖、高效、节能、环
保、开关电源管理器件及高性价比产品方案提供商。

　　代理产品：

　　有源产品线：ON、ON-Bright、BCD、TC、CBC、
THX

被动器件产品线：CHILIS、YAGEO、HOLY-
STONE、ASJ 电源研发中心：苏州中心和深圳中心

206. 苏州市电通电力电子有限公司

地址：江苏省苏州市高新区竹园路 209 号

邮编：215001

电话：0512-68410244

传真：0512-68410338

E-mail：zhoufang@ szdt. com. cn

网址：www. szdt. com. cn

简介：

　　一直以来，电通人本着"求实、求新、求精"
的精神，着力开创电子材料科学新愿景。在压敏陶
瓷材料制造、过电压测试、产品设计和技术应用等
方面取得了一系列开创性的成果，由此获得国家多
项发明和实用新型专利，2009 年"纳米掺杂高能氧
化锌压敏电阻阀片及其专用添加剂的制造"项目又
被列入苏州高新区创新领军人才计划。

　　截至目前广泛应用于冶金、化工、能源、交通、
航空航天等领域的公司产品有：SVP 系列吸能型过电
压保护器、保护箱；DSP 差模电涌保护器、CSP 共模
电涌保护器、DCP 复合式电涌保护器、SVP 电压限制
型电涌保护箱、SEID 系列对地绝缘在监控仪、多功
能防雷器、灭磁单元等。其中 SVP 系列吸能型过电压
保护器，继成为我国自行研制的韶九型电力机车整流
电源过电压保护定型装置后，又被中科院托科马克项
目、国防科大磁悬浮工程中心自行研制的磁悬浮列
车、胜利油田海上钻井、西康卫星发射中心风洞实验
装置、西门子传动系统、ABB 传动系统、西门子风电
系统等项目领域过电压保护的首选配套产品。

　　我们崇尚"学识、见识、胆识"，信息化、国际
化的视野让我们懂得：先进的管理，专业的技术，
优质的服务，会赢得信誉和信心；更让我们坚信：
重要的不仅仅是售出所有的产品，而是分享技术成
果。因为技术是企业生存的基石，因为技术是人类
共同的财富！

207. 苏州市申浦电源设备厂

地址：江苏省苏州市吴中区角直镇凌港村角胜路
　　　（胜浦大桥南 100 米）

邮编：215126

电话：0512-65043983

传真：0512-65044693

E-mail：webmaster@ sz-spdy.com

网址：www.sz-spdy.com

简介：

公司坐落于美丽富饶的长江三角洲，南临苏沪机场路，北靠 312 国道，交通便利，环境优美，本厂技术先进，实力雄厚，是集科研生产一体化的专业企业。

本厂专业生产 BT-33 型多功能大功率晶闸管触发板、BT-1 型多功能恒流压调节板、整流器、晶闸管调压器、直流调速器、电子负载、充电机、恒流源及各种规格晶闸管调压变流设备。普通硅整流设备，大功率高频开关电源，贵金属电镀用脉冲电源，铝氧化用大功率脉冲电源，蓄电池生产测试用大功率充放电电源，大功率直流电机调速装置及其他蓄电池生产测试用相关设备。

公司的市场营销策略是：优质低价，服务快捷，相同档次的产品我们的价格达到最低。

我们将以一流的创业精神、全新的质量观念、优质的服务态度和精诚的团结信念广结中外朋友，共谋事业发展。

208. 苏州中普电子有限公司

地址：江苏省苏州市吴中区木渎镇凤凰路 18 号

邮编：215101

电话：0512-68788196

传真：0512-68091840

网址：www.sinotronix.com

简介：

苏州中普电子有限公司成立于 2000 年，于 2003 年 3 月正式由广西新未来集团控股，成立新未来集团和香港瑞普公司的合资企业，总投资 1980 万元，注册资金 1600 万元。公司专门从事研制开发、生产、销售电子设备备用浪涌抑制型压敏电阻器、浪涌保护器（SPD）专用 MOV、金属氧化物避雷器（MOV）阀片、高能阀片等产品。公司已通过 ISO9000 质量体系认证，产品通过了 UL、CSA、VDE 等安全认证。公司拥有先进全套生产制造检测设备和仪器。

秉承“充实与挑战、实在与效率、信赖与信任、积极与进取”的经营理念，和“一流的质量是全员的光荣、一流的质量是公司的责任、一流的质量是

客户的信心、一流的质量是永恒的基石”的质量方针，使客户与我们具有同样的信心。

209. 无锡昌德电子有限公司

地址：江苏省无锡市蠡园开发区 A1-5 层

邮编：214072

电话：0510-85161088 85169977

传真：0510-85165556

E-mail：daipky202@ yahoo.com.cn

网址：www.wxthunder.com

简介：

无锡昌德电子（原恒诚电子）有限公司创建于 1995 年，是一间生产大功率晶体管为主的专业化公司，产品系列齐全，封装形式多样，质量可靠，价格极具竞争力。主要封装形式有：TO-3，TO-66，TO-247，TO-220，TO-126。其产品被广泛地应用在电视机，节能灯，洗衣机，电动工具，吸尘器，开关电源，音响及各种电子，电力设备中。

公司不断吸纳高素质的人才，不断引进具有世界先进水平的生产设备，为的是向客户提供与国际接轨的高品质产品。面对充满机遇与挑战的 21 世纪，秉承“能不能做得更好”经营理念的无锡昌德电子，正在为创中国知名微电子品牌不懈努力。

210. 无锡海德电子有限公司

地址：江苏省宜兴市丁蜀镇工业园区

邮编：214221

电话：0510-87408878 87409980 87417499

传真：0510-87418078

E-mail：sales@ haider.net.cn

网址：www.haider.net.cn

简介：

无锡海德电子有限公司成立于 2000 年 7 月，前身为中美合资无锡海德电子有限公司（宜兴市海德电子有限公司和美国爱尔科技股份有限公司）。2005 年转型为中港合资企业（江苏省宜兴市海德电子有限公司和香港海达电子有限公司）。海德电子是一家从事电源研发、制造和销售的专业化公司。

主要产品：开关电源供应器，电源适配器，逆变器，电子变压器及电感等。

应用领域：3C 产业，即消费电子，如 DVD、

POCKET DVD，功放 DVD、DVB、LCD-TV、PDP-TV、PDA、数码相机等；计算机及外设，如扫描仪、笔记本电脑、液晶显示器、打印机、复印机等；通信设备，如手机、ADSL、路由器、POS 机、网络终端等。同时还应用于仪器仪表、汽车电子、医疗电子等。

公司具备 ISO9001：2000 质量体系认证，产品已具备中国、美国、日本、欧洲、韩国、英国、澳大利亚、阿根廷等多国安全规格认证。同时，产品获得多项国家专利及多项江苏省高新技术产品、江苏省火炬计划项目认定。

公司持续致力于技术创新、品质改善和成本管理。为适应节能、环保、降本发展趋势，公司已经研发成功待机损耗功率为 0.3 ~ 0.5W 的电源，研发成功将 AC INVERTER 及 POWER ADAPTER 功能整合在一起的新型电源供应器。在 2004 年 8 月已导入无铅制程，2006 年 12 月份已通过 ISO14000 环保体系认证。

公司自成立以来，成长速度较快。2002 年营业额是 2001 年的 7 倍，2003 年营业额是 2002 年的 2 倍，2004 年营业额计划比 2003 年增长 80%，此后几年，始终保持着持续稳步发展的势头。为适应公司发展需要，公司一方面不断学习和改善管理流程，提高管理水平；另一方面，一座占地 60 亩，建筑面积超过 2 万平方米的新工厂已于 2005 年 4 月份投入使用。此时，管理及生产能力、设备保障水平、规模经营等优势能够更好满足顾客对品质、价格、交货期服务的需求。

211. 无锡市创立达科技有限公司

地址：江苏省无锡市新区硕放香楠一路 6 号
邮编：214142
电话：0510-80259777
传真：0510-82261222
E-mail：cld@ cldkj. com
网址：www. cldkj. com
简介：

创立达主导产品分集成电路和分立器件两大类十几个系列。集成电路类主要有车用电路系列、仪器仪表集成电路系列、通用集成电路系列、电力电子集成电路系列、稳压集成电路系列；分立器件类主要有单向晶闸管系列、双向晶闸管系列、肖特基管系列、达林顿管系列、MOS 管系列、通用晶体管系列、MJE 系列。这些产品广泛应用于计算机、通信、汽车、摩托车、机电一体、家电等领域。尤其

在摩托车行业，创立达系列产品凭借可靠的品质、卓越的性价比以及优良的服务，市场占有率已达到80%，成为业内"核心半导体产品"专业的知名制造供应商。

随着企业的不断发展，创立达又一主导产品应运而生，那就是半导体产品的封测代工。目前封测主要致力于功率集成电路和中大功率器件以及新型特种功率半导体封测，常规封测类别有：TO-126，TO-220，TO-252，ITO-220，TO-263，TO-247，DIP8，DIP14，DIP28 等。

212. 无锡市迈杰电子有限公司

地址：江苏省无锡市新区城南路 209-2 号
邮编：214028
电话：0510-85362001
传真：0510-85363001-818
E-mail：michaelxjliu@ 163. com
网址：wxmjdz. cn. alibaba. com
简介：

无锡迈杰电子有限公司，专业开关电源研发和制造商。公司主要产品：各种功率和电压输出的通用工业恒压电源，LED 恒流驱动电源等。产品主要用于 LED 发光字牌、LED 数码管（护栏管）、LED 电子显示屏、LED 路灯、LED 照明设备及其他工业应用场合。所生产的电源以内销为主，已经广泛应用于国内各个领域的数十家客户。部分产品已经通过 UL 认证和 CE 论证，并为出口企业和欧美客户长期提供贴牌和 OEM 服务。

公司技术力量雄厚，拥有一支包括专家、硕士、高级工程师在内的研发队伍。公司严格按照 ISO9000 质量管理体系运营，多年的生产经验和先进的管理体系使我们建立了一整套确保产品质量的方法和措施。所生产电源产品 100% 经过满负荷老化，出厂检验严格按照国标和行标进行以确保出厂产品的合格率。

迈杰电子始终坚持塑造以人为本，打造精品的企业形象。产品开发以市场为导向，以降低客户使用成本为宗旨。为提高企业市场竞争力，致力于开发实用、低成本和高性价比的产品。打造一流的质量，最大限度降低客户使用成本是我们的奋斗目标。公司注重培养员工的服务意识，奉行客户为上帝的服务原则，不断提高自身修养，努力以一流的服务做到让客户满意。

213. 无锡市星火电器有限公司

地址：江苏省无锡市杨市镇镇北工业园

邮编：214154

电话：0510-83551406

传真：0510-83556447

E-mail：wxxh@wxxh.com

网址：www.wxxh.com

简介：

　　无锡市星火电器有限公司位于无锡城西，近有沪宁高速公路，锡宜高速、沿江高速、312国道、342省道，交通便利；拥有自建厂房5000多平方米。本公司是生产电力半导体器件的专业企业，主要生产直流屏用电力半导体模块、2CWL系列降压硅链、DJ系列电压调节器、闪光继电器、绝缘监察仪等，创建于1988年，多年来与全国直流屏行业及电源厂家合作、配套，如许继电源（OEM合作）、杭州中恒电气、南京南瑞集团、合肥阳光集团、深圳艾默生等，我们有着丰富的经验，良好的服务和稳定的产品品质。

214. 无锡西西电容器有限公司

地址：江苏省无锡市新区坊前镇坊兴路5号

邮编：214111

电话：0510-82614272 0510-82605391

传真：0510-82606559

E-mail：sales@wuxi-xx.com

网址：www.wuxi-xx.com

简介：

　　无锡西西电容器有限公司是由原国有企业无锡市电容器四厂和中港合资无锡宏兴电子器材有限公司合并改制成立的。公司位于沪宁高速公路无锡段东入口处，与无锡市的主干道太湖大道相毗邻。占地面积30亩，建筑面积达1.8万平方米。

　　本公司是生产金属化有机薄膜电容器的专业工厂，产品主要为广播整机、仪器仪表、家用电器交流电动机起动运转，灯具补偿配件。本公司工艺先进，检测手段齐全，产品各项性能达到国际电工委员会IEC252标准，企业质量管理通过ISO9001认证，CBB60、CBB61、CBB65系列产品通过CQC认证，CBB60、CBB61通过UL、TUV、CE认证。

　　本公司主要产品系列有：CBB60、CBB61、CBB62、CBB65、CBB65S、CBB22、CL21等金属化聚丙烯薄膜电容器，以及CJ41、CJ48等金属化纸介电容器，其中CBB60曾获电子部优质产品称号，CBB61曾获江苏省优质产品称号。

215. 兴化市东方电器有限公司

地址：江苏省兴化市安丰镇宁盐路

邮编：225766

电话：0523-83541045　83547188

传真：0523-83541045

E-mail：cgt@dfdq.com.cn

网址：www.dfdq.com.cn

简介：

　　兴化市东方电器有限公司是生产电子零件的专业生产单位，1995年建厂。主要产品有中周、线圈、电感、电源变压器等。本公司技术力量雄厚，生产设备先进，配有半自动绕线及先进的全自动绕线机，能够满足客户的不同层次需求及各种特殊需求。公司现有职工200多人，厂房占地面积10000多平方米，地处江苏省兴化市安丰镇宁盐路西侧，交通十分便利。

　　本公司坚持质量第一，信誉至上的宗旨，是您理想的合作伙伴，热诚欢迎广大客户前来洽谈业务，携手共同发展。

216. 徐州市恒源电器有限公司

地址：江苏省徐州市铜山经济技术开发区珠江路北

邮编：221116

电话：0516-83318500

传真：0516-83530388

E-mail：lee@hoyoa.com.cn

网址：www.hoyoa.com.cn

简介：

　　公司位于江苏省徐州市高新技术产业开发区，是专业从事电源电器及其辅助材料加工，集研发、生产、销售、服务于一体的高新技术企业。2012年预计实现产值8000万元；专业生产小型电源适配器、充电器、LED照明驱动电源、车载电源等各种开关电源等产品。

　　公司通过多年的规范管理和持续的技术培训建立了一支高素质的员工队伍，目前有员工300余人，其中仅技术、品质工程师就有近40人，公司拥有强大的技术开发能力、先进的制造设备、完善的监测手段和质量管理体系。公司已经通过ISO9001：2000质保体系认证。目前公司的所有产品均已取得CE，

GS，UL，SAA，PSE，BS，K 等安规认证，公司也可根据客户的需求，快速完成客户要求的安规认证。

217. 扬州格尔仕电源科技有限公司

地址：江苏省扬州市开发区临江路 188 号
邮编：225000
电话：0514-87583241
传真：0514-87573080
E-mail：yzgrs_service@163.com
网址：www.yanghui.com
简介：

扬州格尔仕电源科技有限公司（原邗江县电子设备厂）位于历史悠久的文化古城——扬州。公司创建于 1986 年，一直从事交直流稳压电源生产。1990 年被国家评为信息产业部定点企业，并发给全国工业产品生产许可证，许可证号：XK-09-507-144。1997 年加入中国电源学会，2000 年来连续被扬州市评为重合同守信用单位。全国农网改造被定为国家经贸委推荐企业，直流电源被指定为推荐产品。2002 年通过 ISO9001 国际质量体系认证。

公司占地面积 6660 平方米，建筑面积约 4000 平方米。年产值 2000 多万元，员工约 120 人，其中技术人员占 30%。我公司先后与南京航空航天大学、煤炭研究所技术合作。DWW 系列电源多次或行业名优产品称号。2002 年，DWW-K 系列开关电源获得国家专利。

公司所产的"扬辉"电源被众多国防单位如：总参谋部、总后勤部、国防科委、航空部，航天部等下属科研单位选用。曾为神州飞船项目元器件制造厂商提供钽、铝电解电容器老练、测试电源；为北海舰队，南海舰队提供直流稳定电源；为中船公司某研究所提供大功率储能脉冲发射电源及仿真电源；为中科院相关研究所提供大功率稳定电源、逆变电源、开关电源。同时也为大专院校、科研所提供科研用特种电源。全国大部分电容器厂、直流电机厂、电池厂、电镀厂、灯泡厂都大量使用扬辉电源。

公司坚持奉行信誉第一、质量取胜、用户至上的原则，愿与每一位客户真诚的合作。

![KPR]

218. 扬州凯普电子有限公司

地址：江苏省高邮市高邮镇工业园

邮编：225600
电话：0514-84540882
传真：0514-84540883
E-mail：serice@yzkprdz.com.cn
网址：www.yzkprdz.com.cn
简介：

扬州凯普电子有限公司是中国薄膜电容器的主要生产企业，公司拥有国内外最先进的生产设备和检测设备，生产和销售系列薄膜电容器及工业类电容器。公司已通过 ISO9000 质量体系认证，产品全部执行 IEC 国际标准，并已通过 CQC、UL、CUL、VDE 和 ENEC 等认证。我公司产品在广泛应用消费类电子产品、家用电器的基础上，向工业类产品迈进，携手高校科研院所拥有自主研发的专利技术，致力于新能源等节能产品的生产与研发。

公司将以市场与科技为向导，继续努力推出适应市场需求的新产品，将本公司生产的薄膜电容器向国际先进水准方向发展。

公司奉行质量第一、信誉第一、用户品质至上的宗旨，竭诚为顾客服务。我们热忱欢迎新老用户和国内外朋友来我公司考察、指导。

219. 扬州奇盛电力设备有限公司

地址：江苏省扬州市维扬区甘泉工业园双塘路 58 号
邮编：225500
电话：0514-87728029
传真：0514-87728030
E-mail：yz.701205@163.com
网址：www.yzqsdl.com
简介：

扬州奇盛电力设备有限公司坐落于扬州市高新技术产业开发区内，专业研制、生产、销售低压装置、高频开关模块化智能型电源屏、高频开关模块化通信电源屏、继电保护试验电源柜、一体化 UPS 电源屏、EPS（应急电源）、交通信电源分配屏、电力通信专用 DC-DC 变换器、电力、通信专用正弦波逆变电源（DC-AC）、UPS 电源设备等高新技术产品。公司产品适用于电力供电部门、变电站、发电厂及 10kV 开闭所的操作电源、程控交换机、光端机、电力载波机的通信电源，也适用于程控交换中心局、模块局、移动通信交换局基站以及接入网、数字微波和专用通信网使用，在电力、冶金、建筑、交通、石油、化工、铁路、通信、金融、移动、联通等企业得到了广泛应用，深受用户的好评，产品畅销全国。

220. 扬州双鸿电子有限公司

地址：江苏省扬州市维扬经济开发区小官桥路20号
邮编：225008
电话：0514-87639993
传真：0514-87638829
E-mail：sales@ shek. cn
网址：www. shek. cn
简介：

扬州双鸿电子有限公司成立于1999年，集设计、开发、生产、销售于一体，是国家级高新技术企业。主要产品为特种大功率直流稳定电源、各种变频电源以及用于航空航天原子能试验、新型汽车制造、LED产业配套等领域的专用电源和测试仪器等，主要用于科研单位、大专院校、工厂企业、星空探测、航空舰艇、国防、污水处理等单位。在同行业率先通过ISO9001：2000国际质量体系认证，WWL全系列直流电源已通过国际知名检测机构SGS的严格检测，获得欧盟CE认证证书，是中国直流电源市场的主要供应商之一，并已成功进入欧美市场。

技术进步和高素质的人才是双鸿始终坚持的发展之路，我们每年将不少于销售收入的10%投入研发，并注重自主知识产权的积累和保护，拥有10项实用新型专利，2项发明专利，3项计算机软件著作权，1项国家重点新产品，5项江苏省高新科技产品。

221. 扬州裕红电源制造厂

地址：江苏省扬州市经济开发区施桥镇
邮编：225100
电话：0514-87586586
传真：0514-87586586
E-mail：664222884@ qq. com
网址：www. yzyuhong. com
简介：

扬州开发区裕红电源制造厂，位于扬州经济开发重镇施桥，与风景秀丽的历史文化名城扬州紧紧

相连，美丽的长江孕育了勤劳的扬州人。多年来，我们一直致力于各种电源的研制、开发和生产，对产品的提高投入巨大的人力物力，不断引进新技术，新产品，吸收大量优秀人才加入，取得了骄人的业绩，并通过ISO9001国家质量体系认证。

我厂产品广泛应用于工业、交通、科研、军事、航空、邮电、通信等各个领域。特别在电容器、直流电机、继电器、电镀、氧化、电泳、电解、腐蚀、赋能、水处理以及其他仪器、仪表生产厂家得到了极为广泛的推广，在各大专院校、科研院所也赢得了众多好评。

质优价廉是我们的经营宗旨，欢迎来电咨询。

222. 越峰电子（昆山）有限公司

地址：江苏省昆山市黄浦江北路533号
邮编：215337
电话：0512-57932888
传真：0512-57664667
E-mail：catherine@ acme-ks. com. cn
网址：www. Acme-ferite. com. tw
简介：

越峰电子（昆山）有限公司成立于2000年，为台聚关系企业。本公司主要业务为锰锌软性铁氧磁铁心之制造及销售，产品属于电感类被动电子组件，为功率变压器、负载线圈、抗流圈、消磁线圈等之原材料，应用于交换式电源供应器、电脑显示器、笔记型电脑、宽频网络系统、电话交换机、中继站、行动电话、PDA、液晶电视、数位相机、数位摄影机、掌上型电玩以及扫描器等3C产品。

223. 张家港市电源设备厂

地址：江苏省张家港市长安中路599号
邮编：215600
电话：0512-58683869
传真：0512-58674019
E-mail：ZJGPOWER@ HOTMAIL. COM
简介：

江苏省张家港市电源设备厂位于风景秀丽、美丽富饶的长江三角洲畔的新兴城市-张家港市，这里紧靠苏锡常沪等发达地区，交通便捷。

我厂始创于1983年，主要生产通信电源、高频开关稳压电源、直流稳压恒流电源、逆变电源、变频电源、交流稳压电源、UPS不间断电源和中频电

源等各种电源的开发、生产、销售、工程设计施工等多种业务于一体的专业工厂。我们的产品以体积小、重量轻、效率高、智能化程度高、维护操作方便等诸多优点赢的了用户的一致好评。

我厂通过了 ISO9001 质量体系认证，形成了完备的质量管理体系（原材料采购、物料管理、产品制造与质量控制、生产技术工艺与设备管理、产品储运等）。我们将紧随国际电力电子技术的发展步伐，不断研发更高性能的电源系列产品，以高标准、高品质、高性价比来满足广大用户的要求，同时我们也为客户量身定做电源产品来满足用户的特殊需求。

224. 中国船舶重工集团公司第七二四研究所

地址： 江苏省南京市中山北路 346 号（南京市 319 信箱）

邮编： 210003

电话： 025-87176145

传真： 025-87176137

简介：

中国船舶重工集团公司第七二四研究所于 1970 年经中央军委和国防科委批准正式成立，是从事大型电子系统工程研制生产的国家重点研究所，地处风景秀丽的六朝古都南京，包括研究员、高级工程师等各类工程技术人员近千人，具有完善的质量保证体系，具有大批先进的科研测试设备、先进的 CAD/CAM 手段和配套的试验及制造能力。

建所以来，七二四所为国防建设作出了突出贡献，荣获 100 多项国家、部、省级以上重大科研成果，达到国内领先或国际先进水平。

近几年来，七二四所加快了军转民和科技产业化的步伐，利用专业优势，积极开拓民品市场，形成了自动化与电子系统等有较大规模和发展潜力的科技产业化和高新技术产品，取得了较好的经济效益和社会效益，具有很好的影响。

七二四所还与世界上许多先进国家和科研机构建立了广泛的经济和技术合作关系，促进了对外交流和技术发展。

七二四所坚持改革发展的方针，着力创建面向市场的科技创新体系、竞争激励机制，努力为各级各类人才提供良好的发展环境。

七二四所将继续发扬"忠诚、团结、拼搏、奉献"的七二四所精神，坚决贯彻"质量第一，信誉第一，市场第一，一流水平，一流管理，一流服务"的七二四所质量方针，为国防建设和国民经济发展做出更大贡献，创造新的辉煌。

上 海 市

225. 安森美半导体

地址： 上海市浦东新区张江高科技园区碧波路 690 号微电子港 8 号楼 202 室

邮编： 201203

电话： 021-61238798

传真： 021-50801987

E-mail： hui. yu@ onsemi. com

网址： www. onsemi. cn，www. onsemi. com

简介：

安森美半导体（ON Semiconductor，美国纳斯达克上市代号：ONNN）是应用于高能效电子产品的首要高性能硅方案供应商。公司的产品系列包括电源和信号管理、逻辑、分立及定制器件，帮助客户解决他们在汽车、通信、计算机、消费电子、工业、LED 照明、医疗、军事/航空及电源应用的独特设计挑战，既快速又符合高性价比。公司在北美、欧洲和亚太地区之关键市场运营包括制造厂、销售办事处及设计中心在内的世界一流、增值型供应链和网络。更多信息请访问 http://www. onsemi. cn。

226. 昂宝电子（上海）有限公司

地址： 上海市浦东新区张江高科技园区华佗路 168 号商业中心 3 号楼

邮编： 201203

电话： 021-50271718

传真： 021-50271680

网址： www. on-bright. com

简介：

昂宝电子（上海）有限公司坐落在中国国家级

信息技术产业基地—上海浦东张江高科技园区，是一家从事高性能模拟及数模混合集成电路设计的企业。

公司专注于设计、开发、测试和销售基于先进的亚微米 CMOS、BIPOLAR、BICMOS、BCD 等工艺技术的模拟及数字模拟混合集成电路产品，以通信，消费类电子，计算机及计算机接口设备为市场目标，致力成为世界一流的模拟及混合集成电路设计公司。

昂宝电子拥有一批来自国内外顶尖半导体设计公司的资深专家组成核心技术团队，既有在模拟及混合集成电路领域多款成功产品的开发经验，也带来了新活的创新思维。核心技术团队的数位成员来自美国的著名半导体公司，拥有超过 40 项美国专利。通过将这支资深的技术专家队伍与本地优秀的设计人才相结合，昂宝电子为客户提供高品质、具有成本竞争力的半导体精品芯片、解决方案以及优良的服务。在这竞争日益激烈的市场，昂宝电子坚持以"创新、务实、高效、共赢"为经营理念，为您提供最适合的半导体解决方案，是您最佳的策略合作伙伴。

主要产品涵盖：

– 电源管理 IC

– 高速、高精度数-模、模-数转换器

– 无线射频 IC

– 混合信号的系统级芯片（SoC）

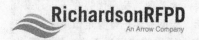

227. 富士电机企业管理（上海）有限公司

地址：上海市普陀区中山北路 3000 号长城大厦 27-29 层

邮编：200063

电话：021-54961177

传真：021-64224650

网址：www. fujielectric. com. cn

简介：

富士电机自创业至今近 90 年的历史中，始终坚持执著追求利用半导体、电路回路、控制系统等组合而成的电力合成技术，将"自由操控电力技术"作为核心技术平台，以"能源"、"产业系统"、"社会系统"、"电力电子设备"、及"电子元件"五项事业为核心，力求成为"能源与环保"领域的尖端企业。

富士电机与中国结缘四十载，从 1985 年设立北京代表处开始，富士电机便潜心发展在华业务。

2011 年实现以投资性公司为中心的"开发、采购、生产、销售"一体化，于同年正式更名为富士电机（中国）有限公司，开设"上海技术中心"，以中国地区投资性公司这一全新姿态重新扬帆启航。

富士电机将与中国企业、大学、政府机关等积极开展业务合作，进行共同开发、M&A、采购等合作项目，共同构建互惠互利的良好关系，积极开展投资性业务，促进投资项目的开展，以扩大事业范围。

RichardsonRFPD
An Arrow Company

228. 睿查森电子贸易（上海）有限公司

地址：上海市长宁区仙霞路 317 号远东国际广场 B 幢 602 室

邮编：200051

电话：021-62351788

传真：021-64401293

E-mail：gzhao@ richardsonrfpd. com

网址：www. richardsonrfpd. com

简介：

睿查森电子，是艾睿电子公司的一个全资子公司，是射频、无线通信、功率转换及新能源市场的全球领导者。通过与全球顶尖元器件供应商的密切合作，睿查森电子能够满足每个客户对工程技术的全部需求。无论是元器件的设计还是整个技术方案的解决，我们遍及全球的设计中心和技术销售团队能为我们的客户走向市场的策略提供全方位的支持与服务。

睿查森电子集合众多元器件供应商优势，如 Semikron（功率模块），Vincotech（功率模块），Maxwell（超级电容），CDE（电解及薄膜电容），Tamura（电流传感器），为客户提供最适合的元器件。同时公司与客户密切合作，提供各种逆变器装配的总体解决方案，并可提供标准、定制、设计以及样机的工程装配。更多信息欢迎点击 www. richard sonrfpd. com。

229. 上海昂富电子科技有限公司

地址：上海市松江区文翔路 379 号 2 楼

邮编：201200

电话：021-51619186

传真：021-58985957

E-mail：support@ on-rich. com

网址：www. on-rich. com

简介：

上海昂富电子科技有限公司成立于 2005 年，是由几位原国际知名电源企业研发人员创办的高新技术企业。公司以新型电力电子产品的研发、生产以及销售为主营业务，现有业务研发 20 余人，生产基地 600 多平方米，生产员工 160 余人。主要产品包括电源模块、车载电源、LED 驱动电源、工业开关电源、大屏幕（15 英寸～50 英寸）液晶电视整套电源方案、定制电源六大系列。我司优势在于：开发周期短、定制灵活、能够为客户量身定做可靠的绿色电源。上海昂富电子秉持"质量至上，信誉第一，绿色环保，服务社会"的经营理念，真诚欢迎海内外客商前来参观指导，交流合作。

230. 上海百纳德电子信息有限公司

地址：上海市普陀区祁连山南路 2891 弄 100 号鑫盛
　　　科技园 2 号楼 4 楼

邮编：200331

电话：021-66166126-815

传真：021-66166126-822

E-mail：wisteriazhai@163. com

网址：http：//www. bnd-ups. com

简介：

上海百纳德电子信息有限公司是德国百纳德（国际公司）在中国的合作公司。在中国有 30 多个分公司（办事处）及五大片区用户服务中心。上海百纳德是致力于电子、电源事业发展的高新科技企业，主要从事 UPS、EPS 不间断电源、稳压电源及电源相关产品、电气设备的生产和销售，通信设备、通信器材、电子产品、仪器仪表、机电设备、计算机软硬件的生产和销售，计算机软件的开发等。

经过多年的发展，百纳德荟萃了一批行业顶尖的人才，为更好地服务市场需求，2008 年在扬州首期投资人民币 3000 万元建立了工业园区。实现国际化的一流企业。正凭着我们的热情、我们的努力，使得百纳德在业界树立起了良好的企业形象，成为受人尊重，值得信赖的品牌。

上海百纳德是一个具备人才、资金及现代化管理模式的多元化发展公司。本着以"勤奋、务实、创新、坚持"为精神，以"海纳百川、以德为先"为企业文化，以"重视人才、培养人才、追求高效团队"为管理理念，以"诚信服务"为宗旨，以"客户的满意是我们追求的目标"为产品营销理念，重视科学管理和对优秀人才的任用，对员工实行长期能力开发和培训。为顺应社会的需求，上海百纳德引进德国先进电源科技产品及生产技术，致力于投入大量资金精细研发高效节能的模块化产品、绿色环保的太阳能产品，制造出满足不同客户需求的多规格品种，为客户关键设备提供稳定可靠的动力保障。

231. 上海德创电器电子有限公司

地址：上海市普陀区同普路 1225 弄 16 号

邮编：200333

电话：021-52704506

传真：021-52700380

E-mail：edetron@intech-tron. com

网址：www. e-detron. com

简介：

上海德创电器电子有限公司是一个具有近二十年历史的专业电源供应公司，位于上海市长征经济开发区。厂房面积近 3000 平方米，现有员工 300 多人，是国内最早也是最大的电力系统自动化装置开关电源供应商之一，在电力系统自动化领域极具影响力，其品牌和产品得到了业界和电力系统自动化专业市场的肯定及认可。德创电源集自主研发设计与生产制造于一体，公司不仅拥有一支具有多年丰富电力系统自动化装置电源设计经验的设计团队，并且有多条配备先进的制造和检测设备的生产线。德创电源以可靠电源供应作为公司的立命之本，可靠是电源最基本的要求，也是赖以生存和发展的保障。因此，德创电源始终把建立、健全质量管理体系作为质量管理的重点，根据质量管理体系，从原材料检验到样品检验、生产过程巡检、测试中心例行试验、成品检验等，建立了完整的品质保证流程，确保给客户最可靠的电源供应。公司通过 ISO9000 质量管理体系认证、CCC、ESD 和 UL、TUV 工厂认证，部分产品远销欧、美市场，是上海地区最具规模的专业电源公司之一。

232. 上海福沪电源技术有限公司

地址：上海市漕宝路 103 号 2301B 室

邮编：200233

电话：021-64820004

传真：021-64820224

E-mail：Lei_geng@ fookee. hk

网址：www. fookee. com

简介：

上海福沪电源技术有限公司（又称福基电子上海技术支援中心）成立于 2003 年 9 月，隶属于香港福基电子有限公司，是一个开关电源的技术开发及技术服务部门，主要帮助客户了解 VICOR、GAIA、COSEL、CINCON 等电源模块的使用方法，解决一些客户在使用过程中的问题，同时，根据客户要求，帮助客户设计电源方案，且制作成电源产品。

最近，公司又充实了一些技术力量，引进了一些年轻有为的技术干部，更新了一些设备，为公司的技术发展，提供了良好的操作平台。

FORWARD 復華 UPS & BATTERY

233. 上海复华控制系统有限公司

地址：上海市复华高新技术园区（嘉定）申霞路366 号

邮编：200433

电话：021-59900158

传真：021-59900456

E-mail：shengli@ forwardgroup. com

网址：www. powerson. cn

简介：

上海复旦复华科技股份有限公司是由复旦大学科技开发总公司改制而成的一家科技型企业，于 1992 年在上海证交所成功上市，成为中国第一家高科技股份制上市公司。

复旦复华在电源电器（UPS、Battery）产业、软件信息技术、现代生物制药、园区房产开发等领域形成较大的企业规模，公司总员工数达到 2000 人，拥有 3 个制造基地，2 个研发中心，1 个软件出口基地，实现公司产业化创新发展。

复旦复华自八十年代中期涉足电源行业以来，背靠复旦大学，并依托上市企业背景，凭借特有的人才、科技、资本优势，在不间断电源 UPS 和阀控式密封蓄电池（VRLA 蓄电池）产品的研制开发、规模生产和市场拓展上取得了长足的发展，是国内起步最早、规模最大的专业电源生产商之一。

当前上海复华控制系统有限公司在上海嘉定复华高新技术园区内建立了 2 万平方米的现代化生产基地，形成年产 UPS4 万 KVA、蓄电池 15 万 KVAH 的能力，其 POWERSON（保护神）品牌和 FORWARD（复华）品牌得到业界和用户的广泛认同。

同时上海复华控制系统有限公司是意大利 Riello（雷乐士）的国内代理商。

234. 上海钢研精密合金器材有限公司

地址：上海市宝山区泰和路 1015 号

邮编：200940

电话：021-33791597

传真：021-33791597

E-mail：gyjmhj@ 163. com

简介：

上海钢研精密合金器材有限公司为原上海钢铁研究所软磁器件部分的转制单位。设计、生产产品如下：

1. 差模、共模电感铁心。

  *差模电感铁心系列（最大 240A 250uH）；SF 铁粉芯系列、SA 铁硅铝系列。

  *共模电感系列铁心 超微晶共模电感系列铁心（u0 ≥2 万）。

2. 零序电流互感器铁心（抗 6 倍电流冲击）坡莫合金、超微晶系列铁心

3. 坡莫合金、超微晶高 u0 系列互感器铁心

4. 高频低损耗电子变压器铁芯：超微晶系列、坡莫合金系列。

5. 霍尔传感器系列铁心：坡莫合金系列。

GTDQ

235. 上海光泰电气有限公司

地址：上海市黄浦区西藏南路 1200 弄 8 号楼 1502 室

邮编：200011

电话：021-63455204　63458359

传真：021-63450312　63698155

E-mail：guangtai88@ guangtai88. com

网址：www. cnguangtai. com

简介：

上海光泰电气有限公司是专门从事电源领域产品（变压器，稳压器等）的科研、开发、生产、销售及技术服务于一体的外向型企业。公司现有员工1300 多人，其中科技人员 300 多人，拥有资产 1. 8 亿元，生产厂房 38000 多平方米，2000 年实现产值2. 7 亿多元。多年来连续荣获市人民政府评为明星企业、出口创汇优胜企业、创税大户和银行黄金客户、重合同守信用企业等荣誉称号。

本公司是中国电源学会会员单位，是 1996 年参与国内贸易部起草制定国家《家用稳压电源》的标准单位。1998 年取得了 ISO9001 国际质量体系认证、中

国电工产品认证和 CE、UL 等国际质量认证（我们的变压器，稳压器及其他所有产品均通过上述认证），为实现企业现代化管理打下了坚实的基础，公司着力于提高以人为本的企业文化建设来丰富企业文化内涵，近 20 年来公司以雄厚的经济实力、灵活的经营体制、实施了规模经营、以质取胜和市场多元化的战略目标。独创的微机开发能力、精湛的生产工艺、创新的管理制度保证了企业长期高速、稳健发展。

产品创新是本公司孜孜以求的长期目标，公司电源研究所一直注重新产品（尤其在稳压器，变压器方面）的开发研制，取得了 153 项产品专利，涉及电力应用的各个领域，大规模集成电路、微处理器、单片机，在生产中得到广泛的应用，在产品研发和生产中运用了计算机辅助设计技术，智能化电源监控技术处于国内领先地位。同时，与中科院电子学研究所、上海复旦大学、浙江大学、福州大学分别建立了长期研发合作的关系。

公司生产的产品有：交流稳压电源、直流稳压电源、逆变电源、免维护电池、净化电源、抗干扰电源、UPS 不间断电源、微电脑无触点补偿式稳压电源、充电器、调压器、变压器、稳压器、变频器、开关电源、GE 智能节电王等三十多个系列，800 多个品种，所有产品均由中国人民保险公司承保。

近年来，公司决策层调整思路，将敏锐的目光投注于国际市场，勇敢而主动地迎接我国加入 WTO 后所面临各种严峻挑战，为最终实现公司经营的国际化迈出了坚实的一步。稳压器，变压器及多种其他产品现已远销到北美、西欧、中东和北非等五十多个国家和地区，取得了国际贸易占总销售三分之一的骄人的业绩。

面向 21 世纪，我们决心不负众望，不懈努力，不断应用高新技术开发出更多的新品种，站在行业最前列，一步一个脚印，为提高中国的电网质量作出更大的贡献。在不断开拓创新中使公司发展成为高科技与高经济效益相结合的现代化企业。

236. 上海豪远电子有限公司

地址：上海市宝山区呼兰路 515 弄 3 号 A 区
邮编：200431
电话：021-66213593
传真：021-66213591
E-mail：hy1288@126.com

网址：www.haoyuandianzi.com
简介：

豪远电子有限公司是一家致力于各类电源变压器、稳压电源、逆变电源、开关电源等产品的开发、设计、制造、销售、服务于一体的民营高科技企业。公司自 1997 年成立至今，一直秉承以客户为中心，以产品质量为根本的指导思想，在激烈的市场竞争中站稳了脚跟，取得了骄人的成绩。公司先后通过了 ISO9001：2000 国际质量管理体系认证、中国质量认证中心 CQC 认证、欧盟 ce 认证、环保认证、部分产品已通过 ul 认证，并荣获国家"3. 15 诚信承诺单位"、"2006 年全国产品质量稳定合格企业"、"百家知名品牌企业"等，经过公司员工的辛勤努力，公司赢得了海内外客商的一致赞誉和好评，产品出口世界各地。

根据公司发展需要 2003 年 10 月公司投资一千多万元在安徽马鞍山建成了占地 22 亩规模庞大的马鞍山豪远电子工业园，形成了以上海总公司为窗口，以马鞍山为生产基地的集团化发展模式。

我们不仅仅是生产产品，更着重于品质与信誉，"以客户为中心，以品质为先驱"是我们的宗旨，希望我们能成为您信赖的合作伙伴。

237. 上海华润特种变压器成套有限公司

地址：上海市青浦区沪青平公路 3715 弄 19 号
邮编：201703
电话：021-52987000
传真：021-52987975
E-mail：liuying@huarundq.com.cn
网址：www.huarundq.com.cn
简介：

华润电气是专业从事稳压电源、变压器产品的研发，生产，销售，是中国稳压器制造行业著名企业。公司上海青浦经济开发区，自 1985 年成立以来，拥有 ISO9001，ISO14001，OHSAS18001 企业管理资质、欧盟 CE 认证、多项稳压器专利和中国政府给予的多项荣誉。

华润电气凭借多年的生产研发经验，独具前瞻的技术观念，强劲的功能设计，为国内外各行各业生产出大量适合市场需求的高品质电源产品，产品范围覆盖从传统基本型到微机自检型，从小容量到大容量，从户内到户外。一直倡导业内技术的创新，并为实现这一目标以身作则，为此，拥有多项电源专利技术，为中国电源行业的发展提供强劲的推动力，从而也逐步夯实华润电气优质的品牌和良好的声誉。

华润稳压器广泛应用于国内外各行各业：如现代装备制造业、精密电子、通信移动营运商、广播发射、电厂及大型医疗设备等领域，使全球各类进出口设备在特殊的环境下得到有效的运作。

核心理念：专业成就高品质，服务铸造竞争力。

238. 上海吉电电子技术有限公司

地址：上海市闵行区纪展路 288 号

邮编：201107

电话：021-52964208

传真：021-52964207

E-mail：samson_au@ shanghai-jidian. com

网址：www. shanghai-jidian. com

简介：

上海吉电电子技术有限公司成立于 2001 年 6 月，是一家专业经营电子元器件和高度信息化集成配套贸易服务活动的供应商，公司性质为股份制有限责任公司。公司从事日本富士电机、三菱电机、欧姆龙、尼吉康、双信、英达、TDK-Lambda、TDK、Epcos，美国 TYCO，Illinois，瑞士 Concept、LEM，ABB，德国 Moeller，Knitter 等知名品牌的专业代理。

公司坚持“品质第一、诚信服务”的经营方针，拥有国际接轨的网络服务系统、强大的技术支持和优秀的研发设计人员，以顾客满意为目标，在电子元器件及相关产品的贸易服务领域，受到广大客户的充分肯定，并具有良好信誉。

239. 上海尖诺电子科技有限公司

地址：上海市嘉定区曹安公路 1877 号 8-31

邮编：201824

电话：021-69106141

传真：021-69106140

E-mail：Guanyf021@ 126. com

网址：www. jndz021. com

简介：

上海尖诺电子科技有限公司位于嘉定工业区，主要从事军用电源和民用电源的研发，生产，销售和技术服务。公司产品包括 AC-DC、DC-DC、DC-AC 三大类八百多个品种，已广泛用于航空、航天、军工、通信、医疗、电力、铁路、仪器仪表、工业控制等领域。多年来尖诺电源以更高的可靠性，更快的供货周期，更强的性价比，以及优良的服务赢得用户的广泛好评。尖诺电子科技有限公司广泛吸收国内外先进技术和工艺，使“尖诺”电源产品始终保持技术上的先进性。

上海尖诺电子科技有限公司以求新，求实，求精的企业精神，重点开发军品级电源主要面向中高端用户。公司以“做精品电源，创一流品牌”为宗旨，严把产品质量关：每一个产品从内在品质到外观工艺都要做到精益求精。公司除了研发、生产标准的电源产品外，还可为客户定制非标电源产品、提供各种 电源系统的解决方案。

公司于 2011 年通过 ISO9001 质量体系认证，部分产品有 CE 认证。

240. 上海科泰电源股份有限公司

地址：上海市青浦工业园区崧华路 688 号

邮编：201703

电话：021-59758000

传真：021-69758500

E-mail：xufengyan@ cooltechsh. com

网址：www. cooltechsh. com

简介：

上海科泰电源股份有限公司是经国家商务部批准，于 2008 年 9 月由科泰电源设备（上海）有限公司整体改制成立。公司注册资本 8000 万元人民币。总投资 1.6 亿元。

公司在青浦工业园区占地 32 亩，首期建筑面积 10000 平方米，设计生产能力各类柴油发电机组 3000 台套，工业总产值 5 亿元人民币。

公司现有员工 286 人。其中大专以上学历 96 人，占比 33.5%；2010 年销售收入 4.27 亿元，实现净利润 5097 万元。

企业对新产品的研发事先都有研发费用预算，公司从资金上给予重点保证，2008、2009 和 2010 年研发经费的投入分别为 966 万、1166 万和 1356 万，占当年销售收入的 3% 以上。公司组织架构设置研发部，负责新产品研发工作。现有研发人员 34 人，占比 11.9%。产学研合作的研发活动，在产品开发过程中，公司非常重视借助大学和研究机构的智力解决开发过程的技术难题，如在做快堆核安全级机组项目时，对如何做抗震试验大家都心里没数，我们就邀请同济大学，中国核工业第二设计院，国家核安全局和中国原子能科学研究院的教授和专家召开专题研讨会，编制出抗震试验大纲，解决了抗震试验的难题，在后来的抗震试验中说明试验大纲是正确的。在以后的产品开发过程中，我们都是利用这一渠道攻克技术难题。公司重视工程技术人员的培训工作，研发部设置技术培训工程师岗位，负责公司各部门的技术培训工作。2010 年上半年研发部利用周末的时间展开三维制图软件的培训，总课时达到 80 小时，参加人数 40 人，使每个技术人员熟练掌握了三维制图技术。

近几年来，科泰公司在技术创新上取得可喜的进步，环保低噪声柴油发电机组项目，核安全级柴油发电机组项目，通信基站低噪声柴油发电机组项目，低噪声车载电站项目共四个项目被认定为上海市高新技术成果转化项目。其中环保低噪声柴油发电机组项目 2006 年、2007 年、2008 年和 2010 年四年评为上海市高新技术成果转化百佳项目并获 2007 年青浦区科技进步奖。这四个高转化项目中有三个产品被评为上海市自主创新产品。有 2 个产品列入上海市重点新产品项目。

公司实施自主品牌战略和知识产权战略，在研发部配置专门人员负责商标和知识产权的推进和管理工作。制定了《商标管理规定》和《专利管理办法》等文件，把品牌和知识产权推进工作纳入规范管理。目前公司拥有注册商标 3 个，正在申报审批的注册商标有 4 个。公司 2006 年被上海市认定为品牌企业和品牌产品。2008 年被认定为上海市名牌产品，2010 年被认定为上海市著名商标。目前公司一共获得 19 项专利授权和一项计算机软件版权登记，其中发明专利授权 4 项。另有四项发明专利已进入实审程序。对参与专利发明的有关人员，公司都按规定给予表彰和物质奖励。

公司研发部设置工艺和标准化工作室，专门负责企业的标准化工作。目前，制定并实施的企业产品标准有两个，分别为 Q/TOTO 1 -2009《K 系列柴油发电机组》和 Q/TOTO 2 -2008《K 系列低噪声柴油发电机组》，公司还参与制定了 3 项产品的国家标准。分别为 GB/T4712-2008《自动化柴油发电机组分级要求》、GB/T2820. 5-2009《往复式内燃机驱动的交流发电机组 第 5 部分 发电机组》和 GB/T2820. 6-2009《往复式内燃机驱动的交流发电机组 第 6 部分 试验方法》。

公司质量管理部负责公司的质量管理体系建设和管理工作，目前已通过英国劳氏质量认证公司的 ISO900 质量管理体系认证和 ISO14001 环境管理体系认证，全系列产品通过比利时安普公司的欧盟 CE 认证，公司还在积极推进 SA8000《社会责任管理体系》和 OHSMS18001《职业健康安全体系》的认证。预计年底前可完成认证工作。

公司的财务核算体系采用金蝶的 ERP 系统，运行 3 年，财务核算准确、规范、高效。公司财务核算严格按照上市公司规范。财务报表都经专业会计师事务所审计核准。财务数据透明并按规定披露。

上海雷诺尔科技股份有限公司
Shanghai RENLE Science&Technology Co., Ltd.

241. 上海雷诺尔科技股份有限公司

地址：上海市嘉定区城北路 3988 号
邮编：201807
电话：021-39538087　13761222202
传真：021-39538104
E-mail：Renle-power@ 163. com
网址：www. renle. com
简介：

上海雷诺尔科技股份有限公司成立于 2008 年，坐落在上海市嘉定区国家级高新技术产业园区内，占地面积 100000 平方米，厂房 85000 平方米，总投资 2.5 亿元。公司专业生产高中低压电机软起动器、高中低压变频调速器、智能化电气和高低压输变电成套设备，是集贸易、科研、生产为一体的高科技企业，是国内智能化电气传动行业之龙头企业。具有颇具实力的新产品开发研究机构，产品技术一直处于国内领先地位。建立健全了质量管理体系和 CAD、CAM 技术中心，行业内率先通过了 ISO9001 质量管理体系认证、ISO14001 环境体系认证，公司所有产品均获得国家质检总局颁发的生产许可证，并全部通过"CCC"认证。

公司先后为上海世博会配套项目、北京奥运会配套项目、上海虹桥机场、甘肃卫星发射中心等国家重点项目配套，优质的服务和售后技术赢得了一致的好评。用品质征服世界，立志成为享誉全球的智能电气专业供应商。

242. 上海临港经济发展（集团）有限公司

地址：上海市浦东新区临港新城新元南路 555 号
邮编：201306

电话：021-38298000

传真：021-68284168

网址：www. shlingang. com

简介：

上海临港经济发展（集团）有限公司成立于
2003年9月，注册资金30亿元，直属上海市委、市
政府领导，是承担上海临港产业区开发建设任务的大
型国有多元投资企业，主要负责上海临港产业区241平
方公里范围内的土地开发、基础建设、招商引资、产业
发展和功能配套等工作。其负责开发的上海临港产业区
作为上海市政府的发展重点，已经集聚形成了新能源装
备、大型船用关键件、海洋工程装备、汽车整车及零部
件、大型物流装备和工程机械、航空装备制造、战略性
新兴产业等七大装备产业集群。

上海临港集团先后荣获"2008上海企业500强
（第83名）"、"2009上海企业100强（第83名）"、
"2010上海企业100强（第46名）"、"全国机械工
业先进集体"等荣誉称号。2010年2月上海临港产
业区被国家工业和信息化部授牌为"国家新型工业
化产业示范基地"，也是国内唯一同时获得"装备制
造"和"航空产业"两块牌子的工业园区，被认定
为"上海市品牌园区"。

MOONS'
moving in better ways

243. 上海鸣志自动控制设备有限公司

地址：上海市闵北工业区鸣嘉路168号

邮编：201107

电话：021-52634688

传真：021-62968710

E-mail：Linda. song@ moonsindustries. com

网址：www. moons. com. cn

简介：

鸣志公司始终秉持对专业应用技术和国际化科
学管理手段的追求，以完善的专业知识和服务理念
为客户提供高质量的运动控制产品与智能化管理的
新能源产品，并凭借制造优势进一步发展为向客户
提供增值服务与灵活、合理的业务解决方案的综合
产品提供商和应用技术服务商。从工业设备制造组
件到办公设备零件，从家用电器部件到精密仪器控
件，鸣志在广泛的应用领域中追求卓越，不断进取，
为顾客带去安心和便利，并持续地为顾客创造价值。

公司从2000年起进入开关电源领域，从事开关
电源产品的设计，开发，制造和应用服务业务，为
广大客户提供特制电源，系列标准电源，LED驱动

器。多年来鸣志建立了一支过硬的研发技术队伍，
积累了深厚的技术基础。同时鸣志拥有丰富的测试
仪器设备以及完善的测试手段，加上多条自动化生
产线，SMT设备，专业的测试系统，完备的老化设
备，确保了鸣志产品质量的长期稳定，可靠和性能
优越。主要客户遍布欧美日本及中国。

Nooyi®诺易

244. 上海诺易电器有限公司

地址：上海市宝山区城银路555号12栋1705

邮编：200444

电话：021-69173140　021-69173141

传真：021-36385001

E-mail：sales@ shnuoyi. com

网址：www. shnuoyi. com

简介：

上海诺易电器有限公司是专业从事电源、工业
控制领域产品的科研、开发、生产、销售及技术服
务于一体的生产型实体企业。公司拥有一个销售、
研发和服务总部位于上海宝山城市工业园，两个生
产基地坐落于风景秀丽的江南历史文化古镇—上海
南翔和江苏昆山。

诺易的产品规格多达八大类530余种规格，产
品被广泛地用于国防、医疗、机械加工、交通、通
信、科研、新能源等各个领域。主要产品有交流稳
压电源、变频电源、直流电源、UPS、EPS电源、并
网逆变器、智能照明稳压节电系统等产品。取得欧
盟CE认证、非盟SONCAP认证、广电入网许可证
等。诺易公司的产品在国内拥有高端客户群体，并
批量出口国外，优越的性能、可靠的质量、贴心的
服务，博得用户的一致好评。

诺易本着"一诺千金，知难行易"的行销与创
新理念，使得诺易品牌Nooyi逐步走向世界，诺易产
品独树一帜。

诺易的宗旨：质量是企业的生命！ISO9001质量
管理体系的规范化管理保证了黄金般的产品质量；
科技是企业的动力！优秀杰出的科研人才使我们的
产品独树一帜；信誉是企业的基石！高素质的服务
团队使您后顾无忧。管理是企业的根本！数字化的
管理使我们的团体高效廉洁。

质量是企业的生命！科技是企业的动力！信誉
是企业的基石！管理是企业的根本！

我们的行销宗旨：一诺千金。

一诺千金，使命必达的行销宗旨，为您提供优

质高效的服务，让您买的放心，用的顺心。

245. 上海潘登新电源有限公司

地址：上海市长寿路 285 号恒达广场 23 楼
邮编：200060
电话：021-62766276
传真：021-62773534
E-mail：pandeng@pandeng.com
网址：www.pandeng.com
简介：

上海潘登新电源公司是专业的电源防护公司，长期从事电力稳压器、电力节能产品、电源滤波器的生产与研究，雷电浪涌防护器与电源测试仪器的销售。公司的宗旨是：全心全意为用户解决电源使用中存在的——电压不稳定、浪涌谐波干扰滤除等诸多电源质量问题，让用户拥有一个安全优质的电源，同时提供能节约电能、保护设备的高科技产品。

公司系上海高新技术成果转化企业，曾多次被邀请参加电力稳压器与雷电浪涌防护器国标与部标的制定，拥有教授级高工及大批电气工程技术人员，拥有市中心办公楼及标准工业厂房。公司实力雄厚，多项产品在行业中一直处于领先地位。

公司积十几年电力稳压器生产经验，成功研制了专利产品——DBW/SBW5 型系列无触点补偿式电力稳压器，率先填补了国内无触点电力稳压器的空白，该产品已经在各行各业广泛应用，遍布全国的每个角落，甚至远销国外。

公司生产 GGD 系列二大类 50 多种规格型号的节电产品，为各类工矿企事业单位提供全方位的专业高效的节电解决方案。公司还生产电源滤波器、电源变压器等多种产品。

公司受雷电浪涌防护行业世界第一品牌、排名财富 500 强的美国强世林（JOSLYN）公司委托，全力开拓中国雷电浪涌防护市场，成为 JOSLYN 所有产品在中国的总代理。

公司作为世界著名、全球最大的仪器仪表公司——德国 GMC 公司的中国总代理，不断向国内用户推介提供各种最新的电源测试仪器。

如今，潘登的品牌、产品和提供优质电源的理念已经影响了越来越多的电力工作者并为他们所接受。

246. 上海鹏波电子有限公司

地址：上海市普陀区志丹路 170 弄 25 号 808 室
邮编：200065
电话：021-36050751
传真：021-51685548
E-mail：pengbodianzi@189.com
网址：www.pbdianzi.com
简介：

上海鹏波电子有限公司是一家专业从事军品电源，电源开发设计、生产、销售与服务的公司。公司产品包括：电源模块 AC-DC，DC-DC，DC-AC，AC-AC，变频电源，交流稳压电源，恒流恒压充电电源（超级电容充电电源），产品系列齐全。

我们拥有资深的工程师和行业经验，聘请了中国电子科技集团和上海交大的一批资深电源工程师，依靠科研人员的前沿技术，为您精心打造电源产品的应用方案。我司产品已广泛应用于航天航空、舰载、车载、通信、医疗（隔离电压可大于 AC4500V）、工业控制等领域。接受特殊定制。热诚欢迎新老客户委托设计制造、交流合作、共同发展。

鹏波电子期待与您的合作。

247. 上海全力电器有限公司

地址：上海市静安区新闸路 568 弄 445 号
邮编：200041
电话：021-62535836
传真：021-62558838
E-mail：querli@querli.com
网址：www.querli.com
简介：

上海全力电器有限公司坐落于上海市嘉定区南翔蓝天开发区，占地面积 2 万平方米，建筑面积 1.2 万平方米，属中国电源学会会员单位。是一家专业从事各种交直流电源研究、开发、生产、销售于一体的综合性企业。

公司创办以来，一贯坚持"以质量求生存，以科求发展"的发展纲领，不断引进和吸收国内外新技术、新工艺、新器件，产品品质不断提高，功能不断完善，性能更加可靠。全力人本着"追求永无止境"的理念，不断创新、努力开拓，先后取得中国电工产品安全认证（长城认证）、ISO9001 国际质量体系认证，并由中国人民保险公司承担质量责任保险。经过十年拼搏、奋斗，现已发展成为具有多项国内领先技术，以高科技为基础的初具规模的电源生产基地。目前公司生产的产品主要有精密净化交流稳压器、直流稳压电源的、逆变电源、各种充电机、调压器、变压器等十大系列三百多种规格，年产各种产品达十万台（套），产品畅销全国近一百个城市，部分产品远销国际市场，深受国内外用户的好评。

248. 上海日意电子科技有限公司

地址：上海市闵行区莘福路 388 号 1 号楼 722 室
邮编：201100
电话：021-51083590
传真：021-64607415
E-mail：Shanghai@ riyiower. com
网址：www. riyipower. com
简介：

上海日意电子科技有限公司成立于 2005 年，专注于开关直流电源的开发和生产，我们的研发队伍陆续开发出可以用于多种行业的直流电源以及相关技术产品，产品销售到全国 20 多个省、直辖市以及美国、新加坡等国外市场。

我们十年如一日地专注于更新设计、提高品质、改善服务，经过长时间的积累，我们已经在电镀、电解、腐蚀化成、铝氧化、单晶硅生长、电阻焊接、真空镀膜、稀土冶炼等行业拥有丰富的经验以及大批认可我们产品的客户。

公司成立后一年里，引进中国台湾技术推出线性直流电源，利用自身的技术优势，我们除了产品的生产和销售，更重要的是根据不同的使用条件和环境为客户提供量身打造的解决方案。

上海日意电子将秉承"团结、创新、求精、务实"的理念，继续为用户提供更加"经济、专业、环保"的产品，并致力于成为国内一流的电源企业。

249. 上海山杰电气科技有限公司

地址：上海市闸北区中山北路 3064 号 A 座 21楼 2112
邮编：200063
电话：021-51698706
传真：021-62869718
E-mail：Ac021@ 126. com
网址：www. str-power. com
简介：

上海山杰电气有限公司是中国电源学会会员单位，专业从事电源产品开发、设计、生产、销售、

服务于一体的高新技术企业。公司坚持"以诚为本，精益求精、客户满意"的经营理念，充分利用上海在人才、信息、交通、金融、商贸等方面的资源优势。公司自创办以来，先后与浙江大学、中国科技大学、中科院等学术机构密切合作。聘请聚积了一大批在电源行业工作多年，具备相当扎实理论和实践经验的，熟悉中国电网特点的高素质科技人员和技术工人团队。我公司现已开发出 100 多种规格、完全适应中国电网特点的优质电源产品，公司拥有雄厚的技术实力，严格的质量控制方式和先进的生产检测设备，已通过 ISO9001 国际质量体系认证。销售网络遍及国内各省市，产品出口到朝鲜、泰国、菲律宾、迪拜等中东和东南亚国家，并部分出口到欧洲国家，受到广大用户的推崇和信赖。

250. 上海时冠电源设备制造有限公司

地址：上海市松江区南乐路 8 号
邮编：201611
电话：021-57609501
传真：021-37601484
E-mail：sgbyq@ sgbyq. com. cn
网址：www. sgbyq. com
简介：

上海时冠电源设备制造有限公司是集科研、制造、销售，以及产品保养为一体的综合性电源公司。公司拥有雄厚的技术开发力量和一流的检测试验设备。公司在吸收和利用国内外先进技术基础上，充分开发具有本公司特色的工艺和工装，通过不断优化创新，主要经济、技术指标均居国内领先水平，达到国际领先水平。公司不断加强对原材料质量和工艺过程的控制，保证产品质量的稳定性。

公司所生产的变压器、稳压器、调压器、电抗器、逆变电源、变频电源，EPS，UPS 不间断电源、以及配电箱等，十多个系列，一百多种产品，产品已远销北美、西欧、中东、北非等五十多个国家和地区，得到了广大用户的一致好评。

公司始终贯彻"技术创新，品质求精，诚信为本，追求卓越"的质量方针，力求使出厂的每一台产品都成为精品。2005 年公司率先在全国同行业中通过 ISO9001：2000 质量体系认证，全面提高企业综合管理水平。

251. 上海松丰电源设备有限公司

地址：上海市普陀区胶州路 941 号 1703 室

邮编：200060

电话：021-62271666

传真：021-62669111

E-mail：fyl@ shsongfeng. com

网址：www. shsongfeng. com

简介：

　　上海松丰电源设备有限公司是国内知名的稳压电源及变压器制造商和供应商，是集科研、生产、销售、服务于一体的现代化经济实体。获得国家广播电影电视总局入网许可证；（编号：031100805616）公司质量管理体系已通过 ISO9001（2008）国际标准，并获得认证证书；是中国电源学会会员单位、中国电源行业诚信企业、上海市价格诚信企业、2008 年荣获上海青浦区百强企业、2008 年荣获广电行业"十大创新品牌" 30 强企业；在中央广播电视无线覆盖工程中被山西省广播电视局评为优秀供货商，2010 年松丰牌稳压器荣获"中国著名品牌"称号，2011 年松丰牌稳压器被推介为"绿色环保首选品牌"。公司秉承"以一流的产品，满意的服务，持续提升的质量水准，满足客户的要求"的质量方针，赢得了客户，创造了显着的业绩。

252. 上海微力电子科技有限公司

地址：上海市黄浦区北京东路 668 号 B405

邮编：200001

电话：021-51571888

传真：021-51571855

E-mail：wl51571888@ yahoo. cn

网址：www. sh-wl. com

简介：

　　上海微力电子科技有限公司是一家集设计开发、生产于一体的高科技专业生产厂家。专业生产工控开关电源，规格齐全。

　　本公司产品具有高可靠、高效率、工作温度低、体积小，重量轻等特点。广泛使用于工控设备、LED 显示屏、仪器仪表等行业，是取代传统控制变压器的理想升级换代产品。产品设计符合 UL1012、EN60950、UL1950、IEC950 等国际标准要求。在产品的设计上采用国际先进的设计理念；零件采购上，全部选用国内外高质量的电子元器件，我们严格筛选供货商；产品在生产过程中，应用最好的波峰焊接技术，保证焊接质量；产品出厂前，全部经过满载烧机测试，保证到客户手里的全部是合格产品。

　　公司始终以"科技创新、真诚服务"的企业精神，遵循"质量第一，用户至上"的企业宗旨，依靠一流的管理，制造一流的产品，竭诚为电力建设、社会用户提供全面优质的服务。

　　上海微力电子科技有限公司愿与国内外客商精诚合作，共享创造与成功之喜悦！

253. 上海稳利达电气有限公司

地址：上海市闸北区天目西路 290 号康吉大厦 16FB-C 座

邮编：200070

电话：021-60940676

传真：021-63533418

E-mail：qh@ wenlida. com

网址：www. wenlida. com

简介：

　　上海稳利达电气有限公司成立于 1995 年，专业从事于各种稳压器、干式变压器、谐波滤除装置与电气自动化配套生产、开发与销售。

　　本公司的生产车间在全国同类行业中，是最整洁，最现代化的标准生产车间。公司现有 180 多名员工，其中工程技术人员占 30%，大学本科学历以上占 25%。凭借着自身强大的实力，上海稳利达电气有限公司通过了，以严格着称全球赫赫有名的英国国家质量保证有限公司审核和注册（ISO9001：2000 认证），它带给"稳利达"的不仅是硬件设施上的极大提高，更多的是综合管理上的突飞猛进。通过该公司的认证和培训，使"稳利达"的生产更程序化，更流程化，更现代化经营理念。由于"稳利达"公司在同行中良好的口碑，国内许多著名的电气公司纷纷委托"稳利达"公司指点配套生产（OEM），本公司产品和售后服务也获得了同行企业和客户的一致好评。靠着广大客户的长期支持，"稳利达"产品在市场占有率节节攀升，同时也逐步发展成为全国最大的稳压器生产基地。

　　上海稳利达电气有限公司在市场上的优异表现，获得了信息产业部的青睐，于 2002 年受信息产业部委托"稳利达"公司为无触点交流稳压器的行业标准带头起草单位，配合信息产业部组织同行制定了无触点交流稳压器的行业标准。凭借着自身雄厚的实力，"稳利达"公司先后在北京、广州、重庆、成都、济南、青岛、长春等地设立了自己的分公司及办事处，真正做到销售、服务一体化，客户无忧，公司无忧！

254. 上海稳压器厂

地址：上海市闵行区虹梅南路 863 号

邮编：200237

电话：021-64109191

传真：021-64543587

E-mail：sales@ csvrp. com

网址：www. csvrp. com

简介：

　　上海稳压器厂是国家稳压器定点生产厂家，长期从事电力稳压器等电源产品的生产和研究。凭借多年的生产研发经验，独具前瞻的技术观念和功能设计，为各行业提供高品质的电源产品。多年来承担了国家军用、民用、重大工程项目所需稳压电源的研制和生产任务，为各行业的发展提供强劲的推动力。

　　从单一的订单式设备制造，到为客户提供个性化系统解决方案，上海稳压器厂实现了打造中国稳定电源专家的这一核心理念。

　　今后，上海稳压器厂仍会坚持以专业成就高品质的理念，致力于新产品、新技术、新工艺的不断创新和开拓！

　　中国第一台 SBW 型自动补偿式稳压器的诞生地

　　中国唯一经过部级鉴定的稳压器生产厂家

　　中国科委发文推荐的稳压器生产厂家

　　国家电力电子产品质量监督检验中心检验产品

　　ISO9001 国际质量管理体系标准认证企业

255. 上海熙顺电气有限公司

地址：上海市外冈工业一区西冈身路 118 号

邮编：201806

电话：021-56380780　56382226

传真：021-56380811

E-mail：021power@ 021power. com

网址：www. 021power. com

简介：

　　上海熙顺电气有限公司是一家专业从事各类稳压器、稳压电源、变频电源、变压器、调压器、UPS 不间断电源、逆变电源、净化电源、充电器、直流电源及相关行业电气的开发、销售服务于一体的综合性企业，系中国电源学会会员单位，并由中国人民保险公司承保，并通过了 ISO9001 质量管理体系认证。

　　公司始终坚持理论与实践相结合的科学发展观，先后从全国各大高校、社会引进大量工程技术人员及多种高新检测和实验设备。从而确保熙顺每种产品具有领先的设计，稳定的性能及卓越的品质。随着我国加入 WTO，企业的发展空间日益扩大，公司始终坚持以振兴民族工业为己任，以铸造世界品牌为目标。公司已建立了健全的营销管理中心和宠大的网络体系。其产品销往全国各大省市，定期销往东南亚市场，且与中东、南非、欧美及国家和地区建立了稳固的贸易往来，而深受用户一致好评。这为熙顺的发展打下了坚实的基础，值此熙顺人深知科技创新是"熙顺"的动力，可靠的品质是"熙顺"的保障，诚信服务是"熙顺"的责任。

256. 上海新康电器制造有限公司

地址：上海市青浦区沪青平公路 2933 弄 17 幢

邮编：201703

电话：021-69755111 021-69755193 021-69755333

传真：021-69755116

E-mail：xinkang@ online. sh. ch，info@ xinkang. com

网址：www. xinkang. com

简介：

　　上海新康电器制造有限公司，是我国从事电力稳压器制造的专业生产企业，是中国电源学会的会员单位。随着现代科技的发展，工矿企业、科研、邮电、医院及国防等部门对电网供电质量的要求愈来愈高。为确保工业生产的正常进行，科研工作的顺利开展，迫切需要容量大、损耗低、波形失真小及稳压精度高的优质稳压电源。

　　公司现在生产场地 13000 余平方米，从事生产稳压器生产的员工 218 人，其中科研及工程技术人员占 35%；齐全的工装设备，使新康公司的产品一直处于行业领先地位，并多次在国际上获得金奖；为使新康的产品让用户更加放心，我们除免费对设备安装督导，负责设备的开通调试，免费保修一年及实行终身维修之外，并在全国各地分布有 16 个办事机构，以确保我们的售后服务工作能及时到位，充分满足对用户的承诺。

1999 年，上海新康电器制造有限公司通过了 ISO 9001 质量体系国际认证，同时新康的稳压器还获得中华人民共和国信息产业部电信设备进网许可，为新康电器提高市场竞争力及同国际接轨打下了坚实的基础。集新康电器十余年丰富的生产经验和雄厚的科研力量，新康的电力稳压器销量已逾 80000 台，安全可靠地运行于全国各地的不同行业，深受用户的赞誉。新康电器不仅遍销全国各地，而且已有销往印度尼西亚、马来西亚国外之业绩。

总之，新康公司本着"以质量求生存，靠管理降成本"这一宗旨，让新康的产品更好地服务于社会，新康愿与您共创新世纪的辉煌。

257. 上海尤耐化工新材料有限公司

地址：上海市闵行区华宁路 4018 弄 58 号
邮编：201108
电话：021-64427001 021-64427002
传真：021-64427003
E-mail：290105822@qq.com
网址：www.unichem-sh.com
简介：

上海尤耐化工：主要生产和研发有机硅前沿产品，专为电子、电器类产品提供绝缘，密封、防潮、散热、阻燃等保护，可在 −50℃ ~250℃ 条件下长期使用。

主要产品：

● 电源、变压器等专用有机硅导热电子灌封胶
● LED 模组、灯具、显示屏等防水灌封胶
● 半导体功率模块、集成电路等灌封硅凝胶、三防胶
● 电器元件用，导热胶，粘接胶、密封胶、导热硅脂

258. 上海宇帆电气有限公司

地址：上海市嘉定区南翔镇蕴北路 1755 弄 26 号楼
邮编：201802
电话：021-63638888
传真：021-39125597

E-mail：yifine@yifine.com
网址：www.yifine.com
简介：

上海宇帆电气有限公司是中国电源学会会员单位，十几年来专业制造电力电子控制设备及各种工业配套电源，主要产品有微控智能充电机、风光能充电控制器、直流电源、大功率开关电源、纯正弦波逆变器、风光能离网逆变器、并网逆变器、变频电源、交流稳压稳频电源等。公司拥有雄厚的技术实力，严格的质量控制方式和先进的生产检测设备，已通过 ISO9001 国际质量体系认证。我公司本着"质量 科技 真诚 拼搏"的企业精神，竭力向市场提供各种高品质的电源产品。

259. 上海誉善电子有限公司

地址：上海市虹口区广灵四路 26 号甲 1606 室
邮编：200083
电话：021-65013806
传真：021-65604252
E-mail：yushan71@188.com
网址：www.shysdz.com
简介：

上海誉善电子有限公司，专业从事军用和民用电容器的研发、生产和销售。

产品分类：钽电解、金属化有机薄膜、箔式有机薄膜、高压复合介质、油浸纸介等。

主要产品：阻尼吸收电容器、脉冲电容器、大功率电容器、滤波电容器、RC 阻件、电子灭弧器、过电压抑制器等。适用于阻尼吸收、串并联谐振治理、储能脉冲、短路放电、高压滤波、机床电器等场合。

广泛应用于航空、航天、雷达、激光电源、医疗设备、高中频感应加热、充磁机、电力功率补偿、铁路、仪器、仪表、抑制电磁干扰电路、照明以及家用电器等。

公司属高新技术企业，拥有长期从事军品、民品开发的专业技术人才，具有强大的科研生产能力，积极跟踪国际国内先进电容器发展动向，为用户提供电容器配套服务和解决方案。

260. 上海兆伏新能源有限公司

地址：上海市杨浦区翔殷路 128 号理工大科技园 1

号楼 8 号门

邮编：200433

电话：021-51816785-802

传真：021-51826726

E-mail：ylsun@ fudan. edu. cn

网址：www. zofenergy. com

简介：

　　江苏兆伏集团是致力于光伏并网系统集成设备的研发和生产的大型企业，在《江苏省新能源产业调整和振兴规划纲要》中，被列为集成系统设备研发和产业化重点企业。集团设立了企业院士工作站、博士后科研工作站，在上海设立了研发中心，拥有数名在国际光伏领域享有盛名的博士、硕士等高级技术人才。

　　集团通过了 ISO9001 质量管理体系、ISO14001 环境管理体系和 OHSMS18001 职业健康安全体系三体系认证，建立了完整、规范的 ERP 管理系统。所属公司主要研制并网逆变器、离网逆变器、通信电源、智能汇流箱、太阳能控制器、组件接线盒、互连条等产品，并通过了 CQC、CE、TUV、UL 等认证，拥有多项发明专利和软件著作权，是江苏省高新技术企业、软件企业。

　　集团在发展进程中与清华、复旦、西安交大、江苏大学等诸多高等学府和华电、国电、尚德、大唐、苏美达、中节能、宁夏发电集团、中盛光电、江西塞维等知名企业开展了紧密的战略合作，共同发展全球光伏事业。

261. 上海正大电气设备有限公司

地址：上海市闸北区中兴路 1101 号

邮编：200070

电话：021-56987818

传真：021-56906739

E-mail：sh-zhda@ 126. com

网址：www. zhda. com

简介：

　　上海正大电气设备有限公司成立于 1995 年，是一家集研究、开发、营销为一体的稳压器、变压器专业电源公司。是中国电源学会最初一批成员单位。公司拥有精良的设备、先进的制造工艺和现代化的管理技术，以全国重点高校为技术依托，严格按 ISO9001 质量认证体系组织生产，产品执行中华人民共和国 JB-7620-94 标准，并受国家电力电子产品质量检测中心及上海技术监督局双重监督。

公司在十五年的创业历程中始终将自己立身于"用户可信赖的电源问题解决专家"的位置。全心全意为用户解决各种电源问题。公司先后推出了补偿式、无触点晶闸管式、磁共振抗干扰式、正弦能量分配式等各式稳压器及干式变压器、电抗器等产品，同时代理世界知名品牌 UPS 不间断电源、变频器、变频电源、EPS 应急电源等。

262. 上海正泰电源系统有限公司

地址：上海市松江区文合路 855 号 4 号楼

邮编：201614

电话：021-37791222

传真：021-37791222-6003

E-mail：Chenshang@ chint. com

网址：www. chintpower. com

简介：

　　上海正泰电源系统有限公司是一家致力于太阳能、风能等可再生能源转换产品的研发、生产和销售的高新技术企业。公司具有一支国际化的管理和研发团队。依托正泰集团强大的资源背景，传承其 25 年专业制造经验，专注于新能源领域，主要产品方向包括光伏逆变器和风电变流器等，并提供系统解决方案的设计及技术服务。

　　目前推出的 CPS SC 系统光伏逆变器产品采用全数字化 DSP 控制、先进的功率转换与控制技术、高效的变压器设计等领先技术、使得光伏逆变器产品的转换效率高达 98%，达到世界先进水平；逐步形成多项核心专利技术；专业的外观工业设计，人性化的安装方式与人机界面，严格的产品可靠性设计，使整个产品系列具备国际市场竞争的实力。

263. 上海灼日精细化工有限公司

地址：上海市松江区长塔路 85 号

邮编：201617

电话：021-51872995

传真：021-51872995-802

E-mail：jorle@ jorle. net

网址：www. jorle. net

简介：

　　上海灼日精细化工有限公司致力于环氧树脂、

有机硅、聚氨酯新材料的研发、生产和销售，一直以电子封装材料为主要研发方向，着重开发电子、电气、电力、太阳能及其他行业所需要的各类特殊封装材料。

"科技，点燃灼日的魅力"，灼日化工是勇于追求、不断超越、积极创新的企业，我们将始终不渝的以诚信为纽带，建构信任的桥梁，与您携手，同步世界。

264. 晟朗（上海）电力电子有限公司

地址：上海市徐汇区钦州北路 1089 号 53 幢 4F

邮编：200233

电话：021-64857422

传真：021-64857433

E-mail：infor@ slpower. com

网址：www. slpower. com

简介：

　　SLPE 隶属美国上市公司 SL 实业集团公司（AM-EX：SLI）。SL 公司是全球最大的独立医用电源提供者，也是产品线覆盖最广的世界一流电源供应商。凭借高超的设计制造能力及完善的售后服务体系，我们不仅能为客户提供优质可靠的高端产品，而且能提供整体的系统集成解决方案。良好的客户服务使公司在医疗和工业客户群中享有极高的声誉。公司的电源产品涉及的领域包括医疗仪器、工业设备、军用电源、网端电源（POE）、通信产品以及其他市场。

　　公司的产品包括各种内/外置开关电源、线性电源、充电器等，电源功率从 1W-6000W 以满足不同的客户需求。

265. 新电元（上海）电器有限公司

地址：上海市闵行区宜山路 1698 号 704 单元

邮编：201103

电话：021-34627768

传真：021-34627765

E-mail：chen_yi@ sse. shindengen. co. jp

网址：www. shindengen. co. jp

简介：

　　新电元（上海）电器有限公司是由日本电源业界的领袖——日本新电元工业株式会社在上海漕河泾高新技术开发区成立的研发和生产企业，本公司

拥有世界一流的设计人员和生产销售人员，新电元（上海）电器有限公司延续了日本新电元工业株式会社的先进管理经验，秉承了日本一流的设计生产技术。专业研究开发、制造、销售通信用交流-直流、直流-直流、直流-交流高频开关电源设备以及逆变电源设备。近年来，公司紧紧把握新能源市场的脉搏，投入了大量的人力物力研发出了具有一流水准的全系列光伏逆变产品。本公司被评为上海市高新技术企业。公司生产的全系列并网光伏发电逆变器已经获得了金太阳认证。

　　公司一贯重视产品质量和市场的开发。产品在同行业内以质量稳定，效率高，寿命长而著称。在多个上海的形象工程中有着广泛的应用。新电元（上海）电器有限公司信守质量第一，用户至上的承诺，建立了覆盖全国的销售和售后网络，竭诚为客户服务。

266. 英飞凌科技（中国）有限公司

地址：上海市浦东区张江高科技园区松涛路 647 弄
　　　7-8 号

邮编：201203

电话：021-61019001

传真：021-61019347

网址：www. infineon. com. cn

简介：

　　总部位于德国纽必堡的英飞凌科技股份公司，为现代社会的三大科技挑战领域—高能效、移动性和安全性提供半导体和系统解决方案。2011 年（截至 9 月 30 日），公司实现销售额 32. 95 亿欧元，在全球拥有约 266501 名雇员。

267. 中达电通股份有限公司

地址：上海市浦东新区民夏路 238 号

邮编：201209

电话：021-58635678

传真：021-58630003

E-mail：Bao. lina@ delta. com. cn

网址：www. deltagreentech. com. cn

简介：

　　公司 1992 年成立于上海，自 1994 年始营业以来，保持年平均增长率 35. 5% 的高速发展态势，为中国工业级用户（如电信、数据中心、电力、石化、铁道、产业机械等）提供高效、可靠的动力、自动化、视讯产品、方案及服务。在通信电源的市场占有率位居全国第一、同时也是视讯显示及工业自动化方案的领导厂商。

中达电通整合台达集团优异的电力电子及控制技术，持续引进国内外性能领先的产品，技术方案中心在深入了解中国客户营运环境下，依据各行各业工艺需求，提出完整解决方案，为客户创建竞争优势。秉持"环保 节能 爱地球"的经营使命，2007年中达电通更成为中国移动的绿色行动战略伙伴，在节能减排的技术上，陆续开展了电源休眠、燃料电池、太阳能供电、新风节能等多项新应用。

为满足客户对高可靠的需求，中达电通在全国设立了 41 个分支机构、50 个技术服务网点与 12 个维修网点。依靠训练有素的技术服务团队，中达得以为客户提供个性化、全方位的售前服务，和最可靠的售后保障。

北 京 市

268. 北京长河机电有限公司

地址：北京市通州区中关村科技园通州园金桥科技
产业基地景盛南四街 13 号 5A4 街 13 号 5A

邮编：101102

电话：010-60595875

传真：010-60595845

E-mail：changherj@126.com

网址：www.changhe.com.cn

简介：

北京长河机电有限公司是北京市人民政府批准成立的中外合资企业，是专业从事电力系统、发电厂、变电站及工矿企事业单位变配电室各类直流电源及二次设备的设计、生产、安装、调试的专业生产厂家。公司有近二十年生产直流电源设备的历史，是国家经贸委、国家电力公司、华北电管局、北京、天津、上海、重庆、湖北、吉林、济南、杭州供电局以及铁路、军队、化工等系统重点推荐的直流电源生产厂家之一；是国内最大的直流电源生产厂家之一。

公司占地面积一万余平方米，年产值 6000 万元以上。公司产品有三大类 200 多个品种主要产品有 ZKA、GZD（GZDW）、PGD、BROSC、PED 五大系列，此外，公司还可以根据用户要求，设计生产非标产品。

公司视"技术为第一生产力"，积极引进国内外先进技术，加强技术人才的培养。

269. 北京承力电源有限公司

地址：北京市昌平区昌平科技园区中兴路 10 号

邮编：102200

电话：010-69478591-8592

传真：010-69476385

E-mail：office@chengli.com.cn

网址：www.chengli.com.cn

简介：

北京承力电源有限公司是一家专业模块开关电源制造企业，拥有近 20 年研发及制造各类模块开关电源产品经验积累。多年来，秉承求新、求实、求精的经营理念，以生产 5～5000W、多路输出、低纹波、高可靠模块开关电源产品主营业务。

承力电源通过军工产品 ISO9001B 质量管理体系认证。产品已经广泛应用于军工、航空航天、轨道交通、电力通信等领域，并在欧美等国际市场获得客户赞誉。

承力电源多年的制造经验及配合市场需求的研发团队，通过不断的努力，不仅能生产各类型、定制特殊模块开关电源，在行业内保持产品技术、质量、可靠性、广适性优势地位。在全国多个地区城市设有分支机构，以其卓越的技术为客户提供完善的售前，售中和售后服务。

产品特点：宽输入范围；超低纹波；多路输出；软开关技术；低温抗震，并符合国军标及行业电磁兼容标准。

270. 北京创德科技有限公司

地址：北京市昌平区火炬街 21 号 4 幢 503 室

邮编：102200

电话：010-89746456

传真：010-89746455

E-mail：chuangde@bjchuangde.com

网址：www.bjchuangde.com

简介：

公司从事电子产品的研发，在智能充电器、逆变电源、稳压电源、LED 驱动器、自动化控制和承接太阳能光伏发电系统 EPC 工程等方面有自身的独特之处。一直以来为多家单位提供配套产品，与业内知名企业建立了长期的合作关系。

在太阳能光电转换和 LED 导体照明科技方面拥有多项完全自主知识产权的核心技术。现有本科及以上学历人员多名，硕士及高级技工多名，LED 高级封装技术人员多名。

拥有先进的生产设备以及完善的质量管理体系，已通过 ISO9001 质量体系认证，CE、TUV、CUL 认证。

"品质第一、客户至上、理念创新、服务一流"是公司既定方针，旨在引领新能源理念，力求创新"质优价廉"的太阳能光电产品。

271. 北京大华无线电仪器厂

地址：北京市海淀区学院路 5 号
邮编：100083
电话：010-62937102 010-62937111
传真：010-62921303
E-mail：dhelec@ dhelec. net，dhtech@ dhtech. com. cn
网址：www. dhelec. com. cn，www. dhtech. com. cn
简介：

北京大华无线电仪器厂（768 厂）建于 1958 年，是我国最早建成的微波测量仪器大型军工骨干企业，企业通过了 GJB9001、ISO9001 质量管理体系认证，武器装备科研生产许可证、军工电子装备科研生产许可证和装备承制单位认证，近年来，企业主持或参与编写了多个行业标准。

企业主要产品有铷原子频率标准、雷达综合测试仪、微波信号源、噪声发生器、选频放大器、卫星云图接收机、大气物理探测系统、微波（光磁、顺磁、铁磁）共振实验系统、微波分光仪、微波胶乳测试仪、测控天线、微波组件、波导同轴器件、交直流稳压稳流电源、开关电源、电子负载等，广泛应用于各军兵种、科研院所、高等院校及各类工业企业，为提高企业生产率提供了高稳定度、高可靠性的优秀产品。

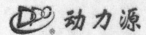

272. 北京动力源科技股份有限公司

地址：北京市丰台区丰台科技园区星火路 8 号

邮编：100070
电话：010-83682266
传真：010-63783080
E-mail：dly@ dpc. com. cn
网址：www. dpc. com. cn
简介：

北京动力源科技股份有限公司是一家致力于电力电子技术及其应用领域、集研发、制造、销售、服务于一身的高科技上市公司（股票代码：600405）。是国内电源行业首家上市企业，是国家人力资源和社会保障部授权的能源审计师和能源管理培训单位；也是国家发改委批准并第一批公布、面向全社会的节能服务公司之一。

经过十几年的发展，动力源已经形成直流电源、交流电源等近百种产品，所有产品均享有自主知识产权，其中我们在直流技术上的应用已经处于世界领先地位，在品牌上从名不见经传发展成为在国家级重点工程上多次中标的知名企业。

目前，旗下拥有全资子公司北京迪赛奇正科技有限公司、安徽动力源科技有限公司、深圳动力聚能科技有限公司及控股子公司北京科耐特科技有限公司。

面向未来，动力源将继续以电力电子技术为平台，为社会提供节能降耗、绿色环保的解决方案及产品。在新能源应用领域开辟出新的天地，创绿色环保世界，做能源利用专家。

273. 北京光华四通科技有限责任公司（原北京光华电通科技有限责任公司）

地址：北京市海淀区海淀大街 2 号四通大厦 707 室
邮编：100080
电话：010-62624990
传真：010-62577366-805
E-mail：sales@ stone-ups. com. cn
网址：www. stone-ups. com. cn
简介：

四通 UPS 诞生于 1992 年，多年来始终致力于不间断电源行业的科技发展与革新。自问世以来，凭借"高档产品，中档价格，以性能、品质和服务去赢得用户"的市场战略，取得了较好的业绩，产品广泛应用于各个领域，是 UPS 行业的领导品牌之一。

四通 UPS 的业务前身为中外合资北京上申四通电源有限公司，后经资源优化组合，于 2000 年 10 月注册成立了北京光华四通科技有限责任公司，全面负责四通 UPS 的生产制造与销售服务。光华四通专注于电源保护系统的研发、制造与行销，在金融、电信、电力、交通、国防、教育、医疗等行业中具有广泛的用户基础，是 IT 产品的专业供应商之一。

274. 北京航天拓扑高科技有限责任公司

地址：北京市大兴区经济技术开发区永昌南路 21 号
邮编：100176
电话：010-58080808　58080702
传真：010-58080802　58080880
E-mail：tenglin168@163.com
网址：http：//www.aerotop.com.cn
简介：

　　北京航天拓扑高科技有限责任公司是中国运载火箭技术研究院北京航天万源科技公司控股的高新技术企业。公司致力于烟机、燃气、热力、供水、配电等领域的监控管理系统集成和军用测控电源、干扰机和战略、战术导弹弹头、弹体部分配套的机电产品的设计、开发、生产和服务，是中国电源协会和城市燃气协会会员。

　　公司多年来为国家重点的导弹武器型号及载人航天工程研制、生产了大量的军用测控电源和战术、战略导弹弹上配套产品和地面配套产品。特别是军用测控电源，被广泛地应用到战略、战术导弹遥测和发控系统，运载火箭的控制系统、动力系统、测量系统和低温加注系统，载人飞船发射故障检测系统以及宇航员逃逸系统等关键部位，产品经历了多次严酷飞行试验的考核和验证，圆满地完成了载人航天工程等国家重点工程及各种导弹的飞行任务共百余次。

　　公司将凭借人才、技术和产品的优势，积极开拓军、民品两大领域市场，为祖国的军事装备现代化做出卓越贡献。

275. 北京航天星瑞电子科技有限公司

地址：北京市大兴区经济技术开发区万源街 18 号四层 425 室
邮编：100176
电话：010-67871560
传真：010-67888906
E-mail：xrpower@126.com
网址：www.xrpower.com
简介：

　　北京航天星瑞电子科技有限公司是一家高新技术企业，位于北京经济技术开发区。公司致力于航空航天及各种军用领域测控电源设备以及民用测控电源的设计、开发、生产、服务，是中国电源学会会员单位。

　　公司成立之初就确立了高技术、高质量、高可靠的产品策略，并始终以"宽一寸、深百里"的经营理念在所处的电源行业中精耕细作，立志成为国内电源行业的著名企业。同时公司以"以人为本、诚信于心"的管理理念对待员工和客户，努力体现企业的社会价值，成为一个广受尊重的企业。

　　公司主要产品包括程控直流电源系列、程控交流电源系列、大功率直流电源系列、军品定制电源系列，还可以根据用户需求设计专用电源，提供军用测控系统供配电解决方案。

　　公司通过了 GJB9001A-2001 国军标质量体系认证，具有丰富的军用电源研制经验，产品涉及海军、陆军、空军及二炮的多种武器系统。

276. 北京航星力源科技有限公司

地址：北京市昌平区科技园区白浮泉路 10 号兴业大厦七层
邮编：102200
电话：010-69704668
传真：010-69700196
E-mail：www.hisoon.com
网址：pwrtan@sina.com
简介：

　　北京航星力源科技有限公司位于北京市中关村科技园昌平园区，是一家专业从事大功率高频开关电源模块、高精度恒流源、智能化电源系统及逆变电源模块等系列产品的研发、生产、销售的高科技工业企业。是研发、生产、销售大功率 AC-DC 和 DC-DC 高频开关电源设备，大功率 AC-AC 和 DC-AC 逆变器设备的专业厂商。

　　北京航星力源科技有限公司拥有自己的现代化标准工业厂房、先进的研发和生产设备，拥有产品的全部自主知识产权和十余项专利技术，技术处于国际前沿水平。

北京航星力源科技有限公司为北京市高新技术企业，荣获了"中国电源行业诚信企业"、"广电行业十大创新品牌"、"广播电视十大传输民族品牌"等称号。公司经过十多年的创新与努力，现已进入蓬勃发展阶段，成为国内开关电源模块的主流供应商之一。"航星电源"广泛应用于军工、航空、航天、广电、铁路、电力、医疗、通信、科研、太阳能等清洁能源领域，并出口到日本、德国和第三世界国家。

277. 北京恒电电源设备有限公司

地址：北京市海淀区中关村南大街 6 号 1206 室
邮编：100086
电话：010-62452243
传真：010-62451121
E-mail：keqiu@263.net
网址：www.hendan.com
简介：

北京恒电电源设备有限公司成立于 1993 年，位于中关村高新科技园区。公司拥有经验丰富的技术及管理团队，多条现代化生产线，是专门从事电源研发制造的生产型企业。主要产品有离网型风/光控制器、控制/逆变一体机、一体化离网电站、UPS 电源、电力逆变电源等。公司自 1999 年即通过 ISO9001 质量管理体系认证，多系列产品取得 CQC、CGC、TLC、CE、CB、CTUVUS、FCC、EMC、ROHS，China ROHS 等多项国内、国际权威专业机构认证。

公司产品在光明工程、供电到乡工程、三江源治理工程、"金太阳"示范工程、中国移动、中国电信等大型项目中得到广泛应用，产品涵盖户用、独立电站、道路及景观照明、通信等多个领域，涵盖高原、高寒、沙漠、海岛、车载、户外等严酷环境。产品出口到美国、日本、德国、芬兰、俄罗斯等很多国家。是国内新能源行业离网型控制/逆变电源产品的主要生产制造商之一。

278. 北京汇众电源设备厂

地址：北京市海淀区上地七街一号
邮编：100085

电话：010-62974051
传真：010-62974057
E-mail：huizhong_gyj@163.com
网址：www.huizhong.com.cn
简介：

北京汇众实业总公司（北京汇众电源设备厂）1986 年注册于北京高新技术产业开发区，长期致力于为国防、通信、铁路、电力、汽车等行业提供高品质电源类产品。公司总部位于中国北京中关村科技园区上地信息产业基地七街 1 号汇众科技大厦，目前，拥有研发及生产场地 12000 余平方米，在册员工近 300 人。北京汇众实业总公司的主导产品为模块电源、模块拼装一体化电源及通信用机架电源。另外，北京汇众实业总公司还设计拥有通信用远程供电电源、车载逆变电源。

模块电源涵盖了功率 600W 以下五个系列近千个品种，分别为 AC-DC 系列、DC-DC 系列、DC-AC 逆变系列、高压系列以及微功率系列。在此基础上并可根据用户实际需要进行改型设计以满足不同行业的特殊需要；模块拼装一体化电源是汇众公司荟萃十几年来设计和使用模块电源的经验为客户提供的整体化电源解决方案，具体方案是由客户提供标准接口和技术要求，由汇众公司提供全套电源解决方案并提供产品和售前、售后技术支持以满足客户对综合类电源产品的需要。现已与多家通信设备厂达成相关协议成为上述企业的专业电源设计供应商；远程供电电源是汇众公司为边远地区有线和无线通信基站提供的具有国内先进水平的远程供电解决方案，该方案解决了边远地区电力供应不稳定可能造成的通信障碍问题并已通过国家相关认证部门的权威认证。20 世纪 90 年代初，北京汇众实业总公司在民营企业中率先将 ISO 质量管理体系引入生产管理过程并于 1996 年一次性通过了 ISO9001 质量保证体系认证，2002 年通过了 ISO9001：2000 版的改版认证；2003 年底成为模块电源制造商中首批通过 GJB9001A-2001 军工产品质量管理体系认证企业。

279. 北京京仪椿树整流器有限责任公司

地址：北京市丰台区三顷地甲 3 号
邮编：100040
电话：010-88680221
传真：010-88681899
网址：www.chunshu.com

简介：

北京京仪椿树整流器有限责任公司（原北京椿树整流器厂）成立于 1960 年，是我国最早生产电力电子半导体器件和半导体变流装置的企业，隶属于北京京仪集团有限责任公司。

北京京仪椿树整流器有限责任公司是电力电子半导体器件和电力电子变流装置设计开发、生产和服务经验的高新技术企业。2000 年 3 月通过 ISO9001 质量体系认证；2008 年 11 月通过 GJB/Z 9001A-2001 军工质量管理体系和 GB/T 19001-2000 质量体系认证。

北京京仪椿树整流器有限责任公司半导体器件类产品有整流管、晶闸管、各种功率模块、组件和功率单元；半导体变流装置类产品有单晶硅系列电源、多晶硅系列电源、脉冲电源、电解铜箔生箔机电源、电镀生产线成套电源、化成箔生产线成套电源、PS 版生产线电源、真空冶炼电源、电渣炉专用电源、碳化硅冶炼电源、稀土电解电源、电解烧碱电源、智能型充电电源等产品。

280. 北京聚能普瑞科技有限公司

地址：北京市朝阳区和平西苑甲 10 楼 901 室
邮编：100013
电话：010-84279591　84279592
传真：010-84279597
E-mail：Zhoufr9435@ sina. com
简介：

本公司是中美合资企业，企业原名：北京普瑞电源设备有限公司，自 2011 年 7 月经北京市工商局批准名称变更为：北京聚能普瑞科技有限公司。

20 年来公司一直以生产销售 HS 系列交流稳压电源为主，产品设计水平先进，元器件品质优良，工艺考究，按国际标准生产和检验。

产品特点：稳压、隔离、净化、分配、功能完善；抑制浪涌、干扰、消除电压波动；操作简易、可靠。

我公司产品已经广泛应用于银行、商业、通信、气候观测、铁路交通、航空航天、军队国防、新能源等领域。

281. 北京雷奥电子技术开发中心

地址：北京市昌平区沙河镇站前路 1 号
邮编：102206
电话：010-80713566
传真：010-69731455
E-mail：leaodz@ 163. com
简介：

北京雷奥电子技术开发中心成立于 1999 年，是专门从事开关电源的研发和生产的企业。

282. 北京纽绅埔科技有限公司

地址：北京市海淀区白塔庵 5 号汉荣家园 1 号楼 507 号
邮编：100098
电话：010-82822323
传真：010-82822736
E-mail：info@ ncpups. com
网址：www. ncpups. com
简介：

北京纽绅埔科技有限公司位于北京中关村科技园区，成立于 1999 年 1 月 6 日，本公司具有多年电源设备及蓄电池的设计、研发和市场推广的历史，以及拥有一大批年轻化、高科技、高素质的专业技术人才。是一家高新技术企业；中国电源学会会员单位；本公司已通过 ISO 9001 国际质量管理体系认证。

公司针对中国电力发展现状及需求以委托生产的方式，采用先进的技术自 2000 年纽绅埔电源及蓄电池系列产品先后进入了各行业所需的特异 UPS 电源领域，如：铁道部户外轨道衡系统、全国第一条大秦线 GSM-R 铁路通信直放站及一体化基站系统、国家地震局地震监测系统、公安部系统、中国人民解放军及中国航天部系统等。目前纽绅埔系列产品已进入国际市场，且在中国设有十个营销总部及技服中心，公司高品质的产品以及优质及时到位的售后服务赢得了广大用户的一致认可与好评。

283. 北京普罗斯托国际电气有限公司

地址：北京市通州区马驹桥联东 U 谷工业园 15 号 9D
邮编：101102
电话：010-88861981
传真：010-88861976
E-mail：market@ prostarele. com
网址：www. chinastabilizer. com

简介：

普罗斯托国际电气有限公司坐落于日新月异的国家级开发区，亦庄开发区（联东 U 谷）。是一家专业致力于研发设计、制造电源产品的国际化集团公司。以其享誉全球的微电脑无触点稳压电源及三相大功率（工业级）UPS 产品和尖端技术，为世界工业和电力等行业客户提供完善全面的电力解决方案。

作为电源领域的专家，普罗斯托国际电气拥有强大的产品研发及制造能力。普罗斯托除了提供标准配置的电源产品，其主要竞争优势还在于能够根据用户的不同要求，提供满足客户要求的"非标"特殊产品。

普罗斯托国际电气率先通过 ISO9001 国际质量体系认证，产品通过严格的欧盟 CE、ROHS 产品质量认证。其产品具有高可靠性、稳定性、耐用性及适用性。

普罗斯托建立了完整的销售及售后服务网。已拥有上海、广州、哈尔滨等多个服务机构，为所有普罗斯托产品提供快速方便的服务。

284. 北京七星华创电子股份有限公司

地址：北京市朝阳区酒仙桥路 4 号（8503 信箱 8#）

邮编：100015

电话：010-84599510

传真：010-64339350

E-mail：marketing@ sevenstar. com. cn

网址：www. sevenstar. com. cn

简介：

北京七星华创电子股份有限公司传承四十多年电子专用设备及电子元器件的生产制造经验，于 2001 年 9 月成立。是一家以微电子技术为核心，以电子专用设备与新型电子元器件为主营业务，集研发、生产、销售、服务及对外投资于一体的大型综合性高科技公司。拥有一流的生产环境、加工手段和检测仪器，是中国最大的电子专用设备生产基地和尖端的电子元器件制造基地之一，以优质的产品和优良的服务赢得了国内外客户的赞许和信赖。曾被评为德勤"亚太高科技高成长 500 强"。并于 2010 年 3 月成功上市，为公司的持续发展获得了稳定的长期的融资渠道。同年销售收入超过 12 亿人民币。

北京七星华创电子股份有限公司微电子分公司前身为国营第 798 厂微电子事业部，2001 年并入北京七星华创电子股份有限公司。主要从事设计、开发和生产混合集成电路及 DC/DC 电源模块、微电路模块、微波组件三大类产品。1967 年建立了国内第一条混合集成电路生产线。混合集成电路生产线现有 10 万级净化厂房 2500 平方米，万级净化厂房 200 平方米，年生产能力在 100 万块以上，其中高可靠军用混合集成电路产能在 4 万块以上。自 1999 年以来，每年军用混合集成电路模块产量保持在 5 万块以上。我公司为国家重点高新工程配套了大量混合集成电路模块。公司通过了 ISO9000 质量管理体系、国军标体系、军标线（H 级）认证，各项管理和技术、试验手段齐全先进。

群菱能源

285. 北京群菱能源科技有限公司

地址：北京市大兴区经济技术开发区科创十四街 99 号汇龙森科技园 7 幢 1 单元 1201

邮编：100176

电话：010-58957358-813

传真：010-58957358-812

E-mail：boyao@ vip. 163. com

网址：www. att17. cn

简介：

北京群菱能源科技有限公司主要生产品蓄电池系列测试仪表、新能源检测仪及设备等电源检测仪表。在产品质量上，公司精益求精。如在关键元器件上，公司自行研发出高级快速检测仪，对所有的元器件进行细心的质量检验，合格后方可入库；在生产设备上，引进德国先进焊接技术，结合自身研发的组装工艺，创新出一套更加先进的生产工艺，运用到 6 条先进的生产流水线上，每个工序都根据 ISO9001 质量体系和 ISO14001 环境管理体系进行控制，确保产品质量达标。

286. 北京日佳电源有限公司

地址：北京市通州区中关村科技园区通州园金桥科技产业基地景盛南四街 13 号 5A

邮编：101102

电话：010-60595892

传真：010-60595872

E-mail：bjrj_gaojia@ 126. com

网址：www.rijia.com.cn

简介：

北京日佳电源有限公司是一家中日合资的专业电源生产商，其中日方出资方为世界最大的电源生产商之一 GS 汤浅公司。我公司专业从事各种型号应急电源（EPS）、不间断电源（UPS）、太阳能发电系统设计、各类交直流电源设备科研、开发和生产。

北京日佳电源有限公司于 1997 年通过了 ISO9000 质量体系认证，1999 年通过英国皇家质量体系（UKAS）认证，使公司的生产经营在质量体系的控制下有效进行。

北京日佳电源有限公司本着"质量第一、信誉至上"的目标，一如既往地向国内外各界用户提供优质的产品和满意的服务。

287. 北京索英电气技术有限公司

地址：北京市海淀区永丰产业基地永捷北路 3 号永丰科技企业加速器（一区）A 座

邮编：100094

电话：010-58937318-1017

传真：010-58937315

E-mail：tianyang@soaring.com.cn

网址：www.soaring.com.cn

简介：

北京索英电气技术有限公司（Beijing Soaring Electric Technology Co., Ltd.）2002 年由一批立志以科技报国的清华校友创立，以海外回国人才为核心研发团队，是国内最早专注于新能源发电和节能领域的民营高科技公司。

目前的主要产品为太阳能发电用并网逆变器和各种电源系统（电源、发电机和电池供电系统）在生产测试或检验时的节能回馈电子负载。核心业务是将全数字并网逆变技术应用于电能回收和太阳能发电。关键技术是全数字化有源逆变控制技术。

索英公司目前两大产品系列：节能回馈负载、太阳能并网逆变器。

288. 北京新雷能科技股份有限公司

地址：北京市海淀区西三旗东路新雷能大厦

邮编：100096

电话：010-82912892

传真：010-82912862

E-mail：webmaster@suplet.com

网址：www.suplet.com

简介：

起始于 1997 年，民营企业；是一家注册于北京市中关村科技园区的高新技术企业。职工总数约 800 人，主要从事设计、制造和销售民用、军用及航天级电源产品，主要产品为标准和专用的 DC-DC 模块电源、AC-DC 电源、铃流发生器、定制电源、机箱电源、特种电源、机架电源及系统等。是国际、国内一流通信设备制造商的电源供应商，是国内航天、航空、兵器、中电、总参通信部等行业内设备制造商的电源供应商，公司产品还广泛应用于铁路、电力、工控、新能源等领域。公司的"直流-直流系列变换器模块电源"被认定为"北京市自主创新产品"；公司通过了军工产品质量管理体系认证、军工保密资质认证、装备承制单位资格认证；2004 年至今被北京中关村企业信用促进会评为"信誉良好企业"；北京市国家税务局和北京市地方税务局的"纳税信 A 级企业"。

北京亚澳博信通信技术有限公司
Beijing ASAU BoXin Communication Technologies Co.,Ltd.

289. 北京亚澳博信通信技术有限公司

地址：北京市顺义区林河工业开发区林河大街 21 号

邮编：101300

电话：010-89496341

传真：010-89496346

E-mail：asaubosupport@asaupower.com.cn

网址：www.bjasau.com

简介：

北京亚澳博信通信技术有限公司是河北亚澳通信电源有限公司与北京顺义林河开发区在林河开发区合资组建的股份制软件科技型高新技术企业。主营业务为智能型高频开关电源、微波点对点通信系统、动力环境监控系统及智能信息网管系统的开发、生产、销售及售后服务。亚澳博信公司产品目前已经应用于中国电信、中国网通、中国移动、中国联通、中国铁通、部队、电力、广电、石油等通信领域，并出口至法国、俄罗斯、印度、南非、古巴、孟加拉等国。

河北亚澳通信电源有限公司是成立于 1994 年的一家以研发、生产和销售智能化通信用高频开关电源及其网络监控的企业。

290. 北京一峰电子制作中心

地址： 北京市海淀区西北旺镇小牛坊 456 号（航天城库房北 50 米）

邮编： 100094

电话： 010-57158331 13436503203

传真： 010-82824617

E-mail： yifengfy@yahoo.com.cn

简介：

北京一峰电子制作中心是一家专业设计生产各类高频变压器、电感器的企业，生产全程贯彻 GB/T19001-2000idt ISO9001：2000 质量管理要求，建立质量保证体系。本公司已经形成一个完善的研发、生产、销售系统，拥有了一只熟悉军用标准、行业标准的工程技术队伍。

目前主要产品有：

高频变压器系列：开关电源变压器、脉冲变压器、新型平面变压器、总线变压器；电感器系列：APFC 电感器、谐振电感器、共模/差模电感器、开关电源输出电感器、SMD 电感器、各种滤波用电感器及磁珠）及专用中小功率电源变压器、音频变压器和军用电源滤波器等产品；金属磁粉心有铁粉心、铁镍钼磁粉心（MPP）、高磁通磁粉心（HI-FLUX）、铁硅铝磁粉心（SENDUST），适合军民两用；经销各种国外著名品牌磁性材料、电感器变压器、DC/DC 电源模块和各种芯片。

军用产品广泛应用于航空、航天、船舶、兵器等军工领域；民用产品广泛应用于各种电子线路中，传统型变压器电感器产品主要应用在一次通信电源、充电器等大功率电源中，SMD 类产品和新型平面变压器电感器主要应用于二次电源模块和网络产品中；设计生产的大功率（工作频率 20kHz 左右，10kW ~ 50kW）充电器、逆变器用变压器、电感器产品受到用户的一致好评，月生产 3~5 万只。

全体员工秉承质量和诚信就是持续发展的命脉！引以顾客满意是中心的出发点和归宿、持续改进是全体员工永恒的追求！

291. 北京银星通达科技开发有限责任公司

地址： 北京市西城区北三环中路甲 29 号华尊大厦 A座 403 室

邮编： 100029

电话： 010-82021883

传真： 010-62034689

E-mail： silverst_1@163.com

网址： www.silverst.com

简介：

北京银星通达科技开发有限责任公司是专业从事各行业数据中心机房建设及、UPS 电源供配电系统、制冷系统的方案和产品供应商，并为用户提供监控系统、机柜、蓄电等整体解决方案。本公司自成立以来，始终致力于国际著名品牌产品在国内市场的推广和引介工作。多年来，在广大用户的支持与帮助下，公司同仁不断开拓进取，凭借良好的敬业精神、过硬的专业技术及竭诚服务于用户的意识，现已成为国内知名的电源、空调及外设产品代理商。公司现已通过 ISO9000 质量管理体系认证，并被北京市工商行政管理局评为"守信企业"、被中国电子商会电源专业委员会评为"中国电源行业诚信企业"。

本公司为施耐德旗下的 APC 高级认证合作伙伴（金牌代理），代理其全系列产品，同时是中达电通（台达）、美国艾默生克劳瑞德 UPS、伊顿旗下的 Powerware 系列及山特电子、广东易事特、厦门科华、美国力登、深圳科士达、等品牌的代理商，在业内享有极高的企业信誉度。

本公司自成立以来，以优质的售前售后服务和精湛的专业技术为保障客户的网络畅通创造了良好的环境和无限的商机，至今在全国各地已拥有上千家客户，售出上万台 UPS 电源，工程师的足迹遍布祖国的大江南北，公司力争实现客户满意度达到百分之百。

isdj technology

292. 北京英赛德佳科技有限公司

地址： 北京市海淀区西三环北路 87 号国际财经中心 C 座 802 室

邮编： 100089

电话： 010-82561177

传真： 010-82562552

E-mail： isd@isd.net.cn

网址： www.isd.net.cn

简介：

北京英赛德佳科技有限公司创建于 2002 年 6

月，是集电源产品开发、设计、生产、销售于一体的高新技术企业。多年来，通过对国内外电源技术的潜心研究，致力于电源模块的产品销售和解决方案提供。目前，公司主要代理美国 VICOR、CALEX、日本 COSEL、法国 GAIA，中国台湾 ARCH、CIN-CON 等品牌的电源产品；面向国内国防企事业单位及科研院所，为客户提供全面的电源解决方案。

作为美国著名电源生产厂家 VICOR 的亚太地区技术研发中心之一，公司历年来研发了多项电源相关的整体解决方案；包括电源前端滤波器、防浪涌滤波器、军用显示器专用电源、以及超宽输入军用计算机专用电源等。在上述产品的研发过程中，公司以客户的需求为标准，以先进的技术和高质量的产品为保证，既解决了客户的问题，也研制出业内具有较高水平的电源产品。部分产品在国内处于领先地位。充分显示了公司的技术实力。

293. 北京中天汇科电子技术有限责任公司
地址：北京市昌平区沙河镇七里渠育荣教育园区（北门）
邮编：102206
电话：010-80707609
传真：010-80707609-8009
E-mail：sun-zthk@sohu.com
网址：www.zthk.com.cn
简介：

北京中天汇科电子技术有限责任公司系一家专业的电力电子制造企业，具有 17 年生产开关电源的历史。产品累计生产达数万余台，广泛应用于通信设备、广播发射、电力自动化、EPS 应急电源等多个行业。

中天汇科公司注册于北京中关村昌平科技园区，是中国电源学会的团体会员，并取得了高新技术企业认证。本公司下设开发部、生产部、销售部、质管部等职能部门，并拥有一批高新技术人才，其中具有大专学历以上的人员（含高级职称）占员工的60%。

我公司自创业以来以诚为本，坚持以科技为先导。与中国矿业大学紧密合作采取校企协作，以知名教授及高级工程师为技术后盾，不断的研制出各种新型的电力、电子产品。

我公司已通过 ISO9001-2000 质量体系认证，产品安全及电气性能完全符合信息产业部"YD/T731-2000 高频开关整流器标准"，并通过了"北京市产品质量监督检验所"及"国家电力科学院"等权威

部门的检测。

294. 国电亚光电源技术（北京）有限公司
地址：北京市海淀区学院路 30 号科群大厦东三层
邮编：100083
电话：010-62399318 010-62396610
传真：010-62399397
E-mail：yg@yg1711.cn
网址：www.bjyaguang.com
简介：

我公司属于北京市高新技术企业，中国电源行业诚信企业，科研人员拥有多年电力电子电源研发、制造和生产经验。目前可生产直流稳压电源、交流稳压电源、变频调压电源、中频调压电源、防雷无触点净化稳压电源、高净化精密稳压稳频电源、交/直流恒流电源（恒流源）、耐压仪、绝缘电阻测试仪、接地电阻测试仪。主攻方向：各种非标电源；高压大电流恒流电源（DCCV0-50kV CC0-1000A）、高精密恒流电源 CC 精度可达 0.00001。

HAIRF

295. 海瑞弗机房设备（北京）有限公司
地址：北京市海淀区上地西路 8 号上地科技大厦 4 号楼 302 室
邮编：100085
电话：010-58856633
传真：010-58858420
E-mail：xulin@hairf.com.cn
网址：www.hairf.com.cn
简介：

海瑞弗公司是全球领先的制冷系统提供商，总部位于意大利罗马，并在意大利帕多瓦和米兰两地分别设有精密空调生产基地。海瑞弗公司在精密空调领域超过 30 年的研发及制造经验，并在全球二十多个国家和地区设立分支机构及合资公司，在全球拥有 2000 多个合作伙伴，为了更好的服务亚洲和太平洋地区的用户，在中国香港设立全资子公司，2004 年在北京在设立合资公司，迄今为止海瑞弗公司已在北京、上海、广州、成都、武汉、长沙、福州、西安、济南、南宁等地建立起了本地化销售和服务网络。

296. 麦德欧科技（北京）有限公司
地址：北京市海淀区永丰基地丰慧中路 7 号新材料

创业大厦 A 座 503

邮编：100094

电话：010-58957358-813

传真：010-58957358-812

E-mail： zyy@ mightypower. com. cn

网址：www. mightypower. com. cn www. migeo. cn

简介：

麦德欧科技（北京）有限公司，注册于北京市海淀区中关村科技园，依托于中关村科技园强大的科研教育平台，主要从事于电子科技产品的研发、生产以及产品销售。凭借多年积淀的雄厚技术背景，立足于为信息产业及国防科工事业提供全方位、高品质的电源方案。

主要产品包括：研制应用于通信交换、基站、电源系统、监控传输设备、铁路信号、工业自动化控制、航空、航天和军工以及电力监控及新能源等领域的高功率密度模块电源以及模块拼装化多输出系统电源产品。

297. 泰迪力通科技（北京）有限公司

地址：北京市东城区安定路 20 号

邮编：100029

电话：010-64451146

传真：010-64411791

E-mail： hxliu@ tlder. com

网址：www. tecday. cn

简介：

泰迪力通科技（北京）有限公司是一家专业从事机房专用配电产品研发、生产和销售的高科技公司。

公司成立于 2000 年，凭借在电子科技领域的专业水平和成熟的技术，在电子科技领域迅速崛起。依靠科技求发展，不断为用户提供满意的高科技产品，是我们始终不变的追求。在充分引进吸收国外先进技术的基础上，已成功开发出机柜式电源分配单元（RPDU）、机柜式配电板（RPDP）、机柜式UPS 旁路开关（RSBP）、机柜式 ATS 双电源自动转换开关（RATS）等一系列 TecDay 产品。并广泛应用于金融、证券、部队、石化、通信、交通、医疗、教育、政府机构、科研院所、工业企业等信息技术应用领域，业务范围遍及全国。

公司生产的 TecDay 产品全部符合国际和国内的相关技术标准，拥有国际安全认证，并获得多项发明专利，企业已通过 ISO9001：2000 质量管理体系认证。

TONLIER

298. 通力盛达能源设备（北京）有限公司

地址：北京市大兴区经济技术开发区科创 14 街 9 号

邮编：101111

电话：010-81508899

传真：010-81508855

E-mail： sales@ tonlier. com

网址：www. tonlier. com

简介：

通力盛达能源设备（北京）有限公司集节能产品研发、制造、销售及服务为一体的综合型高新技术企业，是中国最早研制智能通信电源、最早参加起草技术标准和最具专业实力的企业。公司以节能减排、保护环境理念为核心，努力成为中国节能环保产业的领军企业。

公司主营产品有通信用高频开关电源系统（包括室内型、室外一体化型、室内外壁挂型）、机房智能换热空调、机房智能交流配电箱和模块电源等，是北京市认定的质量 AAA 级单位。

公司先后通过了 ISO9001 质量管理体系认证、ISO14001 环境管理体系认证和 GB/T 28001 职业安全管理体系认证，不断引进先进的 ERP（企业资源管理系统）和 CRM（客户管理系统）管理系统，使企业运营管理效率和市场竞争力不断提升。

公司技术一直瞄准国际先进水平，奉行生产一代、研制一代的产品创新策略，确立市场化的设计思想，组建了一支敬业、团结、奋进的研发队伍。公司现拥有专利几十项、多项软件著作权证书，是北京市专利工作试点单位，被评为国家级高新技术企业。

299. 无锡东电化兰达电子有限公司北京分公司

地址：北京市宣武区宣武门西大街 28 号大成广场 7门 12B12 房间

邮编：100053

电话：010-63104872　63104873

传真：010-63104874

E-mail： jianxi. feng@ cn. tdk-lambda. com

网址：cn. tdk-lambda. com

无锡东电化兰达电子有限公司原名无锡联美兰达电子有限公司，是由日本电盛兰达株式会社于 1995 年在中国投资的全资子公司。是一家专业从事开关稳压电源的开发，生产和销售的高新技术企业。电盛兰达株式会社多年以来凭着高品质、高技术的优势已成为世界电源市场的领头羊。而无锡公司以其杰出的表现现已成为集团内最重要的基地之一。

无锡东电化兰达电子有限公司凭借总公司坚强的技术后盾，引进先进的精益生产管理理念，不断减少生产环节中不必要的各种浪费，从而生产效率得到了极大提高，目前已形成日产上万台开关电源的生产能力，主要产品包括 AC-DC 开关电源，DC-DC 电源模块，滤波器等，在产品家族里面现已拥有近百个系列上千个品种。

300. 中国兵器装备集团兵器装备研究所

地址：北京市昌平区南口镇马坊 1 号（昌平区 1023 信箱）

邮编：102202

电话：010-80190222　010-80190200

传真：010-80190320

E-mail：shf26@ sina. com. cn

网址：www. coapower. cn

简介：

中国兵器装备集团兵器装备研究所（二〇八）所是我国唯一的轻武器专业研究所，1960 年 10 月成立，现已发展成为集轻武器论证、设计、试制、试验、检测于一体的专业研究所。研究所肩负着为军队、公安、武警研发轻武器装备，实现轻武器装备现代化的重要使命。

二〇八所是我国轻武器行业科研开发的牵头和总体设计单位，目前我军的主要轻武器装备均由我所牵头研制。

二〇八所由 7 个研究室、反恐防暴武器制造部、电子产品中心、轻武器试验靶场、北方射击场、长城宾馆及有关管理机关等组成。研究所集中了全国主要的轻武器研究人才。在职职工 595 人，科研人员占80% 以上，培养了工程院院士 1 名，享受国务院政府特殊津贴 31 人，获国防科工委"有突出贡献的中青年专家"称号 6 人，全国五一劳动奖章获得者 2 人。

50 年来，研究所共完成科研项目 600 余项，获科研成果 260 余项，其中获国家、省部级奖达 150 余项。

研究所发展目标：建成世界一流的轻武器研究所。

301. 中国航天科工集团第二研究院二〇六所

地址：北京市海淀区永定路 50 号（142 信箱208 分箱）

邮编：100854

电话：010-88527004

传真：010-68386215

E-mail：hechang0202@ 163. com

简介：

航天科研系统是我国最大的科研系统之一。中国航天科工集团（即原中国航天工业总公司）第二研究院是航天科研系统中的一个重要的、多学科及专业的综合性科研单位，有两弹一星功勋奖章获得者黄纬禄、有 6 名中国工程院院士、两千多名高级科研人员和四千多名中级科研人员。其中既有我国电子界、宇航界的老前辈，又有实践经验十分丰富的中、青年科技专家。

我院不仅承担多种类型飞行器系统的总体、控制、制导、探测、跟踪、动力及地面系统的设计与生产，还承担空间高科技产品的研制；不仅承担国内的重大科研项目，还承担着外贸出口任务。研究院采用现代科学的系统工程管理方法，把众多的研究所与生产厂有机地组成一体。近年来，共获国家与国防科工委各种发明奖以及重大科技成果奖数千项。

我院拥有现代化的科学研究设备，尤其是电子和光学仪器设备大都是全国第一流的；拥有世界先进水平的计算机系统与控制系统仿真实验室；有 863高科技技术等多个国家重点实验室，可为从事科研工作提供先进的研究与测试手段。

302. 中科航达科技发展（北京）有限公司

地址：北京市海淀区永丰基地丰慧中路 7 号新材料创业大厦 5 层 527 室

邮编：100094

电话：010-58957020　58957030　58957040

传真：010-58957020-8016

E-mail：wb@ bjzkhd. com

网址：www. bjzkhd. com

简介：

中科航达科技发展（北京）有限公司（以下简称中科航达）注册于北京市海淀区中关村科技园北区，依托于中科院以及中关村科技园强大的科研平台，以及多年积淀的雄厚技术背景，专注于铁路、电力、军工以及公网、专网等高端通信设备所需要的整体化电源提供方案的设计、研发、生产以及产品销售。为信息产业及国防电力以及铁路系统提供全方位、高品质的电源方案。

主要产品包括：

研制应用满足于通信交换、基站、电源系统、监控传输设备、铁路信号、铁路通信、工业自动化控制、电力监控以及传输系统的自动化控制、航空、航天和军工等领域特殊要求的高功率密度模块电源以及模块拼装化多输出系统电源产品。一体化、智能化、低能耗是中科航达电源产品发展的终极目标，通过为铁路电力以及军工行业服务所积累的近二十年的设计经验，目前已为国内主流设备厂家提供了全面、系统、智能化的电源解决方案。凭借强大的技术创新以及强大的市场开发能力；树立 GJB9001B-2009 质量体系思想作为管理核心，以完备的市场体系作为技术支持和服务保障；为客户提供全面，迅捷，智能化的电源解决方案。

浙 江 省

303. 杭州奥能电力设备制造有限公司

地址：浙江省杭州市拱墅区康桥工业园康政路 30 号
邮编：310015
电话：0571-88182145
传真：0571-88090507
E-mail：aoneng2008@163. com
网址：hzaoneng. cn. alibaba. com
简介：

　　杭州奥能电杭力设备制造有限公司居于高新技术开发区，是一家高科技股份制集团企业。公司成立至今，经过奥能人的艰苦创业、奋发图强，经营规模不断扩大；经济实力不断增强；逐步形成了一个日益完善的经营服务体系，目前奥能公司已在南京、鞍山、成都、武汉、长春等省会城市设立办事机构，是集科研、生产、销售、服务为一体的集团公司。公司承接各种自动化成套设备的制造、安装、调试以及软件开发、技术培训和新产品开发等工程项目，技术力量雄厚，生产设备齐全，制造工艺先进、测试手段和检测设备均符合国家标准要求。公司已获得 ISO9001 国际质量体系认证证书。

304. 杭州奥能电源设备有限公司

地址：浙江省杭州西湖区科技经济园区振中路 202 号 1 号楼
邮编：310031
电话：0571-88966622
传真：0571-88966986
E-mail：on@ on-eps. com
网址：www. on-eps. com

简介：

　　杭州奥能电源设备有限公司位于有着天堂硅谷之称的杭州国家高新技术开发区，是一家集开发、生产、销售、服务为一体的省级高新技术企业和软件企业，是大功率交、直流设备整体方案生产厂商。公司自成立以来，已获得发明专利 4 项、实用新型专利 11 项、软件著作权 16 项、软件产品 10 项，并拥有多项非专利核心技术，公司已被杭州市技经委批准升级为市级技术中心。生产的电力专用 UPS 电源、APL 不间断电源可冗余并联系统、智能变电站交直流一体化不间断电源系统获得中电协继电保护及自动设备分会技术标准中心颁发的产品型号使用证书。在太阳能并网发电系统、蓄电池并网放电系统、基于物联网技术的绿色照明控制系统、电动汽车充电系统等项目上积极开展与浙江大学、浙江工业大学、中国计量学院等多家著名高校和科研院所的合作，携手开发已取得了显著成效。

305. 杭州易泰达科技有限公司

地址：浙江省杭州市上城区钱江路 58 号太和广场 3
　　　号 15 楼
邮编：310008
电话：0571-85464125
传真：0571-85464128
E-mail：sales@ easi-tech. com
网址：www. easi-tech. com
简介：

　　杭州易泰达科技有限公司是一家为国防军工、航空航天、铁道船舶、汽车、电机电器、电气传动、天线雷达等机电行业提供产品设计分析、仿真验证软硬件解决方案以及咨询服务的专业技术公司。我们坚持以电磁场，温度场，结构应力场多场耦合技术为核心，以系统建模与仿真技术为纽带，以员工和公司的持续学习能力为保障，以切实解决用户难题并不断改进用户体验为目标，通过专业的技术知识和服务流程，为客户提供经济、高效、可靠的解决方案和专业的咨询服务，以帮助客户实现技术创新、提高效益和增强竞争力。

306. 杭州远方仪器有限公司

地址：浙江省杭州市滨江区滨康路 669 号
邮编：310053
电话：0571-86699998
传真：0571-86673318
E-mail：emfine@ emfine. cn
网址：www. emfine. cn
简介：

　　杭州远方仪器有限公司创建于 1994 年，是国家认定的高新技术企业，ISO9001 认证企业，CMC 计量许可证获得企业，国家"双软"企业。远方仪器公司自创立以来主营电磁兼容测试仪器和电源等电学类通用电子设备的研究、开发、生产、销售和技术服务，应用于半导体照明、医疗器械、汽车电子、电力电子、家电音视频、信息技术设备等电力电子等相关行业。

　　远方公司是国内最早自主研发全系列 EMC 抗扰度测试仪器的制造商，更是业内唯一一家具备 EMC 全系列抗干扰仪器研发能力的电源制造商，通过自主创新，开发出一系列具有世界先进水平的 EMC 仪器和电源产品，产品多次获得国家重点新产品证书、科技进步奖等荣誉，并拥有多项专利和软件著作权等自主知识产权。

　　无论是电源还是 EMC 仪器，远方公司均把安全和可靠性技术放在首位，远方公司的座右铭是"安全和可靠是我们的事业"。

307. 杭州中恒电气股份有限公司

地址：浙江省杭州国家高新技术产业开发区东信大道 69 号
邮编：310053
电话：0571-86698999
传真：0571-86698777
E-mail：hzzh@ hzzh. com
网址：www. hzzh. com
简介：

　　杭州中恒电气股份有限公司是一家集电力电子科研开发、生产经营、技术服务为一体的股份上市企业。公司一直专注于电力电子领域，致力于为通信、电力、铁路、城市轨道交通、冶金、化工等行业，提供高频开关电源技术产品解决方案、系统集成与维护服务，是国内少数几家能满足客户个性化定制要求企业之一。

　　连续多年，公司产品的市场占有率居同行业前列，是通信电源系统、电力操作电源系统的主流供应商；拥有中国移动、中国电信、中国联合通信、国家电网、南方电网、中国国电、中国华能、中国华电、中国石油、中国石化等长期稳定的核心客户。公司是国内领先的电力电源系统生产厂家之一；公司产品已应用于锦屏一级、二级水电站、秦山核电站、京沪铁路、秦沈铁路、北京地铁、南京地铁、镇海炼化等大型项目。

　　公司以"服务客户，信守承诺，中正恒久"为经营理念，专注于电力电子领域，做精、做强高频开关电源系统，"立足华东，面向全国，走向世界"，领跑行业，引领创新，致力发展成为国内著名的电力电子产品供应商和服务商。

308. 康舒电子（东莞）有限公司杭州分公司

地址：浙江省杭州市浙大路 39 号紫兰酒店二楼
邮编：310013
电话：0571-87997535
传真：0571-87963179
E-mail：hr_hz@ apitech. com. tw
网址：www. acbel. com
简介：

　　康舒科技创立于 1981 年，一直谨守创新、和谐、超越的经营理念，并以客户满意为目的行事，经过持续不断的技术创新及客户开拓，以电源管理技术为核心的康舒科技已成为众多世界一级大厂的主要合作伙伴，并进入全球电源供应器产业的领导厂商之列。

　　康舒科技目前以中国台湾为全球研发总部，在中国大陆、美国及马来西亚等地也设有专业研发团队。近年来，康舒科技有感于地球暖化情形日益显著，除了积极改进产品设计以提高电源供应器产品的电力转换效率，协助客户的终端系统节能减碳外，也积极投入照明、能源及电力通信等新触角，期以电源管理的核心技术为基础，发展出整体解决方案。

杭州分公司作为康舒科技的研发中心，目前主要从事电源技术的前瞻性研究和新能源产品开发。公司为优秀人才搭建了良好的发展平台，在这里，您将接触到业界领先的技术和富有激情的工作团队。

309. 乐清市潘登电源有限公司

地址：浙江省温州市永嘉县北白象镇小港北路 48-2 号

邮编：325603

电话：0577-62857333

传真：0577-62856787

E-mail：cnpade@ sina. com

网址：www. shpade. com

简介：

本公司是一家专业从事各类稳压电源、变压器、调压器、UPS 不间断电源、逆变电源、净化电源、充电器、直流电源及相关行业电气的开发、生产、销售服务于一体的综合性企业，系中国电源学会会员单位。

公司始终坚持理论与实践相结合的科学发展观，先后从全国各大高校、社会引进大量工程技术人员及多种高新检测和实验设备。从而确保潘登的每种产品具有领先的设计，稳定的性能及卓越的品质。随着我国加入 WTO，企业的发展空间日益扩大，公司始终坚持以振兴民族工业为己任，以铸造世界品牌为目标。公司已建立了健全的营销管理中心和庞大的网络体系。其产品销往全国各大省市，定期销往东南亚市场，且与中东、南非、欧美及国家和地区建立了稳固的贸易往来，而深受用户一致好评。这为潘登的发展打下了坚实的基础，值此潘登人深知科技创新是"潘登"的动力，可靠的品质是"潘登"的保障，诚信服务是"潘登"的责任。

企业宗旨：团结务实，科技创新，诚信服务！

科技理念：以科技为本！

质量理念：品质与用户同驻！

服务理念：顾客站在售前、售中、售后的服务平台中，满意是潘登不懈的追求！

310. 乐清市所罗门智能电气有限公司

地址：浙江省乐清市柳市镇柳黄路 456-462 号

邮编：325604

电话：0577-62731137 4000577128

传真：0577-27871858

E-mail：hd@ cn-solomon. com hcp@ cn-solomon. com

网址：www. cn-solomon. com

简介：

乐清市所罗门智能电气有限公司是一家集工、科、贸于一体的高新技术企业。专业研制、生产和销售开关电源、CPS 系列控制与保护开关电器、电力系统继电保护装置、继电器、工业自动化设备、楼宇自动化设备、电器开关、电子等产品的专业公司。产品广泛应用于电力、邮电、交通、舞美、石油、化工、航天、军事等系统的自动化领域。产品通过了国家有关检测中心的严格测试，运行安全可靠，深受广大用户的信赖和推崇。畅销全国各省市，远销东南亚、西欧等国家和地区。

公司拥有花园式的厂房和优良的办公环境。生产条件良好，技术力量雄厚，生产工艺精湛，检测设备先进，生产设备齐全，采用先进的自动化、半自动化设备进行生产，年生产能力达 500 万台以上。训练有素的管理人员和科技人员，勇于开拓创新，锐意进取，运用先进技术，实行科学管理，提倡"每一位员工，坚持预防为主，第一次就把工作做好；每一件产品，从设计到服务，所有过程都严格控制"的质量方针，从开发、设计、生产、销售和服务都建立了完善的质量管理体系和管理模式。公司于 2002 年通过了 ISO9001 质量体系认证；部分产品通过 CE、UL、CCC 等认证。不断地创造卓越品质，铸就国际品牌。

所罗门人本着"所向无前、罗布世界、门生人才"的高境界精神，始终奉行"科技创新、诚实信用、优良品质、卓越服务"的经营理念。重信用，树品牌，保证急客户之需要而制作，应客户之要求而技改，视客户满意为己任，被有关部门评为"中国产品质量放心用户满意百佳诚信企业"，被中国媒体称誉为"智慧所罗门，品牌埃及塔"，"科技创新，品牌创优"，"中国驰名品牌"，"中国电源产业十大开关电源"，"中国十大畅销品牌"等荣誉称号。使公司跃升为开关电源产业的龙头企业之一。

满足您的要求是所罗门人永恒的追求，愿我们的真诚成为您首选的合作伙伴，敬请您赐予加倍的支持和更多的帮助。

公司遵循"朋友是信息、顾客是命脉"的经营思想，愿与各界朋友真诚合作，共创辉煌。

311. 乐清市稳宝电子电气有限公司

地址：浙江省乐清市柳市镇湖西工业区

邮编：325604

电话：0577-62701939

传真：0577-62702937

E-mail：hlx-ceo@ wenbao. cn

网址：www. wenbao. cn

简介：

　　乐清市稳宝电子电气有限公司成立于 1993 年，系中国电源学会会员单位，专业生产稳压电源、高分小型断路器、防雷器、EPS 消防应急源及塑壳断路器等系列产品的高新技术企业，是集科研、生产、销售、服务于一体的现代化经济实体，拥有雄厚的技术力量、先进的检测设备、精湛的生产工艺、严格的管理手段，并通过了 CE 质量认证，塑壳断路器率先一次性通过国家强制性 CCC 认证，完善了公司的管理体系。

　　公司地处上海、浙江，在国内已建立了数十家代理商、及多个销售点的经销网络及完善的售后服务体系。并与全国各级经销商团结奋进，风雨同舟、共同发展，开创事业新天地，谱写一通新的篇章。

312. 宁波金源电气有限公司

地址：浙江省余姚市新建北路 485 号

电话：0574-62533257　62537292　62534287

传真：0574-62533688

E-mail：jyb@ jinyuan. com

网址：www. jinyuan. com

简介：

　　金源集团公司是一家专业从事电源领域，融产品开发、生产销售及技术服务于一体的规模化、实业化企业。公司的前身是余姚市调压器厂，创办于 1989 年 10 月。公司创办 20 年来，始终坚持"一诺千金、源于品质"的企业宗旨，以雄厚的经济实力、灵活的经营体制，实现了规模经营、以质取胜和市场多元化的战略目标。良好的企业文化、精湛的生产工艺、创新的管理制度保证了企业长期高速、稳健发展。公司先后被授予农业部中型一档企业、全国出口创汇先进企业、浙江省诚信民营企业、宁波市三星级企业、余姚市一级工业规模企业、余姚市十佳现代管理示范企业、余姚市二十强企业等荣誉。

　　公司生产的主要产品有稳压电源、调压器、变压器、开关电源、逆变电源、转换电源、UPS 不间断电源、国际通用插座、功放、发电机、电动车辆、

卫星接收无线等 20 大类、50 多个系列、300 多种产品。其中调压器产品是宁波市名牌产品、浙江省地方名牌产品。ST 型升降变压器、DF 型直流稳压电源等多个产品还先后被授予国家专利。

313. 宁波赛耐比光电有限公司

地址：浙江省宁波市高新区科达路 56 号

邮编：315000

电话：0574-27902582

传真：0574-27902805

E-mail：sals@ snappy. cn

网址：www. snappy. cn

简介：

　　宁波赛耐比光电有限公司坐落于全国经济最发达的地区之一——宁波，我们是首批入户宁波市国家科技高新园区的高新技术企业。于 2003 年 8 月成立，经过几年的迅猛发展目前我们拥有近 300 名员工，年销售额达 1000 万美金，产品畅销海内外。

　　我们专业从事各种 LED 灯具、LED 光源，LED 驱动和相关配件（高频变压器、电感线圈、各种线束）的研发、制造和销售。我们的产品主要为各种 LED 高低功率的射灯、嵌灯、灯管、灯泡、灯带等。自公司成立以来我们就非常重视自主研发和高效研发团队的建设。为了更好地增强我们的研发竞争力我们于 2010 年初成立了赛耐比光电研发中心；为了更好地提高和控制产品品质公司投入巨资购买了大量尖端的实验和生产设备。

　　我们的产品以独特的设计、安装方便、小巧美观享誉业界。我们坚信我们正致力于为客户提供高品质产品和高效服务质量的发展方向。

314. 宁波市鄞州信号电器厂

地址：浙江省宁波市鄞州区凤起路 1 号

邮编：315105

电话：0574-88495393

传真：0574-88231978

网址：www. semelectron. com

简介：

　　专业生产各种非标变压器、电源、开关电源，包括 EI 型、CD 型、R 型各种规格。

　　生产电子目镜、LED 驱动电路板、调压电路板。

HN® 汇能
www.syhn.com.cn

315. 衢州三源汇能电子有限公司

地址：浙江省衢州市东港工业园区东港八路 20 号
邮编：324000
电话：0570-3666078
传真：0570-3666096
E-mail：syhn@ syhn. com. cn
网址：www. syhn. com. cn
简介：

　　衢州三源汇能电子有限公司，是一家专业从事电源产品研究、开发、生产制造的股份制企业。工厂坐落于四省通衢的浙江省衢州市东港开发区，是中国电源协会会员单位。

　　经过十余年的不懈努力，奋发向上的三源汇能员工在 ISO9001（2000）质量管理体系模式的引领下，"001"系列、"HY"系列、"Byuan"系列电源产品以其可靠的质量，完善周到的售后服务取得了用户的信赖，产品畅销全国并远销世界多个国家。

　　公司拥有团结敬业，业务精湛的研发团队，建有防潮、防震、耐高压低温等一整套的专业实验室，率先装备拥有自主知识产权行业领先的稳压电源自动检测、老化生产线，稳压电源产品的主要核心部件均实现自给；用真空工艺实现变压器铁心部件的无氧退火，自行研发的铁心参数分析设备和完善的变压器绝缘处理设备，为每一个电源产品的完美品质打下了坚实的基础。

　　以严谨铸品质；用质量求发展。三源汇能三百余名员工竭诚期待您的光临。

HN HONLE®

316. 上海弘乐电气有限公司

地址：浙江省乐清市柳市镇新光工业区新光大道振兴路 9 号
邮编：325604
电话：0577-61762777
传真：0577-61755177
E-mail：linfor@ honle. com
网址：www. honle. com
简介：

　　上海弘乐电气有限公司是国内知名的电源供应商，是中国电源学会会员。公司自创立以来，一贯坚持"科技是第一生产力"的理论导向，以品牌战略为先导，凭着对电源技术前瞻性理解，以完善的

工艺和对品质的孜孜追求，为各行各业的精密设备提供安全稳定的电力供给保障，在国内外市场上树立了美好形象。

　　公司以"弘扬和谐，乐享世界"的企业精神为核心，先后推出稳压电源，精密净化电源，直流电源，逆变电源，调压器等系列多种电源产品，实行供、销一体化。公司在电源的品种、质量、规模和管理模式等方面已得到了完善，使公司产品质量达到先进技术水平，畅销全国，部分出口国外，深受广大客户的好评。

　　本公司产品由中国人民保险公司承保。公司始终以"质量求生存，创新求发展"的方针，通过了 ISO9001 质量管理体系认证。

317. 温州华高电气有限公司

地址：浙江省温州市龙湾区状元街道横街工业区 1 幢 18 号
邮编：325011
电话：0577-86509098
传真：0577-86509068
网址：www. wz-hago. com
简介：

　　华高电气有限公司是集科研、设计、开发为一体的高新技术企业。公司下设华高电源、华高自动化。华高电源是一家专业从事电力操作电源（直流屏）、直流通信电源、高频整流模块、模块化逆变器、模块化 EPS 及工业定制电源研究、开发、生产的公司。并被中国电源学会纳为会员单位。产品通过了国家权威部门的检测检验。

　　企业借助不断创新所带来的管理、技术整合优势，以"高技术求发展、高质量求信誉"作为经营理念，努力进取，以一片至诚服务于客户，以高质量的产品奉献给社会。

　　"创新科技，服务社会，立足中华，高瞻全球"为公司发展方针．公司一直致力于研发力量的建设，现已组成由硕士及国家重点大学优秀本科生组成的研发队伍，凭借高素质研发队伍、丰富的现场使用经验，开发出电源领域新产品、几污水处理、微机控制；公司管理严格按照 ISO9001：2000 及现代化管理模式，从元器件的采购、生产、调试、销售及售后等已形成严格、严谨、规范化的管理程序，从而保证了公司的产品品质的优异性，得到了广大客

户的一致好评。

对于客户在使用产品的过程中，公司有完整的解决方案，售前的答疑、售中的指导及售后的技术支持与服务，均有专业工程技术人员负责，解决了客户的后顾之忧，使客户能放心使用。

华高人以智慧的眼光注视着未来，并以科技创新、发展高新技术为源动力，走向企业今后发展的成功之路。华高人的目光投向世界，华高人正朝着美好的未来奋进。

318. 温州市创力电子有限公司

地址：浙江省温州高新技术产业园区 10 号小区 F 幢 2 楼

邮编：325011

电话：0577-86557922

传真：0577-86557923

E-mail：makepower@ vip. 163. com

网址：www. makepower. cc

简介：

作为行业领先的通信应用系统支持服务供应商，温州市创力电子有限公司自 1996 年成立以来，长期专注于各类数据测量、传输、设备自控、信息技术等产品的设计、开发、生产及系统整合。目前，创力电子是一家集科、工、贸为一体的国家高新技术企业。创业十余载，创力不断开拓、努力拼搏，企业茁壮成长，产品涵盖全国 20 多个省市。

我公司生产的主要产品涵盖了一个物联网综合监控管理平台和四个系列产品，包括用电量管理系统、智能门禁及动力环境监测系统、综合节能系统和 E 卡通系统等产品。实现了"工业化"、"信息化"的融合，为节能减排提供了有力保障。我公司产品广泛应用于通信机房、基站、广电、电力、码头、企业、校园等等。

公司拥有核心研发、设备生产线，现有近 500 多名员工，属于国家高新技术企业、国家信息产业部计算机信息系统集成三级资质以及 ISO9001 质量管理体系认证企业。创力坚持以一流的技术，最佳的产品质量，完善的售后服务来满足用户日益增高的要求，坚持以高水平的科技产品为载体，以优质的售前、售后为纽带，与用户实现"双赢"局面。

SOTER 松特

319. 温州松特电器有限公司

地址：浙江省乐清市柳市镇西兴路 182 号

邮编：325604

电话：0577-62760666

传真：0577-62760665

E-mail：soter@ soter. com. cn

网址：www. soter. com. cn

简介：

松特电器有限公司是生产各种稳压电源，UPS 不间断电源、净化电源、逆变器、充电器、通信电源、交直流稳压器、开关电源、仪器仪表、电焊机、机电一体化产品的专业性生产公司，系中国电源学会的会员单位。

本公司始终坚持"科技创新、以人为本"的宗旨，以雄厚的科技力量为基础，应用领先的科学技术，不断研发适应市场的新产品，提高产品档次，并采用先进的检测设备，旨在拓宽国内市场的同时，把目光瞄准国际市场，其产品销往全国各省、市外，并远销西欧，中东，南非，东南亚等国家和地区，取得了可喜的成果。公司现有员工 300 多人，生产用房 5000 多平方米。公司已通过 ISO9001 质量体系认证，成为跨地区，创品牌的电源专业制造公司。

GNA 正大整流器

320. 温州正大整流器有限公司

地址：浙江省乐清市乐城镇汇丰路城西大道 588 号

邮编：325600

电话：0577-62758198

传真：0577-62750198

E-mail：gna@ gna. com. cn

网址：www. gna. com. cn

简介：

温州正大整流器有限公司，成立于 1988 年，系中国电力电子协会理事单位，中国电焊机协会会员单位，市整流器协会理事单位，是首批荣获机械工业部生产许可证企业，已通过 ISO9001 质量体系认证。

本公司占地面积 3000 余平方，拥有净化生产车间 2000 平，年生产 20 万只。本公司严格按国际标准专业生产：PWB80A-PWB300A 晶闸管模块；MDS30A-MDS500A 三相半导体模块；DS100A-DS600A 三相整流桥；ZP 普通整流管；KP 普通晶闸管；KK 快速晶闸管；KS 双向晶闸管及电力模块；电焊机专用模块等系列产品。

经过不断地完善发展，公司技术力量雄厚，设备精良，工艺先进，检测手段完善，现拥有通态正向峰值电压测试台，晶闸管断态电压临界上升率测试台，晶闸管触发特性及维持电流测试台，晶闸管全波动态参数测试台等检测设备。

正大产品以多种的品种、优秀的品质、全面的抚慰享誉全国，产品远销东南亚、中东、南美、非洲及西欧等国家和地区。感谢您选购"正大"产品，欢迎您来电来函索取详细资料，您的来访更能增加我们的友谊和信任。

321. 浙江埃菲生能源科技有限公司

地址：浙江省温州市高新技术产业园区（高一路）
邮编：325011
电话：0577-86588868
传真：0577-86585833
E-mail：eifesun@ eifesun. com
网址：www. eifesun. com
简介：

浙江埃菲生能源科技有限公司成立于 2010 年 3 月，是中国·保一集团旗下的高科技企业。主要致力于太阳能光伏系统设备、风力发电变流器、电动汽车充电机等新能源设备的研发、制造和销售，承接光伏发电系统项目咨询、设计、系统集成、工程总承包、运营维护等业务。

公司成立至今先后通过 ISO 9001 国际质量体系认证、国家金太阳认证、CE 欧盟产品认证、TUV 产品认证、ISO 14001 环境保护体系认证、OHSAS 18001 职业健康安全体系认证。公司荣获 SNEC 国际太阳能产业及光伏工程（上海）展览会及论坛"十大亮点"兆瓦级荣誉奖，并被列为温州市战略性新兴产业发展"5551"工程项目。

埃菲生将始终以"创新能源 奉献社会"为使命，秉承"人和、创新、卓越"的企业精神，满怀激情，锐意进取，积极参与国际竞争，努力把公司打造成为世界一流的新能源设备专家。

322. 浙江金弘科技有限公司

地址：浙江省温州市柳市后街工业区柳热路 200 号

邮编：325604
电话：0577-62789000
传真：0577-62789004
E-mail：www. kland. cn
网址：kland@ kland. cn
简介：

浙江金弘科技有限公司创立于 2001 年，专业从事电气火灾监控系统、EPS 应急电源、UPS 不间断电源等系列产品的研发、生产、销售和服务。公司已通过 ISO9001 认证、国家强制性产品认证（3C 认证）、公安部消防认证等，并成功加入中国消防协会、中国电源协会、中国质量协会等业界知名组织。

公司拥有大批高素质的专业技术人才，联合浙江大学、安徽理工大学和中科院等高校与科研机构，引进吸收国际先进技术，建立严格的质量控制体系。公司销售网络覆盖全国，在全国各地设有 100 多家分销商，开发生产的各系列电源产品已成应用于机场、高速公路、铁路、隧道、体育场馆、医院、酒店、国家重点工程及民用建筑等领域，博得各客商及用户的好评，金弘产品现已成为高品质的象征。

"谦学、务实、拼搏、创新"的金弘人，秉着"不断为顾客创造价值，为社会承担责任"的经营理念，期待着与社会各界携手共进，共同谱写电源事业的新篇章。

323. 浙江省东阳市仪表仪器有限公司

地址：浙江省东阳市东江镇工业区
邮编：322119
电话：0579-26181027
传真：0579-86181009
E-mail：transformerinfo@ yahoo. com. cn
网址：www. dyyyb. com
简介：

本公司系专业从事设计生产各种规格型号（EI 型，R 型以及环型）电源变压器，已有 30 多年的生产历史，具有一支高技术，高水平的专业设计队伍。特别在变压器的防漏磁方面有独特设计理念及经验。

公司拥有资产总额 628 万元，占地 13808 平方，1996 年初从日本引进全电脑自动"R"型变压器生产流水线 2 条，到目前已拥有年产"E"型，"R"型以及环型系列电源变压器 120 万台，并出口欧洲，美国。

公司在 2000 年初通过 ISO9002 质量体系认证，部分产品已通过 CQC 认证以及 CE 认证。

公司竭诚欢迎各界朋友惠顾合作，携手并肩共同创造。我们的市场前景会越来越美好！

324. 浙江腾腾电气有限公司

地址：浙江省温州市鹿城轻工产业园区创达路 28 号
邮编：325019
电话：0577-56968899
传真：0577-56556999
E-mail：ttn@ tinglangchina. com
网址：www. tinglangchina. com
简介：

我公司成立于 1994 年，是一家中外合资企业、浙江省科技型中小企业、中国电源学学会会员单位、浙江省电源学会团体会员、中国电器工业协会我公司成立于 1994 年，是一家中外合资企业、浙江省科技型中小企业、中国电源学会团体会员单位、浙江省电源学会团体会员、区专利示范企业，是专业研发、生产、销售各种规格智能交直流稳压电源、UPS、EPS、太阳能光伏并网逆变器、太阳能组件、电脑万年历等高新科技产品的企业。

公司产品已获得 8 项实用新型专利，12 项外观设计专利。多项发明专利及实用新型专利正在申请办理中。公司现有浙江温州鹿城轻工产业园区（省级）现代化标准生产厂房 33000 多平方米，200 多名员工，并拥有先进的加工装备与完善的国内外销售网络。形成研制、开发、生产与销售为一体的高科技型企业。

325. 浙江西奥根电气有限公司

地址：浙江省乐清市柳市镇新光工业区新光大道 28 号
邮编：325604
电话：0577-62798657　62798358
传真：0577-62790118
E-mail：chinasiga@ chinasiga. com
网址：www. chinasiga. com
简介：

西奥根公司是专业从事电源领域科研、开发、生产、销售、信息及服务为一体的大型高新企业。是中国电源学会会员，国内贸易部行业标准《家用交流自动调压器》专业委员会成员单位，国内贸易部"交电家电商品标准化"技术归口单位，专业服务于电源领域的自营进出口企业。

西奥根公司经过多年的不懈努力与发展，成为中国电源行业发展最快最好的企业之一，现拥有浙江柳市、江苏苏州 2 个生产基地及 2 个电源研究所，全国 8 家子公司，公司员工有 1500 多人，拥有大批优秀管理人才、销售精英、高级工程师、电源专业技术人员。公司产品销往全国各地各行业，在国内拥有 300 多家经销网点，在国外建立了 8 个办事机构，产品销售到全球 50 多个国家和地区，西奥根产品在市场上占有较大的市场份额。过硬的产品品质，优秀的服务质量，深得用户好评。

326. 浙江正泰电源电器有限公司

地址：浙江省乐清市柳市镇大桥路 171 号
邮编：325604
电话：0577-62785196
传真：0577-62785196
E-mail：wwb@ chint. com
网址：www. chint-e. com
简介：

浙江正泰电源电器有限公司专业从事低压变压器、调压器、稳压电源、互感器、起动器、电力保护继电器和限流电抗器的研发和生产，产品达 70 多个系列，7000 多种规格。公司属"浙江省高新技术企业"，是国内最大的电源电器生产供应商之一。

公司通过自主研发等途径，不断加快现有产品的更新换代及新技术、新材料、新工艺的研究和运用，共获得各类专利 40 多项。正泰牌变压器获浙江省名牌产品，正泰牌互感器获温州市名牌产品。

公司在行业内率先通过了 ISO9001 质量管理体系认证、ISO14001 环境管理体系认证、OHSAS18001 职业健康安全管理体系认证。需强制性认证产品全部通过 3C 认证，部分产品通过了国内 CQC、欧共体 CE、凯码（KEMA）、俄罗斯 PCT 等认证，产品远销亚洲、非洲、美洲、欧洲、中东等三十多个国家和地区。

327. 中川电气科技有限公司

地址：浙江省乐清市经济开发区纬六路 219 号

邮编：325600

电话：0577-62798657，62798358

传真：0577-62790118

E-mail：mark@ jonchan. com sales@ jonchan. com

网址：www. jonchan. com

简介：

中川电气科技有限公司成立于1988年，专业从事EPS应急电源、电气火灾监控系统、直流频、岸电电源、UPS不间断电源、各类交直流稳压电源、净化电源、逆变电源、充电机、免维护铅酸蓄电池及相关行业的开发、生产、销售、服务。经过十几年的蓬勃发展，现已发展成为国内电源行业的大型企业之一，于世界各地具有一千两百多万稳定的用户群，中川现已成为国际知名品牌。2003年中川被

评为浙江省着名商标，2005年中川的新技术产品被列入国家火炬计划项目，2006年中川电源产品被评为浙江省名牌产品。

中川企业在不间断地创新、不间断地超越，先后被列入国家信息产业部入网的专业电源生产配套企业，中国电源学会会员单位，并通过了ISO9000系列国际质量体系。2003年JONCHAN（中川）已被评为浙江省着名商标。产品获得电信设备进网许可证，工业产品生产许可证，欧共体CE认证等，用户遍布东南亚、中东、非洲及欧洲等60多个国家和地区，国内用户主要包括银行、证券、电信、航空航天、国防、交通、金融、税控、金卡工程、政府机关、科研机构、教育系统工程及大中型厂矿企业。

山 东 省

Haier

328. 海尔集团技术研发中心

地址：山东省青岛市崂山区海尔路1号海尔工业园I座

邮编：266103

电话：0532-88938137

传真：0532-88938555

E-mail：loubingbing. ct@ haier. com

网址：www. haier. com

简介：

海尔集团技术中心是海尔集团下属的专业的研发机构，主要以2002年成立的海尔中央研究院为依托，是海尔集团共性技术、核心技术和超前技术的研究中心。目前拥有1.2万平方米的研发大楼和1.6万平方米的中试基地，配备了国际先进水平的软、硬件设施，并利用全球科技资源的优势在国内外建立了48个科研开发实体。海尔集团技术研发中心具有本科以上专业人才280人，其中博士32人，硕士45人，高级工程师76人。技术中心以突出技术整合、开发超前技术及新领域技术为主要任务。海尔主要通过该机构的工作实现跟踪、分析和研究与集团发展密切相关的超前5~10年的技术，同时搞好这些技术的商品化工作，使得各类超前技术在技术中心得到二次开发和技术重组，形成高新技术产业。技术中心目前着重于在智能家居集成技术、网络家电技术、数字化、芯片、电子、新材料、生物工程、

环保、节能技术等领域的研发和技术整合工作。

329. 海湾电子（山东）有限公司

地址：山东省济南市高新技术开发区孙村片区科远路1659号

邮编：250104

电话：0531-83130301

传真：0531-83130303

E-mail：mk_king@ gulfsemi. com

网址：www. gulfsemi. com

简介：

海湾电子（GULF）是以专业玻璃钝化及玻球封装技术，提供电子照明、LED照明、LCD电源供应器、工业类电源、仪器仪表等业界广泛使用的整流器件；10多年来直接服务于各领域的国际知名公司（Samsung、Philips、GE、Emerson、Delta、Panasonic、Sharp等）。

长期以来，海湾电子依托二极管最先进的玻璃球钝化工艺技术，已完整开发了PHILIPS原BYV，BYM，BYT等系列产品，满足业界对高性能，高可靠性产品的需求；海湾电子近年来又相继引进了外延、玻璃钝化技术，已替代原SANKEN、ON SEMI、TOSHIBA、IR等知名公司的系列产品，满足业界对高频率，低VF，高效整流的需求；海湾电子还大量开发了肖特基，高性能桥堆等系列产品，满足各个

领域的整流方案。

330. 济南超能电子工程有限公司

地址：山东省济南市工业南路 100 号枫润商务大厦
　　　14 层
邮编：250000
电话：0531-88931826
传真：0531-88558998-801
E-mail：cndz001@ sdcndz. com
网址：www. sdcndz. com
简介：

　　济南超能电子工程有限公司坐落于美丽的泉城济南，公司主要员工均由在机房工程和电源界从业多年的技术人员组成。

　　本公司是一家专门从事高可靠性电源保护方案的高科技企业，公司本着专业专注的理念，经营的产品有不间断电源（UPS）、应急电源（EPS）、逆变电源、电力专用不间断电源、变频电源及定制电源产品。公司和诸多知名电源厂家有着良好的合作关系，主营的 UPS 品牌有：艾默生，山特，EATON 爱克赛，梅兰日兰，AEG 等；公司拥有强大的技术力量和完善的售后服务，服务内容包括：技术咨询、安装施工、定期巡检、检测维修。

　　公司以市场为导向，以服务为宗旨，展开销售、售后服务一条龙业务，积极为客户提供满意、专业、快捷的技术服务。公司员工主要以工程技术人员为主，现有的技术人员都在电源界从事多年技术工作，有着精湛的技术和丰富的现场施工经验。为方便用户及时便捷的与我们取得联系，我公司技术人员手机 24 小时开机，保证用户随时享受到专业的技术支持，市区内 2 小时，市区外 24 小时到达现场，以满足用户的服务要求。

331. 青岛半导体研究所

地址：山东省青岛市福州北路 10 号
邮编：266071
电话：0532-85718548
传真：0532-85718548
E-mail：qsi@ qdsri. com
网址：www. qdsri. com
简介：

　　1965 年建所，属全资国有企业，是我国高可靠

混合集成电路专业研究与生产单位。产品广泛应用于航空、航天、兵器、船舶、电子、石油和工业控制等领域。

　　通过了 GJB9001B—2009 质量管理体系认证，具有一条国军标 H 级厚膜混合集成电路生产线。取得了总装备部《装备承制单位》资格。

　　主要产品类别：

　　信号处理：包括混合集成高精度高可靠 I/F、V/F、F/V、V/I、V/V、C/V 等转换器；混合集成滤波器、陀螺解调电路、（隔离）放大器、加速度计伺服电路、电机驱动器等。

　　单片集成电路：高精度运算放大器、通用型运算放大器、高输入阻抗型运算放大器等。

　　传感器及变送器：温度、压力传感器及传感变送一体化电路。

　　电源：DC-DC、DC-AC 、AC-AC 等电源模块；高压、低压电源模块；Interpoint、Vicor 兼容产品；二、三相陀螺电源；仿俄制电源、组合电源模块；尖峰浪涌电压抑制器系列产品。

　　电力电子：晶闸管、整流器件、开关二极管、功率 MOSFET、IGBT 模块、电力电子模块、固态继电器等。

HOTEAM 山大华天

332. 山东山大华天科技股份有限公司

地址：山东省济南市千佛山路 5 号华天大厦
邮编：250061
电话：0531-82959900　82670000
传真：0531-82952200
网址：www. huatian. com. cn
简介：

　　华天公司创立于 1991 年，2000 年改制为由山东大学产业集团控股的股份制企业，注册资本 5500 万元，正式职工 400 余人。

　　华天公司依托山东大学的人才和技术优势，致力于电力电子产品的开发、制造、销售与服务，主导产品包括有源电力滤波器、静止同步补偿器、高速动态消谐无功补偿器、应急电源、稳压电源等；华天公司是国家级重点高新技术企业，并拥有省级企业技术中心、山东省电能质量控制工程中心以及山东省电能质量控制工程实验室；公司承担多项国家级、省市级科技项目，拥有数十项国家专利，多次荣获国家科技进步奖和山东省科技进步奖，公司产品获国家重点新产品、山东名牌等荣誉；公司被评为山东省创新型企业、山东省质量管理先进企业、

山东省管理创新优秀企业等，"山大华天"被认定为山东省著名商标。

333. 山东圣阳电源股份有限公司

地址： 山东省曲阜市圣阳路 1 号
邮编： 273100
电话： 0537-4435321
传真： 0537-4411980
E-mail： liushubin@sacredsun.cn
网址： www.sacredsun.cn
简介：

　　山东圣阳电源股份有限公司（简称圣阳股份，股票代码：002580）创建于 1991 年，2011 年 5 月 6 日在深交所中小板成功上市，是国内最早研发、制造铅酸蓄电池的企业之一，是国家高新技术企业，中国铅酸蓄电池行业首家通过出口免验企业，中国首家电源系统定制方案供应商，绿色能源的倡导者。产品门类涵盖铅酸蓄电池和锂电池以及新能源系统集成系列产品，公司目前拥有 25 项 AGM 和 GEL 铅酸蓄电池专利技术，现有 5 大类 15 个系列 300 多种规格产品，是通信、电力、UPS、EPS、光伏和风力发电储能等领域的主要供应商，产品出口近 30 个国家和地区。公司先后通过了 ISO9001 质量管理体系、ISO14001 环境管理体系、OHSAS18001 职业健康安全体系的认证。圣阳品牌先后荣获"山东省名牌"、"山东省著名商标"、"中国驰名商标"等多项荣誉。

334. 山东新风光电子科技发展有限公司

地址： 山东省汶上县经济开发区
邮编： 272500
电话： 0537-7220735
传真： 0537-7222900
E-mail： info@fengguang.com
网址： www.fengguang.com
简介：

　　山东新风光电子科技发展有限公司是从事电力电子技术相关的产品研发、生产与经营的国家高新技术企业，拥有具有自主知识产权的变频器、变流器、静止同步无功发生器三大类几十个品种的产品，其中变频器为中国名牌产品，是国内变频行业三个

名牌产品之一。公司拥有国家发明专利 15 项，产品先后获得了 5 项国家重点新产品称号，1 项国家火炬计划项目，参与了 2 项国家"863"计划产品研制和 1 项国家大科学工程装备的研制，建有山东省院士工作站及山东省电力电子研发中心。

　　公司的创立，以"节约能源，服务社会，打造中国节能产品制造基地"为己任，成功研发 1.5 ~ 3MW 直驱式风力发电变流器，已通过国家电网中国电力科学研究院的型式试验，2008 年荣获国家重点新产品，山东省科技进步奖，获科技型中小企业技术创新基金重点项目资助。产品性能居国内领先水平，完全可替代进口产品，已成功应用于多个风力发电场并网发电，并批量生产。

　　公司开发的轨道交通并网变流器，已通过铁道部产品质量监督检验中心机车车辆检验中心检测，高压动态无功功率补偿装置——STATCOM，已通过天津发配电及电控设备检测所型式试验，均达到国内领先水平。

　　公司拥有国内一流的整机检测，试验设备及单元老化和 5 条单元装配生产线。拥有严格的质量管理体系，2002 年通过 ISO9001：2000 质量体系认证，2008 年通过升级版认证；2007 年通过 ISO14000 环境管理体系认证和 OHSAS18000 职业健康安全管理体系认证。

　　为了提升公司的发展平台，我们积极引进博士等高层次人才进入高管层，加大管理、研发新产品的力度，使公司实现跨越式发展！

　　面对未来，公司秉承"创新、品质、服务"的理念，并将其融入企业经营的血脉之中，不断追求成长与突破，努力实现"节约能源，服务社会，打造中国节能产品制造基地"的长远目标。

335. 威海广泰空港设备股份有限公司

地址： 山东省威海市古寨南路 160 号
邮编： 264200
电话： 0631-3953565
传真： 0631-3953824
E-mail： guangtai@guangtai.com.cn
网址： www.guangtai.com.cn
简介：

　　威海广泰空港设备股份有限公司（简称"威海广泰"）由李光太先生创办于 1991 年，位于美丽的海滨城市威海，是从事空港地面设备研发与制造的专业公司。

　　2007 年，威海广泰于深圳证券交易所上市，至

2010 年底，注册资本 14743 万元，总资产 12.06 亿元，固定资产 2.96 亿元，2010 年销售收入 5.05 亿元。

威海广泰占地 57 万平方米，下属控股子公司及合营公司：北京中卓时代消防装备科技有限公司、威海广泰空港电源设备有限公司、威海广泰加油设备有限公司、威海广泰环保科技有限公司、广泰空港设备香港有限公司及深圳广泰空港设备维修有限公司等。

336. 威海文隆电池有限公司

地址：山东省文登市葛家镇大英村北
邮编：264423
电话：0631-8846896　8842368
传真：0631-8842068
E-mail：wldc@ wenlong. cc
网址：www. wenlong. cc
简介：

威海文隆电池有限公司为山东省高新技术企业，是集研究开发、生产、销售阀控式密封铅酸蓄电池、胶体电池、储能电池、高频开关直流电源柜、逆变器、EPS 电源、UPS 电源并提供相关服务的我国起步最早、规模最大、技术力量最雄厚、设备最先进、检测手段最齐全的专业公司之一。

公司设有省级山东特种电源工程技术研究中心，通过了 ISO9001、ISO14001、OHSAS 管理体系认证和泰尔产品认证。公司研发生产的"固定型阀控式密封铅酸蓄电池"、"CA 型储能用铅酸蓄电池"、"GZDW 型微机监控高频开关直流电源柜"三种主要产品先后皆被列为"国家重点新产品"，获得了产品生产许可证和出口产品质量许可证，畅销全国各地并出口十多个国家和地区，创造了很好的经济和社会效益。2010 年完成工业产值 35612 万元，实现销售收入 33953 万元，利税 3295 万元，已连续十五年各项经济技术指标居全国同行业前茅。

337. 烟台东方电子玉麟电气有限公司

地址：山东省烟台市莱山区福达路 11 号
邮编：264003
电话：0535-2108778
传真：0535-2106925
E-mail：yulinhr@ 163. com
网址：www. dongfang-power. com
简介：

烟台东方电子玉麟电气有限公司是东方电子集团有限公司权属子公司，是专业从事直流操作电源系统、通信电源系统、电力专用 UPS 及逆变电源、智能一体化电源系统、光伏并网逆变器、大容量锂离子电池组、电动汽车充电装置、计算机监控系统和军用充放电管理系统的研发、生产、销售和服务的高新技术企业。

公司拥有独立的技术研发中心，全部产品拥有自主知识产权，所有产品均通过相关行业权威检测机构测试，2008 年 4 月，通过了海军装备质量审核认定中心组织的质量管理体系审查二方审核。2009 年 6 月，通过了山东省武器装备科研生产单位保密资格认证委员会的认证，成为山东省军工企业之外获得武器装备科研生产二级保密资格的第一家地方企业。2010 年 7 月，顺利通过武器装备科研生产许可现场审查，取得武器装备科研生产许可证，为玉麟公司以后的发展奠定了基础。

天 津 市

338. 川铁电气（天津）集团

地址：天津市东丽区金桥工业园川铁路 3 号
邮编：300300
电话：022-84890395
传真：022-84890395
E-mail：chuantie@ tjchuantie. com
网址：www. tjchuantie. com

简介：

川铁公司成立于 2000 年 11 月，坐落于天津市东丽区金桥工业园，占地近 70 亩（42000 平方米）。公司属于私营股份制高新技术型企业，主要致力于研发、制造铁路信号设备及器材，铁路信号通用设备及器材集成供应，承揽铁路信号设计任务及铁路信号室内外工程施工。

公司主要从事 WJBS 系列交稳压电源、PX-A 型通用铁路信号电源屏、PNX 型铁路信号智能电源屏、新型铁路信号组合柜、25HZ 轨道电路器材、室内外电码化叠加器材、轨道变压器及道岔安装装置的开发、生产及销售。部分产品已在全国 14 个铁路局中的 10 个铁路局得到了广泛的应用；在重庆轻轨、天津地方铁路及其他国铁以外专用铁路线，也已推广应用；特别是在青藏线海拔达 4620m 清水河试验站试验的信号电源屏，成为路内第一套取得高海拔地区实际应用的信号电源设备。

天津市川铁信号设备有限公司将以更执着的精神，精益求精，制造优质产品，提供完善服务，与您共同走向新的辉煌……

339. 天津豪凯科技发展有限公司（原天津市淦泽工贸有限公司）

地址：天津市河西区泗水道龙博花园 25-3-102
邮编：300222
电话：022-28128614　28110376
传真：022-28128614
E-mail：hbgy_1@163.com
网址：www.hbgydy.com
简介：

天津市恒搏高压电源厂是制造高压电源的专业厂家，自成立至今始终从事电子产品、高压电源、低压电源的研发制作。拥有资深的设计人员和经验丰富的装配工人，能根据客户的需要在最短的时间内制作质量过硬的高压产品。

本厂已开发设计上百种质量稳定的高压电源，产品从元器件的采购到组装都本着替客户所想选用正规厂家的元器件，制作时在同等参数的条件下，力争将外形体积做到最小、精度最高。不仅保证高压产品本身的质量，同时也考虑客户的用途，添加不同的保护措施，使客户用的方便放心。

本厂产品分为 DC-DC 高压模块和 AC-DC 高压数显电源两种。

DC-DC 高压模块电压输出范围 100V ~ 60000V 之间可选，最大功率可达 1000W。产品具有高性能、高效率、小型化等特点。主要用于分析仪器、超声波测试仪器、静电除尘等。

AC-DC 高压数显电源，电压输出范围 100V ~ 60000V 之间可选，功率可达 1000W。输出电压、电流分别由数字表头显示。电源外形美观，使用方便，功能齐全。可根据客户特殊要求订制多功能电源产品。主要用于探测仪器、医疗仪器、静电除尘设备以及各大专院校实验设备等。

340. 天津华云自控股份有限公司

地址：天津市北辰区北辰科技园区景丽路 18 号
邮编：300402
电话：18622107290
传真：022-26521302
E-mail：huayunzikong@163.com
网址：www.china-huayun.net
简介：

天津华云自控股份有限公司以电气控制产品 EPS 应急电源和变频调速装置为主的高新技术企业，经整体改制，于 2000 年 9 月正式成立，注册资本 2208 万元。

公司以能源市场为基点，以电力、电子技术产品为主导，广泛应用于电力、石化、城市建设等多个领域。

公司以"纳社会贤才，服务于社会"为企业宗旨，有员工 80 名，其中大学以上学历 70%，是一支具高学历、高专业技能的科技团队，公司与天津电传所和清华大学建立产学研机制，在国内外电气行业领域占有很大影响力。

公司严格按照现代企业管理方式运作，通过了 ISO9000 质量管理体系和电源产品型式认证。

公司已形成快捷、优质的售后服务网络，根据用户的特殊需要提供咨询设计、制造、安装、调试、培训一条龙服务。公司已进入快速发展期，本着发展电气事业为己任，愿和各界携手共创新辉煌。

341. 天津市环瑞金属材料技术有限公司

地址：天津市西青区芥园西道 46 号
邮编：300112
电话：022-27534293
传真：022-27534223
E-mail：tianjinhuanrui@sina.com
网址：www.huan-rui.com
简介：

天津市环瑞金属材料技术有限公司是国内生产制造铝合金散热器的专业厂家，铝合金散热器产品主要用于电力电子，通信，开关电源，国防和车辆等诸多电源控制行业，我公司拥有先进的生产设备和技术人员，可根据客户需求进行设计，制作，具备较强的加工实力，为客户提供全方位的服务。

我公司将不负各界同人的众望，不断提高技术做到精益求精！

342. 天津七〇七所加固微机事业部

地址：天津市红桥区丁字沽一号路 268 号

邮编：300131

电话：022-26032807

传真：022-26520300

E-mail：market@7jg.com

网址：www.7jg.com

简介：

天津航海仪器研究所是机电一体化高新技术研究所，已通过 GJB9001A-2001 质量体系认证和二方认定。

7J 系列抗恶劣环境计算机是我所重要支柱产品之一，一直处于国内先进水平，已先后研发出十大系列近百个品种的各型车载、机载、船载加固计算机，产品已在航空、航天、航海、陆用及工控等领域广泛应用。

7J 系列计算机的主要特点：

采用标准化、模块化、系列化设计使用无源底板。

系统性能稳定、工作可靠、配套灵活方便，可扩充性强。

元件级加固、全密封金属整体焊接机箱。

耐高温低温、防振动冲击、低泄露抗电磁干扰。

与普通民用 PC 机软件完全兼容。

整机环境条件满足相关国军标要求。

343. 天津市艾雷特电气仪表有限公司

地址：天津市华苑产业区鑫茂科技园 D1-2-D

邮编：300384

电话：022-83711445

传真：022-83711446-888

E-mail：altdq@yahoo.com.cn

网址：www.aileite.com

简介：

天津市艾雷特电气仪表有限公司是集知识、技术、资本、人才、信息为一体、专业从事变频器应用推广、工业自动化控制系统设计、成套、安装、调试；销售、安装的高科技企业。公司服务于石化、电力、冶金、化纤、纺织、制药、轻工等领域，以高科技产品开发为先导，发挥企业的技术及人才优势，并于 2002 年成功推出世界上第一台动力 UPS。同时还先后取得了"全自动变频恒压给水设备"、"专用中频变频电源"等专利。

公司遵循"诚信、创新、和谐、效率"的企业理念，奉行全心全意为用户服务的宗旨，坚持用户至上、信誉第一的方针，竭诚为各行各业、各个领域提供先进的技术、优质的产品、满意的服务、理想的窗口，并热忱地期待着与海内外各界朋友的真诚合作。

344. 天津市东文高压电源厂

地址：天津市河东区十一经路 47 号蓝海大厦 8 层

邮编：300171

电话：022-24311533 24311577 24311633

传真：022-24311533

E-mail：webmaster@tjindw.com

网址：www.tjindw.com

简介：

天津市东文高压电源厂成立于 1998 年，拥有雄厚的技术开发能力和生产各种电源的实力，拥有长期从事高压电源产品研发、设计、生产、测试的工程师及技术人员，拥有先进的经营管理团队，各种工艺装备和检测设备配套齐全，完善的质量保证体系，已取得了 ISO：9001 2000 版证书，并于 2008 年通过了军工三级保密资格单位认证。获天津市科技型中小企业认定证书等等。

我厂有多项自研电源及拥有自主知识产权的电路填补了国内的空白，现已拥有专利 72 项，其中发明型专利 36 项，其中有多项产品在国家科技部及天津市立项，并获得大奖和部分资金支持。

我厂多年来根据不同用户的要求，设计、开发出上千种规格型号的高压专用电源，部分还列装于武器装备上。其中光电倍增管电源，电子显微镜电源产品构思与电路设计均位于国内领先水平，并且具有国际水准，广泛应用于质谱仪、光电直读光谱仪、原子吸收分光光度计、纳米扫描电子显微镜等高精度分析仪器之中。我们的产品特点在于：体积小、功耗小、高精度、高可靠性，得到了众多军工科研单位、中科院系统、大专院校、仪器厂家等业界的一致好评, 给科学仪器行业及国防科技工作等提供了支持与保障。

345. 天津市津铝工贸有限公司

地址: 天津市河北区南口西路 4 号 (天动工业园内)

邮编: 300230

电话: 022-26263152

传真: 022-26262903

E-mail: tjjinlv@126.com

网址: www.tjjinlv.cn

简介:

天津市津铝工贸有限公司是国内有色金属生产制造铝合金电力电子散热器的专业厂家、是电动汽车冷却器及控制器壳体生产研发基地。我公司集中了很多专业水平的研究人员。构思、设计符合厂家要求的各种工业用和民用铝合金型材散热器, 所生产的 JLD、DXC 电力、电子铝合金散热器型材断面近千种。广泛应用于诸多行业。其中电动汽车冷却器、控制器底盖配合式壳体、大截面粘片、镶片、焊接超大截面散热器是我公司的拳头产品, 达到了国际先进水平。

我公司 2007 年通过 ISO9001: 2008 质量体系认证。并将此质量体系贯穿生产经营等各项工作的全过程。我公司为用户提供全方位的服务, 满足用户各种不同加工要求。我们将不负各界同仁的重望, 不断提高技术, 做到精益求精。以真诚才能永远, 诚信才能永久的经营理念和科学的管理、先进的技术、可靠的质量、周到的服务, 一如既往地为广大用户提供更好的服务。

地址: 天津市河北区南口路 4 号 (天动工业园内) (300230)

电话: 022-26263152　13352072696

传真: 022-26262903

网站: www.tjjinlv.cn　电子邮件: tjjinlv@126.com

全国免费服务热线: 400-090-8618

346. 天津市鲲鹏电子有限公司

地址: 天津市静海经济开发区金海道 18 号

邮编: 301600

电话: 022-68687673

传真: 022-68680568

E-mail: sunjinmei6@163.com

网址: www.tj-kp.cn

简介:

天津鲲鹏电子有限公司始建于 1984 年, 当时由于设备和技术的限制, 只能生产民用变压器, 应用于收音机、电视机等一些家电产品。随着发展, 为推进企业生产满足客户需求并与国际接轨, 该公司 2000 年开始借助科技创新平台, 调整产品结构, 每年投入几十万元进行科技研发, 把产品研发方向瞄向了应用领域更广、经济效益更高的工业用变压器。在秦岭隧道工程, 哈大高速铁路等国家重点工程项目中, 均采用了该公司生产的保障其用电稳定性的一些重要部件如 ups 电源中的变压器和铁路电源模块甚至在鸟巢体育馆中使用的 ups 电源中的变压器, 产品份额占到 50% 以上。在依托科技创新, 增强产品竞争力的基础上, 该公司又在节能降耗, 降低产品成本上做文章, 公司实施一线工作法, 把技术人员的办公室搬到厂房内, 使生产环节中遇到的问题在第一时间解决。同时, 加强研发力量, 使专业技术人员达到 20 名, 占总员工数的 14%。2010 年底公司成功研发铁路专用智能稳压电源, 改变了以往该产品需要外购的情况, 降低成本 10%。截至目前, 该公司拥有 1 项实用专利, 2 项发明专利。

www.lslai.com

347. 天津市蓝丝莱电子科技有限公司

地址: 天津市南开区科研西路 12 号

邮编: 300192

电话: 022-87891548

传真: 022-87890535

E-mail: hyn@lslai.com

网址: www.lslai.com

简介:

天津市蓝丝莱电子科技有限公司是从事特种高压电源, 高压电源模块, 以及相关仪器设备开发、制造的高科技企业。专为工业、科研、国防提供安全可靠、精确的高压电源产品。蓝丝莱是高压电源的专业生产企业, 倡导先进工艺、模块化的设计。通过辛勤耕耘, 蓝丝莱高压电源拥有小型化、高精度、抗干扰、高质量、高可靠性的众多优点。

蓝丝莱以大学和科研所为依托, 拥有一批经验丰富的研发工程师, 具有设计、生产各种高压电源的雄厚实力。多年来, 为国内科研院所、大专院校以及军工、国防、通信、医疗、电力、铁路、化工、仪器仪表、工业控制、光学、光谱、高能物理、科研等行业开发出数百种高压模块、高压电源产品。

348. 天津市鹏达铝合金散热器制造厂

地址：天津市南开区长江道红日南路 52 号
邮编：300111
电话：022-27615728
传真：022-27690118
E-mail：13802169327@139.com
简介：

我公司是天津市有色金属集团有限公司下属企业，多年来从事铝合金散热器生产、研发和散热器的专业焊接，我公司生产的散热器均采用国内优质的铝合金挤压型材及铝合金板材为加工原料（6063、6005 合金牌号）。

我公司生产的铝合金散热器被广泛用于：电力电子、邮电通信、光纤通信、移动通信、能源交通、电动机、变频焊机、大功率电源等领域。

我公司是专业从事铝型材深加工制造和铝及铝合金氩弧焊接，对于铝及铝合金焊接、散热器冷冻板、铝铸件、铝压铸件焊接，都有很高的焊接技术能力，而且能满足造船、电力机车、渔业制冷、邮电通信、照明灯具等领域的制品加工和铝及铝合金的焊接。

我公司会以优质的产品，合理的价位和优质的服务，竭诚为社会各界服务。

349. 天津市鑫利维铝业有限公司

地址：天津市西青区中北工业园区梁鸿路 7 号增
　　　1 号
邮编：300112
电话：022-27984968
传真：022-27984969
E-mail：richardlych@sina.com
网址：www.sunnywayalu.com
简介：

天津市鑫利维铝业有限公司，主要致力于铝合金电力电子散热器的生产加工和不断创新，集开发、研制、生产、加工等为综合性的电力电子散热器的专业企业。公司拥有着一支高素质、专业性的员工团队。严格执行 GB/6892—2008 的国家标准，并以 ISO9001：2008 质量体系作为管理标准。以现代化的管理和先进的生产、检测设备为公司的生产经营、销售和服务提供了可靠的保障。

公司秉承："为顾客创造价值，为企业创造利益；为员工创造财富，为社会创造繁荣"的企业宗旨；并统一的将："铸造辉煌，唯有质量"作为公司理念；长期以来坚持以：诚信、务实、高效的态度与合作伙伴建立长远的战略关系。

天津市鑫利维铝业诚挚地希望与您精诚合作，您的要求是我们永恒的追求！

350. 天津铁路信号有限责任公司

地址：天津市东丽区驯海路 1199 号
邮编：300300
电话：022-60403811
传真：022-24393390
E-mail：trsfscb@126.com
网址：www.trsf.com.cn
简介：

公司前身为天津铁路信号工厂，始建于 1939 年，2011 年改制成为天津铁路信号有限责任公司，隶属于国资委中国铁路通信信号股份有限公司，是国内生产制造铁路信号设备最早的公司之一。

公司主要产品有：时速在 160km/h 以下铁路大、中、小车站普通型和智能型电源屏及监控系统、TJK 型车辆减速器及配套装置、ZD6 系列电动转辙机、ZK4 电空转辙机及外锁闭和安装装置；还有时速在 200km/h～350km/h 客运专线、高速铁路用的 ZD（J）9 型电动转辙及外锁闭和安装装置、通信信号箱式机房、道岔融雪装置、通信铁塔等。20 世纪 90 年代开始为美国 GRS 公司生产的自动道口栏木机构达到国际验收标准，ZD6-165/250 型电动转辙机被铁道部评为优秀产品，公司生产的三大系列产品自 1998 年以来连续多年被天津市质量管理协会用户委员会评为"用户满意产品"称号，并荣获 2007 年天津市用户满意企业称号。

公司于 1997 年 10 月建立了质量管理体系并通过了认证，2008 年又成功地通过了 ISO9001：2008 版质量管理体系换版认证。2007 年，为了进一步提高企业管理水平，履行保护环境、有效控制环境因素和职业健康安全风险责任的承诺，公司通过了 ISO14001 和 OHSAS18001 标准体系认证，建立了环境和职业健康安全管理体系并与管理形成了一体化管理体系，并将一体化管理体系与企业管理融为一体，为提高企业运营效率、实现企业战略规划奠定坚实的基础。

福 建 省

351. 福建联晟捷电子科技有限公司

地址：福建省福州市华林路 338 号锦绣福城 2 座 25 层 1913 室

邮编：350013

电话：0591-87516665

传真：0591-87515299

网址：www. lsjie. com

简介：

福建联晟捷电子科技有限公司是一家以机房动力一体化设备、机房建设、暖通空调、视频会议系统、工业照明为主营，集设计、销售、安装维护于一体的综合性公司。公司自 2004 年 3 月 30 日成立以来，相继成为法国梅兰日兰、伊顿爱克赛、法国 CHLORIDE、法国索克曼、美国海志、日本大金、美国库柏电气、美的、中达电通等国内外知名企业在国内的合作伙伴。

我们秉承着"依靠科学管理，创建一流工程，提供优质服务"的质量方针，承接了众多项目，使我们的业务在政府、金融、能源、电力、化工、电信、交通、公安、工矿企业等多个领域取得了良好的发展。

面对未来，福建联晟捷电子科技有限公司的奋斗目标：本着"坚持不懈，将科技与应用完美结合，为用户提供最有利的应用解决方案，为客户创建竞争优势"的理念，为用户提供全线高科技产品和专业化服务。

352. 福建闽泰科技发展有限公司

地址：福建省福州市鼓楼区软件大道 89 号福州软件园 B 区 5 号楼

邮编：350003

电话：0591-83519851

传真：0591-83519801

E-mail：271284957@ qq. com

网址：www. cnmtec. com

简介：

福建闽泰科技发展有限公司是一家致力于通信电源、电信监控及光纤网络系统工程、系统集成及软件开发等综合业务并具有自营进出口权的福建省高新技术企业及软件企业。

公司多年来一直致力于为中国电信、移动、联通、银行、电力等行业提供上述系统的解决方案，承接工程施工与软件开发工作，设计施工了数以百计的大型系统工程，在客户中获得了良好的信誉，取得了骄人的业绩。公司重视研发技术投入，每年投入经费超百万元，用于建设研发技术队伍及研发设备的购置，成功研制了"电信电源设备集中监控系统"、"PHS 网络评估系统"等通信行业管理系统软件，并获得了福建省中小企业创新技术资金的支持。

公司目前已是美国 EXIDE 公司的 UPS、法国西电 SDMO 的发电机组，德国 OBO 的防雷器，NbdsO公司的宽带网络产品，意大利 NICOTRA 的通信监控系统、日本芝测 PHS 小灵通测试仪等具有国际领先地位的着名品牌供应及技术服务商。

353. 福建泉州赛特电源科技有限公司

地址：福建省泉州市洛江区万安开发区吉源东路

邮编：362011

电话：0595-22633888

传真：0595-22633777

E-mail：sales@ baote-battery. com

网址：www. baote-battery. com

简介：

福建泉州赛特电源科技有限公司是国内较早研发和生产阀控式密封铅酸蓄电池的企业之一。公司创建于 1997 年，坐落在福建省泉州市洛江区，占地总面积 22000 平方米，建筑面积 20000 多平方米。公司注册资本 3000 万元，现有资产 7000 万元，年产值达 1.5 亿元以上。

公司拥有一批经验丰富的专业技术人才、一支训练有素的员工队伍和一整套专业生产设备，可专业生产 AGM 和胶体蓄电池两大类，电压为 2V、4V、6V、12V 四大系列，容量从 0.8Ah—3000Ah 共计100 多个规格的铅酸蓄电池，年生产能力达 50 万千伏安时，是福建省专业生产阀控式密封铅酸蓄电池品种最齐全的厂家。

赛特电池已被广泛用于国防、电力、通信行业以及不间断电源系统、应急电源系统、照明系统、风能和太阳能储能系统、安防等系统的设备上，产品畅销全国各地并远销欧美和东南亚地区，享有良好声誉。

在新能源发蓬勃发展的浪潮中，赛特公司于2009年成立新能源项目部。该部致力于太阳能、风能运用产品的研发、生产和销售。目前的产品主要有：离网的太阳能照明系统、太阳能直流电源系统和太阳能交流电源等系统。这些产品具有结构紧凑、安装使用方便和可靠性高等特点，广泛应用于边防哨所、岛屿、野外工作、游牧等远离电网的无电或缺电地区，以提供照明和电力供应。

赛特公司先后通过了ISO9001质量管理体系认证、ISO14001环境管理体系认证。公司自成立以来一直秉承"高能、高效、精益求精"的质量方针，所生产的"赛特（BAOTE）"牌铅酸蓄电池符合GB/T 19639.1-2005、GB/T 19638.2-2005、GB/T 22473-2008的标准，产品先后通过了UL、CE、TUV认证以及通过国家电力工业部、TLC认证中心、CGC金太阳认证、国家出入境检验检疫局等部门的检测，并获得相关的认证证书。"赛特"商标在2008年被评为福建省著名商标。

354. 福州百汇通电子工程有限公司

地址：福建省福州市鼓楼区五四路151号宏运帝豪
　　　　国际2022
邮编：350003
电话：0591-88085126
传真：0591-88085726
E-mail：13960783784@139.com
简介：

福州百汇通电子工程有限公司依据中华人民共和国公司法成立于福州市鼓楼区。公司由资深的机房设备从业团队组建而成，有着丰富的机房设备解决方案经验和技术能力。公司专注于经营机房动力一体化设备（UPS、精密空调、机房监控、蓄电池等）和弱电工程，旨在为数据中心提供优质的设备设施和服务，免除客户的后顾之忧。公司组建至今已与艾默生、施耐德、埃克塞德、汤浅等国际知名品牌制造商建立了良好的合作关系。

公司目前已成功为电力、金融、医疗、政府、大中型企业等系统成功提供UPS和精密空调等机房设备和技术服务，在实施过程中获得了用户的一致认可。

百汇通公司秉承"诚信、专业、专注、分享"的公司理念，竭诚为用户、合作伙伴提供性能稳定的设备、优质的工程和完善的售后服务。

福光电子
Fuguang Electronics

355. 福州福光电子有限公司

地址：福建省福州台江区广达路68号金源大广场东
　　　　区24层
邮编：350005
电话：0591-83305858
传真：0591-83375868
E-mail：cailei@fuguang.com
网址：www.fuguang.com
简介：

福光电子成立于1993年，注册资本1000万元，是一家专注于仪器仪表和测试维护解决方案的研究、开发、生产和销售的高新技术企业。产品涉及电源、传输、无线、数据、交换等各个专业，销售服务网络覆盖全国各个省份和地方，客户遍及移动、电信、联通、电力、部队、广电、铁路、石化及各企业专网等，自主研发产品还出口到欧美及东南亚等国际市场。十几年来，福光电子秉承贴近客户，服务客户的原则，专注于为行业客户导入或研发出更加安全、便捷、经济的仪器仪表和测试维护解决方案，并大力在行业内推广应用。不断挖掘和提升企业核心竞争力，不断坚持创新以超越竞争对手，从而赢得了广大客户的认可与良好口碑，并逐渐在行业内树立起标杆地位。目前在中国电源维护测试仪器仪表和测试维护解决方案领域，福光电子已成为行业客户首选的供应商。

厦门蓝溪科技有限公司
LANXI　XIAMEN LANXI TECHNOLOGY CO., LTD

356. 厦门蓝溪科技有限公司

地址：福建省厦门市火炬高新区创业园创业大厦221
邮编：361006
电话：0592-5730682
传真：0592-5734682
网址：www.xmlanxi.com
简介：

厦门蓝溪科技有限公司坐落于厦门火炬高新区创业园，是一家专业从事电力系统直流操作电源及变电站综合自动化设备的研发、生产、销售和服务的创新型高新技术企业。

公司自主研发生产的XCD3-FB分布式直流电

源、UP5 微型直流电源、LXUP 智能微型直流电源、PMC-600、WXH-8BP 系列微机保护装置等产品具有小型化、智能化和高可靠性等特点，获得了广大客户的欢迎和认可。产品在市场有超过十年的运行经验，已广泛应用于全国各大电力、钢铁、化工、石化、矿山等系统。

公司秉承"诚心、专业、创新"的原则，始终如一地走"质量立企，科技兴业"的发展道路。公司所有产品均通过了国家权威机构的验证和鉴定，并被列入"全国电网建设与改造所需产品选型选厂推介企业"。公司坚持把好研发关、采购关，并配合严格的质量检测手段和完善的售后服务，所销售的产品无一出现重大质量事故，深受用户好评。

357. 厦门赛尔特电子有限公司

地址：福建省厦门市翔安火炬高新区翔安西路
　　　8067 号
邮编：361101
电话：0592-5715838
传真：0592-5715839
E-mail：xc. chen@ setfuse. com
网址：www. setfuse. com

简介：

成立于 2000 年，位于厦门市火炬高新区（翔安）产业区，拥有 1 万多平米的研发生产基地。公司专业从事过温，过电压和过电流的电路保护元器件的研发，生产及销售。拥有近百人的实力强大的研发团队，其中包括享受国家津贴的教授及多名硕士博士生，拥有美国 UL 授权的目击测试实验室（WTDP）及自动化设备研发中心，是厦门高新技术企业，自主创新企业，国家火炬计划项目承担单位，科技进步奖获奖单位。

公司产品包括温度熔丝，热保护型压敏电阻，线绕电阻，大电流受控熔断器等，其中多项产品均有独立自主知识产权，产品覆盖我国三十多个省市自治区，出口欧美、非洲、东南亚等世界各地，得到了微软，飞利浦，惠普，摩托罗拉，中国电信，中国移动，华为等国际国内众多知名企业的青睐，使"SET"品牌获得福建省著名商标称号。

公司秉承"推动全面品管，满足客户需要；持续改善质量，提升竞争能力；共建永续经营，创造全员福利"的质量方针，组建了高效，务实的组织结构体系，本着"参与，成长，共享"的产品研发理念，通过不断地创新，为消费者提供高品质和高品位的电路保护元器件，为用户提供安全可靠的产品及适时方便的服务。

安　徽　省

占地面积约 240 亩，其中包括一期厂房 7000m²、办公楼 6000m²、科研楼等。公司位于安徽省宿州市经济技术开发区，公司配备了一流的生产、研发和检测设备，并拥有一支经验丰富、技术实力雄厚的科研队伍，核心技术人员均在磁性材料领域工作多年。公司采用现代化的管理体系，按照国际化标准进行生产过程中的管控，从而保证了产品的稳定性和先进性，并先后顺利通过了 RoHS 认证以及 ISO9001 认证。同时，首文公司与宿州市人民政府、合肥工业大学于 2011 年 6 月合作成立了"磁性材料工程技术研究院"。

我公司所有产品均符合国际质量标准，并始终致力于为用户提供高性能的产品以及优质的服务，满足用户的不同需求。我们期待与您携手，共创未来。

358. 安徽首文高新材料有限公司

地址：安徽省宿州市经济开发区金泰二路
邮编：234000
电话：0557-3250935
传真：0557-3256788
E-mail：sales@ swmagnetic. com
网址：www. swmagnetic. com
简介：

安徽首文高新材料有限公司，是一家专业从事金属磁粉芯系列产品研发、生产和销售的高新技术企业。首文公司由中国首钢国际贸易工程公司（简称中首）和安徽博文集团共同出资成立，并由中首公司控股。公司成立于 2010 年 6 月，项目整体规划

359. 安徽天长地久电子能源有限公司

地址：安徽省天长市秦楠镇寿昌路
邮编：239341

电话：0550-7815828

传真：0550-7813278

E-mail：djwhb888@sina.com

网址：www.djdq.cn

简介：

我公司成立于 1988 年，主要生产电子产品，1998 年从事电动车、电动汽车充电器、锂电池充电器、太阳能光伏充电器、开关电源、逆变电源的研发生产与销售。2002 年公司通过 ISO9002 质量管理体系认证。

公司成立至今，已跟多所高等院校建立新能源电子研发、生产的合作关系。

地久人愿与新老客户携手并进，共创辉煌！

XINLI 新力电气

360. 安徽新力电气设备有限责任公司

地址：安徽省合肥市稻香路 88 号

邮编：230031

电话：0551-3708741

传真：0551-3708781

E-mail：54090978@qq.com

网址：www.xinlielec.com

简介：

安徽新力电气设备有限责任公司，隶属于上海一天电气有限公司，1986 年创立，是具有独立法人资格的科、工、贸一体化公司。公司注册资本 1500 万元，目前有员工 100 多人，拥有众多高、中级科技人才，高、精、尖生产检测设备，有自己及紧跟科技前沿的研究机构，多次获得国家、省级和行业科技成果奖及多项专利。公司已通过质量管理体系认证、环境管理体系认证、职业健康安全管理体系认证，多项产品通过 3C 认证，同时公司获得"高新技术企业"、"安徽市场质量信得过企业"、"诚信经营示范单位"、"安徽市场最具影响力品牌"等荣誉称号。

管理制度化、科学化、人性化是公司追求的管理目标；质量第一、用户至上、求实创新、清洁环境是公司的发展宗旨。

公司主要产品有电力直流电源柜、通信直流电源柜、交流低压配电柜、配电箱、计量柜等电力系统交直流成套设备、高压交流金属封闭环网开关设备、户内金属铠装移开式开关设备、预装式变电站等高压成套设备以及电力系统使用的安全工器具等。

直流电源柜采用高频开关电源模块、PLC 工业程序控制器等高科技技术，具有完善的智能化全自动运行功能和远方监控手段、运行稳定可靠，完全满足电网集中调度和变电所无人值守的运行要求，"微机监控高频开关直流电源柜"还获得安徽市场公认名牌产品的称号。

公司还提供微机工业控制装置、视频监控报警装置、远方网络在线监测系统以及自动控制的设计整合、电气拖动等机电一体化系统集成业务。

同时我们还自主研发了高频开关电源、高频逆变电源等产品以及蓄电池性能测试仪、蓄电池放电测试仪、蓄电池活化放电仪；在 SF_6 气体应用方面，我们还自主研发了智能 SF_6 气体泄漏报警系统、多功能 SF_6 气体分析测试仪等多项仪器、设备。广泛使用在电力系统中，为系统安全可靠运行服务。

公司生产基地位于合肥市蜀山新产业园，大蜀山脚下，地理位置优越、交通便捷。热烈欢迎各方朋友前来公司参观和考察！

德尚电源 POWER

361. 合肥德尚电源有限公司

地址：安徽省合肥市经济开发区山湖路 2 号

邮编：230031

电话：0551-2156982

传真：0551-2156981

E-mail：ds@dspower.cn

网址：www.dspower.cn

简介：

合肥德尚电源有限公司是专业研发、生产电源变换产品的高科技企业。主要产品有消防专用应急电源、电力专用逆变电源、车载专用逆变电源、通信专用逆变电源、电力在线不间断电源、工业在线不间断电源、变频电源和系列开关电源等。

多年来，公司本着诚信务实的态度，以优质的产品和良好的服务，获得了广大用户的认可，产品遍布全国各地。

合肥华耀电子工业有限公司 ECU ELECTRONICS INDUSTRIAL CO.,LTD

362. 合肥华耀电子工业有限公司

地址：安徽省合肥市高新区天智路 41 号华电大厦

邮编：230088

电话：0551-2368818　5311411（销售部）

传真：0551-5324417-0

E-mail：sales@ecu.com.cn

网址：www.ecu.com.cn

简介：

合肥华耀电子工业有限公司，成立于 1992 年，由中国电子科技集团公司第三十八研究所全资创办。公司已顺利通过 ISO9001、ISO14001、OHSAS18001、GJB9001 系统认证，并已获得 CQC、CB、UL、CSA、CE、TUV、KEMA 等国内国际标准认证，所生产的电源类产品销往美国、欧洲、澳洲等世界各地。

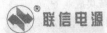

363. 合肥联信电源有限公司

地址：安徽省合肥市高新区玉兰大道 61 号

邮编：230088

电话：0551-5317588　5323322

传真：0551-5313339

E-mail：hflx88@163.com

网址：www.lianxin.net

简介：

　　合肥联信电源有限公司，位于合肥国家高新技术产业开发区，成立于 1997 年 9 月，为"中国电源学会"成员单位。一直致力于应急电源（EPS）、不间断电源（UPS）、交直流电源屏、并网回馈电源等功率电子学产品专业研发、制造与服务，同时广泛吸取专业科研机构的管理理念，引进先进的管理软件，已经形成了良好的科研开发管理平台。

　　联信电源公司始终坚持走自主研发与科技创新的道路，申请通过六个国家专利，部分产品获得国家认证，模块化应急电源达到了国内领先水平，先后应用于"国家非典实验室"、"合肥奥体中心"、"芜湖科技馆"、"首都体育馆"、"上海游泳馆"、"广州地铁"、"北京地铁"、"井冈山机场"等国家重点项目，深受用户好评。联信人继承着荣耀与梦想，立足于雄厚的根基之上，竭诚为广大客户提供不间断的电源产品和不间断的服务。

364. 合肥通用电子技术研究所

地址：安徽省合肥市高新区玉兰大道机电产业园

邮编：230088

电话：0551-5842896

传真：0551-5317880

E-mail：api_power@126.com

网址：www.apii.com.cn

简介：

合肥通用下辖通用电子技术研究所和通用电源设备有限公司，位于合肥市高新区机电产业园内，本公司采用科研和生产相结合的方式，科技研发有效地保证了产品技术的领先地位，专业化的生产及时高效地将研发成果转化为电源产品。

我公司坚持走"专业定制"之道，秉承"造电源精品，创世界品牌"的企业目标，致力于解决系统设备的馈电问题，为广大客户提供性能稳定的开关电源。从研发生产到服务一次性通过了 GJB9001A-2001 标准的认证，目前电源在业内以性能稳定而著称，并受到广大客户的青睐和好评，通用电源已广泛应用到自动控制、军工兵器、智能办公、医疗设备以及科研实验等领域，并累计向业界提供了 120 多万台高品质电源。

通用电源拥有两条生产线，两条装配线，两条产品老化线，一条产品测试线和高低温老化房等，引进国外先进的测试仪、频谱分析仪、多功能电子负载、存储示波器等检测仪器。本着"效益源于质量，质量源于专注"的企业宗旨，严把质量关，强化细化过程管理，精雕细琢，成就完美。

365. 华东微电子技术研究所

地址：安徽省合肥市高新区合欢路 260 号

邮编：230088

电话：0551-5743712

传真：0551-3637579

E-mail：ecrim@mail.hf.ah.cn

网址：www.cetc43.com.cn

简介：

华东微电子技术研究所是中国顶尖的微电子企业，专业从事微电子技术研究的国家一类研究所，主要从事厚、薄膜混合集成技术、多芯片组建技术以及相关材料、电路及专用设备的研究和制造。

本所研制生产的产品有功率电路（包括 DC-DC、AC-DC、DC-AC、EMI 滤波器、脉宽调制放大器）、转换器电路（SDC-RDC、RDC-DSC、F-V 变换）、精密电路（电压基准源、精密恒流源）、信号处理电路、放大器电路、专用混合集成电路和多芯片组件等。

企业已通过 ISO9000、ISO14000、ISO18000 等多种认证，具有技术领先、专业齐全、产品可靠、反应快速等优势，广泛应用于可靠电子设备及工业领域。目前已销往美国、欧盟等 20 多个国家和地区，获得用户的认可。

366. 中国科学院等离子体物理研究所

地址：安徽省合肥市蜀山区蜀山湖路 350 号（合肥市 1126 信箱）

邮编：230031

电话：0551-5591322

传真：0551-5393699

E-mail：lxy@ipp.ac.cn

网址：www.ipp.ac.cn

简介：

中科院等离子体物理研究所电源及控制研究室主要从事脉冲电源的研究、开发、运行和维护工作，并为托克马克核聚变装置的运行提供电源。

近年来，本研究室致力于高功率脉冲电源技术、超导储能技术、二次换流技术、大功率直流发电机励磁控制等方面的研究，并取得了较为成熟的研究成果和实践经验。本室主要承担了 EAST、HT-7、HT-6B、HT-6M 等托卡马克装置的磁体电源及辅助加热电源的设计、运行和维护等课题。

目前，本研究拥有一套自主设计的直流断路器型式试验设备，该试验系统主要由四台脉冲发电机组成，该电机单台额定输出电流 50kA，额定电压 500V。多年来，我们已依据国家标准、欧洲标准和 IEC 标准，多次为众多国内及外企断路器厂家进行型式试验。

本研究室拥有一支非常专业的科研团队，主要从事大功率变流技术、电力电子技术、高压绝缘技术、自动控制、电磁兼容和接地技术等方面的研究。截至目前，本室曾先后获得 46 次国家科技奖，22 项国家技术专利。此外，本室还招收相关专业的硕士和博士研究生，至今已培养出 51 位硕士、博士毕业生，他们大都在国内外高新技术领域的科研院校和企业表现出色。本室现有在读研究生 24 名。

同时，本研究室还与众多企业、国际科研院所和组织保持着紧密的交流和合作，例如，ABB 变流器公司、中日核心大学项目，美中磁约束装置研讨组，德国马普学会，通用原子能公司核聚变工作组等。

河 北 省

367. 保定科诺沃机械有限公司

地址：河北省保定高阳县庞口农机市场中区 14 栋 10 号

邮编：071504

电话：0312-6854777 6856777

传真：0312-6853699

E-mail：pangdun_pd@163.com

网址：www.pdnjpj.cn/gsjsk.htm

简介：

保定科诺沃机械有限公司是专业生产充电机、蓄电池、起动机的企业，公司已通过 ISO9001：2008 国际质量体系认证，由清华电力系教授指导研究，拥有先进的检测和生产设备，和国内众多电动三轮车厂配套，产品行销国内 27 个省市及中东、东南亚等国家和地区。我们以优异的质量、合理的价格、良好的服务赢得了海内外广大客户的青睐。

多年来公司被评为中国电源学会会员单位，省、市、消费者信得过单位。省、市守合同、重信用单

位等众多荣誉称号。

大鹏一日同风起，扶摇直上九万里！跨入 21 世纪，我公司全体员工以不断创新、赶超一流的气势，奋力开拓、积极进取，为您创造更满意的产品。提供更优质的服务。我们愿与广大新老朋友携手发展、共创辉煌！

368. 保定市华力电子有限公司

地址：河北省保定市高开区火炬园工业区四座一号二层

邮编：071051

电话：0312-3188431

传真：0312-3187456

E-mail：bgs@hlcom.com.cn

网址：www.hlcom.com.cn

简介：

保定市华力电子有限公司，于 1997 年 10 月 7 日在河北省保定市高新技术产业开发区注册成立，是河北省科学技术厅认定的高新技术企业，中国电源

学会的会员单位，中国质量认证体系注册企业，公司拥有自营进出口权，是河北省自营进出口生产企业协会会员单位。

我公司主要产品为高频开关电源、电力系统自动化配套电源、电力机车专用电源、工控 VME 电源、DIN 导轨系列开关电源、配网 FTU 智能充电机等。军工等级的插件、焊接、清洗生产工艺控制，先进的电磁兼容 EMC 测试实验室、高低温交变湿热箱、耐压测试仪、数字示波器等完善硬件测试设备。为提高稳如磐石般的产品提供了最可靠的保障。目前主要合作客户有国电南瑞、国电南自、许继集团、大唐电信、正泰集团、沈阳铁路信号厂、西安铁路信号厂等。

我公司还可根据客户要求特殊定做电源系统，研发经验二十年之久的工程师根据客户使用环境和特点为您设计可稳定可靠的产品。另外我们还有部分出口产已经具有 CE 或 FCC 认证。产品均通过权威实验室认证测试。

369. 河北奥冠电源有限责任公司

地址：河北省衡水市故城县夏庄经济开发区
邮编：253800
电话：0318-5661666
传真：0534-2468666（总部）
E-mail：aoguan@aoguan.com
网址：www.aoguan.com
简介：

奥冠集团是集科、工、贸为一体的国际集团企业，总部设在冀鲁交界处的德州市东风路西首。集团下设：河北奥冠电源有限责任公司、德州奥冠电源有限公司、石家庄奥冠电子工程有限公司、天津奥冠科技有限公司和德国柏林奥冠胶体蓄电池研究所。

奥冠集团二十年励精图治、奋斗拼搏，铸就了中华自主知识产权的民族品牌。紧跟中华民族的发展步伐，奥冠也将立于世界同行之林：中国首批蓄电池生产许可证企业；中国电动车生产许可证企业；中国电源学会长期会员企业，ISO9001 质量管理体系认证企业，河北省高新技术企业。荣获中国知名企业、中国知名品牌称号。

奥冠集团将继续秉承"立足电源事业，打造业内航母"的企业理念，致力于电动车和蓄电池等专业领域，以高标准、高品位、零缺陷的产品服务于社会，并不断拓展经营领域，实现多元化、规模化、

尖端化、国际化。

370. 河北北恒电气科技有限公司

地址：河北省保定市高开区锦绣街 677 号 5 号楼
邮编：071051
电话：0312-3336028
传真：0312-3336055
网址：www.beiheng.net
简介：

河北北恒电气科技有限公司，是一家专业从事电力系统自动化产品研制、开发、生产与经营的民营高新技术企业。公司培养和造就了一大批优秀的专业人才，积累了电力行业深厚的技术功底，具有非常突出的科研开发能力，多项技术处于同行业领先水平。河北北恒电气科技有限公司被推选为中国电器工业协会继电保护及自动化设备常务理事单位。

公司始终坚持"高技术、高起点、高效益"的发展方针，不断拓宽研究与开发领域，公司研发生产的智能变电站系统已经通过国家权威部门的技术鉴定，并被授予"光电技术研发中心"公司已成为集智能变电站、电力调度自动化、变电站综合自动化、配电自动化、变电站微机保护、电网安全保护、无线扩频通信、微机监控高频开关直流电源等多品种、多门类产品经营的新型产业集团。公司产品遍布全国各地，安全、稳定地运行于 10kV、35kV、110kV 不同电压等级的厂站及石油、化工、铁路、供水自动化等领域。

"努力工作，提高生活，服务社会，创造未来"是公司一直秉承的经营宗旨，团结一致、开拓创新的北恒人在公司高层领导的带领下，河北北恒电气科技有限公司已开始步入发展的快车道，正朝着国际化、现代化、规模化的大型产业集团而努力奋进！

371. 河北科力达通信技术有限公司

地址：河北省石家庄市中山东路 520 号河北四建 2-2-1403 室
邮编：050000

电话：0311-85615689 85667276
传真：0311-85667276
E-mail：jacky_son@126.com
网址：www.hbkld.com
简介：

河北科力达通信技术有限公司前身为石家庄金石电源设备有限公司，于2003年成立于河北省会石家庄。从早期的集设计、生产销售、维护保养、服务为一体的高科技电子公司发展到今天，如今科力达的业务已覆盖了石家庄市区及下属全部县区。

科力达是领先的为通信运营商提供技术和服务的合作商。作为石家庄基站供电的市场领导者，科力达致力于提供专业的通信服务，并管理着石家庄所有县区的发电服务工作。

公司目前拥有200多名员工和300多台机器设备，分布在石家庄的各个地区，2009年公司的收入达3000多万元。

随着中国通信产业的蓬勃发展，通信技术的日新月异，新的业务层出不穷，无论是用户还是运营商，对于服务的质量要求的更加深入与细致，科力达正以其创新精神、周到的服务和可持续发展的业务解决方案。在此基础上，进一步拓展市场，加强营销与维修保养发电机组的服务，形成了以河北省省会石家庄为中心、覆盖到各地市郊县的服务网，努力实现一个优质高效安全运行的网络。

秉承创一流优秀服务品牌的理念，一丝不苟地履行公司的社会责任，并且设立了高质量、全范围的有效管理系统和运作模式。科力达不仅在公司业务上做到兢兢业业，而且尤为注重人性化管理精神，同时公司凭借着出色的管理系统通过了ISO9001质量体系的认证。

河北科力达通信技术有限公司是一个年轻的企业，我们以向通信运营商提供专业的基站供电服务为己任，肩负起社会的责任，专心、专业、专注的致力于成为行业技术服务的领头羊。

372. 河北实华科技有限公司

地址：河北省石家庄市高新区湘江道319号
邮编：050035
电话：0311-85969099
传真：0311-85969599
E-mail：sw@hpups.com.cn

简介：

河北实华科技有限公司总部位于石家庄国家高新技术产业开发区，是专业研发，生产，销售模块化UPS、模块化UPS配套产品以及监控软件的科技企业。高端核心技术及先进管理经验的运用极大地增强了河北实华科技有限公司的研发能力，使其迅速成为全球模块化UPS的领军企业，制造出了全球功率密度最大，占地面积最小的节能环保型模块化UPS。

河北实华科技有限公司在中国部分地区设立办事处负责全国的市场销售和渠道网络建设，在广西、济南、哈尔滨等地都设有联络处，在全国范围内建立了一套完善的销售、服务体系。

河北实华科技有限公司拥有达到业界先进水平的电源生产、研发所需的各种电子测量仪器、整机测试设备、环境试验设备，以及焊接、调试、电装流水线；拥有先进的生产管理技术和完善的质量管理体系。实华生产的模块化UPS获得国内标准（如泰尔认证、中国节能认证）认证机构的认证证书，产品的先进性、可靠性和节能环保性居于世界前列。同时，我们也为其他知名品牌提供模块化UPS系统的特定设计和OEM的定制服务。

373. 河北腾跃电子科技有限公司

地址：河北省石家庄市高新技术产业开发区湘江大道319号3号楼302室
邮编：050035
电话：0311-87319689 86081864
传真：0311-87319689
E-mail：tydz163@163.com
网址：www.tf-cc.com

简介：

河北腾跃电子科技有限公司（原腾飞磁材）是专业研制变压器的企业，是中国电源学会团体会员单位。

公司具有独立的产品设计能力，专业研制高频、中频及工频变压器、电感器和扼流圈，尤其擅长采用软磁铁氧体制作的高频开关电源、音频传输、脉冲、阻抗匹配和高压等变压器和电感器，以及灯具、音箱等所用特种变压器同时可提供各种高频开关电源。公司具有十多年的经营基础，现配有全套先进的生产工艺设备和检测设备，生产工艺先进，检测手段完善。公司技术力量雄厚，具有长期从事变压器专业历史和丰富经验的工程技术人员指导和负责技术工作，实施对产品生产实行严格的质量管理。其中高级职称2名（技术顾问黄永富是全国电子变压器协会委员，技术顾问杨泽春是全国电子变压器协会专家组成员，中国管理科学研究院特约研究员）；中级职称 3 名；大专以上学历 10 名。公司具有一支事业心强、工艺水平高、思想活跃、敢为人先的高素质的员工队伍。

公司以"先做人，后做事"为宗旨，永远坚持"精益求精、一丝不苟、准确无误、热情周到"的精神，竭诚为客户服务，提供性能价格比合适的产品。

374. 任丘市先导科技电子有限公司

地址：河北省任丘市城东津保南路北张工业区
邮编：062562
电话：0317-2968283
传真：0317-3369058
E-mail：hbxdkj@ 126. com
网址：www. xdkjw. com
简介：

任丘市先导科技电子有限公司始建于 2001 年，是一家集科研、生产、销售于一体的现代化科技型企业。公司技术力量雄厚，生产设备先进，专业生产蓄电池充放电设备和电动车充电机。蓄电池充放电设备以其独特的功能设计，新型的专利技术，广泛应用于蓄电池生产企业；"征程"牌系列电动车充电机现已行销全国各地，为国内众多电动车生产厂家选为优质配套产品，深受广大消费者的青睐，并已成功打入韩国及东南亚市场。

2005 年先导公司正式加入中国电源学会，成为优秀会员单位。在有关专家的精心指导和公司全体员工的不懈努力下，公司产品质量和管理水平突飞猛进，于 2006 年顺利通过 ISO9001：2000 国际质量管理体系认证。为企业进一步发展奠定了坚实的基础。

"铸诚信、保质量"乃企业发展之根本，我们将一如既往地为您提供一流的产品和完善的服务。先导人愿与各位同仁携手，共同步入更加辉煌的明天！

湖 北 省

375. 湖北慧中电子科技有限公司

地址：湖北省宜昌市高新产业园区珠海路 8#南苑科技创业园
邮编：443005
电话：0717-6344444
传真：0717-6343388
E-mail：qudyy@ 163. com
网址：www. hbhzkj. com
简介：

湖北慧中电子科技有限公司是专业从事电源领域产品研发、生产、销售的高新技术企业。公司自创立以来，一直践行"科技为先导，创新求发展"的经营方针，通过与国内一流大学、专家的长期技术合作，研发并推出了六大系列，200 多种规格型号的电源产品——FEPS 消防应急电源、HZFEPS-HFPI 消防水泵（风机）自动巡检应急电源、PCFEPS 电梯应急运行自动平层应急电源、D 系列动力型蓄电池、HATS 双电源转换开关、HFPI 消防水泵（风机）自动巡检设

备等。广泛应用于建筑消防、城市市政建设、电力、医疗、航天航海、民用、金融、新能源等领域。

经过多年的不懈努力，公司已迅速成长为国内专业电源研发、生产的龙头企业。未来，我们将以坚定的信念，坚持"追求品质、持续改进、优良服务"的经营理念，走品牌创新之路，真诚与广大客户共谋发展，时刻以一颗感恩的心回报客户，回报社会。

376. 空军雷达学院教学实习工厂

地址：湖北省武汉市黄浦大街 288 号（空军雷达学院内）
邮编：430010
电话：027-85990787
传真：027-85990787
简介：

空军雷达学院教学实习工厂是国内最早研制与生产静止变频电源及大功率直流稳压电源的专业厂家。产品电气性能指标达到或超过国家军用标准（GJB181-1986）、航标（HB5962-1986）和美军标（MIL-STD-704E）的要求，可与飞机、舰船、雷达、火炮和计算机等需要 400Hz 电源或大功率直流稳压电源供电的设备配套使用。工厂开发的第四代 SFC

型静止变频电源，采用了正弦脉宽调制（SPWM）的控制方式、最新型的 IPM 智能模块以及集成电感变压器和微处理器。产品技术指标不断提高，性能不断完善，赢得了广大用户的信赖和赞誉，并多次获得国家颁发的荣誉证书及表彰。

377. 武汉能创技术有限公司

地址：湖北省武汉市东西湖区九通路中小企业城6栋

邮编：430040

电话：027-83391680

传真：027-83391680

E-mail：info@ nentron.com

网址：www. nentron.com

简介：

武汉能创技术有限公司是一家具有世界先进水平的集研发、制造、销售和服务于一体的电源专业厂商，为中国电源学会会员、武汉市电源学会常务理事单位。

公司主要产品包括逆变器、整流器、DC-DC 变换器、CATV 电源、充电机及其他交直流电源变换设备。产品广泛应用于通信、电力、交通、军工等领域。公司于 2003 年 9 月通过 ISO9001 质量体系认证。

公司技术力量雄厚，有多名资深的电源专家和高级工程师。其中有 4 人曾获得邮电部科技一等奖，多人次获得其他奖项。

"能创技术，领先一步"，这是公司的人格宣言。企业人格定义了能创公司在行业中的技术领先地位，并从更深的层面强化公司的智慧、创新、勤奋、卓越的企业精神。

GOLD RAIN ®

378. 武汉瑞源电力设备有限公司

地址：湖北省武汉市东西湖区现代五金机电城 2 栋28 号

邮编：430040

电话：027-83266481

传真：027-83266481

E-mail：whruiy@ 163. com

网址：www. whruiy. com

简介：

武汉瑞源电力设备有限公司是湖北省一家专门生产直流电源屏的厂家。公司产品主要销售在煤炭、

化工、机电设备等行业。产品质量优良，运行稳定可靠，深受用户好评。

379. 武汉新瑞科电气技术有限公司

地址：湖北省武汉市东湖高新技术开发区东二产业园财富一路 8 号

邮编：430205

电话：027-87166123

传真：027-87166933

E-mail：Bob_wang@ 126. com

网址：www. newrock. com. cn

简介：

武汉新瑞科电气技术有限公司成立于 2000 年，位于武汉市东湖开发区东二产业园内，是集研发、生产、销售为一体的高新技术企业。公司占地十三亩，拥有现代化的生产厂房和专业的生产及检验设备，现有员工 70 余人，是中国电源学会会员单位，武汉电源学会秘书处挂靠单位，拥有 ISO9001-2000 质量管理体系认证，是多家军工企业的合格分承制方。公司设有三个事业部：电子元器件事业部、特种变压器感事业部及电源事业部。公司在温州、深圳等地设立办事处，并在香港成立子公司，服务遍及全球客户。

电子元器件事业部一直致力于功率半导体及其配套的电力电子元器件的代理销售，包括 IGBT 模块、晶闸管、整流桥、LEM 传感器、台湾 SUNON 风扇、铃木电解电容等；特种变压器事业部长期为广大科研院所及电源设备厂家设计、生产多种特殊用途和特殊要求的变压器和电感产品；电源事业部主要生产特种用途的逆变电源、充电机等电源产品。

380. 武汉永力电源技术有限公司

地址：湖北省武汉市东湖新技术开发区武大园一路9-2 号

邮编：430223

电话：027-87927990　87927991　87927992

传真：027-87927916

E-mail：YL@ ylpower. com

网址：www. ylpower. com

简介：

武汉永力电源技术有限公司成立于 2000 年 9 月，位于武大科技园"国家 863 基地"内，是一家集各类电源及电源系统研发、生产、服务于一体的高新技术术企业。

公司拥有雄厚的资金及多项专利技术，已通过"GJB9001B-2009 质量管理体系"认证、获得了"二级保密单位"和"装备承制单位"资格、取得了"武器装备科研生产许可证"。

公司可根据客户应用需求为其量身定制电源，生产的永力系列产品主要有：雷达、发射机、接收机等专用电源，各类 AC-DC、DC-DC、DC-AC 全系列开关电源、变频电源、稳压电源等。在国防军工、防腐工程、邮电通信、电力、金融、铁路、激光制造等众多领域被广泛应用，且多次被应用于武器装备系统及多项重大国防科研项目。具有高可靠性、高效率、高功率因素、智能化、超小型化、散热方式多样化、强适应性的优点，输出电压可达 1300V，输出电流并联可达 10kA 以上。

CMGS
中磁浩源

381. 武汉中磁浩源科技有限公司

地址：湖北省武汉市东湖经济开发区光谷大道关南四路 4 号

邮编：430074

电话：027-83820662

传真：027-84812691

E-mail：cmgscm@163.com

网址：www.cmgs-inc.com

简介：

中磁浩源科技有限公司是以软磁材料的研发、生产、销售、应用服务为一体的科技企业，是国内为数不多的能全系列生产合金软磁粉芯的企业。公司前身是我国冶金工业部为国防重点工程唯一定点研制金属软磁材料的冶金研究所软磁材料研究室，自 70 年代起就开始了金属软磁粉芯的研究工作，主要为我国重点国防工程、军工项目配套，当时研发的产品主要是用于航天、航空、军事等国家重点项目，如东风、巨浪等，公司创始人陈一平先生因 109 课题，曾获国家科技进步特等奖。公司能批量生产的软磁材料包括：铁硅铝磁粉芯（Sendust core）、高通量磁粉芯（H-Flux core）、钼坡莫磁粉芯（Mpp core），准备量产的新材料有非晶磁粉芯（Amorphous core），其他基于电源产品小型化、提升转换效率等要求的新型高品质材料也在研发中。

中磁浩源公司愿以技术为核心，为您提供从材料选择、样品、应用设计等全程优质服务，分享专业知识，创造共赢空间。

四 川 省

KEE

382. 成都科星电器桥架有限公司

地址：四川省成都市双流县黄甲镇黄甲大道一段 571 号

邮编：610200

电话：028-85725113

传真：028-85725013

E-mail：jiang.pinlu@sccdkee.com

网址：www.sccdkee.com

简介：

成都科星电器桥架有限公司（简称科星电器）坐落在西南航空港工业园区，所处地理位置优越、交通顺畅、环境优美。科星电器由四川省电力公司所属成都科星电力电器有限公司创建，是西南地区研制、开发、生产、销售电缆桥架、母线槽、高压共箱封闭母线、配电箱、消防应急电源柜等成套设备的高新技术企业。拥有从美国、加拿大、日本进口的剪、折、冲三大数控设备和完善的检测手段。具有健全、完善的 ISO9001 质量管理体系、ISO14001 环境管理体系和 OHSA18001 职业健康安全管理体系。是省内电力设备制造行业的龙头企业之一。

我公司产品广泛用于市政基础建设、轨道交通、发电厂、变电站、水电站、国防航空及各类企事业、房地产开发等众多领域。以优质的品质、遍布全国、远销海外，得到了众多用户的一致好评。

PULSETECH
普 斯 特

383. 成都普斯特电气有限责任公司

地址：四川省成都市双流航空港经济开发区西航港

大道二段 219 号

邮编：610207

电话：028-82820918

传真：028-82820920

E-mail：huangyu@pulsetech.com.cn

网址：www.pulsetech.com.cn

简介：

　　成都普斯特电气有限责任公司是由核工业西南物理研究院成都同创材料表面新技术工程中心、香港进科研发有限公司共同出资组建的合资企业。公司成立的宗旨是凭借先进的开关电源、脉冲电源、自动控制技术，以长期研究的等离子体应用领域为突破口，集研发、生产、销售、服务于一体，专业生产销售大功率开关电源和专用脉冲电源、专用自动控制系统等设备。本公司诚信为本，视提高中国特种电源及相关控制系统技术水平为己任，锐意进取、力求技术创新，以具有自主知识产权的高价值、高效率、小体积特种开关电源为主要产品，凭借不断创新的技术形成核心竞争力，以完善的产品质量和售后服务立足于市场并发展壮大。公司发展的战略目标是主要力争成为国内有特色的特种电源和专用控制系统的主要供应商。

384. 成都顺通电气有限公司

地址：四川省成都市龙泉驿区界牌工业园区

邮编：610100

电话：028-84854598

传真：028-84859059

E-mail：cdstdq@vip.163.com

简介：

　　顺通公司坐落在国家级成都经济技术开发区内，是一家通过了 ISO9001 质量管理体系认证，并专业致力于直流电源系统、低压成套开关设备、消防应急电源系统的研究、开发、生产和销售的高新技术企业。本公司与电子科技大学、佛山大学等高校紧密长期合作，成立了"电子科大顺通电气技术研发中心"。现拥有了成熟的产品研发、生产组织、市场营销和服务的能力，并能根据顾客的要求提供个性化的成熟的产品解决方案。

　　顺通公司自行研发的具有自主知识产权的消防应急电源系统已一次性通过了国家消防电子产品质量监督检验中心（沈阳）的型式检验，并取得了国家公安部消防评定中心（北京）颁发的产品型式认可证书；公司生产低压成套开关设备（SP 系列产品）已通过了中国质量认证中心的型式检验，并取得了中国国家强制性产品认证证书（CCC 产品认证）；公司生产的 GZDW 微机型高频开关直流电源系统也一次性通过了国家继电器质量监督检验中心的型式检验，并取得了 GZDW 微机型高频开关直流电源系统产品型号使用证书及四川省经委颁发的产品鉴定证书及已取得国家知识产权局的专利证书，同时被艾默生网络能源有限公司认证为电力电源合作厂等，使顺通公司的电源产品具备了推向市场，服务社会的良好条件。

385. 四川省科学城帝威电气有限公司

地址：四川省绵阳市游仙东路 78 号

邮编：621000

电话：0816-2545193　2276372　2276872

传真：0816-2543937

E-mail：dwpower@126.com

网址：www.dwpower.cn

简介：

　　四川省科学城帝威电气有限公司属国家高新技术企业，是依托中物院（核九院）的国家重点创新型企业，公司位于中国科技城的科学城内。

　　公司专业从事 GZP-Y1 系列智能交直流一体化电源系统、GZGW 智能直流电源系统、GZGW 智能交流配电系统、GT 特种电源、PLC 控制系统和进口弧光保护设备及其软硬件配套产品的研发、生产、销售、安装和服务。

　　公司已通过《GJB 国军标体系认证》、《ISO 质量体系认证》、《中国工程物理研究院测试报告》、《国家继电器检测中心型式实验》、《产品型号使用证书》、《银行资信》、《电源学会》、《高企认证》、《3C 认证》及《国家项目立项》等证书，公司获得《国家专利》及《软件著作版权》二十余项。

　　公司聚集了一批科技精英，博士 3 名，硕士 6 名，学士 10 名，其余人员都是大专以上的学历，同时，公司与科研院所紧密结合，外聘专家教授 10 名，已形成产、学、研一体的高科技企业。

　　公司始终以满足客户的需要为宗旨，为客户量身定制有创造力的、高品质的优质产品和服务，产品广泛应用国内外。帝威员工将创新视为连接未来的桥梁，并积极主动不断地发展我们的团体。公司致力于在所进入的领域中取得技术和市场领先地位，因此，帝威人精诚团结，勇于开拓，敢于创新，同时致力于与科研院校的全面合作，使公司迅速成长人才荟萃、技术领先、市场知名度较高的创新科技企业。

公司的质量方针："零缺陷"是我们永恒的追求，"万无一失"是必达的目标。

公司的理念：诚信、品质、服务、创新。

企业愿景：做智能电源领域的"零缺陷"供应商。

企业追求：更安全、更可靠、更智能、更高效。

视用户为上帝，树立品牌之威。公司愿意与社会各界人士真诚合作，为共创美好未来贡献自己的一份力量。

386. 四川欣三威电工设备有限公司

地址：四川省成都市郫县现代工业港北区港通北四路

邮编：610036

电话：028-87985811 87985822

传真：028-87985811

网址：www. scxsw. cn

简介：

四川欣三威电工设备有限公司集制造、贸易、科研、信息、服务于一体的综合型企业，专业从事生产、销售 EPS 消防应急电源柜、消防应急灯具和智能化电力直流屏产品，并成功获取公安部的 CCCF 型式认证、CQC 中国质量认证和电力直流屏产品型号使用证书，成为公安部消防产品认定生产企业，中国电源协会会员单位，信用等级为 AAA 级企业。

公司完善的质量保证体系，雄厚的生产技术、检测能力和科学、严谨的管理，能为用户提供最完美的产品和最佳的服务，公司通过全体员工的艰苦奋斗和开拓进取，在激烈的市场竞争中不断发展壮大，已拥有年产值上亿的生产能力，其中产品有：消防应急标志灯具系列、消防应急照明灯具系列，单相 220V 交流输出照明型（EPS）消防应急电源柜系列、三相 380V 交流输出动力型（EPS）消防应急电源柜系列、220V/380V 输出混合型（EPS）消防应急电源柜系列、电力智能化直流屏系列、工业电气自动化系统设计、制作、集成，品质卓越，性能稳定，极大地满足了不同用户的各种需求，取得了良好的信誉，公司社会效益和经济效益迅速增长，公司产值每年以 40% 的增长率递增，赢得了用户的一致好评。

387. 四川依米康环境科技股份有限公司

地址：四川省成都市高新区科园南二路 2 号

邮编：610041

电话：028-85196737

传真：028-82001888-1

E-mail：zjthui@ 163. com

网址：www. sunrisegroup. com. cn

简介：

四川依米康环境科技股份有限公司前身为四川依米康制冷设备有限公司，国家级高新技术企业、四川省建设创新型企业。致力于自有品牌精密空调设备的研发、生产和销售，为国内知名的自主品牌。通过了 ISO 9001：2008 质量管理体系认证、ISO 14001：2004 环境管理体系认证、GB/T 28001—2001《职业健康安全管理体系规范》。2011 年成功上市深交所创业板。

公司不断加大技术研发和技术创新投入，以高品质的创新产品开拓市场，取得佳绩；2011 年被认定为"成都市企业技术中心"。

公司是国内领先的精密环境整体解决方案服务商公司，通过为数据中心机房、医疗洁净场所及其他恒温恒湿环境等领域提供精密空调设备制造、精密环境工程承包及相关技术咨询等服务，致力于为国内通信、医疗、金融、交通、能源等行业以及政府部门提供精密环境的整体解决方案。

英杰电气

388. 四川英杰电气股份有限公司

地址：四川省德阳市金沙江西路 686 号

邮编：618000

电话：0838-2900585 2900586

传真：0838-2900985

E-mail：injet@ injet. cn

网址：www. injet. cn

简介：

四川英杰电气有限公司成立于 1996 年，公司经过 10 多年的努力，已发展成为国内工业电源设备行业的知名品牌和优秀的电源供应商。主要从事工业电源设备、电子及微电子控制设备的开发、设计及生产。为国内外玻璃、玻纤生产、空分设备、核电站、天然气压缩机、彩管生产、真空镀膜、航空电源设备、电子材料生产线、光伏设备生产线等行业提供了大量优质的配套设备及解决方案并配套出口。

公司总部设在中国四川省德阳市高新技术园区，注册资本为人民币 4500 万元，截至 2009 年底，净资产为 8000 万元。目前在岗职工 300 余人，80% 具有大、中专以上学历。企业技术中心现有各类专业技术人员 70 余名，英杰电气致力于以技术和品质帮助客户创造效益。

英杰电气——高品质的电源专家！

贵 州 省

389. 贵阳航空电机有限公司

地址：贵州省贵阳市小河经济技术开发区黄河路一号

邮编：550009

电话：0851-3834532

传真：0851-3804646

E-mail：gy185c@163.com

简介：

贵阳航空电机有限公司（国营第一八五厂）隶属中国航空工业（集团）公司，地处贵阳市小河区中心，占地总面积 14 万平方米（其中生产科研建筑面积 5 万平方米），是原国防科工委认可的唯一的研制和生产航空二次电源的专业化企业。

公司前身为 1958 年建于贵阳市小河的地方国营贵阳电机厂，当时主要生产中小型电机电器产品。1962 年 9 月第三机械工业部、贵州省财政厅和贵州省机械工业厅联合行文，贵阳电机厂自 1962 年 10 月 1 日起移交给第三机械工业部，第一厂名为国营贵阳航空变电装置厂，第二厂名为国营贵阳电机厂，代号为国营第一八五厂。1964 年 1 月开始仿制生产第一个航空产品。

公司现有职工 1218 人；拥有各类设备 3565 台（套）；拥有国防二级电工计量站，及满足国军标、美军标、国标要求的产品环境试验室。公司产品分航空产品、汽车零部件和压铸及冷挤压产品三大系列，其中航空二次电源及配电装置在国内军机配套中处于主导地位；压铸及冷挤压产品发展势头良好；汽车起动机和发电机已形成专业化和规模化的生产，现为中国汽车工业协会成员，中国汽车零部件工业联营公司董事单位。

390. 贵州航天林泉电机有限公司

地址：贵州省贵阳市三桥新街 28 号

邮编：550008

电话：0851-4842807

传真：0851-4849008

E-mail：htlq@lqmotor.cn

网址：www.lqmotor.cn

简介：

林泉电机厂隶属于中国航天科工集团公司，是中国航天微特电机、二次电源及小型化遥测设备的专业研制生产单位，是航天微特电机专业技术中心和检测中心。是国家批准的自营进出口权单位，也是国家批准的航天电机硕士研究生培养点和博士后科研工作站（微特电机专业站）。通过了 GJB9001A-2001 质量保证体系、ISO9001 质量保证体系的认证。

工厂始建于 1965 年，1966 年内迁至贵州省桐梓县，1987 年调迁至贵州省贵阳市。工厂占地面积 10 万平方米，现有职工 710 人，其中工程技术人员 351 人。建厂 40 多年来，共为 300 多种型号研制生产了上千种产品，有 86 项获国家、省部级科技进步奖。

391. 贵州奇胜电源工程有限责任公司

地址：贵州省贵阳市公园路 8 号都市名园 0702 室

邮编：550001

电话：0851-5867778

E-mail：qisheng_qs@sina.com　xgq_3188@163.com

简介：

我公司是专营不间断电源（UPS）、汽油发电机、柴油发电机组、电池、电缆、防雷接地设计安装等机电产品的专业化电源公司，又是贵州唯一的"中国电源学会会员"单位及贵州质量诚信企业联盟理事单位，同时还是贵州省政府采购供应商。我公司成立于 1991 年，在贵州从事电源的推广应用至今已有十余年的历史，专业性强，技术力量雄厚，信誉好，服务真正到位，受到省内广大用户的一致好评和肯定。

自 1991 年起，我公司先后成为美国 STK（山特）UPS、SIEMENS（西门子）UPS、LEUMS（凌日）UPS、APC UPS、爱克赛 UPS；日本久保田全系列发电机、雅玛哈发电机、本田发电机、德国 MTU（奔驰）柴油发电机组、英国威尔信 劳斯莱斯全系列柴油发电机组；沈阳松下电池、韩国 UNION（友联）电池、MCA（锐）牌电池；山东阳谷电缆等产品的贵州代理。至此我司已成为贵州省内最大的、专业的、在 UPS 和发电机行业最有影响的电源电力公司，公司根据不同用户的环境情况，提供全面的电源、电力解决方案。

简介：

我公司成立于 1997 年，注册资金 110 万元，是一家主营电源类产品的高科技股份制企业。目前是美国康明斯电力在贵州地区指定的唯一销售代理商和技术服务商。已获得省政府采购供应商，通信电源行业发电机、电源产品供应商等资质，是贵州市场进口发电机设备的主要供应商和服务商。

公司有完善的管理、强有力的营销和全面的服务体系。公司的销售和工程技术人员都经过康明斯严格的专业培训和考核，并获得相关的资质证书。

我们可以为客户提供电源环境勘测、电力应用解决方案、发电机组选型、发电机组安装调试、维护保养、用户培训等全方位的服务。使用户真正享受到康明斯优质、快捷和可靠的服务。目前我们的产品已有上百台广泛应用于电力、交通、通信、机场、金融证券、铁路、高速公路、房地产、政府机关等各领域。我们有优良的产品和广泛的客户基础。选用我们的产品将会提供优质的服务和源源不断的动力。

392. 贵州中创机电科技有限公司

地址：贵州省贵阳市宝山北路 21 号 8 楼
邮编：550001
电话：0851-5611450 5611084
传真：0851-5611458
E-mail：xiongwei53@hotmail.com
网址：www.gzzcjd.com.cn

甘 肃 省

393. 兰州精新电源设备有限公司

地址：甘肃省兰州市城关区雁西路 1376 号工业城北五区地栋
邮编：730010
电话：0931-2186797
传真：0931-2186976
E-mail：jxps126@126.com
网址：www.jxps.com

简介：

兰州精新电源设备有限公司位于兰州国家高新技术开发区内，是专业从事电力电子技术及其相关产品研发、生产和销售的高新技术企业。

公司拥有一批实力雄厚的专业技术人员。并以高等院校、科研院所的专家、教授为技术后盾。凭借先进的开关电源、脉冲功率技术、自动控制技术，以长期研制生产核物理加速器、高稳定度、高频、高压、高功率脉冲、三角波扫描、超导电源为基础，研发出一批具有国内领先水平、具有自主知识产权并获得多项国家专利的高、精、新电力电子产品。

本公司特种电源在材料改性、表面处理、电化学领域都发挥着不可替代的作用。公司以诚信为本，视提高中国特种电源，高频、高压、高功率、快脉冲电源技术为己任，锐意进取、精益求精、不断创新的技术形成核心竞争力，以完善可靠的产品质量和优良售后服务立足于市场。

394. 天水七四九电子有限公司

地址：甘肃省天水市泰州区双桥路 14 号
邮编：741000
电话：0938-8631053
传真：0939-8214627
E-mail：tswsb@163.com
网址：www.ts749.cn

简介：

天水七四九电子有限公司是由原天水永红器材厂重新改制重组的高新技术企业。公司前身天水永红器材厂 1969 年始建于甘肃省秦安县，1995 年整体搬迁至甘肃省天水市。公司占地面积 16675 平方米，总资产 9800 万元，拥有各种仪器仪表 758 台套。现有职工

306 人，专业技术人员 95 人。公司是国内最早研制生产集成电路的企业之一，主要产品有：单片集成电路、混合集成电路、电源模块三大类产品 600 多个品种，产品以其优良的品质广泛应用于航空、航天、兵器、船舶、电子、通信及自动化领域。曾为"长征系列"火箭、"风云"卫星、"嫦娥"探月工程、"神舟"号宇宙飞船等多个重点工程提供过高质量的产品，曾荣获"省优"、"部优"及"国家重点新产品"称号。

395. 中国科学院近代物理研究所

地址：甘肃省兰州市南昌路 509 号
邮编：730000
电话：0931-4969539
传真：0931-4969560
网址：www.impcas.ac.cn
简介：

中国科学院近代物理研究所创建于 1957 年，以重离子核物理基础研究和相关领域的交叉研究为主要方向，相应发展加速器物理与技术及核技术。50 多年来，取得科研成果 661 项，其中获国家奖 14 项，省部级奖 128 项，先后 7 次入选全国十大科技成就、科技新闻、科技进展和全国基础研究十大新闻。近代物理研究所已成为国际上有较高知名度的中、低能重离子物理研究中心之一。与此同时，兰州重离子加速器（HIRFL）也发展成为我国规模最

大、加速离子种类最多、能量最高的重离子研究装置，主要技术指标达到国际先进水平。

中国科学院近代物理研究所电源室负责兰州重离子加速器（HIRFL）励磁电源系统以及供配电系统的设计、运行、维护工作。现有人员 30 余人，其中高级研究人员 7 人。上个世纪八十年代研制成功了加速器用高稳定度直流稳流电源三百多台。1998 年，承担了兰州重离子加速器冷却储存环（HIRFL-CSR）电源系统的建设任务，相继研制成功了晶闸管脉冲电源和 IGBT 脉冲开关电源，以及 KICKER 电源、BUMP 电源、三角波扫描电源等特种电源。目前 HIRFL 电源系统有各种电源 800 多台，电源总功率 19.99MV·A。主要为全桥软开关电源、双管斩波式开关电源、模块并联开关电源、晶闸管相控电源、晶闸管＋开关补偿混合式电源、线形调整管电源。HIRFL 电源系统中功率最大的电源为主环二级铁电源，输出功率为 3450kW，电流最大的 SSC 主场电源输出电流 4000A，电压最高为高压平台高压电源 400kV，上升时间最快电源为 CSR 踢轨磁铁电源，上升时间小于 150ns，工作频率最高电源为治癌终端三角波扫描电源 200HZ。电流稳定度最高为 SSC 主场电源，稳定度达到 5×10-6/8h。

四十多年来，近代物理研究所电源技术在大功率高稳定度直流稳流电源技术，大功率脉冲开关电源技术，以及特种电源技术方面形成自己鲜明的特色。我所电源技术由直流输出发展到脉冲输出，由慢脉冲发展到快脉冲，由模拟控制发展到全数字控制，电源性能不断提高，满足了重离子加速器的发展需要。

黑 龙 江 省

396. 哈尔滨光宇电源股份有限公司

地址：黑龙江省哈尔滨市道里区迎宾路集中区滇池街 9 号
邮编：150078
电话：0451-51686627
传真：0451-51686629
E-mail：gydy123@163.com
网址：www.cncoslight.com/power
简介：

哈尔滨光宇电源股份有限公司成立于 1998 年，现有占地面积 17 万余平方米，建筑面积 10 万余平方米，员工总数 2680 人，其中技术人员 208 人，管理人员 96 人。公司注册资金 23102.3 万元，截止 2010 年底总资产 112919 万元。

哈尔滨光宇电源股份有限公司是专业从事镍氢电池、锂离子电池、电源产品研发、设计、生产和销售的高新技术企业，主要产品领域涵盖了便携式产品应用的镍氢电池和锂离子电池，电动工具、电动自行车、电动摩托车、电动汽车等产品应用的动力型铁锂电池，各种后备电源产品所应用的后备型铁锂电池，通信电源、电力直流操作电源、交流不间断电源、逆变电源等产品。

公司在追求技术与品质完美结合的同时，一贯秉承科技创新的经营理念，凭借雄厚的经济实力和专业经验，与国内多所高校和科研机构建立了长期的合作关系，依托国内锂电池和电源市场的高速发展，率先采用国际最先进技术，自主研发的锂离子电池、锂离子聚合物电池、磷酸铁锂动力型电池、磷酸铁锂后备型电池和新一代电力直流操作电源、通信电源、逆变电源等产品，多项性能指标达到国际领先水平，获多项国家专利，现成为中国锂离子电池、锂动力电池和电力直流操作电源行业最具核心竞争力的生产企业之一。

公司先后通过了 ISO9000、QS9000、ISO14000 和 OHSA18001 管理体系认证，产品通过了美国 UL 认证、德国 TUV 认证，有力地保证了产品从设计、制造、服务等方面均达到国际同类产品先进水平。

397. 哈尔滨光宇集团股份有限公司

地址：黑龙江省哈尔滨市南岗区学府路电缆街 68 号
邮编：150086
电话：0451-86677970
传真：0451-86678032
E-mail：448153847@qq.com
网址：www.cncoslight.com
简介：

光宇国际集团科技有限公司创建于 1994 年，1999 年在香港联交所主版上市。集团在国内拥有哈尔滨光宇蓄电池股份有限公司、哈尔滨光宇电源股份有限公司等 23 家子公司，在欧美、俄罗斯、日本、东南亚设有 19 家海外营销子公司或办事机构。集团现有员工 11000 余人，2010 年总资产 42 亿元人民币，销售额 44 亿元人民币。

经过 20 余年的高速发展，现已形成制造业、矿产业及互联网产业等三大类产业群。第一大类是以工业用铅酸蓄电池、便携类锂离子电池，车用铁锂动力电池和电池储能系统为主体的制造业；第二大类是矿产业，开采作为铅酸蓄电池原材料的铅锌矿；第三大类是网络游戏的运营、研发及制作。

阀控密封铅酸蓄电池为公司第一核心产品，年生产能力可达 380 万 kV·A·h，从一九九九年以来一直是中国最大的阀控式铅酸蓄电池制造商。锂离子电池是公司第二大主要产品，年生产能力液态锂离子电池可达 8000 万只、聚合物锂离子电池。可达 3000 万只，磷酸铁锂动力电池是公司主要研发的新产品，可年产 40 万 kW·h。

公司先后通过了 ISO9001、ISO14001，OHSAS18001，TS16949 认证等管理体系认证，UL、CE、RHOS 等产品认证以及英国沃达丰、俄罗斯通信等入网认证。

历经十几年的持续稳定发展，光宇取得了非凡的发展业绩，获得社会各界广泛的肯定与好评。追求品质、超越非凡、立足中国、走向世界，光宇国际致力成为拥有顶级高新技术的大型国际化企业集团。

398. 哈尔滨九洲电气股份有限公司

地址：黑龙江省哈尔滨市南岗区哈平路 162 号
邮编：150081
电话：0451-86639109
传真：0451-86696792
E-mail：market@jze.com.cn
网址：www.jze.com.cn
简介：

哈尔滨九洲电气股份有限公司（九洲电气）成立于 2000 年，注册于哈尔滨高科技产业开发区，注册资本 13890 万元人民币，是以"高压、大功率"电力电子技术为核心技术，以"高效节能、新型能源"为产品发展方向，从事电力电子成套设备的研发、制造、销售和服务的高科技上市公司。

公司产品主要分为三大类：第一类为高压电机调速产品，主要包括高压变频器、高压软起动器等；第二类为直流电源产品，主要包括高频开关直流电源、各类电力电子功率模块等；第三类为电气控制及自动化产品，主要包括高低压开关柜、旁路柜等。"九洲电气"作为国内电力电子行业的龙头企业，是中国高压电机调速产品的开拓者和领先者，也是中国兆瓦级风力发电变流器产品的奠基者。

2009 年 12 月，经中国证券监督管理委员会"证监许可［2009］1388 号"文核准，公司首次公开发行人民币普通股 1,800 万股。经深圳证券交易所"深证上［2010］10 号"文同意，公司发行的人民币普通股股票于 2010 年 1 月 8 日在深圳证券交易所创业板上市，股票简称"九洲电气"，股票代码"300040"。

重 庆 市

399. 重庆汇韬电气有限公司

地址：重庆市北碚区天生路 79 号高创园区
邮编：400700
电话：023-68204158
传真：023-68204198
E-mail：hwyton@ 163. com
网址：www. hwyton. com
简介：

　　重庆汇韬电气有限公司（CHONGQING HW-YTON ELECTRIC CO.，LTD.），坐落在重庆北碚国家大学科技园区高新技术创业中心，是一家集研发、生产、销售和服务为一体的专业电源厂家，是中国电源学会成员单位、重庆市高新技术企业。拥有一批专业的技术人才和生产经营骨干，其中大部分具有十年以上的电源行业的工作经验，工厂建有先进的生产线和优质的生产检测设备，能够生产制造八大类上千种规格的电源产品。

　　公司通过 ISO9001 质量体系认证，遵循"精心制造，持续创新，优质高效，顾客满意"的质量方针，针对工业及其他场所的特点和电源要求，在电源产品的可靠性和适用性上持续改进，为需要电源的各种场所提供优质可靠的电源产品和全方位的电源解决方案。

　　公司引进美国先进技术的 Hwyton 工业级 UPS，处于国内领先水平，也是国内少数能生产大功率数字化 UPS 的厂家之一，产品面向工业化设计，特别适用于工矿企业的控制系统、自动化仪表和通信调度中心。公司的主导产品已通过了国家专业机构的检验和鉴定，其中 FEPS 消防设备应急电源取得国家公安部 CCC 认证，EPS 应急电源、UPJZ 一体化不间断电源系统和 UPS 电源拥有专利技术，并获得过"重庆市重点新产品"称号。公司的工业型 UPS、一体化不间断电源系统、直流不间断电源、仪表电源、直流电源屏、EPS 应急电源、交流稳压电源等产品在冶金、建材、石油天然气、化工、电力、交通、医药卫生、建筑和公安消防等行业已得到广泛应用，产品遍布全国二十多省（市）自治区，深受用户的信赖和好评。

　　我们本着"诚信、和谐、高效、创新"的经营理念，以先进可靠的产品和优质周到的服务，与广大新老客户携手奋进，共同发展！

400. 重庆新世纪电气有限公司

地址：重庆市九龙坡区科园四路 170 号
邮编：400041
电话：023-68472773
传真：023-68472745
E-mail：xsjyb@ sohu. com
网址：www. cqnec. com. cn
简介：

　　重庆新世纪电气有限公司是重庆新世纪实业集团的全资子公司，成立于 1992 年 7 月 1 日，其注册资金：5711.25 万元人民币。公司现有员工 300 余人，其中专业技术人员占 61%，本科以上人员占 81%，硕士、博士学位及中高级专业技术职称人员占 35%，其年产值近 4 亿元。公司现有及在建生产办公场地近 30000 平方米，具有完备的各类生产、检测和试验设备，是中国西部地区电力自动化系统设备及其相关软件研制领域内综合实力最强的企业。

　　公司产品性能通过 ISO9001-2000 国际质量体系认证、3C 认证等。主要产品 EDCS- 8000、DECS-7000、直流电源系统（GZDW、壁挂电源、GGD、UPS、EPS、通信电源等），覆盖了全国 30 多个省、市、自治区的电力、铁路、石油、化工、冶金、交通等行业，装备了 2000 多座 35kV 和 110kV 变电站，数百座水电站及数十个县级电力调度系统。

　　经营理念："以人为本，科技立业，诚实守信，报答社会"。

　　企业精神："创新，敬业，学习，团队"。

401. 重庆英明科技发展有限公司

地址：重庆市南岸区江迎路 13 号附 9 号
邮编：401336
电话：023-62986235
传真：023-62986929
E-mail：yingming@ vip. 163. com
网址：www. cq-yingming. com
简介：

重庆英明科技发展有限公司成立于2002年,位于重庆经济技术开发区,专业从事工业电气设备和工业自动化产品的开发、研制及生产,并致力于发电厂、输变电、市政工程建设的电气设备及自动化控制系统的成套技术服务。

公司拥有一批具有丰富工作经验及专业知识的工程师,为用户提供前期咨询和后期技术服务。本着开拓、求实、创新的理念,公司得到了稳步的发展。自公司成立四年来,依靠自身实力及用户的支持,形成了以重庆地区为主,辐射四川、贵州等地的销售网络。经过几年的努力,在同行业中已树立了良好的信誉,并拥有了一批自己的客户资源。

目前公司产品有 GGD 型交流低压配电柜、GCS 型低压抽出式开关柜、低压动力配电箱、低压照明配电箱、液位控制箱及各种不同类型的电气控制箱。

公司和电源专业厂家合作开发电源系列产品,陆续推出了全系列的智能高频开关电源系统、智能高频开关通信电源、智能站用电源系统、壁挂电源、EPS 应急电源、UPS 不间断电源、逆变电源、模块化并联有源逆变放电装置、模块化并联 UPS 系统、模块化并联 EPS 系统。

英明人将一如既往地潜心致力于电源产品及低压电气产品的开发和研制,秉承"以人为本、诚信经营、科学管理、不断创新"的经营理念,竭诚为广大用户提供电源产品、低压电气产品、电气控制产品和永不间断的服务。

湖 南 省

402. 国防科技大学磁悬浮技术工程研究中心

地址: 湖南省长沙市国防科技大学本部三院磁浮中心

邮编: 410073

电话: 0731-84573388-8101

传真: 0731-84516000

E-mail: igbt@21cn.com

网址: www.maglev.cn

简介:

我中心是国内从事磁悬浮尤其是磁悬浮列车研究最早也是实力最强的科研机构。30 多年来一直坚持在磁悬浮列车科研、工程与产业化道路上默默耕耘。先后自主开发了我国第一个磁悬浮列车原理样车,全尺寸磁悬浮单转向架,我国首条中低速磁悬浮列车实验线,以及上海高速磁浮示范线的国产化。尤其是具有自主核心产权的中低速磁悬浮列车已经研发了四代,安全运行 5 万余公里,正在进入轨道交通市场。中低速磁悬浮交通系统除具有其他轨道交通系统的特点外,还具有运行平稳舒适,低噪声(距 10m 处不高于 64dB),线路适应性强(转弯半径 50~100m;爬坡能力 70‰),安全可靠性高,建设及运营成本低,运营效益好等优点,是一种新型轨道交通模式,适用于大中城市市内、近距离城市间、旅游景区的交通连接,具有广阔的市场前景。

磁悬浮列车系统是一个大的系统集成体,电源系统在其中占有重要地位。包括高压变电系统,整流站,牵引变流器、辅助变流器、DC-DC 斩波器,UPS 系统,控制电源等等。

我中心人才结构合理,老中青结合,拥有近 30位专家教授等组成的全职研究人员,每年培养 10 多名硕士研究生、3 名博士研究生。

403. 湖南长沙阳环科技实业有限公司

地址: 湖南省长沙市芙蓉东路 2 段 200 号新世界花苑红龙居 1405

邮编: 410015

电话: 0731-85179118

传真: 0731-85179118

E-mail: pyk4956@163.com

网址: www.yangwhuan.com

简介:

湖南长沙阳环科技实业有限公司是湖南省专业研发、生产及销售各类稳压电源、UPS 电源的骨干企业,公司于 2001 年在湖南省同行业中率先通过 ISO9001 国际质量管理体系认证。公司生产的 SH1791-15kV·A、20kV·A 精密净化交流稳压电源系目前国内唯一通过国家质量中心 3C(CQC)认证的净化电源;并且公司还是净化电源专利的持有者。公司自 2003 年以来连续五年是"教育部农村中小学现代远程教育项目工程"的入围企业,而且公司还是"教育部农村党员干部现代远程教育项目工程"的入围企业。产品遍布全国各地，广泛应用于教育、电力、通信、高速公路、银行、医院等高要求领域。

404. 湖南省湘潭市华鑫电子科技有限公司

地址：湖南省湘潭市雨湖区二环线工贸学校实训大楼

邮编：411100

电话：0731-52338368 52338338

传真：0731-52328738

E-mail：hnhxdz2009@163.com

网址：www.hnhxdz.com

简介：

华鑫公司位于风景秀丽的湘江河畔、伟人毛泽东的故乡湖南湘潭大学科技园内，是一家集电子产品研究、开发、生产、销售于一体的科技实体；公司拥有一支年轻精干、极富战斗力和拼搏精神的骨干团队。华鑫人奉行着诚信、敬业、拼搏创新的经营理念，在短短几年时间内迅速崛起，现已拥有知名度非常高的"湘大华鑫""鑫威达"两大注册品牌，旗下产品有"开关电源适配器系列"、"开关电源模块系列"、"全瓷、塑料管座系列"，公司充分利用丰富、雄厚的技术力量，专业致力于开关电源的研究与生产，现拥有一套完善的"品质保证"管理体系和生产队伍及设备；拥有遍布全国的营销网络体系。

公司坚持以"诚信开拓市场、品质巩固市场"的发展方针，与您真诚携手，共创未来。

陕 西 省

405. 陕西长岭光伏电气有限公司

地址：陕西省宝鸡市清姜路 75 号

邮编：721006

电话：0917—3607661

传真：0917—3607650

E-mail：sales@changlingpv.com

网址：www.changlingpv.com

简介：

陕西长岭光伏电气有限公司（以下简称长岭光伏电气公司）由陕西长岭电气有限责任公司和陕西光伏产业有限公司共同出资组建。公司注册资本 2 亿元。公司主要从事光伏逆变器、控制器、汇流箱、配电柜、安装支架、追日系统等光伏发电相关配套产品的开发、生产、销售、服务以及以上产品的进出口业务。

陕西长岭电气有限责任公司的前身国营第七八二厂是国家"一五"期间投资建设的 156 项重点工程之一，国家军工骨干企业。经过五十多年的发展，已形成以军工电子产品、纺织机电产品、家用电器产品和太阳能光伏产品为支柱的大型国有企业。公司总资产 16.8 亿元，在职员工 4300 余人，其中各类专业技术人员 1000 余人。公司拥有先进的电子产品装联生产线、家用电器产品生产线和大批性能优良的机械加工设备，齐全的环境实验设备和先进的精密检测设备，先后通过了 GJB/9001 质量管理体系认证、ISO10012 计量体系认证和 ISO14001 环境管理

体系认证，是国家技术监督局批准的一级计量单位，荣获全国电子行业用户满意先进单位，全国诚信企业，陕西省质量服务双满意企业等荣誉称号。

长岭光伏电气公司可为用户提供 BIPV、BAPV、LSPV、CPV 等光伏发电系统的整体解决方案，提供逆变器、汇流箱、配电柜、电站监控系统、安装支架、追日系统等产品及光伏电站设计、施工、安装调试、系统检测、软件升级、技术咨询、人员培训等多方面的服务。

公司坚持"品质第一，规范管理，持续改进，用户满意"的质量方针，通过了 ISO9001：2008 标准质量管理体系认证，建立了完善的质量管理体系。

公司把"致力太阳能光伏发电，促进人类可持续发展"作为自己的使命，按照"以品质数信誉，以诚信里伟业，为用户和社会创造价值，为用户和股东创造效益"的经营理念，为用户提供全方位的服务。

Dynax

406. 西安能讯微电子有限公司

地址：陕西省西安市高新区高新一路 25 号创新大厦 N701

邮编：710075

电话：029-88324999

传真：029-88339847

E-mail：info@dynax-semi.com

网址：www.dynax-semi.com

简介：

能讯微电子是由留美归国团队于 2006 年 9 月创办的一家高新技术企业，公司总部位于西安高新区。能讯微电子是中国第一家第三代半导体氮化镓功率器件制造企业。

公司采取垂直整合设计与制造（IDM）的商业模式，自主开发第三代半导体材料、器件设计和制造工艺技术，生产基于氮化镓（GaN）的射频功率器件。

能讯微电子为无线通信消费电子、汽车电子、工业控制、太阳能光伏等应用领域提供高效的半导体新选择。以更高的电能转换效率、更少的设备耗材为客户创造价值。

能讯的核心团队成员曾在美国著名的半导体公司工作多年，有着丰富的半导体器件设计制造及管理经验。

能讯微电子以成为领先的高能半导体供应商为使命。

407. 中航工业西安飞行自动控制研究所
地址：陕西省西安市电子一路 92 号

邮编：710065
电话：029-88398600
传真：029-88224543
E-mail：office@facri.com
网址：www.facri.com
简介：

飞行自动控制研究所（FACRI）建于 1960 年，位于西安市高新技术开发区电子产业园区，现有员工 2900 余人，其中工程技术人员 1500 余人。是我国航空工业集产品设计、开发、生产、服务于一体的导航、制导与控制（GNC）技术研发中心。用户涉及多个行业，纵向从零部件制造到系统集成，技术继承性兼顾"生产一代、改进一代、研发一代、探索一代"的产品谱系。拥有飞行控制和惯性导航两个航空科学技术重点实验室、飞行器控制一体化技术重点实验室。设有"精密仪器及机械"专业硕士点、"导航、制导与控制"专业硕士点和博士点，2001 年经国家人事部批准建立了博士后科研工作站。飞行自动控制研究所真诚希望与海内外各界朋友开展广泛地合作与交流。

其 他

408. 广西吉光电子科技股份有限公司
地址：广西贺州市平安东路吉光工业园
邮编：542800
电话：0774-5132000
传真：0774-5132111
E-mail：jicon@jicon.net
网址：www.jicon.net
简介：

广西吉光电子科技股份有限公司是由深圳市特发信息股份有限公司（持股 61.5%）、广西桂东电力股份有限公司（持股 34.7%）、公司管理层（持股 3.8%）出资，于 2006 年 10 月在贺州市注册组建的电子元器件制造企业，注册资金 5500 万元。

公司前身是原深圳吉光电子有限公司，创建于 1985 年，经过 20 多年的努力，先后从日本、意大利、中国台湾地区等地引进了先进的生产线、试验设备，在引进吸收国外先进技术的同时，发展自己的优势技术。目前已形成专业从事各种高品质铝电解电容器的研制、开发和生产企业。产品可广泛适用于通信、彩电、计算机、UPS、变频器、焊机、节能灯等各种电器设备。

公司在行业中有良好的口碑，在客户中有很高的信誉，在国内电容器行业中排位居前。其产品被康佳、创维、TCL、长虹、长城、美的、海信、三洋、同州电子等国内外大型著名企业所采用，是国内铝电解电容器的主要生产厂家。

公司在贺州市电子工业科技园征地 102 亩。项目总投资 1.35 亿，分二期建设。一期工程投资 8500 万元。二期工程投资 5000 万元。

409. 许继电源有限公司
地址：河南省许昌市经济技术开发区许继电气城
邮编：461000
电话：0374-3212243

E-mail：dyscb@ xjgc. com

网址：www. xjpower. com

简介：

　　许继电源有限公司是国家电网中电装备许继集团有限公司下属的子公司，是专业从事电力电子产品研发、生产及系统设计的厂商，主要产品涵盖电动汽车充换电系统、电力电源、电能质量控制设备、军工特种电源等高新技术领域。

　　经过十几年的传承与发展，许继电源有限公司厚积薄发，其电力电源在电力市场的占有率全国第一；拥有国内最先进技术的动态无功补偿与谐波治理系列产品，是目前国内最大容量 ± 50Mvar STAT-COM 成套装置的供货商，军用特种电源产品技术已达到国际先进水平；2010 年，随着国家新能源领域产业的发展，电动汽车充电设施成为公司现在和未来最重要的产品领域，公司目前是国家电网充电站重要的设备供应商。

　　以"推进绿色电能变换技术，美好我们的生活和工作"为使命，许继电源有限公司将协同客户及合作伙伴一起开拓中国电力电子产品的美好未来。

410. 南昌大学教授电气制造厂

地址：江西省南昌市南京东路 351 号教授科技楼

邮编：330029

电话：0791-8301618

传真：0791-8332483

E-mail：chinaprofessor@ alibaba. com. cn

网址：www. chinaprofessor. com

简介：

　　南昌大学教授电气制造厂是由南昌大学教师、教授创办的科技型企业，主要从事电脑、通信设备、机床设备精密交流稳压电源、家用冰箱空调稳压器、UPS、逆变电源、充电器充电机、太阳能光伏发电系统等多系列电源类产品的研发和制造，已有 20 年的制造历史，产品畅销国内各省，并远销非洲、印度、中东等电压特别不稳定地区。教授电气是国内最大家用电源生产企业之一。

　　教授电气依托南昌大学的研发力量，有能力不断创新，因此产品更新换代非常快，总是以最新最适合消费者的产品，为各级经销商创造新的商机，为终端用户提高更好的产品。

　　教授电气 2001 年就通过了 ISO9000 质量管理体系，有着严格的质量控制程序，因此产品质量一直深受用户信赖，在市场有着良好的口碑。

　　教授电气的核心价值观是：以科技让人们生活得更好！教授电气全心全意以客户为中心，依靠自己的技术优势和勤奋工作，努力创造更好、更多的新产品，与消费者共享科技成果带来的快乐。

411. 航天长峰朝阳电源有限公司

地址：辽宁省朝阳市电源路 1 号

邮编：122000

电话：0421-2821458

传真：0421-2732000

E-mail：50hz@ vip. sina. com

网址：www. 4nic. com. cn

简介：

　　航天长峰朝阳电源有限公司是经中国航天科工集团批准，由中国航天科工防御技术研究院和朝阳市电源有限公司于 2007 年 9 月 5 日投资组建的国有控股公司，注册资金 11760 万元。

　　公司前身为朝阳市电源有限公司，成立于 1986 年，是国内第一家专业电源公司，具有 23 年的电源设计制造和测试经验，是当前国内最大的专业电源生产基地。以 "4NIC"、"航天电源" 及 "CASIC 中国航天科工集团" 为品牌，生产三十多个系列三十余万品种稳压电源、恒流电源、UPS 电源、脉冲电源、滤波器等各种电源和电源相关产品。应用领域覆盖航空、航天、兵器、机载、雷达、船舶、机车、通信及科研等领域，尤其是在需要高可靠性的军工领域发挥着不可替代的作用，为国家的国防建设和经济建设做出了卓越贡献。

　　公司位于辽宁省朝阳市电源路 1 号，现址占地 20 多万平方米，建筑面积 15 万平方米。新厂区占地面积 42 万平方米，建筑面积 20 万平方米。公司在国内 30 多个主要城市设有办事处，履行 "航天电源就在您身边" 的承诺。企业奉行 "以顾客为关注焦点，量体裁衣做电源" 的经营战略，满足个性化需求。

412. 山西吉天利科技实业有限公司

地址：山西省阳泉市盂县藏山北路 171 号

邮编：045100

电话：0353-8177777

传真：0353-4356785

E-mail：718336529@qq.com

网址：www.jitaly.com

简介：

山西吉天利科技实业有限公司成立于 1996 年，公司主要以生产铅酸蓄电池为主，产品已覆盖全国 16 个省市 200 多个县市地区的通信、电力、铁路、航海等八大领域。公司先后获得 20 项专利，并取得了《国家免检产品证书》，两次获得《国家级重点新产品证书》，连续三届成为《山西省 AAA 企业质量信誉等级证书》和《名牌产品》，多次承担国家级和省级火炬项目并荣获《山西省优秀高新技术企业证书》和《山西省火炬计划实施单位》等，以优质的、高科技的产品服务于客户，服务于社会。在管理方面，建立了质量、环境、职业健康安全三位一体的国际化管理体系，并健康、稳步运行。

随着市场的不断扩大，2009 年开工建设了吉天利循环经济科技产业示范园。园区以"致力资源综合利用，开发'城市矿山'"为使命；以"生生不息、创造生态动力"为企业目标；秉持"物尽其用、变废为宝、化害为利"的理念，构建形成具有国际领先的三个循环系统，即产品外循环、工艺内循环、园内生物循环。园区在科学发展观的指导下，紧紧围绕"资源综合利用"的发展主线，以资源和产品的循环为本源，真正做到"吉天利民善天下"企业价值！

413. 勤发电子股份有限公司

地址：台湾省新北市汐止区中兴路 45-1 号 6 楼

邮编：221

电话：+ 886-2-26478100

传真：+ 886-2-26478200

E-mail：sales@chinfa.com

网址：www.chinfa.com

简介：

勤发电子自 1985 年创立以来，是一家取得 ISO9001、UL、TUV 认证的公司，在秉持着不断地创新思考、成为世界级全方位解决方案的翘楚、满足客户的需求及长期经营的理念。所有交换式电源供应器产品皆自行研发设计与生产，不论在技术研发、

质量稳定度或降低成本上，以多年的经验来满足客户对于交换式电源供应器的各种要求，并追求更卓越效能的交换式电源供应器。

Isolated DC/DC converter：1-40W

AC/DC power module：7-40W

AC/DC DIN Rail mountable power supply：5～960W

AC/DC DIN Rail compact size power supply：240W

AC/DC enclosed power supply：20～100W

Battery charger：30W&60W

DC UPS controller：30A

Redundant module：10A&20A

414. 云南金隆伟业科技有限公司

地址：云南省昆明市东风西路 123 号三合商利写字楼 13 楼

邮编：650032

电话：0871-3625306

传真：0871-3640338

E-mail：82951077@qq.com

简介：

云南金隆伟业科技有限公司是目前云南省内在多个高科技领域都具有顶尖实力和影响力的 IT 服务商、计算机信息系统集成商、建筑智能化系统集成服务商、自控系统服务商、专业数据中心建设服务商及微软产品服务商。

我们植根于本地，以客户为中心，为客户提供从技术咨询、规划设计、系统实施、技术培训到运营服务支撑的一体化全程服务。同时，基于对客户行业特点及业务应用需求的细致把握，为客户提供定制化的专项系统平台服务。不断提升客户满意度是我们追求的目标，同时在各个服务等领域积累了丰富的实践经验，并锤炼出一支专业、高效的技术服务团队，现已成为云南最大的民营高科技公司之一。

415. 安徽三宇集团易特流焊割发展有限公司

地址：安徽省合肥市蜀山区蜀山产业园雪霁路 281 号

邮编：230000

电话：0551-5350507

传真：0551-5318876

E-mail：sy@sanyu.com.cn

网址：www. etal. com. cn

简介：

　　三宇集团始创于 1989 年，在计算机模式识别、智能计算机控制系统、电力电子技术的研发与应用方面，独树一帜，不断创新。多年来，三宇始终以自主知识产权为核心，不断推出各类大功率逆变电源及衍生产品，完成多项国家计划项目和科技攻关项目，数十次荣获国家级科学技术进步奖。三宇拥有超过三十项的国际和国家专利，其中在中国人民解放军总装备部列装的十余种产品和与中国国家科学院等专业科学机构联合研发的二十余项大功率电源项目更是为国家的高端科技发展做出了不可或缺的贡献。

　　安徽易特流焊割发展有限公司秉持三宇集团"正直、善良、协作、进取"的精神，"正直、善良"做人，"协作、进取"做事。立足于创造"世界最便捷的焊机"，易特流以高效节能的高科技焊机产品为节约型社会的建设和高科技的普及做出自身贡献。自公司成立投产至今，易特流以它独创的焊机品类和完备的便捷焊机解决方案征服了众多区域运营商和工业用户，成为焊接行业的重要成员。

　　易特流焊机研发团队曾承担国家级火炬计划等各种大功率专业节能电源项目的开发和数十种作为研发主体与中国科学院等科研机构合作开发的专业大功率电源项目。易特流焊机已在钢铁、船舶、建筑、通信、石油、化工、电力等国民经济领域受到以移动施工为主的众多用户的高度认可。

第十一部分　附　录

中国电源学会第十九届学术年会论文目录

中国电源学会第十九届学术年会日程

时间：2011 年 11 月 18-21 日、地点：上海虹桥金古源豪生大酒店

序号	时　间	内　容	地　点	参与人员
2011 年 11 月 18 日（周五）				
1	8：00-20：00	注册报到	金古源酒店大厅	全体参会代表
2	15：00-16：30	专题技术宣讲会-英飞凌高效率功率器件与太阳能设计实例	二楼雷恩厅	已到会代表
3	19：30-21：00	中国电源学会第六届理事会第五次常务理事会议	二楼雷恩厅	学会全体常务理事
2011 年 11 月 19 日（周六）				
4	09：00-09：40	学术年会开幕式、首届中国电源学会科学技术奖颁奖仪式	一楼国宾厅	全体参会代表
5	9：50-12：00	大会学术交流	一楼国宾厅	全体参会代表
6	13：30-16：00	大会学术交流	一楼国宾厅	全体参会代表
7	16：00-18：00	张贴论文交流	一楼里昂厅	全体参会代表
8	18：00-20：00	招待晚宴	一楼国宾厅	参加晚宴代表
9	20：00-21：30	中国电源学会第六届理事会第三次全体会议	二楼马赛厅	学会全体理事
2011 年 11 月 20 日（周日）				
10	8：00-12：00	分会场 1：高频磁元件和集成磁技术、SIC 器件及其应用、电池及充电技术	二楼柏林厅	全体参会代表
		分会场 2：谐波、电磁兼容和电能质量控制	二楼雷恩厅	全体参会代表
		分会场 3：太阳能、风力、燃料电池发电（1）	二楼马赛厅	全体参会代表
		分会场 4：逆变器与 UPS	二楼罗马厅	全体参会代表
11	14：00-17：00	中国电源行业产学研交流座谈会	一楼里昂厅	相关代表
12	14：00-18：00	分会场 5：新颖开关电源	二楼马赛厅	全体参会代表
		分会场 6：照明电子、电动汽车	二楼雷恩厅	全体参会代表
		分会场 7：电力传动与变频调速	二楼柏林厅	全体参会代表
		分会场 8：功率因数校正技术、软开关技术	二楼罗马厅	全体参会代表
13	19：00-21：00	《电源学报》编委会会议	二楼雷恩厅	《电源学报》全体编委

（续）

序号	时　间	内　容	地　点	参 与 人 员
	2011 年 11 月 21 日（周一）			
14	8：00-12：00	分会场 9：电源技术应用与特种电源	二楼马赛厅	全体参会代表
		分会场 10：太阳能、风力、燃料电池发电（2）	二楼雷恩厅	全体参会代表
		分会场 11：系统仿真、建模与控制	二楼柏林厅	全体参会代表
		分会场 12：电源的数字控制、多电平、新颖 PWM 控制	二楼罗马厅	全体参会代表

论文目录口头报告

编　号	标　题	作　者
分会场 1：高频磁元件和集成磁技术、SIC 器件及其应用、电池及充电技术		
S1.1	无气隙可变耦合度的耦合电感研究	冯本成，杨玉岗，韩占岭
S1.2	双向 DC/DC 变换器中耦合电感的应用研究	冯本成，杨玉岗，韩占岭
S1.3	磁集成正激变换器输出电流纹波减小机理分析和设计	卢增艺，陈为，陈志宇
S1.4	台阶气隙对电感非线性特性影响分析	杨超余，陈为
S1.5	频率对平面滤波器 LC 单元电磁参数的影响	王贵贵，邢丽冬，王世山
S1.6	UUI 新型气隙电感器电感特性分析	郑娟娟，陈为，徐晓辉
S1.7	SiC 肖特基二极管在 BUCK 电路中的应用	张卫平，肖春燕，刘元超，张晓强，毛鹏
S1.8	基于级联 H 桥的电池储能功率转换系统控制策略研究	张峰，李睿，凌志斌，蔡旭
S1.9	锂电池管理器方案研究与设计	庄怡倩，谢少军，丁志辉，王成
S1.10	基于混合储能装置的电动汽车快速充电系统	刘方诚，刘进军，张斌，周临原，周思展
S1.11	锂离子电池寿命预测国外研究现状综述	罗伟林，张立强，吕超，王立欣
S1.12	千网水平蓄电池	郭隆，郁百超
分会场 2：谐波、电磁兼容和电能质量控制		
S2.1	一种等效奇次谐波谐振器的单相 DVR 控制方法	胡磊磊，肖国春，卢勇，滕国飞，王兆安
S2.2	具有谐振抑制功能的新型 SVC 仿真研究	洪磊，钟晓剑，陈国柱
S2.3	采用耦合电感的交错并联电流临界连续 Boost PFC 变换器输入差模 EMI 分析	杨飞，阮新波，季清，叶志红
S2.4	EMI 滤波器技术在开关电源中的应用与研究	曹海洋，张玉成，朱启伟，郭攀峰
S2.5	High-voltage Dynamic Reactive Compensation System with High Reliability	Bo Zhang, Yonghua Fu, Dongyuan Qiu
S2.6	TSC 无功补偿控制器的设计	吕媛媛，高强，徐殿国
S2.7	并联有源滤波器补偿容性非线性负载的研究	张涛，许明夏，陈敏，林平，徐德鸿
S2.8	巴特里特-汉宁窗插值 FFT 的电力系统谐波检测	聂玺，张辉，田文博，高虎成
S2.9	三相四线制静止无功发生器的实验研究	董明轩，武健，侯睿，徐殿国
S2.10	有源滤波器并联运行控制策略研究	侯睿，董明轩，武健，徐殿国

（续）

编号	标题	作者
分会场2：谐波、电磁兼容和电能质量控制		
S2.11	基于载波移相调制的级联H桥型SVG控制器设计	崔彭，高强，杨荣峰，徐殿国
S2.12	用于APF的三电平SVPWM算法改进研究	许晓彦，聂熠萍
分会场3：太阳能、风力、燃料电池发电（1）		
S3.1	一种新颖的双边无功功率扰动孤岛检测方法	朱晔，沈国桥，胡长生，徐德鸿
S3.2	LCL型并网滤波器参数设计方法	肖华锋，许津铭，谢少军
S3.3	NPC三电平光伏逆变器SVPWM合成和序列的优化	张一博，王聪
S3.4	基于动态功率偏差调节的双馈风力发电系统MPPT控制策略	张毅，郑颖楠
S3.5	基于移相全桥软开关电路的光伏并网发电系统应用研究	孙向东，安少亮，张琦，张凯，钟彦儒
S3.6	直驱永磁机组风电场的动态等值建模方法	苏勋文，徐殿国，高长征
S3.7	LCL滤波风力发电逆变器的有源阻尼控制	刘剑，杨贵杰
S3.8	应用于直流微网的Boost-Buck光伏接口变换器调制策略研究	张建利，何汀，杨晨，许津铭，谢少军
S3.9	自适应相位漂移孤岛检测法及SIMULINK仿真验证	吴志鹏，卿湘运，杨富文
S3.10	基于定值扫描MPPT的风光互补路灯控制器	骆雅琴，程木田，程卫群，聂启彪，金鹏
S3.11	STATCOM-感应电机风电场并网发电系统的仿真分析	蒋婷，江剑锋，曹中圣，杨喜军，佘焱
分会场4：逆变器与UPS		
S4.1	三态滞环控制逆变器等效输出阻抗计算与分析	陈良亮，鲍恩奇，董浩
S4.2	航空静止变流器输入电流特性研究	汪昌友，陈仲，崔连杰，陈淼
S4.3	一种用于三相逆变器的新型数字单周期区间控制研究	程林，蒋真，陈新，姬秋华
S4.4	单相DC-AC逆变器数字化控制技术	王定富，黄詹，江勇
S4.5	光伏逆变器最大功率跟踪控制方法的研究	王硕，蒋伟，程红，王聪
S4.6	微逆变器用铁氧体材料TP5i	邢冰冰，顾张新，聂敏，李银传，申志刚，孙蒋平
S4.7	燃料电池UPS中能量管理单元的控制与设计	李霄，张文平，吴小田，孙超，李海津，沈国桥，徐德鸿
S4.8	基于电网阻抗测量的新型主动式孤岛检测法	唐婷，谢少军，焦鑫艳
S4.9	LCL滤波并网逆变器的零点配置策略	许津铭，谢少军，肖华锋，黄如海
S4.10	二极管辅助升降压电压源逆变器改进的脉宽调制策略	张岩，刘进军
S4.11	全桥逆变器内部故障分析与定位	蒋伟，王聪，王硕，荆鹏辉
S4.12	虚拟磁链定向矢量控制简化四象限多电平逆变器	吴凤江，俞雁飞，赵克，孙力
分会场5：新颖开关电源		
S5.1	具有PFC功能的90W开关电源的设计与实验研究	黄贺，孟涛，贲洪奇
S5.2	采用Y型自适应辅助网络的移相全桥变换器	史良辰，陈仲，季锋，刘沙沙
S5.3	基于PISO有源箝位电流型半桥的1V输入48V输出200W模块设计	韩晓明，马皓
S5.4	采用辅助网络全桥直流变换器的损耗分析	刘沙沙，陈仲，季锋，史良辰
S5.5	一种新型的不间断直流电力操作电源	许小强，毛行奎，杨向东，林健鹏

（续）

编 号	标 题	作 者
分会场 5：新颖开关电源		
S5.6	非接触电能传输系统与负载相关的两个边界条件	赵晓君，郑颖楠
S5.7	交错并联磁集成 Buck 变换器的本质安全特性研究	杨玉岗，李娜，王蕊
S5.8	基于单片机程控恒压、恒流开关电源的研究	芦守平，郭黎利，王欣，曾梦泉，陈云乔
S5.9	BuckBoost 电路在 UPS 充电器中的应用	王志东，苏先进
S5.10	ZVS 全桥变换器整流二极管寄生振荡的抑制方法	季锋，陈仲，史良辰，刘沙沙
S5.11	全桥 Boost 型多输入直流变换器	陈道炼，陈亦文，徐志望
S5.12	一种新颖的满足铂金版效率要求的功率架构	蔡磊，尹国栋，柯忠伟，章进法，孙娇俊
分会场 6：照明电子、电动汽车		
S6.1	LED 照明用 NiZn 铁氧体材料	聂敏，徐方舟，孙蒋平，申志刚，董生玉，郁于松
S6.2	多路照明 LED 驱动及调光电路的实验研究	殷威，邢丽冬，王贵贵，王欢
S6.3	低频方波供电的 HID 灯声共振检测	张卫平，荣延森，刘元超
S6.4	一种减小储能电容容值的 LED 驱动器	张洁，张方华，倪建军
S6.5	一种多路 LED 自动均流的反激式磁集成变换器方案	王小博，陈为
S6.6	基于 buck-boost 与 flyback 的两级路灯照明系统研究	王懿杰，徐殿国，王卫，张相军
S6.7	一种大功率电子镇流器的 LCLC 谐振逆变电路设计	杨华，王斌泽，徐殿国，张相军，李春峰
S6.8	长寿命 LED 驱动电路专用电解电容器应用特性分析	陈永真，陈之勃
S6.9	LED 开关电源中铝电解电容性能退化模型的研究	李享，叶雪荣，翟国富
S6.10	轮毂式电动汽车驱动用无刷直流电机的控制与仿真	郭龙舟，张辉
S6.11	电动汽车非接触充电器中移相变频控制策略的研究	马婷，叶军，秦海鸿
S6.12	基于风光互补综合供电的电动汽车充电站	陈滋健
分会场 7：电力传动与变频调速		
S7.1	最小开关损耗电压源整流器死区补偿技术的研究	曹中圣，江剑锋，杨喜军
S7.2	直接转矩控制中一种改进的定子磁链观测方法的研究	杨惠，钟彦儒，徐艳平，牛剑博
S7.3	异步电机无速度传感器矢量控制四种转速估算方案低速带载性能对比研究	尹忠刚，杨立周，钟彦儒
S7.4	一种无位置传感器内置式永磁同步电机磁链观测器	李刚，王高林，于泳，杨荣峰，徐殿国
S7.5	一种新颖的永磁同步电机偏心磁极优化设计方法	荆岩，葛红娟，金慧
S7.6	基于扩展卡尔曼滤波器的永磁同步电机转速估计方法研究	曹钰，尹忠刚，钟彦儒，张瑞峰
S7.7	双级矩阵变换器换流策略研究	宋卫章，钟彦儒，袁钥，王伟，王孝龙，黄骏
S7.8	基于复合控制器的 TSMC - PMSM 闭环控制系统的研究	刘洪臣，孙立山，庄严，潘筱
S7.9	变频器的整流滤波电容器工作状态分析	陈永真，陈之勃
S7.10	高压直流混合式功率控制器限流技术的研究	常久举，杨善水
S7.11	微功耗电动自行车控制器	郁百超

(续)

编　号	标　题	作　者
分会场 8：功率因数校正技术、软开关技术		
S8.1	一种有源嵌位软开关并网逆变器的研究	杜成瑞，张旭，徐德鸿
S8.2	Design of a HVDC Generator Based On LCC Resonant Converter	Tang Yao1，Li Guofeng，Liu Zhigang
S8.3	一种改进的无桥 Boost 功率因数校正电路	李镇福，林维明
S8.4	最简洁的单级功率因数校正原理与实现	刘聪，高莹，王天宏，陈永真
S8.5	改进型逐流电路在单级电子镇流器中的应用研究	张卫平，吴群超，刘元超
S8.6	新型交流斩波无功补偿技术的研究	武伟，谢少军，汤雨
S8.7	12 脉冲自耦变压整流器滤波电感的设计与优化	蒋磊磊，陈乾宏，毛浪
S8.8	铁硅铝磁粉芯在 APFC 电路的应用优势	许佳辉，柏海明，聂敏，孙蒋平，申志刚
S8.9	带 PFC 的双 BOOST 升压变换器设计	蔡志雄，许勇枝
S8.10	微功耗功率因数校正器	李嘉明，郁百超
S8.11	高频 PWM 控制 LLC 谐振变换器的分析与研制	管松敏，陈乾宏
S8.12	航空电子供电电源中断模拟系统设计与研究	李启胜，葛红娟，徐媛媛
分会场 9：电源技术应用与特种电源		
S9.1	一种航空直流电网低频纹波的有源抑制方法	崔连杰，陈仲，陈森
S9.2	电导增量法的多点徘徊问题研究	何宁，马杰，朱烨，沈国桥，徐德鸿
S9.3	基于 LLC 谐振变换器的高压母线变换器的研究	冒小晶，阮新波，叶志红
S9.4	三相不平衡条件下基于可变采样周期的锁相环研究	陈传梅，汤雨，谢少军
S9.5	反激式变换器工作状态分析与参数优化	陈永真，陈之勃
S9.6	基于 MOS 管串联开关的高压脉冲电源设计	郭翔，江磊，范青
S9.7	一种改进型 DBD 型臭氧发生器电源的基波分析方法	唐雄民，张森
S9.8	交流稳压器核心部件分析与改进	韦周前
S9.9	基于 Excel 环境的 DC-DC 变换器设计方法研究	贾保健，孙文进，夏炎冰，邢岩，葛红娟
S9.10	270V 输入多路输出模块电源的效率优化	杨帆，任小永，陈乾宏
S9.11	自激式非接触谐振变换器的初步研究	张超，曹玲玲，陈乾宏
S9.12	变压器寄生电容对 LLC 空载运行影响的研究	岳衡，陈敏，李亚顺，徐德鸿
分会场 10：太阳能、风力、燃料电池发电 (2)		
S10.1	基于谐振控制的并网逆变器电流控制器的设计研究	李然，彭力
S10.2	光伏发电利用技术研究	周子胡，冯兰兰，吴红飞，邢岩
S10.3	非隔离型分裂电感中点箝位三电平光伏并网逆变器	肖华锋，杨晨，谢少军
S10.4	基于虚拟阻抗的双馈风力发电机低电压穿越控制研究	宋海华，张兴，谢震，杨淑英，徐爽
S10.5	非同步控制方式双管 Buck-boost 变换器减小反向恢复损耗的研究	杨晨，谢少军
S10.6	对称电网电压骤升下双馈电机暂态分析	张兴，曲庭余，谢震，卢磊，宋海华
S10.7	基于标准测试条件的光伏组件参数提取	张卫平，凤江涛，毛鹏
S10.8	阴影条件下光伏组件建模与失配特性分析	李善寿，张兴，谢东
S10.9	电网不平衡条件下光伏逆变器 PQ 控制策略研究	曹慧，张辉，姜文涛，刘耿博

（续）

编　号	标　题	作　者
分会场10：太阳能、风力、燃料电池发电（2）		
S10.10	一种抑制电网扰动的单相并网逆变器的控制方法	滕国飞，肖国春，张志波，臧龙飞
S10.11	单相非隔离型并网光伏逆变器研制	毛行奎，毛洪生，裴昌盛，张锦吉
分会场11：系统仿真、建模与控制		
S11.1	考虑寄生参数的移相全桥变换器恒压恒流自切换控制	肖文勋，戴钰，丘东元，张波
S11.2	三相四桥臂矩阵变换器变速恒频发电系统研究	毛怡然，周波，史明明
S11.3	一种通用的谐振电路建模方法——正交电路综合法	张颖奇
S11.4	双向全桥 LLC 谐振变换器的理论分析与仿真	杨子靖，王聪，辛甜，林帅，杨荣
S11.5	带恒功率负载的 Buck 变换器的端口受控哈密顿系统模型与控制	杨涛，陆益民
S11.6	基于模糊 PID 控制的民机供水管道即热技术研究	金慧，葛红娟，徐媛媛
S11.7	微电网中并网逆变器的并网与孤岛运行的仿真研究	范钊，张辉，郭龙舟
S11.8	Dynamics Analysis of DC-DC Converters Based on the Stability Equivalence	Wei Hu, Bo Zhang, Dongyuan Qiu
S11.9	FAST 协议在智能电网电能质量监测系统中的应用	樊彦予，雷电
S11.10	基于 H 无穷算法的单相光伏并网逆变系统的研究	井少朋，陈建民，卿湘运，杨富文
分会场12：电源的数字控制，多电平、新颖 PWM 控制		
S12.1	相位和幅值可控电压调节器的控制策略	王阿敏，张友军，翁振明，项家希，袁小野，吴偏偏，冯笑笑
S12.2	继电保护用功放数字化技术的研究	吴昊，严开沁，陈乾宏
S12.3	信号调理电路的误差分析	张卫平，李建庆，张晓强
S12.4	基于 TMS320F28335 的移相全桥 DC/DC 变换器研究	冷志伟，陈希有
S12.5	能量回馈式直流电子负载研究	裴昌盛，陈为
S12.6	模块化多电平变流器子模块电压均衡策略研究	董文杰，张兴，刘芳，王付胜
S12.7	三相混合箝位五电平 PWM 整流器的研究	尹凯，马铭遥，邓焰，何湘宁
S12.8	2KW 三相 PWM 整流器的实现与优化	皇甫星星，吴昊，廖启新，陈乾宏
S12.9	一种五电平航空有源电力滤波器的研究	李建霞，陈仲，陈森，罗颖鹏
S12.10	燃料电池 UPS 系统中三相四线制三电平 PWM 整流器控制研究	董德智，孙超，张文平，沈国桥，徐德鸿
S12.11	基于 PWM 控制的三电平全桥双向 DC-DC 变换器	饶勇，金科，阮新波
S12.12	两级交错单相 VSR 的均流控制	马红星，杨喜军，雷淮刚

墙报交流

编　号	标　题	作　者
交流区1：电池及充电技术、电动汽车与电力机车		
D1.1	UPS 蓄电池的运维与管理	王力坚
D1.2	空间用锂离子蓄电池在轨控制技术	周明中，瞿炜烨，许峰，史源
D1.3	三单体直接均衡电路及漏感效应分析	杨威，杨世彦，盖晓东
D1.4	UPS 电源蓄电池组均衡充电策略研究	刘春时，王志强，李国锋
D1.5	一种基于单片机的车用电池容量检测系统	朱勇，戴永翔

（续）

编　号	标　题	作　者
交流区 1：电池及充电技术、电动汽车与电力机车		
D1.6	微功耗列车牵引交流传动系统	郁百超
D1.7	微功耗电动汽车动力系统	郁百超
D1.8	新型圆筒式横向磁通永磁直线电机的研究	于斌，闫海媛，宋志翌，郑萍
D1.9	蓄电池自适应充电装置的设计	王琳基，王研兆，吴义炳，林勇
交流区 2：谐波、电磁兼容和电能质量控制		
D2.1	一种新颖的并联型有源电力滤波器研究	陈淼，陈仲，汪昌友
D2.2	Harmonic Suppression of Multi-Pulse AC-DC Converter with Recycling System of Harmonic Energy at DC Side	Yang Shiyan，Meng Fangang，Yang Wei
D2.3	基于 ABC 坐标系下 SVG 的 PSCAD/EMTDC 仿真研究	郑诗程，陈龙，唐红兵，杨刘倩，郎佳红
D2.4	基于 DQ 坐标系下 SVG 的 PSCAD/EMTDC 仿真研究	郑诗程，邓荣军，陈龙，唐红兵，方四安，郎佳红
D2.5	有源调谐型混合电力滤波器的建模和控制策略分析	邓亚平，同向前
D2.6	Reactive Power definition of Single Phase Switched Circuits Based on Physical Interpretation	Wen Liu，Bo Zhang，Dongyuan Qiu
D2.7	电压跌落发生装置实验研究	武健，信家男，徐殿国，段广仁
D2.8	DCM Boost PFC 变换器差模电磁干扰预测	冒小晶，季清，阮新波，叶志红
交流区 3：单相、三相功率因数校正技术		
D3.1	LED 照明驱动电源中功率因数校正研究新进展	林维明，黄超
D3.2	数字控制 400Hz 三相四线高功率因数 PWM 整流器研究	石健将，袁昊，何湘宁
交流区 4：太阳能、风力、燃料电池发电		
D4.1	独立光伏发电系统协调控制研究	刘永飞，郑颖楠
D4.2	基于载波移相控制的无变压器高压并网逆变器研究	刘耿博，张辉，柴建云，曹慧
D4.3	基于 DSP2812 控制的单相光伏并网系统的研究	王洪富，王念春，黄星星，方乙君
D4.4	光伏发电系统的最大功率点跟踪算法及仿真研究	吴志鹏，卿湘运，杨富文，林海
D4.5	太阳能光伏发电中几个关键技术	杨富文，吴志鹏，卿湘运
D4.6	两级三电平与两级两电平光伏变流器效率分析与比较	孙敦虎，刘进军，刘增
D4.7	中压风电变流器的研究和实现	边石雷，王勇，蔡旭
D4.8	大型风力发电机组的动态模拟与仿真研究	卢磊，谢震，张兴，徐爽
D4.9	基于 APFC 芯片控制的光伏并网逆变器研究	吴生红，毛行奎，王小彬
D4.10	基于光伏并网逆变器的电能质量分析系统研究	林芳，刘鸿鹏，王卫
D4.11	一种高升压比直流变换器	吴小田，张龙龙，张文平，李霄，胡长生，沈国桥，徐德鸿
D4.12	直接转矩控制永磁同步发电机转子磁极初始位置辨识研究	许海军，周扬忠
D4.13	基于转子电流矢量角度的双馈电机死区补偿方法	景卉，张学广，徐殿国，马洪飞
交流区 5：电力传动与变频调速		
D5.1	基于模糊控制自适应状态观测器的异步电机无速度传感器矢量控制	李立冬，尹忠刚，钟彦儒
D5.2	EMA 伺服系统动态性能研究	胡勤丰，李豹，陈薇薇，单鹏飞，曹辉

（续）

编　号	标　题	作　者
交流区 5：电力传动与变频调速		
D5.3	中压同步电机自控变频软起动装置及控制策略	庄宗良，金光哲，高强，徐殿国
D5.4	基于 DSP 与 CPLD 的永磁交流伺服系统	杨明，刘可述，徐殿国
D5.5	变频空调压缩机电机的参数辨识方法	张斯瑶，刘桂花，王卫
交流区 6：照明电子		
D6.1	LED 的调光与有关问题	路秋生
D6.2	电子镇流器的预热性能与荧光灯管开关寿命的关系	王天宏，高莹，刘聪
D6.3	LED 照明及散热技术	李姝江
D6.4	基于超级电容器储能的光伏 LED 照明系统研究	魏三统，张辉
交流区 7：系统仿真、建模与控制		
D7.1	淮南地区基于 EMS 平台的电网故障保护管理信息系统的设计与实现	熊燕，李艳红
D7.2	试论 PSpice 中宏模型的类型	李金刚，惠晓静
D7.3	Application of switched optimal control method to Boost DC-DC Converter	Lei Wang，Bo Zhang，Dongyuan Qiu
D7.4	A Current Sharing Control of Paralleled Boost Converters with Chaos Synchronization	Xuemei Wang，Bo Zhang，Dongyuan Qiu，Wenting Yu
D7.5	STATCOM 对电压跌落的抑制研究及其仿真	韩海港，张晓滨，钟彦儒
D7.6	基于三维温度场建模分析的 SVG 热力学响应研究	王立国，吕琳琳，吴松霖，徐殿国，武健
D7.7	基于 dSPACE 的三相 PWM 整流器控制系统设计	王瑞，张学广，徐殿国
交流区 8：新颖开关电源、多电平、新颖 PWM 控制		
D8.1	微功耗直流稳压器	郁百超
D8.2	一种低频脉冲负载用特种开关电源研制	汪邦照，赵艳飞，李善庆
D8.3	一种新型高效率开关电源电路拓扑分析	高莹，王天宏，刘聪，陈永真
D8.4	由分立原件构成的智能同步整流器	杨东，孟丽囡
D8.5	一种新型大功率全桥逆变器用 IGBT 控制和驱动电路	吕锋，谢明，张潮海
D8.6	基于 FPGA 的级联逆变器载波移相 SPWM 控制器设计	王康，张辉
D8.7	基于混沌扩频的双级矩阵变换器调制策略的研究	刘洪臣，庄严，孙立山，刘雷
D8.8	二极管中点箝位式三电平 PWM 整流器最小开关损耗脉宽调制技术	杜路路，伍文俊，钟彦儒
D8.9	基于自适应控制的两相 DC-DC 变换器	杨玉岗，李涛
D8.10	多输入直流变换器系统控制方案的数字实现方法研究	周兴，李艳，赵闯
D8.11	级联电压源型 SMES 的控制研究	王康，张辉
交流区 9：电源技术应用与特种电源		
D9.1	恒流充电电源智能控制器的开发与研制	常越，张蕾
D9.2	RCC 电路在航空直流电源中的应用研究	马婷，叶军，秦海鸿，严仰光
D9.3	三相并网逆变器基准正弦电路研究	王磊，陈亦文，陈道炼
D9.4	直流 24V 供电逆变弧焊机研制	陈亚楠，王志强，肖红军，李国锋
D9.5	一种新的 Buck/Boost/Buck-Boost 三输入直流变换器研究	赵闯，李艳，郑琼林，周兴

（续）

编　号	标　题	作　者
交流区 9：电源技术应用与特种电源		
D9.6	基于 UCC28600 的多模式准谐振反激式辅助电源的设计与应用	张玉锦，张立伟，李艳，李晗
D9.7	发展低碳经济 加快电除尘设备电源高频化和优化控制技术步伐	张谷勋
D9.8	应用于弧焊逆变电源的电路拓扑综述	彭平艳，叶军，秦海鸿
D9.9	可变论域模糊控制在高频逆变电源中的应用研究	汪义旺
D9.10	基于有限状态自动机的电镀电源多波形输出方法	张成，王学梅，丘东元，张波
D9.11	三相 π 型相位和幅值可控电压调节器的研究	翁振明，张友军，王阿敏，项家希，陈可，冯笑笑
D9.12	微功耗交流稳压器	郁百超
D9.13	绿色节能的电源设备老化系统的设计	郑旺发，曾奕彰，邹建忠
交流区 10：逆变器与 UPS		
D10.1	微功耗不间断电源	郁百超
D10.2	微功耗直流逆变器	郁百超
D10.3	感应加热单 E 与双 E 类逆变器的对比研究	乔于轩，张代润
D10.4	具有光伏并网馈电功能的应急电源的研究	刘晖，董海燕
D10.5	双馈风力发电机组网侧变换器定频滞环电流控制	魏艳芳，赵莉华，李俊，黄澄
D10.6	单相 Z 源逆变器的研究	张卫平，胡仁军，毛鹏
D10.7	基于移相 SVPWM 的低谐波多通道逆变器	李磊，罗运虎，陈万，谢少军
D10.8	单相 Z 源逆变器的设计与分析	于一帆，张千帆，那拓扑
交流区 11：其他		
D11.1	基于虚拟仪器的航空设备自动测试技术研究	朱文华，杨善水
D11.2	基于系统分解协调算法的抽水蓄能电站优化调度	吴雄，王秀丽，黄敏
D11.3	PFC/PWM 复合控制器 ML4803 的设计改进	许陵
D11.4	Buck 变换器的拓扑指数及脆弱性分析	张桂东，张波，丘东元，肖文勋
D11.5	嵌入式系统在 SPI FLASH 存储器测试中的应用	张卫平，陈凝

SWITCHING POWER SUPPLIES

AC/DC DIN RAIL
POWER SUPPLIES

DC/DC CONVERTERS

DC/DC DIN RAIL
POWER SUPPLIES

BUILDING AUTOMATION
POWER SUPPLIES

AC/DC DIN RAIL
COMPACT SIZE POWER SUPPLIES

AC/DC POWER MODULES

AC/DC ENCLOSED POWER SUPPLIES

勤發電子股份有限公司
CHINFA ELECTRONICS IND. CO., LTD.
台灣 新北市汐止區中興路45－1號6樓
6FL, NO.45-1, CHUNG HSING RD., HSI-CHIH DIST., NEW TAIPEI CITY, TAIWAN
TEL:+886-2-26478100 FAX:+886-2-26478200 E-mail:sales@chinfa.com
http://www.chinfa.com

15年的专注与沉淀
您的回报更有保障

阳光电源股份有限公司
SUNGROW POWER SUPPLY CO., LTD.

地址：安徽省合肥市高新区天湖路2号（230088）　电话：0551-532 7827 /532 7821　传真：0551-532 7821/5327851
电邮：info@sungrowpower.com　网址：www.sungrowpower.com

SUNGROW
阳光电源

    Enel-GUIDA *AS4777* C€ ISO9001　ISO14001　OHSAS18001

致 力 于 清 洁 高 效

广东新昇电业科技股份有限公司

专业变压器制造商

http://www.fsnre.net

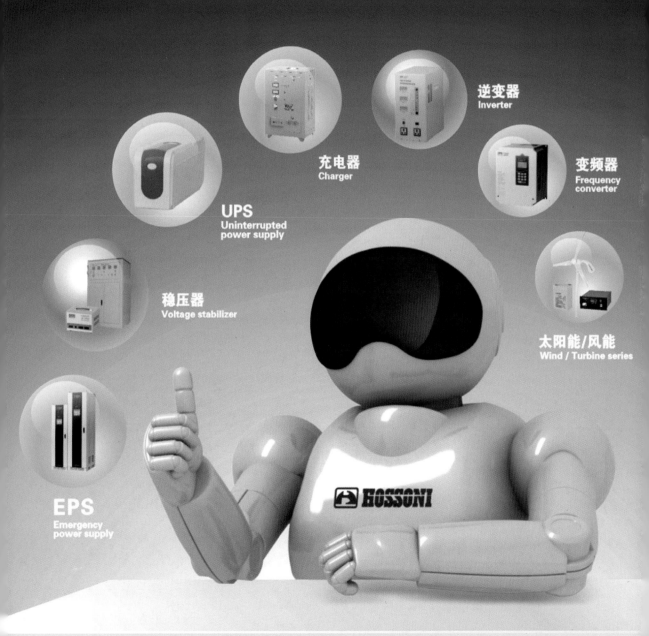

洁净电能 绿色地球

经营领域

- 致力于电力电子电能变换和控制领域，为新能源、电力、交通、航空军事、工业、科学研究等行业，提供领先的产品和解决方案。

电源产品	电能质量产品	新能源产品

- 航空军事专用电源
- 工业电源
- 加速器电源

- 有源电力滤波器
- 静止无功发生器
- 谐波无功补偿成套设备

- 光伏并网逆变器
- 储能及智能微电网接入设备及控制系统

15年专注电力电子领域、持续投入、创新发展

- 90人高素质研发团队，博士3人，硕士17人，教授级高工2人；
- IPD全流程全要素研发流程管理和研发项目管理体系；
- 掌握自主知识产权核心技术，取得和获受理专利26项，其中发明专利6项；
- 负责和参与4项国家和行业标准的制定；
- 国家科技部创新基金、火炬计划、国家重点新产品支持、西安市企业技术中心；
- 1200平方米研发试验室，电源试验站、电能质量试验站、通用试验测试中心；
- 12000平方米生产车间，电路板、部件/组件、整机、成套设备装配调试车间；
- 18000平方米/20亩产业园区，10kV/5MW以内装置研发生产试验能力，年产能500MW。

服务多项国家大型项目和重大工程

- 北京奥运　　- 上海世博　　- 国产大飞机　　- 军工重点型号　　- 高速铁路　　- 上海光源

爱科赛博电力电子产业园

有源电力滤波器应用于北京奥运

国家重大科学工程——上海光源现场运行的电源设备

航空地面电源应用于机务保障

西安爱科赛博电气股份有限公司
XI'AN ACTIONPOWER ELECTRIC CO.,LTD.

地址：西安市高新区新型工业园信息大道12号　邮编：710119
客户专线：029-88887953　公司总机：029-85691870/71/72　传真：029-85692080
网址：www.cnaction.com　邮箱：sales@cnaction.com

浙江科达磁电有限公司
Zhejiang KeDa Magnetoelectricity Co.,Ltd.

中国电源学会常务理事单位

浙江科达磁电有限公司（KDM）是国家高新技术企业，成立于2000年9月，位于中国杭州北郊，离上海150公里，占地面积达40000平方米，员工总数420人，是金属磁粉芯的专业制造商。

公司技术中心共有研发人员37人，其中高级工程师5人，工程师13人，技术员19人，并与浙江大学、上海大学、中国计量学院、四川有色金属研究院进行技术合作。KDM具有全球领先的研发团队，一直致力于金属磁粉芯的研发和制造，努力成为全球领先的金属磁粉芯制造企业。

公司主要产品有：

铁硅铝磁粉芯（Sendust Cores）　　　纳米晶磁粉芯（Nanocrystalline powder Cores）

高磁通铁镍磁粉芯（High Flux Cores）　　硅铁磁粉芯（Si-Fe™ Cores）

铁镍钼磁粉芯（MPP Cores）　　　　铁粉芯（Iron Powder Cores）

铁硅镍磁粉芯（Neu Flux™ Cores)　　　磁罐磁粉芯（Pot Cores）

KDM通过了ISO9001:2000质量体系认证和ISO14001:2004环境管理体系认证，可以向客户提供品质优异的产品，以赢得客户的信任，感谢您选择了我们的产品。

地址：浙江省德清县武康镇曲园北路525号

电话：0572-8085881 8085882

传真：0572-8085880

网址：www.kdm-mag.com

E-mail：kda@kdm-mag.com

邮编：313200

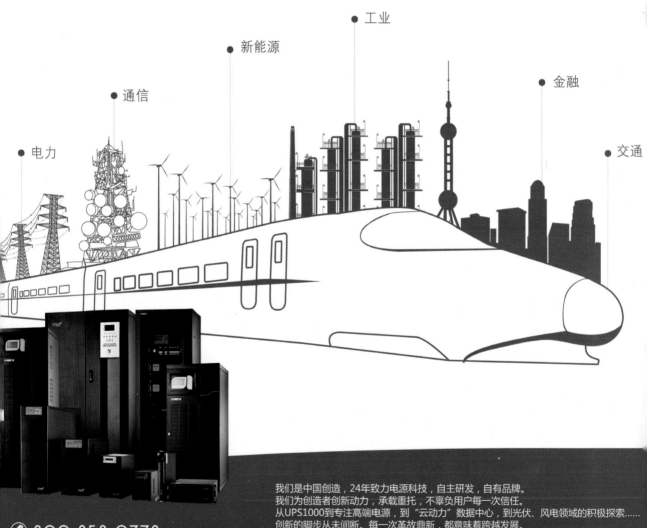